U0302625

国家重点研发计划项目（2016YFC0501100）资助
煤炭开采水资源保护与利用国家重点实验室资助

大型煤电基地生态修复与综合整治关键技术

李全生 等　著

科 学 出 版 社
北 京

内 容 简 介

大型煤电基地科学开发是国家能源安全战略和区域生态安全的基本保障，有效控制生态损伤则是系统提升科学开发水平的关键。本书针对我国大型煤电基地开发生态损伤的系统控制问题，按照“减损开采”与“系统提升”的技术思路，以东部草原区大型煤电基地典型区为例，重点介绍了大型露天矿生态减损型开采技术、采区生态促进性基质层与土壤重构技术、大型露天煤矿地下水库保水技术、大型井工矿地下水原位保护技术等源头减损关键技术，排土场地貌近自然重塑技术、贫瘠土壤提质增容与有机改良、极端条件下生物促进型植被修复等水-土-植协同修复关键技术，牧矿景观交错带生境保护与修复技术、景观生态功能提升技术、生态稳定性提升技术和生态安全调控及保障技术等多尺度协同提升关键技术，初步形成了大型煤电基地生态减损型开发关键技术体系。

本书具有较强的理论性和实用性，可作为生态、矿业、环境等学科的科研人员、高校教师和相关专业的高年级本科生和研究生，以及从事相关工作的工程技术人员的参考书，对研究我国大型煤电基地区域生态安全、大型煤炭基地减损开采和草原区生态恢复等具有重要参考价值。

图书在版编目(CIP)数据

大型煤电基地生态修复与综合整治关键技术 / 李全生等著. —北京：科学出版社，2023.12

ISBN 978-7-03-074910-9

Ⅰ. ①大… Ⅱ. ①李… Ⅲ. ①矿山环境-生态恢复 ②矿山环境-环境综合整治 Ⅳ. ①X322

中国国家版本馆 CIP 数据核字（2023）第 031411 号

责任编辑：王 运 / 责任校对：何艳萍

责任印制：肖 兴 / 封面设计：北京图阅盛世

科 学 出 版 社 出版

北京东黄城根北街 16 号

邮政编码：100717

http://www.sciencep.com

北京中科印刷有限公司印刷

科学出版社发行 各地新华书店经销

*

2023 年 12 月第 一 版 开本：787×1092 1/16

2023 年 12 月第一次印刷 印张：34

字数：806 000

定价：468.00 元

（如有印装质量问题，我社负责调换）

Supported by the National Key Research and Development Project (2016YFC0501100)
Supported by the State Key Laboratory of Water Resource Protection and Utilization in Coal Mining

Key Technologies for Ecological Restoration and Comprehensive Improvement of Big-sized Coal-Electricity Developed Region

Li Quansheng et al.

Abstract

The scientific development of big-sized coal-electricity base is the basic guarantee of national energy strategy and regional ecological security, in which effective control of ecological damage would be important way damage to improve the developed level. Focused on controlling systematically eco-damage of big-sized coal-electricity developed region, research is designed based on "loss-reduction mining" idea and typical setting of big-sized coal-electricity developed region-the eastern grassland area of China. The three kind of key technologies are here introduced. First, eco-damage reduction during mining process, such as eco-damage reduction mining in large open-pit mines, eco-promoting matrix layer and soil reconstruction in mining areas, constructing underground reservoirs in large open-pit mines for water retention, and aquifer protection in-situ of large underground mines. Second, water-soil-plant coordinated restoration, involving near-natural reshaping of waste dump site, to enhance the quality and capacity and improve organic matter of poor soil, and vegetation restoration under extreme conditions through biologic promotion. Third, coordinated improvement in multi-scale, containing habitat protection and restoration between mining and pastoral area, landscape eco-function improvement of mining area, improving ecological stability, regulating and guaranteeing ecological safety. By which the technology system of eco-damage reduction has been preliminarily built for sustainable development of coal-electricity base.

The book is featured with strong theoretical and practical significance, favorable to research on ecological safety of big-sized coal-electricity developed region, eco-damage reduction mining of large coal bases, and eco-restoration of grassland areas, and also as a typical study case for researchers, college teachers, senior undergraduates, and postgraduates in related majors, as well as engineer engaged in ecology, mining, environment, and other disciplines.

本书主要作者名单

李全生　张建民　周保精　陈树召
曹志国　雷少刚　陆兆华　高均海
毕银丽　尚　涛　张利忠　王海清
陈维民　刘　勇　张润廷　宋仁忠
张国军　刘晓丽　曹银贵　鞠金峰
张　萌　张延旭　方　杰　池明波

List of Lead Authors

Li Quansheng　Zhang Jianmin　Zhou Baojing　Chen Shuzhao

Cao Zhiguo　Lei Shaogang　Lu Zhaohua　Gao Junhai

Bi Yinli　Shang Tao　Zhang Lizhong　Wang Haiqing

Chen Weimin　Liu Yong　Zhang Runting　Song Renzhong

Zhang Guojun　Liu Xiaoli　Cao Yingui　Ju Jinfeng

Zhang Meng　Zhang Yanxu　Fang Jie　Chi Mingbo

序

大型煤电基地是我国能源规模化开发的重要形式，国家重点开发的一批大型煤电基地已经成为国家安全保障的重要支撑。随着大型煤电基地开发规模和区域扩大，其引发的生态问题已经成为社会关注的焦点和影响区域生态安全的重要因素，特别是随着我国生态文明建设推进，大型煤电基地开发与区域生态安全的协同成为区域经济与社会可持续发展面临的突出问题。21 世纪以来，我国煤矿区生态修复技术取得了较大发展，在国家生态文明建设系统推进中，矿区生态修复拓展了土地复垦的局限，按照“减损开采”和“系统提升”的技术思路，逐步由被动修复转变为主动控制、由采后修复转变为全过程减损和提效、由采区修复转变为矿区恢复和区域调控，促进煤电基地科学开发与区域生态安全相协调。与传统矿区生态修复技术相比，在“源头”抑制生态损伤程度、提升矿区生态稳定性和区域安全水平等技术成为系统提升大型煤电基地与区域生态安全协调水平的关键。

《大型煤电基地生态修复与综合整治关键技术》是第一部聚焦大型煤电基地开发生态修复关键技术的研究成果，不仅继承了传统煤炭开采与矿区生态修复理论与技术，而且针对我国大型煤电基地科学开发中生态安全需求，首次提出“减损开采”和“系统提升”理念，以东部草原区大型煤电基地为样区，从采区–矿区–矿带–区域多尺度研究，按照采–排–复一体化减损和生态要素协同修复模式，提出的大型露天开采时–空减损、基于剥离物的土壤剖面重构、大型露天矿三层储水模式及地下水库和近地表储水层构建、贫瘠土壤提质增容、排土场地貌近自然重塑、牧矿景观交错带生境保护与修复、景观生态功能提升和区域生态安全调控等关键技术，具有理念创新性及技术先进性和实用性的鲜明特点，丰富和发展了煤炭开采和矿区生态修复理论与技术，实现了从“矿区煤炭开采与生态环境协调”向“大型煤电基地开发与区域生态安全协同”的跨越提升，为我国大型煤电基地科学开发提供重要支撑。

该书作为一部系统全面阐释大型煤电基地开发与生态修复问题的专著，其提出的先进理念和关键技术适用于我国大型煤电基地开发与生态环境保护，同样对煤炭绿色开采和大型煤炭基地科学开发具有重要指导作用。该书的面世对国内外从事煤电开发及管理、区域生态研究和管理、矿区生态修复等相关领域工作者必将有所裨益，对实现煤炭清洁高效开发利用和人与自然和谐共生有所贡献。

彭苏萍

中国工程院院士

2022 年 7 月 13 日

前　言

（一）

大型煤电基地是基于我国煤炭为主体能源的国情形成的能源集约化开发模式，是国家能源安全保障和区域经济可持续发展的重要支撑。随着大型煤电基地开发规模和区域扩大，其引发的生态问题已经成为我国生态文明建设推进面临的突出问题。我国生态环境问题相当严峻，北方沙化问题尤为突出，东部草原区生态屏障作用凸显。该区域位于我国“三区四带”的北方防沙带东部区域，年降水量不到400mm，气候酷寒（最低气温零下47.5℃），表土厚度仅30cm左右。近10年来，随着资源与畜牧业持续开发，优质草地面积下降了近一半；同时，该区域聚集了我国蒙东煤炭基地和呼伦贝尔市及锡林郭勒盟煤电基地，煤炭产能超4亿t，约占东北区产能的57%，保障了区域煤炭供应；电力装机约2000万kW，约占东北区煤电供应的29%，是西电东送和北电南送的保障区。大型煤电基地开发引发植被破坏、水土流失、地下水位下降等一系列生态问题，严重影响了能源保障和区域生态屏障作用的发挥，其生态修复和综合整治成为国家生态安全的重大课题。

矿区生态修复起源于20世纪初美国、德国等发达国家，主要始于露天开采区复垦。经过长期研究与实践，在生态修复规划、土壤重构、地貌重塑、植被恢复、采复一体化工艺、修复设备与材料、复垦区环境管理等方面取得一系列成果，并已形成法规和技术规范。目前的研究重点是矿区生态扰动影响、生态修复效果、土壤和生态系统长期演变机理、近自然地貌重塑技术等。我国20世纪80年代开始重视矿区生态修复及技术研发，研究与实践集中在井工矿山，“十一五”和“十二五”期间相继开展了“矿区复垦关键技术开发与示范应用”、“晋陕蒙接壤区大型能源基地生态恢复技术与示范”和“大型煤炭基地采煤沉陷区黄河泥沙充填修复技术及示范”等科技支撑计划项目，形成了适用于华北、华东煤矿区及晋陕蒙接壤区采煤沉陷地、煤矸石山生态修复的技术成果。随着我国露天矿煤炭产量增加，露天矿区生态修复工作得到加强，重点在平朔、准格尔等露天矿区开展了技术研发和工程实践，目前已从排土场复垦转变为采-排-复一体化协同推进，但尚需从整体上统筹水、土、植被等生态要素进行生态修复技术系统研发，尤其需要加强针对酷寒、半干旱、生态脆弱的东部草原区大型煤电基地生态修复和综合整治的研究。与传统矿区生态修复技术相比，控制生态损伤“源头”、提升矿区生态稳定性和区域安全水平等相关技术成为系统提升大型煤电基地与区域生态安全协调水平的关键。

为此，本书针对国家大型煤电基地科学开发与区域生态安全协同的技术难点，依托国家重点研发计划“东部草原区大型煤电基地生态修复与综合整治技术及示范”项目，以东部草原区的本底生态脆弱性、煤炭开采规模性和生态安全重要区为背景，按照采区-矿区-矿城-区域的多尺度生态调控目标，开展“开采减损”、“生态修复”和“区域调控”关键技术研究，旨在系统提升大型煤电基地科学开发与区域生态安全协同水平，为国家大型煤电基地科学开发提供技术支撑。

（二）

本书是在前人矿区生态修复研究与实践基础上，首次针对我国能源的煤–电一体化规模开发先进模式——大型煤电基地开发的生态损伤及区域生态影响问题，按照“源头减损”和“系统修复”思路，以“减损开采”为核心，突出开采生态损伤和修复关键环节，着力影响时间、损伤空间和结构破坏三个方面研发减损和修复关键技术，初步形成适于规模化煤电开发的生态安全保障技术体系。其技术创新性和应用先进性主要体现在以下四个方面：

（1）创建了大型露天开采生态减损型采–排–复一体化技术体系。提出了“源头减损–过程控制–末端治理”的采–排–复全过程生态修复理念及涵盖节地减损目标的露天开采布局和工艺优化方法，建立了基于露天矿生产计划中长期表土资源采运储用规划模型，研发了排土场含水层–隔水层结构再造的近自然立体地层重构技术，创建了空间上减少草原损伤面积、时间上缩短修复周期的开采–排弃–复垦（采排复）协同作业一体化技术体系，为大型露天开采系统减损与高效修复提供技术支撑。

（2）创建了大型露天开采水–土–植被一体化修复技术体系。提出了露天矿边坡仿自然微地貌综合整治方法和修复区群落结构–土壤功能–生物地球化学循环过程优化方法，研发了地下水资源保护与优化利用–土壤重构与提质增容–植物优选培育与生长促进的水–土–植一体化生态修复技术，为大型露天开采生态要素协同修复提供了技术支撑。

（3）创建了露天煤矿“地下水库–近地表储水层–分布式保水控蚀设施+地面水库”的立体保水技术体系。提出了利用排土场底层岩石空隙储用矿坑水的技术思路，研发了露天煤矿地下水库选址、库容计算和安全监测等技术；开发了近地表生态型储水层重构技术，提高了土壤基质层渗透能力和土壤层含水率；研发了导水、集水、用水为一体的排土场分布式保水控蚀技术，有效提升了排土场水土保持功能和局域储水能力；解决了排土场和废迹地情景建设地面水库的库底和坝体防渗技术，实现了矿坑水“冬储夏用”，提高了地下水的保护与利用效率。

（4）建立了多尺度大型煤电基地区域生态安全协调机制与调控方法。提出了大型露天矿区、农牧矿城景观、盟市区域多尺度生态稳定性与生态安全评价方法，揭示了多尺度协同的区域生态安全协调机制，研发了大型露天矿排土场地层与地貌近自然重构、典型矿业景观生态功能提升和牧矿交错带生境保护修复技术，构建了城矿及区域生态规划、盟市区域生态功能分区治理与调控保障模式及调控方法，为大型煤电基地可持续开发区域生态安全保障提供解决方案。

（三）

本书围绕大型煤电基地生态安全保障目标，按照源头减损和系统协同，侧重三个方面介绍大型煤电基地生态修复与综合整治关键技术。全书共分 12 章，其中，第 1 章总结了我国煤矿区规模化开发面临的生态修复研究与实践进展情况、大型煤电基地开发面临的技术难题和挑战，研究解决问题的思路与方法；第2章至第5章针对煤炭高强度开采的生态损伤，提出大型煤电基地露天开采的采–排–复一体化工艺优化提升、大型露天采区生态促进性基质层与土壤重构、大型露天煤矿地下水库保水和大型井工矿地下水原位保护等技术，重点解决高强度煤炭开采的源头减损问题；第6章至第8章针对东部草原区干旱、土壤贫瘠和水资源短缺问题和有限的生态修复可用资源，提出露天矿内排土场地貌近自然重塑、表土稀缺区土壤构建与改良、极端环境开采植被受损区植被修复等技术，重点解决水–土–植等生态多要素协同修复难点问题；第9章至第12章针对大型煤电基地生态恢复过程中土壤与植被退化、景观破碎化、系统自维持能力差等问题，提出了牧矿景观交错带生境保护与修复、景观生态功能提升、生态稳定性提升和区域生态安全调控及保障技术，重点解决基于大型煤电基地区域生态承载力的生态稳定性提升和生态安全协同保障问题。

本书是集体研究的成果。全书由李全生、张建民提出并总体构思和布局主要内容，周保精、曹志国协调组织，张国军具体协助，在一大批中青年研发骨干和专家积极参与下完成。主要执笔者分别为：前言，李全生、张建民、周保精、杨英明；第1章，李全生、周保精、张国军、陈树召、刘晓丽、鞠金峰、高均海、雷少刚、毕银丽、陆兆华；第2章，李全生、陈树召、尚涛、韩流、栗嘉彬、潘朝港、周保精、张国军；第3章，陈树召、周伟、赵艳玲、王鑫、尚涛、周保精、张国军；第4章，刘晓丽、曹志国、王玉凯、杜涵、苏慎忠、张周爱、池明波、王海清、王常建；第5章，鞠金峰、曹志国、许家林、沙猛猛、方志远、温建忠、马正龙、赵伟、武洋、陈维民；第6章，高均海、雷少刚、夏嘉南、李恒、陈航、张勇、闫建成、张峰、邢朕国；第7章，曹银贵、王凡、况欣宇、王玲玲、黄雨晗、王党朝；第8章，毕银丽、包玉英、张延旭、宋子恒、郭楠、解琳琳、徐军、郭海桥、王党朝；第9章，雷少刚、程伟、吴振华、赵义博、韩兴、尚志、王党朝、佘长超、闫石；第10章，雷少刚、宫传刚、田雨、刘勇、张润廷、鞠兴军、张周爱、郭海桥、王长建、黄玉凯、李雁飞；第11章，陆兆华、张萌、张琳、张梦利、王瑶、白璐、韩兴、尚志；第12章，陆兆华、马妍、张萌、杨兆青、史娜娜、王菲、张利忠、宋仁忠、方杰。全书由张国军编辑，张建民统稿，李全生审定。

本书是对当前研究的认识与总结，作为第一部系统地阐述大型煤电基地生态修复与综合整治关键技术的专著，涉及了生态减损、近自然生态修复、生态安全提升技术的诸多方面，加之矿业与生态系统问题复杂，作者水平和时间有限，书中疏漏和谬误难免，恳请读者给予批评指正。我们也将不断深入研究与系统完善，希望本成果能为我国煤炭开发和矿区生态建设协调发展提供借鉴和参考，同时也对中国乃至世界大型煤电基地生态损伤与生态安全协调研究与治理实践有所贡献。

目　　录

序
前言
第1章　绪论 …… 1
1.1　东部草原区煤电基地生态安全面临的主要问题 …… 1
1.1.1　东部草原区煤电基地开发与生态本底特征 …… 1
1.1.2　东部草原区煤电基地开发面临的主要问题 …… 3
1.2　草原区域生态恢复技术研究进展 …… 6
1.2.1　高强度开采生态减损方面 …… 6
1.2.2　大型露天矿区生态修复技术方面 …… 10
1.2.3　区域生态安全研究与实践方面 …… 21
1.3　东部草原区煤电基地生态修复挑战与解决途径 …… 22
1.3.1　生态修复技术难点问题 …… 22
1.3.2　解决思路与具体方法 …… 26
1.3.3　预期目标与效果 …… 30
第2章　大型露天矿生态减损型采-排-复一体化技术 …… 32
2.1　露天开采节地增时减损机制 …… 32
2.1.1　露天矿生产的土地占用规律 …… 32
2.1.2　露天开采节地减损机制 …… 33
2.1.3　生态修复窗口利用提效增时机制 …… 38
2.2　草原区露天煤矿节地减损型开采技术 …… 40
2.2.1　酷寒区软岩露天矿靠帮开采技术 …… 40
2.2.2　露天开采境界内沿帮排土技术 …… 48
2.2.3　节地型露天矿地面生产系统布局优化 …… 51
2.3　露天矿“生态窗口期”协同利用增时修复方法 …… 56
2.3.1　排土场生态修复工程条件 …… 56
2.3.2　露天矿排土场“生态修复窗口期” …… 59
2.3.3　基于生态修复目标的表土采运储用规划方法 …… 64
2.4　露天矿生态减损型采-排-复一体化工艺 …… 73
2.4.1　露天矿采-排-复一体化工艺优选 …… 73
2.4.2　典型露天开采工艺适应度评价模型 …… 73
2.4.3　综合工艺适应度评价模型 …… 80
2.4.4　综合开采工艺系统间协调配合 …… 82

第 3 章　大型露天矿采区生态修复促进型基质层与土壤重构技术 …… 85

3.1　露天矿内排土场生态修复型地层重构机制 …… 85

3.1.1　露天开采对矿区地层的影响规律 …… 85

3.1.2　露天矿内排土场地层立体重构机制 …… 88

3.1.3　排土场土壤结构重建的生态修复促进机制 …… 90

3.2　排土场松散土石混合体重构特性 …… 92

3.2.1　重塑土石混合体变形规律 …… 93

3.2.2　土石混合体强度重构影响因素分析 …… 102

3.2.3　土石混合体中大块岩体破坏力学模型 …… 106

3.3　排土场地层近自然立体重构方法 …… 108

3.3.1　压实固结条件下剥离物渗透特性与隔水层构建方法 …… 108

3.3.2　近地表生态型储水层构建方法 …… 115

3.4　草原区近地表土壤层序结构再造技术 …… 121

3.4.1　矿区土壤性质分析 …… 121

3.4.2　排土场土壤层序结构再造方案 …… 124

3.4.3　基于近地表剥离物的表土替代材料研发 …… 131

第 4 章　软岩区大型露天煤矿地下水库保水技术 …… 139

4.1　露天煤矿地下水库储水机制 …… 139

4.1.1　露天煤矿地下水库基本概念 …… 139

4.1.2　露天煤矿地下水保护模式 …… 143

4.1.3　地下水库储水能力确定方法 …… 148

4.2　露天煤矿地下水库设计研究 …… 157

4.2.1　设计原则和主要指标 …… 157

4.2.2　地下水库功能设计 …… 161

4.2.3　地下水库结构设计 …… 163

4.2.4　地下水库安全控制设计 …… 166

4.3　露天煤矿地下水库建设关键技术 …… 169

4.3.1　露天地下水库选址技术 …… 169

4.3.2　储水体重构技术 …… 172

4.3.3　采-排-筑-复一体化技术 …… 182

第 5 章　软岩区大型井工矿地下水原位保护技术 …… 184

5.1　高强度采动裂隙人工引导自修复的含水层保护技术 …… 184

5.1.1　覆岩导水裂隙水流动特性及其主通道分布模型 …… 184

5.1.2　水-气-岩相互作用下覆岩导水裂隙自修复机制 …… 194

5.1.3　采动裂隙人工引导自修复的含水层原位保护技术 …… 206

5.2　软岩区大型井工矿地下水库保水技术 …… 215

5.2.1　地下水库储水空间物理模型 …… 215

5.2.2　采空区储水介质空隙量及库容 …… 216

5.2.3　软岩采空区储水的可注性评价 …… 224
5.3　软岩富水区安全开采与地下水原位保护协调技术 …… 227
5.3.1　治理区选取 …… 227
5.3.2　试验区导水裂隙发育探查 …… 228
5.3.3　近泄流区安全开采风险评价 …… 230
第6章　采-排-复一体化露天矿内排土场地貌近自然重塑 …… 232
6.1　露天矿内排土场地貌近自然重塑背景及意义 …… 232
6.1.1　技术背景及研究意义 …… 232
6.1.2　技术原理 …… 234
6.2　自然地貌特征提取 …… 235
6.2.1　自然坡线特征提取 …… 235
6.2.2　自然沟道特征参数提取 …… 239
6.2.3　其他自然地貌特征参数提取 …… 242
6.3　内排土场边坡近自然地貌重塑 …… 244
6.3.1　土方优化地貌重塑模型构建 …… 244
6.3.2　沟道提取及再优化 …… 246
6.3.3　重塑地形稳定性检测 …… 247
6.4　技术示例 …… 247
6.4.1　示例区简介及数据来源 …… 247
6.4.2　近自然边坡模型构建 …… 250
6.4.3　地貌临界模型构建 …… 254
6.4.4　内排土场采复子区空间识别 …… 255
6.4.5　基于原始地貌的内排土场土方平衡优化 …… 256
6.4.6　沟道优化及近自然重塑地形结果 …… 257
6.4.7　重塑地貌稳定性评价 …… 260
6.4.8　重塑地貌养护建议 …… 263
第7章　大型露天矿生态修复表土稀缺区土壤构建与改良技术 …… 264
7.1　研究技术路线 …… 264
7.2　修复区土壤剖面构型与植被生长耦合关系 …… 265
7.2.1　研究区概况 …… 265
7.2.2　修复区原生土壤理化性质及养分状况综合评价 …… 267
7.2.3　修复区原生土壤物理性质与生物量关系分析 …… 280
7.2.4　研究结果 …… 281
7.3　基于矿区成壤废弃物的生态修复区基质土壤重构方法 …… 282
7.3.1　矿区成壤废弃物特性分析 …… 282
7.3.2　基于成壤废弃物的土壤重构机制 …… 283
7.3.3　基于成壤废弃物的土壤重构方案 …… 284
7.3.4　基于成壤废弃物的土壤重构方法 …… 288

7.3.5　效果分析 …… 290
7.3.6　研究结果 …… 298
7.4　生态修复区基质土壤改良方法 …… 299
7.4.1　基于生物炭的土壤肥力提升机制 …… 299
7.4.2　基于生物炭的土壤肥力提升试验方案 …… 301
7.4.3　效果分析 …… 303
7.4.4　研究结果 …… 310
第8章　草原煤炭露天开采受损区植被恢复关键技术 …… 312
8.1　草原受损区域土壤提质技术 …… 312
8.1.1　不同物理改良方式对黏土水分和养分的影响 …… 313
8.1.2　物理改良方式黏土对磷的养分动力学特性研究 …… 317
8.1.3　物理改良下黏土对植物生长及土壤改良效果研究 …… 321
8.2　草原区极端环境受损区微生物增容技术 …… 326
8.2.1　接种不同丛枝菌根对土壤因子的影响 …… 326
8.2.2　接种AM真菌对不同配比黑黏土的玉米光谱反演 …… 329
8.2.3　氮营养与AM真菌协同对玉米生长及土壤肥力的影响 …… 333
8.3　草原区极端环境受损区域生物综合修复技术 …… 335
8.3.1　草原区与极端环境受损区域优势生物种群筛选与保育 …… 336
8.3.2　物理改良下黏土不同接菌处理对植物生长的影响 …… 340
8.3.3　接种丛枝菌根及其他内生真菌促生作用 …… 342
8.3.4　生物综合修复技术野外应用情况及效果 …… 343
第9章　大型煤电基地牧矿景观交错带生境保护与修复技术 …… 347
9.1　大型煤电基地牧矿交错带的界定及其主要问题 …… 347
9.1.1　牧矿交错带的界定 …… 347
9.1.2　牧矿交错带的主要问题及研究现状 …… 348
9.2　牧矿交错带生境保护与修复方法 …… 350
9.2.1　牧矿交错带生境保护技术 …… 350
9.2.2　牧矿交错带生境修复技术 …… 352
9.2.3　牧矿交错带生境保护修复技术路线 …… 354
9.3　大型煤电基地牧矿交错带演化与生境特征 …… 354
9.3.1　牧矿交错带群落结构特征 …… 354
9.3.2　牧矿交错带的生境特征 …… 358
9.4　大型煤电基地牧矿交错带生境保护技术 …… 368
9.4.1　牧矿交错带生态廊道规划 …… 368
9.4.2　景观隔离带物种选择 …… 372
9.4.3　景观隔离带空间配置 …… 375
9.5　大型煤电基地牧矿交错带退化生境修复技术 …… 380
9.5.1　腐殖质层再造 …… 380

9.5.2 微生物激发剂研发 …… 380
9.5.3 消除入侵植物化感作用 …… 384
第10章 大型煤电基地景观生态功能提升关键技术 …… 386
10.1 大型煤电基地排土场景观主要问题及诊断方法 …… 386
10.1.1 矿区景观生态功能提升相关理论 …… 387
10.1.2 矿区景观生态功能提升诊断方法 …… 391
10.1.3 研究方法与技术路线 …… 394
10.2 草原煤电基地排土场水土保持功能提升 …… 396
10.2.1 草原煤电基地排土场景观的水土保持功能提升难点 …… 396
10.2.2 排土场松散边坡地质稳定性监测与治理 …… 398
10.2.3 排土场土壤复合侵蚀监测与治理 …… 402
10.2.4 排土场水力侵蚀规律与治理 …… 406
10.3 草原煤电基地排土场重建植被群落优化配置 …… 417
10.3.1 基于群落稳定性的植被配置模式 …… 417
10.3.2 重建植被群落稳定性维持机制 …… 419
10.3.3 草本植被边坡稳定性提升技术 …… 419
10.3.4 重建植被的遴选与种植技术 …… 424
第11章 大型煤电基地生态稳定性提升技术 …… 428
11.1 大型煤电基地生态稳定性评价方法 …… 428
11.1.1 大型煤电基地生态稳定性评价模型 …… 429
11.1.2 大型煤电基地生态稳定性评价研究 …… 434
11.2 大型煤电基地生态稳定性提升模式与关键技术 …… 437
11.2.1 能源植物优选技术 …… 437
11.2.2 脱硫石膏改良矿区盐碱土技术 …… 442
11.2.3 草原区沙化土壤改良技术 …… 447
第12章 大型煤电基地区域生态安全调控及保障技术（以东部草原区为例） …… 456
12.1 东部草原区大型煤电基地生态安全主控因素 …… 457
12.1.1 大型煤电基地生态安全评价理论基础 …… 457
12.1.2 大型煤电基地区域生态安全关键因子 …… 458
12.1.3 生态安全评价指标体系构建 …… 458
12.1.4 生态安全评价方法 …… 459
12.1.5 评价指标体系运行 …… 462
12.2 东部草原区大型煤电基地能源开发生态安全评价 …… 463
12.2.1 大型煤电基地城矿尺度生态安全评价 …… 463
12.2.2 大型煤电基地区域（盟）尺度生态安全评价 …… 477
12.3 东部草原区大型煤电基地生态安全调控方法 …… 480
12.3.1 调控模拟 …… 481
12.3.2 调控预测 …… 482

12.3.3　调控体系建设 …… 483
12.3.4　调控模式 …… 484
12.3.5　调控措施 …… 484
12.4　大型煤电基地生态安全保障技术 …… 487
12.4.1　煤电基地（矿区）生态安全保障关键修复技术 …… 487
12.4.2　城矿（市旗）生态安全保障公众参与机制 …… 489
结束语 …… 504
参考文献 …… 506

Contents

Foreword

Preface

Chapter 1 Introduction ······ 1

1.1 Main problems faced by ecological security of coal power base in eastern grassland area ······ 1

1.1.1 Development and ecological background characteristics of coal power base in eastern grassland area ······ 1

1.1.2 Main problems in the development of coal power base in the eastern grassland area ······ 3

1.2 Research progress of grassland regional ecological restoration technology ······ 6

1.2.1 Ecological loss of high-intensity mining ······ 6

1.2.2 Ecological restoration technology in large open-pit mining area ······ 10

1.2.3 Research and practice of regional ecological security ······ 21

1.3 Challenges and solutions to ecological restoration of coal-power base in eastern grassland area ······ 22

1.3.1 Technical difficulties in ecological restoration ······ 22

1.3.2 Solutions and methods ······ 26

1.3.3 Expected objectives and effects ······ 30

Chapter 2 Ecological loss reduction mining-drainage-rehabilitation integration technology in large open-pit ······ 32

2.1 Land saving time reduction mechanism of open-pit mining ······ 32

2.1.1 Rules of land occupation for open-pit production ······ 32

2.1.2 Land saving loss reduction mechanism of open-pit mining ······ 33

2.1.3 Ecological restoration window using time improvement mechanism ······ 38

2.2 Land saving and loss reduction mining technology of open-pit coal mine in grassland area ······ 40

2.2.1 Wall mining technology of soft rock open-pit in cold area ······ 40

2.2.2 Inner side drainage technology of open-pit mining ······ 48

2.2.3 Layout optimization of surface production system in segment-type open-pit mine ······ 51

2.3 Collaborative use of "ecological window period" in open-pit mine time improvement method ······ 56

2.3.1 Conditions of dump ecological restoration engineering ······ 56

2.3.2 "Ecological restoration window period" of open-pit dump ······ 59

2.3.3 Planning methods for topsoil mining, transportation and storage based on ecological restoration objectives ······ 64
2.4 Integrated process of ecological loss reduction mining and drainage in open-pit ······ 73
2.4.1 Optimization of mining and drainage integration process in open pit ······ 73
2.4.2 Fitness evaluation model of typical open-pit mining process ······ 73
2.4.3 Comprehensive process fitness evaluation model ······ 80
2.4.4 Coordination and cooperation among comprehensive mining technology systems ······ 82
Chapter 3 Ecological restoration promoting matrix layer and soil reconstruction technology in large open-pit mining area ······ 85
3.1 Formation reconstruction mechanism of ecological restoration in open-pit dump ······ 85
3.1.1 Influence law of open-pit mining on strata in mining area ······ 85
3.1.2 Formation three-dimensional reconstruction mechanism of dump in open pit ······ 88
3.1.3 Promoting mechanism of ecological restoration for soil structure reconstruction in dump ······ 90
3.2 Reconstruction characteristics of loose soil-rock mixture in the dump ······ 92
3.2.1 Reconstruction of deformation law of soil-rock mixture ······ 93
3.2.2 Analysis of influencing factors of strength reconstruction of soil-rock mixture ······ 102
3.2.3 Mechanical model for the failure of large rock masses in soil-rock mixture ······ 106
3.3 Near-natural three-dimensional reconstruction method of dump strata ······ 108
3.3.1 Penetration characteristics of peel and construction method of waterproof layer under compaction and consolidation conditions ······ 108
3.3.2 Construction method of near-surface ecotype water reservoir ······ 115
3.4 Reconstruction of near-surface soil sequence structure in grassland area ······ 121
3.4.1 Analysis of soil properties in mining area ······ 121
3.4.2 Reconstruction scheme of soil sequence structure in dump site ······ 124
3.4.3 Research and development of topsoil replacement materials based on near-surface stripping ······ 131
Chapter 4 Water preservation technology of underground reservoir of large open pit coal mine in soft rock Area ······ 139
4.1 Water storage mechanism of underground reservoir in opencast coal mine ······ 139
4.1.1 Basic concept of underground reservoir in opencast coal mine ······ 139
4.1.2 Underground water protection mode of open pit coal mine ······ 143
4.1.3 Methods for determining water storage capacity of underground reservoirs ······ 148
4.2 Design and study of underground reservoir in opencast coal mine ······ 157
4.2.1 Design principles and main indexes ······ 157
4.2.2 Functional design of underground reservoir ······ 161

4.2.3 Structural design of underground reservoir ······ 163
4.2.4 Safety control design of underground reservoir ······ 166
4.3 Key technologies of underground reservoir construction in opencast coal mine ······ 169
4.3.1 Site selection technology of open-air underground reservoir ······ 169
4.3.2 Reservoir water reconstruction technology ······ 172
4.3.3 Integration technology of mining, drainage, construction, and restoration ······ 182
Chapter 5 In-situ protection technology of groundwater in large wells and mines in soft rock area ······ 184
5.1 Aquifer protection technology for artificial guided self-healing of high strength mining-induced fractures ······ 184
5.1.1 Water flow characteristics and main channel distribution model of water-conducting fractures in overlying rock ······ 184
5.1.2 Self-healing mechanism of water-conducting fractures in overlying rock under water-gas-rock interaction ······ 194
5.1.3 Aquifer in-situ protection technology for artificial guided self-repair of mining-induced fissure ······ 206
5.2 Water conservation technology of large underground reservoirs for mining and mining in soft rock area ······ 215
5.2.1 Physical model of underground reservoir water storage space ······ 215
5.2.2 Study on the void volume and storage capacity of water storage medium in goaf ······ 216
5.2.3 Evaluation of the injectivity of water stored in soft rock goaf ······ 224
5.3 Coordination technology of safe exploitation and in-situ protection of groundwater in soft rock rich water Area ······ 227
5.3.1 Select 220 in the management area ······ 227
5.3.2 Exploration of water-conducting fissure development in the test area ······ 228
5.3.3 Risk assessment of safe mining near discharge area ······ 230
Chapter 6 Near-natural remodeling of the landform of the dump in open-pit under the integration of mining and drainage ······ 232
6.1 Background and significance of near-natural remodeling of landform of dump in open-pit mine ······ 232
6.1.1 Technical background and research significance ······ 232
6.1.2 Technical principles ······ 234
6.2 Extraction of natural geomorphic features ······ 235
6.2.1 Natural slope line feature extraction ······ 235
6.2.2 Extraction of characteristic parameters of natural channel ······ 239
6.2.3 Extraction of other natural landform feature parameters ······ 242
6.3 Reconstruction of inner dump slope near natural landform ······ 244

6.3.1 Geomorphic remodeling model construction of earthwork optimization ········ 244
6.3.2 Channel extraction and reoptimization ········ 246
6.3.3 Remolding terrain stability detection ········ 247
6.4 Technical example ········ 247
6.4.1 Introduction to example area and data sources ········ 247
6.4.2 Construction of near-natural slope model ········ 250
6.4.3 Geomorphic critical model construction ········ 254
6.4.4 Spatial identification of recovery subarea of inner dump ········ 255
6.4.5 Earthwork balance optimization of inner dump based on original landform ········ 256
6.4.6 Channel optimization and near-nature remodeling results ········ 257
6.4.7 Assessment of stability of remodeled landform ········ 260
6.4.8 Suggestions for reshaping landform maintenance ········ 263
Chapter 7 Soil construction and improvement technology of ecological restoration topsoil scarce area in large open-pit mine ········ 264
7.1 Research technical route ········ 264
7.2 Coupling relationship between soil profile configuration and vegetation growth in the restoration area ········ 265
7.2.1 Study area overview ········ 265
7.2.2 Comprehensive evaluation of physical and chemical properties and nutrient status of primary soil in the restoration area ········ 267
7.2.3 Analysis of relationship between physical properties of primary soil and biomass in restoration area ········ 280
7.2.4 Research results ········ 281
7.3 Matrix soil reconstruction method in ecological restoration area based on pedogenic waste in mining area ········ 282
7.3.1 Characteristics analysis of loam waste in mining area ········ 282
7.3.2 Soil reconstruction mechanism based on pedogenic waste ········ 283
7.3.3 Soil reconstruction scheme based on pedogenic waste ········ 284
7.3.4 Soil reconstruction method based on pedogenic waste ········ 288
7.3.5 Effect analysis ········ 290
7.3.6 Study results ········ 298
7.4 Methods for improving matrix soil in ecological restoration area ········ 299
7.4.1 Soil fertility enhancement mechanism based on biochar ········ 299
7.4.2 Soil fertility enhancement test scheme based on biochar ········ 301
7.4.3 Effect analysis ········ 303
7.4.4 Research results ········ 310
Chapter 8 Key technologies of vegetation restoration in the grassland mining damaged areas ········ 312

8.1 Soil quality improvement techniques for areas with extreme environmental damage in grassland areas ······ 312
8.1.1 Effects of different physical improvement methods on moisture and nutrients of clay ······ 313
8.1.2 Study on nutrient kinetics of phosphorus in clay by physical improvement method ······ 317
8.1.3 Effect of physical modified clay on plant growth and soil improvement ······ 321
8.2 Microbial capacity enhancement technology in the damaged area of extreme environment in grassland area ······ 326
8.2.1 Effects of inoculation of different arbuscular mycorrhiza on soil factors ······ 326
8.2.2 Spectral inversion of maize with different proportions of black clay inoculated with AM fungi ······ 329
8.2.3 Effects of nitrogen nutrition and AM fungi on maize growth and soil fertility ······ 333
8.3 Biological comprehensive remediation technology for areas with extreme environmental damage in grassland area ······ 335
8.3.1 Screening and conservation of dominant species in grassland and extreme environment damaged areas ······ 336
8.3.2 Effects of different clay inoculation treatments on plant growth under physical improvement ······ 340
8.3.3 Growth-promoting effect of arbuscular mycorrhiza and other endophytic fungi ······ 342
8.3.4 Field application of biological comprehensive remediation technology and its effect ······ 343
Chapter 9 Habitat protection and restoration technology of grazing and mining landscape ecotone in big-sized coal-electricity developed region ······ 347
9.1 Definition and main problems of grazing and mining ecotone in big-sized coal-electricity developed region ······ 347
9.1.1 Definition of grazing zone ······ 347
9.1.2 Main problems and research status of grazing and ore ecotone ······ 348
9.2 Habitat protection and restoration methods of grazing and ore ecotone ······ 350
9.2.1 Habitat protection technology of grazing and ore ecotone ······ 350
9.2.2 Habitat restoration technology of grazing and ore ecotone ······ 352
9.2.3 Technical route of habitat protection and restoration in the grazing-mining ecotone ······ 354
9.3 Evolution and habitat characteristics of the grazing-mining ecotone in big-sized coal-electricity base ······ 354
9.3.1 Community structure characteristics of the grazing-mining ecotone ······ 354
9.3.2 Habitat characteristics in the ecotone of grazing and mining area ······ 358
9.4 Habitat protection technology in the grazing-mining ecotone of big-sized coal-electricity developed region ······ 368
9.4.1 Ecological corridor planning of the grazing-mining ecotone ······ 368

9.4.2 Species selection of landscape isolation zone ······ 372
9.4.3 Space configuration of landscape isolation zone ······ 375
9.5 Restoration technology of degraded habitat in the grazing-mining ecotone of big-sized coal-electricity base ······ 380
9.5.1 Reconstruction of humus layer ······ 380
9.5.2 Development of microbial activators ······ 380
9.5.3 Elimination of allelopathy in invasive plants ······ 384
Chapter 10 Key technologies of landscape ecological function improvement in big-sized coal-electricity developed region ······ 386
10.1 Major problems and diagnostic methods of dump landscape in big-sized coal-electricity developed region ······ 386
10.1.1 Related theories on the improvement of landscape ecological function in mining areas ······ 387
10.1.2 Diagnostic methods of landscape ecological function improvement in mining area ······ 391
10.1.3 Research methods and technical routes ······ 394
10.2 Soil and water conservation function of dump in grassland coal power base has been improved ······ 396
10.2.1 Difficulties in improving soil and water conservation function of dump landscape in grassland coal-power base ······ 396
10.2.2 Monitoring and treatment of loose slope geological stability of dump ······ 398
10.2.3 Monitoring and control of soil composite erosion in dump site ······ 402
10.2.4 Law and treatment of hydraulic erosion in dump ······ 406
10.3 Optimal allocation of vegetation community reconstruction in waste dump of grassland coal-power base ······ 417
10.3.1 Vegetation allocation model based on community stability ······ 417
10.3.2 Reconstruction of vegetation community stability maintenance mechanism ······ 419
10.3.3 Herbaceous vegetation slope stability enhancement technology ······ 419
10.3.4 Selection and planting techniques of reestablished vegetation ······ 424
Chapter 11 Ecological stability improvement technology of big-sized coal-electricity developed region ······ 428
11.1 Evaluation method for ecological stability of big-sized coal-electricity developed region ······ 428
11.1.1 Evaluation model of ecological stability of big-sized coal-electricity developed region ······ 429
11.1.2 Research results of ecological stability evaluation of big-sized coal-electricity developed region ······ 434
11.2 Models and key technologies for ecological stability improvement of big-sized coal-electricity developed regions ······ 437

11. 2. 1 Optimization technology of energy plants ······ 437
11. 2. 2 Technology of desulfurized gypsum to improve saline-alkali soil in mining area ······ 442
11. 2. 3 Improving technology of desertified soil in grassland area ······ 447
Chapter 12 Regulation and guarantee technologies of regional ecological security for big-sized coal-electricity developed region, eastern grassland area ······ 456
12. 1 Main controlling factors of ecological security ······ 457
12. 1. 1 Theoretical basis of ecological security evaluation ······ 457
12. 1. 2 Key controlling factors of regional ecological security ······ 458
12. 1. 3 Index system construction for ecological security evaluation ······ 458
12. 1. 4 Methods for ecological security assessment ······ 459
12. 1. 5 Operation of evaluation index system ······ 462
12. 2 Ecological security assessment of energy development ······ 463
12. 2. 1 Ecological security evaluation of the developed region at urban/mine scale ······ 463
12. 2. 2 Regional (league) scale ecological security assessment of the developed region ······ 477
12. 3 Regulation methods for ecological security of the coal-electricity developed region ······ 480
12. 3. 1 Regulation simulation ······ 481
12. 3. 2 Regulation forecast ······ 482
12. 3. 3 Construction of regulation system ······ 483
12. 3. 4 Regulation mode ······ 484
12. 3. 5 Control measures ······ 484
12. 4 Ecological security technology of big-sized coal-electricity developed region ······ 487
12. 4. 1 Key restoration technologies for ecological security in mining area ······ 487
12. 4. 2 Public participation mechanism for ecological security guarantee in city-county area ······ 489
Conclusion ······ 504
References ······ 506

第1章　绪　　论

东部草原区位于我国生态安全“三区四带”的北方防沙带，具有酷寒、半干旱、土壤瘠薄等生态脆弱特征，也是我国以露天开采为主的重要大型煤电基地，煤炭产能超过4亿t，火电装机约2000万kW，高强度开采与煤电开发引起的生态环境问题直接影响着区域可持续发展和国家生态安全。东部草原区煤电基地开发在保障我国东北部能源供应的同时，也引起了地下水位下降、土地破坏、土壤沙化、植被退化、景观破损等生态问题，煤电开发与生态保护与修复矛盾突出，开发引起的草原生态退化机理不清，生态恢复技术研发滞后，国外尚无成熟的技术可借鉴应用，现有生态修复模式和技术难以支撑东部草原区煤电基地生态修复与综合治理。系统梳理东部草原区大型煤电基地开发与生态修复面临的主要难点问题，明确研究方向和科学方法，攻克生态修复关键技术和构建适应型生态修复模式，构建实用化关键技术体系，对东部草原区大型煤电基地科学开发实践显得尤为必要。

1.1　东部草原区煤电基地生态安全面临的主要问题

1.1.1　东部草原区煤电基地开发与生态本底特征

1.1.1.1　东部草原区煤电基地开发特点

东部草原区包括内蒙古自治区东部的锡林郭勒盟、赤峰市、通辽市、兴安盟和呼伦贝尔市东部五盟市，辖51个旗县市区，总面积66.49万km^2，占内蒙古自治区总土地面积的56.2%。该区煤炭资源丰富，截至2010年底，煤炭资源量约4600亿t，其中查明煤炭资源量约2877亿t，占自治区总量的38%。该区煤炭资源以褐煤为主，开采条件优越，大部分都可露天开采，我国20世纪80年代开发的伊敏、霍林河、元宝山等大型露天煤矿均处于该区。目前，该区现已建成3500万t级露天煤矿1座，2000万t级露天煤矿2座，1000万t级露天煤矿8座。

东部草原区受煤炭资源分布和开发模式影响，煤炭开发表现出明显的聚集性，大部分产能集中于以呼伦贝尔和锡林郭勒为中心的两个开发区带上。其中，锡林郭勒区域煤炭资源量约为2500亿t，查明资源量约1448亿t。该区以锡林郭勒市为重点，聚集胜利矿区、霍林河矿区、元宝山矿区等多个大型煤矿区，形成了一个生产能力近2亿t的特大型煤炭基地；呼伦贝尔区域煤炭资源量约为1948亿t，其中查明资源量约1272亿t，是东三省总和的1.8倍。该区以海拉尔为中心，聚集大雁矿区、伊敏矿区、宝日希勒矿区、扎赉诺尔矿区等多个大型煤矿区，形成了一个生产能力近亿吨的大型煤炭基地。

1.1.1.2　东部草原区生态本底特征

东部草原区主要包括呼伦贝尔草原区和锡林郭勒草原区，地貌景观以低山丘陵为主，属于中温带大陆性季风气候，春秋两季气温变化急促，夏季温凉短促，冬季寒冷漫长，且春温高于秋温，秋雨多于春雨，无霜期短，气温年、日差较大，光照充足，逐月气温与降水量变化规律如表1-1所示。

表1-1　东部草原区逐月气温与降水量变化规律（多年平均值）

月份	锡林郭勒			呼伦贝尔		
	日均最高气温/℃	日均最低气温/℃	平均降水总量/mm	日均最高气温/℃	日均最低气温/℃	平均降水总量/mm
1	-12	-25	2	-20	-31	4
2	-8	-22	3	-15	-28	3
3	2	-13	5	-4	-18	6
4	13	-2	7	8	-4	14
5	20	5	24	18	3	25
6	25	11	47	24	10	55
7	28	15	82	26	14	96
8	26	13	65	24	12	84
9	20	6	25	17	4	37
10	12	-3	11	8	-5	14
11	0	-13	5	-6	-17	5
12	-10	-21	2	-17	-27	5

1. 呼伦贝尔草原区

呼伦贝尔草原位于大兴安岭以西，是新巴尔虎右旗、新巴尔虎左旗、陈巴尔虎旗、鄂温克旗和海拉尔区、满洲里市及额尔古纳市南部、牙克石市西部草原的总称，东西宽约350km，南北长约300km，总面积1126.67万hm^2。3000多条河流纵横交错，500多个湖泊星罗棋布，地势东高西低，海拔在650～700m，由东向西呈规律性分布，地跨森林草原、草甸草原和干旱草原三个地带。除东部地区约占该区面积的10.5%为森林草原过渡地带外，其余多为天然草场。多年生草本植物是组成呼伦贝尔草原植物群落的基本生态性特征，草原植物资源1000余种，隶属100个科450属。

呼伦贝尔地处温带北部，大陆性气候显著。以根河与额尔古纳河交汇处为北起点，向南大致沿120°E经线划界：以西为中温带大陆性草原气候；以东的大兴安岭山区为中温带季风性混交林气候，低山丘陵和平原地区为中温带季风性森林草原气候，“乌玛-奇乾-根河-图里河-新帐房-加格达奇-125°E蒙黑界”以北属于寒温带季风性针叶林气候。全市气候特点是冬季寒冷漫长，夏季温凉短促，春季干燥风大，秋季气温骤降霜冻早；热量不足，昼夜温差大，有效积温利用率高，无霜期短，日照丰富，降水量差异大，降水期多集中在7～8月。全年气温冬冷夏暖，温度较差大。全市大部分地区年平均气温在0℃以下，只有大兴安岭以东和以西少部分地区在0℃以上，岭东农区年平均气温在1.3～2.4℃之间，大兴安岭地区为-2.0～5.3℃，牧区为0.4～3.0℃。降水量变率大，分布不均匀，年际变化也大。冬春两季各地降水一般为40～80mm，占年降水量的15%左右。夏季降水量大而集中，大部分地区为200～300mm，占年降水量的65%～70%，秋季降水量相应减少，总的分布趋势是：农区60～80mm，林区50～80mm，牧区30～50mm。

2. 锡林郭勒草原区

锡林郭勒盟是内蒙古自治区所辖盟，位于中国的正北方，内蒙古自治区的中部，驻地锡林浩特市。该区既是国家重要的畜产品基地，又是西部大开发的前沿，是距京津唐地区最近的草原牧区。地理上位于115°13′～117°06′E、43°02′～44°52′N，其北与蒙古国接壤，南邻河北省张家口市、承德市，西连乌兰察布市，东接赤峰市、兴安盟和通辽市，是东北、华北、西北的交会地带，具有对外贯通欧亚、区内连接东西、北开南联的重要作用。

锡林郭勒草原拥有丰富的自然资源，以其草场类型齐全、动植物种类繁多等特征而成为世界驰名的四大草原之一，属欧亚大陆草原区，境内有全国唯一被联合国教科文组织纳入国际生物圈监测体系的锡林郭勒国家级草原自然保护区。该区是国家和自治区重要的畜产品基地，草原面积17.96万km^2，占全自治区的五分之一，优良牧草占草群的50%，是水草丰美的牧场，也是华北地区重要的生态屏障。

该区域属中温带半干旱大陆性季风气候，气候特点可以概括为春季风大多干旱、夏季温热雨集中、秋高气爽霜雪早、冬季寒冷风雪多。年平均气温1.7℃，年降水量294.74mm，年蒸发量1759mm；降水主要集中在6～8月份，占全年总降水量的70%。春季多风，风向多为南西，风速2.1～8.4m/s，瞬时最大风速36.6m/s。冻结期为10月初至12月上旬，解冻期为翌年3月末至4月中旬，最大冻土深度2.89m。

1.1.2 东部草原区煤电基地开发面临的主要问题

1.1.2.1 高强度开采中采区生态损伤严重

高强度煤炭露天开采是我国煤炭安全高效开采的主要模式，也是东部草原区大型煤电基地规模化开发的重要支撑。高强度露天开采具有占用区域大、开采规模效率高、开采循环周期长、综合机械化程度高的显著特点，但因其对自然生态环境的颠覆性破坏，难以实现生态自然恢复。其带来的局域和区域生态问题主要有：

（1）大型露天开采占用大量土地资源，引起地质结构破坏，形成了大面积采坑、排土场和粉煤灰堆积场，造成大量土地挖损和压占，原始地形地貌破坏，矿区景观破碎，导致大量土地长期处于未利用状态。采区周围区域大面积土壤贫瘠化、地下水污染和破坏、植被和生态系统破坏、原有土地分布格局和功能受到破坏。

（2）高强度开采在微观上造成受影响区域的土壤营养元素和有机质含量下降，土壤肥效流失，三相结构失衡，板结化和贫瘠化程度加深，从而导致土壤微生物生物量下降，分解作用活性受到抑制，加速土壤沙化和盐碱化。同时，开采的煤炭中含有大量污染物随着开采活动释放到土壤中，使土壤重金属离子和难降解的有机污染物含量持续增加，土壤污染严重和毒性增加，进一步加剧土壤退化。

（3）高强度开采导致土壤土层剥离，许多土地地质结构遭到破坏，大量土地丧失土壤肥力和利用价值，土壤沙化现象严重，导致草地、森林与耕地范围减少，加剧当地土壤沙化、草场退化、生物多样性降低等生态影响，致使草原区煤电开发区域景观生态结构缺损和功能退化或失调。

（4）高强度规模化长周期开采带来的土地结构和分布格局改变、土壤污染加深、局域景观生态功能下降等生态问题，以及该区域自然土壤贫瘠、水资源不足和植物资源稀缺等原生态本底问题，导致生态系统波动剧烈程度增加，生态稳定性严重失稳，草原生态系统结构和功能逐渐衰退甚至瓦解，区域生态承载力严重下降。

煤炭高强度规模化开采引起的生态损伤影响涉及多要素、多尺度和长周期问题，导致生态恢复困难，特别是生态修复资源不足和原生态功能恢复要求加剧了生态修复难度。

1.1.2.2 脆弱草原区煤矿区生态修复环境差

东部草原区地处脆弱草原区，以酷寒、半干旱气候为主，存在生物多样性程度低、植物覆盖度低、土壤瘠薄、土壤沙化、植被退化等生态突出问题，总体生态本底呈现脆弱状态。煤电基地规模化的露天开采采场长周期揭露式状态和剥离–开采–推进区及辅助区空间布局、地表生态颠覆式破坏形式、露天开采区域的区–带状开发格局等特点，加剧了草原区煤炭开采区域的生态脆弱性，增加了生态修复难度。

（1）草原区煤电基地规模化的露天开采占用土地面积大，开采通过土壤土层剥离、岩层剥离排弃和地层重构，不仅破坏了矿区原始地形地貌，同时造成重构层结构“紊乱”，周边岩石长期裸露风化，排土场坡面滑坡现象和重构层塌陷等问题频发，引发了大面积颠覆式原生地层结构破坏，宏观上影响排土场结构稳定性。同时，原生土壤层瘠薄和土壤资源稀缺，而利用采矿伴生黏土和沙壤土等进行地表土壤层重构时，由于其物理结构差、有效养分低、土壤微生物活性差等问题，重建植被难以生长。特别是雨水集中时，由于水分入渗过慢，瘠薄土覆盖区域容易产生大量积水，甚至形成局域地表径流，造成排土场修复区水土流失，降低地表恢复土壤层的水土保持功能，加剧了生态修复区土壤资源的短缺性，致使矿区地表植被恢复和生态修复可持续性差。

（2）草原区煤炭规模化露天开采过程中的道路运输、煤炭加工、堆煤场、排土场等场所产生的扬尘、粉尘在土壤表层沉降，形成一层类似于结皮的物质，植物凋落物难以通过粉尘层进入土壤分解，土壤中腐殖质及养分减少，粉尘沉降阻隔土壤养分循环。粉尘层具有较大的吸热能力，造成表层土壤温度增加和土壤水分含量降低，粉尘中微量元素等污染物会长期存留在表土环境中，不仅改变了土壤动物和微生物区系，同时微量元素在土壤中累积达到一定量时则会造成土壤和土壤水污染，过量微量元素导致植物“中毒”，进一步抑制植物酶活性并降低植物生物量和引起植物胁迫。特别是牧矿交错带区域受到越来越严重的人为活动干扰，受煤炭开采和过度放牧复合影响，导致交错带内植被覆盖度下降，土壤水分和养分含量降低，微量元素含量升高，引发主要植物类型变化和植物群落开始退化，加剧了矿区生态修复的复杂性和原生态植被恢复的艰巨性。

(3) 干旱和半干旱草原区自然水资源严重不足，而露天开采破坏了大面积矿区原始含水层结构、近地表潜水层结构和土壤水本底环境，导致地下水流向采坑聚集形成矿坑水，在聚集-处理-转移-利用过程中产生大量污染和蒸发损失。同时原生的地表土壤水破坏后蒸发流失，导致土壤恢复过程中需要大量洁净处理后的矿坑水补充土壤水，支撑地表土壤快速形成植被生长环境；露天开采不仅大面积破坏了矿区原始地层结构，同时受采-排-复一体化工艺制约，采用混合排弃物重构过程中，原始含水层难以重构恢复，排土场近地表平台经受重型卡车碾压，覆土区造成土壤严重压实，容重增大，影响植物扎根，在降雨条件下易形成大量地表径流，极容易造成非均匀沉降，在外营力（风力、水蚀、重力）作用下会产生不同程度的土壤侵蚀。上覆表层土不足区导致排土场有大面积的裸露地带，砂砾岩颗粒较大，难以保存水分，容易导致水分入渗过快。在自然水资源严重不足的情境下，生态修复水资源需求量大，水土流失导致自然降雨利用程度低等，加剧了生态修复中水资源保障程度。

1.1.2.3 大型煤电基地区域生态安全管控复杂

大型煤电基地生态系统是在大型煤电基地开发活动过程中，通过对自然生态系统的影响作用改变其环境组成、内部关系和稳定状态，形成自然生态系统和大型煤电基地相结合的复合型系统。该系统既是一个全新定义的生态系统，也是涉及采区局域、矿区地域（含城区）和开发区带（多煤田）的多级次空间区域，原生草原区、牧区、林区、城区、矿区等多类型生态状态，以及未开发、持续开发中和开发后多时段开发状态的复杂系统。大型煤电基地区域生态安全则是大型煤电基地可持续开发赖以支撑和发展的生态系统处于不受少受破坏与威胁的状态，包括区域生态系统的自身结构是否受到破坏，对区域提供的生态服务功能是否满足大型煤电基地可持续开发和区域经济社会可持续发展的需要。

大型煤电基地生态安全管控则是基于区域生态本底条件和煤电资源开发需求，充分利用有限的资源条件和适宜的科学方法和技术手段，通过人为控制资源要素、社会要素、管理要素和生态要素等，建立煤电基地开发与生态环境条件相适应、不同生态类型区相协调、区域生态承载力可承受、区域生态服务功能不断修复和改进的协同关系，支撑大型煤电基地科学开发和区域经济可持续发展。其管控复杂性体现在以下几个方面：

(1) 管控对象科学认知复杂。大型煤电基地是以煤、电规模化开发为核心的煤基能源开发系统工程，是人类活动、能源生产、自然资源与区域环境相结合的复杂系统，基本构成包括自然与环境资源、能源开发活动和其他人类活动。其中，自然资源（煤炭、土地、地下水、地表水等）是煤电开发活动中资源基本要素，生态资源（林、草、水、土壤等）是煤电开发和区域人类居住和活动的生态保障要素。能源开发活动是采矿、发电及相关的煤基产业生产和人类获取能源维持社会经济发展的生产行为，同时涵盖大型煤电基地区域中与此存在交互作用和保障人类基本生存和社会发展的生产活动（如农业、牧业、交通、城建等）。由于各种生产生活行为对生态影响方式和途径的差异性（露天开采局域颠覆式破坏、电厂污染物持续性排放、城区开发导致土地用途变化和大量污染物排放等），导致各种行为的生态影响周期差异性（农、牧活动的年周期性、城建开发人类居住影响长期性、煤炭开采和水资源消耗长周期等），其各种活动对于区域生态系统的影响和生态安全的贡献程度是不同的。因此，在各种生态状态（林业、牧业、采矿业、城区等）的科学认识基础上，如何定量分析各种生态指标、梳理各种指标间的相互影响关系，以及各指标对生态系统的作用程度、大型煤电基地区域生态安全的科学界定、区域生态安全风险的系统评价等都具有其复杂性和独特性，导致生态安全管控对象认知复杂。

（2）管控关系协同过程复杂。大型煤电基地是国家能源开发行为与区域经济发展行为相互结合形成的社会经济运行系统，运行过程中各种行为与作用对象的互动影响显现为人类行为（能源开发与其他人类活动）对自然资源要素（如煤炭、水资源等）持续作用（如索取、占用、改造、替换等）驱动自然环境发生变化的联动关系、开发与人类生活行为方式影响着内部子系统的功能和耦合作用关系、人类活动行为在大型煤电基地系统中相互间影响关系（互相促进、加载制约等），表明科学的开发行为不仅促进生态系统功能提升，亦能促进大型煤电基地科学发展，提升大型煤电基地开发区域的资源保障功能和生态承载能力。因此，在科学认知基础上如何辨识区域生态安全管控关键节点和规范主要生产行为、改善人类生活方式、协同分系统管理和大系统引导控制等，因其具有多级性、多样性和动态性，导致生态安全管控过程复杂。

（3）管控目标调整措施复杂。大型煤电基地开发区域聚集了煤电开发主体、农牧开发主体、城区开发主体等，各种主体在社会经济运行系统中的开发内容和行为的生态影响不同。然而，在社会经济发展、自然资源利用、环境状态改变等方面影响下，生态安全的最佳状况是呈动态变化的，接近生态安全最优状态和抑制远离生态安全最劣状态是确保大型煤电基地可持续开发的基本保障。如煤炭开采生态风险是在矿区局域尺度上的生态环境破坏和周围环境污染影响，造成局域生态系统的结构和功能产生退变作用；城矿区生态风险是在市、旗尺度上的环境污染、人为活动或者自然灾害对生态系统的结构和功能产生不利作用。针对生态安全总体管控目标和不同的产业运行方式，在确定区域生态安全管控目标基础上，通过区域开发规划科学布局、引入绿色开发安全的生态要素指标、调整不同生态区生物量、改进生态污染技术、行政管理和法制化调整等措施，控制大型煤电基地区域各种开发行为的生态影响过程，引导良性生产生活行为。因此，区域生态安全管理中规范主要生产行为并改善人类生活方式是一项复杂的系统工程，各种调控措施之间存在相互关联和影响，导致生态安全管控的目标和调控措施具有模糊性、动态性及需适时持续改进的特点，尤其是通过增强公众的风险感知和辨识能力以减少各种行为误解，实现开发主体与社会、政府的协同调控，对于大型煤电基地开发过程中国家能源安全保障、地区经济发展和区域生态安全多重目标实现具有重要意义。

1.2 草原区域生态恢复技术研究进展

1.2.1 高强度开采生态减损方面

1.2.1.1 草原区露天煤矿采–排–复一体化研究进展

矿产资源在为人类带来种种便利的同时，也带来诸多的危害，例如水土流失、土壤污染、土地功能退化、地表沉陷、滑坡泥石流等。大型煤电基地集矿产资源开发和生态环境破坏于一体，逐渐成为资源、经济、环境、人口等社会主要矛盾聚集区。

露天煤矿的开采过程是“在空间上构造实体，在实体上构造空间”，其实质是将岩土破碎成的松散土石混合体进行采装、运输、排弃及土地复垦，在水、温度、堆载和运输设备动荷载作用下，松散土石混合体进行重塑的过程。露天矿排土场设计方面多侧重于通过几何参数的不同组合以达到减少排土占地的目的。目前，对于散体物料重塑强度方面的研究成果较多，Bojana Dolinar 和 Ludvik Trauner 2007 年研究了黏土结构对其不排水抗剪强度的影响，研究结果表明黏土不排水抗剪强度与含水量之间满足二元非线性函数的关系。Shriwantha 等（2012）通过环剪实验研究了超固结比对于抗剪切强度的影响，结果证明了超固结样本相对于普通固结样本，会在相对较小的剪切位移时达到峰值摩擦系数。Binod 和 Beena（2012）发表了一个新的重塑黏土压缩指数的相关性方程，得到了广泛的认可。土石混合体力学特征方面的研究多侧重于理论研究，与露天矿排土场边坡的实际情境差距较大，无法直接使用其研究结果。土体重塑只研究了含黏土的土石混合体重塑机理，而土石混合体的本构模型则侧重于二元均匀介质无水无压时的本构关系，需要大量的实验和理论推导对其进行改进后才能适用于露天矿排土场。

表土开采工艺即表土剥离工艺，是露天采矿工艺的前提和基础，在露天矿生产中占有非常重要的地位。露天开采的表土剥离曾经一度只能通过单斗-卡车间断工艺或轮斗挖掘机-带式输送机连续工艺来完成，是否能结合两种工艺方式的优点而规避其部分缺点留给了现代露天采矿界一个难题。根据霍林河南露天煤矿的具体条件，为了不断地提高矿山技术经济效益，提出了霍林河南露天煤矿部分剥离物应用半连续工艺的研究课题。国内外的露天采矿方面的学者对设备选型主要采用了相似优先法、最小原则法、模糊数学法、专家系统法等方法。综合工艺日益被采矿界接受和重视。国外众多的改建和新建露天矿已采用不同类型的综合开采工艺，国内大型露天煤矿在 20 世纪末和最近几年基本都采用综合开采工艺，各种模式的综合工艺都有了较快的发展。2010 年以后由 3Dmine 矿业软件公司开发的适用于金属矿、井工煤矿、露天煤矿的专业设计软件投入市场，设计功能包含地质模型、短期和中长期采剥计划、矿坑可视化设计、边坡数值模拟三维模型，基于其强大的功能和简单易学的操作体验得到了各大企业和研究院所的广泛认可，成为国内主流的矿山设计软件。

现在矿山生产与生态重建一体化作业，突破了单一的矿区土地复垦或闭坑后再进行矿区治理的传统模式，实现了边开采边治理，体现了污染少、效率高的特点。其工艺是将开采和复垦融为一体，使剥离、采矿、排土和复垦作业统一规划，平行作业，形成“边开采、边复垦”的良性循环工艺系统。针对露天矿生产与生态重建一体化系统的复杂性，为了揭示该系统的整体行为，需要从一个定性到定量的综合集成方法。系统动力学（system dynamics，SD）提供了一个分析和解决社会经济复杂系统的有效工具，为露天矿生产-生态重建一体化模式的系统动态模拟，以及采用该模式与单一的矿区土地复垦或闭坑后再进行矿区环境治理决策奠定了基础。目前需要进一步完善的工作是利用 SD 仿真软件 Vensim 模拟分析露天矿生产与生态重建一体化系统动力学模型，揭示出露天矿生产与生态重建一体化系统的整体行为模式，实现由定性分析到输出定量结果的转化，为露天矿生产与生态重建一体化提供更加科学化的决策依据。

近年来，随着环境问题对经济建设和人民生命健康与安全负面影响的突显，露天矿绿色开采的理念也被更多人所接受，相关的理论和实践研究成果也越来越多。

1.2.1.2 排土场松散土石混合体物理力学性质重塑技术

我国露天矿分布的范围较广，在内蒙古、新疆、云南、山西等均有分布，其中不同区域的岩性差异较大。在内蒙古东部地区，露天矿多分布在草原上，岩性以泥质胶结的软岩为主；在内蒙古中部和山西北部地区以及新疆地区，岩性以钙质胶结的硬岩为主；在云南地区，岩性以软岩和碎石、砾石的混合物为主。不同岩性的露天矿，所表现出的稳定性不同，硬岩露天矿排土场，其稳定性主要取决于基底形态和块体颗粒之间的摩擦力，而泥质胶结的软岩露天矿，其排土场岩体在外界作用下会再次胶结，并且形成具有一定强度的新结构体，这些重构后的软岩混合物会决定边坡的稳定性。

国内学者从室内试验也得出许多关于粗粒土颗粒破碎的成果，郭庆国（1987）对粗粒土的工程特性进行了研究。他认为由于粗粒土颗粒间的接触情况多为点接触，剪切过程中接触点局部压力较高，颗粒容易发生剪碎现象，土承受的压力水平越高剪碎现象越显著。颗粒破碎的增大，必然影响到强度特性的变化。郭熙灵等（1997）通过三峡花岗岩风化石碴的三轴试验和平面应变试验认为：颗粒破碎对试验的剪切强度指标有影响，其对强度的影响程度与破碎率、试验方式、形状系数有关，破碎率越大，破碎强度分量越大，试验总的强度指标越低。吴京平等（1997）通过人工钙质砂三轴剪切试验指出，颗粒破碎程度与对其输入的塑性功密切相关；颗粒破碎的发生使钙质砂剪胀性减小，体积收缩应变增大，峰值强度降低。赵光思等（2008）应用 DRS-1 型超高压直残剪试验系统研究了法向应力 0～14MPa 条件下颗粒破碎之后，认为 14MPa 条件下砂的相对破碎与法向应力之间呈二次函数关系，其内摩擦角随相对破碎的增加呈负指数函数减小趋势，达到临界相对破碎值（约 7%～9%）后，不再减小，稳定值为 28.9°；并且指出高压条件下砂的颗粒破碎与塑性功呈线性关系，颗粒破碎是砂在高压条件下剪切特性非线性的根本原因。孔德志等（2009）对人工模拟堆石料进行了颗粒破碎三轴试验研究，指出破碎颗粒可分为残缺颗粒和完全破碎颗粒，两者的质量分数存在幂函数关系，他认为现有的多粒径指标 Bg、Bf 和 Br 仍可作为颗粒破碎的影响参量使用，而单一粒径破碎指标 B15、B10 和 B60 局限性较大。综观目前国内外关于粗粒土的颗粒破碎试验研究多限于三轴试验。然而，大型直剪仪试样尺寸较大，可以最大程度上保留土样的原始级配，弱化尺寸效应，因此，大型直剪试验对促进颗粒破碎的研究也将具有积极意义。

以上研究较为全面地建立了散体排土场的稳定性分析理论模型，其主要研究对象包括硬岩颗粒、软岩散体，这些散体在外界的应力作用下会表现出不同的重构特性，硬岩胶结程度较差，软岩重构现象较为明显。已有研究成果很少考虑到岩体重构过程中的时效强度，因此，在进行稳定性分析时会造成一定的误差，并且不同的重构状态下，散体软岩的力学强度差异较大。本研究集中于软岩散体的重构特征和边坡稳定性分析理论研究，建立起软岩排土场的稳定性分析理论和结构优化方案。

1.2.1.3 土壤层序结构再造技术

自然地层的垂向剖面普遍为层状分布，国内外很多研究表明土壤的层状结构对水分入渗、迁移具有较大影响。研究表明具有层状结构的土壤可以显著提高土壤持水能力。Si等（2011）的研究表明土壤分层还可以增加土壤水储存能力，减少养分流失，提高半干旱地区的生态系统生产力。Nunzio等1998年通过软件模拟了层状土壤剖面中水分的一维流动过程，研究发现土壤分层对土壤入渗和水分再分布影响显著。Huang等（2011）提出了一种评估土壤分层和气候变率对植物可利用水对森林生长的影响的方法，该方法能够评估物种特异性水平的最大可持续植物蒸腾作用结果，研究发现与质地相似的均质土壤相比，粗纹理土壤的分层可以提供更多的植物可用水并支持更高的最大可持续植物蒸腾作用。Zettl等（2015）采用试验和模拟的方法研究了加拿大阿尔伯塔省北部油砂开采干扰的土地设计填海工程对天然土壤和复垦土壤的田间容量的关系，目的是观察土壤分层，纹理异质性对田间容量的影响。结果表明上部粗粒土覆盖下部细粒土时，土壤含水率超过普通土层。

袁剑舫和周月华（1980）提出如果土层中有黏土层，将会很大程度上影响土壤内水分的分布和运移。李韵珠和胡克林（2004）通过使用Hydrus-1 D数值模拟的方法研究了下部存在黏土层的地下水中水和氯离子运移情况，研究表明黏土层对水和其中溶质运移起到了阻滞作用，影响程度与层状土壤中黏土层的位置、厚度以及黏土的水力学性质有关。许尊秋等（2016）通过使用染色示踪剂对不同层序的土壤入渗率和入渗量进行了研究，指出厚度相同、质地相同的土壤，其层序不同会导致累计入渗率和入渗量不同。曹瑞雪等（2015）进行了三种土壤室内土柱试验，结果表明在具有双层结构的土柱试验中，细质土在下面的饱和导水率明显低于粗质土在下面的饱和导水率。

胡振琪等（2005a）从土壤学角度研究了矿山复垦中土壤重构问题，对于复垦土壤重构的概念和内涵进行了系统的分类和概括，同时强调了土壤重构的重要性。魏忠义等（2001）提出了一种排土场堆状平台土壤重构的概念，并且通过研究安太堡露天矿水文分析对其的侵蚀机理，提出了优化的堆状排土方式。刘春雷2011年通过研究内蒙古胜利东二号露天煤矿排土场，对土壤重构技术进行了分析研究，系统地提出了草原露天煤矿区土壤重构技术，完善了在草原区矿区如何构建土壤层序地层的技术理论，为草原矿区土地复垦提供一定的技术参考。刘宁等（2014）、黄晓娜和李新举（2014）等使用统计学的方法对复垦过程中机械压实、压实次数以及土层厚度对土壤紧实度的影响进行了分析，结论表明在土壤复垦中应尽量使用履带式机械，并且压实次数控制在5～7次。孙纪杰和李新举（2014）、王同智等（2014）研究了不同复垦方式对耕地物理特性的影响。黄晓娜等（2014）研究了复垦中土壤颗粒性质对于复垦效果的影响。王杨扬等（2017）研究了露天矿排土场不同复垦模式对于土壤团聚体稳定性的影响，研究结果为黄土区露天煤矿土地复垦提供了依据。

1.2.2 大型露天矿区生态修复技术方面

1.2.2.1 草原区大型露天煤矿地下水库保水

地下水库作为矿井水洁净利用的一项关键技术已受到行业广泛关注，可以有效解决水资源的季节性矛盾，真正意义上实现水资源的“冬储夏用”。矿井水与破碎岩体发生水岩作用，对水中部分污染物有一定的去除效果，可以省去冗杂的处理工艺。研究发现经地下水库自净化处理，矿井水中 Fe^{3+} 去除率达到 68% ~100%，Mn^{2+} 去除率达到 75% ~99%，其主要通过附着在悬浮物表面被去除，采空区垮落及充填的煤矸石，其中的高岭石与石英石对矿井水中硝酸根、氨氮等污染物具有一定的吸附作用。在地下水库储水过程中，如何合理有效地引导地下水库实现自净化目前尚未有这方面研究，且对地下水库入水浊度无明确标定。

人工回灌是指将生产生活过程中富余的水资源通过人工的方式补给地下含水层，其主要途径包括井灌与地表入渗两种，其中井灌是通过修建回灌井，以“管对管”的方式直接补给含水层，地表入渗是通过修建入渗水池或铺设透水地面的方式进行回灌，该方法在实现地下水补给的同时还能去除水中部分污染物质。无论哪种回灌方式，所面临的首要问题是入渗介质堵塞导致的回灌效率下降。1984 年，美国政府在马里兰州建成的 207 个地表雨洪水回灌井，运行 2 年后因系统堵塞报废了 70 个，5 年后一半以上的回灌井因堵塞而停止运行；北京市自 1981 年到 2001 年建成 64 个回灌系统，运行后期仅存 13 个。根据堵塞发生的位置、原因等将堵塞类型划分为物理堵塞、化学堵塞和生物堵塞三种。其中物理堵塞是最常见，也是最主要的导致回灌效率下降的因素，其发生主要是水中不溶物的过滤、沉淀、扩散、惯性、水力梯度等原因共同导致，70% 以上的堵塞位置发生在表层 5 ~ 10cm 处，随着堵塞程度的增加，大颗粒悬浮物不断在表层累积，并形成淤泥层；化学堵塞是指水中 Ca^{2+}、Mg^{2+} 等离子置换回灌介质粒子晶格上的 H^{+} 生成化学沉淀堵塞介质空隙；生物堵塞是随着水中溶解氧环境的变化，细菌、微生物等在回灌介质中繁殖、积聚进而堵塞介质空隙。张建等（2003）研究发现适度的孔隙堵塞可以扩大非饱和流动区域，增加矿井水悬浮污染物去除效果，因此对系统堵塞的预防和控制是回灌系统长期稳定运行的关键。

矿井水含有大量的悬浮物，主要由煤粉、岩粉和黏土组成，悬浮物的去除是矿井水处理的首要亦是最关键的一步，其去除效率对后续工艺的处理效果将产生直接影响，进而影响最终的出水水质与复用途径。当高浊度矿井水不经预处理直接回灌进入地下水库中，由于水中悬浮物的累积形成淤泥层，造成回灌系统堵塞，当系统堵塞后，轻则耗费大量人力物力对其进行清淤，重则直接导致回灌系统瘫痪报废，所以在人工回灌地下水库前进行预处理至关重要。针对这一问题苏联学者提出了“压力气浮法”去除水中悬浮物质；美国部分煤矿采用卧式机械絮凝方式处理高悬浮物矿井水，取得了良好的效果；此外，一体化处理设备也在煤矿大量应用，主要包括高效旋流、超磁等工艺，其具有结构简单、维护费用低、处理效果理想等优势，但存在建造与运行成本较高、抗波动能力较差等问题，已成为了目前该项技术的主要瓶颈。对于不同介质厚度，当厚度增加时，处理效果增强，对于同一介质厚度，停留时间越长，COD_{Cr}去除率越高。沈智慧（2001）通过吸附过滤实验，研究了榆神府矿区活鸡兔与黑龙沟煤矿矿井水水质变化规律，结果表明，风积沙对浊度、悬浮物、油类等污染物有较强的吸附作用，通过6m的渗透路径，水质基本达到地表三类标准。

以上研究成果充分说明，矿井水人工回灌的技术方案是可行的，而该技术的核心是通过在分析堵塞机理的基础上调整相关回灌参数，在对澳大利亚的地下水进行人工回灌的过程中发现，水中悬浮颗粒浓度若低于150mg/L便不会引起严重堵塞。在一些西方国家（如荷兰、英国和美国等）则规定回灌水浊度不得超过2~5NTU。在国内，悬浮物浓度小于30mg/L是能够防止井灌堵塞的一个普遍认可的标准。除主动治理外，被动治理是指当回灌系统达到堵塞后，通过定期的刮削、回扬、反冲洗等手段重新使介质渗透性恢复至回灌前标准，这其中刮削介质厚度、回扬周期、反冲洗水力负荷等参数则需要通过具体的实验手段给予率定。

1.2.2.2 草原软岩区大型井工矿地下水原位保护

井工煤矿开采引起的覆岩导水裂隙是造成矿区水资源漏失的主要通道，研究导水裂隙在覆岩破断运移过程中的动态发育演变规律，是科学评价区域水资源破坏程度、合理制定适宜的保水采煤对策等的重要基础。从早期“三带”理论的提出，到刘天泉院士基于大量实测统计结果形成的“导高”计算经验公式，再到钱鸣高院士、许家林教授团队基于关键层理论提出的“导高”确定新方法，无不体现了国内研究学者对采动覆岩破断运移及导水裂隙演化规律的重视。与此类似，国外许多学者也对采动覆岩“三带”发育规律进行了研究，且一般用20~100倍采高来估算裂隙带的发育高度。

基于对采动覆岩导水裂隙发育规律的认识，我国许多学者提出通过调整采煤工艺、优化开采参数来控制覆岩“导高”的发育，以此避免含水层受采动破坏，实现地下水原位保护。然而这类对策在煤层埋深浅、厚度大的矿区却难以适用（如东部草原矿区），无法满足煤炭高产高效的要求。为此，国家能源集团顾大钊院士2015年提出了利用井下采空区作为蓄水水库进行保水采煤的技术思路，已在神东等西部缺水矿区得到推广应用，取得了显著的经济效益和社会效益。但相关措施实际上是将采动含水层中的赋水转移储存至井下采空区，已改变了地下水的原始赋存状态。相比而言，国外的相关研究则主要集中于煤炭开采对地层含水层水位、水质、渗透性等参数影响的基础理论研究上，未提出具体可实施的保水采煤对策。

考虑到大型煤矿区高产高效采煤需求与导水裂隙发育控制之间存在的现实矛盾，许多矿区采取“采后再治理”或“采后再恢复”的保水模式，力求恢复或尽可能逼近地下含水层的原始生态赋存状态，采动含水层生态功能修复学术思想由此产生。考虑到地下水系生态环境的改变是由采动覆岩的移动与破坏引起，许多学者开展了利用覆岩移动变形特征重构生态系统、科学封堵采动岩体导水通道修复地下水系生态，以及利用采动岩体自修复特性引导生态再恢复等方面的创新研究，极大促进了保水采煤理论与技术体系的发展，但从整体研究进展看，目前尚处于初期探索与试验阶段，仍存在一些亟待研究的理论与技术问题。从采煤引起的地下水流失路径看，实际是水体通过含水层孔隙/裂隙通道由采区外围向采动影响区补给，再由采动岩体的破坏裂隙不断向采空区排泄的径流过程。所以，切断外围水体向采动裂隙或破坏区流动的补给通道，或将水体流失的裂隙通道直接封堵，是解决采动破坏含水层生态功能修复问题的有效途径。注浆封堵是目前岩土、水利等工程领域应用较为成熟的控水手段之一，基于该方法，许多学者开展了人工注浆封堵采动岩体导水通道的含水层改造或修复研究。

参照底板堵水治理的成熟经验，顶板采动含水层也开展了注浆封堵导水通道的修复实践。其实施对策主要有两类：第一，采取注浆帷幕的方式在来水方向设置挡水墙，以切断外围水源向采动影响区的补给通道；第二，对顶板含水层受采动影响的导水裂隙发育区域实施注浆，以阻隔水体向采空区流失的通道。对于第一类对策，其实施的关键在于寻找与原生储水空隙尺寸相匹配的封堵材料。然而，实践发现，顶板含水层多属于孔隙/裂隙型含水层，相比底板岩溶型含水层其原生储水空隙发育尺寸明显偏小；采用传统的水泥（甚至是超细水泥）、黏土、水玻璃等材料往往难以注入，只能选择微粒径的聚氨酯类、脲醛类等高分子有机化学材料；但这类材料的大量注入又会导致成本过高与毒性污染等问题。而对于第二类对策，准确识别顶板采动裂隙导水通道的发育位置，并注入与其圈闭条件相适应的封堵材料，是其成功实施的关键。已有研究发现，顶板采动裂隙发育区实际存在水体流失的“主通道”，重点针对该“导水主通道”实施封堵势必取得事半功倍的效果。然而，由于这些导水主通道多为开采边界附近的张拉裂隙，裂隙开度及其过流断面普遍较大，导致注入的水泥、水玻璃、黏土等常规封堵材料常易受动水冲蚀影响而难以凝结，浆体溃至采空区的“跑浆”现象时有发生。而采用砂子、石子等粗粒材料进行注浆时，又常易发生材料在钻孔内提前堵塞的“堵孔”现象。

由此可见，相比底板采动岩溶型含水层的注浆加固与改造，顶板采动孔隙/裂隙型含水层的注浆修复难度显著增大，浆体“注不进”、“堵不住”或“成本高”是目前面临的常见问题。也正因为如此，现场实践时多数矿井被迫采取人为疏排方式以确保安全回采，而无法兼顾地下水的保护，这一定程度上制约了顶板含水层修复理论与技术的发展。相关研究发现，煤层开采引起的破坏岩体实际具备一定程度的自我修复能力，破碎岩块会出现胶结成岩现象，而破坏裂隙则可发生弥合甚至尖灭。若能充分利用采动岩体的自修复特性，采取相应措施引导或加快其自修复进程，无疑可以为实现采动岩体导水通道的封堵与含水层的修复提供便捷途径。采动导水裂隙的自修复与水-气-岩相互作用过程中发生的化学沉淀反应及其沉积封堵作用密切相关，这些沉淀物如 $Fe(OH)_3$、$CaCO_3$、$CaSO_4$ 等通常具有较强的吸附-固结特性，其极易沉积在裂隙通道表面，表现出“包藏-共沉-固结”的结垢过程。利用此规律，相关研究提出了人工灌注可与地下水发生沉淀反应的修复试剂，以加快沉淀物生成并封堵岩体孔隙/裂隙导水通道的含水层生态恢复方法。采用单一裂缝岩样模型和石英砂管模型，分别模拟地下水在岩层破断裂隙和破碎岩体孔隙这两类典型通道中的渗流状态，开展了 $NaHCO_3$ 弱碱性地下水条件下注入 $FeSO_4$ 试剂、Na_2SO_4 中性地下水条件下注入 $CaCl_2$ 试剂的铁/钙质化学沉淀修复封堵试验，分别获得了铁质沉淀物对裂隙岩样模型、钙质沉淀物对石英砂管模型的封堵降渗规律，由此证实了利用化学沉淀方法进行采动岩体导水通道封堵的可行性。除此以外，还有一些学者基于裂隙通道尺寸降低可加快其自修复进程的客观规律，开展了人工促进裂隙修复的方法研究。针对处于开采边界附近的覆岩大开度张拉裂隙，提出对边界煤柱/体实施爆破，以诱导上覆岩层发生超前断裂与回转，从而使原有的边界张拉裂隙趋近闭合，降低裂隙开度，提高其自修复能力。与此类似，还有研究提出了向采动地层的富含碳酸盐岩目标岩层中注入酸性软化剂，以加快岩体结构的塑性流变、促进裂隙被压密而闭合的人工促进修复方法。

煤炭采损区的水资源保护一直是采矿行业的一大难题，尤其是在本研究背景中所涉及东部草原区的干旱半干旱生态脆弱地区，如何兼顾煤炭开发和水资源保护是其中的关键问题。上述国内外有关采动覆岩导水裂隙发育、保水采煤、采动含水层生态功能修复等方面的研究成果为本项目草原软岩区大型井工矿地下水原位保护研究奠定了重要的理论和实践基础，但限于现有研究仍未全面掌握导水裂隙的演化规律、现有的保水采煤对策尚不能完全适用于东部草原区大型煤电基地开发的现状，特别是针对井工开采的特殊软岩地质条件，开展漏失地下水转移蓄存与原位保护等方面的研究，为东部草原区大型煤电基地的绿色高效开发提供基础和条件。

1.2.2.3 露天矿生态修复区近自然地貌水土保持

自然地貌形态给矿区废弃地的地貌重塑提供了参照目标，在没有外界干扰下，自然地貌要素间已经形成稳定的耦合系统，通过参照自然地貌水系布局模式，在矿区复垦地貌上重塑自然坡体，有利于降低地表侵蚀速率，推进地貌修复进程，国外相关学者在这方面已有深入研究。

国外众多法规和论著对地貌重塑的目标做了概念性的解释和强调。美国于1977年颁布了*Surface Mining Control and Reclamation Act*（《露天开采管理和复垦法》），其中明确规定对于露天采矿破坏的区域，要最大可能恢复到原始自然状态，按照开采岩层的顺序，分级回填，并与周围自然地貌相融合，使重塑地貌最大程度上维持稳定，降低人为因素干扰。Hossner（1998）在其著名著作*Reclamation of Surface Mined Lands*（《露天矿土地恢复》）中指出：矿区复垦的最终目标是建立一个稳定的地貌系统，重塑地貌要实现自然与人工地貌的融合与衔接，加强区域水土协调性，这对于采后复垦土地生产力的提高有很大促进作用。Toy和Hadley（1987）在矿区土地复垦和生态重建方面所做的相关研究和实践，为地貌重塑的发展奠定了理论基础，他的经典著作*Geomorphology of Disturbed Lands*（《损毁土地地貌》）阐述了地貌过程与地貌稳定之间的动态平衡关系，重新定义了地貌稳定性，并且通过地貌学的方法重新构建了受损区域的水系网和流域整体地貌，降低了土壤侵蚀量和地貌长期维护费用，对于推进地貌重塑理论与技术的发展做出了重大贡献。

GeoFluv模型的出现为近自然地貌形态构建提供了新的应用工具。许多矿山复垦工程完成后，在复垦区域产生的径流和沉积物影响了下游的生态系统，从而使得地貌设计无法实现自维持，继而失败。针对传统地貌重塑方法不能同时满足水质标准、植被多样性和其他复垦用地标准的弊端，Bugosh与Carlson公司合作开发了一种新的地貌重塑方法——GeoFluv模型，并在美国墨西哥州的大型露天矿区地貌重建实践中得到应用。重塑地貌地表水质的监测结果有力地支持了该模型对于地貌设计的有效性，也从另一方面说明了地貌与水文相结合的复垦方法对矿区生态景观重建的重要性。在此之后，GeoFluv模型成为近自然地貌重塑的主要工具，该理论和方法重塑地貌的矿区都成为其特定环境下土地修复的创新方案，为其他废弃矿山地貌重塑提供了借鉴。

希腊国家技术大学采矿与环境实验室提出了量化露天矿地貌形态变化的方法——LETOPIDE（露天矿设计地貌景观评价工具），利用地形指数（LI）、海拔指数（AI）、经校正的地形指数（ALI）、坡度（SI）和坡向指数（ASI）等5个指标来定量评价地貌形态变化，这种定量评价地貌起伏的方法为地貌重塑效果提供了评价指标。通过研究美国新墨西哥州半干旱地区Tijeras石灰石矿的地貌重塑结果发现，河流地貌重塑方法与传统梯田式设计方法相比，前者在设计、建设和后期维护上都具有很大的优势。该项目是波特兰水泥协会（PCA）决赛奖的入围者——该奖项旨在表彰业内环境保护相关创新技术的应用。对于近自然地貌重塑结果，通过现场监测土壤侵蚀和沉积物的变化，发现近自然地貌重塑已经建立了近似稳态的系统，土壤侵蚀和沉积功能与周围自然地貌相接近，尽管5年的监测数据并不能说明长期稳定性；在矿区土地复垦与生态重建中，重塑后的地貌不仅要使生态、水文与周围自然地貌景观相协调，还要确保自身长期的稳定性，通过应用RUSLE和SIBERIA景观地貌演化模型对构建的坡面进行侵蚀预测模拟分析。研究发现凹形坡面可以减少沉积物产生，效果较线形坡面提高了5倍，该方法可以为矿山闭坑的景观地貌设计提供指导。

国内对于煤矿废弃地地貌改造的研究起步较晚，以生态恢复并进行环境建设方式为主，研究也主要集中在矿区生态重建原则与方法、土地利用和景观格局变化以及开采后地貌的土壤重构、植被重建等方面，对于矿区废弃地生态重建中的流域地貌形态方面研究较少。国内关于矿区地貌重塑的限制性法规和论著目前还较少，自1989年1月1日《土地复垦规定》实施后，我国矿山废弃地的生态修复和环境治理工作在各地大规模展开，矿区地貌理论在此背景下有了初步发展，并且20多年的土地复垦实践取得了显著的成效，特别是东部煤矿区的土地复垦工作。卞正富（2000）对国内外地貌复垦的典型技术和理论进行了发展阶段划分和特征总结，将我国目前在矿山土地修复理论、技术和实践方面取得的成果与国外研究进行了对比，全面探讨了我国在矿山土地复垦方面的不足和未来的研究方向。胡振琪（2019）在对中国土地复垦30年历程展望中强调，地貌重塑是土地复垦与生态重建的重要技术和未来发展重点之一，而我国在这一方面的发展与国外相比还存在很多不足，基于传统实践工程技术的改进不足、方法落后，我国在矿山土地复垦实践上还有很长的路要走。

1.2.2.4　草原区土壤改良

草原区沙化土壤改良。草地沙化，实质是草地沙质荒漠化。1994年的《联合国防治荒漠化公约》从成因和发生范围方面给出“荒漠化”的标准定义，即“荒漠化”是在干旱、半干旱和亚湿润干旱区，由气候变异和人类活动等多种因素造成的土地退化。沙质荒漠化是对我国草原危害最为严重的土地荒漠化类型之一。草地沙化是草地退化的特殊类型，也是土地荒漠化的一种主要形式，其发生面积、危害程度已远远超出其他类型的土地退化。

粉煤灰改良土壤技术。粉煤灰具有原料来源广泛、价廉、以废治废的优点，对其进行资源化利用，可减少企业占地及对环境的污染，符合以“减量化、再利用、资源化”为原则的循环经济模式，对社会的可持续发展具有重要的实践意义。因而，利用内蒙古境内丰富的粉煤灰资源改良风沙土是一条有效的途径。由于粉煤灰主要由粉粒组成，粉粒和黏粒的持水性能也要高于沙粒，进而增加了沙土的保水效果。添加粉煤灰也可以减小沙土容重，粉煤灰降低土壤容重主要是由于粉煤灰本身容重较低，粉煤灰改变土壤容重的效果，受到粉煤灰和土壤本身性质的影响。添加粉煤灰的土壤中粉粒增加而砂粒减少，增大了土壤颗粒间的黏聚力，这在一定程度上提高了土壤的起动风速。国外对粉煤灰改良土壤的研究较早，主要涉及粉煤灰用作土壤改良剂和养料，粉煤灰中含有植物生长所需的钙、镁、锌、锰、硼等营养元素，在土壤中施入粉煤灰能促进植物生长，在土壤中施入粉煤灰能够降低土壤导水率，提高田间持水量。粉煤灰改良土壤的关键是控制施加量，要根据 pH、重金属含量是否超标以及所种植物的实际生长情况综合决定施加量，同时为了解决粉煤灰的占地问题，需尽可能地多掺入粉煤灰。

腐殖酸改良土壤。腐殖酸（humic acid）是一种动植物残体分解后，经微生物转化和一系列的地球化学过程而形成的天然高分子化合有机物，是地球上最丰富的天然有机物。腐殖酸的主要元素包含碳、氢、氧、氮、磷以及硫。腐殖酸可以促进土壤团粒结构的形成，腐殖酸是无定形胶体，具有很强的凝结能力，可把分散的土粒黏结在一起，形成水稳性结构。由于腐殖酸具有较多活性基团，盐基互换容量较大，可以吸附较多的土壤可溶性盐，并阻留过多数量的有害阳离子，盐碱土壤通过腐殖酸的改良，减少了土壤盐含量以及盐碱土酸碱度。腐殖酸能够提高土壤有机质，一方面的原因是腐殖酸本身作为有机质可直接作用于土壤，另一方面的原因腐殖酸可以增加土壤中的微生物数量和土壤酶活性。经研究，在一定范围内，土壤有机质的含量随腐殖酸用量的增加而增加，增加幅度为2.68%～18.7%。腐殖酸与铵盐发生反应生成腐殖酸铵，腐殖酸铵的解离度比铵盐弱，其性质较稳定，从而使氮素挥发淋失量显著减少，肥效延长。腐殖酸还可促进植物体内氮素代谢及根系对养分的吸收，从而提高氮素吸收利用率。土壤中的磷通常因被固定而无法被植物直接吸收利用。土壤施入腐殖酸可抑制土壤对磷的固定，防止或减缓其从速效态向迟效态或无效态的转化，促进植物对磷元素的吸收利用。此外，腐殖酸可提高石灰性土壤中碱性磷酸酶活性，从而使土壤中有机磷的矿化度提高，提高土壤有效磷含量。据报道，腐殖酸可使磷在土壤中移动距离增加1倍，从而使磷素向根系附近的迁移能力增强。钾肥被施入土壤中后，由于土壤干湿反复交替，土壤黏粒晶格的间隔在伸缩变化，钾离子就进入土壤的结晶格子的间隔层中，由于这种过程的反复，钾就很容易被土壤晶体牢牢地固定。如果钾肥和腐殖酸混合施用，腐殖酸的酸性基团和钾离子形成络合物，可有效防止土壤晶体对钾离子的固定，增加交换性钾的数量，并且减少钾在沙土及淋溶性强的土壤中随水分流失。

脱硫石膏改良盐碱土。北京林业大学、中国农业大学、上海市环境科学研究院、华东师范大学等多家单位在我国天津、山东滨州、上海等滨海地区开展的试验表明，脱硫石膏对滨海盐碱土的改良同样有效。国内对脱硫石膏改良土壤的研究主要集中在对土壤盐分组成、碱化度、物理性状、土壤肥力变化，对作物生物量的影响，毒性的安全性评价以及重金属风险评估等方面。近年来关于施加脱硫石膏固磷的发生机制及对土壤微生物活动、酶活性的研究也开始得到重视，但在水土保持、减少地面径流等领域的研究几乎空白，可做进一步探索。

1.2.2.5　草原极端环境开采受损区土壤提质增容

目前，关于煤矿开采受损区生物综合修复技术是国内外研究的热点。煤炭开采扰动了自然生态系统，露天煤矿开采直接毁坏地表土层和植被，势必影响土壤微生物及其功能，引起生态系统结构与功能的紊乱。微生物是土壤中的重要生物组成，也是重要的环境监视器，反映生态系统受扰动的状态及影响其植被恢复潜力。其中丛枝菌根真菌和根瘤菌，是重要的高等植物共生真菌，其种类与多样性直接影响植物养分的吸收、生长和抗逆特性，增加自然生态系统植物的多样性、分布与生产力，影响生态修复与植被重建过程。

露天开采，由于大量表土被剥离和土壤的无序堆放，致使土壤原有结构遭到彻底破坏，孔隙度减小，土壤养分空间变异增加，未经熟化的生土层被放置在表层，容重增加显著抑制根系生长，孔隙度降低导致植物对水分利用困难，以上这些变化都严重阻碍植物的生长发育。从经济角度考虑，工程复垦往往成本昂贵，不适宜大面积推广，接种丛枝菌根真菌复垦土壤作为一种环境友好、成本低廉的新方法，成为当前的研究热点。通过生物有机肥料中多种微生物的综合作用，对土壤中难降解腐殖质进行分解，促进团粒结构形成，将其转化为土壤有机质，改善土壤质量，提高养分。微生物复垦技术可以很好地改善团聚体构成、孔隙度、容重、紧实度、水分入渗率等土壤物理结构；同时微生物还能够促进植物根系分泌各种有机酸、酯类等物质，与土壤中矿物胶体和有机胶体相结合，改善土壤结构。土壤是植物生长与生存的载体和物质基础，土壤养分丧失、结构破坏势必会导致整个生态系统崩溃。植被生物量的增加也有利于土壤环境因子质量改善。对于一般退化生态系统，自然恢复虽然可以增加土壤养分以及植被盖度等，经过采煤扰动后土地极度退化，无法在自然条件下恢复，必须借助人工支持和诱导，如果恢复一个完整生态系统，栽植人工林来加速这一过程非常有利。其中，土壤养分含量多少是生态系统植被恢复关键，对于矿区破坏生态系统恢复的主要任务是改善土壤养分状况，但是人工恢复对土壤结构功能的改善比较有限。土壤与植被自然恢复难以在短期内改善生态系统的结构和功能，尤其对于土壤性质改善需要很长的恢复过程。所以，矿区排土场经过多重破坏后重建的生态系统，在其自我恢复能力比较弱情况下，依赖其自然恢复能力远远不够。李裕元和邵明安（2004）研究结果表明，矿区植被自然恢复只有在种源或繁殖体充足的条件下才可能实现，且比人工恢复时间要长得多。依靠土壤与植被的自然恢复，植被演替到灌木和草原群落一般需要15～30a，而恢复到森林群落则需100a以上或更长的时间。因此，露天矿区恢复不仅要注重提升土壤养分水平，更重要的是构建土壤结构，使土壤恢复到具有良好水肥气热的状态，才能达到复垦目的。

土壤微生物在特定生态系统的分解、养分循环和植物相互作用等生物过程中发挥着重要作用。这些影响对恢复生态系统功能和生物多样性至关重要。微生物可以很容易地适应定期变化的环境，感知变化并做出适当的反应，在自然生态系统中，由于各种环境因素的影响，这种关系更加复杂。

土壤生物活性是土壤中各种生物生活强度的总和，活性越强表征土壤肥力越高，肥力高土壤由良好生物活性和稳定的微生物种群构成。土壤生物活性是由土壤中微生物、土壤酶等参与的一系列土壤生化反应，不仅可以表征土壤熟化程度，更重要的是肥料效应高低体现。有研究表明，土壤微生物量碳氮和酶活性越高，说明土壤生命力越强。微生物还能固持土壤中的重金属离子，减轻土壤重金属污染，使土壤微生态环境得到较大改善。土壤酶和微生物活动能够加速土壤中有机质物质分解与合成，使土壤中的微生态系统重新构建，同时还能促进植物生长。岳辉和毕银丽（2017）试验表明，接菌明显促进紫穗槐的地径、株高和冠幅增加。通过施用有机生物菌肥，将大量的生物活性物质带入土壤中，是一种快速有效地提高土壤酶活性的措施，将生物有机肥腐解，不仅为微生物生长提供了丰富的营养物质，同时也是酶的良好基质。每一种酶对于植物生长而言，都有一个合理的施用范围，过多或过低都会降低其效果。因此，将微生物技术应用于矿区土地复垦中，无疑是一种高效的复垦手段。

筛选的微生物种类主要包括不同种类的 AM 真菌、解磷菌、解钾菌。所用菌剂均能够有效适应当地的生长环境。作用基质充分考虑到东部草原复垦土壤组合类型，目前主要包括表土基质、生黏土基质、表土和黏土配比（沙土：黏土=3：1）基质。目前主要采用实验室室内盆栽手段，模拟矿区植物生长。研究表明，接种 AM 真菌（摩西管柄囊霉）3 个月后，不同接种丛枝菌根均可与黄花苜蓿形成良好的共生关系，表土和黑黏土基质条件下接种菌根后有效提高了黄花苜蓿地上生物量和 SPAD 值，促进了植物的叶片可溶性蛋白含量，植株叶片净光合速率、蒸腾速率和气孔导度增加，同时促进了植物地上部分和根系氮和磷浓度，对于矿区逆境的抗性具有潜在作用。接菌有效降低土壤 pH、电导率，提高土壤有机质、易提取球囊霉素含量，促进了铵态氮、硝态氮的吸收。AM 真菌（F. m）、解磷菌（P）和解钾菌（K）组合实验表明，接菌可以有效提高植物的生物量，促进植物生长。同时能够有效改良土壤，改善植物根际土壤环境。正常供水和干旱胁迫条件下，接种 F. m、F. m+P 处理均表现为显著提高植物叶绿素含量。正常供水条件，接种 F. m、F. m+P、F. m+K、F. m+K+P 处理显著高于单接种解磷菌、解钾菌、解磷菌+解钾菌处理。同时土柱实验表明，夹厚黏土砂柱 K+F. m 处理对玉米生物量促进作用最佳。解钾细菌和 AMF 在夹厚黏土砂柱 20 ~ 40cm 深度对玉米根系的促生效果显著。夹厚黏土砂柱 K+F. m 处理玉米根系活力、侵染率最佳，解钾细菌促进玉米过氧化氢酶活性提高，缓解覆薄砂黏土柱对玉米产生的环境胁迫。微生物复垦技术作为一种高效土壤复垦技术，能有效提高复垦土壤肥力、恢复植被生长，从而实现复垦土壤可持续利用。在东部草原矿区利用草原生态系统中的丰富的植被类型与微生物资源进行有机组合并用于矿区土壤提质增容的有机改良技术是行之有效的。

1.2.2.6　排土场生态恢复技术

露天排土场的土地复垦实质是首先构建一个好的土壤环境，包括土壤层次结构合理、土壤肥力丰富以及较多微生物种群，所种植的植物才能在该基质上较好地生长发育。目前常用的生态恢复技术措施主要有地貌重塑、土地复垦、植被恢复等。

国外一些发达国家的生态恢复工作起步较早，它们重视物种的多样性、可持续发展以及景观的相互协调。生态系统的功能和服务是由一系列不同的生物成分提供的，从植物到动物、从微生物到哺乳动物，因此保护生态系统中的这些生物成分是土地利用具有长期可持续生产力的必要保障，也是可持续发展的重要保障。生态系统内的生物多样性是生态系统提供生态服务质量的直接影响因素，系统中生物多样性水平越高意味着生态系统应对未来的气候、环境等未知的变化的潜力越大。生物多样性的保护并不是仅限于保护区内，而是在土地利用过程中注重“连通性”的恢复，从而促进生物多样性的保护。国外研究人员还给出了土地利用保护的定义，即土地利用保护是维护生物多样性，为人类提供商品和服务，并支持可持续性和恢复力所必需的非生物条件。这就要求我们在采取恢复措施时，不仅要注重景观上的协调，更是注意区域内系统的“连通性”恢复。

美国则是提出了“师法自然的生态修复法”。传统的“水平梯形坡，直渠排水”的地形设计，存在与周边景观严重不协调、水土流失严重、后期维护费用高等问题。“师法自然的生态修复法”更加注重对生态因子的模拟，在对周边环境的地貌、地形、气候、气象、水文等条件充分了解的基础上，运用计算机模拟技术，设计出一种尽可能贴近自然地理形态的人工修复模型，并且最大限度地与周边环境在景观尺度上保持协调，最大限度地保持水土，为生境中的微生物、动物和植物提供优质的原生环境。

与国外的研究相比，我国露天排土场所采取的恢复措施相对落后，依旧大量使用传统的“水平梯形坡面”恢复技术。我国的矿区生态恢复主要集中于恢复效果的研究，如群落结构的演替特征、土壤养分的变化情况、植被与土壤质量的相互作用等等。相较于乔灌群落、灌木林群落、草本群落的单一配置模式，采用灌草结合恢复方式的生物多样性指数、土壤的营养条件最好，灌草混合林呈现最佳的土壤改良效果，恢复初期土壤肥力呈降低趋势，随开垦年限的增加，土壤肥力得到一定程度的改善，土壤微生物的丰富度也有所提高。但经过一段时间的恢复，矿区的生态条件仍很难恢复至自然水平。

因为露天煤矿区植被恢复受水分、温度、土壤状况等限制性因子的影响，其中有机质是决定植被群落稳定性的重要因子。制约海州露天矿排土场植被生长的主要因素有全氮、有机质、速效磷等，土壤肥力水平是决定植被重建的重要因素，在干旱区水分是影响植被群落的重要因素之一，也有研究发现采煤损毁土地植物演替受复垦方法的影响，当覆土厚度增大时植被演替受复垦时间和土壤 pH 的影响，土壤和植被在矿区土地复垦中均发挥重要作用。

采用林草复合种植模式提高蓄水保土效应，同时作为当地一个经济增长点。山西平朔安太堡露天矿区土地复垦人工造林的最佳模式为刺槐和榆树混交，山桃和杏树混交，其次为杏树纯林、刺槐纯林和榆树纯林，混交的主要优势在于物种多样性增加有利于病虫害发生概率降低。在排土场的边坡等较为陡峭的复垦区，园艺性灌草与林木混栽能有效防止滑坡和水土流失，并且吸附土壤中超量累积的重金属元素，例如可以采用固土性好、耐瘠耐旱的草类和灌木植物，以固土护坡、改善矿区生态环境为主，可采用垂直于边坡种植沙棘、酸枣、枸杞等园艺灌木植物与牧草相间成带的种植方式。地理位置不同，所采用的复垦模式也有很大差异，在气候比较湿润的四川矿区紫色土壤上采用紫花苜蓿/青蒿模式和连翘/紫苏模式不仅减少水土流失，而且通过固氮作用补充了土壤氮的含量，还增加经济效益。

植被优化配置模式主要通过不同配置类型植被土壤水分利用效果、土壤养分利用效果、植物生长发育状况、植被对环境因素的影响、投资分析与经济评价的分析研究，同时结合生态效益和经济效益的评价结果进行选择。生态效益和经济效益常是比较不同生态修复模式优劣的重要指标。生物多样性的恢复是植被恢复的重要特征之一，生物多样性的增加使群落中物种功能特性的多样化增加，从而恢复和提高生态环境系统的功能水平。群落的物种数可以直观、有效地反映群落的多样性，对物种多样性的测定可以反映群落及其环境的保护状态。作为陆地生态系统中“分解者”角色的土壤微生物几乎参与土壤中一切生物和生物化学的反应，也是气候和土壤环境条件变化的敏感指标，土壤中微生物群落结构和多样性的变化能够在一定程度上反映土壤的质量。露天煤矿的排土场是开采剥离地表排土堆积而成的特殊人工地貌，经过较大扰动后，土壤生态系统中微生物的多样性及其群落结构也将发生变化。目前，露天煤矿的复垦研究已经成为应用生态学研究领域的重要内容之一，国内外开展的相关研究取得了一定成果。但是从研究内容和研究手段上看，针对矿区复垦过程中土壤微生物的变化，尤其是应用分子生物学来进行研究的报道很有限。

1.2.2.7 干草转移植被恢复技术研究

植物对土壤的固持作用可抑制地表水土流失，保证土壤营养充足，促进植物生长发育。草本层在其中的作用显得尤为重要，因为草本层贴近地面，其种群多度和密度较大，对土壤的固持能力更强。我国现有的坡面植物恢复技术大多针对裸露坡面，已采取恢复措施的坡面不适用。采用现有草原区草本群落恢复措施如翻耕、切根和围栏封育等恢复的草原群落，能在一定程度上增加群落的地上生物量和地下生物量，降低草本群落密度、物种丰富度、多样性和均匀度（Albert et al.，2019a，2019b）。但这主要是针对过去放牧引发的草原草本群落的退化，并不适用于已采取恢复措施、缺乏草本层的排土场坡面。

有效恢复草地需要本地种的种子，不仅要保护物种多样性，还要保护植物群落的遗传特性。Vegetation（2010）在捷克草甸草原群落采用三种不同收获种子的方法（种子成熟季节收获一次种子、在种子成熟季节分三次收获种子和干草转移方式获取种子）评估不同种子获取方式对可耕地上恢复草原群落的效率。通过对比种子收获区草本群落与恢复样地的物种组成和功能性状，发现绿色干草转移是单位面积产生最多种子和最多物种种类的方法，并且是恢复地物种建立中最为迅速、植被恢复最为成功的方式。恢复后的群落与种子收获区的草本群落最为相似。Török 等（2012）也发现干草转移带来的繁殖体能有效提升草本群落的恢复能力（Vegetation，2010；Bischoff et al.，2018；Coiffait-Gombault et al.，2011；Le Stradic et al.，2014；Prach et al.，2014；Jaunatre et al.，2013）。在巴西的圣保罗进行了一项为期 211 天基于表层土的利用干草转移技术恢复草原群落的实验，结果表明，在实验设计的 5 种不同的处理方式中，干草转移明显抑制发芽，不利于草原植被的恢复；表层土迁移在重新引入草本植物方面是有效的，且表层土收集的季节很重要：在雨季结束时收集材料比在旱季结束时收集被证明在恢复群落密度和丰富度方面有更好的效果。收集的干草经过了烘干处理，烘干干草的处理过程同时可能导致干草所携带种子的可利用性降低，且干草转移厚度也会影响草原草本群落的恢复，这可能是干草转移抑制土壤种子库萌发的原因，且不同季节的干草转移可能在不同程度上影响恢复地群落的组成。由于坡面的养分随水土流失至对应的平盘，平盘草本植物长势较好，因此本技术通过首先在平盘上对成熟期的草本植物进行刈割，然后将收获的干草进行自然风干的方式，最大限度地保证种子的可利用性。设计干草转移技术方案，在坡面–平盘建立能量流动和物质循环，重建坡面草本层，提高坡面生态稳定性。

1.2.2.8 能源植物优选技术

柳枝稷（*Panicum virgatum* L.）属多年生 C_4 禾本科黍属植物，原产地为北美洲（Sanderson et al.，1996）。具有环境适应性强、生长速度快、产量高、生产成本低、水分利用效率高的优点（刘吉利等，2009）。柳枝稷根系发达，能改善土壤生态环境，防风固沙，有很好的水土保持效果，还有助于提高土壤有机质含量，具有良好的生态效益（程序，2008）。柳枝稷这种极强的逆境适应能力保证其能够在砂土、黏壤土等多种土壤类型中生长，可耐受干旱、盐碱、土壤营养贫瘠等严苛环境。柳枝稷易于种植和收获，正常栽培管理下可连续 10 年收获（McLaughlin and Kszos，2005；Lewandowski et al.，2003；Parrish and Fike，2013），证明柳枝稷的生长发育能力极强，产量较高。柳枝稷生物量形成具有明显的季节变化，在春季至秋季生物量可增加近 10 倍，地上部分主要形成于前半个生育期，地下部分主要形成于后半个生育期（Kering et al.，2013）。柳枝稷还具有极强的分蘖能力，其强大的分蘖能力保证了其较高的生物量（徐炳成等，2005；程亭亭，2018）。

柳枝稷营养物质大部分在根系储存，这些营养物质既能够帮助柳枝稷越冬，又能在生育期为柳枝稷提供养分与能量（Ma et al.，2000）。柳枝稷在生长旺盛阶段的光合速率及生长速率均较高，植株内 N、P、K 等营养元素含量也相对较高（David and Ragauskas，2010）。不同生境和收获时间都会对柳枝稷形态、产量及品质等产生影响（Thomason et al.，2005；刘吉利等，2012；Sanderson et al.，1999）。

柳枝稷含有大量的纤维素和半纤维素，植株约由 70% 纤维素构成，干物质产量可达 $22.4t/hm^2$（李高扬等，2008）。柳枝稷细胞壁可被消化为糖类，通过发酵生成乙醇，可用于生物乙醇生产，是一种理想的多年生草本能源植物（Wu et al.，2014；Sokhansanj et al.，2009；Nelson et al.，2017）。美国研究发现柳枝稷可吸收大部分温室气体，改善大气环境，乙醇生产量比普通植物高 30% 以上，性价比极高，被美国能源部认为是极具潜力的能源植物（Lewandowski et al.，2003）。20 世纪 90 年代柳枝稷引入我国黄土高原地区，已在陕西（张红娟，2015）、宁夏（刘晓侠，2016；Liu and Wu，2014）、内蒙古（Raisibe，2016）、吉林（孙健阳，2015）等地成功引种种植。引种的生境类型包括黄土丘陵区、半干旱草原区、河套平原区（刘晓侠，2016）等，涉及的土地类型涵盖挖沙废弃地、重金属污染土地、盐碱地等。实验证明，在不同类型生境中柳枝稷均表现出较好的生态适应性和较高的生产潜力（赵春桥，2015；范希峰等，2012），目前柳枝稷抗逆性主要集中在耐旱、耐盐碱、抗重金属胁迫和耐极端温度胁迫等方面。

能源植物柳枝稷具有极佳的耐旱性和耐盐碱性，是大型煤电基地区域草地恢复的优选物种，对东部草原区生态系统结构和功能建成具有积极意义。目前对柳枝稷在干旱矿区排土场生长的生态适应性研究未见报道，因此利用内蒙古矿区排土场土壤来研究柳枝稷对干旱胁迫的生理响应，并通过室内试验结果指导田间试验，可为内蒙古矿区排土场柳枝稷的大规模引种和栽培提供科学依据和实践指导。

1.2.3 区域生态安全研究与实践方面

1.2.3.1 大型煤电基地景观生态功能提升

人类活动维持和生态系统服务保持“双赢”的景观格局优化方案是当前景观生态规划长期努力的目标，权衡利弊以获取整体最优一直以来都是可持续性战略的基本指导思想。景观格局优化研究起步较晚，20 世纪 80 年代才由景观生态规划研究的深入而逐渐形成独立的思想和理论。景观功能提升是在景观生态规划、土地利用与管理科学、计算机科学与技术的基础上提出来的，由于目前难以准确定量分析景观格局与生态过程之间的相互关系，如何进行准确的、实用的景观功能提升是目前国内外的研究热点。2002 年在美国亚利桑那州立大学举行的美国国际景观生态学协会第 16 届年度研讨会上，景观功能提升被列为 21 世纪景观生态学的十大关键问题和研究重点。景观生态学的一个基本假设是，空间格局对物质、能量和信息的流动有重大影响。因此，解决景观功能提升（如土地利用格局优化、景观管理优化、景观设计与规划优化）问题，在理论和实践中都具有十分重要的意义。景观功能提升是以景观格局、功能和生态互动为基础的，通过优化各类景观类型，调整空间和数量分布格局，使其具有最大的景观生态效益，最终促进区域的可持续发展。景观功能提升对于提高景观的抗扰动能力、恢复力、稳定性以及生物多样性具有重大作用。

捷克斯洛伐克学者认为景观功能提升的研究分为景观生态数据和景观利用最优化两个基本部分；德国学者认为景观功能提升的任务首先是根据区域生态系统敏感性对其所遭受的环境影响进行评价、降低和缓和，其次针对区域的景观多样性入手，确保景观种类不减少，必要时人为增加其多样性，最后从生态系统组合的角度，识别稀有以及敏感的景观生态并对其加以保护；日本学者提出了“自然-空间-人类系统”模式。中国大陆学者认为景观功能提升的研究内容包括景观生态基础研究、景观分类、景观生态评价、景观生态设计与规划等几个方面。目前，景观功能提升研究多以促进区域协调可持续发展、生态保护与景观生态修复或恢复为宗旨，以构建具有更为稳定的景观格局为主要目的。景观功能提升研究的现实指导意义较弱，进展较慢。

景观功能提升研究虽然已在城市、河口、地震应急避难所、旅游景观、大学城、干旱区、风沙区、森林、农业、湿地、水库、乡村等景观生态得到了广泛而充分的研究，但矿区景观功能提升研究相对较少。矿区景观功能提升是在景观生态学指导下，宏观上构建合理的景观格局，微观上设计适宜的生态条件。一种情况是，开采前就完成矿区格局的优化，将建矿-采矿-闭矿与生态重建结合在一起，边开采边优化，以期达到满足社会经济发展的同时产生最小的景观生态影响，实现最短的景观生态重建周期；另一种情况是，针对不合理开发所造成的废弃矿区，对已破坏景观格局制定优化方案。

1.2.3.2 煤电基地牧矿景观交错带生境保护与修复

景观格局、分类研究和生态健康评价是进行牧矿交错带景观生态评价与格局优化的基础，也是研究资源开发对景观生态影响机理的基本途径。牧矿景观生态格局变化是由人类活动作用造成，从景观生态结构和功能相匹配的观点分析，结构是否合理也决定着景观生态功能。随着开采面积的扩大，原有的景观生态结构发生变化，原来的生态功能、景观生态格局、景观的组成发生变化，对区域的生态环境产生深远的影响。

牧矿交错带土地覆被和群落结构变化研究是矿区生态保护与恢复的基础。地下煤炭资源的开发与利用不可避免地造成地表覆被和群落结构发生变化。煤炭开采区植被种类与生物多样性都相对较低，濒危物种相对较多，在煤炭开采区建群种多样性曲线降低至支撑线以下，煤炭开采区的生物多样性指数明显低于非开采区，矿区植被演替是先锋植物种类入侵、定居、群聚和竞争的结果，豆科牧草适合作复垦的先锋植物，沙棘、柠条等少数灌木生长优势明显。

相对于开采区域直接扰动，牧矿景观交错带处土壤性质变化主要由粉尘扩散、地下水位变化、植被群落盖度和多样性变化等间接因素引起。杨勇等（2016）研究了锡林郭勒露天煤矿区土壤微量元素分布特征与植被恢复，发现土壤微量元素含量在不同方向上随着距离的往外延伸而呈现减少趋势，经过一定距离后比较稳定；土壤的 pH、氮、磷、钾等含量与矿区植被恢复年限呈正相关。魏勇等（2017）对淮南矿区土壤中 Cd、Cr、Cu、Ni、Pb 和 Zn 等 6 种典型微量元素的生态累积效应及其生态风险评价研究表明，土壤微量元素含量随着开采年限的增加呈现增加趋势。焦菊英等（2006）研究表明，植被恢复过程有利于矿区土壤养分和有机质等含量增加。

1.3 东部草原区煤电基地生态修复挑战与解决途径

1.3.1 生态修复技术难点问题

1.3.1.1 草原区大型露天矿区开采工艺

高强度煤炭露天开采是煤电基地开发生态影响的主要驱动力，尽管传统的露天开采工艺水平在现代开采装备支撑下获得不断地提升和发展，进一步强化了采-排-复一体化工艺现场实施强度和不同工艺间的协同性。但是随着生态环境压力增大和区域生态安全紧迫性增加，露天开采作为局域生态破坏源头逐步引起重视，如何按照近自然状态，优化露天开采工艺，创造适于地表生态修复的本底土壤条件和水土保持环境，进一步融入降低开采生态损伤和提高生态修复效率成为生态修复技术突破的首要难点问题。重点加强以下两个方面的研究与实践。

（1）面向大型露天减损型开采的采-排-复工艺优化。最大限度减低露天开采引起的局域生态损伤（简称减损开采），是绿色开采和生态修复的基本支撑点。针对露天开采引起的土地挖损、压占等生态损伤和影响辐射问题，从直接损伤区域和“紊乱”排弃结构入手，空间上通过靠帮开采-快速回填、优化工作帮开采等方式，减少土地挖损范围和压占土地面积；从采后地层恢复结构上入手，通过揭示排土场松散物料强度等物理力学性质的变化规律和内排土场地下水渗流规律，基于原态结构生态功能和约束条件下（边坡稳定性、土壤质量及地下水质量）内排土场物料排弃层序、工艺及参数，精细化土壤剖面结构和低成本表土替代材料等，构建趋近或优于原态生态功能的排弃结构；从草原区特定气候和地貌条件下水土保持入手，通过揭示露天开采地表水土流失及季节性变化规律，草原露天矿生态复垦窗口期，进一步优化露天矿排弃-复垦工程季节性时序规划，充分利用有限的自然生态修复时段，提高生态修复的时间效率。最终建立适于大型露天采区空间布局、时间演化和重构地层结构优化采-排-复一体化工艺，实现采区局域的系统性生态减损目标。

（2）面向大型排土场仿自然重构的采-排-复工艺协同。针对露天矿生态修复区水土流失严重和可持续性差，通过揭示区域生态稳定状态下地形地貌特点，仿照自然稳定态时近地表形态和结构，宏观优化地表排弃形态和适宜土壤结构，构建趋于自然稳定、适宜水土保持且与周围环境相和谐的地表状态。为此，需要研究和提取自然稳定地貌特征，特别是对空间面数据和大量且不确定样本情形下，准确表达其形态的参数组合可为近自然地貌重建提供学习参数；在露天矿现有修复对象可分为矿坑、外排土场和内排土场，大多为传统斜坡平台相间的人工规则地貌，为使修复区地形地貌具有良好的水土保持效果，近年来研究提出近自然地貌重构思路，即以连绵起伏状地形替代形成近自然稳定地貌特征和实现修复区表土稳固，但受采-排-复一体化工艺及现场土方剥离量等因素综合影响，通常在采-排-复一次过程结束后，大多通过二次“仿真学习”塑形自然地貌，导致与周边景观存在明显的割裂区，往往也是修复区水土流失的“重灾段”，后期水土维护成本大幅增高。因此，基于相同及相似区域地貌稳定特征学习结果，制定适用的修复区地貌重塑方案，与采-排-复工艺协同也是露天开采工艺需要改进的重要内容。

1.3.1.2　酷寒区地下水资源保护和利用技术

东部草原区大型煤电基地处于干旱-半干旱区和酷寒区，生态本底脆弱，特别是大风频繁，长期寒冷，干旱少雨，沙物质沉积丰富，使草原土地极易发生沙漠化和植被退化。煤炭高强度开发改变了局域地下水补-径-排系统，形成多层含水层的采矿汇流中心，扰乱了地下水与地表植被间原生态关系，加剧了生态本底的脆弱性，水资源保护与生态利用已经成为矿区可持续发展的瓶颈问题。如何按照仿自然地下水系统稳定状态，优化露天、井工开采工艺，实现地下水的有效保护与生态型利用，创造支撑地表生态修复可持续的水资源保障环境，进一步降低开采生态损伤和提高水资源利用效率成为生态修复技术突破的难点问题。针对东部草原区水资源和生态情景，有必要加强以下两个方面的研究与实践。

（1）大型露天矿区地下水保护的合理途径。煤炭开采扰动下地下水系统遭到破坏后形成大量矿井水，传统上作为煤矿水害外排到地表，造成水资源浪费，加剧了脆弱生态本底条件下的水资源不足。目前，大型露天开采中大多通过开采矿坑和地面储水池临时储存矿井水，但由于储存-处理-利用过程中的大量自然蒸发和污染损失，加之季节性生产需求不均衡和生态集中粗放式利用，导致露天开采中地下水的储-用矛盾。需要研究如何利用现代开采装备支撑采-排-复一体化工艺，借鉴井工矿地下水库建设思路，构建基于大型露天开采的地下水保护设施或地下水库，积极探索适用于大型露天矿情景的地下水保护途径，建立矿井水的平衡储-用需求和提高利用效率。

（2）大型井工矿区地下水保护的有效途径。在地下水丰富的软岩区环境条件下，大型井工煤炭开采不仅破坏了原有地下水系统补-径-排关系，同时产生的矿井水作为煤矿水害外排到地表后，造成大量水资源浪费和原生草原区生态失衡。在大型井工安全高效开采装备和技术支撑下，通过优化开采工艺和利用工程修复破坏的地下水系统补-径-排关系，实现含水层保护和降低矿井水量目标，是大型井工减损开采和“近零”排放亟须解决的难点，其中地下水主要泄流通道的辨识和导水通道注浆封堵工艺及其材料选配等也是工程实施可行性的关键。

（3）东部草原区大型煤炭开采矿区地下水洁净利用技术。东部草原区大型煤矿区因其水文地质环境、开采位置、地表生态条件差异，导致不同矿区的水资源不均衡性差异和需求点不同。如敏东矿区地下水资源丰富，大型井工开采形成的大量矿井水外排造成与矿区生态保护的矛盾，实现近零排放的绿色开采管理目标非常困难，生态环境和区域生态安全压力倍增。然而，丰富的砂砾岩含水层成为引导矿井水储存和径流的重要途径，如何按照环保和水质管理标准，通过洁净处理后回灌实现地表零外排和地下水回源，从而支撑地表生态可持续，也是需要探索的重要保护途径；而在大型露天采区，依托现代开采装备和优化采-排-复一体化工艺，构建近地表储水区和洁净回灌工程，建立矿井水的储存和地下“补给式”利用，同时兼顾大气降水收集效用，探索大型露天采区矿坑水生态型利用新途径，也是提高生态修复可持续性的重要内容。

1.3.1.3　土壤稀缺区适应型生态修复方法

东部草原区极端环境下高强度煤炭露天开采中，剥离了地表土层和植被，利用排弃物重构地层和原生土壤回填方式修复，直接破坏了原生土壤结构、地表植被和自然土壤生态系统，同时扰动了周围草原的原生土壤状态，导致土壤沙化加快和肥力下降，同时蒸发量大且气候寒冷，严重阻碍了煤矿区草原作物的正常生长，同时适于修复的土壤稀缺也给矿区生态修复增加了难度。针对土壤稀缺的条件，如何利用现场排弃物料特性，按照研究区自然土壤功能要求，采用物理重构和生物介入的途径，通过重构土壤提质增容和优化植被修复工艺，形成适应土壤稀缺区的生态修复方法，进一步降低开采生态损伤和提高植被修复效率也是生态修复技术突破的难点问题。针对东部草原区大型露天开采和土壤植被资源条件，重点加强以下研究与实践。

（1）开采受损区重构土壤提质增容和有机改良。开采受损区生态修复过程中原生土壤稀缺，近地表黑黏土层成为不可多得的土壤重构可利用资源，但因其通气透水性差，有效养分、微生物数量少，生物活性低，通气透水能力差等特点，不适宜植物生长，如何依据协调土壤水、肥、气、热的关系，通过提高黏土肥力而加以利用成为矿区生态修复中扩大土壤资源的重要途径。一是将排弃物中沙壤土和黏土按照适宜比例进行混合，降低其黏性结构，重点解决土壤增量；二是通过接种丛枝菌根真菌等微生物改良试验，对不同土质上植株生长状况进行检测，获得植物体内反映植被生长及营养状况的重要生化参数，获得适宜的重构土壤改良工艺，实现对黑黏土的生物快速改良；三是充分利用氮元素对植物体内蛋白质、核酸、磷脂和某些生长激素的重要作用，基于重构土壤性质，通过适量施氮改变土壤生化性质和影响土壤肥力，影响修复植被的植物光合作用、抗氧化系统、内源激素和植物水分吸收利用状况，从而促进植物生长发育，提高作物产量和品质。

（2）开采受损区基于重构土壤生物综合修复。煤炭开采直接破坏了地表植被和自然土壤生态系统，也影响着土壤微生物群落的特征和组成。而微生物群落的变化也会影响矿区外围草原植被，使干旱条件进一步复杂化，加之该区域自然环境恶劣，缺水、少土、冬季酷寒等自然条件，导致植被破坏后恢复困难。如何利用微生物改良土壤提升植被修复效果和确保生态修复可持续性，也是极端条件下提升植被修复效果的重要尝试。土壤微生物在特定生态系统的分解、养分循环和植物相互作用等生物过程中发挥着重要作用，对恢复生态系统功能和生物多样性影响至关重要，同时微生物作为土壤中重要的生物组成部分也反映了生态系统受干扰状态。丛枝菌根真菌（AMF）是重要的土壤微生物，与大多数陆生植物物种形成潜在的共生关系，其与植物相互作用可增加植物获取营养物质途径和增强植物的耐旱性及抑制病原体能力，同时进一步改善土壤结构和影响植被恢复过程和效果。科学评估土壤真菌在多样性重构土壤和植物条件下的变化及适应潜力，探索不同修复模式下植物多样性与土壤因子变化是实现生物综合修复实践的关键。

1.3.1.4　煤电基地生态稳定性系统提升途径

东部草原区大型煤电基地生态稳定性是煤电良性开发和区域可持续发展的基本保障，大型露天煤矿是煤电基地规模化开发的重要支撑，而煤炭开采带来的生态影响导致区域生态稳定性水平下降，通过各种途径系统提升生态稳定性水平，抑制煤电开发活动与生态稳定性之间的矛盾。针对局域生态损伤和区域生态稳定性下降等问题，揭示煤炭开采影响生态稳定性的途径和尺度，按照景观破碎态生态功能变化格局确定治理生态损伤关键区带（如牧矿交错区、排土场等），采用适于原生土壤和重构土壤下不同生态稳定性提升方法，进一步提高生态损伤区带的修复效率和生态稳定性修补功能，成为东部草原区生态脆弱条件下生态修复技术突破的难点问题。针对大型露天开采区域及土壤植被资源条件，重点加强以下研究与实践。

（1）牧矿景观交错带生境保护与修复。牧矿景观交错带是大型煤电基地区域的重要组成部分，也是露天矿区与草原牧区的交错区域，受煤炭开采污染物和风力综合影响，周边交错区域的土壤呈现微量元素污染面积大、污染情况复杂多变、污染程度各异的特点，显著影响区域生态稳定性。按照国内外众多学者研究思路和解决策略，大多利用植物绿色廊道来实现防风滞尘降噪，但在实际应用中绿色植物廊道景观大多呆板固化，牧矿交错带情景难以融入区域草原景观，且因结构过于简单导致滞尘效果并不理想。传统的土壤微量元素防治技术比较落后，生物防治技术需要花费大量时间，物理防治技术需要的资金成本很高，化学防治技术易造成土壤质量降低，目前还没有针对性的微量元素污染治理方案。牧矿景观交错带内土壤类型丰富，退化生境修复的主要措施之一是污染土壤改良。针对景观交错带内的多种土壤类型，采用新技术对粉尘进行实时、动态、经济、省时、省力的监测，揭示土壤污染规律和控制因素，研发一种具有保水、保肥、促根壮苗、改善土壤结构等多种功能的激发剂，成为突破退化生境修复的难点之一。

（2）大型排土场生态稳定性提升。大型排土场是大型露天矿区的重要组成部分，排土场斑块在永久改变地貌的同时，也形成了空间异质性极强的区域立地条件，对局部生态系统造成强烈扰动。尤其在生态脆弱的草原地区，破坏后重建生境难以维持植被的恢复与演替，想要再次形成稳定的生态系统则需长时间的土壤、植被的自然演替过程。排土场生态环境恢复过程中，由于排弃物依次混合重构，形成不规则连续阶梯状的复杂地貌、局部排土场倾倒工艺造成的特殊微地貌和土壤薄盖层贫瘠，其水土环境使得生态环境恢复与演替过程难以推进，先锋植被难以发挥改善土壤质量的作用，人工重建区生物多样性低、植被结构简单，生长与维持过度依赖人工养护。由于大型排土场重构体地质稳定性差、地表水土资源保持能力低和重建植被难以自维持，排土场生态稳定性水平亟待提升。近自然地貌重塑作为露天矿生态修复区重要的治理技术手段，具有成本低且适应性强等客观优势。针对草原区大型排土场地貌重塑过程中，按照采矿全生命周期和克服排土场重构的生态效果弊端、合理选择自然稳定参照区和提取近自然地貌参数，设计重塑局域地貌和水系，也成为系统减少开采生态损伤和重点解决排土场生态稳定性，与草原区自然地貌和稳定型生态环境相融合的有效途径之一。

（3）大型煤电基地区域生态稳定性提升。大型煤电基地区域生态安全稳定是煤电能源开发的区域环境保障，东部草原区经济社会发展相对落后和生产力发展水平较低，在资金、技术、设备等方面支持投入较少，而大型排土场和牧矿交错带等煤炭开采生态损伤地段降低了区域生态稳定性水平，重建生境的植被恢复与演替并形成稳定的生态系统需要较长的时间才能接近原生态水平。煤炭开采是东部草原区社会发展的经济支柱，针对生态脆弱的草原地区如何平衡煤电开采活动的生态负影响与区域生态稳定性提升正作用，形成区域生态稳定性总体水平不变也成为解决区域尺度生态稳定性和大型煤电基地生态安全的重要问题。区域生物量和植被盖度等是生态稳定性的重要指标，大型煤电基地区域涵盖草原牧区、矿区、城镇、林区等单元，在矿区生态修复中不断提升植被盖度和生物量的同时，确定合理的放牧强度、降低城镇环境污染排放水平和建设绿色城镇、沙化地治理等手段都可提高生物量和区域植被总体盖度水平，进而提高煤电开发区域的生态稳定性水平。针对大型煤电基地区域生态情景和格局，按照生态安全区域总体布局和分区优化管理、生态稳定性等多尺度协同控制思路，寻求提高矿区生态修复可持续效果和提升区域生态稳定性水平的技术途径，也成为降低煤电开发生态损伤的区域生态稳定性解决方案的重要内容。

1.3.2 解决思路与具体方法

1.3.2.1 解决思路

（1）系统布局和重点突破。着眼大型煤电基地开发生态影响重度区域——大型露天开采矿区，提出需要解决的关键生态修复技术。本着多学科交叉、多方法协同、多尺度认识、多工程实证的研究思路，旨在获得东部草原区大型煤电基地生态修复从基础理论转变为可用于工程实施的各项关键技术，为东部草原区大型煤电基地科学开发与区域生态安全提供有效技术支撑，技术路线如图 1-1 所示。

（2）专题研究。依据关键技术涉及的学科、专业，组成多学科交叉的关键技术研发团队，针对东部草原区酷寒、干旱半干旱、土壤贫瘠等生态修复难点问题开展专题性研究，

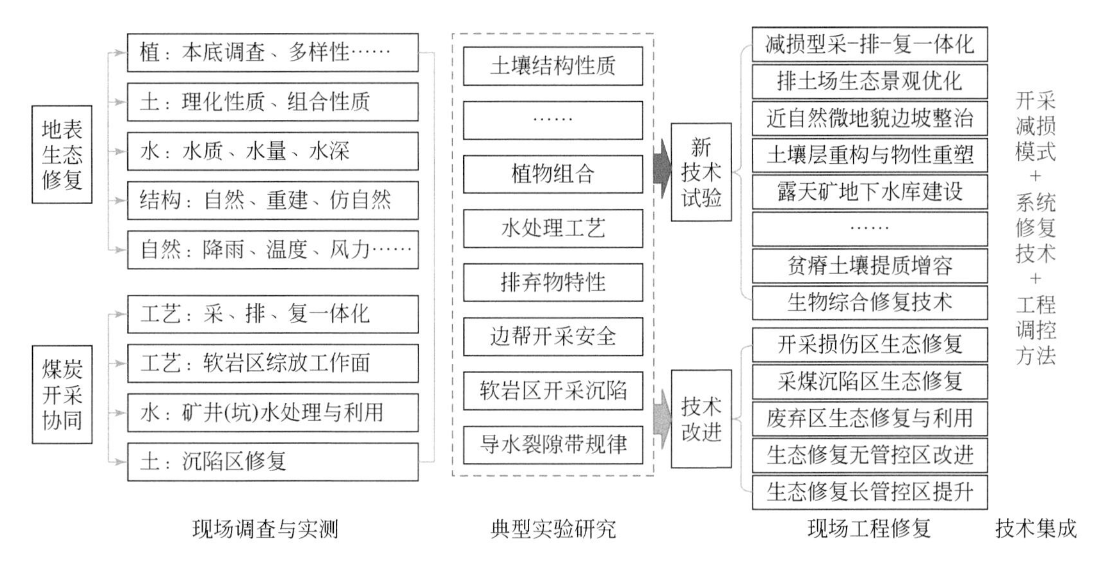

图1-1　技术路线图

解决生态减损型采-排-复一体化、水资源保护与循环利用、扰动区土壤重构与土地整治、贫瘠土壤有机改良、生物联合植被恢复、景观生态恢复等技术难点问题，创建适应大型煤炭基地开发系统性生态减损与修复技术体系。

（3）系统提升。针对大型煤电基地生态安全，开展多尺度技术方法研究和系统集成，创建适应型修复模式和生态安全管控体系，系统提升和保障区域生态安全水平。创建煤炭开采水资源保护利用、生态减损工艺和生态修复技术体系，依托呼伦贝尔市和锡林郭勒盟生态保护建设规划重点任务区、呼伦贝尔市国家可持续发展试验区开展示范，创建大型煤电基地生态修复关键技术体系和区域生态安全协调控制模式，为保障东部草原区大型煤电基地区域生态安全提供科技支撑。

1.3.2.2　具体方法

（1）大型露天矿生态减损型采-排-复一体化技术。按照开采源头减损与过程控制的思路，开展减损型采-排-复一体化研究。一是根据时效边坡理论中端帮暴露时间与边坡稳定性间的关系，设计极限边坡角度，研发靠帮开采-快速回填技术，缩小采场用地面积，缩短露天矿坑排水时间，减少露天开采对浅表层水资源及自然生态的影响。优化露天矿工作帮参数和采剥关系，实现采场快速延深和尽快内排，减少基建剥离量和外排土场用地。二是揭示排土场边坡角度、排土场高度、排弃土岩性质与排土场稳定性间的耦合关系，优化排土场参数，减少外排土场对土地和生态系统的破坏；通过现场试验测试和理论分析，确定草原露天矿特定气候和地貌条件下，水土流失模数、影响深度、复垦效果的季节性变化规律，揭示以复垦效果为导向，以水土保护为目标，以采排关系和工程进度为主要约束的草原露天矿生态复垦窗口期；结合开采与排弃工艺生产能力，优化露天矿开采计划和采排参数，建立露天矿排弃-复垦工程年内时序规划，运用采矿的方法解决排弃复垦过程中气候和季节因素导致的水土流失。三是从露天矿工艺选择、设备选型、开采参数、开采程序、开拓运输系统、总平面布置等方面集成研究降低草原区露天开采生态损害的技术体系。在此基础上，将大型煤电基地主要固体产物均纳入到露天矿生产系统优化范围，以综合开采工艺优化和应用为手段，排弃与复垦协调技术为依托，地层和土壤重构为目标，构建涵盖源头减损、过程控制和末端治理的大型煤电基地生态减损型采–排–复一体化工艺，优化露天矿采剥、物料运输和剥离物及粉煤灰排弃作业，实现大型煤电基地采–排–复生产的经济、生态综合效益最佳。

（2）大型露天矿采区生态修复促进型基质层与土壤重构技术。按照系统修复与过程控制的思路，通过理论分析、实验室模拟、原位试验、压实固结试验、现场试验、结合复垦植被规划等手段，一是优选针对性的土壤层次构造材料，研发以服务地表植被生长为目的的近地表（2m 以内）土壤剖面精细化构型，研发表土无损采集技术和表土资源减损技术；二是揭示内排土场松散物料在不同压力–含水率下物理力学性质随时间的变化规律和重塑岩体渗水性变异对地下水恢复的影响规律，掌握内排土场地下水渗流及有害成分运移规律，确定内排场各层位有害成分的安全上限、人工隔水层位置及参数，进而采用边坡稳定性、土壤质量及地下水质量作为约束维度优化内排土场物料排弃层序、工艺及参数。

（3）东部草原软岩区大型煤炭基地地下水原位保水技术。以适用性和有效性为原则，从人工干预角度采取相关措施（如注浆封堵）限制采动裂隙的导水能力，促进裂隙的修复愈合思想，采用场原位实测数据为主、历史年度数据为辅、室内实验室数据为补的研究手段，一是揭示开采扰动下的采损区及周边地下水动力场变化规律和趋势，提出面向水资源保护的水资源存储空间地质适宜性和风险性评价方法，形成一套煤电基地开采扰动下地下水资源地质保护评价体系；二是研发多种“防渗–地下坝体复合结构”型式，提出分布式水库储水机制及储水库容，研究不同工况下（静力学与动力学）地下“防渗–地下坝体复合结构”的稳定性评价方法，提出露天煤矿分布式地下水库整体安全性评价指标及其评价方法；三是揭示采动覆岩渗流场的时空演化过程及空间分布规律，提出采动覆岩导水裂隙自修复区域的判别及其渗透性评价方法，研究人工引导裂隙自修复的含水层再造技术，为煤矿区水资源保护与生态治理提供参考与借鉴。

（4）大型露天矿生态修复区仿自然地貌水土保持技术。按照重塑地貌与周边自然地貌“无缝”拼接的思路，采用三维激光扫描、卫星遥感、实地调查等方法，一是通过对露天煤矿开采土地损毁的微地貌综合整治，构建微立地条件，形成损毁土地的仿自然地貌复垦格局；二是针对露天矿排土场边坡稳定性差、不利于水土保持的特点，对排土场边坡进行稳定与控制水土流失的研究与治理，调查研究露天破碎地貌特点，形成区域破碎地貌的协调整治规划技术，达到区域地貌的协调和优化；三是针对其中自然稳定地貌特征提取样本选取标准性不足且参数种类繁复这一技术难题，提出一套以坡向迭代与特征参数为依托的自然稳定地貌提取技术手段，以为自然稳定地貌特征提取提供理论依据。

（5）大型露天矿生态修复表土稀缺区土壤构建与改良技术。针对东部草原区土壤稀缺的问题，按照充分利用采矿剥离表土和煤电基地产生的煤矸石、粉煤灰、煤泥等固体废弃物的原则，一是通过破碎、熟化与土壤进行比配研究，研发基于固体废弃物的土壤构建技术，对腐质秸秆、锯末等植物性废弃物进行试验研究，研发基于废弃植物基质的植生层构建与植被修复技术；二是研究本地生（黏）土资源化利用的快速有机生物培肥技术、沙土的快速提质增容技术，采用微生物来激活生（黏）土养分的生物有效性，进行生（黏）土的资源化利用，从其保水性、养分有效性和土壤结构合理性等方面进行沙化土壤的提质增容技术研发；三是研究复合生物组合对土壤结构的改良作用，分析植被根系和微生物对根际分泌物种类、数量的影响，研究不同分泌物对土壤颗粒的胶结程度与作用、土壤显微结构的变化、土壤理化性状变化规律等，研发沙化土壤提质增容关键的有机生物技术。

（6）东部草原极端环境开采受损区生物综合修复技术。按照不扰动原生基质的研究思路，采用植物微生物优选的技术手段，一是通过不同物种间的组合，进行生态效应的比较，获得生物种互相促进的最佳组合比例与方法，揭示在不同的逆境条件下（干旱、酷寒、贫瘠），东部草原典型植被与微生物最佳组合的生态效应；探索出共生微生物与优势植被协同配比的最优组合模式、微生物原位修复促进根系生长发育的方法，形成适于东部草原矿区生物联合修复的技术；二是利用优势生物组合模式与方法，研究土壤理化性状的变化、植物的生长发育规律、微生物群落的演替，土壤碳循环、生态结构功能变异等，揭示出复合生物对退化生态自修复的功能，优化其生态结构；三是生态源地为锚（节）点规划滞尘生态廊道网络，“连点补缺，点面结合”景观隔离带建设策略，波浪式水平格局配置、多层片乔灌草立体防护相结合的建设方针，建立物种选择、生态位空间配置参数；四是基于有机质腐殖化原理、土壤激发效应原理、强还原修复土壤原理等，提出牧矿交错带粉尘沉降退化生境保护技术。

（7）草原区大型煤电基地排土场斑块景观生态功能提升关键技术。发挥多手段协同监测时空互补、点面结合的优势，实现排土场景观生态功能问题的定量反演与实时预警。一是构建排土场冗余沉降模型和潜在地灾动态评价体系，揭示排土场在强降雨条件下潜在地质灾害诱发因素及致灾机理，实现排土场潜在滑坡体及塌陷区的早期识别；二是构建排土场在降雨/融雪条件下的径流侵蚀、潜流侵蚀、冻融侵蚀等土壤复合侵蚀分解技术，揭示排土场土壤侵蚀发育规律及侵蚀机理；三是建立排土场植被优化配置方法，研发基于生物多样性和群落稳定性的植被配置模式；四是开发排土场景观生态功能多要素协同修复技术，研发控水、集水、用水为一体的分布式保水控蚀系统，提升排土场景观的地质稳定性与水土保持功能。

（8）东部草原区大型煤电基地区域生态安全调控与安全保障和稳定性提升技术。依据生态稳定性维持机制，以东部草原区大型煤电基地露天煤矿开采过程中形成的受损生态系统为对象，针对大型煤电基地生态修复过程中易出现的土壤生物区系单一化、植被退化、景观破碎化、系统自维持性差等问题，一是针对已形成的大型煤电基地土地整治、土壤重构、植被修复、景观修复等生态修复关键技术，制定评价指标，建立评价体系，构建评价模型，开展生态稳定性评价与提升技术的研发与试验；二是耦合生态稳定性与生态承载力，研发区域生态安全评价体系，对煤电基地不同开发模式的生态安全格局进行多情景模拟，构建区域生态安全调控模式与示范，包括基于生态稳定性与生态承载力的生态安全评价技术、大型煤电基地能源开发生态安全模拟技术、区域生态安全调控模式构建与试验；三是基于已形成的生态安全评价体系与生态安全调控模式，研究生态安全对社会、经济、环境、生态因子的响应机理，识别关键影响因子；研究生态安全与生态修复工程的联动机制，优化生态修复关键技术，完善生态修复技术体系，建立基于国家能源安全的区域生态安全保障技术体系。

1.3.3 预期目标与效果

1.3.3.1 突破草原区生态修复解决技术难点

提出了适应于东部草原区大型煤电基地开发生态影响途径的针对性修复技术，为大型矿区生态建设应用解决方案的确定奠定良好的技术基础。研究针对东部草原区煤电基地酷寒干旱、修复缺水、土壤瘠薄的生态本底条件和开发生态损伤特点，应用地下水保护、排弃剖面和近地表层重构、土壤改良和提质增容、植物优化和微生物促生等技术，构建区域自然驱动影响、采矿过程系统减损和采后人工修复促进的生态恢复协同关系，在采-排-复一体化生产过程、坡面工程治理-平台微地形改造-交错带生境恢复的协同修复过程中显现了良好的减损效益和生态效果。

1.3.3.2 系统提升生态减损和修复效率

融合了大型煤电基地生态损伤驱动力、生态损伤机制、气-水-土-植生态要素损伤特点等因素，提升了研发关键技术先进性与适应性。研究将生态损伤机制、生态修复原理和适用技术相结合，着眼水-土-植协同修复效果，采区、复垦区、排土场和牧矿交错带等生态景观健康，地段生态稳定保障、区块生态功能协同、区域生态行为互补，深化采-排-复一体化减损等关键技术的内涵和外延，提升了项目研发关键技术水平和东部草原区不同矿区的适应性。

1.3.3.3 建立区域适应型生态减损技术模式与体系

提出大型矿区仿自然地貌和采矿全生命周期理念和源头减损思路，系统指导大型矿区生态修复技术有机融合和生态效果系统提升。研究按照近自然恢复理念，按照源头减损、过程控制和引导修复思路，贯穿采-排-复一体化系统减损和水-土-植生态修复一体化，集成排弃剖面生态重构和近地表生态型剖面构建模式，采-排-复协同减损方法、大型排土场边坡近自然整治方法、大型排土场生态功能提升技术、地下水资源保护洁净利用技术等，构建适应于酷寒区和干旱区条件下大型露天矿区和井工矿区的关键技术体系（图 1-2），系统提升了大型煤电基地生态修复效果，推进了矿区生态建设与区域山水林田湖生态安全格局融合。

综合研究表明：东部草原区具有酷寒干旱半干旱、土壤瘠薄等脆弱生态环境特征，煤电基地开发引起了地下水位下降、土地破坏、土壤沙化、植被退化等生态问题，面临着采区生态损伤严重、生态修复环境差和区域生态安全管控复杂等问题。研究针对东部草原区大型煤电基地脆弱生态本底特征及开发面临的主要问题，重点从高强度开采生态减损、大型露天矿区生态修复技术和区域生态安全研究与实践等方面梳理了国内外草原区域生态恢复技术研究进展，提炼了东部草原区露天开采工艺、地下水资源保护与利用、土壤稀缺区适应型生态修复方法、生态稳定性提升等技术难点。按照采区-矿区-矿城-区域的多尺度

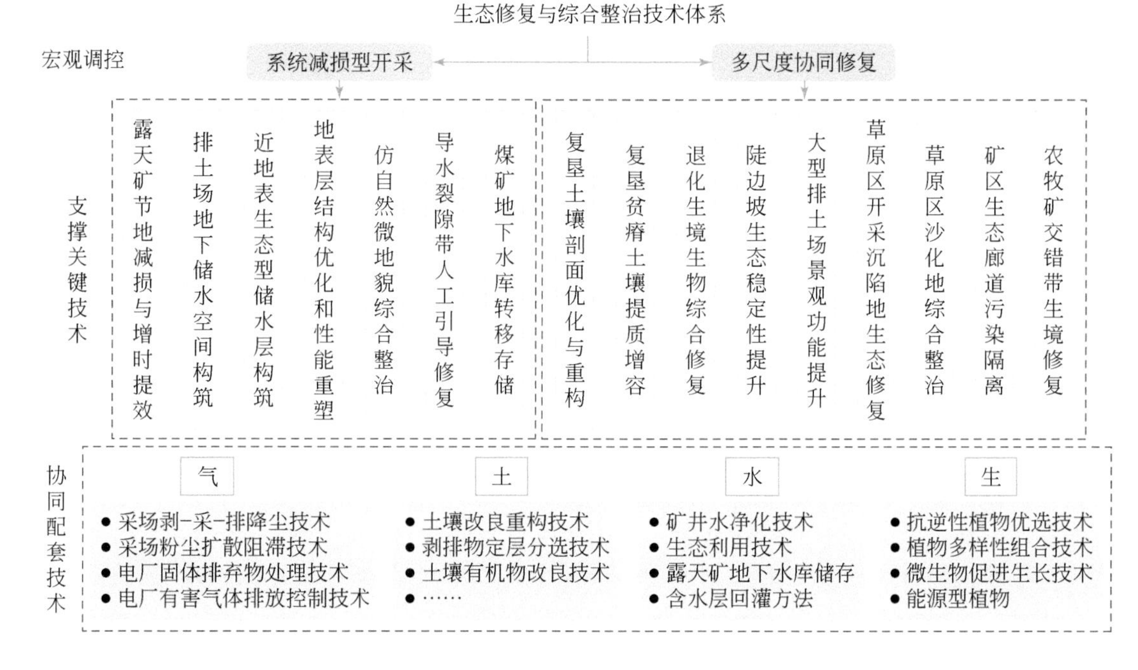

图1-2　生态修复与综合整治技术体系

生态调控目标，基于“源头减损”和“系统修复”思路，以“减损技术”为核心，突出开采生态损伤和修复关键环节，着力在影响时间、损伤空间和结构破坏三个方面研发“开采减损”、“生态修复”和“区域调控”等关键技术的研究思路和具体方法，旨在系统提升大型煤电基地科学开发与区域生态安全协同水平，为国家大型煤电基地科学开发提供技术支撑。

第2章　大型露天矿生态减损型采–排–复一体化技术

以降低资源开发的生态损伤和提高开发后生态修复质量为目标，从开采工艺选择、设备选型、边坡角度、开采参数、开采程序、开拓运输系统、总平面布置等方面开展协同研究，创建露天矿生态减损型开采技术体系，实现露天矿采–排–复协同作业。矿区土地复垦得到了美国、德国等发达国家的高度重视，经过近百年的发展已形成了较为完备的土地复垦工作管理体系，包括较为健全的复垦法规、专门的土地复垦管理机构、明确的复垦资金渠道、严格的土地复垦验收标准和众多的土地复垦学术团体及研究机构，提出了基于土壤资源优化利用的采–排–复一体化技术。国内对矿区土地复垦的研究始于20世纪50年代，经过几十年的研究和实践，形成了以《土地复垦条例》为代表的法律法规体系，在准格尔、平朔、伊敏等矿区开展了露天矿排土场生态修复工程实践，取得了较好的修复效果，并综合考虑露天矿生产和生态重建的双重需求提出了“露天采矿与生态重建一体化”的理念。但是从国内外的研究与实践看，露天矿生产与矿区生态修复研究仍然矛盾大于统一，前者更强调高效率、低成本，而后者以采矿形成的地层、地形、地貌为基础开展生态修复工程，造成了成本高、效果差、对生产影响大等问题。露天开采造成的土地利用类型变化是生态环境影响的根本原因，本章以资源赋存条件和国家的矿产品需求为约束，揭示东部草原区近水平煤层赋存条件下土地资源开发的土地占用规律和矿区生态修复的制约条件，形成以降低土地占用强度和缩短土地占用时间为目标的生态减损型采–排–复一体化技术。第一，通过边坡结构、开采参数、开拓运输系统、地面生产系统等方面的优化，在保证露天矿生产能力的前提下减少土地占用量，实现资源开发经济、生态效益的协调统一；第二，揭示土地、土壤、气候等条件对矿区土地复垦的制约关系，提出了季节性剥离条件下内排露天矿的生态修复窗口期，研发了自然气候条件约束下露天矿剥采排物料优化调配方法；第三，针对露天矿高效开采与矿区生态修复物料精细化选采的双重需求，建立了典型露天开采工艺适应性评价模型，提出了适应资源开发条件的综合开采工艺系统动态匹配方法。

2.1　露天开采节地增时减损机制

2.1.1　露天矿生产的土地占用规律

露天开采对土地的占用是影响生态环境的根本原因。一方面，煤层开采需要剥离上覆的土岩，因此必然造成土地的挖损；另一方面，露天煤矿在开采过程中会剥离大量的岩土

（通常是采煤量的数倍甚至十几倍），剥离物的大量外排不仅会增大物料的运距和提升高程，增加资源开采成本，而且会占用大量的土地，进一步增大企业成本的同时，还扩大了资源开发的占地面积和生态影响范围。对于地表平坦、近水平赋存的露天煤矿而言，资源开发过程中外排占地及生态修复过程如图 2-1 所示。

（1）根据资源赋存条件，首先进行露天开采台阶划分。台阶参数主要受煤岩赋存条件、台阶边坡稳定、挖掘机作业参数、露天矿开采强度等因素影响。

（2）确定露天矿首采区和拉沟位置后，开始进行矿山基建，如图 2-1(a) 所示。露天矿基建包括掘出入沟、掘开段沟和扩帮 3 个环节，逐台阶向下延深。露天矿基建期研究的关键问题包括开段沟宽度和长度、掘沟延深方式、工作平盘宽度与工作帮坡角等，其中开段沟长度和工作帮坡角是影响露天矿基建工程量和剥离物外排量的主要参数。这一阶段是露天矿剥离物外排的关键期，也是外排土场占地的主要阶段。

（3）露天矿外排土场选择应考虑容量、物料运距、占地面积、地形、边坡稳定等因素。这一阶段的关键问题包括外排土场位置选择与形态（占地、高度等）、参数（台阶高度、台阶数、总高度、坡面角、帮坡角等）确定和排土方式、排弃台阶构筑方式、物料排弃顺序、台阶排弃程序等。

（4）露天矿内排土场需要在坑底揭露一段距离后逐台阶形成，如图 2-1(b) 所示。这一阶段的关键问题是：①排土方式和内排土场参数（坑底宽度、台阶高度、台阶数、总高度、帮坡角等）确定；②物料排弃顺序及其与工作帮开采程序的配合；③露天矿开采全生命周期的剥离量与排弃空间关系。

（5）实现完全内排后露天矿采场占地面积相对固定（随着开采深度增加也会逐渐变大），工作帮开采破坏面积与内排到界可修复面积相当，如图 2-1（c）所示。这一阶段的关键问题是：①工作帮坡角、内排帮坡角对露天矿采场面积和生产的影响；②工作帮开采程序、物料排弃顺序与矿区地层修复的关系；③露天矿采区转向等开采条件变化对排弃空间的影响；④露天矿开采全生命周期的剥离量与排弃空间关系。

（6）工作帮完全到界后，露天矿最终将遗留下一个硕大采坑，如图 2-1（d）所示。这一阶段的关键问题是：①露天矿最终采坑利用模式；②工作帮最终边坡和端帮边坡（尤其是台阶坡面）生态修复模式；③内排土场边坡最终利用模式。

2.1.2　露天开采节地减损机制

露天开采是一个“在实体里构造空间和在空间里构造实体”的过程，其核心是巨量物料的采掘、运移和排卸作业。因此露天开采最显著的特点是改变了原始的地形地貌和土地用途，其对生态环境的影响是显性的，主要表现为如下三种形式。

（1）在开采境界范围内改变了土地用途，将原来的森林、草原、耕地、荒漠、村庄等用途的土地变成矿产资源开发基地，重点表现为土地的挖损。

（2）根据露天矿剥–采–排的作业规律，在矿山建设和生产过程中不可避免地出现物料排弃，包括剥离物、尾矿等，进而形成一定体积的排土场，改变了矿区的地形地貌和某些土地的用途（至少在一段时间内），重点表现为土地的压占。

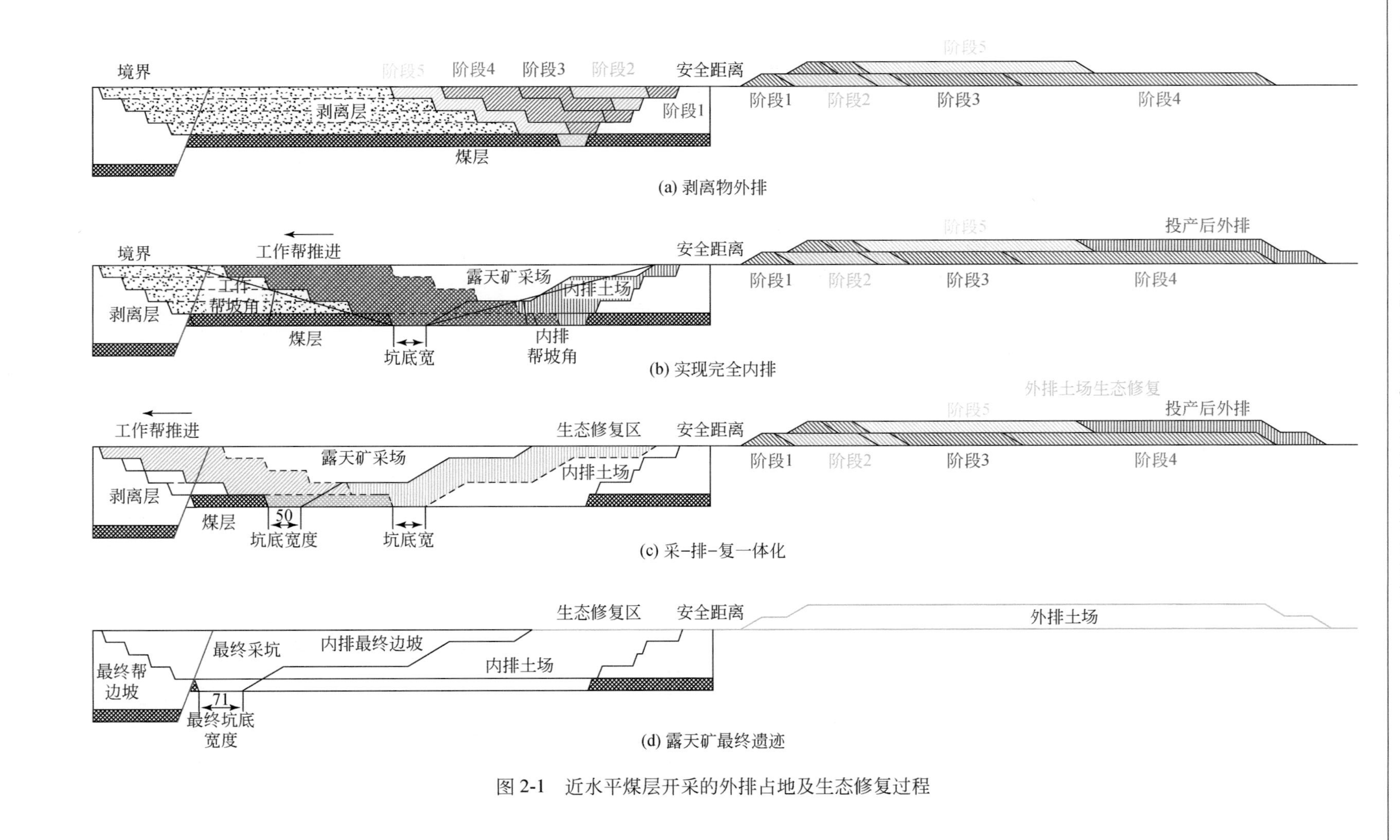

图 2-1　近水平煤层开采的外排占地及生态修复过程

（3）露天开采改变了矿区的地层联系和地形地貌，造成地表和地下水流场变化，进而影响到露天开发区周边的生态系统，重点表现为生态要素的变化。

因此要实现露天开采生态损伤控制，就要减少资源开发对土地和地表生态占用和影响的空间，压缩占用和影响的时间。

降低资源开发的生态影响，首要是减少开采占用和影响空间，如图 2-2 所示。

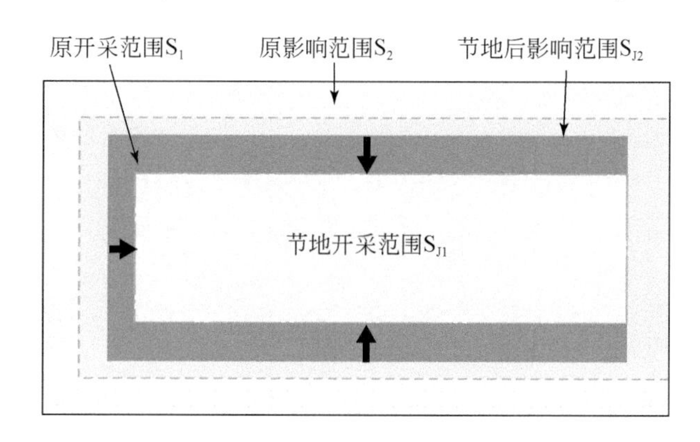

图 2-2　露天开采节地减损示意图

（1）以满足国民经济发展为目标，提高回采率可以减少相同资源开发量（从单位时间看表现为生产能力）的土地占用，实现最大限度地降低损伤。露天开采过程中，可通过提高最终帮坡角（包括非工作帮、端帮、最终帮）、减少采区间煤柱、薄煤层选采等技术实现。

（2）在开采区土地用途必然改变的前提下，通过提高边坡控制能力实现境界内沿帮排土可以减少甚至避免外排土场新增占地，从而最大限度地压缩资源开发对土地资源的占用。虽然沿帮排土在后续开采过程中会产生二次剥离，增加露天矿生产成本，但具有显著的生态效益和一定的经济效益。首先，避免了外排土场新增占地，降低了资源开发的生态影响；其次，将沿帮排弃的物料作为储存场，灵活调配物料，在内排后实现地形重塑；再次，减少外排土场占地的征地费用，并通过沿帮排土缩短剥离物的外排运距，减少物料的运输费用，在一定程度上冲抵二次剥离费用；最后，开采境界内的沿帮排土场可以作为开采区的土地调节池，降低露天矿生产受征地影响的程度。实现沿帮排土的主要技术难点是掌握排土场造成的地形变化对采场边坡应力和应变显现规律，控制排土场–采场复合边坡的稳定。

（3）优化开采程序、生产系统和开拓运输系统布置，在符合经济性约束的条件下尽量布置在开采占用的空间内，避免新增占地。在露天矿生产中，可以通过将破碎站、运输道路、带式输送机等系统布置在采场或内排土场实现。

资源开发改变境界范围内的土地用途是不可避免的，但矿区内破坏的生态系统是可以修复的，因此压缩开采对土地的占用和影响时间具有重要意义。

（1）露天矿对土地的占用始于工作帮的开采，工作帮坡角是决定土地占用超前资源开采时间的关键。如图 2-3（a）所示，胜利露天矿原工作帮坡角为 8.4°（2016 年工作线中部，并不是北部超前区域），其中 5#煤层上部的剥离台阶的帮坡角仅为 5.9°。按照 240m/a

设计推进度估算，土地占用超前于6#煤层底板揭露（具备内排的基本条件）6. 1 年。通过工作帮开采程序优化，整体工作帮坡角提高至9. 3°（2020 年工作线同一位置），其中5#煤层上部的剥离台阶的帮坡角仅为8. 7°［如图 2-3（b）所示］，土地占用超前于6#煤层底板揭露5. 5 年。

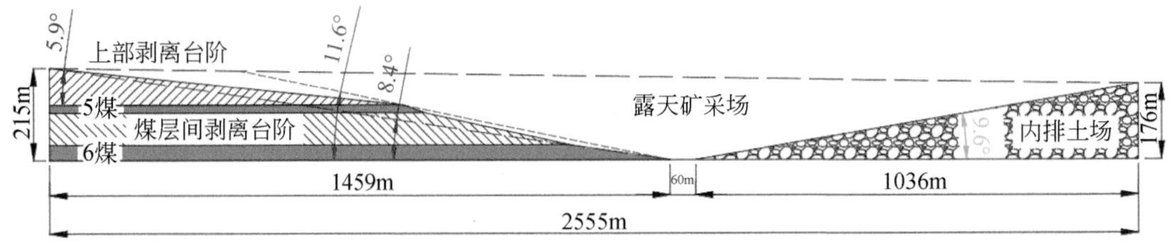

(a) 胜利露天矿原采场剖面(2016年)

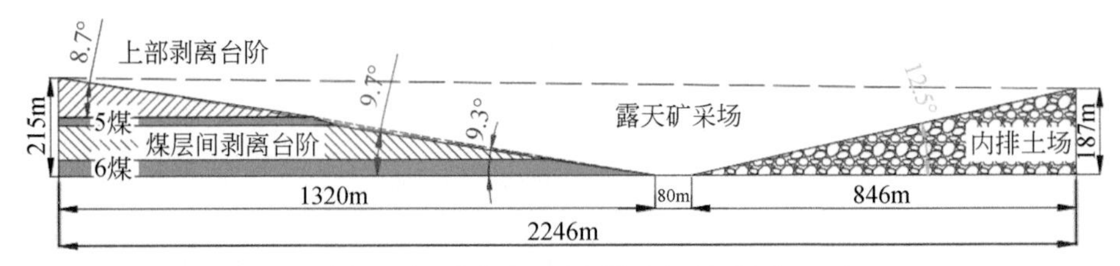

(b) 工作帮开采程序优化后胜利露天矿采场剖面(2020年)

(c) 胜利露天矿采场占地(2016年)

(d) 胜利露天矿采场占地(2020年)

图 2-3 工作帮开采程序对采场占地时间和面积的影响

(2) 露天矿生态修复的基本条件是排土场到界，因此排土工作帮坡角是决定资源开采后土地进行生态修复时间的关键。如图 2-3（a）所示，胜利露天矿原排土工作帮坡角为 9.6°，这意味着开采后至少 4.3 年才能进行生态修复；如图 2-3（b）所示，配合工作帮开采程序调整进行剥离物运输系统和排土参数优化，排土工作帮坡角提高至 12.5°，这意味着开采后 3.5 年可具备生态修复的基本条件。

(3) 综合以上分析，通过工作帮开采程序和排土场参数的优化调整，可以压缩开采对土地的占用时间 1.4 年。考虑露天矿生产和生态修复的季节性特征，至少可缩短露天开采造成的生态系统破坏-修复周期 1 年以上。同时，土地占用时间的缩短也表现为采场占地面积的缩小，对比图 2-3（c）和图 2-3（d）可知，胜利露天矿采场占地面积缩小 75.17 万 m^2（约合 1128 亩）。

(4) 在工作帮坡角和排土场参数一定的情况下，提高露天矿生产能力会增大推进度，因此通过开采工艺、设备、参数及系统布置的优化调整提高露天矿生产能力也可以实现压缩开采土地占用时间。例如，胜利露天矿生产能力提高 25%，推进度由 240m/a 提高至 300m/a，可将土地占用时间由 10.6 年缩短至 8.5 年。

(5) 矿区水流场随着开采造成的地层中断和地形地貌改变而变化，同时随着内排后地层和地形地貌的恢复和修复，因此压缩开采对土地的占用时间意味着资源开发对周边生态的影响时间压缩，同时影响范围也将缩小。

2.1.3　生态修复窗口利用提效增时机制

如前所述，在以自营剥离为主的露天矿（如锡林浩特胜利西一号），其大部分剥离作业是全年进行的，但受限于冻结等因素，表土剥离作业仍只在气温较高的季节进行（图 2-4）。为了便于表述，研究将地温大于 0℃（考虑到草原区植被根系的一般深度，研究取地下 50cm 深度处的地温作为判断依据）时间称为夏季，地温低于 0℃的时间称为冬季。

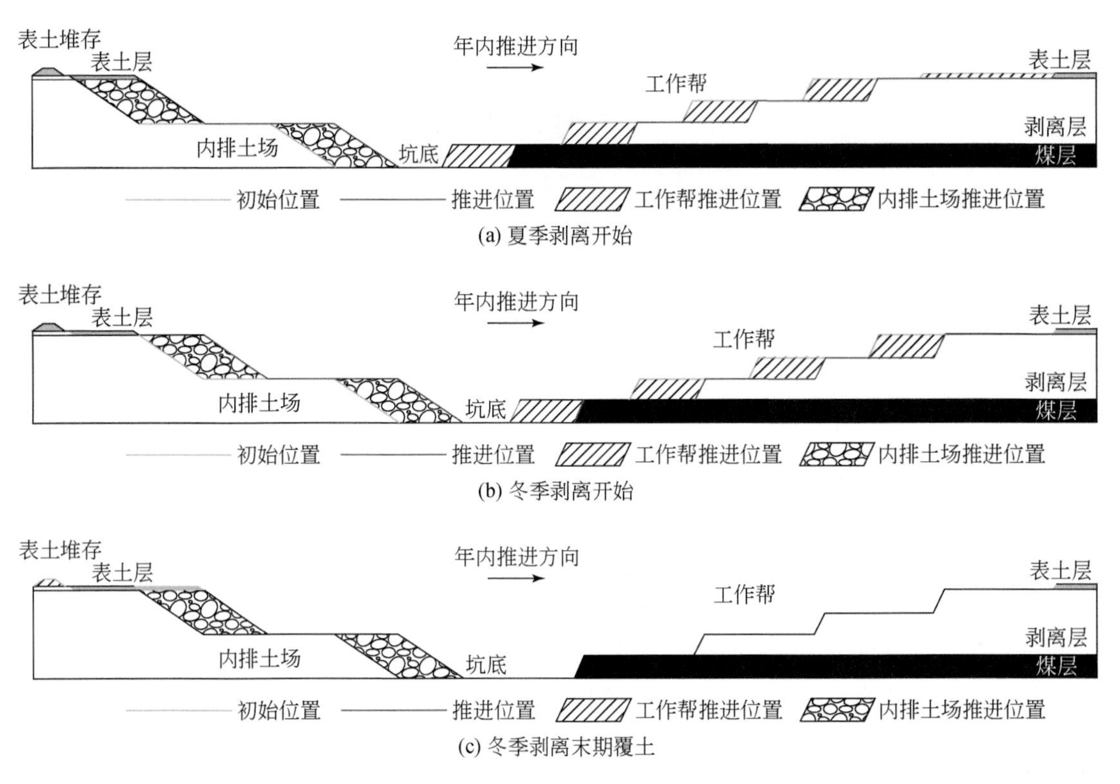

图 2-4　全年剥离工作帮开采方式

对草原区生态修复时间选择构成严重制约的另外一个主要因素是植被的生长期。随着气温和地温降低，锡林郭勒草原在 9 月底至 10 月初、呼伦贝尔草原在 9 月上旬，草原植被逐渐枯黄死亡，为保证复垦植被的成活率和生态重建效果，排土场复垦的植被栽种作业应提前 1 个月停止，即夏季的后期可进行覆土作业但不能再进行植被复垦作业（播种可越冬的种子除外）。

如图 2-5 所示，全年剥离条件下冬季作业时大部分剥离和采煤作业正常进行，随剥–采–排工程推进形成到界排土场，但由于冻结等原因表土的剥离与覆土作业要待春季气温回收、冻土融化后方能进行，因此从生态修复的角度考虑冬季作业主要是场地准备；夏季是植物的生长季，需进行表土的采集、运输、堆存、铺设等采矿工程作业和植被栽种、生长管理等生态修复作业。夏季的复垦作业包括两方面内容：一是为冬季形成的到界排土场覆土和进行植被栽种作业，二是随采剥工程推进为新形成的到界排土场进行覆土和植被栽种作业。

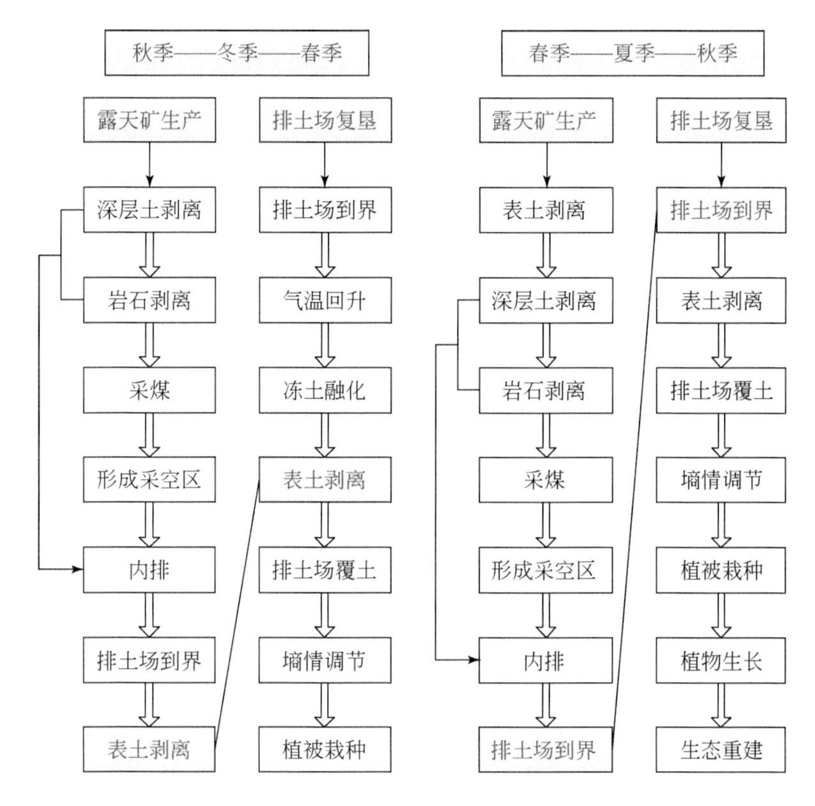

图 2-5　全年剥离条件下排土场生态重建流程

以气候条件为刚性约束，草原区典型植被及其生长规律为基础，结合露天矿剥-采-排工程特点和表土使用规律，分析两示范基地的生态修复窗口期见图 2-6。

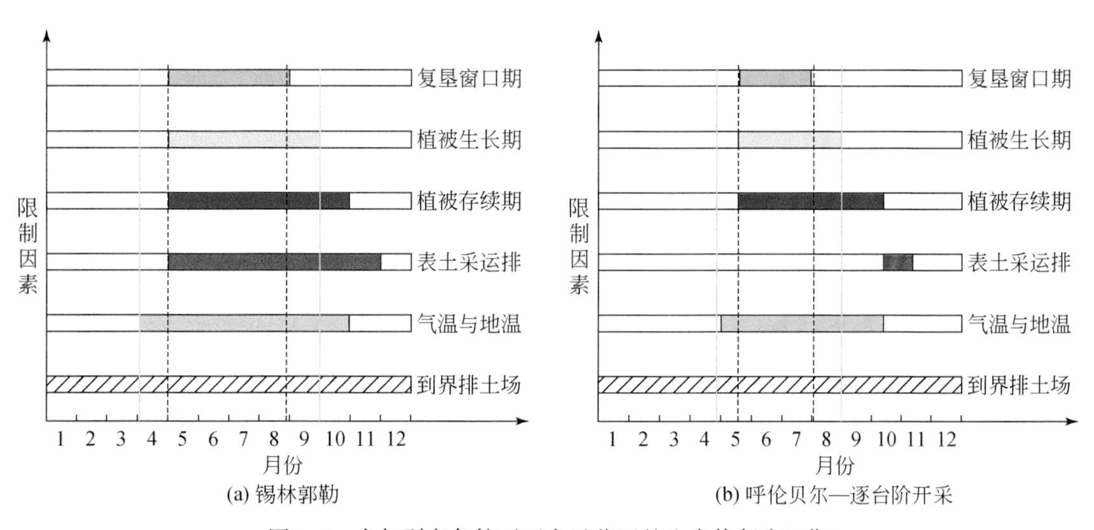

图 2-6　全年剥离条件下两大示范区的生态修复窗口期

进入春季后，气温和地温逐渐回升，现有植被逐渐返青和进入生长季，但是当地的冻结深度较大（锡林郭勒在2m以上，呼伦贝尔可达3m以上），表土的采–运–排作业要待冻土基本融化后才能进行，因此滞后将近1个月。同样，秋季转冷后，土壤冻结深度逐渐增大，表土采–运–排作业主要受到冻结强度和物料冻黏的影响，与地表植被生长关联性不大，因此可持续到气温降至0℃后1个月左右。

综上所述，全年剥离条件下锡林郭勒草原的生态修复窗口期只有3个月左右，一般为5月下旬至8月中旬；呼伦贝尔草原的生态修复窗口期只有2个月左右，一般为6月上旬至7月下旬。

2.2　草原区露天煤矿节地减损型开采技术

2.2.1　酷寒区软岩露天矿靠帮开采技术

2.2.1.1　冻融循环边坡时效性分析

东部草原地区的露天矿排弃物均为散体软岩，常含有黏土、泥岩、碳质泥岩等，具有水理性差、胶结度差、力学强度低的特征。散体软岩在排土场堆载之后受冻融循环的影响，其胶结状态和力学强度发生了显著的变化。目前，冻融黏土、黄土等单一岩类的抗剪强度变化规律研究已经取得了一些成果。但以往研究针对冻融作用下的黏土、黄土等松散物料的抗剪强度较多，这种单一岩土类很难阐释露天煤矿排土场散体软岩物料的抗剪强度指标在冻融循环下的变化规律。因此，针对内蒙古地区排土场散体软岩物料的冻融循环特征，量化散体软岩物料抗剪强度，从而揭示排土场散体软岩边坡时效稳定性变化规律。

冻融循环过程中，边坡岩土体经历着物理、力学、热学等极其复杂的变化，岩土体冻胀、融沉过程受控于岩土体中三场耦合作用，原因是冻结岩土中的岩土骨架、冰晶、孔隙水压力、应力等在外界因素影响下的相互运动、迁移、扩散。冻融现象对于露天煤矿边坡结构和强度会有很大的影响，每经过一个冻融周期，露天煤矿边坡的力学强度就会产生一定程度的折减，不同季节所对应的边坡强度和完整性不尽相同。

1. 冻融循环边坡时效性计算公式

对于近似均质冻融循环下的排土场散体软岩边坡，边坡内部分布着大量的均匀裂隙，此类边坡多出现圆弧滑坡。圆弧滑坡的稳定性计算方法较多，对于传统的圆弧滑动计算方法，难以体现冻融边坡的时效性，见图2-7，其计算公式如下：

$$F_s = \frac{\sum (Cl_i + N_i \tan\varphi)}{\sum W_i \sin\beta_i} \tag{2-1}$$

因此，针对露天矿季节性冻融边坡，若将一次季节性冻结融化作为一次冻融循环周期，得到冻融循环下的时效稳定性系数计算公式：

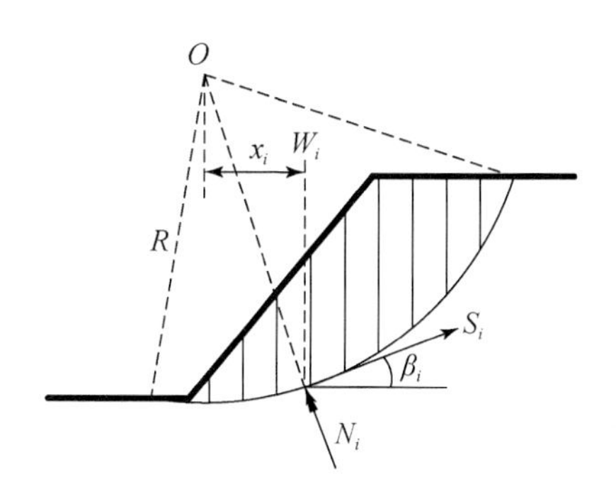

图 2-7　圆弧滑动面瑞典条分法计算

$$F_s = \frac{\sum[(C_0 + Ae^{-t/B})l_i + N_i \tan(\varphi_0 + De^{-t/E})]}{\sum W_i \sin\beta_i} \tag{2-2}$$

式中，F_s 为冻融循环边坡的稳定性系数；t 为冻融循环周期年数，a。

2. 冻融循环边坡的时效稳定性变化规律

内蒙古东部大型露天煤矿排土场边坡稳定性受季节性冻岩土等影响，其排土场的散体软岩物料岩性较差，在冻结期至解冻时期，其排土场边坡上挂有许多冰柱，且许多冰融化的水从坡脚岩体位置渗出，常发生局部台阶的坡顶岩体崩落及单台阶滑坡情况。在冻融循环作用下排土场散体软岩边坡稳定性具有时效性，为揭示冻融散体软岩对边坡稳定性的影响，在胜利露天煤矿矿排土场边坡选取剖面 1#、2#，计算其时效稳定系数。在现场测得排土场散体软岩物料的天然含水率为 15.00%，根据试验测定冻融循环下的散体软岩力学具有时效特征。

将边坡岩体的物理力学及冻融参数代入时效稳定性系数计算公式，得到 1#、2#边坡剖面在冻融循环下的时效稳定性系数计算公式为

$$F_s' = \frac{\sum[(29.70 + 14.21e^{-t/2.09})l_i + N_i \tan(14.56 + 4.22e^{-t/2.89})]}{\sum W_i \sin\beta_i} \tag{2-3}$$

根据式（2-3）计算某排土场两个剖面 F_s 与时间 t 的函数曲线，如图 2-8 所示。

图 2-8 的分析结果显示，两个剖面的稳定性系数 F_s 随着冻融循环周期年数的增长呈负指数变化。排土散体软岩边坡在堆积形成之后，稳定性系数急剧下降，随着冻融循环周期年数的延长，稳定系数的下降速度逐渐降低。这表明散体软岩堆积后的新边坡在初次受冻后岩土力学参数 C、φ 等会迅速受到弱化，且随着年数的增长而不断降低，且下降速率逐渐减缓，最终趋于稳定型边坡。1#剖面稳定系数历经 7 年之后降低至 1.4 以下，安全系数弱化幅度为 24.12%；2#剖面稳定系数历经 6 年之后衰减至 1.2 以下，安全系数弱化幅度为 23.61%。

2.2.1.2　冻结期条带式二次靠帮开采方法

在露天煤矿中，常因设计帮坡角偏小，造成端帮压煤量过多。为了提高煤炭资源回收率，实现经济效益的增长，广泛采用端帮靠帮开采技术开采端帮压煤。但因安全因素限

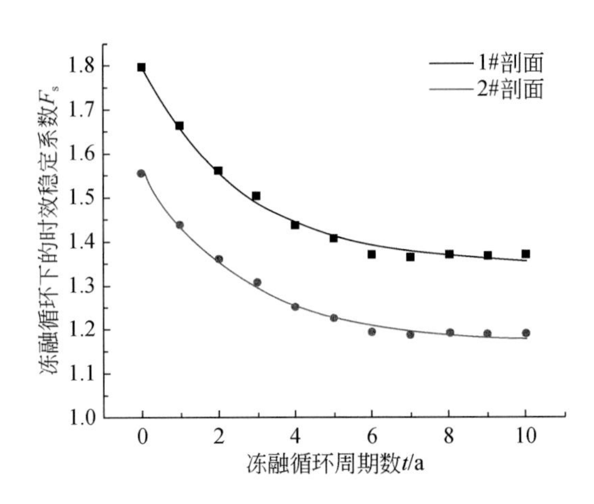

图 2-8　两个剖面冻融循环作用下的时效稳定性系数

制，只能开采部分端帮压煤。而我国是世界第三冻土大国，43% 的地区处于寒冷地区，这其中又有 70% 的地区位于地表层冬季冻结，夏季融化的季节性冻土区。我国多数大型露天煤矿地处北方季节性冻土区域，当进入冻期后，露天煤矿台阶坡面形成季节性冻土，冻深最大可达 3m。由于岩石冻结后硬度增大，在造成煤炭上覆岩层较难剥离的同时，也在一定程度上提高了边坡的稳定性。如何利用冻结期岩体强度增大的特点，实现安全的二次靠帮开采作业，从而在地表扰动面积不变的情况下尽可能多地回收煤炭资源，对于软岩露天煤矿降低煤炭开发的生态损伤具有重要意义。

时效边坡理论提出后，靠帮开采被应用到露天开采的全过程。在水平和近水平露天煤矿，提高了工作线推进强度和内排土场台阶高度，减小了端帮边坡暴露时间。通过实行条分式靠帮开采方法，有效提高了边坡稳定性，实现了端帮易滑区靠帮开采。

在季节性冻土区，进入冻期后，露天煤矿裸露台阶及坡面冻结，形成季节性冻土。冻土区别于天然土的最本质特征是冰的存在，通常情况下天然土是三相体系，而冻土是四相体系。由于冰的存在，冻土剪切面上的微观结构发生变化，抗剪强度也随之变化（图 2-9），且冻土的强度往往大于其对应的天然土强度和冰强度之和。而影响土坡稳定的关键因素即为土的抗剪强度，土抗剪强度的主要依据为黏聚力和内摩擦角。以胜利矿区地表土为例，冻结前黏聚力为 24. 3kPa，内摩擦角为 20. 92°，冻结后黏聚力为 33. 2kPa，内摩擦角为 18. 93°，土冻结后黏聚力提高了 36. 6%，而内摩擦角略有减小。

裸露台阶及坡面形成季节性冻土后硬度增大，能起到一定的支承与护坡作用，在一定程度上提升了边坡稳定性。此时，可对端帮边坡进行二次靠帮开采，如图 2-10（a）。但形成季节性冻土后硬度增大的同时也造成了挖掘机难以剥离冻土的难题。若对冻土进行爆破，则成本高，易造成安全隐患。

确定合理的技术方案在季节性冻土区露天煤矿实行二次靠帮开采，可回收端帮残煤，降低剥采比，保证端帮边坡稳定，提高矿区经济效益。故提出条带式二次靠帮开采方法，如图 2-10（b）所示，避免剥离煤层上覆岩层的同时尽可能多地回收残煤，在理论分析的基础上结合数值模拟确定最佳的条带参数。

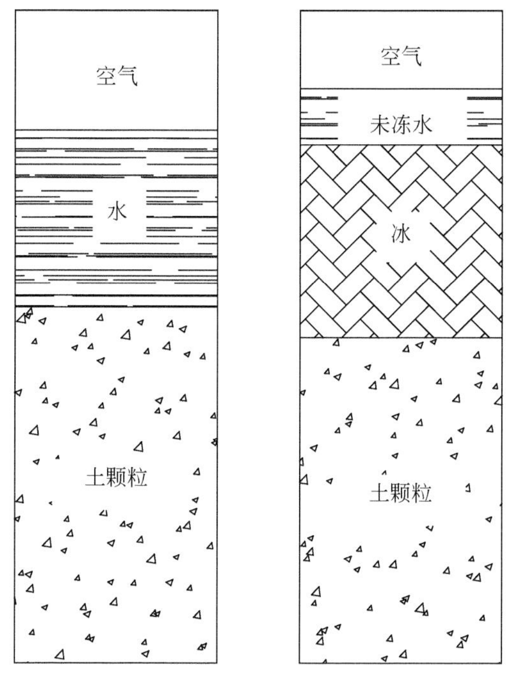

图 2-9　天然土和冻土的结构图

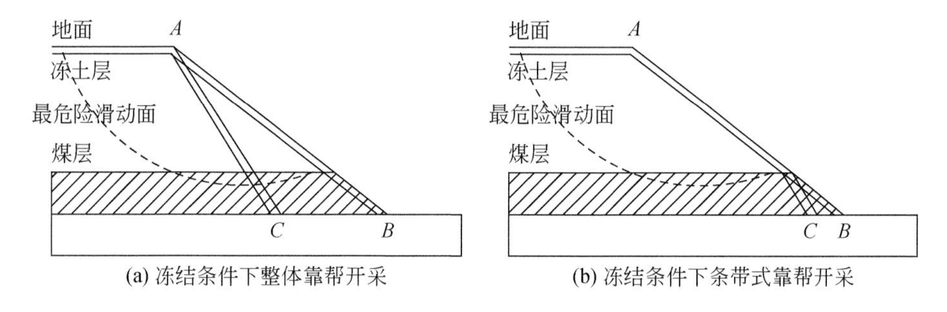

图 2-10　冻土区端帮边坡结构

季节性冻土区二次靠帮开采在保证边坡稳定的前提下，转变靠帮开采方式，确定合理的开采参数，匹配现有的工艺和设备。采用条带式二次靠帮开采可以避免剥离上覆岩层。提出以下两种条带式二次靠帮开采方式：一是垂直于边坡方向划分条带，如图 2-11；二是平行于边坡方向划分条带，如图 2-12。

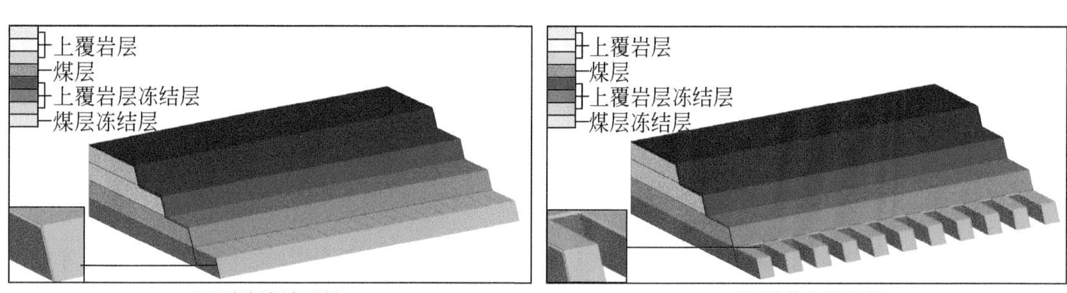

(a)原始边坡冻结　　(b)回采中间条带

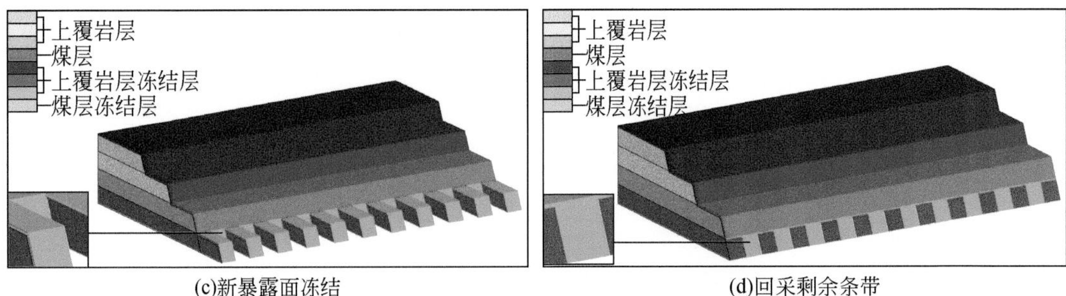

(c)新暴露面冻结　　(d)回采剩余条带

图 2-11　垂直端帮条带靠帮开采方法示意图

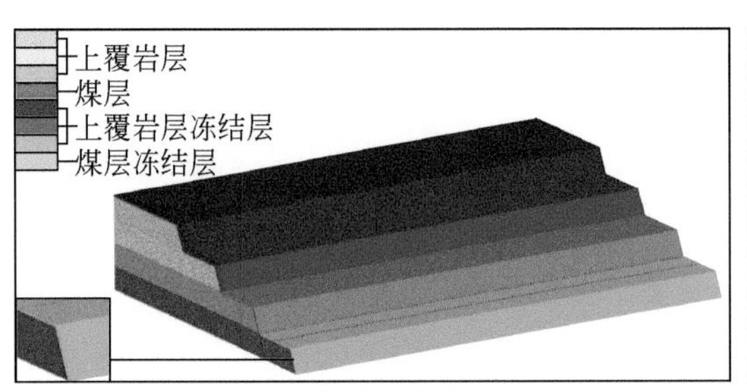

(a)原始边坡冻结

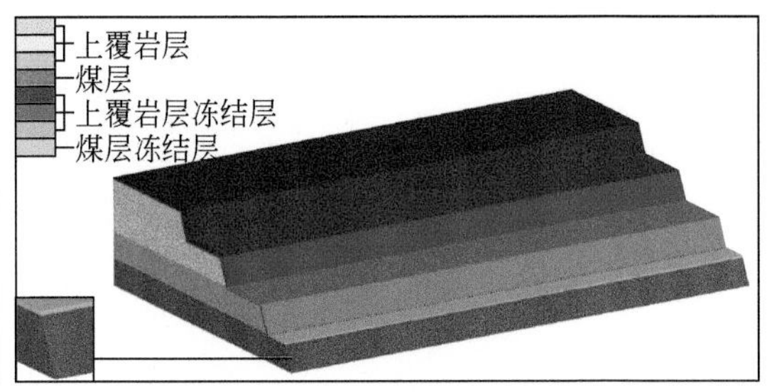

(b)平行回收窄条带

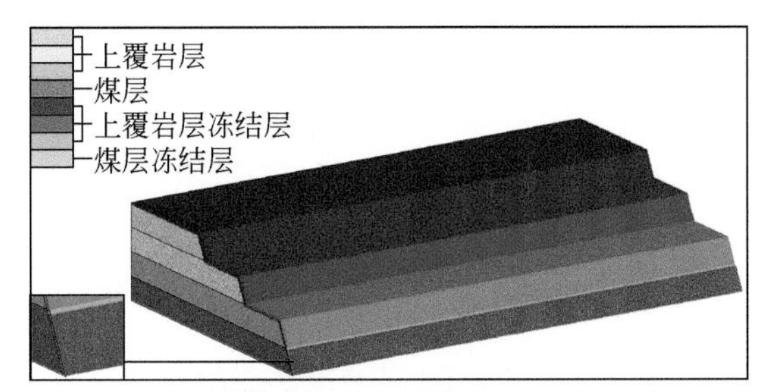

(c)新暴露面冻结后再回收窄条带

图 2-12　平行端帮条带靠帮开采方法示意图

每一条带的宽度 D 根据边坡的实际稳定情况而定，最小宽度为电铲的工作直径 D_c。宽度较窄的条带有利于提高边坡的稳定性，但会在一定程度上影响设备的作业效率；宽度较宽的条带有利于提高设备的作业效率，但不利于边坡稳定。因此条带式二次靠帮开采的关键是确定经济合理的条带宽度，既要保证边坡的稳定，又能提高设备作业效率。通过 FLAC3D 模拟，按一定的差值调整条带宽度，计算出其对应的两阶段开采后稳定系数并比较得出最佳条带宽度，方案流程如图 2-13 所示。

2.2.1.3　胜利露天煤矿靠帮开采设计

胜利一号露天煤矿根据剖面结构，将边坡简化，从上到下分为 5 个岩层，每层对应的地质参数如表 2-1 所示。

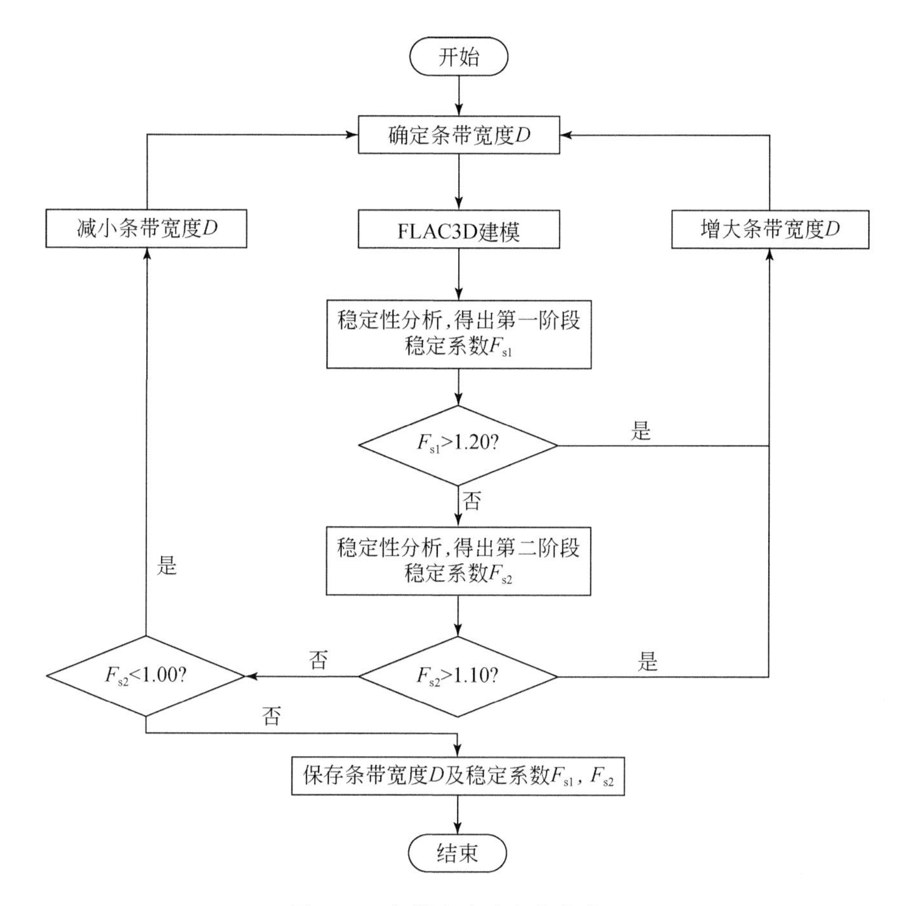

图2-13　条带宽度确定方案流程

表2-1　胜利一号露天煤矿边坡岩土体物理力学参数

岩层	天然		冻结		容重/(t/m³)
	黏聚力/kPa	内摩擦角/(°)	黏聚力/kPa	内摩擦角/(°)	
第四系	18	24	24	22	1.65
泥岩	20	22	26	21	1.93
5煤	40	27	52	26.5	1.38
粉砂岩	50	25	65	25	2.03
6煤	40	27	52	26.5	1.93

1. 最佳采掘带宽度

根据已有的地质参数资料，取冻土深度为1.5m，在FLAC3D中建立模型，采用条带式二次靠帮开采避免剥离煤层上覆岩层的同时尽可能地回收残煤。不同的条带宽度与其对应的两阶段稳定系数如图2-14所示。在进入冻期后，按照一定宽度的条带进行二次靠帮开采，利用保护条带支承作用和岩层表面冻结层强度提升的效果，可以较好地保证端帮稳定。不同的条带宽度对应不同的边坡稳定系数，条带宽度越大，稳定性越差，反之稳定性越好。通过技术经济比选最终确定采用60m宽的条带靠帮开采。

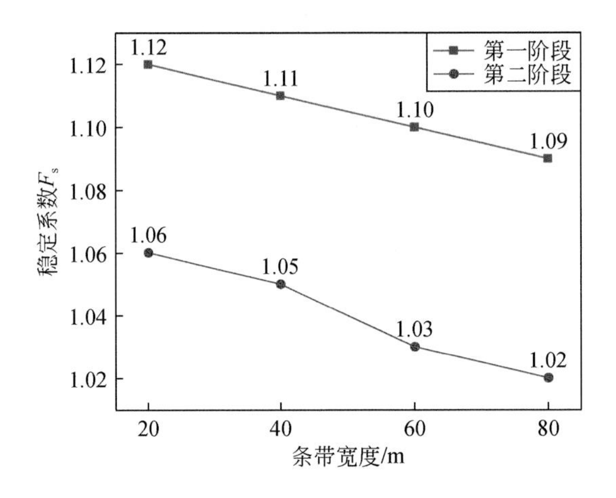

图 2-14　不同条带宽度对应的稳定系数

2. 分析结果评价

结合边坡的岩性层序，建立三维的边坡实体模型，按照初步设定的条带宽度 D 进行第一阶段开采后，计算稳定系数 $F_{s1}=1.27$；第二阶段开采保护条带后，预留一定的暴露煤层冻结时间，计算稳定系数 $F_{s2}=1.21$。两阶段开采后，边坡角由16°提升至19°。

选取两阶段开采后端帮边坡 x 方向应变图如图 2-15 所示；同时选取第一阶段开采后暴露煤层坡顶特征点 A，第二阶段开采后新暴露煤层台阶坡顶特征点 B 及与 B 点对应的保护条带煤层坡顶特征点 C，并监测其在 x 方向的位移曲线，如图 2-16 所示。

图 2-15 反映了两阶段开采后端帮边坡在 x 方向的应变情况，在第一阶段开采后，应变量在煤层台阶坡顶线位置最大，呈现出明显的缺齿形，x 方向最大位移达到了 0.47m。这是因为部分条带被开采后，使得边坡下部煤层压脚作用减弱，更容易从下部滑出，而留有的保护条带起到了一定的支挡作用，故整体呈现出缺齿形状；在第二阶段开采后，煤层台阶坡底线向内收回，与上部台阶合并成为新台阶，在新台阶坡面位置应变量最大，x 方向最大位移达到了 1.2m。

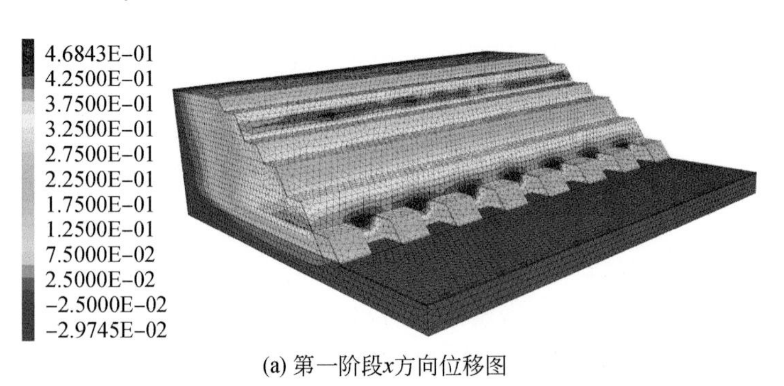

(a) 第一阶段x方向位移图

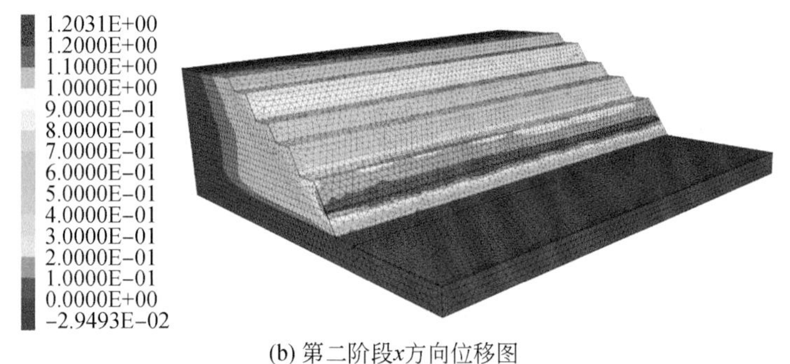

(b) 第二阶段x方向位移图

图2-15　端帮边坡 x 方向位移图（单位：m）

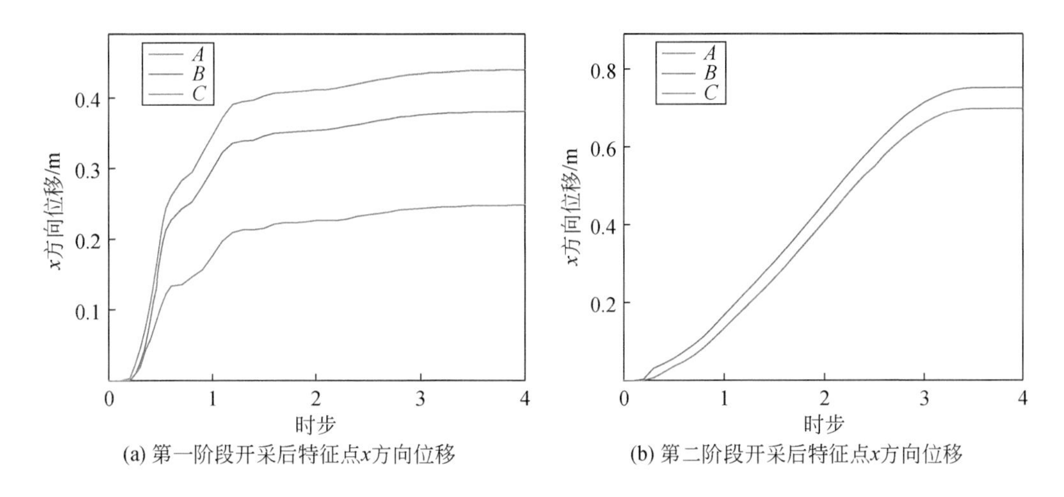

(a) 第一阶段开采后特征点x方向位移　(b) 第二阶段开采后特征点x方向位移

图2-16　特征节点 x 方向位移曲线

从图2-16中可以看出，A、B 点在两次开挖过程后均不断向采场移动，第二阶段开采后位移量均大于第一阶段开采后位移量，这是因为相较于第一阶段，第二阶段开采后失去保护条带的支挡，导致台阶边坡位移量增大；C 点位于保护条带坡顶线，第一阶段开采后位移量很小，说明保护条带起到了很好的支挡作用，B 点第一阶段开采后的位移量小于 A 点也说明了保护条带较好的支挡作用。C 点所处的保护条带于第二阶段被开采，故 C 点无第二阶段开采后位移。B 点第二阶段开采后的位移量大于 A 点，这是因为此时第一阶段开采后暴露的煤层表面已产生冻结层，起到了一定支承作用。

3. 开采方案及经济效益

通过对于条带式二次靠帮开采后的边坡模拟及稳定分析，得出该区域进行条带式开采的最佳宽度为60m，胜利一号露天矿采用的WK-4B型电铲，其最大挖掘半径为14.8m，最大卸载半径为13.6m，电铲处于条带中间位置进行开采作业，所需的作业宽度小于30m，理论分析得出的40m条带宽度可保证电铲的作业空间需求，故可实行垂直边坡走向的条带式二次靠帮开采方案。胜利一号露天矿南端帮可采煤层厚度为10m，实行条带式靠帮开采后，按照350m的可采长度计算，可回收残煤14.49万t，按照130元/t的市场价格计算，可实现经济价值 3332.7 万元。条带式二次靠帮开采技术上可行，经济上合理。

2.2.2　露天开采境界内沿帮排土技术

2.2.2.1　露天矿沿帮排土对边坡的影响

对于露天开采境界较大、分区开采的露天矿，将露天矿建设期间的剥离物排弃于后续开采采区，并在转入接续采区后倒堆排弃于内排土场，可将露天开采的用地范围局限于矿权范围内，从根源上避免外排土场占地。以锡林郭勒胜利露天煤矿为例，如图 2-17 所示，其沿帮排土场布置于矿权范围，相对于南排土场和北排土场避免了外排新增占地。

图 2-17　胜利露天矿占地情况

2.2.2.2　露天矿复合边坡发展过程

复合边坡是由采场开挖和排土场堆载共同作用的结果，而且存在开挖-外排的先后顺序，土石方量在采场开拓过程中产生，并移运至外排土场排弃，形成的复合边坡结构如图 2-18 所示。

第一步，采场开挖的工程量为 V_1，移运至排土场排弃，若将所有的剥离物以均匀厚度排弃满整个排土场基底，如果排弃成方形基底排土场，则开采与排土工程量存在如下等量关系：

$$V_1=\frac{1}{3}h_i(S_{\mathrm{ui}}+S_{\mathrm{di}}+\sqrt{S_{\mathrm{ui}}S_{\mathrm{di}}})\tag{2-4}$$

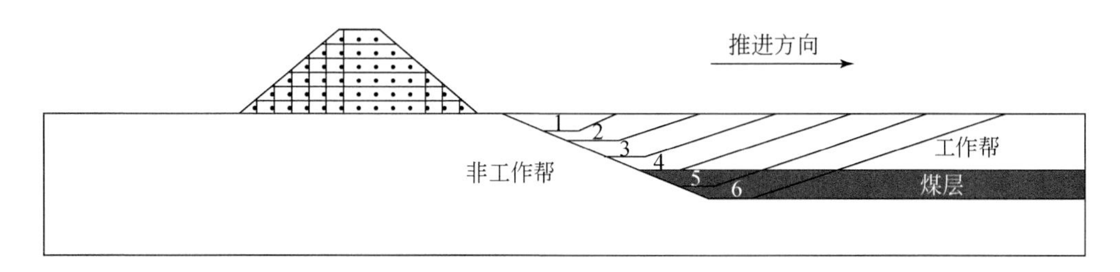

图 2-18　复合边坡发展规律

当方形排土场基底的边长相等，均为 D 时，根据式（2-4）可求出第一步开挖出的岩体堆载至排土场形成的排土场高度，具体的推导如下：

$$V_1=\frac{1}{3}h_i\left[\left(D-\frac{h_i}{\tan\theta}\right)^2+D^2+D\left(D-\frac{h_i}{\tan\theta}\right)\right] \tag{2-5}$$

合并后得到一个关于 h_i 的标准一元三次方程：

$$\frac{1}{3\tan^2\theta}h_i^3-\frac{D}{\tan\theta}h_i^2-D^2h_i+V_1=0 \tag{2-6}$$

由盛金公式的重根判别式可知：

$$\begin{cases}A=\dfrac{2D^2}{\tan^2\theta}\\B=\dfrac{D^3}{\tan\theta}-\dfrac{3V_1}{\tan^2\theta}\\C=D^4+3\dfrac{DV_1}{\tan\theta}\end{cases} \tag{2-7}$$

根据露天矿的实际情况，其排土场基础边长 $D>0$，边坡角 θ 为自然安息角，在 40°左右，因此，判别式中 A、C 必然大于零，因此，该公式必然有一个实根。当 $\Delta=B^2-4AC>0$ 时，一个实根、一对共轭虚根如式（2-10）所示：

$$\begin{cases}h_1=\left[\dfrac{D}{\tan\theta}-(\sqrt[3]{Y_1}+\sqrt[3]{Y_2})\right]\tan^2\theta\\h_{2,3}=\left[\dfrac{D}{\tan\theta}+\dfrac{1}{2}(\sqrt[3]{Y_1}+\sqrt[3]{Y_2})\pm\dfrac{\sqrt{3}}{2}(\sqrt[3]{Y_1}-\sqrt[3]{Y_2})\mathrm{i}\right]\tan^2\theta\end{cases} \tag{2-8}$$

其中，$Y_{1,2}=A\dfrac{D}{\tan\theta}+\dfrac{1}{\tan^2\theta}\left(\dfrac{-B\pm\sqrt{B^2-4AC}}{2}\right)$，$\mathrm{i}^2=-1$。

当 $\Delta=B^2-4AC=0$ 时，方程有 3 个实根，其中有 1 个两重根：

$$\begin{cases}h_1=3D\tan\theta+K\\h_2=h_3=\dfrac{-K}{2}\end{cases} \tag{2-9}$$

其中，$K=B/A$（$A\neq0$）。

当 $\Delta=B^2-4AC<0$ 时，方程有三个不相等实根：

$$\begin{cases} h_1 = \left(\dfrac{D}{\tan\theta} - 2\sqrt{A}\cos\dfrac{\psi}{3}\right)\tan^2\theta \\ h_{2,3} = \left[\dfrac{D}{\tan\theta} + \sqrt{A}\left(\cos\dfrac{\psi}{3} \pm \sqrt{3}\sin\dfrac{\psi}{3}\right)\right]\tan^2\theta \end{cases} \tag{2-10}$$

其中：

$$\psi = \arccos T \tag{2-11}$$

$$T = \frac{2A\dfrac{D}{\tan\theta} - \dfrac{B}{\tan^2\theta}}{2\sqrt[3]{A}} \quad (A>0, -1<T<1) \tag{2-12}$$

对于具体的露天矿山，根据实际的开采参数，可以计算出每次开挖的工程量，再结合排土场边坡的基底尺寸，根据上述一元三次方程的计算方法可以得出每次开挖时排土场边坡高度。

2.2.2.3　堆载对地表位移的数值模拟分析

在开挖堆载过程中，软岩产生的沉降位移量较大。为了揭示软岩的变形规律，借助FLAC3D模拟，以锡林郭勒胜利煤田某露天矿地质条件为基础，模拟采排过程中的地形位移规律。模型的总尺寸长×宽×高＝4000m×3800m×220m，采场高度120m，坑底宽度60m，外排土场高度均为100m，在纯开挖条件下的求解模型单元体共计37205个，节点共计40827个，求解过程耗时约1h（2.10GHz处理器）。堆载过程中，排土场周围地表也出现了一个明显的“扰动位移圈”，“扰动位移圈”的大小与排土场堆载高度成正相关。

在模拟的过程中记录了排土场左侧、右侧，推进方向前端及后端的位移数据，在排土场四周，间隔30m布置一个监测点，每个监测点都能记录三向位移，图中蓝色排土场周围区域的Z向位移监测数据见图2-19。

从图2-19可知，外排土场影响区域的地表位移以负值为主，即在排弃物自重作用下，地表位移以沉降为主；随着堆载高度h的加大，岩土的沉降值不断增加，最大的沉降位移出现在外排土场边界位置，不同边界的最大沉降值基本相同；在外排土场推进方向的后侧和外侧，其地表岩移规律一致，以沉降位移为主，距离外排土场边界越远，Z向沉降量越小，当与排土场边界的距离超过300m时，Z方向位移为0；对于外排土场推进方向的前侧，其地表位移不再是单纯的沉降，而是在距排土场边界一定距离处出现了凸起，排弃高度越大，凸起位移量越大；当总排弃高度为100m时，在推进方向前端距离排土场边界50m和150m位置处，出现了两次地表凸起，在距离边界100m和250m位置处，出现两次挤压沉降，整个前端地表呈现出连续起伏状，超出影响范围之后，地表恢复平整。

根据堆载作业造成不同强度的基底沉降量计算方法，系统地阐述和分析了软岩在堆载作用下的沉降计算公式，并借助数值模拟得到软岩堆积产生的沉降位移，随着堆载高度h的加大，岩土的沉降值不断增加，最大的沉降位移出现在外排土场边界位置，距离外排土场边界越远，Z向沉降量越小，当与排土场边界的距离超过300m时，Z方向位移为0。反复开挖–堆载作用下，在采场和外排土场的中间区域，靠近采场一侧以凸起为主，靠近外排土场一侧以沉降为主，中间区域存在Z向位移的正、负过渡点。以本技术为指导，优化调整了胜利露天矿北端帮参数，保证露天矿沿帮排土场–采场端帮边坡构成的复合边坡的稳定。

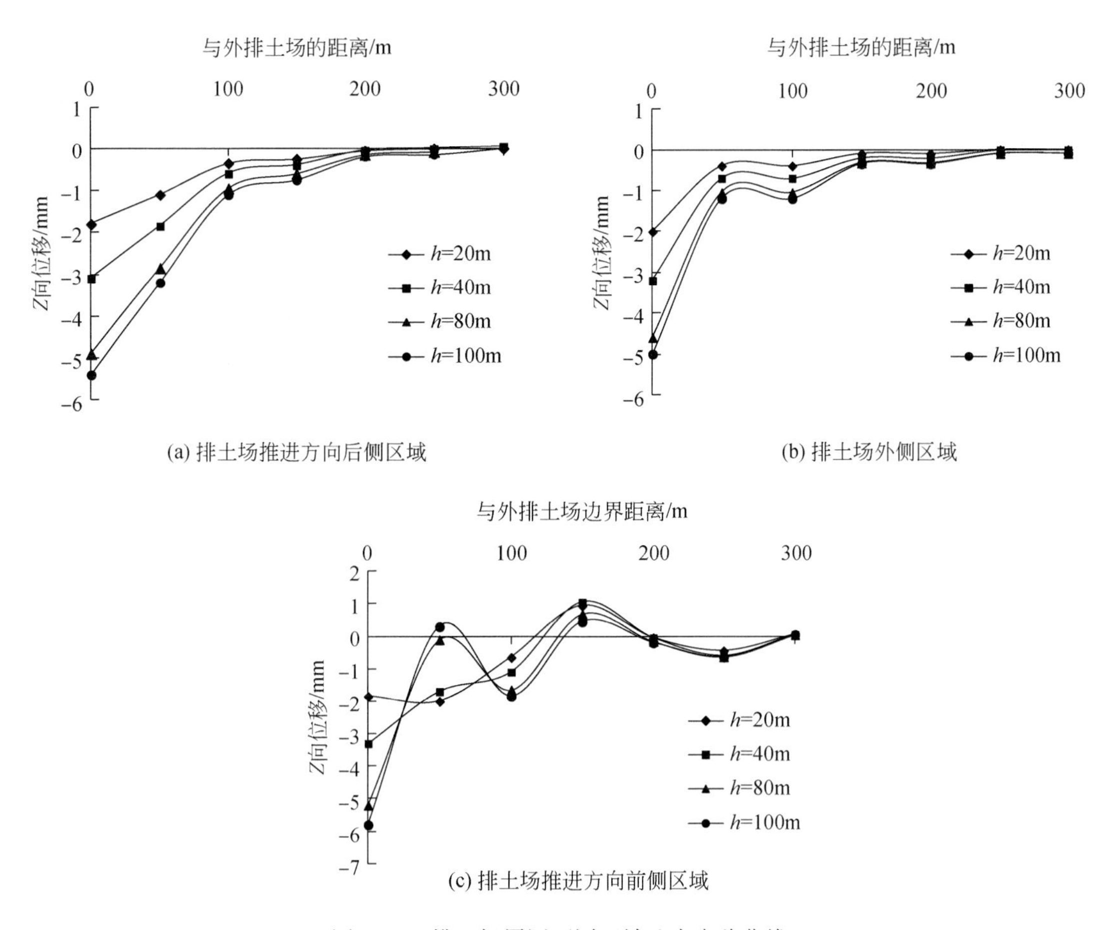

图 2-19　排土场周围不同区域地表岩移曲线

2.2.3　节地型露天矿地面生产系统布局优化

露天矿建设初期采场挖损和外排土场压占、地面生产系统建设会占用大量土地，近水平露天矿进入生产平稳期后开采挖损和内排修复同步，采场占地面积基本恒定，新增生产占地主要来源于地面生产系统移设。以宝日希勒露天煤矿为例，其单个原煤破碎站及配套道路建设占用的土地量就达数十亩。

2.2.3.1　内排条件下原煤破碎站露天矿采场内布置方法

对于有内排的露天煤矿而言，如将系统布置于移动帮如内排土场或剥离台阶时，移动帮卡车走行与带式输送机存在交叉运行的弊端，同时，带式输送机的布置将影响移动帮正常推进，制约露天煤矿的剥离或内排，增加剥离物的内排运距。因此目前国内内排露天煤矿大都采用沿端帮布置提升带式输送机的方式，但即使如此提升带式输送机与端帮路之间仍存在交叉，严重影响端帮卡车运输，增加了剥离物的内排运输距离。同时，带式输送机移设时，提升带式输送机无法实现平行移动，需要将全部提升带式输送机机架拆除后移设至指定地点，重新进行安装调试，移设周期长，系统稳定性较差。

针对上述问题和宝日希勒露天煤矿的生产条件，充分利用露天煤矿坑底中间桥的露天煤矿半连续工艺布置方式，如图 2-20 所示。在露天煤矿的坑底布置中间桥，中间桥由露天矿剥离的岩石在露天矿坑底堆砌形成的连通露天矿采煤台阶与内排土场的运输通道构成，中间桥设置为上下两层台阶，分别为中间桥上层台阶与中间桥下层台阶，其中中间桥上层台阶与煤层顶板位于同一水平，带式输送机沿露天矿推进方向布置在坑底中间桥下层台阶上，破碎站出料口与带式输送机连接，在内排土场折线段内布置提升带式输送机，内排土场折线段由于同一内排台阶推进不同步而造成的露天矿内排土场错位位置，提升带式输送机一端与坑底带式输送机连接，联络输送机布置在地表靠近内排土场折线段处，沿露天矿推进方向，提升带式输送机另一端与联络输送机连接，地面带式输送机布置于地表，联络输送机与地面带式输送机连接，地面带式输送机将煤炭运输至地面其他位置。

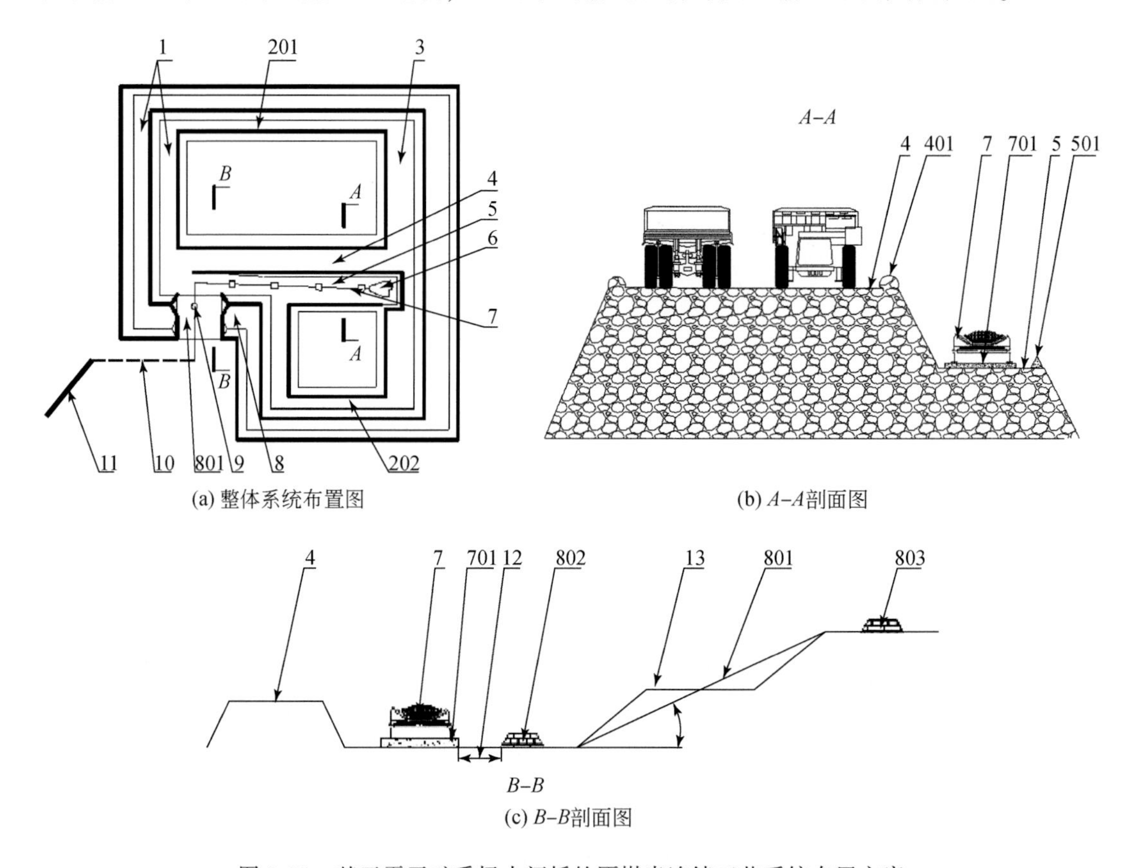

图 2-20　基于露天矿采场中间桥的原煤半连续工艺系统布置方案

1-内排土场；201-左侧端帮、202-右侧端帮；3-采煤台阶；4-中间桥上层台阶；401-车安全挡墙；5-中间桥下层台阶；501-检修车安全挡墙；6-破碎站；7-坑底带式输送机；701-下层台阶人工基础；8-内排土场折线段；801-斜坡面；802-阻水挡墙Ⅰ，803-阻水挡墙Ⅱ；9-提升带式输送机；10-联络带式输送机；11-地面带式输送机；12-安全距离；13-检修台阶

（1）中间桥上层台阶的宽度为 40m，便于露天矿卡车运输通行，中间桥上层台阶两侧靠近台阶坡顶线处设有岩土堆砌高度为 1.5m 的卡车安全挡墙。

（2）中间桥下层台阶与凹槽底面水平齐平，中间桥下层台阶宽度设为 B_x，中间桥下层台阶中并排设有人工基础和检修车道，人工基础上设有坑底带式输送机，人工基础为混凝土浇筑的高度为20cm的地基，中间桥下层台阶靠近台阶坡顶线处利用岩土堆砌高度为1m的检修车安全挡墙，坑底带式输送机宽度为 B_k，检修车辆宽度为 B_j，检修车辆与坑底带式输送机及检修车安全挡墙之间的安全距离均为 B_a，中间桥下层台阶宽度为：$B_x=B_k+B_j+2B_a$。

（3）内排土场折线段包括斜坡面，斜坡面角度在14°到12°之间，斜坡面宽度为300～400m，斜坡面坡底连接中间桥下层台阶，斜坡面坡顶连接地表，在地表远离斜坡面的坡顶和坡底处分别设有两道高度为1.2m的阻水挡墙Ⅰ和阻水挡墙Ⅱ，阻水挡墙Ⅰ和阻水挡墙Ⅱ分别距离斜坡面20m，下层台阶人工基础与斜坡面坡底的阻水挡墙之间设置30m的安全距离。

2.2.3.2　原煤破碎站采场内移设方法

随着露天矿采剥工程推进，布置于采场内的原煤破碎站及生产系统必须向前移设。

1. 原煤破碎站移设

内排土场推进距离接近斜坡面宽度时，破碎站需要向露天矿推进方向前方移设，所述内排土场推进距离为内排土场在露天矿推进方向上延伸的距离。

（1）首先将破碎站移设至新的工作面中，然后从靠近内排土场一侧开始拆除坑底带式输送机并在移设后的破碎站处组装，坑底带式输送机拆除长度与斜坡面宽度相同，靠近破碎站一侧的坑底带式输送机向前延伸，与移设后的破碎站出料口连接。

（2）破碎站移设的同时，移设提升带式输送机，采用胶带移设机将提升带式输送机整体沿露天矿推进方向移动，不整体拆除提升带式输送机。

（3）移设提升带式输送机后，将原本放置提升带式输送机的斜坡面改造成用于检修车辆通行，高度为10m的检修台阶，检修台阶宽度设置为10m。

（4）移设提升带式输送机后，联络带式输送机与移设前的提升带式输送机连接的一端延长并与移设后的提升带式输送机连接，联络带式输送机另一端保持不动，继续与地面带式输送机连接。

2. 中间桥和带式输送机移设

中间桥在移设的过程中，为了使布置于中间桥的带式运输机可以正常使用，采用了一种特殊的“迈步式”搭桥，即采取加大桥面宽度的方式进行移设（以下简称宽桥移设），移设过程如下：

（1）宽桥移设过程一：在已有中间桥南侧，紧挨目前中间桥，采用超前开采的方式，提前将要布置中间桥的位置处的原煤采出，如图2-21（a）所示。

（2）宽桥移设过程二：用剥离物在超前开采位置搭建新桥，新桥与老桥连接在一起，从平面图上来看形成了一座宽桥。新桥搭建完后对工作面带式运输机进行移设，如图2-21（b）所示。

（3）宽桥移设过程三：对老桥进行拆除，完成一次中间桥移设，如图2-21（c）所示。

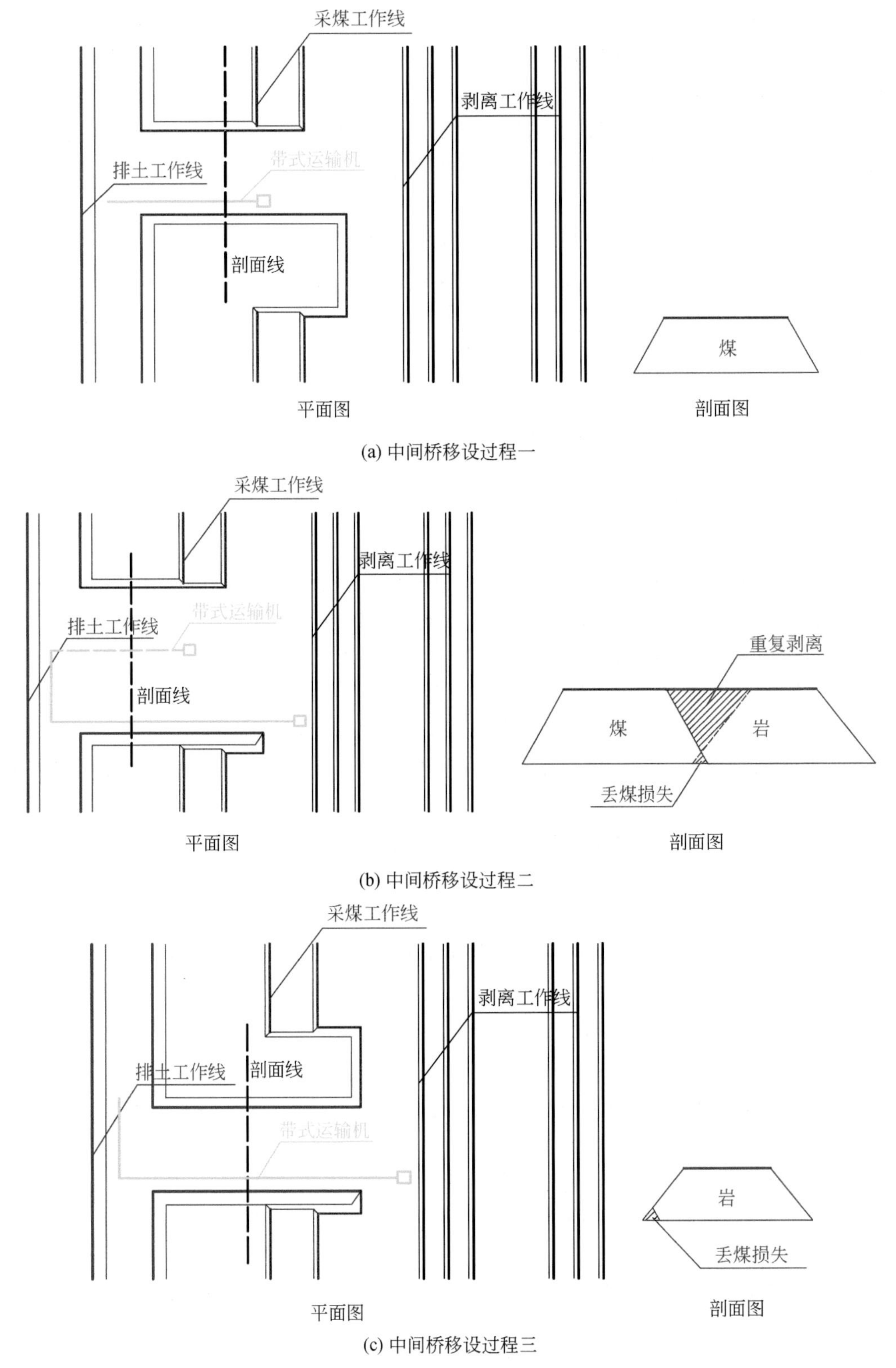

(a) 中间桥移设过程一

(b) 中间桥移设过程二

(c) 中间桥移设过程三

图 2-21　中间桥移设过程

3. 中间桥移设参数优化

在宽桥移设过程中采用移设机对中间桥带式运输机进行移设。另外，在宽桥移设的过程中还会造成额外的原煤损失，但此方案中，破碎站布置于原煤之上，破碎站基底较好，可靠性相对较高。

在宽桥移设过程中，为了使工作面带式运输机能够直接通过移设机进行移设，除了要增加一部分二次剥离量外还要丢掉一部分原煤。在移设过程中对宽桥移设参数进行优化以此来尽量减少这部分的经济损失。

如图 2-22 所示，中间桥移设参数 A 与 B 存在如下关系：

$$B=\frac{n_0h}{\tan\alpha_c}+\frac{n_0h}{\tan\alpha_d}-A \tag{2-13}$$

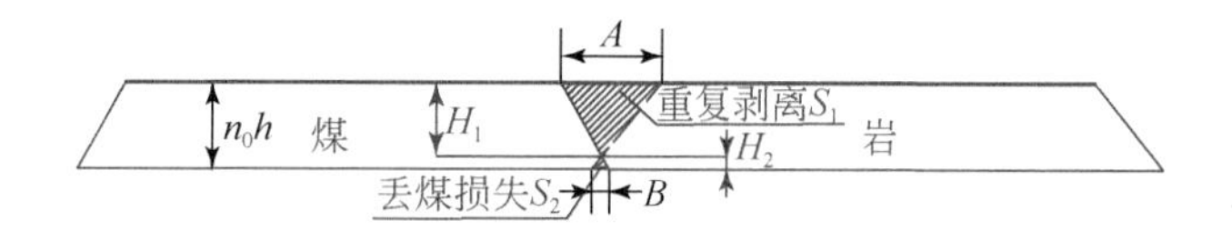

图 2-22　中间桥移设参数示意图

B 为丢失煤柱宽度，m；n_0 为中间桥压覆的台阶数；h 为露天矿划分的台阶高度，m；α_c 为预留煤鼻子的边坡角，(°)；α_d 为露天矿松散剥离搭中间桥的边坡角，(°)；A 为中间桥移设的重复剥离宽度，m；S_1 为单位桥体长度上移设造成的重复剥离截面积，m^2；S_2 为单位桥体长度上移设造成的丢失煤柱截面积，m^2

根据相似三角形理论，两相似三角形的面积比是对应边长比的平方，故有

$$\frac{S_1}{S_2}=\frac{A^2}{B^2}=\frac{A^2}{\left(\dfrac{n_0h}{\tan\alpha_c}+\dfrac{n_0h}{\tan\alpha_d}-A\right)^2} \tag{2-14}$$

两中间桥处生产剥采比为

$$n_p=\frac{S_1}{\rho S_2}=\frac{A^2}{\rho B^2}=\frac{A^2}{\rho\left(\dfrac{n_0h}{\tan\alpha_c}+\dfrac{n_0h}{\tan\alpha_d}-A\right)^2} \tag{2-15}$$

当中间桥处生产剥采比小于等于生产剥采比等于经济合理剥采比，对 A 进行求解。

$$n_p=\frac{A^2}{\rho\left(\dfrac{n_0h}{\tan\alpha_c}+\dfrac{n_0h}{\tan\alpha_d}-A\right)^2}=n_e \tag{2-16}$$

解得最终宽桥移设的中间桥所需增加的距离 $A=\dfrac{\left(\dfrac{n_0h}{\tan\alpha_c}+\dfrac{n_0h}{\tan\alpha_d}\right)(\sqrt{n_e\rho}-\rho)}{n_e\rho-1}$。

2.2.3.3　宝日希勒露天煤矿原煤生产系统采场内布置方案

宝日希勒露天煤矿现已建成 2 套原煤生产系统，其中 1#和 2#原煤破碎站设计能力 2000t/h，构成一号快装系统；3#和 4#原煤破碎站设计能力 3000t/h，构成二号快装系统；另外，1#原煤破碎站还可通过分流站与筛分系统相连。现有原煤生产系统虽然保证宝日希勒露天煤矿的生产能力，但也存在一系列问题，在一定程度上影响了资源开发效益。

破碎站布置于露天矿采场内，其位置与中间桥移设参数有关，破碎站布置位置靠近工作帮方向会增加“煤鼻子”的丢煤损失，破碎站布置位置靠近排土场方向，会减小破碎站移设的周期。从破碎站布置对生产系统影响、原煤平均运输费用及破碎站移设投资等方面与单破碎站进行比较，确定双破碎站布置于采场内中间桥的方案，如图 2-23 所示。

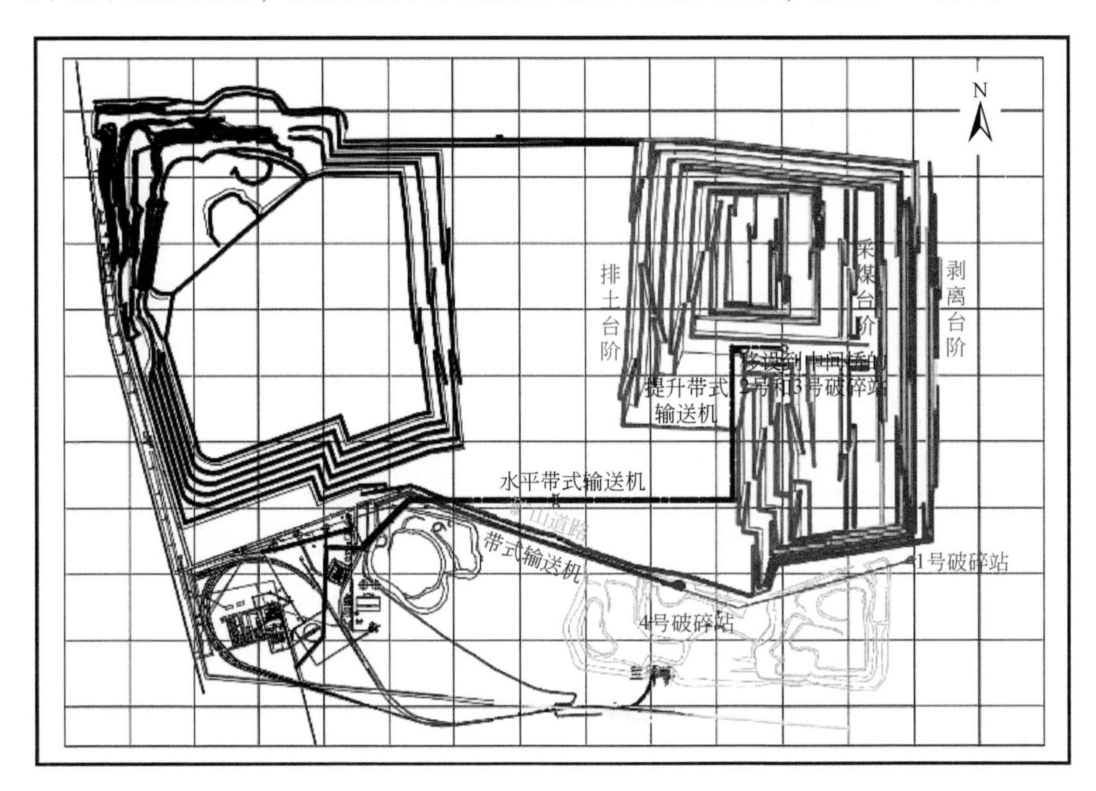

图 2-23　宝日希勒露天煤矿原煤破碎站采场内布置生产计划图

2.3　露天矿“生态窗口期”协同利用增时修复方法

2.3.1　排土场生态修复工程条件

2.3.1.1　存在到界排土场

露天矿采排工程是不断推进的，只有当局部甚至整个排土场到界后才能进行复垦作业。根据排土场到界位置可分为台阶到界和水平到界两种情况（图 2-24）。

前者是排土场的某一台阶排弃到最终位置，形成待复垦的平盘和坡面；后者是排土场的最上排弃水平逐渐形成和到界，随台阶推进形成待复垦的平盘（图 a 中，+40 水平推进过程既形成水平到界也形成台阶到界）。

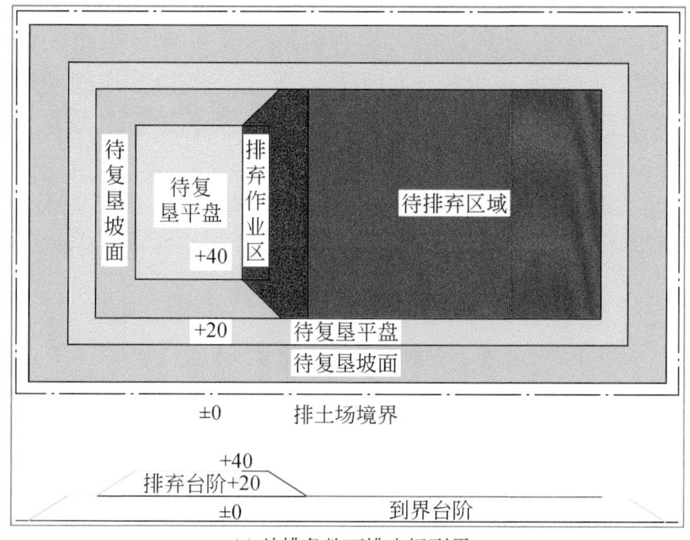

(a) 外排条件下排土场到界

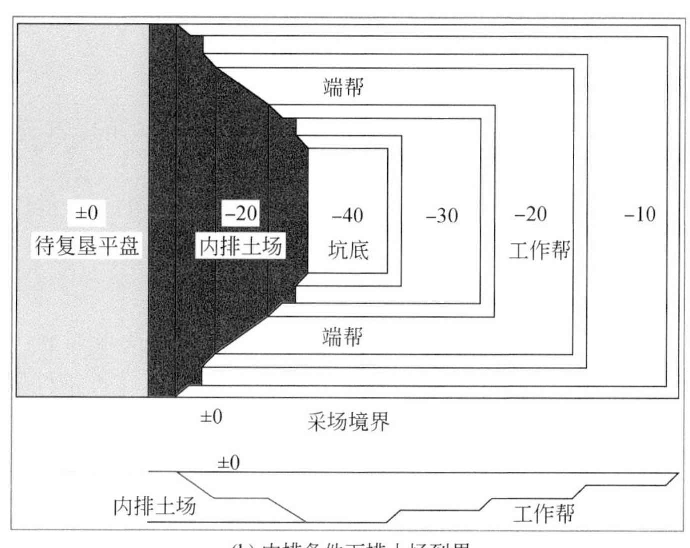

(b) 内排条件下排土场到界

图2-24　到界排土场的形成

露天矿排土场的到界时间主要由采剥关系和剥采排计划决定。一方面，可以通过调整剥采排计划改变排土场各区域的到界时间，使其满足生态修复的需要，是大型煤电基地采-排-复一体化技术的核心；另一方面，剥离作业是露天矿最大的生产成本构成项，其费用每年动辄上亿元甚至可达十几亿元，因此剥采排计划优化必须统筹考虑经济和生态效益，充分考虑技术和成本约束。

2.3.1.2　排土场覆土与墒情控制

在到界排土场的表面，按设计铺设一定厚度的土壤（土壤层厚度的确定主要依据生态重建需求和表土供应量）。除了要解决表土的采集、堆场、铺设工艺等技术问题，为复垦而新铺设的表土一般还存在容重显著增大、有机质和全氮含量等重要的养分偏低、土壤pH与电导率升高等问题，必须采用相应的工程、工艺、生物等措施予以解决才能提供适合植物生长的土壤环境。从排土场复垦的角度出发，此处将灌溉和土壤墒情控制作为一个重要约束条件。

露天矿表土采集、堆存、使用的时间和方法在一定程度上可以人为调控，但表土数量和质量的约束是相对刚性的。根据常用的工作帮开采方式，我国北方露天矿年度表土存量情况如图2-25所示。

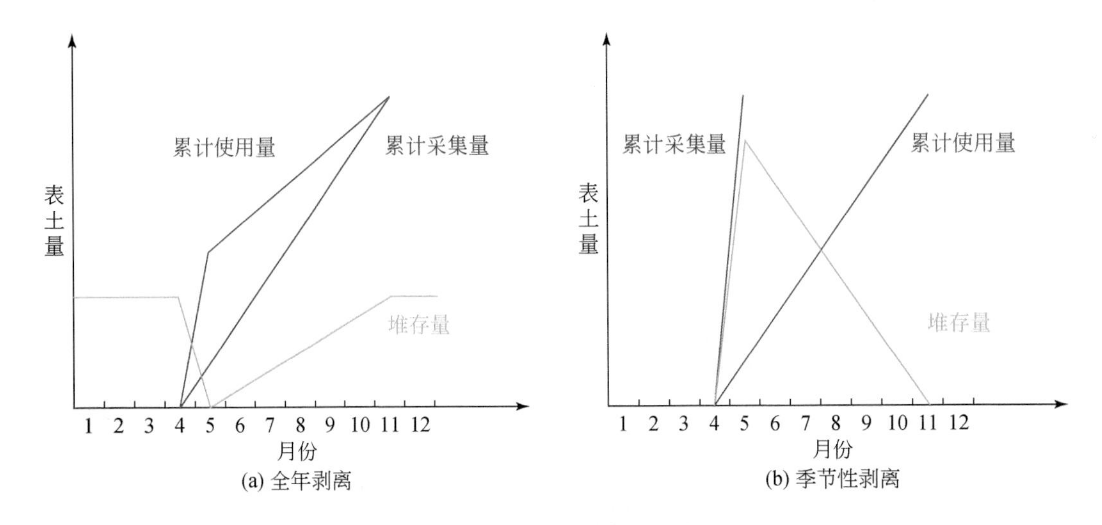

图2-25　年度表土存量变化

另外，根据北方露天矿具体生产条件，表土的采集与使用要求如下：

（1）表土采集的具体开始和结束时间依据气温条件和作业设备条件确定。

（2）表土使用的具体时间和速度还与到界排土场情况有关。

（3）受冻结因素影响，无论是全年剥离还是季节性剥离，表土剥离作业都必须在冬季停产，因此表土的堆存是不可避免的。

（4）全年剥离条件下表土跨冬季堆存，季节性剥离条件使用当年采集的表土。

2.3.1.3　气温与地温等自然条件

植被生长需要适合的气温条件，新到界排土场的复垦又需要适合的地温条件，因此除极少数能适应当地冬季严寒条件的冬播物种外，绝大多数植被物种只有待春天气温和地温上升到一定程度后才能种植。项目两大示范基地均位于我国东北地区，属温带大陆性气候，具有冬季寒冷漫长、夏季温凉短促、春季干燥风大，秋季气温骤降霜冻早等特点。呼伦贝尔地区年平均气温一般在0℃以下，锡林郭勒地区年平均气温在0～3℃，两示范区结冰期均在5个月以上。

从多年统计情况看，呼伦贝尔地区的冻结期一般为10月上旬至来年4月下旬，锡林郭勒地区的冻结期一般为10月下旬至来年4月上旬。

结合图2-31可以看出，在传统的工作帮开采程序下，无论是全年剥离还是季节性剥离，表土剥离作业都是在春季进行，因此冻土融化就成为露天矿排土场复垦的先决条件，而表土的剥离、运输、堆存、铺设作业也成为影响排土场复垦进度的重要因素。另外，从保证设备作业安全和效率发挥的角度考虑，应严格控制土壤含水率，这与后期土地复垦对墒情的要求也是相反的。

土壤墒情是影响植被栽种作业和后期生态重建效果的重要因素，本项目将从地层重构、土壤重构、物种选择、土壤微生物培育、区域生态环境构建、人工灌溉控制等多个维度入手，研发土壤环境与矿区植被及生态系统的协调技术，促进矿区生态系统的正向演替。

如前所述，露天矿生态修复的三大条件中，“到界排土场”的可调范围最大，但可能需要付出巨大的经济代价；由于生态重建所需的表土量占露天矿总采剥量的比例很小（在东部草原区的几大露天矿区均不足1%），所以满足土量约束的前提下调整表土的采集、运输、储存、铺设使用的时间与方式使其与“到界排土场”（条件1）、“气温与地温”（条件3）相协调是采-排-复一体化技术的核心；矿区的“气温与地温”条件是自然赋予的，在排土场这种广大区域内人为控制难度极大且存在不稳定性，因此只能通过工程调整和植被优选适应这一条件。

2.3.2　露天矿排土场“生态修复窗口期”

2.3.2.1　露天矿剥采排复作业程序优化

本研究目的是克服现有露天矿剥离排弃顺序过程中的不足之处，提供一种利于露天矿排土场复垦的剥离排弃顺序，保证露天矿剥离排弃后表层土与原位岩层相同，同时保持土壤松散性，保证土壤肥力，降低采排工程费用及排土场复垦成本，提高复垦率。

为实现上述目的，本书提出了如图2-26所示的露天矿剥采排复作业流程，具体过程如下：

（1）第一年秋季开始时，将全部剥离设备置于露天矿的表层，使用电铲、前装机、液压挖掘机等开采设备，采用单斗卡车-间断工艺或者单斗-卡车-输送机半连续工艺将表层腐殖土7超前剥离一年推进距离，剥离的表层腐殖土7不单独堆放，直接排弃至内排土场2的表层，作为待复垦土层1，等待复垦。

（2）第一年冬季，停止所有表层腐殖土7剥离工作，只进行采煤作业，煤炭开采方向如箭头3所示。同时，在待复垦土层1出现大量冻土层以前，采用人工或者半机械化的方式对待复垦土层1进行灌溉，如箭头8所示，直至待复垦土层1被水浸透。

（3）第二年春季，待复垦土层1冻土层消失后各个台阶同时开始剥离工作，同时在上一年秋天已完成覆土作业区域即待复垦土层1进行植被修复作业。剥离从表层腐殖土7以下第一个台阶5开始进行，表层腐殖土7不剥离，表层腐殖土7以下各个台阶之间同步或者接近同步向前推进，将当年内剥离的岩土9排弃至内排土场2。剥离工作一直持续到本年度秋季。

（4）第二年秋季，表层腐殖土7以下台阶停止剥离，其他按照步骤（1）中所述进行。以此完成一个周期的采排工作。

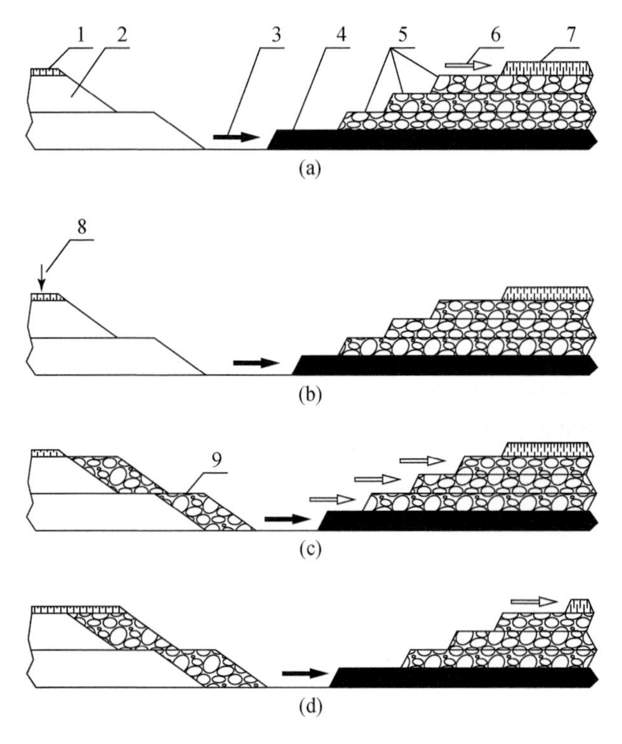

图 2-26　露天矿剥采排复作业流程示意图

1-排弃到内排土场的表层腐殖土；2-内排土场；3-矿石开采方向；4-煤层；5-上覆岩土；6-剥离物开采推进方向；7-被剥离的表层腐殖土；8-表土灌溉；9-当年内排弃的岩土

（5）第二年冬季开始，采排工作按照步骤（2）、（3）、（4）、（1）进行往复循环。

本方法克服原有的露天矿采排方式或者打乱地层顺序，影响排土场复垦，或者增加剥离物采排成本的缺点。同时，通过设计剥离物采排新顺序，在不显著增加剥离成本的前提下将原本由本年度春季完成的工程量提前至上一年度秋季完成。由此可将剥离物直接排弃至需要复垦区域，不需要单独堆放、二次采排作业便可直接作为待复垦土层使用，在植被生长季节性特别显著的区域可将内排土场复垦作业提前 1 年。另外，在待复垦土层出现冻土层以前对其进行灌溉，同时结合冬季降水，使得被压实的土壤含水率增加，气温的变化使得土层出现融冻现象，有效疏松了土质；同时降水和灌溉增加了表层土的含水率，为植物生长提供了水分储备。

2.3.2.2　季节性剥离条件下的生态修复窗口期

为避免冬季严寒条件下作业造成的设备效率低、故障率高、安全隐患大等问题，部分矿山（尤其是以外包剥离为主的矿山）采用季节性作业方式，如宝日希勒露天煤矿。在这类露天矿，夏季为剥离作业期，冬季为剥离停产期；采煤作业全年进行，其生产进度主要取决于市场需求（一般为冬季大、夏季小）。工作帮开采方式如图 2-27 所示。

图 2-27（a）所示为各台阶追踪推进，内排土场也随着采剥工程推进而逐渐到界，适

用于现有各露天开采工艺；图 2-27（b）所示为各台阶逐层开采，内排土场在年度开采末期迅速到界，适用于以单斗液压作为主要采装设备的露天煤矿。

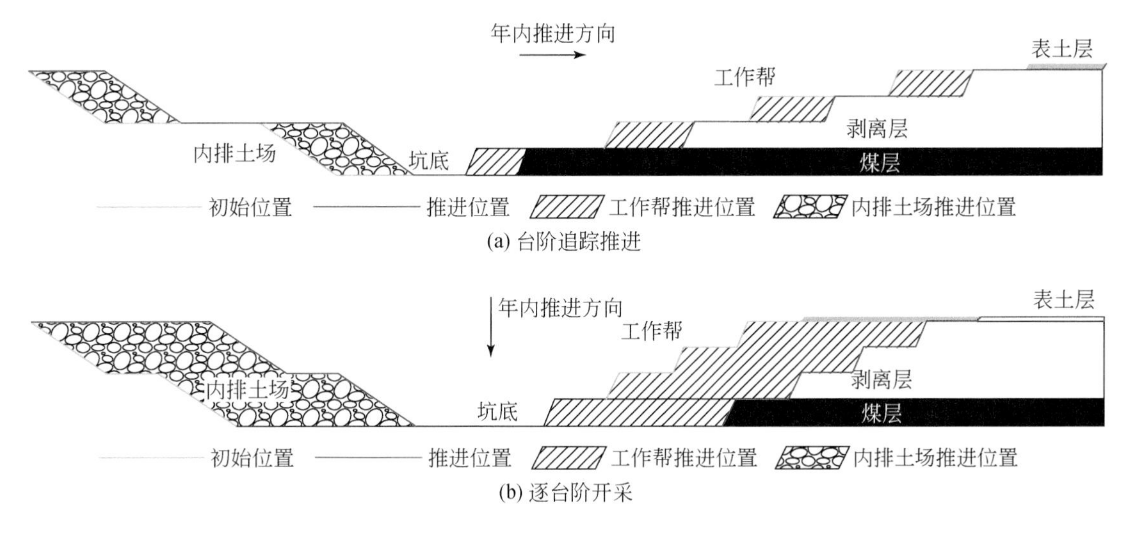

图 2-27　季节性剥离条件下典型工作帮开采方式

与全年剥离作业方式（均采用台阶追踪开采方式）不同，季节性剥离条件下排土场的到界集中在夏季甚至夏季末期，这就导致排土场到界称为生态修复窗口期的一个实际约束，如图 2-28 所示。

季节性剥离给露天矿生态修复造成的主要影响是不存在冬季到界的排土场，因此年初采集的表土资源只能用于上一年度末形成的到界排土场复垦或储存起来留待本年度形成到界排土场后再使用。

如图 2-28（a）、（c）所示，在台阶追踪开采方式下表土和其他剥离物的采运排作业同期，理论上可实现采-排-复一体化，但对露天矿生产组织管理的要求极高。

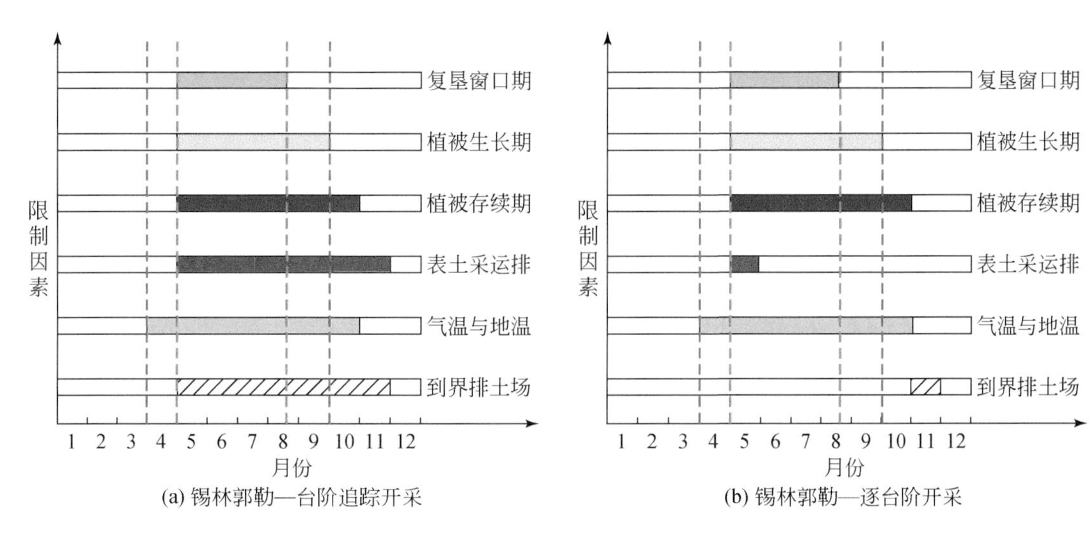

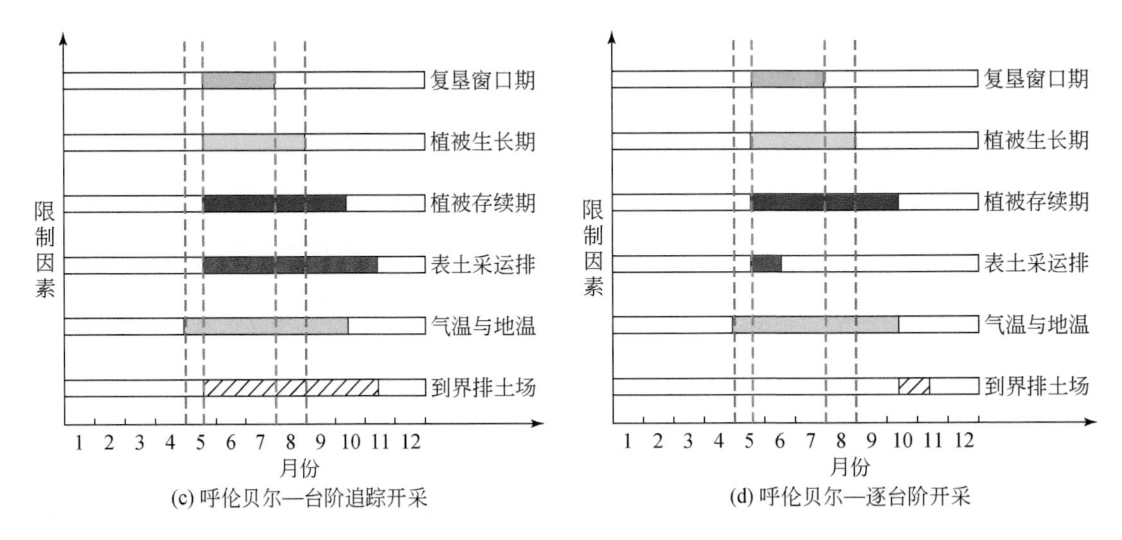

图 2-28　季节性剥离条件下两大示范基地的生态修复窗口期

如图 2-29 所示，从露天矿生产的角度看，表土剥离、深层土剥离、岩石剥离、采煤台阶同步推进，随着深层土和岩石的剥离物的排弃，排土场逐渐到界，可进行表土回填。考虑到各台阶从上到下的制约关系，表土剥离可采用两种方式保证排土场复垦需要：一是储存少量的表土（约一个采掘带的量），待排土场到界后再铺设，这增加了表土的储存和倒装费用，而且会产生存储阶段的流失；二是表土剥离超前一个采掘带，这可以使表土的采集、运输、排卸铺设作业一体化（作业流程如图 2-29 的新采剥顺序下生态重建流程），但会增大露天矿采场占用土地面积。

如图 2-30 所示，在逐台阶开采方式下表土开采超前于其他剥离物，表土需要经过一个夏季的存储，待年末开采结束、到界排土场形成后才能使用。借鉴台阶追踪推进的开采方式，研究提出一种优化的台阶开采程序。将表土剥离台阶超前一个年度开采，可以实现表土的采集、运输、排弃和铺设作业一体化，从而使生态修复窗口期得到充分利用。虽然从表面上看露天矿采场占用面积增大了，但因此造成的地表植被和生产系统破坏面积并未增大，这主要是因为表土剥离作业是在草原植被生产期结束后进行的。如果采用来年春天剥离表土进行采-排-复一体化作业的话，会造成生产组织管理紧张，生态修复窗口期难以得到充分利用。

该作业方式保证了生态修复窗口期的充分利用，有利于提高排土场复垦速度和生态修复质量。但应用该作业方式的技术难点主要体现在如下方面：

（1）设备大规模调动。在夏季剥离作业快结束时，将大量设备从坑底调到地表进行表土的采集、存储、覆土作业，生产组织管理难度大；如果采用专门的设备进行表土剥离作业，则全年绝大部分时间内该类设备闲置，效率低。

（2）在临近冬季时进行表土的采运排作业易受到外界因素（如气温骤降导致表土冻结等）干扰，因此需要有严密的生产组织计划。

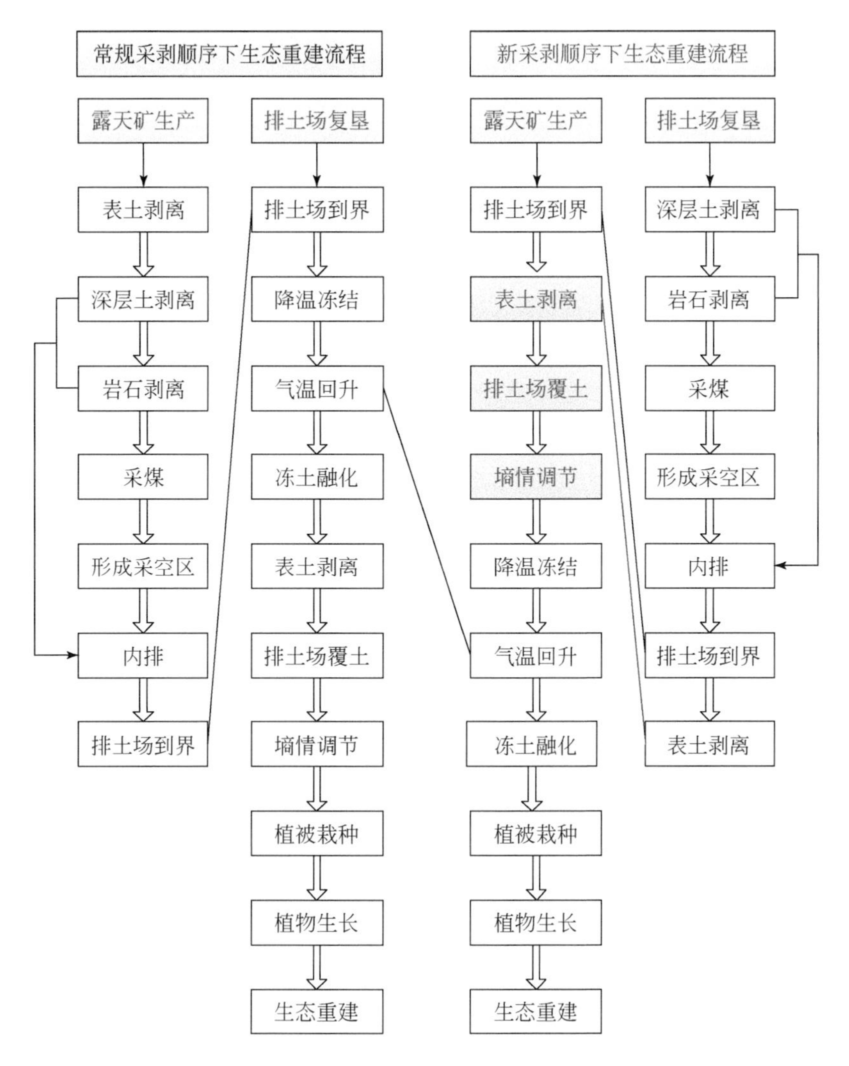

图 2-29　季节剥离条件下排土场生态重建流程

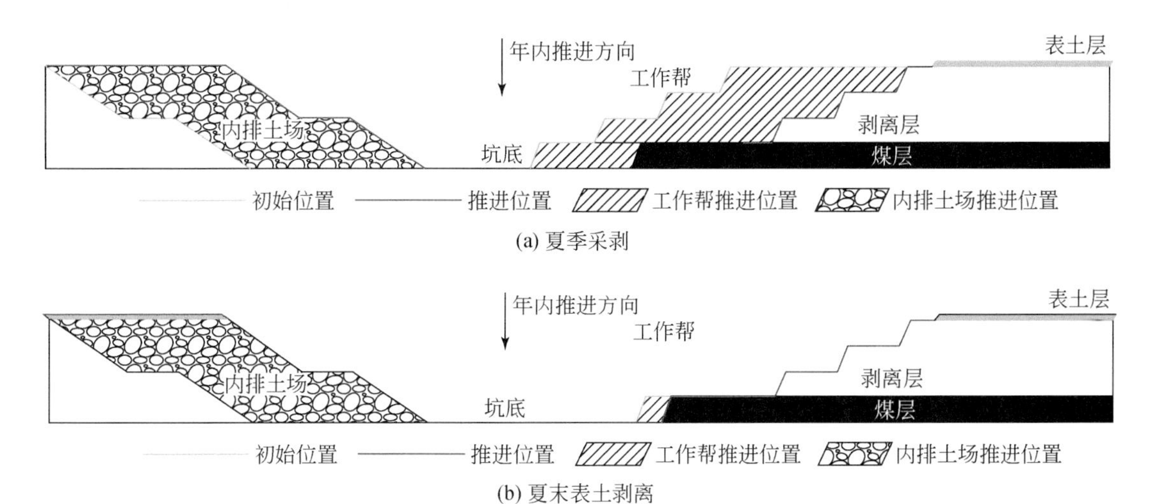

(a) 夏季采剥

(b) 夏末表土剥离

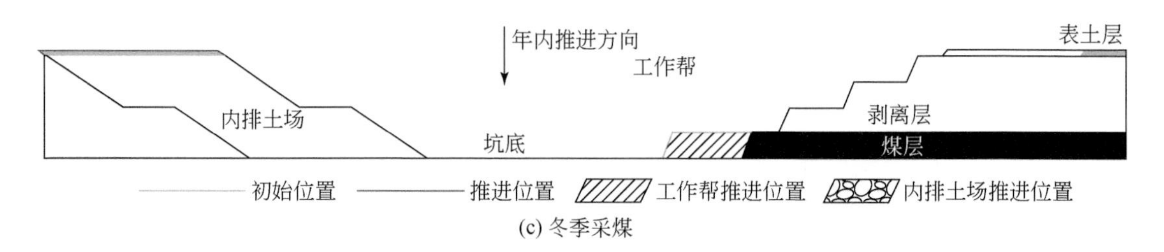

(c) 冬季采煤

图 2-30　季节性剥离条件下推荐的逐台阶工作帮开采程序

（3）逐台阶剥离存在采排物料顺序与原地层相反的问题，不利于实现地层重构和生态重建，解决这一问题的方法是扩大各内排土场平盘从而实现近似同水平内排，因此该开采方式适用于工作线长度、年推进度较小的露天矿。

2.3.2.3　示范矿山的生态修复窗口期

胜利露天煤矿以自营剥离为主，主要剥离台阶为全年作业，台阶追踪开采，露天矿工作帮开采程序优化后的生态修复窗口期为 5 月至 8 月中旬。该时间段的主要作业内容是已覆土排土场的土壤改良和植被恢复，同时伴随一定量的采–排–复一体化作业；8 月末至 11 月进行土壤的收集、运输、铺设作业，并进行土壤改良，但考虑到复垦植被可能难以越冬，因此不进行植被恢复作业；其中，植被死亡至 11 月土壤冻结的这段时间内，加速进行表土采集（完成冬季剥离区的表土剥离工作）并储存到排土场合适位置，表土堆存过程同时进行土壤改良作业；下一年 3 月底至 4 月初气温回升至冰点以上时，进行表土的铺设（冬季排弃到界的排土场）和改良作业，为生态修复窗口期内的植被恢复作业奠定基础。

宝日希勒露天煤矿以外包剥离为主，主要剥离台阶只在夏季作业，逐台阶由上至下开采，露天矿工作帮开采程序优化后的生态修复窗口期为 5 月下旬至 7 月下旬，该时间段的主要作业内容是已覆土排土场植被恢复。露天矿 4 月至 10 月由上至下逐台阶进行剥离作业，排土场在 9 月底植被死亡至土壤冻结前这段时间内快速到界，同时进行土壤的收集、运输、铺设作业和土壤改良作业；同样，考虑到复垦植被可能难以越冬，因此排土场覆土后不进行植被恢复作业；来年 4 月底至 5 月初气温回升至冰点以上时，进行土壤改良作业，待进入生态修复窗口期后只进行植被恢复作业。

2.3.3　基于生态修复目标的表土采运储用规划方法

2.3.3.1　表土剥离工序优化

生态修复窗口期使用的表土可能来自两个方面：一是上一年度堆存的表土，二是本年度超前剥离的表土（图 2-31）。

如图 2-31（a）所示，生态修复窗口期前期所使用的表土主要来源于上一年度的堆存量。这一开采程序存在表土堆存量大、堆存时间长、冬季风蚀严重等问题；但与图 2-31（b）所示的开采程序相比，其表土的超前剥离少，尤其是在植被生长期（一般为 5 月到 9

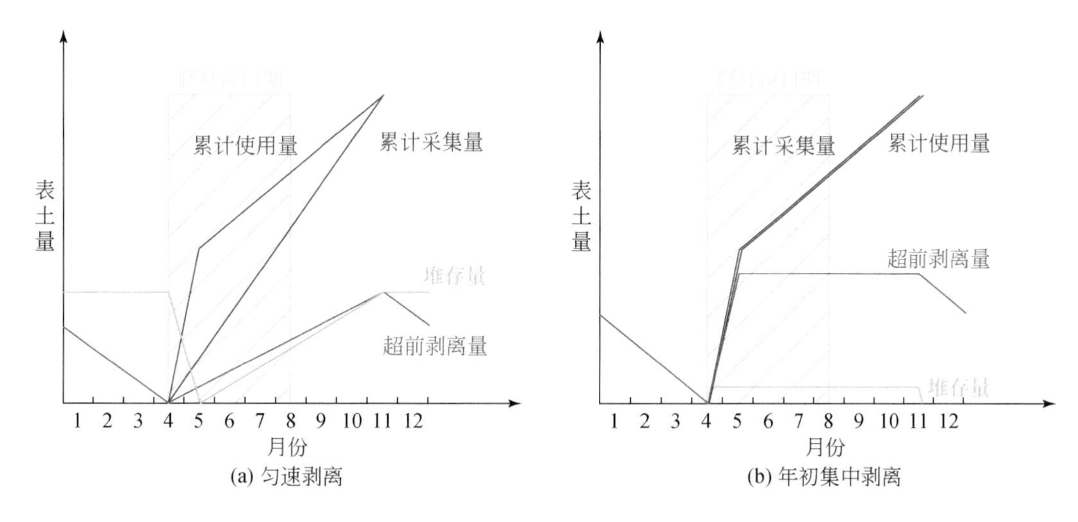

(a) 匀速剥离　(b) 年初集中剥离

图 2-31　全年剥离条件下年度表土使用情况

月)，这有利于减少矿产资源开发造成的生态破坏面积。

如图 2-31（b）所示，整个排土场重建过程均使用当年从工作帮剥离的表土，基本取消了表土的堆存过程，从而避免了堆存费用和堆存过程中产生表土损失（包括质的方面和量的方面）。但是该开采程序也存在很多问题。从生产方面看，为满足春季土地复垦需要，需完成表土采集、铺设、改良、种植等工作，极易受到外界因素干扰（如气温地温异常、表土剥离设备不到位等），组织管理难度巨大。从生态保护的方面看，由于表土超前剥离在工作帮形成大面积裸地（尤其是在植被生长季），增大了资源开发造成生态破坏面积。

结合示范区生态修复条件特点，研究提出综合两开采程序方案特点的表土开采方案，见图 2-32。

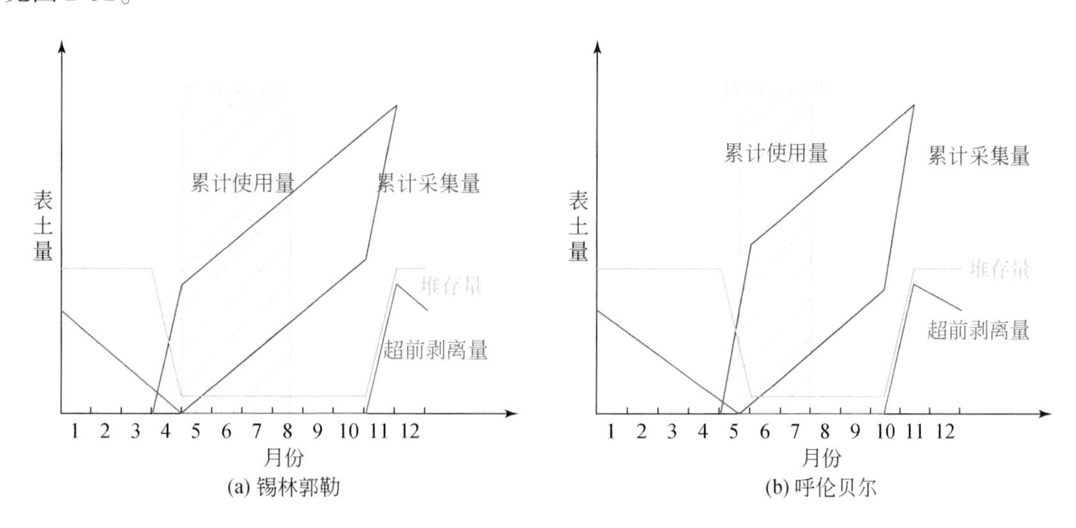

(a) 锡林郭勒　(b) 呼伦贝尔

图 2-32　开采程序优化后年度表土使用情况

推荐方案的特点是，充分利用秋末冬初这段时间植被基本死亡但地温未降低到土壤深度冻结的时间，采集工作帮前方一定区域（预计的冬季开采范围）内的表土并堆存在排土场合适位置；同时采用合适的方式避免堆存的表土严重冻结，在进入生态修复窗口期间完成到界排土场的覆土作业。与图 2-31 所示的表土利用方案相比，该方案优缺点如下：

（1）除当季生产使用外，表土的采集、铺设作业均不占用生态修复窗口期，因此可从源头上减少对区域生态环境造成的影响（在植物生长季的超前剥离量基本为零），提高排土场生态修复速度（在进入生态修复窗口期前完成表土铺设）。

（2）冬季表土存量大，且需二次采剥，费用高。

（3）在秋末冬初进行表土的集中剥离，需在短期内集中大量的设备和人员，生产组织管理难度大，且极易受到天气变化影响（例如，提前降温可能导致表土剥离作业无法顺利进行，从而影响工程推进和表土存量）。

2.3.3.2 露天矿表土调运模型

1. 露天矿土地复垦表土运输网络

众所周知，剥离物的运输占矿山总运输量的绝大部分，运输费用在矿山生产成本中是必要而且是非常可观的。而剥离运输问题作为一个多起点、多出口、多重点的复杂系统，寻求合理的或者最优的剥离物运输方案，将能大大节省运输费用，降低运输成本。如前所述，为解决土地复垦的土源问题，有些国家或企业在采矿工程动工之前，先把表层及亚表层土壤取走，并认真加以保存，待工程结束后再把它们放回原处。

从理论上来说，复垦土源的来源即表土采集点有多个，而土地复垦的地点也分布在不同高度和不同位置，假设表土采集点共 m 个，土地复垦点有 n 个，可画出露天矿土地复垦的表土运输网络图，见图 2-33。

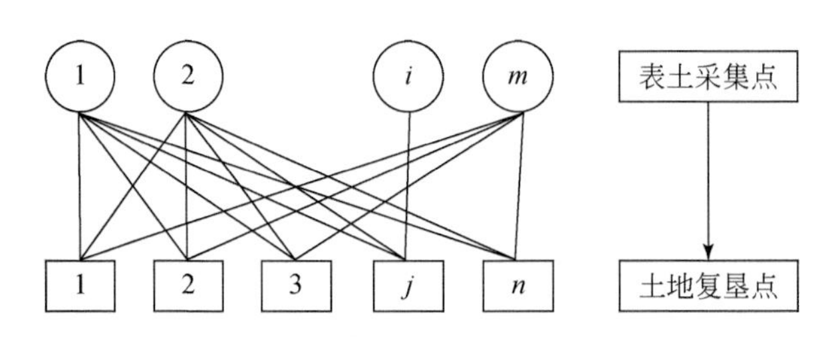

图 2-33 露天矿土地复垦表土运输网络图

2. 露天煤矿生产与生态重建一体化系统模型

基于线性规划理论，对露天矿表土剥离与土地复垦一体化作业模式与参数设计进行研究。

该优化模型的目标函数由 4 个子项组成，分别包含了表土采集费用，表土运输费用，平场铺设费用和表土在复垦区的堆存费用，在满足采集场表土采集量约束、复垦区表土铺设量约束等条件的前提下：

$$\mathrm{Min}Z = C\sum_{i=1}^{m+1}\sum_{j=1}^{n+1}L_{ij}X_{ij} + q\sum_{i=1}^{m+1}\sum_{j=1}^{n+1}X_{ij} + p\sum_{i=1}^{m+1}\sum_{j=1}^{n+1}X_{ij} + d\sum_{i=1}^{m}X_{i,n+1} \tag{2-17}$$

式中，Z 为露天矿土地复垦作业费用，万元；C 为表土运输费用，元/(m³ · km)；L_{ij}为从 i 表土采集点（存土场）到 j 复垦点（存土场）的运距，km；X_{ij}为从 i 表土采集点（存土场）到 j 复垦点（存土场）的表土量，万 m³；q 为采装表土的费用，元/m³；p 为表土的铺设平场费，元/m³；d 为表土的堆存费用，元/m³；m 为表土采集点数；n 为复垦点数。

1）采集点表土采集量约束

采集点表土的采集量等于运往复垦点的表土量：

$$\sum_{j=1}^{n+1}X_{ij} = B_i \qquad i = 1, m+1 \tag{2-18}$$

式中，B_i 为 i 表土采集点采集的表土量，万 m³。

$$B_{m+1} = \begin{cases} 0 & \text{表土采集量充足时} \\ B & \text{表土总量不足时} \\ \sum_{j=1}^{n}A_j - \sum_{i=1}^{m}B_i & \text{表土采集量不足但总量充足时} \end{cases} \tag{2-19}$$

式中，A_j 为复垦点 j 所需要的表土量，万 m³；B 为存土场存土量，万 m³；B_{m+1}为需要从存土场采集的表土量，万 m³。

2）复垦点表土铺设量约束

复垦点所需的表土量小于等于采集点运往复垦点的表土量

$$\sum_{i=1}^{m+1}X_{ij} \leqslant A_j \qquad j = \{1, n+1\} \tag{2-20}$$

式中符号意义同前，当表土总量充足时取负号，当表土总量不足时取小于等于号。

$$A_{n+1} = \begin{cases} \sum_{i=1}^{m}B_i - \sum_{j=1}^{n}A_j & \text{表土采集量充足时} \\ 0 & \text{表土采集量不足时} \end{cases} \tag{2-21}$$

式中，A_{n+1}为存土场所需要的表土量，万 m³。

3）非负约束

$$X_{ij} \geqslant 0 \quad i = \{1, m+1\} \quad j = \{1, n+1\} \tag{2-22}$$

该模型是一个二维线性规划模型，模型中存土场具有表土采集点和复垦点的二重性，当 $i=m+1$ 时存土场可视为虚拟采集点，当 $j=n+1$ 时存土场可视为虚拟复垦点。模型具有通用性，充分考虑了表土资源量充足与否的各种情况，并将存土场纳入了表土资源的规划之中。

3. 表土存储模型假设

为了便于分析露天矿表土合理的流量与流向，引入现代管理学中广泛用于确定物资最优存储量的存储论（storage theory），将露天矿山企业用于土地复垦的表土资源流看作不可损坏变质的、可保证连续供应的物流，将露天矿表土资源采集区–土地复垦区的供应链看作一个资源供–销的整体，依据若干假设条件，构建不允许缺货，物流连续且补充时间较长的随机性存储模型。在如下的假设条件下建立了露天矿表土资源流优化存储模型：

（1）表土采集区对表土资源流的供给和土地复垦区对表土资源流的需求均是连续的，设表土采集速度是 E（exploitation speed），表土铺设速度是 F（fanning speed），显然，该研究中的速度关系满足 $E>F$。

（2）鉴于露天矿土地复垦的生产实际，即土地复垦区不可能停工待土，在表土资源流的供给和需求过程中不允许缺货，即存在一个最小允许表土储存量，本模型中设为 B（bottom quantity），因不允许缺货，故缺货费 C_2为$+\infty$。

（3）考虑到露天矿土地复垦工作中庞大的表土需求量和表土供给工作的缓慢性，本研究中将问题限制在"补充时间较长"的范畴，以天为单位，一旦需要，表土采集工作可立即开始，鉴于表土采集需要一定的生产周期，模型中设为 T。

（4）在某一时刻表土资源的补充达到最大值，此时停止表土采集工作，此处设土补充的最大值为 M（maximum quantity）。

（5）露天矿土地复垦作业费用的二次划分。在露天煤矿剥离与矿区生态环境重建一体化理论的基础上，笔者对露天矿土地复垦作业费用的二次划分具体总结如下：

①单位表土存储费 $C1$（cost1），包含了使用场地费用、保管物资费用、表土在复垦区的堆存费用，此项费用仅包含储存在复垦区尚未参与铺设工作的表土资源流中。

②单位表土缺货费 $C2$（cost2），根据假设条件（2）即不允许缺货，故取 $C_2=+\infty$。

③单位表土订购费 $C3$（cost3），在露天剥离工作中，可考虑为物流进货成本，包含了订购费用和进货成本，即运费，该费用和表土运距及其运量有关。此项费用渗透在每单位的表土资源流中。为简化计算，本模型中仅考虑从表土采集点 A 至复垦点 B 的固定路线，即运距为常数 D（distance），若表土采集点和土地复垦点为多个，可求得每条路经的计算结果之后取运费总和。

④单位表土生产费 $C4$（cost4），自行生产物资的费用，即露天矿岩的采装费用、组织生产和调整工作线的费用、矿岩加工费用（如穿爆、破碎等工艺环节）及辅助费用。

⑤单位表土铺设费 $C5$（cost5）鉴于表土铺设费用与表土量的多少成正比关系且每单位的表土都要参与铺设工作，同运费 $C3$ 一样，上述这些费用（$C4$，$C5$）也分配在每单位的表土资源流中。

另外，整个储存周期（或称生产周期）各阶段的缺土量用 L（lack）表示，表土消耗量用 W（wastage）表示，表土采集和复垦作业总投资用 I（investment）表示。

4. *表土存储模型求解*

在上述假设条件和费用构成的基础上，建立该优化模型的表土存储状态，见图 2-34。

结合储存状态图，下面将模型一个生产周期中的各个生产阶段分别阐述如下：

（1）[$0-T$] 为一个生产周期，0 时刻开始从露天矿各表土采集点向土地复垦区补充表土，与此同时在复垦区进行表土铺设工作，T 时刻将该生产周期内的表土全部利用完毕，进入下一生产周期。

（2）[$0-t_0$] 阶段：开始从表土采集点向复垦工作点补充表土，此时间段复垦区的表土储存量从 0 开始递增，在 t_0时刻达到最少允许表土储存量 B，由于本研究中假设的补充

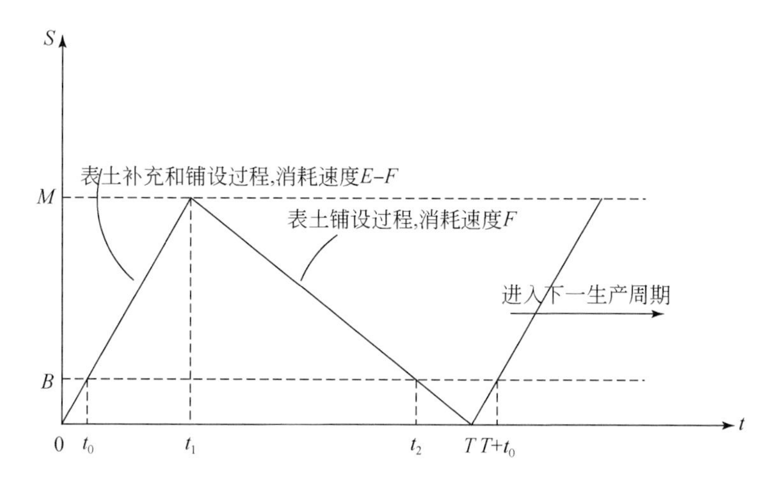

图 2-34　露天矿表土资源流优化存储状态图

时间为瞬时实现，故取 $t_0 \to 0$。

(3) $[t_0-t_1]$ 阶段：表土储存量在最少允许储存量 B 的基础上继续增加，表土补充量较快接近最大存储量 M，直到在 t_1 时刻达到 M 停止补充表土。显然，该时间段的表土消耗速度为 $(E-F)$。

(4) $[t_1-t_2]$ 阶段：此阶段属纯表土铺设阶段，随着铺设工程的进展，复垦区的表土剩余量持续缓慢减少，在 t_2 时刻减少到最少允许储存量 B，该时间段内的表土消耗速度等于需求速度 F。

(5) $[t_2-T]$ 阶段：复垦区的表土剩余量继续减少，直到在 T 时刻降低到 0，此时联系表土采集单位立即补充表土，进入下一个生产循环。

在土地复垦费用二次划分和对整个生产流程分析的基础上，作如下计算：

$[0-t_0]$ 阶段，缺土量 $L=(E-F)t_0$

$[t_0-t_1]$ 阶段，表土消耗量 $W=(E-F)(t_1-t_0)$

$[t_1-t_2]$ 阶段，表土消耗量 $W=F(t_2-t_1)$

$[t_2-T]$ 阶段，缺土量 $L=F(T-t_2)$

对于多个表土采集–铺设周期而言，前一周期缺土量 $L=F(T-t_2)$，与后一周期的缺土量 $L=(E-F)t_0$ 相等。在理想状态时，当多个表土采集–铺设周期均将表土使用至存量为 0 的极限状态时，由以上各式可得

$$(E-F)t_0=F(T-t_2) \tag{2-23}$$

$$(E-F)(t_1-t_0)=F(t_2-t_1) \tag{2-24}$$

解上式得

$$T-t_2=\frac{E-F}{F}t_0 \tag{2-25}$$

$$t_2-t_0=\frac{E}{F}(t_1-t_0) \tag{2-26}$$

$$T=\frac{E}{F}t_1 \tag{2-27}$$

根据上文中对露天矿土地复垦作业费用的二次划分，结合储存状态图，模型中的土地复垦总投资可表示为下列函数：

$$I=\frac{1}{2}C_2t_0^2(E-F)+\frac{1}{2}C_1(t_2-t_0)(E-F)(t_1-t_0)+\frac{1}{2}C_2(T-t_2)^2F+C_3D+C_4+C_5 \quad (2\text{-}28)$$

上式整理后得

$$I=\frac{1}{2}C_2(E-F)t_0^2+\frac{1}{2F}C_1(E-F)E(t_1-t_0)2+\frac{1}{2F}C_2(E-F)2t_0{}^2+C_3D+C_4+C_5 \quad (2\text{-}29)$$

故一个生产周期内的平均复垦费用为

$$I'=\frac{E(E-F)}{2F}\left[\frac{C_1(t_1-t_0)^2+C_2t_0^2}{T}\right]+\frac{C_3D+C_4+C_5}{T} \quad (2\text{-}30)$$

得

$$I'=\frac{E(E-F)}{2F}\left[\frac{C_1F^2}{E^2}T-\frac{2C_1F}{E}t_0+\frac{C_1+C_2}{T}t_0^2\right]+\frac{C_3D+C_4+C_5}{T} \quad (2\text{-}31)$$

上式中含两个自变量 T 和 t_0，对于一个特定的矿山生产企业来说，其余各值均为常数，在上式中，令 $\frac{\partial I'(t_0, T)}{\partial t_0}=0$，$\frac{\partial I'(t_0, T)}{\partial T}=0$，解得

表土最优采集周期为 $$T^*=\sqrt{\frac{2E(C_3D+C_4+C_5)}{C_1F(E-F)}} \quad (2\text{-}32)$$

表土经济采集批量为 $$Q^*=FT^*=\sqrt{\frac{2EF(C_3D+C_4+C_5)}{C_1(E-F)}} \quad (2\text{-}33)$$

表土停止供应时间为 $$t_1^*=\frac{Q^*}{E}=\frac{FT^*}{E}=\sqrt{\frac{2F(C_3D+C_4+C_5)}{C_1E(E-F)}} \quad (2\text{-}34)$$

表土补充的最大值为 $$M^*=F(T^*-t_1^*)=\frac{F(E-F)}{E}T^* \quad (2\text{-}35)$$

2.3.3.3 露天矿复垦用表土存储规范

1. *存储场地选择*

表土存储场地应满足地表承载力与周边环境安全的要求。

（1）表土存储场地应优先选择到界排土场，以避免新增占地并缩短后期使用的运距；当不存在到界排土场时，可选择开采境界内暂不利用的土地。

（2）表土存储场地应远离建筑物、河流湖泊、铁路等易受影响区域。

（3）表土堆体与露天矿边坡的距离应不小于堆体高度的 5 倍，以免影响边坡安全；当场地有限必须小于堆体高度 5 倍时，应进行边坡稳定性分析。

（4）对存储场地的近地表 30cm 的物料进行取样检测，除容重外的主要障碍因子指标应满足表 2-2 要求。

表 2-2　露天矿堆存表土质量要求

<table>
<tr><th>检测指标</th><th>序号</th><th colspan="2">项目</th><th>检测结果描述/测定</th></tr>
<tr><td rowspan="6">必检指标</td><td>1</td><td colspan="2">pH</td><td>5.0 ~ 8.3（特殊要求需在设计中说明）</td></tr>
<tr><td>2</td><td colspan="2">有机质/（g/kg）</td><td>12 ~ 80</td></tr>
<tr><td>3</td><td colspan="2">土壤质地</td><td>壤土（部分植物可用砂土）</td></tr>
<tr><td>4</td><td colspan="2">土壤含盐量/（g/kg）</td><td>≤1.0</td></tr>
<tr><td>5</td><td colspan="2">阳离子交换量/（cmol/kg）</td><td>≥10</td></tr>
<tr><td>6</td><td colspan="2">土壤入渗率/（mm/h）</td><td>≥5</td></tr>
<tr><td rowspan="11">选择指标</td><td>1</td><td colspan="2">水解性氮/（mg/kg）</td><td>40 ~ 200</td></tr>
<tr><td>2</td><td colspan="2">有效磷/（mg/kg）</td><td>5 ~ 60</td></tr>
<tr><td>3</td><td colspan="2">速效钾/（mg/kg）</td><td>60 ~ 300</td></tr>
<tr><td>4</td><td colspan="2">有效硫/（mg/kg）</td><td>20 ~ 500</td></tr>
<tr><td>5</td><td colspan="2">有效镁/（mg/kg）</td><td>50 ~ 280</td></tr>
<tr><td>6</td><td colspan="2">有效钙/（mg/kg）</td><td>200 ~ 500</td></tr>
<tr><td>7</td><td colspan="2">有效铁/（mg/kg）</td><td>4 ~ 350</td></tr>
<tr><td>8</td><td colspan="2">有效锰/（mg/kg）</td><td>0.6 ~ 25</td></tr>
<tr><td>9</td><td colspan="2">有效铜/（mg/kg）</td><td>0.3 ~ 8</td></tr>
<tr><td>10</td><td colspan="2">有效锌/（mg/kg）</td><td>1 ~ 10</td></tr>
<tr><td>11</td><td colspan="2">有效钼/（mg/kg）</td><td>0.04 ~ 2</td></tr>
<tr><td rowspan="18">主要障碍因子指标</td><td rowspan="2">1</td><td rowspan="2">压实</td><td>土壤密度/（kg/m^3）</td><td><1.35</td></tr>
<tr><td>非毛管孔隙度/%</td><td>5 ~ 25</td></tr>
<tr><td rowspan="3">2</td><td rowspan="3">盐害</td><td>可溶性氯/（mg/L）</td><td><180</td></tr>
<tr><td>交换性钠/（mg/kg）</td><td><120</td></tr>
<tr><td>钠吸附比</td><td><3</td></tr>
<tr><td>3</td><td>硼害</td><td>可溶性硼/（mg/L）</td><td><1.0</td></tr>
<tr><td>4</td><td>潜在毒害</td><td>发芽指数/%</td><td>>80</td></tr>
<tr><td>5</td><td>水分障碍</td><td>含水量/（g/kg）</td><td>处于稳定凋萎含水量和田间持水量之间</td></tr>
<tr><td rowspan="3">6</td><td rowspan="3">石砾含量</td><td>粒径≥2mm</td><td>≤20</td></tr>
<tr><td>粒径≥20mm</td><td>0</td></tr>
<tr><td>粒径≥30mm</td><td>0</td></tr>
<tr><td rowspan="7">7</td><td rowspan="7">重金属含量</td><td>镉/（mg/kg）</td><td rowspan="7">符合《绿化种植土壤》（CJ/T 340-2016）中表 4 和 6.3.5.1 的规定</td></tr>
<tr><td>汞/（mg/kg）</td></tr>
<tr><td>铅/（mg/kg）</td></tr>
<tr><td>铬/（mg/kg）</td></tr>
<tr><td>砷/（mg/kg）</td></tr>
<tr><td>镍/（mg/kg）</td></tr>
<tr><td>锌/（mg/kg）</td></tr>
</table>

2. 存储场地建设

（1）对优选的存储场地进行清理、平整，破碎整平高于周边地表 10cm 以上的凸点，减少原场地物料对表土质量的影响。

（2）表土存储场地平整后，应选择不少于 5 个位置进行地基承载力测试，选择到界排土场作为存储场地时承载力应不小于 100kPa。

（3）根据表土运输需要设置进出场地的通道，路面承载力应不小于 200kPa。

（4）表土存储场地应设置排水系统，排出场地内的大气降水以免污染存储环境和造成表土流失。

（5）根据表土质量分类划分表土堆存区，并在现场竖立标志牌，标记土壤质量、堆存量、堆存时间、责任人等信息。

（6）不同表土堆存区之间应有道路、排水沟等隔离设施，避免后期堆存和取用时混淆。

3. 表土堆体尺寸

（1）根据地基承载力和表土自然安息角、原始容重确定堆体尺寸。

（2）表土存储宜采用条形堆体，堆体高度应不大于 5m。

（3）单个堆体的存储量应不大于 1 年的表土采集量和使用量。

（4）表土堆体上应设置集水和排水系统，避免降雨淋漓造成水土流失。

4. 表土存储时间

为防止土壤养分退化和土壤质量下降，应尽量减少存储时间。

（1）露天矿正常生产过程中采集的质量等级高的表土可直接利用。

（2）受季节性影响不能直接利用的表土，存储时间不宜超过 1 年。

（3）建矿期间剥离的大量表土，应根据预计存储时间选择场地、堆存形状和管理模式，减少倒运次数以避免损失。

5. 存储表土管理

（1）为防止表土流失和场地扬尘，应在表土堆体建设过程中及时覆盖土工布、防尘网等材料。

（2）对于存放时间超 1 年的表土，可采用表面栽种植被的方式进行养护。

（3）及时清理表土堆体表面和排水沟等附属设置中的杂物，减少存储期间的污染。

（4）堆存、维护、使用过程中防止车辆碾压表土，以避免表土压实。

（5）对进出场地的表土运输车辆进行登记，做好表土存储信息管理。

（6）综合考虑经济性、生态性和可行性，充分利用表土存储场地和时间改良表土，提高表土质量。表土改良可综合采用物理、化学、生物等方法，改良后的表土质量应满足《绿化种植土壤》（CJ/T 340–2016）的相关要求。

6. 表土铺设使用

（1）排土场到界后对场地进行平整，对于高出周边 10cm 以上的凸点，应破碎整平，以免因场地不平而造成铺设表土的厚度不足。

（2）排土场平整后根据生态修复需要及时铺设表土，厚度应满足《土地复垦质量控制标准》（TD/T 1036-2013）的要求。

（3）表土铺设达到要求厚度时，完成的工程应符合设计要求的线型、坡度，并形成集排水系统。

（4）表土铺设过程中，运输卡车在基础场地上运行，卸载的表土通过履带式推土机整平；表土铺设完成后避免重载轮式设备频繁碾压造成压实，表土容重应满足《土地复垦质量控制标准》（TD/T 1036-2013）的要求。

（5）表土铺设完成后，通过翻耕使采运排过程中形成的大块表土破碎；对于混杂在表土中的不能被破碎的大块和其他杂物，应予以剔除。

（6）表土铺设完成后，应及时进行生态修复作业，以减少表土水蚀和风蚀。

2.4 露天矿生态减损型采-排-复一体化工艺

露天矿剥采-排土-复垦一体化技术简称采-排-复一体化技术。传统的复垦技术多在整个矿区开采完成、露天矿闭坑后才进行，一方面大量土地裸露缺乏植被覆盖，加剧了水土流失、粉尘污染等生态环境影响；另一方面开采剥离的表土长期堆存，沉降压实、水土流失、有机质下降等原因造成质量下降，不仅造成复垦效果不佳，甚至需要进行土壤改良才能满足生态修复需要，增加了土壤利用难度和成本。采-排-复一体化技术更加注重土地复垦的时效性，优化组织露天矿的剥离、采矿、排土作业，尽可能地为生态修复创造空间、时间和物质条件，达到空间上部分区域进行开采，另一部分进行生态修复，时间上开采与修复同时进行的目的，缩小露天矿开采活动对矿区生态的影响范围和持续时间。

2.4.1 露天矿采-排-复一体化工艺优选

根据矿产资源的赋存条件，将采-排-复一体化技术分为条带开采-内排-复垦一体化技术（图2-35）和分期开采-外排-复垦一体化技术（图2-36）两大类。

结合研究实际情况，本书建立的采-排-复一体化工艺适应度评价模型最终确定了赋存条件、开采参数、物料特性、运输排弃条件和气候影响等5个方面，以及这5个方面的14个具体指标。因为露天矿的表土剥离、岩石剥离工艺和采矿工艺很可能分别采用不同的工艺，而三者对露天矿土地复垦的影响并不相同，整个工艺评价体系是由三部分组成的：露天矿表土剥离工艺适应度、露天矿岩石剥离工艺适应度和露天矿采矿工艺适应度。

2.4.2 典型露天开采工艺适应度评价模型

露天矿开采工艺适应度评价指标体系是反映开采工艺系统对特定的矿山条件、地质条件、生产特性等方面适应性的因素。该指标体系设计的科学性、完备性决定着开采工艺初选方案评价结果的科学性、合理性，以满足实践需要。

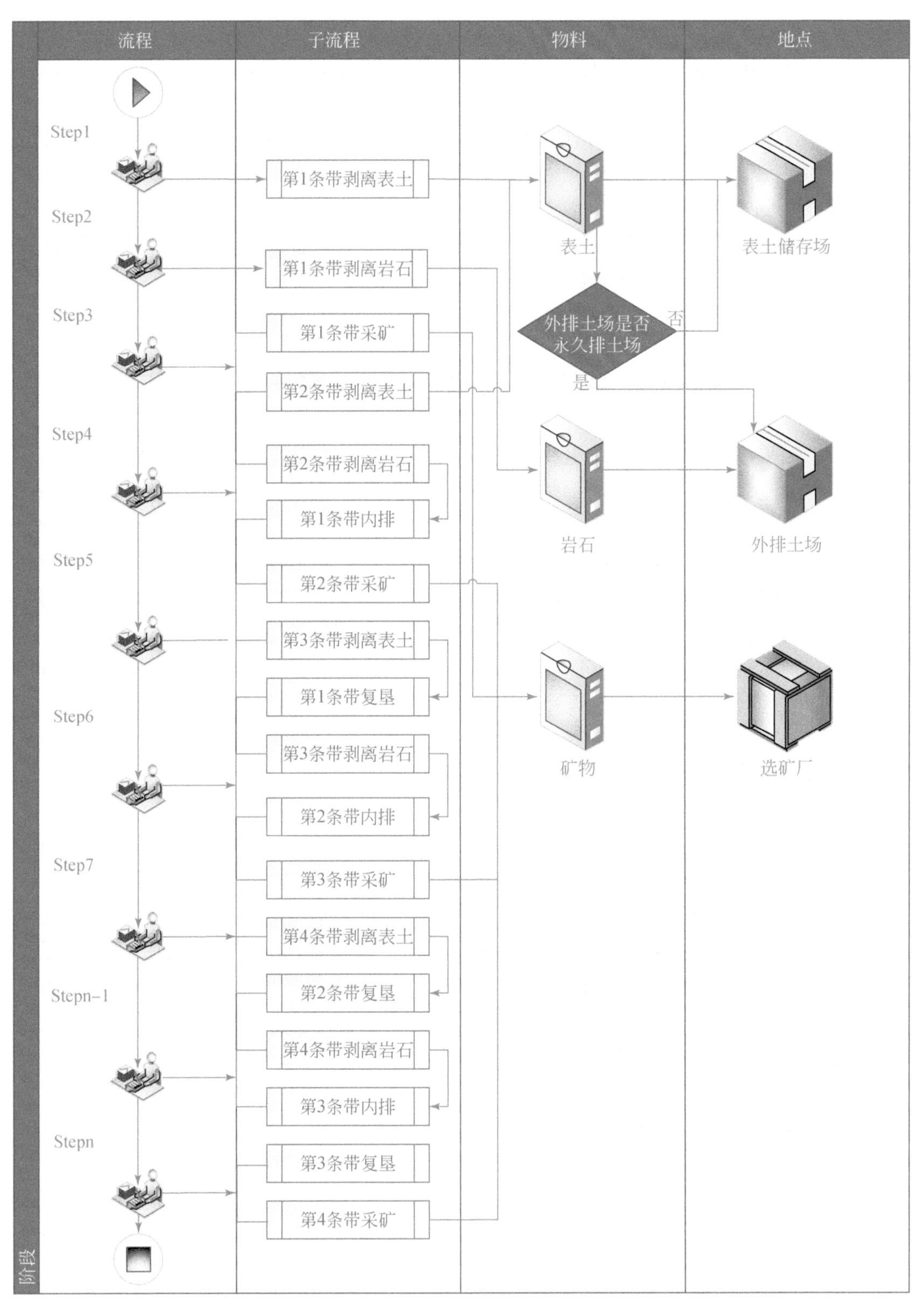

图 2-35　条带开采–内排–复垦一体化技术流程图

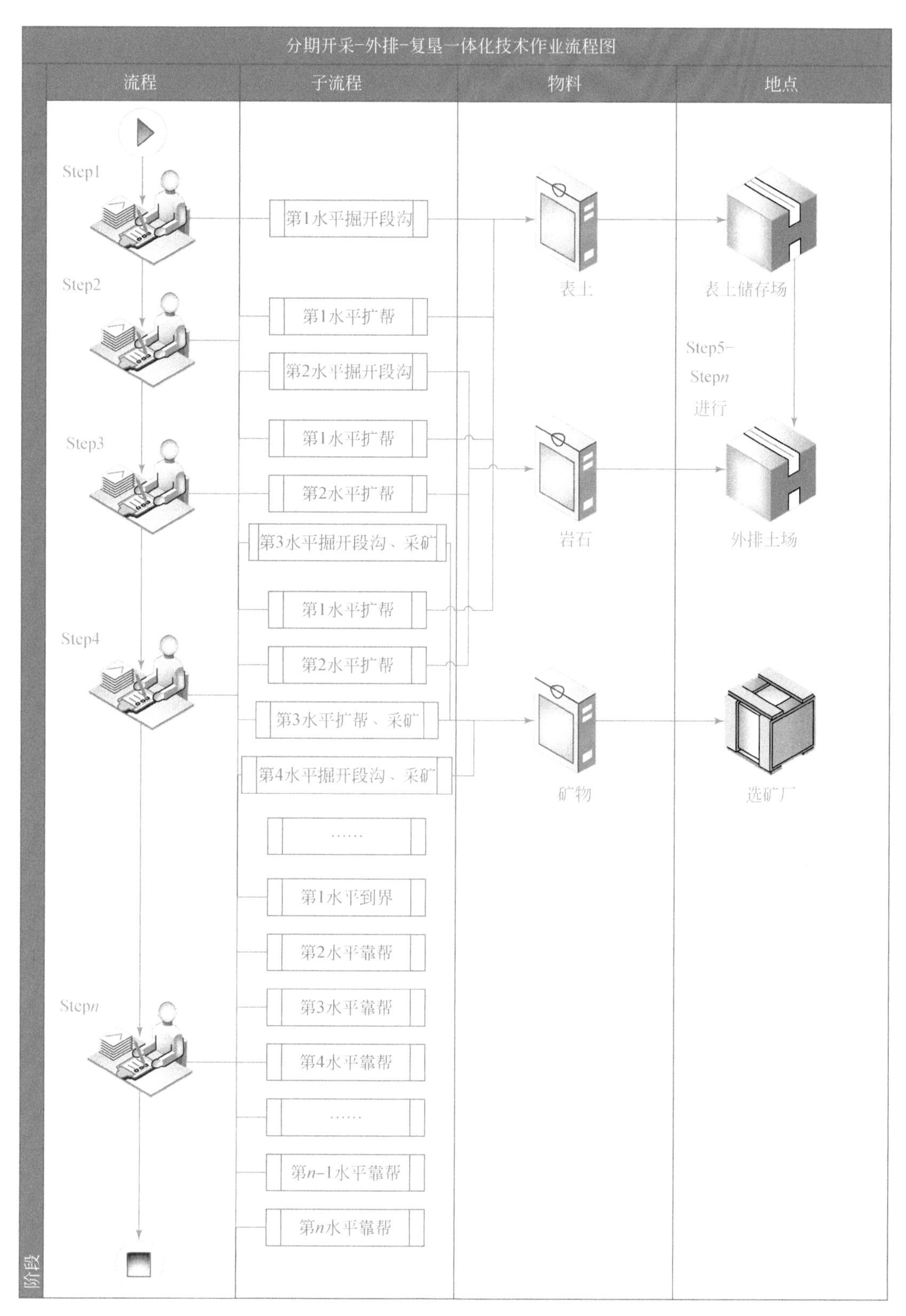

图 2-36　分期开采-外排-复垦一体化技术流程图

2.4.2.1　评价指标体系

开采工艺适应性评价指标体系包括三层：目标层、主指标层和子指标层。目标层是指特定工艺适应性的单一评价指标，是由主指标和子指标层计算所得，是对某种工艺在特定露天矿特定功能区域的适应性的量化指标。主指标层是由影响工艺系统适应性的基本因素构成，是实现工艺系统适应性评价所涉及的基本环节；子指标层是由影响主指标的更为具体的因素构成。

确定科学合理的评价指标对提高评价模型的可信度具有十分重要的意义，通过资料查阅，并结合露天矿开采工艺选择的效果影响以及各种开采工艺的适用条件，最终确定了开采参数、界面特征、物料性质、赋存状态、运排条件和气候条件 6 个方面的 18 个具体评价指标（表土和岩石剥离的评价指标体系如图 2-37 所示）。选取的这 18 个指标的绝对参数是比较容易获取的，同时对开采工艺适应条件的描述是比较全面的，对可能选择的开采工艺具有较好的区分度。

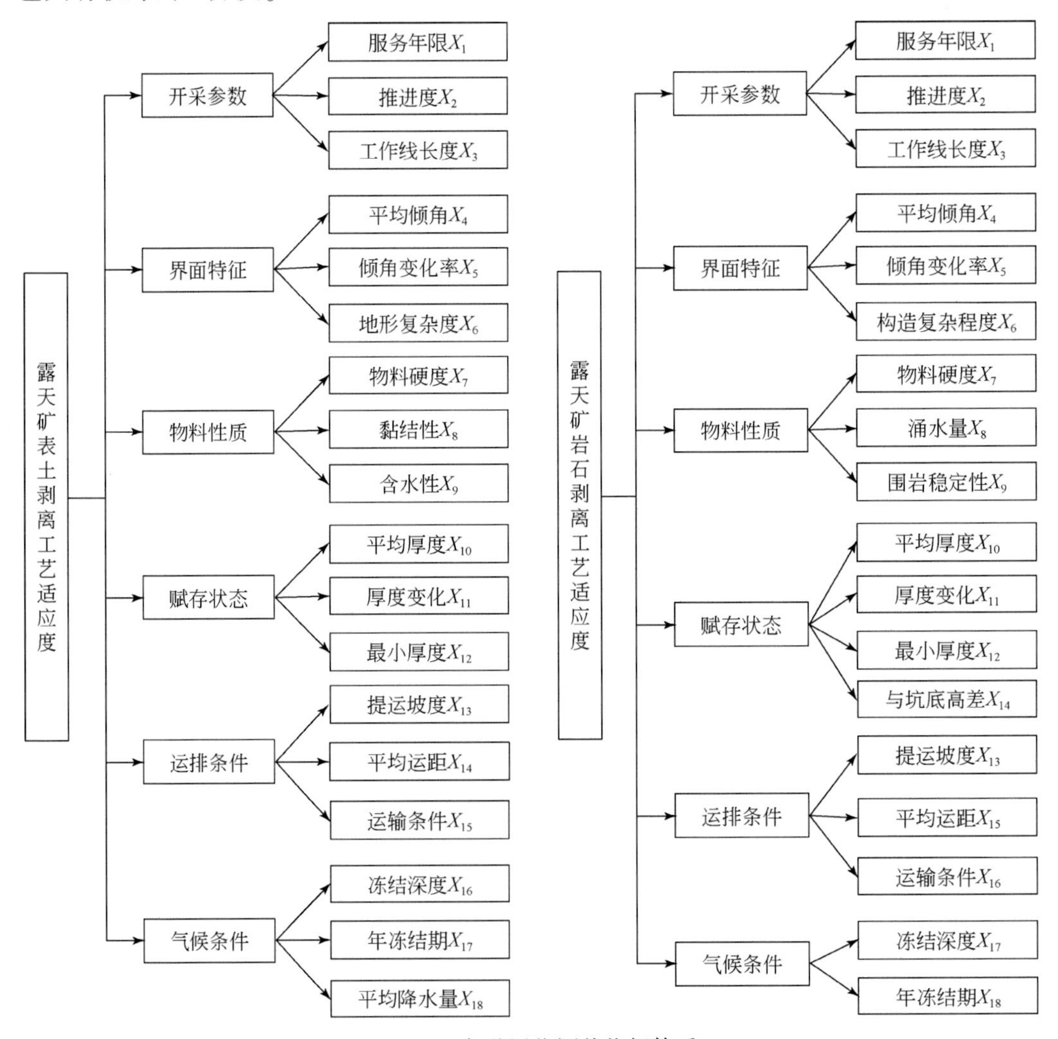

图 2-37　各种层位评价指标体系

2.4.2.2　指标权重确定方法

每个分类指标在分类过程中的作用大小，即评价指标的重要性用指标的权重系数 k_1，k_2，k_3，…，k_m 表示，用向量表示分类指标的权重系数为

$\boldsymbol{K}=\{k_1,\ k_2,\ \cdots,\ k_j,\ \cdots,\ k_m\}$，且满足：

$$\sum_{j=1}^{m} k_j = 1 \tag{2-36}$$

由于影响工艺适应度评价的指标较多，采用常用的专家打分法很难准确地确定每个分类指标的权重系数。因此，采用以下的处理方法：

（1）对每个评价指标 X_i 的重要程度进行确定，主要以评价指标对露天开采工艺选择的影响程度来确定。

（2）对所有的 m 个评价指标进行分组，按评价指标的重要程度将其分成 F 组，分在同一组的评价指标被认为具有相同的权重系数。为了便于统计和计算，将评价指标分成 $F=3$ 组，用向量表示各组为

$\boldsymbol{X}=\{\boldsymbol{X}_1,\ \boldsymbol{X}_2,\ \boldsymbol{X}_3\}=\{$主要因素组，次要因素组，一般因素组$\}$

$$\begin{aligned}\boldsymbol{X}_1&=\{x_{j_1},x_{j_2},\cdots,x_{j_M}\}\\ \boldsymbol{X}_2&=\{x_{j_{M+1}},x_{j_{M+2}},\cdots,x_{j_{M+N}}\}\\ \boldsymbol{X}_3&=\{x_{j_{M+N+1}},x_{j_{M+N+2}},\cdots,x_{j_m}\}\end{aligned} \tag{2-37}$$

（3）分组原则

①对各种开采工艺适用条件中，能够明确鉴别“可行的”或“不可行的”因素作为工艺适应度评价的主要因素，划分为主要因素组 $\boldsymbol{X}_1$；

②对各种开采工艺适用条件中，提到的有影响但又不是决定性的因素，划分为次要因素组 $\boldsymbol{X}_2$；

③其余因素划分为一般因素组 $\boldsymbol{X}_3$。

（4）分组方案的确定方法

采用多个专家对每个层位的评价指标进行分组，然后，对每个层位每个指标的分组情况进行统计，对第 i 个评价指标，统计将其划分为主要因素组的专家人数为 I_i，将其划分为次要因素组的专家人数为 II_j，将其划分为一般因素组的专家人数为 III_j。

若 $\mathrm{I}_i\neq\mathrm{II}_j\neq\mathrm{III}_i$，则将第 i 个分类指标划分为 Max $\{\mathrm{I}_i,\ \mathrm{II}_i,\ \mathrm{III}_i\}$ 值所在的组；

若 $\mathrm{I}_i=\mathrm{II}_i=\mathrm{III}_i$，则将第 i 个分类指标划分为次要因素组；

若 $\mathrm{I}_i=\mathrm{II}_i>\mathrm{III}_i$，则将第 i 个分类指标划分为主要因素组；

若 $\mathrm{II}_i=\mathrm{III}_i>\mathrm{I}_i$，则将第 i 个分类指标划分为次要因素组；

若 $\mathrm{I}_i=\mathrm{III}_i>\mathrm{II}_i$，则将第 i 个分类指标划分为次要因素组。

依据上述分组原则和露天各种开采工艺的适用条件，将确定的评价指标进行分组。以表土剥离工艺优选为例，其指标分组方案为

主要因素组：
$$\boldsymbol{X}_1=\{x_3,x_5,x_6,x_7,x_8\}_5 \tag{2-38}$$

次要因素组：
$$\boldsymbol{X}_2=\{x_1,x_2,x_4,x_9,x_{10},x_{11},x_{12},x_{14},x_{15}\}_9 \tag{2-39}$$

一般因素组：
$$\boldsymbol{X}_2=\{x_{13},x_{16},x_{17},x_{18}\}_4 \tag{2-40}$$

确定各组分类指标的权重系数为

$$\boldsymbol{K}_1=\{k_3,k_5,k_6,k_7,k_8\}=\{\lambda_1,\lambda_1,\cdots,\lambda_1\}_5$$
$$\boldsymbol{K}_2=\{k_1,k_2,k_4,k_9,k_{10},k_{11},k_{12},k_{14},k_{15}\}=\{\lambda_2,\lambda_2,\cdots,\lambda_2\}_9$$
$$\boldsymbol{K}_3=\{k_{13},k_{16},k_{17},k_{18}\}=\{\lambda_3,\lambda_3,\cdots,\lambda_3\}_4 \tag{2-41}$$

且满足：

$$\begin{cases}\lambda_1>\lambda_2>\lambda_3\\ 5\lambda_1+9\lambda_2+4\lambda_3=1\end{cases} \tag{2-42}$$

令 3 组权重系数关系为：$\lambda_1:\lambda_2:\lambda_3=3:2:1$，则有：$\lambda_2=2\lambda_3$，$\lambda_1=3\lambda_3$。

$$3M\cdot\lambda_3+2N\cdot\lambda_3+(m-M-N)\lambda_3=1 \tag{2-43}$$

整理得

$$\lambda_3=\frac{1}{3M+2N+(m-M-N)}=\frac{1}{37} \tag{2-44}$$

$$\lambda_1=\frac{3}{37},\lambda_2=\frac{2}{37} \tag{2-45}$$

即可得出：

$$K_B=\left\{\frac{2}{37},\frac{2}{37},\frac{3}{37},\frac{2}{37},\frac{3}{37},\frac{3}{37},\frac{3}{37},\frac{3}{37},\frac{2}{37},\frac{2}{37},\frac{2}{37},\frac{2}{37},\frac{1}{37},\frac{2}{37},\frac{2}{37},\frac{1}{37},\frac{1}{37},\frac{1}{37}\right\} \tag{2-46}$$

2.4.2.3　指标隶属度

不同工艺对矿山的某一项指标的适应程度不同，结合国内露天矿生产实践和相关专家的经验，对上述建立的指标体系分别对各个特征层位各项指标对不同工艺的适应性进行了分级打分，按照适应程度分别对其给出 1、2、3、4 的等级分数作为相应指标对应各种工艺的隶属度。同样以表土开采工艺为例，其评价指标分级情况见表 2-3。

表 2-3　表土剥离工艺评价指标分级

一级指标	二级指标	单斗卡车	液压铲	前装机	轮斗铲
服务年限	<10 年	2	3	4	1
	10～20 年	4	3	3	3
	20～30 年	4	2	2	4
	>30 年	4	2	2	4
推进度	<100m	4	4	4	4
	100～200m	4	3	3	3
	200～300m	4	2	2	2
	>300m	4	1	1	1
工作线	<800m	4	4	4	1
	800～1500m	3	3	3	2
	1500～2000m	2	2	2	3
	>2000m	1	1	1	4

续表

一级指标	二级指标	单斗卡车	液压铲	前装机	轮斗铲
平均倾角	<5°	4	4	4	4
	5° ~ 10°	4	4	4	3
	10° ~ 45°	2	3	2	0
	>45°	2	2	2	0
倾角变化率	很小	4	4	4	4
	小	4	4	4	3
	大	2	3	3	2
	很大	1	2	2	1
地形复杂度	简单	4	4	4	4
	较简单	4	4	4	3
	较复杂	3	4	3	2
	极复杂	2	3	2	0
物料硬度	0 ~ 3	4	4	4	4
	3 ~ 6	3	3	2	0
	6 ~ 10	2	2	1	0
	10 ~ ∞	1	1	0	0
黏结性	黏土	2	1	1	0
	亚黏土	3	2	2	0
	轻亚黏土	4	3	3	2
	粉土	4	4	4	4
含水性	<5%	3	3	3	4
	5% ~ 10%	4	4	4	3
	10% ~ 20%	3	2	2	1
	>20%	1	1	1	0
平均厚度	0 ~ 10m	2	3	4	0
	10 ~ 30m	3	3	3	2
	30 ~ 50m	3	2	2	3
	>50m	4	1	1	4
厚度变化	很小	3	3	3	4
	小	3	3	3	3
	大	2	3	3	2
	很大	1	3	3	0

续表

一级指标	二级指标	单斗卡车	液压铲	前装机	轮斗铲
最小厚度	0 ~ 5m	1	3	4	0
	5 ~ 10m	2	4	3	1
	10 ~ 15m	3	4	2	2
	>15m	4	3	1	4
开采深度	0 ~ 50	3	3	3	4
	50 ~ 150	2	2	2	4
	150 ~ 250	1	1	1	3
	>250	0	0	0	2
平均运距	0 ~ 3km	4	4	4	1
	3 ~ 5km	3	3	3	2
	5 ~ 8km	1	1	1	3
	>8km	0	0	0	4
系统可靠性	单一	2	2	2	2
	一次干扰	2	2	2	2
	二次干扰	2	2	2	2
	多次干扰	2	2	2	2
冻结深度	0 ~ 1m	4	4	4	3
	1 ~ 2m	3	3	3	2
	2 ~ 3m	2	2	2	1
	3 ~ ∞	1	1	1	0
年冻结期	0 ~ 90 天	4	4	4	3
	90 ~ 180	3	3	3	2
	180 ~ 270	2	2	2	1
	>270	1	1	1	0
平均降水量	0 ~ 200	3	3	3	4
	200 ~ 600	2	2	2	3
	600 ~ 1000	1	1	1	2
	1000 ~ ∞	1	1	1	0

2.4.3　综合工艺适应度评价模型

由于可供选择的采煤工艺种类和夹层剥离的完全相同，各采煤工艺评价指标的权重参照夹层剥离工艺评价指标权重确定。在露天矿工艺评价时，应该首先将该矿的基本设计参数、地质赋存条件、气候条件等按照评价指标分级表中的标准进行归类处理，从而得到该矿的各评价指标的比较判断矩阵，用得到的判断矩阵与对功能区的权重矩阵进行乘积运算，从而得出各功能区各种工艺的适应度参数 R_{Bi}、R_{Ci}、R_{Di}、R_{Ei}。计算公式如下：

$$R_{Bi} = \sum_{j=1}^{18} \mu_{Bi}(x_j) \cdot k_j \tag{2-47}$$

$$R_{Ci} = \sum_{j=1}^{18} \mu_{Ci}(x_j) \cdot k_j \tag{2-48}$$

$$R_{Di} = \sum_{j=1}^{17} \mu_{Di}(x_j) \cdot k_j \tag{2-49}$$

$$R_{Ei} = \sum_{j=1}^{17} \mu_{Ei}(x_j) \cdot k_j \tag{2-50}$$

一般的开采工艺评价模型，会将各个功能区的适应度参数最大的工艺组合起来，从而得出某矿适应度最高的综合开采工艺方案。但是实际上，在露天矿的实际生产过程中，不同功能区选用不同的开采工艺形成的综合工艺方案内部会出现相互影响的现象，从而导致单独适应度最高的开采工艺组成的综合工艺方案，对于整个露天矿来说并不是最适应的。根据才庆祥教授和王喜富教授等学者关于露天矿综合开采工艺可靠性研究成果（Wang et al.，1997；王喜富等，1998），按照各种工艺固有的限制性程度对开采工艺进行可靠度排序，从组合方式分析，以受限程度小（可靠度大）的工艺位于立面组合式上部为优，即将可靠度小的工艺系统宜布置在立面下部。将每一种得到的综合工艺方案从上到下排序，参照这一可靠度排序，通过计算机排序运算得出每种工艺与设定排序的差序数，依此来评价该工艺对综合工艺可靠度指标的负贡献，通过修正可靠度指标进行二次适应度计算，从而得出更加合理的综合工艺方案适应度。

在综合工艺系统中，不同开采工艺系统间无严格的联系，其影响在于：

（1）矿山工程发展上的制约。由于各工艺系统作业可靠性的差异，各系统的矿山工程发展强度（台阶推进度）亦属随机变量，当储备不足时，会导致不同系统间作业影响甚至停顿。

（2）开拓运输布置上的制约。综合工艺内的各工艺系统，多数情况下各具独立的开拓运输系统。在有限的露天矿边帮上铺设的各开拓运输系统间存在时空上的制约。

受限系统见于近水平、缓斜矿床的立面组合与混合式开采工艺。此时上述几方面的制约并存。轻受限系统见于倾斜、急倾斜矿床的平面组合式工艺以及按开采深度上、下部分别采用不同开采工艺的立面组合式工艺。轻受限系统中，较多表现在开拓运输系统布置及矿山工程管理上的制约，且其影响程度亦轻于前者。非受限系统多见于位于同一采场不同区段的平面组合式工艺，此时不同开采工艺间无制约或制约较小。在立面组合式受限系统中，其受限程度又依组成综合工艺的单一式工艺的类型及组合方式而异。

从工艺类型分析，主要单一工艺按其受限程度可排列如下：单斗铲-卡车，单斗铲-卡车-破碎-输送机工艺，轮斗铲-输送机连续开采工艺，倒堆开采工艺，单斗铲-自移式破碎机-输送机工艺，露天采矿机-输送机开采工艺等。从组合方式分析，以受限程度小（可靠度大）的工艺位于立面组合式上部为优，即可靠度小的工艺系统宜布置在立面下部，详见表 2-4。

表 2-4　可靠性排序

可靠性排序	工艺类型	重新命名
1	B1，B2，B3，C1，C2，C3，D1，D2，E1，E2	B11，B12，B13，C11，C12，C13，D11，D12，E11，E12
2	C7，D7，E7，E8	C27，D27，E27，E28
3	B4	B34
4	C4，C5	C44，C45
5	C3，D4，E3，E4	C53，D54，E53，E54
6	C6，D6，E6	C66，D66，E66
7	D5，E5	D75，E75

将上节计算所得的每一层位适应度最高的前两种工艺进行层与层间的全组合，得到 $2n$ 种综合工艺方案向量 $\{B_i, C_j, D_v, E_w\}$，然后对照表 2-4 中每种工艺的可靠性，得出每个方案对应的可靠性排序向量 $\{b_i, c_j, d_v, e_w\}$，通过对每个方案的可靠性分级排序向量分析，得出每种单一工艺在可靠性评价指标的降级数。操作程序见图 2-38。

设综合工艺方案共由 u 个单一工艺组成，则定义组合方案的可靠性排序向量为 $\boldsymbol{A}=(a_1, a_2, \cdots a_u)$，建立综合工艺层位组合可靠性冲突判断函数：

$$x(k,m)=\begin{cases}0, a_k \leqslant a_m \\ 1, a_k > a_m\end{cases} \tag{2-51}$$

令 $y(k)=\sum x(k, m)$，其中 $k=1, 2, \cdots, u-1$。

$$Y=\{y_1, y_2, \cdots y_k, \cdots y_{u-1}\} \tag{2-52}$$

采用计算所得可靠性逆序数作为工艺的可靠性折减系数，对各单一工艺的适应度进行修正运算。通过三维地质建模软件计算各种工艺的年开采量占总量的百分比，将产量百分比作为工艺权重，综合计算各组合工艺方案的综合适应度。

$$Z=\frac{\sum_{i=1}^{u}[R_i - y(i) \times k_{16}]q_i}{\sum_{i=1}^{u} q_i} \tag{2-53}$$

式中，Z 为组合工艺方案的综合适应度；R_i 为工艺组合中单一工艺 i 的适应度；$y(i)$ 为工艺 i 的可靠性折减系数；k_{16} 为工艺评价指标体系中可靠性指标权重；q_i 为工艺 i 开采工艺占全矿比重，按年总开采量百分比计算。

2.4.4　综合开采工艺系统间协调配合

当采场内多个单一开采工艺组成综合开采工艺时，其可靠度受制于以下两方面因素：一是各单一工艺自身的可靠度，国内外学者已经开展了大量研究；二是组成综合工艺系统的不同工艺间的联系与配合，下面以完成露天矿生产任务为目标，重点从多开采工艺的协同配合入手研究提高系统总可靠性的措施。

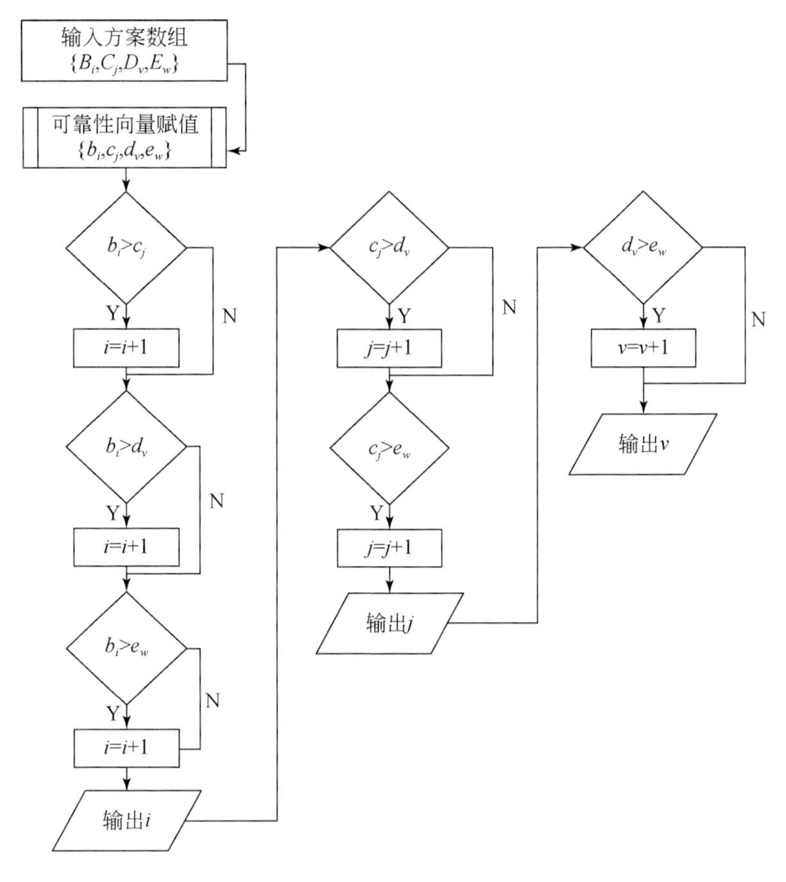

图 2-38　综合工艺方案可靠度级差计算程序图

(1) 在不影响综合工艺总效益的前提下，应力求不同工艺系统的合理组合。即将受限制程度小（可靠度大）的工艺置于立面上部，而将可靠度小的工艺尽量布置在立面的下部。各单一工艺在平面上尽量实行错开布置，从而减少相互影响。

(2) 合理设置可采储量及富余采宽，减轻各个矿山工程间的制约。为保证总系统可取度及控制超前剥离量，富余采宽应按各不同部位的重要度进行分配，既保证单系统可靠度最优，又使超前剥离量最小。

$$R_s \to \max \tag{2-54}$$

$$V = AHL \to \min \tag{2-55}$$

式中，R_s 为综合开采工艺总系统可靠度；V 为超前剥离量，m^3；A 为总富余采宽，m；H 为总开采深度，m；L 为工作线长度，m。

为达到上述目标，总富余采宽应按各部位的重要度 ω_i 进行分配，即：

$$V_1 = \omega_1 V$$

$$\cdots$$

$$V_i = \omega_i V$$

$$\cdots$$

$$V_n = \omega_n V \tag{2-56}$$

按以上求得的各部位超前剥离量，即可计算相应的富余采宽，即：

$$A_i = \frac{V_i}{L_i H} \tag{2-57}$$

式中，A_i为第 i 部位分配到的富余采宽值，如需分配到 n 个开采台阶上，则 n 个台阶的采宽总和应小于 A_i值，即：

$$a_{i1} + a_{i2} + \cdots + a_{in} \leqslant A_i \tag{2-58}$$

式中，a_{i1}、a_{i2}，…，a_{in}为各部位开采台阶分摊的富余采宽值，m；V_i为第 i 部位分摊的超前剥离量，m^3；L_i为第 i 部位开采中心处台阶的工作线长度，m；H_i为第 i 部位开采中心处台阶的开采深度，m。

发展是解决一切问题的根本途径。对于矿产资源开发造成的生态环境问题，通过开发模式、技术创新降低影响范围、强度和时间，并通过高效修复形成稳定的人工重建生态系统，是实现矿产资源开发与生态环境保护、修复相协调的关键。本章研究揭示了大型煤电基地露天开采节地增时减损机制，研发了草原区露天煤矿节地减损型开采技术、露天矿“生态窗口期”协同利用增时修复方法、露天矿生态减损型采-排-复一体化工艺，为矿区生态环境保护及修复提供技术支撑。首先，降低资源开发的土地占用强度是控制矿区生态环境影响的首要途径。研究表明，开采挖损是矿区土地利用类型改变的主要方式，酷寒区边坡软岩黏聚力、内摩擦角和抗剪强度随时间呈负指数规律递减，冻结时增大、融化时减弱、冻融循环整体加速强度衰减，作者团队研发的冻结期条带式靠帮开采-快速回填方法，使胜利露天矿端帮帮坡角由16°提高到19°，减少土地占用60 亩/a，宝日希勒露天矿端帮帮坡角由22°提高到26°，减少土地占用56 亩/a；剥离物外排造成的土地压占是造成矿区生态环境影响的另一重要方式，充分利用大型露天煤矿的开采范围建设境界内沿帮排土场，揭示排土场-采场复合边坡应力-应变演化规律，优化露天矿的采排参数保证复合边坡稳定，可减少露天矿开采全生命周期的外排土场占地；近水平露天矿实现完全内排后，可达到开采挖损与生态修复土地面积的近似平衡，地面生产系统随采剥工程的移设成为新增占地的重要来源，作者团队研发的基于采场中间搭桥的原煤破碎站布置与移设技术，可使宝日希勒露天矿地面生产系统移设造成的占地减少92 亩/a。其次，缩小采场占地面积是降低矿区生态系统疮疤和缩短矿区生态系统破坏-修复周期的关键。项目组揭示了东部草原区近水平露天矿内排土场生态修复的制约因素，明确了排土场“生态修复窗口期”的内涵和确定方法，基于生态修复核心约束条件气候因素（5—7 月），提出了开采工艺-排土场地形重塑-土壤重构-复垦优化的露天矿排土场的生态修复窗口期优化方法，优化了采-排-复规划和工艺流程，研发了草原区表土瘠薄条件下复垦用土壤的采运储用规划技术，缩短矿区生态系统修复周期（提前修复）1 年以上，胜利露天矿采场占地面积缩小1128 亩，宝日希勒露天矿缩小500 亩。最后，开采工艺系统的优化布置是完成露天矿生产的根本途径。项目组建立了典型露天开采工艺适应性评价模型，提出了适应资源开发条件的综合开采工艺系统动态匹配方法，为露天开采实现高效与精准的协调统一创造条件。

第3章　大型露天矿采区生态修复促进型基质层与土壤重构技术

露天开采后矿区局部地层发生了天翻地覆的变化，不仅增大了直接占用土地的生态修复难度，而且影响了矿区原有的地层、地下水联系，带来了长期的潜在影响，本章以开采区地层生态功能修复为目标，揭示开采破碎岩土的物理力学性质重塑规律，建立生态型地层立体重构模式，研发以矿区开采物料为基础的排土场土壤层序再造方法和表土替代材料。现有露天矿区生态修复与土地复垦主要聚焦于地表土壤、水、植物的修复，对深部地层重建的研究较少，现有研究成果集中在土壤条件的修复，如不同深度土壤性质分析、土壤性状改良技术、表土替代材料研制等方面。在矿区地层重构方面，修复地下水的运移通道，对于减少矿区周边地下水流失、降低水渗流对露天矿采场和内排土场边坡的影响、重建矿区地下水的补径排关系具有重要意义。针对露天开采重构层序与自然层序的巨大变化，研究开采破碎物料的物理力学性质重塑机理，揭示排弃物料在设备碾压和自重压实作用下的固结规律，提出原始自然地层层序与含/隔水层有效连通的地层重构方法，实现内排土场近自然地层重构和矿区原始层位含水层的有效连通，提高矿区修复地层中地下水位恢复速度。针对东部草原区剥离物，在矿区生态修复方面，通过分层剥离与回填构建适宜的土壤结构是露天矿区土地复垦工作的重要一环，但是露天开采的“挖坑造山”工程显著增大了开采区的地表面积，造成原有表土数量不足，对于东部草原区这类天然表土瘠薄地区亟须寻找合适的替代材料。针对东部草原区表土瘠薄问题和矿区开采物料特性、原生植物特点，提出了以矿区剥离物为基础近地表土壤层序重构方案，并通过土壤理化性质、修复植物生长等方面的综合比选优选重构方案和表土替代材料。

3.1　露天矿内排土场生态修复型地层重构机制

露天开采对地表环境的影响主要是土地资源的破坏，表现为露天采场的直接挖损、外排土场压占和少量工业用地的占用土地。挖损是将可采煤层的覆盖物全部剥离后进行采煤作业，造成土地的挖损，彻底改变了土壤养分的初始条件，而且增加了水土流失及养分流失的机会，若不及时采取相应的工程及生物措施，植物自然生长比较困难，由此将会引发水土流失、生态恶化等一系列问题。

3.1.1　露天开采对矿区地层的影响规律

东部草原区露天煤矿原始地层具有明显的层状结构（宝日希勒露天煤矿原生地层结构如图3-1所示），单纯以高效为目标的露天开采后剥离物混排（图3-2），给后续的生态修复带来了一定的困难。

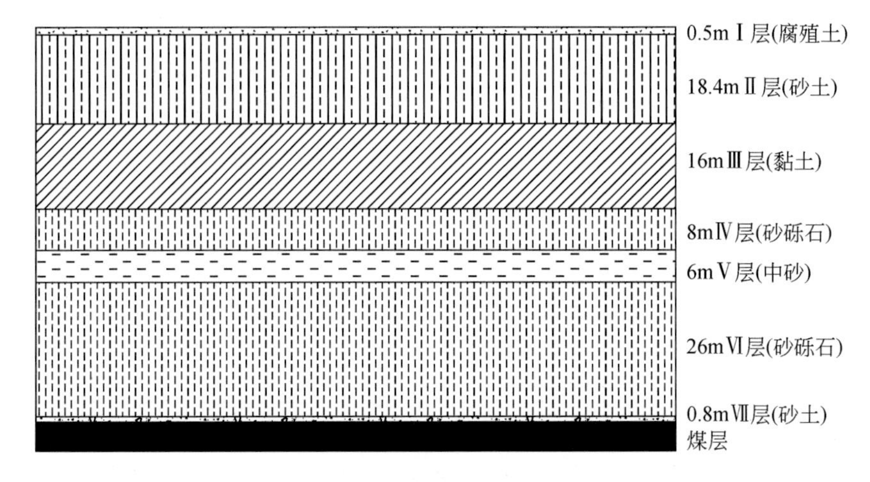

图 3-1　宝日希勒露天煤矿原生地层结构

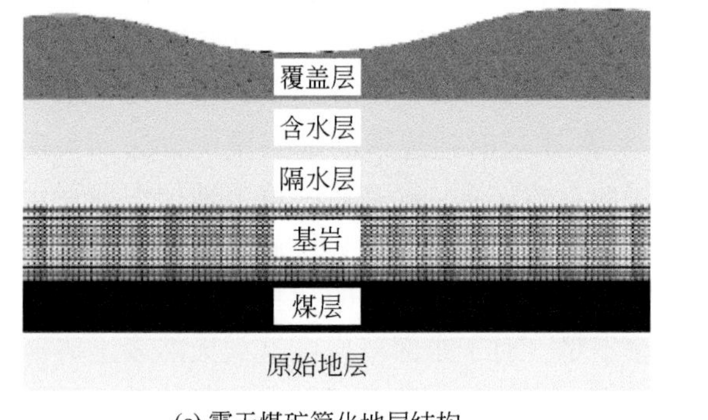

(a) 露天煤矿简化地层结构

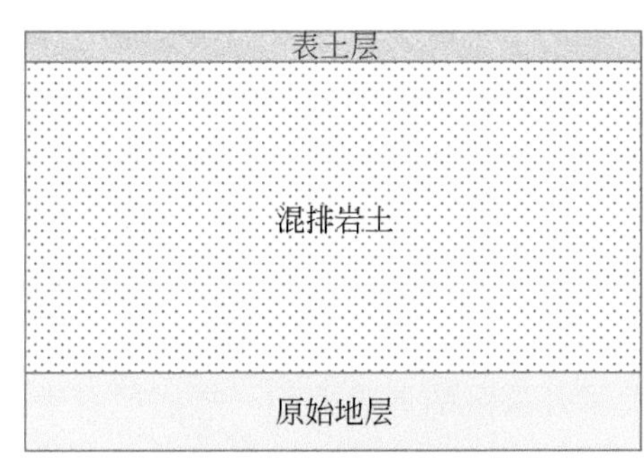

(b) 露天开采后地层结构

图 3-2　露天开采对矿区地层的影响

降雨、蒸发、入渗、径流是水资源循环的几个主要过程。露天煤矿开采前水循环处于自然状态，如图 3-3（a）所示。开采后由于矿坑疏干，产生的地表裂隙、塌陷作用使得矿区水循环系统发生变化。

1. 改变了水资源循环模式的关系

从水资源和水系统的角度分析，东部草原区地表水系以强烈的季节性水流系统为主，依据含水介质的空隙类型，地下水的补、径、排条件，含水层的富水性可将区内的含水层划分为两大含水岩组，即第四系孔隙含水岩组和孔隙含水岩组，大气降水是地表水和地下水的主要补给来源。在自然条件下，“三水”的转化关系为雨季大气降水补给河水和地下水，河水同时通过下渗补给地下水，旱季，地下水以下降泉的形式补给河水。在煤矿开采前大气降水、地表水和地下水的“三水”转化补给关系较稳定。

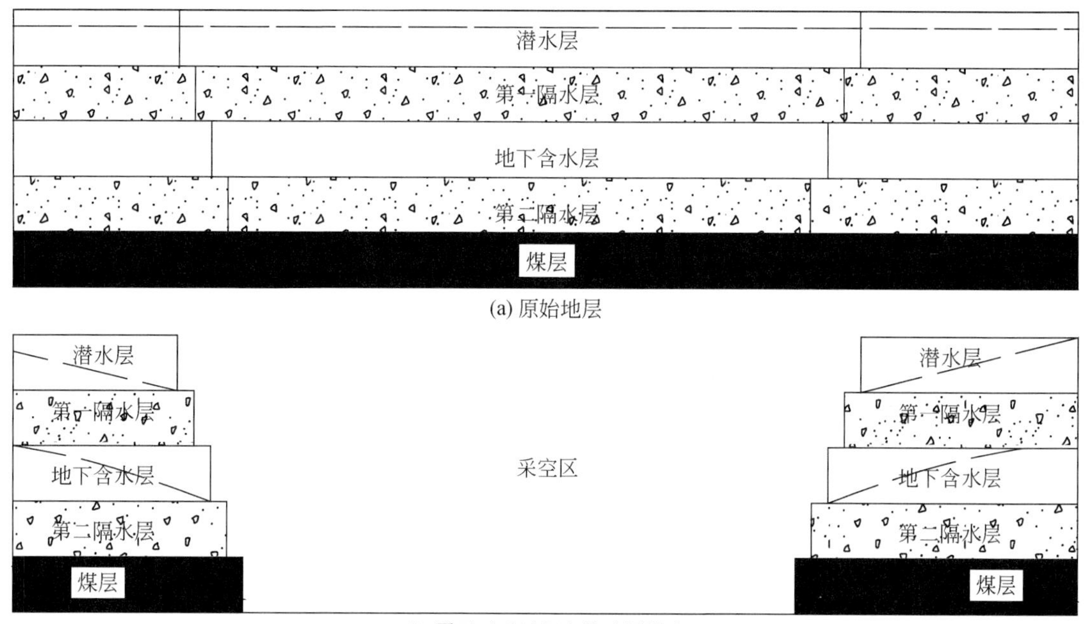

(a) 原始地层

(b) 露天开采过程中的地层缺失

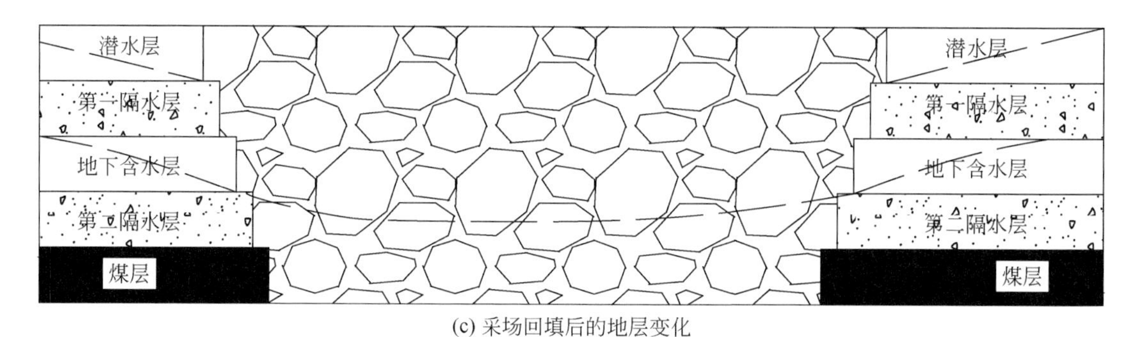

(c) 采场回填后的地层变化

图 3-3　露天开采过程对区域地层的影响示意图

采矿活动改变了自然条件下的水资源系统循环模式。由于露天开采形成的矿坑成为地下水新的排泄区，这样使地下水位形态及其动态变化规律发生改变，从而使矿区“三水”的转化关系和转化量发生改变。矿坑排水后，地表水和地下水仍然接受大气降水补给，但是地下水及地表水在局部的排泄形式发生一定改变，增加的采区成为矿坑新的排泄点，如图 3-3（b）所示。涌入矿坑的水分为两部分参与水循环：一部分矿坑排水由排水系统排到地面矿坑排水处理厂，经净化处理后复用，这部分水对水资源循环有影响；另一部分矿坑排水直排，全部排入河流参与整个水循环，这部分矿坑水对水资源循环基本没有什么影响。矿坑涌水参与了生产和生活，使得水资源循环有了人为活动的影响。

2. 改变了水资源循环速度的大小

露天开采前受地下水储量的调节，地下水埋藏较浅且以水平向运动为主，运动速度较慢，从补给到排泄时间较长，从而有利于蒸发。露天开采后地下水因不断被疏降而使水位降低，漏斗范围越来越大，浸润线下降越来越快，地下水埋深越来越深，运动速度加快且运动方向由天然状态下的水平向运动为主逐步改变为垂向运动为主，特别是受地表裂隙塌陷的作用，不仅地表水向地下水的转化加强，而且降雨入渗的速度也使得蒸发减少。因此，加速了降雨和地表水的入渗速度，同时减少了蒸发量。

3. 改变了水资源循环水量的比重

水资源循环中地表水和地下水的水量由于露天开采活动而发生变化，因此矿坑水的来源主要为含水层地下水侧向径流，大量的矿坑排水加速了地表水的下渗及地下水的径流速度，且排出的矿坑水部分又渗漏补给地下水，从而改变了流域内地表径流与地下水潜流的相对比重，使区域水资源循环量的比重发生了变化。

露天矿内排后，虽然地形地貌得到了一定的修复，但煤层的采出和传统排弃方式形成的排土场仍将给矿区水系恢复和生态修复造成一定的困难。

（1）煤层被采出，导致部分地层缺失，一方面使得煤系地层原具有的储水或隔水功能丧失，影响地下水储量和水力联系；另一方面物料的缺失会影响矿区地形地貌的修复（受剥采比和开采程序的影响最终表现不同）。

（2）露天矿剥采排作业后上覆岩层被松碎，自然混排难以形成有效隔水层，导致排土场成为长期的降水漏斗，如图 3-3（c）所示。

（3）开采过程中支撑植被生长的近地表土壤层序结构被破坏，简单覆表土（东部草原区原生表土瘠薄）影响生态修复效果。

3.1.2　露天矿内排土场地层立体重构机制

由于露天煤矿开发规模和开采空间较大，对矿区的大气、土壤、水资源等生态环境有较大的负面影响，但这种影响并不是持续增大的，而是随着露天开采生产作业方式和土地复垦工作的推进而趋于稳定并逐渐呈现下降趋势，当排土作业实现完全内排后，采矿工程对区域生态环境的负面影响将趋于稳定；全面实现“采-排-复一体化生产方式”后，采矿工程对区域生态环境的影响将呈现下降趋势。生产方式对区域生态环境影响的经验曲线如图 3-4 所示。

为了提高矿区生态修复效果，作者团队提出了含水层-近地表储水层-近自然坡面-近自然地貌的排弃地层剖面原态重构模式，如图 3-5 所示。为了在排土场内重建隔水层-含水层结构，作者团队研发了基于露天开采剥离物的隔水层再造技术和含水层物料性质保持技术，实现排土场含水层长期稳定和地下水力联系修复。一方面，以破碎的泥岩等矿山剥离物为骨料、粉煤灰等矿区周边固废为添加料、地聚合物为改良剂，压实后材料渗透率可满足隔水层构建要求；另一方面，采用卡车在台阶边缘翻卸露天矿砂砾岩类物料构建排土场弱含水层，周边含水层对应排弃台阶中下部以避免设备碾压对物料孔隙率的影响。

岩土入渗能力主要受岩土机械组成、水稳性团聚体含量、岩土容重、有机质含量及岩土初始含水量等的影响。岩土容重受土粒密度和孔隙两方面的影响，但主要是受孔隙的影响，所以岩土容重本质上是岩土紧实程度及气相比例的间接反映。岩土水分的入渗本质是水分在土体里流动而不断渗入的过程，其速率主要受水流通道-岩土孔隙的影响，其他影响岩土入渗的因素大多是通过改变孔隙状况而产生作用的。但是对土壤中水分运移影响最

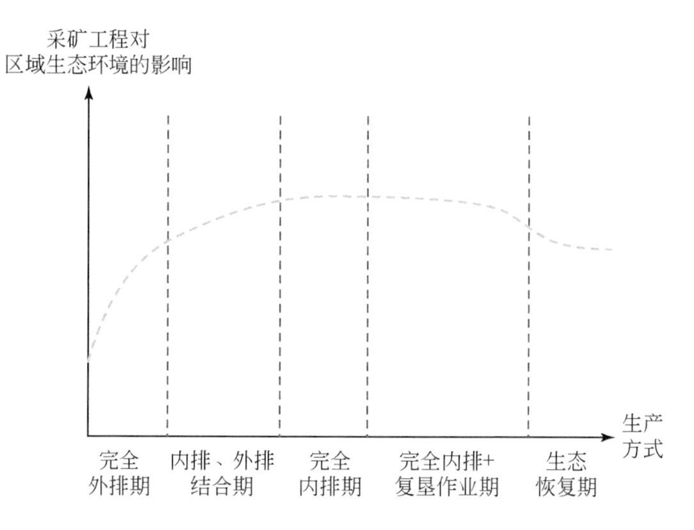

图3-4　生产方式对区域生态环境影响的经验曲线

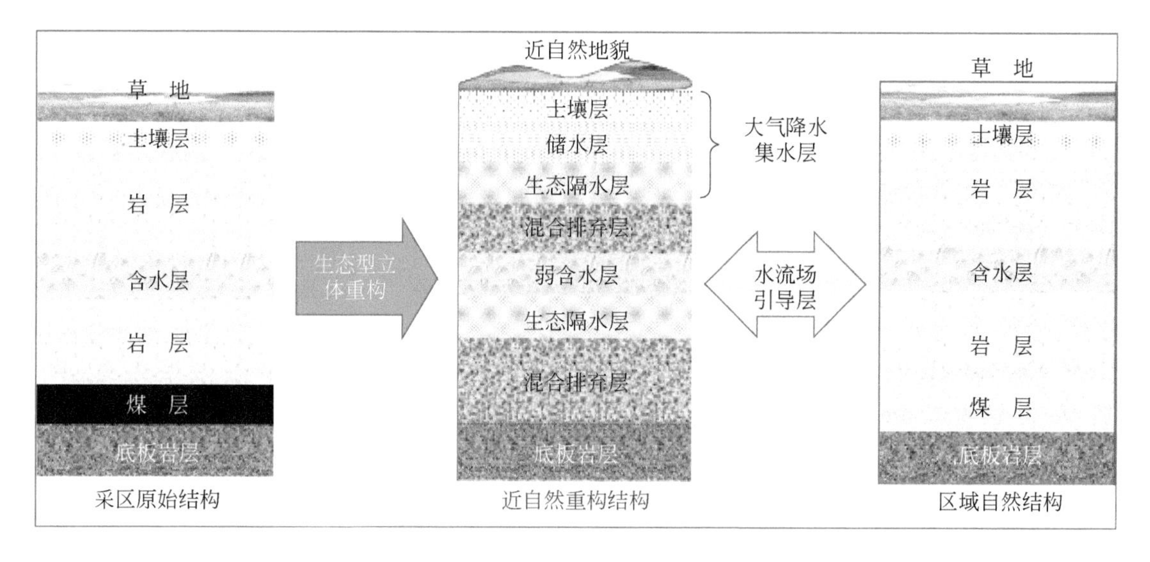

图3-5　露天开采后近自然地层重构示意图

大的不是孔隙度，而是孔隙的大小，尤其是孔隙通道中最细小的部分。

由图3-6和图3-7可以看到，随着压制试样时所加荷载的增大，试样的应变随之增加，而渗透系数则随之降低，荷载增加到400kPa后，数据逐渐趋于平缓，说明荷载影响对试样影响逐渐减小。

根据PFC软件模拟砂土压实过程中对孔隙影响的变化规律，可以印证到黏土颗粒的孔隙变化随固结压实压力变化的关系中。当固结压力较小时，黏土试样内部较为松散，有很多较大的孔隙，且这些孔隙很多都相互连接，此时水分会顺着连接的孔隙很快下渗，所以此时渗透系数较大；随着固结压力开始增大，土壤内部孔隙的数量开始减少，大孔隙管径也逐渐变细，这时由于小孔隙减少得并不多，根据水流连续性原理，孔隙渗透能力主要取

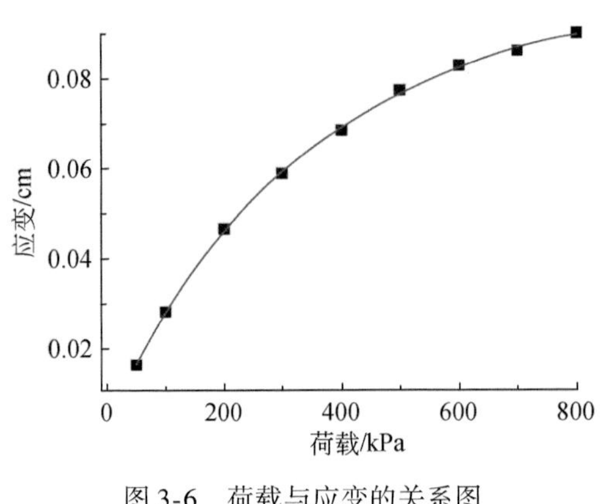

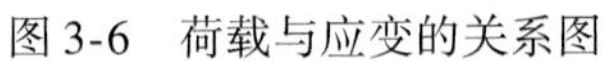
图 3-6　荷载与应变的关系图

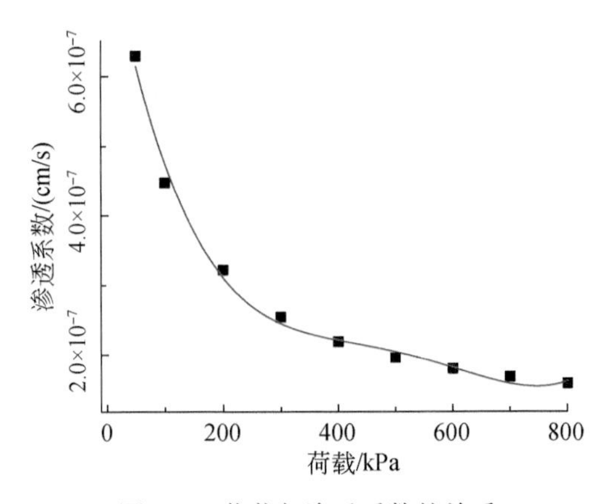

图 3-7　荷载与渗透系数的关系

决于沿程最小管径，所以渗透系数下降得并不是很快。随着固结压力越来越大，黏土颗粒之间越来越紧密，大孔隙逐渐变为小孔隙，很多小孔隙变为盲孔，渗透系数开始快速下降。在某一固结压力后，黏土颗粒间的孔隙变化不再明显，开始转变为颗粒排列方式的改变，于是渗透系数下降的速度开始变缓。即便颗粒间的孔隙一直存在，受黏土颗粒表面电荷影响，水分下渗速度依然变得非常缓慢。

重构各地层的实际位置与当年的采排关系有关，即不同年份的露天矿排土场最上台阶高程由于采排关系不同也不尽相同。为保证地层重构效果，应使各重构地层层位在平面上具有连续性。一方面，应当尽量编制露天矿长远规划，以实现排土场整体排弃效果达到仿自然地貌的目标；另一方面，在内排土场与端帮、非工作帮自然地层之间有良好的过渡，不同年份之间的内排土场也应保证连续性良好。含水层过渡见图 3-8。

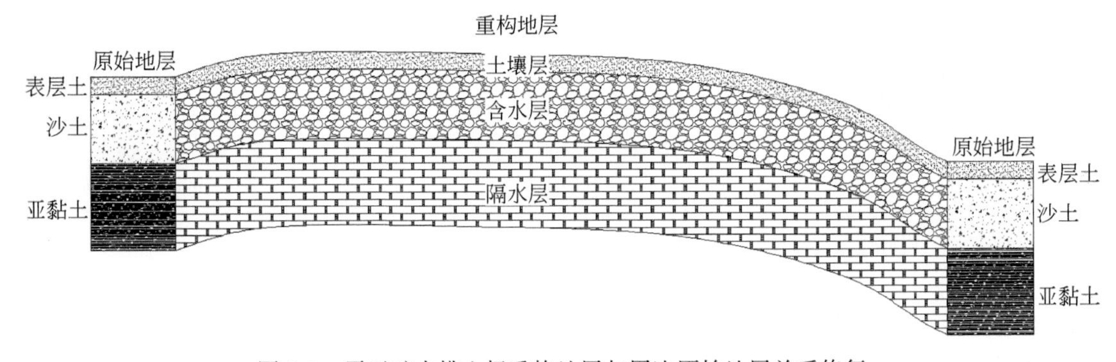

图 3-8　露天矿内排土场重构地层与周边原始地层关系修复

3.1.3　排土场土壤结构重建的生态修复促进机制

露天矿的开发伴随着大量的上覆岩层的剥离，致使原始地层和土壤结构被破坏，这些岩土经剥离后无序堆存形成排土场，使得排土场内部存在很多孔隙甚至裂隙，水分入渗时会沿优先流路径快速下渗，极少留存在土壤内，故在进行排土场土壤复垦时因其持水能力通常较自然土壤差，难以达到预期的复垦效果。而土壤中的有效水分对于干旱、半干旱地区的植被恢复至关重要。

研究表明，构造具有层状剖面结构的土层可以提高土壤的持水能力，持水能力通常与构造土层层序的土壤性质有关（图 3-9 所示），同时露天煤矿开采过程发现东部草原第四系松散层具有明显的层状结构和瘠薄的土壤层（厚度普遍小于 1m，如图 3-10 所示），难以通过简单的增大表土层厚度达到提高土壤持水能力的目的。

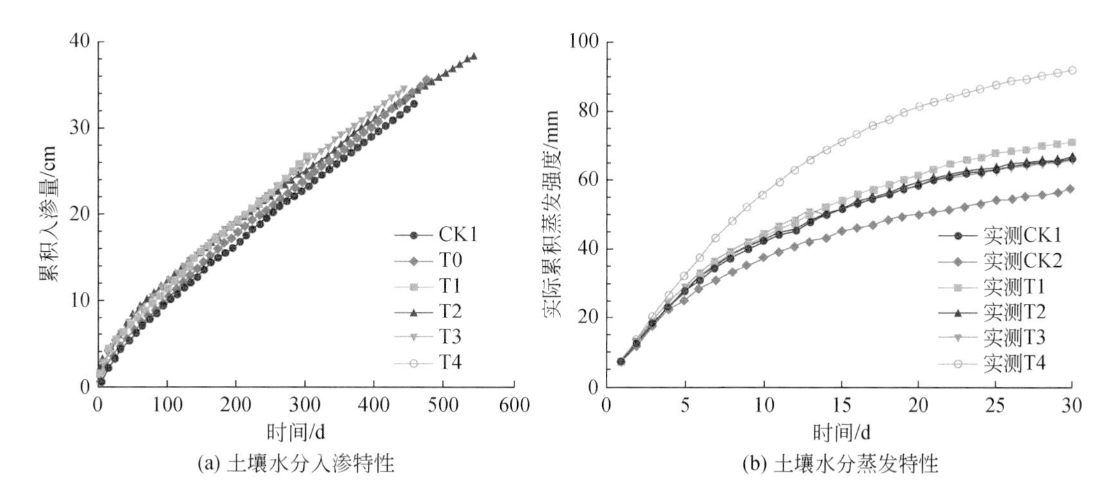

图 3-9　土壤水分的入渗与蒸发特性

图 3-10　草原土壤自然分层与表土层厚度

在农林业领域，评价耕地、林地等土壤涵养水分能力的主要指标为田间持水量。田间持水量指的是在充分降水（包括人工灌溉等）的情况下，经过一定的时间，除去在重力作用下入渗到岩土深部的水分，上部土壤能吸持住的土壤水含量，主要包括弱结合水和毛细水，是可以被植物从土壤中吸收的最高水含量。影响田间持水量的因素主要有土壤理化性质、有机质含量以及土壤剖面结构等。以锡林郭勒胜利露天煤矿为例，其近地表各层土壤的持水特性如表 3-1 所示。

表 3-1　锡林郭勒胜利露天煤矿各层土壤持水特性　　（单位：%）

土层	饱和含水量	毛管断裂水	田间持水量	有效水	凋萎系数
L1 层土壤	51.05	42.95	19.6	13.3	6.3
L2 层土壤	38.74	32.35	13.4	7.8	5.6
L3 层土壤	33.14	10.34	6.5	2.4	4.1
L4 层土壤	36.61	6.25	3.1	0.1	3.0
L5 层土壤	51.04	52.13	39.2	29.9	9.3

由此可见，各层土壤的持水特性存在显著的差异。根据草原区土壤的赋存特征和露天矿排土场生态修复的需要，确定近地表土壤层精细化重构的技术路线如图 3-11 所示。

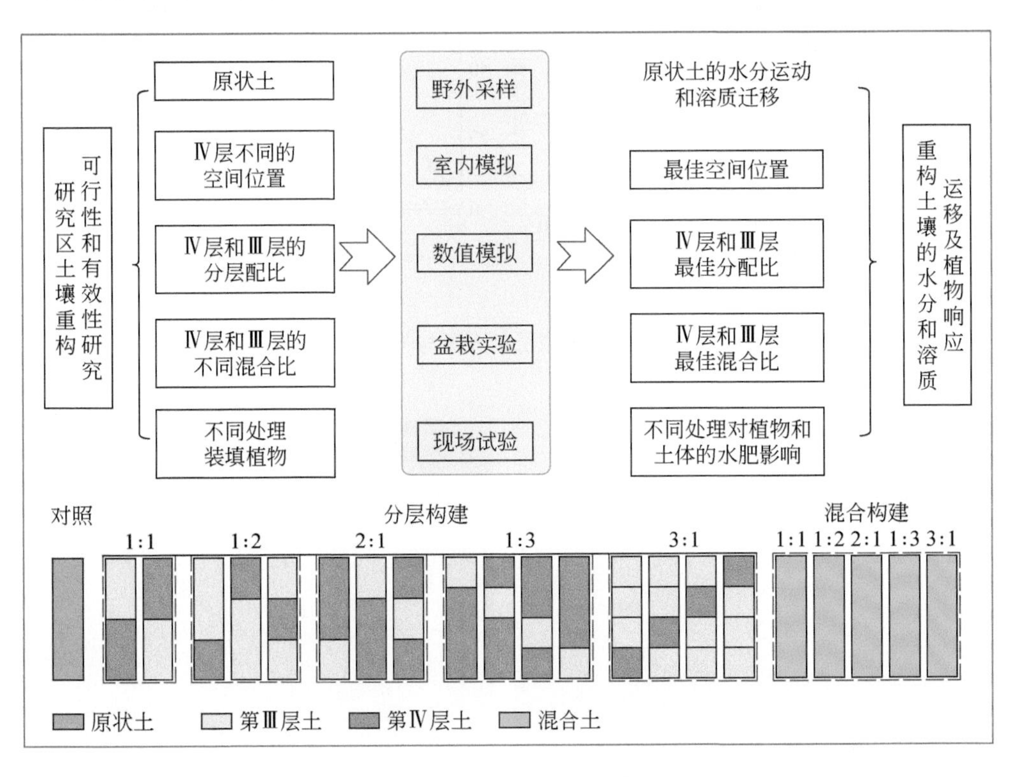

图 3-11　近地表土壤层精细化重构研究技术路线

3.2　排土场松散土石混合体重构特性

散体土石混合物在水、应力等因素作用下发生一定程度胶结作用，随时间发展与影响胶结作用因素的变化，其胶结程度不断变化，宏观表现为物理力学特性及水力学特性的变化，此过程称为土石混合体的重塑过程。载荷对于松散物料重塑强度方面的研究成果较多，熊承仁（2006）揭示了重塑非饱和黏性土含水率、干密度与基质吸力抗剪强度、变形模量等指标的函数关系，首次提出了孔隙充水结构的概念，即从毛细凝结和孔隙分布两方面来描述非饱和土重塑指标，揭示了非饱和土中基质吸力的变化规律。缪林昌（2007）研究分析了非饱和重塑膨胀土的应力体变剪缩剪胀特性和应变硬化与软化与土样内部的孔隙孔径大小及孔隙间的连通性的相关性，通过试验发现了其吸力强度与吸力服从双曲线规律。王亮等通过调配不同含水率的重塑淤泥，利用自主研制的室内微型高精度十字板剪切仪，研究了含水率对淤泥不排水重塑强度的影响规律。

目前的研究多集中于非饱和土以及固化淤泥的重塑，对土石混合体重塑的概念尚未有明确提出，也没有通过 K_0 固结的方式来模拟露天煤矿土石混合体重塑的过程。当露天矿中的剥离物排弃到排土场中，土与岩石便混合在一起堆积在排土场里，随着排弃物的增加，土与岩石的混合物就会被逐渐压实，加上雨水的作用，最终土石之间便重塑为具有特殊性质的结构体，称之为重塑土石混合体。重塑的过程中实质是固结的过程，而当重塑完成，形成了具有稳定性质的重塑体以后，其强度特性和变形特性便是需要研究的问题。

3.2.1　重塑土石混合体变形规律

在单轴荷载作用下土石混合体的重塑过程中，土体在加压板施加的垂直压力作用下会沿一定方向移动，随着不断施加垂压，土体之间产生正应力使得位移在周围土体间传播形成一定的位移场。在熔融石英砂粒径、石块数量、加载速率等因素的作用下，土体的变形会有一定的差异。使用 PhotoInfor 和 PostViewer 对试验采集到的图像进行处理，对单轴荷载作用下土石混合体的重塑过程中土体运移情况进行分析。

3.2.1.1　单轴压缩条件下重塑体内土石运移规律

在透明土石混合体重塑过程中，透明相似材料单轴压缩试验机的加压头是使土体和石块产生应力的动力来源。在持续的压头下降加压过程中，能够对周围土体产生直接作用。因为加压头的压力输出很大，所以在加压板影响区域范围内的透明土运移规律也较为复杂。选用熔融石英砂粒径 0.1～0.5mm 和 0.5～1.0mm 按质量比 1∶1 混合、石块布置形状 4×4、加载速率 3mm/min 的试样采集到的图像来分析透明土颗粒的运移形态。加压板影响区域透明土体位移云图如图 3-12 所示。

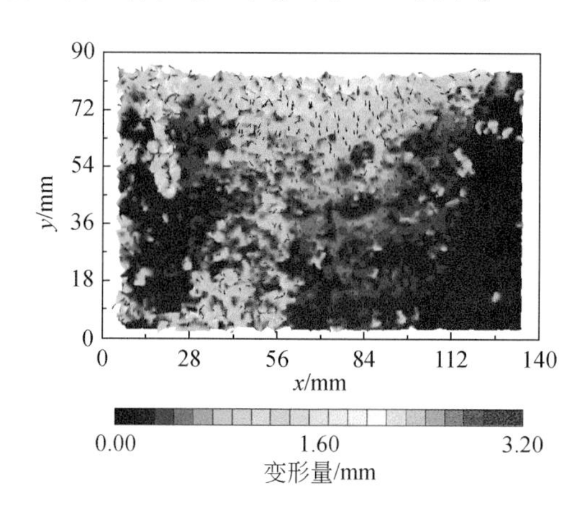

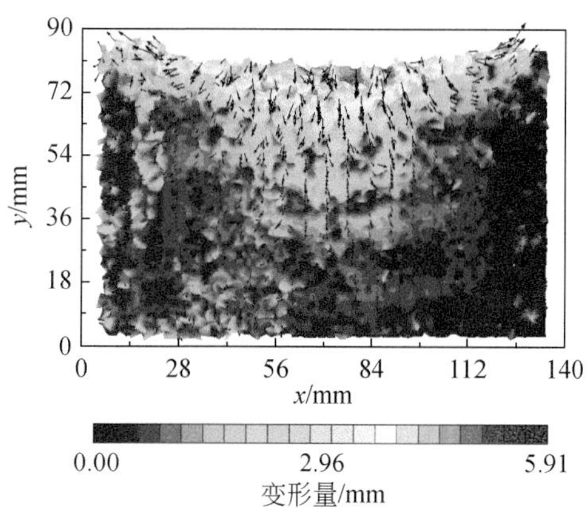

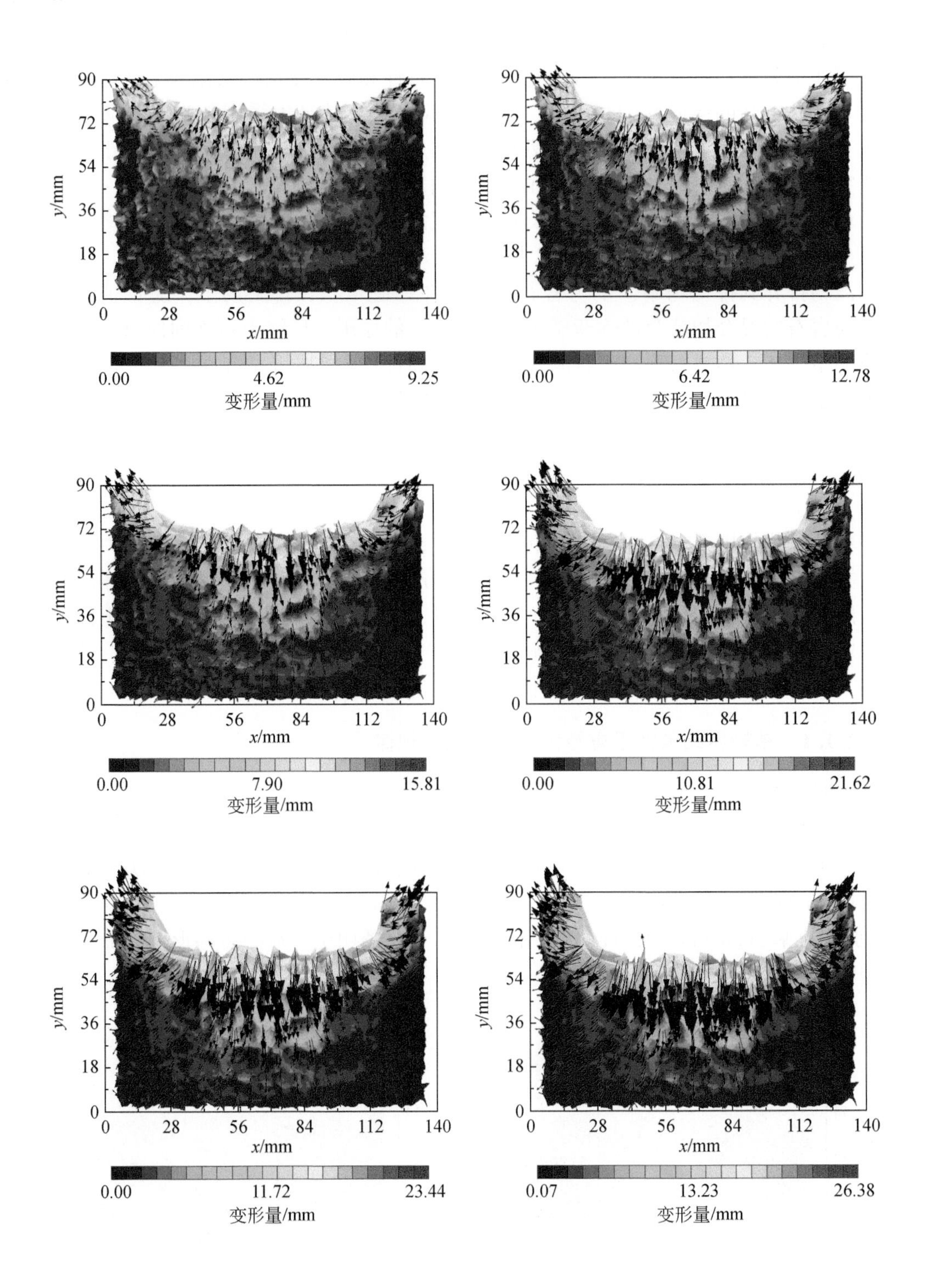

y/mm
x/mm
0.00
4.62
9.25
变形量/mm
6.42
12.78
7.90
15.81
10.81
21.62
11.72
23.44
0.07
13.23
26.38

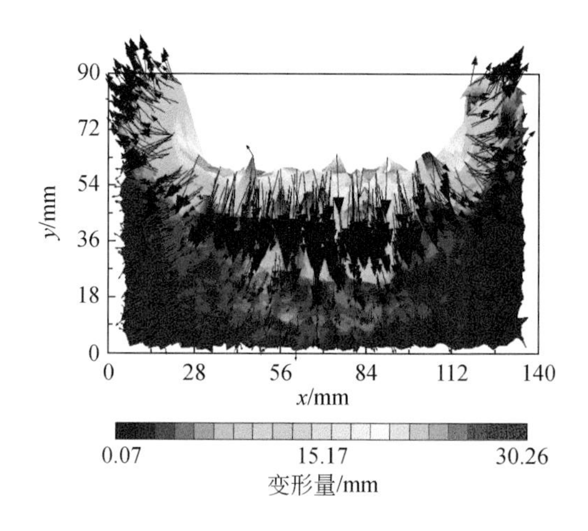

图3-12　扩展影响区域土体位移云图

由图3-12可以看出，在加压板影响区域内，透明土体颗粒的位移方向呈两种趋势。在加压板的正下方区域，透明土土体颗粒受垂直向下的作用力，土体颗粒向正下方运移，与加压方向相同，因此在加压板正下方区域透明土体颗粒是压缩变形，距离加压板越近的土体颗粒压缩量越大，反之越小，压缩量与距离加压板的距离成反比。在加压板两侧，土体颗粒受来自加压板的侧向压力，挤压土体向侧下方或者水平方向移动，土体颗粒距离加压板的左右部边缘越近，其运移的方向与垂直方向的夹角越大。加压板影响区域内的土体颗粒运移规律是沿垂直方向逐级变化。

在透明土石混合体受垂直压力重塑的过程中，加压板左右两侧的土体颗粒虽未直接受到加压板施加的压力，但因其周边土体颗粒的应力作用，将移动的范围增大至加压板左右两侧运移扩展区域。扩展区域土体位移云图如图3-12所示。

根据试验分析得出土体颗粒的运移形态在加压板影响区域和扩展区域存在不同形态。通过试验图像分析，发现透明土石混合体的土体位移场为碗型包络位移场。

3.2.1.2　重塑土石混合体变形影响因素分析

1. 土体粒径对土石混合体变形的影响

土体颗粒粒径是土石混合体重要的工程地质性质之一，同样也是影响其位移场变化的重要因素。在保证其他影响因素不变的前提下，控制土体颗粒粒径的大小来模拟不同土体颗粒粒径对土石混合体受垂直压力作用下重塑过程中位移场变化的影响。

试样在石块按4×4方式排布，加载速率为3mm/min，熔融石英砂粒径分别为0.1～0.5mm、0.5～1.0mm以及0.1～0.5mm和0.5～1.0mm按质量比1∶1混合的条件下土石混合体最终形态位移场轮廓图如图3-13所示。

在相同的加压板下降深度条件下，土石混合体位移场在影响范围上存在着一定的差异，变形模式并没有差异。在影响范围上，随着土体颗粒粒径的增大，土体颗粒在紧邻加压板的位置影响范围基本没有变化，均在距离模具上板面30mm附近形成位移场，在加压板两侧区域土体颗粒形成的位移场影响范围基本没有变化，三种不同的土体颗粒粒径下位

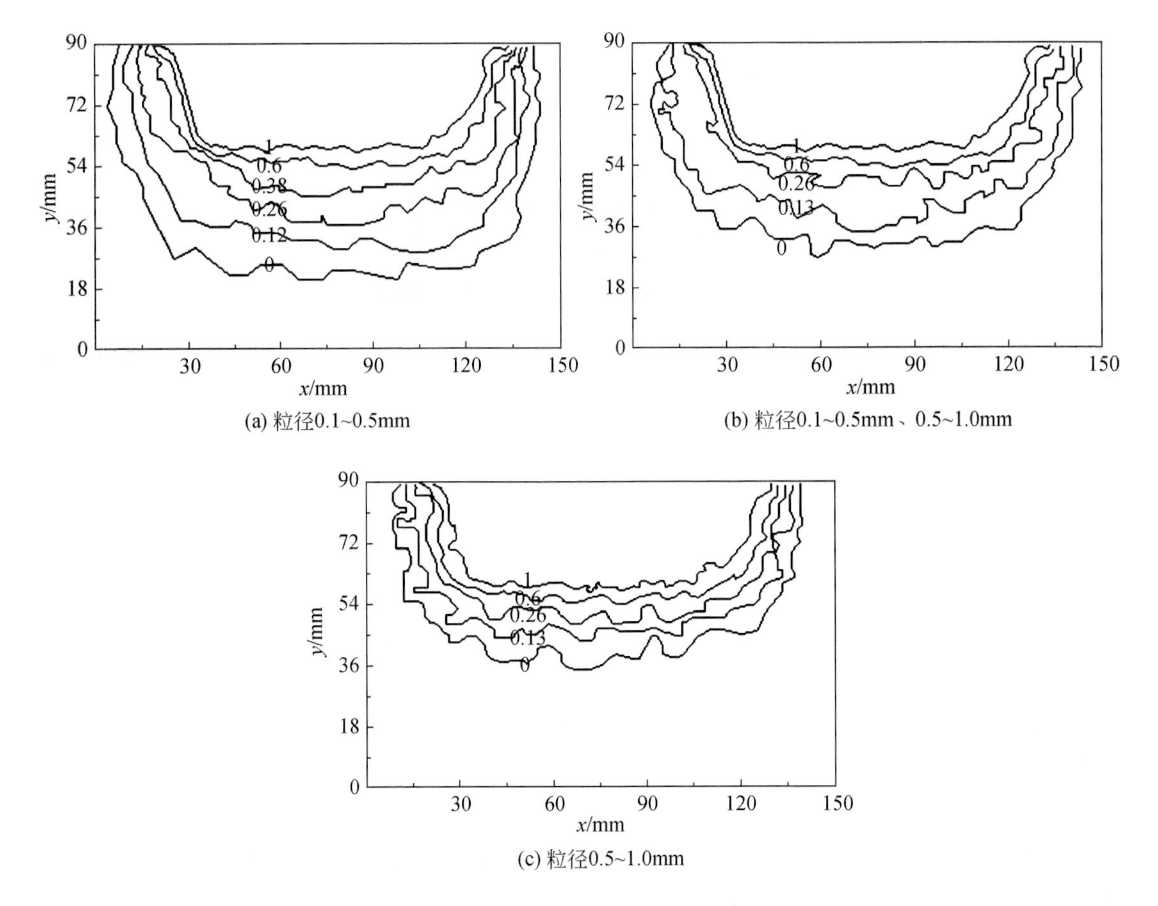

图 3-13　不同土体粒径位移场轮廓图

移场的影响范围都在 x 方向上 0 ~ 30 与 120 ~ 150、y 方向 63 ~ 90，且其变化趋势稳定。但是在加压板的正下方，随着土体颗粒粒径的不断增大，加压板下方土石混合体位移场的影响范围在不断减小。

三组不同土体颗粒粒径的土石混合体位移场都属于上文所说的碗型包络线位移场，在土体颗粒粒径为 0.1 ~ 0.5mm 的土石混合体试样中，其位移场在 y 方向上最大影响范围是 18 ~ 90；两种不同土体颗粒粒径混合而成的土石混合体试样中，位移场在 y 方向上最大影响范围是 27 ~ 90；土体颗粒粒径为 0.5 ~ 1.0mm 的土石混合体试样中，位移场在 y 方向上最大影响范围是 36 ~ 90。由此可见，在相同石块排布方式和加载速率条件下，位移场的影响范围存在很大差异，土体颗粒粒径 0.5 ~ 1.0mm 的试样土石混合体位移场的影响范围最小，具有随着土体颗粒粒径的减小其位移场范围逐渐增大的特点。

2. 石块排布对土石混合体变形的影响

与土体颗粒粒径相比，土石混合体中石块的数量和排布方式也是影响土石混合体性质的重要因素，同样也是影响其位移场变化的重要因素。因此，在保证其他影响因素不变的前提下，控制石块的数量和排布方式来模拟其对土石混合体受垂直压力作用下重塑过程中位移场变化的影响。

两组石块排布方式不同的试样土石混合体变形云图如图3-14所示。在相同加载速率和土体颗粒粒径条件下，土石混合体中石块的运移形态大致相同，但位移场的影响范围有一定差异，土石混合体位移场都属于碗型包络线位移场，不同石块排布条件下土石混合体位移场轮廓图如图3-15所示。

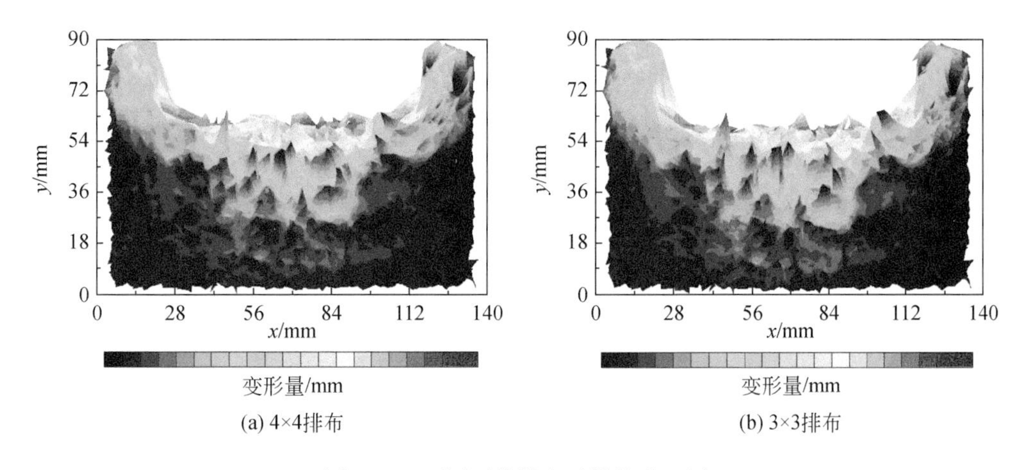

图3-14　不同石块排布试样位移云图

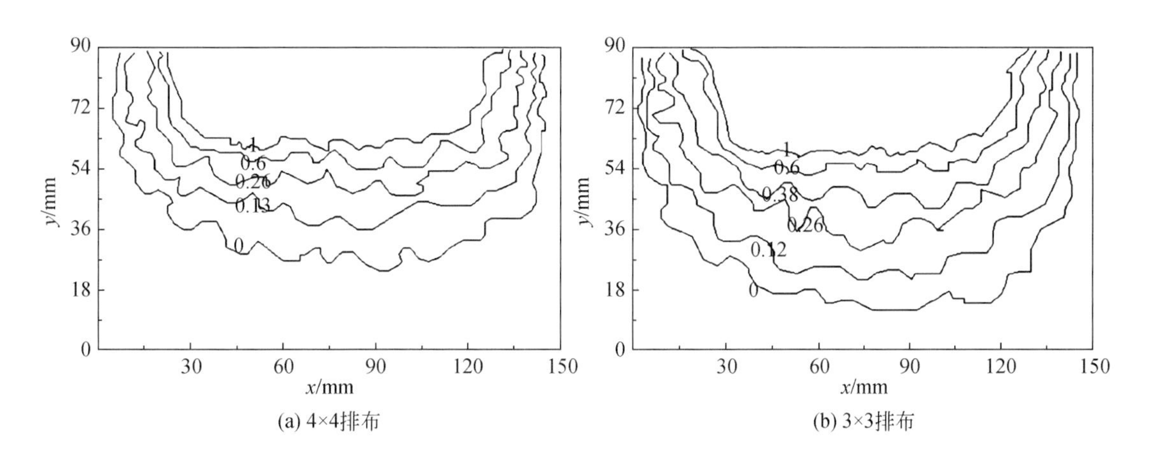

图3-15　不同石块排布条件下土石混合体位移场轮廓图

在影响范围上，随着石块数量的增多，位移场在紧邻加压板的位置影响范围基本没有变化，均在距离模具上板面30mm附近形成位移场，在加压板两侧区域土体颗粒形成的位移场影响范围存在一定差异，4×4排布试样要比3×3试样的影响范围小，但位移场的影响范围都集中在x方向上0～30mm与120～150mm、y方向63～90mm。但是在加压板的正下方，随着石块排布的密集，加压板下方土石混合体位移场的影响范围在不断减小。两组不同石块排布的土石混合体位移场都属于上文所说的碗型包络线位移场，在石块按4×4排布的土石混合体试样中，位于加压板正下方的位移场在y方向上最大影响范围是25～90mm；在石块按3×3排布的土石混合体试样中，位移场在y方向上最大影响范围是9～90mm。由此可见，在相同土体颗粒粒径和加载速率条件下，位移场的影响范围存在很大差异，位移场范围具有随着石块数量和排布的密集程度的减小而逐渐增大的特点。

3. 加载速率对土石混合体变形的影响

两组不同加载速率的土石混合体最终形态位移场轮廓图如图 3-16 所示。在相同土体颗粒粒径和石块排布条件下，不同加载速率的土石混合体位移场轮廓形态大致相同，均在距离模具上板面 30mm 附近形成位移场，在加压板两侧区域土体颗粒形成的位移场影响范围都在 x 方向上 0 ~ 30mm 与 120 ~ 150mm、y 方向 63 ~ 90mm；位于加压板正下方的位移场在 y 方向上影响范围在 18 ~ 90mm。所以，加载速率对土石混合体受垂直压力重塑产生的位移场影响较小。

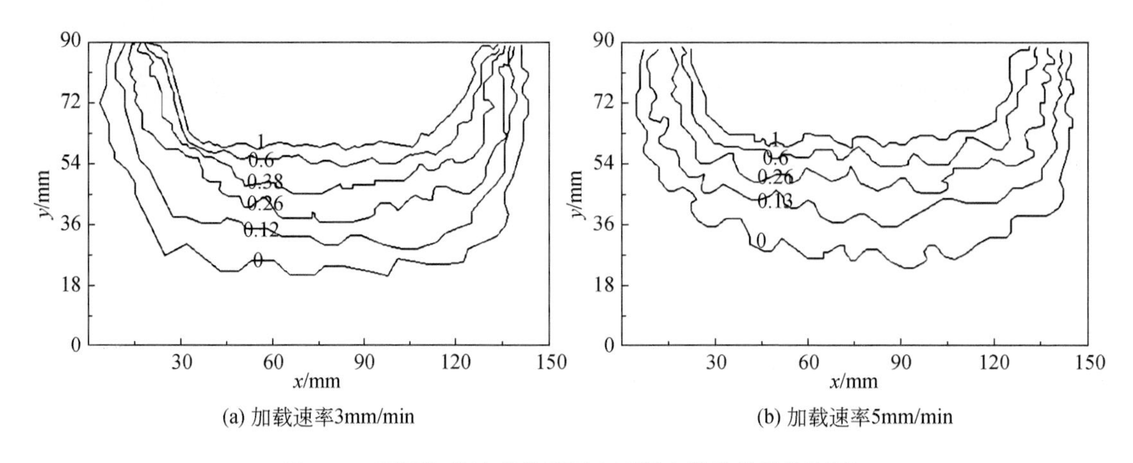

(a) 加载速率3mm/min　(b) 加载速率5mm/min

图 3-16　不同加载速率条件下土石混合体位移场轮廓图

通过分析透明土石混合体在单轴荷载作用下的重塑过程，可将土石混合体中土体运移区域分为加压板影响区域和扩展影响区域。在加压板影响区域内的土体颗粒运移是从加压板处开始，随加压板的移动而移动，待与加压板接触的土体颗粒重塑密实后将压力向下传递，使土体逐级运移直至加载完毕，呈现垂直方向逐级变化的特点。

3.2.1.3　重塑土石混合体物理力学性质分析

按照设计的实验方案进行土石混合体物理力学强度实验，通过正交实验设计，测定土石混合体的力学强度、渗透性等关键参数，本研究分直剪实验、三轴实验、渗流实验进行独立研究，并揭示这些参数与主要影响因素之间的函数关系。

1. 重塑土石混合体抗剪强度与固结压力的关系

抗剪强度是边坡稳定的决定性参数，其中黏聚力 C 和内摩擦角 φ 是抗剪强度的两个主要参数。黏聚力是岩土体颗粒之间的胶结方式和连接强度所提供的聚合力，内摩擦角则反映了岩土体颗粒之间的咬合、摩擦特性，二者的综合作用体现了岩土体抵抗剪切应力的能力。土石混合体重构岩样共制备 2 组，第 1 组试样保持相同的重塑时间（240min），重构压力分别设定为0. 125MPa、0. 25MPa、0. 375MPa、0. 5MPa、0. 7MPa、0. 90MPa 和 1. 0MPa 等 7 个压力级别，不同压力级别下制备的土石混合体岩样如图 3-17 所示。

对制备的土石混合体重构岩样的抗剪强度采用直剪实验测定其黏聚力 C 和内摩擦角

φ。对0.125MPa压力下的土石混合体重构岩样进行直剪实验，从重构岩样中制取4个剪切岩样，分别进行50kPa、100kPa、150kPa、200kPa 4个垂向荷载下的直剪实验，根据实验数据，绘制剪切实验数据，见图3-18。

图3-17　土石混合体不同压力下的重构岩样

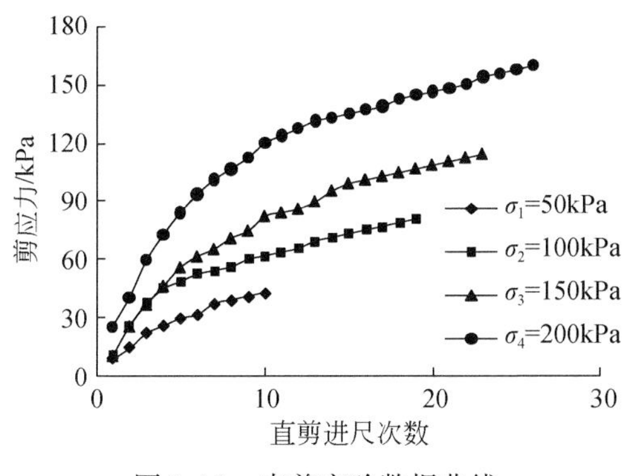

图3-18　直剪实验数据曲线

综合4个不同垂向荷载条件下的直剪数据最大值，进行回归分析，得到该组岩样的黏聚力为6.76kPa，内摩擦角为36.83°，如图3-19所示。

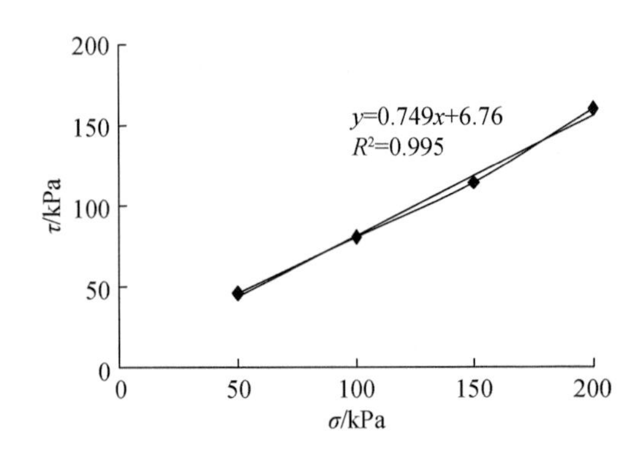

图 3-19　土石混合体重构岩样（0.125MPa）直剪结果

按照相同的实验方法和研究思路，依次对 0.25MPa、0.375MPa、0.5MPa、0.7MPa、0.9MPa 和 1MPa 这 6 个压力级别下的土石混合体的重构岩样进行了直剪实验。汇总所有的重构压力下的土石混合体的抗剪强度参数见图 3-20。

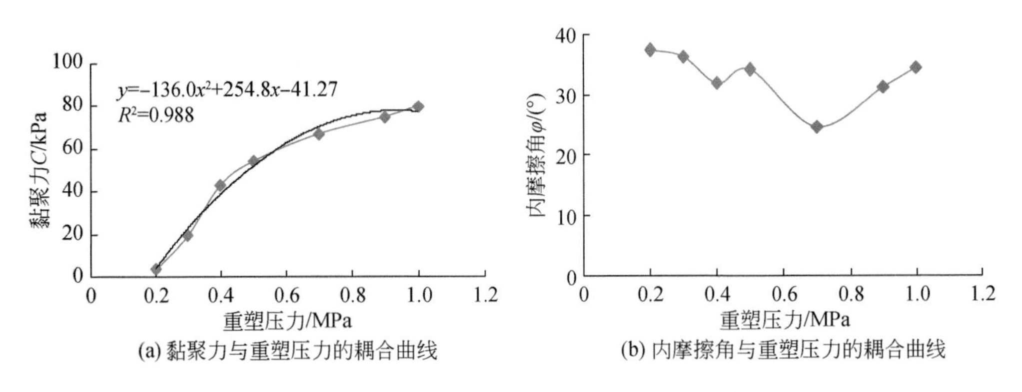

图 3-20　抗剪强度参数与重塑压力的耦合关系曲线

从图 3-20 可以看出，土石混合体的黏聚力 C 与重塑压力呈现良好的函数关系，黏聚力 C 与重塑压力呈二次函数关系递增；而内摩擦角与重塑压力并没表现出明显的函数关系。

2. 重塑土石混合体抗剪强度与固结时间的关系

土石混合体的强度除了与重构压力有关还与重构时间的长度有关，因此，本研究制备了第 2 组重塑实验样本，保持相同重塑压力条件下制备 30min、60min、120min、240min 和 600min 这 5 种时间长度下的重塑样本，对不同重塑时间的土石混合体样本进行直剪实验，测定其黏聚力和内摩擦角，并揭示重塑时间对于这两个关键参数的影响规律。对 0.2MPa 和 0.3MPa 下不同重构时间的土石混合体重构岩样的直剪实验数据进行汇总，见表 3-2。根据直剪实验获取的不同重塑时间条件下的黏聚力和内摩擦角进行回归分析，得到黏聚力随重塑时间增长近似呈对数规律递减，内摩擦角与重塑时间几乎没有相关性。

表 3-2　不同重构时间条件下土石混合体重构岩样的抗剪强度参数

时间长度/min	0. 2MPa		0. 3MPa	
	黏聚力 C/kPa	内摩擦角 φ/（°）	黏聚力 C/kPa	内摩擦角 φ/（°）
30	7. 52	38. 43	40. 89	35. 04
60	6. 58	39. 34	35. 72	37. 08
120	8. 46	41. 1	34. 78	33. 79
240	4. 7	36. 11	36. 66	37. 22
600	5. 5	39. 33	35. 72	35. 97

综合以上分析，重塑压力和重塑时间对于土石混合体的重构强度具有不同的影响规律，重塑压力的增长造成土石混合体平均黏聚力呈二次函数规律增长，重塑时间增长造成土石混合体黏聚力呈指数规律递减，这些规律对于掌握露天矿排土场土石混合体的力学强度变化规律和准确评价排土场边坡稳定性具有重要价值。

3. 三维应力条件下重塑土石混合体抗剪强度

松散土石混合体在排土场集中堆载之后，其受力状态较为复杂，除了垂向的压缩之外，还包括侧向的限制作用。为了还原真实的受力状态，本研究采用三轴剪切实验，模拟土石混合体在排土场的真实受力状态下所表现出的变形和破坏特征。

三轴剪切试验是测定土体抗剪强度的一种比较完善的室内试验方法，是以莫尔-库仑强度理论为依据而设计的三轴向加压的剪力试验。通常采用 3 ~ 4 个圆柱形试样分别在不同的周围压力下测得土的抗剪强度。本研究设定 0. 2MPa、0. 5MPa 和 1MPa 三个级别的围压条件，在这些试验条件下，测定土石混合体的高度压缩变化规律如图 3-21 所示。

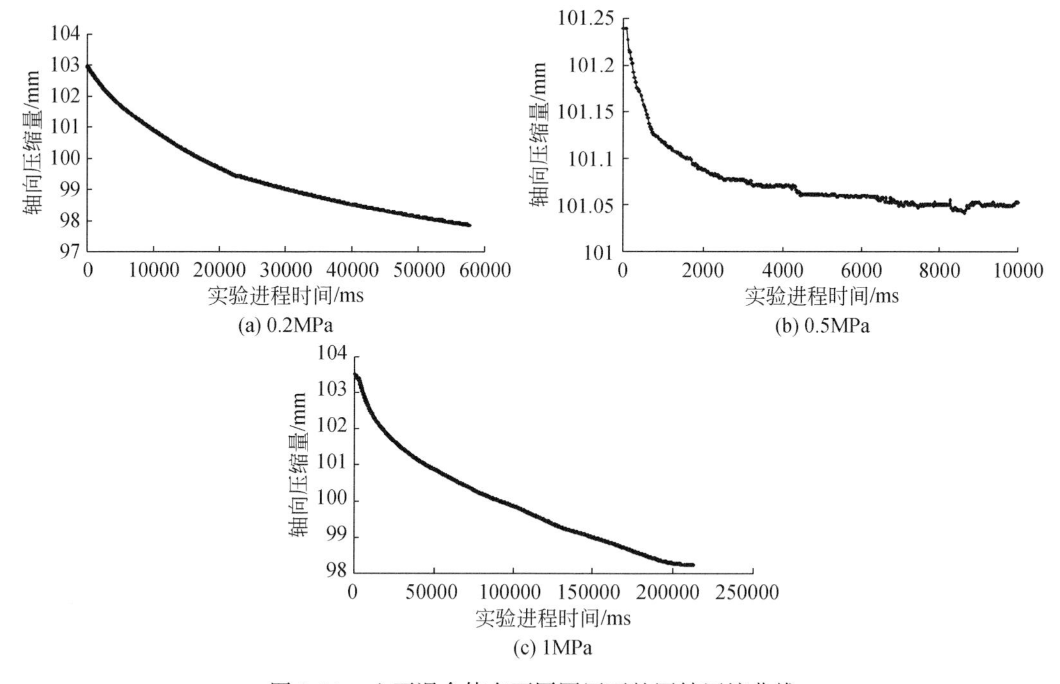

图 3-21　土石混合体在不同围压下的固结压缩曲线

从图 3-21 可以看出，土石混合体在三轴围压的作用下，其纵向应变的发展规律基本一致。沿着主应力方向，土石混合体的变形量先快后慢，这主要是由于松散土石混合体被压缩，其孔隙度逐渐减小，土体骨架能抗外部荷载的能力逐步提高，压缩变形的能力也因此变小。

土石混合体岩样在三轴压缩条件下，其应力-应变规律受到土石混合体成分的影响，通过对不同压力级别下的应力-应变数据进行处理，得到不同压力下的应力-应变曲线如图 3-22所示。

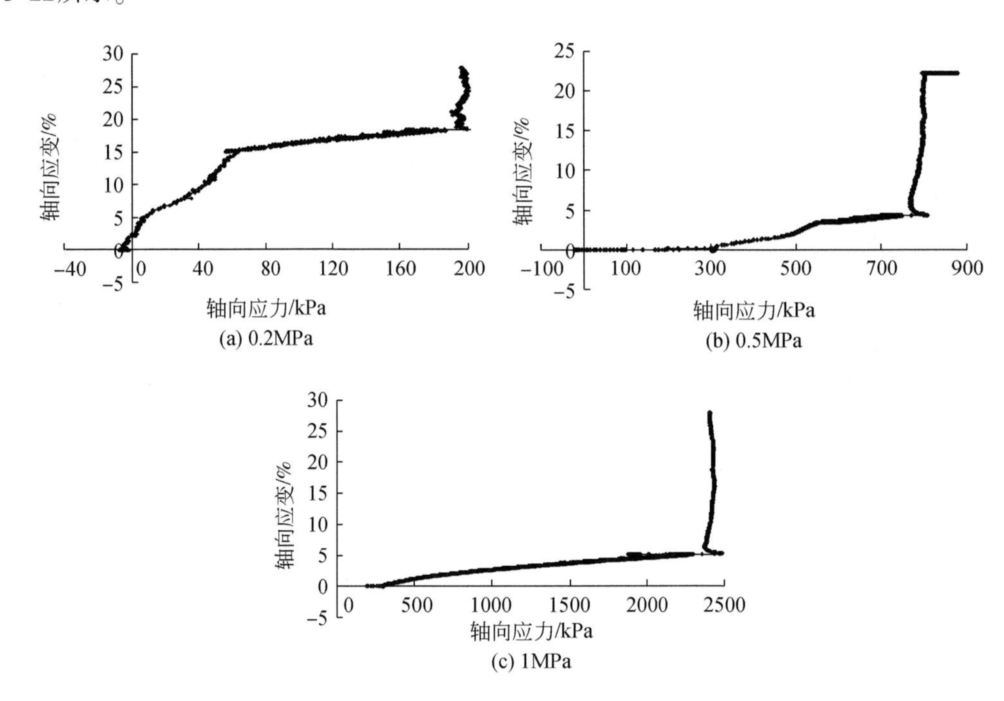

图 3-22　不同压力下土石混合体的应力-应变曲线

从图 3-22 可以看出，在三轴剪切过程中，不同围压下土石混合体遵循相似的应力-应变规律。主要分为固结阶段和破坏阶段两个区间，在固结阶段，土石混合体的孔隙度被逐渐压密，孔隙水压力在外部压力的作用下逐渐损失，土体骨架逐渐提供有效支撑力来抵抗三轴剪切的固结压力，孔隙水压力消散和土体骨架破坏过程中的应力应变规律基本遵循线性规律发展。当轴向荷载超过土体骨架的强度，则进入了三轴剪切破坏阶段，最后破坏发展至稳定状态。

3.2.2　土石混合体强度重构影响因素分析

露天矿从初始表土剥离到工作面形成再到最终矿床开采完毕，在整个过程中土石剥离物的重构强度对排土场内部和外部特征、参数变化起着显著影响，动态表现为排土场高度渐次升高，长度逐级延展。排土场几何结构按照排土工程的实施呈规律性发展，这也造成了排土场内部结构呈现规律性变化；考虑密度因素，由于重力因素影响高程维度上表现为土石混合体密度从高到低递增，由于塑性缓慢沉降影响水平维度上表现为土石混合体密度从先到后递增；考虑粒级分布因素，受排土方式影响土石平均粒径表现为随高度增大而减小。总体上，土石混合体受排弃规律影响，其重构强度影响因素也表现出规律性分布，研究土石混合体强度重构对最终的排土场稳定性评价、安全生产和环境修复等都有重大意义。

排土场的土石混合体由土石粒块、气体和液体三相介质材料组成，土石粒块构成其基本骨架，气体、液体存在于孔隙和裂隙中，气体、液体与土石粒块间形成气液固界面。三种介质在土石混合体中的含量不同构成了决定土石混合体重构强度的各种因素。气体和液体影响了重构体的密度，液体影响了重构体的土基质软化程度和基质吸力大小；土石含量比影响了骨架强度，石块含量决定了骨架强度，土颗粒含量决定了骨架的胶结程度。

土石混合体重构过程从宏观上经历了从散体到胶结成型，从微观上经历了混合体组成要素相互间的物理化学作用，其最终力学强度呈现为由弱及强。重构过程复杂性决定了对土石混合体重构后的强度分析难以从单一要素出发作为整体性分析的基础，而要素的微观物理化学特征只能作为单一要素进行基础研究，因此，对混合体最终的强度效应分析就要将多因素模型作为整体分析的手段。

在排土场初始排弃时期，土石混合物的小规模空间体积决定了其只受自身微重力作用，随着排弃过程的进行，排土场规模增长，其底部的土石混合体受上覆重力的影响，混合体中部分气体和液体被压出，密度变大，重构加强；排土场形成过程中存在自然降雨和蒸腾作用，即意味着混合体中的液体含量处于动态变化，在液体含量增加过程中，土石混合体中的土颗粒基质被液体软化，重力作用下充斥于石块体之间，此阶段为土石混合体胶结形成阶段；在液体含量较少过程中，土石混合体中的土颗粒基质失水硬化，此阶段为胶结加强阶段；经历了胶结形成过程和胶结加强阶段后，土颗粒与石块已互为一体，形成混合体最终骨架。土石混合体中的土石含量比也直接影响着其重构强度的形成，如果土颗粒在重构体中作为弱物质存在，对重构体的强度有削减作用，如果土颗粒在重构体中作为胶结物存在，对重构体的强度有加强作用，二者的对立决定了重构体存在强度最优解。土石混合体的形成过程中的多因素多变量导致重构体系的复杂多变，对土石混合重构体整体强度的定性分析也难满足实践要求，从单一要素定量衡量到体系多要素定量衡量体现了研究的必要性。

实际排土场内的土石含量在不同部分是不定的，在某点附近区域可看作是某一定值，假设土石混合体内土石含量比为 K，即：

$$K=\frac{V_s}{V_r} \tag{3-1}$$

式中，K 为土石混合体中土石含量比；V_s为土石混合体中土颗粒的体积，m^3；V_r为土石混合体中石块的体积，m^3。

和普通岩石材料一样，土石混合体材料的强度条件可用莫尔-库仑方程式表示：

$$\tau_f=C+\sigma\tan\varphi \tag{3-2}$$

真实的土石混合体中土石的分布极其不均匀，并且石块粒级分配多样化，这造成了土石混合体材料与普通岩石材料力学强度分析方法的差异。因此，可对土石混合体的模糊混乱特征概化出不影响其力学强度分析的理想化特征，即：土石混合体的强度由土颗粒经历吸水软化、失水固结硬化后的强度和石块本身岩石强度组成。如图 3-23 所示，黑色部分可代表土颗粒固结硬化后的强度，白色部分代表岩石的强度。

根据式（3-2），土颗粒固结硬化后的强度和石块的强度可分别表示为

$$\tau_s = C_s + \sigma \tan \varphi_s \tag{3-3}$$

$$\tau_r = C_r + \sigma \tan \varphi_r \tag{3-4}$$

式中，τ_s为土石混合体中土颗粒固结硬化后的切应力，kN；C_s为土石混合体中土颗粒固结硬化后的黏聚力，kN；φ_s为土石混合体中土颗粒固结硬化后的内摩擦角，(°)；τ_r为土石混合体中石块的切应力，kN；C_r为土石混合体中石块的黏聚力，kN；φ_r为土石混合体中石块的内摩擦角，(°)。

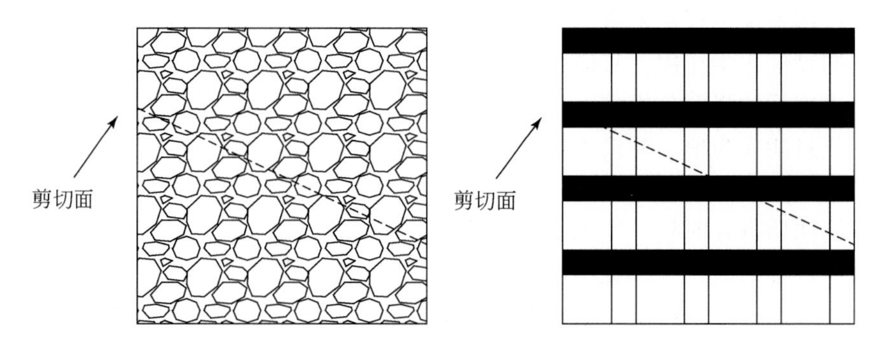

图 3-23　土石混合体力学强度概化分析模型

根据式（3-1）至式（3-4），采用叠加法可得到土石混合体整体的莫尔–库仑方程式：

$$\tau = \frac{K\tau_s + \tau_r}{K+1} = \frac{KC_s + C_r + \sigma(K\tan\varphi_s + \tan\varphi_r)}{K+1} \tag{3-5}$$

进一步可得

$$\begin{cases} C = \dfrac{KC_s + C_r}{K+1} \\ \tan\varphi = \dfrac{\sigma(K\tan\varphi_s + \tan\varphi_r)}{K+1} \end{cases} \tag{3-6}$$

上述公式是在正应力无限大的理想条件下所得到的，即 σ 趋近于$+\infty$ 时，土石混合体在极限正应力和切应力条件下发生破坏，其中土颗粒重构体和石块沿剪切面移动，但在垂直剪切面方向不发生位移，意味着土石混合体中的每一石块完全发生剪切破坏。考虑到在实际中正应力的有限性，土石混合体重构后发生破坏时，其中必然有部分石块不能发生剪切断裂，在宏观上表现为剪切面两侧的破坏体会在剪切面垂直方向上移动（图 3-24），在微观上表现为剪切面两侧的破坏体中的石块相互骑越，没有发生剪切断裂，所以在这种情况下相互骑越的石块对破坏的贡献就不存在黏聚力部分，这造成了土石混合体的强度降低；并且表现出一种趋势，即正应力 σ 越小，强度降低越明显。

通过上述对土石混合体真实情况下的强度差异特征分析，定性得出导致实际情况下土石混合体的力学强度相较理想情况下变弱的主要因素，即土石混合体中的部分石块的黏聚

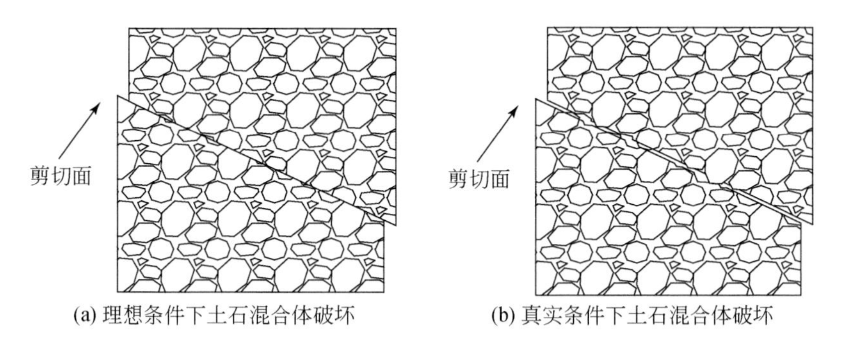

(a) 理想条件下土石混合体破坏　　(b) 真实条件下土石混合体破坏

图3-24　不同正应力条件下土石混合体的破坏差异

力无效。如果想要概括出土石混合体中石块黏聚力无效的程度和范围，就需要借助数学分析的手段对该部分黏聚力进行半定性半定量的数学公式描述。

土石混合体中石块黏聚力无效的数学定性描述为：理想条件下正应力 $\sigma \to +\infty$，此时土石混合体中石块的黏聚力为 C_r，真实条件下正应力 σ 为常数，此时土石混合体中石块的黏聚力 C_r 产生部分无效，但是随着 σ 的递减，无效程度增加，黏聚力 C_r 也发生递减，但递减程度会减弱。

假设C_r无效递减函数为：$C_r = C_0 \times a^{\sigma}$，根据边界条件，当 $\sigma = 0$ 时，$C_r = C_0$，当 $\sigma = \sigma_1$，$C_r = C_1$时，$a = \left(\frac{C_1}{C_0}\right)^{\frac{1}{\sigma_1}}$，得出：

$$C_r = C_0 \times \left(\frac{C_1}{C_0}\right)^{\frac{\sigma}{\sigma_1}} \tag{3-7}$$

将式（3-7）代入式（3-6）得

$$\begin{cases} C = \dfrac{KC_s + C_0 \times \left(\dfrac{C_1}{C_0}\right)^{\frac{\sigma}{\sigma_1}}}{K+1} \\ \tan\varphi = \dfrac{\sigma(K\tan\varphi_s + \tan\varphi_r)}{K+1} \end{cases} \tag{3-8}$$

最终得出土石混合体材料的莫尔-库仑准则修正公式：

$$\tau = \frac{KC_s + C_0 \times \left(\dfrac{C_1}{C_0}\right)^{\frac{\sigma}{\sigma_1}}}{K+1} + \frac{\sigma(K\tan\varphi_s + \tan\varphi_r)}{K+1} \tag{3-9}$$

由于排土场土石混合体组成要素多样和结构无序，极度不均匀、不连续，这造成土石混合体的力学强度分析面临多种不确定性，传统的力学公式难以直接使用，需要对其进行拓展和扩充，以满足土石混合体这种特殊的“岩石”材料的试用要求。上述公式的推导主要解决了土石混合体材料在不同正应力条件下莫尔-库仑准则的使用，更精确地判断破坏条件。

3.2.3 土石混合体中大块岩体破坏力学模型

土石混合体力学强度的特殊性主要由于土体和块石的力学强度差异较大，并且二者混合之后的胶结程度对于其力学强度都具有一定的影响规律。对于土石混合体中的大块岩石来说，其力学表现非常复杂，并且和内排土场中的颗粒介质混合在一起。当边坡处于极限平衡状态时，大块岩石的受力可以分为两种情况。一种情况是，滑动主体产生的下滑力能够切割大块岩石，形成贯穿滑面；另一种情况是，下滑力会导致大块岩石的转动，这将引起边坡失稳。

3.2.3.1 剪切破坏

大块岩体在排土场散体边坡滑动时遭遇剪切破坏时，其边坡结构及滑动情况见图 3-25，其中大块的受力示意图见图 3-26。

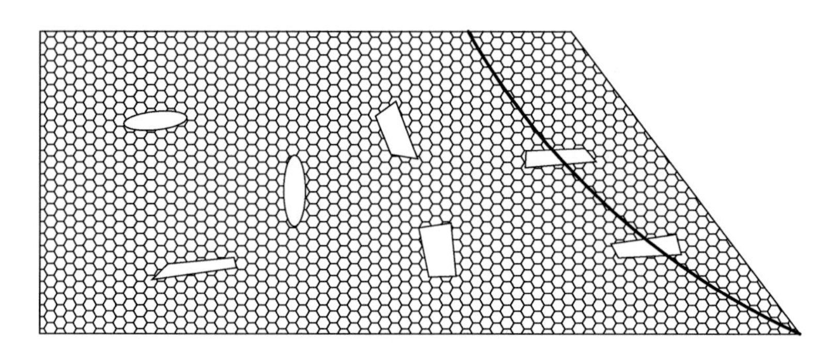

图 3-25 排土场土石混合体边坡结构

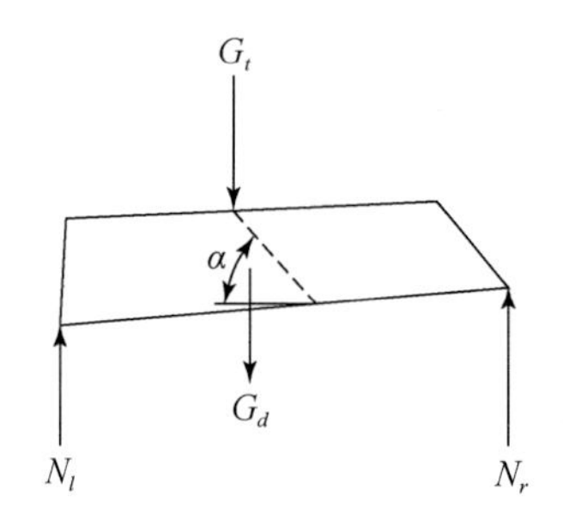

图 3-26 大块受力示意图

图 3-26 中大块受力示意图明确了大块在土石混合体台阶中所受的主要作用力，其中 N_l 和 N_r 是大块底部受到的支撑力，大块自重 G_d，上部表面承受滑体的重力为 G_t，其大小为

$$G_t = hL_u\gamma \tag{3-10}$$

作用在大块上的剪应力为

$$\tau_t = G_t\sin\alpha \tag{3-11}$$

式中，h 为大块所在位置的垂直深度，m；L_u 为大块上表面被切断的长度范围，m；γ 为土

石混合体的平均容重，kN/m³。

土石混合体形成的排土场边坡，其基本的失稳模式为圆弧滑坡，大块被剪断时的极限平衡状态的稳定系数可表述为

$$F_s = \frac{R\sum_{i=1}^{n}(Cl_i + W_i\cos\beta_i\tan\varphi) + \sum_{i=1}^{m}\tau_{di}}{R\sum_{i=1}^{n}W_i\sin\beta_i} \tag{3-12}$$

式中，τ_{di}为单一大块自身的抗剪强度，kPa。

3.2.3.2 滚动失稳

当滑体产生的下滑力不足以切坏大块，但滑体产生的弯矩大于大块稳定部分的阻力弯矩，造成大块转动时，会使大块产生滚动滑落，造成失稳，在这种平衡状态下，大块受力情况如图 3-27 所示。

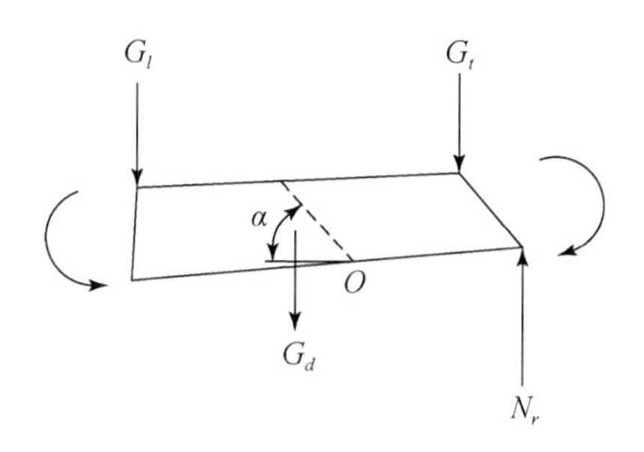

图 3-27 大块滚动失稳力学示意图

上部岩体的重力作用使大块岩体产生转动，并最终形成滚动失稳，根据图 3-27 中的力学结构，存在如下力矩平衡方程：

$$G_tL_t = N_rL_r + G_lL_l \tag{3-13}$$

式中，G_t为上部岩体主动扭转重力，N；G_l为上部岩体产生的被动扭转重力，N；N_r为大块下部的有效支撑力，N；L_t为主动重力扭转力臂，m；L_r为下部支撑力力臂，m；L_l为被动扭转重力力臂，m。

在土石混合体边坡内部复杂的力学作用下，边坡以自然安息的形式保持稳定，当受到外力扰动时，原有的平衡被打破，当大块岩体的抗剪强度足以抵抗滑面错动产生的剪力时，容易出现大块滚动失稳，当剪切力超过大块岩体的抗剪强度时将会出现剪切破坏失稳。

3.2.3.3 大块岩体对排土场边坡稳定的影响指标分析

对比土石混合体的强度与土体的平均强度，得到土石混合体强度相对于原始土体，其黏聚力 C 提高了 57.98%，内摩擦角 φ 提高了 98.13%，这个增幅非常显著。当有土石混合体中的岩石块度较大时，相应的稳定性分析参数黏聚力 C 和内摩擦角 φ 应该进行修正，同样的稳定性计算方法也需要进行改进，具体如下：

$$F_s = \frac{\sum_{i=1}^{n}(Cl_i + W_i\cos\beta_i\tan\varphi) + \sum_{j=1}^{m}\tau_{di}}{\sum_{i=1}^{n}W_i\sin\beta_i + \sum_{j=1}^{m}G_d\sin\beta_i} \tag{3-14}$$

排土场内部的大块岩石越多，其抗剪强度就越大，稳定系数也是如此。当颗粒状边坡中的大块岩石遵守不同的准则时，相应地，边坡的稳定性也会呈现出不同的形式。为了研究边坡稳定性系数随不同块度比和密度比的变化规律，采用数值模拟的方法来分析其稳定性，揭示各因素之间的耦合关系。

3.3　排土场地层近自然立体重构方法

根据排土场松散土石混合体在长期堆载、固结作用下物理力学性质重塑的规律，提出了促进矿区地下水流场恢复和地表生态重建的排土场近自然地层立体重构方法，在排土场内部构建隔水层-含水层结构，实现内排土场含水层再造及其与周边含水层的连通。以胜利露天矿为例，内排土场地层重构及其对含水层连通的影响见图 3-28。

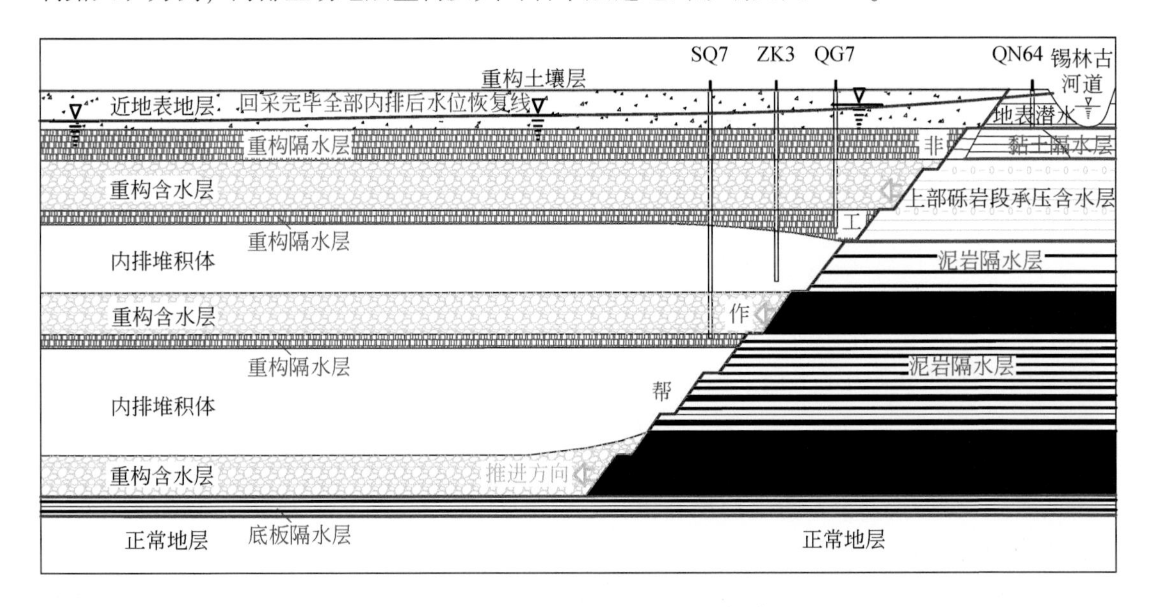

图 3-28　胜利露天矿内排土场地层重构

3.3.1　压实固结条件下剥离物渗透特性与隔水层构建方法

内排土场重构隔水层以构建水平隔水层为主，以阻断浅层地下水向下流失路径。水平隔水层并不是一次构建完成，而是随着内排土工作线、开采工作线逐步向最终境界推进，为保证短时间内重构隔水层能发挥保水功能，需要构建竖向隔水层，即“防渗墙”，以防止浅层地下水的横向流失。所以露天矿内排土场重构隔水层构建原则为：构建水平隔水层为主、防渗墙为辅。

3.3.1.1　压实固结条件下剥离物渗透特性

1. 松散土岩混合体中水的渗流机理

从微观角度分析理想孔隙通道中水分渗流机制。孔隙边缘分布结合水层，中间为重力水。结合水一般不流动；邻接结合水层的重力水，因孔隙壁的吸引流动缓慢；越是接近圆管中心，水质点运动速度越快。孔隙直径越小，水质点平均流速就越小，渗透性越差。当孔隙直径等于或小于结合水厚度的两倍时，常规条件下，岩土不透水。

孔隙水分子运动，需要克服孔隙壁的吸引力，以及流速不等的水分子之间的黏滞摩擦力，需要消耗能量。通道越是细小，流动越是迅速，需要消耗的能量越大。实际孔隙通道不可能是等径圆管，而是沿程孔径变化的管道，水流也不可能直线运动，而呈曲折运动，见图 3-29（a）；沿着流程可以等效地概化为等效的不等径圆管，见图 3-29（b）；再进一步概化为等效等径圆管模型，见图 3-29（c）。

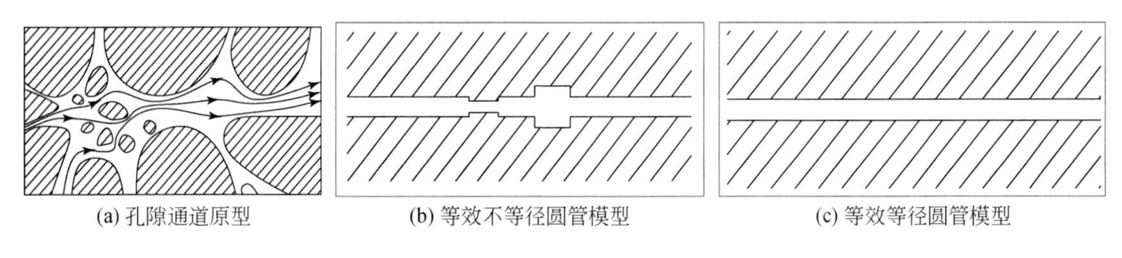
(a) 孔隙通道原型　(b) 等效不等径圆管模型　(c) 等效等径圆管模型

图 3-29　实际孔隙通道及其概化模型

根据水流连续性原理，孔隙渗透能力主要取决于沿程最小管径，而不是平均管径。其中孔隙最宽的部分称为孔腹，最窄的部分称为孔喉。真正的孔隙通道，是管径变化复杂的孔隙网络系统，按照最小能提率原理，水流选择最优的方式流动。所以，隔水层材料的选取需要研究随着孔隙的变化渗透性变化的规律，而影响孔隙变化的最主要因素就是压实度，并找出最优压实度。

2. 固结土岩混合体中水渗流规律

采用三轴渗透试验仪器——GDS 来测定不同压实度对于黏土渗透性的影响。渗透性试验主要使用其数字式压力/体积控制器来控制定水头渗透功能测定黏土的渗透性。GDS 试验仪器实质上是通过 3 个微处理器控制的液压泵组成的压力控制系统来进行试验。3 个液压泵分别控制 radial pressure、back pressure 和 base pressure 3 个压力，第一个控制围压，后两个控制上、下水头压力。液压泵可以精确测量泵内的液体压力和液体体积变化并通过数显表显示，压力室内一般充填无气水作为压力传导控制介质。每个液压泵均可单独进行工作，也可以精确到 $1mm^3$ 对液体体积进行测定。相应地，它在力学试验中可以作为一般的压力源以及体积变化指示器。该仪器可以通过电脑中的对应控制软件，直接调节 3 个压力泵的参数，使压力泵在多种模式下进行工作。在进行饱和土渗流试验时，选取定压力水头的工作方式来进行。GDS 仪器进行试验时，需要将土柱试样放入压力仓底座上，所以需要对黏土进行压样处理，本次试验采用固结仪对黏土进行不同压力载荷下的压实固结。

观察上水头进水速度和下水头出水速度相同时，可以得到试样的渗透系数。将 GDS 试验系统中的数据导出，分析 9 组试样的试验载荷与应变关系见图 3-30，不同荷载条件下试样渗透系数变化见图 3-31。

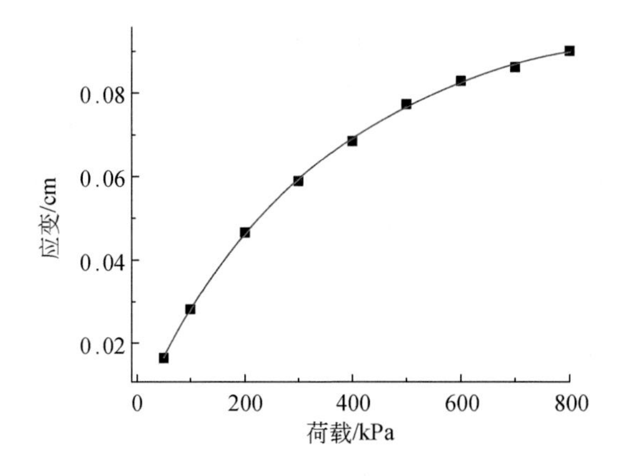

图 3-30 荷载与应变的关系图

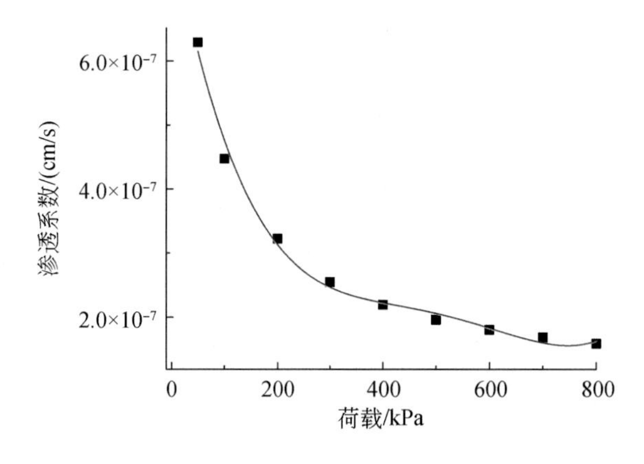

图 3-31 荷载与渗透系数的关系

由图 3-30 和图 3-31 可以看到，试样的应变随着压制试样时所加荷载的增大而增加，而渗透系数则随之降低，当荷载增加到 400kPa 后，数据逐渐趋于平缓，说明荷载影响对试样影响逐渐减小。

3. 隔水层构建条件选择

采用 PFC 软件模拟压实过程中的孔隙变化规律，可以印证土压实过程中颗粒间孔隙与固结压力的关系。当固结压力较小时，黏土试样内部较为松散，有很多较大的孔隙，且这些孔隙很多都有连接，此时水分会顺着连接的孔隙很快下渗，所以此时渗透系数较大；随着固结压力开始增大，土壤内部孔隙的数量开始减少，大孔隙管径也逐渐变细，这时由于小孔隙减少得并不多，根据水流连续性原理，孔隙渗透能力主要取决于沿程最小管径，所以渗透系数下降得并不是很快。随着固结压力越来越大，黏土颗粒之间越来越紧密，大孔隙逐渐变为小孔隙，很多小孔隙变为盲孔，渗透系数开始快速下降。在某一固结压力后，黏土颗粒间的孔隙变化不再明显，开始转变为颗粒排列方式的改变，于是渗透系数下降的速度开始变缓。即便颗粒间的孔隙一直存在，受黏土颗粒表面电荷影响，水分下渗速度依然变得非常缓慢，但也不是完全不渗透。

查阅文献得知，岩土透水程度和渗透系数有表3-3所示关系。黏土在压实后渗透系数量级已经非常小，在400kPa的荷载以后渗透系数降低极少，继续增大压力意义不是很大，另外根据垃圾填埋场中防渗覆盖层中黏土铺设规程，渗透系数控制在10^{-8}数量级已经足够，所以选取400kPa的压力来处理黏土用于模拟隔水层的制作。

表3-3　透水程度与渗透系数的关系

透水程度	高渗透性	中渗透性	低渗透性	极低渗透性	实际不透水
渗透系数K/(cm/s)	$>10^{-1}$	$10^{-3}\sim10^{-1}$	$10^{-5}\sim10^{-3}$	$10^{-7}\sim10^{-5}$	$<10^{-8}$

3.3.1.2　重构隔水层空间位置与结构特征

露天煤矿开采空间区域原始地层可大致划分为5个地质构造层，分别为：覆盖层、含水层、隔水层、基岩、煤层。其中隔水层一般为致密的岩石，渗透率极小，可以隔断含水层中的重力水向下流失，保持地下水环境的长期稳定。通常，煤层以上部分包含多个隔水层，隔水层之间为含水层或者无水带。露天开采过程中，煤层以上地质构造层被爆破剥离，隔水层被完全破坏，含水层侧向限制被打开，造成周边地下水向下流失。为从根本上恢复矿区地下水与生态环境，需要在内排土场构造新的人工地层，以恢复被破坏的地下水环境。

1. 重构隔水层空间位置

重构隔水层的构建需要考虑材料力学性能、渗透性能与经济成本等方面的因素，构建过程复杂、难度大。水平隔水层位置高度应与最上一层原始隔水层保持一致，以保证重构水平隔水层构建完成后与原始隔水层形成完整隔水层，避免大范围错层出现。水平隔水层的构建随着内排土工作线、开采工作线逐步向开采境界推进，由于内排土台阶是逐步推进的动态过程，所以水平隔水层的构建应分段构筑。内排土场物料为松散物料，在自重作用条件下会发生沉降，所以分段构筑有利于防止隔水层因不均匀沉降而发生破坏、断裂，而减弱其隔水功能。由于水平隔水层非一次构建完成，为在短期内保证浅层水的恢复与保持，需要阶段性构建防渗墙，以避免已恢复浅层水的横向流失。

2. 重构隔水层及材料基本特征

重构隔水层最关键功能是隔断浅表层地下水下渗路径，具备低渗透性是最基本也是最关键的特征；在构建过程中与构建完成后会受载荷作用发生不同程度的损伤，所以组成材料应当具备一定的力学强度，以保证隔水层的完整性；重构隔水层上表面与浅表层水接触，为保证地下水清洁可利用，重构隔水层材料应不与水发生反应，且不释放毒害物质。综合分析，重构隔水层材料应当具备的基本特征如下：

（1）低渗透率，应当在$10^{-20}\sim10^{-15}m^2$之间，是隔水层材料的最关键指标。

（2）具有一定的强度，保证在构建过程中与构建完成后保持较大程度的完整性，以保证材料渗透率维持在（1）中所述区间。强度参数借鉴《城市生活垃圾卫生填埋技术标准》中人工防渗层强度参数要求。

（3）重构隔水层位于地下水环境中，构成材料与水长时间接触应当不释放毒害性物质；

（4）构成材料遇水不产生任何物理、化学反应，以保证处于地下水环境的重构隔水层完整性；

（5）在地下环境中，构成材料应当有永久耐久性；

（6）从经济角度考虑，重构隔水层工程量巨大，所以原材料应当为廉价、易得材料。

3. 重构隔水层渗透性能特征

渗透性能是衡量隔水层效果的重要指标之一。原始隔水层一般为完整岩层，渗透率一般在 $10^{-20}\sim10^{-18}m^2$ 量级，甚至更小。排土场为松散破碎物料的堆积体，渗透系数较大，表 3-4 列举了某露天煤矿排土场物料渗透性能。其中压实黏土的渗透性能较差，渗透率在 $10^{-11}m^2$ 量级，部分矿区将黏土压实后作为临时帷幕，可以起到临时挡水的作用，但若作为重构隔水层，其渗透性能远达不到永久隔水的效果；泥灰岩-粉土为典型的土石混合体，主要由风化泥岩、破碎灰岩以及散土构成，无论是排土场浅表层还是下部经过长期压力重塑，其渗透率均较大，均在 $10^{-9}m^2$ 量级。

表 3-4　某露天煤矿排土场物料渗透性能

物料类型	位置深度/m	渗透系数/（cm/s）	渗透率/m²	平均值/m²
粉土	1.50～1.70	2.33×10^{-4}	2.33×10^{-9}	3.27×10^{-9}
	2.00～2.20	5.95×10^{-4}	5.95×10^{-9}	
	4.50～4.70	1.55×10^{-4}	1.55×10^{-9}	
	7.60～7.80	6.92×10^{-5}	6.92×10^{-10}	
	9.50～9.70	6.78×10^{-4}	6.78×10^{-9}	
	12.50～12.70	2.33×10^{-4}	2.33×10^{-9}	
黏土	14.30～14.50	1.44×10^{-7}	1.44×10^{-12}	1.50×10^{-11}
	20.10～20.30	3.23×10^{-6}	3.23×10^{-11}	
	23.10～23.30	1.14×10^{-6}	1.14×10^{-11}	
泥灰岩	24.80～25.00	2.68×10^{-5}	2.68×10^{-10}	3.07×10^{-9}
	25.60～25.80	4.39×10^{-5}	4.39×10^{-10}	
	44.20～44.40	2.48×10^{-6}	2.48×10^{-11}	
	60.80～61.00	6.58×10^{-4}	6.58×10^{-9}	
	62.00～62.20	8.07×10^{-4}	8.07×10^{-9}	

所以，无论深层还是浅表层排土场物料，渗透系数均较大，无法满足隔水与阻水的要求。目前，大部分大型露天煤矿均实现了内排，但由于排土场构成物料渗透系数较大，不能起到隔水甚至阻水的要求，所以必须人工构筑隔水层才能真正实现露天矿区地下水环境的恢复。

3.3.1.3　卡车排弃作业对隔水层载荷的影响

重构隔水层采用分段构筑工艺，只要每段在载荷作用下保持完整，即可保证构筑完成后整体的完整性。重构隔水层在构建过程中受均布分布载荷作用，载荷由上部堆载物料自重引起。上部堆载物料为松散土石混合体，对分段隔水层的载荷可按照静水压力计算，即：

$$P_1 = \rho g H \tag{3-15}$$

式中，ρ 为上部堆载物料密度，kg/m^3；g 为重力加速度，m/s^2；H 为上部堆载物料高度，m。

1. 卡车对地载荷测试

重构隔水层分段浇筑完成后，需要进行上部物料内排，此过程中会出现载重卡车在重构隔水层上部行走的情形。载重卡车对地面的载荷为自重载荷，由轮胎向地面、地下传递。卡车对地载荷可以用对地比压 P_0 表示，与压强、应力具有相同量纲，常用单位为MPa。对地比压的计算可以用公式（3-16）表示：

$$P_0 = \frac{mg}{S} \tag{3-16}$$

式中，m 为卡车质量或满载质量，kg；S 为卡车轮胎与地面接触总面积，mm^2。

公式（3-16）可以方便读者理解对地比压，但是卡车轮胎与地面的接触面积不方便直接测量，接触面积也受载重、轮胎气压等因素的影响，所以该公式的应用性并不强。为获得准确的对地比压数据，开展了卡车在迅速行驶过程中对地比压现场实测。测试卡车采用HMTK600B型电驱动自卸车，详细参数见表3-5，卡车运行速度30km/h。

表3-5　HMTK600B型电动轮自卸车主要参数

型号	HMTK600B	驱动	4×2 后轴驱动
额定载荷	363t	空载重量	237t
满载后总重	600t	空载轴荷分配	前轴-46%，后轴-54%
满载轴荷分配	前轴-33%，后轴-67%	最高车速	64km/h
额定爬坡度	10%	满载最大爬坡度	23%
制动距离（30km/h）	≤41m	最小离地间隙	860mm
发动机额定功率	2610kW	发动机最大扭矩	13771N·m
排量	78L	额定油耗	201g/(kW·h)
最小转弯半径	17.8m	车厢容积（平装）	171m^3
车厢容积（2：1堆装）	220m^3	空载最大外形尺寸（长×宽×高）	15790mm×9500mm×7810mm
轴距	6800mm	前轮距	8160mm
后轮距	6150mm	举升高度	15010mm

2. 卡车运行的对地载荷规律

轮胎的对地压力随着车辆通过呈现增大—回落的过程，与车辆的载荷和运行速度有

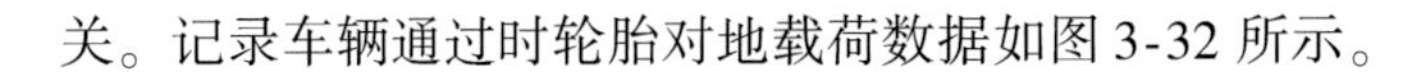
关。记录车辆通过时轮胎对地载荷数据如图 3-32 所示。

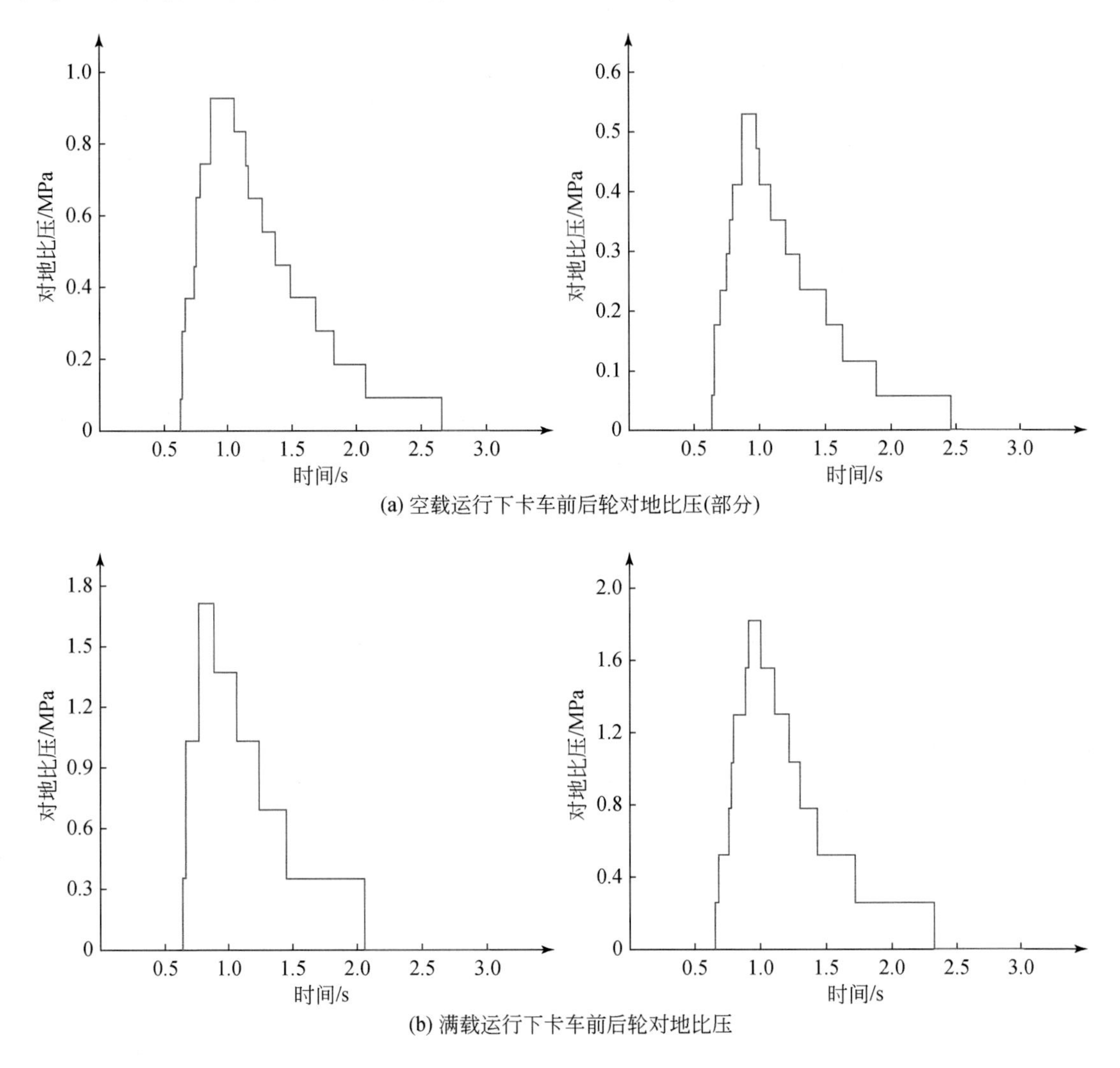

图 3-32　卡车通过时轮胎对地比压随时间变化规律

3. 卡车对地载荷峰值

记录卡车在破碎岩石路面行驶时不同深度处的对地比压试验峰值。通过现场实测试验，得到了卡车空载静止、空载运行、满载静止、满载运行情况下，各测量位置深度对地比压数值。空载情况下，后轮对地比压小于前轮，约为前轮的 57%；满载情况下，后轮对地比压大于前轮，约为前轮的 103%；对地比压最大值为 1. 87MPa，发生在满载静止状态下的后轮地表；在上述 4 种状态下最大值均发生在地表，随着深度的增加对地比压有减小趋势，且随深度的增加减小幅度逐渐减小趋于平缓，如图 3-33。

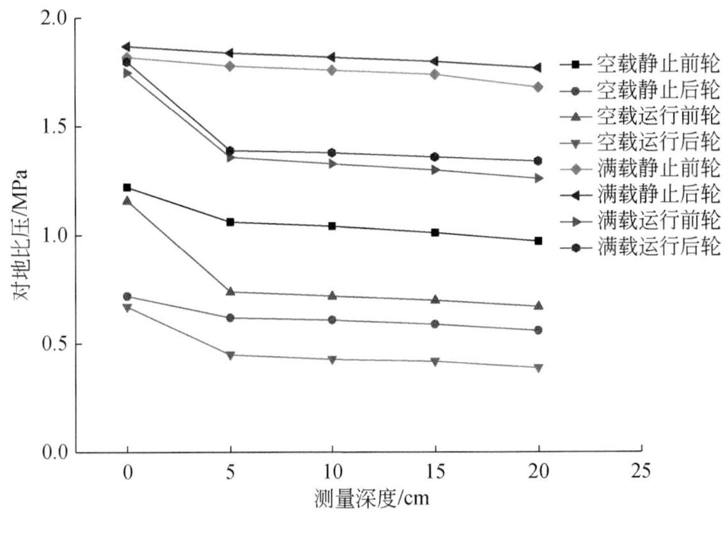

图3-33　对地比压随深度变化规律

3.3.2　近地表生态型储水层构建方法

宝日希勒矿区属于半干旱地区，自然降水难以满足矿区生态修复的需要，而矿坑水产量与露天矿生产、生态需求存在显著的时空不协调，需要研发适合宝日希勒露天煤矿特点的矿坑水资源储存与跨季节调配技术。一方面，宝日希勒露天煤矿在春季、夏季排土场复垦时需水量较大（露天矿生产所需的道路降尘用水量也大），地表水与地下水供应量有限，很难满足矿山生产复垦用水，需进行水资源的调配工作；另一方面，矿区冬季寒冷，大部分剥离和排土场复垦工作停止，矿山生产和生态修复用水需求减少，虽然大气降水有所减少，但地下水涌出量基本不变，导致矿坑水积聚，为保证矿山生产的安全性，一般将积聚的矿坑水排弃至矿区地界以外，既造成了水资源的浪费，同时矿坑水还可能影响周围环境。因此亟须通过技术改造对矿区水资源进行综合调配，满足不同季节的用水需求，降低矿山生产成本。

3.3.2.1　露天煤矿地层重构物料选择

1. 露天矿原始地层结构

露天矿地下水库的物料是取自矿区地层，经一系列物理化学作用后用于建设地下水库的关键组成结构，其中坝体物料来源于顶板隔水层物料，储水物料来源于水层组，矿区的地层关系如图3-34示。

2. 重构隔水层物料选择

露天矿开采区域内主要包括4个含水层，分别为第四系隔水层、Ⅰ号含水层顶板隔水层、Ⅱ号含水层顶板隔水层、Ⅲ号含水层顶板隔水层。矿区内的隔水层发育稳定，隔水性

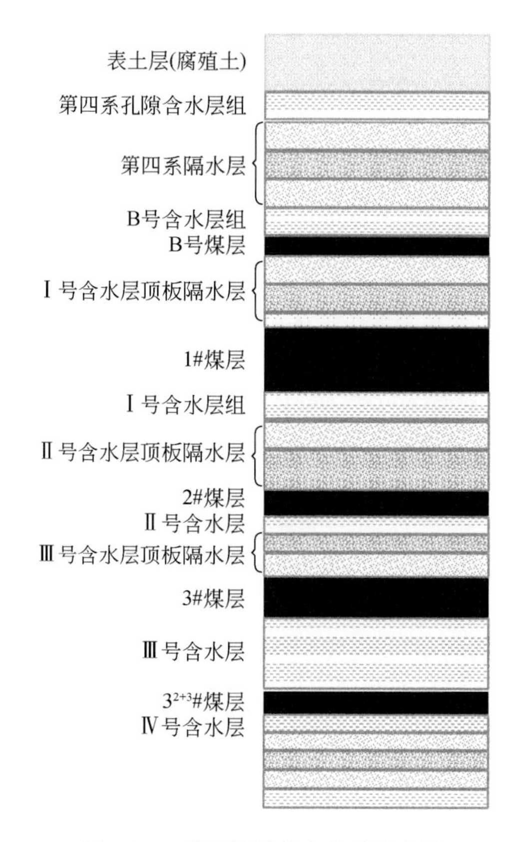

图 3-34　矿区地层基本关系示意图

能好。隔水层物料的主要特征见表 3-6。

表 3-6　隔水层物料的主要特征

隔水层类型	厚度/m		预计开采量/(Mm³/a)	岩性	发育特征
	范围	平均值			
第四系隔水层	6～44	22.8	5.51	泥岩、粉砂岩、细砂岩	与煤层含水层之间无水力联系；分布规律从南向北逐渐变薄
Ⅰ号含水层顶板隔水层	10～20	14.23	3.43		分布连续，厚度稳定；分布规律由北向南逐渐变薄并尖灭
Ⅱ号含水层顶板隔水层	8～35	20.48	4.95		分布连续，厚度稳定；分布规律中间厚，向南北两侧变薄
Ⅲ号含水层顶板隔水层	7～31	17.2	4.15		分布规律中部厚，向南北两侧变薄，局部存在天窗，与上部含水层连通

3. 重构含水层物料选择

露天矿开采区域内主要包括 2 个含水层，第四系孔隙潜水含水层和裂隙–孔隙承压含水层，其中裂隙-孔隙含水层组可划分为4个独立的含水层，自上而下依次为Ⅰ号含水层、Ⅱ号含水层、Ⅲ号含水层、Ⅳ号含水层。含水层物料的主要特征见表3-7。

表3-7　含水层物料的主要特征

含水层类型		第四系孔隙潜水含水层	Ⅰ号含水层	Ⅱ号含水层	Ⅲ号含水层	Ⅳ号含水层
厚度/m	范围	7～30	1.30～59.48	0.66～41.32	0.89～30.14	4～50
	平均值	10.2	28.77	11.56	14.16	25.6
预计开采量/(Mm^3/a)		2.47	6.94	2.79	3.42	6.18
岩性		砂砾层	砂岩、粗砂岩、砂砾岩			
空间分布特征		呈点状分布；全区发育	矿区北部分布连续，中部厚，西北逐渐变薄尖灭	全区发育，分布连续、中部较厚，向四周逐渐变薄	全区发育，分布连续，中北正常，向南逐渐变薄	发育范围小，埋藏深，补给差
水文参数	渗透系数/(m/d)	4.41～21.05	0.133～1.67	0.206～1.24	0.219～0.841	
	单位涌水量/[L/(s·m)]	0.025～0.197	1.23～3.79	0.092～0.727	0.048～0.612	
	矿化度/(g/L)	<0.5	0.81～7.75	0.38～8.44	0.87～6.44	

3.3.2.2　含砾砂岩的结构特征

露天矿煤层之上的砂岩层在未进行人为扰动前，在地应力的长期作用下，天然状态的砂岩层形成较为致密的结构，颗粒间的黏结作用强，可压缩性小。露天开采过程中，砂岩层成为散体结构，颗粒间的黏结强度降低甚至消失。含砾砂岩经二次排弃后形成新的地层结构，颗粒间的孔隙增大，渗透性增强，可以作为露天矿水库的储水层。

颗粒级配是决定储水层最大储水能力和水渗透特性的关键因素。含砾砂岩颗粒级配分析利用标准分样筛人工筛分的方法，孔径大小为0.075mm、0.25mm、0.5mm、1mm、2mm、5mm、10mm、20mm、40mm、60mm，可分析出9种粒径。宝日希勒露天煤矿含砾砂岩的粒径含量及级配曲线如图3-35所示。

含砾砂岩的孔隙性主要取决于颗粒大小、均匀程度、颗粒形状以及排列方式，当含砾砂岩中的颗粒越大、均匀程度越高，整体的孔隙性将越大。利用孔隙比、孔隙率等指标共同反映散体岩石物料的孔隙特征。

含砾砂岩物料的孔隙比表示为含砾砂岩中孔隙体积与固体颗粒的体积之比：

$$e=\frac{V_V}{V_S} \tag{3-17}$$

含砾砂岩物料的孔隙率表示为散体岩石物料中孔隙占总体积的百分比：

$$n_e=\frac{V_V}{V_V+V_S} \tag{3-18}$$

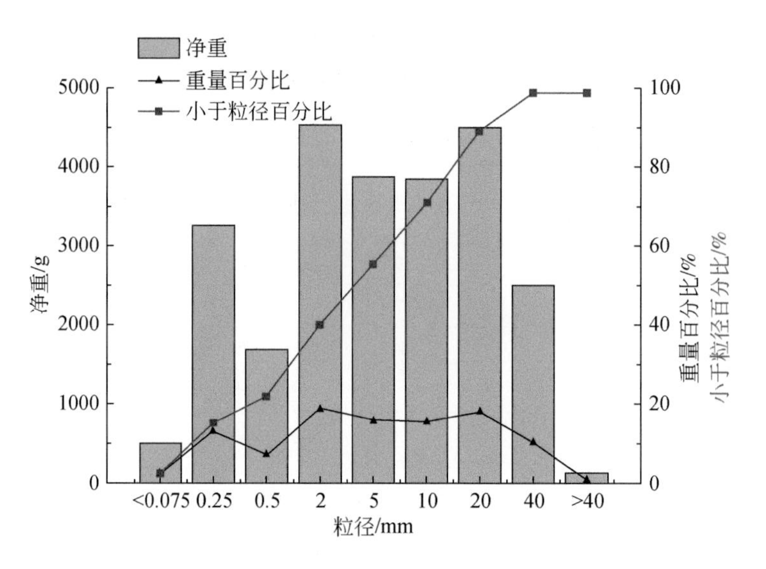

图 3-35　含砾砂岩各粒径含量百分比及颗粒级配曲线

式中，e 为孔隙性；n_e为孔隙率,%；V_V为孔隙体积，m^3；V_S为固体颗粒体积，m^3。

孔隙率和孔隙比共同决定了物料的最大储水能力，但是由于含砾砂岩中的颗粒大小不均，无法测出准确的孔隙数据来反映出储水层的储水能力，因此只能通过相似模拟试验进行测量。

3.3.2.3　压实条件下含砾砂岩储水特性

储水系数是衡量储存层优劣的一个重要参数，将 10% 作为评价储水效果优劣的分界线，储水系数高的储水层其渗透性好、可储水量大，因此试验分析的过程中将储水量换算为储水系数进行分析，记录不同压力下的平均储水量和换算后的储水系数见表 3-8。

表 3-8　物料的储水量及储水系数

储水层位置/h	级配 1		级配 2		级配 3	
	储水量/L	储水系数/%	储水量/L	储水系数/%	储水量/L	储水系数/%
1	5.267	6.35	20.245	23.27	30.122	33.84
3	4.021	5.09	18.734	21.78	29.249	32.86
5	2.784	3.62	17.721	21.10	28.829	32.69
7	2.357	3.10	16.856	20.07	28.714	32.53
9	2.285	3.05	16.245	19.34	28.238	32.09

分析储水次数的目的是判断地下水库的使用频率是否会对储水量造成影响。

（1）由图 3-36（a）知，级配 1 的储水系数数值稳定，储水次数对储水系数的变化影响较小，压力 1～5 的方差为 0.01、0.01、0、0、0，表明该级配下的储水系数基本不会影响该粒径砂岩的储水效果。

（2）由图3-36（b）知，级配2的储水系数先增长后降低，除压力2以外，第5次试验后的储水系数均小于第1次，且减小的数值逐渐减小，说明越深层的位置，储水次数对储水效果的影响越小。

（3）由图3-36（c）知，压力1和压力5时，级配3的储水系数变化显著，压力1～5的方差为0.08、0.03、0.02、0.03、0.62，其中发生明显变化的是压力5的第4次试验后，储水系数减小了1.70%，但在第5次试验储水系数提高了0.13%，储水系数逐渐趋于稳定。

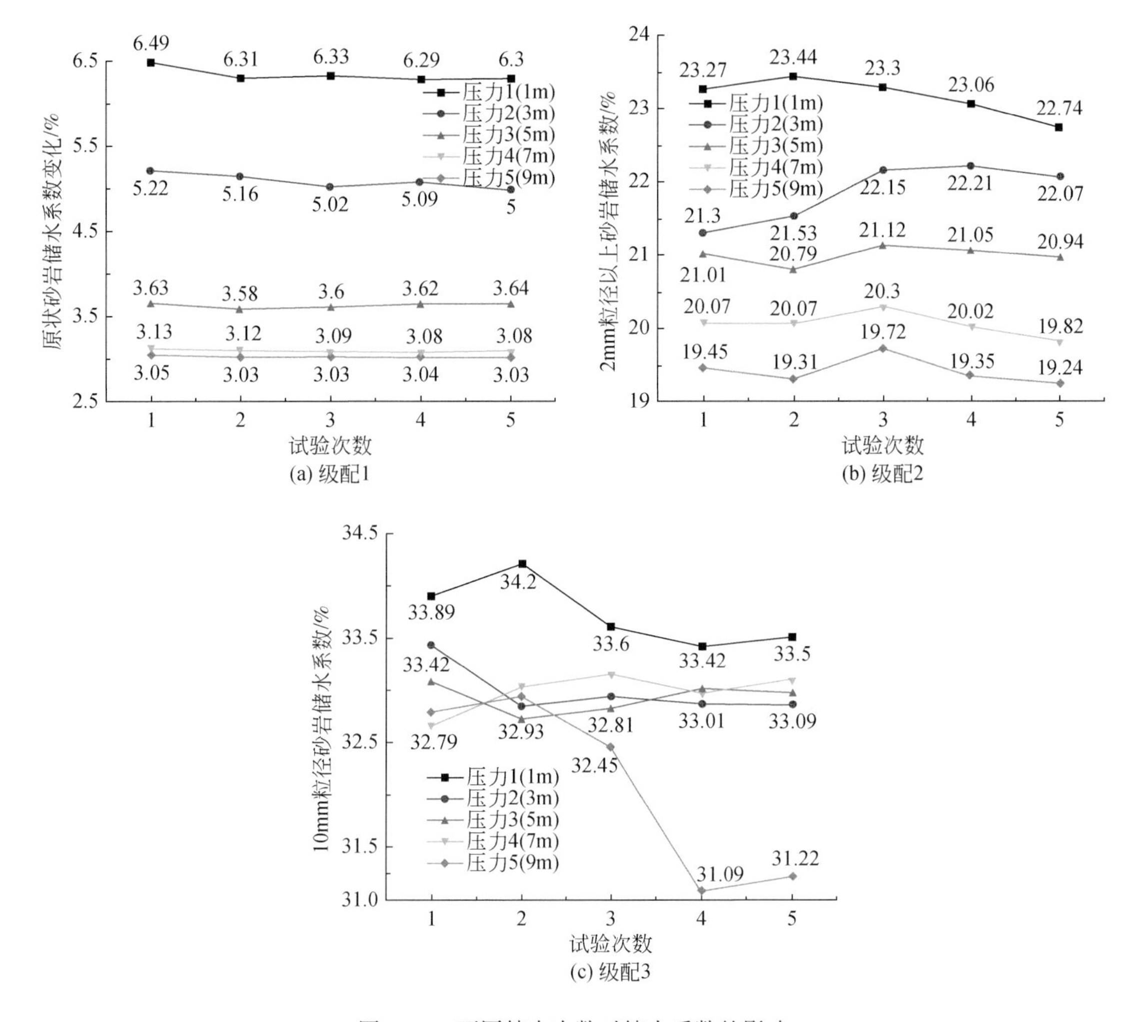

图3-36　不同储水次数对储水系数的影响

总而言之，储水次数对含砾砂岩的各级配储水特性影响程度均较小，3种级配的砂岩都可作为长期稳定的储水材料，不会产生由于抽蓄水频率过高造成储水量急剧减小的情况。

3.3.2.4　近地表生态型储水层构建方法

针对宝日希勒露天煤矿矿坑水跨季节调配的需要，在露天煤矿排土场排弃至距离最终高度 8～10m 时，在内排土场并列布置两块矩形储水区，即 a、b 两块，见图 3-37。

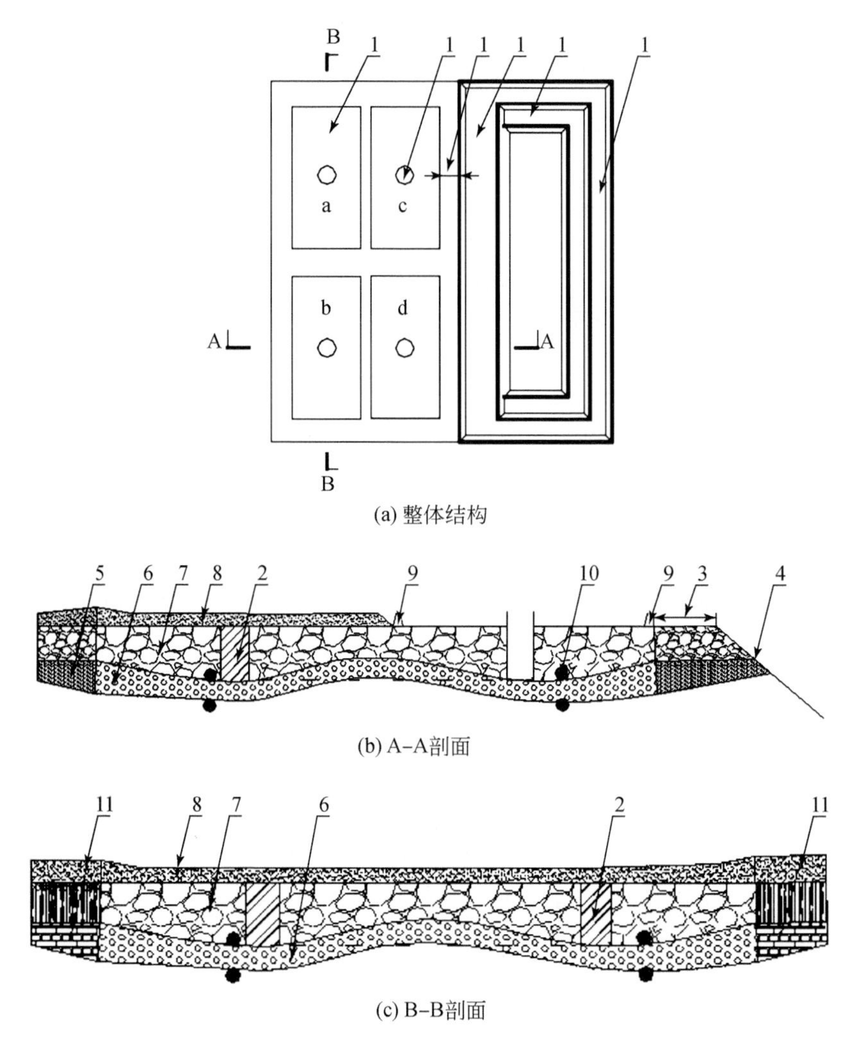

(a) 整体结构

(b) A–A剖面

(c) B–B剖面

图 3-37　宝日希勒露天煤矿近地表储水层构建方法

1-储水区；2-取水井；3-储水区与内排土场边坡之间安全距离；4-内排土场；5-上一期人工隔水层；6-人工隔水层；7-含水层；8-复垦层；9-阻水挡墙；10-水分探测器；11-原始地层中的隔水层

（1）储水区底部铺设厚度为 3～5m 的压实黏土层，为人工隔水层，下表面与上表面分别布置水分传感器；每块储水区内的人工隔水层设置水利坡度，储水区中心的人工隔水层水平高度最低，储水区边缘的人工隔水层水平高度最高；各个储水区的人工隔水层之间相互连接，靠近露天矿端帮附近的人工隔水层与原始地层中的隔水层连接，各个储水区周围均留出宽度为 20m 的施工道路。

（2）人工隔水层上方继续排弃露天矿剥离物中孔隙大，遇水变形小，亲水性差的沙质土或者沙土作为含水层，含水层排弃至距离露天矿内排土场最终高度0.5～1m位置时停止排弃；在每个储水区地表边缘使用露天矿泥状剥离物堆砌高度20～30cm，底宽1m的阻水挡墙；同时在每个储水区中心位置布置垂直取水井，取水井井筒底部安装过滤网，过滤网底部与人工隔水层上表面相平，井筒采用直径为1m的预制混凝土管，取水井最上部混凝土管上表面高出含水层表面0.5～1m。

（3）随着内排土场在露天矿推进方向不断延伸，连续并列布置多个储水区即c、d两块，且露天矿推进方向由内排土场指向采场。

（4）当秋季末期，露天矿剥离工作停止，待空气最低温度下降至-5℃到-10℃后，将地表径流或者坑底涌水通过管路输送至储水区，直至储水区表层出现5～10cm积水，且取水井中的水面与含水层上表面相平时停止注水。

（5）冬季冰冻时期，储水区表层冰层消失或取水井中的液面高度低于含水层上表面时，继续向储水区注水，确保表层出现5～10cm冰层厚度或取水井中的水面与含水层上表面相平时再停止注水。

（6）次年春季储水区内冰层融化，使用水泵从取水井中将储水抽取输送到矿区需水地点，取水先从靠近采场的储水区开始；储水抽取后，将取水井掩埋，阻水挡墙拆除，将矿区地表腐殖土或腐殖土的替代材料排弃至含水层上部作为复垦层；复垦层铺设完成后，内排土场完成全部排土计划，实际排土高度达到最终高度，在复垦层上部种植草木，进行露天煤矿排土场的复垦工作。

3.4　草原区近地表土壤层序结构再造技术

土壤中的有效水分对于干旱、半干旱地区的植被恢复至关重要。研究表明，构造具有层状剖面结构的土层可以提高土壤的持水能力，持水能力通常与构造土层层序的土壤性质有关，同时地质勘探发现东部草原区露天煤矿的土壤层具有明显的层状结构。

3.4.1　矿区土壤性质分析

3.4.1.1　草原原生土壤性质分析

胜利露天煤矿上覆第四系松散层情况如图3-38所示。由综合柱状图知，该地区第四系松散层总厚度为8～10m。其中，表土层（含腐殖质）厚度约0.5m，砂质层厚度一般3～5m，黏土类厚度一般3～5m。在第四系松散层以下，为厚度大于60m的泥岩层。

对锡林浩特胜利露天矿原生土壤各层位进行样品采集，分析其颗粒组成和基础物理性质，见表3-9。分析结果表明，各层土壤中沙粒含量均较高，粉粒和黏粒含量较低，主要为砂质土壤，土壤的孔隙度和容重没有随着土壤层次表现出明显的规律，其中L3土壤容重值最大，孔隙度最小。

图 3-38　胜利露天煤矿第四系松散层典型剖面

表 3-9　锡林浩特研究区土壤颗粒组成和基础物理性质

土层	黏粒/%	粉粒/%	沙粒/%	质地	容重/(g/cm³)	孔隙度/%
L1	4.55	37.73	57.72	砂壤土	1.23	0.51
L2	4.43	34.04	61.54	砂壤土	1.59	0.39
L3	3.32	21.80	74.87	壤砂土	1.72	0.33
L4	0.15	2.69	97.16	砂土	1.54	0.37
L5	7.44	71.72	20.83	粉砂壤土	1.22	0.51

3.4.1.2　排土场土壤性质分析

土壤物理性质是土壤质量的重要组成部分，土壤物理性质影响土壤保持和供应水肥的能力。在锡林浩特和宝日希勒露天矿排土场分不同时间段进行土壤取样。其中在锡林浩特获取排土场无人机影像，影像具有红、绿、蓝 3 个波段，空间分辨率为 0.1m；采集土壤样品按边坡和平台进行分层取样，取 0 ~ 10cm 表层土壤，分别在边坡取样 36 个，平台取样 79 个。测定土壤含水量、容重、比重、孔隙度，重复测定 3 次，取平均值。排土场不同部位的土壤物理性质详见表 3-10。

从表 3-10 可以看出，排土场土壤的物理性质和当地未扰动土相比，有明显的变化。在一定范围内，土壤的容重越小，表明土壤的结构性越好，越疏松，越有利于水气的交换，反之则土壤结构性差，板结，不利于植物生长。除容重值以外，排土场比重、孔隙度和土壤含水量均小于未扰动土。容重值大部分在 1.4 以上，土壤结构过紧实，这是复垦机械反复碾压所致；孔隙度在 30% ~40% 之间，表明排土场土壤属于中砂土，大孔隙较多，与原状土相比，孔隙度变小，不利于保水保肥。土壤含水量与未扰动土相比，下降了57%~82%。

表3-10　胜利露天煤矿排土场不同部位土壤物理性质

位置	高度	容重/(g/cm³)	比重	孔隙度/%	土壤含水量/%
平台	G	1.55±0.13	2.37±0.10	34.57±3.86	3.74±1.92
	H	1.61±0.16	2.38±0.10	32.42±6.69	2.40±1.09
	L	1.52±0.14	2.34±0.09	34.99±4.81	4.17±3.14
	M	1.53±0.10	2.33±0.10	34.29±3.31	3.72±1.54
	CV/%	8.86	4.12	14.65	60.76
边坡	H	1.40±0.16	2.31±0.27	39.20±4.18	5.18±3.76
	L	1.46±0.11	2.43±0.18	39.76±3.95	5.85±3.32
	M	1.38±0.14	2.32±0.11	40.38±5.63	3.19±2.39
	CV/%	9.43	4.12	11.51	70.04
CK		1.23	2.51	51.05	13.57

注：H、M、L、G是按照采样点在排土场的位置从高到低划分。CV为变异系数。

3.4.1.3　排土场土壤性质与地形的关系

将复垦排土场分为边坡和平台两个部位，按照排土场结构从上到下分层，可以看出排土场平台的容重值均大于对应的边坡容重值。平台最高处的容重值最大，随距离地面高度降低，容重减小。边坡与平台正好相反，最低处的容重最大。平台的比重值从上到下没有明显变化，边坡的比重值离地面越近越大。边坡土壤孔隙度整体高于平台土壤孔隙度。平台最高处的土壤含水量最小，而边坡最低处的土壤含水量最小。

研究区的物理性质在不同部位表现出一定的差异性。平台和边坡2个不同部位，土壤含水量的变异系数均较大，分别为60.76%和70.04%；比重的变异系数均小于其他物理性质的变异系数，为4.12%。边坡容重的变异系数大于平台容重，为9.43%。而平台孔隙度的变异系数比边坡孔隙度的变异系数大，为14.65%。此外，不同部位距离地面的远近不同，物理性质也表现出一定的差异性。

不同的地形因子对土壤物理性质的影响效果不同，见表3-11。

表3-11　地形因子对土壤物理性质的影响

项目	坡度	坡向	高程	地表粗糙度	曲率	地形起伏度
容重	-0.35**	0.00	0.19*	-0.25**	-0.10	-0.35**
比重	0.02	-0.13	-0.05	-0.09	0.01	0.00
孔隙度	0.41**	-0.08	-0.25**	0.23*	0.12	0.40**
土壤含水量	0.10	0.00	-0.16	0.01	0.03	0.11

**. 在0.01水平（双侧）上显著相关；*. 在0.05水平（双侧）上显著相关。

（1）排土场土壤容重与坡度呈显著负相关，边坡的容重值小于平台部位，表明边坡土壤的物理结构较好。

（2）土壤容重与高程呈正相关关系，随高程降低，容重减小。而土壤孔隙度则正相反，与坡度呈正相关，坡度越大土壤结构越松散；与高程呈负相关关系，从高到低，孔隙度变大。

（3）地表粗糙度是反映地表起伏变化与侵蚀程度的指标，一般定义为地表单元的曲面面积与其在水平面上的投影面积之比，反映地面凹凸不平的程度，也称地表微地形。粗糙度反映地表抗风蚀能力。从表 3-11 中可以看出，土壤容重和孔隙度与粗糙度之间存在显著关系。地面粗糙度越大，容重越小，土壤孔隙度越大。地形起伏是指特定区域内最高点海拔和最低点海拔之间的差值。

（4）地形起伏和土壤容重与孔隙度之间存在显著相关关系。地形起伏度越大，容重越小，土壤孔隙度越大。其余土壤物理性质与地形因子的皮尔森相关系数均在 0.1 水平以下，这表明排土场土壤的比重、土壤含水量受地形影响较小。

3.4.2　排土场土壤层序结构再造方案

3.4.2.1　排土场土壤层铺设厚度确定

在设计地层重构模型时，土层厚度是影响其工作性能的一个重要因素。调查研究发现，矿区复垦使用的例如沙棘、苜蓿等植物大多数的根系在 0 ~ 60cm 深，少部分在 70cm 以上；根据《园林绿化工程施工及验收规范》的相关规定，花卉及草坪铺土厚度需要在 0.3 ~ 0.5m，种植灌木类铺土厚度需要在 0.6 ~ 0.8m。Camera-Hernandez 等选取了三块复垦区域进行了植物种植试验研究，研究表明，当最上层复垦覆土在 0.5 ~ 1m 时可以较好地为植被提供水分；郭友红等采用田间模拟试验对复垦耕地厚度做了研究，结果表明，只有土壤厚度一个变量时，30 ~ 70cm 厚度区间内，越厚农作物生长越好，但是覆土厚度达到 100cm 时，作物生长情况较 70cm 厚的差异并不明显。综上所述，选取 70cm 厚的砂土层进行土壤重构是较为合理的。

地层重构的关键就是构建阻渗性能良好的隔水层。为了研究黏土隔水层厚度对地层重构模型工作性能的影响，提出了 20cm、30cm、40cm、50cm、60cm 的 5 种黏土层厚度试验方案。SEEP/W 软件是一款全面处理非饱和土体渗流问题的有限元分析软件。使用其分别建立 5 个不同高度的模型，对 5 种厚度的黏土层进行渗流模拟。首先在软件中设置渗流方式为稳态非饱和渗流，选取 400kPa 固结压力下黏土的各项参数作为模拟量，并从 GDS 软件中导出其渗透性试验中基质吸力与传导率、基质吸力与体积含水率的数据（图 3-39），导入到 SEEP/W 软件中。

根据排土场土壤层序重构方案，划分页面单元格为 1mm，比例为 1 ∶ 100。分别构建高度为 2mm、3mm、4mm、5mm、6mm，长度都为 6mm 的 5 个模型，模型上部添加定水头（蓝色箭头），单位流量为 50mm/d，两侧设置边界条件（绿色实线）总流量 $Q=0$，下部设置水头压力（红色实线）为 0，另外在底部设置一条流量截面（蓝色虚线）来监控流量。

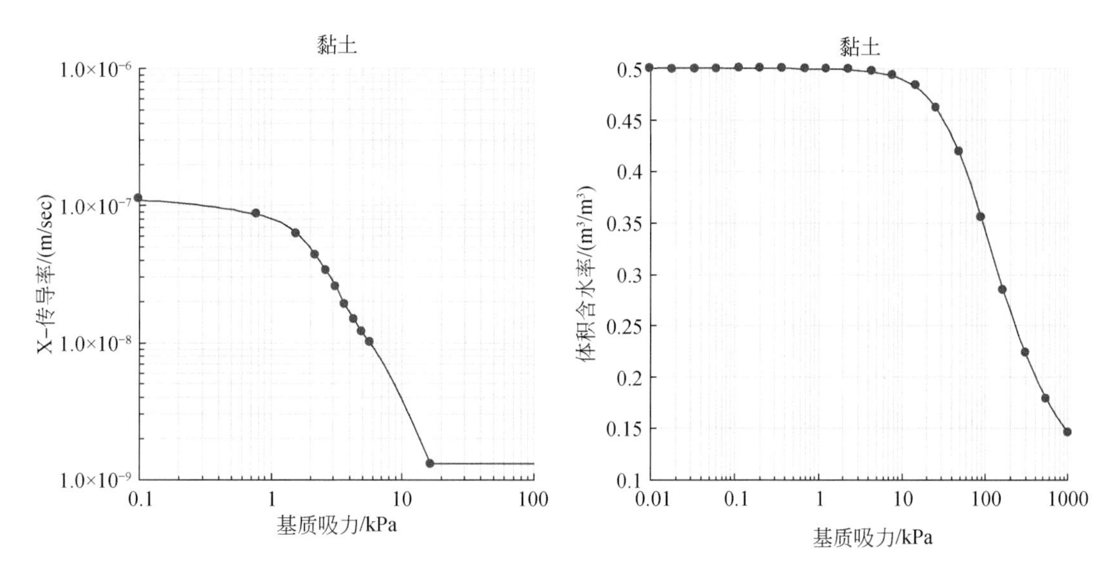

图 3-39　基质吸力与传导率、体积含水率的关系

最后输入模型体材料的含水率为 26.4%，渗透系数 $K=2.193\times10^{-8}$cm/s，模拟持续时间为 1d。模拟结果如图 3-40 所示。当黏土层的厚度增加时，渗透量近似呈线性减小趋势。分析每组间的渗透量减小数据得到，随着黏土层厚度增加，渗透量减小速度有所变缓。当黏土层厚度从 20cm 增加到 30cm 时，渗透量减小了 0.036mm/s，而当黏土层厚度从 50cm 增加到 60cm，渗透量只减小了 0.017mm/s，当黏土层厚度为 60cm，仍有 0.045mm/s 的渗透量。

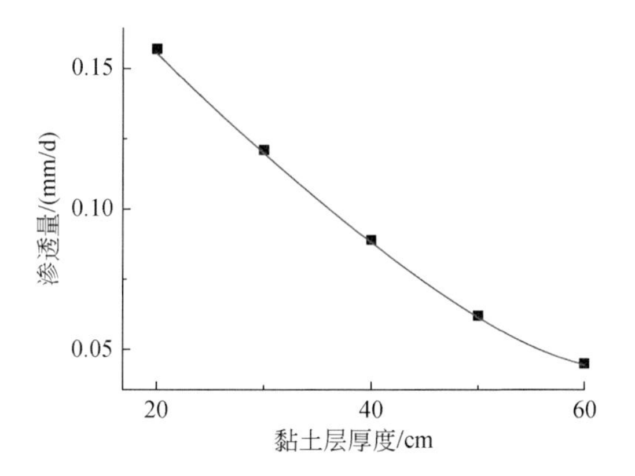

图 3-40　黏土层厚度与渗透量的关系

由此可见，随着黏土层厚度的增加，虽然能够在一定范围内减少黏土层水分的渗透，但重构隔水层的难度会大大增加，而且，单纯靠增加黏土层厚度来增强隔水层的阻渗性能不一定非常有效。试验和数值模拟研究表明，当黏土层处于 150cm 时，黏土的厚度对水分蒸发和渗流速率的影响较为明显，但是 40cm 厚以上的速率差别较小。

3. 4. 2. 2　排土场土壤层序结构再造方案

根据胜利露天矿土壤赋存特点和生态修复需要，初步确定土壤层序重构方案如图 3-41 所示。

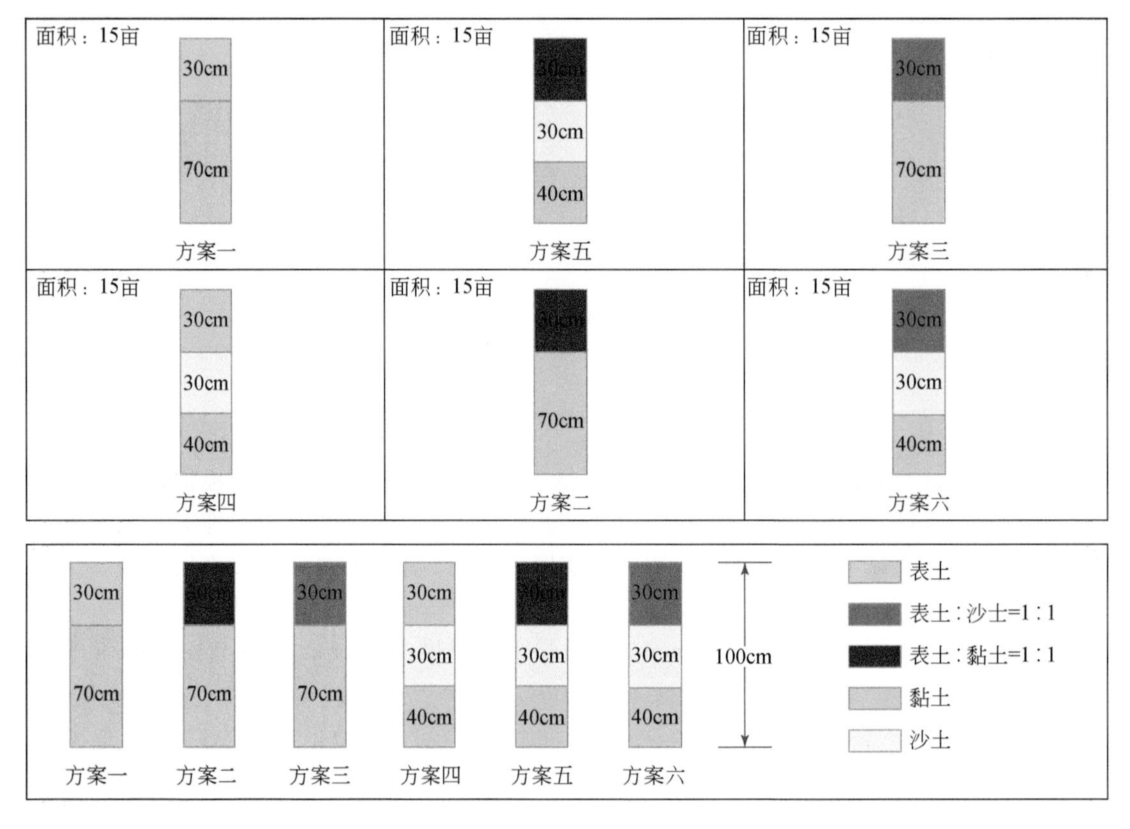

图 3-41　示范区设计方案

分析各方案特点如下：

方案一：表土作为上层土壤，其养分和土壤质地均优于其他种类土壤，但是经现场调研，当地表土缺乏，并不总能使覆土厚度达到国家标准；黏土层作为下层土壤，可以有效减少土壤入渗，防止人工灌溉情况下的水分流失。

方案二：改良方案作为表土不足情况下的替代方案。表土与黏土混合增加了改良土的持水性，但是在矿区机械碾压情况下，黏土的增加可能会造成土壤板结，植物难以扎根，且土壤通气性差；下层土壤方案设计与上同。

方案三：改良方案作为表土不足情况下的替代方案。表土与沙土混合由于沙土的无结构性，可以改善由于机械压实带来的板结情况，作为与方案二的比较方案，探究在实际压实情况下改良方案的保水、通气和植被生长情况；下层土壤方案设计与上同。

方案四：表土层和黏土层设计与方案一同，夹砂层的设计与方案一相比可以增加表土层的持水量，并且利于强降雨情况下的排水。

方案五：改良表土层和黏土层设计与方案二同，夹砂层设计目的与方案四同。

方案六：改良表土层和黏土层设计与方案三同，夹砂层设计目的与方案四同。

3.4.2.3　排土场土壤层序结构再造方案优选

土体含水率随降水入渗的过程的变化如图3-42所示（θ_i为初始含水率，θ_s为饱和含水率）。降水一段时间后，土柱沿垂直方向的剖面含水率会形成4个区域：饱和区、过渡区、传导区和湿润区。其中饱和区位于土柱表层，饱和区的含水率大小受降水强度、降水时间影响较大；过渡区和传导区较饱和层含水率要低，并且传导区的区域高度随降水入渗过程会增加；湿润区土体含水率随着土柱深度增加而减少，而湿润锋位于湿润区的末端，是湿润土体与下层土体的分界面。随着水分的渗流，湿润锋会不断向下推进。湿润区土体与下层土体有一个含水率的突变，在土体的初始含水率比较低的时候，湿润锋会比较明显。

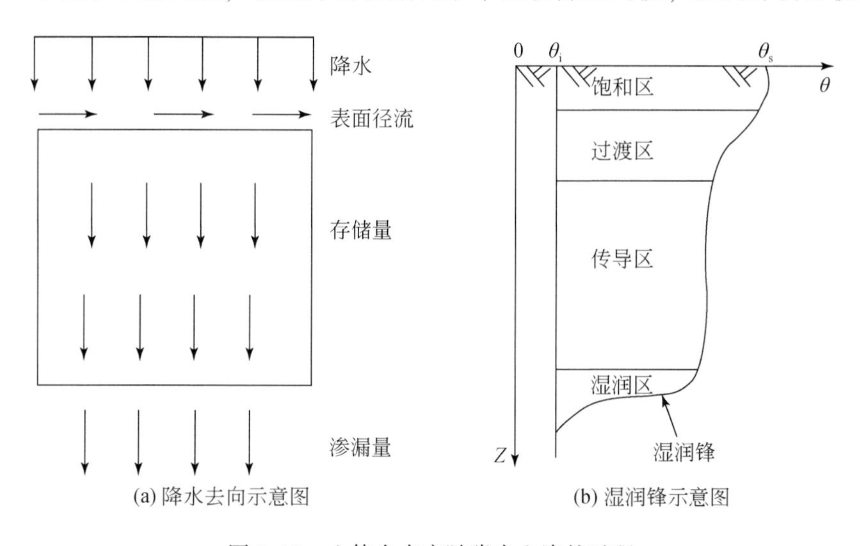

图3-42　土体含水率随降水入渗的过程

根据Green-Ampt分布式水文模型，将入渗速率表示为

$$f=\frac{K_s(S_f+Z_f+h)}{Z_f} \tag{3-19}$$

式中，f为入渗速率；K_s为土壤饱和渗透系数；S_f为下渗锋面处平均吸力，kPa；Z_f为下渗深度，mm；h为地表总水势，kPa。

结合本试验及相关研究文献，将具有层序结构的土壤降水入渗规律总结如下：当降水强度小于上层土体饱和渗透系数时，降水过程没有地表径流产生，雨水全部入渗形成土壤水，如果降水时间足够长，上层土体含水量由于下部土层的阻挡，含水量会远远大于田间持水量，并逐渐达到饱和。随着降水强度的增大，土柱渗流达到稳定状态时其含水率会有所增大。

在降水强度大于土体饱和渗透系数时，会产生积水入渗。在降水初期，土体的入渗能力比较大，土体的渗透速率等于降水强度。随着降水的进行，雨水渗入到土柱内，在土柱表面形成一个饱和带，土体的入渗能力下降，到达积水点，部分降水变为表面径流，土柱开始在有积水的情况下入渗。随着入渗深度的增加，土体的入渗速率逐渐减小，当到达饱和点时，土体接近饱和，达到稳流状态，入渗率接近于饱和渗透速率。

以积水点与饱和点为分界点，整个降水入渗过程分为降水强度控制入渗阶段、非饱和状态土控制入渗阶段和饱和状态土控制入渗阶段。第一个阶段中，无积水入渗，降水强度是决定性因素，会影响入渗量和积水时间，是流量边界条件。此时，水分在上部土体中的运动受分子力作用明显，被土体颗粒吸附成为薄膜水。在第二个阶段，上部土柱在有积水的情况下入渗，入渗能力受降水强度影响减小，而受土体的初始状态影响比较大，是水头边界条件。在此阶段中，上部土体处于非饱和状态时，水分在毛管力和重力的作用下在土体孔隙中流动，并逐渐填充土壤孔隙。而且由于下层土体渗透系数极低，土层间基质吸力梯度减小，土体吸水能力减弱，即上部土体的入渗率不断下降。第三个阶段，上部土体已经接近饱和，土体孔隙被水填充，此时水分在重力的作用下流动，水分开始向下部土体渗透。在降水时间足够长时，水分最后变为底部渗透量流出。

在暴雨以下的降水强度，只要降水时间不超过含水层最大含水量，层序重构后的土壤可以完全将水分保持住，并且不会产生地表径流；对于极端情况下的强降水极少遇到，但是由于底部隔水层的下渗率极低，地表会产生部分径流，含水层还是较好地涵养住了水分。所以对于露天矿排土场进行地层重构是可行的，对于复垦效率的提高也是极为有效的。

根据室内测定胜利矿区煤层上覆岩土层土壤的容重、孔隙度、水力特征曲线等指标，作者团队筛选出了适合剖面重构的材料并设计了“夹砂层层状土体”构型，提出“A 剖面：L1∶L4∶L5＝3∶0∶7”、“B 剖面：L1∶L4∶L5＝3∶3∶4”、“C 剖面：L1∶L4∶L5＝3∶5∶2”、“D 剖面：L1∶L4∶L5＝3∶7∶0”4 种重构方案。课题组通过重构剖面的入渗性能和排水性能，选取入渗速率、累积入渗量（图 3-43）、湿润锋运移特征、剖面体积含水量（图 3-44）和近地表土壤排水特征作为分析指标，对比优选出持水性能最佳的重构层状剖面。

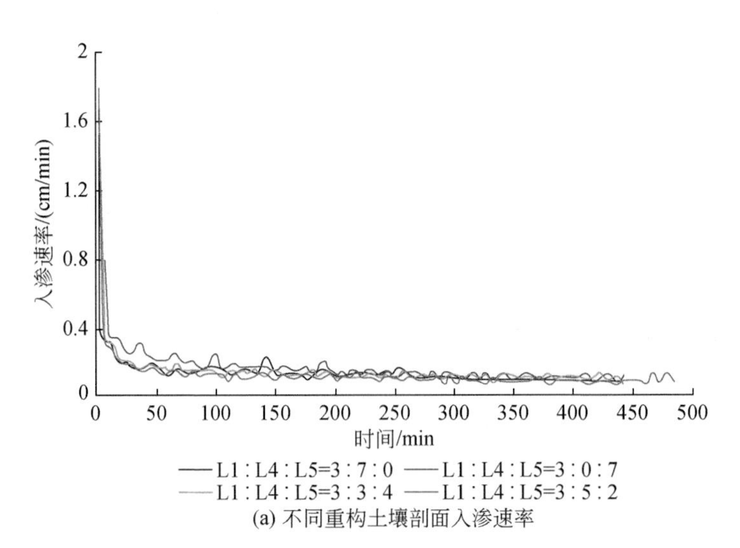

(a) 不同重构土壤剖面入渗速率

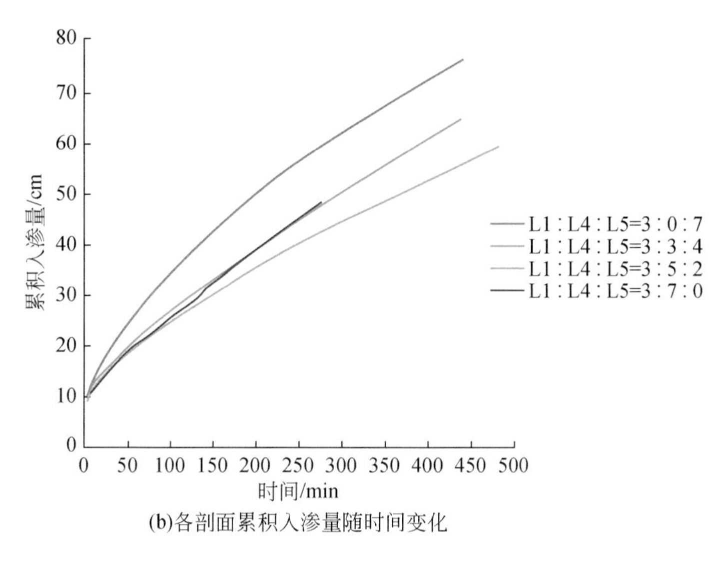

(b)各剖面累积入渗量随时间变化

图 3-43　各剖面水分入渗情况

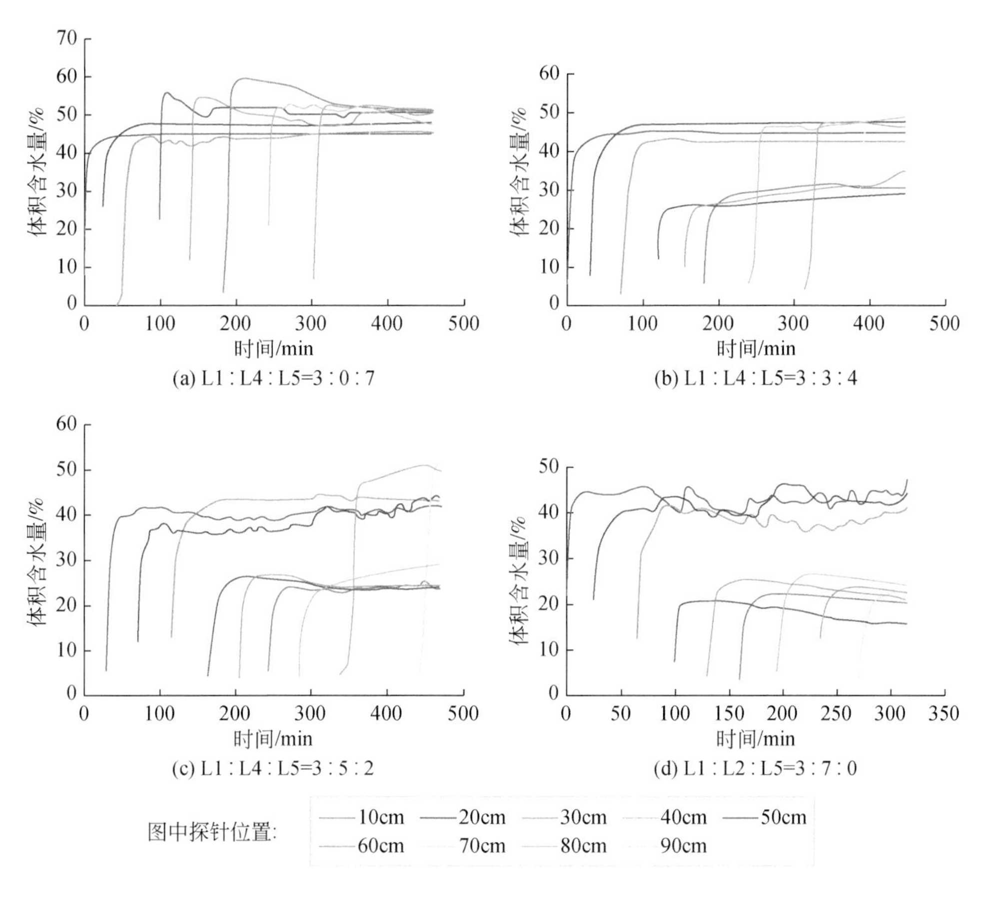

图 3-44　各重构剖面体积含水量变化实测图

图3-44 表示了土壤水分传感器实测各重构剖面土壤体积含水量随时间变化的曲线。由图可见，各剖面各探针位置的体积含水量变化趋势相似，随着入渗的进行，从上至下各土层体积含水量依次出现骤升并趋于平稳的现象。且出现骤升的时间点与湿润锋经过的时间点是基本一致的。整体来看，各重构剖面在土壤入渗过程中，砂土层一直没有达到饱和。

通过对 4 种重构方案进行室内土柱水分入渗和排水实验，选取入渗速率、湿润锋运移量、累积入渗量、剖面体积含水量、排水特征等 5 个指标，综合比较这 4 种剖面的保水持水性能，结果如下：

（1）从入渗开始至入渗结束，D 剖面的入渗速率一直保持在较快的水平，且其湿润锋到达剖面底部用时最短，即 D 剖面的平均入渗速率最大，不利于矿区复垦土壤保水。相反，C 剖面湿润峰到达底部用时最长，其剖面入渗平均速率最小，稳定入渗速率也最小。而 A 剖面表层水分入渗率高于夹砂层剖面构型，这个有利于地表水快速入渗，减少地表径流。B 剖面和 A 剖面相比，由于 30cm 夹砂层的存在，初始入渗率相近，平均入渗速率略小，稳定速率相近。这种剖面构型对于干旱区降雨的利用具有重要意义。

（2）D 剖面的湿润峰运移速率最快，其到达土体底部用时最短。湿润锋运移速率太快，不利于水分在土壤上层的蓄积。就 A、B、C 剖面来讲，夹砂层的设计延长了湿润锋向下运移的时间，且不同的夹砂层厚度对于湿润锋向下运移的阻碍程度不同。A 剖面 L4 土层厚度为 0cm，B 剖面 L4 土层厚度为 30cm，C 剖面 L4 土层厚度为 50cm，综合比较，B 剖面湿润锋运移速率适中，有利于水分储存。

（3）在入渗结束前，A 剖面的累积入渗量一直大于同一时间其余剖面的累积入渗量。B 剖面与 A 剖面完成入渗的时间接近，但其累积入渗量小于 A 剖面。累积入渗量最少的是 D 剖面，相应地其完成入渗所需要的时间最短。而 C 剖面入渗量缓慢，完成入渗的时间最长，C 剖面的渗透性能较差。说明随着夹砂层厚度的增加，累积入渗量减少。由此可知，土壤剖面中砂土层的存在具有减渗作用，可以减少下渗水量。

（4）对不同重构土壤剖面的入渗速率、湿润锋运移距离、累积入渗量做函数拟合，R^2 均大于 0.812，拟合效果良好。

（5）随着入渗的进行，各剖面从上至下各土层体积含水量依次出现骤升并趋于平稳的现象。D 剖面 30cm 以下的砂土层体积含水量均不足 25%，这说明 70cm 砂土层的重构剖面不利于水分的保持，漏水现象严重。就 50cm 砂土层和 30cm 砂土层的重构剖面来看，湿润锋到地土体底部时，第三层黏土层的体积含水量较高，接近饱和含水量。B 剖面的表层土壤（0 ~ 30cm）体积含水量大于 C 剖面的体积含水量。对于中间的砂土层，B 剖面砂土层的体积含水量均高达到 30%，而 C 剖面体积含水量则在 25% 左右。这说明，30cm 夹砂层的剖面保水性较好。

（6）通过比较同一土壤剖面不同位置排水特征以及不同剖面同一位置的体积含水量变化，综合比较 B 剖面的持水能力较强。剖面 B 上层土壤和中层土壤体积含水量减少相对较慢，25 ~ 35cm 处的土壤含水率变化幅度很小，在此区域内，土壤有着较高的持水能力，有利于植物吸水和促进植物在干旱条件下的生长。

综合以上 6 个方面，选取“B 剖面：L1 ∶ L4 ∶ L5 = 3 ∶ 3 ∶ 4”为最优重构剖面。

3.4.3　基于近地表剥离物的表土替代材料研发

3.4.3.1　表土替代材料方案

本试验采用室内盆栽，供试样品风干，过2mm筛子，按照下文设计混合均匀后称取1kg，置于直径为15cm的塑料盆中，加入一定量的去离子水，使其含水量保持在田间持水量的70%左右，室温在平衡14d后播种紫花苜蓿，每盆播种20粒，一周后间苗，每盆留苗10颗。

以当地表土和亚黏土作为对照，共13个方案，每个方案设置3个重复。

（1）K1：常规表土种植；

（2）K2：只添加亚黏土进行种植；

（3）K3：表土、黄土、亚黏土质量比为2∶2∶1；

（4）K4：表土、黄土、亚黏土质量比为2∶2∶1，同时添加牛羊粪、玉米秸秆各50g/kg；

（5）K5：黄土、亚黏土的质量比为2∶1，同时添加牛粪、玉米秸秆各50g/kg；

（6）K6：亚黏土、黄土、混排土的质量比为2∶2∶1，同时添加牛羊粪、玉米秸秆各50g/kg；

（7）K7：K3加菌剂（添加量为1g/kg）；

（8）K8：K4加菌剂（添加量为1g/kg）；

（9）K9：K5加菌剂（添加量为1g/kg）；

（10）K10：K6加菌剂（添加量为1g/kg）；

（11）K11：表土、黄土、亚黏土的质量比为1∶1∶1；

（12）K12：K11中添加牛羊粪、玉米秸秆各50g/kg；

（13）K13：K12加菌剂（添加量为1g/kg）。

3.4.3.2　表土替代材料的土壤特性

1. 土壤酸碱性分析

通过图3-45可以看出：对于土壤中酸碱性而言，各种方案中pH由高到低的顺序为：K9>K8>K7>K10>K13>K11>K5>K4>K12>K2>K6>K3>K1，可以看出不同试验组pH存在显著性差异，都属于碱性土壤。

其中K1对照组pH最低为8.49，与K3表土替代材料试验组中pH没有显著性差异。而K7、K8、K9、K10表土替代材料试验组中pH较高，分别为9.22、9.26、9.40、9.21，属于强碱性土壤，并且4种试验组pH没有显著性差异。K2、K4、K5、K11、K12、K13表土替代材料试验组pH取值范围为8.83～9.10，并无显著性差异，不利于植被的生长。同时K3、K6表土替代材料试验组pH没有显著性差异，其pH分别为8.62、8.79。

通过土壤中pH可以发现：不同方案的试验组pH均属于碱性土壤，并存在显著性差异，常规表土pH最低，不同试验组改良效果并不明显，不利于植被生长，适合种植耐碱性植被。

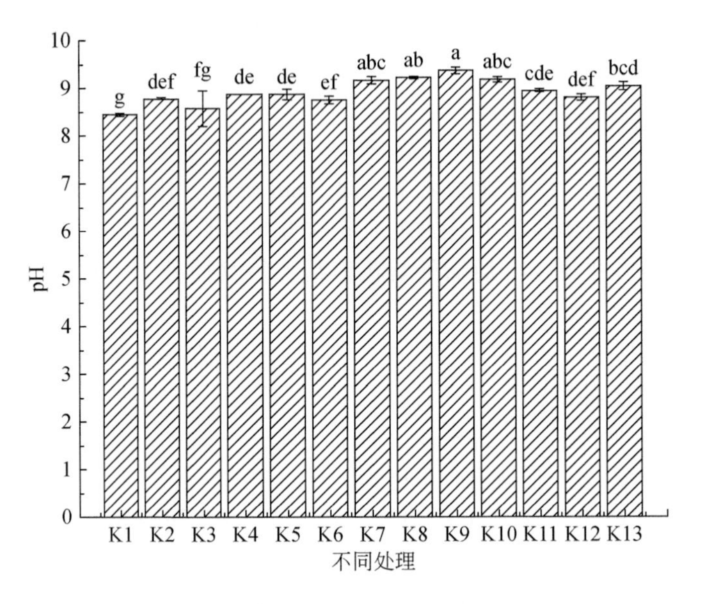

图 3-45　不同方案中土壤酸碱性图

2. 土壤电导率分析

通过图 3-46 可以看出：对于土壤中电导率而言，各种方案中由高到低的顺序为：K10>K7>K8>K6>K2>K13>K9>K12>K1>K11>K3>K5>K4，可以看出不同试验组电导率存在显著性差异。

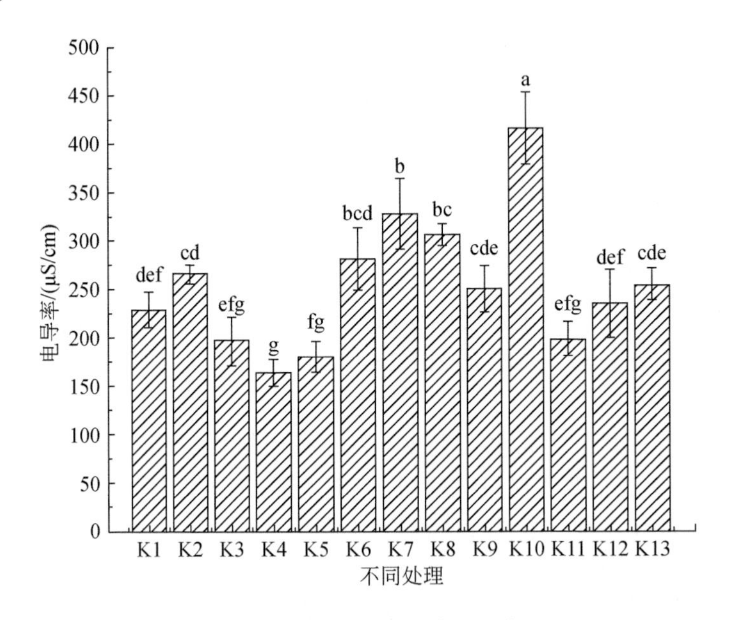

图 3-46　不同方案中土壤电导率图

K10 表土替代材料试验组电导率最高为 416.67μS/cm；K6、K7、K8 表土替代材料试验组电导率没有显著性差异，其值分别为 282.33μS/cm、328.67μS/cm、306.67μS/cm。K1 对照组与 K2、K9、K12、K13 表土替代材料试验组电导率没有显著性差异，其值范围为：230.00～266.33μS/cm。K3、K4、K5、K11 表土替代材料试验组电导率较低，且没有显著性差异，K4 表土替代材料试验组电导率最低为 164.33μS/cm，相当于 K10 表土替代材料试验组电导率的 39.44%。

通过土壤中电导率可以发现：不同方案的试验组电导率存在显著性差异，添加牛羊粪便和菌剂的试验组电导率较高，其余规律性不明显。

3. 土壤有机质含量分析

通过图 3-47 可以看出：对于土壤中有机质的含量而言，各种方案中由高到低的顺序为：K13>K8>K7>K1>K10>K12>K9>K6>K5>K11>K4>K3>K2，可以看出不同试验组有机质含量存在显著性差异。

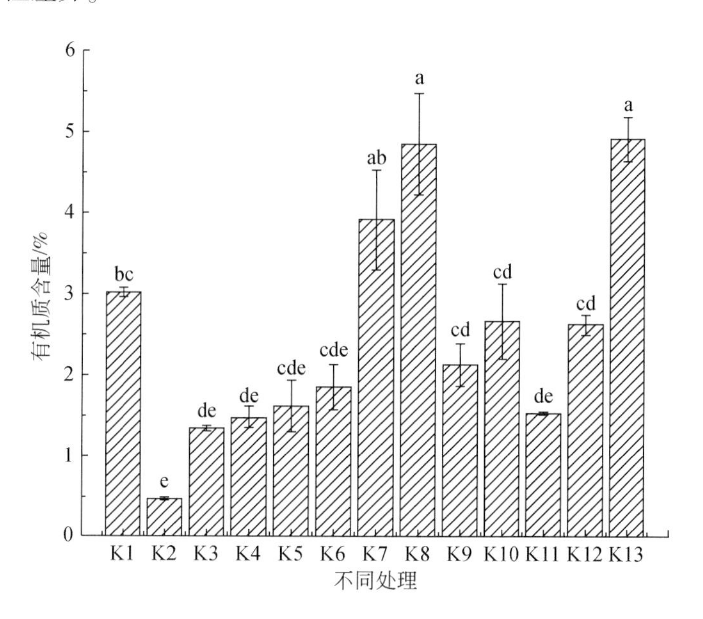

图 3-47　不同方案中有机质含量图

K13、K8、K7 表土替代材料试验组中有机质含量不存在显著性差异，并且含量高于 K1 对照组有机质含量，其有机质含量分别为：4.94%、4.88%、3.94%；依照全国第二次土壤普查土壤养分分级和丰缺度标准，K13 与 K8 表土替代材料试验组中有机质含量属于一级水平，K7 表土替代材料试验组中有机质含量属于二级水平。K12、K10、K9 表土替代材料试验组中有机质含量属于三级水平，且 3 种试验组中有机质含量不存在显著性差异，有机质含量在 2.13%～2.63%。K6、K5、K11、K4、K3 表土替代材料试验组中有机质含量在 1.35～1.86%，不存在显著性差异，有机质含量属于四级水平。K2 表土替代材料试验组中有机质含量最低，只有 0.46%，属于六级水平，不能满足植被生长需求。

通过土壤中有机质含量可以发现：不同方案的试验组有机质含量存在显著性差异，并且添加牛羊粪便和菌剂的试验组中有机质含量超过对照组 K1 中有机质含量，达到了一级水平；没有任何添加的K2表土替代材料试验组有机质含量最低，不能满足植被生长需要。

4. 土壤全氮含量分析

通过图3-48可以看出：对于不同试验组土壤中全氮的含量，各种方案中由高到低的顺序为：K1>K13>K12>K8>K10>K4>K7>K11>K3>K6>K9>K5>K2。可以看出K1对照组全氮含量在所有试验组中最多，全氮含量达到了1.72g/kg，根据全国第二次土壤普查土壤养分分级和丰缺度标准，判断其全氮含量属于二级水平。而K2试验组中全氮含量最低只有0.38g/kg，其全氮含量属于六级水平，仅仅相当于K1对照组中全氮含量的21.90%。通过对亚黏土添加不同的成分，有助于提高土壤中全氮的含量，其中K13表土替代材料试验组中全氮含量达到了1.56g/kg，与对照组K1中全氮含量相差0.16g/kg，也属于二级水平。K8、K10、K12表土替代材料试验组中全氮含量在1.21～1.35g/kg，其全氮含量属于三级水平，且3种试验组全氮含量没有显著性差异。K3、K4、K7、K11表土替代材料试验组中全氮含量在0.86～0.99g/kg，也没有显著性差异。K5、K6、K9表土替代材料试验组中全氮含量较低，同样没有显著性差异。

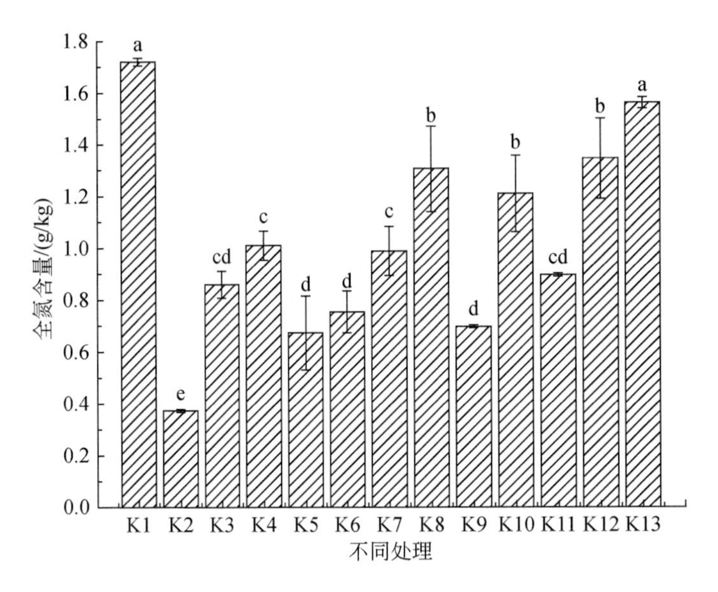

图3-48　不同方案中全氮含量图

通过不同试验组中全氮含量对比可以发现：K1对照组即常规表土中全氮含量最高，K2表土替代材料试验组只含有亚黏土，全氮含量最低，通过对亚黏土添加不同成分，可以有效改善全氮含量，即添加牛羊粪便和菌剂的试验组全氮含量最高，其次是添加菌剂的试验组，没有任何添加试验组的全氮含量最低。从不同土的配比可以看出：表土∶黄土∶亚黏土质量比为1∶1∶1中试验组全氮含量最高；其次为表土∶黄土∶亚黏土质量比为2∶2∶1。

5. 土壤全磷含量分析

通过图3-49可以看出：对于不同试验组土壤中全磷的含量，各种方案中由高到低的顺序为：K13>K12>K1>K8>K10>K4>K7>K11>K3>K9>K6>K5>K2。可以看出K12和K13表土替代材料试验组中全磷含量最高，达到了0.43g/kg，超过K1对照组（全磷含量为

0.41g/kg)。K8与K10表土替代材料试验组中全磷含量分别为0.38g/kg、0.37g/kg，并且没有显著性差异。K3、K4、K6、K7、K9、K11表土替代材料试验组中全磷含量分别为0.31g/kg、0.33g/kg、0.30g/kg、0.31g/kg、0.31g/kg，没有显著性差异，其全磷含量也超过K2表土替代材料试验组。

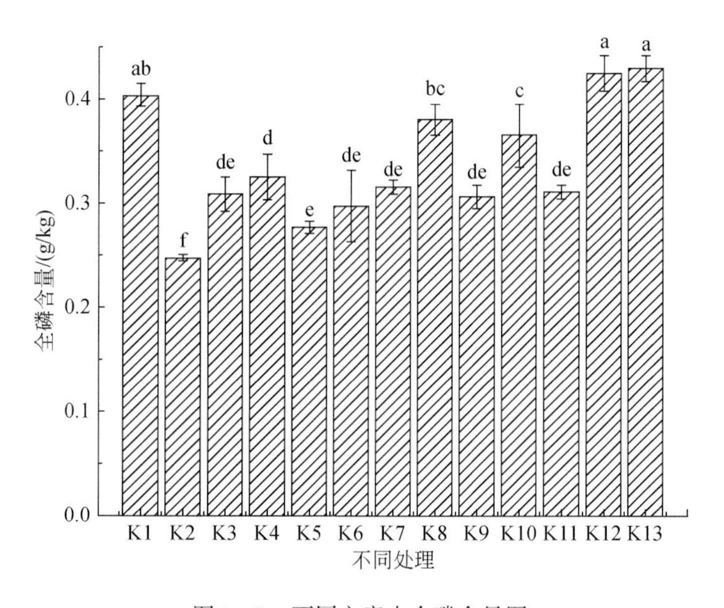

图3-49 不同方案中全磷含量图

通过不同试验组中全磷含量对比可以发现：K12与K13表土替代材料试验组中全磷含量较高，超过了K1对照组。而其余表土替代材料试验组中全磷含量均低于K1对照组，尤其是K2表土替代材料试验组中全磷含量最低。通过对亚黏土添加不同成分，可以有效改善全磷含量，即添加牛羊粪便和菌剂的试验组全磷含量最高，其次是添加菌剂的试验组，没有任何添加试验组的全磷含量最低。

6. 土壤速效钾含量分析

通过图3-50可以看出：对于土壤中速效钾的含量而言，各种方案中由高到低的顺序为：K2>K6>K13>K10>K9>K5>K8>K12>K4>K11>K7>K3>K1。可以看出不同试验组中速效钾含量存在显著性差异，并且土壤速效钾含量与其他元素的含量呈现不同规律，其中K2表土替代材料试验组中速效钾含量最高，达到了351.16mg/kg，根据全国第二次土壤普查土壤养分分级和丰缺度标准，K2表土替代材料试验组中速效钾含量属于一级水平。K6、K13、K10表土替代材料试验组中速效钾含量为296.28~318.40mg/kg，不存在显著性差异，速效钾含量属于一级水平。K9、K5、K8表土替代材料试验组中速效钾含量分别为270.66mg/kg、256.96mg/kg、244.50mg/kg，不存在显著性差异，属于一级水平。K12表土替代材料试验组中速效钾含量分别为203.40mg/kg，属于一级水平。K4、K11、K7、K3、K1表土替代材料试验组中速效钾含量为129.73~160.20mg/kg，不存在显著性差异，K4、K11、K7属于二级水平，而K3与K1属于三级水平。

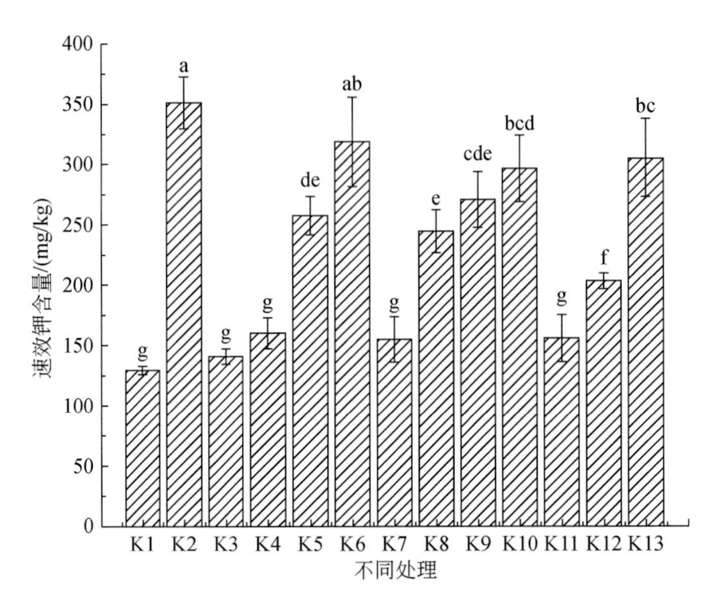

图 3-50　不同方案中有机质速效钾含量图

通过土壤中速效钾含量对比可以发现：不同方案的试验组速效钾含量比较高，最低水平达到了三级，能够满足植被生长需求，并且不同方案之间存在显著性差异，亚黏土中速效钾含量比较高，不同试验组中添加牛羊粪便和菌剂对改善土壤速效钾含量效果不明显。

3.4.3.3　表土替代材料的土壤微生物特性

对各表土替代材料样品进行土壤微生物分析，见表 3-12。

不同方案中土壤细菌的数量级是 10^6CFU · g^{-1}，细菌在 3 种菌中所占比例为 53.10% ~ 79.97%，各种方案中细菌数量由高到低的顺序为 K8>K13>K1>K7>K12>K4>K9>K10>K3>K11>K5>K6>K2，其中 K8 试验组细菌数量最多为 3.35×10^6CFU · g^{-1}干土，其细菌数量占微生物总量的 79.97%，所占比重最大；其次是 K13 试验组细菌数量超过了 K1 对照组中细菌数量；K2 试验组中细菌数量最少，占该组微生物总量的 79.78%。总体来说添加菌剂的试验组中细菌数量显著高于其余试验组。

方案中土壤放线菌的数量级是 10^5CFU · g^{-1}，放线菌在三种菌中所占比例为 19.78% ~ 46.69%，各种方案中放线菌数量由高到低的顺序为 K1>K8>K13>K7>K12>K4>K10>K3>K6>K9>K5>K11>K2，与细菌数量的大小顺序有所不同；其中 K1 对照组放线菌数量最多为 8.42×10^5CFU · g^{-1}干土，超过了表土替代材料试验组中细菌数量，K1 对照组中放线菌数量占微生物总量的 24.34%；K8 试验组中放线菌数量为 8.29×10^5CFU · g^{-1}干土，是表土替代材料试验组中放线菌数量最多的一组，与 K1 对照组中放线菌的数量没有显著性差异。

各种方案中土壤真菌的数量级是 10^3CFU · g^{-1}，真菌在 3 种菌中所占比例为 0.179% ~ 0.426%，所占比例很小，并且不同方案之间真菌的数量存在显著性差异，其不同方案中真菌数量由高到低的顺序为 K8>K13>K4>K1>K7>K12>K9>K11>K10>K3>K5>K6>K2。超过对照组 K1 真菌数量的表土替代材料试验组有 K8、K13、K4，其真菌数量占 3 种微生物总量的百分比分别为 0.243%、0.241%、0.316%。K2 试验组总真菌数量最少为 0.92×10^3 CFU · g^{-1}干土，仅为 K8 试验组中真菌数量的 9.05%，且 K2 试验组真菌数量占 3 种微生物总量的百分比也最少，为 0.179%。

表 3-12　不同方案中微生物含量（干土）

样品	细菌		放线菌		真菌	
	数量/(10^6CFU · g^{-1})	比例/%	数量/(10^6CFU · g^{-1})	比例/%	数量/(10^6CFU · g^{-1})	比例/%
K1	2.61±0.18b	75.46	8.42±0.87a	24.34	6.68±0.19c	0.193
K2	0.41±0.02e	79.78	1.03±0.06g	20.04	0.92±0.12h	0.179
K3	1.24±0.02e	71.68	4.85±0.25d	28.03	5.03±0.1e	0.291
K4	1.81±0.12d	75.46	5.81±0.43c	24.22	7.57±0.32b	0.316
K5	0.68±0.04g	64.44	3.71±0.23ef	35.16	4.32±0.40b	0.409
K6	0.53±0.04g	53.10	4.66±0.07d	46.69	2.16±0.18g	0.216
K7	2.19±0.05c	76.84	6.54±0.31c	22.95	6.21±0.65cd	0.218
K8	3.35±0.23a	79.97	8.29±0.35a	19.79	10.16±0.62a	0.243
K9	1.67±0.12d	79.96	4.13±0.18de	19.78	5.45±0.43de	0.261
K10	1.41±0.04e	74.12	4.87±0.49d	25.60	5.36±0.29de	0.282
K11	0.94±0.08f	74.52	3.16±0.26f	25.05	5.37±0.58de	0.426
K12	1.82±0.03d	75.53	5.84±0.33c	24.24	5.52±0.66de	0.229
K13	2.68±0.23b	78.36	7.32±0.30b	21.40	8.24±0.33b	0.241

总体来说，K8 试验组微生物数量最高为 4.19×10^5 CFU · g^{-1}干土，高于 K1 对照组微生物数量。

3.4.3.4　表土替代材料优选

不同方案对紫花苜蓿的出苗率、株高、生物量有显著性影响，从不同试验组的配方来看：添加牛羊粪便和菌剂试验组的紫花苜蓿出苗率、株高及生物量均较高；从不同土的配比来看：表土∶黄土∶亚黏土质量比为 2∶2∶1 试验组紫花苜蓿出苗率、株高及生物量均较高；其中 K8 表土替代材料试验组最适宜植被的生长。

不同方案对土壤有机质、全氮、全磷、碱解氮、有效磷、速效钾的含量有显著性影响。其中 K1 对照组中全氮、碱解氮含量最高，不同方案的表土替代材料试验组均没有超过 K1 对照组中全氮、碱解氮含量。K2 表土替代材料试验组中只有亚黏土，速效钾含量最高，其余指标均低于其余的表土替代材料试验组。对于土壤中有机质、全磷、有效磷含量而言，从不同试验组的配方来看：添加牛羊粪便和菌剂的试验组含量较高，其中 K8、K13 表土替代材料试验组比较适合植被的生长。

矿区生态修复应是由下而上的系统性重建或再造。通过内排土场含/隔水层结构的重建，修复矿区地下水的补径排关系，有利于矿区修复生态系统的长期自维持和更大区域的自然生态环境保护；充分利用露天开采剥离物和矿区固体废弃物研发表土替代材料，重建近地表土壤层序结构，是打造自维持和正向演替修复生态系统的基础。本章揭示了排土场松散土石混合体重构特性和露天矿内排土场生态修复型地层重构机制，研发了排土场地层近自然立体重构方法和草原区近地表土壤层序结构再造技术。首先，排弃物料性质重塑是矿区地层重构的基础。研究表明，露天矿剥离物自然混排造成排土场形成性质较为均一整体，使露天矿采场成为长期的地下水疏降通道，不仅影响地下水位恢复，也给露天矿采场和内排土场边坡造成不利影响，本章揭示了排土场松散土岩混合体在长期堆载、固结作用下物理力学性质重塑规律，为矿区含水层重建的物料选择与参数确定提供依据。其次，重建因开采破坏的隔水层是修复地下水联系的关键。研究表明，针对东部草原区露天矿剥离物特点，基于泥岩剥离物的隔水层再造方法可使厚度为 1.5m 隔水层渗透率小于 $1\times10^{-3}\mu m^2$，满足矿区地层重建需要。再次，煤层是东部草原区常见的地下含水层，原煤被采出利用后只能调运其他剥离物进行占位替代。研究表明，影响剥离物孔隙和渗透特性的主导因素是粒径级配，随着上覆土岩压力的增加，级配均匀的原状砂岩渗透率快速降低至原来 50%，而粒状砂岩在 100m 上覆土岩载荷下仍能维持 80% 的储水能力。最后，优化排土场重建近地表层的结构和优选表土替代材料，是满足东部草原区土壤瘠薄条件下生态修复需求的必由之路。研究表明，通过露天矿近地表几米范围内物料的精细化选采与排弃层序、参数优化，可以构建出有利于矿区修复生态系统自维持的土壤层序结构，研究推荐表土层下铺设厚度约 30cm 的砂性土层序再造方案，可使表土层长期含水率提高 52%，试验区植物株高分别提高 21%（披碱草）和 32%（苜蓿），解决了东部草原区排土场土壤持水难题；推荐的表土替代材料，可在同等种植和养护条件下达到与原生表土一样的生态修复效果。

第4章　软岩区大型露天煤矿地下水库保水技术

大型露天煤矿是我国东部草原煤炭高强度开发的主要方式，也是煤电基地能源开发中煤炭生产的主要形式。水资源是经济社会发展的重要基础资源，对经济社会发展的作用毋庸置疑。随着经济的快速发展，水资源的消耗速度也有了巨大提升，水资源供需矛盾不断激化，用水压力逐渐增大，在此情况下采取措施促进水资源与煤炭资源的合理配置、提高水资源利用率是必然趋势。露天矿区地下水环境具有高度脆弱性和敏感性，在局部及短期利益驱动下由于露天开采行为对水系统的过度干扰可能会引发一系列负面效应，使地下水资源失去可持续利用的价值和生态效益。地下水环境问题具有持续性和隐蔽性，治理极为困难、代价高昂。经过多年理论研究和工程实践，已初步建立了以井工矿地下水库保水采煤技术体系，有效指导了生态脆弱矿区煤炭资源开采和生态环境保护。大型露天地下水库则是伴随露天开采地下水保护和生态修复提出的地下水保护利用新方式。与传统地下水库和井工矿地下水库相比，由于储水介质和构建形式不同，露天矿地下水库需充分利用露天开采空间条件、水源条件、生态需求及可持续开发要求，将现代露天开采过程与地下水库建设技术相结合，通过揭示地下水储水机制、研究地下水库设计方法和地下水库构建关键技术等问题，开发大型露天煤矿地下水库建设技术，解决大型露天矿地下水存储利用难题，协同大型露天矿区生态修复，为煤电基地区域生态安全保障提供技术支撑。

4.1　露天煤矿地下水库储水机制

4.1.1　露天煤矿地下水库基本概念

4.1.1.1　露天煤矿地下水库概念

露天煤矿地下水库是一种新型的地下储水结构，它利用露天开采形成的凹陷盆地作为储水空间，以松散大孔隙回填物料、人工管涵等构筑物作为储水介质，通过智能碾压形成防渗库底及坝体，通过抽注水井实现矿井水的存储与利用。露天煤矿地下水库具有蒸发量小、水质不易污染、投资小、占地面积小等优点（徐启胜等，2022），在我国东部草原区及西北干旱地区受到广泛重视。露天矿地下水库是基于煤炭开采地下水保护需求，结合露天开采工艺提出的地下水储存新方式。其内涵主要是：

（1）露天矿地下水库是伴随露天开采出现的地下水保护形式。可充分利用采剥物料（松散土石混合体）和现有生产系统，调整排弃方式，改善排土场地层结构，使其有利于水资源存储和保护，以实现矿区水资源保护和促进矿区生态修复。

（2）露天矿地下水库是构建在露天开采区域的一种储水结构和工程。露天生产过程中，岩层逐层剥离排弃形成混合剥离物实体，完全破坏了原岩层序。露天矿地下水库是减小此类破坏的有效形式。

（3）地下水保护的新方式。与传统的依赖于含水层的地下水库不同，露天矿地下水库是在人工排弃区建立的储水空间，通过注入方式可将水注入储水介质中储存。当水资源需求量增加时，可作为重要水源地，通过抽出井等构筑物将水抽出使用。可见，露天矿地下水库实现了水资源的有效保护和高效利用。

4.1.1.2 露天开采工艺及特点

露天开采是煤炭开采的一种重要方式（图 4-1），也是煤炭开采的一种传统方式，但随着开采机械和装备水平提高（李全生等，2021a；张建民等，2022），煤炭开采的土地破坏和生态影响逐步增加（尚涛等，2001），依托现代装备技术逐步形成了大型露天矿采-排-复一体化开采工艺（白润才等，2018；柴森霖等，2018；李三川等，2018；田会等，2019；纪晓阳和白润才，2021）。目前，我国大型露天矿开采具有以下几个特点。

（1）规模化低成本开采方式。露天生产规模大（柴森霖等，2018）、劳动效率高且生产成本低（李三川等，2017）。目前，世界最大的露天煤矿年产量已达 50 ~ 60Mt/a，位于德国、美国、哈萨克斯坦等国；年产量 20Mt/a 以上的露天煤矿则遍及俄罗斯、中国、澳大利亚、波兰、捷克等国。单斗电铲勺斗-卡车工艺、轮斗挖掘机-带式输送机-排土机等工艺设备的广泛使用，使得露天煤矿开采设备及工艺不断趋于大型化、集中化。为简化开采过程并大幅度降低开采成本，条件适宜时可采用某种开采设备，实现 2 个甚至 3 个生产环节的合并，如：巨型拉斗电铲倒堆剥离工艺、铲运机剥离工艺。随着矿山开采的集中化趋势，单个露天矿的开采范围扩大，开采深度日益增加，开采境界内矿岩赋存条件往往复杂多变。针对这种情况，传统的单一开采工艺方式往往不能与之相适应，多种开采工艺综合应用已经成为大型露天开采的一种发展模式。

（2）机械装备成套化，剥-采-排连续作业。露天开采大多使用单斗挖掘机或拉斗铲的单个挖掘机（白润才等，2016b），如单斗-卡车工艺（白润才等，2016a），可以用于绝大部分的露天煤矿开采（刘光伟等，2015），而拉斗铲无运输倒堆工艺则用于将岩石直接搬运至采空区（白润才等，2015）。轮斗挖掘机—带式输送机—排土机连续工艺的采掘由轮斗挖掘机完成，运输由带式输送机完成，剥离物排弃由带式排土机完成，矿石则直接运入储矿场。该工艺具有自动化程度高、生产连续、效率高、开采强度大、采运排设备运营费少，生产成本低等显著优点；但也具有工艺环节复杂、设备较多、设备单重的购价较高、设备投资较大、受气候影响较大、切割力小、对待采装物料的块度要求严格等缺点（杨福卿等，2021）。随着大批特大型露天煤矿的开发，不同形式的半连续工艺，半连续工艺的应用形式也趋于多样化。自移式破碎机半连续工艺系统的构成为：单斗挖掘机—履带自移式破碎机—履带自移式转载机—带式输送机—履带自移式排土机。与单斗—卡车工艺系统相比，自移式破碎机半连续工艺系统（王韶辉等，2019）取消卡车运输，从而降低露天矿设备投资和运营成本；实现“以电代油”，减少因大量使用汽车而产生的废气排放和道路扬尘，有利于保护和改善露天矿周围的环境；改善矿山安全状况，大幅度降低卡车运输事故风险；挖掘机连续装载，作业效率可以提高约 25%；在长距离或提升运输时带式输送机能明显降低物料的运输成本，提高矿山企业的经济效益。

（3）开采占用区域大，采区生态损伤程度高。露天开采改变了土地用途，将原来的森林、草原、耕地、荒漠、村庄等用途的土地变成矿产资源开发基地（张铁群等，2020），重点表现为土地的挖损（毕银丽和刘涛，2022）；根据露天矿建设和生产过程中物料排弃，包括剥离物、尾矿等，进而形成一定体积的排土场，改变了矿区的地形地貌和某些土地的用途（至少在一段时间内），重点表现为土地的压占；改变了矿区的地层联系和地形地貌，造成地表和地下水流场变化，进而影响到露天开发区周边的生态系统，重点表现为生态要素的变化。

图 4-1　露天开采平剖面图

4.1.1.3　露天、井工煤矿地下水库主要区别

井工煤矿地下水库是利用煤炭开采形成的采空区岩体空隙储水，用人工坝体将不连续的安全煤柱连接，形成水库坝体，建设取用水设施，并充分利用采空区岩体净化矿井水的新型地下工程结构。与煤矿井工地下水库比较，主要区别体现在以下几个方面。

1. 储水介质不同

露天矿储水介质是利用岩石破碎后混合排弃物或人工构建物料等形成储水空隙或空间（顾大钊，2015），与地下水库储水的原岩介质相比（尚涛等，2001），其储水体结构和储水性能显著不同。而井工矿地下水库储水介质则是利用采动原岩损伤后形成的岩石裂隙或空隙储水。在混合排弃物中，水的赋存形式主要有结合水、重力水以及毛细水（如图 4-2 及表 4-1）3 种形式。但含水介质的空间分布与连通特征的差异较大。从连通性、空间分布、空隙比率以及空隙渗透性 4 种性质比较，结合水、重力水以及毛细水这 3 种差异较大。

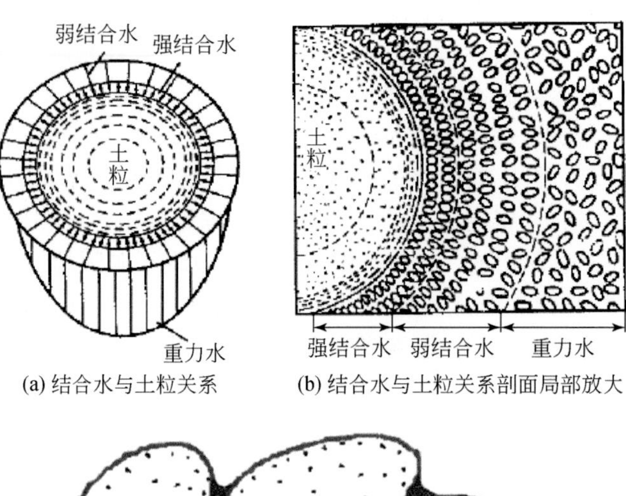

(a) 结合水与土粒关系　(b) 结合水与土粒关系剖面局部放大

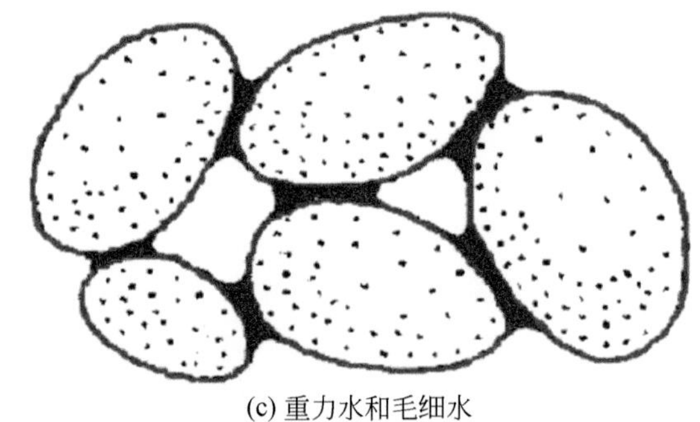
(c) 重力水和毛细水

图 4-2　露天矿地下水库水的赋存形式

表 4-1　储水方式对比

水的赋存形式	不同性质比较			
	连通性	空间分布	空隙比率	空隙渗透性
结合水	较好	好	较好	好
重力水	良好	较好	较好	好
毛细水	好	良好	好	好

2. 地下水库结构不同

露天矿地下水库是在露天开采排弃过程中构建的储水空间，地下水储存是通过人工坝体和底板防渗层构建的圈闭结构。传统的地下水库是利用地质圈闭或部分圈闭工程构造的圈闭空间，而井工矿地下水库则是利用煤柱和原岩结构辅之以人工镶嵌坝体形成的人工辅助型圈闭结构。图 4-3 显示了井工矿和露天矿地下水库构建坝体的差别，前者是井工煤矿的煤柱坝体和人工坝体镶嵌构成的地下水库挡水坝体，后者则是露天煤矿在开采过程中通过回填排弃物智能碾压形成的地下水库挡水坝体。

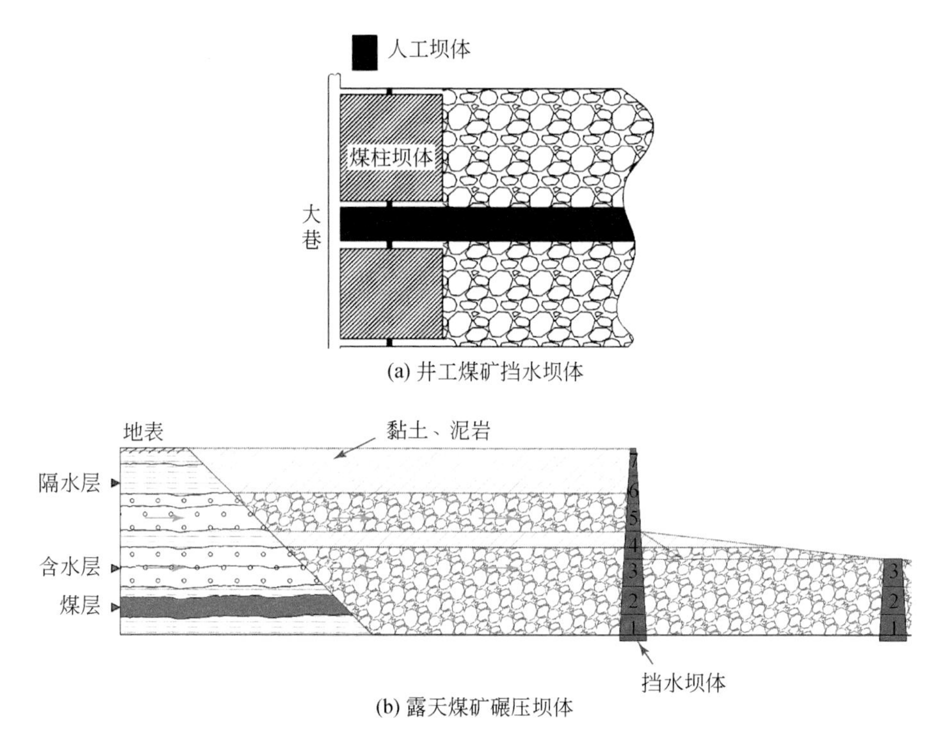

(a) 井工煤矿挡水坝体

(b) 露天煤矿碾压坝体

图 4-3　人工构建坝体和煤柱坝体结构示意图

3. 地下水库建造工艺不同

井工矿的地下水库是随着煤炭开采的过程而建造的水库。与井工矿有所不同的是，露天矿地下水库是在采排剥离的过程中建造的水库，整个重构工艺方面和井工煤矿是有差别的。井工煤矿地下水库是利用原有煤柱坝体和镶嵌结构围成的，而露天矿地下水库则是在露天开采过程中人工构造形成的。

4. 储存水汇聚形式不同

井工矿地下水库是自流式汇集形式，而露天矿地下水库需将露天开采中的矿坑水人工引入。井工矿地下水库是根据煤矿采煤时预留的安全煤柱，并利用人工坝体把这些煤柱之间的空隙封堵上，使采空区成为一个巨大的储水设施，多个采空区储水设施组合在一起，就形成了一个巨大的蓄水池，通过矿井内设置的管道，将矿井水抽取到位置较高的采空区，充分利用水由于自重下流的原理，水就会通过采空区中的矸石空隙，一直向低处流，最终汇聚在位置较低的采空区，形成地下水库。

4.1.2　露天煤矿地下水保护模式

大型露天矿矿坑水保护技术是实现煤矿生产与生态协调发展的有效保障，露天煤矿地下水库建设是保障东部草原大型煤电基地水资源保护的有效途径。露天煤矿“采-排-复”工艺创造的唯一储层空间为露天坑和排土场，随着采区东移、露天坑东进西排，这是露天矿采煤的采场条件。因此，大型露天煤矿地下水库建设必须以重构含水层空间储水为主，但因重构含水层储水系数差异性，唯一能够满足地下水库库容需求的方法即为考虑扩展地下水库库区条件，从储水库容、水源补给和流量交换等方面综合考虑，人工碾压构筑以排土料为坝体材料的地下水库挡水构筑物，建成一座型式符合、库容充足，且适合于宝日希勒大型露天煤矿情景的地下水库。

经过大量的现场调研与理论研究，提出适用于大型露天矿水资源保护的三层储水模式，即：地表储水池模式，近地表生态型地下水库模式，煤层原位储水模式。①地表储水池模式：地表储水池可以解决大气降水汇聚和矿坑水洁净处理后的临时储存问题。②近地表生态型地下水库模式：近地表生态型地下水库可以利用排土场，在近地表（如距地面10～50m 深度范围），人工重构储水介质（分选的有利于储水的砂岩，或人工构筑的储水介质）和调节系统，解决大气降水汇聚和矿坑水洁净处理后的长期储存问题，同时有助于地表植被的吸收和利用。③煤层原位储水模式：煤层原位储水是利用原位含水层的岩石作为储水介质，或者人工构造管涵之类的储水体，主要解决矿坑水洁净处理后的长期储存问题（图 4-4）。实践中需要根据具体地质条件、经济性和现场实施可行性综合考虑。

1. 地表储水池模式

基于露天开采过程中内排区特点，在地表构建地表水库，将开采过程中产生的矿坑水进行临时储存。地表储水池是在露天排土场上部建立一个或多个储水池塘，实现矿坑水资源化的目的，从而实现矿区水资源保护。地表储水池建设过程中通常就地取材、因地制宜，选取储水池构建材料；储水池底部采用开采过程中产生的隔水性较强的黏土等材料构成，结合智能化自动碾压技术，通过调节碾压参数满足库底的防渗需求。储水池周边铺设塑胶跑道、公园、健身器材等公共设施，满足矿区周边生活需求。地表储水池主要实现以下两个目标：①满足储水要求，通过储水池的调蓄功能满足矿区生产生活用水需求；②满足生态景观需求，构建地表储水池可以美化景观，形成生态湿地，增加物种多样性。在构建地表水库进行储水时需要考虑的问题有：

一是地表水库的坝型，根据东部草原情况，以胜利矿区为例（图 4-5），可采用土石坝，由于坝基为强透水材料采用防渗体分区坝的形式，防渗体采用土工膜与泥岩防渗土料，坝体料利用矿区开挖土料填筑，护坡采用干砌石。

二是库底防渗保障，根据目标露天矿提供的地勘资料，以胜利矿区来说，基础可选择细砂、粗砂、砾石等强透水层，防渗是工程的关键所在，拟采用土工膜防渗或泥岩防渗，实践研究表明，土工膜防渗效果优于泥岩。

三是坝体结构设计问题，根据水库位置，设计的水库坝体要满足水库运行过程中稳定性要求，同时要保证具有一定的防渗功能。

2. 近地表生态型地下水库

近地表生态型地下水库针对回填区物料多为软岩的特点，通过人为创造储水空间，以采场颗粒砂岩为主要骨料，添加配比具有水性胶结的材料，通过人工造砾或者 3D 打印技术，快速形成强度较高、粒径较大的大尺度储水块体。该种形式地下水库较为合理的储水

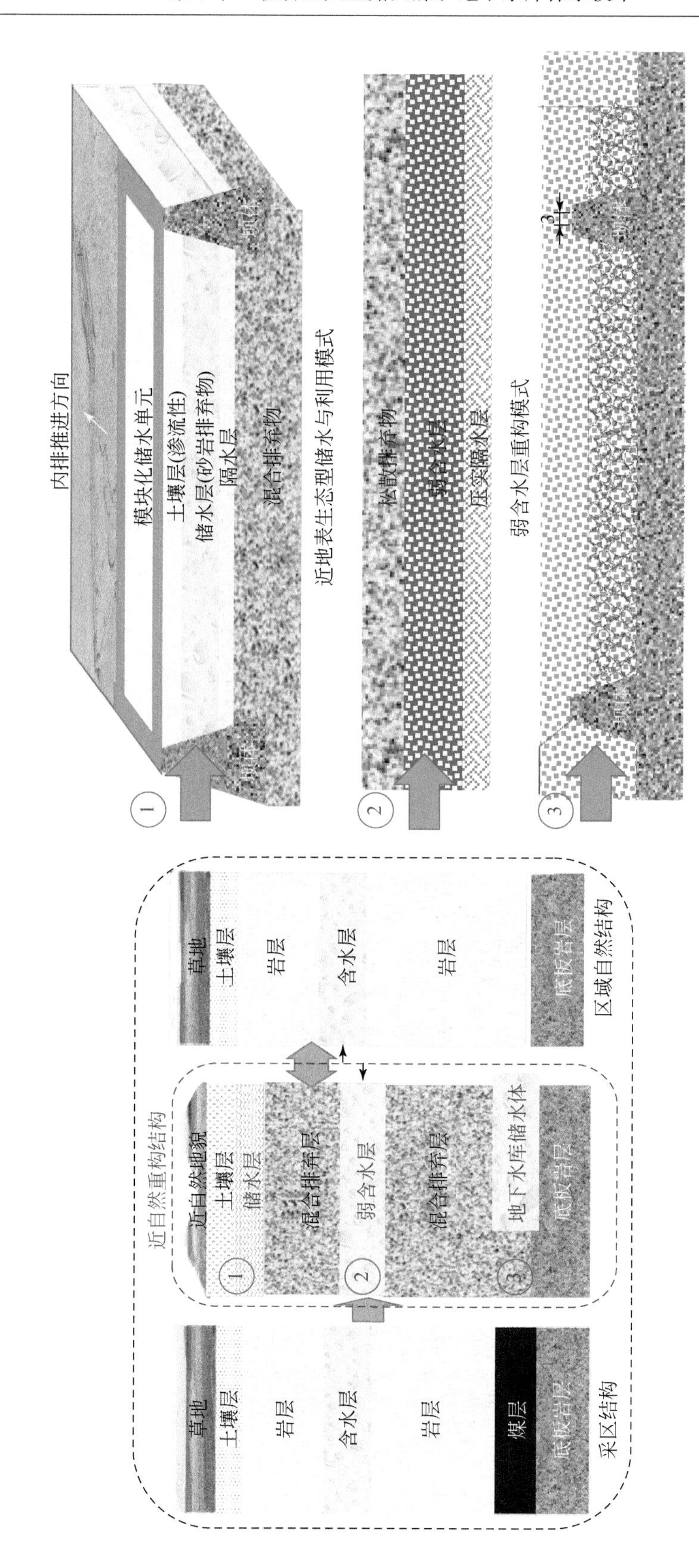

图4-4　露天矿立体储水模式

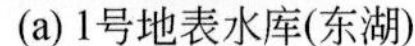
(a) 1号地表水库(东湖)

(b) 2号地表水库(西湖)

图 4-5　胜利矿区地表水库

方案就是人工创造满足特定需求的储水空间，排土场重构砂岩是优选的储水介质，但需要考虑的是借助重构含水层地势变化情况，将重构含水层地势低凹地带作为地下水库选址。砂岩含水层储水具有大孔隙、高透水的特点，重构砂岩含水为相对松散介质，从理论上讲渗透性和孔隙度均较高，但仍然需要可靠的试验数据作为支撑。因此，露天煤矿地下水库储水功能是以重构砂岩含水层地势低凹带为地质条件，将重构砂岩含水层作为地质储水介质，借助地势变化有利条件建立与原始含水层层位关系的控制关联，通过人工坝体实现地下水水量交换控制。

近地表含水层的核心是构建持水性较好的含水层和阻渗性较好的隔水层，排土场地层重构是近地表含水层储水的基础和关键，因此需要对重构岩层工作机理和长期作用性能进行分析、评价。通过实验室研究采区重构物料性质，为近地表含水层参数选取提供基础，同时对土壤层序的研究和现场工程提供理论基础。近地表含水层构筑的目的主要有两方面：一是将矿坑水进行储存利用，保障了区域生态环境的恢复，同时将破损的地层进行近自然地貌恢复；二是将破坏后的含水层进行连通，恢复区域水资源系统的补径排特点和模式，最大化地保护区域水资源。

以宝日希勒近地表地下水库为例（图 4-6），根据宝日希勒露天煤矿的生产计划，在内排土场的最上部台阶选定一块区域作为试验场地，以露天矿剥离物为主体构建近地表地下水库的小型试验库。以露天矿剥离物为基础，通过筛选、级配、压实等方法构建库底隔水层，面积≥2000m^2，厚度≥1m，物料渗透系数<0.001m/d。以露天矿剥离物为基础，通过筛选、级配、压实等方法构建水库周边坝体，坝体高度根据排弃台阶参数和水库参数确定，坝顶宽度≥3m，坝体坡面坡度≤1∶3，坝体物料渗透系数<0.001m/d。根据优选的储水物料，采用卡车自然排弃与推土机整平相结合的方法构建储水库体，库体底面积≥1000m^2，体积≥10000m^3，单边尺寸≥40m。根据排土场建设和生态修复需要，在库体上方布置排弃层、毛细阻滞层、耕作层等各层物料（具体层序设置根据实际需要确定）。在库底隔水层、坝体、库体和上覆岩土层构建过程中，预埋水分和应变监测系统（监测点不少于 20 个），监测水的渗流过程和库体变形情况。根据库体参数和试验需要，在库体布置抽水孔（≥1 个）、蓄水孔（≥3 个）和监测孔（≥5 个）。

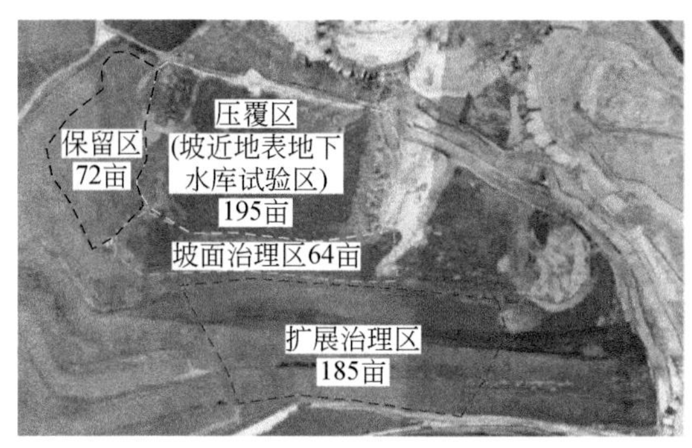

(a) 近地表储水层构建试验区选择

(b) 隔水层-储水层结构构建

(c) 隔水层效果监测

图 4-6　宝日希勒露天煤矿近地表储水层构建

3. 煤层原位型地下水库

煤层原位型地下水库以重构含水层为优势条件，基于煤层底板高程变化差异性，将露天煤矿地下水库选址位于重构含水层地势低凹地带，通过首采区毛石沟槽形成的储水通道进行注水和抽水，形成露天矿地下水库。以宝日希勒露天煤矿东区地下水库为例，借助 1 号煤层东部地势高程低的特点，考虑在目前排土场碾压形成心墙土石坝，形成东部地下水库。露天煤矿开采需剥离地表岩土层后采出煤体，后将采空区进行剥离物回填，称为排土场，也是露天煤矿地下水库建设的主要选址。而对于露天煤矿地下水库设计，如何实现快速建设、有效储水与利用，这成为露天煤矿地下水库建设亟待考虑的问题。考虑在露天煤矿排土场建设地下水库，必须解决内排土作业、挡水坝结构设计和储水介质材料等问题。宝日希勒露天煤矿采-排-复作业接续合理，但大量运送外来储水物料必然会引起采-排-复接续紧张，而合理选择地下储水材料必须考虑就地取材、经济合理。因此，适于宝煤地下水库的建设条件必须考虑地质意义和覆土空间，也就是说优先考虑含水层地势低凹地带作为储水区，优先考虑砂岩覆土层作为储水体。排土场重构砂岩含水层为优选储水材料，以粗粒砂岩作为骨料，混掺黑黏土碾压形成心墙土石坝，形成地下水拦截构筑物，借助煤层底板高程落差，形成“重构含水层+心墙土石坝”型式的露天煤矿地下水库。水库补给源主要为地表降雨、原始地下水含水层和采区涌水，不同水源之间相互交换，形成露天矿内排区地表水—地下水—采区涌水的互联补给、存储与利用模式。

煤层原位型地下水库主要由储水地质体、坝体和注排水井组成。其中，储水地质体的容量和充足的地下水源是考虑地下水库选址的首要条件，在确定的露天开采区域环境条件下储水地质体是选址的关键。以宝日希勒东、西区地下水库为例，宝日希勒露天煤矿 2011 年 6 月开采过程中，1 号煤层顶板含水砂岩层涌水量可达 10 万 m^3/d，此区域内煤层底板以上排土以砂岩为主，煤层底板高程从 545 ~ 510m 起伏变化、底板起伏表现为中间高、两侧低的变化趋势。内排土场重构砂岩含水层以煤层底板起伏变化为主，同时为了边坡和排土场稳定，在低洼处投放大量毛石，构建了稳定排土场基础的毛石网格。毛石沟槽标高 553 ~ 567m，沟槽宽度 4m、厚度 3m、长度 350m，目前在积水坑位置标高 555m 处观测到水位上升趋势。宝日希勒露天煤矿地下水库储水地质体以砂岩重构含水层为主，考虑到地下水库坝体构筑问题，以内排土场为边界，分段碾压形成心墙式挡水坝体，取水井设计在毛石沟槽位置附近，由垂直钻井施工至毛石沟槽底部，注水井设计在煤层底板等高线较高位置，宝日希勒露天煤矿东、西区地下水库横剖面结构形式见图 4-7。

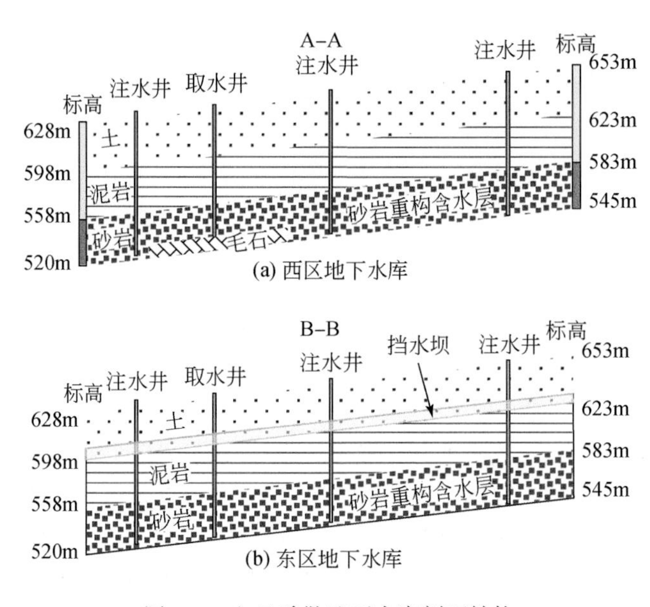

图 4-7　宝日希勒地下水库剖面结构

4.1.3　地下水库储水能力确定方法

4.1.3.1　储水系数及计算方法

1. 基于现场试验的储水系数计算方法

露天煤矿地下水库储水模式为内排土场重构砂岩形成的高孔隙材料介质储水，借助重构含水层地势变化情况，将重构含水层地势低凹地带作为储水空间。基于露天矿地下水库储水模式，地下水库储水系数即为单位体积的储水介质所储存的水量，因此储水系数即为地下水库储水介质的孔隙性。排土场钻孔能够真实揭露重构砂岩储水介质的各项力学和水理特性，和室内试验相比的优势在于现场钻孔方法保留了储水介质原有的压实状态和应力环境，能够真实反映地下水库的储水特征，因此采用现场钻孔法进行储水介质水理参数的获取。试验钻孔钻进完成后，采用现场注水试验方法测定储水介质的渗透性，从而计算储水介质的分层孔隙性。

1）注水钻孔布置

（1）钻孔位置

钻孔位置布置应综合考虑地下水库应用需求、工程量、露天矿剥采排计划等因素。露天煤矿地下水库库底高程一般起伏不定，从试验数据准确性的角度考虑，注水钻孔应穿过所有上覆盖层并贯穿水库库底。由于地下水库上部为露天矿内排土场台阶，近地表海拔起伏情况不同，这意味着终孔深度相同的情况下，钻孔长度可相差数十米，由于钻孔深度不影响试验结果，因此应尽量选择在地表海拔较低的区域开钻，以降低工程难度和加快施工速度。排土场地下水库主要是利用排弃物料孔隙储水，为了避免钻孔试验造成地下水污染，钻孔位置应避开露天矿未开采的区域，即钻井终孔位置应在露天矿采场深部境界以内，处于内排土场的正常排土区域。同时，为了进一步提高试验数据的准确性，应在地下水库区域范围内设计多个注水钻孔并且尽量平均分布。遵照以上原则，以宝日希勒露天煤矿西区地下水库为例，在排土场西南部建库区布置6个抽注水孔，钻孔坐标与工程量见表4-2。

表4-2　宝日希勒露天煤矿排土场地下水库抽注水系统钻孔参数

钻孔	开孔坐标			终孔坐标/m	孔径/mm	预计深度/m
	X 坐标	*Y* 坐标	*Z* 坐标			
1	478300	5473049	684	542	330	142
2	478379	5472554	681	550	330	131
3	478609	5472181	670	555	330	115
4	478226	5473550	698	550	330	148
5	478418	5474144	710	555	330	155
6	478727	5472446	703	552	330	151
合计						842

（2）钻孔施工方案

施工形成的排土场钻孔应满足上部管壁不透水，下部管壁透水的要求，因此钻孔井壁上部采用套管，中间采用实管，下部采用花管，其中花管为钻孔的注水段。由于排土场为松散介质，钻孔施工应遵循以下原则：①为了减小孔深，孔位选在排土场的低处。以宝日希勒露天煤矿西区3#孔为例，钻孔开孔高程670m，设计终孔坐标555m，预计孔深115m。宝日希勒露天煤矿已进行的排土场地下水库试验钻孔SG1实际钻深已达120m，因此仅从孔深的角度钻孔钻探施工是可行的；②尽量选用小孔径钻进，钻孔孔径可选为开孔孔径Φ325mm，通过缩小孔径降低施工的风险，增加成孔的概率；③钻孔成孔后全孔下入

Φ127mm×6mm 无缝钢管，管外环空 99mm，保证填充粒料厚度，保证注水试验时不塌孔；④钢管内径 105mm，可下 Φ98mm 的水泵，抽水流量可达 $5m^3/h$，同时具备下测管和测绳的空间；若孔底有水可采用抽水试验确定储层的渗透系数；⑤尽量选取 4～6 月份温暖、少雨的有利天气条件施工，提高钻进效率和时间利用率。

以宝日希勒露天煤矿地下水库为例，为了验证排土场地下水库储水情况，神华大雁勘测公司按照上述钻孔施工方案进行排土场钻孔施工。采用的钻井设备为 SPC-1000 型钻机；该钻机可进行 5 档调速，1～5 档对应的转速分别为 146r/min、259r/min、426r/min、696r/min、1107r/min，单据拉力为 68600N，提杆速度为 1.32m/s，最大钻进深度为 1000m。3#钻孔编号为 BKCZ3，终孔深度 127m，终孔直径 205mm，终孔层位为煤。该孔钻孔孔深 122.4m，井筒总长 122.9m，井壁管高于地表 0.5m（图 4-8）。使用水位测钟进行孔内水位测量发现，该孔为干孔，未见地下水存在。井壁管安装位置为 0.00～75.00m，井壁管孔径为 Φ127mm；过滤管位置为 133.00～166.00m，过滤管孔径为 219mm；沉淀管位置为 166.00～172.70m，过滤管孔径为 219mm。

(a) 钻井平台

(b) 底部花管

(c) 成孔后钻孔

图 4-8　宝煤西区地下水库 3#钻孔实物图

2）钻孔注水试验

由钻孔注水试验规程可知，常水头钻孔注水试验适用于渗透性比较大的壤土、粉土、砂土和砂卵砾石层，或不能进行压水试验的风化、破碎岩体，断层破碎带和其他透水性强的岩体等；钻孔降水头注水试验适用于地下水位以下渗透系数比较小的黏性土层或岩层。为了增加试验结果的可靠性，本研究采用钻孔常水头和降水头两种试验方法测定地下水库储水介质的渗透性。

（1）试验设备

结合《水利水电工程注水试验规程》及工程现场可提供的设备条件，本次试验用到的试验设备见表 4-3。

表 4-3　钻孔注水试验设备一览表

设备类型	名称
供水设备	水箱、水泵
量测设备	水表、量筒、瞬时流量计、秒表、米尺等
止水设备	栓塞、套管塞
水位计	电测水位计

（2）试验过程

① 用钻机造孔，至预定深度下套管，严禁使用泥浆钻进。孔底沉淀物厚度不得大于10cm，同时要防止试验土层被扰动。

② 在进行注水试验前，应进行地下水位观测，作为压力计算零线的依据。水位观测间隔为5min，当连续两次观测数据变幅小于5cm/min时，即可结束水位观测。

③ 钻至预定深度后，可采用栓塞或套管塞进行试段隔离，并应保证止水可靠。对孔底进水的试段，用套管塞进行隔离；对孔壁和孔底同时进水的试段，除采用栓塞隔离试段外，还要根据试验土层种类和孔壁稳定性，决定是否布设护壁花管。对孔壁和孔底进水的试段，同一试段不宜跨越透水性悬殊的两种土层。对于均一土层，试段长度不宜大于5m。

④ 试段隔离后，用带流量计的注水管或量筒向套管内注入清水，套管中水位高出地下水位一定高度（或至孔口）并保持固定不变，观测注入流量。向套管内注入清水，应使管中水位高出地下水位一定高度（初始水头值）或至套管顶部后，停止供水，开始记录管内水位高度随时间的变化。

⑤ 流量观测应符合下列规定：开始5次流量观测间隔为5min，以后每隔20min观测一次并至少测量两次；当连续两次观测流量之差不大于10%时，即可结束试验，取最后一次注入流量作为计算值；当试段漏水量大于供水能力时，应记录最大供水量。

⑥ 管内水位下降速度观测应符合下列规定：量测管中水位下降速度，开始间隔为5min观测5次，然后间隔为10min观测3次，最后根据水头下降速度，一般可按30min间隔进行；应在现场，采用半对数坐标纸绘制水头下降比与时间的关系曲线（图4-9）。当水头比与时间关系呈直线时说明试验正确；当试验水头下降到初始试验水头的0.3倍或连续观测点达到10个以上时，即可结束试验。

3）介质储水系数

（1）常水头注水试验渗透系数

① 注入流量与时间（Q-t）关系曲线的绘制应在现场进行。

② 当试验土层位于地下水位以下时，采用以下公式计算试验土层的渗透系数：

$$k=\frac{17.67Q}{AH} \tag{4-1}$$

式中，k 为试验土层的渗透系数，cm/s；Q 为注入流量，L/min；H 为试验水头，cm；A 为形状系数，cm。

(a) 超声波电磁流量计

(b) 钻孔注水

(c)水位测量

图 4-9　宝日希勒露天煤矿西区地下水库钻孔注水试验

③ 当试验土层位于地下水位以上时，可采用以下公式计算试验土层的渗透系数：

$$k=\frac{7.2Q}{H^2}\lg\frac{2H}{r} \tag{4-2}$$

式中，r 为钻孔半径，cm；其余符号同前。

（2）降水头注水试验渗透系数

根据注水试验的边界条件和套管中水位下降速度与延续时间的关系，采用如下公式计算试验土层的渗透系数：

$$k=\frac{\pi r^2}{A}\cdot\frac{\ln\dfrac{H_1}{H_2}}{t_2-t_1} \tag{4-3}$$

式中，H_1 为在时间 t_i 时的试验水头，cm；H_2 为在时间 t_2 时的试验水头，cm；r 为套管内径，cm；A 为形状系数，cm。

（3）储水系数（储水介质孔隙度）

对于常规的材料来说，渗透性和孔隙性之间没有必然的函数关系，但是对于同一种材料或内部空间结构相似的材料来说，孔隙性与渗透性之间具有较大的正相关关系，即渗透性越大，材料的孔隙度也就越大。对于宝日希勒露天煤矿西区地下水库来说，储水介质为重构砂岩，基本为同一种材料或相近内部空间结构的材料，因此其渗透性和孔隙度之间存在必然联系。地质学家、石油工程师、土木工程师和土壤科学家已经得到流体流动性质与自然界多孔介质（如砂岩）表面积之间的各种关系，特别是为了推导出一个明确的公式，许多科学家都对松散介质沉积层和含水层的孔隙率与渗透率之间的关系进行了研究。其中以柯兹奈和卡尔曼关于测定地下流体流动的公式比较有名。其公式如下：

$$\varphi=k\frac{S_p^2}{C} \tag{4-4}$$

式中，k 为渗透率；φ 为孔隙度（以小数表示）；S_p 为每一单位孔隙体积内的表面积；C 为依胶结程度和其他因素而定的常数。

2. 基于理论计算的储水系数计算方法

1）承压排弃物储水系数

外载荷作用下，储水层中水的体积与密度将产生变化，恒温情况下，水体积受力变化的特性用水的压缩系数表示，即在单位压力变化时单位水体积的变化量。压缩系数可以表示为

$$\beta=\frac{1}{V}\frac{\mathrm{d}V}{\mathrm{d}p} \tag{4-5}$$

取微分后：

$$\mathrm{d}V=\mathrm{d}\left(\frac{m}{V}\right)=-\frac{m}{\rho^2}\mathrm{d}\rho=-\frac{V}{\rho}\mathrm{d}\rho \tag{4-6}$$

将式（4-5）代入式（4-6）得

$$\beta=\frac{1}{\rho}\frac{\mathrm{d}\rho}{\mathrm{d}p} \tag{4-7}$$

式中，V为水体积，m^3；β为水压缩系数，常数；$\mathrm{d}V$为单位水体积变化量；$\mathrm{d}p$为单位压力变化量；ρ为水的密度，$\mathrm{kg/m^3}$；m为水的质量，kg。

储水率和储水系数是影响储水层储水特性的重要因素，储水率表示水头下降（上升）一个单位时，单位体积储水层释放（储存）的水量。

$$\mu_s=\frac{\Delta V_w}{V_t\Delta h} \tag{4-8}$$

式中，μ_s为软岩排弃物混合态原岩重构空隙储水率；Δh为压力水头变化值，m；ΔV_w为释放或储存的水量，m^3。

软岩排弃物混合态原岩重构空隙储水层的储水率是储水层骨架压缩和水体膨胀共同作用的结果，进一步可表示为

$$\mu_s=\beta_s\rho g+n\beta_w\rho g=\rho g(\beta_s+n\beta_w) \tag{4-9}$$

式中，ρ为水的密度，$\mathrm{kg/m^3}$；g为重力常数，$9.8\mathrm{m/s^2}$；β_s为软岩排弃物混合态原岩重构空隙储水系数；β_w为承压水体压缩系数；n为水体积与储水层体积之比。

储水系数指水头下降（上升）一个单位时，从单位水平面积含水柱体中释放（储存）的水量。两者的区别是储水高度的不同，因此，储水系数和储水率满足以下关系：

$$\mu^*=M\mu_s=M\rho g(\beta_s+n\beta_w) \tag{4-10}$$

式中，M为含水层厚度。

2）非承压排弃物储水系数

即使储水层受外载荷作用，但是内部任意位置的应力均处于平衡状态。主要原因是储水层水平方向上的力相互抵消，垂直方向产生压缩变化，饱和储水层上的总应力等于骨架承受的压应力与孔隙水压力之和，即：

$$\sigma=\sigma_e+p_V \tag{4-11}$$

式中，σ为储水层上的总应力，Pa；σ_e为骨架压应力，Pa；p_V为孔隙水压力，Pa。

如果储水层位于近地表，且上覆荷载较为稳定，可将总应力假定为定值。孔隙水压力的变化与骨架压应力的变化相反，数值相等，即：

$$d\sigma_e = -dp_V \tag{4-12}$$

上式说明，当储水层中水的压力减小时，骨架的有效应力就会增大，从而引起骨架的压缩，这就是储水层骨架的压缩性，反过来也成立。因此可以把储水层作为弹性体处理，用骨架压缩系数表示储水层骨架的弹性变形，即：

$$\alpha = -\frac{1}{V_t}\frac{dV_t}{d\sigma_e} \tag{4-13}$$

式中，α 为骨架压缩系数；V_t为储水层体积变化，m^3。

压缩系数的物理意义为单位体积储水层骨架的体积变化率，其中负号表示随着有效应力增加，储水层体积变小时为正值。

储水层骨架体积由颗粒体积和孔隙体积组成，其中固体颗粒通常是不可压缩的，即 $V_s =（1-n）V_t =$常数，则：

$$\frac{dV_s}{d\sigma_e} = 0 \tag{4-14}$$

由此可得

$$\frac{dV_t}{d\sigma_e} = \frac{V}{(1-n)}\frac{dn}{d\sigma_e} \tag{4-15}$$

将式（4-14）代入式（4-15），则：

$$\alpha = -\frac{1}{1-n}\frac{dn}{d\sigma_e} = \frac{1}{1-n}\frac{dn}{dp} \tag{4-16}$$

式中，n 为孔隙率；V_s为孔隙体积。

储水层并非理想的弹性体，水压力的降低将造成储水层骨架产生压缩变形，所以当水压力上升至原状态时，含水储水层的变形一般无法完全恢复，可恢复的部分属于弹性变形，不能恢复的部分属于塑性变形，永久性的地面沉降就是这个原因。

软岩排弃物储水介质重构空隙储水层的储水能力与储水系数有很大的关系，其储水系数 μ 与承压储水层的储水系数的含义是相同的。潜水的储水系数又称为给水度或饱和差、自由孔隙率，表达式：

$$\mu_1^* = \frac{\Delta w}{A\Delta h} \tag{4-17}$$

式中，A 为含水层的水平面积；μ_1^* 为潜水储水层储水系数；w 为释放或储存的水量；h 为压力水头变化。

4.1.3.2　地下水库库容确定方法

1. 排弃物型地下水库库容计算

地下水库储水介质为人工构筑砂岩，储水介质为同一种材料，内部孔隙结构相同或具有较高的相似性；但由于所处高程不同，储水介质所处的应力环境不同，不同压实状态下的储水介质呈现出不同的渗透性；由以上分析可知，介质高程（即上覆载荷）对储水介质渗透性的影响最大，且基本为唯一影响因素，因此可通过统计归纳法拟合得出储水介质渗透性与高程的关系。因此通过注水试验求得储层的分层渗透性后，通过柯兹奈和卡尔曼公式即可计算储层的分层孔隙性。本次地下水库库容计算采用分层总和法进行计算，即在已知储水介质分层孔隙性的基础上，基于等高线信息求得每分层的库体体积，用孔隙度和分层体积相乘得出每分层储水容量，将地下水库每分层的储水量计算后进行加和计算出地下水库总库容（计算原理见图 4-10）。

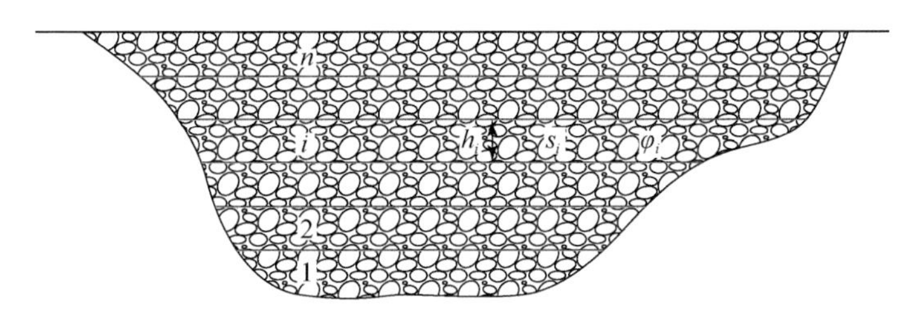

图 4-10　地下水库纵剖面分层总和法计算储水量示意图

$$Q = \sum_{i=1}^{n} \varphi_i \cdot h_i \cdot s_i \tag{4-18}$$

式中，Q 为地下水库储水容量；φ_i 为地下水库储水介质第 i 分层的孔隙率；h_i 为地下水库储水介质第 i 分层的分层厚度；s_i 为地下水库第 i 分层的储水面积；n 为分层数目。

以宝日希勒露天煤矿西区地下水库为例，为确保计算结果的精度，分层厚度的取值应尽量小，结合西区地下水库的等高线信息，本次计算取分层厚度为 5m，西区地下水库位置及高程信息见图 4-11，计算结果见表 4-4。由表可知，西区地下水库的总储水量为 122. 34 万 m^3。

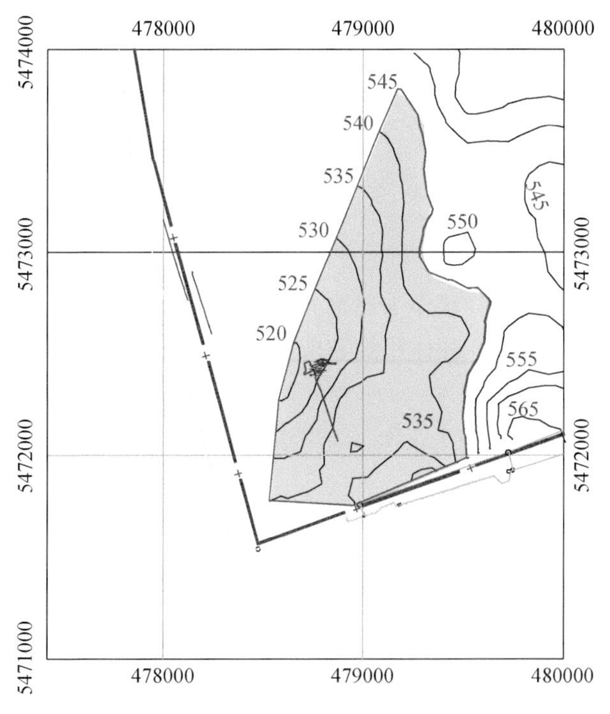

图 4-11　宝日希勒露天煤矿西区地下水库位置及高程信息

表 4-4 宝日希勒露天煤矿西区地下水库库容计算表

分层编号	分层高程/m	每分层中部高程/m	每分层体积/m^3	每层中部平均孔隙度	每层储水容量/万 m^3
1	520～525	522. 5	286120. 32	0. 0842	2. 41
2	525～530	527. 5	849790. 18	0. 0889	7. 55
3	530～535	532. 5	1734162. 56	0. 0913	15. 83
4	535～540	537. 5	3654950. 71	0. 0964	35. 23
5	540～545	542. 5	5676705. 69	0. 108	61. 31
总计					122. 34

将开采底板作为水库底部，通过逐层累加的方法计算地下水库库容，确定了库容-水位曲线。宝煤西区地下水库满库时的储水能力约为 122. 34 万 m^3，满足地下水库设计 100 万 m^3的需求，其 520～545m 高程的总库容如图 4-12 所示。

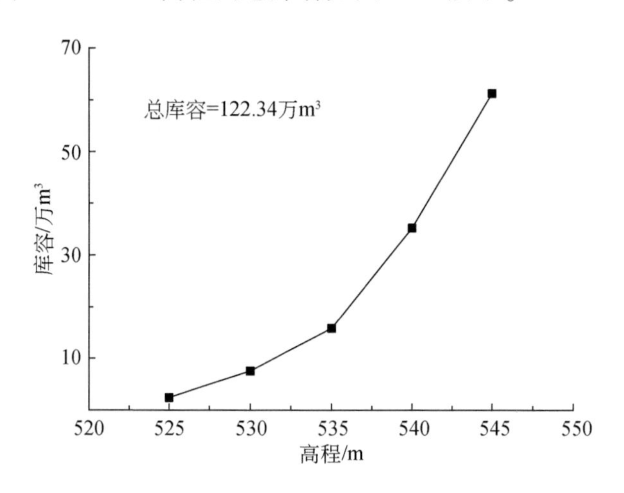

图 4-12 西区地下水库库容-水位关系曲

2. 管涵型地下水库库容计算

管涵型地下水库是以储水管涵作为储水介质的地下水库形式（图 4-13），其储水空间为管涵内部储水空腔，将储水空腔体积加和即可求出地下水库储水容量，管涵型地下水库库容计算步骤如下：

（1）采集露天煤矿内排土场 1（编号）的排土高度 D_m，通过如下公式计算所述露天煤矿交错式地下水库的分布数目：

$$N=D_m/2\times3.8 \quad (N\text{取整}) \tag{4-19}$$

（2）采集露天煤矿内排土场 1 的最小宽度 W_m，然后通过如下公式计算所述露天煤矿内排土场 1 的单个水库所需管涵数目：

$$N_C=W_m/2\times1.9(N_C\text{四舍五入取整}) \tag{4-20}$$

（3）将露天煤矿内排土场的地下水库库容依次记为 $V_{1\text{-R1}}$、$V_{1\text{-R2}}$、…、$V_{1\text{-R}n}$（1 代表排土场编号、n 代表库号），采集露天煤矿内排土场 1 不同位置堆叠管涵的长度 $L_{1\text{-R}n}$，然后通过如下公式计算所述露天煤矿内排土场1的地下水库总库容：

$$V_{1-R}=V_{1-R1}+V_{1-R2}+\cdots+V_{1-Rn}=[\pi\times(1.5/2)^2]\times(L_{1-R1}+L_{1-R2}+\cdots+L_{1-Rn})\times N_C \quad (4\text{-}21)$$

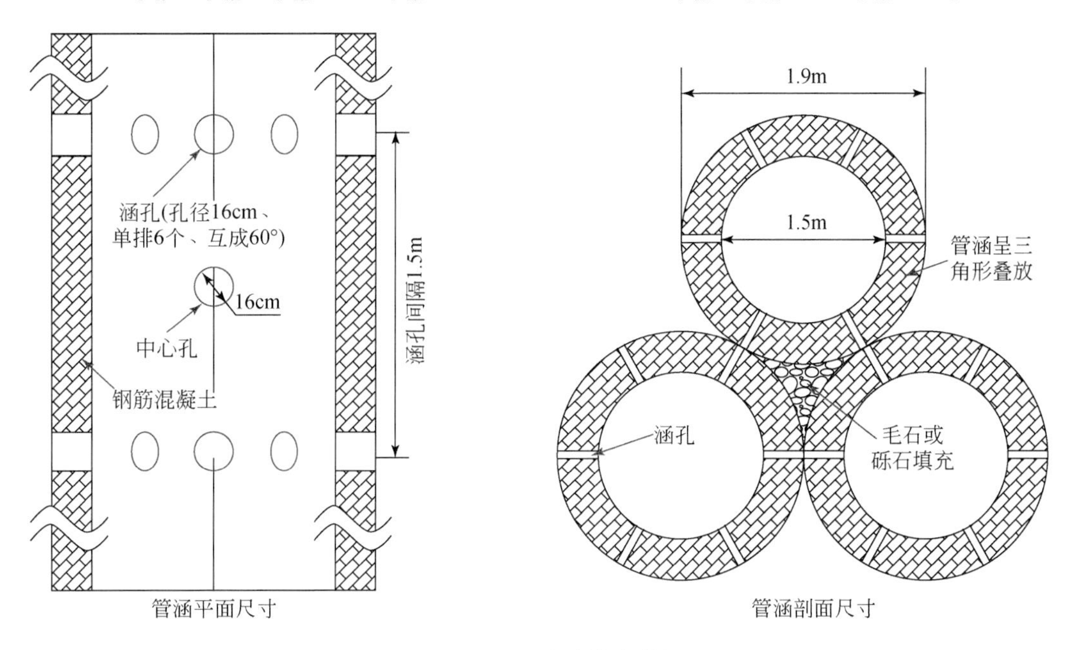

图4-13　地下水库储水管涵

4.2　露天煤矿地下水库设计研究

4.2.1　设计原则和主要指标

4.2.1.1　地下水库设计原则

1. 需求性

目前，在西部矿区建成的煤矿地下水库已有30余座，通过煤矿地下水库储存的矿井水已超过2500万 m^3，极大程度地减少了水资源的损失，因此，地下水库能够极大地满足节水性需求。

煤炭生产需求方面主要是指传统的矿井（坑）水保护以水处理技术为主，主要包括沉淀、悬凝沉淀、气浮等，无论是膜分离技术或者离子交换法，面临的主要问题均是处理工序复杂、成本高且处理能力有限，而煤矿地下水库建设为矿井（坑）水处理、资源化回收利用提供了一种新途径。在此基础上，在一定程度上降低了煤炭生产的成本，有利于提高露天矿山生产的经济效益。

生态修复需求方面主要是指水库建造在地下，具有减少蒸发量、水质不易污染、投资小、不占用地表面积等优点。地下水库的蓄水功能以一般构建在赋水介质空隙内的库容空间为基础，遵循“以丰补歉”的原则，利用巨大的贮水空间，地下水库可以在丰水期蓄积大量的水，以备枯水期之用，从而优化水资源在时间上的配置。地下水库还可以防止地面沉降、滋润生态环境、增加对降水资源的截留、调节小气候、储冷储热等。综上所述，露天煤矿地下水库的设计实现矿井水的生活回用，进而满足矿区整体用水需求，最终达到地下水库水质洁净及综合利用的目标，实现环境效益的最大化。

2. 可行性

露天煤矿地下水库不同于一般意义上的地下水库，普通的地下水库是利用已有的地下空间或煤矿采空区，而露天煤矿地下水库则是人工建设完成，通过科学选址，在露天矿采场底部或某一台阶上所围成的半封闭区域，经过回填后形成的地下空间。传统的水库库容和地下水库库容计算方法通常需要测量蓄水体体积、重力给水度等参数，测量工作烦琐且难度较大。以孔隙介质为储水空间的地下水库为例，传统的地下水库库容确定方法需要测量蓄水体的体积和介质的给水度两项指标，蓄水体的体积等于各类蓄水体在库区的平均厚度与水面面积的乘积，其平均厚度需要通过物探或钻孔工程获得，而给水度则需要钻孔对各类蓄水体分别取样，在实验室开展相应的大量的测量工作来获得。经过大量的理论研究和现场示范工程建设，提出适用于大型露天矿水资源保护的三层储水模式，即：地表储水池模式、近地表生态型地下水库模式、煤层原位储水模式。在北电胜利矿区成功建设了排土场东、西湖地下水库，完成了地表储水池模式的水库建设；在宝日希勒露天煤矿成功建设了近地表生态型地下水库和基于排弃物储水的宝日希勒露天煤矿西区煤层原位储水型地下水库，大型露天矿水资源保护的三层储水模式在技术上可行。

3. 经济性

地下水库建设的经济性在于供水系统在运行期间内净利润最大，单位供水成本最低，与水资源开发相关部门的工农业产值最大，开发水资源投资最小，总净收入最多，应综合考虑预处理工艺占地、设备化程度、建设成本、运行成本、水库储水容量、采排关系等因素，在经济成本可接受的前提下进行露天矿地下水库建设。与此同时，提出科学控灾开采条件下的地表水-地下水联合调蓄方法来进行水资源的高效利用。通过分区控制性开采规避岩溶塌陷，分质供水、雨洪资源化缓解水资源污染，市场调整、改进工艺、中水利用等手段来综合实现水资源综合配置平衡，抑制区域环境水文地质灾害，实现水资源的高效利用。同时，研究也将为解决宝日希勒煤田地区在地表水紧缺情况下的应急供水问题，保护区域地下水环境、保障供水安全提供科学决策依据，为地区整体社会经济可持续发展提供水资源基础保障。

4. 安全性

地下水库作为利用天然储水空间的地下水开发工程，近年来在调蓄水资源平衡中发挥着越来越大的作用。地下水库是一个复杂的系统工程，各个环节必须协同配合，其中施工流程的优化设计和安全保证尤为重要。只要严格规范和设计要求，根据不同地质条件，灵活采用不同的施工工艺和方法，就能在一定程度上保证露天矿地下水库的安全性，地下水库也将在合理利用水资源中发挥越来越大的作用。

4.2.1.2　主要技术指标

1. 地下水库库容

露天煤矿地下水库最主要的功能是储存水源，因此地下水库库容是地下水库首先要满足的技术指标。露天煤矿重构砂岩含水层为主要松散储水介质，对于此类松散砂岩层组成的地下水库，计算地下水库库容主要有两种方法：第一种只考虑水文地质分区，不考虑各区沿高程分布差异性，依据水文地质参数分别求出各区的库容；而第二种方案采用等高程分区分层计算法，先从库区平面上进行水文地质分区，然后考虑不同高程含水层面积的差异进行计算，等高程分区分层计算公式如下：

$$V=\sum_{i=1}^{n}\sum_{j=1}^{m}(\mu_{ij}h_{ij}A_{ij})\tag{4-22}$$

式中，V 为地下水库总库容，m^3；m 为高程分层个数；n 为水文地质分区个数；A 为水文地质分区的面积，m^2；h 为地下水库水文地质分区的高度，m；μ 为含水层的储水系数。因此，以宝日希勒露天煤矿西侧地下水库选址为案例，重构砂岩含水层储水系数需要具体试验。采用上述地下水库库容公式计算，这里初步假设松散砂岩储水系数为0.1，砂岩重构厚度约40m，计算中初步确定地下水库储水高度大于10m，得到井田西南侧地下水库库容为$1.50\times10^6 m^3$，地下水库选址均满足100万m^3储水需求。

2. 地下水库特征水位

由于地下水库在功能上不同于地表水库，一般不具有航运、发电功能，防洪、调洪也非其主要功能，而且地下水库对水位的控制不如地表水库灵活和迅速。因此，地下水库的特征水位划分应当简单实用，过于烦琐则不利于实际运用。参考地表水库特征水位与库容的划分方案，将地下水库特征水位与特征库容进行如下划分：正常蓄水位与调蓄库容，在长期储水而不引起环境负效应的前提下，地下水库能发挥最大蓄水效益时所达到水位称为正常蓄水位；正常蓄水位到死水位之间所对应的地下水库蓄水体积称调蓄库容，它是地下水库调蓄能力大小的重要指标，相当于地表水库的兴利库容。根据库容特征又可划分为腾空库容和已占库容。地下水库现状地下水位到正常蓄水位之间的蓄水体积称为腾空库容，表明地下水库可利用的蓄水空间大小；从含水层隔水底板到现状地下水位之间的库容已经被占用，称为已占库容，该指标表明现状条件下地下水库总库容中的已经利用部分。这两个特征库容的设定体现了地下水库对水量动态调控的要求。正常蓄水位到地下水库隔水底板所对应的库容称为总库容，它包括地下水库的调蓄库容和死库容，数值上等于已占库容和腾空库容之和（图4-14）。

3. 地下水库水质

1）进水水质要求

依据我国地下水水质现状、人体健康基准值及地下水质量保护目标，并参照了生活饮用水、工业、农业用水水质最高要求，将地下水质量划分为5类。矿坑水经过“高效旋流混合澄清+机械过滤器+回灌砂滤池”联合工艺处理后，建议水质需满足《城市污水再生利用 地下水回灌水质》（GB/T 19772–2005）和《地下水质量标准》（GB/T 14848–2017）

后即可注入地下水库。地下水库进水水质要求见表4-5。

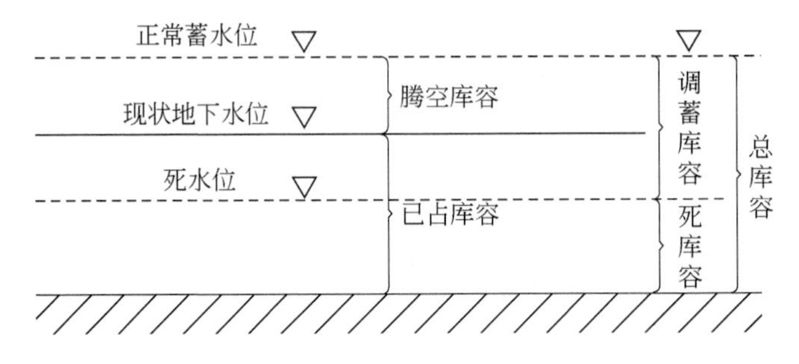

图4-14 地下水库特征水位与特征库容划分示意图

表4-5 地下水库进水水质要求

检测指标	单位	宝矿矿坑水处理前	GB/T 19772-2005	地下水质量三类标准（GB/T 14848-2017）
pH	—	8.39	6.5～8.5	6.5～8.5
溶解固体总量	mg/L	880.0	1000	1000
COD	mg/L	137	15	3.0
总硬度	mg/L	60.0	450	450
硫酸盐	mg/L	67.20	250	250
氯化物	mg/L	117.000	250	250
氨氮	mg/L	0.06	0.2	0.5
硝酸盐（N）	mg/L	0.85	15	20
铁	mg/L	0.184	0.3	0.3
总大肠菌群	CFU/100ml	17	不得检出	3.0
耐热大肠菌群	CFU/100ml	11	不得检出	
大肠埃希氏菌	CFU/100ml	2	不得检出	
色度	铂钴色度单位	<5.0	15	15
浊度	NTU	220	5	3
肉眼可见物	—	微量沉淀	微量沉淀	无

2）出水回用水质要求

矿坑水在地下水库储存过程中通过填充材料的自净化作用，使水质进一步得到净化，需满足矿区绿化和降尘用水的标准：《城市污水再生利用 城市杂用水水质》（GB/T 18920-2020），以实现矿坑水的资源化利用。地下水库出水回用指标要求见表4-6。

表4-6　地下水库出水回用指标

检测指标	单位	洒水	绿化
pH	—	6.0～9.0	6.0～9.0
色度	铂钴色度	30	30
嗅	—	无不快感	无不快感
浊度	NTU	10	10
溶解固体总量	mg/L	1500	1000
五日生化需氧量	mg/L	20	10
氨氮	mg/L	20	10
阴离子表面活性剂	mg/L	1.0	1.0
溶解氧	mg/L	1.0	1.0
总余氯	mg/L	接触30min≥1.0，管网末端≥0.2	接触30min≥1.0，管网末端≥0.2
总大肠菌群	CFU/100ml	3	3

4. 安全监测指标

地下水库建设于内排土场底部，对水库安全监控做了充分的考虑。根据目前选址情况，地下水库中部高，东西两侧形成两个低洼区域，作为主要的储水区域。为了确保地下水库稳定及不渗漏，分别在水库坝体外侧布设了自动监测井（图4-15）。水库注水过程中对比分析检测井水位变化，待水库达到可容纳库容后，地下水库及周边地下水位稳定后，开始连续监测。在自动监测平台可设定水位预警值，当检测井水位达到或超过预警值自动报警提示。

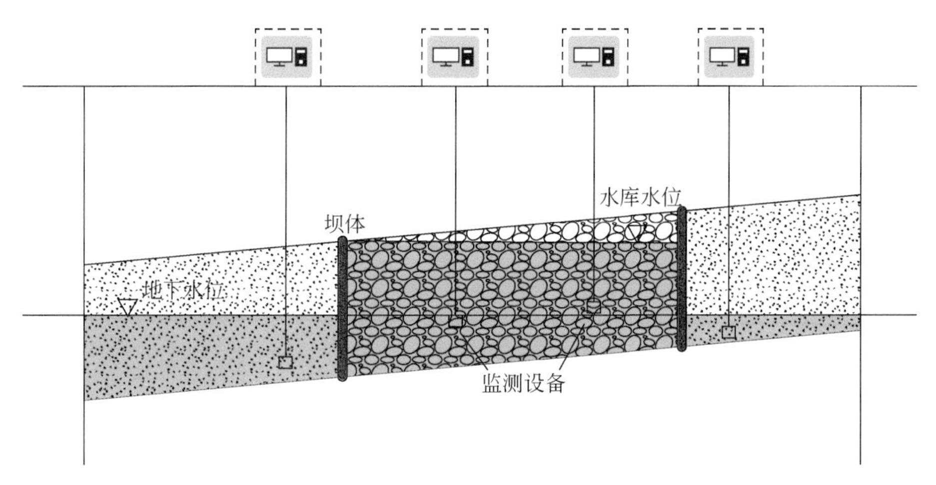

图4-15　安全监测系统

4.2.2　地下水库功能设计

根据大型露天矿地下水库选址、采场水源地和周围设施辅助条件，地下水库功能主要包括多源储水功能、洁净处理功能、运行调控功能和安全监测功能（图 4-16）。

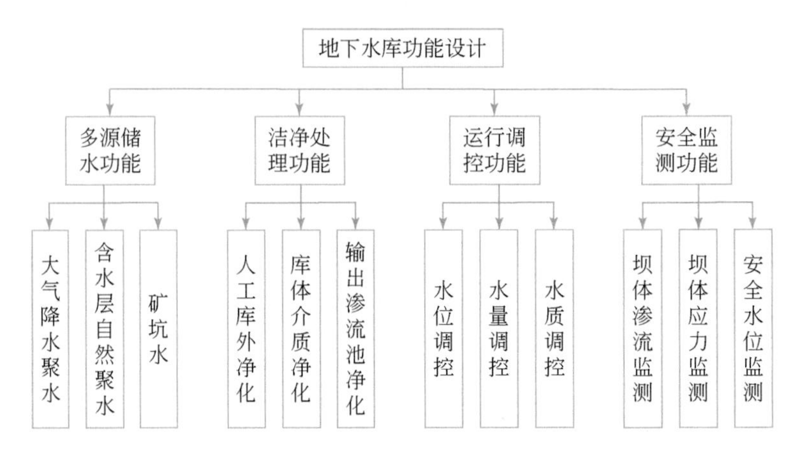

图 4-16　地下水库主要功能示意图

4.2.2.1　多源储水功能

地下水库水源来自三个方面：一是矿坑采动煤层的含水层涌水，通过采坑蓄水池储存和处理后注入地下水库；二是排土场周围含水层通过径流方式向地下水库“漏斗”补给；三是大型露天矿采区对于大气降水的收集汇聚，通过处理后补充至地下水库。

4.2.2.2　洁净处理功能

洁净储存是地下水库安全运行的水质保障，分质利用是地下水库储水的目标，洁净处理功能是针对露天矿矿坑水的特殊性设计。洁净处理包括：一是矿坑水的一次物理处理，重点去除水中悬浮物和杂质；二是矿坑水处理后再处理，重点去除水中污染地下水的化学成分，确保达到地下水储存的化学安全指标；三是地下水抽取后的处理，重点是按照使用用途，确定水处理方法，确保水质指标达到使用用途。

4.2.2.3　运行调控功能

安全是地下水库运行的基本要求，主要包括水质安全、抽注系统安全和输送管网安全。运行调控是通过参数动态获取（水质、水位、水量、应力应变等），按照地下水库安全运行机制控制地下水位安全高度，按照地下水库注入水要求控制洁净处理的工艺流程参数，按照水用途及用量调整地下水库的出水水质和分质用量。通过系统集成动态获取参数、分析参数变化规律，按照设置的水质标准和水位安全高度等，动态调整，实现地下水库安全运行。

4.2.2.4　安全监测功能

安全监测是确保地下水库安全运行的基本保障，重点包括水位安全监测、水质安全监测、坝体安全监测和边坡安全监测、管网安全等。安全监测就是系统地动态采集进出库的水质、地下水库区域及周边区的水位、坝体的应力应变、管网压力参数等，基于相关的设计安全标准和允许范围，持续分析安全监测参数的动态变化趋势，超出安全许可范围时及时预警，为地下水库运行调控提供支持。

4.2.3　地下水库结构设计

4.2.3.1　地下水库库区布局

露天煤矿地下水库布局主要包括地下挡水坝和重构含水层，以宝日希勒露天煤矿为例，煤层底板为浅灰色，上部为泥质粉砂岩，下部渐变为粗砂岩，浅灰–灰褐色，成分由长石、石英、中酸性火山岩屑及少量暗色矿物等组成，中夹0.3m灰褐色细砂岩，中下部泥质增多，分选差，含2～4mm的粗粒砂，层理不明显。考虑到区域建设范围大，混凝土重力坝成本较高，因此考虑选用能够就地取材作为坝体材料的粗粒砂岩，设计为心墙土石坝，平面布置结构如图4-17所示。

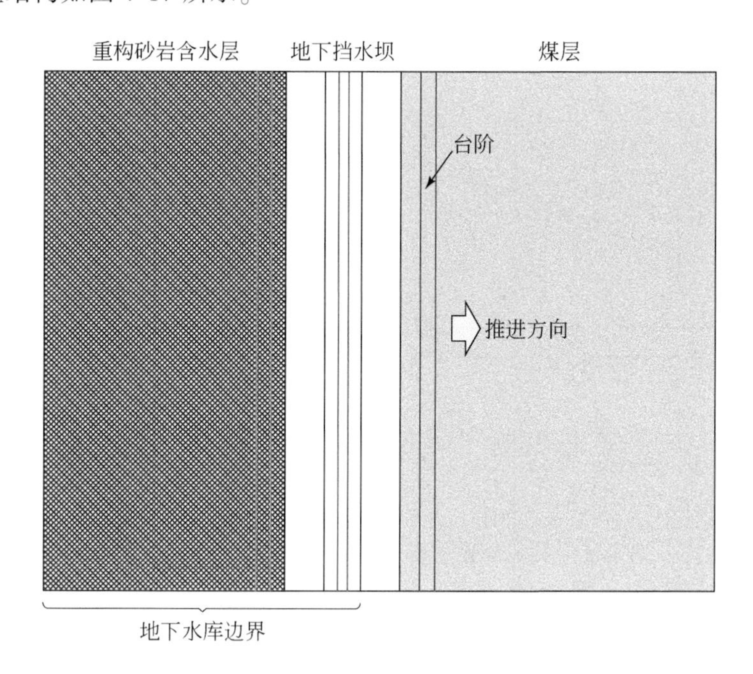

图4-17　露天煤矿地下水库平面结构设计

整个地下水库的空间分布以西侧内排土场和心墙挡水坝体构成，重构砂岩含水层地层厚度35～40m，设计毛石沟槽位于上游坡底，设计宽度15m、厚度3m，主要与坝体取水管网相联系，便于控制地下水库水位标高和水库坝体稳定性，如图4-18所示。

4.2.3.2　地下水库坝体设计

1. 土石坝体断面设计

土石坝体断面设计的基本尺寸包括坝顶高程、坝顶宽度、上下游坡度、防渗结构、排

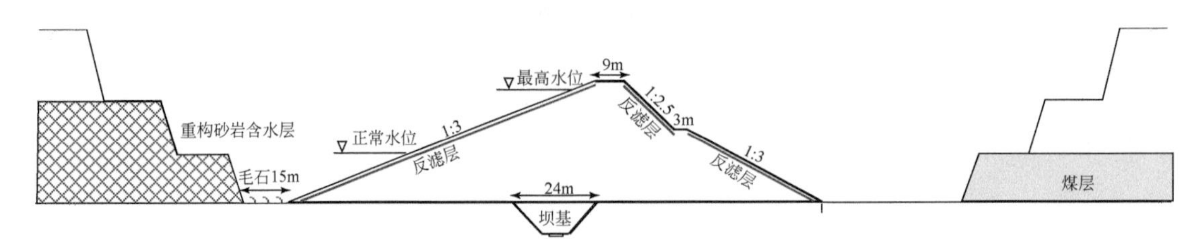

图 4-18　露天煤矿地下水库剖面结构设计

水设计及基本尺寸。根据土石坝设计规范要求及参照已建工程的经验数据（露天煤矿地下水库设计目前无可借鉴经验），同样要求地下布置方式的土石坝不允许溢流，但根据所在选址地下水文分布可知重构后地下水量较少，因此设计坝高与重构含水层高程差值为35m。坝顶宽度根据构造、施工等因素确定，据《碾压式土石坝设计规范》（SL 274－2001）高坝选用10～15m，中低坝选用5～10m，根据目前所给资料，初步拟定地下水库坝顶宽度9m，土石坝断面设计如图4-19所示。

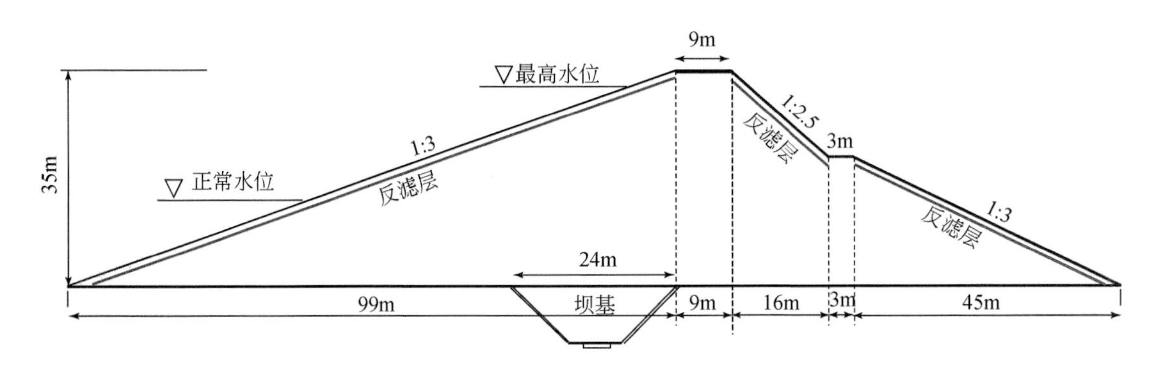

图 4-19　露天煤矿地下水库土石坝断面设计

设计坝顶宽度9m，上游坝体坡度1：3，下游坝体坡度分别设计为1：2.5和1：3，坝坡设计反滤层，上游坝坡设计反滤层能够保证坝体不受地下水库坝体影响，下游坝坡反滤层设计能够保证下游坝体不受下游地下水的渗透影响，反滤层设计厚度1.5m，采用内排土场黑黏土进行碾压。坝底高程510m，整个坝体高度设计为35m，坝体采用黏土心墙，坝坡设计都是考虑了此区域邻近内排土场，为了保证内排土场边坡稳定性而设计，最终得出坝底宽度为172m。

2. 坝基防渗处理设计

选用渗透系数小于1.0×10^{-5}cm/s的黏土材料作为防渗材料。由于宝日希勒露天矿1号煤层底板岩性以砂岩居多，考虑在坝基上采用明挖回填黑黏土截水槽，设计截水槽下部厚度为8m，开挖深度为8m，同时为了加强截水槽与煤层底板岩性的耦合性，在截水槽底部再开挖4m×0.5m的齿槽，截水槽开挖边坡为1：1，两侧设有0.4m厚粗砂层，保证底板强度，整个坝基防渗处理的截水槽位于坝顶上游底部，坝基防渗处理截水槽设计如图4-20所示。

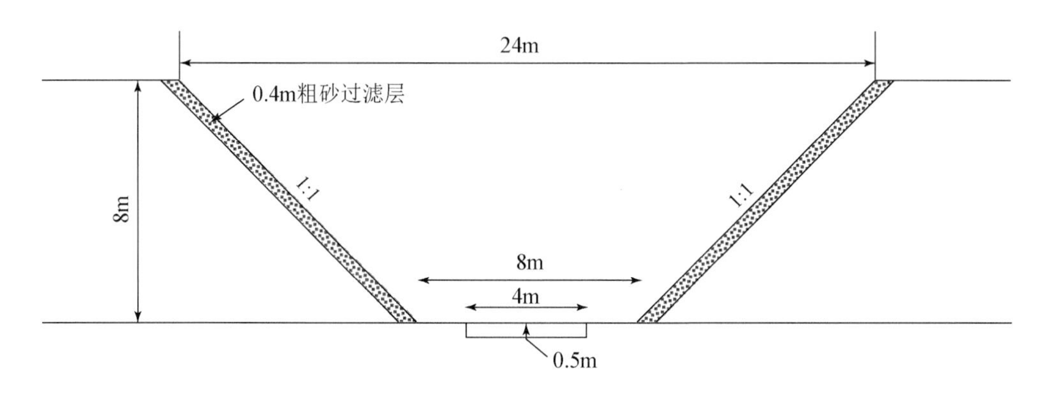

图 4-20　坝基防渗处理截水槽断面设计

3. 反滤层设计

坝体防渗的结构和尺寸必须满足减小渗流量、降低水位线控制渗透坡降的要求，同时还要满足施工、防裂和稳定等方面的要求。要求坝体渗水排除坝外，又要求不产生心墙黏土坝体的渗透破坏，因此坝坡设计反滤层，一般由 1 ~ 3 层级配均匀，由耐风化的砂砾或碎石构成，每层粒径随渗流方向增大，水平反滤层的最小厚度采用 1.3m，垂直或者倾斜反滤层的最小厚度设计为 1.5m，反滤层应设计有足够的尺寸，以适应可能发生的不均匀变形，同时避免与周围黏土层混掺，坝坡反滤层设计如图 4-21 所示。

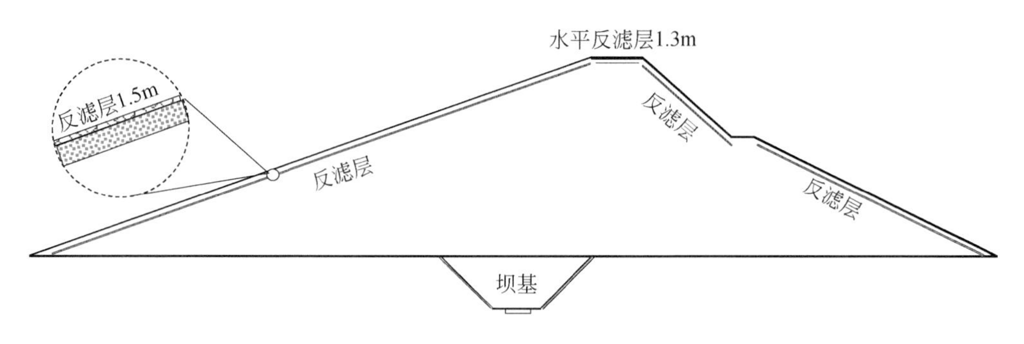

图 4-21　坝坡反滤层铺设设计

4. 防渗要求

防渗土料需要足够的不透水性和塑性，要求防渗体材料的渗透系数比坝体渗透系数小 10^3，并且具有足够的塑性。防渗体能适应坝基和坝体的沉陷和不均匀变形，不易断裂。黏粒含量为 15% ~30% 、塑性指数为 10 ~ 17 的黑黏土或者相关指数更高的黏土体材料，都是填筑防渗体的优选土料。

5. 土石坝渗流分析

土石坝渗流分析的目的是确定坝体浸润线和溢出位置，为坝体稳定性评价、应力应变分析和排水设备的选择提供依据；同时，能够确定坝体与坝基的渗流量，估算水库的渗漏损失，确定坝体排水设备的尺寸，确定坝体和坝基渗流溢出区的渗流坡降，定量化评价地下水库坝体渗透的可能性。为了计算心墙地下挡水坝的渗流分析，建立了如图 4-22 所示的土石坝渗流分析模型，按照不透水土石坝的渗流计算：

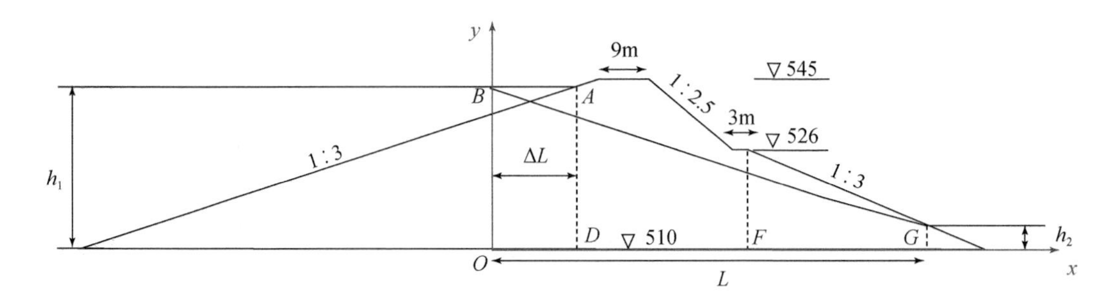

图 4-22　土石坝渗流分析模型

设计采用下游无渗水情况，因此模型中取 $h_2=0$，计算可得

$$\Delta L=\frac{m_1h_1}{2\ m_1+1}=12.85\text{m} \tag{4-23}$$

$$L=12.85+(542-540)\times3+9+(542-526)\times2.5+3+(526-510)\times3=160.6\text{m}$$

第一段渗流量计算：$q_1=\dfrac{k\ (h_1^2-a_0^2)}{2L}=\dfrac{4\times10^{-6}\ (12.85^2-a_0^2)}{2\times160.6}$

第二段渗流量计算：$q_2=\dfrac{ka_0}{m_2+0.5}=\dfrac{4\times10^{-6}a_0}{2.75+0.5}$

浸润线方程：$y^2=h_1^2-\dfrac{2q}{k}x=35^2-\dfrac{2\times1.49\times10^{-5}a_0}{2\times10^{-6}}x$

4.2.4　地下水库安全控制设计

地下水库投入运行后，水的储存和运移不仅使排土场内的应力状态发生显著变化，而且有可能对坝体及基底物料的物理力学性质产生影响，进而影响到边坡稳定。

4.2.4.1　构筑物料的水稳定性评价

根据我国水利工程建设经验、露天煤矿生产条件和地下水库建设需求，坝体可以选择钢筋混凝土重力坝或基于矿区剥离物的碾压土石坝，如图 4-23 所示。钢筋混凝土坝具有强度大、体积小、防渗性能好等优点，但也存在建设时间长、费用高、坝体施工对露天矿生产影响大等问题。采用露天矿剥离物构筑碾压坝存在的最大问题是工程量大、占用坑底空间大。以露天矿采剥物料为基础，水库防渗和坝体稳定为约束，优选坝体构筑材料可以充分利用露天矿采剥物料和现有生产系统，易于实现采-排-复一体化。根据宝日希勒露天煤矿调研情况，在距离地表 10～40m 的地方有一层黏土，渗透性差、赋存量大、水稳定性和重塑性好，是构筑拦水坝的优良材料。

参照相关规范及研究成果，并结合煤矿水文及工程地质条件，将评价体系分为地表松散介质储水空间和地下储水空间两类，确定了以安全指标、生态指标、库容指标、水质指

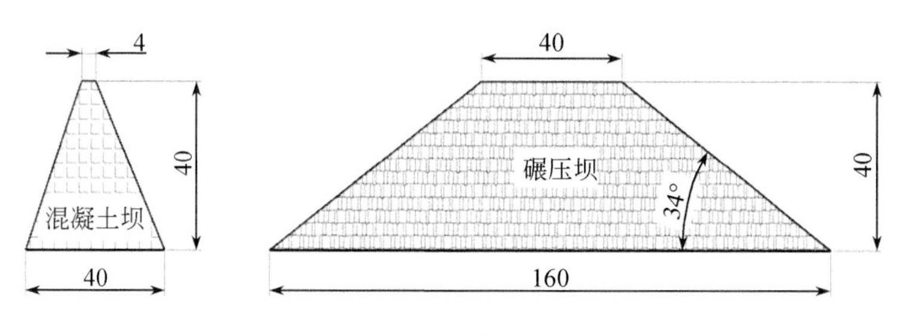

图4-23　地下水库碾压土石坝

标4项指标，12项分指标为煤矿地下水库评价的指标，构建了煤矿地下水库评价指标体系，并提出了评价级别划分标准，见图4-24。

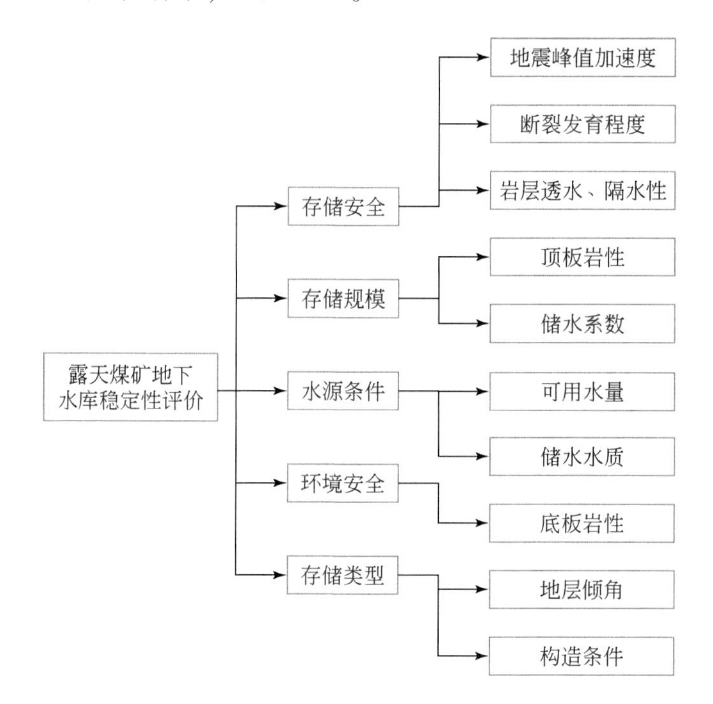

图4-24　地下水库构筑物料的水稳定性评价指标模型

4.2.4.2　地下水库推进端坝体安全设计

露天矿采场是地下水库的主要自由面方向，拦水坝是排土场安全的主要限制因素；由于拦水坝面向露天矿采场方向，不会对外部环境造成影响，且可以根据需要进行参数和施工设计，因此需要综合考虑地下水库的储水容量、采排关系、建设成本等因素对露天矿推进方向上的地下水库坝体进行优化设计。

以坝体的自稳定为要求，提出几种典型的坝体结构形式，确定坝体高度与结构形式、底宽度、坡面角、破底深度等参数的关系（图4-25）。如图所示，采用一个高度为40m的坝体，底宽160m、截面积为4000m^2；采用一个高25m的坝体加一个高20m的坝体形成总高为40m的组合坝（重叠部分的5m起加强防渗作用），占用坑底宽度为115m，截面积为

3337. 5m^2（1937. 5+1400），在长度相同的情况下工程量可以减少 1/6。

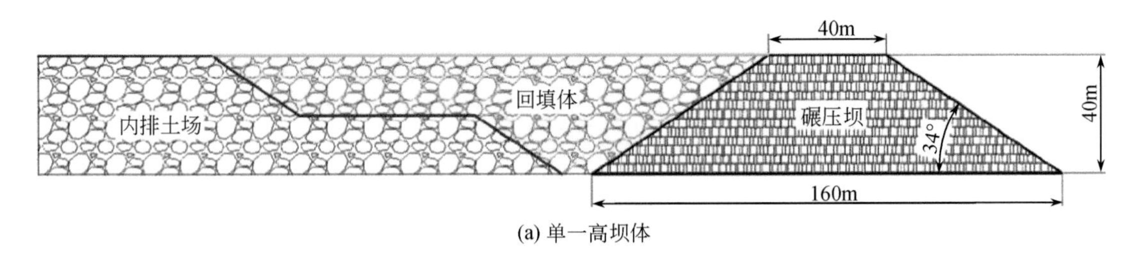

(a) 单一高坝体

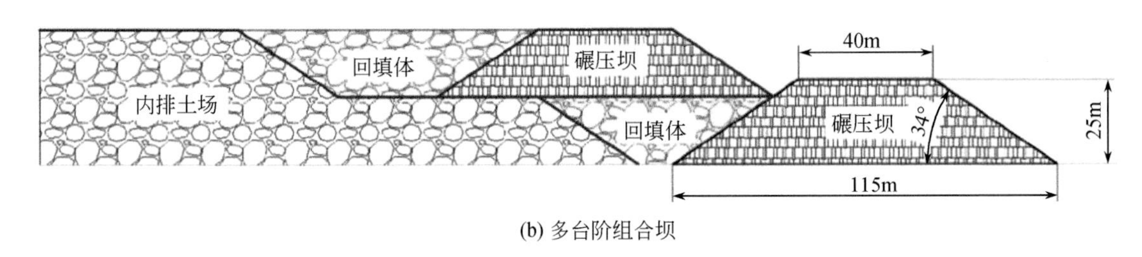

(b) 多台阶组合坝

图 4-25　典型坝体结构形式

4. 2. 4. 3　排土场结构安全设计

随着排土场整体边坡角增大，内排土场容量增大、剥离物内排运距缩短，但是边坡整体稳定性降低。根据拦水坝的构筑方式和排土工作面边坡稳定性评价结果，以露天矿采排关系平衡为约束优化排土场的台阶参数和排弃层序。主要通过以下三方面确保并提高排土场结构安全性：

（1）剥离物排弃层序优化。利用不同粒径物料的毛细阻滞作用避免水库中的水位上升至上部台阶。在地下水库的顶板设置一层由较细物料组成的隔水层，阻断上下部台阶的水力联系。

（2）排土平盘宽度优化。通过平盘宽度调整边坡结构和整体帮坡角，提高整体稳定性。

（3）坝体压脚设计。随着坝体的构筑完成，在采场侧坑底宽度允许的条件下尽快压脚，使拦水坝体处于三维应力状态，以提高其稳定性。

4. 2. 4. 4　地下水库储水区安全设计

1. 预警阈值

地下水库的蓄水可能来源于两个方面，一是人工回灌的矿坑水（处理后），二是自然汇聚的排土场及地层存水。前者可以人为调控，后者主要取决于自然补给情况。从保证坝体和边坡稳定的角度出发，提出不同条件下的地下水库水位预计阈值，当水库水位超警戒线时报警并启动相应的应急预案。根据露天矿剥采排工程的发展和边坡稳定性评价结果，预警阈值根据需要进行调整。

2. 监测系统

为了保证地下水库坝体和整体边坡稳定，在拦水坝的内侧（地下水库侧）和内部安装监测系统。坝体内侧的水位监测系统主要负责监控地下水库的水位，以便掌握水库蓄水量及其对坝体的侧向压力；坝体内部的监测系统主要负责监测坝体的完整和防渗性能，当监测结果异常升高时，说明坝体局部失效，存在出现管涌甚至坝体崩解的可能。水位超限应急预案根据地下水库的设计要求和水坝监测系统设计，将地下水库状态分为4种，分别以蓝、黄、橙、红4种颜色表示。

（1）蓝色。表示地下水库正常，因此正常进行蓄水作业。

（2）黄色。表示地下水库超预设水位线，如果地下水位继续升高有可能导致边坡稳定系数显著下降（边坡稳定系数低于1.5），因此停止矿坑水回灌作业。

（3）橙色。表示地下水库已经达到了安全水位线，如果地下水位升高有可能使排土场边坡处于临界稳定状态（边坡稳定系数低于1.3），因此开始启动抽水作业。

（4）红色。表示地下水库已经达到了警戒水位线（边坡稳定系数低于1.1）或者出现了坝体渗漏现象，因此在启动抽水作业的同时组织边坡威胁区作业人员撤离。

4.3　露天煤矿地下水库建设关键技术

4.3.1　露天地下水库选址技术

4.3.1.1　选址基本原则

东部草原大型煤电基地生态脆弱，露天煤矿开采极易造成土地沙漠化，同时对地下水运行系统造成污染和破坏，露天煤矿地下水库选址是保障露天煤矿地下水库建设的前提，与此同时也是东部草原大型煤电基地水资源保护的有效途径。需要从不同角度综合、客观、全面地评估选址位置是否适宜，需要重点考虑如下几点因素作为选址原则：

（1）地质因素。①储水材料：以宝日希勒露天煤矿典型剥离物为基础，研究其孔隙、储水、渗透、水解特性，结合矿山开采规划和地下水库建设规划预测不同物料的建库效果和调运费用。②隔水材料：一方面，根据地下水库不同位置对材料隔水性能的要求，以宝日希勒露天煤矿典型剥离物为基础研究其渗透和水稳定特性，验证黏土、泥岩、砂砾岩（防渗处理后）等物料作为地下水库隔水材料的可行性，预测地下水库建设过程中隔水物料的调运费用；另一方面，针对地下水库建设过程中天然或因生产而必须存在部分，如煤层底板、中间桥、上覆排弃层等，通过取样测试、原位实验、相似模拟等方法研究其渗透和水稳定特性，掌握其作为地下水库隔水构筑物的可行性。

（2）经济因素。①本项目在区域水文地质调查的基础上，通过科学测算，基于水库调蓄和地灾协同控制综合约束，露天矿地下水库建设的经济性在于供水系统在运行期间内净利润最大，单位供水成本最低，与水资源开发相关部门的工农业产值最大，开发水资源投资最小，总净收入最多，应综合考虑预处理工艺占地、设备化程度、建设成本、运行成本、水库储水容量、采排关系等因素，在经济成本可接受的前提下进行露天矿地下水库建设。与此同时，提出科学控灾开采条件下的地表水-地下水联合调蓄方法进行水资源的高效利用。通过分区控制性开采规避岩溶塌陷，分质供水、雨洪资源化缓解水资源污染，市场调整、改进工艺、中水利用等手段来综合实现水资源综合配置平衡，抑制区域环境水文地质灾害，实现水资源的高效利用。②同时，研究也将为解决宝日希勒煤田地区在地表水紧缺情况下的应急供水问题，保护区域地下水环境、保障供水安全提供科学决策依据，为海拉尔整体社会经济可持续发展提供水资源基础保障。

4.3.1.2　选址关键步骤

水库选址是煤矿地下水库建设的首要工作，为保证水库建成后运营管理和煤炭安全开采，需考虑露天煤矿工程地质条件、水文地质条件、矿井水运移规律、煤炭开采工艺和矿井生产接续计划等因素。原则上水库选址优先布置在煤层底板岩层地形下凹处、渗透率低、无导水断裂带或不良地质条件的位置，且受下部和邻近煤层采动影响较小，并满足矿山生产安全、用水、调度等条件。

露天煤矿地下水库的位置确定方法，主要包括如下 4 点：

（1）勘探露天煤矿采区底部区域的地质构造，采集露天煤矿采区底部所勘探区域的岩石样本。具体工程实施措施为利用地球物理勘探和钻孔勘探方式勘探第一采区 1 的采煤坑底部区域的地质构造，同时采集所勘探区域底部 10m 深处的岩石样本。

（2）判断所勘探区域的地质构造，选择地质构造稳定的勘探区域的岩石样本进行渗透系数测定。具体工程实施措施为对采煤坑底部区域的地层、岩层、构造进行分析和判断，与此同时，选择底部地质构造稳定的采煤坑，即筛选出地质构造为水平构造或倾斜构造的区域。

（3）选择渗透系数小于或等于预定值的勘探区域作为备选区，测定备选区与下一采区的距离。以宝日希勒露天煤矿地下水库选址为例，对所选测试区域 A、B、C、D（图 4-26 所示）的渗透系数进行测定，当所选测试区域 A、B、C、D 勘探的渗透系数均小于或等于 1.0×10^{-6}cm/s 时，满足露天煤矿地下水库对库底的要求。

（4）选择所有备选区中与下一采区的距离最小的备选区作为露天煤矿地下水库的建设位置。选择区域 A、B、C、D 与第二采区 2 的距离最小的区域 A 作为露天煤矿地下水库的建设位置。如图 4-26 所示，区域 A 距离第二采区 2 最近，因此在该处建设露天煤矿地下水库。通过上述方法确定的露天煤矿地下水库，既方便输送水体至所述露天煤矿地下水库中，还能降低能耗，节约输送成本。此外，区域 A 距离地表水位置及排土场的距离之和最小，因此在 A 处建立露天煤矿地下水库不但可以将地下水库和地表综合利用，还可以降低将排土场上的回填料运输至区域 A 的运输成本。

4.3.1.3　宝日希勒露天煤矿地下水库选址实例

宝日希勒露天煤矿 2011 年 6 月开采过程中，1 号煤层顶板含水砂岩层涌水量可达 10 万 m^3/d，此区域内煤层底板以上排土以砂岩为主，煤层底板高程从 545 ~ 510m 起伏变

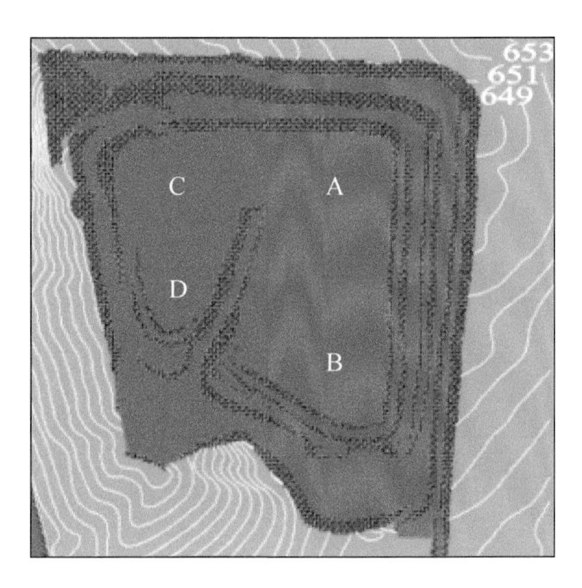

图4-26　选址示例

化、底板起伏表现为中间高、两侧低的变化趋势。内排土场重构砂岩含水层以煤层底板起伏变化为主，同时为了边坡和排土场稳定，在低洼处投放大量毛石，构建了稳定排土场基础的毛石网格，毛石沟槽标高553～567m，沟槽宽度4m、厚度3m、长度350m，目前在积水坑位置标高555m处观测到水位上升趋势。

1. 西区地下水库

西区地下水库选址考虑借助井田西侧低凹地势区域作为地下水汇聚区，利用内排土场重构砂岩含水层作为储水体，以毛石沟槽位置作为露天煤矿地下水库取水位置，根据1号煤层底板等高线初步确定地下水库选址。

2. 东区地下水库

由于东区地下水库不具备天然的低凹汇水条件，采用人工筑坝的方式形成挡水坝体，储水区域由低凹地势及挡水坝体共同组成。储水体仍然选用内排土场重构砂岩含水层，以毛石沟槽位置作为露天煤矿地下水库取水位置，根据1号煤层底板等高线初步确定地下水库选址。

宝日希勒露天煤矿东、西区地下水库选址见图4-27，其中东区地下水库建设由于需要人工构筑挡水坝体，其建设过程受开采工艺影响较大，对露天矿正常开采产生的影响也很大，因此与井工矿地下水库实现工序相比，软岩区露天矿地下水库存在建设周期长、推广难度大等难点和问题。

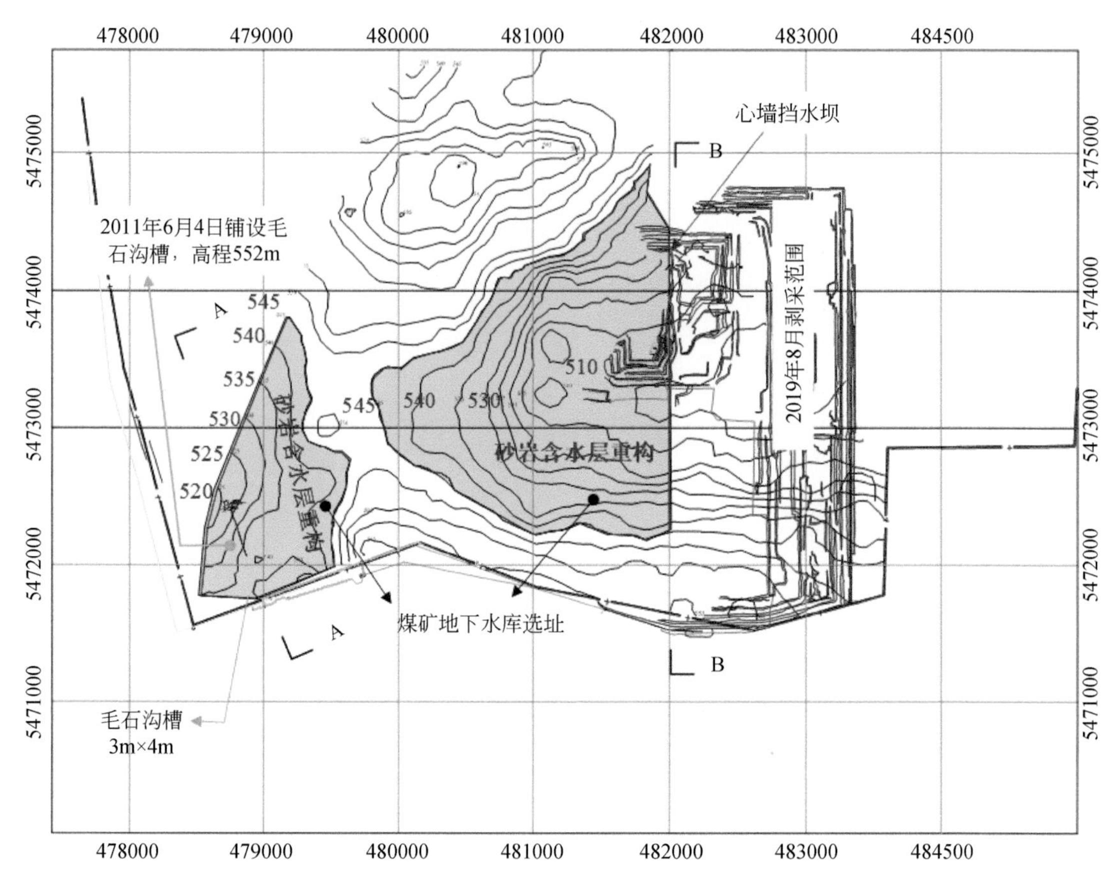

图 4-27　宝日希勒露天煤矿东、西区地下水库选址

4.3.2　储水体重构技术

4.3.2.1　基于排弃物的储水介质重构技术

1. 排弃物结构特征

露天矿的开发伴随着大量的上覆岩层的剥离，致使原始地层和土壤结构被破坏，这些岩土经剥离后无序堆存形成排土场，使得排土场内部存在很多孔隙甚至裂隙，水分入渗时会沿优先流路径快速下渗，极少留存在土壤内，故在进行排土场土壤复垦时因其持水能力通常较自然土壤差，难以达到预期的复垦效果。而土壤中的有效水分对于干旱、半干旱地区的植被恢复至关重要。研究表明，构造具有层状剖面结构的土层可以提高土壤的持水能力，持水能力通常与构造土层层序的土壤性质有关，同时地质勘探发现宝日希勒露天煤矿上覆原生岩层具有明显的层状结构（图 4-28）。

故提出基于原生地层的层序结构对排土场进行地层重构。而重建后土壤层序工作机理的核心就是利用重构含水层土壤在非饱和时利用其持水性来存储水分，利用重构隔水层土

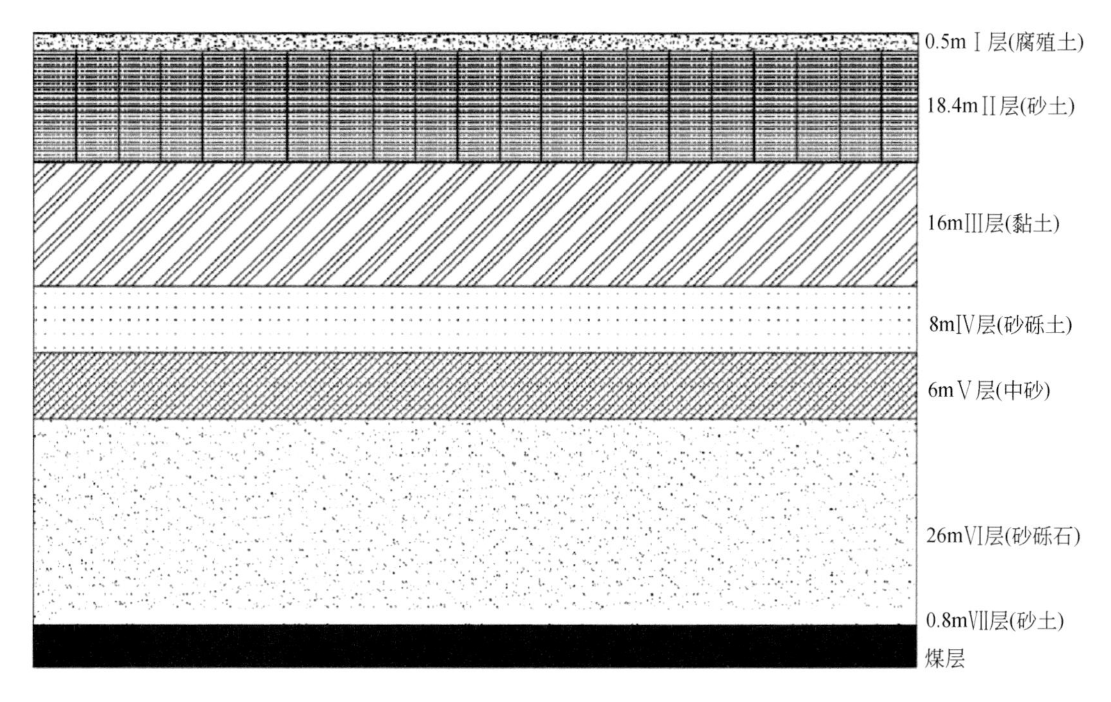

图4-28　宝日希勒地质剖面示意图

体的低渗透性防止水分向更深地层下渗以致流失，在一定程度上能够使上部含水层储存更多的水分。其作用过程是：在有降水的时候，重构的含水层将水分保持在其中，重构的隔水层进行“兜底”，使得水分不会一直下渗到地底深部，无法被植物生长所利用。所以，选取合适的重构土壤层序物料至关重要，而影响土壤存储水分和阻挡水分下渗的两个重要因素是土体的持水性和渗透性。

以何种物料进行地层重构是宝日希勒露天煤矿地下水库建设的基础。由图4-29宝日希勒地质剖面示意图可知，该地区表土层（含腐殖质）厚度约0.5m，在距离地表约20m处有一黏土隔水层，两层中间为一厚度约20m的砂土含水层。所以，选取砂土作为重构含水层材料进行持水性试验；选取黏土作为重构隔水层进行渗透性试验，验证原生岩土在露天开采、剥离扰动后能否仍可作为构建含水层和隔水层物料。一方面对于露天矿排弃物料进行了再利用，另一方面露天矿排土场面积辽阔，地处偏远位置，使用其他外运来的材料进行土层重构是不太现实的。在实验室内和露天矿区都可以对地层重构进行研究，但是实验室试验相比于现场试验更便利、更标准，且更便捷。为了试验的可靠性和真实性，本试验采用的土体材料均取自宝日希勒露天煤矿，并且尽量还原原始土体物理性质。

由宝日希勒地质勘探报告可知，宝日希勒矿区表土的粗粉粒含量为58.23%，属于粉砂土；Ⅱ层的风化及原状基质的细黏粒含量分别为24.03%、59.14%，属于粉黏土和黏土；Ⅲ层的风化及原状基质的细黏粒含量分别为95.35%、99.85%，属于重黏土。各层土壤的颗粒组成见表4-7。

图 4-29　宝日希勒矿区砂土和黏土

表 4-7　宝日希勒研究区颗粒组成

样品	物理性砂粒含量（>1mm）				物理性黏粒含量（<1mm）			
	<0.1	0.1~0.2	0.2~0.5	0.5~1	1~5	5~25	25~100	100~300
	细黏粒	粗黏粒	细粉粒	中粉粒	粗粉粒	细砂粒	粗砂粒	砾石
对照	2.2	9.17	13.77	12.02	58.23	4.61	0	0
Ⅱ1	24.03	38.29	22.66	7.28	7.74	0	0	0
Ⅱ2	59.14	35.61	3.84	1.12	0.29	0	0	0
Ⅲ1	95.35	4.63	0.02	0	0	0	0	0
Ⅲ2	99.85	0.15	0	0	0	0	0	0

根据项目组前期研究成果和抽注水井布置的影响因素，在宝日希勒露天煤矿排土场西南部建库区布置 6 个抽注水孔。通过钻孔岩性分析，进一步验证了排弃物的岩性组成及结构特征，以 3#钻孔为例，各层排弃物原始编录情况见表 4-8。

表 4-8　钻孔钻探原始记录表

深度/m	厚度/m	采长/m	序号	岩石描述
0.20	0.20	0.20	1	黑土：以回填为主
6.80	0.60	1.00	2	中砂：以砂、砾石混排物为主，松散
10.30	3.50	0.60	3	黏土：黄褐色，中夹回填黑土，松散
15.48	5.18	0.80	4	黏土含砾：黄色至黑色，层间不呈散体堆积以黏土物和砾石胶结一起的混排物，松散
40.78	25.30	2.40	5	黏土：黄褐色，松散状
52.00	11.22	2.00	6	黏土含砾：黄褐色，呈松散状，主要以第四系的砾石与黏土以及泥岩碎块组成
57.00	5.00	2.20	7	中砂：灰色，中夹 1mm 左右的砾石及砂土，呈松散状
65.70	8.70	2.60	8	砂砾石：以砂砾石和黏土，泥岩块混排而成
75.20	9.50	2.40	9	细砂：以沉积岩里的砂泥岩和第四系的黏土为主

续表

深度/m	厚度/m	采长/m	序号	岩石描述
84.80	9.60	1.60	10	砂：以粗砂为主，灰色，含砾石，主要为采坑相砂岩排弃物为主
102.50	17.70	2.00	11	砂：以采场的砂质泥岩为主，含砾石
119.20	16.70	2.50	12	砂岩：以粗砂为主，灰色含砾石，其中111.0～111.5m为黑色的煤
121.80	2.60	0.50	13	煤：黑色，木质结构，褐色条纹，参差状
122.40	0.60	0.20	14	砂泥岩：灰色，砂泥质结构，原层状

2. 储水介质重构方案

露天矿生产过程中，下部砂砾岩层经采装、运输排弃在内排土场最下层，近似原地层排弃；上部三层需要精细化作业才能实现近似原地层排弃。本课题研究的重点就是以露天矿采剥物料为基础，进行近地表含水层和隔水层重构。宝日希勒露天煤矿上覆岩层表土层（含腐殖质）厚度约0.5m，在距离地表约20m处有一隔水层，两层中间为一厚度约20m的黄土含水层（图4-30）。

图4-30　宝日希勒露天煤矿近地表地层

根据宝日希勒露天矿开采地层中物料赋存情况，提出如下6个地层重构方案（见图4-31）。对比分析各方案如下：

方案1：台阶主体仍按现行参数排弃，上部覆土以便进行生态重建；本方案主要用作对照组，以便论证项目研究方案的应用效果。

方案2：以露天矿剥离的沙土、砂砾土、黄土、砂砾岩等物料为基础构建含水层，以亚黏土为主要物料构建隔水层；该方案所构建的近地表地层最大限度地接近露天矿原始地

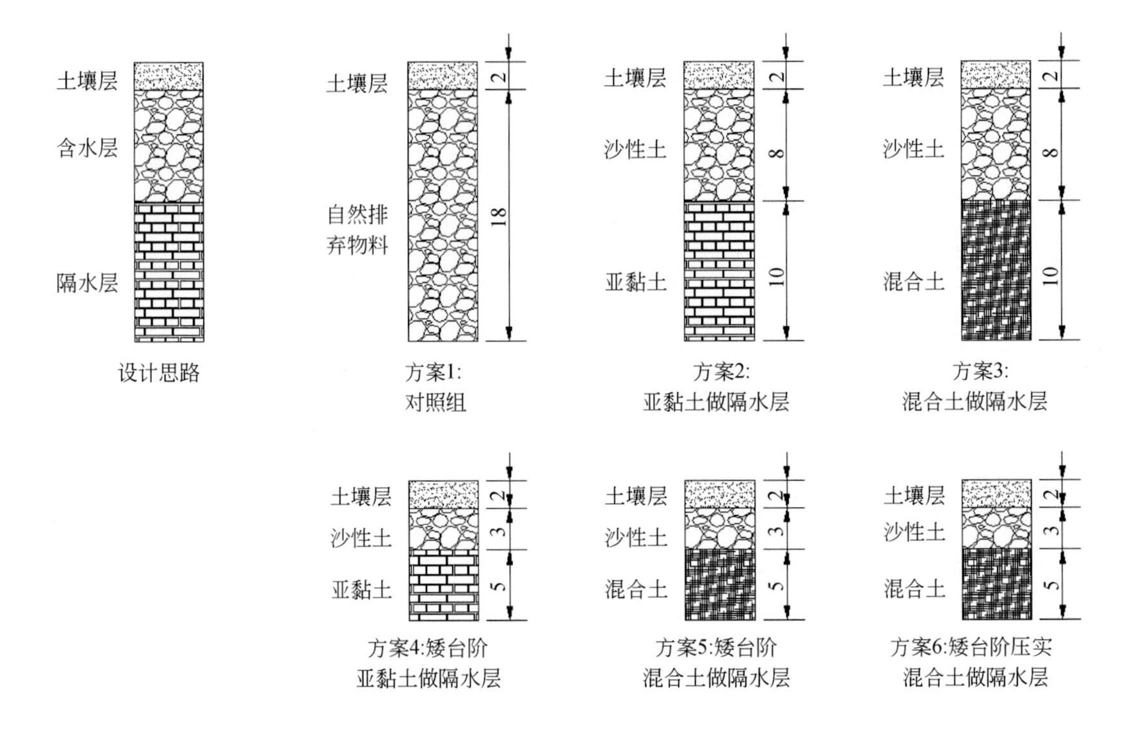

图 4-31　近地表地层重构方案

层，验证亚黏土在正常排弃后自然构建隔水层的可行性。

方案 3：含水层物料不变；由于亚黏土是露天矿的一种较稀缺资源，且分布不均匀，因此试验寻找亚黏土的替代品。本试验中采用亚黏土与黄土或泥岩以 1∶1 混合排弃，验证亚黏土与其他露天矿剥离物 1∶1 混合排弃后的隔水效果，以便在亚黏土不足的情况下使用。

方案 4：降低上部精细化重构台阶的高度（后 3 个方案思路相同）。将含水层的厚度降低至 3m 左右，隔水层的厚度降低至 5m 左右。一方面，减少因施工造成的露天矿生产费用增加；另一方面，分析含水层厚度和潜水位对上部土壤层水分的影响。

方案 5：各层设计与方案 4 相同，只是与方案 3 的思路一样，用混合土代替亚黏土做隔水层。方案目的是验证厚度降低后混合土作为隔水层的效果。

方案 6：各层材料与方案 5 相同，不同的是在隔水层物料排弃后进行一次压实作业。方案目标是验证压实作业对隔水层构建的作用，通过隔水效果、生产组织管理、经济费用等指标对比方案 3 和方案 6，为亚黏土稀缺条件下隔水层构建物料选择提供依据。

含水层再造的目标是建立和恢复地表潜水位，因此课题组以隔水层的完整性、连续性作为前期地层重构效果评价的主要指标。地层含水率监测系统设计如图 4-32 所示。

在经过灌溉或高强度降水后，如果隔水层上下两个监测点的水分差达到设计要求，则认为隔水层构建成功；同等灌溉量条件下，经过一段时间的自然蒸发后，如果土壤层水分含量显著高于对照组，则说明含水层对于土壤水分起到了有效补充作用，即含水层构建

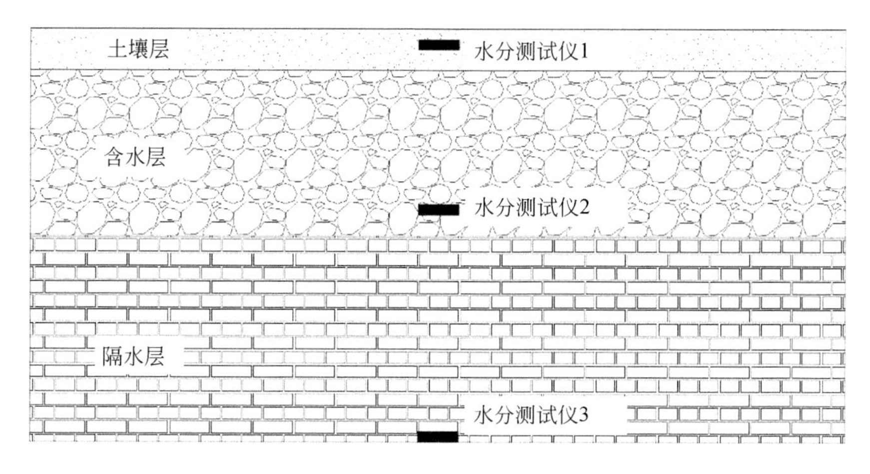

图4-32　水分测试仪布置与地层重构效果评价

成功。

另外，重构各地层的实际位置与当年的采排关系有关，即由于采排关系不同，不同年份的露天矿排土场最上台阶高程也不同。为保证地层重构效果，应使各重构地层层位在平面上具有连续性。一方面，应当尽量编制露天矿长远规划，以实现排土场整体排弃效果达到仿自然地貌的目标；另一方面，在内排土场与端帮、非工作帮自然地层之间有良好的过渡，不同年份之间的内排土场也应保证连续性良好。含水层过渡见图4-33。

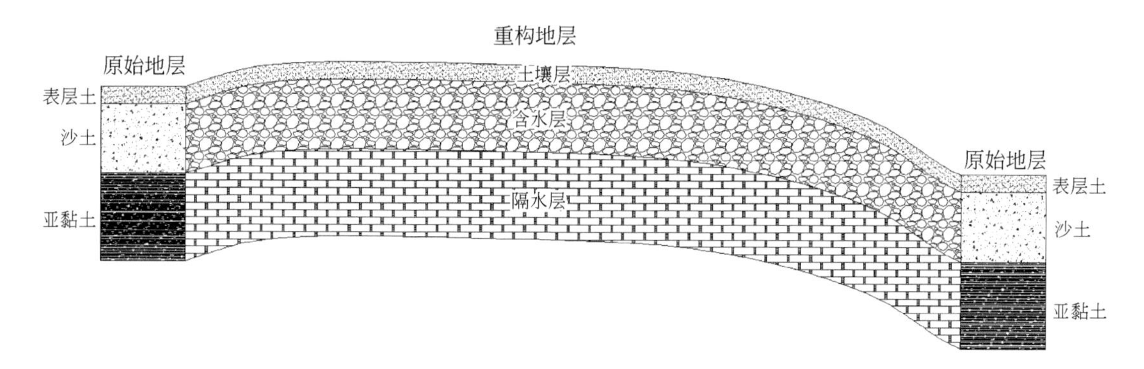

图4-33　露天矿重构地层与周边地层的连续性

4.3.2.2　基于地下水库建筑物设计及构筑技术

基于地下水库建筑物设计及构筑技术，主要利用储水管涵作为储水体构建露天矿地下水库。预制管涵采用粗集料（碎石）和细集料（中粗砂）作为骨料，涵壁需要预制涵孔，涵孔排间设有中心孔（实现管间导水），管涵相互之间呈三角形堆叠，不同管涵间采用砂浆浇筑拼接。预制管涵之间的堆叠间隙充填碎石对水质具有分级净化作用，而且交错式布置的预制管涵可保障储水体结构的稳定性，地下水库之间设置输水管具有方便各地下水库间调水的功能，从而使露天煤矿地下水库具有库容大、施工简单和结构稳定的特点。根据露天煤矿内排土场位置，在排土场顺从剥离区的边界建设心墙管涵挡水坝，心墙挡水坝可设计为混凝土重力坝或者土石重力坝，分阶段浇筑和碾压而成。挡水坝选址为采区边界，不同地下水库的心墙挡水坝朝向剥离区方向依次构筑。管涵堆叠间隙采用砾石或者毛石填充，其他库间填充采用剥离的砂质灰土、黄土、黑黏土依次由坑底向地表填充（也是露天矿内排土场的回填顺序），露天坑底铺设库底防渗，就地取材采用剥离的黑黏泥碾压铺设。

1. 露天煤矿地下水库的预制管涵

预制管涵的内径设计为1.5m，外径为1.9m，管涵壁厚0.4m，管涵采用粗集料（碎石）和细集料（中粗砂）作为骨料，选用散装P.O 42.5水泥配比搅拌，钢筋可选用甲级冷拔低碳钢（螺旋状），涵壁需要预制涵孔，单排涵孔6个、互成60°夹角，涵孔孔径16cm，涵孔排间距1.5m，涵孔排间设有中心孔（实现管间导水），管涵相互之间呈三角形堆叠，单个管涵长度预制设计为50m，不同管涵间采用砂浆浇筑拼接，如图4-34所示。

图4-34　管涵储水模式

2. 基于管涵型式的露天煤矿地下水库布局

根据露天煤矿内排土场位置，在排土场顺从剥离区的边界建设心墙挡水坝（图4-35），心墙堆石挡水坝顶宽度10m，采用近直墙式、坝坡角87°，坝基H_b设计为10m，坝体高度H_N与露天坑深H的关系为$H=H_N+10$，坝体最大宽度W与露天煤矿坑深H的关系为$W=20+(H-10)/\tan 87°$，心墙挡水坝可设计为混凝土重力坝或者土石重力坝，分阶段浇筑和碾压而成。挡水坝选址为采区边界，不同地下水库的心墙挡水坝朝向剥离区方向依次构筑。地下水库储水体采用预制管涵储水，呈三角形堆叠两层设置，由坑底向上依次交错式布置，交错高度设计为3.8m（2个管涵堆叠高度），水库四周边界的堆叠管涵外壁不设置涵孔，保证水库有效储水、不泄漏，不同库间设有输水管，方便调水。管涵堆叠间隙采用砾石或者毛石填充，其他库间填充采用剥离的砂质灰土、黄土、黑黏土依次由坑底向地表填充（也是露天矿内排土场的回填顺序），露天坑底铺设库底防渗，就地取材采用剥离的黑黏泥碾压铺设。

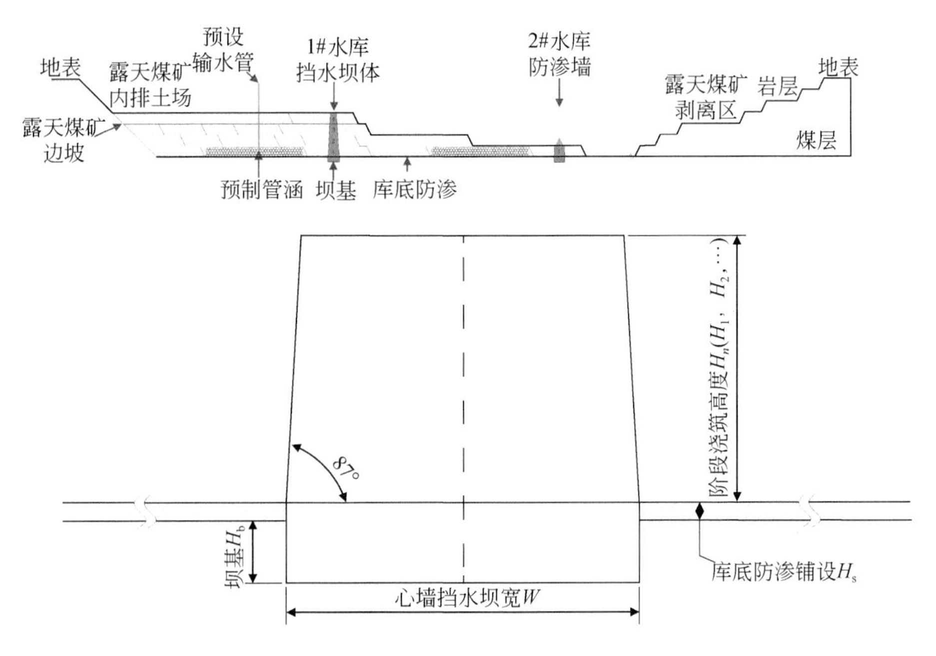

图4-35　露天煤矿内排土场心墙管涵挡水坝结构示意图

4.3.2.3　基于人工构造件的重构技术

储水介质应具备较高的储水能力，可以通过地层重构模型试验测试储水介质的储水能力，储水介质需要满足以下几方面的要求：①具有较好的持水性和渗透性；②具有合理的层序；③重构后的储水介质具有较高的强度承载上部排弃物载荷。

储水介质的储水特性可以用储水系数进行衡量，储水系数是在含水层具有弹性的前提下，由含水层的储水率而定义来的。即含水层由于受上覆岩层和压头的综合压力作用，以及本身的物理性质，而使含水层（指岩层骨架和水）具有一定的弹性释水和储水作用。

弹性释水和储水作用在承压含水层中表现较强。在潜水含水层中则弱得多，并且随着含水层厚度减小而减小，当接近潜水面时，这种弹性作用就极弱了。在这个前提条件下，通过建立含水层的状态方程以及渗流连续方程，再利用它们之间的关系就可建立出承压和潜水含水层的地下水三维流偏微分方程。储水系数反映了含水层水头下降或上升单位高度，是评估含水层厚度的柱体中释放或储存水体积能力的一个重要参数。基于以上原则，优选构造出以下6种储水介质。

介质1：人造砾石结构

人造砾石结构现场将颗粒性较好的砂土等材料进行胶结，形成完整性和物理强度较高的人造砾石结构，在露天矿内排土场将人造砾石材料作为储水体进行储水空间重构，储水系数约为0.4～0.5，储水空间长100m、宽100m、高10m，储水约4万～5万m^3。同时，在储水空间东侧构筑黏土心墙坝，坝体坡度1∶0.3，坝体坡面设计有反滤层、坝顶宽度3m（图4-36）。

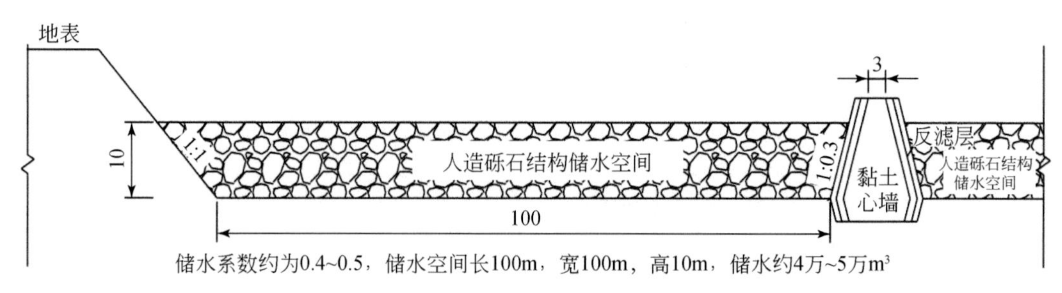

图 4-36　人造砾石结构示意图

介质 2：块石料加水泥砂浆（大孔隙结构）

以块石作为骨料，研究不同水灰配比条件下的水泥砂浆块石强度，提出以块石和水泥砂浆混合形成的复合块石材料作为大孔隙储水体，在露天矿内排土场进行储水空间重构，储水系数约为 0.3 ~ 0.4，储水空间长 100m、宽 100m、高 10m，储水约 3 万 ~ 4 万 m^3（图 4-37）。同时，在储水空间东侧构筑黏土心墙坝，坝体坡度 1 ∶ 0.3，坝体坡面设计有反滤层、坝顶宽度 3m。

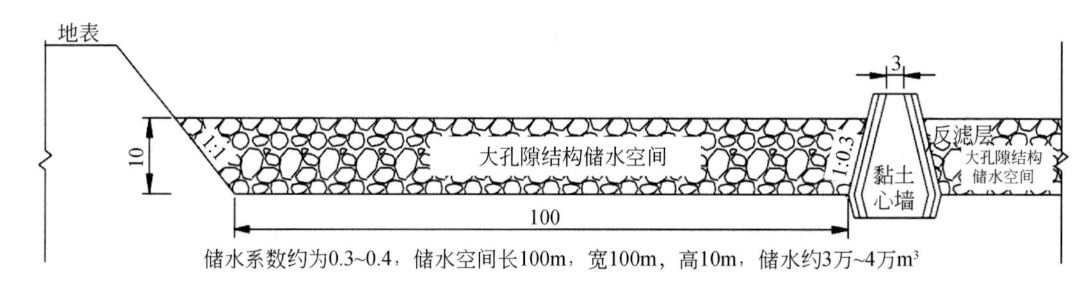

图 4-37　块石料加水泥砂浆（大孔隙结构）

介质 3：混凝土管（蜂窝状孔洞）

预制六边形型式的混凝土管，混凝土管壁厚 50mm，管径 50cm，管长 2m，凹槽尺寸为 15cm×20cm，不同混凝土管之间可通过凹槽进行啮合，在露天矿内排土场形成空间层位相互连通的蜂窝状储水空间，储水系数约为 0.7 ~ 0.8，储水空间长 100m、宽 100m、高 10m，储水约 7 万 ~ 8 万 m^3（图 4-38）。同时，在储水空间东侧构筑黏土心墙坝，坝体坡度 1 ∶ 0.3，坝体坡面设计有反滤层、坝顶宽度 3m。

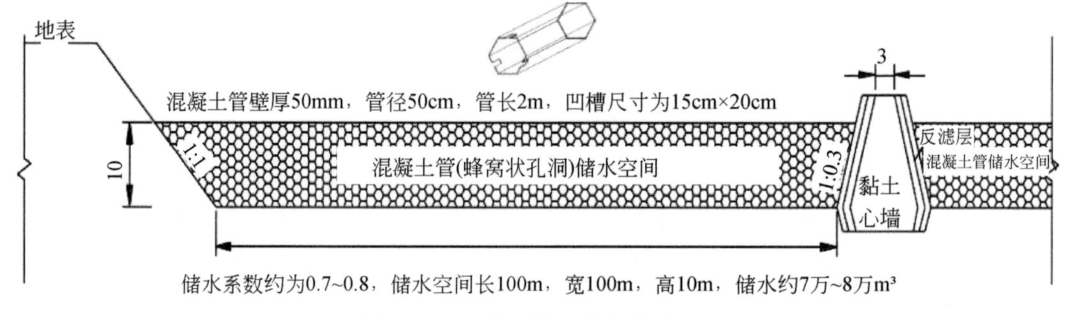

图 4-38　混凝土管（蜂窝状孔洞）

介质4：可再生PVC管材

PVC管材作为储水体，在露天矿内排土场接近地表层进行连接和土料充填（不同PVC管之间），储水系数约为0.8～0.9，储水空间长100m、宽100m、高10m，储水约8万～9万m^3（图4-39）。同时，在储水空间东侧构筑黏土心墙坝，坝体坡度1∶0.3，坝体坡面设计有反滤层、坝顶宽度3m。

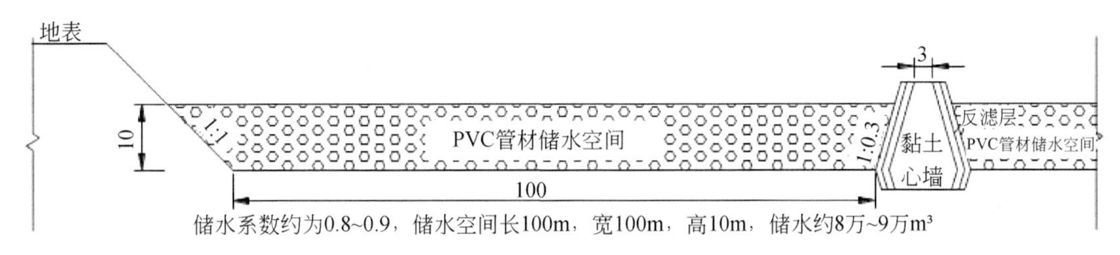

图4-39　可再生PVC管材

介质5：空心砖（煤矸石、废石料）

废弃煤矸石和废石料进行混合加工制成空心砖，采用空心砖在露天矿内排土场进行储水空间重构，储水系数约为0.6～0.7，储水空间长100m、宽100m、高10m，储水约6万～7万m^3（图4-40）。同时，在储水空间东侧构筑黏土心墙坝，坝体坡度1∶0.3，坝体坡面设计有反滤层、坝顶宽度3m。

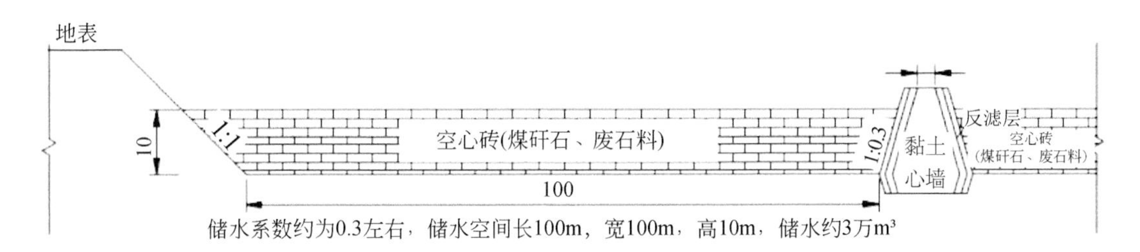

图4-40　空心砖（煤矸石、废石料）

介质6：建筑垃圾（砖块、砖头、混凝土垃圾）

将建筑废料砖块或砖头作为堆积储水体材料，在露天矿内排土进行储水空间重构，储水系数约为0.3～0.4，储水空间长100m、宽100m、高10m，储水约3万～4万m^3（图4-41）。同时，在储水空间东侧构筑黏土心墙坝，坝体坡度1∶0.3，坝体坡面设计有反滤层、坝顶宽度3m。

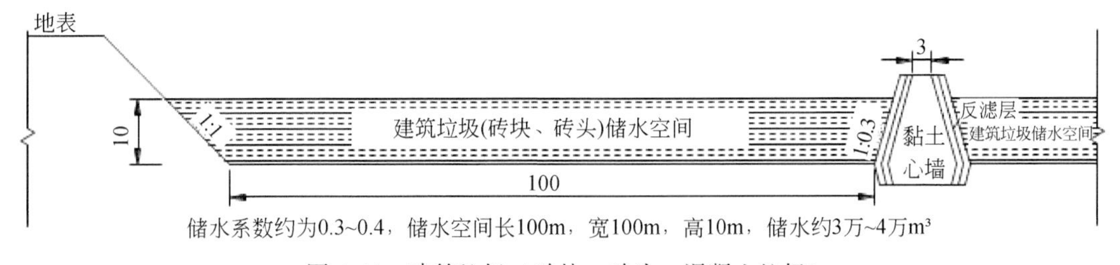

图4-41　建筑垃圾（砖块、砖头、混凝土垃圾）

4.3.3　采-排-筑-复一体化技术

露天煤矿开采是将岩土破碎成的松散土石混合体进行采装、运输、排弃、堆载和运输设备动荷载作用下进行重塑，并进行土地复垦的过程。综合考虑矿产资源开发和矿区水资源调配需求，形成可规模化推广的露天煤矿地下水库建设模式，应综合考虑储水效果、建设费用、作业安全等因素，优选建库物料、排弃方式、筑坝方式、运输路径和相关系统布置。为最大限度减少地下水库建设对露天矿生产组织的影响，可将露天煤矿地下水库建设纳入“采-排-复”一体化技术体系，研发“采-排-筑-复”一体化工艺。该工艺技术构建露天煤矿地下水库，可充分利用采剥物料（松散土石混合体）和现有生产系统，在不大幅度增加生产成本的前提下调整排弃方式，改善排土场地层结构，使其有利于水资源存储和保护，以实现矿区水资源保护和促进矿区生态修复。露天煤矿地下水库“采-排-筑-复”一体化工艺技术主要包括以下几个方面。

1. 隔水层构建

首先在内排土场布置储水区，储水区底部铺设厚度为10m左右的泥岩-地聚合物材料，作为重塑后的隔水层，隔水层设置为3‰～5‰的水利坡度，中间低，两边高，水源向中间汇集，有利于取水。隔水层上下边界分别布置水分传感器，负责监控隔水层的完整性和防渗性能，如果隔水层底部的传感器数值异常，表明隔水层存在失效的可能性。

2. 坝体构筑

（1）初始工作线构筑。一方面，为了提高拦水坝的整体抗滑性能，需要对煤层底板进行一定的处理，例如开挖破底板沟或者进行毛糙化处理等。另一方面，随着排弃分层的到界，新排弃分层初始工作面必须与矿山运输系统有效衔接，因此初始工作面选择在运输系统一侧。

（2）坝体类型选择。坝体采用碾压重力坝，原材料采用重塑后的泥岩地聚合物，按照环形结构筑坝，分层排弃，循环碾压。为保证坝体的稳定性，在坝体内部安装监测系统，实时监控坝体的完整性和防渗性能，当监测结果异常升高时，说明坝体局部失效，存在出现管涌甚至坝体崩解的可能。此外，为了加强隔水层和坝体的防渗性，可在表面铺设土工膜。

（3）筑坝方式选择。以筑坝物料的小台阶边缘排弃和分层碾压为基本方式，结合防水材料的铺设和监测设备的安装完成拦水坝的构筑。首先，根据坝体设计宽度，在卡车卸载后由推土机推弃至台阶边缘，并进行整平；其次，前一车物料排弃后，后续运输卡车自然完成前期排弃物料的压实作业，分层厚度根据车辆的有效压实厚度确定；最后，根据设计需要，在坝体内侧沿坡面铺设防水材料（如土工布等）和安装水位、水压、水质监测设备。为了保证筑坝作业设备安全提高坝体的稳定性，随着坝体高度的升高在内侧（地下水库侧）填筑储水材料，在外侧排弃剥离物形成正常的排土平盘。

3. 储水层物料铺设

储水层铺设作业滞后筑坝作业进行，在建造一定的坝体高度后，坝体内侧（环形结构内）铺设储水物料，同时外侧进行正常的剥离物排弃作业见图4-42，内外侧同时铺料一方面可保证坝体的稳定性，另一方面提高了整体工程的效率，避免耽误正常的剥离。储水层设计厚度为 12m 左右，在每个储水区的四周布置注水井，中间布置取水井，取水井的材料为预制混凝土，顶部高出表土层 0. 5m 左右，各类水井直径均为 2m，各水井底部安装过滤网，过滤网底部与隔水层上表面相平，同时在水井垂直方向每隔 2m，水平方向相隔 90°，留设水流通道，通道直径为 0. 2m，通道安装过滤网，在水井内壁布置水位传感器，实时监测水井内水位的变化。此外，为避免冬季注排水受到天气的影响，在地层中铺设内管，直接与表土层下的水井连接，进行抽蓄水作业。

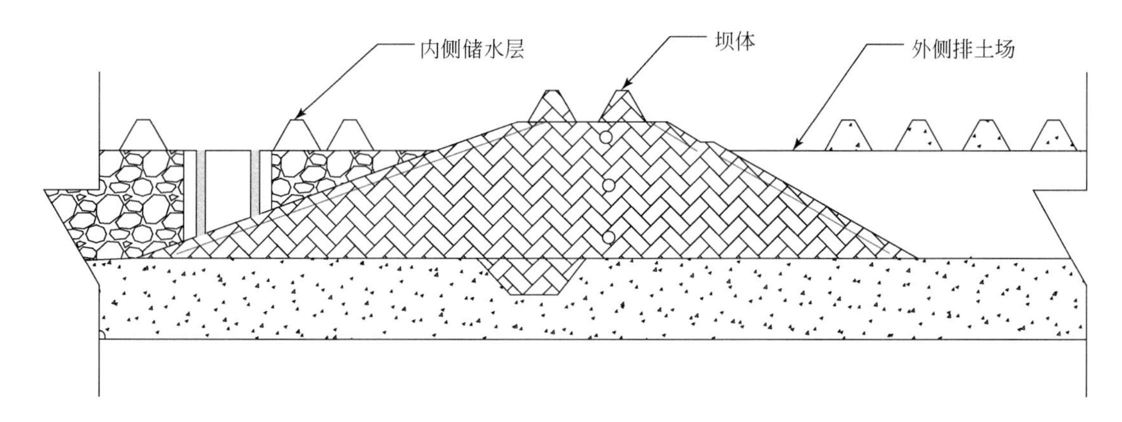

图 4-42　地下水库施工过程

4. 建库物料调运路径规划

根据露天煤矿的综合柱状图、地质模型及现场揭露情况可知，选定最适合构建隔水层的黏土层位置。采运排设备和作业时间选择需要充分考虑露天煤矿的现有生产条件。根据坝体物料和采运排设备选择，从保证露天矿生产作业安全的角度出发，应尽量避免外委剥离车辆与矿用自卸卡车的交叉或通道运输。根据这一要求，并充分考虑到筑坝物料高程上的下运需求和筑坝位置，研究建议将筑坝物料的主运输系统布置在南端帮，采用工作帮下运、端帮水平运输与内排土场辅助坡道下运相结合的运输系统布置方式。

本章揭示了露天煤矿地下水库储水机制，提出了露天煤矿地下水库设计方法，研发了露天煤矿地下水库建设关键技术。研究表明，露天煤矿地下水库是一种新型的地下储水结构，它利用露天开采形成的凹陷盆地作为储水空间，以松散大孔隙回填物料、人工管涵等构筑物作为储水介质，通过智能碾压形成防渗库底及坝体，通过抽注水井实现矿井水的存储与利用；提出了地下水库储水介质和储水机制，地下水库构建模式及关键参数；结合研究区软岩类采动覆岩、采区地质和排弃结构，提出了储水介质优选和构造方法、结合排弃工艺的坝体构建和防渗工艺、露天煤矿地下水库系统设计和安全运行机制、洁净储存和净化处理工艺等，并通过宝日希勒露天矿地下水库示范工程获得了软岩区大型露天煤矿地下水库储水介质特性、可注抽性等可行性关键参数，为大型露天煤矿地下水库建设技术的深入研究和工程实践奠定基础。开展的大型露天矿区地下水库建设研究与首次试验初步成果推动了行业技术进步，经济效益显著，在我国东部草原区大型煤电基地开发特别是高强度煤炭开发的生态减损与系统修复中具有重要作用。

第5章　软岩区大型井工矿地下水原位保护技术

大型井工矿开采将引起上覆岩层的移动破坏，从而在覆岩中形成导水裂隙；导水裂隙的产生既为地下水流失提供了通道，也成为矿区地表生态退化的地质根源。因此，科学控制采动岩体裂隙发育的程度与范围，合理限制采动裂隙的导水能力，是实现矿区地下水生态功能恢复与保水采煤的重要途径（钱鸣高等，2003b；许家林，2016；鞠金峰等，2018，2019a，鞠金峰和许家林，2019）。传统的“限采降损”方式虽能有效限制导水裂隙的发育高度，避免含水层被破坏，却难以适应东部草原区大型井工矿的高产高效采煤需求；从人工干预角度采取相关措施（如注浆封堵）限制采动裂隙的导水能力，促进裂隙的修复愈合，成为采动破坏含水层生态再恢复的另一有效途径，此即为采动地下水原位保护的技术思想。

实际上，受采煤扰动而发生流失的地下水，其在采动裂隙覆岩中的流动过程中并非均匀分布，由于覆岩导水裂隙发育存在局部区域分布的显著发育区，因而地下水主要沿这些显著发育的导水裂隙主通道分布区流动。因此，着重对覆岩导水裂隙主通道进行干预修复，无疑为实现采动地下水的原位保护与生态功能恢复提供了便捷途径。另一方面，已有不少研究发现，采动岩体导水裂隙在其产生后的长期演变过程中，会发生导水渗流能力或水渗透率逐步降低的自修复现象，这种现象在东部草原区典型软岩地层条件下尤为明显。因此，充分利用导水裂隙的自修复机制与规律，着重对覆岩导水裂隙主通道进行人工注浆封堵或利用其自修复规律引导/促进其自修复进程，无疑是采动含水层生态恢复的重要方向。本章将重点围绕这两个方向，介绍人工引导采动裂隙自修复的含水层生态恢复技术，为煤矿区水资源保护与生态治理提供参考与借鉴。

5.1　高强度采动裂隙人工引导自修复的含水层保护技术

5.1.1　覆岩导水裂隙水流动特性及其主通道分布模型

从覆岩导水裂隙带分布的一般特征看，导水裂隙带“马鞍形”凸起区域处于开采边界附近，岩层破断回转形成张拉裂隙，裂隙开度大、过流能力强；对于“马鞍形”下凹区域，处于开采区域中部的压实区，岩层破断块体间的裂隙趋于闭合，过流能力相对较弱；而在“马鞍形”轮廓线侧向偏移位置附近，岩体则受超前支承压力的影响发生塑性屈服，这种环境下产生的压剪裂隙无论在裂隙形态还是过流能力上都与前两者有着明显差异。因此，在覆岩导水裂隙带范围内，必然存在水源漏失的主要流动通道，研究确定导水裂隙主通道的分布规律及其导流特性，对于科学制定导水主通道人工限流的保水含水层保护与生态修复对策具有重要的指导意义。

5.1.1.1　覆岩导水裂隙类型划分

导水裂隙是在岩层张拉破坏或受压屈服后产生的，覆岩不同区域岩层所受的应力状态及其自由活动空间不同时，对应产生的裂隙形态和发育程度（或开度）也将有所不同，最终将影响裂隙的导流性能及其对地下含水层的破坏程度。因此，对覆岩导水裂隙的类型进行划分，是开展裂隙导水流动特性分析以及覆岩导水裂隙主通道分布模型构建的前提和基础。覆岩导水裂隙的形成伴随于岩层的破断运移以及岩体应力的重新分布，在此过程中将存在两种类型的导水裂隙（图5-1）：一类为岩层周期性破断回转运动过程中出现的拉剪破坏裂隙（岩层破断裂隙），这类裂隙在覆岩中的分布相对均匀，且裂隙间的水平间距近似为岩层的破断步距；另一类为开采边界外侧煤岩体在超前支承压力作用下产生的剪切破坏裂隙（岩层压剪裂隙），这类裂隙的分布相对杂乱无序，且其分布密度通常要高于前者。

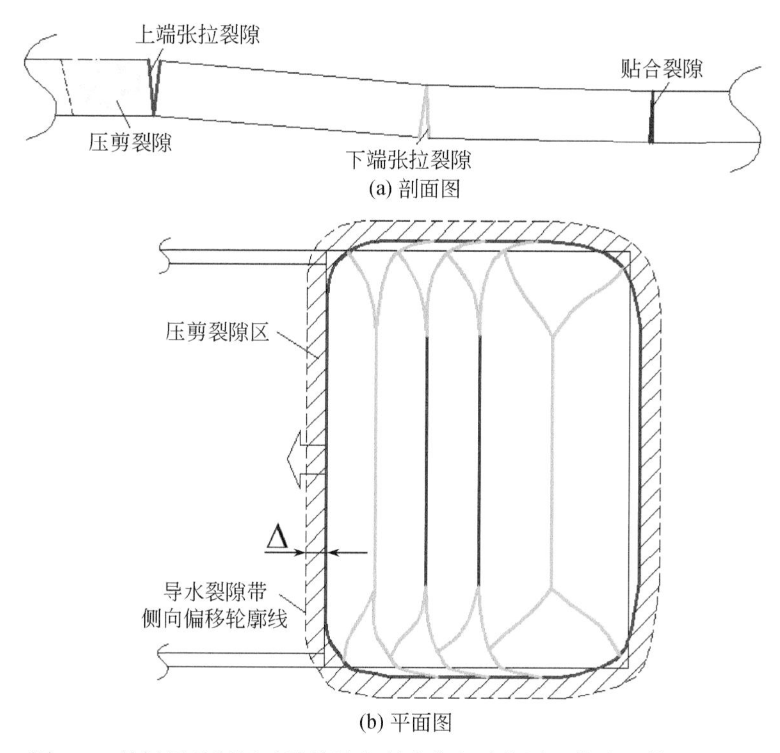

图5-1　关键层破断运动及其导水裂隙分布示意图（曹志国等，2019）

图中蓝色线条代表上端张拉裂隙，绿色线条代表下端张拉裂隙，品红色线条代表贴合裂隙

对于第一种类型的导水裂隙，受破断岩层在覆岩中不同位置影响，又可分为3种类型，如图5-1所示。第一，处于开采边界附近的上端张拉裂隙，由于岩层破断块体仅经历一次回转，其回转角始终存在，裂隙剖面呈现类似“楔形”形状；第二，处于开采区域中部压实区的贴合裂隙，由于岩层破断块体已经过双向回转运动，相邻块体间已无回转角差异，裂隙由相邻破断块体水平挤压而成，其外观虽表现为闭合状态，但受相邻裂隙表面形

貌及其粗糙度差异的影响，裂隙面并不能完全贴合，裂隙仍具有一定的开度及过流能力；第三，处于开采边界与中部压实区之间的下端张拉裂隙，由于相邻破断块体间回转角的差异，裂隙剖面呈现“倒楔形”形状。

由此可见，覆岩不同区域岩层所受的应力状态及其运移特征不同时，对应其产生的导水裂隙形态和发育程度（或开度）也将有所不同，最终影响到裂隙的导流性能。所以，对不同类型导水裂隙分别建模进行水流动特性的分析显得尤为重要。

5.1.1.2　不同类型导水裂隙的水流动特性

1. *岩层破断裂隙水流动特性*

根据前节分析，岩层破断裂隙可分为上端张拉裂隙、下端张拉裂隙以及贴合裂隙这3种类型。由于这类裂隙是由岩层的破断回转运动产生，其具有规则而特定的发育形态和分布特征，因此，将其与岩体受载状态下的破裂裂隙或破碎岩体裂隙等同视之是不合适的，宜针对单个裂隙建立模型开展水流动特性的分析。假设采动含水层在平面上处于均匀赋存状态，同一平面不同区域的富水状态可视作相同；同时假设岩层为水平分布状态。如此，地下水由采动含水层底界面向下部岩层中的导水裂隙中流动时，同一裂隙中的水体在同一平面的不同位置的流动状态基本相同；因而水体在同一裂隙中以垂向流动为主（水平分量可忽略）。基于这一考虑，以图5-2所示的裂隙剖面形态进行建模分析。

1）裂隙导水流态判别

如图5-2所示，以导水裂隙带范围内处于含水层底界面的邻近岩层为例，假设含水层漏失水体在这3种裂隙入口处的流速和压力相同，分别设为v_0和P_0；设水体流出裂隙时流速分别为v_{2a}、v_{2b}、v_{2c}，压力分别为P_a、P_b、P_c；通过各裂隙的流量分别设为Q_a、Q_b、Q_c。对于上端张拉裂隙，其过流断面由两部分组成：水流首先通过上端开度为d_{1a}、下端开度为d_{2a}的渐缩通道，其次通过长度为m_a、平均宽度为d_{2a}的近似等径通道。其中，d_{1a}与岩层破断块体的回转角β密切相关，可表示为$d_{1a}=h\tan\beta$，式中h为破断岩层的厚度；d_{2a}为破断块体铰接接触面处的裂隙宽度，考虑到铰接接触面处两侧裂隙面一般难以完全吻合，而处于部分接触、部分“镂空”的状态，因而该处的裂隙宽度按照平均宽度设定。而下端张拉裂隙实质是上端张拉裂隙的倒置形态，两者的进水口和出水口形态正好相反，且d_{1b}的计算方法与d_{1a}相同。贴合裂隙则与前两者在块体铰接接触面处的裂隙类似，也可近似视为等径流动通道，裂隙开度按照张拉裂隙铰接接触面处裂隙的平均开度类似设定。考虑到对于同一岩层而言，各破断块体间是通过同一水平应力挤压接触的，因此可近似视$d_{2a}=d_{2b}=d_{2c}$。根据上述分析，若取岩层破断回转角为8°，则1m厚的岩层其上端张拉裂隙的上端开度（或下端张拉裂隙的下端开度）即可达到140mm。而根据现场曾开展的覆岩导水裂隙注浆封堵的工程实践经验，在注浆骨料粒径1cm左右的条件下，导水裂隙仍难以有效封堵，可见d_{2a}（或d_{2b}、d_{2c}）值已达到厘米量级。由此推断，此类岩层破断裂隙的导水流态已不再属于渗流范畴，而是管流状态。

为了进一步确定此类裂隙通道的水流动特性，对其雷诺数Re进行了计算。根据非圆通道的雷诺数计算方法，则有

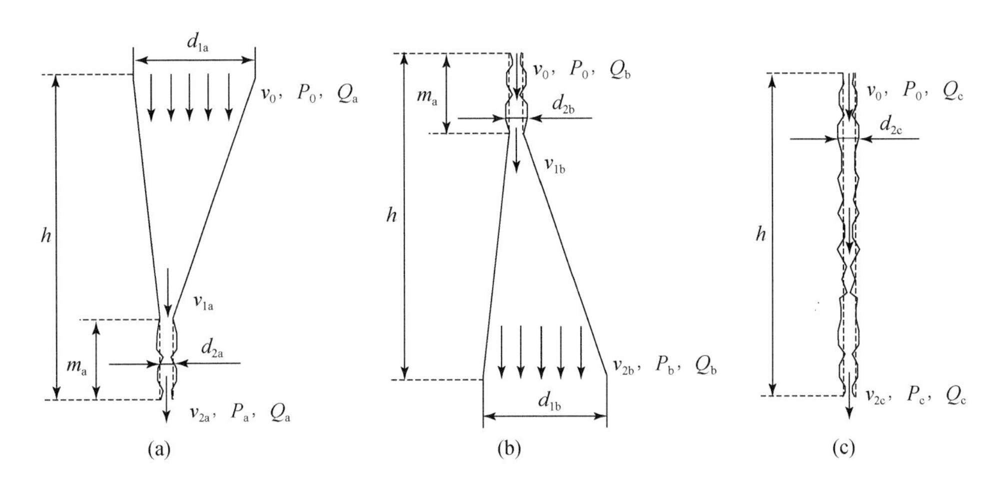

图5-2　不同破断裂隙断面的水流动特性分析模型

$$Re=\frac{vd}{\mu} \tag{5-1}$$

式中，v 为裂隙通道过流速度；μ 为水的运动黏度，常温下一般取值 $1\times10^{-6}\,m^2/s$；d 为裂隙通道当量直径，可表示为 $d=\frac{4A}{\chi}$，其中 χ 为裂隙通道的湿周，A 为过流断面面积。设裂隙通道的宽度为 d'，岩层某一破断裂隙在平面上的延展长度为 S，则有

$$\chi=2(d'+S),A=d'S$$

由于裂隙通道宽度在数值上远小于其平面延展长度，因此 $\chi\approx2S$。则 $d=2d'$，且式（5-1）可进一步简化为

$$Re=\frac{2vd'}{\mu} \tag{5-2}$$

由于裂隙通道宽度已达到厘米级别，而从采动破坏含水层中漏失水体的渗流速度一般大于 $10^{-4}\sim10^{-3}\,m/s$，因而按照式（5-2）计算得到的裂隙导流雷诺数至少为 1 ~ 10；而这正是渗流流态对应雷诺数的上限值。由此进一步证实了岩层破断裂隙的导水流态应属于管流范畴。

2）裂隙导水特性参数

鉴于岩层破断裂隙的导水流态为管流状态，因此，可利用伯努利方程对其水流动特性进行分析。如图5-2（a）所示，对于上端张拉裂隙，以裂隙出口处对应水平面为基准面，则有

$$\frac{P_0}{\rho g}+\frac{\alpha_1 v_0^2}{2g}+h=\frac{P_a}{\rho g}+\frac{\alpha_2 v_{2a}^2}{2g}+h_{la} \tag{5-3}$$

式中，α_1、α_2分别为裂隙过流进口和出口处的动能修正系数，一般近似取 1；h_{la}为水流通过裂隙后的水头损失（即能量损失）。h_{la}可按 v_0 至 v_{1a} 水流段的渐缩通道沿程损失 h_{fa} 和 v_{1a} 至 v_{2a} 水流段的等径通道沿程损失 h_{ma} 之和进行计算，两者可分别表示为

$$h_{fa}=\xi_a\frac{d_{1a}^2}{d_{2a}^2}\cdot\frac{v_0^2}{2g}h_{ma}=\lambda_a\frac{m_a}{d_a}\cdot\frac{v_{1a}^2}{2g}=\lambda_a\frac{m_a}{d_a}\cdot\frac{d_{1a}^2}{d_{2a}^2}\cdot\frac{v_0^2}{2g}$$

即，

$$h_{la}=\left(\xi_a+\lambda_a\frac{m_a}{d_a}\right)\frac{d_{1a}^2}{d_{2a}^2}\cdot\frac{v_0^2}{2g} \tag{5-4}$$

式中，ξ_a为渐缩通道阻力系数，它与渐缩通道前后的断面比密切相关，由于d_{2a}/d_{1a}一般小于0.1，因此ξ_a取值0.5；m_a为破断块体铰接接触面长度，可表示为$m_a=\frac{1}{2}(h-L\sin\beta)$，其中$L$为岩层破断步距；$d_a$、$\lambda_a$分别为$v_{1a}$至$v_{2a}$水流段等径通道的当量直径及其沿程阻力系数，其中$d_a$根据前节分析可近似为$2d_{2a}$，$\lambda_a$与雷诺数$Re_a$呈正相关关系，且当$Re_a$小于2000时，裂隙导水流动属于层流，$\lambda_a$根据莫迪图可计算为

$$\lambda_a=\frac{64}{Re_a} \tag{5-5}$$

根据式（5-2），Re_a还可表示为

$$Re_a=\frac{2Q_a}{\mu S} \tag{5-6}$$

式中，S为上端张拉裂隙平面延展长度。由现场已有的工程经验可知，一般工作面涌水量不超过2000m³/h，因而该裂隙的导水流量也不会超过此极限值。以该极限流量代入式（5-6）可以发现，250m宽的常规工作面推进距超过26.5m时（对应S_a值大于553m）裂隙通道的雷诺数即能小于2000的层流状态临界值。而这一条件一般在基本顶发生初次破断后即可满足。也就是说，岩层破断回转运动产生导水裂隙时对应上端张拉裂隙的导水流动即为层流状态，可以利用式（5-5）进行λ_a值的计算。由此式（5-4）可进一步表示为

$$h_{la}=\left[0.5+\frac{16(h-L\sin\beta)}{Re_a d_{2a}}\right]\frac{d_{1a}^2}{d_{2a}^2}\cdot\frac{v_0^2}{2g} \tag{5-7}$$

代入式（5-3），上端张拉裂隙导水流动的伯努利方程可表示为

$$\frac{P_0}{\rho g}+\frac{v_0^2}{2g}+h=\frac{P_a}{\rho g}+\frac{v_{2a}^2}{2g}+\left[0.5+\frac{16(h-L\sin\beta)}{Re_a d_{2a}}\right]\frac{d_{1a}^2}{d_{2a}^2}\cdot\frac{v_0^2}{2g} \tag{5-8}$$

结合图5-1（b），对应裂隙的导水流量可表示为

$$Q_a=v_0 d_{1a}S_a=2(B+Y)v_0 d_{1a} \tag{5-9}$$

式中，B为工作面宽度；Y为岩层发生破断区域沿工作面推进方向的长度。

同理，可对下端张拉裂隙以及贴合裂隙对应的导水特性参数进行求解。

对于下端张拉裂隙，令其雷诺数为雷诺数Re_b，其过流水头损失同样分为两个部分：

$$h_{mb}=\frac{16(h-L\sin\beta)}{Re_b d_{2b}}\cdot\frac{v_0^2}{2g}h_{fb}=\left[\frac{8}{Re_b\sin\frac{\beta}{2}}\left(1-\frac{d_{2b}^2}{d_{1b}^2}\right)+\sin\beta\left(1-\frac{d_{2b}}{d_{1b}}\right)^2\right]\cdot\frac{v_0^2}{2g}$$

考虑到$\frac{d_{2b}}{d_{1b}}$值较小而接近于0，因此下端张拉裂隙的过流总水头损失可简化为

$$h_{lb}=\left(\frac{16(h-L\sin\beta)}{Re_b d_{2b}}+\frac{8}{Re_b\sin\frac{\beta}{2}}+\sin\beta\right)\cdot\frac{v_0^2}{2g} \tag{5-10}$$

对应伯努利方程为

$$\frac{P_0}{\rho g}+\frac{v_0^2}{2g}+h=\frac{P_\mathrm{b}}{\rho g}+\frac{v_{2\mathrm{b}}^2}{2g}+\left(\frac{8}{Re_\mathrm{b}\sin\dfrac{\beta}{2}}+\sin\beta+\frac{16(h-L\sin\beta)}{Re_\mathrm{b}d_{2\mathrm{b}}}\right)\cdot\frac{v_0^2}{2g} \tag{5-11}$$

裂隙的导水流量为

$$Q_b=[2(B-L_h)+4n\,L_h]v_0d_{2\mathrm{b}}=2(B-L_h+2\omega Y)v_0d_{2\mathrm{b}} \tag{5-12}$$

式中，n 为岩层发生周期破断的次数（含初次破断）；L_h 为岩层发生“O-X”破断在开采边界处的弧形三角块沿工作面倾向的长度；ω 为 L_h 与岩层周期破断距的比值。

对于贴合裂隙，令其雷诺数为雷诺数 Re_c，其过流水头损失为

$$h_{l\mathrm{c}}=\frac{32h}{Re_\mathrm{c}d_{2\mathrm{c}}}\cdot\frac{v_0^2}{2g} \tag{5-13}$$

对应伯努利方程为

$$\frac{P_0}{\rho g}+\frac{v_0^2}{2g}+h=\frac{P_\mathrm{c}}{\rho g}+\frac{v_{2\mathrm{c}}^2}{2g}+\frac{32h}{Re_\mathrm{c}d_{2\mathrm{c}}}\cdot\frac{v_0^2}{2g} \tag{5-14}$$

裂隙的导水流量为

$$Q_\mathrm{c}=(n-2)(B-2\,L_h)v_0d_{2\mathrm{c}}=\left(\frac{\omega Y}{L_h}-2\right)(B-2\,L_h)v_0d_{2\mathrm{c}} \tag{5-15}$$

2. *岩层压剪裂隙水流动特性*

对于超前煤岩体在支承压力作用下产生的压剪裂隙的水流动特性，其实质上是岩石峰值应力后的水渗流问题。由于岩体内裂隙的分布杂乱无序，难以对每个裂隙分支分别进行建模分析；因此，许多学者多选择某一区域的裂隙岩体开展水渗流特性的试验测试与理论建模工作，取得了许多有益成果（杨天鸿等，2008，2016）。相关研究指出，该类裂隙岩体水流动特性呈现 Forcheimer 型非 Darcy 渗流特性，其渗透率 k 一般处于 $10^{-11}\sim10^{-8}\mathrm{cm}^2$ 的量级。相比上述岩层破断裂隙，其导流能力已大幅降低。根据 Forcheimer 提出的二项式方程，其渗流压力梯度 ∇P 与渗流流量 Q 满足

$$\nabla P=\frac{\sigma}{kA}Q+\frac{\rho\varphi}{A^2}Q^2 \tag{5-16}$$

式中，ρ 为水的密度；φ 为非达西因子；σ 为水的动力黏度；常温下一般取值 $1\times10^{-3}\,\mathrm{Pa\cdot s}$。由此可根据式（5-16）确定其渗流流量的表达式

$$Q=\frac{A}{2\rho\varphi}\left[\sqrt{\frac{\sigma^2}{k^2}-4\,\nabla P\rho\varphi}-\frac{\sigma}{k}\right] \tag{5-17}$$

式中过流断面面积 A 根据图5-1（b）表示为 $A=2\Delta\,(B+Y)$，其中 Δ 为压剪裂隙在岩层平面上的分布宽度，也就是覆岩导水裂隙带轮廓线在该岩层的侧向偏移位置距岩层破断裂隙的水平距离。

而对于岩层压剪裂隙的其他相关水渗流特性的描述，考虑到已有许多学者开展了丰富研究，本章不再赘述。

3. *不同类型导水裂隙的水流动特性对比*

根据前述各种裂隙类型对应的导流参数，可对不同类型导水裂隙的水流动特性进行对比分析（图5-3）。考虑到采动岩层的破断运动受控于覆岩关键层，因而导水裂隙的发育

也与关键层的破断运动密切相关。因此，本节专门选取覆岩关键层中产生的导水裂隙进行水流动特性的对比分析。

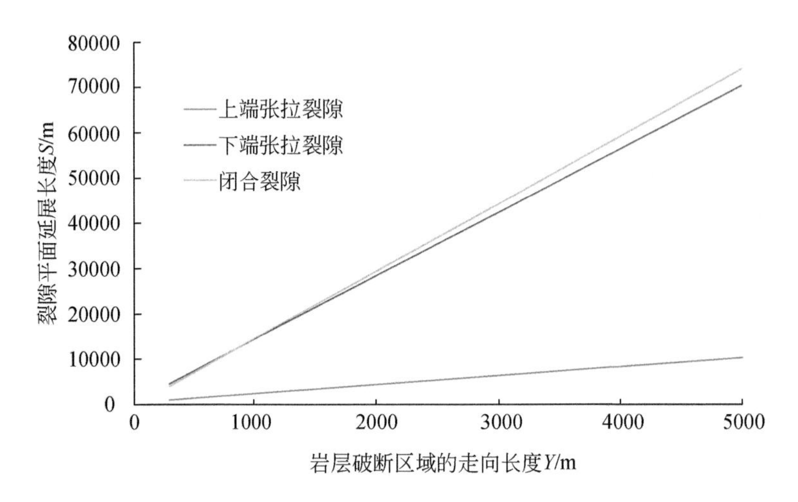

图 5-3　3 种破断裂隙平面延展长度对比曲线

1）裂隙导水流量

对于岩层破断裂隙的 3 种类型导水裂隙，其导水流量的差异主要在于裂隙的平面延展长度及其导流进口处的裂隙开度。其中，下端张拉裂隙和贴合裂隙的进流口开度可近似视为相等，即 $d_{2b}=d_{2c}$，而上端张拉裂隙的进流口开度 d_{1a} 与前两者一般存在 100 倍的差异（d_{1a} 值一般为分米或米级，而 d_{2b}、d_{2c} 值一般为厘米或毫米级）。即 $d_{1a}:d_{2b}:d_{2c}\approx100:1:1$。而对于各裂隙的平面延展长度，主要受工作面开采参数和岩层破断参数的影响；其中 B、L_h、ω 值受开采条件影响其变化相对较小，岩层发生破断区域的走向长度 Y 值受工作面推进距变化影响可由几百米至几千米，幅度相对较大。为了便于对比各类裂隙 S 值之间的差异，按照现场工程一般经验和实测结果，取工作面宽度 B 为 250m；关键层弧形三角块长度 L_h 一般为 30～50m，取值 40m；关键层周期破断距一般为 10～25m，因而 ω 一般为 2～5，本次取值 3.5。由此根据式（5-9）、式（5-12）、式（5-15）可得到关键层 3 种破断裂隙平面延展长度与工作面推进距的关系曲线，绘制如图 5-3 所示。从图中可以看出，在目前国内已有工程案例 5000m 推进距的最大值条件下，无论工作面推进距如何，下端张拉裂隙和贴合裂隙的 S 值基本相同，且其值一般为上端张拉裂隙对应 S 值的 4～7 倍。由此，综合 3 种裂隙的进流口开度比值，它们的裂隙导流流量的比值为 $Q_a:Q_b:Q_c\approx100:(4\sim7):(4\sim7)$。说明上端张拉裂隙相较于其他两种破断裂隙其导水流量明显偏大。

而对于岩层压剪裂隙的导水流量，由式（5-17）可知，除了与在关键层破坏区域的分布面积 A 和渗流压力梯度有关外，还与裂隙的渗透率 k 及其非达西因子 φ 密切相关。与上述 3 种类型的岩层破断裂隙类似，A 的取值主要受 Y 的影响而有较大变化幅度。类似地，令工作面宽度 B 为 250m；压剪裂隙在岩层平面上的分布宽度 Δ 一般为 5～25m，取值 15m；则 $A=7500+30Y$。根据已有研究结果，该类裂隙的非达西因子 φ 一般为 $10^{12}\sim10^{15}\mathrm{m}^{-1}$ 量级；若取 $\varphi=5\times10^{13}\mathrm{m}^{-1}$，渗透率 k 取值 $5\times10^{13}\mathrm{m}^2$，水的密度取 $10^3\mathrm{kg/m}^3$，则式（5-17）可进一步简化为

$$Q=10^{-8}A(\sqrt{0.2\ \nabla P+4}-2) \tag{5-18}$$

含压剪裂隙岩体的水压梯度一般处于 $10^4\sim10^6$ Pa/m 量级，而对于岩层破断裂隙进口处的初始水流速度 v_0，实际是含水层受采动破断后其漏失水体涌出含水层而进入其与下部岩层之间层理空间时的瞬时速度，其值一般为 10^{-4} m/s 量级。以压剪裂隙中 10^4 Pa/m 的压力梯度量级为例，可绘制这两类4种裂隙的导水流量与工作面推进距的关系曲线如图5-4所示（3种破断裂隙的进流口开度 d_{2a}、d_{2b}、d_{2c} 分别取值1m、1cm、1cm）。

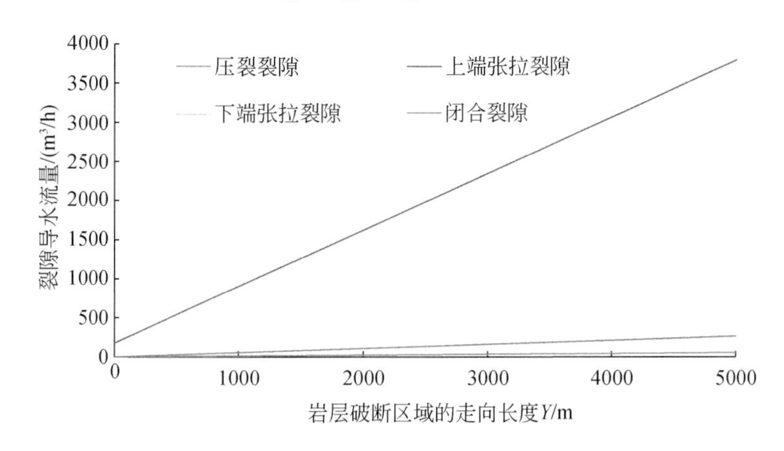

图5-4　不同类型裂隙的导水流量对比曲线

从图5-4可以看出，上端张拉裂隙的导水流量显著高于其他3种裂隙对应流量，下端张拉裂隙和贴合裂隙的导水流量基本接近，且导水流量次之；而压剪裂隙的导水流量则是其中最小的，约为下端张拉裂隙（或贴合裂隙）导水流量的0.2～0.3倍，但仅为上端张拉裂隙导水流量的0.015倍。

2）裂隙导水流动损耗

对于岩层破断裂隙的3种类型导水裂隙，由式（5-7）、式（5-10）、式（5-13）可知，其导流后的水头损失主要与雷诺数以及裂隙发育形态尺寸有关。考虑到 d_{1a} 与 d_{2b}、d_{2c} 近似相等，且 d_{1a} 近似为 d_{2a} 的100倍，因此有

$$Re_a : Re_b : Re_c=\frac{Q_a}{S_a} : \frac{Q_b}{S_b} : \frac{Q_c}{S_c}=d_{1a} : d_{2b} : d_{2c}=100 : 1 : 1$$

所以，

$$h_{la}-h_{lc}=\left[0.5\times10^4+\frac{1600(h-L\sin\beta)-32h}{Re_c d_{2c}}\right]\cdot\frac{v_0^2}{2g} \tag{5-19}$$

由于 $\frac{h-L\sin\beta}{h}=1-\frac{L}{h}\sin\beta$，$\frac{L}{h}$ 表示关键层破断块体块度，一般取值1.3；β 一般不超过15°，因而 $h-L\sin\beta$ 不小于 $0.66h$；所以式（5-19）必然大于0，即 $h_{la}>h_{lc}$。同理，可将 h_{lb} 与 h_{lc} 进行对比。取 β 为8°，则，

$$h_{lc}-h_{lb}=\left[\frac{16(h+0.14L)}{Re_c d_{2c}}-\frac{114}{Re_c}-0.14\right]\cdot\frac{v_0^2}{2g} \tag{5-20}$$

由于 d_{1c} 值一般为 $10^{-3}\sim10^{-2}$ m，Re_c 值不超过2000，因此，式（5-20）也是大于0的，

即 $h_{lc}>h_{lb}$。所以有

$$h_{la}>h_{lc}>h_{lb} \tag{5-21}$$

在裂隙出口处，3 种裂隙对应的水流速度比值为

$$v_{2a}:v_{2b}:v_{2c}=\frac{v_0 d_{1a}}{d_{2a}}:\frac{v_0 d_{2b}}{d_{1b}}:v_0=10^4:1:10^2 \tag{5-22}$$

由此根据式（5-8）、式（5-11）、式（5-14）所示的伯努利方程可知，3 种裂隙出口处的水压有

$$P_a<P_c<P_b \tag{5-23}$$

综合上述分析可知，上端张拉裂隙导流的水头损失和水压衰减最大，但出口处的水流速度递增最快；而下端张拉裂隙导流的水头损失和水压衰减最小，但出口处的水流速度递减最大；贴合裂隙导流的相关特性参数变化趋势介于上述两者之间。

而对于水体在压剪裂隙中的渗流，其导水流动损耗相对较小，一般呈现渗流速度缓慢递增、水压缓慢递减的状态，且两者的变化幅度基本一致；仅当渗流水体进入其他类型裂隙（如上端张拉裂隙）赋存区域时，上述渗流速度的递增和水压的递减才会出现突变，并造成流动损耗的大幅提升。由于它与岩层破断裂隙分属两种截然不同的导水流动状态，尚难以对其两者的流动损耗情况进行对比。

本节是以覆岩中典型的岩层关键层作为研究对象开展不同类型导水裂隙水流动特性对比分析的。但受覆岩中各岩层物理、力学特性差异的影响，不同岩层中各类导水裂隙的发育参数与本章中所述关键层的相关参数可能有所不同（如裂隙的平面延展长度、裂隙开度等），从而可能影响到该岩层中各类裂隙相关导水流动参数的绝对值。

5.1.1.3 覆岩导水裂隙主通道分布模型

由前述分析可知，采动覆岩不同区域因其不同的受力环境和破断运移特征而产生了不同形态的导水裂隙，从而造成了覆岩不同区域明显差异的导水流动特征。结合上述研究结果，可对采动覆岩导水裂隙主通道分布进行模型构建与区域划分。根据不同类型导水裂隙的水流动特性对比分析结果可知，处于开采边界附近的上端张拉裂隙，无论相较于同类型的破断裂隙（下端张拉裂隙、贴合裂隙）还是导水裂隙带侧向偏移处的压剪裂隙，它的裂隙过流能力都明显偏高；主要表现为裂隙进流口开度大、导水流量高、出口流速快等特征。

而从同一岩层不同导水裂隙之间的导水流动路径看，各裂隙导流后受水压差异的影响，各自间又存在一定的水补给作用，如图 5-5 所示。由式（5-24）可知，上端张拉裂隙出水口处于较低的水压状态，而处于其两侧的压剪裂隙区和下端张拉裂隙出水口均呈现相对较高的水压状态；由此在水压梯度作用下，两侧的裂隙导流水体将会向上端张拉裂隙处汇聚。具体表现为：压剪裂隙区的高压水体沿岩层内的压剪裂隙向上端张拉裂隙通道内补给，而下端张拉裂隙出水口的高压水体则沿岩层之间的离层空间向其出水口补给。而由于下端张拉裂隙与贴合裂隙出水口处的水压差异相对偏低，且两者之间的水径流补给通道相对前者的离层空间较小（贴合裂隙区处于岩层压实状态，层间离层难以发育），因而，由下端张拉裂隙出水口向贴合裂隙区补给的水流量相对前者将明显偏小。

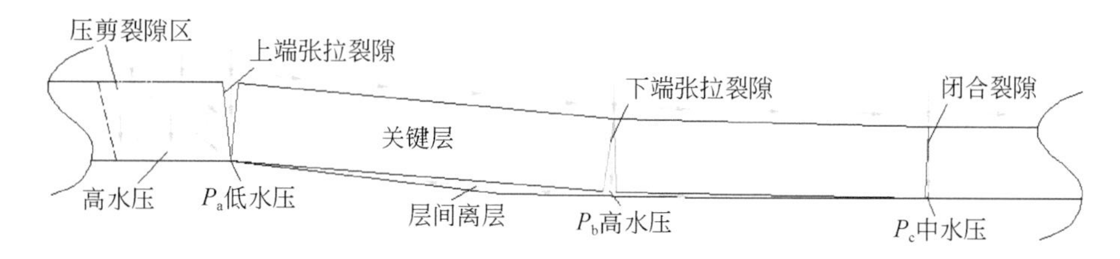

图5-5　关键层各区域导水裂隙导流路径示意图（箭头为水流动路径）

由此可见，无论是从裂隙的导水流量、流速，还是从裂隙的导流路径来看，含水层受采动破坏后引起的井下工作面涌水量大多是由压剪裂隙区和下端张拉裂隙之间的裂隙导流而来。依据此，可根据上端张拉裂隙的发育区域进行覆岩导水裂隙主通道分布区域的划分。

由于煤系地层中各岩层在岩性、厚度、力学强度，以及受力环境等方面都存在较大差异，若对采动覆岩各层岩层都进行上端张拉裂隙发育位置的确定，将存在较大难度。考虑到岩层的破断运移直接受控于覆岩关键层（钱鸣高等，2003a），因此可根据关键层的破断运动特征及其裂隙发育规律来探寻导水裂隙主通道的分布范围。基于上述思路，考虑工作面开采处于充分采动状态，构建了如图5-6所示的覆岩导水裂隙主通道分布剖面模型。从图中可以看出，导水裂隙主通道分布区域位于开采边界两侧，并近似以导水裂隙带内各层关键层在开采边界处的破断距为宽度，形成类似梯形的区域。图中l_{c1}、l_{c2}分别代表关键层1、2的超前破断距，L_1、L_2分别代表两关键层在开采边界处的破断距，且在倾向剖面上该破断距为关键层弧形三角块破断长度，在走向剖面上则为关键层的周期破断距（对应停采

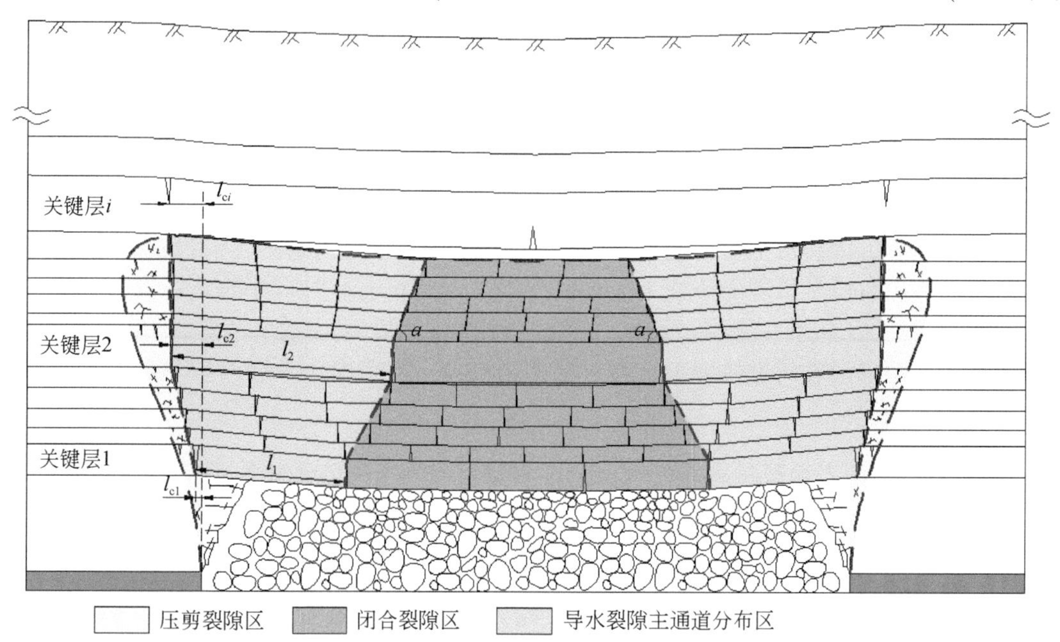

图5-6　采动覆岩导水裂隙分区及其主通道分布剖面模型（充分采动状态）

线处的开采边界）或初次破断距的一半（对应切眼处的开采边界）。也就是说，若覆岩导水裂隙带高度发育至某关键层 i 底界面，则导水裂隙主通道分布区域的一侧边界为该关键层直至关键层 1 超前破断位置的连线，而另一侧边界则为导水裂隙带内关键层超前破断块体末端连线，并从关键层 $i-1$ 相应位置按岩层破断角 α 向上延伸至导水裂隙带顶界面。

5.1.2 水–气–岩相互作用下覆岩导水裂隙自修复机制

现场已有一些工程实践发现，煤层开采引起的破坏覆岩，在一定条件下会产生一定程度的自我修复效应，出现破碎岩块的胶结成岩以及破断裂隙的弥合甚至尖灭等现象，从而使得覆岩导水裂隙发育范围减小，区域水源水位回升（许家林，2016）。如，厚煤层分层开采中利用“再生顶板”进行下分层顶板管理的开采实践，即说明了上分层冒落岩块的自胶结成岩现象。再如，神东矿区补连塔煤矿 1^{-2} 煤四盘区开采时，覆岩导水裂隙直接发育至基岩顶界面，导致地表水文观测钻孔内水全部漏失；而随着工作面开采的继续推进，钻孔内水位又出现逐步恢复的现象。还有研究利用物探方法开展的煤层开采前后覆岩含水性分布变化的结果也验证了采动破坏岩体裂隙自修复的现象；以神东矿区超大综采工作面为地质背景，采用高精度四维地震多属性探测方法，获得了采前、采中、采后直至稳定状态下地下水赋存环境变化特征，发现在应力场作用下，裂隙带原岩结构具有自修复倾向，地下水漏失程度也随之逐步减弱（张建民等，2012）。由此可见，采动破坏覆岩的自修复是现实存在的客观现象，研究揭示此类自修复现象的发生机理与作用规律对于科学制定导水裂隙限流保水的含水层保护与生态修复措施具有重要的指导意义。

实际上，采动覆岩破坏后的自修复是地下水、采空区气体、破坏岩体三者的“水–气–岩”物理、化学作用与地层采动应力共同影响的结果（鞠金峰等，2019a，2019b；Ju et al.，2020a，2020b；李全生等，2021b）；现场工程实践中经常遇到的泥质或黏土质岩石遇水膨胀导致裂隙弥合的物理过程和现象，即是其中的典型代表。导水裂隙在采动覆岩中形成后，会与漏失地下水、采空区 CO_2、SO_2、H_2S 等气体发生长期的物理、化学反应。在此过程中会发生岩体结构的损伤软化和沉淀物或次生矿物的衍生，由此促使导水裂隙在采动应力压密和沉淀物封堵等作用下逐步修复愈合。因此，基于水–气–岩相互作用开展采动岩体导水裂隙自修复机理的研究十分重要。本章即是利用不同岩性的破坏岩石与不同化学特性的水溶液、CO_2等，开展了长期水–气–岩相互作用过程中破坏岩样的渗透性变化测试，由此揭示了采动破坏岩体裂隙自修复的作用机理，为采动含水层保护与生态修复奠定了重要理论基础。

5.1.2.1 典型岩性裂隙岩样在水–CO_2–岩相互作用下的降渗特性实验

为了研究岩石岩性及其矿物成分对裂隙岩样在水–气–岩相互作用下的自修复进程的影响规律，选取神东矿区 3 种典型岩性岩石，开展了张拉裂隙（模拟岩层张拉破断裂隙）在中性地下水（模拟水溶液）条件下通入 CO_2气体过程中的降渗特性实验，进一步揭示了水–气–岩相互作用对裂隙岩样的降渗特性及规律。

1. 实验方案设计

实验岩样采集自我国西部典型生态脆弱高产高效矿区的神东矿区，选取3类典型岩样岩性开展实验，分别为粗粒砂岩、细粒砂岩以及砂质泥岩。通过X射线衍射测试得到3种典型岩性岩样的主要矿物成分由石英、钾长石、斜长石（钠长石、中长石、钙长石等）以及黏土矿物等组成，而黏土矿物则以高岭石为主，具体成分占比详见表5-1。实验前首先将岩样加工成直径5cm，高10cm的圆柱形标准试件，然后将试件放入MTS压力试验机中采用劈裂法进行人为加载破坏，从而形成含有张拉裂隙的岩石试件，如图5-7所示。考虑到矿区地下水多为中性或弱碱性，本次实验选取采用Na_2SO_4试剂与去离子水配制形成表5-2所示的水溶液，以模拟SO_4^{2-}-Na型中性地下水，对应pH为6.24。

图5-7　神东矿区3类典型岩性岩样的张拉裂隙岩石试件

表5-1　实验前后3种典型岩性岩石试件裂隙面各类矿物成分的变化　（单位:%）

岩石样品		石英	钾长石	斜长石	TCCM（黏土矿物）					
岩性	实验阶段				总含量	伊/蒙间层	伊利石	高岭石	绿泥石	I/S间层比
粗粒砂岩	实验前	47	26	24	3	—	2	96	2	—
	实验后	50	23	24	3	—	2	97	1	50
细粒砂岩	实验前	54	14	24	8	6	12	73	9	10
	实验后	57	12	23	8	6	10	78	6	57
砂质泥岩	实验前	46	19	23	12	2	10	80	8	5
	实验后	48	19	24	9	2	7	86	5	48

注：表中所列数据为各类矿物占岩石总矿物成分的相对百分比，而非绝对量。I/S间层比表示伊/蒙间层中伊利石的占比。

按图5-8所示将裂隙岩样试件封装至水-CO_2-岩相互作用容器中。对裂隙岩样试件的圆柱侧面用硅胶涂抹均匀，以隔绝试件裂隙与外界的联系。在距离试件底面1～2cm位置粘接隔离套环，套环内径5.5～6cm（略大于试件圆柱直径），外径与反应容器内径相同；用硅胶将套环与圆柱试件之间的空隙封堵，并保证套环平面与圆柱上下表面平行。将带有套环的圆柱试件放至反应容器中，并用胶水将套环与容器壁面粘牢固。最后采用树脂胶将试件与反应容器之间的空隙充填封堵，为避免树脂胶灌注过多而由试件上表面的裂隙流入，故将其密封面高度控制在试件上表面以下 1cm 左右。其次，将配置水溶液倒入反应容器中；如此，实验水溶液将仅能由试件上表面通过其内裂隙从下表面流出。将气管插入水溶液中持续供入 CO_2 气体，并用微流量气体传感器实时监测其通入流量；按照进行采空区 CO_2 气体的一般赋存浓度，并参照 4.2 节的实验过程，设定 CO_2 气体的通入流量为 4 ~ 6mL/min。

表 5-2　实验前后水溶液主要离子成分与 pH　　　　（单位：mg/L）

实验阶段		Na^+	SO_4^{2-}	HCO_3^-	Cl^-	NH_4^+	K^+	Ca^{2+}	Mg^{2+}	pH
实验前	原始溶液	769.4	1434.8	10.3	5.6	—	0.1	0.1	—	6.24
实验后	实验 1（粗粒砂岩）	1007.4	2543.7	443.55	37.2	16.7	13.1	329.3	40.2	7.42
	实验 2（细粒砂岩）	1071.5	2129.6	626.1	86.9	8.6	12.6	172.7	35.3	7.68
	实验 3（砂质泥岩）	858.4	1367.7	817.8	34.6	2.5	11.8	119.7	232.6	7.33

实验过程中，间隔 1 ~ 2 周对裂隙岩石试件的绝对渗透率进行测试。测试时，采用自重渗流的方式，主要对水溶液温度、渗流流量、渗流压力梯度等参数进行测定。实验结束后（持续近 15 个月），从容器中取出岩石试件、放出水溶液，对裂隙面的岩石矿物成分和水溶液离子成分进行测试，并与实验前相关数据进行对比，以评价长期水-CO_2-岩相互作用对岩石矿物成分和水溶液离子成分的影响，揭示水、岩化学成分变化引起裂隙岩样水渗透性变化的机理和规律。

2. 实验过程中裂隙岩石试件的水渗流变化特征

经过近 15 个月的水-CO_2-岩相互作用实验，测试得到了神东 3 种典型岩性的张拉裂隙岩样在中性水溶液条件下的水渗流特征变化规律。如图 5-9 所示的 3 种岩石试件随实验时间的绝对渗透率变化曲线，无论是哪种岩性的裂隙岩样，均呈现出明显的渗透率降低现象。其中，粗粒砂岩和细粒砂岩裂隙岩样累计实验 446d，两者的降渗曲线走势呈现一定的相似性；根据测试结果，粗粒砂岩裂隙岩样绝对渗透率由初始的 32.71D 逐步降低至最终的 12.55D，降渗速率平均 0.045D/d；细粒砂岩裂隙岩样绝对渗透率由初始的 23.99D 逐步降低至最终的 6.65D，降渗速率平均 0.039D/d，略低于粗粒砂岩裂隙岩样。而相比之下，砂质泥岩裂隙岩样的降渗趋势则呈现明显的分区特征。砂质泥岩裂隙岩样累计实验 401d，其绝对渗透率由初始的 84.77D 经过 80d 的实验时间快速降低至 29.25D，降渗速率达 0.694D/d；而后又在 321d 时间内缓慢降低至 9.6D，对应降渗速率 0.06D/d。可见，无论是快速降渗阶段还是缓慢降渗阶段，砂质泥岩裂隙岩样的降渗速率均明显高于粗粒砂岩与细粒砂岩，这显然与岩样岩性及其矿物组分密切相关，具体将在后面详细讨论。

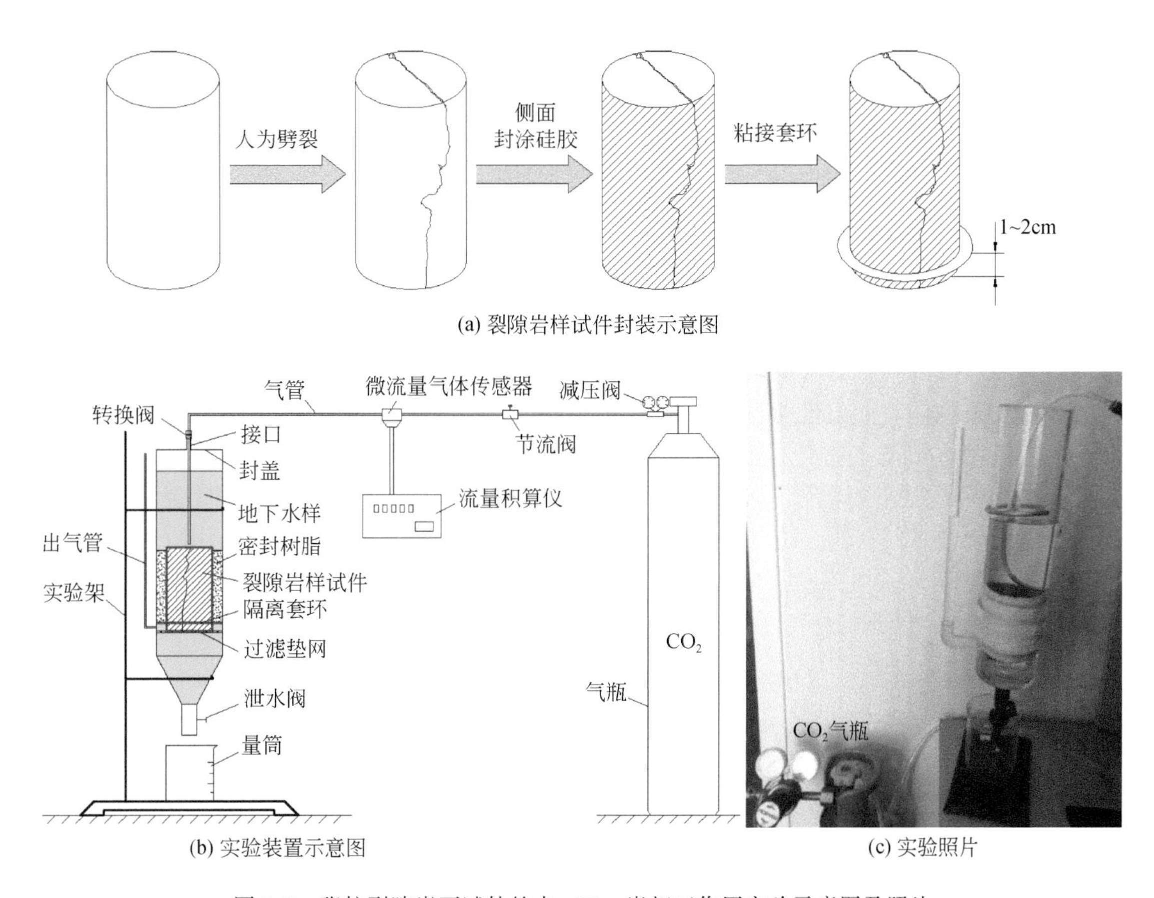

(a) 裂隙岩样试件封装示意图

(b) 实验装置示意图

(c) 实验照片

图5-8　张拉裂隙岩石试件的水-CO_2-岩相互作用实验示意图及照片

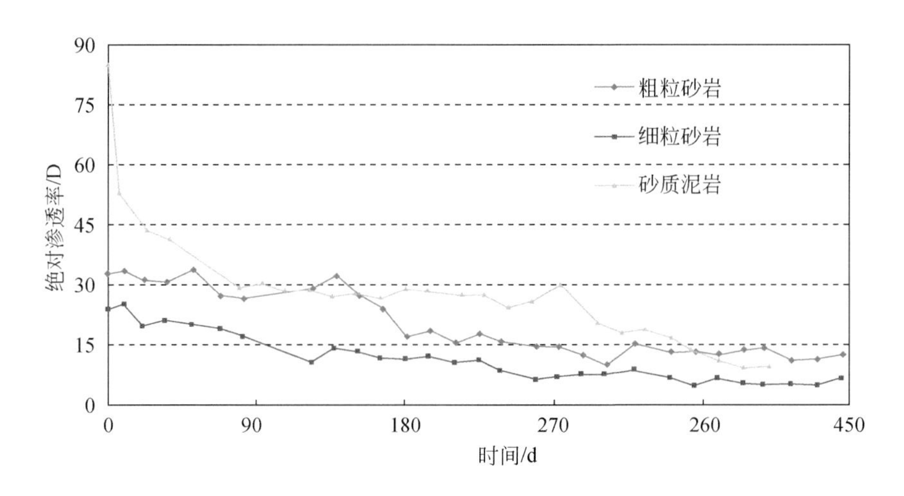

图5-9　3种岩性的裂隙岩石试件绝对渗透率变化曲线

3. 实验前后岩石试件裂隙面矿物组分变化

1）裂隙面矿物晶体的微观结构变化

通过对 3 种岩性裂隙岩样在实验前后对应裂隙面各类矿物的微观结构形态进行扫描电镜测试后发现，在长期的水-CO_2-岩相互作用下，无论是哪一岩性的裂隙岩样，其裂隙面矿物晶体的微观结构形貌均发生了明显的变化，表现出岩石原生矿物的溶解、溶蚀以及新的次生矿物生成等现象。

如图 5-10 所示的实验前后粗粒砂岩裂隙岩样裂隙面矿物微观结构形貌变化，岩石中占较大比例的长石矿物（钾长石与斜长石，详见表 5-1）受溶解、溶蚀的痕迹显著。实验前裂隙面原岩中的钾长石与钠长石（斜长石中的主要种类）晶体表面光滑、棱角分明，而实验后钾长石晶体表面出现明显的溶蚀孔洞，钠长石晶体表面粗糙而破碎。而对于岩石中占比较少的黏土矿物，基本未见其受溶解、溶蚀的现象。此外，在裂隙面原生矿物表面还发现了次生矿物生成的现象，如图 5-11 所示。在规则棱柱状的原生石英矿物晶体表面附着有不少破碎的片状矿物，通过能谱测试分析后发现，该破碎片状矿物主要由 C、O、Si、Al 这 4 种元素组成，可推断其应为高岭石矿物；而由于其微观结构形态并不像原岩中的原生高岭石矿物呈现规则的“书页”状，故判断它是由水-CO_2-岩相互作用而生成的次生矿物。

(a) 原岩中的钾长石晶体(晶体表面光滑、棱角分明)

元素	重量百分比	原子百分比
C K	8.28	13.03
O K	50.92	60.15
Na K	0.45	0.37
Mg K	0.49	0.38
Al K	11.90	8.33
Si K	22.34	15.03
K K	5.62	2.72

(b) 图(a)方框处的能谱分析结果

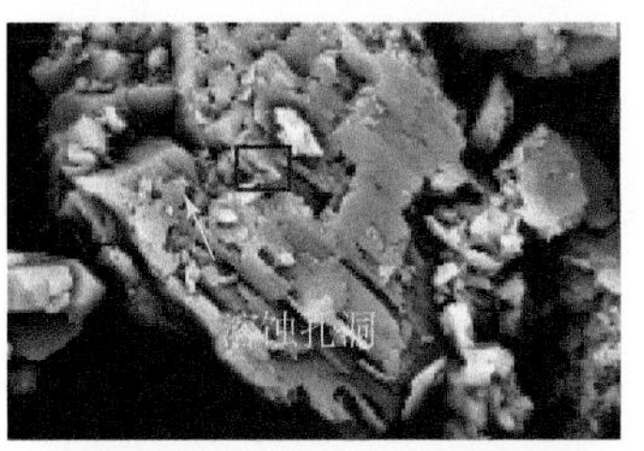

(c) 实验后受溶蚀的钾长石晶体(有溶蚀孔洞)

元素	重量百分比	原子百分比
C K	14.08	21.03
O K	47.83	53.63
Al K	7.35	4.89
Si K	23.40	14.94
K K	6.87	5.36
Fe K	0.47	0.15

(d) 图(c)方框处的能谱分析结果

(e) 原岩中的钠长石晶体(晶体表面光滑、棱角分明)

元素	重量百分比	原子百分比
C K	21.48	33.10
O K	28.21	32.64
Na K	5.84	4.71
Al K	9.35	6.41
Si K	35.12	23.14

(f) 图(e)方框处的能谱分析结果

(g) 实验后受溶蚀的钠长石晶体(晶体表面粗糙、破碎)

元素	重量百分比	原子百分比
C K	11.50	17.42
O K	49.83	56.66
Na K	6.05	4.79
Al K	7.99	5.39
Si K	23.56	15.26
Ca K	1.08	0.49

(h) 图(g)方框处的能谱分析结果

图 5-10　粗粒砂岩裂隙岩样裂隙面的长石矿物在实验前后的微观结构形貌变化（单位:%）

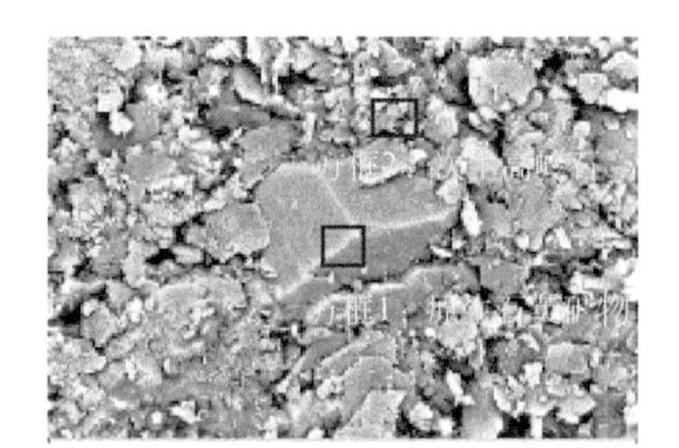

(a) 实验后石英矿物表面附着的次生高岭石矿物

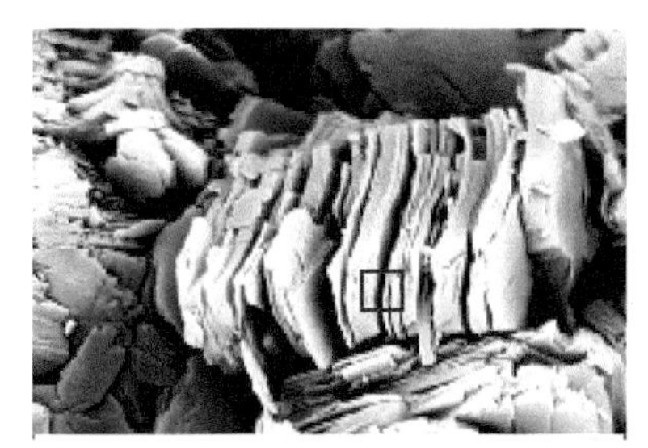

(b) 原岩中的原生高岭石矿物

元素	重量百分比	原子百分比
C K	19.53	31.65
O K	24.04	29.24
Si K	56.43	39.11

(c) 图(a)方框1处的能谱分析结果

元素	重量百分比	原子百分比
C K	26.44	38.13
O K	34.91	37.79
Al K	10.04	6.45
Si K	28.60	17.64

(d) 图(a)方框2处的能谱分析结果

元素	重量百分比	原子百分比
C K	16.17	24.70
O K	40.57	46.52
Al K	19.87	13.51
Si K	23.38	15.27

(e) 图(b)方框处的能谱分析结果

图 5-11　粗粒砂岩裂隙岩样裂隙面的原生矿物表面附着的次生矿物（单位:%）

类似的现象在细粒砂岩和砂质泥岩裂隙岩样的实验中也有发生，但它们在溶解、溶蚀的矿物种类以及生成的次生矿物类型方面又有所差异。如图 5-12 所示，细粒砂岩裂隙岩样裂隙面原生钠长石矿物也受到明显溶解、溶蚀作用，且在其表面也出现了次生高岭石矿物的生成；但同时还发现了其他类型次生矿物或沉淀物生成的现象。如图 5-13 所示，在裂隙面原生矿物表面发现有堆簇状晶体出现，根据其能谱分析结果并结合晶体形态，可判断其应为 $CaSO_4$ 晶体（或石膏）；而由表 5-1 所示的岩石矿物组成可知，原岩中并未测得石膏矿物的存在；因此判断该晶体应由实验过程中次生而来。在对该次生矿物晶体发育位置进行能谱分析时还发现（图 5-13），此类堆簇状晶体中除了含有组成 $CaSO_4$ 晶体的元素外，还含有 Si、Al、K、Fe 等元素；根据各元素的原子占比分析可知，其中应夹杂有钾长石或斜长石（或两者都有）的成分，由此表现出次生 $CaSO_4$ 晶体与原生长石矿物共融或在其表面“生长”的现象。

而在砂质泥岩裂隙岩样的裂隙面，除了有上述两种岩性的裂隙岩样实验过程中出现的长石矿物受溶解、溶蚀以及次生高岭石矿物的生成外（图 5-14 和图 5-15），裂隙面黏土矿物受溶解、溶蚀作用也十分显著。如图 5-16 所示，实验前岩石中的伊利石和绿泥石原生

元素	重量百分比	原子百分比
C K	13.14	19.70
O K	48.29	54.34
Na K	7.31	5.73
Al K	7.48	4.99
Si K	23.78	15.25

(a) 原岩样中的钠长石晶体(晶体表面光滑，棱角分明)

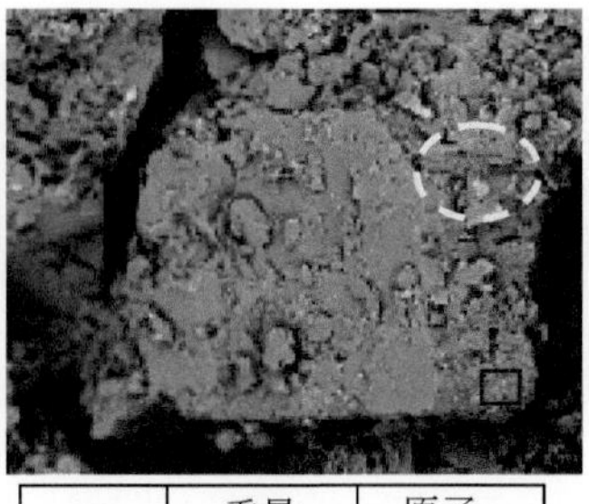

元素	重量百分比	原子百分比
C K	6.90	10.45
O K	57.30	65.16
Na K	7.00	5.54
Al K	7.41	5.00
Si K	21.39	13.86

(b) 实验后受溶蚀的钠长石晶体

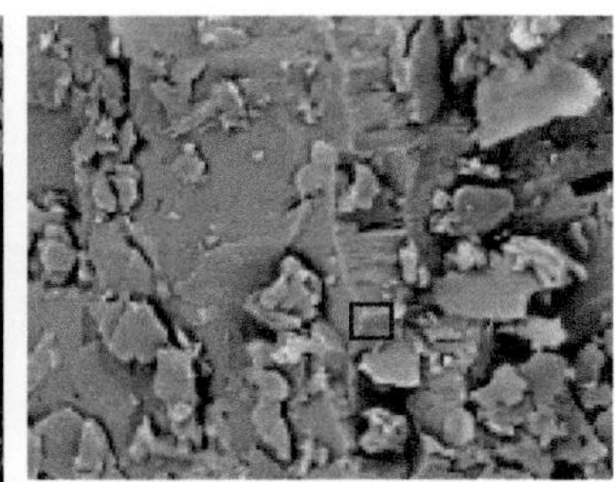

元素	重量百分比	原子百分比
C K	17.33	25.14
O K	49.49	53.89
Al K	15.39	9.94
Si K	17.79	11.03

(c) 图(b)圆圈处的局部放大图(长石表面附着的次生高岭石矿物)

图 5-12　细粒砂岩裂隙岩样裂隙面的钠长石矿物在实验前后的微观结构形貌变化

（图中照片下方的表格为对应照片中方框处的能谱分析结果，下同，单位：%）

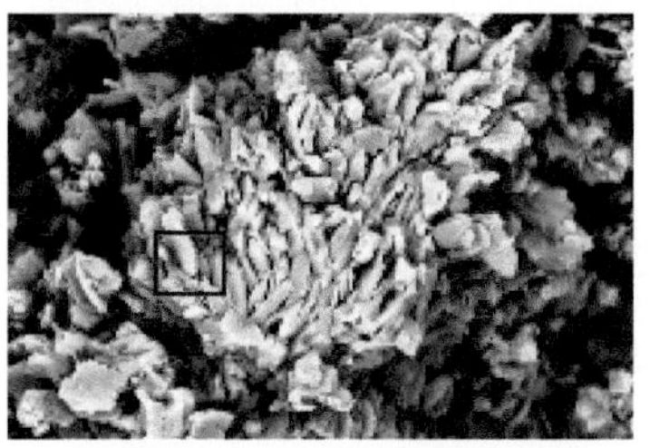

(a) 裂隙面生成的簇状$CaSO_4$晶体

元素	重量百分比	原子百分比
C K	15.58	26.13
O K	38.24	48.14
S K	20.04	12.59
Ca K	26.14	13.14

(b) 图5-13(a)方框处的能谱分析结果

(c) “生长”在长石晶体表面的$CaSO_4$晶体

元素	重量百分比	原子百分比
C K	19.38	30.48
O K	40.51	47.82
Al K	1.54	1.08
Si K	4.17	2.80
S K	14.20	8.36
K K	1.43	0.69
Ca K	18.13	8.54
Fe K	0.64	0.22

(d) 图5-13(c)方框处的能谱分析结果

图 5-13　细粒砂岩裂隙岩样裂隙面“生长”的 $CaSO_4$ 沉淀晶体（单位：%）

黏土矿物晶体一般呈完整的片状形态，而实验后则普遍呈破碎状；黏土矿物参与水-CO_2-岩相互作用过程的痕迹十分显著。而对比 3 种岩性条件下的实验结果也可看出，粗粒砂岩和细粒砂岩裂隙岩样裂隙面黏土矿物受溶解、溶蚀作用程度（或其迹象）较砂质泥岩裂隙岩样明显偏低，这显然是与岩样中的矿物组成和含量密切相关的，具体将在后面详细讨论。

(a) 原岩中的钾长石晶体(晶体表面光滑，棱角分明)

元素	重量百分比	原子百分比
C K	12.20	18.90
O K	47.07	54.76
Al K	7.63	5.26
Si K	24.18	16.02
K K	8.49	4.92
Fe K	0.42	0.14

(b) 图(a)方框处的能谱分析结果

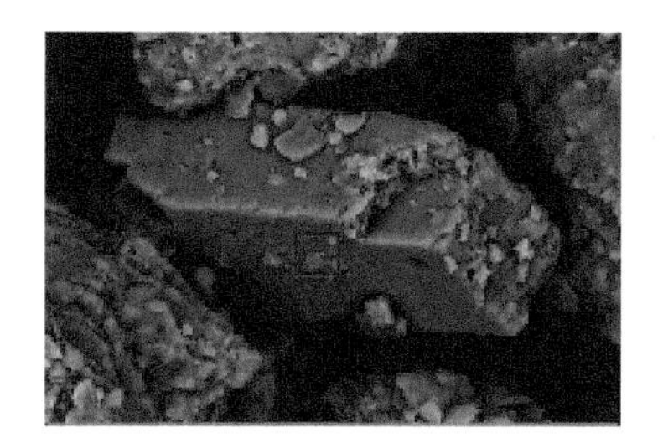

元素	重量百分比	原子百分比
C K	18.25	29.35
O K	33.83	40.84
Al K	7.34	5.25
Si K	25.75	17.71
K K	11.58	5.72
Fe K	3.24	1.12

(c) 受溶蚀的钾长石晶体(晶体表面粗糙，有溶蚀孔洞)

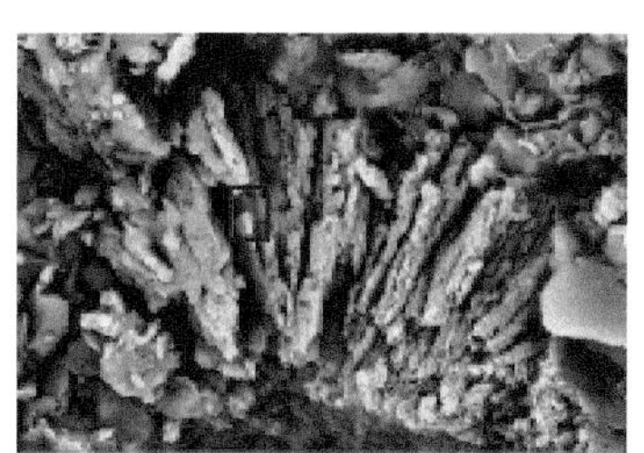

元素	重量百分比	原子百分比
C K	10.60	16.97
O K	45.62	54.81
Na K	0.84	0.70
Al K	7.44	5.30
Si K	25.34	17.34
K K	9.33	4.58
Fe K	0.82	0.28

(d) 受溶蚀的钾长石晶体(晶体破碎、表面粗糙)

图 5-14　砂质泥岩裂隙岩样裂隙面的钾长石矿物在实验前后的微观结构形貌变化（单位:%）

(a) 扫描电镜照片

元素	重量百分比	原子百分比
C K	18.25	29.35
O K	33.83	40.84
Al K	7.34	5.25
Si K	25.75	17.71
K K	11.58	5.72
Fe K	3.24	1.12

(b) 方框1处的能谱分析结果

元素	重量百分比	原子百分比
C K	15.88	23.10
O K	52.08	56.89
Al K	14.21	9.20
Si K	16.77	10.44
K K	0.33	0.15
Fe K	0.74	0.23

(c) 方框2处的能谱分析结果

图 5-15　砂质泥岩裂隙岩样裂隙面的原生钾长石矿物表面生成的次生高岭石矿物（单位:%）

2）裂隙面矿物成分含量变化

另一方面，采用 X 射线衍射测试方法对 3 种岩性实验条件下裂隙面的矿物成分及其含量变化进行了测定，表 5-1 所示的测试结果验证了上述矿物微观结构变化的现象。以化学性质较为稳定的石英矿物含量为基数，则可对 3 种岩性裂隙岩样在实验前后对应裂隙面各类矿物（石英：钾长石：斜长石：黏土矿物）的含量之比进行计算，结果详见表 5-3。由表可见，3 种岩性裂隙岩样对应裂隙面长石（含钾长石与斜长石）与黏土矿物的含量均出

(a) 原岩中的绿泥石晶体

元素	重量百分比	原子百分比
C K	14.14	23.24
O K	42.57	52.52
Mg K	1.73	1.40
Al K	9.70	7.10
Si K	12.52	8.80
K K	0.74	0.37
Fe K	18.59	6.57

(b) 图(a)方框处的能谱分析结果

(c) 受溶蚀的绿泥石晶体(晶体破碎)

元素	重量百分比	原子百分比
C K	17.04	27.47
O K	37.11	44.90
Mg K	2.37	1.89
Al K	11.37	8.15
Si K	17.70	12.20
K K	2.72	1.35
Fe K	11.70	4.06

(d) 图(c)方框处的能谱分析结果

(e) 原岩中的伊利石

元素	重量百分比	原子百分比
C K	15.03	22.83
O K	46.96	53.55
Na K	0.44	0.35
Al K	13.46	9.10
Si K	17.25	11.20
K K	5.15	2.41
Fe K	1.71	0.56

(f) 图(e)方框处的能谱分析结果

(g) 受溶蚀的伊利石晶体(晶体破碎)

元素	重量	原子
C K	19.51	28.93
O K	44.28	49.29
Mg K	0.70	0.52
Al K	9.48	6.26
Si K	19.94	12.64
K K	3.07	1.40
Fe K	3.02	0.96

(h) 图(g)方框处的能谱分析结果

图 5-16　砂质泥岩裂隙岩样裂隙面的黏土矿物在实验前后的微观结构形貌变化（单位:%）

现了降低现象；其中粗粒砂岩与细粒砂岩裂隙岩样裂隙面长石矿物消耗较多，但黏土矿物含量降幅较小，而砂质泥岩裂隙岩样实验后的对应现象则与之相反，这与上述扫描电镜测试的结果相同。同时还发现，无论哪种岩性的裂隙岩样，裂隙面长石矿物中的钾长石在实验过程中的消耗均比斜长石明显偏多，详见表 5-3。

结合前述扫描电镜的微观测试结果，X 射线衍射测试得到的裂隙面各类矿物含量的变化，主要是由水-CO_2-岩相互作用及其发生的溶解、溶蚀过程造成，而裂隙岩样在实验过程中出现的水渗透率下降的自修复现象，也应与相关反应过程密切相关；不同岩性裂隙岩样实验后测试数据的差异显然是由它们之间不同的矿物组分造成的。

表 5-3　实验前后 3 种岩性裂隙岩样裂隙面矿物成分含量比例

实验岩样	实验前		实验后	
	石英：钾长石：斜长石：黏土矿物	钾长石：斜长石	石英：钾长石：斜长石：黏土矿物	钾长石：斜长石
粗粒砂岩	1：0.55：0.51：0.06	1：0.92	1：0.46：0.48：0.06	1：1.04
细粒砂岩	1：0.26：0.44：0.15	1：1.71	1：0.21：0.40：0.14	1：1.92
砂质泥岩	1：0.41：0.50：0.26	1：1.21	1：0.39：0.50：0.19	1：1.26

4. 实验前后水溶液化学成分变化

由表 5-2 所示的 3 种岩性岩样实验前后水溶液离子成分对比结果可见，水溶液中的 Na^+、K^+、Ca^{2+}、Mg^{2+}等主要金属阳离子浓度均呈现明显增高现象，其中尤以 Na^+和 Ca^{2+}的增高幅度较高；而阴离子中则是 SO_4^{2-}、HCO_3^-、Cl^-浓度增幅较高；相应水溶液的 pH 也呈小幅升高趋势（仍处于中性状态）。同时还发现，3 种实验对应各类阴阳离子的增幅也有明显不同。其中，实验 1（粗粒砂岩）和实验 2（细粒砂岩）水溶液中 Na^+和 SO_4^{2-}的浓度增幅明显高于实验 3（砂质泥岩），但前者水溶液中 Mg^{2+}的浓度增幅却明显低于后者；实验 1 对应 HCO_3^-的浓度增幅明显低于实验 2 和实验 3，但 Ca^{2+}浓度增幅却高于后两者；实验 2 对应 Cl^-的浓度增幅在 3 种实验中最高。显然，这些离子浓度的增幅差异是由各类岩性岩样的矿物组分不同引起的。

对照表 5-1 所示 3 中岩性岩样所含的矿物成分，可知水溶液中 Na^+、K^+、Ca^{2+}、Mg^{2+}等金属阳离子浓度的增高主要由长石和黏土矿物的溶解、溶蚀引起，增多的 Na^+、Ca^{2+}主要来自斜长石中的钠长石、钙长石以及黏土矿物中的伊/蒙间层，K^+主要来自钾长石、伊/蒙间层以及伊利石，而 Mg^{2+}主要来伊/蒙间层、伊利石以及绿泥石。由于实验 3 砂质泥岩中对应黏土矿物的伊/蒙间层、伊利石、绿泥石含量明显高于实验 1 和实验 2 的砂岩岩样，因而其水溶液中 Mg^{2+}的浓度增幅最高。而 3 种实验中 Na^+、Ca^{2+}浓度增幅的差异可能与各自岩样对应斜长石中的钠长石和钙长石的具体含量不同有关，钠长石和钙长石在实验 1 和实验 2 砂岩岩样中含量偏高，造成其水溶液中对应 Na^+和 Ca^{2+}浓度增幅偏高（由于具体含量未测，仅属推测）。对于实验后 SO_4^{2-}、Cl^-浓度的升高推断可能是岩石中的一些有机物成分发酵或分解所致（仅实验 3 水溶液中 SO_4^{2-}浓度未见明显改变，其原因尚待研究）。

5. 讨论

（1）无论是何种岩性的裂隙岩样，实验过程均出现了水渗流能力降低的现象，进一步证实裂隙岩体自修复效应的客观事实。这除了与黏土矿物的遇水膨胀作用有关外，还主要由长石等原生铝硅酸盐矿物溶解、溶蚀过程中产生的次生矿物或结晶沉淀物对裂隙空间的充填封堵作用引起。在通入 CO_2条件下，长石等原生铝硅酸盐矿物更易发生溶解、溶蚀作用，并通过式（5-24）~式（5-27）发生次生矿物衍生的化学过程；而由于本实验采用的是 Na_2SO_4模拟中性地下水，其中的 SO_4^{2-} 又易与钙长石溶解、溶蚀形成的 Ca^{2+} 发生式（5-28）所示的化学沉淀反应。如此，水-CO_2-岩相互作用化学生成的次生高岭石矿物、次生石英矿物以及 $CaSO_4$ 结晶沉淀物不断吸附沉积在岩样裂隙面，封堵裂隙空间、降低裂隙过流能力，最终表现出裂隙岩样水渗流能力下降的自修复效应。这也解释了扫描电镜测试中发现的裂隙面岩石矿物表面附着次生矿物的现象。

$$原生铝硅酸盐+H_2O+[CO_2]\longleftrightarrow 黏土矿物+[胶体]+[碳酸盐]+H^+ \text{ or } OH^- \tag{5-24}$$

$$\underset{钾长石}{2K[AlSi_3O_8]}+2H^++H_2O\longleftrightarrow \underset{高岭石}{Al_2[Si_2O_5][OH]_4}+4SiO_2+2K^+ \tag{5-25}$$

$$\underset{钠长石}{2Na[AlSi_3O_8]}+2H^++H_2O\longleftrightarrow \underset{高岭石}{Al_2[Si_2O_5][OH]_4}+4SiO_2+2Na^+ \tag{5-26}$$

$$\underset{钙长石}{Ca[Al_2Si_2O_8]}+2H^++H_2O\longleftrightarrow \underset{高岭石}{Al_2[Si_2O_5][OH]_4}+Ca^{2+} \tag{5-27}$$

$$Ca^{2+}+SO_4^{2-}\longleftrightarrow CaSO_4\downarrow \tag{5-28}$$

（2）本实验砂质泥岩裂隙岩样水-CO_2-岩相互作用过程中出现了“先快后慢”分区降渗现象，初期快速降渗持续80d，降渗幅度为84.77D降至29.25D（降低2/3）；而粗粒砂岩与细粒砂岩裂隙岩样均未出现初期快速降渗的现象，仅在中期阶段出现局部快速降渗。这显然是由砂岩类岩样黏土矿物中伊/蒙间层等遇水膨胀作用明显的矿物含量少造成的，其仅能依靠长石等原生铝硅酸盐矿物通过溶解、溶蚀作用产生次生矿物或结晶沉淀物对裂隙空间形成封堵，造成所需的修复时间偏长、修复效率偏低。

（3）从前面裂隙面矿物成分变化的测试结果看，3种岩性岩样裂隙面的钾长石矿物消耗量均明显高于斜长石；但从水溶液离子成分的变化结果看（表5-2），K^+浓度的增幅却是最低的，这可能与析出的K^+又继续参与式（5-29）所示的反应有关。钾长石通过式（5-26）溶解、溶蚀形成的K^+可进一步与中长石（属于斜长石的一种）和H^+（通入的CO_2产生）发生化学反应并生成绢云母，由此析出的K^+又重新被固定于新的次生矿物中，并替换出Na^+和Ca^{2+}。由此最终造成K^+浓度增幅明显低于Na^+、Ca^{2+}。

$$\underset{中长石}{Na[AlSi_3O_8]-Ca[Al_2Si_2O_8]}+2H^++K^+\longleftrightarrow \underset{绢云母}{KAl_2[AlSi_3O_{10}][OH]_2}+2SiO_2+Na^++Ca^{2+} \tag{5-29}$$

（4）通过对比前节砂质泥岩裂隙岩样裂隙面附着的次生矿物或沉淀物发现，本实验3种岩性岩样裂隙面均未发现有铁质沉淀物的出现，这与本实验岩样中含铁矿物成分（绿泥石、伊/蒙间层等少）偏少有关。可见，虽然不同岩性裂隙岩样在不同水化学条件下均能发生水-CO_2-岩相互作用下的自修复现象，但引起自修复的衍生物质（次生矿物或结晶沉淀物）类型却有所不同；由于相关物质在裂隙面沉积封堵过程的差异，导致不同条件下岩体裂隙受自修复的效果出现偏差。因此，开展不同水、气、岩物理化学条件下的裂隙岩体自修复特性研究，对于科学评价裂隙岩体的自修复能力显得尤为重要。

5.1.2.2　采动导水裂隙的自修复机理

根据前节开展的不同采动破坏岩样在水-气-岩相互作用下的自修复测试实验可以发现，采动覆岩破坏后的自修复实际是地下水、采空区气体、破坏岩体三者的“水-气-岩”物理、化学作用与地层采动应力共同影响的结果（图5-17）。在覆岩采动裂隙动态发育过程中，受扰动的地下水以及采空区的CO_2、SO_2、H_2S等气体将通过导水（气）裂隙通道流散并与破坏原岩发生充分反应，岩石中的元素受溶解和溶蚀等作用发生迁移与富集，导致原岩结构被破坏而发生泥化、软化，并生成次级矿物及新的结晶沉淀物。如此，在采动地层应力的压实和水平挤压作用下，受软化的破坏原岩发生流塑变形并压密采动裂隙；生成的次级矿物和结晶沉淀物则直接充填、封堵采动裂隙、孔隙等。长时间的累积作用后，采动覆岩一定范围内的裂隙将发生弥合与尖灭，最终恢复原岩的隔水性能，阻止区域水源的漏失。也正因为这一过程，才出现了现场实践中发现的冒落岩块自胶结成岩以及水文观测钻孔水位回升等现象。所以，与其他研究领域不同的是，本章所述“自修复”是指受采动破坏的岩体在自然界力量的作用下恢复原岩自有的隔水功能的过程，而非恢复到原岩的原始赋存和力学强度状态。

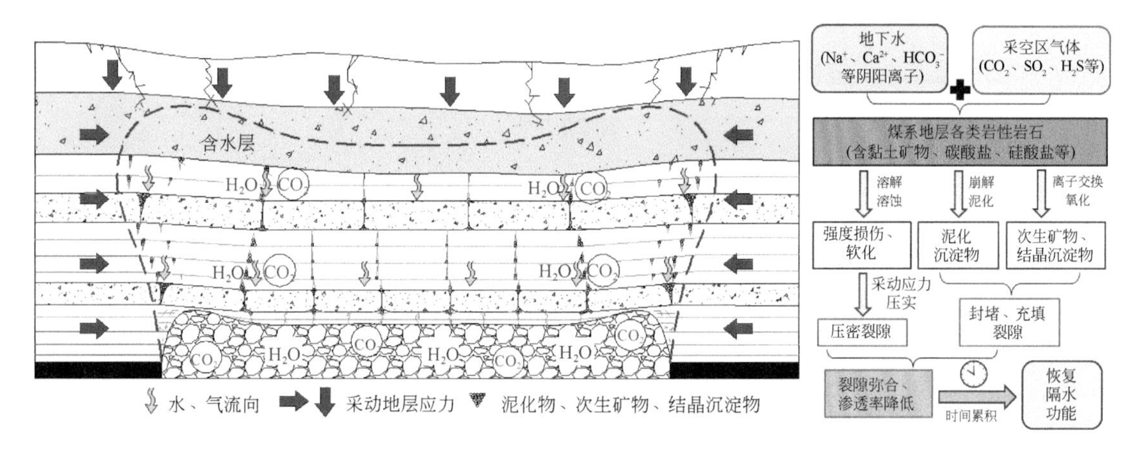

图 5-17 采动覆岩导水裂隙自修复过程示意图（Ju et al., 2020a）

左图中暂用 CO_2代表采空区中易与水、岩发生反应的气体，采动地层应力的标识只代表其方向，不代表其值

综合上述分析，采动覆岩导水裂隙的自修复可概括总结为如下 3 个方面的物理或化学作用过程。

（1）崩解、泥化的物理作用。这种作用主要发生于富含黏土矿物的泥岩类岩石中。蒙脱石、伊利石、高岭石等亲水黏土矿物遇水易发生膨胀、崩解、泥化等现象，膨胀作用使得裂隙空间被逐步压缩，而崩解、泥化产生的泥化物则会充填封堵裂隙空间，从而促使裂隙逐步发生弥合甚至消失。而且，由于黏土矿物中铝氧八面体的 Al—O—H 键是两性的，它在碱性地下水环境中易电离出 H^+，使其表面负电荷增加，导致晶层间斥力增大，促使黏土矿物更易水化膨胀或分散。所以，泥岩类岩石的采动裂隙在碱性地下水环境下更易发生自修复。

（2）溶解、溶蚀的化学作用。地下水在经由导水裂隙通道流动时，会溶解和溶蚀岩石中的元素或矿物成分；经过长时间的累积后，原岩会因结构的破坏而发生软化，而岩石破断裂隙面也会因水流的长期冲蚀作用趋于光滑。如此，在采动地层的垂直压实和水平挤压作用下，受软化的破坏原岩将发生流塑变形并压密采动裂隙，而裂隙面也会因粗糙度的降低更易紧密接触，最终降低裂隙的水渗流能力，如图 5-18 所示。其中，裂隙因岩体流塑变形而被压密的作用一般发生在超前煤岩体中因支承压力作用产生的峰后破坏裂隙中；而因裂隙面趋于光滑而贴合紧密的作用一般发生在岩层破断块体的铰接接触面处，对应于岩层周期性破断回转运动产生的断裂裂隙。

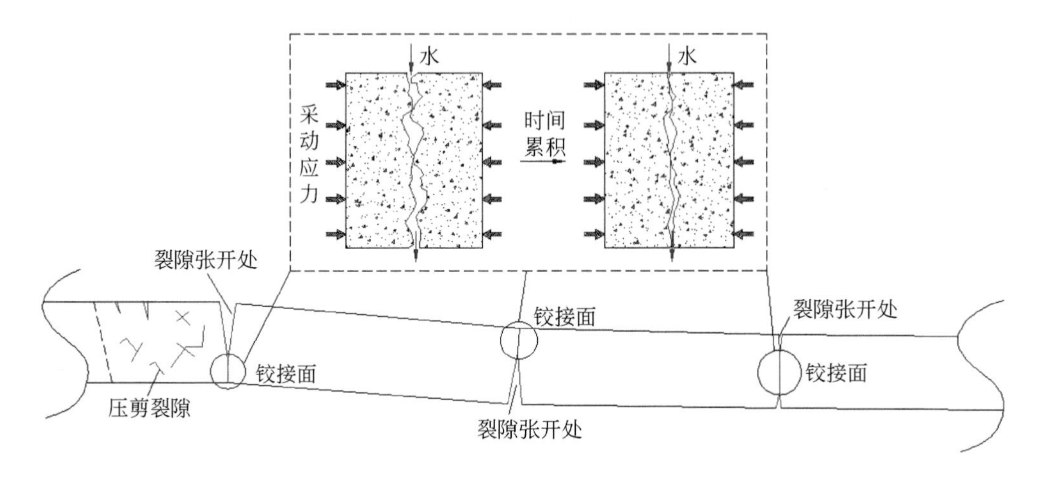

图 5-18　裂隙面受冲蚀而紧密贴合并降低导流性的示意图

（3）离子交换的化学作用。地下水中的阴阳离子和岩石中的一些矿物成分会发生一系列的氧化还原反应，相关反应往往会产生次级矿物或新的结晶沉淀物，这些次级矿物或沉淀物会顺着水流逐渐充填、封堵采动裂隙或孔隙等，降低破坏岩体的导水能力。例如，长石等原生铝硅酸盐易与采空区逸散的 CO_2 反应生成高岭石等黏土矿物和石英等胶体，以钾长石为例，则发生式（5-24）和式（5-25）所示的化学反应；岩石矿物中溶解的 Ca^{2+} 可与地下水中的 CO_3^{2-}（或 CO_2）、SO_4^{2-} 生成 $CaCO_3$ 和 $CaSO_4$ 沉淀；菱铁矿、磁铁矿、绿泥石等富铁矿物被弱酸性地下水溶解形成的 Fe^{2+}、Fe^{3+}，易形成 $Fe(OH)_3$ 沉淀，且当 Fe^{2+} 浓度超过 5mg/L 时，生成的 $Fe(OH)_3$ 能催化加速 Fe^{2+} 的氧化反应，促进 $Fe(OH)_3$ 的沉淀与絮凝。

由此可见，地下含水层受煤层采动破坏后，其漏失水体在导水裂隙通道中的流动时会与破坏岩体发生一系列的物理化学反应，随着时间的积累以及采动地层应力的持续作用，覆岩导水裂隙将因压密或封堵作用而降低水渗流能力，最终呈现自修复的现象。

5.1.3　采动裂隙人工引导自修复的含水层原位保护技术

传统的“限采降损”方式虽能有效限制导水裂隙的发育高度、避免含水层被破坏，却难以适应东部草原区大型井工矿的高产高效采煤需求。从人工干预角度采取相关措施（如注浆封堵）限制采动裂隙的导水能力，促进裂隙的修复愈合，成为采动破坏含水层生态再恢复的另一有效途径，此即为采动地下水原位保护的技术思想。考虑到采动含水层流失水体主要沿导水裂隙主通道流动，而导水裂隙在发育后的长期演化过程中又存在水渗流能力降低的自修复能力，因此，着重对覆岩导水裂隙主通道进行干预修复，无疑成为采动含水层生态恢复的重要实现方向。

5.1.3.1　铁/钙质沉淀封堵采动裂隙的含水层修复方法

1. 铁/钙质化学沉淀封堵岩体裂隙的降渗特性实验

根据前述有关采动岩体裂隙自修复机制的研究结果，采动破坏岩体在与流失地下水、采空区CO_2等气体的长期“水-气-岩”相互作用过程中，会发生岩石矿物成分的溶解、溶蚀以及铁、钙等离子的析出，从而会在一定化学环境下发生沉淀反应，出现$Fe(OH)_3$、$CaCO_3$、$CaSO_4$等沉淀物的生成及其对孔隙/裂隙通道的封堵降渗现象，最终引起岩体裂隙的自修复。通过进一步调研发现，这种铁/钙质化学沉淀物或结垢物对孔隙/裂隙介质的封堵降渗现象在其他一些岩土工程领域也常有发生。如，石油开发工程中的储层结垢损害现象、水坝减压井或尾矿坝排渗时的化学淤堵现象、地下水人工回灌工程中的注水井堵塞现象等。相关研究表明，此类铁/钙质沉淀物之所以会对岩体孔隙/裂隙产生堵塞，主要源于它们在物理介质表面的“吸附-固结”作用。由于它们通常具有较强的吸附性，极易吸附在岩石孔隙/裂隙等过流通道表面，并以此为核心继续吸附周围的沉淀物，并层层包裹、表现出结垢晶体不断生长的现象；若环境中存在多种沉淀物时，各类沉淀物之间又会相互吸附，呈现“包藏-共沉-固结”的结垢过程；经过一段时间的累积，最终形成具备一定耐冲蚀能力的致密结垢物或包结物，堵塞孔隙/裂隙通道（鞠金峰等，2019a，2019b，2020a），如图5-19所示。

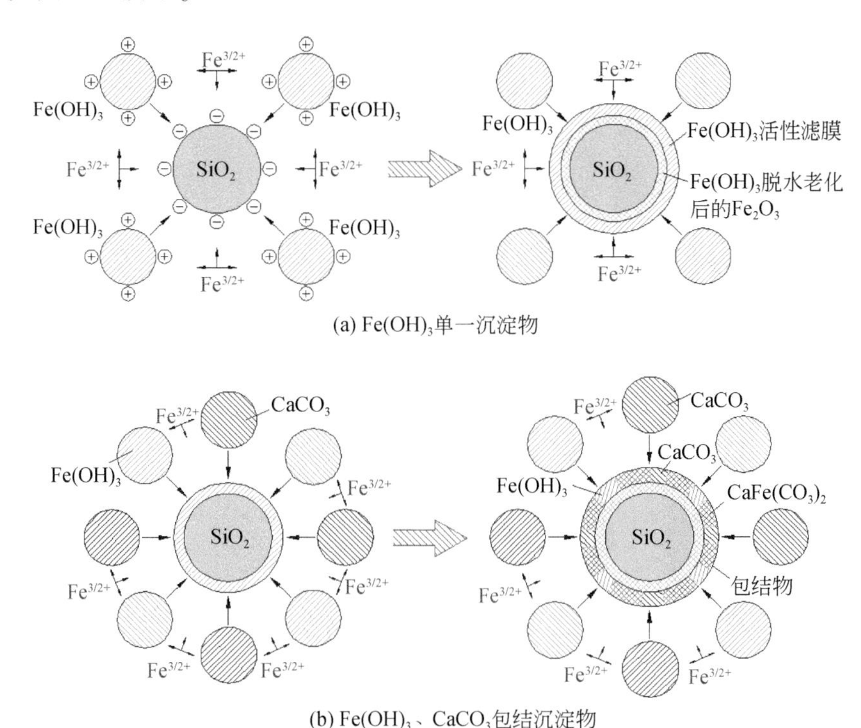

(a) $Fe(OH)_3$单一沉淀物

(b) $Fe(OH)_3$、$CaCO_3$包结沉淀物

图5-19　化学沉淀物“吸附-固结”的结垢示意图（以铁/钙质沉淀物为例）

然而，由于自然条件下裂隙岩体与地下水、CO_2等化学作用产生铁/钙质沉淀物的自修

复进程较为缓慢，单纯依靠自然产生的沉淀物难以实现导水裂隙通道的快速封堵与含水层修复；受此启发，若依据地下水的化学特性，向采动含水层中直接注入可与其赋水产生铁/钙质沉淀的“修复试剂”，这无疑为加快化学沉淀的产生进程、实现导水裂隙快速封堵与含水层生态修复提供了一条便捷途径。为了验证铁/钙质化学沉淀对岩体裂隙通道的封堵修复作用，本节基于水-气-岩相互作用实验思路，开展了含水裂隙岩样灌注化学试剂促进铁/钙质化学沉淀的降渗实验研究。

1）实验方案设计

实验针对裂隙和孔隙两种导水通道，分别设计了单一裂隙岩样试件模型和石英填砂管模型这两类实验模型。其中，单一裂隙岩样试件模型选择采用砂质泥岩作为实验岩样，并对其标准圆柱试件预先进行人工压裂以形成单一贯通裂隙，参照水-气-岩相互作用实验中的岩样封装方式将其装入类似的实验容器中，以模拟含裂隙通道的采动含水层岩体；而石英填砂管模型则是选用粒径为 1 ~2mm 的石英砂作为实验介质，将其装填入透明亚克力管中（管长 1000mm，管径 75mm），以模拟含孔隙通道的采动含水层岩体，如图 5-20 所示。

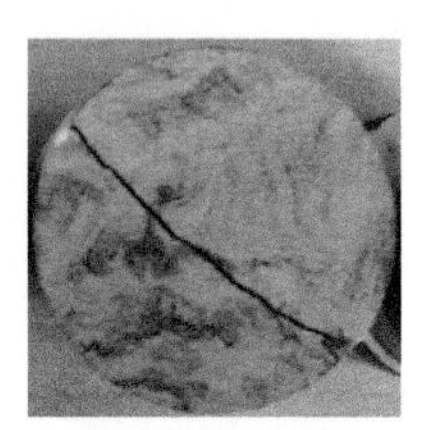

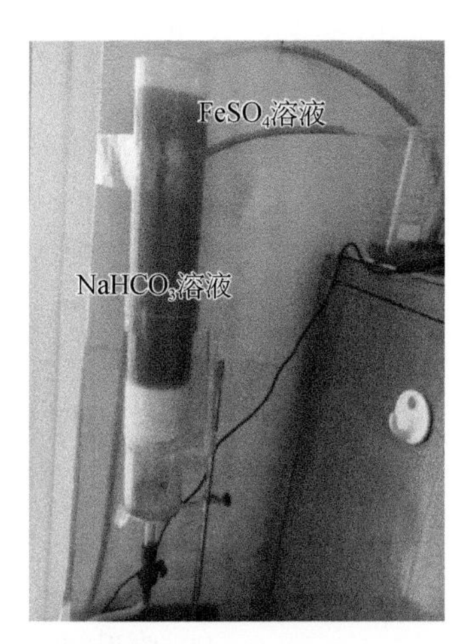

(a) 单裂隙岩样模型

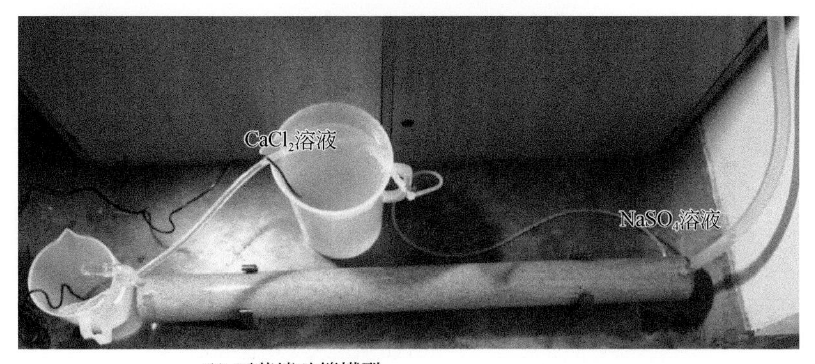

(b) 石英填砂管模型

图 5-20　单裂隙岩样模型与石英填砂管模型

对于单裂隙岩样模型，首先在实验容器中充入浓度为 1.38g/L 的 $NaHCO_3$ 水溶液，以模拟弱碱性含水层的赋水条件；待水体由裂隙岩样稳定渗流后，向容器中灌注浓度为 1.93g/L 的 $FeSO_4$ 水溶液，以模拟铁质化学沉淀对裂隙通道的修复降渗作用；两种溶液的灌注速度按照关键离子能发生充分化学反应进行设置。同理，对于石英填砂管模型，则首先充入浓度为 1.59g/L 的 Na_2SO_4 水溶液，以模拟中性的含水层赋水条件；经过水体稳定渗流后，测试其孔隙率为 32.8%；而后由石英砂管另一位置向其内灌注浓度为 2.89g/L 的 $CaCl_2$ 水溶液，以模拟钙质化学沉淀对孔隙通道的修复降渗作用；溶液的灌注速度同样按照关键离子能发生充分化学反应进行设置。

实验过程中，间隔 1 ~ 2h 对裂隙岩样及石英砂管的水渗透率进行测试（测试过程与方法参照前述第 4 章中的实验进行），以评价铁/钙质化学沉淀对孔隙/裂隙通道的封堵降渗作用。

2）实验结果与分析

经过近 6 周的实验，获得了“修复试剂”灌注过程中裂隙岩样及石英砂管的绝对渗透率变化曲线，如图 5-21（a）所示。实验发现，无论是单一贯通裂隙岩样还是石英砂孔隙模型，铁/钙质沉淀物都对其孔隙/裂隙形成了显著的封堵作用，使得实验模型表现出水渗透性持续快速下降的现象，且在 0.1MPa 的水压作用下也未出现明显的渗透性升高现象。如图 5-21（b）所示，$Fe(OH)_3$ 沉淀物在岩样裂隙面显著沉积，促使其绝对渗透率由初始的 15.1D 经历约 790h 降低为 0.01D；而 $CaSO_4$ 对石英砂孔隙的封堵则使其发生了一定程度

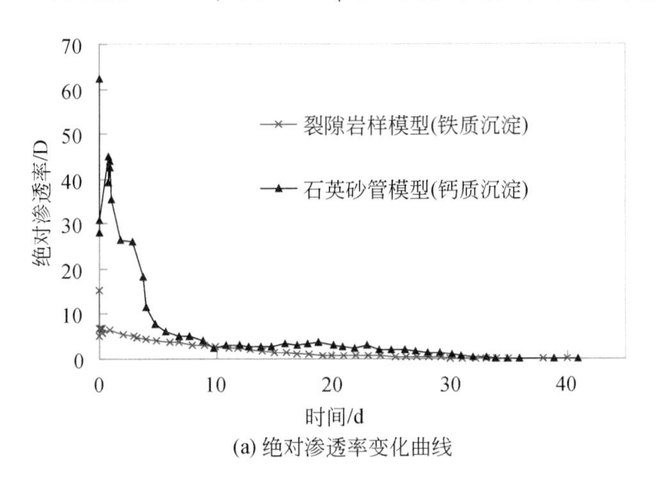

(a) 绝对渗透率变化曲线

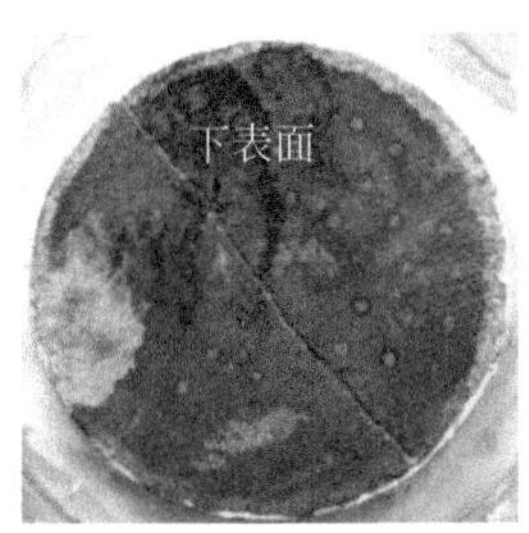

(b) 岩样裂隙内沉积的 $Fe(OH)_3$ 沉淀物

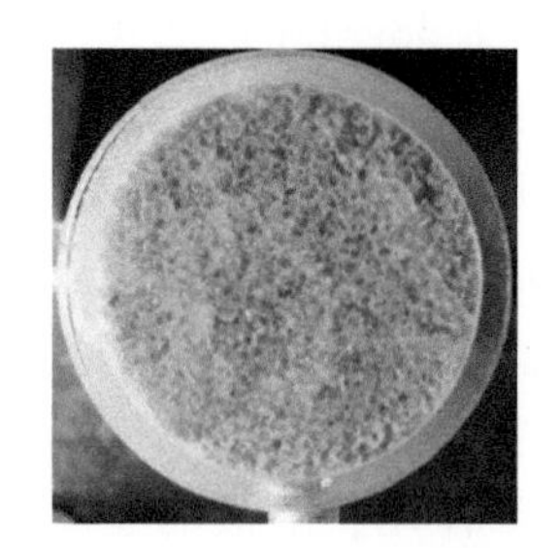

(c) $CaSO_4$在石英砂孔隙中沉积并使其固结

图 5-21　铁/钙质化学沉淀对孔隙/裂隙封堵降渗的实验结果

的固结，并使其绝对渗透率由初始的 62.3D 经历约 860h 降低为 0.1D。由此不仅进一步证实了铁/钙质沉淀物对岩体孔隙/裂隙的封堵降渗作用，也说明前述提出的利用其封堵作用开展采动破坏含水层生态修复的技术思路是可行的。

2. 人工灌注修复试剂促进铁/钙质化学沉淀封堵采动裂隙的含水层修复方法

基于上述研究结果，探索形成了人工灌注化学试剂或改变地下水化学特性以促进铁/钙质化学沉淀封堵采动岩体孔隙/裂隙的含水层修复方法。即根据采动流失地下水的酸碱度、阴阳离子成分等化学特征选择合适的修复试剂，将其回灌至采动含水层裂隙发育区域；利用修复试剂与地下水阴阳离子化学生成的易吸附在岩石矿物表面的沉淀物，对含水层岩体中孔隙/裂隙导水通道进行封堵，从而在含水层内对应导水裂隙带轮廓线位置附近形成一定范围的化学沉淀物隔离罩或隔离壁，有效隔绝地下水向采动破坏岩体范围的流失与补给通道，达到地下水资源保护与采动含水层原位修复的目的。

首先，根据覆岩导水裂隙带高度和地质钻孔柱状判断地层含水层受采动破坏的采煤区域。若导水裂隙带高度范围内存在含水层，则对应区域导水裂隙带已沟通含水层，需要布置相应的修复试剂回灌钻孔；若导水裂隙带高度范围内不存在含水层，则无须施工回灌钻孔。

其次，针对导水裂隙带高度范围内存在含水层的区域，在对应地表进行修复试剂回灌钻孔的施工；回灌钻孔的施工类型及其布置方式根据具体导水裂隙带顶界面相对于含水层顶界面位置的不同进行差别设计。

(1) 若导水裂隙带顶界面位于含水层顶界面以下，且导水裂隙带顶界面最高点距含水层顶界面距离大于 20m，则回灌钻孔采取地面水平定向钻孔与地面垂直钻孔相结合的方式进行，如图 5-22 所示。其中，水平定向钻孔的水平分支在采区边界外侧附近成组布置，而垂直钻孔则布置于采区中部。某侧边界水平定向钻孔的成组水平分支在垂直剖面上呈 45°布置，最高层位的钻孔位于导水裂隙带顶界面最高点以上 20 ~ 30m，并对应于采区边界位置；以此钻孔位置按照 45°斜向下延展布置其他水平分支，每组水平分支的钻孔间距为 15 ~ 20m，直至达到含水层底界面。水平定向钻孔的垂直段和调斜段均用套管护孔，而水平段（水平分支）则为裸孔。垂直钻孔的终孔位置位于导水裂隙带顶界面以上 20 ~ 30m，且从地表直至含水层顶界面以下 10m 范围内均采用套管护孔；若需修复区域对应走向或倾向长度超过 1000m，则沿走向或倾向间隔 1000m 布置多个垂直钻孔。水平定向钻孔和垂直钻孔的护孔套管材质均为高强度聚酯材料而非铁质。

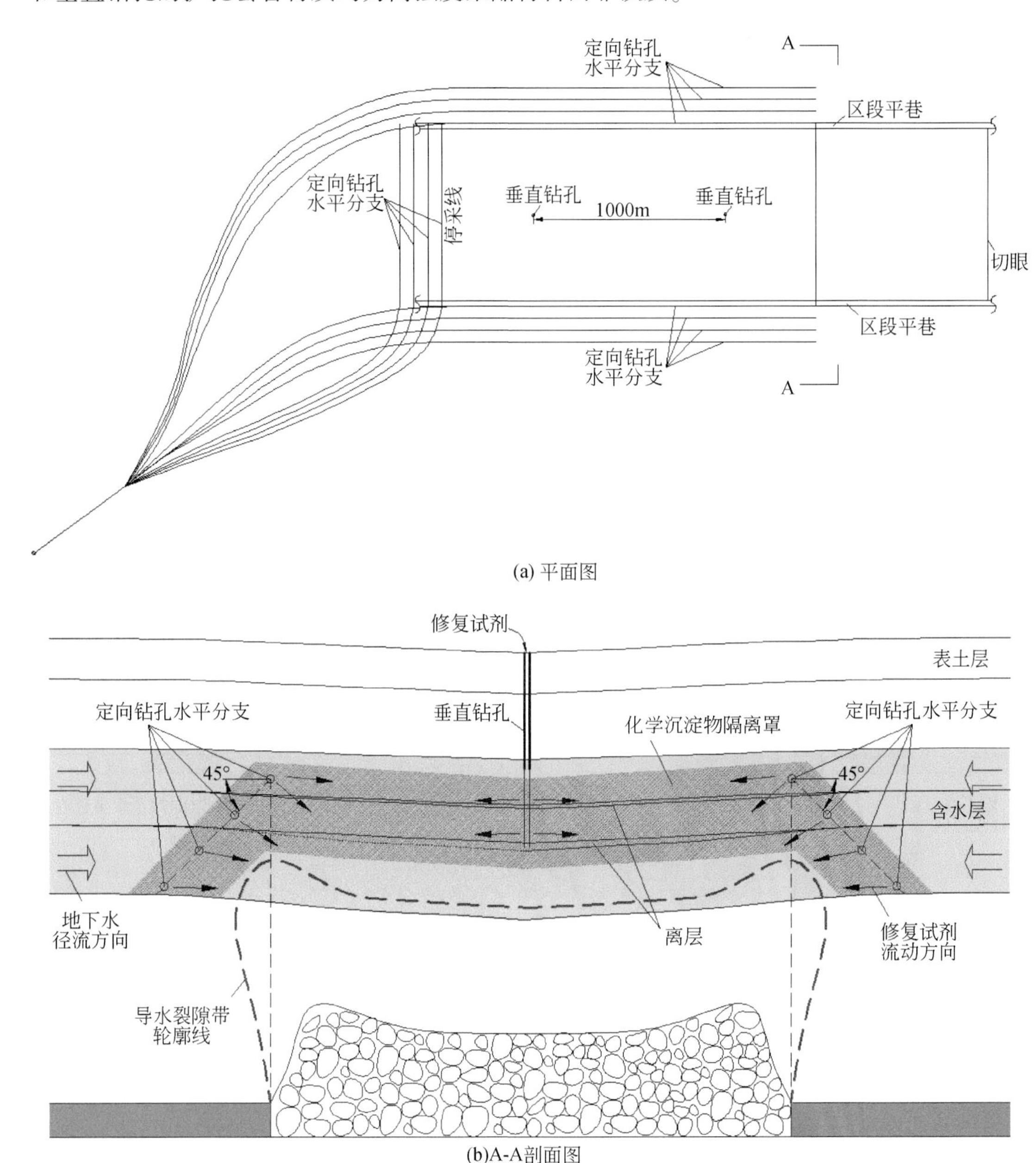

图5-22　导水裂隙带顶界面位于含水层顶界面以下时的修复试剂回灌钻孔布置图

（2）若导水裂隙带顶界面位于含水层顶界面以下，且其最高点距含水层顶界面距离小于20～30m，或者导水裂隙带顶界面位于含水层顶界面以上，则仅需采用地面水平定向钻孔施工方式在采区边界外侧附近成组布置回灌钻孔（水平分支），如图5-23所示。与上述类似，成组布置的水平分支在垂直剖面上同样成45°布置，最高位钻孔位于含水层顶界面并外错于开采边界20～30m位置，以此钻孔位置按照45°斜向下延展布置其他钻孔；每组水平分支钻孔的间距为 15 ~ 20m，直至达到含水层底界面。水平定向钻孔的垂直段和调平段均用套管护孔，而水平段则为裸孔，套管材质与前述相同。

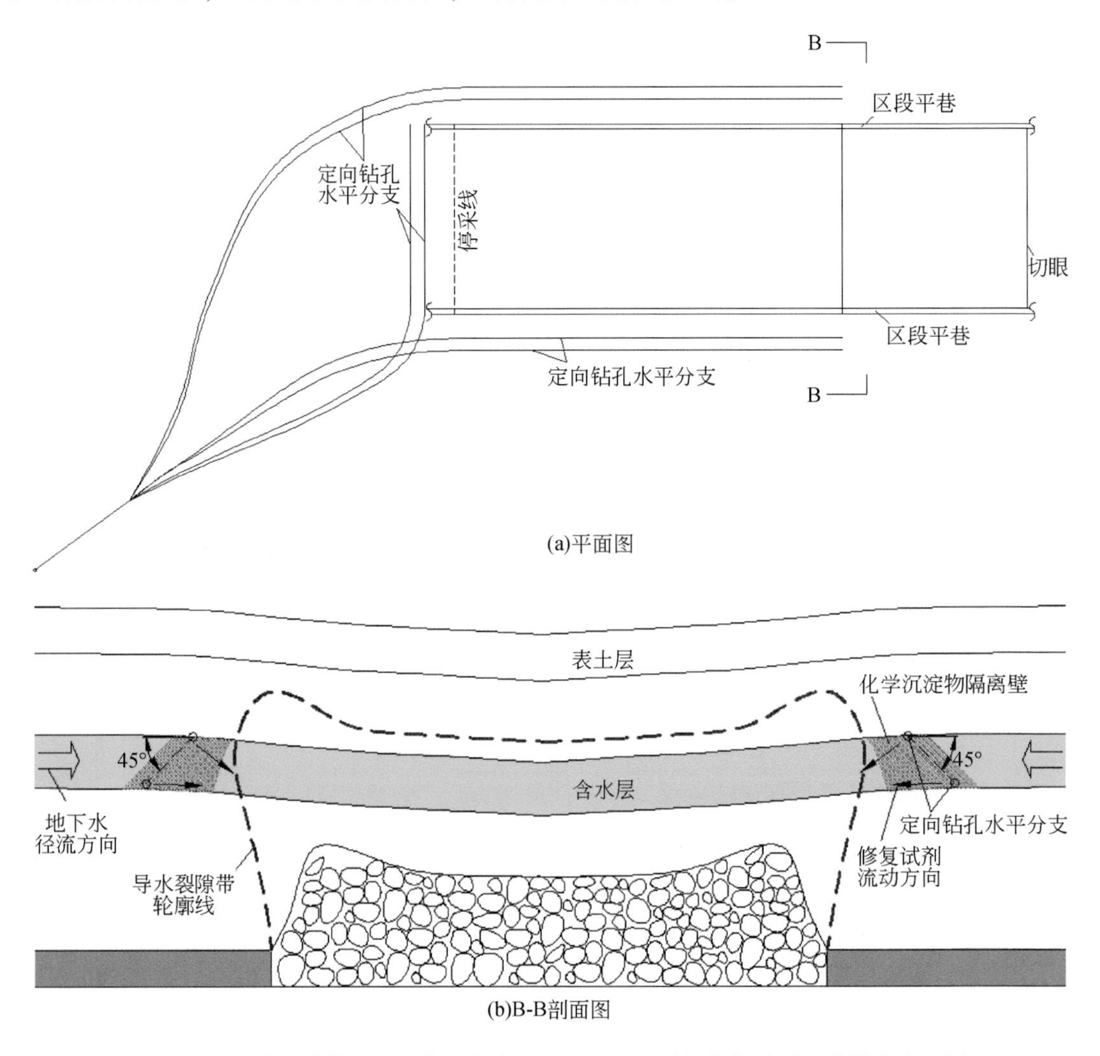

图 5-23　导水裂隙带顶界面位于含水层顶界面以上时的修复试剂回灌钻孔布置图

再次，根据采动流失地下水的化学特征，选择合适的化学修复试剂通过回灌钻孔注入含水层。若地下水为碱性水，则用含 Fe^{2+} 或 Fe^{3+} 的化学试剂与弱酸水配置成富铁水溶液作为修复试剂。若地下水为高硬度水，则用含 CO_3^{2-} 的化学试剂与去离子水配置成溶液作为修复试剂，或者也可直接利用 CO_2 作为修复试剂注入含水层中。若地下水为酸性水，则除了需要用含 Fe^{2+} 或 Fe^{3+} 的化学试剂与弱酸水配置成富铁水溶液作为修复试剂进行回灌外，同时还需要在采区边界外侧增设含氧水回灌钻孔，并将充分曝气后的水通过该钻注入含水层中。上述修复试剂或含氧水的灌注压力均应大于含水层水压与钻孔深度对应水头压力之差，以确保能顺利注入含水层中。含氧水回灌钻孔布置如图 5-24 所示，布置在采区边界外侧 100 ~ 200m 位置，其终孔位置位于含水层底界面以上 10m 位置，钻孔由地表直至含水层顶界面以下 10m 范围均采用套管护孔，护孔套管材质为高强度聚酯材料而非铁质。且当修复区域走向或倾向长度超过 1000m，则沿走向或倾向间隔 1000m 布置多个钻孔。

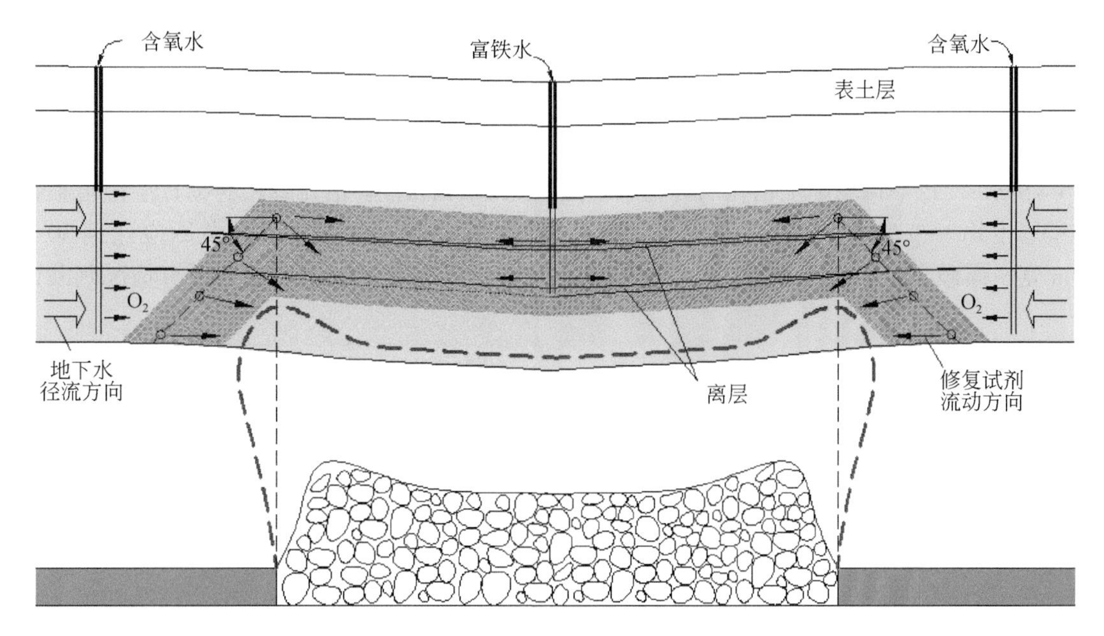

图 5-24　酸性地下水条件下含氧水回灌钻孔布置图

最后，在修复试剂回灌过程中实时监测井下涌水量变化情况，间隔 1 ~ 2 周对井下涌水的化学特征参数进行测试；若发现井下涌水量显著降低或井下涌水中出现大量修复试剂成分，则减小修复试剂的回灌量。否则，持续进行修复试剂的灌注，直至井下涌水停止。

上述含水层修复方法基于采动覆岩导水裂隙的发育规律和分布特征，充分考虑导水裂隙带与含水层的相对位置以及含水层储水的化学特征，有针对性地进行修复试剂回灌钻孔的布设以及修复试剂选取；利用修复试剂与地下水阴阳离子化学反应生成的沉淀物，可对采动含水层岩体孔隙/裂隙进行有效封堵，隔绝了地下水向采动破坏岩体范围的流失与补给通道，实现了水资源的科学保护与含水层的原位修复。所选取的修复试剂由于能与地下水发生化学反应，一定程度上调节了地下水的酸碱度和硬度，有效改善地下水水质。

5.1.3.2　爆破松动边界煤柱/体促进导水裂隙主通道修复的含水层恢复方法

前述研究已表明，采动地下水主要沿采区边界附近的导水裂隙主通道分布区流动（即张拉裂隙区），该区域张拉裂隙的过流能力直接影响着地下水的采动流失程度；因此，限制或降低这些裂隙的过流通道尺寸（发育开度），无疑能对减缓地下水流失程度起到积极作用。由于采区边界附近张拉裂隙的开度主要取决于对应区域岩层破断块体的回转角（回转角越小裂隙开度越小），而该回转角又与破断块体相对于外侧未断岩层的下沉量密切相关；若能采取措施增大外侧未断岩层的下沉扰度（甚至促使其发生断裂），将能有效降低其与破断块体的相对下沉量，从而减小破断块体的回转角及其破断张拉裂隙。基于此，本章研究形成了爆破松动边界煤柱/煤体促进导水裂隙主通道闭合或修复的含水层恢复方法。

根据覆岩导水裂隙带发育高度及地质赋存柱状确定含水层受采动破坏的区域，在导水裂隙带沟通含水层的区域对应井下巷道中向采空区方向对边界煤柱/体施工爆破钻孔，人为松动、破坏边界煤柱/体，以促使上覆岩层发生超前断裂，从而使得原有采区边界导水裂隙主通道分布区域的张拉裂隙逐步发生闭合，减小裂隙开度，降低其导水能力，实现裂隙促进修复与含水层恢复。如图 5-25 所示，爆破钻孔在对应采区附近的巷道中施工，平均间隔 25 ~ 35m 分别设一个钻场，每个钻场布置 2 ~ 4 个钻孔，钻孔终孔距离采空区边界 4.5 ~ 5.5m。每个钻场施工钻孔的终孔水平间距为 8 ~ 11m，各钻孔终孔的垂直层位可根据煤层厚度均匀布置。钻孔施工完毕后，即可进行装药爆破，爆破松动的范围应达到 30 ~ 40m 宽。爆破实施后，可根据井下涌水量变化情况及实施区域对应地表的下沉情况判断修

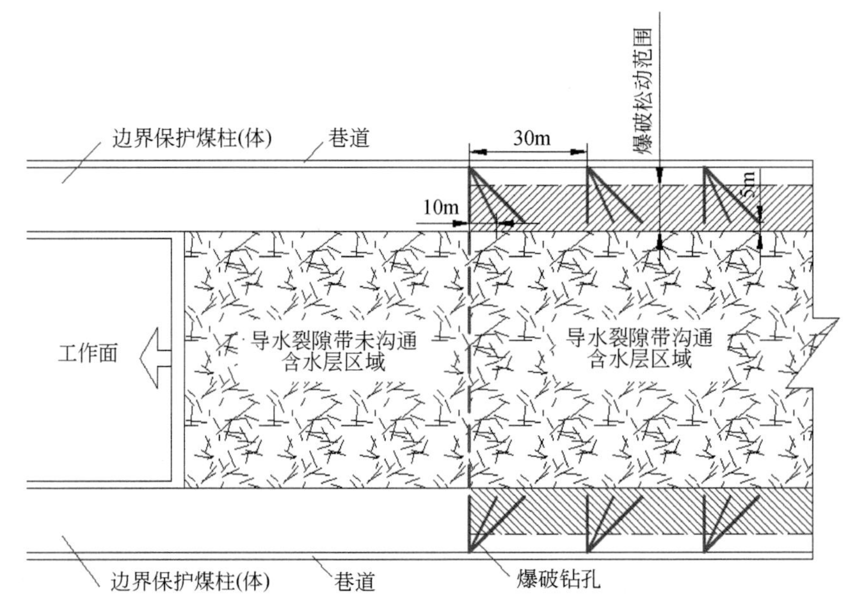

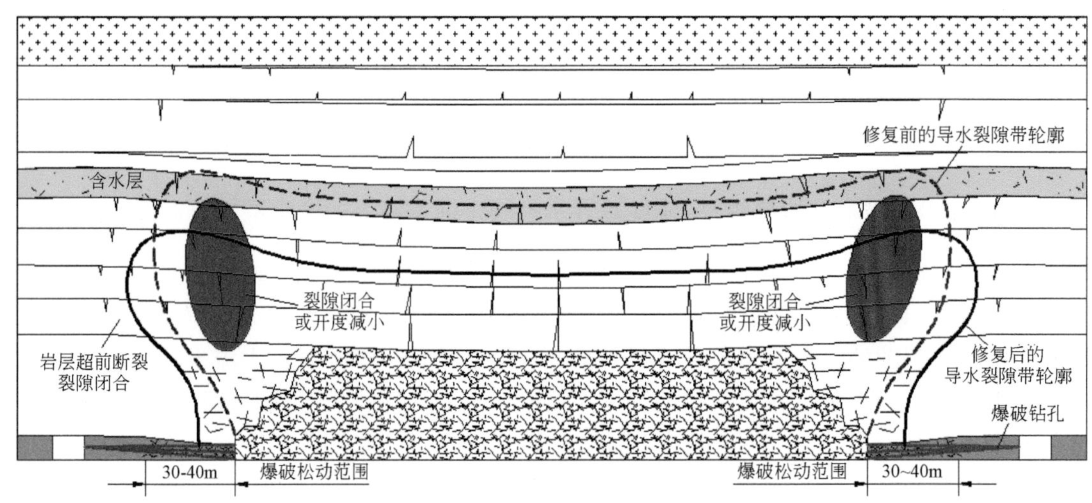

图 5-25　边界煤柱/体爆破松动钻孔布置图

复效果；若井下涌水量明显减小、对应地表出现较大下沉，且地表下沉的超前影响范围也增大了30～40m，则说明对边界煤柱/体的爆破松动取得了良好的裂隙修复效果；反之则需进一步加强边界煤柱/体的爆破松动程度，以提高裂隙促闭合的修复效果。

5.2 软岩区大型井工矿地下水库保水技术

煤矿地下水库保水技术是利用井下采空区进行矿井水的储存、净化与利用的保水方法，已在神东等西部矿区得到成功应用；然而，由于东部草原区大型井工矿敏东一矿属典型的软岩地层条件，是否适合采用采空区储水的地下水库保水技术，仍有待试验和研究。为此，本节重点针对敏东一矿采空区垮裂软岩的地质条件，开展了相关理论与试验研究。

5.2.1 地下水库储水空间物理模型

煤矿地下水库主要利用采空区破断垮落岩体间的自由空隙进行储水，水库库容即是采空区储水范围内垮裂岩体的自由空隙量，如图5-26所示。从图中可见，这其中既包含垮落带破碎岩块间的自由空隙，还可能包括裂隙带岩体的采动裂隙空间量（横向离层裂隙和竖向破断裂隙）；且当开采煤层存在一定倾角时，所需计算的自由空隙分布范围将呈现不规则、非对称状。覆岩采动破坏后产生的自由空隙不仅与煤层开采尺寸有关，还与覆岩物理、力学禀赋特征及其破断垮落形态等因素密切相关；所以，不同地质条件、不同开采参数下形成的采空区，其储水能力也有所不同。研究确定采空区储水容量的确定方法对于科学指导矿井地下水库的合理选址与规划以及水库尺寸设计等都具有重要意义（李全生等，2017；鞠金峰等，2017）。

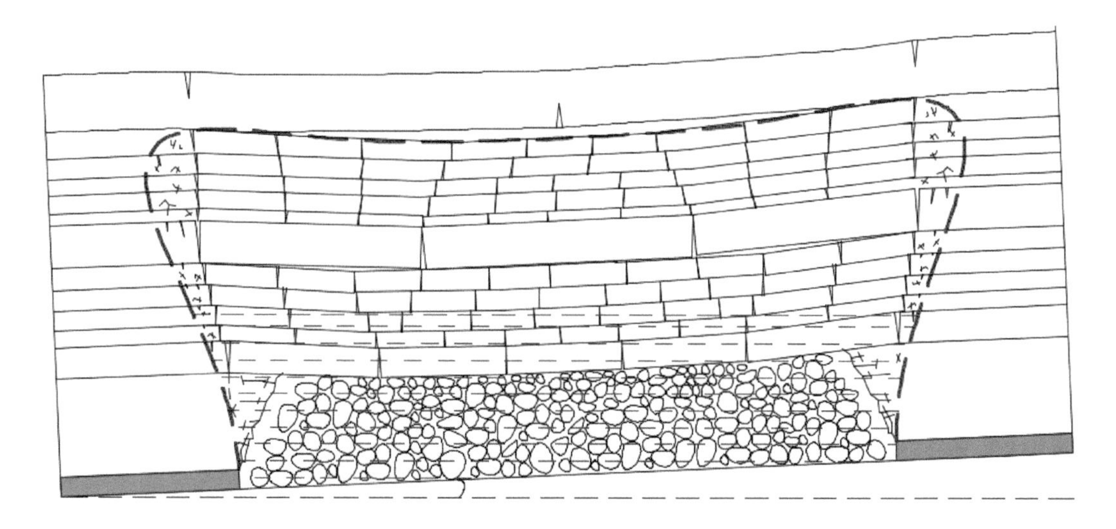

图5-26 地下水库储水空间示意图

覆岩的垮裂发育直接受控于关键层的破断运移，因此本节将基于岩层控制的关键层理论，结合采动覆岩破断垮落与裂隙发育的形态特征，研究其自由空隙的分布规律，从而形成地下水库储水容量的计算模型和方法。

5.2.2　采空区储水介质空隙量及库容

5.2.2.1　垮落带破碎岩体自由储水空隙量

覆岩垮落带破碎岩体的空隙量，即是按照垮落带空间大小减去进入垮落带岩体体积量得到的体积量。因此，研究垮落带空间发育形态及其包络的空间大小是确定其中可供水资源蓄存的空隙总量的关键。

一般而言，覆岩垮落带为第一层关键层（即老顶）以下范围（特殊情况如特大采高时，第一层关键层也会进入垮落带，相应垮落带范围为第二层关键层以下范围），即，工作面开采范围内由边界煤岩体、关键层1以及煤层底板构成的空间范围就可视为覆岩垮落带范围，如图5-27所示。因此，研究揭示覆岩关键层1破断回转后呈现的下沉盆地形态或其函数表达式，是计算垮落带空间大小的前提。

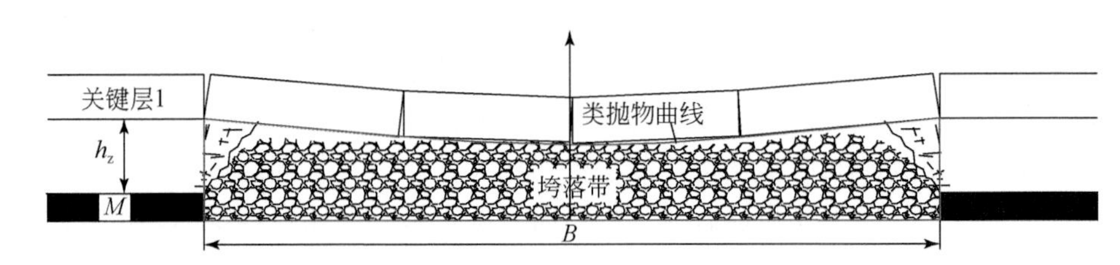

图5-27　覆岩垮落带空间形态剖面

大量模拟实验结果表明，覆岩关键层1破断回转稳定后，其下沉盆地剖面曲线呈现类似抛物线形态，且煤层采动充分状态不同，对应类抛物曲线形态也有所不同，如图5-28所示。当工作面开采范围较小而处于非充分采动状态时，关键层1下沉曲线呈现抛物线状；而当开采范围增大使得覆岩处于充分采动状态时，关键层1下沉曲线呈现中部平缓的类抛物曲线，平缓段宽度对应垮落带的压实区宽度［图5-28（c）］。由此可见，可对覆岩关键层1建立以工作面中心为对称轴的类抛物曲线函数模型，如图5-29所示。其中，B为

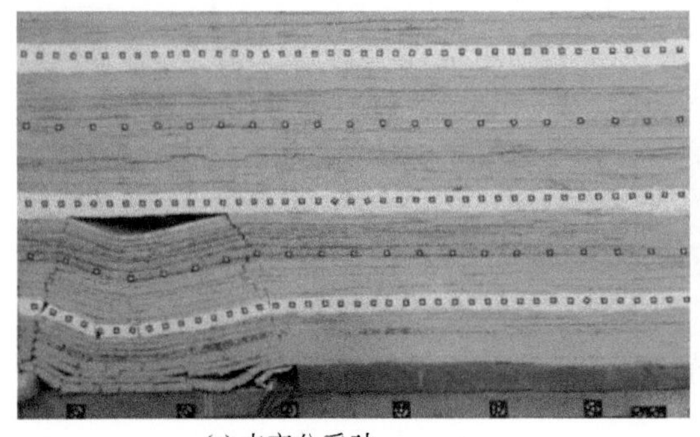

(a) 未充分采动

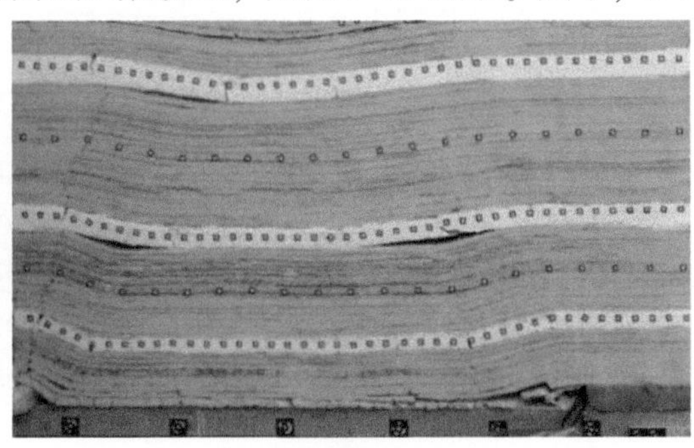

(b) 充分采动

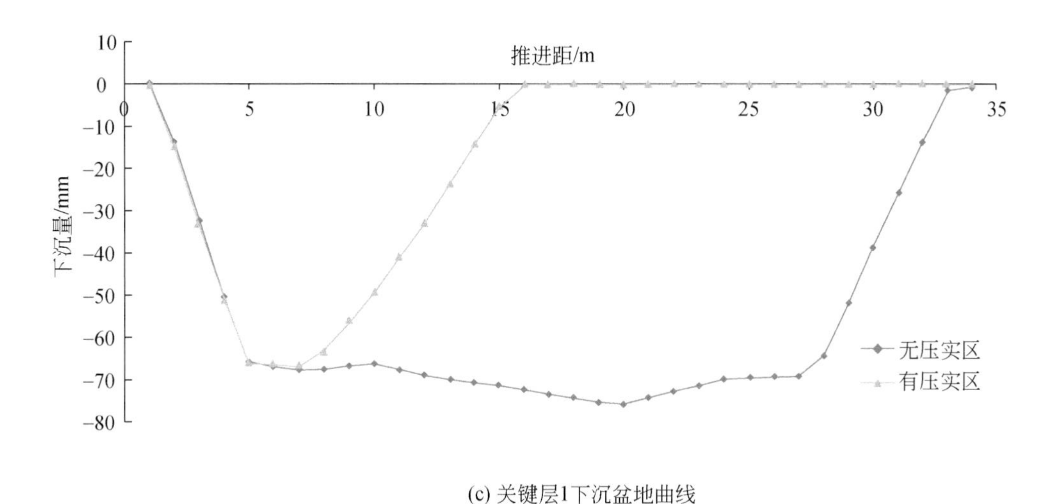

(c) 关键层1下沉盆地曲线

图 5-28　覆岩关键层 1 下沉盆地剖面曲线的模拟实验结果

工作面倾向宽度，h_z为直接顶厚度，$D_{压实}$为垮落带中部压实区宽度，K'_p为压实区岩体残余碎胀系数。对应该类抛物线的函数表达式为

$$z=f(x)=\begin{cases}4\dfrac{M+(1-K'_p)h_z}{(B-D_{压实})^2}x^2-4D_{压实}\dfrac{M+(1-K'_p)h_z}{(B-D_{压实})^2}x+\dfrac{M+(1-K'_p)h_z}{(B-D_{压实})^2}D_{压实}^2+h_zK'_p \\ \qquad\qquad\left(\dfrac{1}{2}D_{压实}<x<\dfrac{1}{2}B\right) \\ h_zk'_p \qquad\qquad \left(-\dfrac{1}{2}D_{压实}\leqslant x\leqslant\dfrac{1}{2}D_{压实}\right) \\ 4\dfrac{M+(1-K'_p)h_z}{(B-D_{压实})^2}x^2+4D_{压实}\dfrac{M+(1-K'_p)h_z}{(B-D_{压实})^2}x+\dfrac{M+(1-K'_p)h_z}{(B-D_{压实})^2}D_{压实}^2+h_zK'_p \\ \qquad\qquad\left(-\dfrac{1}{2}B<x<-\dfrac{1}{2}D_{压实}\right)\end{cases} \tag{5-30}$$

式中，$D_{压实}$可按照工作面走向推进长度与覆岩主关键层初次破断距之差（或工作面倾向宽度与2倍的覆岩主关键层弧形三角块长度之差）进行计算，残余碎胀系数K'_p则可通过实验室测试或者现场覆岩内部岩移实测获得，如表 5-4 为实验室测试的各种岩性的残余碎胀系数统计表。

表 5-4　煤矿中常见岩石的碎胀系数和残余碎胀系数

岩石种类	碎胀系数 K_p	残余碎胀系数 K'_p
砂	1.06～1.15	1.01～1.03
黏土	<1.2	1.03～1.07
碎煤	<1.2	1.05
黏土页岩	1.1	1.1

续表

岩石种类	碎胀系数 K_p	残余碎胀系数 K_p'
砂质页岩	1.6～1.8	1.1～1.15
硬砂岩	1.5～1.8	—

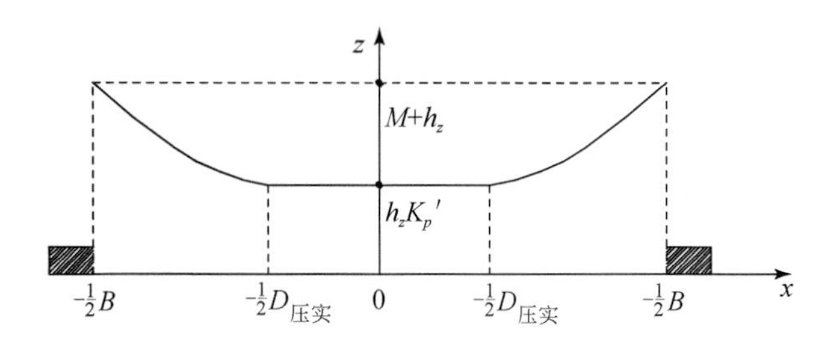

图 5-29　覆岩关键层 1 下沉曲线模型

所以，覆岩垮落带的整体空间大小可表示为

$$V_k = L\int_{-\frac{1}{2}B}^{\frac{1}{2}B} f(x)\,\mathrm{d}x + \frac{1}{3}\left[(M + h_z)B - \int_{-\frac{1}{2}B}^{\frac{1}{2}B} f(x)\,\mathrm{d}x\right] \times \left(\frac{B}{2} - \frac{D_{压实}}{2}\right) \times 2$$

$$= L\int_{-\frac{1}{2}B}^{\frac{1}{2}B} f(x)\,\mathrm{d}x + \frac{(B - D_{压实})}{3}\left[(M + h_z)B - \int_{-\frac{1}{2}B}^{\frac{1}{2}B} f(x)\,\mathrm{d}x\right] \tag{5-31}$$

若不考虑垮落带岩体自身体积的膨胀效应，则根据式（5-31）可对垮落带内破碎岩体的空隙量计算为

$$V_p = V_k - Bh_zL \tag{5-32}$$

式中，L 为储水空间范围内对应工作面的推进距。

5.2.2.2　裂隙带破断岩体自由储水空隙量

从图 5-30 所示的物理模拟实验结果可以看出，处于裂隙带内的破断岩体的空隙主要赋存于开采边界两侧（即“O”形圈内），其中包括两层关键层间各层软岩之间的层理碎胀空隙，以及关键层与底部软岩间的离层空隙。因此，可对此两类空隙分别进行计算。

第 i 层关键层与第 i+1 层关键层之间的软岩间的层理碎胀裂隙可按下式计算：

$$V_{i1} = (B - D_{压实})\sum\Delta_i L_t \tag{5-33}$$

式中，$\sum\Delta_i$为第 i 层关键层与第 i+1 层关键层之间被水浸泡高度$\sum h_i$范围内的软岩的层理间隙量，$\sum\Delta_i$ =（K_p−1）$\sum h_i$，K_p同样可通过现场覆岩内部岩移实测获得。

而对于第 i+1 层关键层底界面与下部软岩形成的离层空隙可按图 5-31 所示的模型进行计算。设第 i+1 层关键层的破断回转下沉量为 Δ_{i+1}，则此空隙量可计算为

$$V_{i2} = \frac{1}{2}\Delta_{i+1}\left(\sqrt{l_{i+1}^2 - \Delta_{i+1}^2} - \sqrt{l_i^2 - \Delta_{i+1}^2}\right)S_t \times 2 = \Delta_{i+1}\left(\sqrt{l_{i+1}^2 - \Delta_{i+1}^2} - \sqrt{l_i^2 - \Delta_{i+1}^2}\right)L_t \tag{5-34}$$

所以，裂隙带破断岩体的空隙量 V_l可表示为

$$V_l = \sum(V_{i1} + V_{i2}) \tag{5-35}$$

(a) 物理模拟照片

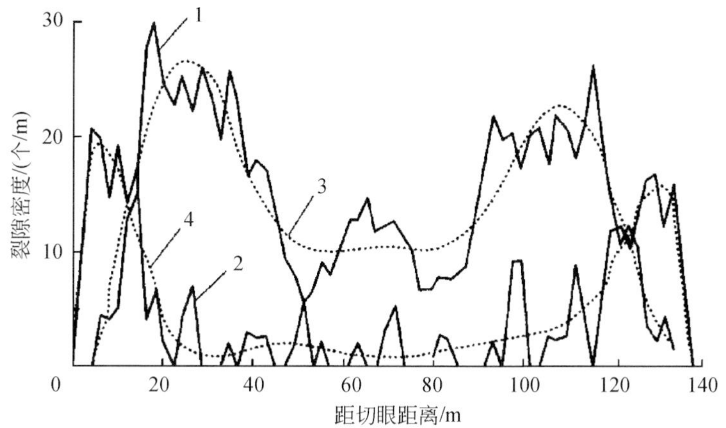

曲线1为水平离层裂隙密度分布曲线，曲线3为其拟合曲线；曲线2为竖向破断裂隙密度分布曲线，曲线4为其拟合曲线

(b) 裂隙分布密度曲线

图 5-30　采空区破坏岩体裂隙空间分布特征

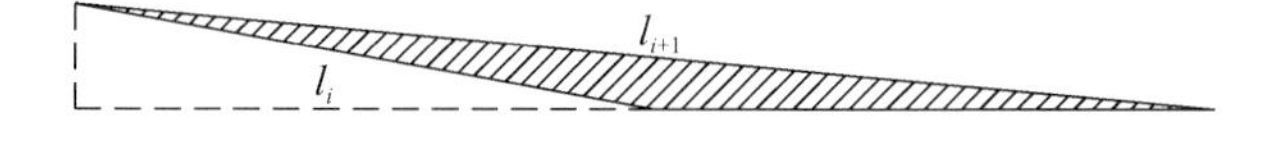

图 5-31　第 i 层关键层底界面下部的离层空隙模型

5.2.2.3　采空区储水介质极限容量计算

水库的极限储水总容量即是考虑在极限水位之内的破坏岩体空隙、岩石吸水量之和，对垮落带和裂隙带浸泡岩体的体积进行计算时，应考虑煤岩层沿走向的倾角进行积分计算。以煤层走向为 y 轴，其垂直方向为 z 轴，建立模型。当水库所能承受的极限储水水位 h_j 不同时，对应采空区浸水空间范围也不同，如图 5-32 所示。

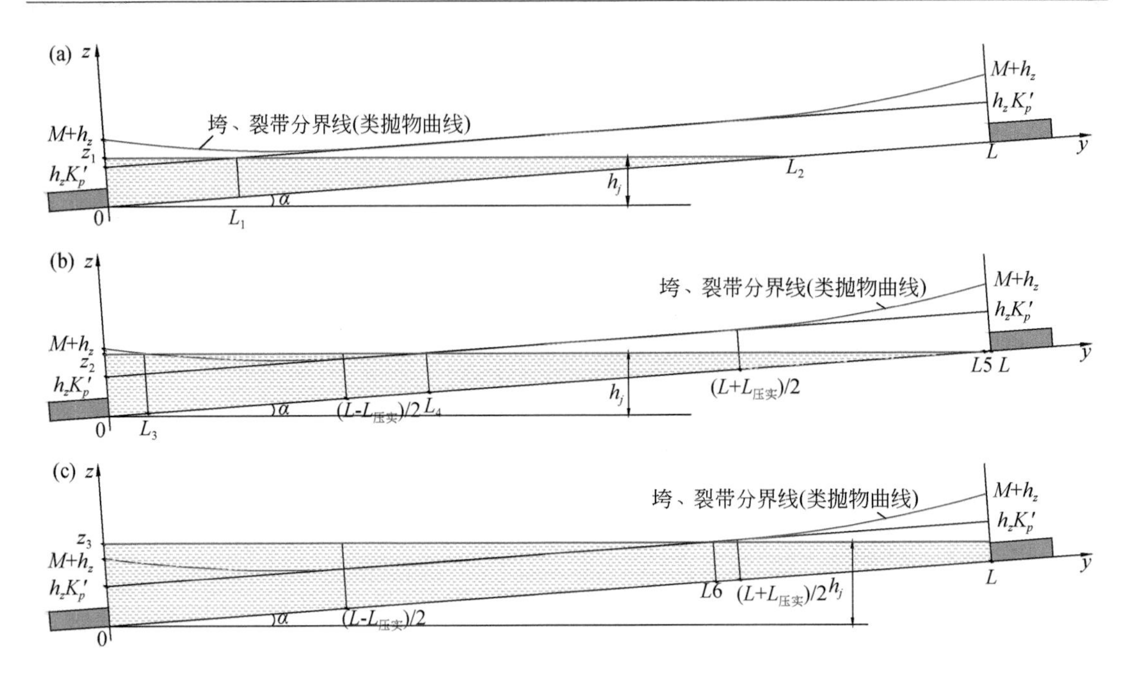

图 5-32　采空区走向剖面浸水区域计算模型图

(1) 当极限储水水位低于覆岩垮落带高度时［图 5-32（a)］，其浸水范围包括以下 3 个部分：

① (0，L_1) 范围内处于垮落带压实高度线（$z=h_zK_p'$）以下范围，利用工作面倾向方向覆岩垮落带形态函数 $z=f(x)$，该范围体积量可计算为

$$V_{1a}=L_1\int_{-x_1}^{x_1}f(x)\,\mathrm{d}x$$

式中，$-x_1$、x_1 即为水位线与垮落带在倾向方向的类抛物曲线交叉点对应的倾向位置，即 $z_1=f(x_1)$。

② (0，L_1) 范围内处于垮落带压实高度线（$z=h_zK_p'$）以上与水位线之间范围，根据图 5-33 所示的几何模型可计算为

$$V_{1b}=\frac{1}{3}L_1\left(2z_1x_1-\int_{-x_1}^{x_1}f(x)\,\mathrm{d}x\right)$$

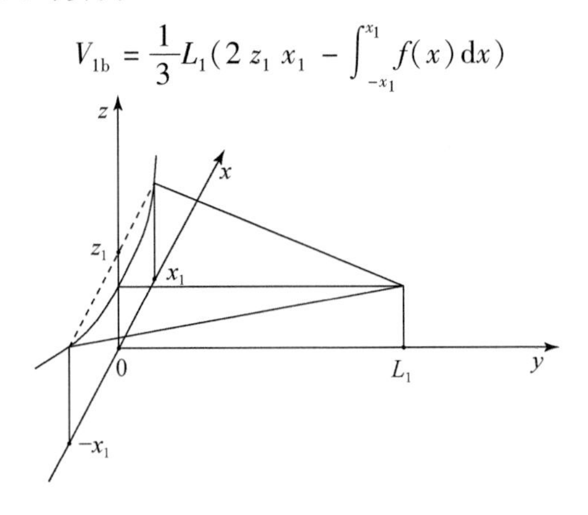

图 5-33　V_{1b} 计算几何模型图

③（L_1，L_2）范围内处于垮落带压实高度线（$z=h_z K'_p$）以下范围的浸水空间，可计算为

$$V_{1c}=\int_{L_1}^{L_2} B(L_2-y)\tan\alpha \mathrm{d}y$$

所以，此类情况下的浸水空间总体积为 $V_{1z}=V_{1a}+V_{1b}+V_{1c}$。而处于该范围内的垮落直接顶岩体的体积则可按照浸水空间占垮落带空间总体的比值进行换算，即结合式（5-31）可表示为

$$V_{1s}=\frac{V_{1z}}{V_k}B\,h_z L$$

如此，此类情况下采空区空隙的储水体积可表示为

$$V_1=V_{1z}-V_{1s} \tag{5-36}$$

（2）当极限储水水位与覆岩垮落带类抛物曲线交叉时［图5-32（b）］，其浸水范围包括垮落带和裂隙带两大部分：

①垮落带内浸水范围总体积按照前一种情况可类比计算为

$$V_{2z}=L_4\int_{-x_2}^{x_2} f(x)\mathrm{d}x+\frac{1}{6}(L-L_{压实})\left(2z_2x_2-\int_{-x_2}^{x_2} f(x)\mathrm{d}x\right)+\int_{L_4}^{L_5} B(L_5-y)\tan\alpha \mathrm{d}y$$

式中，$-x_2$、x_2即为水位线与垮落带在倾向方向的类抛物曲线交叉点对应的倾向位置，即 $z_2=f(\pm x_2)$。对应该类情况下垮落带空隙的储水体积为

$$V_{2a}=V_{2z}-\frac{V_{2z}}{V_k}Bh_zL$$

②对于裂隙带内浸水范围中的空隙储水体积，根据走向剖面上是否处于压实区分为两个部分：

y 位于 $L_3\sim(L-L_{压实})/2$ 区间，其空隙储水体积量可表示为

$$\int_{L_3}^{(L-L_{压实})/2} B(z_2-y\tan\alpha-f(y))(K_p-1)\mathrm{d}y$$

式中，$f(y)$ 即为垮落带类抛物曲线在走向方向上的函数表达式，可与式（5-30）同理确定。

y 位于 $(L-L_{压实})/2\sim L_4$区间，其空隙储水体积量可表示为

$$\int_{(L-L_{压实})/2}^{L_4}(B-D_{压实})(z_2-y\tan\alpha-f(y))(K_p-1)\mathrm{d}y$$

需要说明的是，考虑到垮裂带分界线即为覆岩第一层关键层所在位置，且关键层存在一定的厚度，因此，若极限水位线处于关键层1上下界面之内，则其中的储水空隙可忽略不计。此外，当极限水位线处于上部第2层关键层底界面附近时，上述公式中还需考虑式（5-34）计算的空隙体积量。

由此，裂隙带内浸水范围的空隙储水体积为

$$V_{2b}=\int_{L_3}^{(L-L_{压实})/2} B(z_2-y\tan\alpha-f(y))(K_p-1)\mathrm{d}y+\int_{(L-L_{压实})/2}^{L_4}(B-D_{压实})(z_2-y\tan\alpha-f(y))(K_p-1)\mathrm{d}y$$

如此，此类情况下采空区空隙的储水体积可表示为

$$V_2 = V_{2a} + V_{2b} \tag{5-37}$$

(3) 当极限储水水位超出覆岩垮落带类抛物曲线交叉时［图 5-7（c）］，同理，其浸水范围也包括垮落带和裂隙带两大部分：

①垮落带内浸水范围总体积按照前一种情况可类比计算为

$$V_{3z} = L_6 \int_{-\frac{B}{2}}^{\frac{B}{2}} f(x)\,\mathrm{d}x + \frac{1}{6}(L - L_{压实})\left[B(M + h_z) - \int_{-\frac{B}{2}}^{\frac{B}{2}} f(x)\,\mathrm{d}x\right] + \int_{L_6}^{L} B(z_3 - y\tan\alpha)\,\mathrm{d}y$$

对应该类情况下垮落带空隙的储水体积为

$$V_{3a} = V_{3z} - \frac{V_{3z}}{V_k} B h_z L$$

②对于裂隙带内浸水范围中的空隙储水体积，与上述情况类似，同样根据走向剖面上是否处于压实区分为两个部分，其空隙总体积为

$$V_{3b} = \int_{0}^{(L-L_{压实})/2} B(z_3 - y\tan\alpha - f(y))(K_p - 1)\,\mathrm{d}y + \int_{(L-L_{压实})/2}^{L_6} (B - D_{压实})(z_3 - y\tan\alpha - f(y))(K_p - 1)\,\mathrm{d}y$$

如此，此类情况下采空区空隙的储水体积可表示为

$$V_3 = V_{3a} + V_{3b} \tag{5-38}$$

综合上述采空区内极限储水水位范围内的空隙总量，则可得到水库的极限总储量为

$$\sum \mathrm{V} = V_1 + V_2 + V_3 \tag{5-39}$$

5.2.2.4 采空区软岩遇水膨胀对储水库容的影响

通过现场调研和水文地质资料的分析后发现，敏东一矿煤层顶板普遍存在松软、易泥化等特性，覆岩中（尤其是处于垮落带的直接顶）泥岩或薄层煤含量较多，造成顶板破断垮落后在采空区的碎胀系数较小，导致其中的自由空隙量偏小；另一方面，若对采空区实施矿井水储存的地下水库构建，采空区泥质类软岩的遇水膨胀将进一步压缩自由储水空隙，从而降低地下水库运行效率。

敏东一矿一盘区右翼Ⅰ0116^{3}02 工作面的覆岩柱状，在工作面实测的 36.65m 高度垮落带范围内，泥岩及薄煤层的厚度占据了 54.6%，且煤岩层的分层厚度普遍小于 1～2m。因此，前述理论计算的采空区储水空隙量需要考虑垮落泥岩遇水膨胀作用对其储水空间的压缩作用。所以，需要在掌握采空区软岩分布特征的前提下，考虑软岩遇水膨胀作用对自由储水空隙的挤占量，对采空区储水库容进行修正。

采空区垮落泥岩的含量大小直接影响着采空区构建地下水库储水的容量，关系到采空区地下水库选址是否可行；为此，特针对一盘区已回采的不同工作面地质钻孔进行了分析，对各钻孔揭露的处于垮落带的泥岩及砂岩的分布及其厚度等情况进行了统计（尤其是处于 10m 储水水位以下范围的泥岩含量），统计结果详见表 5-5。显然，处于垮落带中的砂岩厚度越大、泥岩厚度越小、砂岩层位越低，垮落带的自由储水空隙量越大，其采空区储水后也越不易发生因泥岩遇水膨胀造成的储水空间受压缩现象。从表 5-5 的统计结果可见，左翼采区煤层上覆最近的砂岩所处的层位均明显高于右翼采区（普遍处于 20m 以上），但右翼采区砂岩层位也已处于 10m 之外；由此导致邻近煤层的 10m 最佳储水范围内

大部分被薄层泥岩、煤层充填。通过进一步对比直接顶 10m 范围内泥岩的厚度分布情况发现，左翼 01 面 48–19 钻孔、03 面 44–21 钻孔，右翼 02 面 54–18 钻孔、BK12–5 钻孔等区域对应煤层顶板 10m 范围内的泥岩总厚度均低于 1m，泥岩含量明显偏低。

表 5-5　南翼一盘区已回采的不同工作面顶板砂岩、泥岩分布情况统计

采区	工作面	钻孔	砂岩距煤层底板距离	砂岩与煤层间泥岩厚度	砂岩以下泥岩占比/%	底板以上 10m 内泥岩厚度
左翼采面	01 面	46–17	18. 15	9. 95	54. 8	2. 6
		48–19	5. 8	0	0	0
	03 面	44–21	27. 65	1. 4	5. 1	0. 7
	05 面	44–22	23. 3	3. 35	14. 4	1. 05
		46–18	20. 2	11	54. 5	1. 9
		48–20	26. 98	16. 45	61. 0	4. 85
右翼采面	02 面	52–20	11. 6	1. 4	12. 1	1. 1
		54–18	18	5. 55	30. 8	0. 85
		BK12–5	17. 9	0. 75	4. 2	0. 5
	04 面	BK14–11	13. 4	1. 75	13. 1	1. 2
		BK15–12	24. 6	7. 86	31. 9	1. 45

通过现场采集水、岩样，开展了采空区泥岩遇水膨胀作用的室内实验，如图 5-34 所示。实验后发现，敏东一矿采空区垮落泥岩遇水后不仅会发生显著的体积膨胀现象，还会出现崩解、泥化的现象；且一般在浸水 1h 左右达到最大膨胀体积。不同岩样的遇水膨胀率测试结果如图 5-35 所示，4 个样品测试得到的遇水膨胀率为 23. 6% ~64. 9%，平均为 45. 4%。由此可对上述采空区储水库容的计算结果进行泥岩遇水膨胀影响后的修正。根据 02 工作面钻孔柱状的揭露结果，在储水水位 10m 的范围内，泥岩占据的厚度平均为 0. 98m；除去这 0. 98m 厚泥岩遇水膨胀的体积，即为采空区注水浸泡后的最终储水体积。由此计算得出，考虑 02 工作面采空区垮落泥岩遇水膨胀作用后的储水库容量为 14. 2 万 ~ 21. 2 万 m^3，对应储水系数为 0. 04 ~0. 06，平均仅为前述储水空隙量的一半。可见，软岩条件下采空区的储水系数较中硬岩条件将明显减小。

图 5-34　敏东一矿采空区垮落泥岩的遇水膨胀实验

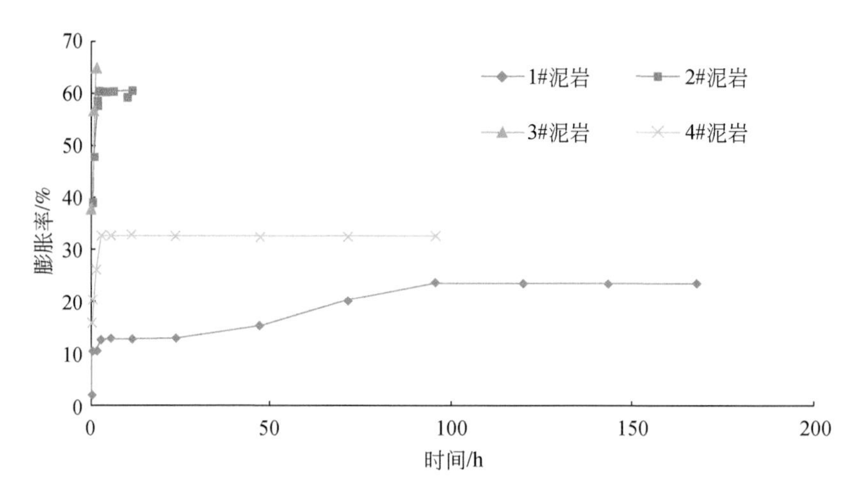

图 5-35 敏东一矿采空区垮落泥岩遇水膨胀率测试结果

5.2.3 软岩采空区储水的可注性评价

5.2.3.1 室内实验

为了进一步验证采空区垮落泥岩对其储水空隙分布及注水等施工措施的影响，开展了实验室注水实验。即将采集的采空区泥岩碎块放入实验容器中，从进水口持续向容器中注水，同时观测出水口水量及注水压力等参数变化情况。实验过程中开展了两种类型的实验：①在岩块松散堆积条件下，常压向容器中灌注水，观测水体在自重条件下通过岩块的流量变化情况，以衡量无压力约束条件下岩石遇水膨胀、泥化等作用对水流的影响；②模拟采空区对应软岩受压条件，对容器内的软岩块进行人为捣实，封闭容器，在施加水压条件下向容器内灌注水体，以模拟评价现场向采空区压实岩体中注入水体的条件，探究其水渗流特性及其可注性。

对于第 1 种实验，观测发现，在容器中注入水后近 1d 时间后，水体的流速便急剧下降，出水口的流量由初始的 1.3mL/s 降低为 0.001mL/s，如图 5-36 所示；水体自重条件下其几乎无法通过破碎岩块而渗流出来。

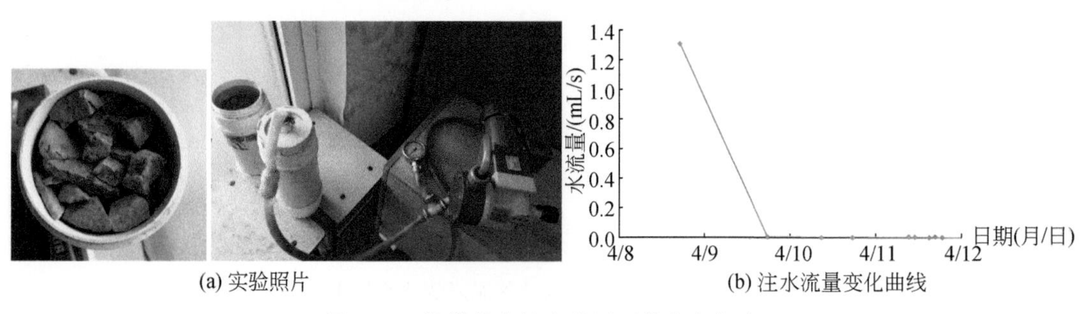

(a) 实验照片 (b) 注水流量变化曲线

图 5-36 松散软岩块在常压下的注水实验

而后，在第二种条件的实验过程中，对破碎岩块的人为捣实采取了两种方式：一是仅在岩块堆积体表面进行人为捣实，二是在岩块装入容器过程中随装随捣，后者的捣实程度相对偏高。观测结果发现，在第一种捣实条件下，注入水体无法自重渗流，仅在施加注水泵压的条件下才能缓慢渗出。注水压力0.1MPa条件下，水体通过岩块的渗流量为1.7mL/s，即注水压力0.1MPa条件与前述自重渗流量相同。而当更换第二种捣实方式时，在注水压力达到0.2MPa条件下出水口仍无水渗出。可见，泥岩的遇水膨胀、泥化等特性已对岩块间的自由空隙产生了显著的封堵作用。

5.2.3.2　现场注水试验

为了现场测试采空区储存水体的渗流扩散能力，以评价采空区构建地下水库的可行性，设计对敏东一矿采空区开展井下注水工程试验。注水试验时，采用在采空区附近巷道中施工注水钻孔方式进行，钻孔的终孔层位应选择在采空区砂岩类岩层赋存层位中，以提高注水能力。

对于注水钻孔的布置，考虑到06面回风顺槽对应邻近04面切眼位置正好存在一巷宽较大的硐室区域，在该区域打钻既能满足施工的空间要求，又能将钻孔钻进至04面采空区靠近切眼处的边界三角区（自由空隙量大），可提高注水可靠性。因此，将注水钻孔的施工钻场设置于此，即距离06面切眼约536m处，如图5-38所示。而由该区域附近的钻孔柱状可见，16-3煤层顶板上覆10m左右位置即为砾岩和砂岩岩性岩层，注水钻孔的终孔位置施工至该层位时可大大降低堵水概率。因此，注水钻孔斜向上仰角施工，对应垂深应达到13～15m（考虑顶煤厚度），如图5-37（b）所示。实际施工时，共在06面回风顺槽对应04面切眼位置附近布置4个注水钻孔，由外向里逐步开展钻孔的施工和采空区注水试验。

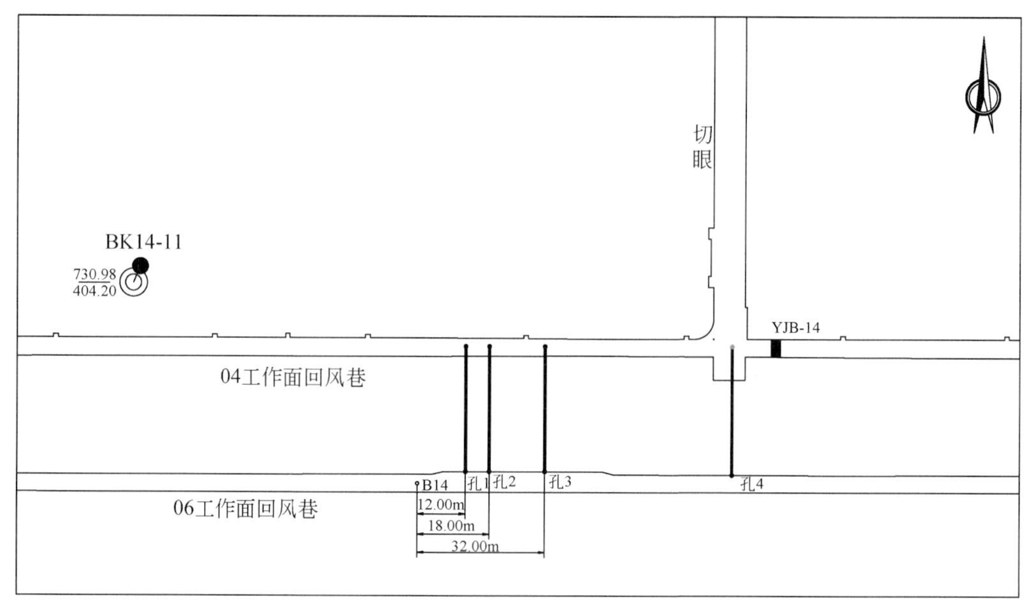

(a) 平面图

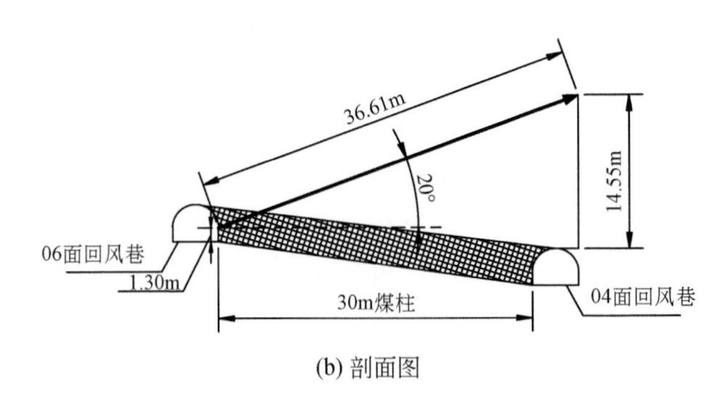

(b) 剖面图

图 5-37　注水钻孔布置图

具体实施采空区注水试验后发现，4 个钻孔注水均表现出困难局面，导致注水升压快、停注降压慢、泄水流量大等现象发生，且短时注水后常伴有煤壁锚杆/锚索处淋水现象。以其中 3#注水钻孔为例，详细介绍注水测试过程的监测现象。

3#注水钻孔于 2019 年 10 月 15 日 13：40 实施，孔口注水管管径 16mm（内径）、孔内水管管径 42mm（内径），注水水源接至巷道供水管路，水压 2. 0MPa。注水后，孔内水压数值逐渐上升，在持续注水 20min 左右孔内水压即达到 1. 5 ~ 1. 6MPa，并维持该数值至注水 50min 左右，如图 5-38 所示。同时，在钻孔注水过程中，在钻孔东、西各约 5m 的巷道帮的位置出现锚索眼淋水、巷帮煤层裂隙出现滴水、淋水的现象（图 5-39），单点出水量约 0. 02m^3/h、出水点大约 7 处。至 14：30 关闭注水阀门停止注水，孔内水压并未出现快速下降，而是缓慢下降；同时，注水口两侧煤壁仍处于淋水、滴水状态。在 15：00，水压表数值变小为 0. 4MPa，然后打开阀门泄水，水压表数值快速降至 0MPa；直至半小时后，孔口才逐步停止出水，巷道帮出水点的水量也渐渐变小。

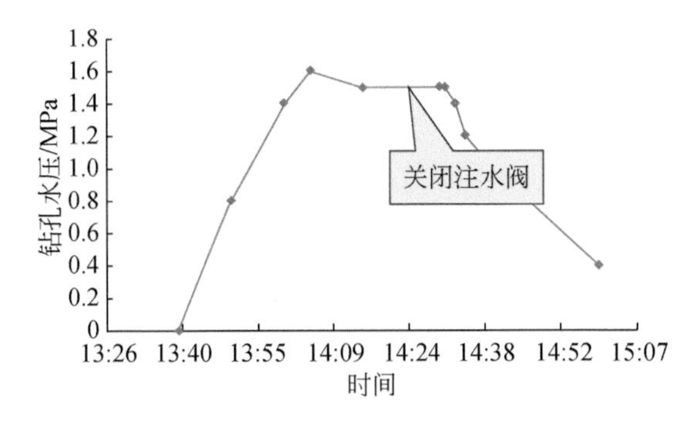

图 5-38　注水钻孔水压变化曲线

其余钻孔注水过程中也呈现出类似现象，其中，1#注水钻孔共实施注水 30min，注水过程中管内水压一直保持 2. 3MPa，注水结束后开阀放水，放水流速 2m^3/h。2#注水钻孔共实施注水 30min，注水开始即出现巷帮煤壁出水、锚杆/锚索位置淋水现象，注水 6min 后管内水压升至 1. 5MPa，且注水过程中伴有管路内异响；注水结束后放水流速 4m^3/h。4#注水钻孔共实施注水 30min，注水过程中管内水压一直保持 2. 5MPa，注水 5min 后即出现巷帮煤壁出水、锚杆/锚索位置淋水现象；注水结束后放水流速 1m^3/h。

钻孔施工

钻孔注水

锚索处淋水

巷道煤壁渗水

15:00停止注水，开启阀门后，孔口持续流水，流量约$0.24m^3/h$

图5-39　井下3#注水钻孔注水施工现场照片

由上述注水试验的结果可见，04工作面采空区注水困难，钻孔注水仅一部分进入采空区，其余较多淤积在注水钻孔附近区域，导致注水压力大、煤壁出水等现象的发生。可见，采空区泥岩等软岩的存在对其储水库容及注水渗流特性产生了显著影响，敏东一矿软岩地层条件下利用井下采空区构建地下水库进行储水的可行性欠缺。从前述含水层原位保护角度研究敏东一矿软岩条件下的矿井水保护与利用方法显得尤为重要。

5.3　软岩富水区安全开采与地下水原位保护协调技术

井工开采地下水原位保护的实质是利用人为干预措施限制或隔绝采动裂隙通道的导水能力，从而达到限制/阻止地下水流失、实现地下水原位保护的目的。从目前的研究现状来看，采用导水裂隙引导促进自修复的方式进行地下水泄流通道的封堵，是相对可实施且能实现相应技术目标的最优方式。考虑到导水裂隙的封堵有可能引起地下水的径流变化，从而可能会造成邻近回采区域工作面涌水量增大，产生水害安全隐患；因此，需要开展相应的地下水原位保护与安全采煤的协调技术。

5.3.1　治理区选取

Ⅰ0116^{3上}01工作面位于敏东一矿16-3上煤层一盘区，是矿井的首采工作面。工作面在初采阶段曾发生突水事故，经停采处理后继续生产，恢复生产过程中采空区涌水量一直持续在600～$700m^3/h$，直至工作面回采完毕，采空区涌水量一直稳定在$600m^3/h$左右，如

图 5-40 所示。后续工作面回采过程中，一直未出现如 01 工作面所示的显著涌水现象。经过多年的持续涌水，01 工作面采空区涌水量目前处于 500m³/h 左右，是井下涌水的主要区域。

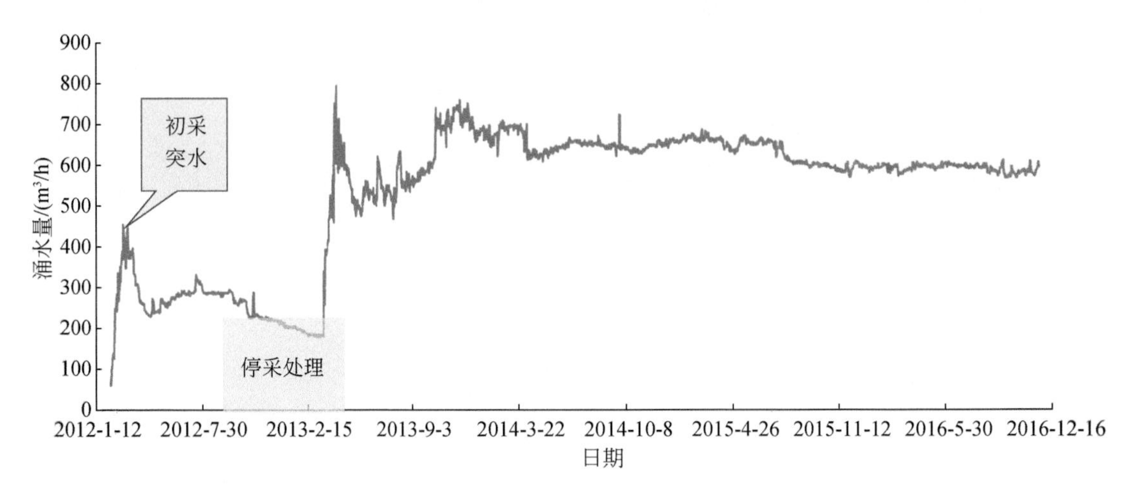

图 5-40　敏东一矿 I 0116^{3上}01 工作面涌水量变化曲线

为了有效降低井下涌水，尽可能保护地下含水层，工程试验的治理区域即选取在 01 工作面。进一步地，从图 5-40 所示的涌水量变化曲线可以看出，在工作面于 2013 年 3 月份恢复生产后不久，涌水量即达到 800m³/h 左右的峰值，而后在小幅降低后始终稳定在 600～700m³/h，未见随开采范围增大而呈现的涌水量持续增大现象。由此说明后续推进阶段覆岩导水裂隙未沟通含水层，也就是说，导水裂隙沟通含水层的区域主要集中在初采阶段。因此，结合工作面在对应时间的推进距离，将治理区域进一步明确在初采阶段的 280m 推进范围内。

5.3.2　试验区导水裂隙发育探查

准确辨识试验区覆岩导水裂隙的发育状况是成功引导其自修复、实现地下水原位保护的关键，为此，专门针对敏东一矿 I 0116^{3上}01 工作面初采期试验区域开展了导水裂隙发育高度的探查。探查工作共施工 3 口两带探查孔，钻孔分别位于 01 面中部（导高探测 MD1#）以及回风顺槽两侧（导高探测 MD2#、MD3#），MD2#孔距顺槽 20～30m，MD3#孔距顺槽 10m。采用钻孔冲洗液漏失量法和钻孔电视相结合的方法进行导水裂隙带发育高度的探测，MD2#孔需钻进至覆岩垮落带范围，以进一步验证采空区的水渗流能力及其注水性；MD1#和 MD3#孔需施工至导水裂隙带范围、出现钻孔水位急剧下降、冲洗液漏失量急剧增大的位置才能停止钻进。

3 钻孔施工过程中均开展了岩心钻取、冲洗液漏失量观测、钻孔水位观测等工作，并在成孔后进行常规测井和超声成像观测。依据取心柱状和常规测井，编制覆岩柱状，依据冲洗液漏失量、钻孔水位以及超声成像观测，获得覆岩导水裂隙发育及孔壁围岩破坏情况。如图 5-41 所示为 3 个钻孔现场施工照片。

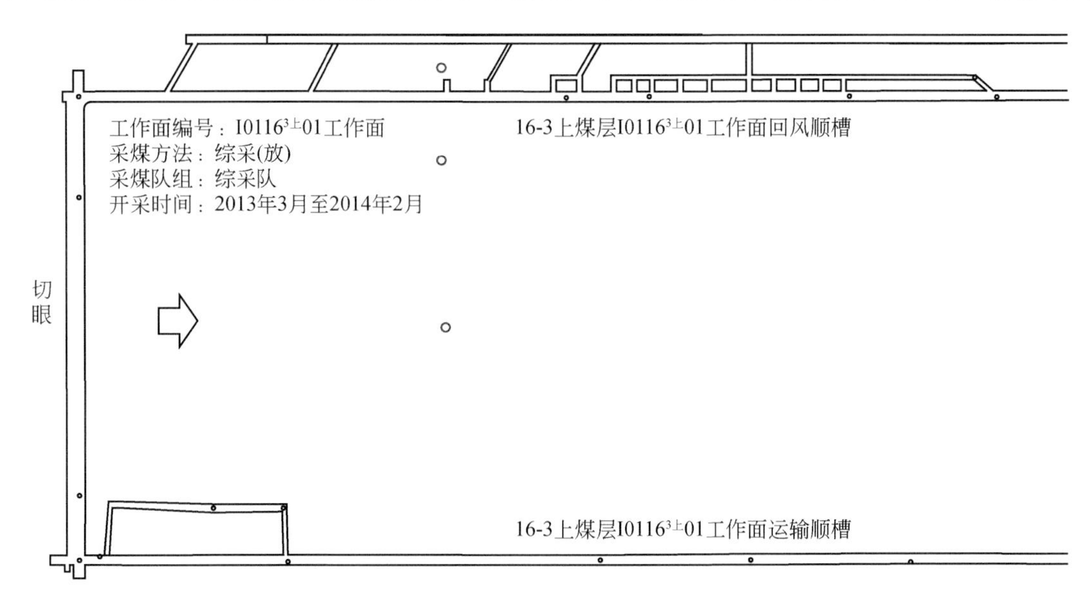

图5-41　覆岩导水裂隙发育探测钻孔布置图

如图5-42所示为3个钻孔钻进过程中的冲洗液漏失量和钻孔水位变化曲线，由图中可见，除MD-2#孔外，处于工作面中部和边界外侧的钻孔均未见明显的冲洗液漏失和孔内水位变化现象。工作面中部的MD-1#孔，在整个230m的钻进过程中一直未呈现出明显的冲洗液漏失现象，而孔内水位也仅在孔深208m位置出现轻微下降，其余区段均未见明显变化。可见，该孔钻进位置对应采动覆岩中裂隙并不发育，这应与采空区中部对应覆岩的长期压实作用有关（中部处于充分采动状态，覆岩压实性好）。工作面开采边界内侧附近的MD-2#钻孔，在钻进至孔深211m左右位置曾出现孔口不返浆现象，对应冲洗液漏失量达8.9L/(m·s)；同时，在钻孔钻进至225m左右时，曾进行了套管固井工作（固井范围215m孔深），在此过程中注入前置液出现了套管外环孔腔不返浆现象；结合这两个信息可推测从孔深211m位置应已进入采动裂隙发育区。固井结束后，钻孔自孔深225m位置继续向下钻进，在钻进至240m孔深出现卡钻，此时向孔内泵入护壁泥浆仍不见孔口返浆现象，推测护壁泥浆已流入裂隙岩体中，更进一步证实对应区段已进入覆岩导水裂隙发育区。由以上现象及观测数据可以判断，MD-2#孔位置揭露的覆岩导水裂隙带顶界面为孔深211m位置，结合该处对应煤层底板标高可确定，覆岩导水裂隙带高度为70m。工作面开采边界外侧附近的MD-3#钻孔，钻进过程表现的冲洗液漏失状况与MD-1#孔类似，仅在钻进至孔深189m左右位置附近时出现瞬时偏大的漏失现象［冲洗液漏失量22.5L/(m·s)］，但孔内泥浆仍能正常返浆，表明钻孔可能揭露微小裂隙。因裂隙的渗透性不佳，表现出的冲洗液漏失程度不明显。

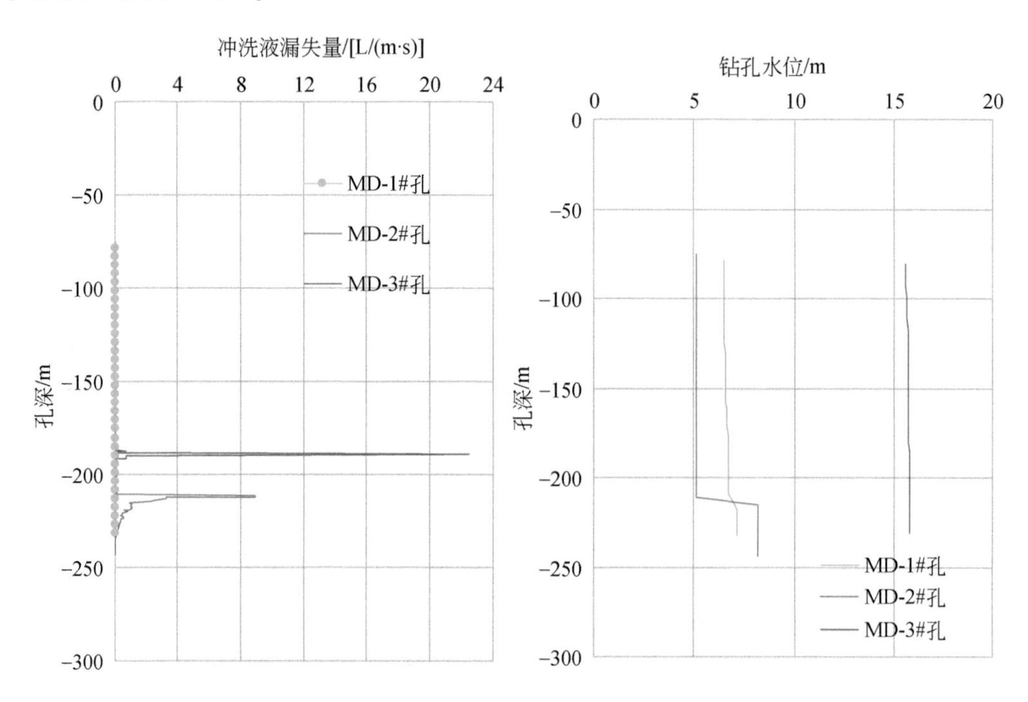

图5-42　3个探测钻孔的冲洗液漏失量和孔内水位变化曲线

对比工作面不同位置3个钻孔的钻进监测数据可见，在MD-2#孔探测得到的孔深211m以下区段出现的较大冲洗液漏失和裂隙发育现象，在其他两个钻孔并未探测得到，表明软岩条件采动裂隙明显的自修复现象。而且，在MD-2#孔自固井后直至孔深240m的钻进阶段，也未见明显冲洗液漏失和孔内水位变化现象，表明覆岩导水裂隙的自修复呈现明显“分区性”。即在垂向剖面上，不同层位对应采动裂隙的自修复程度不同，这显然与覆岩岩性以及当年开采后导水裂隙的初始发育状况密切相关；岩性越软、采后当年裂隙发育程度越小，对应后期裂隙的自修复难度越小、效果越好（目前探测时，工作面已开采完毕7年之久）。由探测结果可见，试验治理区覆岩导水裂隙的发育主要处于开采边界内侧的30m左右范围内，这与前述的理论分布模型基本一致。

5.3.3　近泄流区安全开采风险评价

为了确定导水裂隙引导自修复过程对地下含水层的保护和恢复效果，同时评价试验区覆岩导水通道封堵对附近回采工作面安全生产的影响，需要对井下涌水量、含水层水位以及地下水径流变化等开展观测与分析，由此可监控上覆含水层在渗漏点封堵以及新增开采扰动的联合影响下水体的径流变化规律，从而为地下水保护效果评价提供依据。

为了准确获得地下水原位保护试验过程中的地下水流程变化情况，除了利用矿井原有布置的水文观测钻孔外，还在即将回采的工作面附近加设水文观测孔，重点观测工作面开采过程中上覆Ⅱ含、Ⅲ含的水位变化，同时对工作面采空区涌水量进行观测。

在上述现场实测的基础上，通过概化研究区水文地质条件，建立三维地质与水文地质模型，运用数值模拟软件构建大型地下水流数值模型，模拟人工修复导水裂隙带场景，预测地下水流场、地下水补径排、新采工作面矿井涌水量，定量评价人工修复导水裂隙带对地下水流场和矿井涌水量的影响。

本章研发了集高强度采动裂隙人工引导自修复的含水层保护、软岩区大型井工矿地下水库保水和软岩富水区安全开采与地下水原位保护协调于一体的东部草原软岩区大型井工矿地下水原位保护技术体系。研究表明，含水层受采动破坏后其赋存水体并非均匀地由覆岩各区域漏失至采空区，在导水裂隙带范围内存在水体流动的主要通道，处于开采边界附近由岩层破断引起的张拉裂隙是地下水流失的主通道，重点针对该导水裂隙实施修复是实现地下水原位保护的关键。进一步地，基于水-气-岩相互作用实验，揭示了导水裂隙渗流能力逐步下降的自修复机理，获得了岩石岩性、裂隙发育、地下水化学特性等因素对导水裂隙自修复程度的影响规律，由此提出了人为诱导铁/钙质化学沉淀生成并封堵裂隙或爆破松动边界煤柱/体减小导水裂隙主通道宏观开度的采动裂隙引导修复技术方法，为实现采动含水层的原位保护与生态功能恢复提供了技术支撑。在此基础上，根据东部草原区敏东一矿典型井工矿开采条件，完成了软岩区井工开采地下水库的设计和关键参数研究，通过储水介质的可注抽性实际验证，表明软岩储水介质不具备构建地下水库的基本条件；探索了矿井水第四系转移存储方法，通过现场回灌试验表明储水介质可注抽性良好，具备良好储存介质条件和技术可行性；按照矿区生产安全和生态安全确定的矿井水零排放目标，基于采动覆岩导水裂隙带自修复机制，通过开采导水裂隙带发育规律模拟、渗流异常区圈定、导水通道辨识和导水裂隙带工程验证，初步论证了采动涌水治理和含水层保护可行性，提出了工程治理后动态“控高型”安全开采工艺，形成具有软岩区特色的地下水原位保护技术。本研究系统提升了东部草原区大型煤电基地开发水资源保护与利用技术水平，在我国西部煤炭高强度开发区域水资源保护与利用中也具有重要指导和借鉴作用。

第6章　采-排-复一体化露天矿内排土场地貌近自然重塑

针对传统方式内排土场地貌重塑中水文系统不成熟、边坡侵蚀现象频发、地貌融合效果差等缺点，本技术体系提出一种采-排-复一体化内排土场地貌近自然重塑技术方法，将露天矿内排土场地貌近自然重塑划分为自然稳定地貌特征提取与地貌近自然重塑两部分。针对其中自然稳定地貌特征提取样本选取标准性不足且参数种类繁复这一技术难题，提出一套以坡向迭代与特征参数为依托的自然稳定地貌提取技术手段，作为自然稳定地貌特征提取理论依据。并针对采-排-复一体化中土方平衡及景观融合难题，基于采复子区空间位置识别与复填可用土方量计算模型，求解内排各采复周期所对应的复填可用土方量。在此基础上，通过地表调整曲面模型，并结合曲面土方控制及坡度缓和优化技术，最终实现采-排-复一体中土方动态平衡下，内排土场近自然地貌重塑结果稳定，且与周边自然地貌“无缝”拼接。并以此为基底，通过沟道提取及再优化技术，修复其中不符合自然稳定沟道特征的地表沟道，以实现露天矿内排土场近自然地貌重塑结果与周边自然地貌水系自然稳定衔接。最终本技术以内蒙古胜利矿区为例，通过构建内排土场近自然重塑地貌，并以自然原始地貌与传统内排土场复填地貌为参照对象，通过CLIDE演化验证，量化证明本技术的可行性。

6.1　露天矿内排土场地貌近自然重塑背景及意义

6.1.1　技术背景及研究意义

露天开采作为我国矿产资源的主要开发形式，其长期高强度人为扰动形成的传统“梯田式”内排土场面临占地面积大、景观破碎等问题。在内排过程中，传统地貌重塑方法往往将原始微起伏地貌景观转变为条状或锥状水平排布的规则堆垫地貌，使原始地表要素及水系特征消失。虽然在后续复填设计中，于内排土场设置输水管网以满足复垦植被生长需求，但整体上未与周边自然地貌相融合，易引发表土水蚀、土地退化等问题（卞正富等，2018；夏嘉南等，2021）。

相较于内排土场人工规则地貌，自然地貌作为长期演变的结果，具有高度的区域适宜性与稳定性，可作为修复区地貌重塑的参考对象，与“保护优先，自然恢复为主”的中国生态文明建设理念相契合（罗明等，2021）。且国外实践证明，基于自然的地貌重塑能更好地适应当地水气条件，在有效提高区域抗水蚀能力的同时仅需要较少的维护费用（Hancock et al.，2003，2019）。因此，可基于师法自然（NBS）设计理念，设计内排土场地貌近自然重塑。

在内排土场近自然地貌重塑过程中，首先需从自然稳定地貌中提取表征参数，以实现自然地貌特征学习。其主要可分为坡线与沟道特征提取两大类。其中，坡线特征主要描述边坡坡线的三维及二维空间形态特征，其参数包括边坡水平投影长度、坡顶距坡底竖直高差、曲率等。沟道特征则主要描述水网三维及二维空间分布形态特征，其参数主要包括水系级别、长度、落差、蜿蜒度等。

为保证参数结果准确描述自然稳定地貌特征，且具有较高的特征提取工作效率，需在自然坡线样本选取过程中，运用高效且客观的自然稳定坡线样本选取技术。在现有技术中，坡线样本提取技术主要分3种类型：①基于竖直平面人工截取边坡坡线，其操作简单，故而被广泛应用，然而其样本提取结果多分布在等高线均匀排布的区域，导致样本以山脊线和沟线居多，故难反映自然边坡的整体形态；②提取等高线按步距分解成空间散点，采用KD树建立点数据邻域设计算法绘制坡线，虽有效降低了主观因素对提取结果的影响，但运算效率较低且存在局部极值陷阱；③以等高线为起始点沿斜坡降落方向采集坡线样本的方法，相较于第二种方法，该方法可避免全栅格参与计算，有效提高了运算效率，但在样本提取的过程中需要原始坡向数据，且提取结果方向较为单一。因此，需提出一种高效且高标准化程度的边坡样本提取方法，以准确把握自然稳定坡线形态特征（夏嘉南等，2021）。

为保证沟道提取结果准确描述自然稳定水文特征，需采用数据精度适用性更高的沟道提取方法。在以往的沟道提取过程中，通常使用基于最陡路径的单流向算法，进行地表流量的分配，而对于高分辨率的地表高程数据，该算法会提取出较多的平行伪沟道，相比之下基于坡度进行流量分配的多流向算法具有更明确的物理意义，因此需采用以多流向算法为基础的沟道提取方法，以准确进行沟道提取。在此基础上为使重塑地貌的沟道形态与上下衔接区相符，需选取表征沟道空间形态和蓄排水能力的沟道参数，以准确把握自然稳定沟道形态特征（李恒等，2019）。

在内排土场近自然地貌重塑过程中，已有技术多基于复填后人工规则地貌边坡形态重塑，其表现为将原有规则笔直斜坡转为近自然蜿蜒曲面。然而，在采-排-复一体化技术中，已有技术多以排土场空间利用最大化设计、最小复填成本等为目标（Oggeri et al.，2019），未充分考虑地貌近自然重塑及其重要性，致使后期地貌重塑过程中需额外运移表层土方，使复垦所需成本增加。虽然在后期自然边坡形态重塑下，内排土场复垦边坡较传统边坡具有更强的抗水蚀能力。然而在河网沟道特征上，较采前自然地貌发生严重缺失，造成景观破碎严重、表层物质流过程改变等诸多问题，阻碍内排后期生态修复，甚至影响区域生态环境（卞正富等，2018；胡振琪，2019；雷少刚等，2019）。因此，需要一种采-排-复一体化下融合周边自然景观的内排土场近自然地貌重塑技术，以提高复填后内排土场地貌稳定性及其景观融合性。

针对传统方式内排土场地貌重塑中水文系统不成熟、边坡侵蚀现象频发、地貌融合效果差等缺点，本技术体系提出一种采-排-复一体化内排土场地貌近自然重塑技术方法，意义具体如下：以坡向迭代与特征参数为依托，提出一套自然地貌特征提取技术手段，为自然稳定地貌特征提取提供理论依据；以采-排-复一体化、土方平衡及景观融合为目的，提出一种内排土场地貌近自然重塑技术，为今后草原矿区内排土场近自然修复提供了一种新的实践方法。

露天矿近自然地貌重塑过程，技术难题主要有两大类：一是自然地貌特征提取技术中，如何针对不同的自然稳定对象，客观准确地描述其地貌特征，并基于其地貌特征，应用于内排土场进行地貌近自然重塑；二是在内排土场地貌近自然重塑过程中，如何保证在区域地貌稳定的前提下，各采复周期内土方动态平衡，且与周边自然稳定地貌“无缝”融合。

6.1.2 技术原理

依据 NBS 技术理念，按照“自然特征学习”至“自然特征应用”的逻辑顺序，将采-排-复一体化露天矿内排土场近自然地貌重塑技术划分为“自然稳定地貌特征提取”与“内排土场地貌近自然重建”两部分。

在自然稳定地貌特征提取过程中，针对内排土场近自然设计过程已有地貌参数种类繁复，其代表性及描述准确性这一问题，提出本技术情景下自然稳定地貌特征提取标准，以力求以最少的数据量准确描述自然稳定地貌所具特征。其中，按对象类型，技术难题可细分为“对沟道特征提取及描述”与“对坡线特征提取及描述”两小类。针对上述技术难题一，除使用沟道长度、入水口/出水口坡度等基本参数外，结合沟道宽深比、A 型沟道长度和弯曲度以准确表征沟道的横断面特征及空间形态。针对技术难题二，则依据学习对象类型，进一步细分为“大样本面学习对象下基于坡向迭代的自然稳定坡线特征统计拟合”与“小样本线学习对象下基于特征参数提取的自然稳定边坡特征特定描述”两类，便于使用者依据学习样本类型，灵活获取自然稳定坡线特征形态。

在内排土场地貌近自然重塑过程中，针对传统规则状内排土场地貌所存在的表土侵蚀严重、地貌特征消失、景观破碎及维护成本高等问题，基于 NBS 理念，采用自然稳定边坡地貌形态替代传统地貌。在此过程中，主要可分为四小类技术难题，一是如何在各采-排-复周期中，保证采区至复填区土方剥离量时刻保持平衡；二是如何使内排土场内排地貌与周边自然地貌“无缝”融合；三是如何在内排土场近自然地貌重塑中，地貌构建结果稳定；四是如何确保内排土场近自然地貌重塑结果内沟道水系符合自然稳定特征。针对上述技术难题一，该技术部分分别提出基于采-排-复周期安排，运用采复子区空间位置识别技术，确定采复子区一一对应关系，以此利用内排自然原始 DEM，矿层底板 DEM 和矿层厚度空间分布数据，保证采-排-复过程中土方动态平衡；针对技术难题二，以自然稳定坡线特征提取形态参考，构建地表调整曲面，并通过曲面土方控制，在解决关键问题一的前提下，实现近自然地貌重塑过程中复填区域与周边自然原始地貌的“无缝”融合；针对技术难题三，该技术部分在一、二关键问题解决的基础上，基于区域坡度缓和目标，定向筛选各地表调整曲面形态中复填区内排土场近自然地貌构建初步结果（曲面土方控制后，是土方调整后地表调整曲面与自然原始地貌的空间叠加）中整体坡度最小对象，以此实现复填区地貌形态稳定；针对技术难题四，在上述步骤的基础上，基于自然地貌特征提取结果中自然稳定沟道特征提取结果，结合地貌临界理论，修正坡度缓和优化后近自然重塑地貌在采-排-复中地貌形变起伏造成的部分自然沟道稳定特征丧失问题，实现区域沟道再优化以保持重塑结果内沟道自然稳定特征。

6.2　自然地貌特征提取

6.2.1　自然坡线特征提取

针对坡线特征提取及描述，则依据学习对象类型，分为大样本面学习对象下基于坡向迭代的自然稳定坡线特征统计拟合（夏嘉南等，2021），和小样本线学习对象下基于特征参数提取的自然稳定边坡特征特定描述两类（图6-1）（李恒等，2019），便于使用者依据学习样本类型，灵活获取自然稳定坡线特征形态。

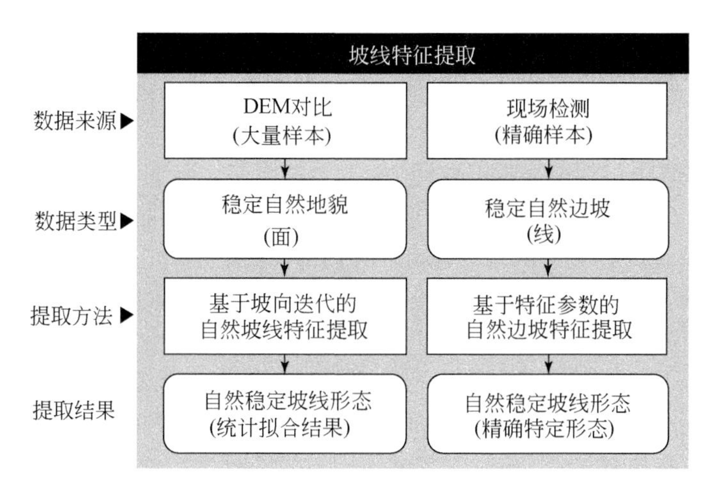

图6-1　自然坡线特征提取技术路线图

6.2.1.1　样本面对象下自然边坡特征提取

1. 自然学习地貌稳定性判断及选取

基于自然DEM（数字高程模型）和ArcGIS平台，通过水文分析工具提取参照区河网数据，在对DEM数据填洼基础上，根据D8算法原理计算区域沟道的流向流量，最后利用栅格计算器提取自然地貌的河网（图6-2）。利用盒维数法计算河网的分形维数以验证区域地貌稳定形态（何隆华和赵宏，1996）。盒维数法的基本思路是在一定边长的正方形网格上叠加河网，使正方形网格图层与河网图层相交，运用GIS工具计算格网中被河网占据的网格数量。计算过程先假设正方形网格边长为l［即图6-2中acc(2）取值，其值为正数］，当l由小不断变大时，可以发现$N(l)$与l^{-D}有明显正相关关系，即：

$$N(l) \propto l^{-D} \tag{6-1}$$

式中，l为正方形网格边长；$N(l)$为河网占据的网格数目；D为斜率。

对该公式进行化简，两边分别取对数，以m为底，即：

$$\log_m N(l) \propto -D \log_m l \tag{6-2}$$

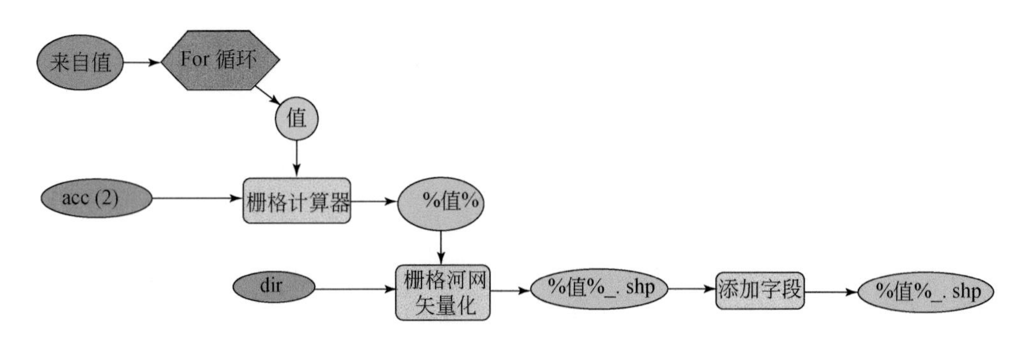

图 6-2　河网批量提取模块

以一系列边长（l_1，l_2，…，l_n）的正方形格网，得到一组（$N(l_1),N(l_2),\cdots,N(l_n)$）的格网数量，以这两者为坐标作双对数图，拟合出一条直线，即：

$$\log_m N(l) = P - D\log_m l \tag{6-3}$$

式中，P 为直线的截距，其余参数解释同上。

根据盒维数方法计算结果，拟合直线中的斜率绝对值 D 即为流域地貌特征分形维数。最终依据地表河网分形维数大小，判断地貌发育程度。

其中，当 $D<1.6$ 时，流域地貌为侵蚀发育的幼年期，此阶段地貌河网发育尚未成熟，水系宽度窄、密度小，地表面比较完整，水系下切现象较明显，沟道横截面呈“V”形。

当 D 接近 1.6 时，流域地貌趋于侵蚀发育的幼年晚期，水系侵蚀由下蚀转为侧蚀，地表面在水流作用下出现破碎化，山脊坡面由凸转凹，脊岭逐渐锋锐。此时地貌地势起伏最大，地面最为破碎和崎岖。

当 D 为 1.6～1.9 时，流域地貌处于侵蚀发育的壮年期阶段，此时在河流的侧蚀作用、坡面侵蚀冲刷和泥沙沉积下，脊岭的锋锐度不断变低，变得浑圆，河流漫滩逐渐变宽和平缓，被水系分割的地表面逐渐变为低丘宽谷。

当 D 为 1.9～2 时，流域地貌处于侵蚀发育的老年期阶段，此时河流下蚀作用基本消失，侧蚀作用减弱，堆积现象明显，整体地势起伏小，主沟道两侧形成宽广的谷底平原。

2. 基于坡向迭代的自然稳定坡线样本批量提取

坡顶是周边区域高程最大的区域。依据定义，构建公式（6-4）所示的判断矩阵，通过 MATLAB 遍历示例区自然稳定山体 DEM 影像，获取其中坡顶的空间位置。

$$\mathrm{dem}_{\mathrm{mt}}(i,j)=\begin{cases}1, S_{\mathrm{mt}}(i,j)\geqslant \max(S_{\mathrm{mt}})\\0, \mathrm{else}\end{cases} \tag{6-4}$$

式中，$\mathrm{dem}_{\mathrm{mt}}$ 为坡顶栅格数据集；i，j 分别为其行列数；$\mathrm{dem}_{\mathrm{mt}}(i,j)$ 为栅格数据集中第 i 行 j 列灰度值，若此处为坡顶则取值为 1，反之为 0；S_{mt} 为 3×3 的矩形网格，用来存储填挖后 dem 第 i 行 j 列为中心的栅格灰度值。依据原始 dem 数据填挖处理结果，若中心栅格（i，j）高程等于九宫格内栅格的最大高程，则将该栅格定义为坡顶。

为客观描述坡线空间特征，将坡线定义为：自坡顶起沿某一起始方向后以所在表面坡向为导向，不断迭代延伸至最近水网或坡底（高程为周边区域最低）的空间曲线。构建公式所示的判断矩阵（图6-3），通过MATLAB遍历自然区稳定dem影像，批量获取大量坡线样本：

$$\mathrm{dem}_{\mathrm{slop}}(i_o,j_o)=\begin{cases}\mathrm{dem}(i,j),\mathrm{dem}_{\mathrm{mt}}(i,j)=1\cap S_{\mathrm{river}}(i,j)=0\\0,\mathrm{else}\end{cases}\tag{6-5}$$

$$\mathrm{dem}_{\mathrm{slop}}(i,j)=\begin{cases}\mathrm{dem}(i,j),S_{\mathrm{mt}}(i,j)\geqslant\min(S_{\mathrm{mt}})\cap S_{\mathrm{river}}(i,j)>0\\0,\mathrm{else}\end{cases}\tag{6-6}$$

式中，$\mathrm{dem}_{\mathrm{slop}}$为坡线栅格数据集，行列大小及其空间参考与原始DEM一致；$\mathrm{dem}_{\mathrm{slop}}$（$i$，$j$）为坡线栅格数据集中第$i$行$j$列灰度值，当判断栅格在坡线上时，取值与原始dem第i行j列的灰度值一致，反之取值为0；i_o，j_o分别为坡线样本坡顶点所在的栅格行列号；S_{river}为3×3的矩形网格，用来存储水网栅格（i，j）为中心的3×3栅格的灰度值。其余参数解释同上。

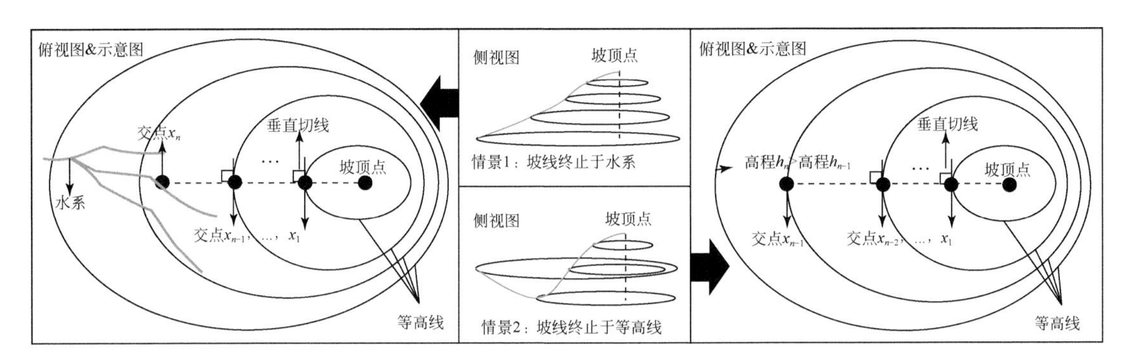

图6-3　基于坡向迭代的坡线绘制原理图

3. 自然稳定坡线样本矢量化表达

在坡线提取的基础上，运用线性函数拟合获取坡线垂直形态。

为确定自然坡线函数形式，以边坡水平累计长度为自变量，边坡相对坡高为因变量的边坡竖直形态描述变量，定义分别如下：

$$x_{\mathrm{slop}\ i}=\sqrt{\mathrm{RI}_{\mathrm{r}}^2\times(i-i_{\mathrm{from}})^2+\mathrm{RI}_{\mathrm{c}}^2\times(j-j_{\mathrm{from}})^2}+x_{\mathrm{slop}\ i-1}\tag{6-7}$$

$$y_{\mathrm{slop}\ i}=\mathrm{dem}_{\mathrm{slop}}(i,j)-\mathrm{dem}_{\mathrm{slop}}(i_o,j_o)\tag{6-8}$$

式中，$x_{\mathrm{slop}\,i}$为$\mathrm{dem}_{\mathrm{slop}}$内某一坡线上栅格（$i$，$j$）与相应起始坡顶栅格中心点水平累计长度，m；$i_{\mathrm{from}}$，$j_{\mathrm{from}}$分别为对应坡线栅格（$i$，$j$）沿坡线高程上升方向的相邻栅格于$\mathrm{dem}_{\mathrm{slop}}$上的行列号；$y_{\mathrm{slop}\,i}$为$\mathrm{dem}_{\mathrm{slop}}$上栅格（$i$，$j$）与其坡线起始栅格（$i$，$j$）的相对高差，m；$\mathrm{RI}_{\mathrm{r}}$，$\mathrm{RI}_{\mathrm{c}}$分别为$\mathrm{dem}_{\mathrm{slop}}$的行列空间分辨率，m。其余参数解释同上。

4. 自然稳定坡线形态突变检验

在此基础上，利用Mann-Kendall算法构建趋势分析与突变检验的统计量（Chen et al., 2020），并通过MATLAB遍历判断所提边坡竖直形态是否存在突变。Mann-Kendall作为一种非参检验法，常用于时间等单秩序列的变化趋势判断。对具有r个样本量的边坡高程序列$\{x_{\mathrm{slop}\,i}\mid i=1, 2, \cdots, r\}$构建原假设$H_0$：原始数据系列$\{x_{\mathrm{slop}\,i}\}$是一个由$r$个元素组成的独立且同分布的随机变量，以及备择假设 $H_{\text{slop}\,i}$：对于所有 slop i，当 slop $j \leqslant r$ 时和 slop $i \neq$ slop j 时，$x_{\text{slop}\,i}$和 $x_{\text{slop}\,j}$的分布不同。则构建的统计量为

$$W = \sum_{\text{slop}\,i=1}^{k} \sum_{\text{slop}\,j}^{\text{slop}\,i-1} d_{\text{slop}\,ij} (k = 1, 2, \cdots, r) \tag{6-9}$$

式中，$r \geqslant k \geqslant \text{slop}\,i \geqslant \text{slop}\,j \geqslant 1$；$r$ 为数据样本长度；$d_{\text{slop}\,ij}$为函数符号，定义如下：

$$d_{\text{slop}\,ij} = \begin{cases} 1, x_{\text{slop}\,i} < x_{\text{slop}\,j} \\ 0, x_{\text{slop}\,i} \geqslant x_{\text{slop}\,j} \end{cases} \tag{6-10}$$

在原假设 H_0下，定义统计变量 UF_k：

$$\text{UF}_k = \frac{[W_k - E(W_k)]}{\sqrt{\text{Var}(W_k)}} \tag{6-11}$$

式中，$E(W_k)$ 和 $\text{Var}(W_k)$ 分别为 W_k的均值和方差；UF_k为标准正态分布。具体如下：

$$E(W_k) = \frac{k(k+1)}{4} \tag{6-12}$$

$$\text{Var}(W_k) = \frac{k(k-1)(2r+5)}{72} \tag{6-13}$$

UF_k为标准正态分布，是边坡高程序列 $X(x_1, x_2, \cdots, x_n)$ 的统计序列。在给定的置信水平 μ，若 $|\text{UF}_k| > \text{U}_{\mu/2}$，则表明高程序列存在明显的趋势变化。$\text{UB}_k$为边坡高程序列 X 的逆序列 X' $(x_1, x_2, \cdots, x_n)$。令 $\text{UB}_k = \text{UF}_k$ $(k = n, n-1, \cdots, 1)$，$\text{UB}_1 = 0$。取显著性水平 $\mu = 0.05$，比较 UF_k、UB_k和 $U_{0.05} = \pm 1.96$ 四条线的几何关系。若 UF_k和 UB_k出现交点，且交点位于临界线 $U_{0.05} = \pm 1.96$ 之间，则交点对应突变开始时边坡距坡顶水平累计长度，否则，认为序列不存在突变。且在不同突变区域内，若 $\text{UF}_k > 0$，则表明序列呈现上升趋势，若其超过临界线 $U_{0.05} = \pm 1.96$ 的范围，表明上升或下降趋势明显。

5. 自然稳定坡线形态统计拟合

若边坡高程序列于定义域内无突变点，分别按式（6-14）~式（6-16）进行拟合，依据拟合优度 R^2，选取最佳表达形式。否则，以突变点为断点，对坡形进行分段拟合，并同理选择最优表达式：

$$y = a \cdot x^3 + b \cdot x^2 + c \cdot x + d \tag{6-14}$$

$$y = a \cdot x^2 + b \cdot x + c \tag{6-15}$$

$$y = a \cdot b^x + c \tag{6-16}$$

式中，a，b，c，d 为拟合函数结果中的常数项，其结果由 MATLAB 基于最小二乘批量计算得出。x 为对应边坡水平累计长度，m；y 为对应边坡相对坡高，m；其余参数解释同上。

6.2.1.2 精确样本线对象下自然边坡特征提取

1. 基于精确自然稳定样本的坡线特征参数提取

自然稳定边坡多为“反 S”型边坡。“反 S”型边坡以拐点为分界处分为上侧的凸起部分和下侧的凹陷部分。“反 S”型边坡与其他类型边坡有部分共同的边坡特征参数，包括坡高、坡长、凸面曲率和凹面曲率，但“反 S”型边坡与其他类型边坡的不同之处在于

其凸起部分和凹陷部分存在拐点，因此这两部分分别在水平面和铅垂面上有不同的占比。

本技术提出凸面水平占比和凸面竖直占比两个新的边坡特征参数，以此确定坡线上拐点具体位置，进而精确描述“反S”型边坡的具体形状。

在坡线提取的基础上，根据剖面线数据计算“反S”型边坡的特征参数，包括坡高、坡长、凸面曲率、凹面曲率、凸面水平占比、凸面垂直占比。其中，坡高指边坡坡面在铅垂面上的投影距离，坡长指边坡坡面在水平面上的投影距离，凸/凹面曲率指边坡凸起/凹陷部分形成的圆弧的曲率，凸面水平占比指边坡上侧凸起部分在水平面上的投影长度占坡长的百分比，凸面竖直占比指边坡凸起部分在铅垂面上的投影长度占坡高的比例，研究区自然边坡特征参数提取结果见表6-1。

表6-1　边坡特征参数及释义表

参数名称	表达式	释义
坡长/m	$s=\mathrm{e}^{3.829+0.024d}$	边坡坡面在铅垂面上的投影距离
凸面曲率	$tp=\mathrm{e}^{2.530-0.007s}$	凸起部分形成的圆弧的曲率
凹面曲率	$aq=\mathrm{e}^{2.039-0.011s}$	凹陷部分形成的圆弧的曲率
凸面竖直占比	$tz=\mathrm{e}^{-2.219+2.673tp}$	边坡凸起部分在铅垂面上投影长占坡高比例

注：其中 d 表示坡高，tp 表示凸面水平占比。

2. 自然稳定样本的坡线形态表达

为得到自然边坡特征参数之间的拟合公式，首先需要分析这些边坡特征参数之间的相关性。在利用SPSS进行相关性分析之前，由于选取的边坡特征参数有可能存在偏离一般规律的数值，首先要对偏离值进行去除。在去除偏离值之后，分别利用正态曲线直方图、Q-Q图和S-W检验分析数据是否符合正态分布。对不具备正态分布特征的边坡特征参数，进行对数变换使其符合正态分布。分析各边坡特征参数之间的相关性，选取显著相关的参数进行曲线拟合。在进行曲线拟合之前，为检验模型的准确性，将提取两组数据作为验证数据。在曲线拟合的过程中，通过分析R方值，参数的T检验和方差的F检验后得到拟合公式，对不具备相关性的参数求取其均值，最终得到以坡高为自变量的近自然边坡模型。从而针对特定稳定边坡样本（检测及示范区），获取其边坡特征的精确特定形态。

6.2.2　自然沟道特征参数提取

在水文学、地貌学的相关研究中，D8算法因为编码相对简单，计算较为简便，是目前使用最广泛的沟道提取方法，但D8算法有不少局限性。首先，D8算法属于单流向算法，这种算法认为每一栅格单元本身产生的流量及其上游流量都流向其周围唯一的相邻栅格，而在地形坡度较缓且分辨率较高（如<5m）的情况下，单坡面上的坡向相同且斜率变化有限，使得D8算法计算得出的栅格单元水文流向一致，从而易出现平行伪河道的形态，而非自然水系蜿蜒曲折的实际情况。为此需要寻找其他水文流向算法进行沟道提取。D∞算法为多流向算法，相较于D8算法最主要的区别在于，D∞算法将栅格单元向下一单元转移的流量根据坡度、坡向分配给周围两个相邻栅格单元。D∞算法的工作原理为：在3×

3 窗口中，中心栅格单元中点与周围 8 个栅格单元中点连线形成 8 个平面三角形，根据高程落差分别计算每个三角形的坡度，以最大三角形的坡度为中心栅格单元的坡度，三角形坡向即为水文流向。与中心栅格单元形成该三角形的两个栅格单元形成流量分配单元，并按其与该三角形坡度的接近程度分配流量。由于以 D∞ 算法为代表的多流向算法能较好地模拟水流在坡面形态上的漫散状流动，相较 D8 单流向算法具有更明确的物理意义，也更符合栅格单元流量分配的实际状态。经学者研究，在进行高分辨率下地形指数、汇水面积等水文参数计算时多流向算法有更好的适应性。

将 DEM 数据经过非线性滤波处理和可能沟道像素识别之后，基于测地线最小化原则提取沟头和沟道网络，并利用沟道中心线切割垂直于它的截面，以提取如沟道蜿蜒度等形态属性。沟头被定义为沟道网络中集中水流的最上游点，因此使用一个终点搜索框来扫描可能沟道像素的骨架来自动识别。具体来说，该搜索框将每个骨架连接部分的末端像素（骨架的连接部分无间断）识别为到流域出口最大测地线距离的像素，即最上游的点。然而，可能沟道像素的骨架在对应地形特征时或许会受到道路干扰，因为道路的地形特征不满足曲率阈值和骨架细化参数的要求。这些干扰也有可能是由于山体滑坡或断层等自然特征的存在。因此，该搜索操作不仅能识别出沟头，还可识别出沟道中断的部分。

终点搜索框的大小与 DEM 的河网密度呈相关性，当河网密度较大时，为避免单次检测出更多河道，需要缩小搜索框；而当河网密度较小时，为避免径流长度过小而无法被识别，需要扩大搜索框。研究表明水系密度（D_d）与坡面长度（L_b）呈反比关系，因此可以通过计算坡面长度来分析沟道网络的特征，进而选择中点搜索框的大小。通过曲率骨架和最速下降法计算每个像素与第一个下坡沟道像素之间的距离来确定坡面长度，并统计求取坡面长度的中值作为搜索框的大小以识别沟头位置。

在识别出沟头后，将沟道视为沟头至流域出口的最低成本路径（即测地线），利用添加可能沟道像素的骨架而修正的成本函数对每个沟头位置的栅格单元进行计算：

$$\Psi_{new}=\frac{1}{1\cdot A+A_{mean}\cdot S_{kel}+A_{mean}\cdot C} \tag{6-17}$$

式中，A 为集水区面积，m^2；C 为曲率；A_{mean} 为平均集水区面积，m^2；S_{kel} 为可能沟道像素的骨架参数。

此成本函数对弯曲沟道的路径进行了修正，使沟道中心线尽量符合可能沟道像素的骨架。在计算了每个沟头位置栅格单元的成本函数后，采用快速推进法计算每个沟头到流域出口的最低成本路径。对该路径使用梯度下降法以完成对沟道网络的提取，并在之后进行横截面识别、沟沿确定等沟道形态的分析。

沟道参数指影响各条沟道地表形态和水文特征的地貌参数。除径流系数外，该类型参数与上述全局参数不同之处在于两个方面：一方面，不同等级沟道的地貌参数会有较大差异，如主沟道的最大流速必然大于次级沟道；另一方面，由于各子流域内坡度、地表微地貌等的差异，同等级沟道并非具有完全相同的地表形态和水文特征，而是处于相近的数值范围内，因此需要在提取自然学习区沟道参数的基础上选择区间，根据各子流域情况进行沟道参数的设置。沟道参数包括最大流速、上游坡度、径流系数、沟道宽深比、沟道弯曲度和子脊间距。

最大流速：沟道内水流速度受上方汇水面积、降雨强度、渗流系数等多个因素的综合影响。最大流速与沟道横截面积成反比，与全局设置中的极端降雨值呈正相关，对沟道的地表形态有限制性的影响。需要说明的是，各等级沟道的最大径流速度差异较大，因此需分等级进行统计。根据自然学习区各等级沟道的最大/最小横截面面积，及全局设置中 50 年 6h 最大降雨量计算各等级沟道的最大流速区间。

上游坡度：与主沟道出水口坡度相似，该参数指沟道上游部分的纵剖线坡度。沟道纵剖线相较于流域内沟道邻近区域更平滑，其上下游的坡度变化也更缓和。另一方面，除主沟道外，各子沟道均会汇入下级沟道直至主沟道，而子沟道的出水口坡度也受制于其汇入下级沟道位置的坡度，因而沟道上游坡度可表征河道的纵剖面形态。如前文所说，重塑区并非一个只出不进的封闭流域，当沟头位于重塑区边界时，子沟道上游坡度应与上方流域的出水口坡度相适应，并考虑其从外部流域接收径流的情况。根据自然学习区沟道空间位置，将沟道分为沟头位于学习区内部及位于边界两类，从沟头开始以 10m 为间距，插值提取 16 个点获取纵剖线计算坡度区间，并分别统计。

径流系数：径流系数指任意时段沟道内径流深度与同时段内降水量的比值。径流系数主要受示例区的地形、流域特征、平均坡度、表面附着物情况及土壤特性等的影响。径流系数越大则代表降雨较不易被土壤吸收，即会增加沟道的负荷。根据研究区水文站实测径流系列和气象站逐月降水数据计算得出。

沟道宽深比：沟道宽深比是表征沟道三维形态特征的重要参数。沟道是降雨过程形成的径流间歇性冲刷地表，进而下切产生的线状地物。在沟道形成初期，径流作用以下切为主，沟道宽深比较低；随着径流的不断冲刷，对沟道的作用逐渐从下切变为侧蚀，沟边发生崩塌，沟岸扩张，沟道宽深比逐渐加大，沟道逐渐趋于稳定。另一方面，沟道宽深比与沟道比降呈负相关，当沟道比降较大时，径流对沟道的侵蚀作用以下切为主，沟道宽深比较小；当沟道比降较小时，侵蚀作用以侧蚀为主，沟道宽深比较大，因此需要根据沟道比降大于 4% 和小于 4% 的部分进行统计分析。由于重塑区可能同时存在高坡度和低坡度的区域，为在重塑中可以对应不同沟道进行设置，故对该参数进行范围统计。

沟道弯曲度：沟道弯曲度为沟道实际长度与沟头至出水口直线长度的比值，是表征沟道空间形态的重要参数。在长期的径流过程中，由于水面横比降和横向环流的存在，径流携带的泥沙发生横向输移作用，使沟道一侧遭受侵蚀，另一侧则发生泥沙沉积，整个沟道不断向侧方和下游方向蠕移，使沟道弯曲度不断增大。沟道弯曲度的提升，实质上增加了沟道运移泥沙所需的路径，同时减缓了水流速度。该参数同样与沟道比降呈负相关，同样根据沟道比降大于 4% 和小于 4% 的部分进行统计分析。

子脊间距：根据 Rosgen 的沟道分类结果可知，在沟道比降大于 4% 时沟道呈折线形态，而在小于 4% 时呈 S 形分布。沟道比降较低的 S 形沟道两侧坡面会交替形成山脊和临时性汇水河道。而在子脊之间存在一些开阔的类河漫滩或阶地区域，子脊之间的折弯数被称为子脊间距。子脊间距越大，代表沟道两侧坡面的横向波动频率越低，但形成的子脊与临时性汇水沟道之间的坡度也就越大。根据沟道提取结果，选取沟道比降小于 4% 的沟道集水区进行山脊线提取，以山脊线间的折弯数作为该参数的值。

6.2.3 其他自然地貌特征参数提取

6.2.3.1 地貌重塑全局参数提取

在近自然地貌重塑过程中，地貌重塑自然参数的准确性是影响重塑结果的稳定性和景观融合性的重要因素之一。全局参数是指影响整个重塑区域的地貌参数。这些参数以该重塑流域为单位，从整体角度对沟道的位置和形态做出限制，包括山脊线到沟头的最大距离、主沟道出水口坡度、A 型沟道长度、极端降雨强度、沟道密度、东/北向最大坡度。

山脊线到沟头的最大距离：该参数是土壤黏结性、植被冠层、覆盖度和根系密度、降水等气候因子和地形起伏度等局部因子的函数。与沟道类似，流域内的山脊线也有主山脊和子脊之分，而在地貌重塑设计过程中，该参数会影响重塑区子脊的位置和形态，进而影响子流域的划分和子沟道的形成。该参数为一个限制参数，若其值过大会导致重塑过程中的子脊数量过低，进而使地表起伏度低于自然地貌值。为获取该参数，首先需提取自然学习区的山脊线。对于山脊线而言，由于它同时也是分水线，而分水线的性质即为水流的起源点。因此，通过地表径流模拟计算之后，这些栅格的水流方向都应该只具有流出方向而不存在流入方向，即山脊线的累积汇流量为零。因此，通过对零值的提取，就可得到分水线，即山脊线。然而受分辨率及汇流方法限制，此方法获取的山脊线会存在部分误差，需要和遥感影像数据对比并校正。之后，以沟道的水流方向判断与沟头对应的子脊，即可提取山脊线到沟头的距离，在进行 95% 的置信区间分析后选择最大值作为该参数的值。

主沟道出水口坡度：这是近自然地貌重塑过程中极为重要的一个参数。重塑地貌必须与下游流域相结合，以实现其景观融合效果。这意味着重塑区的沟道必须具有与上游和下游河道流域平滑交接的纵向轮廓。与地貌临界理论的沟头坡度不同，该出水口坡度并非指主沟道出水口一点的局地坡度，而是指沟道下游的纵剖线坡度。从实际情况来看，由于采矿边界不会按照河网分布进行规划，使得原始地貌的流域分布被破坏，采矿及重塑的扰动可能会持续到重塑区主沟道下游很远的距离。在这种情况下，用户必须确定最终下游未受干扰的连接点处的坡度，将该剖面向上延伸至重塑区边界，并指定一个平滑的连接点坡度值。

A 型沟道长度：与山脊线到沟头的最大距离相似，A 型沟道长度也是表征多个气候、坡度、植被等因子综合影响地表形态结果的地貌参数，其中的主导因子为坡度。水文学者研究发现，当沟道比降大于 4% 时，其形态通常为折线形而非直线或 S 形。折线形的河道两岸会交错形成子脊和子脊沟谷，对流域进行细致的再划分。A 型沟道长度取值为折线形沟道河湾跨度的一半，通过利用无人机获取的自然学习区高精度 DEM 及影像数据，根据自然学习区沟道形态，提取其比降大于 4% 的沟道，统计 A 型沟道长度值，拟合正态曲线以统计该参数值。

极端降雨强度：极端降雨事件是检验近自然地貌重塑设计是否满足重塑区气候条件的一个重要指标。该参数分为 2 年 1h 最大降雨量和 50 年 6h 最大降雨量，前者检验重塑区沟道在初期应对短期瞬发降雨情况下的稳定性，影响沟道满水输送情况下的过水断面面积；后者则检验主沟道及洪水易发沟道的蓄水能力和稳定性，影响该类沟道的尺寸。该参数也与沟道参数中各沟道的宽深比、弯曲度共同塑造沟道的地表形态。通过查阅示例区气象数据，获取2年1h最大降雨量及50年6h最大降雨量参数值。

沟道密度：沟道密度指流域内沟道长度与流域面积的比值，是土壤黏性、植被冠层、覆盖度和根系密度、降水强度等气候因子和地形起伏度因子共同影响的结果。沟道密度反映了流域发育的程度，而重塑地貌初期流域发育程度较自然学习区低，地表抗侵蚀能力较差，因此示例区沟道密度会在自然学习区的基础上产生一定的偏差，根据前人研究知晓，沟道密度的偏差可接受范围为±10%。根据沟道提取结果，计算沟道长度，结合出水口位置生成流域，计算沟道长度和流域面积之比作为该参数的值。

东/北向最大坡度：在自然地貌中，北向和东向的边坡通常更加陡峭，这是因为示例区位于北半球，该方向上的边坡得到的日照辐射量较少，同时土壤中的水分更易被保留下来，有利于植被的生长和发育，使得植被根系更易稳固土壤，不易发生水土流失。对自然学习区进行坡向分析得到各坡面的朝向，在此基础上根据坡度提取自然学习区东/北向边坡的坡度，统计并进行95%的置信区间分析后选择最大值作为该参数的值。

6.2.3.2　景观演化参数提取

CLiDE景观演化模型是基于示例区气候、土壤、水文、地表覆被等数据对地貌进行数十年乃至上百年模拟的长期演化模型。因此地貌演化参数的准确提取是保证模型准确运行的前提。其主要的地貌演化参数包括气象参数、水文参数、侵蚀沉积方式、植被过程和边坡过程（Barkwith et al.，2015）。

1. 气象参数

地表各种形式的水体是不断相互转化的，水以气态、液态和固态的形式在陆地和大气间不断循环的过程就是水循环。对以水力侵蚀为主要侵蚀方式的地貌而言，区域水循环的方式对其土壤侵蚀沉积分布的影响是至关重要的。一个流域内发生的水循环是降水-地表和地下径流-蒸发的复杂过程。故CLiDE模型为进行地表水循环的模拟，将其具化为每日降雨量、地表蒸散发和渗透系数参数，通过简化水循环过程以分析地表径流的变化。每日降雨量和地表蒸散发数据通过统计多年示例区的逐日气候数据资料，利用CLIGEN天气发生器模拟生成。

2. 水文参数

水文参数包括土壤水文类型、给水度和库朗数。土壤水文类型是对示例区植被和土壤水文特性的进一步界定，根据田间持水量（土壤所能容纳的最大水量）、土壤萎蔫系数（特定种类植被不枯萎所需的最低土壤水分）和土壤基流指数（土壤在过饱和水条件下地下水补给与地表径流的分配比，BFI）进行分类；由于不同区域的植被类型及立地条件不一致，可能导致其渗透系数有变化，含水层给水度参数通过分布式文件对地下水供给做了不同程度的拉伸或缩放；库朗数则通过调节流场变化过程中的时间/空间步长相对关系，提高计算的稳定性和收敛性。

3. 侵蚀沉积方式

该类型参数通过调整沉积物的初始粒度比例、运输特性和侵蚀特性，在模拟过程中将侵蚀形成的泥沙分布在流域内或运出流域。主要通过如下参数实现该过程：根据最大流速和最大侵蚀极限来定义在一个模拟单元中可以被侵蚀或沉积的沉积物量值上限；根据沉积物粒径分布和活动层厚度在每次径流冲刷迭代过程中改变模拟单元活动层的粒径分布和纵向变化以模拟活性层和亚表层的发育情况；根据沟道内侧向侵蚀速率和一般侧向侵蚀速率，前者通过设定径流泥沙凝聚特性来控制沟道宽度，后者判断是否会发生河岸侵蚀及侵蚀速率以计算沟道弯曲度，并通过边缘平滑滤波器通道数描述沟道的计算曲率平滑度，用以表征沟道横截面变化及空间形态变化。

4. 植被过程

植被覆盖度数据依据最佳植被覆盖度范围对整体区域进行设置。由于 CLiDE 模型的景观演化模拟研究尺度通常在几十年乃至上百年，植被的生长发育情况呈周期性变动，其对泥沙沉积和地表水流速的限制效果也应当呈现周期性变化。CLiDE 模型将其简化为植被临界剪切力、植被成熟度及成熟植被的侵蚀抑制比例。植被临界剪切力是植被能承受的最大剪切应力值，若剪切应力值在其上植被会因径流侵蚀而移除。植被成熟度定义了植被达到完全成熟所需的时间（以年为单位），成熟植被的侵蚀抑制比例决定了植被成熟度如何影响河道内侧向侵蚀和一般侧向侵蚀速率。如果抑制比例设置为 0，那么当植被完全生长时这两种侵蚀方式就不会发生；如果设置为 1，那么植被就不会对侵蚀产生影响；如果设置为 0.5，则当植被完全生长时定义该区域的河道正常侵蚀和一般侧向侵蚀为无植被时的 50%。但这一速率受成熟度等级的影响，当植被成熟 50%，侵蚀率为 0.5 时，允许的最大侵蚀率为无植被时速率的 75%。通过这三组参数的设定来模拟植被发育期内区域的侵蚀速率变化。

5. 边坡过程

该类型参数用于控制 CLiDE 平台内非径流影响的泥沙运移过程的参数。由于尺度问题，在进行上百年的景观演化过程时，非水力侵蚀导致的土壤蠕动和浅层滑坡事件也应当被考虑进入。CLiDE 模型可采用 SCIDDICA 模块，通过表层土壤的体积、重量和动量计算每个单元所包含的势能，在单元坡度超过阈值或土层表面/内部水文性质发生变化时表示表层土壤的平移/滑坡过程。具体参数为：利用土壤夹带系数（0～1）决定某一滑坡事件可能夹带的有效土壤物质的最大百分比；利用摩擦角决定边坡单元之间可能发生滑坡的最小边坡角；利用松弛速率系数（0～1）决定一个平衡可能排序的内部时间步数以避免模块内部的不稳定性；利用附着力定义滑坡后残留的松散物质的最小深度（m）。

6.3 内排土场边坡近自然地貌重塑

6.3.1 土方优化地貌重塑模型构建

为使近自然重塑地貌在建设过程中与原自然地貌达到土方动态平衡，首先需要构建土方优化地貌模型，其构建思路为：对内排土场采复子区进行空间划分并建立对应关系，计算对应采复区域的可用土方量，根据复填子区原自然地表建立调整曲面，通过纵向伸缩系数对调整曲面进行拉伸以满足土方量需求，而后选取坡度最缓的表面作为该复填子区的地表形态，逐复填子区进行上述操作从而构建土方优化重塑地貌。

露天矿开采一般使用分段采剥的方式，将每一条带待开采区域煤层的上覆表土剥离后对煤层进行开采，在开采初期上覆表土置于非开采区域表土上，从而形成外排土场；当采坑达到设计大小后，继续剥离的上覆表土将回填于煤层已开采区域的岩层之上，从而形成复填区域，实现内排。为便于理解与建模，首先假设露天矿已实现内排，其开采方向为从右向左，分别等距划分开采区域与复填区域，使开采子区与复填子区一一对应，如图6-4所示。

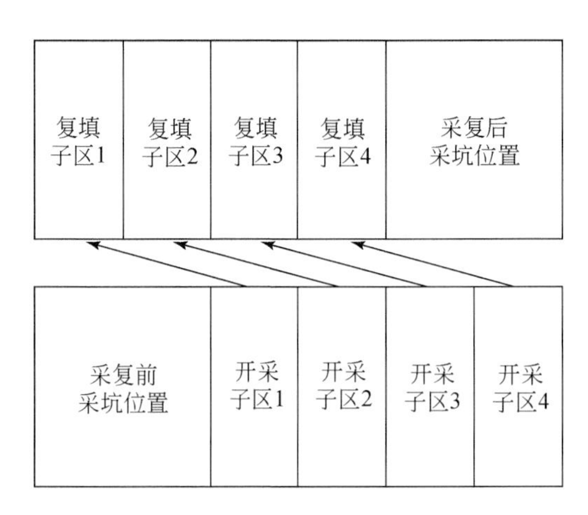

图6-4　露天矿采复周期下开采及复填子区空间位置提取示意图

结合开采计划及采前地形数据分辨率，将子区分割成栅格单元作为最小计算单元，通过采前地表高程数据和煤层顶板数据逐单元计算可用于复填的开采子区土方量。该土方量的数值结果为开采子区每个栅格单元地表高程减去煤层顶板高程的总和与栅格单元面积的乘积，使复填子区可用土方量与开采子区可供土方量相一致。

为保留复填子区自然地形特征，本书结合船体构建思路，构建以B样条曲线函数为龙骨，以第3章所得缓坡部分近自然边坡模型为支架的连续放缓曲面。B样条曲线位于复填子区中心线，其形态通过起始点、终止点及中间多个控制点设定，具有较优的连续性。根据该曲面对复填子区的栅格单元逐列进行调整，通过控制点使B样条曲线有限遍历使其具有复填子区原自然地形特征；同时利用近自然边坡模型使曲面与周边自然地貌进行衔接，从而构建复填子区的调整曲面，如图6-5所示。

为使复填子区土方量与对应开采子区相一致，本书利用纵向伸缩系数，在考虑土体膨胀的基础上将调整曲面拉伸使其所需土方量等于开采子区可用土方量，从而得到复填子区地表高程模型。由于这一步的结果并非唯一值，为提高复填子区的水土保持能力，对复填子区不同的地表曲面进行坡度计算，选取区域整体坡度最缓的曲面作为该复填子区的重塑模型。

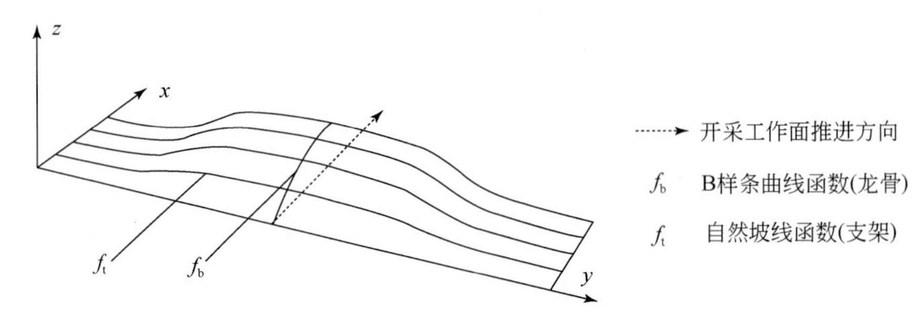

图 6-5　地表调整曲面预构建示意图

依据上述设计，通过 MATLAB 软件，逐复填子区对 B 样条曲线控制点的坐标位置进行计算并构建调整曲面。在曲面土方量调整后，选取整体坡度最小的复填子区重塑模型，最终获取与原自然地貌形态相似且土方量平衡的优化设计地貌模型。

6.3.2　沟道提取及再优化

通过内排土场土方优化技术形成的近自然设计地貌，在满足采复周期内土方优化平衡的基础上保留了原始地貌的起伏特征，且保证了与周边自然地貌的衔接性。但由于采矿活动导致内排土场区域内地表高程的大幅变化使相关的沟道参数发生改变，同时为进行曲面土方量控制而使用地表调整曲面伸缩变化系数，使得地表径流的截面形态和空间形态发生了变化，对于有些沟道而言这种变化或许会使其不满足当地自然条件下沟道的形成和发育情况，为此需要依据地貌临界理论的相关参数对土方优化后的设计地貌沟道进行再优化。

经由土方优化技术形成的近自然设计地貌，由于部分保留了原始地貌的沟道分布特征，其流出水口位置与原始地貌相近，而随着开采界面的推进，矿坑最终会形成在重塑区东北处二采区的位置，故须使上方流域主沟道的出水口位于矿坑最终位置附近。通过对近自然设计地貌进行山脊线提取，根据主要山脊线将重塑区划分为多个流域进行沟道提取。

重塑区各流域均存在很多沟道长度较短的细小水文路径。这是因为土方优化设计过程中使用了地表调整曲面，作为其“龙骨”的复填子区中心线部分的高程变化较边界处更大，尽管可以根据坡度缓和优化模型评价并选取坡度最小的方案，但仍会导致土方优化设计的地貌会在局部呈现出较高的坡度，产生细小的水文路径。而这些水文路径由于上方汇水面积过小，在降雨过程中，其地表径流的汇流剪切力较弱，对地表的切割能力和冲刷能力不足以突破地表土壤的抗侵蚀能力，因此无法形成细沟乃至切沟。由于这些水文路径并不属于实际情况中沟道的范畴，而属于地貌重塑参数的子脊间距中所述临时性汇水沟道，故在沟道优化过程中需将其舍去。

另一方面，由于土方优化设计的地貌并非实际地貌，其沟道提取结果也并非现实存在的沟道，需要根据地貌临界模型对各沟道（主要是一级沟道）进行筛选，对沟头的局地坡度和上方汇水面积不符合沟蚀发生机制的沟道进行去除并记入临时性汇水沟道。

对重塑区边界周围的自然地貌数据进行插值并提取高程点，对土方优化设计后地貌的沟头、沟道交汇处及山脊线也分别进行插值提取高程点，以这些点作为 GeoFluv 近自然地貌设计的高程预表面。将优化设计后的重塑区沟道导入 GeoFluv 模型中，根据其中的参数对重塑区进行整体设置和沟道的微调设置，使沟道密度符合自然学习区的提取值。对子脊和临时性汇水沟道的二维形态进行调整，使子脊间距满足地貌模拟，以实现矿区内排土场的近自然地貌重塑。将重塑结果生成的等高线导入 ArcGIS 中，将其进行空间插值转为地形栅格数据（李恒，2021）。

6.3.3　重塑地形稳定性检测

评价重塑地貌是否能够保持长期稳定不发生剧烈的地表形态变化时，部分国外学者会使用侵蚀预测模型进行地貌演化过程的模拟，这种方法的好处是可以获取土壤侵蚀沉积量时序变化的模拟结果，一方面可以判断重塑地貌的稳定性，另一方面可以探寻重塑地貌易发生水土流失的关键节点，在地貌养护过程中重点关注该部分。传统的侵蚀预测模型可以获取至模拟时间节点为止的侵蚀沉积数值，但无法获取地貌的最终形态，而地貌演化模型可以得到各时间节点的地表高程数据，在此基础上进行土壤侵蚀和沉积的时序模拟，对露天矿区重塑地貌的演化模拟与评价分析有很强的适用性。为对比评价不同情景下重塑地貌的长期稳定性，通过 6.4.2.2 节提取的景观演化模型参数，对开采前自然地貌、近自然重塑地貌和传统方式重塑地貌进行同等模拟时长的数值模拟，对比分析不同地貌下土壤侵蚀、沉积量和水土流失量的变化以评价重塑地貌的稳定性，并根据水土流失情况判断关键节点进行长期检测及养护。

一般情况下，露天矿区重塑地貌并非一个完整的流域，因此考虑到上下游与重塑区之间的相互影响，在进行景观演化模拟时对矿区进行向外延伸模拟区域。以示例区现状 DEM 数据为基底，将传统重塑方式和近自然重塑方式下的内排土场分别镶嵌到现状 DEM 上，以此作为不同模拟情况的地表数据，输入地貌演化参数并分别进行模拟。而矿坑的存在会使地貌演化模拟结果中侵蚀沉积的视觉对比效果降低，为了使对比效果更加明显，同时排除自然区域侵蚀沉积数值对重塑区的该数值的稀释效果，在进行地貌演化前后侵蚀沉积变化分析时不统计矿坑和自然区域的数据，仅统计重塑区。

6.4　技术示例

6.4.1　示例区简介及数据来源

胜利矿区位于内蒙古自治区锡林郭勒盟锡林浩特市北部矿群，地理坐标范围 43°54′15″~44°13′52″N，115°24′26″~116°26′30″E，矿区地处温带丛生禾草典型腹地，除河滩、丘间洼地和盐化湖盆地外均为典型草原。胜利矿区包括胜利一号、西二矿、西三矿及胜利东二号矿 4 个露天矿及附带的 8 个大型外排土场，均实现了不同程度的复垦，其中胜利一号露天矿区自2013年开始实现内排，至今已完成内排土场覆盖范围约2.53km²，并且依据矿山规划可知，全生命周期下的内排土场范围为32.68km²。示例区地理位置如图6-6所示。

图6-6　示例区区位图

6.4.1.1　地形数据

为对比重塑后地形与采前地形的水土流失情况变化，本研究需要分别获取示例区采前及采后地形数据。此外，为获取示例区自然地形地貌特征，本研究还通过无人机航拍测量、人工野外定点测量等方法，获取示例区稳定地表高精度特征。

在示例数据中，采前地形数据来源于DLR的数字高程模型（DEM），由美国太空总署NASA和国防部国家测绘局NIMA2000年联合测量的SRTM数据，其分辨率为30×30m；煤层厚度和顶底板高度根据胜利一号露天矿5、6号煤层顶底板等高线及资源储量估算平面图生成；采后地形数据则根据胜利一号露天矿开采规划及煤层开采厚度生成，自然学习区数据在坡度分析和查阅锡林浩特市历史地质灾害的基础上，选取未发生严重地质灾害，可认为是经长期发育形成的不同坡度条件下的稳定地貌，利用无人机航测和人工野外定点测量等方法获取高精度DEM数据用于自然地形特征的学习。于2020年7～8月在锡林浩特市西北部及东北部分别选择山体区域、缓斜坡区域和陡坡区域获取了高精度DEM数据，分辨率分别为11.96cm、14.7cm和13.2cm。

6.4.1.2　土壤数据

示例数据中土壤数据的获取方法为在胜利矿区自然区域及内排土场均匀布设土壤取样点。土壤采样深度为5～20cm，每个取样点利用五点取样法，去除草皮后取土均匀混合作为该点样本。测样指标包括土壤的机械组成、有机质含量、pH、阳离子交换量等，并在自然缓斜坡区域和胜利一号矿外排土场区域沿坡线设置土壤取样点，额外测定渗透系数和土壤容重。示例区主要的土壤类型及参数如表6-2所示（陈航，2019）。

表 6-2　示例区主要土壤参数

土壤类型	黏粒比例/%	砂粒比例/%	石砾比例/%	阳离子交换量/(meq/100g)	有机质含量/%
沼泽土	21.6	64.2	1.1	80	20
草甸土	25.8	56.4	1.1	9.9	3
排土场土	34	38.6	27.4	9.9	0.114

6.4.1.3　气候数据

示例数据通过国家气象网站下载锡林浩特市 2000～2019 年 20 年的气候数据，统计逐日气候数据资料，包括每月平均降雨量、降雨天数，每日最高气温、最低气温等数据。在多年气象资料统计参数的基础上，通过月均值插值法，以 100 年为模拟时间，经气候发生器 CLIGEN 生成模型所需要的逐日降水数据资料。部分生成资料如图 6-7 所示。

```
1   4.30
2     1   0   0
3     Station:  XLHT +                                          CLIGEN VERSION 4.3
4   Latitude Longitude Elevation (m) Obs. Years   Beginning year  Years simulated
5      45.00   115.00        1050          47             1             100
6   Observed monthly ave max temperature (C)
7    -2.5   2.8  11.3  23.0  31.2  30.7  34.2  32.8  26.3  19.5  10.5  -1.8
8   Observed monthly ave min temperature (C)
9   -32.7 -29.2 -24.5  -8.7  -1.5   5.2   9.2   5.7  -1.2  -9.3 -24.7 -28.7
10  Observed monthly ave solar radiation (Langleys/day)
11  186.0 263.0 340.0 420.0 535.0 515.0 530.0 451.0 379.0 295.0 210.0 165.0
12  Observed monthly ave precipitation (mm)
13    1.5   1.3   4.1   8.5  21.7  76.9  84.5  40.7  29.5  12.9   5.0   2.1
14  da mo year  prcp  dur   tp     ip  tmax  tmin  rad  w-vl w-dir  tdew
15              (mm)  (h)               (C)   (C) (l/d) (m/s)(Deg)   (C)
16   1  1    1   2.1  2.42 0.02   1.01  -4.0 -33.2  81.   5.2  322. -18.6
17   2  1    1   0.0  0.00 0.00   0.00  -7.3 -35.7 141.   5.8  312. -21.5
18   3  1    1   0.0  0.00 0.00   0.00  -5.9 -35.5 179.   2.7  151. -20.7
19   4  1    1   0.0  0.00 0.00   0.00   3.1 -36.2 175.   5.7  325. -16.5
20   5  1    1   0.0  0.00 0.00   0.00  -2.8 -28.7 133.   5.8  302. -15.8
21   6  1    1   0.0  0.00 0.00   0.00   1.8 -23.7 123.   6.0  308. -11.0
22   7  1    1   0.0  0.00 0.00   0.00  -5.8 -27.1 154.   3.0   41. -16.5
23   8  1    1   0.0  0.00 0.00   0.00   1.1 -29.7 185.   2.1  188. -14.3
24   9  1    1   0.3  1.64 0.07   1.01  -2.4 -28.9 187.   5.0  360. -15.7
25  10  1    1   0.0  0.00 0.00   0.00  -0.8 -34.2 198.   3.1  338. -17.5
26  11  1    1   0.0  0.00 0.00   0.00  -0.9 -35.6 190.   0.0    0. -18.2
27  12  1    1   0.0  0.00 0.00   0.00  -4.6 -34.9 192.   0.0    0. -19.7
28  13  1    1   0.0  0.00 0.00   0.00  -6.2 -29.7 179.   2.8  331. -18.0
29  14  1    1   0.0  0.00 0.00   0.00  -8.1 -33.8 126.   8.6  286. -20.9
30  15  1    1   0.0  0.00 0.00   0.00  -6.9 -33.1 146.   4.4  348. -20.0
31  16  1    1   0.0  0.00 0.00   0.00  -5.7 -34.9 151.   2.2   71. -20.3
32  17  1    1   0.0  0.00 0.00   0.00  -3.0 -30.6 180.   5.5  312. -16.8
33  18  1    1   0.0  0.00 0.00   0.00  -2.0 -36.5 160.   3.1  329. -19.2
```

图 6-7　气象数据预测结果

6.4.1.4　土地利用数据

示例区地类主要包括湿地、裸地、建设用地、草地和排土场植被，分别由所用地形数据对应的 2000 年和 2017 年夏季 Landsat 影像，经辐射定标、大气校正等预处理过程后，在选取的分类样本分离度达标前提下，经随机森林利用监督分类生成示例区的土地利用数据。在此基础上，提取示例区处理后影像植被区的 NDVI 值，去除异常值后根据像元二分法计算植被区的植被覆盖度。

6.4.2 近自然边坡模型构建

6.4.2.1 边坡特征参数提取

通过边坡剖面线提取得知，胜利矿区自然地形部分的主要边坡类型为反 S 型边坡，共提取出 52 组反 S 型边坡剖面线，其中包括 28 组陡坡部分的边坡剖面线及 24 组缓坡部分的边坡剖面线。分析边坡特征参数之间的相关性，利用统计学方法构建胜利矿区自然边坡的边坡模型。

6.4.2.2 近自然边坡模型构建

根据 S-W 检验可知，坡长、凸面曲率、凹面曲率数据的显著性水平（Sig 值）均小于 0.05，不具备正态分布的特征，对这 3 组数据进行对数变换，使其符合正态分布，因此可进行相关性分析。根据坡高和坡长的关系制作散点图（图 6-8），根据图像可看出，胜利矿区缓坡部分与陡坡部分有着不同的规律，因此需要对两部分分别进行分析。

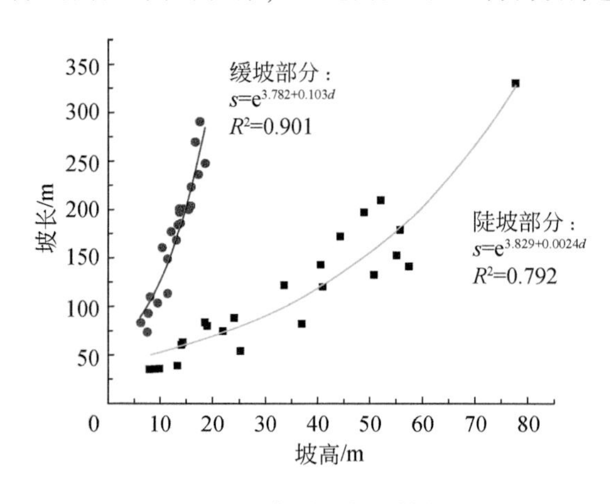

图 6-8 坡高对坡长的散点图

陡坡部分的边坡剖面线坡度范围在 22%～46%，对陡坡部分的边坡特征参数进行相关性分析发现，坡高与坡长、凸面水平占比与凸面竖直占比在 0.01 水平上显著相关；坡长与凸面曲率、坡长与凹面曲率在 0.05 水平上显著相关。

缓坡部分的边坡剖面线坡度范围在 6%～10%，对缓坡部分的边坡特征参数进行相关性分析的结果发现，坡高与坡长、凸面曲率与凹面曲率、凸面水平占比与凹面竖直占比分别在 0.01 水平上显著相关。

根据陡坡部分边坡特征参数之间的相关性分析，选取坡高对坡长、坡长对凸面曲率和凹面曲率、凸面水平占比对凸面竖直占比这 4 组相关特征参数进行曲线拟合，通过这种拟合得到的公式组，可以得到一个以坡高为自变量的近自然边坡模型。在进行曲线拟合之前，为检验模型的准确性，将提取两组数据作为验证数据。在曲线拟合的过程中，通过分析 R 方值，参数的 T 检验和方差的 F 检验后，分别得到了 4 组相关特征参数的拟合公式：

$$s=e^{3.829+0.024d} \tag{6-18}$$

$$tq=e^{2.530-0.007s} \tag{6-19}$$

$$aq=e^{2.039-0.011s} \tag{6-20}$$

$$tz=e^{-2.219+2.673tp} \tag{6-21}$$

式中，d 为坡高，m；s 为坡长，m；tq 为凸面曲率；aq 为凹面曲率；tp 为凸面水平占比；tz 为凸面竖直占比。

其中由于凸面水平占比和凸面竖直占比与其他边坡特征参数没有相关性，而最终的边坡模型只能有坡高一个自变量，为获取特征规律应尽量采取与自然边坡特征参数相近的数值，因此求取实测数据凸面水平占比的均值为 46.82%，根据公式计算凸面竖直占比的参考值为 38.01%。由此构建出陡坡部分的自然边坡模型。将验证数据的坡高带入模型中，得到的坡长、凸面曲率和凹面曲率数据与实测数据的相差幅度均低于 10%，可说明模型的准确性。

根据缓坡部分边坡特征参数的相关性分析，分别选取坡高对坡长、凸面曲率对凹面曲率、凸面水平占比对凹面竖直占比这 3 组相关特征参数进行曲线拟合。同样提取出两组数据作为验证，用上述方法拟合出了 3 组特征参数的拟合公式：

$$s=e^{3.782+0.103d} \tag{6-22}$$

$$aq=e^{0.24-0.443tq} \tag{6-23}$$

$$tz=e^{-1.187+0.736tp} \tag{6-24}$$

式中，d 为坡高，m；s 为坡长，m；tq 为凸面曲率；aq 为凹面曲率；tp 为凸面水平占比；tz 为凸面竖直占比。同样对实测数据的凸面曲率和凸面水平占比求取均值，并按照式（6-23）和式（6-24）计算凹面曲率和凸面竖直占比的数值。经计算的凸面曲率参考值为 1.41×10^{-3}，凹面曲率为 0.69×10^{-3}，凸面水平占比为 52.39%，凸面竖直占比为 45.26%。

6.4.2.3　近自然边坡模型与原排土场边坡模型的水土保持能力对比

考虑到实际情况，由于在进行排土场边坡重塑时不可能按照缓坡的坡度进行放坡处理，而陡坡部分边坡模型的坡度与原排土场边坡相近，为此在对比分析时使用陡坡部分边坡模型与原排土场边坡模型进行分析。在进行水蚀分析的时候，为确保分析结果的准确性，应当对除坡型因素外的其他变量进行控制，主要包括边坡高度、土壤类型、气候数据、植被覆盖以及模拟年份。为了使分析结果更加符合原排土场的实际情况，在进行水蚀分析模拟时，应当以一个或者数个台阶的高度作为基准考虑。在综合考虑边坡设计需要的基础上，最终选取边坡高度分别为 15m、30m、45m 和 60m 来构建不同的边坡模型。而在模拟年份这一变量中，由于边坡形状或许会因为常年受到侵蚀而发生改变，导致土壤损失量发生变化，需要划分不同的模拟年份。本次分析将以 1 年、10 年和 50 年 3 个模拟年份分别进行水蚀分析。分析结果见表 6-3。

表 6-3　不同边坡的特征参数及年均土壤损失量

	坡型	原排土场边坡				反 S 型边坡			
边坡特征参数	坡高/m	15	30	45	60	15	30	45	60
	坡长/m	56.86	113.72	170.58	227.44	65.96	94.54	135.5	194.22
	凸面曲率/10^{-3}					7.91	6.48	4.86	3.22
	凹面曲率/10^{-3}					3.72	2.72	1.73	0.91
	凸面水平占比					46.82%	46.82%	46.82%	46.82%
	凸面竖直占比					38.01%	38.01%	38.01%	38.01%
土壤损失量	1 年份年均土壤损失量/(kg/m^2)	23.93	48.5	72.14	95.39	17	31.86	42.27	50.64
	10 年份年均土壤损失量/(kg/m^2)	32.07	65.46	96.4	127.9	21.67	41.18	54.05	59.91
	50 年份年均土壤损失量/(kg/m^2)	35	71.78	106.3	141.2	23.35	44.32	58.7	65.65

注：空白表示该坡型无此参数。

由表 6-3 可知，在模拟坡高为 15m 时，反 S 型边坡 1 年份、10 年份、50 年份的土壤损失量分别为原排土场边坡的 71.04%、67.57%、66.71%；在模拟坡高为 30m 时，反 S 型边坡 1 年份、10 年份、50 年份的土壤损失量分别为原排土场边坡的 65.69%、62.91%、61.74%；在模拟坡高为 45m 时，反 S 型边坡 1 年份、10 年份、50 年份的土壤损失量分别为原排土场边坡的 58.59%、56.07%、55.22%；在模拟坡高为 60m 时，反 S 型边坡 1 年份、10 年份、50 年份的土壤损失量分别为原排土场边坡的 53.09%、46.84%、46.49%。

在对各个坡型的年均土壤损失量进行了对比分析后，为了对不同坡型土壤流失的分布情况进行对比，还需要根据两种坡型的土壤流失曲线图进行分析，图 6-9 和图 6-10 分别为模拟年份为 1 年、边坡高度为 30m 的条件下两种坡型的土壤流失曲线图。其中红色的曲线表示坡面剖面线，绿线表示坡面上相应点的侵蚀情况，灰色的面积图形在 Y 轴上的数值为实际上的土壤流失量或土壤沉积量。

根据原排土场边坡模型的土壤流失曲线图可知，原排土场边坡的土壤流失从第一坡面开始，而在第二平台上有土壤颗粒的沉积，由此可看出平台设置对边坡保土能力有一定的影响。但在第二坡面位置，土壤损失量比第一坡面位置提升了 1 倍左右，而最终在第二坡面底部土壤损失量达到最大，最大分离量为 116kg/m^2。

根据反 S 型边坡模型的土壤流失曲线图中可知，边坡的土壤损失量从坡顶开始增长，在到达边坡长度 50m 左右的时候在 47kg/m^2 处上下波动并保持到坡底。最大分离量为 48.4kg/m^2。而在边坡长度为 51.5m 处的位置土壤损失量有一个骤减，之后继续增加。由于此位置接近反 S 型边坡凸起部分和凹陷部分的拐点位置，推测出现此峰值的原因是此位置剖面曲率趋于平缓，地表径流流速减慢，导致地表径流中携带的土壤颗粒得以沉降，在此处部分堆积使得土壤损失量减少。

水土保持能力是评价边坡模型优劣的重要依据。边坡的水土保持能力越强，土壤损失

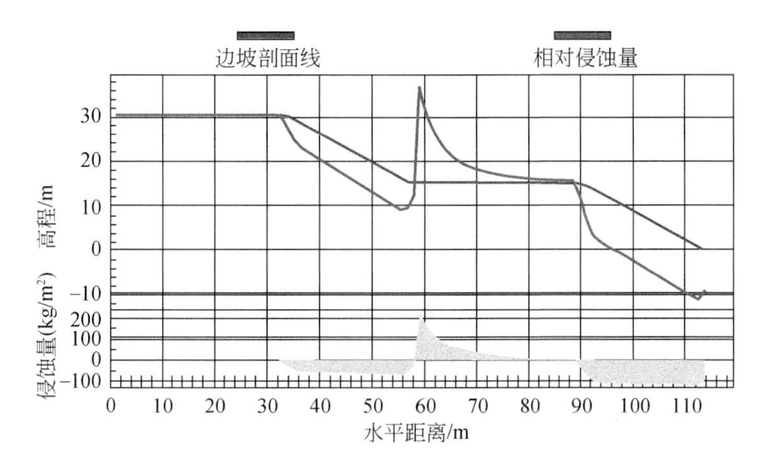

图6-9　原排土场边坡的土壤流失曲线图

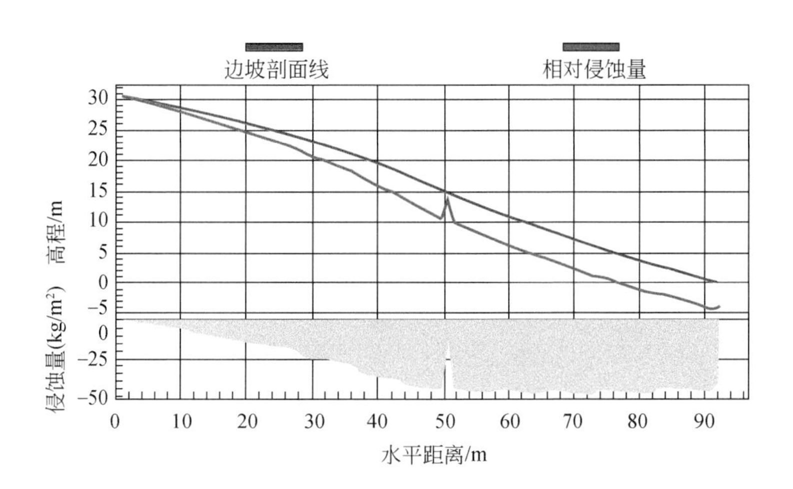

图6-10　反S型边坡的土壤流失曲线图

量越少，其稳定性就越高。随着坡高的增加，无论是原排土场边坡模型还是反S型边坡模型的年均土壤损失量都有一定程度的提升。原排土场边坡模型在坡高分别为30m、45m、60m时的1年份年均土壤损失量分别比15m时的1年份年均土壤损失量增加了102.67%、201.46%、298.62%，而反S型边坡模型同等条件下的增加百分比分别为87.41%、148.65%、197.88%，相较于原排土场边坡模型分别减少了15.26%、52.82%、100.74%，并且原排土场边坡模型的年均土壤损失量增幅差异不大，而反S型边坡模型的年均土壤损失量增幅呈现递减趋势。这表明随着坡高的增加，反S型边坡模型的水土保持能力相较于原排土场边坡模型越来越强。

另一方面，随着模拟年份的增加，两种边坡模型的年均土壤损失量都有一定程度的提升，这可能是因为边坡在经历数年的侵蚀导致边坡形状发生改变后，其水土保持能力有所下降，因此边坡模型的长期稳定性也是一个重要的评价依据。随着模拟年份的增加，边坡模型在不同坡高条件下的年均土壤损失量增加百分比相差不多，如原排土场模型在坡高为15m、30m、45m、60m的10年份年均土壤损失量相较于1年份年均土壤损失量增加百分比分别为34.02%、34.97%、33.63%、34.08%，故可以用均值代替。原排土场边坡模型各坡高条件下的10年份年均土壤损失量相较于1年份年均土壤损失量提升了约34.17%，50年份年均土壤损失量相较于1年份年均土壤损失量提升了约47.41%；而反S型边坡模型分别提升了约28.2%和38.44%。这表明反S型边坡模型在长时间尺度下的保土能力优于原排土场边坡模型。

6.4.3　地貌临界模型构建

在获取沟道数据之前，为提高运算效率首先分别对缓斜坡、斜坡和陡坡区域进行重采样，使分辨率降至1m×1m，而后根据GeoNet组件进行沟道提取。为获取符合示例区的地貌临界模型，结合自然学习区沟道提取结果，提取沟头所在位置的局部坡地坡度，并以沟头为倾泻点获取上方汇水面积，图6-11为沟头上方汇水面积提取结果。

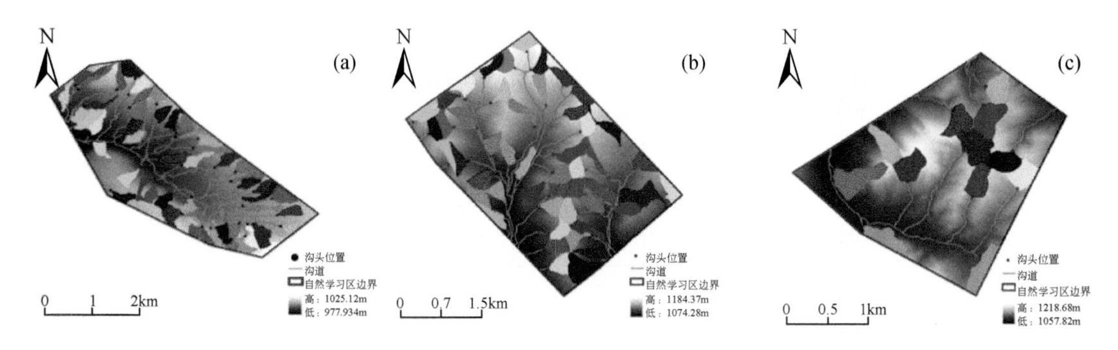

图6-11　各自然学习区沟头及上方汇水面积提取结果
（a）微斜坡；（b）缓斜坡；（c）陡坡

根据沟道提取结果可知，微斜坡区域沟道呈梳状分布，缓斜坡区域沟道呈树状分布，与坡度分析的结果相一致。陡坡区域的沟道数量较少，这可能是因为GeoNet组件中用于识别沟头的搜索框尺寸是基于坡面中值长度设定的，陡坡区域的坡面长度过大，导致搜索框尺寸较大，使得较短的部分沟道无法被识别出。但由于本次分析是为了获取沟头与上方汇水面积的关系，对沟道等级并无过多要求，故可以忽略该问题。统计各区域的沟道密度，陡坡区域为21.83m/hm^2，缓斜坡区域为24.63m/hm^2，微斜坡区域为30.07m/hm^2。采用正交回归+95%置信区间下限值法，将不同自然学习区的S和A值进行拟合，拟合结果如图6-12所示。

通过正交回归分析+95%置信区间下限值法，生成幂函数曲线拟合得到k和b值。拟合结果为，相对剪切力指标b值为0.899，临界常数t值为0.1081。值得注意的是统计点值在S=9时有较高的累计，这可能是因为通过组件提取的自然学习区的沟道其累计栅格流量阈值接近9hm^2，但由于本次拟合采用的分析方法以95%置信区间的下限为沟道生成临界线，于结果上影响不大，因此不做深入分析。

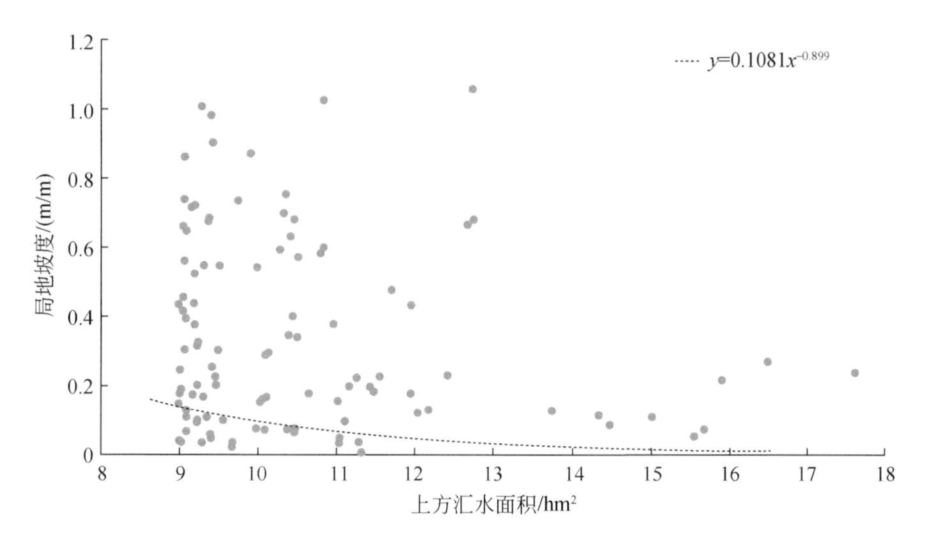

图6-12　基于地貌临界理论的拟合结果

6.4.4　内排土场采复子区空间识别

胜利矿区一号露天矿可采煤层为5、6煤层，依据储量报告，采用ArcGIS中地形转栅格模块获取示例区采前自然地表高程平面分布图、煤层顶板标高平面分布图及底板标高平面分布图。为避免数据空间分辨率差异造成的干扰，将影像空间分辨率统一设置为30m×30m，数据形式均为263列223行的栅格影像（图6-13）。

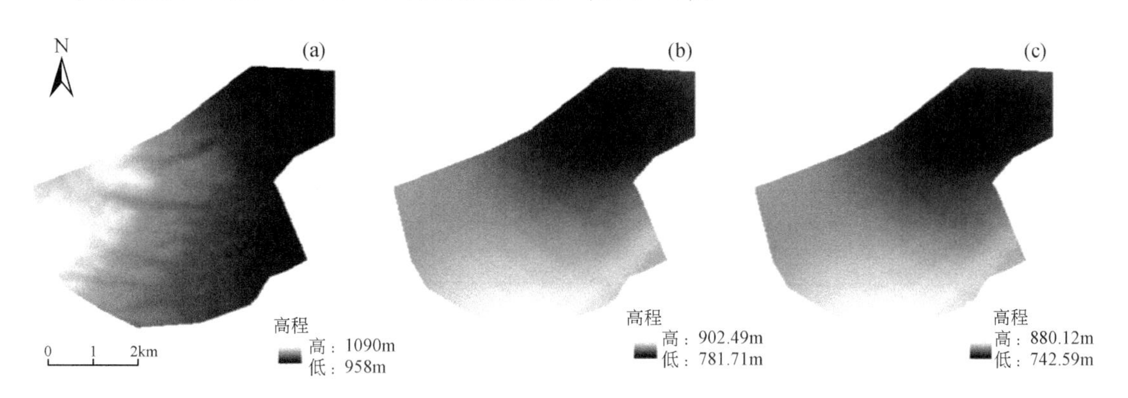

图6-13　示例区采前地表高程分布图（a）、示例区煤层顶板标高平面分布图（b）和示例区煤层底板标高平面分布图（c）

通过查阅矿山地质勘察结果了解到胜利一号露天矿将采区按照“一横三竖”的方式对全生命周期开采范围进行了划分，共分为4个采区，现开采区称为首采区，位于采区的东部边缘区。在首采区工作面推进过程上，到达西部边缘区后，然后将剩下的矿区沿南北倾向以 1800m 作为工作面宽度，由西向东划分为三块区域，分别为二、三、四采区。按照该方法划分采区范围主要是根据煤层分布及内排土场排土特点，首采区煤层分布浅，因而矿区开采初期煤炭剥采比较小，向外排弃量较少。根据开采顺序确定采区顺序为：一采区→四采区→三采区→二采区，据此可知遗留矿坑最终会在二采区形成。开采规划如图 6-14 所示。

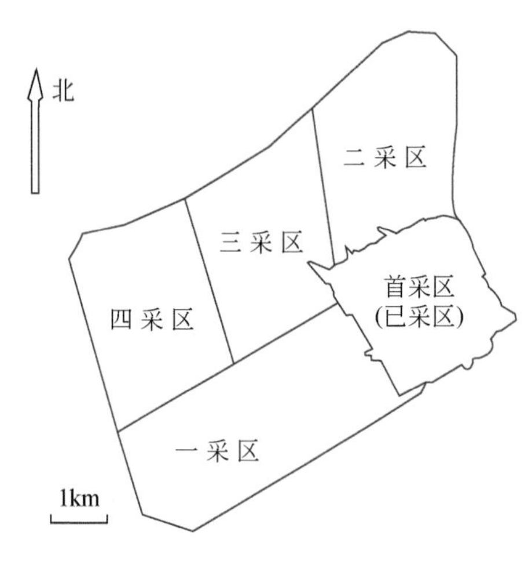

图 6-14　矿山开采规划图

在确定露天矿区开采顺序后，由于一号矿开采区域并非规整的矩形区域（这也是矿区采复过程中经常遇到的问题），需要在公式的基础上进行调整。具体思路为将开采区域按面积和高程值重划分为类栅格单元，将其与 row_c 行 col_c 列的网格单元组进行空间映射，使开采区域在运算过程中视为矩形区域。区域转换示意图如图 6-15，其中高程转换公式为

$$h_{amn(x,y)} = h_{am'n(x,y)} S_{am'n(x,y)} / S_{amn(x,y)} \tag{6-25}$$

式中，$h_{amn(x,y)}$ 是开采子区 am_n 中网格单元（x，y）所在区域等效平均高程；$h_{am'n(x,y)}$ 是开采子区 am_n 中网格单元（x，y）所在区域实际平均高程；$S_{am'n(x,y)}$ 是开采子区 am_n 中网格单元（x，y）所在区域实际平面投影面积；$S_{amn(x,y)}$ 是开采子区 am_n 中网格单元（x，y）所在区域等效变换后所对应平面投影面积。

依据采复子区空间位置识别方法，在 30m×30m 栅格影像数据下，按采复周期将示例区划分为 45 个一一对应的采复子区。其中，采复子区网格行数（row_c）为 96，列数（col_c）为 3，即复填子区（af_n）和开采子区（am_n）均设计为沿开采方向水平投影短边 90m，长边 2880m 的水平矩形区域，以使采复工作前后采坑的水平投影大小不变（图 6-16）。

6.4.5　基于原始地貌的内排土场土方平衡优化

在上述内排土场采复子区空间识别的基础上，依据内排土场地表近自然设计方法，通过 MATLAB 软件以 0.01 为控制点数值最小变化间距，膨胀系数 k 取 1.2，再将 DEM 结果

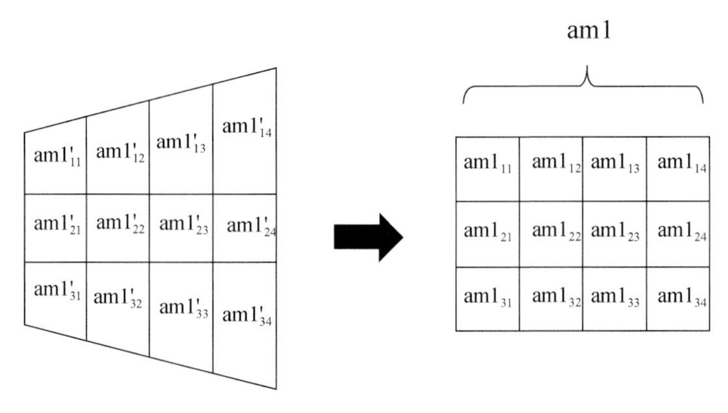

图6-15　开采区域转换示意图

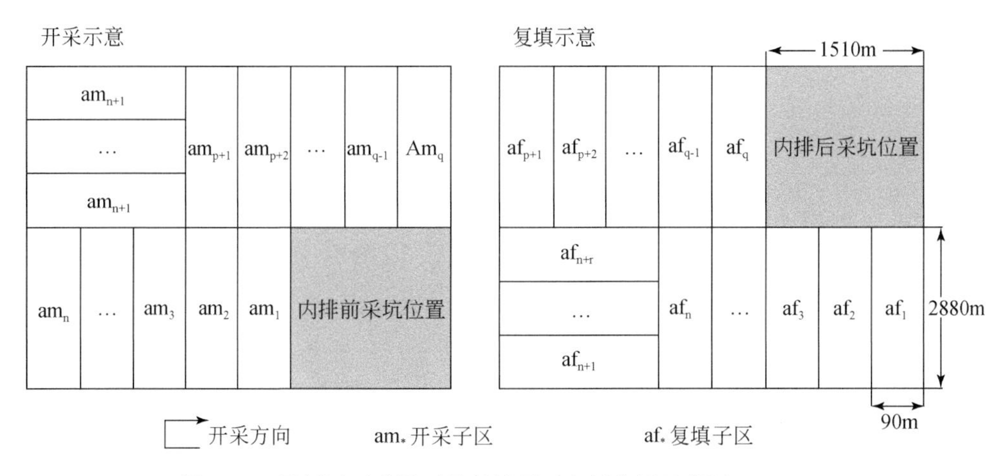

图6-16　示例区开采子区及复填子区空间位置示意图（$p=n+r$）

通过高程转换公式转回原开采区域二维形状，生成示例区内排土场地貌近自然设计DEM结果。

如图6-17所示，受示例区“开采子区地表原始标高”、“复填子区煤层底板标高”、“复填子区煤层顶板标高”的直接影响，近自然设计结果较原始地貌发生不规则形变。例如，在重塑区东南部分，近自然设计结果较原始地貌有所抬升，而在西部区域近自然设计结果较原始地貌有所下降。将该设计地貌作为基底数据，以进行后续的近自然地貌重塑设计。

6.4.6　沟道优化及近自然重塑地形结果

根据主要山脊线将重塑区划分为三个流域，利用Geonet组件进行沟道提取，根据重塑区沟道进行优化设计。对于中部区域的主沟道，由于其西侧为自然区域流域的下游，需要承接上游汇入此流域的径流，因此中部区域主沟道的沟头应当位于自然区域主沟道在重塑区边界的出水口处。此外，三个区域的主沟道出水口均连接至下部流域的沟头，但北、中

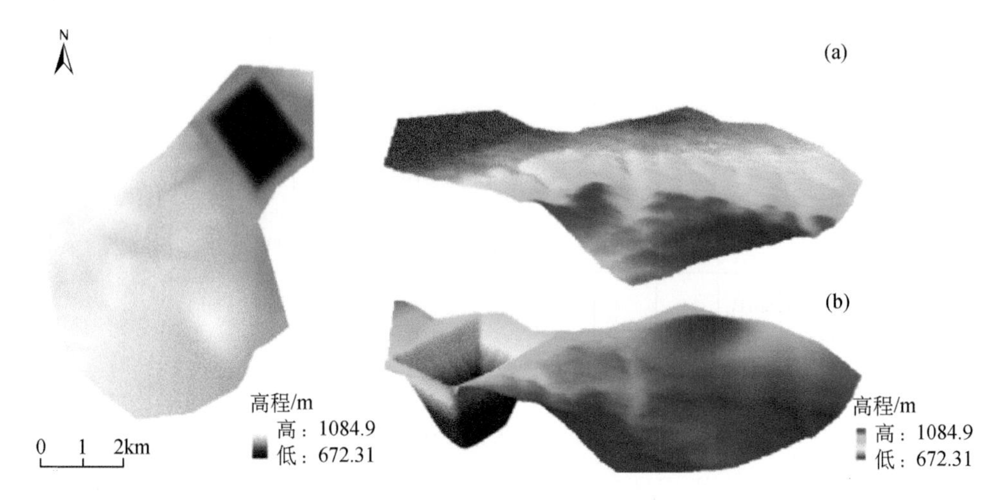

图 6-17　土方优化设计地貌及与原始地貌的对比

（a）原始地貌；（b）土方优化设计地貌

部区域具有多个相近的出水口，在后期地貌养护过程中会提升控制水土流失的成本，故将子沟道通过梯度下降法选择最短路径连接至主沟道，使整个流域的出水口相一致。流域划分、初始沟道及沟道优化结果如图 6-18 所示。

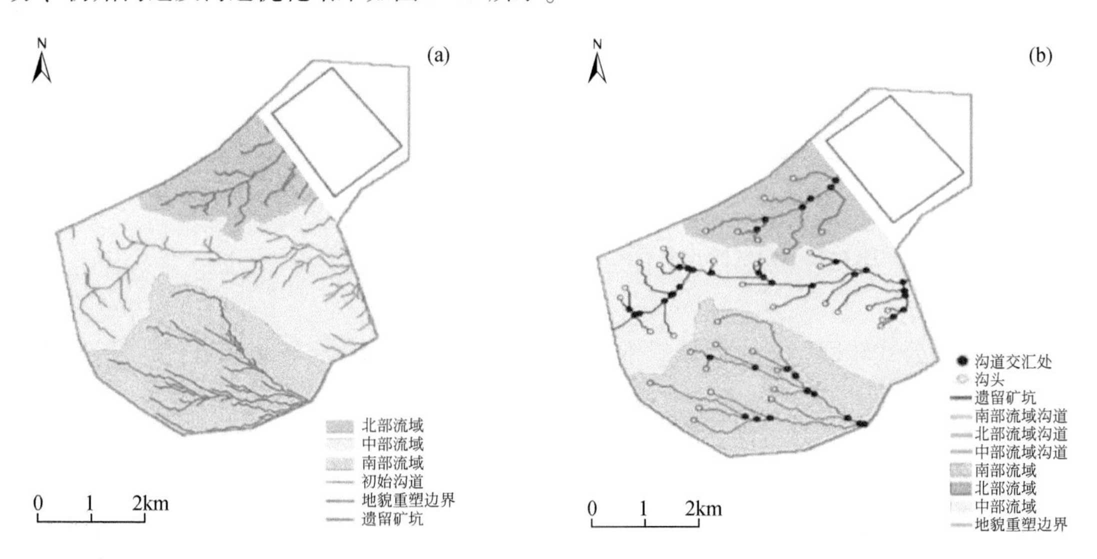

图 6-18　重塑区流域划分、初始沟道及沟道优化结果

（a）初始沟道；（b）沟道优化结果

如图 6-18 所示，重塑区沟道经优化后，坡度较缓的中、南部流域形成树状沟道，坡度较陡的北部流域形成格状沟道。通过提取各流域的预设沟道长度及流域面积，计算得出三个流域的沟道密度由上至下分别为 19.72m/hm^2，15.76m/hm^2，20.84m/hm^2。而根据自然学习区提取的沟道密度为（21.83±10%）m/hm^2，这表明中部流域需要更小的子脊间距，其子沟道也需要更大的沟道弯曲度以提高沟道长度，增大流域的沟道密度。

对重塑区边界周围的自然地貌数据进行插值并提取高程点，对土方优化设计后地貌的沟头、沟道交汇处及山脊线也分别进行插值提取高程点，以这些点作为 GeoFluv 近自然地貌设计的高程预表面。将优化设计后的重塑区沟道导入 GeoFluv 模型中，根据参数对重塑区进行整体设置和沟道的微调设置，使沟道密度符合自然学习区的提取值。对子脊和临时性汇水沟道的二维形态进行调整，使子脊间距满足地貌模拟，最终实现胜利一号矿内排土场的近自然地貌重塑。将重塑结果生成的等高线导入 ArcGIS 中，将其进行空间插值转为地形栅格数据。提取的地貌重塑参数见表 6-4，GeoFluv 重塑结果如图 6-19 所示。

表 6-4　地貌参数提取值统计表

参数类型	参数名称	取值
全局参数	山脊线到沟头的最大距离/m	260
	主沟道出水口坡度/（°）	0.6
	A 型沟道长度/m	60
	2 年 1h/50 年 6h 最大降雨量/cm	2.73、3.56
	沟道密度/（m/hm^2）	（21.83±2.183）
	东/北向最大坡度/（°）	26.6
沟道参数	最大流速/（m/s）	Ⅰ：0.15～0.68
		Ⅱ：0.49～2.5
		Ⅲ：2.15～4.5
	上游坡度/（°）	1.14～4.68
	径流系数	0.015
	沟道宽深比	9.8～11.6/12.5～14.5
	沟道弯曲度/（°）	1.12～1.16/1.25～1.48
	子脊间距	7～11

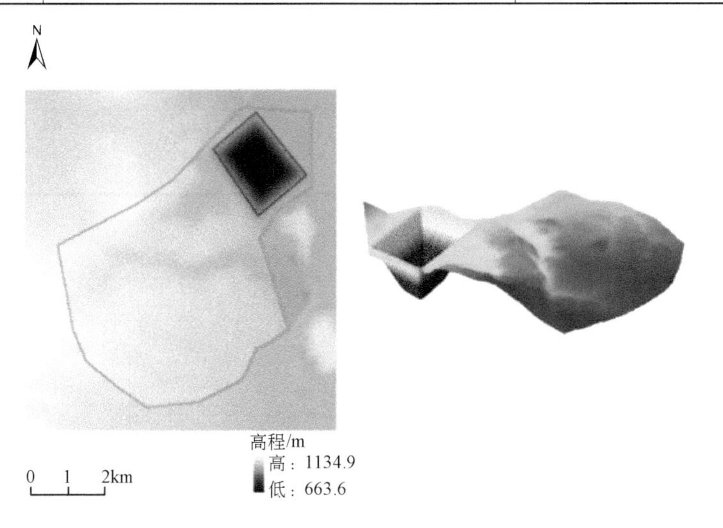

图 6-19　近自然地貌重塑结果及其三维效果

6.4.7 重塑地貌稳定性评价

评价重塑地貌是否能够保持长期稳定不发生剧烈的地表形态变化时，部分国外学者会使用侵蚀预测模型进行地貌演化过程的模拟，这种方法的好处是可以获取土壤侵蚀沉积量时序变化的模拟结果，一方面可以判断重塑地貌的稳定性，另一方面可以探寻重塑地貌易发生水土流失的关键节点，在地貌养护过程中重点关注该部分。传统的侵蚀预测模型可以获取至模拟时间节点为止的侵蚀沉积数值，但无法获取地貌的最终形态，而地貌演化模型可以得到各时间节点的地表高程数据，在此基础上进行土壤侵蚀和沉积的时序模拟，对露天矿区重塑地貌的演化模拟与评价分析有很强的适用性。为对比评价不同情景下重塑地貌的长期稳定性，通过前期提取的景观演化模型参数，对开采前自然地貌、近自然重塑地貌和传统方式重塑地貌进行同等模拟时长的数值模拟，对比分析不同地貌下土壤侵蚀、沉积量和水土流失量的变化以评价重塑地貌的稳定性，并根据水土流失情况判断关键节点进行长期检测及养护。

一般情况下，露天矿区重塑地貌并非一个完整的流域，因此考虑到上下游与重塑区之间的相互影响，在进行景观演化模拟时对矿区模拟区域进行向外延伸。以示例区现状DEM数据为基底，将传统重塑方式和近自然重塑方式下的内排土场分别镶嵌到现状DEM上，以此作为不同模拟情况的地表数据，输入地貌演化参数并分别进行模拟。而矿坑的存在会使地貌演化模拟结果中侵蚀沉积的视觉对比效果降低，为了使对比效果更加明显，同时排除自然区域侵蚀沉积数值对重塑区的该数值的稀释效果，在进行地貌演化前后侵蚀沉积变化分析时不统计矿坑和自然区域的数据，仅统计重塑区。

根据自然学习区输入的景观演化参数见表6-5。对自然地貌、近自然重塑地貌和传统重塑地貌进行模拟时长为100年的演化结果对比。对比结果如图6-20所示。

表6-5 演化参数提取值统计表

参数类型	参数名称	取值
气象参数	降雨量/地表蒸散发	分布式文件导入
	渗透系数/(m/d)	0.31
水文参数	土壤水文类型/给水度	分布式文件导入
	库朗数	0.3
侵蚀沉积方式	最大流速/(m/s)	4.5
	最大侵蚀极限	10%
	活动层厚度/m	0.5
	内侧向侵蚀速率	10%
	一般侧向侵蚀速率	0.1%
	通道数	5

续表

参数类型	参数名称	取值
植被过程	植被临界剪切力/Pa	180
	植被成熟度/a	5
	成熟植被的侵蚀抑制比例	0.7
边坡过程	土壤夹带系数	0.3
	摩擦角/（°）	45
	松弛速率系数	0.2
	附着力/m	0.01

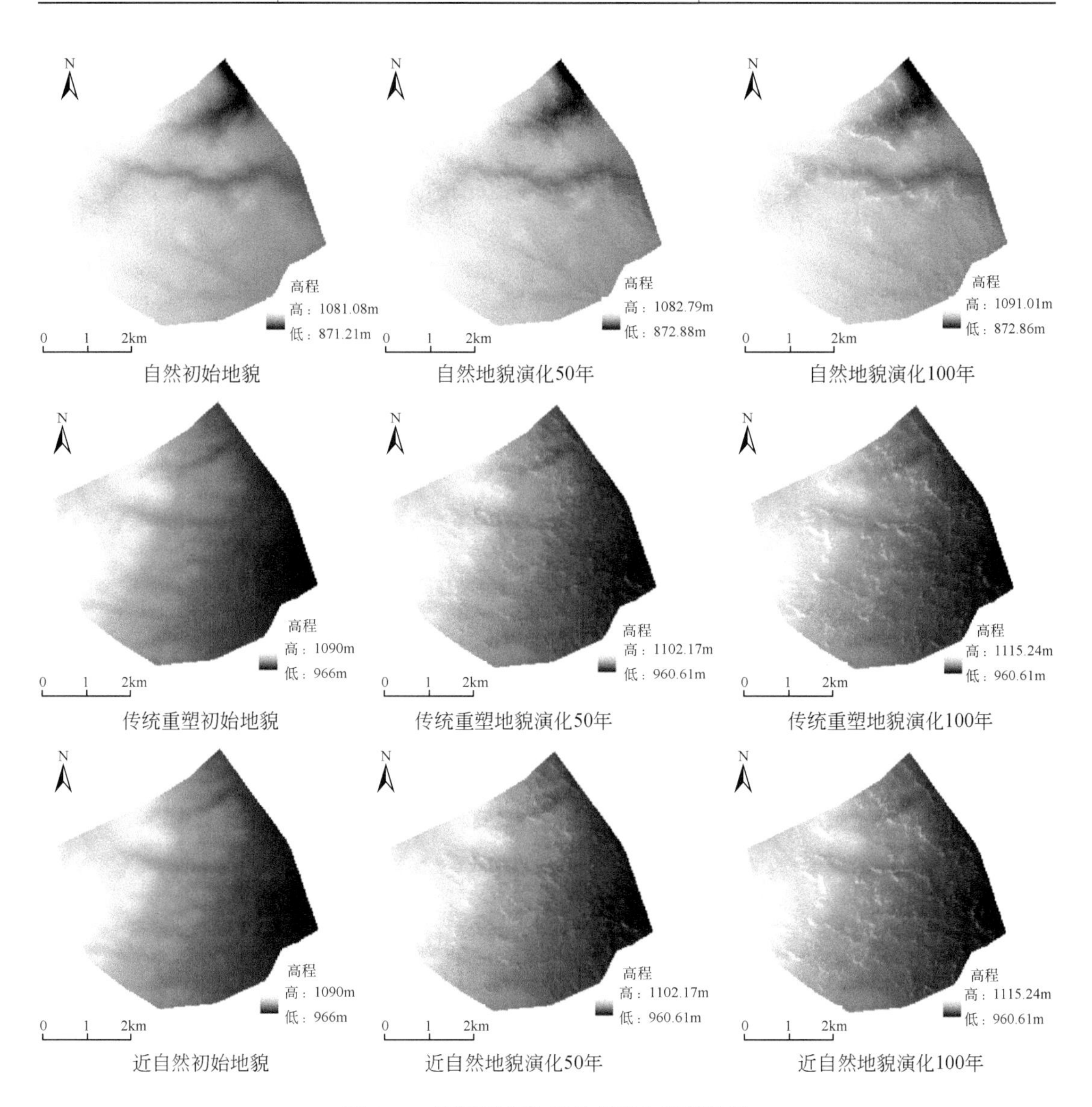

图6-20　不同重塑地貌景观演化模拟结果

图 6-20 分别为三种不同重塑地貌的初始表面形态及进行景观演化模拟 50 年和 100 年后的表面形态。根据模拟演化结果可看出，近自然重塑地貌与原自然地貌有着相同的地表离散形态，侵蚀沉积变化幅度较大的区域都位于沟道的附近，而内排土场的地表形态变化尚不明显。根据模拟 100 年后的演化地貌和初始地貌的侵蚀沉积区域图分析不同重塑地貌演化后土壤侵蚀沉积的空间分布形态，如图 6-21 所示。

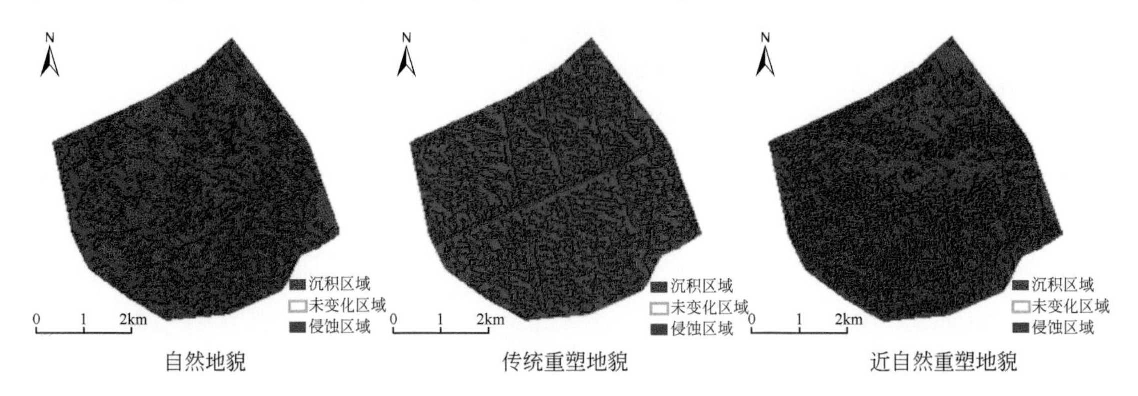

图 6-21　100 年后不同重塑地貌侵蚀沉积区域分布示意图

由图 6-21 可知，自然地貌的侵蚀主要发生在山脊线两侧的边坡坡面部分，沉积主要发生在沟道附近。由于自然地貌整体坡度差异不大，沉积区域和侵蚀区域均匀成片地出现在自然形成的沟道两侧，此外有零星的沉积出现在边坡坡面部分，这可能是因为此处的坡度有一定的缓和，使径流中携带的泥沙得以沉积。

传统地貌的平台部分均匀地分布着侵蚀和沉积区域，这是因为平台部分坡度较小，径流的切割力度低于地表抗剪切程度，短期内不会形成沟道，使得径流从上方携带的泥沙在平台上形成不规则沉积。随着演化过程的推进，在降水和地表径流的共同作用下，传统方式内排土场的平台表面开始发育冲沟，使地表破碎化程度不断加深。另一方面，传统地貌的台阶处有明显的沉积区域呈线状存在，由于边坡+平台式的地表形态，传统地貌各平台衔接处的台阶坡度较大，边坡部分的水土流失程度较为剧烈，从而在局部形成了明显的侵蚀沉积分线。

近自然地貌的侵蚀沉积发育情况与自然地貌相似，但沉积区域的分布呈现出北部和中部、南部不同的状态。这是因为一号矿开采范围内的煤层厚度呈现“西南低，东北高”的差异，结合“一四三二”的采取顺序进行开采复填活动及本书的土方优化地貌设计之后会形成北部坡度陡、南部坡度缓的重塑结果，使重塑区域北部的沟道两侧集水区更易发生沉积，从而导致沉积区域呈片状分布。

为分析景观演化模拟前后不同重塑地貌的侵蚀沉积变化规律，以每 10 年的演化结果和初始地貌进行挖填方计算，统计其累计侵蚀量、累计沉积量及重塑区的水土流失量与模拟时长之间的关系。由于传统地貌的水土流失量值没有随模拟时长变化的规律，故仅对比自然地貌和近自然地貌的水土流失量变化。

6.4.8　重塑地貌养护建议

根据地貌演化结果，判断重塑地貌侵蚀沉积变化的关键位置，并对其进行养护处理。近自然地貌相较于原始地貌的不足之处在于对下游流域的泥沙运移量增多。为解决该问题，需要对关键位置进行控制。根据地貌演化模拟结果可看出，近自然地貌的主要土壤侵蚀区域为沟道附近。随着演化过程的不断推进，在地表径流对沟道持续的侧向侵蚀作用下，沟道宽深比和弯曲度逐渐加大，形成更多的曲岸及河漫滩，增大径流接触的沟道岸面积，进一步提高侧向侵蚀的效果。沟道受侧向侵蚀影响最显著的地方为其弯曲处，在地貌重塑过程中可以在弯曲处压实培土并注意养护该处植被，确保根系对土壤的固结效果，提高土壤抗剪切应力。此外，径流在汇流过程中由于水力冲击形成漩涡水流对沟岸会形成较强的掏蚀作用，可在沟道汇流处分段设置拦网以降低回流漩涡的侵蚀力度，同时减缓地表径流的流速使泥沙得以沉降。

无论是自然地貌还是近自然重塑地貌，山脊线两侧的边坡坡面都是侵蚀发生的主要区域。根据自然边坡特征的学习可知，自然边坡大多为反 S 型边坡，其凸面向凹面过渡的拐点在坡高方向上的投影位置在黄金分割点附近。从水文角度而言，当地表径流或层流经过该点时地表曲率由高变低，径流加速度随之由大变小，可在边坡此位置加大植被覆盖度或设置拦水带以减缓流速，降低径流或层流对地表的剥蚀能力（李恒，2021）。

本章针对露天煤矿引起的损毁土地难治理问题，阐述了露天矿内排土场地貌近自然重塑背景及意义，研发了自然地貌特征提取方法，建立了自然山体模型，模拟了现状排土场稳定性参数，提出了内排土场边坡近自然地貌重塑方法，确定了仿自然微地貌整形相关地貌参数，并进行现场试验。研究表明，利用无人机、RTK 等精细测量手段，提取受当地气候、土壤、植被、水文条件影响下的自然山体地形地貌参数，拟合相关曲线，建立了矿区周边自然山体微地貌数学模型；形成仿自然地貌排土场综合整治技术。

第7章　大型露天矿生态修复表土稀缺区土壤构建与改良技术

矿山废弃地植被恢复和生态重建主要障碍是土壤因子，即废弃地特殊的、不良的理化性质。矿山土壤重构成为矿山废弃地复垦的核心。对于表土缺乏地区而言，表土替代物的选择成为土壤重构过程的关键。土壤是生态系统中诸多生态过程（如营养物质循环、水分平衡和凋落物分解等）的载体。土壤结构和养分状况是度量退化生态系统生态功能恢复与维持的关键指标之一。针对内蒙古胜利矿区大型煤电基地生态脆弱、表土稀缺、水土流失难以控制、土壤贫瘠等问题，依据成土因素学说，一是开展土壤理化性质与植被生长之间的耦合关系研究；二是形成基于采矿固体废弃物的土壤重构技术；三是形成基于生物炭施用的矿区重构土壤改良技术。开展表土稀缺区土壤构建与改良技术研究，主要是通过土壤剖面构型特征与植被生长特征，调查矿区土壤剖面构型与植被生长耦合关系，采用煤电基地高温热解产生的煤矸石、粉煤灰、煤泥等固体废弃物，通过破碎、熟化与土壤进行比配研究，测试不同比率情况下土壤的理化性质，分析热解废弃物对土壤理化性质的影响过程与影响机理。研发基于高温热解工业废弃物的土壤构建与改良技术和基于生物炭施用的矿区土壤改良技术。通过科技成果的应用，为及时调整复垦工艺提供指导；有效解决矿区复垦过程中存在的因缺乏表土而导致的复垦土壤质量不佳，植被生长不良等问题；在经济上能够降低因表土稀缺而需购买表土的成本，以及固体废弃物的排弃成本；从微观尺度上为干旱草原矿区的精准复垦提供实践支撑。

7.1　研究技术路线

本技术是在东部草原区表土稀缺、土壤贫瘠的基础上，依据成土因素学说，选取矿区采矿产生的固体废弃物作为表土替代材料，将其按不同配比进行土壤重构的盆栽试验研究；依据此次盆栽试验的研究结果，选取具有代表性的盆栽土壤配比，进行基于生物炭的土壤改良盆栽试验研究。同时，在土壤重构室内盆栽试验研究结果的基础上，将此技术应用到大田试验示范区中进行土壤重构及快速熟化研究。技术路线见图7-1。

本技术针对东部草原区大型煤电基地生态脆弱、表土稀缺、水土流失难以控制、土壤贫瘠等问题，以土壤剖面构型特征研究为基础，采用煤电基地高温热解产生的粉煤灰以及煤炭开采产生的煤矸石、岩土剥离物等固体废弃物，将其破碎、熟化后与土壤进行配比研究，测试不同配比下矿区植物的生长状况和土壤的理化性质，分析热解废弃物对矿区植物生长状况和土壤理化性质的影响，研究基于冻融处理的土壤快速熟化技术。同时研发基于高温热解工业废弃物的土壤构建与改良技术。

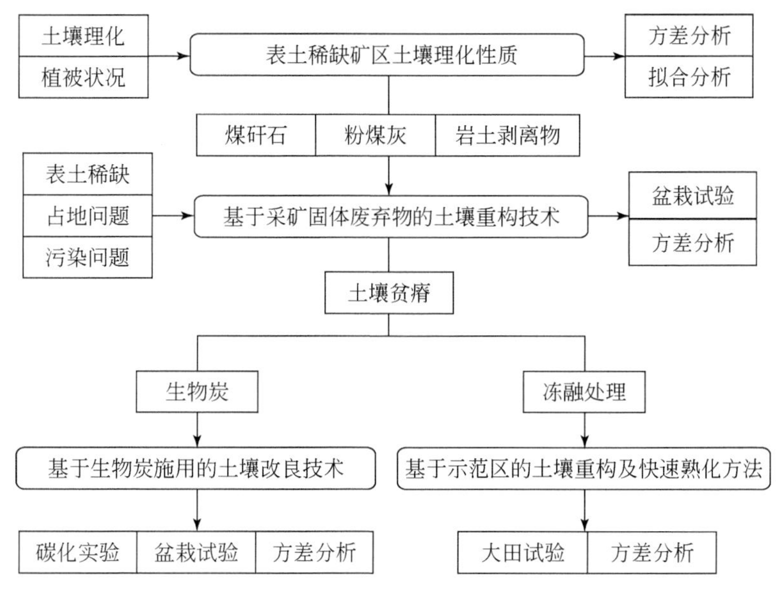

图7-1　技术路线

7.2　修复区土壤剖面构型与植被生长耦合关系

7.2.1　研究区概况

7.2.1.1　自然环境概况

胜利煤田位于内蒙古自治区锡林郭勒盟锡林浩特市西北部胜利苏木境内。南东边界距市区约2km，地理坐标：115°30′~116°26′E，43°57′~44°14′N。胜利煤田总体呈北东—南西条带状展布，走向长45km，倾向宽平均7.6km，含煤面积342km²。胜利矿区图见图7-2。

胜利煤田位于内蒙古高原的中部，大兴安岭西延的北坡，属于北东—南西向高原、丘陵地形，地形标高970~1326m。区内地貌形态由构造剥蚀地形、剥蚀堆积地形、侵蚀堆积地形、熔岩台地等4个地貌单元组成。一号露天矿地处煤田西部的剥蚀堆积与侵蚀堆积地形的过渡地带，露天矿西北部为低缓的丘陵区，东西高差较大，海拔在970~1035m。胜利一号露天矿境内及其周围地势平坦，草原植被发育，地形略呈西高东低。

锡林河为本煤田内最大的一条河流，全长175km。该河发源于赤峰市克旗白音查干诺尔滩地，向西流至锡尔塔拉转向西北，经锡林浩特水库于露天区东部向北汇入巴彦诺尔。河流河宽4~12m。历史上锡林河常有流水，多年平均流量0.61m³/s，年平均径流量0.1922×10^8m³。春汛最大洪峰流量为57.4m³/s（1987年4月7日），水深一般在0.5~

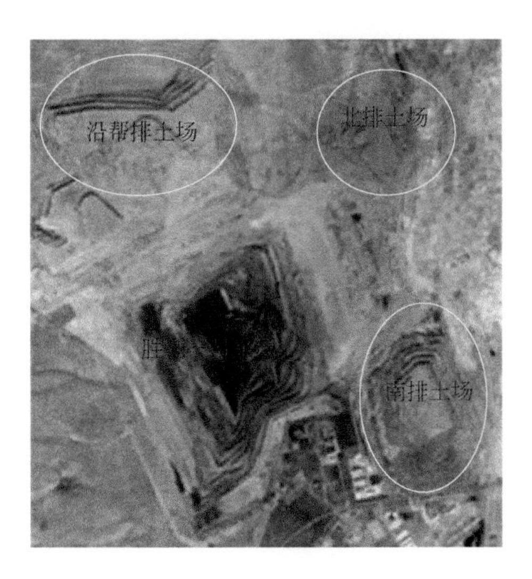

图 7-2　胜利矿区图

1.0m。锡林河目前现状是由于近年来连续气候干旱，锡林河已经成为季节性河流，只有在春汛或暴雨时才有流水，平时为干河床。

本区属半干旱草原气候，冬寒夏炎，年温差较大。本区极端最高气温 38.3℃（1955 年 7 月 25 日），最低气温 −42.4℃（1953 年 1 月 15 日）。气温 −25℃ 以下平均每年发生 40.15d。1974～1993 年近 20 年间平均降水量 294.74mm，年平均蒸发量 1794.64mm。每年的 6、7、8 三个月为雨季，占全年降水量的 71%。年最大降水量 481.0mm（1974 年），最小 146.7mm（1980 年），日最大降水量 43.9mm。春季多风，风向多为南西，风速 2.1～8.4m/s，瞬时最大风速 36.6m/s。1979～1988 年近 10 年间平均每年发生大风 1.2 次。平均 10 分钟最大风速 20.7m/s（1990～1993 年）。冻结期为 10 月初至 12 月上旬，解冻期为翌年 3 月末至 4 月中旬，最大冻土深度 2.89m。1984～1993 年近 10 年由于气候变暖，最大冻土深度为 2.40m。

露天矿区土壤类型主要由栗钙土、草甸栗钙土、草甸土等组成，该部分土壤有机质含量较高，土壤肥力较好；而部分地段由于草场退化形成沙化、砾石化栗钙土。

本区草原植被发育较好，地带性植被类型属于大针茅、克氏针茅和羊草为建群种的丛生禾−根茎禾草的典型草原类型，草地分区为内蒙古中东部温带半湿润半干旱草原区，植物组成有克氏针茅、大针茅、糙隐子草、冷蒿、羊草、洽草、冰草、锦鸡儿等。草群高 15～40cm，盖度 10%～35%，5～12 种/m^2，干草产量 30～80kg/亩，草地以Ⅲ等 3～5 级为主。

拟建项目地区处于内蒙古典型草原地区，在中国动物地理区划上属古北界的蒙新区东部草原亚区，该区域野生动物区系以中亚型草原动物为主，主要代表动物有蒙古百灵、草原旱獭、草原鼢鼠、达乌尔黄鼠、布氏田鼠、蒙古兔、鼬、刺猬、花背蟾蜍、青蛙草原沙蜥、丽斑沙蜥、白条锦蛇等；鸟类有大百灵、草原雕、红尾伯劳、灰尾长伯劳、雀鹰、苍鹰等。

规划区土壤类型主要为栗钙土，土壤肥料状况属于较高水平，有机质含量在1.47%~3.81%；规划区内土壤中常见的重金属元素都没有超标，其中汞元素、铜元素、锌元素和镉元素的单因子评价指数值都在0.01之下，只有铅的评价指数值较高，但也只有0.5，说明规划区土壤无重金属污染，土壤均处于清洁状态。

胜利矿区中度侵蚀所占面积最大，为145.41km²，占整个规划区草原面积的45.44%，其次为轻度侵蚀、微度侵蚀和强度侵蚀，分别占整个规划区的25.59%、18.13%和10.84%。矿区范围内土壤侵蚀属于轻度—中度侵蚀区，规划区原生地面土壤侵蚀为90.4万t/a，平均侵蚀模数500~5000t/(km²·a)。土壤侵蚀的主要原因是本区风大，加之部分草场有退化现象、土壤覆被物低，但是大部分区域还属于自然侵蚀过程。

7.2.1.2　社会经济概况

锡林浩特市总土地面积15758km³，人口13.26万人，辖6个办事处（乡级）、7个苏木，3个国有农牧场，有76个居民委员会，27个嘎查，人口密度7.8人/km²。经济建设以畜牧业为主，饲草饲料加工、矿产、建工建材和食品加工为支柱。现有草牧场153.3万hm²，牲畜总头数94.3万头（只），其中羊85.88万只，牧业产值1.71亿元。有电力、煤炭、皮革、毛纺、机械、造纸、建材、食品等工业企业88家，主要产品有乳品、皮革、地毯、煤炭、食品等，出口商品有肥尾羊、草原红牛、山羊绒等。土特产有黄花、蘑菇、发菜等，还有黄芪、柴胡、防风、知母等药材。

锡林浩特市交通及通信业较为发展，303、307国道、101省道贯穿本区。已建成柏油路398km，沙石路127km。全年公用电话交换机总量225596门，本地网电话用户达18455户，移动电话户数3635户，已实现电话程控化网络。

本区矿产资源丰富，石油储量1.67亿t，煤储量丰富，已探明储量234亿t。主要矿种有锡、铜、银、锌、铬、锑、萤石、芒硝、石灰石等。

7.2.2　修复区原生土壤理化性质及养分状况综合评价

矿区表土稀缺对矿区后期的土地复垦工作有着极大的挑战。首先，表土是珍贵的土地资源，含有植物生长所需要的丰富的营养物质；此外，表土中富含的由活性种子组成的土壤种子库是潜在的植物群落，可以为植被自然恢复提供物质基础。其次，依据2013年国土资源部发布的《土地复垦质量控制标准》(TD/T 1036—2013）中的要求，在锡林浩特胜利矿区，当复垦方向为其他草地时，有效土层厚度应大于30cm，因此内蒙古锡林浩特胜利矿区在复垦过程中，为使排土场达到一定的覆土厚度，往往需要购买表土，但这会产生很高的成本。综上，在表土稀缺矿区进行土壤重构与改良是有必要的，这可以为后期的植被重建提供一个良好的土壤条件。

7.2.2.1　覆土厚度

在2017年9月份对内蒙古锡林浩特胜利露天煤矿进行了矿区原地貌、南排土场、北排土场的调研工作。

矿区覆土厚度及植被生长情况见图 7-3，北排土场覆土厚度约 20cm，植被生长不良；南排土场覆土厚度约 30cm，植被生长较优。研究发现南排土场质地与原地貌接近，为砂质壤土，且生长状况优于北排土场。此次调研了解了研究区条件，为解决矿区表层土壤稀缺问题与实现土壤构建与改良提供了基础。

图 7-3　矿区调研情况图

7.2.2.2　土壤物理性质

1. 总体差异性

复垦地与未损毁地 0～40cm 深土壤物理性质差异分析结果见图 7-4。复垦 4a 的南排土场土壤容重大于复垦 8a 的北排土场和未损毁地，分别高 2.54% 和 7.15%，且南排土场与未损毁地土壤容重差异显著（$P<0.05$）。北排土场土壤含水率略大于南排土场和未损毁地，但差异不显著（$P>0.05$）。南排土场（多砾）和北排土场（多砾）砾石含量均高于未损毁地（中砾），分别高 96.98% 和 64.66%，且复垦地与未损毁地砾石含量差异显著（$P<0.05$）。土壤质地分级结果显示，南排土场与未损毁地土壤均为砂质壤土，而北排土场土壤为砂质黏壤土。

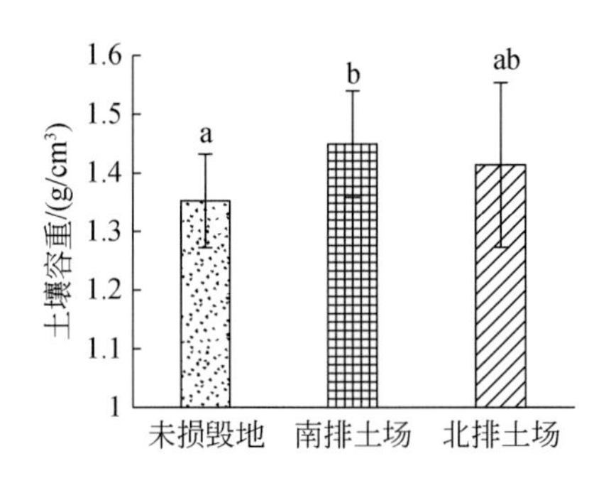

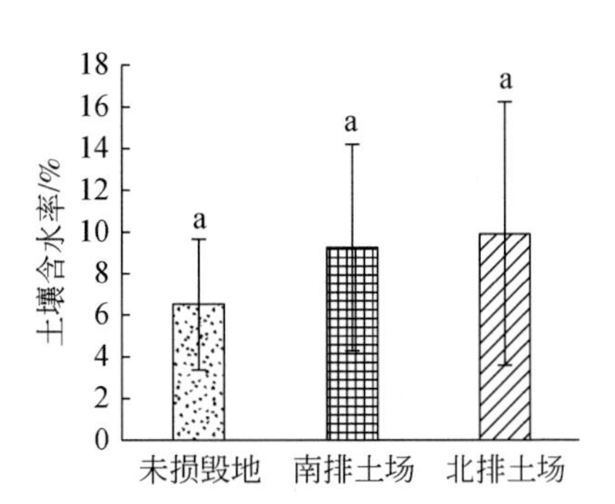

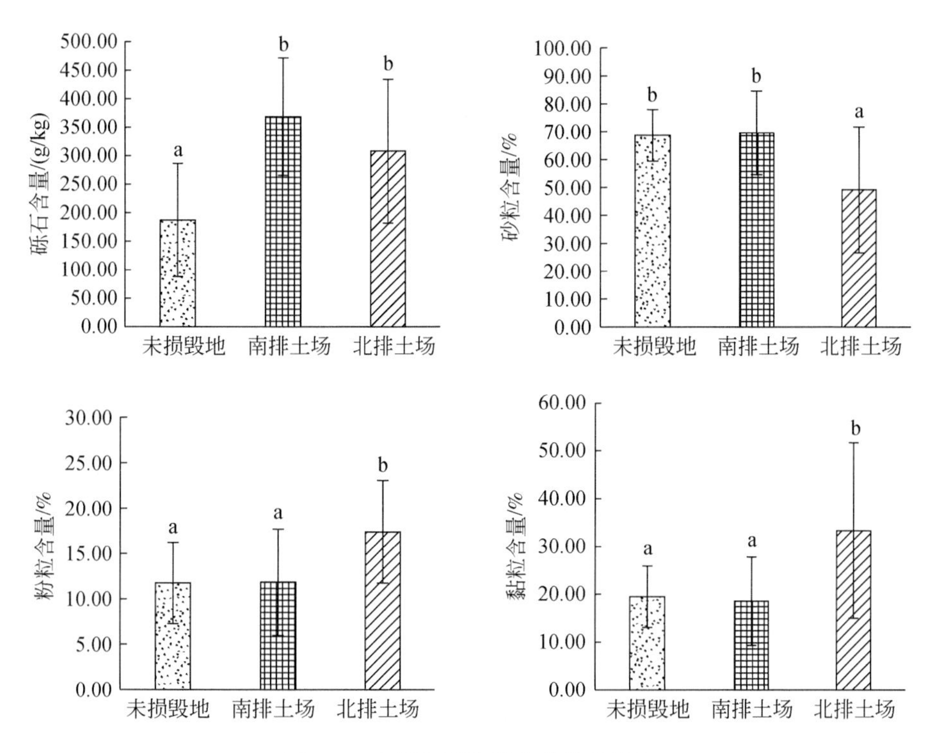

图7-4　土壤物理性质的总体差异性

2. 垂向差异性

按0～20cm和20～40cm两个土层分析各场地土壤物理性质垂向差异。由图7-5可知，复垦地南、北排土场不同土层间土壤容重、砾石含量和土壤质地差异均不显著（$P>0.05$）。而未损毁地和北排土场20～40cm土层土壤含水率均显著高于0～20cm土层，分

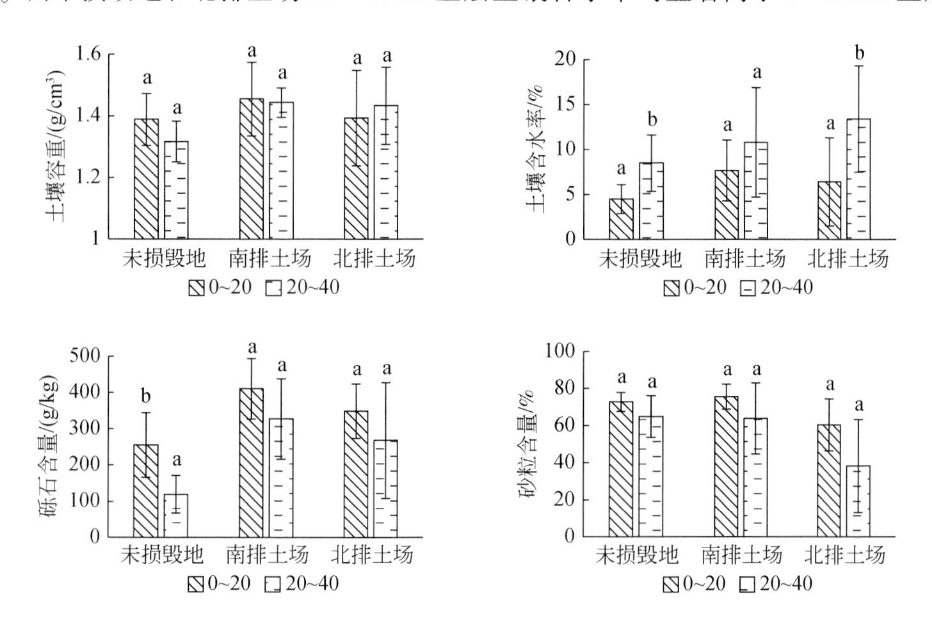

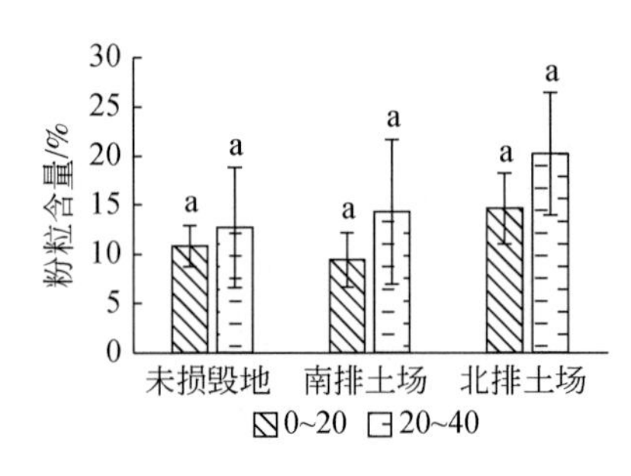

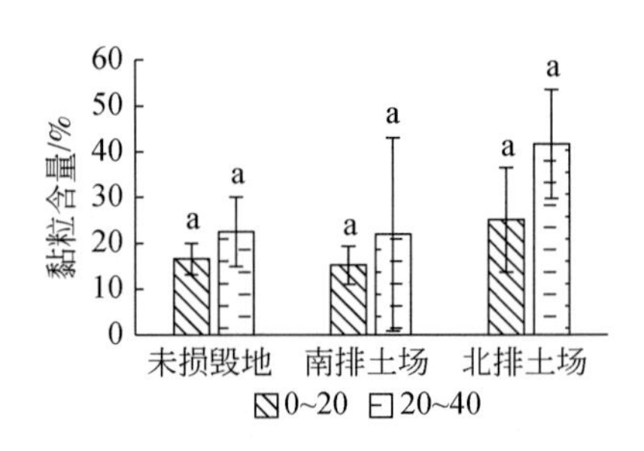

图 7-5　同一区域不同土层土壤物理性质的差异性

别高 87.84% 和 108.81%（$P<0.05$），这与土壤水分入渗规律有关。同时各场地 20～40cm 土层土壤粉粒和黏粒含量均高于 0～20cm 土层，而砾石和砂粒含量均低于 0～20cm 土层，可见土壤含水率垂向变化受土壤剖面构型的影响。

由图 7-6 可知，对比同一土层不同场地间土壤物理性质发现，复垦地与未损毁地 0～20cm 土层土壤容重差异不显著（$P>0.05$），南排土场 20～40cm 土层土壤容重则显著高于未损毁地，高 9.62%（$P<0.05$）。复垦地与未损毁地 0～20cm 和 20～40cm 土层土壤含水率均无显著差异，但复垦地土壤含水率均高于未损毁地，在 0～20cm 土层中南排土场最高，在 20～40cm 土层中北排土场最高，这表明损毁土地复垦后土壤保水性能相对未损毁地有所提升。南排土场 0～20cm 和 20～40cm 土层砾石含量均显著高于未损毁地，分别高 60.74% 和 174.66%（$P<0.05$）。对于土壤质地，南排土场各土层砂粒、粉粒和黏粒含量与未损毁地无显著差异，但两者 20～40cm 土层与北排土场间均存在显著差异（$P<0.05$），这可能与北排土场 20cm 深以下所覆煤矸石成分有关系。

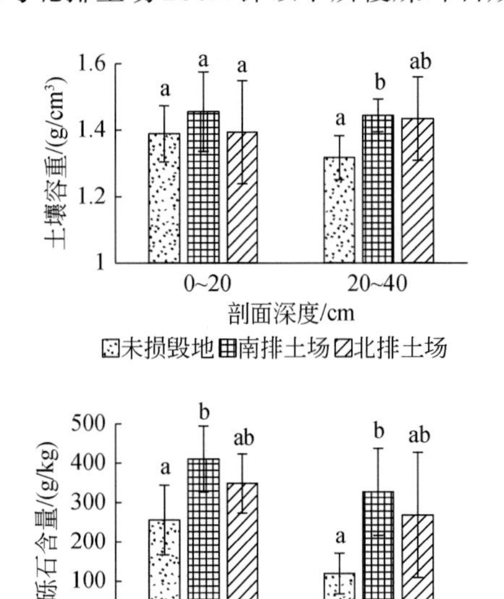

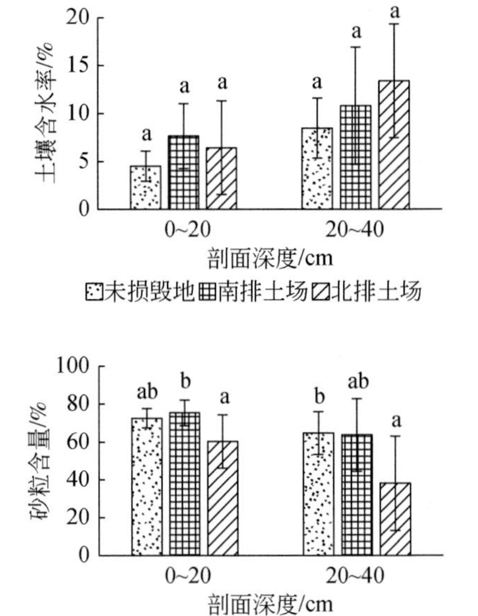

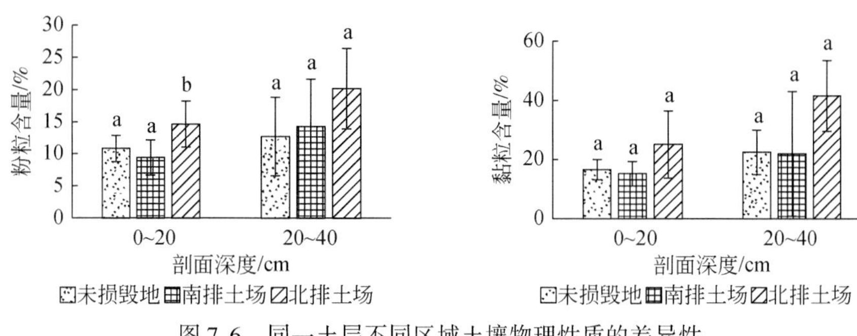

图 7-6　同一土层不同区域土壤物理性质的差异性

3. 土壤物理性质相关关系

由表 7-1 可知，在矿区土壤中，土壤含水率与砂粒含量呈极显著负相关（r=-0.778，P<0.01），与粉粒和黏粒含量呈极显著正相关（r=0.644 和 0.775，P<0.01）；砾石含量与砂粒含量呈极显著正相关（r=0.447，P<0.01），与粉粒和黏粒含量分别呈显著和极显著负相关（r=-0.384 和-0.439）；土壤容重与砾石含量呈极显著正相关（r=0.440，P<0.01）；此外砂粒含量与粉粒和黏粒含量均呈极显著负相关（r=-0.869 和-0.978，P<0.01），粉粒含量与黏粒含量呈极显著正相关（r=0.746，P<0.01），其他物理指标之间相关不显著。为检验上述土壤物理指标线性回归方程的可靠性，建立回归模型（表 7-2），方程拟合情况较好，均通过 F 显著性检验（P<0.05）。土壤物理性质相关性分析结果表明在表土稀缺的草原矿区，复垦地土壤含水率、砾石含量与未损毁地产生差异性的原因主要来源于质地构型的差异，复垦地土壤容重高于未损毁地，一是由于排土过程中机械压实，二是由于重构土壤剖面砾石含量差异。

表 7-1　矿区土壤物理性质相关性分析

指标	土壤容重	土壤含水率	砾石含量	砂粒含量	粉粒含量	黏粒含量
土壤容重	1					
土壤含水率	-0.293	1				
砾石含量	0.440**	-0.314	1			
砂粒	0.322	-0.778**	0.447**	1		
粉粒	-0.291	0.644**	-0.384*	-0.869**	1	
黏粒	-0.310	0.775**	-0.439**	-0.978**	0.746**	1

*表示 P<0.05，**表示 P<0.01。下同。

表 7-2　矿区土壤物理性质间回归分析

回归方程计算公式	模型 R^2	F 值	P
$\theta_g=-0.002X_{砂}+0.218$	0.606	52.262	<0.001
$\theta_g=0.006X_{粉}+0.009$	0.415	24.108	<0.001
$\theta_g=0.003X_{黏}+0.018$	0.600	51.007	<0.001

续表

回归方程计算公式	模型 R^2	F 值	P
$Y=3.154X_{砂}+90.859$	0.200	8.494	0.006
$Y=-8.625X_{粉}+405.990$	0.148	5.884	0.021
$Y=-4.164X_{黏}+387.180$	0.193	8.115	0.007
$\rho_B=0.000Y+1.300$	0.194	8.181	0.007
$X_{粉}=-0.273X_{砂}+30.735$	0.754	104.460	<0.001
$X_{黏}=-0.727X_{砂}+69.265$	0.956	741.725	<0.001
$X_{黏}=1.765X_{粉}-0.329$	0.556	42.561	<0.001

注：表中 ρ_B 为土壤容重，θ_g 为土壤含水率，Y 为砾石含量，$X_{砂}$ 为砂粒含量，$X_{粉}$ 为粉粒含量，$X_{黏}$ 为黏粒含量。

7.2.2.3　土壤化学性质

以南、北两个排土场复垦地为重点研究对象，比较了排土场重建土壤的 SOM、STN、SAP、SAK 和 pH。采用单因素方差分析，从整体和垂向两个角度分析了复垦地重建土壤与未损毁地土壤化学性质的差异性。

1. 总体差异性

未损毁地与南排土场土壤有机质含量之间存在显著差异，未损毁地的平均有机质含量高于复垦地，但未损毁地的土壤有机质标准差低于复垦土地。未损毁地与复垦地的 STN 存在显著差异，但复垦地的 STN 之间差异不显著，未损毁地的 STN 平均含量和标准差均大于复垦地。复垦地的 SAP 和 SAK 存在显著差异，但复垦地与未损毁地之间的差异不显著，北排土场的平均 SAP 和 SAK 均高于未损毁地和南排土场。南排土场、未损毁地和北排土场的 pH 存在显著差异，南排土场 pH 均值和标准差均高于北排土场和未损毁地。总体而言，复垦 8 年后，北排土场重建土壤的 SOM 和 STN 含量未达到未损毁地的水平，而北部排土场的 SAP 和 SAK 含量已达到未损毁地的水平。但在复垦 4 年后，南排土场与未损毁地的土壤化学性质存在显著差异。

2. 垂向差异性

在垂直剖面上，利用单因素方差分析对未受损和复垦土地的土壤化学性质进行了分析，结果见图 7-7。在 0～10cm 土层中，未损毁地与南排土场的 SOM 和 STN 含量存在显著差异，且未损毁地的 SOM 和 STN 平均水平高于南北两个排土场。复垦地的 SAK 含量存在

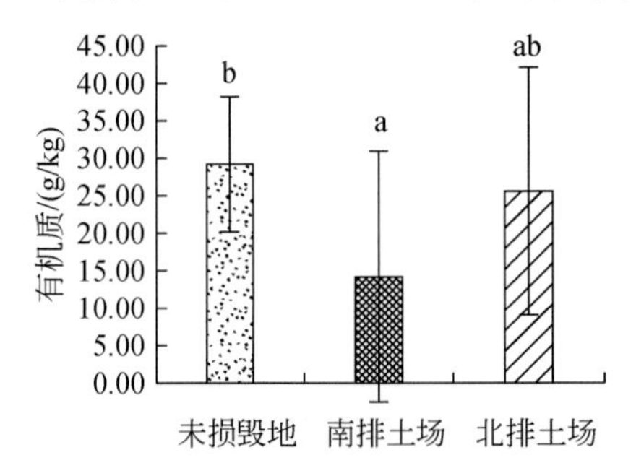

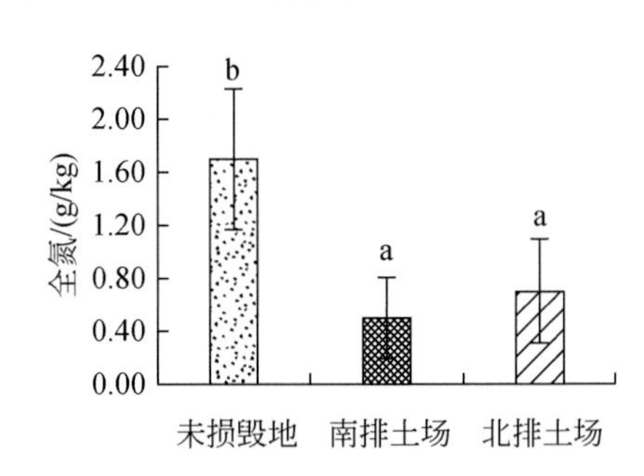

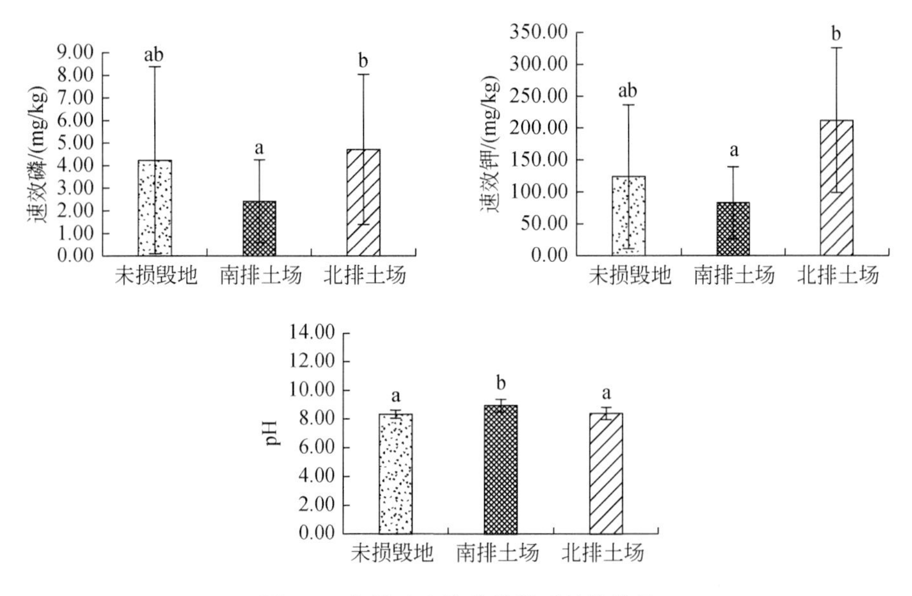

图7-7　各样地土壤化学性质总体差异

显著差异，其中未损毁地与复垦地之间的差异不显著，但北排土场的平均SAK含量高于未损毁地和南排土场。复垦地与未损毁地的SAP和pH差异不显著。在10～20cm土层中，未损毁地与复垦地之间土壤化学性质的差异与0～10cm土层相同，但南、北排土场之间的STN含量在10～20cm土层中存在显著差异。在20～30cm土层中，未损毁地和复垦地SOM含量的差异与0～20cm土层一致。未损毁地与南、北排土场土壤中STN含量存在显著差异，未损毁地的平均STN含量高于南、北排土场。复垦地与未损毁地的SAP、SAK和pH差异不显著。在30～40cm土层中，复垦地与未损毁地的SOM、SAK和pH无显著差异。未损毁地与北排土场的STN含量之间差异显著，且未损毁地的平均STN含量高于南、北两个排土场。复垦地土壤SAP含量之间差异显著，但未损毁地与复垦地差异不显著，北排土场的平均SAP含量高于未损毁地和南排土场。

复垦地与未损毁地在0～10cm土层的土壤化学性质的差异与10～20cm土层的土壤化学性质的差异一致，20～40cm土层上复垦地和未损毁地的土壤化学性质的差异与0～20cm土层上土壤化学性质的差异不同，这可能与土壤结构有关，结果见图7-8。与未损毁地相

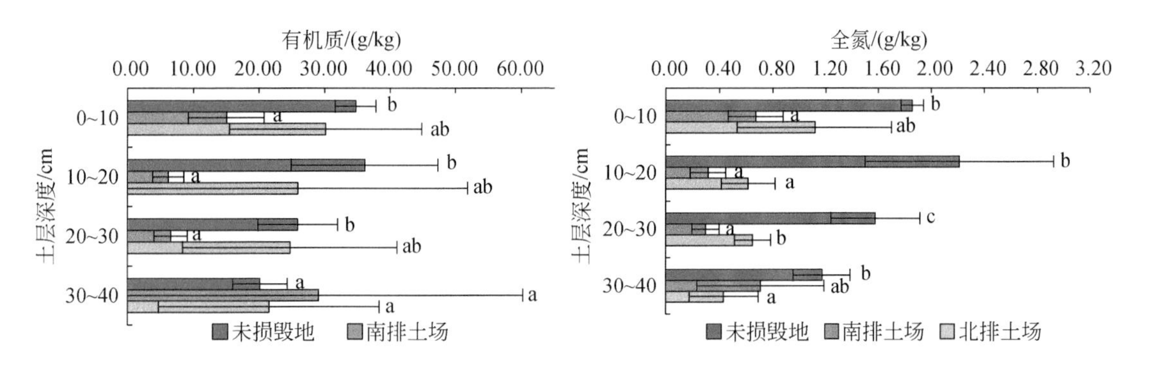

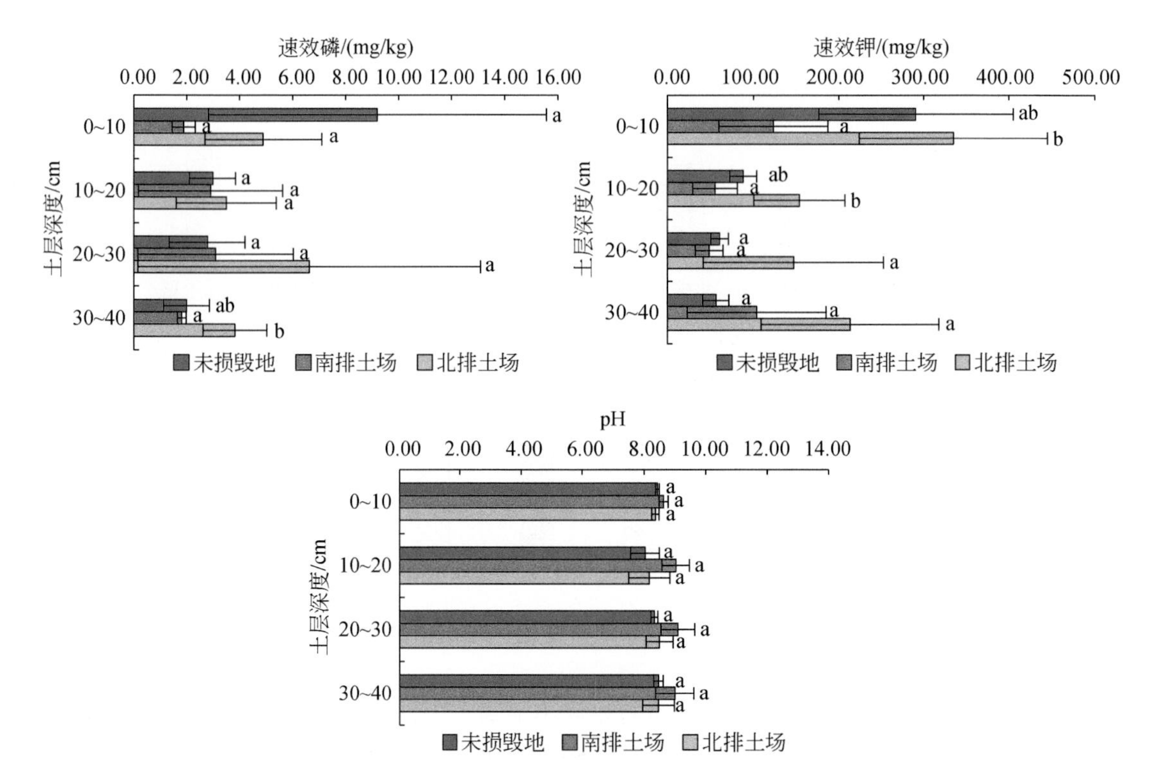

图 7-8　不同样地土壤化学性质垂直差异性

比，重构土壤结构的非均质性可能导致其化学性质的差异性。

7.2.2.4　土壤养分状况综合评价

土壤养分状况直接影响草原矿区植被群落演替的方向和速度。主要养分指标如 SOM、STN、SAP、SAK 既相互独立又相互依赖，它们与土壤 pH 关系密切。因此，对土壤化学性质的相关性进行分析（表 7-3），为改善土壤 pH 和合理施肥提供了建议。

表 7-3　不同样地土壤化学性质的相关分析

样地	指数	SOM	STN	SAP	SAK	pH
未损毁地	SOM	1.00				
	STN	0.97 **	1.00			
	SAP	0.41	0.23	1.00		
	SAK	0.50	0.30	0.91 **	1.00	
	pH	−0.11	−0.16	0.16	0.15	1.00

续表

样地	指数	SOM	STN	SAP	SAK	pH
南排土场	SOM	1.00				
	STN	0.76**	1.00			
	SAP	-0.11	-0.10	1.00		
	SAK	0.78**	0.71*	0.08	1.00	
	pH	-0.29	-0.55	-0.45	-0.35	1.00
北排土场	SOM	1.00				
	STN	0.67*	1.00			
	SAP	0.26	0.22	1.00		
	SAK	0.51	0.72**	0.13	1.00	
	pH	-0.86**	-0.42	-0.02	-0.32	1.00

在未损毁地上，除土壤 pH 外其余土壤养分指标之间均呈正相关，但大多数指标之间的相关性不显著。SOM 与 STN 呈显著正相关；SAP 与 SAK 呈显著正相关。土壤 pH 与土壤养分指标的相关性很弱或根本不存在。南排土场的 SOM 与 STN、SAK 呈显著正相关；STN 与 SAK 呈显著正相关。此外，SAP 与其他土壤养分指标的相关性较弱或不存在，土壤 pH 与土壤养分指标之间的负相关性不显著。对于北排土场，土壤养分指标之间存在正相关。SOM 与 STN 呈显著正相关，与土壤 pH 呈显著负相关。STN 与 SAK 呈显著正相关。此外，样地中其他指标之间的相关性不显著。

上述分析结果表明，在采矿后复垦形成的损毁地上，SOM 与 STN 的相关性弱于未损毁地，而 STN 与 SAK 的相关性显著强于未损毁地。

在垂直剖面上分析了土壤化学性质之间的相关性（表 7-4）。在 0～10cm 土层中，土壤养分指标间存在显著正相关。SOM 与 STN、SAK 呈极显著正相关，与 SAP 呈显著正相关。STN 与 SAP、SAK 呈显著正相关。SAP 与 SAK 呈显著正相关。土壤 pH 与 SOM、SAK 呈显著负相关。在 10～20cm 土层中，土壤养分指标之间存在正相关。但仅 SOM 与 STN 呈显著正相关，其他指标间无显著正相关。土壤 pH 与 SOM 呈显著负相关。在 20～30cm 土层中，土壤养分指标之间存在正相关，但只有 SOM 与 SAK 呈显著正相关；其他养分指标之间的相关性不显著。土壤 pH 与土壤养分之间的相关性与在 10～20cm 土层中的相似。在 30～40cm 土层中，SAP 与 SAK 呈显著正相关，而其他土壤化学性质之间的相关性不显著。

在 0～40cm 土层中，SOM 与其他养分指标呈显著或极显著正相关，与土壤 pH 呈负相关，说明 SOM 是土壤化学转化过程中的核心元素。随着土壤深度的增加，土壤化学性质之间的相关性呈急剧下降的趋势。

表 7-4　不同样地不同土层间土壤化学性质的相关分析

土层深度/cm	指数	SOM	STN	SAP	SAK	pH
0～10	SOM	1.00				
	STN	0.90**	1.00			
	SAP	0.69*	0.75*	1.00		
	SAK	0.88**	0.68*	0.73*	1.00	
	pH	−0.67*	−0.50	−0.48	−0.72*	1.00
10～20	SOM	1.00				
	STN	0.71*	1.00			
	SAP	0.44	0.09	1.00		
	SAK	0.17	0.00	0.28	1.00	
	pH	−0.73*	−0.42	−0.44	−0.30	1.00
20～30	SOM	1.00				
	STN	0.65	1.00			
	SAP	0.05	−0.23	1.00		
	SAK	0.75*	0.00	0.35	1.00	
	pH	−0.80**	−0.66	−0.11	−0.54	1.00
30～40	SOM	1.00				
	STN	0.45	1.00			
	SAP	0.08	−0.29	1.00		
	SAK	0.55	−0.26	0.74*	1.00	
	pH	−0.38	−0.57	−0.49	−0.42	1.00

由于未损毁地和复垦地中SOM、STN、SAP、SAK和pH的水平和排名不同，单一的化学指标只能反映土壤质量的某些方面，因此，采用主成分分析法对矿区土壤养分状况进行综合评价。利用SPSS 25.0对上述土壤化学性质进行了分析（表7-5）。通过变量的预选择，本研究选取了2个主成分变量（表7-6），累积贡献率为75.27%，表明每个测试样本的信息量为75.27%，信息丢失率为24.73%。表7-6显示，SOM、STN、SAK和pH在第一个主成分上具有较高的负荷，表明该成分反映了SOM、STN、SAK和pH的信息。相反，SAP对第二个主成分上负荷较高，表明该成分反映了SAP的信息。

表 7-5　总方差解释

成分	初始特征值			提取载荷平方和		
	总数	方差百分比	累积/%	总数	方差百分比	累积/%
1	2.676	53.514	53.514	2.676	53.514	53.514
2	1.088	21.760	75.274	1.088	21.760	75.274
3	0.526	10.519	85.793			

续表

成分	初始特征值			提取载荷平方和		
	总数	方差百分比	累积/%	总数	方差百分比	累积/%
4	0. 476	9. 523	95. 316			
5	0. 234	4. 684	100. 000			

表 7-6　初始因子负荷矩阵

指标	成分	
	1	2
SOM	0. 872	−0. 223
STN	0. 737	−0. 422
SAP	0. 564	0. 687
SAK	0. 708	0. 522
pH	−0. 744	0. 339

在式（7-1）的基础上，各主成分指标对应系数见表 7-7。将系数代入式（7-2）和式（7-3），得到主成分 1 和 2 的 F_1 和 F_2 值，然后用式（7-4）计算指标的综合得分（F 值）。

$$\boldsymbol{U}_i=\frac{\boldsymbol{A}_i}{\sqrt{\lambda_i}} \tag{7-1}$$

$$F_1=0.533\,ZX_1+0.451\,ZX_2+0.345\,ZX_3+0.433\,ZX_4-0.455\,ZX_5 \tag{7-2}$$

$$F_2=-0.214\,ZX_1-0.405\,ZX_2+0.653\,ZX_3+0.500\,ZX_4+0.325\,ZX_5 \tag{7-3}$$

$$F=\frac{F_1\cdot\lambda_1+F_2\cdot\lambda_2}{\lambda_1+\lambda_2} \tag{7-4}$$

式中，$\boldsymbol{U}_i$ 为主成分荷载矩阵，$\boldsymbol{A}_i$ 为初始因子荷载矩阵，λ_i 为其相应的特征值。ZX_1、ZX_2、ZX_3、ZX_4 和 ZX_5 为原始变量标准化的值，包括 SOM、STN、SAP、SAK 和土壤 pH。F 为综合得分，F_1 和 F_2 分别为主成分 1 和 2 的得分，λ_1 和 λ_2 分别为主成分 1 和 2，分别对应于特征值。

表 7-7　主成分负荷矩阵

指标	成分	
	1	2
SOM	0. 533	−0. 214
STN	0. 451	−0. 405
SAP	0. 345	0. 659
SAK	0. 433	0. 500
pH	−0. 455	0. 325

根据以上计算，得到各主要成分得分，各地区土壤化学性质综合得分见表 7-8。综合

得分越高，土壤化学性质越好。结果表明，开垦 8 年的北排土场土壤化学性质最好，综合得分为 0.48，其次是未损毁地，综合得分为 0.45。最后，南排土场复垦 4 年后土壤化学性质最差，综合得分为-0.93。因此，随着复垦年限的增加，土壤化学性质得到了改善。

表 7-8　各地块土壤化学性质主成分综合得分及排序

样地	主成分 1 得分	主成分 2 得分	综合得分	排序
未损毁地	0.907	-0.667	0.453	2
南排土场	-1.363	0.143	-0.927	3
北排土场	0.453	0.524	0.475	1

主成分分析结果显示（表 7-9），0 ~ 10cm 土层的土壤化学性质综合得分最高，其次是 10 ~ 20cm、30 ~ 40cm 和 20 ~ 30cm 土层，分别为 0.84、0.17、-0.32 和-0.34。结果表明，土壤化学性质随土层深度的增加而减小，表层土壤养分状况优于其他土层，20cm 以下土壤的综合化学性质非常相似。

表 7-9　研究矿区不同土层土壤化学性质综合评分及排序

土层深度/cm	未损毁地	南排土场	北排土场	综合得分	排序
0 ~ 10	1.897	-0.614	1.225	0.836	1
10 ~ 20	0.570	-1.240	0.155	-0.172	2
20 ~ 30	-0.115	-1.274	0.367	-0.340	4
30 ~ 40	-0.542	-0.581	0.153	-0.323	3

7.2.2.5　土壤养分分级

将重构土壤的化学性质与土壤养分分级标准进行对比，全国第二次土壤普查养分分级标准见表 7-10。

表 7-10　全国第二次土壤普查养分分级标准

项目	级别	土壤
有机质/(g/kg)	一级（很丰富）	>40
	二级（丰富）	30 ~ 40
	三级（中等）	20 ~ 30
	四级（缺乏）	10 ~ 20
	五级（很缺乏）	6 ~ 10
	六级（极缺乏）	<6

续表

项目	级别	土壤
全氮/(g/kg)	一级（很丰富）	>2
	二级（丰富）	1.5~2
	三级（中等）	1~1.5
	四级（缺乏）	0.75~1
	五级（很缺乏）	0.5~0.75
	六级（极缺乏）	<0.5
全磷/(g/kg)	一级（很丰富）	>1
	二级（丰富）	0.8~1
	三级（中等）	0.6~0.8
	四级（缺乏）	0.4~0.6
	五级（很缺乏）	0.2~0.4
	六级（极缺乏）	<0.2
全钾/(g/kg)	一级（很丰富）	>25
	二级（丰富）	20~25
	三级（中等）	15~20
	四级（缺乏）	10~15
	五级（很缺乏）	5~10
	六级（极缺乏）	<5
碱解氮/(mg/kg)	一级（很丰富）	>150
	二级（丰富）	120~150
	三级（中等）	90~120
	四级（缺乏）	60~90
	五级（很缺乏）	30~60
	六级（极缺乏）	<30
有效磷/(mg/kg)	一级（很丰富）	>40
	二级（丰富）	20~40
	三级（中等）	10~20
	四级（缺乏）	5~10
	五级（很缺乏）	3~5
	六级（极缺乏）	<3

续表

项目	级别	土壤
速效钾/(mg/kg)	一级（很丰富）	>200
	二级（丰富）	150 ~ 200
	三级（中等）	100 ~ 150
	四级（缺乏）	50 ~ 100
	五级（很缺乏）	30 ~ 50
	六级（极缺乏）	<30

原地貌土壤有机质含量在 20. 00 ~ 25. 00g/kg，处于三级水平；土壤全氮含量在 1. 50 ~ 2. 00g/kg，处于二级水平；土壤有效磷含量在 4. 00 ~ 5. 00mg/kg，处于五级水平；土壤速效钾含量在 120. 00 ~ 130. 00mg/kg，处于三级水平。

南排土场土壤有机质含量在 14. 00 ~ 15. 00g/kg，处于四级水平；土壤全氮含量在 0. 40 ~ 0. 50g/kg，处于六级水平；土壤有效磷含量在 2. 00 ~ 3. 00mg/kg，处于六级水平；土壤速效钾含量在 82. 00 ~ 83. 00mg/kg，处于四级水平。相较于原地貌而言，南排土场土壤养分级别较低。

北排土场土壤有机质含量在 25. 00 ~ 26. 00g/kg，在三级水平；土壤全氮含量在 0. 70 ~ 0. 75g/kg，在五级水平；土壤有效磷含量在 4. 00 ~ 5. 00mg/kg，在五级水平；土壤速效钾含量在 210. 00 ~ 220. 00mg/kg，在一级水平。

7. 2. 3　修复区原生土壤物理性质与生物量关系分析

在胜利矿区一号露天煤矿开采过程中，矿区大量的草地被排土场压占，排土场复垦后的植被类型与原地貌未损毁地基本一致。为了分析不同水土条件下复垦地和未损毁地之间生物量的差异，对各类型区采样地的生物量干重进行方差分析（表 7-11）。结果表明，南排土场与未损毁地和北排土场均有显著差异，而北排土场与未损毁地不存在显著差异。从各类型区生物量干重的均值上来看，南排土场的生物量显著高于北排土场，且北排土场复垦地高于未损毁地，但差异不显著。

表 7-11　复垦地与未损毁地生物量差异性

样本	均值/（g/m^2）	标准差/（g/m^2）	变异系数
未损毁地	71. 72b	44. 75	0. 62
南排土场	362. 25a	100. 78	0. 28
北排土场	122. 98b	19. 04	0. 15

注：a、b 表示二者差异显著的状态。

由表 7-12 的相关分析结果可知，未损毁地生物量与不同土层的土壤容重和含水率均存在正相关性，但是之间的相关性基本不显著。未损毁地生物量与 0 ~ 10cm 土层的土壤容重呈极弱相关或无相关性，相关系数 $R=0.10$。由图 7-9 可知，生物量与 0 ~ 10cm 土层的土壤含水率存在显著正相关，相关系数 $R=0.74$，线性方程为：$y=48.315x-42.652$。

表 7-12　未损毁地生物量与不同土层的土壤容重和含水率的相关性

指标	土层厚度/cm	相关性系数	显著性	N
土壤容重	0 ~ 10	0.10	0.80	9
	10 ~ 20	0.44	0.24	9
	20 ~ 30	0.27	0.48	9
	30 ~ 40	0.54	0.14	9
土壤含水率	0 ~ 10	0.74*	0.02	9
	10 ~ 20	0.29	0.45	9
	20 ~ 30	0.02	0.97	9
	30 ~ 40	0.26	0.50	9

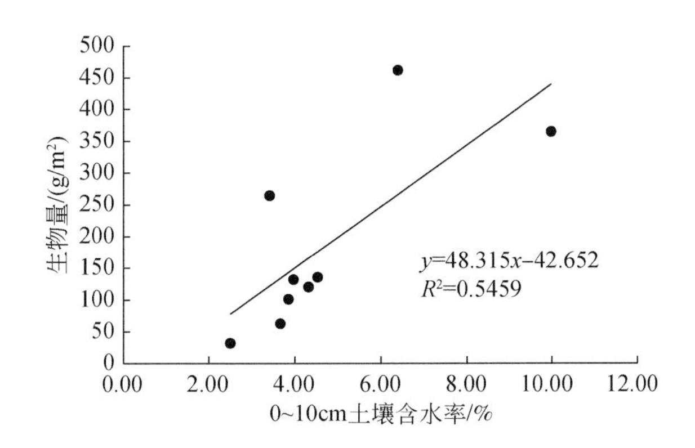

图 7-9　生物量与 0 ~ 10cm 土壤含水率的相关性分析

7.2.4　研究结果

随着复垦年限的增加，重构土壤容重、砾石含量和砂粒含量逐渐降低，土壤含水率以及粉粒和黏粒含量逐渐增加；随着土层深度的增加，土壤容重、含水率以及粉粒和黏粒含量逐渐升高，砾石和砂粒含量逐渐降低，这与 Cao 等（2015）和蔡文涛等（2017）研究成果基本一致。南排土场土壤容重总体上明显高于未损毁地，但两者在 0 ~ 20cm 土层无显著差异，表明经过 4a 的自然恢复复垦地重构土壤容重未达到原地貌水平，而植被重建可使表层土壤容重先接近原地貌（曹银贵等，2013）。北排土场土壤含水率总体上略高于南排土场，且两者均高于未损毁地，表明复垦可有效提升土壤含水率。各场地>20～40cm 土层土壤含水率均高于0～20cm 土层，北排土场该现象更为显著，这与草原矿区降雨量少、蒸发量高的气候特征（朱丽和秦富仓，2008）和水分入渗规律（宋杨睿等，2016）密不可分，也可能与北排土场采用煤矸石作为重构土壤的下垫面获得良好保水性能有关。此外，砾石和砂粒含量由于风化作用而降低，但在风蚀水蚀作用下，两者在0～20cm 土层含量均高于>20～40cm 土层，因此控制风蚀水蚀对重构土壤的影响是复垦工作的关键。

排土场所覆土层越厚，重构土壤剖面砾石含量越高，表土十分稀缺是限制覆土厚度的客观因素，也是影响土壤质地的关键因素。重构土壤剖面砾石含量和土壤颗粒机械组成比例确定后短时间内难以改变。拟合分析发现重构土壤剖面砾石含量和土壤颗粒机械组成具有一定相关性，均影响土壤容重和土壤含水率，其中砾石含量与土壤容重呈极显著正相关，土壤含水率与砂粒含量呈极显著负相关，与粉粒和黏粒含量呈极显著正相关，因此土壤质地构型可影响土壤含水率，这与刘愫倩等（2016）研究结果一致。

随着复垦年限的增加，土壤化学性质有所改善；但随着土层深度的增加，土壤化学性质逐渐降低。提高复垦地重构土壤的化学性质是植被重建和生态恢复的必要条件。通过相关分析发现，SOM 是影响草原露天矿区土壤化学性质的核心元素。在0～40cm 土层中，土壤化学性质之间的相关性从上到下逐渐减小，由相互依赖逐渐变为相互独立。基于以上研究，我们发现利用表层土和煤矸石对土壤剖面进行分层，可以有效地改善重构土壤的化学性质。复垦地植被生物量的均值均高于未损毁地，复垦后的土壤环境因子促进了排土场生态系统的重建。在0～10cm 土层上，未损毁地生物量与含水率呈显著正相关，说明表层土壤含水率是影响植被生物量的重要因子。

7.3　基于矿区成壤废弃物的生态修复区基质土壤重构方法

7.3.1　矿区成壤废弃物特性分析

在进行试验设计之前，了解了煤矸石、粉煤灰和岩土剥离物的特性及其对土壤理化性质的影响。煤矸石中化学元素的种类、含量非常丰富，可以改良土壤养分状况，但煤矸石的粒径较大，当煤矸石含量过高时会造成土壤水分的流失（宋杨睿等，2016；Du et al.，2020；张汝翀，2018），因此，试验中煤矸石的含量不宜过多。粉煤灰粒级大，具有亲水性，但养分状况差，施用量过多时会对土壤产生不良影响（张明，2012；赵吉等，2017），试验中添加粉煤灰是为了充分证明施用粉煤灰会导致土壤养分状况下降。与表土相比，岩土剥离物的物理性质与表土最相似，但其存在大量的砾石（郑元铭等，2019），且有机质含量较低，因此，岩土剥离物的含量控制在一定范围内。当岩土剥离物与粉煤灰含量过高时，重构土壤养分状况较差，而煤矸石则能够改善土壤养分状况。

Paradelo 等（2007）测试分析了露天矿开采过程中产生的板岩粉末基本特性，发现可以将其作为露天矿土地复垦过程中的表土替代材料。Inoue 等（2014）介绍了粉煤灰作为表土替代材料在印度尼西亚某露天矿区土地复垦中的应用。Bowen 等（2005）发现使用开采剥离的岩层、煤矸石等采矿固体废弃物作为下垫层，并在其上层覆盖一定厚度的表土的模式是目前最常用的土壤重构模式。

近年来，我国也越发重视矿区污染防治和固体废弃物综合利用，国家发展改革委办公厅发布《关于开展大宗固体废弃物综合利用示范的通知》。通知提出，到2025年，建设50个大宗固废综合利用示范基地，示范基地大宗固废综合利用率达到75%以上，对区域降碳支撑能力显著增强；培育50家综合利用骨干企业，实施示范引领行动，形成较强的创新引领、产业带动和降碳示范效应。通知明确，示范基地以煤矸石、粉煤灰、尾矿（共伴生矿）、冶炼渣、工业副产石膏、建筑垃圾、农作物秸秆等大宗固废综合利用为主。基地建设以地方自主实施为主要建设方式，原则上不新增建设用地。

现在已有的研究结果表明，矿区固体废弃物可以作为表土替代材料为矿区土地复垦工作提供支撑。在美国、中国、德国等表土稀缺矿区，粉煤灰、岩土剥离物等材料可以作为表土替代材料推进矿区的土地复垦工作，但这些研究均只表明了矿区固体废弃物可以作为表土替代材料，对于表土替代材料不同配比对重构土壤理化性质的研究还不太全面。于是在实地调研和查阅已有表土替代文献资料的基础上，以当地矿区常见的煤矸石、粉煤灰、岩土剥离物、表土及牛羊粪便为原材料，不同比例复合形成不同配方的重构土壤。

7.3.2　基于成壤废弃物的土壤重构机制

在进行室内盆栽设计之前，对内蒙古胜利煤矿的矿区现状进行了调查，包括矿区的覆土厚度、土壤理化性质、植被生长状况等情况。调查发现矿区存在表层土壤稀缺、土壤贫瘠、植被覆盖度低等问题，这些问题成为该区域土地复垦的严重瓶颈。同时，通过调查资料发现矿区采矿产生的煤矸石与粉煤灰是中国排放量最大的工业废弃物之一，尽管煤矸石资源化利用方向众多，但现实却是煤矸石每年的排放量远远大于其资源化利用量，导致煤炭开采及加工过程中产生的煤矸石往往以煤矸石山的形式存在，到2015年，已形成煤矸石山2600多座，占地约1.30万hm^2。煤矸石的堆积形成了众多的煤矸石山，占用了大量的土地，造成了土地资源的严重浪费。煤矸石山经灌溉或降雨后产生的淋溶液一般呈现较强的酸性或者碱性，同时伴随一定的微量元素，对周围的水体及土壤都会造成一定的污染，而粉煤灰堆场对周边环境则会造成更为严重的污染。

针对矿区土壤条件及采矿产生的固体废弃物堆积等问题，研究从充分利用矿区当地常见原材料为出发点，用表土、煤矸石、粉煤灰、岩土剥离物及牛羊粪便等材料复合成不同配方的重构土壤，提出重构土壤的应用方法，降低矿区土地生态修复成本，解决煤矸石和粉煤灰等固体废弃物堆置造成的环境问题，为矿区土壤改良及煤矸石、粉煤灰的合理利用提供理论依据。

成土因素学说表明：土壤是母质、生物、气候、地形和时间综合作用的产物。煤矸石、岩土剥离物及粉煤灰均属于母质，利用采矿产生的固体废弃物作为表土替代材料，理论基础正是成土因素学说。母质是土壤肥力的基础，不同母质发育的土壤其理化性质具有很大的差异。

通过调研及文献查阅发现，常见的土壤重构模式可以分成两种，一类是分层土壤重构模式，一类是混合土壤重构模式。而目前最常见的模式是分层土壤重构模式，常见的做法是将煤矸石等固体废弃物作为基层，上面再覆一定厚度的表土。因此在试验设计时，选定的重构土壤方案也分为两种，分别为分层方案和混合方案，再加上全表土方案作为对照方案。其中分层方案操作简单，便于施工；同时为了探索一种更优的土壤重构方法，盆栽试验设计了混合方案。在成土因素学说的基础上，通过控制土壤质地在轻壤到中壤确定重构土壤材料的不同配比，即通过梯度试验，将矿区表土、煤矸石、粉煤灰和岩土剥离物按确定的不同比例进行混合，形成重构土壤。盆栽试验前，将灰土用作底肥，每盆中施入的厚度为 2cm。为保证试验材料混合均匀，将所需材料根据混合比例依次倒在一块帆布上，然后用手将材料自下而上翻转混合，如此重复至少 5 次，直到所有材料混合均匀。

7.3.3 基于成壤废弃物的土壤重构方案

7.3.3.1 试验材料

2018 年 9 月共计 5 人赴内蒙古国家能源集团北电胜利露天煤矿（115°30′～116°26′E，43°57′～44°14′N）进行实地采样与试验材料收集，收集胜利一号露天矿表土、岩土剥离物、粉煤灰、煤矸石等共计约 20 袋。盆栽试验所需的重构土壤材料有表土（砂壤土）、煤矸石、粉煤灰、岩土剥离物（母质与生土混合物），其中表土是野外收集的超过 20cm 的土壤。同时在盆栽中加入一定量的火土作为肥料。采集的土壤重构材料背景值见表 7-13。

表 7-13 不同材料背景值

材料	有机质含量/(g/kg)	全氮/(g/kg)	有效磷/(mg/kg)	速效钾/(mg/kg)	质地/粒径
表土	35.4±7.4	2.0±0.5	5.30±2.17	133.00±54.30	砂质壤土
煤矸石	43.9±34.0	0.7±0.4	2.63±1.01	145.83±92.83	2～5cm
粉煤灰	—	—	—	—	—
岩土剥离物	18.8±5.1	0.9±0.3	1.83±0.86	50.97±15.43	砂质黏壤土

注：粉煤灰由于属于煤炭燃副产品，经过燃烧后，保留的多为一些化学元素，如 Si、Al 等，营养元素主要为微量元素，如 As、Mn 等。

7.3.3.2 试验方法

盆栽试验设置在中国地质大学（北京）校内温室大棚中，温室大棚的温度和湿度模拟内蒙古胜利矿区，并每天对其进行监测，确定盆栽的生长环境。所用花盆的直径和高度分别为 20cm 和 22cm，试验设定重构土壤剖面厚度为 20cm，种植植物为草木樨。由于现有的露天煤矿开采流程属于分层剥离-分层堆放的方式，所以排土场的复垦方式是分层堆积（底层煤矸石—上层表土结构）的方式，且分层方式好操作，费用较低，因此在盆栽试验中首先设计了分层方案。为了与分层方案形成对比，探索一种更优的土壤重构方法，试验设计了混合方案。因此按不同的土壤重构方式，试验分为分层方案（表7-14）和混合方案（表7-15）两组，并用全表土方案（D1）作为对照方案，每个处理重复三次。

表7-14　分层盆栽试验方案

序号	表层材料	厚度/cm	下层材料	厚度/cm
C1	表土	5	煤矸石	15
C2	表土+剥离物	5	煤矸石	15
C3	表土	10	煤矸石	10
C4	表土+剥离物	10	煤矸石	10

表7-15　混合盆栽试验方案

序号	表土/%	煤矸石/%	岩土剥离物/%	粉煤灰/%
H1	40	0	60	0
H2	25	15	60	0
H3	20	10	60	10
H4	60	10	0	30
H5	30	10	30	30
H6	30	20	50	0
H7	50	20	30	0
H8	50	30	20	0
H9	40	30	30	0
H10	40	40	20	0
H11	30	30	40	0
H12	30	50	20	0
H13	20	40	40	0
H14	40	20	40	0
H15	40	0	0	60
H16	30	0	60	10
H17	0	10	60	30
H18	30	10	60	

在试验过程中，为确保配比的均匀度，采用的混合方式为：将所需材料按照配比依次

倒在已铺好的帆布上，之后用手将材料自下而上翻动，让各材料混合，如此反复至少 5 次直至所有材料混合均匀。设置梯度试验，将矿区表土、岩土剥离物、粉煤灰、煤矸石按不同比例进行搭配，形成重构土壤。盆栽试验之前用火土作为底肥，每盆施肥 2cm 厚。

7.3.3.3　试验过程

室内进行土壤剖面构建盆栽试验，共计 24 组方案，72 个盆。每 5 天监测一次盆栽内草木樨生长指标（叶宽、株高）及土壤含水率，收割后测定生物量、根长数据，测定重构土壤样品 72 个（N、P、K 的含量，有机质含量，土壤质地，砾石含量），盆栽试验过程见图 7-10。在生长 3 个月后，对盆栽进行了 2 个月的抗逆试验，获得了不同配方下植物的抗逆性能，最终依据此盆栽试验的数据形成了分层方式下土壤重构材料配比技术和混合方式下土壤重构材料配比技术。两种试验方案下，草木樨的根部长度见图 7-11、图 7-12。

图 7-10　盆栽试验过程

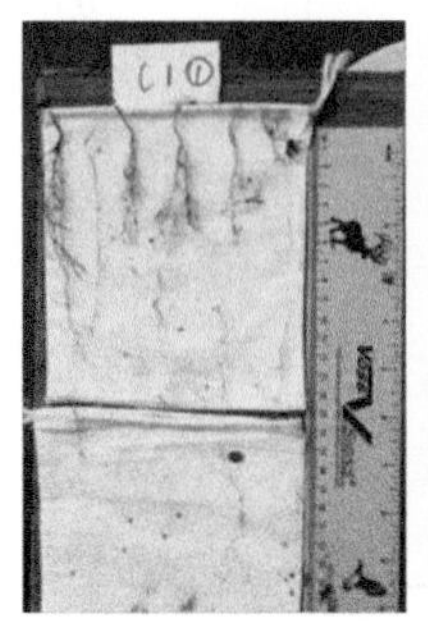

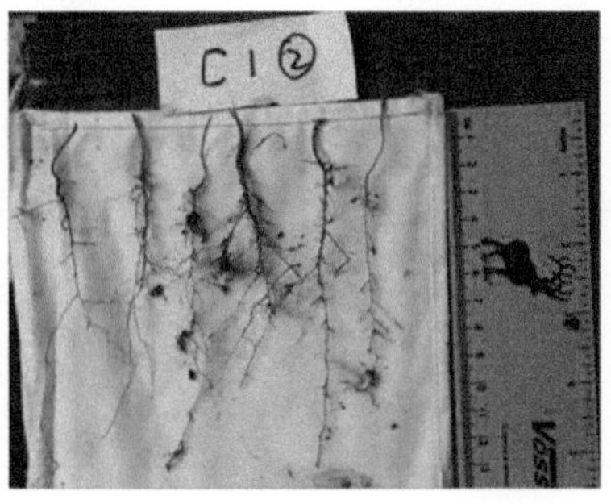

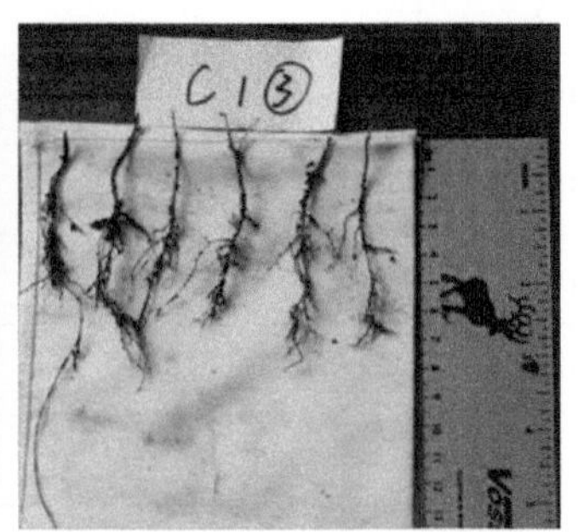

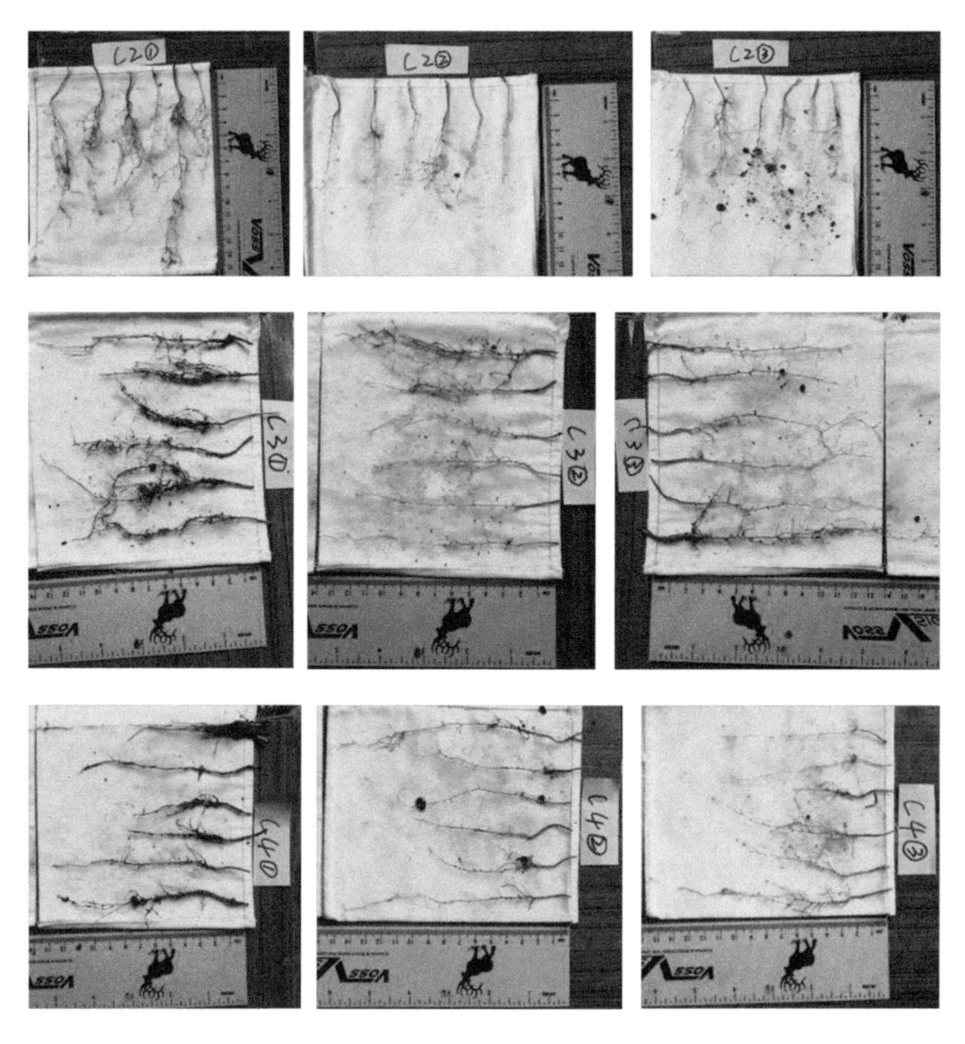

图7-11　分层方案草木樨根长图

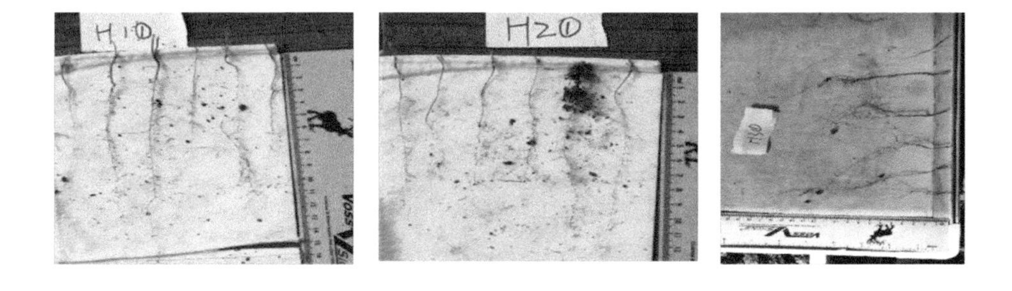

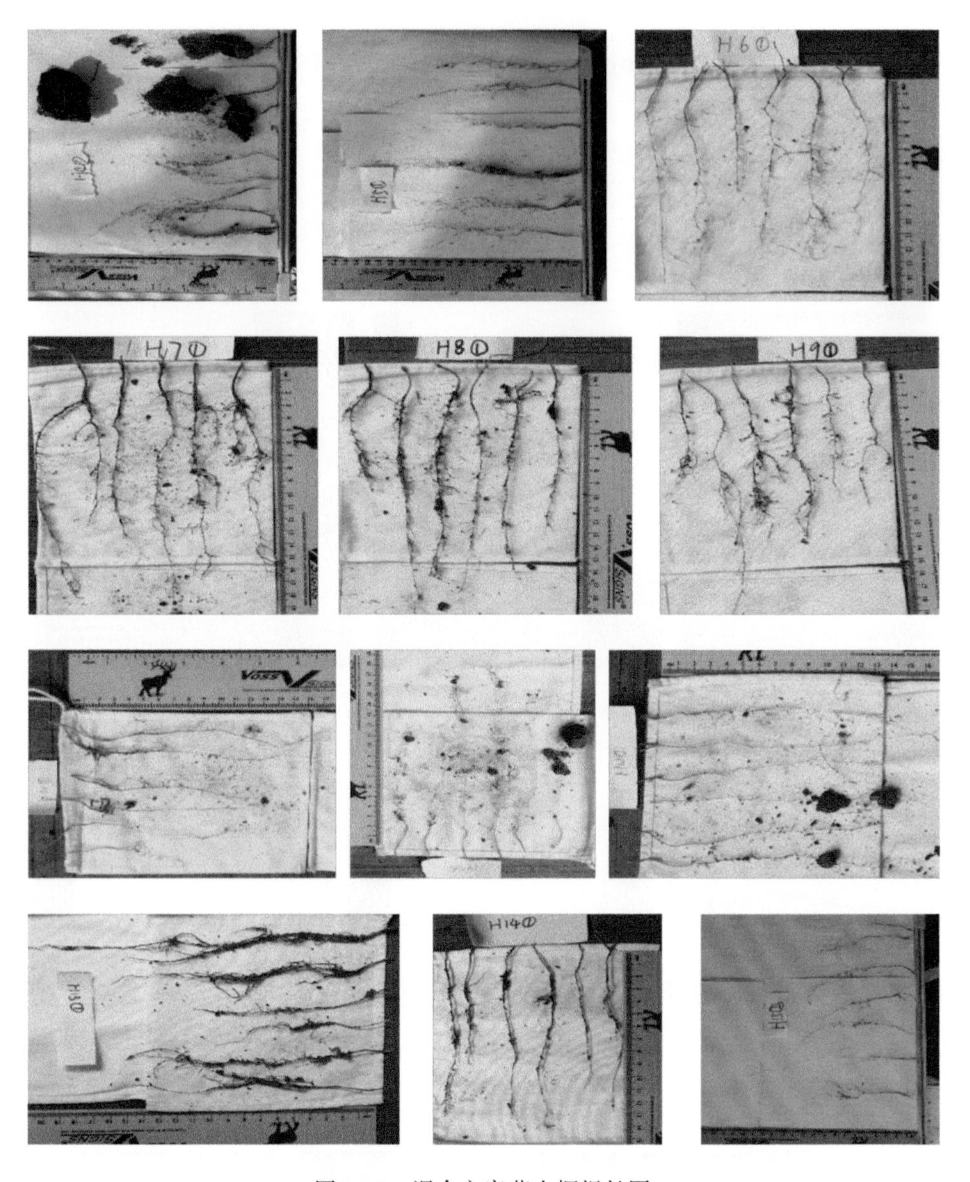

图 7-12　混合方案草木樨根长图

7.3.4　基于成壤废弃物的土壤重构方法

分层方式中最优的重构土壤的重量百分含量组分为：表土 50%，煤矸石 50%，同时把表土和煤矸石分层设置，最终发现植被生长状况良好，且分层堆置便于施工。草木樨在此重构土壤中生长 40 天后，高度在 10cm 左右，叶片宽度为 10mm，覆盖度在 90% 以上，耐旱能力有明显提高，土壤含水量明显高于仅使用表土的方案。两种试验方案下土壤剖面见图 7-13。表现中等的重构土壤的重量百分含量组分为：表土+岩土剥离物 25%，煤矸石

图7-13 分层重构与混合重构方式下土壤剖面

75%，同时将其分层放置，草木樨在此重构土壤中生长40天后，高度在10.00cm左右，但低于表土50%+煤矸石50%的处理，叶片宽度在9～10mm；表现较差的重构土壤的重量百分含量组分为：表土25%，煤矸石75%，同时将其分层放置，草木樨在此重构土壤中生长40d后，高度在9cm左右，叶片宽度在9～10mm。技术实施步骤见图7-14。

分层方案中将矿区采矿废弃物——煤矸石作为土壤重构材料，可以节省表土，同时能够保证植被生长，且将表土和煤矸石分层放置，便于施工。

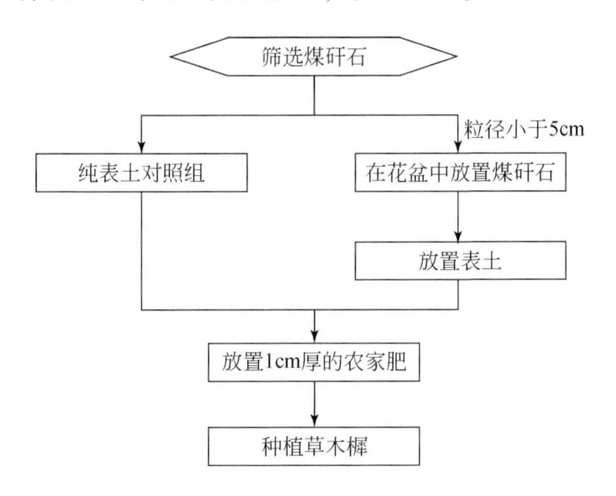

图7-14 分层方案实施步骤

混合方式中最优的重构土壤的重量百分含量组分为：表土30%，煤矸石30%，岩土剥离物40%，其中煤矸石粒径为2～5cm。在盆栽中种植草木樨，草木樨生长35天后，此重构土壤中草木樨高度达到10cm左右（高于纯表土方案的5.5cm），叶片宽度为10mm（高于纯表土方案的8mm），覆盖度在90%以上，耐旱能力有明显提高，含水率平均值为11%（高于纯表土方案的7%），且7d不浇水无明显的脱水现象，而仅使用表土种植植被，植被有明显的脱水现象。表现中等的重构土壤的重量百分含量组分为：表土50%，煤矸石20%，岩土剥离物30%，并将其混合放置；表现较差的重量百分含量组分为：表土30%，煤矸石10%，岩土剥离物60%，并将其混合放置。技术实施步骤见图7-15。

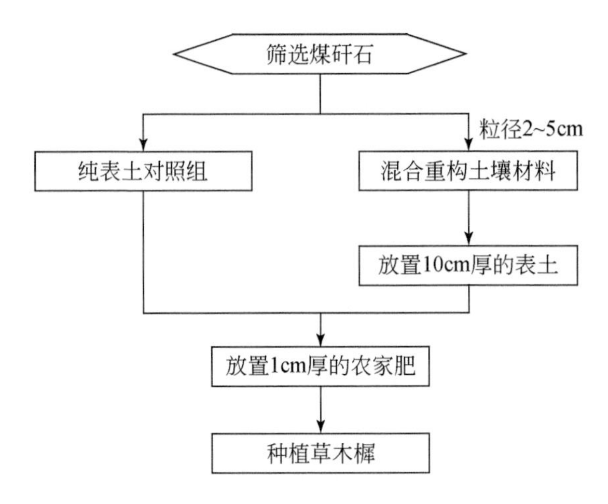

图 7-15　混合方案实施步骤

混合方案中将矿区的表土和矿区采矿废弃物——煤矸石以及岩土剥离物（采矿过程中剥离的表土）作为土壤重构材料，目的是节省表土。岩土剥离物能够增加土壤孔隙度，增强土壤通水、通气的能力，表土可以提供植被生长所必需的肥力，煤矸石可以提供有机质，起到保水的效果，同时保证植被生长。同时，从经济角度考虑，利用采矿废弃物来重构土壤更节省成本，可以解决矿区废弃物的排弃问题，能够缓解东部草原矿区表土稀缺对土地复垦质量的影响，为脆弱草原生态系统的稳定提供保障。

7.3.5　效果分析

7.3.5.1　植被生长状况

1. *分层方式*

不同分层方式下植被生长状况指标的差异情况见图 7-16。从叶片宽度指标来看，采用分层堆积的方式重构土壤，对叶片宽度不会造成显著影响，但分层方式中 C3 方案（50%表土+50%煤矸石）的叶宽值最大。从株高指标来看，分层方式中 C3 方案（50%表土+50%煤矸石）的株高值最大，其与纯表土对照方案不存在显著性差异。从根长指标来看，分层方式中 C3 方案（50%表土+50%煤矸石）的根长值最大，其与纯表土对照方案不存在显著性差异。从生物量指标来看，分层方式中 C3 方案（50%表土+50%煤矸石）的生物量指标也较优，与纯表土对照方案不存在显著性差异。

2. *混合方式*

煤矸石含量为 30%时（图 7-17），重构土壤方案包含 H8（50%表土+30%煤矸石+20%岩土剥离物）、H9（40%表土+30%煤矸石+30%岩土剥离物）和 H11（30%表土+30%煤矸石+40%岩土剥离物），其中 H11 方案（30%表土+30%煤矸石+40%岩土剥离物）与对照方案在植被生长状况指标上不存在显著性差异，但其生物量指标高于纯表土方案。

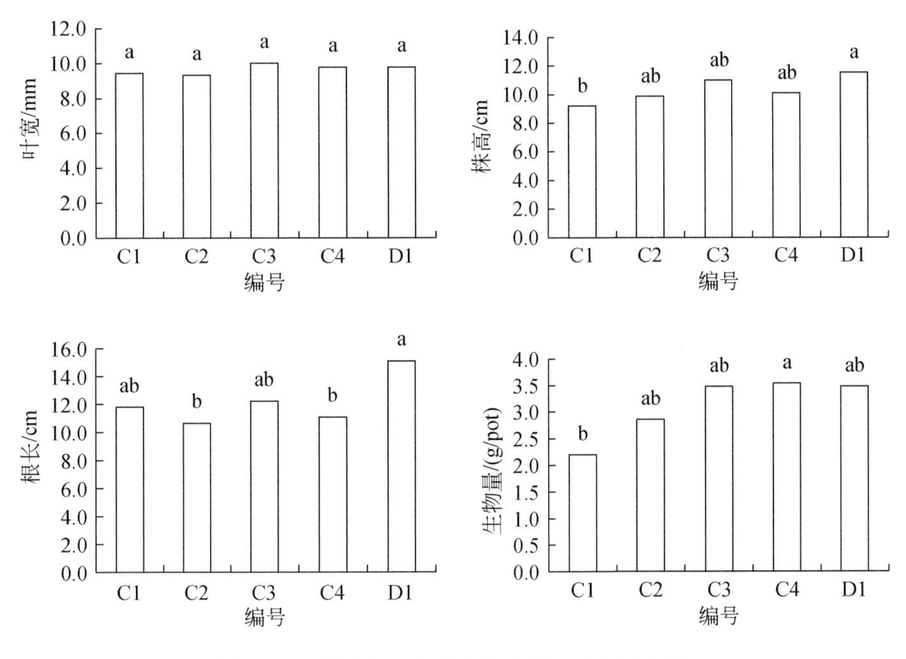

图7-16 分层方案中草木樨生长状况的差异性

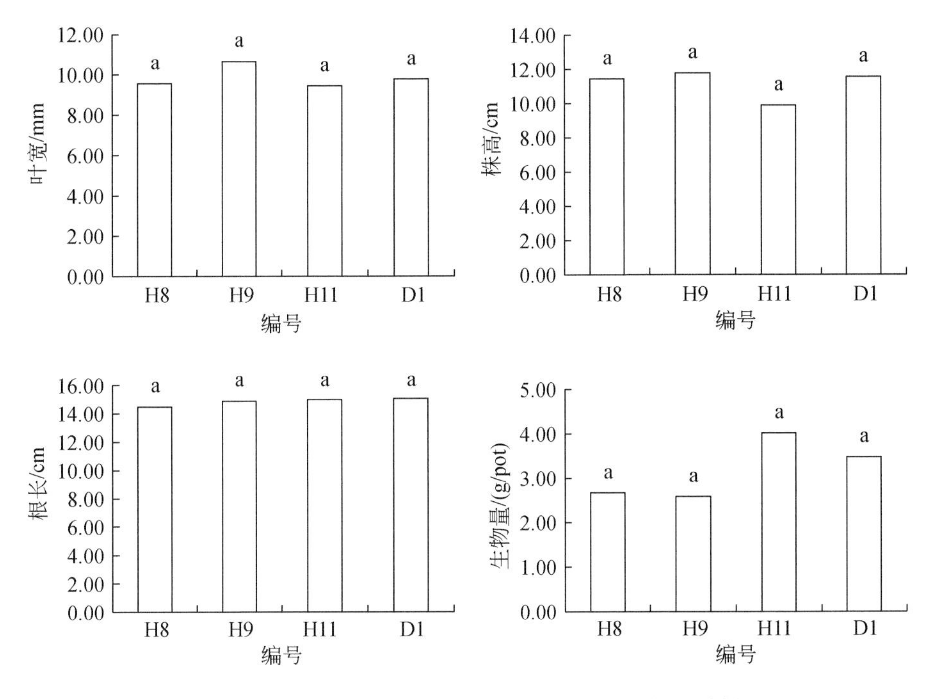

图7-17 30%煤矸石含量下草木樨生长状况的差异性

7.3.5.2　土壤物理性质

土壤物理性质主要包括土壤质地、土壤容重及与土壤入渗、持水性能等多项指标，土壤物理性质直接影响着植被恢复状况。对重构土壤物理性质的研究，能够明晰重构土壤最本质的特征。通过之前的研究发现土壤质地是影响含水率的重要因素，因此本研究选取了土壤质地及土壤含水率作为研究指标，探究重构土壤在这些指标上的差异性。

1. *分层方式*

土壤质地指的是土壤中不同大小颗粒的组合情况。土壤质地影响着土壤保水、保肥的性能，直接影响着土壤利用、改良和管理措施。相比较土壤其他性质而言，土壤质地更具有稳定性，一旦形成就难以改变。本研究中，依据这一现实条件，配比的依据也是控制土壤的质地。对土壤质地的分析，进一步证明配比的正确与否。

如表 7-16 所示，C1（25% 表土+75% 煤矸石）、C2（25% 表土、剥离物+75% 煤矸石）及 C3（50% 表土+50% 煤矸石）方案质地为砂质黏壤土，C4（50% 表土、剥离物+50% 煤矸石）及纯表土对照组 D1 方案与上述三方案存在差异，为砂质壤土。从土壤机械组成的角度来看，C1（25% 表土+75% 煤矸石）、C2（25% 表土、剥离物+75% 煤矸石）及 C3（50% 表土+50% 煤矸石）方案砂粒含量减少，黏粒含量增多，在一定程度上降低了土壤的砂性，达到了改良土壤的目的。C1（25% 表土+75% 煤矸石）及 C3（50% 表土+50% 煤矸石）方案黏粒增多，原因可能在于煤矸石或者部分泥岩的风化。

表 7-16　分层模式下土壤质地

编号	土壤质地
C1	砂质黏壤土
C2	砂质黏壤土
C3	砂质黏壤土
C4	砂质壤土
D1	砂质壤土

土壤水分是制约内蒙古草原矿区植被生长的主要因素之一，土壤含水率的高低决定着植物生长的好坏。盆栽试验中，按照管护的要求，灌溉周期为 4d，在植物生长约 2 个月后，在一个周期内每天测试重构土壤的土壤含水率。在这个周期内，温度最高为 34.5℃，最低为 29℃；最高湿度为 48%，最低为 32%。温度先降后升（图 7-18），湿度先升后降（图 7-19）。

第一天土壤含水率测定结果表明（图 7-20），相同的灌溉条件下，土壤含水率的大小排序为：C3<DK（即纯表土对照组 D1，下同）<C2<C4<C1，仅有 C3 方案的土壤含水率低于对照方案，且两方案土壤含水率差异不大。这说明在灌溉的初期，以煤矸石作为下垫层，并不会导致土壤水过分下渗。在灌溉后第二天，各方案土壤含水率大小排序为：DK<C4<C3<C2<C1。对照方案土壤含水率最低，C1 方案土壤含水率最高。第一天土壤含水率最低的 C3 方案（50% 表土+50% 煤矸石）在第二天土壤含水率变化不大。灌溉后第 3 天，

土壤含水率高低排序为：DK<C3<C4<C2<C1，对照方案土壤含水率依旧远低于其他 4 组方案。第 4 天，土壤含水率高低排序为：DK<C4<C3<C1<C2，对照方案土壤含水率最低，C2 方案土壤含水率最高，且 C2 及 C3（50% 表土+50% 煤矸石）方案第 4 天土壤含水率与第 3 天土壤含水率几乎没有差异。整体而言，对于植被生长状况较优的 C3 方案（50% 表土+50% 煤矸石）而言，其土壤含水率大多高于纯表土对照组 DK。

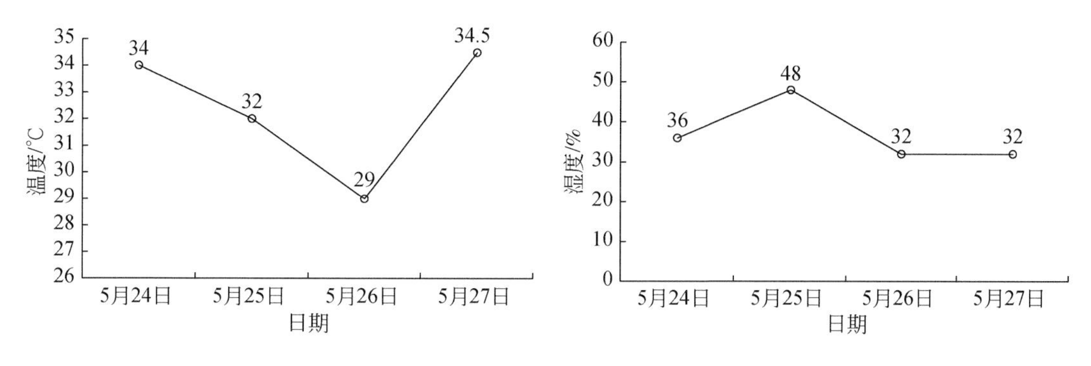

图 7-18　测试周期内大棚内温度变化　　图 7-19　测试周期内大棚内湿度变化

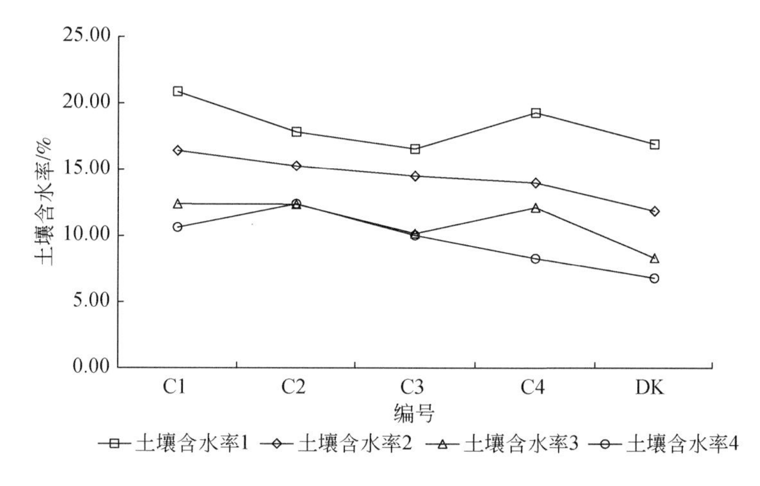

图 7-20　周期内分层模式下重构土壤含水率

2. 混合方式

由表 7-17 可以看出，岩土剥离物不同含量下，重构土壤多为砂质黏壤土，少部分方案呈现砂质壤土质地。岩土剥离物含量为 20% 时，H10 方案土壤质地为砂质壤土，与其他两方案的配比差异在于表土与煤矸石的比例，测试结果表明，H10 方案某一盆中，重构土壤砂粒过高，达到 75% 以上，造成最终 H10 方案质地为砂质壤土。岩土剥离物含量为 30% 时，H5 方案土壤质地为砂质壤土，这是因为在 H5 方案中含有 30% 的粉煤灰，其他二者方案配比中则不含粉煤灰。岩土剥离物含量为 40% 及 50% 时，4 个方案土壤质地都为砂质黏壤土，配比中都不含有粉煤灰，表土含量在 20% 至 40%。岩土剥离物含量为 60%

时，H1、H2 及 H16 方案土壤质地为砂质黏壤土，H3、H17 及 H18 方案土壤质地为砂质壤土；其中 H3 及 H17 方案配方中含有不等的粉煤灰，而 H18 方案则不含粉煤灰，且砂粒含量 75% 左右。

表 7-17　岩土剥离物不同含量下土壤质地

岩土剥离物含量	编号	土壤质地
20%	H8	砂质黏壤土
	H10	砂质壤土
	H12	砂质黏壤土
30%	H5	砂质壤土
	H7	砂质黏壤土
	H9	砂质黏壤土
40%	H11	砂质黏壤土
	H13	砂质黏壤土
	H14	砂质黏壤土
50%	H6	砂质黏壤土
60%	H1	砂质黏壤土
	H2	砂质黏壤土
	H3	砂质壤土
	H16	砂质黏壤土
	H17	砂质壤土
	H18	砂质壤土

综合来看，在不添加粉煤灰的情况下，岩土剥离物的加入增加了土壤中黏粒的比例，改良了土壤的砂性。

煤矸石不同含量下土壤质地见表 7-18，煤矸石含量为 10% 时，重构土壤质地皆为砂质壤土，质地的差异主要还是取决于岩土剥离物以及粉煤灰的含量。煤矸石含量为 20% 及 30% 时，重构土壤质地为砂质黏壤土。煤矸石含量为 49% 时，H10 与 H13 两方案土壤质地存在差异，比较二者配比发现，主要原因在于岩土剥离物的含量。综合前文的分析发现，重构土壤的质地控制在砂质壤土与砂质黏壤土。有粉煤灰加入的方案基本为砂质壤土，而岩土剥离物含量较高的方案，在没有粉煤灰加入的情况下，质地基本都为砂质黏壤土，而煤矸石对重构土壤质地影响较小。

煤矸石含量为 30% 时重构土壤含水率见图 7-21，第 1 天土壤含水率高低排序为 H11>DK>H8>H9，第 2 天土壤含水率高低排序为 H11>H8>H9>DK，第 3 天土壤含水率高低排序为 H11>H8>H9>DK，第 4 天土壤含水率高低排序为 H11>H9>H8>DK。对照方案土壤含水率下降速率最高，H9 下降速率最低，H11（30% 表土+30% 煤矸石+40% 岩土剥离物）

方案在4d内土壤含水率都保持最高。整体而言，重构土壤方案第4天的土壤含水率都要高于对照方案DK，且在这4d内，DK方案土壤含水率下降最快，超过10%。

表7-18　煤矸石不同含量下土壤质地

煤矸石含量	编号	土壤质地
10%	H3	砂质壤土
	H4	砂质壤土
	H5	砂质壤土
	H17	砂质壤土
	H18	砂质壤土
15%	H2	砂质黏壤土
20%	H6	砂质黏壤土
	H7	砂质黏壤土
	H14	砂质黏壤土
30%	H8	砂质黏壤土
	H9	砂质黏壤土
	H11	砂质黏壤土
40%	H10	砂质壤土
	H13	砂质黏壤土
50%	H12	砂质黏壤土

岩土剥离物含量为40%及50%时重构土壤含水率见图7-22，第1天土壤含水率排序为H11>H13>DK>H14>H6，第2天土壤含水率排序为H13>H11>H14>H6>DK，第3天土壤含水率排序为H13>H14>H11>H6>DK，第4天土壤含水率排序为H13>H14>H11>H6>DK。总的来看，H11（30%表土+30%煤矸石+40%岩土剥离物）方案在4d内土壤含水率均较高，且高于纯表土对照组DK。

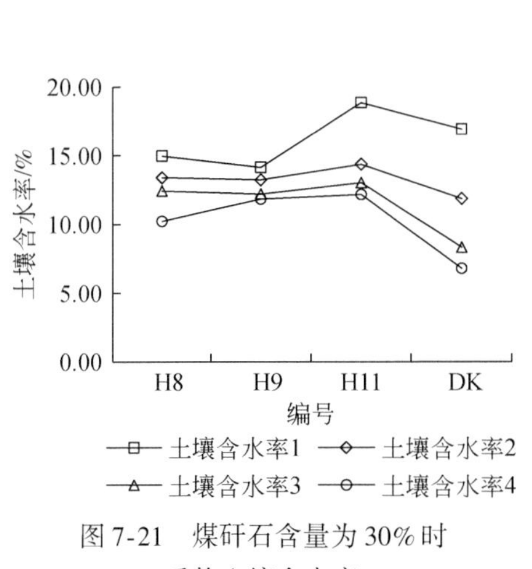

图7-21　煤矸石含量为30%时重构土壤含水率

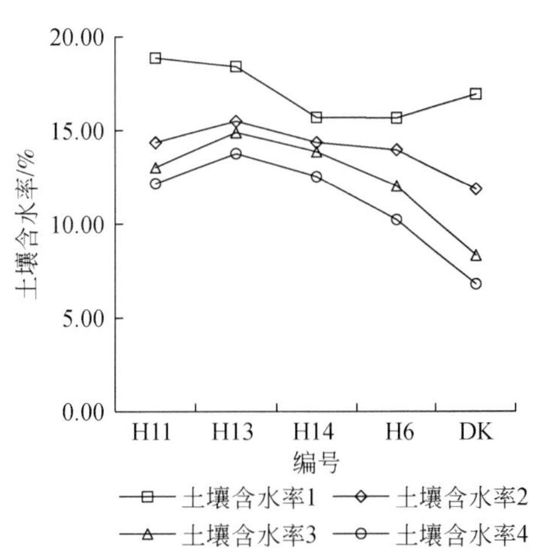

图7-22　岩土剥离物含量为40%及50%时重构土壤含水率

7.3.5.3　土壤化学性质

1. *分层方式*

不同分层方式下重构土壤的化学性质不同，C3 方案（50% 表土+50% 煤矸石，图 7-23）的土壤有机质含量、有效磷含量、速效钾含量均高于纯表土对照组，且此分层方式的土壤化学性质指标与纯表土对照方案之间不存在显著性差异，这表明此重构土壤的土壤化学性质指标已达到纯表土方案的要求。

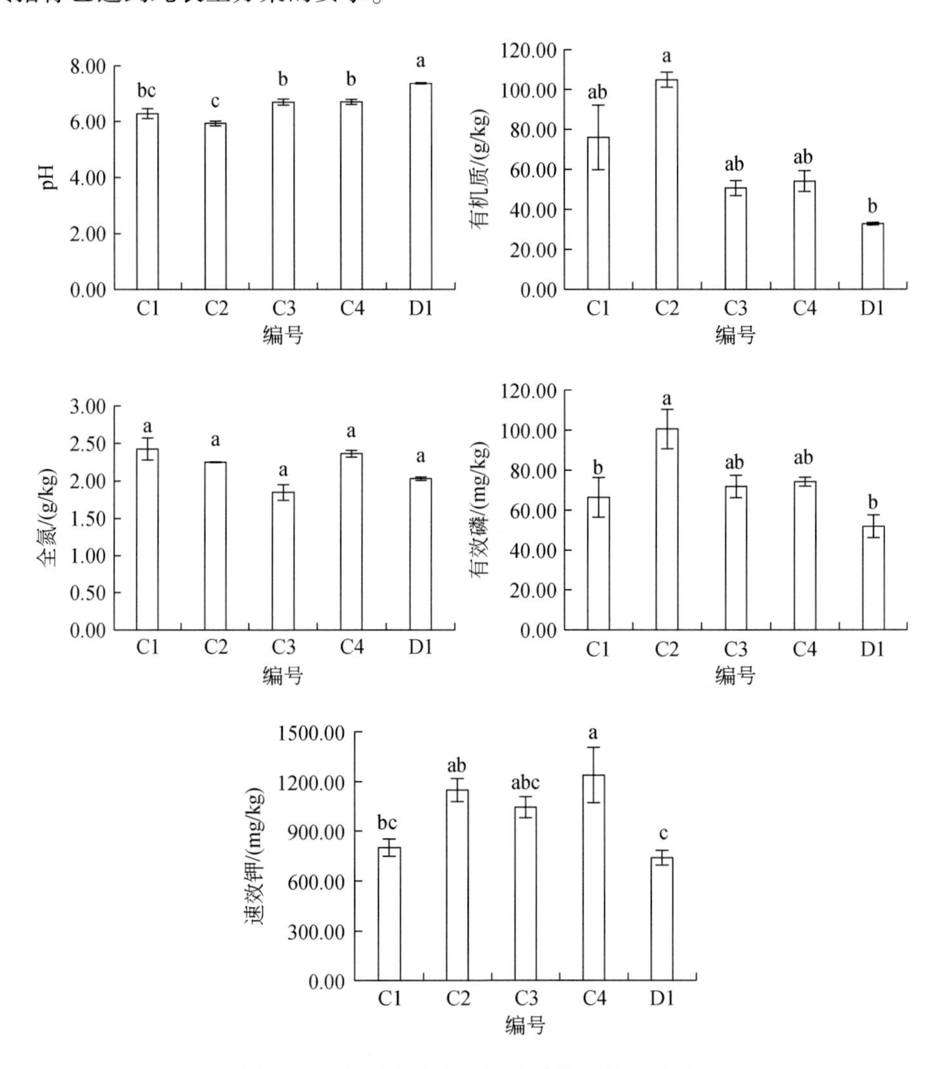

图 7-23　分层方案中土壤化学性质的差异性

2. *混合方式*

煤矸石含量为 30% 时，H11 方案（30% 表土+30% 煤矸石+40% 岩土剥离物，图 7-24）的表土用量最少，且其土壤有机质含量、全氮含量、有效磷含量、速效钾含量均高于纯表

土对照方案，这表明此重构土壤的土壤化学性质指标已达到纯表土方案的要求。

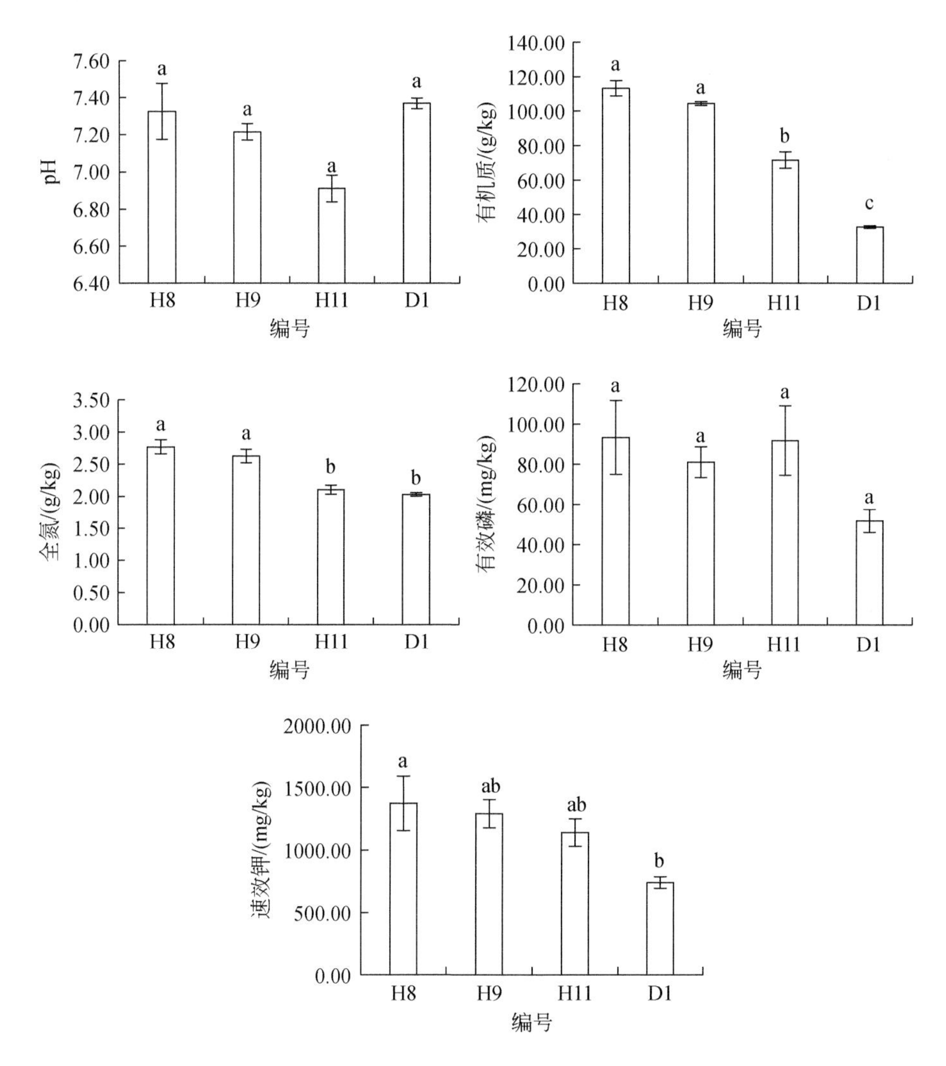

图 7-24　30%煤矸石含量下土壤化学性质的差异性

7. 3. 5. 4　土壤养分分级

全国第二次土壤普查养分分级标准见表 7-10，与重构土壤的化学性质对比结果如下：

当重构土壤的重量百分含量组分为表土 50%，煤矸石 50%，且分层堆放时，重构土壤有机质含量在 50. 00 ~ 51. 00g/kg，处于一级水平；全氮含量在 1. 80 ~ 1. 90g/kg，处于二级水平；有效磷含量在 71. 00 ~ 72. 00mg/kg，处于一级水平；速效钾含量在 1040. 00 ~ 1050. 00mg/kg，处于一级水平。

当重构土壤的重量百分含量组分为表土+岩土剥离物 25%，煤矸石 75%，且分层放置时，重构土壤有机质含量在 105. 00 ~ 106. 00g/kg，处于一级水平；全氮含量在 2. 30 ~ 2. 40g/kg，处于一级水平；有效磷含量在 100. 00 ~ 110. 00mg/kg，处于一级水平；速效钾含量在 1040. 00 ~ 1050. 00mg/kg，处于一级水平。

当重构土壤的重量百分含量组分为表土 25%，煤矸石 75%，且分层放置时，重构土壤有机质含量在 75. 00 ~ 80. 00g/kg，处于一级水平；全氮含量在 2. 40 ~ 2. 50g/kg，处于一级水平；有效磷含量在 65. 00 ~ 70. 00mg/kg，处于一级水平；速效钾含量在 800. 00 ~ 810. 00mg/kg，处于一级水平。

当重构土壤的重量百分含量组分为表土 30%，煤矸石 30%，岩土剥离物 40%，且混合堆放时，重构土壤有机质含量在 71. 00 ~ 72. 00g/kg，处于一级水平；全氮含量在2. 00 ~ 2. 50g/kg，处于一级水平；有效磷含量在 90. 00 ~ 95. 00mg/kg，处于一级水平；速效钾含量在 1130. 00 ~ 1140. 00mg/kg，处于一级水平。

当重构土壤的重量百分含量组分为表土 50%，煤矸石 20%，岩土剥离物 30%，且混合堆放时，重构土壤有机质含量在 80. 00 ~ 85. 00g/kg，处于一级水平；全氮含量在2. 00 ~ 2. 50g/kg，处于一级水平；有效磷含量在 65. 00 ~ 70. 00mg/kg，处于一级水平；速效钾含量在 910. 00 ~ 920. 00mg/kg，处于一级水平。

当重构土壤的重量百分含量组分为表土 30%，煤矸石 10%，岩土剥离物 60%，且混合堆放时，重构土壤有机质含量在 30. 00 ~ 40. 00g/kg，处于二级水平；全氮含量在1. 50 ~ 2. 00g/kg，处于二级水平；有效磷含量在 30. 00 ~ 40. 00mg/kg，处于二级水平；速效钾含量在 550. 00 ~ 560. 00mg/kg，处于一级水平。

相较于原地貌而言，两种重构土壤的养分状况均得到了明显的改善。

7. 3. 6　研究结果

当表土：煤矸石：岩土剥离物 = 3：3：4 时，草木樨生物量最高，叶片宽度、株高及根长均较优。层叠放置重构土壤与煤矸石，当上层重构土壤厚度大于 10cm 时，草木樨生物量要高于纯表土方案；上层放置重构土壤时的草木樨生物量高于上层放置表土。当煤矸石用量控制在 30% 时，草木樨生物量最优，其他指标表现也较优；含粉煤灰的方案，整体生物量较低，与对照方案差异明显，但单株生长状况较优，因此粉煤灰用量控制在 10% 及以下时草木樨生长状况较优；岩土剥离物含量控制在 40% 及以下时，草木樨在 4 个指标上的表现均较优，适宜草木樨生长。各方案之间草木樨的生物量差异性明显，但其他 3 个指标的差异相对不明显。生物量小的方案往往株数较少，但单株生长状况较优；生物量一般但植株多的方案，往往叶片宽度或株高表现不佳。因此在实际复垦过程中，需根据土壤理化性质，合理安排种植密度。

在表土替代物是煤矸石的处理组中，当煤矸石含量为 30%、40% 和 50% 时，重构土壤 pH 均低于表土对照组的土壤 pH，当煤矸石含量大于 10% 时，重构土壤的土壤养分状况得到了明显的改善。在表土替代物是粉煤灰的处理组中，重构土壤化学性质指标均存在变差的趋势。在表土替代物是岩土剥离物的处理组中，当岩土剥离物含量大于 20% 时，重构土壤化学性质改善效果较优。

重构土壤质地控制在砂质壤土或者砂质黏壤土，与原土壤质地相差不大。岩土剥离物的加入改良了土壤的砂性，而粉煤灰的加入则使土壤中砂粒含量增多。重构土壤在第 4 天的土壤含水率都要高于原土壤，且在4d这一个周期内，原土壤的土壤含水率下降速率最快，下降程度最高。

7.4　生态修复区基质土壤改良方法

7.4.1　基于生物炭的土壤肥力提升机制

在利用煤矸石、粉煤灰、岩土剥离物进行土壤重构的基础上，进行基于生物炭的土壤改良研究。生物炭具有保水、保肥及培肥土壤的作用，施用生物炭能够增加土壤的肥力，促进作物增产；生物炭的多孔性和高比表面积特性对土壤容重的降低、孔隙度和持水能力的提高也存在促进作用（陈红霞等，2011；王丹丹等，2013；武玉等，2014）。学者发现生物炭性质与其制备温度也存在很大关系，即不同制备工艺下产生的生物炭，其对土壤的改良作用效果不一。而我国地域辽阔，土壤类型众多，生物炭在不同土壤类型上的表现肯定存在差异，即不同区域，其适用的生物炭使用方法存在区别。

从解决区域问题入手，以内蒙古锡林浩特草原区为研究区域，研发适用于该区域的生物炭施用方法，对该区域的生态安全起着重要作用。在室内开展盆栽试验，以秸秆在300℃、400℃及500℃下生产的生物炭为改良原料，设置不同的施用量。探究适合内蒙古草原区表土改良的生物炭制备温度及施用量，并形成一套完整的生物炭施用方法。生物炭作为土壤改良剂的作用机理见图7-25。

生物炭疏松多孔的结构使其与矿质土壤相比容重非常低，作为改良剂可以显著降低土壤的容重。研究发现生物炭的添加对降低土壤容重、疏松土壤结构有重要作用，且随添加量的增加，容重降低效果愈加明显。与此同时，生物炭凭借其极大的比表面积和表面电荷拥有强大吸附力，通过表面黏结力可以促进土壤形成团聚体的形成，改善土壤结构，提高土壤微生物活性，这也是降低土壤容重的重要原因。生物炭具有丰富的孔隙结构、巨大的表面积、良好的吸附能力（能吸收自身重量1.5~2.5倍的水分）、亲水或疏水的特点，因此其与有机肥、秸秆、对照农田相比保水能力更强，研究发现每公顷施入9000kg生物炭，土壤保水能力可提高11%。此外，土壤保水性还取决于土壤孔隙的分布和连通性，在很大程度上受土壤纹理、结构特征和有机质含量的影响。而生物炭的施加能促进土壤团聚结构的形成，提高土壤孔隙度，进而显著提升土壤饱和含水量、田间持水量及土壤水分总库容、有效水库容、重力水库容，从而进一步降低土壤凋萎点含水量和无效水库容，且土壤保水能力随生物炭施用量增大而增强。土壤孔隙是指土粒与土粒或者团聚体之间以及团聚体内部的孔洞，是容纳水分和空气的空间，也是植物根系伸展和土壤动物、微生物活动的空间。土壤孔隙容积占土体容积的百分比被称为土壤孔隙度，该指标影响到土壤、水、气、热等诸因素，决定了土壤质地、团粒化程度、有机质含量，以及耕作、施肥、干湿交替条件等。生物炭的孔隙分布、连接性、颗粒大小和颗粒的机械强度及其巨大的比表面积均可以影响土壤孔隙结构。当生物炭施入土壤后，即可通过疏松土壤，降低容重，进而增加土壤总孔隙度（Herath et al.，2013）；也可通过促进团聚体形成，改变土壤理化性质、

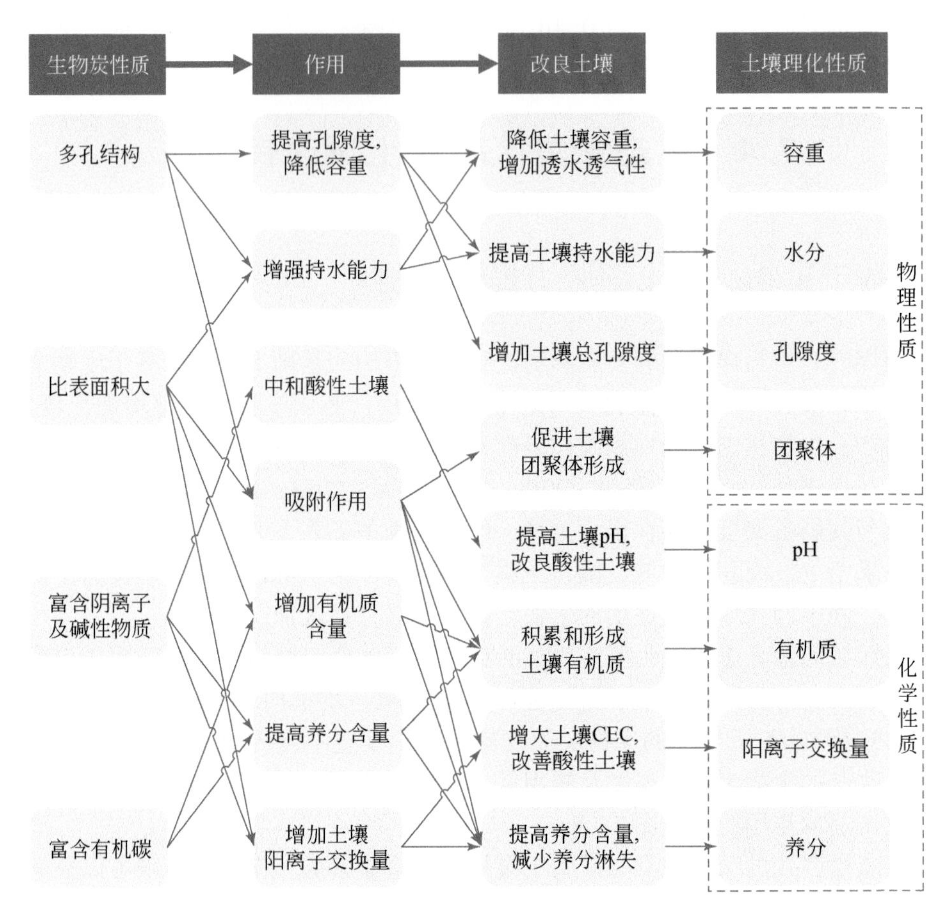

图 7-25 生物炭作为土壤改良剂的作用机理

土壤 CEC 为土壤阳离子交换量

调节微生物活动，改善土壤环境系统而增加土壤孔隙度（赵建坤等，2016）。生物炭施入土壤后可与土壤有机质、微生物及黏土矿物等相互作用，也可增加微生物活性和菌根的数量，影响土壤团聚体形成及其稳定性。

生物炭大多呈碱性，且高温裂解的生物炭比低温裂解的酸性挥发物更少、灰分更多，因而 pH 更高。在改善土壤酸碱度方面，施用生物炭要比传统施用石灰效果更好。土壤 pH 的提高一方面是由于生物炭呈碱性的特性；另一方面是由于其中含有大量盐基离子，施入土壤中其缓慢释放碱性基团，在降低土壤中交换性氢离子和氯离子后调节了土壤酸碱度。土壤有机质是土壤肥力的重要指标之一，也是陆地生态系统中重要的碳汇，生物炭与有机质的物质组成及结构虽然不一致，但施入土壤同样可以改善土壤团聚体结构、水分入渗和保持、养分流动和交换、维持微生物活动等，进而培肥土壤。生物炭既可以利用自身的吸附功能将土壤中有机分子固定，通过催化活性促进有机分子聚合形成土壤有机质；也可以通过长时间缓慢分解形成腐殖质，促进土壤肥力的提高。土壤养分是由土壤提供的植物生长所必需的营养元素，如氮、磷、钾、钙、镁、硫、铁、硼等能直接或经转化后被植物根系吸收的矿质营养成分，其含量的多少直接影响到植物的生长情况。相关研究表明生物炭的施用对土壤养分状况的影响主要表现在两个方面：一是其本身含有 N、P、K、Ca、Mg 等矿质营养元素，能够提高土壤养分及土壤生产力；二是生物炭可以提高土壤养分的有效性，减少养分淋失（特别是硝酸盐）和污染物在根际区的运移。

7.4.2 基于生物炭的土壤肥力提升试验方案

7.4.2.1 试验材料

以土壤重构盆栽试验为基础，从中选出植被生长状况最佳（H11：30%表土+30%煤矸石+40%岩土剥离物）、中等（H3：20%表土+60%岩土剥离物+10%煤矸石+10%粉煤灰）及最差（H10：40%表土+40%煤矸石+20%岩土剥离物、H15：40%表土+60%粉煤灰）的方案，并设置纯表土对照方案，施用生物炭对其进行改良，进行基于生物炭的土壤改良技术，观察生物炭的改良效果，其中此次盆栽试验所用的重构土壤材料与土壤重构技术中所用的材料一致。盆栽试验所用的生物炭原材料为废弃的玉米秸秆，制炭前将玉米秸秆风干，切成10cm左右，放入炭化炉（专利批准号200920232191.9），采用“程序升温控制”技术控制生物炭的热解温度，整个炭化过程大约10h。将废弃的玉米秸秆按上述制炭方法分别制备成300℃、400℃和500℃的生物炭，高温热解结束后，冷却至室温，打开炭化炉，取出生物炭，待盆栽试验施用。

7.4.2.2 试验方法

盆栽试验设置在中国地质大学（北京）校内温室中，温室的温度和湿度模拟内蒙古胜利矿区，每天对盆栽进行监测。试验时间为2019年3～6月。花盆高11cm，直径10cm，表面积约为80cm^2，试验设定重构土壤剖面厚度为10cm。根据每公顷土地生物炭施用量0t、7.5t、15t和30t，对应设定盆栽试验花盆中生物炭施用量为0g、6g、12g和24g。新处理方案以“原方案-生物炭热解温度-含量”为原则命名，共计50种处理，为避免试验误差，每个处理重复3次。重构土壤改良研究思路见图7-26。

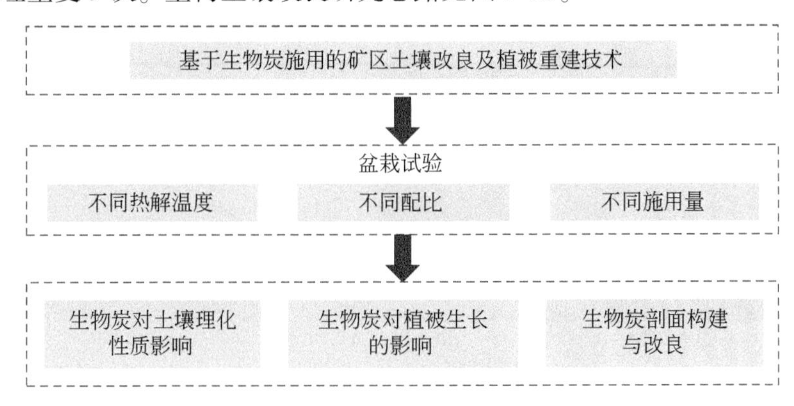

图7-26 重构土壤改良研究思路

7.4.2.3 试验过程

通过种子发芽试验，比较草木樨（33.33%）、紫花苜蓿（64.67%）、黄花苜蓿（75.67%）的发芽率，选取当地复垦地先锋植被黄花苜蓿作为本次盆栽试验的播种对象，每个花盆播种25粒种子。模拟内蒙古草原矿区气候条件定期为盆栽浇水，本次试验周期为2019年3～6月，于3月24日开始试验，以7天为一周期，试验日常管护情况见图7-27。

盆栽试验

日常管护

图7-27 盆栽试验过程

前期进行苜蓿生长状况试验，每盆随机选择具有代表性3株苜蓿，记录其株数、株高、叶片长度及叶片宽度等植被生长状况指标，苜蓿计划生长周期为30天，本文选取4月28日苜蓿生长状况分析生物炭施用的效果，以C5和C5-500-24为例，具体试验流程如图7-28所示。后期于5月5日开始进行为期20天的抗旱试验，分别于5月5日、5月10日、5月15日、5月20日、5月23日、5月24日和5月25日记录各盆中未萎蔫的苜蓿株数，其中方案H3组、H10组和H11组在5月10日各盆分别浇水50mL，方案D1组和H15组在5月10日和5月15日各盆分别浇水50mL。

(a)2019/3/24

(b)2019/3/31

(c)2019/4/7

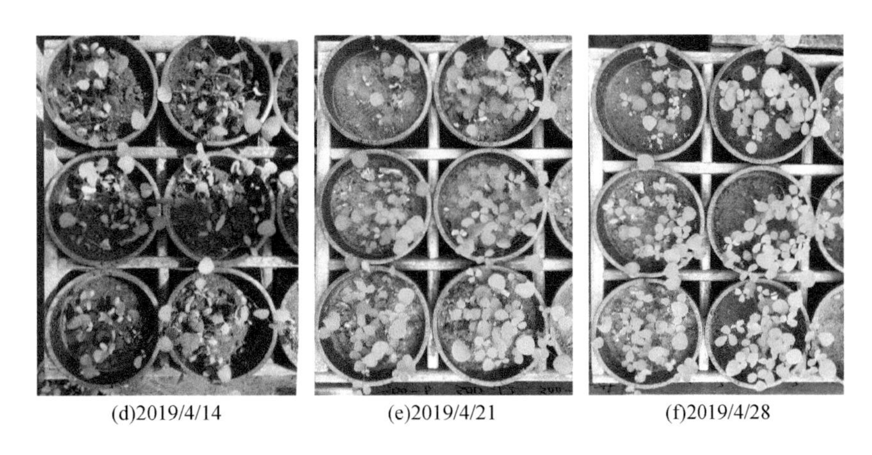

图7-28　盆栽试验苜蓿生长过程

抗旱试验结束后，收割盆栽内苜蓿地上部分，采用实验室烘箱将其烘至恒重，温度设定为65℃；并测定供试土壤的化学性质。将重构土壤进行自然风干，风干样品在实验室内磨碎过筛，测定重构土壤有机质含量、腐殖酸含量、pH、全氮含量、有效氮含量、速效磷含量和速效钾含量。表7-19为生物炭的组成与理化性质及其与热解温度的关系。

表7-19　生物炭性质

组成及理化性质		与热解温度的关系
元素组成	60%以上的C和H、O、N、S等	随热解温度的升高，C含量增加，H和O含量降低
灰分含量	40%~96%（25~500℃）	随热解温度的升高，灰分含量有所增加
pH	一般呈碱性	随热解温度的升高，pH增大
比表面积	一般为1.5~500m^2/g	在一定温度范围内，比表面积随热解温度的升高而增大；超过临界温度后，随温度升高而减小
持水性	13×10^{-4}~$4.1\times10^{-4}mL/m^2$（300~700℃）	随着热解温度的升高，生物炭的芳香化程度加深，疏水性增强，含氧、含氮等官能团数量减少，生物炭的持水能力降低
稳定性	稳定性强，抗物理、化学及生物分解能力强	可溶性极低，溶沸点极高

7.4.3　效果分析

7.4.3.1　植被生长状况分析

1. 株高

株高是植物形态学调查工作中最基本的指标之一，其定义为从植株基部至主茎顶部即主茎生长点之间的距离。分析植株高度在不同生物炭处理中呈现的差异性是探讨植被生长响应机制的关键环节，试验结果显示（图 7-29）：在重构组 H3 中，添加 24g 500℃生物炭的盆栽苜蓿植株最高，与 H3、H3-300-24 等处理存在显著性差异，当生物炭热解温度为 400℃时，施用生物炭后苜蓿的株高均高于未施用生物炭的对照组。

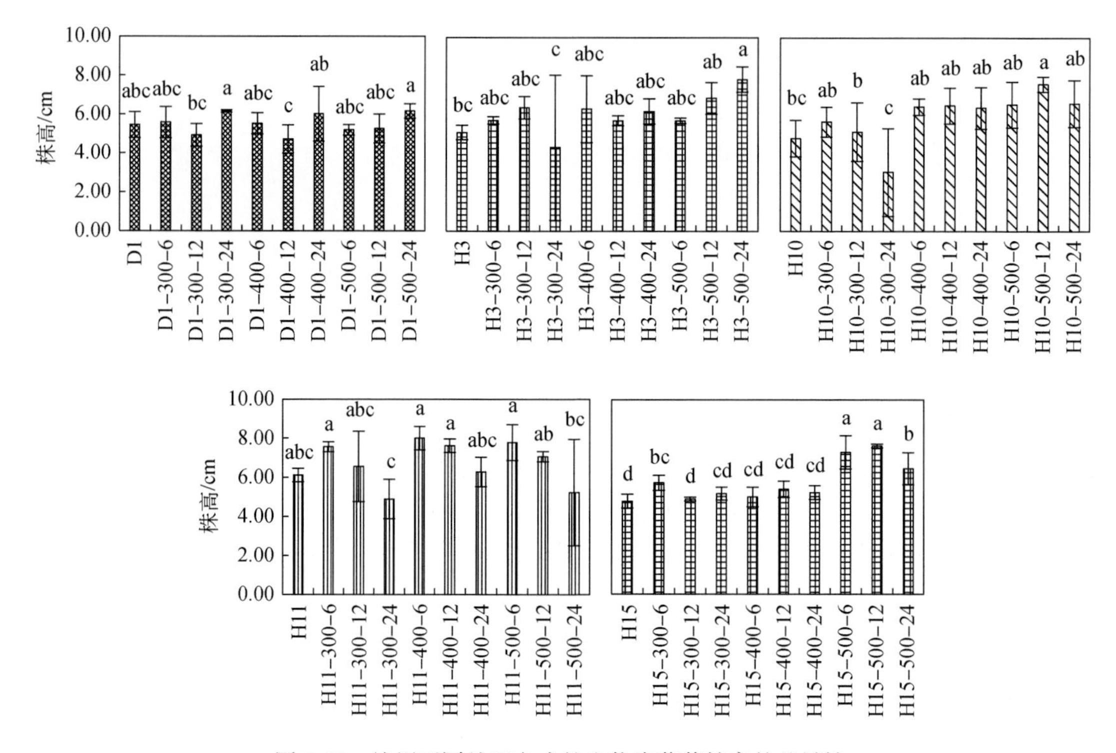

图 7-29　施用不同处理方式的生物炭苜蓿株高的差异性

2. 叶面积

在农业科研及生产中，许多生理指标的测定，如叶面积指数、蒸腾速率、光合速率等都要涉及叶片的面积问题，同时，叶面积是与产量关系最密切、变化最大，又是比较容易控制的一个因素，因此，探讨生物炭施用对植被叶面积的影响具有一定的现实意义。盆栽试验叶面积差异性分析结果表明（图 7-30）：在重构组 H3 中，添加 6g 400℃生物炭的盆栽苜蓿叶面积最大，且高于未施用生物炭的对照组。

3. 地上生物量

植被地上生物量是指植被在某一时刻单位面积内地上部分存活的有机物质（干重）（包括生物体内所存食物的重量）总量，是土壤重构与植被重建工作中重要参考指标之一。盆栽试验结果表明（图 7-31）施用不同生物炭植被地上生物量的差异性较为明显。在重构组 H3 中，添加 6g 400℃生物炭的盆栽苜蓿地上生物量高于不添加生物炭的对照组。

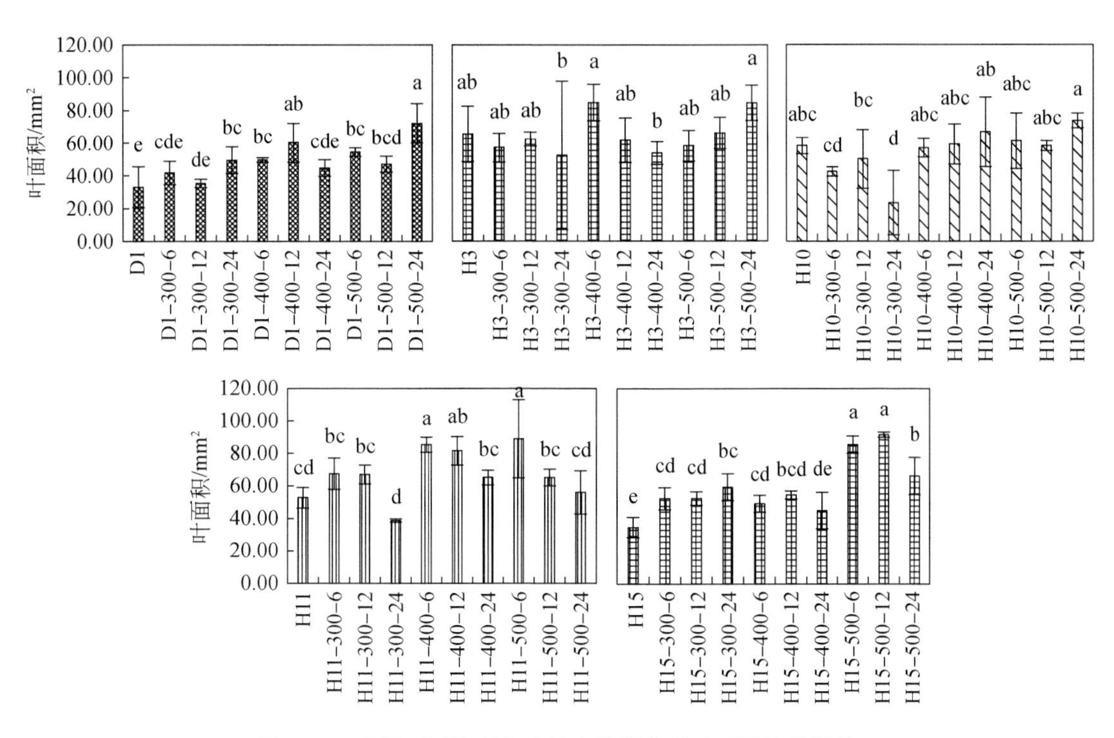

图 7-30　施用不同处理方式的生物炭苜蓿叶面积的差异性

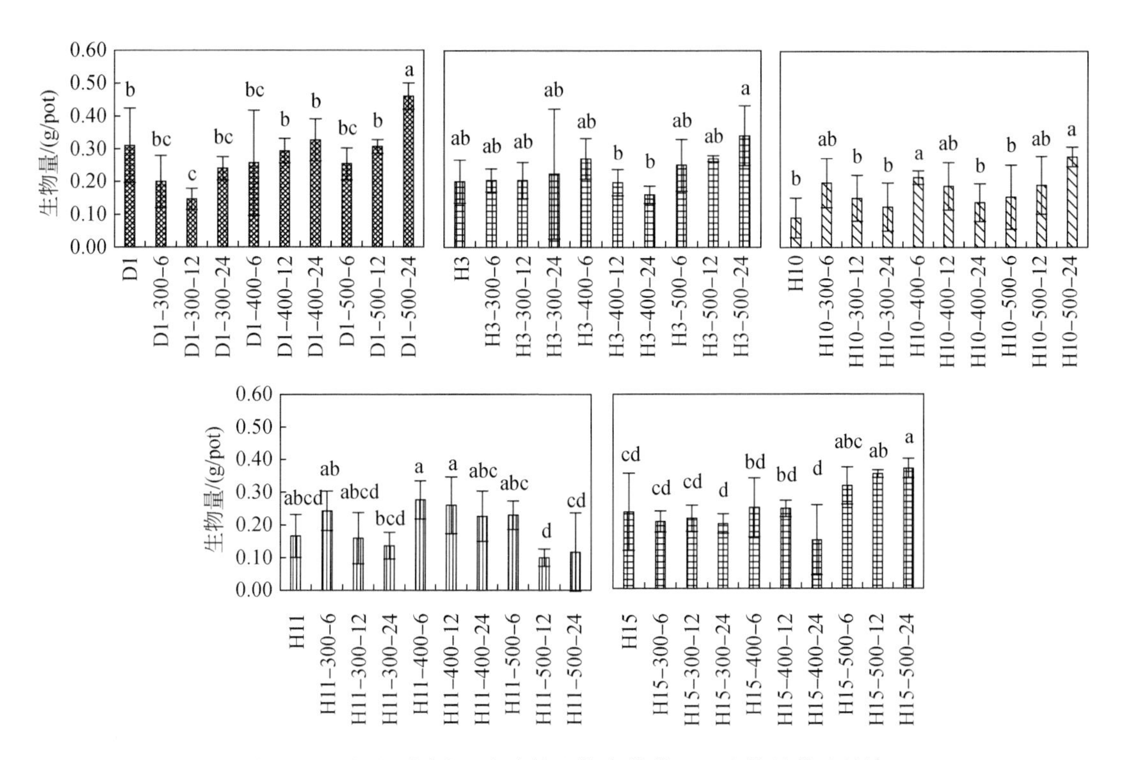

图 7-31　施用不同处理方式的生物炭苜蓿地上生物量的差异性

7.4.3.2　干旱胁迫下苜蓿存活率分析

在重构土壤组 H3（20%表土+60%岩土剥离物+10%煤矸石+10%粉煤灰，图 7-32）中，抗旱试验开始 5 天后，苜蓿均未萎蔫，未进行浇水，其中 H3-400-24 处理苜蓿存活率最高，为 100.00%，远高于其他处理；抗旱试验开始 10d 后，苜蓿基本萎蔫，各盆均浇水 50mL，除 H3-400-6、H3-500-12/24 处理外，其余添加生物炭处理的苜蓿存活率均高于 H3 处理，其中 H3-400-24 处理苜蓿存活率仍保持 100.00%；抗旱试验开始 15d 后，除 H3-400-6、H3-500-12/24 处理外，其余添加生物炭处理的苜蓿存活率均高于 H3 处理，其中 H3-400-24 处理苜蓿存活率依旧最高；一直到抗旱试验开始 20d 后，H3-400-12 处理苜蓿存活率低于 H3 处理，其余添加生物炭处理苜蓿存活率均高于 H3 处理。

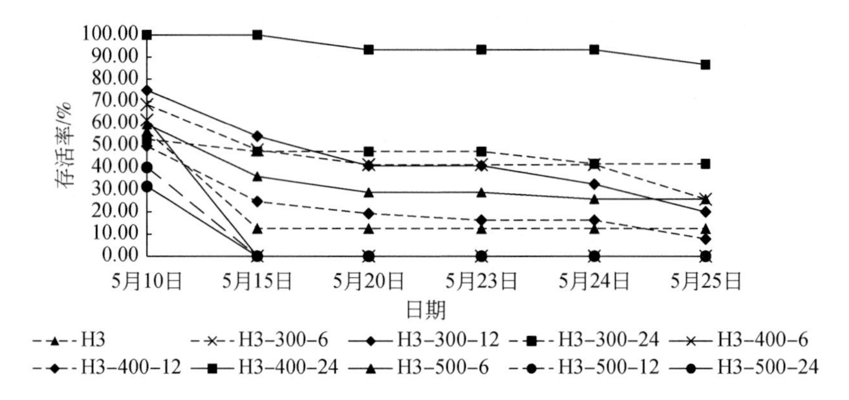

图 7-32　干旱胁迫下重构土壤组 H3 中不同处理方式的生物炭施用下苜蓿的存活率

对于重构土壤组 H3 而言，在抗旱试验开始 10d 后，除 H3-400-6、H3-500-12/24 处理外，其余处理中苜蓿存活率随干旱胁迫时间的变长下降速率均较慢，在抗旱试验开始 20d 后，H3-300-6/12/24、H3-400-24、H3-500-6 处理苜蓿存活率均高于 H3 处理，且 H3-400-24 处理在整个抗旱试验中苜蓿存活率均能保持较高水平。

7.4.3.3　土壤化学性质分析

1. 土壤 pH

生物炭本身呈碱性，将其作为土壤改良剂施入土壤中会对土壤 pH 产生一定的影响。试验结果显示（图 7-33），在重构土壤组 H3 中，添加 24g 500℃处理的盆栽土壤 pH 最高，但与组内其余处理之间均不存在显著性差异。当生物炭热解温度为 400℃时，在土壤中施用 6g、24g 的生物炭土壤 pH 处于 7.00 ~ 8.00，适合苜蓿生长。

2. 土壤有机质

在重构土壤中施入不同处理方式的生物炭，会对土壤有机质含量产生不同程度的影响。在重构土壤组 H3（20%表土+60%岩土剥离物+10%煤矸石+10%粉煤灰，图 7-34）中，添加 6g 500℃处理的生物炭的盆栽土壤有机质含量最高，与 H3、H3-300-6、H3-300-

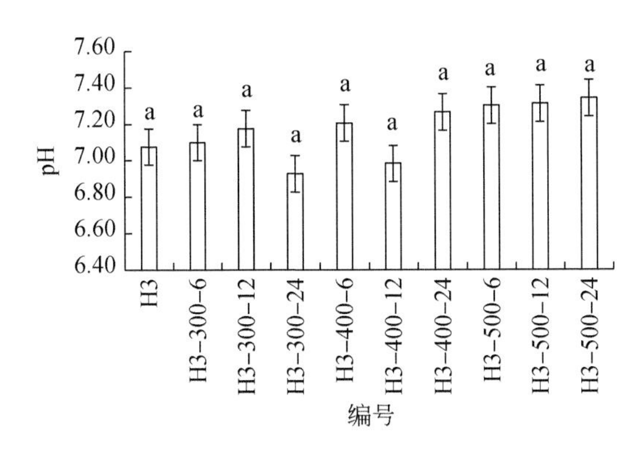

图 7-33　施用不同处理方式的生物炭土壤 pH 的差异性

12 处理差异性显著。当生物炭热解温度为 400℃时，在土壤中施用 6g、12g、24g 的生物炭土壤有机质含量均高于不施用生物炭的土壤。

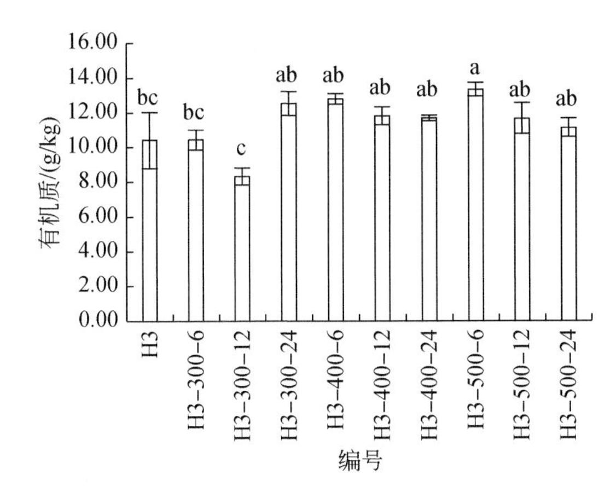

图 7-34　施用不同处理方式的生物炭土壤有机质含量的差异性

3. 土壤腐殖酸

施用不同处理方式的生物炭对土壤中腐殖酸含量产生一定程度的影响，试验结果显示（图 7-35），在重构土壤组 H3 中，重构土壤组 H3-300-12 处理的土壤中腐殖酸含量最低，与 H3-300-24、H3-400-6/12/24、H3-500-6/12/24 处理均存在显著性差异。当生物炭热解温度为 400℃时，在土壤中施用 6g、12g、24g 的生物炭土壤腐殖酸含量均高于不施用生物炭的土壤。

4. 土壤全氮

生物炭具有巨大的比表面积，可以吸附土壤中的养分元素，对土壤中全氮含量也存在一定程度的影响。在重构土壤组 H3 中（图 7-36），添加 24g 400℃处理的生物炭土壤全氮含量最高，且此处理与组内其他处理均存在显著性差异。当生物炭热解温度为 400℃时，在土壤中施用 6g、12g、24g 的生物炭土壤全氮含量均高于不施用生物炭的土壤，且随着

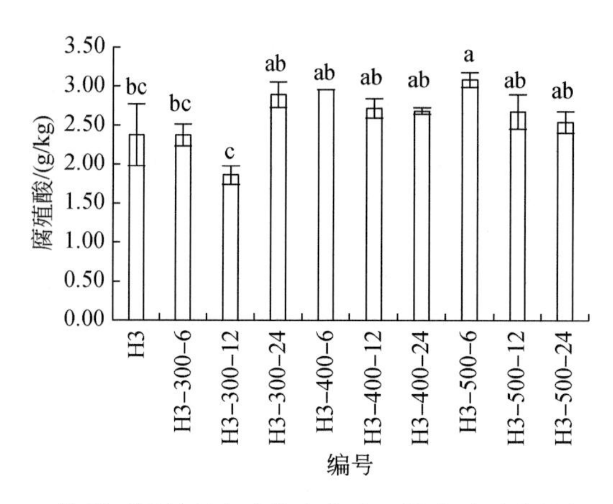

图 7-35　施用不同处理方式的生物炭土壤腐殖酸含量的差异性

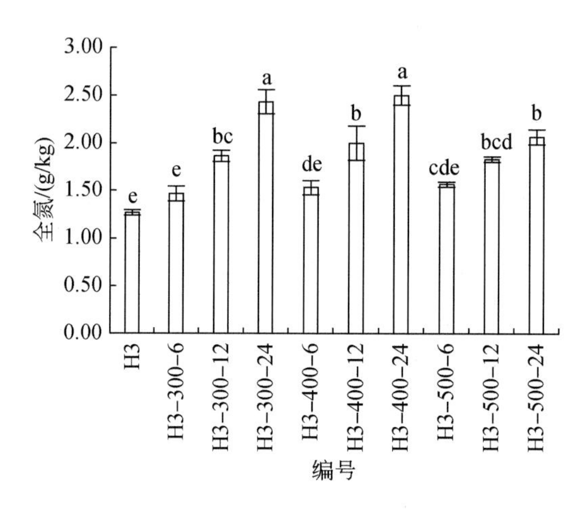

图 7-36　施用不同处理方式的生物炭土壤全氮含量的差异性

施用量的增加，土壤全氮含量逐渐增加。

5. 土壤有效氮

对比不同重构土壤中施用不同处理方式的生物炭对土壤有效氮含量的影响。在重构土壤组 H3 中（图 7-37），添加 6g 500℃处理的生物炭的盆栽土壤有效氮含量最高，与 H3、H3-300-6/12 处理差异性显著。当生物炭热解温度为 400℃时，在土壤中施用 6g、12g、24g 的生物炭土壤有效氮含量均高于不施用生物炭的土壤，差异性显著，且随着施用量的增加，土壤有效氮含量逐渐减少。

6. 土壤速效磷

在不同重构土壤组别中施入不同处理方式的生物炭对土壤速效磷含量的影响见图 7-38。在重构土壤组 H3 中，添加 6g 500℃处理的生物炭的盆栽土壤速效磷含量最高，与 H3、H3-300-6/12 处理差异性显著。当生物炭热解温度为 400℃时，在土壤中施用 6g、

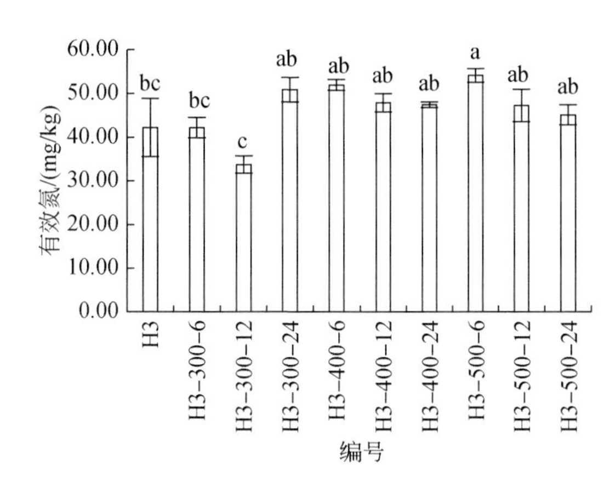

图7-37　施用不同处理方式的生物炭土壤有效氮含量的差异性

12g、24g的生物炭土壤速效磷含量均高于不施用生物炭的土壤，差异性显著，且随着施用量的增加，土壤有效氮含量逐渐减少。这与施用生物炭对土壤有效氮含量的影响相似。

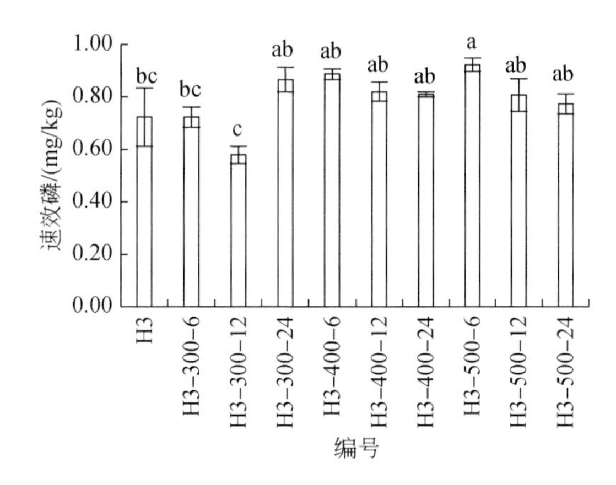

图7-38　施用不同处理方式的生物炭土壤速效磷含量的差异性

7. 土壤速效钾

施入不同处理方式的生物炭对土壤中速效钾含量存在不同的影响，试验结果显示（图7-39），在重构土壤组H3中，不同含量的300℃和400℃处理的生物炭施入土壤中对土壤速效钾含量均存在促进作用，而500℃处理的生物炭需要含量达到12g才对土壤速效钾含量存在促进作用。H3-400-24处理对土壤速效钾含量促进作用最优，与H3-500-6处理存在显著性差异。综上所述，在重构土壤组H3中，施用300℃、400℃的生物炭对H3组能起到促进作用，且当施用400℃处理的生物炭时，生物炭施用量越多促进效果越明显。

综上所述，在重构土壤组H3（20%表土+60%岩土剥离物+10%煤矸石+10%粉煤灰）中，当生物炭热解温度为400℃时，在土壤中施用6g、12g、24g的生物炭对土壤化学性质大多存在不同程度的促进作用。

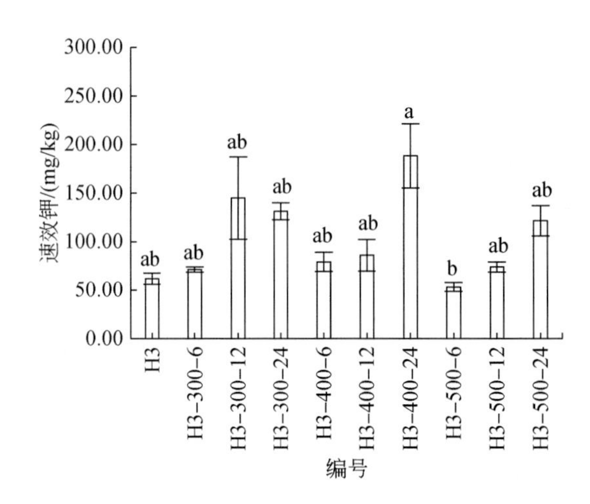

图 7-39　施用不同处理方式的生物炭土壤速效钾含量的差异性

7.4.3.4　土壤养分分级

将重构土壤的化学性质与土壤养分分级标准（表 7-10）进行对比，结果如下：

当重构土壤的重量百分含量组分为表土 20%，岩土剥离物 60%，煤矸石 10%，粉煤灰 10%，且结合 400℃玉米秸秆生物炭施加的土壤改良技术施用量为每盆分别达到 6g、12g、24g，重构土壤有机质含量分别在 12.00 ~ 13.00g/kg、11.00 ~ 12.00g/kg、11.00 ~ 12.00g/kg，均处于四级水平；全氮含量分别在 1.50 ~ 1.60g/kg、2.00 ~ 2.10g/kg、2.45 ~ 2.55g/kg，分别处于二级、一级、一级水平；速效钾含量分别在 79.00 ~ 80.00mg/kg、85.00 ~ 86.00mg/kg、180.00 ~ 190.00mg/kg，分别处于四级、四级、一级水平。

当重构土壤的重量百分含量组分为表土：煤矸石：岩土剥离物 = 2：2：1 时，且结合 300℃，24g 的玉米秸秆生物炭施加的土壤改良技术中，重构土壤有机质含量在 12.00 ~ 13.00g/kg，处于四级水平；全氮含量在 2.00 ~ 3.00g/kg，处于一级水平；速效钾含量在 80.00 ~ 90.00mg/kg，处于四级水平。

当重构土壤的重量百分含量组分为表土：煤矸石：岩土剥离物 = 3：3：4 时，且结合 500℃，24g 的玉米秸秆生物炭施加的土壤改良技术中，重构土壤有机质含量在 10.00 ~ 20.00g/kg，处于四级水平；全氮含量在 2.00 ~ 3.00g/kg，处于一级水平；速效钾含量在 150.00 ~ 160.00mg/kg，处于二级水平。

当重构土壤的重量百分含量组分为表土：粉煤灰 = 2：3 时，且结合 400℃，6g 的玉米秸秆生物炭施加的土壤改良技术中，重构土壤有机质含量在 10.00 ~ 20.00g/kg，处于四级水平；全氮含量在 1.50 ~ 2.00g/kg，处于二级水平；速效钾含量在 100.00 ~ 150.00mg/kg，处于三级水平。

7.4.4　研究结果

当土壤重构方式为 20% 表土+60% 岩土剥离物+10% 煤矸石+10% 粉煤灰时，生物炭裂解温度达到300℃或400℃，且添加的生物炭含量为24g时，干旱胁迫下苜蓿存活率均得到了最有效的改善，其中在整个盆栽试验中此重构方式在生物炭裂解温度达到400℃，且每盆生物炭使用量达到24g时，干旱胁迫下苜蓿存活率最高。这是因为生物炭对干旱胁迫下植物存活率的影响与生物炭的热解温度及施用量有关。研究表明，300～400℃制备的生物炭对养分的保留效果更明显，对土壤团聚体的改善效果更佳，生物炭的施用同时提高了土壤孔隙度，进而提升了土壤保水能力。

本章揭示了大型煤电基地生态修复区土壤剖面构型与植被生长耦合关系，提出了基于矿区成壤废弃物的生态修复区基质土壤重构和改良方法。研究表明，针对表层土壤稀缺与植被生长不佳的问题，研究土壤与植被耦合关系，在0～40cm土层中，土壤化学性质之间的相关性从上到下逐渐减小，由相互依赖逐渐变为相互独立；在0～10cm土层上，未损毁地生物量与含水率呈显著正相关，说明表层土壤含水率是影响植被生物量的重要因子。研发了以岩土剥离物、煤矸石、粉煤灰作为土壤重构材料，将表土和煤矸石混合后铺设的混合重构方案，并确定了合理的构造方式以及物料配比的比例。探究了适合内蒙古草原区表土改良的生物炭制备温度及施用量，并形成一套完整的生物炭施用方法。300～400℃制备的生物炭对养分的保留效果更明显，对土壤团聚体的改善效果更佳，生物炭的施用同时提高了土壤孔隙度，进而对土壤保水能力的提升效果更优。表土稀缺区域土壤重构的原材料为煤炭开采固废的煤矸石和发电产生固废的粉煤灰，大量使用以上工业固废作为表土替代物降低了传统表土稀缺区域大量使用客土产生的高昂成本，尤其在大面积复垦时，经济效益更加显著；通过土壤重构以及土壤改良等工程措施，能够合理有效地处理工业固废，减少裸露的地表面积，提高草原矿区的植被覆盖率，消除工业固废的污染，美化生产生活环境，实现一定的社会效益；东部草原区位于生态安全“三区四带”的北方防沙带，区域生态功能十分重要，但生态脆弱、草原退化严重、生态恢复难，通过对矿区内排土场进行土壤重构与改良，实现矿区内水土流失、土壤沙化等现象得到有效控制，植被覆盖度进一步提高，植被种类进一步丰富形成景观群落，达到生态系统的稳定与良性循环。

第 8 章　草原煤炭露天开采受损区植被恢复关键技术

保障土壤养分水分、维持土壤微生物活性、选育耐寒耐旱类植物，是低温、干旱等胁迫条件下植被恢复的重要基础。东部草原露天矿区位于典型生态脆弱区，气候酷寒、土壤贫瘠、降雨集中、风沙较大，导致区域内存在植被越冬能力差、生长周期短、生长受风沙制约等问题；同时，区域内的开采活动损毁了原始地貌和土壤结构，土壤条件变差，导致了区域内植被定植困难等问题。针对矿区内植被生长的各类问题，以发掘本地资源为基础，充分利用当地生（黏）土资源，采用物理手段从其保水性、养分有效性和土壤结构合理性等方面进行土壤提质，依托土壤中有益微生物种类进行土壤增容，激活生（黏）土养分的生物有效性，对其进行快速有机生物培肥、快速提升其土壤质量。综合利用矿区丰富的微生物资源及其与植物的共生关系，提高优势植被的生态适应性，进行植物-土壤-微生物的循环促进，综合考虑土壤生态系统的稳定性和可持续性，构建良好的土壤生态环境，优化草原开采受损区生态功能与结构，促使生态环境良性循环，实现人与自然和谐发展。

8.1　草原受损区域土壤提质技术

土壤作为植物生长的基础，在矿区植被恢复过程中具有举足轻重作用。作为其骨架，物理属性的好坏直接决定了土壤基质的结构以及后续的功能发挥。东部草原区土层瘠薄，表土资源极度稀缺，可就地取材利用采矿伴生材料等直接利用或者进行改良作为复垦土壤基质。目前排土场内常用的复垦方式为以砂砾岩作基底，上覆表层土，由于表土不足，大量的砂砾岩、采矿伴生黏土堆积于排土场上。砂砾岩颗粒较大，难以保存水分，容易导致水分入渗过快，对下层砂砾岩造成冲刷，影响排土场结构稳定，形成安全隐患。而采矿伴生黏土物理结构差，有效养分低、土壤微生物活性差，导致植被难以生长，当雨水集中时，由于水分入渗过慢，黏土覆盖区域容易产生大量积水，甚至形成地表径流，会影响排土场的结构安全。采矿伴生黏土保水能力强，对养分的吸附量大，如能解决其黏粒含量过高的问题，则可以用改良后的采矿伴生黏土补充露天矿排土场表土不足的问题，促进水分、养分的循环，为植物生长发育提供良好的环境基础。考虑到当地实际情况，粉煤灰等工业残渣运输成本高、收集困难、工厂自用等因素，利用沙土对黏土改良成为较好的选择。为探明其最佳组合配比，分别从土壤入渗、蒸发、淋溶、机械组成和矿物组成等方面开展研究，优选出最佳物理基质配比模式替代表土，实现土壤提质。

8.1.1　不同物理改良方式对黏土水分和养分的影响

8.1.1.1　不同物理改良方式水分入渗实验研究

土壤水分入渗是土壤水分再分配的重要过程，上层土壤具有适当的入渗量能够有效地保存土壤中的水分，为植物生长发育提供充足的水分，也可以有效地防止地表径流的形成造成水土流失。利用土壤柱进行水分入渗试验，在直径15cm，高度50cm的PVC土壤柱中添加40cm高的土壤，以相同力度均匀添加，压实土柱边缘以确保无贴壁水入渗。土壤分为6种处理：表土（40cm）、黏土（40cm）、沙土（40cm）、沙土与黏土等体积均匀混合、沙（20cm）黏（20cm）分层、沙（10cm）黏（10cm）沙（10cm）黏（10cm）（图8-1），在土柱顶层和底部放置尼龙网，减少加水对土层的扰动和土壤基质外渗。对土壤柱中添加水分，记录从添加水分开始到水分渗出所用时间。

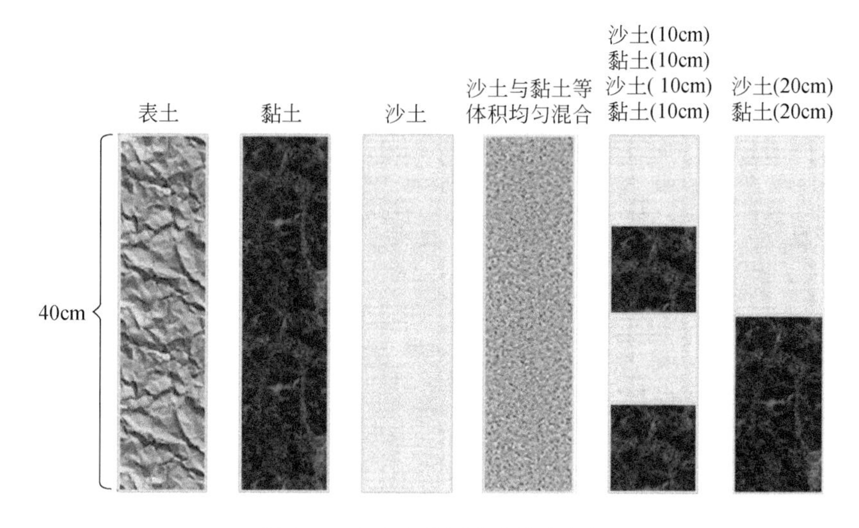

图8-1　水分入渗试验土壤分布图

结果表明（表8-1），沙土的水分入渗速率为4.83mm/min，显著高于表土的2.02mm/min，表土入渗速率是黏土的3倍，黏土与沙土混合后入渗速率高于黏土但是低于表土，能有效保存土壤中的水分，沙土与黏土混合后的水分入渗速率更接近表土，从入渗性能来看将沙土和黏土完全混合的土壤基质适合作为表土的替代材料。

表8-1　土壤水分入渗速率

处理	表土	黏土	沙土	沙黏混合	沙黏分两层	沙黏分四层
入渗速率/(mm/min)	2.02	0.67	4.83	1.84	1.64	1.31

8.1.1.2　不同物理改良方式水分蒸发实验研究

沙土与黏土混合的物理改良工艺能够有效改良黏土基质，增加土壤保水性，减少养分流失，需要找出与表土最相近，可以一定程度上代替表土的黏土和沙土的配比比例。对表土、黏土、沙土、沙土：黏土 1：1（S_C1：1）、沙土：黏土 2：1（S_C2：1）、沙土：黏土 3：1（S_C3：1）、沙土：黏土 4：1（S_C4：1）、沙土：黏土 5：1（S_C5：1）等不同组合处理进行水分蒸发实验。测试结果见图 8-2，黏土的土壤含水率是最高的，在 40h 之后仍然有 19.21% 的含水率，沙土在 0～8h 的过程中就流失掉了 60% 的水分，在 40h 时只有 1.2% 的含水率。这可能是由于沙土较大的孔隙度，导致水分子极容易扩散蒸发，同时试验发现，使用黏土的处理中水分入渗后会产生一层由小粒径黏粒组成的致密结皮，即使在干燥状态下结皮龟裂产生缝隙也依然可以对土体中的水分进行持续的保存，有利于减少水分蒸发。经过 40h，剩余含水量的顺序为黏土>表土>S_C1：1>S_C3：1>S_C2：1>S_C4：1>S_C5：1>沙土。S_C1：1 的处理含水率为 12.84%，高于其他黏土和沙土的配比的处理，并且最接近于表土含水率 13.61%，能够有效限制水分的蒸发。

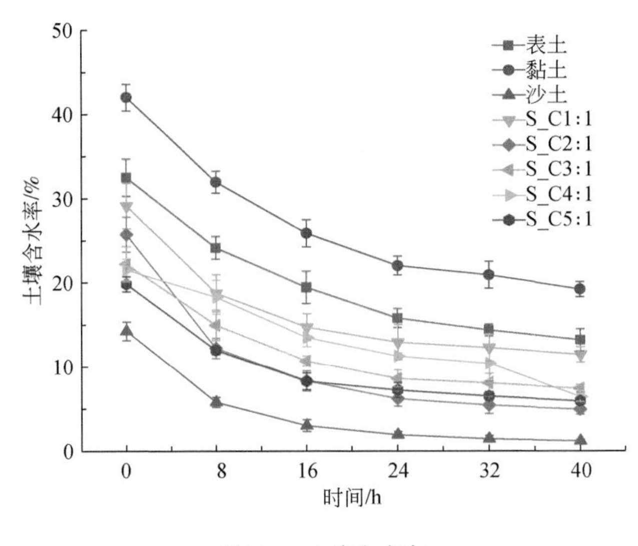

图 8-2　土壤含水率

8.1.1.3　不同物理改良方式钾元素淋溶实验研究

为了充分发挥黏土对营养元素的吸附作用，减少营养元素的淋溶，需考虑物理组合基质的淋溶吸附能力。利用土柱淋溶实验（基质中均匀混合 1144mg 氯化钾，于 1、7、14、21 天时进行淋溶）测试了钾元素的淋溶量（表 8-2）。结果发现，沙土的钾元素淋溶率最高为 45.716%，黏土中钾元素的淋溶率最低为 0.089%，这说明虽然钾元素迁移能力强，但是黏土成分能够有效地吸附钾元素，将钾元素固定在土壤，而减少营养元素的淋溶。在沙土和黏土混合的处理中发现，沙土和黏土混合的钾元素淋溶率是 0.155%，与表土的 0.159% 最为接近。将沙土与黏土分两层后，钾元素的淋溶率为 0.149%，与沙土和黏土分四层差异不大，将黏土和沙土分层后形成的黏土隔离层也能够有效地控制钾元素的淋溶。而用沙土与黏土混合的方式处理土壤基质，具有与表土最为相似的钾元素释放量，因此应当选择混合的方式对黏土基质进行物理改良。

表 8-2　土壤淋溶实验

土壤基质	淋溶率/%			
	1 天	7 天	14 天	21 天
表土	0.119	0.134	0.147	0.159
黏土	0.064	0.071	0.076	0.089
沙土	23.543	32.625	37.194	45.716
沙黏混合	0.123	0.131	0.142	0.155
沙黏分两层	0.102	0.119	0.134	0.149
沙黏分四层	0.106	0.124	0.131	0.147

8.1.1.4　不同物理改良方式土壤机械组成研究

土壤机械组成对土壤水、肥、气、热状况及各种物理化学性质起巨大作用，沙土与黏土混合的物理改良工艺能够有效改良黏土基质，增加土壤保水性，减少养分的流失。研究合理的混合比例，找出与表土最相近，可以一定程度上代替表土的黏土和沙土的配比比例。按质量比（*w/w*）混合沙黏土壤基质，设置表土、黏土、沙土、沙土：黏土 1：1（S_C1：1）、沙土：黏土 2：1（S_C2：1）、沙土：黏土 3：1（S_C3：1）、沙土：黏土 4：1（S_C4：1）、沙土：黏土 5：1（S_C5：1）等处理，利用比重计法测定其机械组成（表 8-3）。通过粒度组成发现，表土中黏粒含量为 31.01%，粉粒含量为 40.27%，砂粒含量为 28.72%，土质为黏质壤土；将沙土与黏土 1：1 混合后，黏粒含量为 48.14%，粉粒含量为 2.8%，砂粒含量为 49.06%，混合土壤基质的质地为砂质黏土。可以发现在 5 种比例下，沙土与黏土 1：1 混合的土壤基质与表土最为相似，有潜力成为表土的替代材料（表 8-4）。

试验发现在不同沙土和黏土配比后，沙土与黏土 1：1 混合和沙土与黏土 1：2 混合的孔干密度、土粒比重和孔隙比与表土最为相似。黏土的干密度为表土的 1.32 倍，孔隙比为表土的 51.8%，说明黏土的压缩性差，紧实度高，不适宜种植植物。将黏土与沙土混合能够有效地降低黏土的干密度，沙土与黏土 1：1 混合后，干密度降低了 24.8%，孔隙比增加了 68.2%，随着沙土含量的增加，土壤基质干密度降低，孔隙比增加。适当地增加土壤的孔隙比，有利于促进植被根系的生长发育，同时在干旱缺水时可以限制土体的紧缩，从而减少排土场地表裂缝的产生。

表 8-3　几种土壤基本物理性质

处理	干密度/（g/cm^3）	土粒比重	孔隙比
表土	1.47	2.72	0.85
黏土	1.94	2.79	0.44

续表

处理	干密度/ (g/cm^3)	土粒比重	孔隙比
沙土	1.15	2.62	1.28
S_C1 : 1	1.57	2.73	0.74
S_C2 : 1	1.41	2.69	0.91
S_C3 : 1	1.36	2.67	0.96
S_C4 : 1	1.29	2.65	1.05
S_C5 : 1	1.26	2.64	1.10

表 8-4　不同土壤基质粒度组成含量

样品	质地	不同粒径范围的质量分数					
		细黏粒	粗黏粒	细粉粒	中粉粒	粗粉粒	细砂粒
		<0.001mm	0.001 ~ <0.002mm	0.002 ~ <0.005mm	0.005 ~ <0.01mm	0.01 ~ <0.05mm	0.05 ~ <0.25mm
表土	黏质壤土	4.67	26.34	2.52	4.59	33.16	28.72
黏土	重黏土	92.01	4.26	3.71	0.02	0	0
沙土	沙土	0	0	0.01	0.64	1.22	98.13
S_C1 : 1	砂质黏土	46.01	2.13	1.86	0.33	0.61	49.06
S_C2 : 1	砂质黏土	30.67	1.42	1.24	0.43	0.82	65.42
S_C3 : 1	砂质黏壤土	23.01	1.07	0.94	0.48	0.91	73.59
S_C4 : 1	砂质黏壤土	18.41	0.85	0.75	0.52	0.97	78.5
S_C5 : 1	砂质壤土	15.34	0.71	0.63	0.54	1.01	81.77

8.1.1.5　不同物理改良方式土壤 XRD 扫描

对表土、沙土、黏土及沙土黏土混合基质进行 XRD 扫描发现（图 8-3），沙土中所含的物质主要是石英以及低温相石英；表土中主要包含石英、低温相石英、钠长石、钙长石等；采矿伴生黏土中的黏土矿物主要为蒙脱石，另外含有石英、钠长石、钙长石、碳磷锰钠石、白云母、斜方钙沸石、中长石等，该地主要存在长石类矿物，其中白云母经过风化可以形成伊利石；3 种配比下，土壤中所含物质基本与黏土相同，以石英为主，还包含其他长石类矿物。将黏土和沙土以不同比例混合后，进行 XRD 扫描，发现沙土：黏土 1：1 和沙土：黏土 1：2 混合的处理中仍然能看到明显的蒙脱石特征峰，但是在沙土：黏土 3：1 的情况下蒙脱石只发现了一个微弱的特征峰，说明随着沙土比例的增加，蒙脱石比例降低，这解释了土壤中钾元素的淋溶试验和水分的入渗、蒸发试验中，沙土：黏土 1：1 混合后对钾元素和水分有更好的贮存能力，而随着黏土比例的降低，蒙脱石含量减少，土壤基质对水分和养分的控制能力减弱，同时由于黏土中同样含有与表层土中相同的钠长石、钙长石等矿物，将沙土与黏土 1：1 混合后仍然能看到与表土相似的特征峰，沙土与黏土

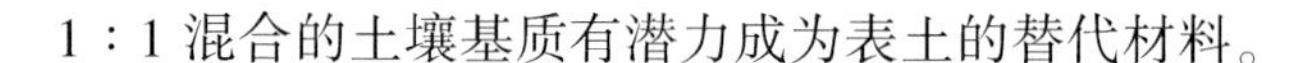

1：1 混合的土壤基质有潜力成为表土的替代材料。

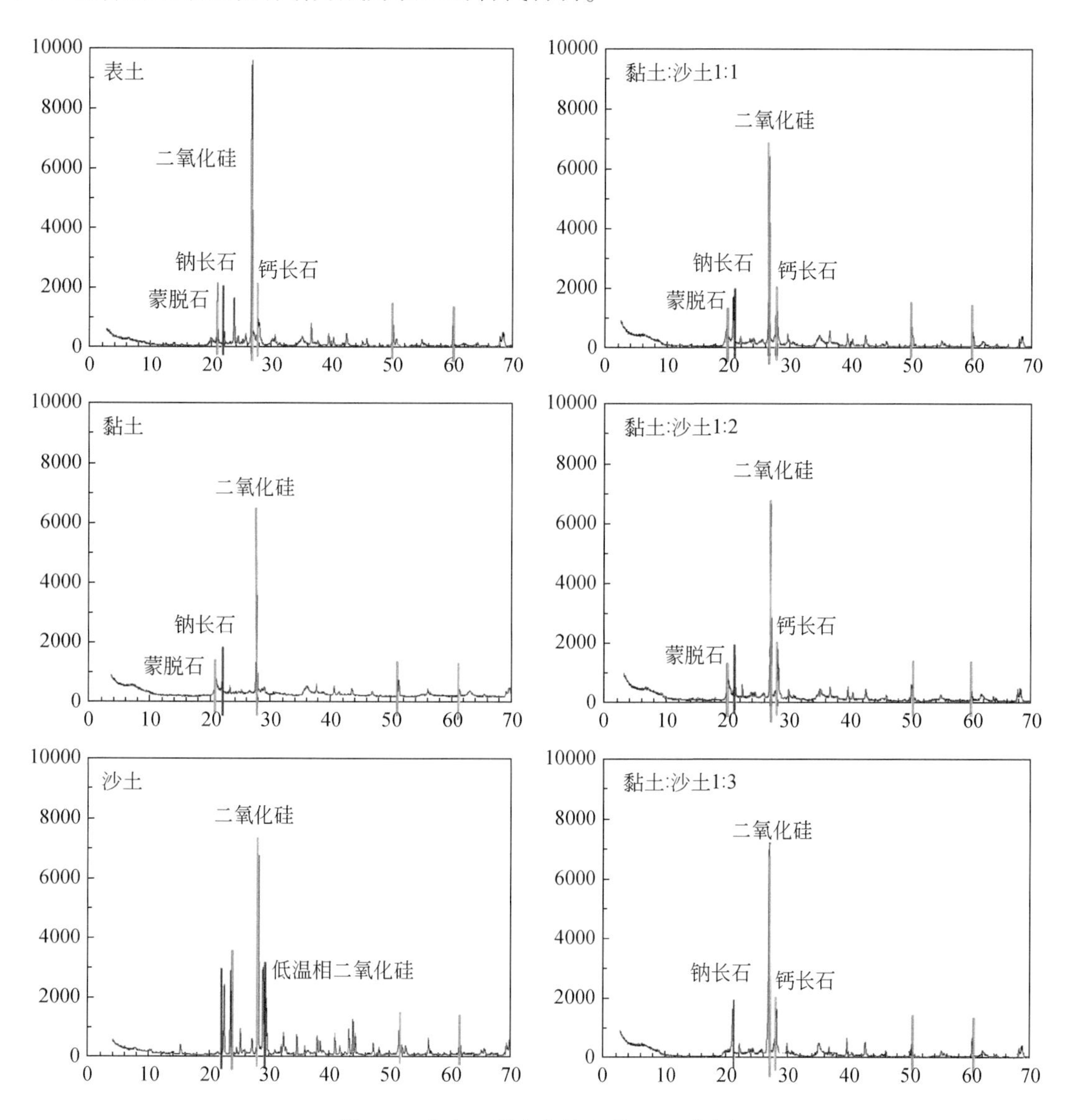

图 8-3　表土、黏土和沙土的 XRD 分析

综合不同土壤物理改良配比方式测试结果表明，黏土与沙土充分均匀混合的水分入渗速度与表土最为相似，同时可达到类似钾元素迁移的控制，通过不同配比的机械组成试验发现，沙土与黏土 1：1 混合状态下的土粒比重与孔隙比和表土最为接近，土壤保水效果也较好，可作为表土替代材料。

8.1.2　物理改良方式黏土对磷的养分动力学特性研究

磷是植物生长发育不可或缺的营养元素，与其他营养元素相比，磷元素在土壤中固定能力强、不易迁移，但是与之相对，就会产生当季利用率低的问题。因此在不同环境条件下土壤对磷元素的固定能力一直是研究的热点（张海涛等，2008）。土壤的颗粒组成与养分含量是土壤性质的重要指标，不同的土壤质地对土壤中养分的保蓄与利用会产生较大的影响。土壤类型与土壤中磷元素的扩散呈显著相关的关系，不同质地的土壤中，土壤团聚体以及土壤微粒的比表面积、空隙等都会影响土壤中养分的迁移（时新玲等，2003）。前人对表土替代材料的研究多集中在植物对不同基质的响应上（况欣宇等，2019），或是加入改良剂改变土壤基质（刘雪冉等，2017），而对寻找低成本的表土替代材料及土壤基质养分的吸附与解吸的研究较少。不同质地的土壤对磷元素的吸附和解吸一直是研究的热点，陈波浪等（2010）利用吸附解吸等温曲线研究了不同质地棉田土对磷的吸附解吸；Allen 和 Mallarino（2006）发现，地表径流中的有效磷会随着磷元素饱和度增加而增加；李北罡和李欣（2009）通过对黄河表层沉积物的研究，发现颗粒越细小，吸附的磷含量越多；而对于黏土与沙土混合基质的研究则多集中于农作物栽培基质的选择（刘琳等，2016）。近年来国外对磷的吸附解吸研究主要针对富磷水体中磷元素的吸附材料的开发。国内研究大多集中在探索各地不同土质状况下土壤对磷元素固定情况（Yabe and Shiomi，2016）。目前，对宝日希勒露天煤矿开采产生的黏土及其与沙土的配比对磷元素的养分动力学特征还有待研究。以采自宝日希勒矿区当地表土和下层的黏土作为研究对象（表 8-5、表 8-6），探究露天矿开采产生的黏土及其不同混合比例对磷元素的养分动力学特性，为未来进一步改良利用露天矿黏土材料提供依据。

表 8-5 不同基质粒度组成含量

样品	质地	不同粒径范围的质量分数					
		细黏粒	粗黏粒	细粉粒	中粉粒	粗粉粒	细砂粒
		<0.001mm	0.001 ~ <0.002mm	0.002 ~ <0.005mm	0.005 ~ <0.01mm	0.01 ~ <0.05mm	0.05 ~ <0.25mm
表土	壤黏土	4.67	26.33	2.52	4.59	33.16	28.72
黏土	重黏土	96.27	3.71	0.02	0	0	0
沙土	沙土	0	0	0.01	0.64	1.22	98.13

表 8-6 不同基质养分含量

土壤类型	最大持水量/%	pH	EC/(ms/cm)	腐殖酸/%	有机质/(g/kg)	速效磷/(mg/kg)	速效钾/(mg/kg)	碱解氮/(mg/kg)
表土	50.72	7.52	18.36	0.345	18.36	13.71	145.71	124.4
黏土	70.41	7.81	13.55	—	13.55	17.04	93.92	86.9
沙土	23.51	7.23	0.08	—	0.34	4.95	24.56	14.1

8.1.2.1 物理改良方式下黏土对磷元素等温吸附研究

磷在不同基质中的 Langmuir 吸附等温线可以理解为，吸附剂的表面有很多吸附活性中心点，而吸附过程只会发生在这些中心点，其吸附范围约为一个分子大小，吸附剂的活性中心与吸附质的分子数呈一一对应的关系，当所有的活性中心都被吸附质占满时，即为吸附饱和。原因为磷元素在土壤中的吸附一般为两种，一种以静电为机制的阴离子交换吸附；另一种以配位体吸附为机理的转性吸附（陈波浪等，2010）。黏土材料的黏粒活性表面积大（王昶等，2010），因此相比于表土和沙土具有更强的物理吸附能力，能够对磷产生更强的吸附能而阻止磷的解吸，同时，黏土材料相比于表土和沙土具有更多的胶态微粒，也可以对无机磷进行固定。Langmuir 方程表征土壤对磷元素的吸附特征值，包括最大吸附量 Γ_{max} 和吸附能常数 KL，Γ_{max} 是土壤磷库的标志，只有当磷库达到一定容量才能够向植物提供养分（陈波浪等，2010）。在 Langmuir 方程中，吸附能常数 KL 越大，土壤对磷酸根的吸附能力越强，实验表明，6 种土壤基质对磷元素的最大吸附量为黏土>NS1∶1>表土>NS1∶2>NS1∶3>沙土，KL 也有相同的变化趋势，这一结果与吕珊兰等（1995）研究的结果一致。由表 8-7 可以发现，黏土对磷元素吸附最大值为 1120mg/kg，表土对磷元素的吸附最大值为 598mg/kg，黏土的吸附量是表土吸附量的 1.87 倍。表土、黏土、黏土∶沙土 1∶1 对磷元素吸附能常数分别为 0.59×10^{-3}、0.82×10^{-3} 和 0.79×10^{-3}L/mg，说明黏土的吸附速率大于表土，而 NS1∶1 的吸附速率略低于黏土而显著高于表土。

表 8-7　不同土壤基质对吸附磷的热力学方程相关参数

吸附质	Langmuir 方程			Freundlich 方程		
	Γ_{max}/(mg/kg)	KL/(L/mg)	R^2	KF/(L/mg)	n	R^2
沙	100	1.5×10^{-3}	0.922	51.3	1.08	0.929
表	598	0.59×10^{-3}	0.906	351.6	0.87	0.932
黏	1120	0.82×10^{-3}	0.972	777.8	0.56	0.941
黏沙 1∶1	980	0.79×10^{-3}	0.971	649	1.43	0.977
黏沙 1∶2	542	0.74×10^{-3}	0.833	313.5	1.32	0.921
黏沙 1∶3	420	0.56×10^{-3}	0.803	234.6	0.67	0.819

Freundlich 方程中，常数 n 与吸附强度有关，n 变化不大，与吸附量呈相反的趋势。而平衡常数 KF 与吸附量呈正相关，KF 越大，吸附量越大，其中黏土、黏土∶沙土 1∶1 的 KF 分别是表土 KF 的 2.21 和 1.85 倍，而黏沙 1∶2 以及黏沙 1∶3 的 KF 则显著低于表土的 KF，说明黏土和黏沙 1∶1 能够更有效地吸附磷元素。有学者研究表明，黏土广泛存在于自然界中，其比表面积大、孔隙度大的特点使其具有良好的吸附性，而其特殊的胶体性能和晶体结构也大大增加了黏土的吸附性能和离子交换能力（董庆洁等，2006）。在表土稀缺的东部草原露天矿排土场，黏土及黏土混合物有可能在一定程度上替代表土的不足，并且可以利用其对营养元素的固定能力更好地累积养分。

表 8-8 为不同土壤基质对磷元素的吸附参数。土壤磷吸附指数是单位土壤质量平衡后土壤吸附磷的量与平衡溶液中磷浓度的对数之比。当磷吸附指数（PSI）值越大，土壤对磷元素的固定能力越强。黏土、NS1∶1 两个处理的 PSI 值都显著高于表土，说明针对 PSI 指标，黏土、黏土∶沙土 1∶1 是优于表土的，这与 Langmuir 吸附等温线的拟合结果一致。

表 8-8 不同土壤基质对磷的吸附参数

土壤基质	PSI/[mg · L · (100g)$^{-1}$/μmol]	RDP /(mg/kg)	MBC /(mg/L)	DPS/%	EPC_0 /(mg/L)	b/ (L/kg)
沙土	0.78	0.021	0.15f	4.95	7.21	0.93
表土	1.81	0.017	0.352	2.29	-4.47	9.84
黏土	2.58	0.005	0.918	1.52	-1.99	20.15
黏沙 1∶1	2.26	0.007	0.774	1.71	-4.75	12.33
黏沙 1∶2	0.66	0.012	0.401	1.79	0.16	3.17
黏沙 1∶3	1.38	0.015	0.235	1.93	2.87	2.89

易解吸磷（RDP）越高，说明磷元素从土壤中淋溶出的可能性越大，可以看出沙土的RDP显著大于表土和黏土，表土的RDP值分别是黏土∶沙土1∶1、黏土∶沙土1∶2和黏土∶沙土1∶3的2.42、1.42和1.13倍，说明磷元素最容易从沙土中流失，而黏土∶沙土1∶1的易解吸最少，因此在3个比例中黏土∶沙土1∶1的RDP值是最合适的。

最大缓冲量MBC为Langmuir吸附等温线中Γ_{max}与KL的乘积，该值表示土壤吸附溶质时的缓冲能力，MBC值越大说明土壤对磷元素的储存能力越强，黏土和黏土∶沙土1∶1的MBC值分别是表土的2.61倍和2.2倍，说明黏土和黏土∶沙土1∶1对磷元素的缓冲能力最强。添加黏土能够控制营养元素的流失，有效减少营养元素的淋溶。含黏土的土质可以积攒下来大量的营养元素，在植物生长时提供充足的养分。整体看对磷元素固定能力的顺序为：黏土>黏土∶沙土1∶1>表土>黏土∶沙土1∶2>黏土∶沙土1∶3>沙土。这是由于黏土中黏粒含量多，黏粒比砂粒和粉粒具有更多的比表面积和孔隙度，因此对磷酸根具有更强的吸附能力；黏粒所具有的特殊的晶体结构和胶体性能也可以对磷产生固定（冯晨等，2015）。综合来看，黏土和黏土∶沙土1∶1的固定磷的能力最强，通过淋溶的方式损失磷的量最少，黏土∶沙土1∶1能够比表土更有效地固定磷元素。

8.1.2.2 物理改良方式下黏土对磷元素等温解吸研究

磷元素在土壤中的解吸过程是吸附的逆向过程。如图8-4所示，随着添加的磷元素的增多，6种基质的解吸率都有显著地提高。其中沙土在200mg/L的磷浓度下，解析率高达91%；而黏土则始终保持着极低的解析率，解吸率顺序为沙土（91.3%）>NS1∶3(58.1%)>表土(43.9%)>NS1∶2(42.9%)>NS1∶1(40.4%)>黏土（27.5%）。NS1∶1和NS1∶2的解吸率与表土较为接近。黏粒含量越高，解吸率越低，这与陈波浪等(2010）的研究结果一致。当加入的磷浓度高于50mg/L时，沙土、表土的解吸率明显增加，而含有黏土的土壤基质解吸率则相对较缓增加，表明黏土对磷元素的固定能力显著强于表土和沙土。不同土壤基质的释磷量，可以看出，在0～200mg/L的浓度范围内，黏土和沙土1∶1的比例下，释磷量都是高于表土和黏土的，在溶液浓度为200mg/L，黏土∶沙土1∶1的释磷量达到了395.92mg/kg，是表土的1.51倍，是黏土的1.29倍，释磷量的顺序为NS1∶1>黏土>表土>NS1∶2>NS1∶3>沙土。研究表明，NS1∶1的混合后，解吸率较接近于表土，由于NS1∶1吸附最大值远大于表土，所以在相似解吸率时，NS1∶1的解吸量是表土的1.51倍；同时，NS1∶1解吸率高于黏土，比黏土更易于释放养分，这是因为黏土与沙土混合后，降低了黏粒的比例，土壤颗粒的粒径越大，其吸附容量越小（Huang et al.，2015），与吸附相对，在磷元素释放、解吸的过程中，粒径大的土壤颗粒也比粒径小的土壤颗粒具有更大的释放、解吸磷量（王昶等，2010），而本研究中使用的黏土吸附量大恰好印证了这种情况，所以黏土对磷元素的吸附量远大于沙土，混合后结合黏粒与沙粒的优势，在较低解吸率的同时产生较大的解吸量。

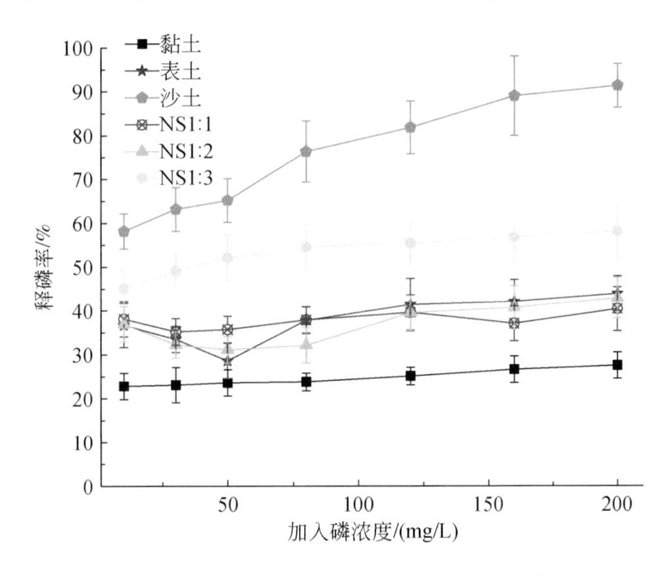

图8-4　不同基质土壤对吸附磷的解吸率

吸附热力学研究结果表明，黏土及黏土沙土混合基质都能较好地拟合等温吸附线，其中，NS1∶1在3种混合基质中固定磷元素最多。解吸率和解吸量的等温解吸曲线发现，黏土∶沙土1∶1混合具有最接近表土的解吸率，同时解吸量最大。NS1∶1混合可以作为解决宝日希勒露天矿排土场表土的替代材料。

8.1.3　物理改良下黏土对植物生长及土壤改良效果研究

黏土具有通气透水性差，有效养分、微生物数量少，生物活性低等特点，模拟试验表明黏土掺入沙土和表土提高黏土物理、化学和生物学性状。通过基质混合配比研究不同组合基质下植物生长、成活率、土壤性状变化情况，探究最佳组合模式，对促进植物生长、提高黏土肥力、恢复露天矿区生态具有重要意义。

8.1.3.1　黏土种植植物的存活率研究

90d统计表明，表土、沙土和沙黏3∶1的三叶草发芽率为100%，30d存活率表土>沙黏1∶1>黏土>沙黏3∶1>沙土，60d存活率表土>沙黏1∶1>黏土>沙黏3∶1>沙土，90d存活率表土>沙黏1∶1>黏土>沙黏3∶1>沙土，在沙黏1∶1的情况下三叶草的存活率略低于表土，但是高于黏土和其他处理（表 8-9）。

表 8-9　不同土壤比例三叶草成活率

处理	发芽率	30d 存活	60d 存活	90d 存活
表土	30/30	30/30	29/30	29/29
黏土	27/30	27/27	27/27	27/27
沙黏 1∶1	29/30	28/29	28/28	28/28
沙黏 3∶1	30/30	26/30	23/26	21/23
沙土	30/30	22/30	15/22	7/15

8.1.3.2　不同黏土配比下植物营养和生长的影响

不同土质条件下植物生长状态不同。以三叶草（*Trifolium repens* Linn）为供试植物，采用单因素设计进行盆栽实验。由表 8-10 可知，纯黏土、1∶1（黏土∶表土）、1∶2（黏土∶表土）、1∶3（黏土∶表土）、1∶1（黏土∶沙土）、1∶2（黏土∶沙土）、1∶3（黏土∶沙土）、纯沙土等不同土壤配比对植物的生物量有显著影响，其中 1∶2 的黏土和表土配比下植物的生物量最高，差异显著。合理的黏土配比更有利于植物的生长。随着黏土添加量的增加，植物生物量呈下降趋势。纯黏土或纯沙土均不利于植物生长，主要原因可能是黏土孔隙度小，不利于水分的移动和透气性，导致根系生长困难；同时，沙土由于孔隙度过大，水分极易流失，导致水分和养分丧失。因此，适量的黏土、表土和沙土配比是调节土壤结构的重要方法。合适配比有利于植物根系定植，从而促进植物生长发育。

表 8-10　不同配比对三叶草生长指标的影响

处理	生物量 /(g/pot)	吸氮量 /(mg/pot)	吸磷量 /(mg/pot)	吸钾量 /(mg/pot)	根直径 /mm	根长 /(mm/cm^3)	根表面积 /(mm^2/cm^3)	根尖数 /个
黏土	9.0	321	7.8	20.3	3.23	37.1	15	42
黏土∶表土 1∶1	26.5	924	23.6	61.5	4.27	46.5	171	53
黏土∶表土 1∶2	40.0	1367	33	86.8	5.9	56.3	232	62
黏土∶表土 1∶3	27.	921	24.2	63.1	5.07	47.5±3.7b	181±13b	55
黏土∶沙土 1∶1	20.3	704	17.9	47.5	4.47	42.5	161	48
黏土∶沙土 1∶2	21.6	757	19.9	51.9	3.63	38.5	170	44
黏土∶沙土 1∶3	14.9	520	14.6	37.9	3.03	34.8	147	46

续表

处理	生物量/(g/pot)	吸氮量/(mg/pot)	吸磷量/(mg/pot)	吸钾量/(mg/pot)	根直径/mm	根长/(mm/cm³)	根表面积/(mm²/cm³)	根尖数/个
沙土	5.4	190	5.1	13.3	2.27	29.6	11	35
表土	41.7	1388	32.9	87.2	6.01	55.7	229	61

注：表中数值为 3 个重复的平均值；不同小写字母表示同一指标在不同处理间差异显著（$P<0.05$）（垂直方向比较），下同。

同时，结果表明，黏土与表土混合条件下三叶草生物量、氮、磷、钾吸收量、根直径、根长、根比表面积和根尖数比黏土显著提高 194%～344%、187%～326%、203%～325%、211%～328%、32.2%～82.7%、25.3%～51.8%、7.5%～45.9%、26.2%～47.6%；其中，黏土和表土 1∶2 质量比达最高值。黏土添加沙土效果低于表土改良效应，黏土和表土 1∶2 配比效果最优化，与表土间无差异。其中，根比表面积表征养分吸收能力，从图 8-5 可看出，生物量、养分吸收量与根比表面积显著正相关，系数达 0.80 以上。因此，三叶草通过吸收充足营养，提高光合效率促进同化产物合成。

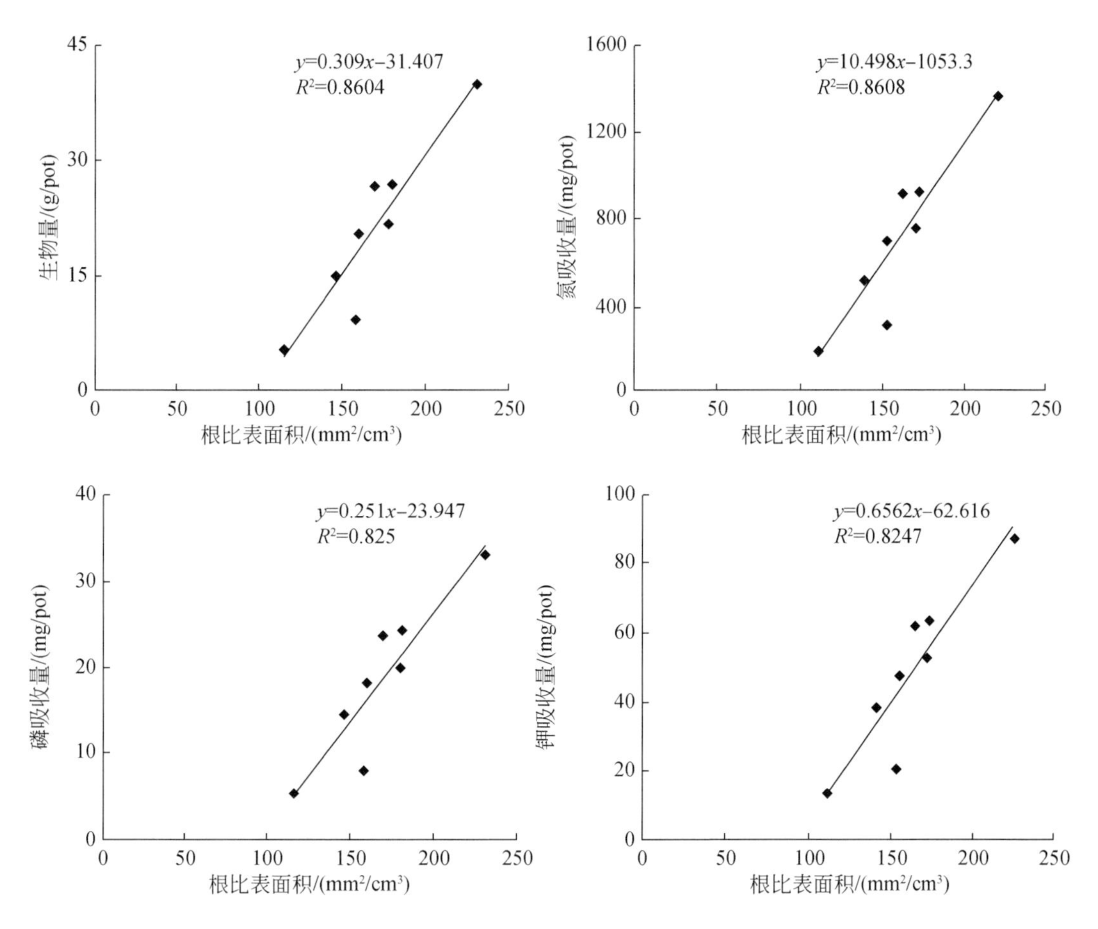

图 8-5　三叶草生物量、养分吸收量与其根比表面积相关关系

8.1.3.3　不同配比基质下种植三叶草对土壤性质的影响

由表 8-11 可知，添加表土或沙土改变土壤物理性状，与黏土相比，黏土与表土、黏土与沙土配比容重显著下降；饱和入渗率显著上升，同时，孔隙度显著增加，与入渗率变化趋势一致；最大持水量则显著下降了；团聚体稳定性随粒级增大而显著降低（$P<0.05$）。同一粒级下，黏土与沙土 1∶3 配比团聚体稳定性显著高于其他处理（$P<0.05$），黏土团聚体稳定性最低（$P<0.05$）。

表 8-11　不同配比对土壤物理性状的影响

处理	容重 /（g/cm³）	饱和入渗率 /（mm/h）	孔隙度 /%	最大持水量/%	标准化平均重量直径/mm		
					1～2	2～3	3～5
黏土	1.49	0.3325	4.8	54.7	0.11	0.16	0.21
黏土∶表土 1∶1	1.38	0.4218	12.9	41.3	0.18	0.23	0.28
黏土∶表土 1∶2	1.25	0.4846	23.4	37.4	0.22	0.27	0.32
黏土∶表土 1∶3	1.19	0.5042	21.9	31.7	0.25	0.30	0.35
黏土∶沙土 1∶1	1.33	0.5525	35.4	25.1	0.21	0.34	0.41
黏土∶沙土 1∶2	1.20	0.6127	39.8	20.2	0.25	0.37	0.45
黏土∶沙土 1∶3	1.17	0.6528	42.3	15.4	0.22	0.44	0.52
沙土	1.12	0.8548	50.8	8.7	0.19	0.58	0.79
表土	1.26	0.4019	18.4	20.4	0.23	0.34	0.38

由表 8-12 可知，与黏土或沙土相比，黏土混合基质显著改善土壤化学性状。黏土与表土 1∶2 混合基质全氮、有机质、速效磷、速效钾及电导率均最高，分别为黏土的 1.34、1.15、1.79、2.05、1.06 倍和 1.87 倍；优于 1∶1 和 1∶3 配比效果。黏土与沙土混合基质全氮、有机质、速效磷、速效钾含量比沙土高 85.1%～90.7%、45.7%～68.6%、81.5%～102.5% 和 95.3%～133.3%。黏土和表土 1∶2 配比效果与表土相似，黏土与沙土和表土不同配比均能改善土壤状况和显著促进三叶草生长，其中黏土与表土 1∶2 配比下表土微生物和酶活性激发黏土养分转化，提高营养浓度的效率最高；根表面积、根长、根直径增大和根尖数增多也证实了这一点，这与土壤物理结构改善有关。

表 8-12　不同配比对土壤化学性状的影响

处理	全氮 /（g/kg）	有机质 /（g/kg）	速效磷 /（mg/kg）	速效钾 /（mg/kg）	pH	电导率 /（μS/cm）
黏土	0.90	13.8	3.54	29.6	7.31	118
黏土∶表土 1∶1	1.02	17.5	4.28	36.6	7.51	161
黏土∶表土 1∶2	1.21	15.9	6.32	60a	7.73	221
黏土∶表土 1∶3	1.09	18.4	4.69	53.9	7.65	182
黏土∶沙土 1∶1	1.02	11.8	4.05	50.4	7.63	160

续表

处理	全氮/(g/kg)	有机质/(g/kg)	速效磷/(mg/kg)	速效钾/(mg/kg)	pH	电导率/(μS/cm)
黏土：沙土 1：2	1.03	10.9	3.63	46.6	7.65	149
黏土：沙土 1：3	1.00	10.2	3.82	42.2	7.64	147
沙土	0.54	0.7	2.00	21.6	7.91	160
表土	1.20	18.3	6.29	60.2	7.90	219

生物活性是表征养分转化能力的重要指标。由表 8-13 可知，添加表土或沙土显著提高酶活性并增加微生物数量。黏土与表土混合基质磷酸酶、脲酶、蔗糖酶、硝酸还原酶比黏土提高 63.8%~153.8%、35.6%~113.3%、90%~460%、30.0%~93.1%，细菌、真菌和放线菌数量增加 2 倍以上；与沙土相比，黏土与沙土混合基质磷酸酶、脲酶、蔗糖酶、硝酸还原酶及细菌、真菌、放线菌数量显著升高 45.4%、172%、159%、62.8%、119%、93.6% 和 83%，黏土和表土 1：2 配比效果最佳。

表 8-13　不同配比对土壤生物指标的影响

处理	磷酸酶/(μg Pi. 1·h^{-1})	脲酶/(mg NH_4^+-N g^{-1}·d)	蔗糖酶/(mg g^{-1}·d)	硝酸还原酶/(μg NO_2^--N·g^{-1}·h^{-1})	细菌/(10^4 CFU/g)	真菌/(10^4 CFU/g)	放线菌/(10^4 CFU/g)
黏土	80	0.90	10.1	8.3	110	0.31	24
黏土：表土 1：1	131	1.22	19.3	10.7	210	0.44	38
黏土：表土 1：2	203	1.92	56.2	15.9	590	1.07	89
黏土：表土 1：3	158	1.32	31.5	11.6	490	0.62	51
黏土：沙土 1：1	124	1.11	36.6	11.6	400	0.70	59
黏土：沙土 1：2	148	1.20	39.2	12.6	360	0.60	59
黏土：沙土 1：3	112	1.04	24.7	9.0	290	0.50	52
沙土	88	0.41	12.9	6.8	160	0.31	31
表土	199	1.91	55.9	15.8	600	1.06	88

模拟研究表明黏土与表土 1：2 配比效果最优，三叶草生物量，氮、磷和钾吸收量，根形态参数和根尖数最大；基质理化、酶活性及微生物数量最佳；指标间具有显著正相关性，证实添加表土和沙土对黏土具有积极效果。由于受到土壤肥力、植物品种以及土壤结构、土壤配比工艺等的影响，在实际种植过程中不同植物生理属性可能会有所不同，所以应根据实际条件灵活控制表土与黏土的比例，结合前述各项参数测试，黏土与沙土配比在 1：1~1：3 均可以有效改善土壤质量，促进植物生长。

8.2 草原区极端环境受损区微生物增容技术

8.2.1 接种不同丛枝菌根对土壤因子的影响

国内外研究表明丛枝菌根真菌菌丝分泌物可以增强土壤团聚体的稳定性，接种丛枝菌根真菌可以促进土壤养分的释放，增强土壤酶活性。以丛枝菌根真菌作为菌剂，建立土壤-植被互作反馈调节机制，是矿区生态复垦土壤改良的重要内容。选用黑黏土和沙土按1∶1比例混合作为土壤基质，扁蓿豆为供试植物进行接菌实验，利用菌种聚丛球囊霉（*Glomus aggregatum*，Ga）、幼套近明球囊霉（*Claroideoglomus etunicatum*，Ce）、根内根孢囊霉（*Rhizophagus intraradices*，Ri）、摩西管柄囊霉（*Funneliformis mosseae*，Fm）、地表球囊霉（*Glomus versiforme*，Gv）等不同菌根菌种，研究接种丛枝菌根真菌对土壤因子的影响程度，优选合适的菌剂，为矿区土地复垦的植被恢复方法提供理论依据。

8.2.1.1 黏沙混合基质不同菌剂对土壤酶的影响

植物根系和土壤微生物都会分泌土壤酶，促进对土壤养分的有效利用。研究表明，接种丛枝菌根真菌有助于增加土壤酶活性。由表8-14可知，接种丛枝菌根真菌总体上提高了基质蔗糖酶、脲酶、碱性磷酸酶、酸性磷酸酶的活性，接种地表球囊霉显著（$P<0.05$）提高了蔗糖酶和碱性磷酸酶的活性。接种不同菌种对土壤酶活性的提高有所不同，其结果为：土壤蔗糖酶活性大小为+Gv>+Fm>+联合>+CK>+Ce>+Ga>+Ri，土壤脲酶的活性大小为+Ce>+Gv>+Fm>+联合>+Ga>+CK>+Ri，土壤碱性磷酸酶活性大小为+Gv>+联合>+Fm>+Ga>+Ce>+CK>+Ri，土壤酸性磷酸酶活性大小为+Gv>+Fm>+联合>+Ce>+CK>+Ga>+Ri。

表8-14 接种不同AMF对土壤酶活性的影响

接菌处理	土壤蔗糖酶活性/(mg/g·24h)	土壤脲酶活性/(mg/g·24h)	土壤碱性磷酸酶活性/(μg/g·h)	土壤酸性磷酸酶活性/(μg/g·h)
黑+Ga	1.62	0.14	80.24	94.78
黑+Ce	1.8	0.21	76.75	134.35
黑+Ri	1.41	0.12	56.64	89.73
黑+Fm	2.06	0.17	85.97	141.8
黑+Gv	3.98	0.18	101.98	171.33
黑+联合	1.92	0.16	95.61	138.02
黑+CK	1.81	0.13	62.43	133.21

土壤酶活性接种Ri菌剂的活性均小于CK组，土壤酸性磷酸酶活性接种Ri菌剂组显著（$P<0.05$）小于CK组。单接Gv菌种显著（$P<0.05$）提高了土壤蔗糖酶、土壤碱性磷酸酶的活性，接种联合菌种显著（$P<0.05$）提高了基质中土壤碱性磷酸酶的活性。接种

不同丛枝菌根真菌对土壤酶活性的影响不同，表明了不同菌剂对于土壤酶活性的促进作用不同，这可能与菌种和供试植物的亲缘关系有关，不同菌种与植物根系的相互作用存在差异，对于土壤的反馈就存在差异。总体而言，接种丛枝菌根真菌可使土壤中的蔗糖酶、脲酶、碱性磷酸酶、酸性磷酸酶的活性提高，说明丛枝菌根真菌在一定程度上有利于土壤改良，这与其能够减少有害生物数量，改变土壤微生物区系、改善土壤理化性状、提高植物防御性酶活性、改变根系分泌物的种类与数量等生理功能有关。菌根真菌平衡土壤微生物种群结构和土壤酶活力，改善土壤微生态，促进土壤团粒结构可能是微生物复垦的作用机制。

8.2.1.2　黏沙混合基质不同菌剂对土壤理化性质的影响

接种丛枝菌根真菌均降低了基质的 pH（表 8-15），其中接种 Gv 与联合菌剂显著降低了（$P<0.05$）基质中的 pH，可能与植物根系菌根真菌分泌有机酸有关，有利于保护植物根系。土壤浸出液的电导率（EC）数值能反映土壤含盐量的高低，可作为土壤水溶性养分的指标。接种丛枝菌根真菌提高了基质的电导率，接菌组均高于对照组。这说明接种丛枝菌根真菌可以提高土壤中水溶性养分，可能与接种丛枝菌根真菌后活化了土壤中的微生物有关。

表 8-15　不同菌剂对土壤理化性质的影响

接菌处理	pH	电导率/(μS/cm)	铵态氮/(μg/g)	硝态氮/(μg/g)	有机质/(g/kg)	有效磷/(mg/kg)	速效钾/(mg/kg)	全磷/(g/kg)
黑+Ga	7.83±0.04ab	280.33±10.48b	4.55±0.53b	2.05±0.28a	3.58±0.11a	2.39±0.09ab	97.27±6.86a	0.53±0.01a
黑+Ce	7.8±0.01ab	299.67±20b	11.14±0.96a	1.13±0.06bc	3.86±0.21a	2.48±0.08ab	98.77±8.49a	0.52±0.03a
黑+Ri	7.86±0.01a	267±9.07b	11.53±0.94a	1.32±0.18b	3.39±0.26a	2.33±0.03ab	89.25±4.18a	0.45±0bc
黑+Fm	7.77±0.04ab	337±7.64ab	6.8±0.59b	1.56±0.07ab	4.1±0.39a	2.22±0.07b	105.1±5.54a	0.47±0.01abc
黑+Gv	7.71±0.03b	383±22.52a	10.74±1.38a	1.18±0.06bc	4.11±0.19a	2.24±0.1b	97.04±7.96a	0.51±0.01ab
黑+联合	7.73±0.03b	330±24.19ab	3.41±0.26b	1.5±0.03ab	3.07±0.54a	2.46±0.11ab	96.41±5.44a	0.52±0.01a
黑+CK	7.9±0.01a	261±3.21b	3.31±0.2b	0.67±0.01c	3.55±0.18a	2.75±0.19a	90.14±3.14a	0.45±0.01c

接种丛枝菌根真菌能够减少土壤中无机氮含量，从表中可以看出，铵态氮接种 Gv、Ce 和 Ri 菌剂，含量显著高于对照组（$P<0.05$），硝态氮除 Ce 与 Gv 外，接菌组含量显著高于对照组（$P<0.05$）。实验中不同的菌种硝态氮与铵态氮的含量波动较大，这可能与接种不同 AMF 后影响了基质中的土壤微生物有关。

8.2.1.3　黏沙混合基质不同菌剂对土壤因子的综合分析

将接种不同丛枝菌根真菌的土壤蔗糖酶、土壤脲酶、土壤碱性磷酸酶、土壤酸性磷酸酶、pH、电导率、有机质、硝态氮、铵态氮、有效磷、速效钾和全磷 12 个指标作为自变量，进行主成分分析并进行综合评价。前 4 个主成分的累积方差贡献率为 77.389%，可以用这 4 个主成分代表 12 个土壤因子进行菌剂效果分析与综合评价。其中第 1 主成分的代表土壤因子为土壤蔗糖酶活性、土壤碱性磷酸酶、土壤酸性磷酸酶、pH、电导率，特征值为4.237，贡献率为35.306%，是主要的主成分，反映了土壤酶活与酸碱度。第2主成分代表土壤因子为铵态氮、硝态氮、全磷，特征值为2.149，贡献率为17.906%，主要反映了土壤中的硝化作用与反硝化作用。第3主成分的代表土壤因子为有机质，特征值为1.478，贡献率为12.32%，主要反映了土壤肥力状况。第4主成分的代表土壤因子为脲酶与有效磷，特征值为1.423，贡献率为11.858%，反映了土壤酶与速效养分（表8-16）。

表8-16　主成分分析结果

土壤因子	F1	F2	F3	F4
土壤蔗糖酶活性	0.801	-0.188	0.302	-0.127
土壤脲酶活性	0.368	-0.216	0.025	0.741
土壤碱性磷酸酶活性	0.854	0.413	0.066	0.044
土壤酸性磷酸酶活性	0.832	-0.131	0.034	0.012
pH	-0.881	-0.048	-0.049	-0.234
电导率	0.907	0.02	0.219	-0.058
铵态氮	0.015	-0.855	0.27	-0.025
硝态氮	-0.42	0.735	0.285	-0.161
有机质	0.262	-0.388	0.638	0.067
有效磷	-0.239	0.107	0.156	0.864
速效钾	0.142	0.175	0.86	0.137
全磷	0.344	0.642	0.081	0.001
特征值	4.237	2.149	1.478	1.423
贡献率/%	35.306	17.906	12.32	11.858
累积贡献率/%	35.306	53.212	65.532	77.389

利用综合评分法，以主成分分析为工具，对12个指标进行综合评价。利用该模型计算12个土壤因子综合得分，并根据综合得分从高到低进行不同菌种对土壤因子改良效果排序。由表8-17可以看出，不同菌剂对于各个主成分得分与综合得分的大小顺序不尽相同。对于第1主成分，适宜菌剂排序为+Gv>+联合>+Fm>+Ce>+Ga>+Ri；对于第2主成分，适宜菌剂排序为+Ga>+联合>+Fm>+Gv>+Ce>+Ri；对于第3主成分，适宜菌剂排序为+Fm>+Ga>+Gv>+Ce>+Ri>+联合；对于第4主成分，适宜菌剂排序为+Ce>+联合>+Ga>+Fm>+Gv>+Ri。综合排序为+Cv>+联合>+Fm>+Ga>+Ce>+Ri。

综合以上研究表明，接菌能增强了土壤酶活性，改善土壤理化性质，降低了pH，提高土壤中的有机质和全磷含量。不同的丛枝菌根真菌与植物互作，产生的效果不尽相同，其中Gv与扁蓿豆的亲缘程度较高，与植物相互作用，对土壤因子的促进效果最佳。Fm对土壤速效钾影响较大。Ri对土壤理化性质的影响较小。这一结论为微生物复垦菌剂与土壤养分的联合施用提供一种新思路。通过综合得分分析，可知单接Gv对于土壤因子的影响程度最大，为矿区微生物菌剂选择与植物生态修复提供依据。

表 8-17　接种不同菌剂的各主成分得分、综合得分及排序

接种处理	F1	F2	F3	F4	综合得分	排序
黑+Ga	-0. 813	1. 294	0. 345	-0. 116	-0. 034	4
黑+Ce	-0. 147	-0. 594	0. 070	0. 978	-0. 043	5
黑+Ri	-1. 249	-1. 139	-0. 437	-0. 540	-0. 986	6
黑+Fm	0. 183	-0. 093	0. 631	-0. 466	0. 091	3
黑+Gv	1. 560	-0. 583	0. 195	-0. 493	0. 532	1
黑+联合	0. 465	1. 116	-0. 804	0. 637	0. 440	2

8. 2. 2　接种 AM 真菌对不同配比黑黏土的玉米光谱反演

传统评价方法丛枝菌根对土壤改善作用通常需要离体采集植物样本和一系列生理生化实验，无法实时监测，而高光谱遥感技术具有数据获取速度快，精度高，无须破坏植株等特点。因此，采用高光谱遥感技术监测不同土质植株生长状况，可为实现微生物复垦生态效应无损监测奠定基础。

植物体内叶绿素含量是反映植被生长及营养状况的重要生化参数。如何准确并高效地估算出植被的叶绿素质量分数将是研究植被各项特征指标的关键因素。传统的叶绿素监测方法不仅受到研究区域的局限，而且监测效率不高。近年来随着遥感技术的快速发展与应用，基于叶绿素对特定波长光谱的吸收和反射的特性，利用高光谱遥感技术来监测植被叶绿素质量分数的方法逐渐被人们所熟知和认可。高光谱遥感以其波段多且窄的特点，能直接对植被进行微弱光谱差异的定量分析，在植被精细监测研究中占据明显的优势。使用高光谱遥感技术对植被叶绿素含量定量估算的研究多通过建立叶绿素含量与植被光谱特征之间的回归模型来实现。以玉米作为研究对象，分析了不同处理下原始光谱和一阶微分光谱部分特征参数的差异，并选用逐步回归模型和 BP 神经网络的建模方法，意在选取合适的光谱特征参数并以此为基础建立高拟合度的叶绿素含量估测模型，为实现以高光谱遥感技术动态高效监测微生物修复效果奠定基础。

8. 2. 2. 1　黏土不同配比下接种丛枝菌根对玉米叶绿素含量的影响

基于前述研究，选择不同配比的土壤基质［沙土（S）、黏土（N），沙土与黏土按质量 1∶1 配比（S∶N=1∶1）、沙土与黏土按质量 3∶1 配比（S∶N=3∶1）］，并进行丛枝菌根接种处理。种植 60d 后，进行叶绿素及光谱等其他指标的测定。由表 8-18 知，相同基质下接种丛枝菌根真菌可提高叶绿素的含量。沙土 S 和 S∶N=3∶1 处理接菌未达到差异显著水平，而 N 和 S∶N=1∶1 的接菌处理均达到显著差异。未接菌时，S∶N=3∶1 的叶绿素含量最高但较其他基质未达到显著差异，接菌后 S∶N=1∶1 的叶绿素含量最高且除 N 外均达到显著水平，即在接菌条件下以 1∶1 的比例掺入沙土时对玉米叶绿素含量的提高效果最明显，接菌处理可以减少沙土的掺入量，节约成本，接菌处理下 S∶N=1∶1 对植物生长促进作用最好。可能是一方面掺入沙土可降低黑黏土的黏性，混合后土壤基质的通气透水性较纯黏土好，也保证了土壤的保水性；另一方面，接种 AM 真菌后，增强了根系对水分和营养元素的吸收能力，使玉米植株叶绿素含量更高，呈现出更好的生长状态。

表 8-18　不同处理下玉米叶片叶绿素含量

处理	叶绿素含量（SPAD 值）	
	CK	M
S	31.83	33.79
N	32.27	36.81
S∶N=1∶1	32.18	37.72
S∶N=3∶1	33.8	34.67

8.2.2.2　黏土不同配比下接种丛枝菌根真菌对玉米原始光谱特征参数的影响

使用 SVC HR-1024i 型全波段地物光谱仪对不同配比处理进行光谱采集。因可见光波段（380～760nm）的反射率与叶绿素含量存在密切的关系，所选特征参数多集中于可见光波段，故截取 340nm 到 800nm 间的反射率光谱数据，经九点加权平均后得到原始光谱曲线（图 8-6）。结合表 8-19 可以看出，相同基质下，接种丛枝菌根可降低绿峰幅值。未接菌时，S∶N=1∶1 的绿峰幅值大于 N，而 S∶N=3∶1 则小于 N；接种 AM 真菌后，S∶N=1∶1 小于 N，同时 S∶N=3∶1 大于 N，结合叶绿素含量可知，不同处理下叶绿素含量越高时，绿峰幅值越小，即两者呈现负相关，在接菌处理的沙黏土配比 1∶1（S∶N=1∶1）时达到最小。蓝紫波吸收谷值和红谷幅值也具有相同的规律。即在此处理下玉米植株对光的吸收量更大，光合作用更强，相应的绿峰、红谷、蓝紫波吸收谷位置并未呈现明显规律。

表 8-19　不同处理下玉米原始光谱特征参数的比较

特征参数	CK				M			
	S	N	S∶N=1∶1	S∶N=3∶1	S	N	S∶N=1∶1	S∶N=3∶1
RBP	9.9598	9.9072	9.9323	7.8855	7.9051	7.4759	7.3611	7.8306
λBP	380	380	380	380	380	380	380	380
RG	21.8007	20.5775	21.3247	19.6453	19.7506	17.8638	16.9326	18.3795
λG	553	552	553	553	553	553	552	552
RR	9.8634	9.376	9.668	8.7061	8.9055	8.1658	8.0475	8.3872
λR	673	671	674	674	671	672	672	674

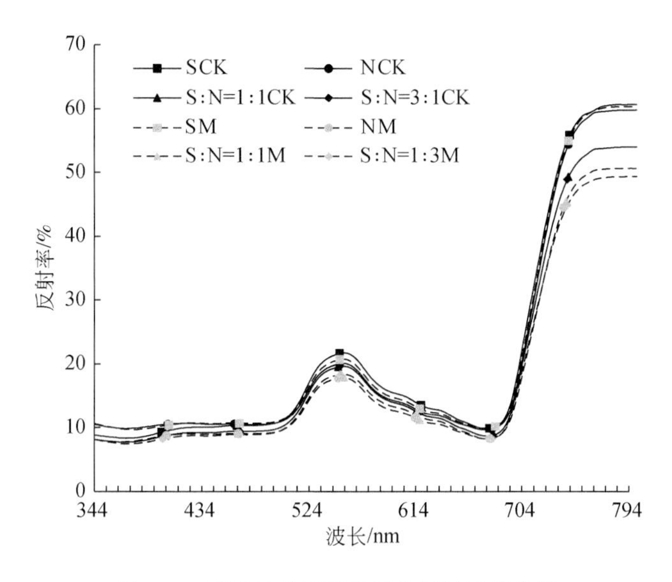

图 8-6　不同处理经平滑后的原始光谱曲线

8.2.2.3　黏土不同配比下接种丛枝菌根真菌对下玉米一阶微分光谱的特征参数的影响

在 MATLAB R2016a 中对光谱数据进行平滑处理，并通过编程计算各波段光谱特征参数与叶绿素含量之间的相关关系。结果表明，经一阶微分处理后的光谱曲线具有相似的形状和变化规律，但因叶绿素含量的不同，各处理间的“三边”参数存在一定程度的差异，结合表 8-20 进行具体分析。蓝边参数中，相同基质下蓝边斜率和蓝边一阶微分和均呈现接菌小于未接菌。掺入沙土后，不论是对照还是接种 AM 真菌其蓝边斜率和蓝边一阶微分和随着叶绿素含量的不同存在着明显的规律变化，即叶绿素含量与蓝边斜率、蓝边一阶微分和呈负相关。接菌条件下，S∶N＝1∶1 时蓝边斜率和蓝边一阶微分和的差异最大，即在此条件下对叶绿素含量的提升作用最明显。蓝边位置在 520nm 附近且与叶绿素无明确关系。黄边斜率为负值，相同基质下，接菌可提高黄边斜率，且与叶绿素含量呈正相关。黄边范围内一阶微分和为负值，相同基质接菌后绝对值小于对照，与叶绿素含量呈负相关。配比沙土后，黄边斜率与黄边范围一阶微分和也因叶绿素含量的不同分别呈现正相关与负相关。黄边位置在 570nm 附近，无明显位移。红边参数中，红边斜率与红边范围一阶微分和均与叶绿素含量呈负相关，即相同基质接菌小于未接菌。未接菌时，S∶N＝1∶1 的红边斜率与红边范围一阶微分和大于 N，而接菌后小于 N，结合红边斜率与红边范围一阶微分和与叶绿素负相关，可知 S∶N＝1∶1 时，接菌对叶绿素含量的提升作用更显著。对比叶绿素含量与红边位置可知随着叶绿素含量的增加，红边位置有向着长波方向移动，即产生了“红移”，这与田明璐等（2017）关于苹果花叶病叶片红边特征的研究结果相似。

表 8-20　不同处理下玉米一阶微分“三边”参数差异

特征参数	CK				M			
	S	N	S：N=1：1	S：N=3：1	S	N	S：N=1：1	S：N=3：1
BEP	520	520	520	520	521	520	521	520
BES	0. 19	0. 18	0. 19	0. 17	0. 17	0. 15	0. 14	0. 15
SDb	4. 64	4. 4	4. 49	3. 93	4. 03	3. 5	3. 1	3. 7
YEP	570	570	570	570	570	570	570	570
YES	-0. 13	-0. 12	-0. 12	-0. 1	-0. 1	-0. 1	-0. 1	-0. 11
SDy	-4. 56	-4. 3	-4. 48	-4. 14	-4. 29	-3. 69	-3. 48	-3. 78
REP	716	717	717	718	718	719	719	718
RES	0. 5347	0. 51	0. 52	0. 47	0. 48	0. 44	0. 41	0. 46
SDr	25. 72	24. 5	25. 1	22. 2	23. 6	20. 7	20. 1	21. 1

由于接种丛枝菌根对玉米的生长具有促进的作用，玉米叶片的叶绿素含量产生变化且差异显著，进而影响光谱特征参数，使 M 与 CK 玉米叶片叶绿素含量和光谱特征参数进行相关性分析显示出一定的差异，这可能是因为 AM 真菌对植物生长的促进作用是一个多因素综合结果，接菌植物的光谱响应也并非是由某单一因素引起（毕银丽等，2016）的，统一地进行相关性分析可能会对模型精度产生影响，故采用光谱特征参数分别与 M 和 CK 的叶绿素含量进行相关性分析。“三边”参数能够较好地反映绿色植物的光谱特征，对植物的叶绿素较为敏感，故选取蓝、黄、红 3 边的斜率、一阶微分和以及红蓝、红黄一阶微分和的比值及归一化值作为特征参数；同时在原始光谱中选取了具有代表性的绿峰和红谷反射率以及归一化植被指数共 13 个光谱特征参数。用叶绿素含量对 13 个特征参数分别进行相关分析，得到不接种丛枝菌根的 CK 和接种丛枝菌根的 M 的相关系数见表 8-21。CK 与 M 的各相关系数整体上相近，BES、SDb、（SDr-SDb）/（SDr+SDb）、（SDr-SDy）/（SDr+SDy）、SDr/SDb、SDr/SDy、NDVI 均达到了 0. 7 以上的相关性，YES、SDy、RG 也达到了 0. 6 以上的相关性，故选用这 10 个特征参数进行反演模型构建。结合除 S：N=3：1 外其余 3 种基质下接菌与空白处理的叶绿素含量均达到显著差异，故对两种处理进行分别建模。

表 8-21　接菌处理下叶绿素含量与各光谱特征参数的相关系数

特征参数	相关系数	
	CK	M
BES	-0. 748	-0. 731
YES	0. 606	0. 610
RES	0. 197	0. 182
SDr	-0. 215	-0. 205
SDb	-0. 744	-0. 730

续表

特征参数	相关系数	
	CK	M
SDy	0.688	0.676
（SDr-SDb）/（SDr+SDb）	0.770	0.756
（SDr-SDy）/（SDr+SDy）	-0.747	-0.777
SDr/SDb	0.819	0.819
SDr/SDy	-0.781	-0.815
RG	-0.640	-0.626
RR	-0.422	-0.308
NDVI	0.779	0.793

应用地物光谱仪对不同配比黏土基质下接种 AM 真菌的玉米高光谱测定，评价配比一定质量比例的沙土联合接种 AM 真菌对黑黏土改良的效果，结果表明：黑黏土与沙土以质量比 1∶1 混合后接种 AM 真菌时对玉米叶片叶绿素含量的提高作用最为显著，植物生长最好。原始光谱中绿峰、蓝紫波吸收谷和红谷的幅值与叶绿素含量呈负相关。经一阶微分后，叶绿素含量与“三边”范围内一阶微分呈负相关，与红边、蓝边斜率呈负相关，与黄边斜率呈正相关，同时红边位置产生“红移”现象。BP 神经网络法建模型较逐步回归模型具有更好的拟合精度和验证精度，CK 和 M 的决定系数 R^2 分别为 0.8604 和 0.857，验证精度也都在 0.85 以上，可以较好估测玉米叶绿素含量。

8.2.3　氮营养与 AM 真菌协同对玉米生长及土壤肥力的影响

氮元素是植物体内蛋白质、核酸、磷脂和某些生长激素的重要组分之一，适量增加氮营养可以通过影响植物光合作用、抗氧化系统、内源激素和植物水分吸收利用状况，从而促进植物生长发育，提高作物产量和品质，同时施氮也会改变土壤生化性质，影响土壤肥力。但是植物的氮吸收能力有限，如果施氮不当，不仅会造成氮素大量损失，还会抑制植物生长，导致作物减产，污染环境。因此，如何合理施用氮肥，提高植物的氮吸收能力，降低氮素损失，促进植物生长、恢复土壤，是农业可持续发展的关键，对东部草原煤矿区进行生态恢复具有至关重要的作用。

AM 真菌对氮素的吸收是促进植物对氮吸收的一个重要途径，目前已有学者对施氮量与 AM 真菌的协同作用进行了研究。付淑清等（2011）研究发现，不同施氮水平下接种 AM 真菌均显著提高了刺槐的生长量，降低了游离脯氨酸含量。贺学礼等（2009）研究结果表明，不同施氮水平下接种 AM 真菌均可以提高黄芪生长量、叶片可溶糖含量、植株氮含量、植株磷含量。东部草原煤矿区土壤贫瘠，采矿造成土层扰动，加剧了水土流失，尤其是氮素的损失，严重抑制了矿区植物生长和生态恢复。目前关于丛枝菌根对矿区修复影响已取得一定进展，但是关于 AM 真菌与氮肥协同对矿区植物生长及土壤改良的研究鲜有报道。以矿区常见农作物玉米为宿主植物，以沙土为基质，模拟矿区干旱贫瘠状况，研究

AM 真菌和氮协同对玉米生长、抗逆性、矿质养分调节及土壤化学性状影响，以期为菌根作为生物肥料应用于东部干旱矿区提高植物抗逆性、熟化矿区土壤、恢复矿区环境提供理论依据。

8.2.3.1 施氮与接种 AM 真菌对玉米生长的影响

设置4个处理（不接菌不施氮（CK）、单接 AM 真菌（Fm）、单施氮（N）、施氮且接种 AM 真菌（Fm+N）），监测不同处理对植物生长的影响。如表 8-22 显示，与 CK 相比，施氮和接种 AM 真菌处理均可促进玉米的生长，分别提高玉米地上干质量、地下干质量和总干质量 25%~61%、11%~67% 和 23%~62%，差异显著。施氮处理下玉米地上干质量、地下干质量和总干质量均明显高于对照组，而氮肥和 AM 真菌联合对玉米地上干质量、地下干质量和总干质量均促进效果最优，显著高于对照组和其他处理。

表 8-22 不同处理对玉米生长的影响

	干物质量			菌根特性		
	地上部	地下部	总和	侵染率	菌丝密度	菌根依赖性
CK	19.08	3.22	22.30	4.44	0.15	-
Fm	23.78	3.58	27.36	91.1	0.55	18
N	26.95	3.83	30.78	0	0	-
Fm+N	30.76	5.38	36.14	88.89	1.37	14

Fm 处理的菌根侵染率略高于 Fm+N 处理，差异不显著，而 Fm+N 处理的菌丝密度显著高于 Fm 处理，说明施氮有利于菌丝的生长发育。同时，CK 的菌根侵染率和菌丝密度不为 0，可能是在玉米生长过程中造成了一定的菌根污染。玉米菌根依赖性在不施氮与施氮处理下分别为 18%、14%，说明在土壤缺氮条件下玉米生长更依赖于菌根。

与对照相比，施氮与接种 AM 真菌均可促进玉米对氮、磷、钾的吸收，分别提高植株全氮、全磷和全钾吸收量 77%~538%、39%~191% 和 42%~135%，除 Fm 处理外，其他处理与对照组均差异显著。同一施氮条件下，接种株玉米养分吸收量显著高于非接种株，且 Fm+N 处理的玉米养分吸收量显著高于其他处理的。同时，N 处理的植株全氮吸收量、全钾吸收量显著高于 Fm 处理，而全磷吸收量却显著低于 Fm 处理。玉米养分吸收量在不施氮条件下的菌根贡献率远高于施氮处理下的菌根贡献率，说明在土壤缺氮条件下，AM 真菌更能促进植株对养分的吸收。

8.2.3.2 施氮与接种 AM 真菌对土壤基本理化性质的影响

由表 8-23 可知，施氮处理下的土壤 pH、电导率高于不施氮处理的。同一施氮条件下，接种 AM 真菌降低土壤 pH，提高土壤电导率，且差异显著。施氮处理与接种 AM 真菌处理的土壤全氮含量高于 CK 的，而 Fm+N 处理略低于 Fm 和 N 处理，但各处理差异均不显著。同一施氮条件下，接种 AM 真菌的处理显著提高土壤速效磷和速效钾含量，且分别在 Fm 处理和 Fm+N 处理下含量最高，N 处理的含量最低。接种 AM 真菌处理的土壤有机质含量高于非接种处理，Fm+N 处理的土壤有机质含量最高，各处理的土壤有机质含量差异均不显著（表 8-24）。同一施氮条件下，接种 AM 真菌处理的土壤 EE-GRSP 含量、T-GRSP 含量显著高于非接种处理，且 Fm+N 处理最高，而 N 处理的土壤 EE-GRSP 含量、T-GRSP 含量略低于 CK 处理，差异不显著。

表 8-23　不同处理对土壤基本化学性质的影响

处理	pH	电导率 /(μS/cm)	全氮 /(mg/kg)	速效磷 /(mg/kg)	速效钾 /(g/kg)
CK	7.20	628	39.00	9.68	218.00
Fm	7.14	796	56.00	13.83	255.00
N	7.26	916	56.00	8.40	199.00
Fm+N	7.22	938	51.00	12.14	284.00

表 8-24　不同处理对菌根效应的影响

处理	有机质含量	易提取球囊霉素	总提取球囊霉素
CK	0.34	9.08	64.00
Fm	0.35	15.47	115.00
N	0.34	9.02	64.00
Fm+N	0.36	18.80	140.00

采矿造成土壤养分流失，给矿区农业带来巨大损失，通过技术手段缓解矿区土壤贫瘠对玉米生长造成的影响，兼顾农业发展与环境效益非常重要。结果表明，AM 真菌与氮协同有利于促进玉米生长，提高玉米生物量。同一施氮条件下，接种 AM 真菌显著提高玉米生物量和植株氮、磷、钾的吸收量，而 AM 真菌与施氮联合处理显著高于其他处理，说明接种 AM 真菌能促进植物对养分的吸收，促进植物生长发育，与付淑清等（2011）、贺学礼等（2009）的研究结果一致，这可能是因为 AM 真菌侵染玉米根系形成菌根共同体，并在土壤中形成菌丝网，而菌丝可以伸展到根际以外，有效吸收根系不能吸收的矿质元素，扩大玉米对矿质养分、水分的吸收范围，从而促进玉米的生长发育。同时，不施氮条件下玉米干质量的菌根依赖性和植株氮、磷、钾吸收量的菌根贡献率远高于施氮条件，说明在土壤养分缺失的情况下，AM 真菌更能发挥其菌根效应，促进植物生长，这对缓解矿区因干旱缺水、土壤养分贫瘠造成植物长势差，作物产量低等问题，提高植物对矿区土壤氮素利用率，有效减少氮素流失，减轻矿区化肥污染具有至关重要的作用。

8.3　草原区极端环境受损区域生物综合修复技术

东部草原区煤电基地植被恢复其实是一个土壤生态系统恢复的问题，实质是土壤生产力的恢复和生态群落的重建。植物、动物和微生物是生态群落的主体，动物的生存依赖于植物和微生物，而根际微生物又是活跃在植物根系与土壤间的活性生物。因此，在实际的复垦过程中，应该综合考虑区域特点，充分利用区域的生物资源，优选出适合退化区植被恢复的植物资源和微生物资源较优组合，促进植被快速恢复和土壤改良，为恢复生态系统稳定可持续提供技术支持。

8.3.1 草原区与极端环境受损区域优势生物种群筛选与保育

煤炭资源的开采扰动以及畜牧业的生产方式的影响，改变了区域的生态环境和生物多样性及其变化规律，因此需要筛选出能够适应各类环境胁迫（耐酷寒、贫瘠、干旱及扰动等）的生物种群（乡土优势植物及共生微生物），从根本上建造适合当地环境条件的群落结构，并使其发挥作用，逐渐恢复草原植被。而草原生态系统具有非常丰富的生物（植物、微生物）资源，通过筛选出生态修复区当地的适生植物资源和微生物资源，可为退化区的修复提供基础资源。通过对宝日希勒矿区及胜利矿区周边草原进行资源调查，发现较多的植物种资源和微生物资源，可以为矿区的生物修复提供丰富的材料。

目前在该区域较好的植物种，主要包括华北驼绒藜、驼绒藜、小叶锦鸡儿、沙棘、二色胡枝子、羊柴、紫穗槐等灌木种，草本植物种包括羊草、无芒雀麦、鹅观草、老芒麦、冰草、新麦草、高羊茅、紫羊茅、多年生黑麦草、苜蓿、扁蓿豆、草木樨、草木樨状黄芪等。所选择植物种均具有耐旱耐寒、防风固沙、生长良好等特点，可作为退化草原生物综合修复技术的优质资源。

为进行微生物（丛枝菌根真菌等）分离与培养，通过调查和采集内蒙古东部草原区植被与土壤样品，完成了内蒙古东部草原区 29 个样地的 244 个土壤样品的采集，并完成了植被的调查。完成了 39 种植物根际土壤的诱集培养（采样点采样信息见表 8-25）。

表 8-25　2019 年度东部草原区采样信息

地点编号	经纬度	地点	寄主植物	诱集培养样数
S1	108.47°E 41.78°N	荒漠草原	石生针茅	9
S2	109.52°E 41.92°N	荒漠草原	戈壁针茅	9
S3	110.65°E 41.53°N	荒漠草原	短花针茅	9
			乳白花黄芪	1
S4	111.89°E 41.78°N	荒漠草原	短花针茅	9
S5	112.82°E 42.29°N	荒漠草原	短花针茅	9
			多根葱	3
S6	112.42°E 43.09°N	荒漠草原	小针茅	9
			沙葱	3
			细叶葱	3
			二色棘豆	2
S7	112.16°E 43.66°N	荒漠草原	沙生针茅	9
S8	113.02°E 44.21°N	荒漠草原	米口袋	3
S9	113.91°E 43.84°N	荒漠草原	蒙古韭	3

续表

地点编号	经纬度	地点	寄主植物	诱集培养样数
S10	114. 61°E 44. 14°N	典型草原	克氏针茅	9
S11	115. 41°E 43. 82°N	典型草原	花苜蓿	3
S12	115. 85°E 44. 60°N	典型草原	大针茅	9
S13	116. 44°E 45. 11°N	典型草原	野韭	3
S14	117. 61°E 45. 96°N	典型草原	绒毛胡枝子	3
S15	118. 71°E 46. 31°N	典型草原	大针茅	9
S16	119. 12°E 46. 07°N	典型草原	紫花苜蓿	2
			山葱	3
S17	118. 58°E 48. 37°N	典型草原	山藜豆	1
S18	118. 86°E 48. 83°N	典型草原	大针茅	9
S19	119. 39°E 50. 16°N	草甸草原	贝加尔针茅	9
			蓝花棘豆	2
			山野豌豆	2
			双齿葱	3
S20	120. 11°E 49. 35°N	草甸草原	贝加尔针茅	9
			斜茎黄芪	3
S21	119. 67°E 48. 493°N	草甸草原	贝加尔针茅	9
S22	119. 45°E 45. 70°N	草甸草原	贝加尔针茅	9
			草木犀状黄芪	1
			扁蓿豆	3
S23	118. 76°E 45. 01°N	草甸草原	兴安胡枝子	2
S24	117. 43°E 44. 45°N	草甸草原	贝加尔针茅	9
			披针叶黄华	2
S25	116. 49°E 44. 16°N	典型草原	大针茅	9
			硬毛棘豆	1
			黄花葱	3
S26	116. 11°E 43. 51°N	典型草原	克氏针茅	9
S27	115. 89°E 42. 87°N	典型草原	克氏针茅	9
S28	116. 18°E 42. 36°N	典型草原	大针茅	9
S29	113. 80°E 42. 27°N	典型草原	克氏针茅	9

针对不同的微生物，采用相对应的培养方法，如通过 AM 真菌诱集培养，利用高粱、玉米和紫花苜蓿对胜利煤矿区土壤进行 AM 真菌诱集培养，2 个矿区的优势种类有 *Glomus reticulatum*、*G. deserticola*、*G. macrocarpum*。*C. etunicatum*、*G. brohultii*、*P. scintillans*、*A. scrobiculata*、*G. caledomium*。采用组织块分离培养法，分别从针茅、羊草、糙隐子草的

1432 个根段中，分离纯化得到 343 株内生真菌，其中 3 种牧草内生真菌分离率分别为：大针茅分离率达 36.25%，糙隐子草分离率达 16.91%，羊草分离率达 25.68%。

利用 CTAB 法提取真菌 DNA，测序鉴定种类，目前已鉴定得到 4 个纲 11 个科 32 种内生真菌（表 8-26）。部分菌株和菌种的菌落图见图 8-7。

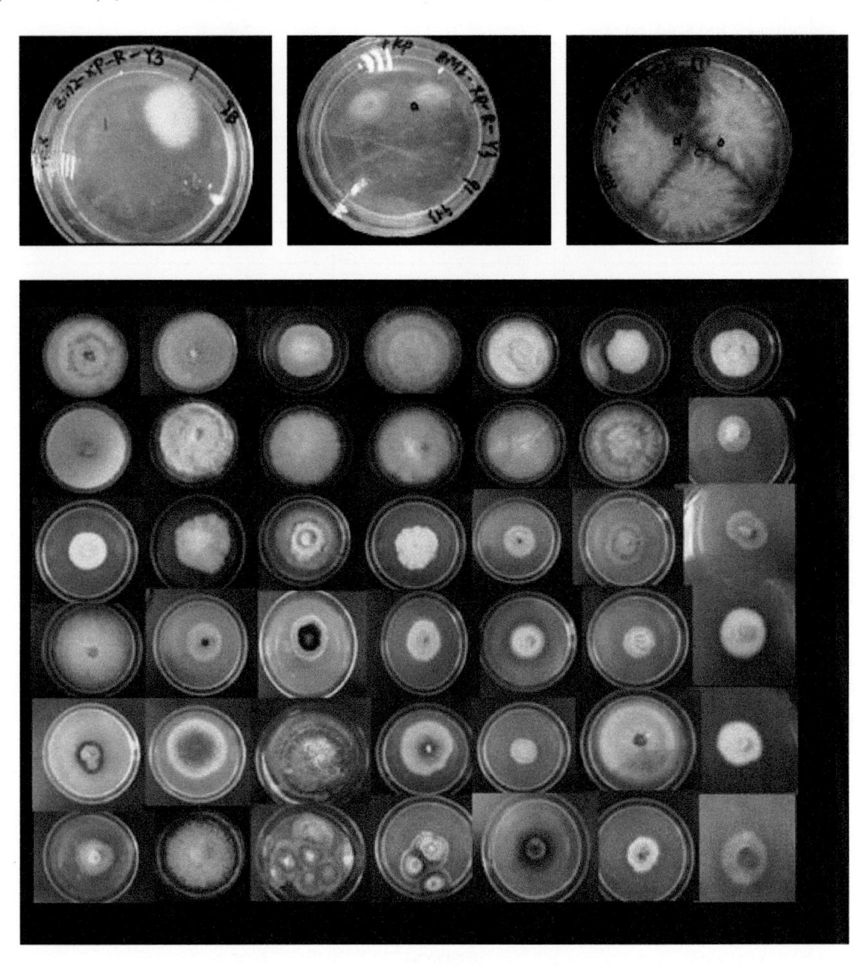

图 8-7　部分菌株的菌落形态

表 8-26　已鉴定牧草内生真菌种类

基因库登录号	种类	门，纲，科	匹配度/%	*E* 值
MK808689.1	*Darksidea* sp.	Ascomycota，Dothideomycetes，Lentitheciaceae	99.45	0
MH063799.1	*Ophiosphaerella* sp.	Ascomycota，Dothideomycetes，Phaeosphaeriaceae	97.72	0
KF494171.1	*Setophoma terrestris*	Ascomycota，Dothideomycetes，Phaeosphaeriaceae	99.8	0
MK809067.1	*Fusarium* sp.	Ascomycota，Sordariomycetes，Nectriaceae	100	0
MH858132.1	*Chaetomium nozdrenkoae*	Ascomycota，Sordariomycetes，Chaetomiaceae	99.81	0

续表

基因库登录号	种类	门，纲，科	匹配度/%	E值
KX009502. 1	*Trichoderma gamsii*	Ascomycota，Sordariomycetes，Hypocreaceae	100	0
MH063762. 1	*Fusarium* sp.	Ascomycota，Sordariomycetes，Nectriaceae	100	0
KJ125669. 1	*Fusarium concolor*	Ascomycota，Sordariomycetes，Nectriaceae	100	0
MH540116. 1	*Myrmecridium* sp.	Ascomycota，Sordariomycetes，Myrmecridiaceae	100	0
KU527803. 2	*Fusarium oxysporum*	Ascomycota，Sordariomycetes，Nectriaceae	99. 8	0
KJ584549. 1	*Fusarium redolens*	Ascomycota，Sordariomycetes，Nectriaceae	99. 8	0
MK809067. 1	*Fusarium* sp.	Ascomycota，Sordariomycetes，Nectriaceae	99. 8	0
JN859392. 1	*Sordariales* sp.	Ascomycota，Sordariomycetes，Sordariales（目）	97. 7	0
MG664770. 1	*Periconia* sp.	Ascomycota，Dothideomycetes，Periconiaceae	100	0
MF178149. 1	*Magnaporthiopsis meyeri-festucae*	Ascomycota，Sordariomycetes，Magnaporthaceae	96. 22	0
FJ654673. 1	*Fusarium polyphialidicum*	Ascomycota，Sordariomycetes，Nectriaceae	100	0
LT821517. 1	*Trematosphaeria hydrela*	Ascomycota，Dothideomycetes，Trematosphaeriaceae	98. 29	0
KT269431. 1	*Ophiosphaerella* sp.	Ascomycota，Dothideomycetes，Phaeosphaeriaceae	98. 28	0
JN859359. 1	*Darksidea alpha*	Ascomycota，Dothideomycetes，Lentitheciaceae	99. 08	0
JN859359. 1	*Darksidea alpha*	Ascomycota，Dothideomycetes，Lentitheciaceae	99. 09	0
JN859359. 1	*Darksidea alpha*	Ascomycota，Dothideomycetes，Lentitheciaceae	99. 26	0
MH063799. 1	*Ophiosphaerella* sp.	Ascomycota，Dothideomycetes，Phaeosphaeriaceae	97. 95	0
MK808733. 1	*Darksidea* sp.	Ascomycota，Dothideomycetes，Lentitheciaceae	99. 63	0
MN517854. 1	*Darksidea alpha*	Ascomycota，Dothideomycetes，Lentitheciaceae	100	0
MK808173. 1	*Periconia* sp.	Ascomycota，Dothideomycetes，Periconiaceae	99. 27	0
MH063799. 1	*Ophiosphaerella* sp.	Ascomycota，Dothideomycetes，Phaeosphaeriaceae	98. 11	0
MK808680. 1	*Darksidea* sp.	Ascomycota，Dothideomycetes，Lentitheciaceae	99. 61	0
MN517854. 1	*Darksidea alpha*	Ascomycota，Dothideomycetes，Lentitheciaceae	100	0
KT270000. 1	*Periconia* sp.	Ascomycota，Dothideomycetes，Periconiaceae	99. 8	0
AF071352. 1	*Cochliobolus kusanoi*	Ascomycota，Dothideomycetes，Pleosporaceae	98. 67	0
MK808326. 1	*Stagonospora* sp.	Ascomycota，Dothideomycetes，Phaeosphaeriaceae	99. 8	0
MF178149. 1	*Magnaporthiopsis meyeri-festucae*	Ascomycota，Sordariomycetes，Magnaporthaceae	96. 54	0
KT269235. 1	*Clohesyomyces* sp.	Ascomycota，Dothideomycetes，Lindgomycetaceae	99. 5	0
LT821517. 1	*Trematosphaeria hydrela*	Ascomycota，Dothideomycetes，Trematosphaeriaceae	98. 93	0
KP940595. 1	*Aspergillus niger*	Ascomycota，Eurotiomycetes，Trichocomaceae	100	0
MF303716. 1	*Microdochium trichocladiopsis*	Ascomycota，Sordariomycetes，Phlogicylindriaceae	99. 41	0
MH626493. 1	*Slopeiomyces cylindrosporus*	Ascomycota，Sordariomycetes，Magnaporthaceae	99. 78	0

针对重金属耐受性菌种筛选保育，采用牛肉膏蛋白胨培养基培养耐受菌株。对4种重

金属耐受力最强的细菌进行生长曲线的测定，绘制细菌的生长曲线。菌株的鉴定采用16s rDNA分子生物学鉴定，PCR产物送至上海生工生物有限公司进行测序。获得了4株耐重金属菌株，在不同重金属浓度梯度的胁迫下，菌株XFe-1最高耐铁浓度为500mg/L，菌株XCu-1最高耐铜浓度为500mg/L，菌株XCr-1最高耐铬浓度为200mg/L，菌株XMn-1最高耐锰浓度为50g/L。随后对4种菌株进行重金属胁迫生长曲线实验，每种菌株均对不同浓度重金属有不同程度的响应。通过16s rDNA基因序列分析比对，对4种优良耐重金属细菌进行分子鉴定，XFe-1为蜡状芽孢杆菌（*Bacillus toyonensis*），XCu-1为蜡样芽孢杆菌（*Bacillus cereus*），XCr-1属于短杆菌属（*Brevibacterium* sp.），XMn-1与GenBank基因库序列比对与芽孢杆菌属最高相似度仅为85.37%，为未知种（表8-27）。

表8-27　耐重金属细菌16s rDNA基因序列分析结果

菌株编号	拉丁名	中文名	GenBank登录号	相似度/%
XCu-1	*Bacillus cereus*	蜡样芽孢杆菌	EU857430.1	98.29
XFe-1	*Bacillus toyonensis*	蜡状芽孢杆菌	KY393017.1	98.00
XCr-1	*Brevibacterium* sp.	短杆菌属	MG309358.1	98.95
XMn-1	*Bacillus*	芽孢杆菌属	GU188935.1	85.37

东部草原具有丰富的植物和微生物多样性，是生物资源库，可以通过优选植物资源及分离筛选获得具有不同生物学特性的植物种类和微生物菌株、菌种。目前已对部分菌种进行了鉴定、纯化和保藏。为未来矿区土地复垦和微生物生态修复提供理论依据和生物资源。

8.3.2　物理改良下黏土不同接菌处理对植物生长的影响

东部矿区黑黏土因黏性强，通气透水能力差不适宜植物生长，为改善这种现状，需按比例掺入一定量的沙土以降低其黏性结构，而激活其养分，需要对其微生物种群结构和功能进行扩展，通过接种对应功能的微生物种类，以期实现对黑黏土的快速改良。本节主要通过引入丛枝菌根、解磷菌等，探讨接种不同微生物对植物生长和土壤改良的可能性，为微生物复垦技术在矿区草原土壤增容增效提供技术借鉴。以玉米为宿主植物，黏土为土壤基质，丛枝菌根 *Funneliformis mosseae*（AMF）和解磷菌菌种 *Pantoea stewartii*（PSB）进行盆栽实验。实验共设计了4种微生物接种方式：AMF、PSB、AMF+PSB、CK。种植60d后，测定植物生长各项指标。

由表8-28发现，未接菌处理（CK）和单接种PSB的处理中未发现菌丝侵染；接种丛枝菌根真菌后，侵染率达到80%，而同时添加PSB的处理对侵染率并没有显著影响。与侵染率相似，菌丝密度可以体现出丛枝菌根真菌与植物的共生状态，PSB处理和CK处理中，未发现菌丝，AMF处理和AMF+PSB处理中，菌丝密度分别为1.54m/g和1.52m/g，差异并不显著，说明在黏土中解磷细菌对丛枝菌根真菌的生长并没有显著影响。单接AMF的处理和联合接种AMF+PSB处理能够显著促进玉米的生长发育，接种PSB对玉米的影响并不明显。地上和地下生物量也有相似的结果，接种 AMF 后，玉米的地上生物量是 PSB 处理和 CK 处理的 1.11 倍，AMF 处理和 AMF+PSB 处理的地上生物量显著高于 PSB 处理和 CK 处理；在地下生物量部分，同样存在 AMF 处理和 AMF+PSB 处理显著高于 PSB 处理和 CK 处理，约是 PSB 和 CK 处理的 1.33 ~ 1.34 倍，说明在黏土中解磷细菌并不能有效增加植物的生物量。

表 8-28　植株的侵染率、菌丝密度和生物量

处理	侵染率/%	菌丝密度/(m/g)	地上部分/g	地下部分/g	总重/g
AMF	80	1.54	7.92	0.94	8.86
PSB	0b	0	7.11	0.71	7.82
AMF+PSB	80	1.52	7.89	0.93	8.82
CK	0b	0	7.08	0.7	7.78

对黏土中的玉米接种丛枝菌根真菌，可以有效地增加叶片 SPAD 值和净光合速率。AMF 和 AMF+PSB 的处理中，叶片的 SPAD 值显著高于 PSB 处理和 CK 处理，其中 AMF 处理 SPAD 值是 PSB 的 1.16 倍，是 CK 的 1.26 倍，接种解磷细菌虽然提高了叶片的 SPAD 值但是与 CK 处理差异不显著；在净光合速率方面，AMF 处理和 AMF+PSB 处理差异不显著，PSB 处理虽然高于 CK 处理，但是差异也不显著。AMF 处理净光合速率比 PSB 处理提高了 22.4%，比 CK 处理提高了 27.4%。接种解磷细菌对叶片的 SPAD 值和净光合速率没有显著影响，而接种丛枝菌根真菌能够显著影响叶片的 SPAD 值和净光合速率，在 AMF+PSB 处理中，植物叶片的反应与单接 AMF 处理均没有显著差异，因此解磷细菌无论在单接还是双接状态下可能都难以影响植物叶片的生长状态。AMF 处理和 AMF+PSB 处理能够显著增加玉米的株高，AMF 处理的株高比 PSB 高了 14.8%，比 CK 处理高了 20.2%，接种 PSB 的处理中植物株高比 CK 处理增加了 3cm，差异并不显著，AMF+PSB 与 AMF 处理的株高差异也不显著，但二者都显著高于 PSB 处理和 CK 处理（表 8-29）。

表 8-29　植物的 SPAD 值、净光合速率和株高

处理	SPAD	净光合速率 /(μmol $CO_2 m^{-2} \cdot s^{-1}$)	株高/cm
AMF	44.6	33.69	72.7
PSB	36.5	27.53	63.3
AMF+PSB	46.7	33.17	73.2
CK	35.4	26.45	60.5

接种丛枝菌根真菌能够显著促进植株对磷元素的吸收。AMF 处理地上部分对磷的吸收量为 9.13mg，地下部分对磷的吸收量为 0.99mg，总吸收量为 10.12mg，高于 PSB 处理的 8.66mg 和 CK 处理的 8.61mg，AMF+PSB 处理的磷含量为 10.19mg，与 AMF 处理差异不显著，同时二者均显著高于 PSB 处理和 CK 处理，说明接种丛枝菌根真菌能够吸收黏土

中的磷元素，而 PSB 在黏土中则无法促进磷元素的吸收。玉米地上部分磷浓度出现了 AMF 处理和 AMF+PSB 处理高于 PSB 和 CK 处理，达到显著差异；而在地下部分的磷浓度 AMF 处理和 AMF+PSB 处理高于 PSB 和 CK 处理，但是差异并不显著。微生物贡献率为接种微生物与不接种微生物处理的生物量变化率，根据表 8-30，接种 AMF 处理和 AMF+PSB 处理中微生物对磷元素吸收的贡献率分别为 16.9% 和 18.4%，而 PSB 处理微生物贡献率仅为 0.6%。这可能是由于黏土中黏粒含量多，微生物、养分迁移能力差，丛枝菌根真菌可以通过延伸来吸收更远处的养分，而解磷细菌则难以在厌氧环境下产生作用，分解的养分也难以运移被植物吸收。

表 8-30 植物生物量与植株中磷元素的含量

处理	植株磷浓度/(mg/g)		磷的吸收量/(mg/株)			微生物贡献率/%
	地上部分	地下部分	地上部分	地下部分	总吸收量	
AMF	1.15	1.05	9.13	0.99	10.12	17.5
PSB	1.11	1.03	7.92	0.75	8.66	0.6
AMF+PSB	1.17	1.05	9.24	0.97	10.19	18.4
CK	1.11	1.01	7.87	0.71	8.61	—

由以上可知，黏土中丛枝菌根真菌相较于解磷细菌对植物具有更好的促生作用。接种丛枝菌根真菌能够显著增加根系的侵染率和土壤中的菌丝密度，促进植物生长。AMF 处理和 AMF+PSB 处理的叶片的 SPAD 值、净光合速率和玉米株高显著高于 PSB 处理和 CK 处理。接种丛枝菌根真菌能够显著促进植株对磷元素的吸收。

8.3.3 接种丛枝菌根及其他内生真菌促生作用

在微生物资源调查中同时发现了较多其他优质的微生物菌种资源，研究也进行适生组合研究。如接种 4 种 AM 真菌（GK2A、GJ6B、GJ9、GM1A）和 5 种内生真菌（LC-R-306、LC-R-308、LC-R-311、LC-R-319、LC-R-318）后，玉米幼苗株高、生物量、叶绿素含量、叶片相对含水量、根系活力和 SOD 酶活性显著提高，ABA 含量明显下降（表 8-31）。接种 AM 真菌 GM1A 和内生真菌 LC-R-311 对玉米苗的促生作用最显著（$P<0.05$）。

表 8-31 不同处理对植物生长的影响

处理	株高/cm	干重/g	
		地上部	地下部
GK2A	42.53±2.05bc	0.09±0.00bc	0.05±0.00bc
GJ6B	42.73±2.39bc	0.09±0.01bc	0.05±0.00bc
GJ9	47.77±1.6ab	0.12±0.01abc	0.05±0.00bc
GM1A	49.83±2.82ab	0.14±0.02ab	0.07±0.00a
LC-R-308	41.6±4.38bc	0.08±0.01bc	0.05±0.00b

续表

处理	株高/cm	干重/g	
		地上部	地下部
LC-R-306	46.07±1.11abc	0.11±0.00abc	0.06±0.00b
LC-R-311	52.77±3.37a	0.16±0.02a	0.08±0.00a
LC-R-302	44.63±2.6abc	0.1±0.00abc	0.06±0.00b
LC-R-319	41.47±3.65bc	0.08±0.01bc	0.05±0.00bc
CK	38.03±1.17c	0.07±0.00c	0.04±0.00c

注：数据（平均值±标准差，6个重复）后面的不同小写字母表示差异显著（P<0.05）。

同时对部分菌株进行测试，分别以+L-Try、-L-Try为前体，筛选产IAA菌株，每株菌3个重复，最终筛得产IAA的菌株有4株（图8-8）。

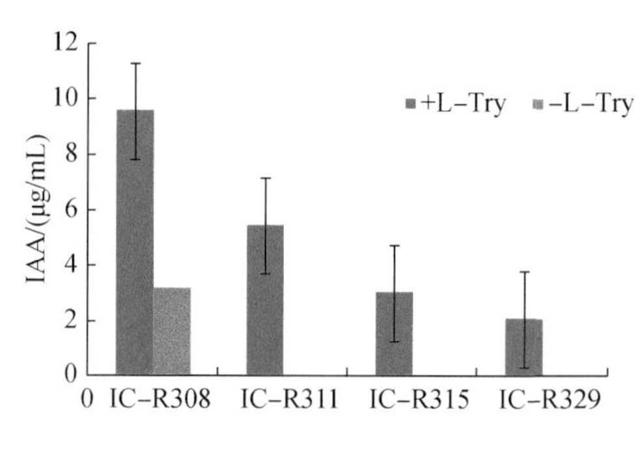

图8-8　产IAA菌株特性

研究表明，从草原区进行筛选的优质微生物资源，如丛枝菌根、解磷菌、内生真菌等可有效促进植物生长，同时可有效提高植物养分，促进植物叶片光合速率及提高植物叶片可溶性蛋白、叶绿素等，并能够改良土壤，具有较好的开发优势。但是在实际应用中仍存在较多的问题，如部分菌种的大规模生产仍存在一定瓶颈。同时新筛选的菌种在生产过程中需要考虑到菌种质量及其使用的稳定性和持久性，这仍需要进行更长时间的验证。目前筛选到的丛枝菌根真菌在前期实验中发现具有较好的生态效应，且其菌种生产和质量可以得到较好的保障。因此在后期示范应用中主要以丛枝菌根真菌作为推广应用菌种。

8.3.4　生物综合修复技术野外应用情况及效果

生物修复技术具有绿色、高效、可持续等作用特点，其应用需符合矿区实际环境特点，因此应充分考虑当地的环境特点，并对植物和微生物进行野外现场实验示范。本研究主要以胜利矿区和宝日希勒矿区采煤露天排土场为靶向区，并针对其实际情况进行了实验示范。

8.3.4.1　胜利露天矿区生物综合修复技术

试验地位于内蒙古锡林郭勒盟胜利矿区内排土场，位于内蒙古自治区锡林浩特市北郊，年降水量294.9mm，降雨多集中在7、8、9三个月，年平均气温0～3℃，7月气温最高，平均21℃，极端最高气温可达39℃。属于典型半干旱大陆季风气候，昼夜温差较大。矿区属内蒙古中部高平原区，地势较平坦开阔，微显波状起伏。针对该研究区植被退化、生物多样性降低的现状，在研究煤炭开采对草原微生态系统中植被-土壤-微生物间的影响程度与生态演替规律的基础上，筛选适宜胜利矿区的优势植物种类与微生物菌种、集成种群优化配置模式，以及植物促生的生物配置模式与保育方法。创建适用区域的简便、快速、低成本的植被恢复技术体系与修复模式。

示范区设置18个植被样区，总占地82.10亩，净试验区面积80.50亩，留出1.6亩作为内排土场植被自然恢复区。在露天矿排土场立地条件基础上，进行植物优化配置技术和微生物菌根修复技术示范。选择刚覆完表土的排土场，经过人工平整，种植植被，不同模式分别包含草、灌结合和草本混播模式，包括接菌和对照两种处理，并对其进行长期跟踪监测（图8-9、图8-10）。

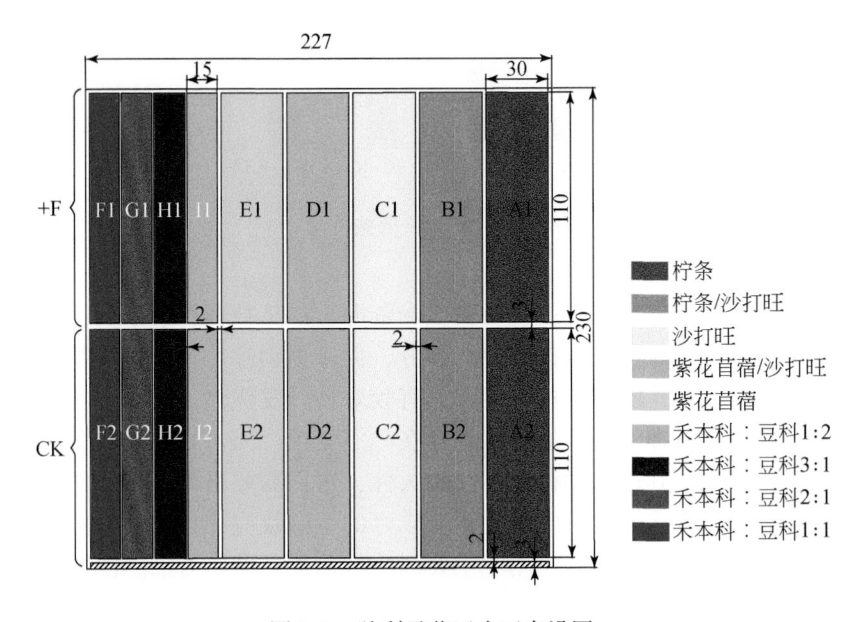

图8-9　胜利示范区小区布设图

针对胜利露天煤矿土壤贫瘠、植被覆盖率低、生态系统脆弱等典型环境问题，研发适宜于露天煤矿生态修复的工程与生物技术体系（包括：菌根微生物、生物优化配置技术和露天矿受损土地改良技术），为矿区生态修复提供理论技术与建设经验。综合植被生长和土壤养分状况表明，接种微生物及不同植物组合配置可以对露天矿区生态修复具有较好效果，优选的生物复垦模式为：①柠条+微生物菌剂；②豆科：禾本科1：2+微生物菌剂；③豆科：禾本科1：3+微生物菌剂，可作为有效技术进行推广应用。

图 8-10　胜利示范区现场监测

8.3.4.2　宝日希勒露天矿区生物综合修复技术

针对区域排土场表土不足的痛点，充分开发当地伴生黏土资源，采用物理、生物等手段激发土壤潜力，同时充分利用当地植物和微生物种质资源，进行东部草原区草场生态结构优化，以生态承载力及功能结构优化为目标，形成优化生态结构的有机生物修复技术与方法（图 8-11）。在不扰动基质的条件下连续种植当地先锋豆科作物，利用优势生物组合模式与方法，研究土壤理化性状的变化、植物的生长发育规律、微生物群落的演替，土壤

图 8-11　宝日希勒矿区不同种植模式

碳循环、生态结构功能变异等，揭示复合生物对退化生态自修复的功能，优化其生态结构。野外示范区现场面积300余亩，根据试验设计和功能分区，分为覆草翻耕区、表土覆盖区、黏土风化区、表土种草区、辅助实验区、育苗育草区等。

针对草原煤矿区表土瘠薄特点，充分利用采矿伴生黏土资源，选择适应性强的植物种，结合与植物共生能力较强的微生物菌根真菌恢复矿区生态。试验取得了较好效果，图8-12为种植后现场效果。

图8-12　宝日希勒矿区现场效果图

通过室内试验探索与两年示范区植被生长监测，研究发现黏土区适宜种植灌木沙棘，包括沙棘单种与沙棘苜蓿混种，表土区适宜种植草本植物。通过室内黏土对磷养分动力学研究发现，黏沙1：1固定磷元素最多，通过解吸率和解吸量的等温解吸曲线发现，黏沙1：1混合具有最接近表土的解吸率，同时解吸量最大，黏沙1：1混合可以作为解决宝日希勒露天矿排土场表土的替代材料。在排土场实际应用中，研究发现在黏土的改良上，三种改良方式，均可缓解矿区表土稀缺，植被重建困难的问题。在黏土的利用上，施以绿肥效果较佳，绿肥黏土区灌木与草本生长较为均匀，植株平均高度均高于其他区域。因此优选生物修复模式为：①（绿肥+黏土）+微生物菌剂+（沙棘+紫花苜蓿）；②（上表土+下黏土）+微生物菌剂+紫花苜蓿；③黏土+微生物菌剂+（沙棘+紫花苜蓿）。

第9章　大型煤电基地牧矿景观交错带生境保护与修复技术

随着煤炭资源的开发利用，牧矿交错带由于地表持续滞尘、排土场边缘侵蚀沉积等典型影响途径，草原自然生境退化，群落逆向演替，生态系统服务价值降低，势必影响矿区可持续发展，亟需开展牧矿交错带生境保护与修复。针对露天煤矿粉尘物质流过程控制，以生态源地为节点，筛选隔离带物种，“连点补缺，点面结合”，通过整合原有零散绿地，林分改造为主，新建植物群落为辅，构建乔灌草立体滞尘隔离带，形成景观生态廊网络廊道，从影响过程实现牧矿交错带生境保护。对于退化的生境采用低扰动的人工修复措施，恢复其自我修复能力，其核心在于恢复提升土壤功能，引导原生群落恢复，避免引入外来物种。牧矿交错带退化生境保护与修复，有助于实现草原自然景观与人工景观融合，推动东部草原区煤电基地绿色发展，具有重要应用价值。

9.1　大型煤电基地牧矿交错带的界定及其主要问题

9.1.1　牧矿交错带的界定

内蒙古东部草原区聚集了我国蒙东煤炭基地和呼伦贝尔、锡林郭勒煤电基地，以露天开采为主，产能超4亿t，保障了区域煤炭供应，成为国家重点建设的大型煤电基地之一(雷少刚等，2019；李全生，2016)。

煤炭开采以及煤电、煤化工等产业增加了大型煤电基地的“向心力”，大量人口与产业向煤电基地周边汇集。大型煤电基地集群式、大规模、高强度、持续性开发引起的生态环境问题可以按照其对草原生态系统的影响形式划分为“直接影响”和“间接影响”两种。“直接影响”是指煤炭资源开发利用过程中由挖损、压占形成的采坑、排土场等矿业景观斑块直接改变了草原土地利用类型、地形地貌，以及原生植被分布的影响形式。当然，为了保障区域和国家的能源安全，这种影响是必然的。“间接影响”则可以理解为在矿业斑块周边，由于人工地貌引起的周边自然草原径流过程改变、土壤侵蚀，煤矿粉尘扩散到自然草原区等形式所引起的草原生态系统质量和功能退化的一种影响形式。“直接影响”和“间接影响”的本质区别是后者关注的是矿业斑块周边的自然草原，这些草原区的土地覆被、地形地貌并不会发生显著改变，但却面临发生草原生态系统质量和功能逐渐退化的风险。

因此，本课题依据采矿影响的空间范围，景观生态学基质与斑块的关系，以及斑块边缘效应理论，将露天开采形成的矿业斑块（如采坑、排土场等），因粉尘扩散、侵蚀沉积等对其周边自然草原基质产生生态环境影响的空间区域定义为牧矿生态交错带，简称牧矿交错带，空间范围如图 9-1 所示。

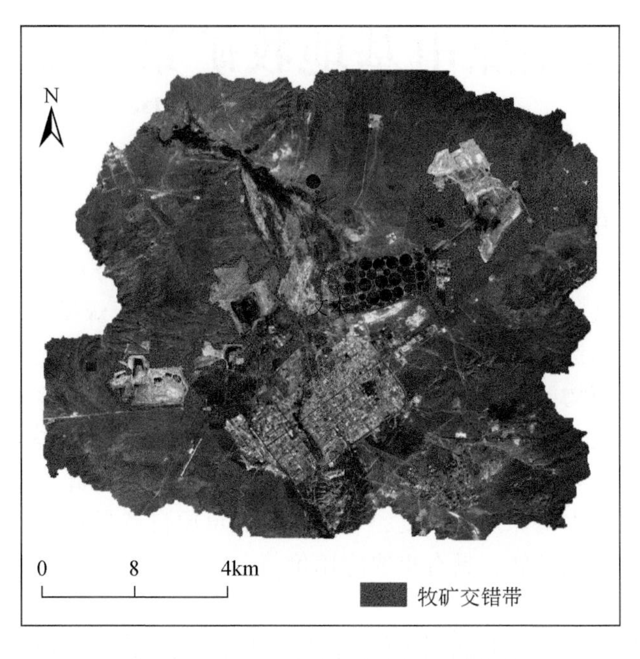

图 9-1　2017 年牧矿交错带位置示意图

牧矿交错带从特征、结构以及功能看，实质上是围绕煤电基地，由草转工、由草转农而形成的一个新的独立的景观单元，是在传统土地利用体系基础上构筑的新型景观单元。牧矿景观交错带作为连接草原、农田和矿区的过渡地段，既具有生态系统物质、能量及信息交流等重要功能，维持着草原动植物生态系统的运作，又形成了强烈依赖煤炭资源开发的密集人流、物流、能流、信息流、资金流等人工系统，具有流量大、容量大、密度高、运转快等特点。

9.1.2　牧矿交错带的主要问题及研究现状

露天矿区粉尘向周边草原扩散，导致牧矿交错带内空气污染以及滞尘区生境质量退化（图 9-2），必须加强控制和保护露天矿区周边草原面临粉尘扩散影响，并对因滞尘导致的退化草原生境进行修复治理。

对于粉尘扩散规律监测，常用的方法包括实地测量法、数值模拟法和高光谱遥感法（卢洁和雷少刚，2017）。矿区实地测量法是通过人工方式采集降尘，通过对监测点自然降尘时间序列和空间序列的分析，得出露天煤矿开采所引起的降尘污染在时间和空间上的变化规律（辛庚华，2010）。边梦龙（2015）利用粉尘浓度测量仪器对某露天煤矿穿孔与运输生产环节产生的 $PM_{2.5}$、PM_{10}浓度在距离和时间上的分布变化情况进行了测试。张鹏飞等（2015）在现场布设集尘缸收集降尘，并结合气象站采集的风速、风频、温度、湿度等

图9-2　地表滞尘图（左）以及滞尘叶片表面（右）

数据对粉尘的分布及其扩散规律进行了分析。由于实地测量法需要的观测周期较长，监测点较为分散，同时实地测量容易受到恶劣天气的影响，所以实地测量具有不可控性。数值模拟法可以将不同的因素对粉尘扩散规律的影响非常直观地展现出来。Diego 等（2009）应用 CFX 10.0 软件预测堆场周围的气流，将描述颗粒物运动轨迹的子程序引入标准软件中，定量给出了总的散逸粉尘。汤万钧（2014）通过建立三维矿坑模型和三维流场模型，基于 Fluent 模拟了平朔东露天矿剥离工作面不同粒径粉尘的运移扩散规律。在采用数值模拟方法时，结果不受外界条件的影响，可以更加全面地描述粉尘浓度及分布特点。但有些数值模拟的方法是以点源的形式展开的，在面对大型露天煤矿的模拟时，要考虑以面源的形式进行模拟，这一过程还有待研究。植物在受到粉尘污染后，叶片的光谱特征也会发生一定的变化，因此可以通过植物光谱特征来监测污染状况。Zhao 等（2020）分析了植物滞尘的光谱响应特征，使用机载高光谱影像得到植物滞尘的空间分布特征。Wu 和 Wang 等（2016）通过在北京市采集到的 120 个大叶黄杨样本，建立了叶片含尘量和叶片光谱反射率的相关性，对叶片含尘量进行分级得到 4 种光谱参数的多种滞尘量拟合模型。

为了抑制粉尘传播，减少粉尘对周边环境的影响，很多发达国家借助化学抑尘剂（王磊等，2006）、泡沫除尘与磁化水降尘（陈腾飞，2012）等手段来除尘，相关的监管措施相对健全（丁仰卫等，2018）。在国内，很多专家与学者针对粉尘治理展开了深入的探索，抑尘方式可分为化学法和物理法，具体措施包括喷洒抑尘剂和湿式除尘法等。这些方法虽然可以在一定程度上达到抑尘的目的，但是湿式除尘能耗较大，草原区冬季寒冷，湿式除尘装置难以正常使用。抑尘剂的成本相对较高，矿区环境处于时刻变化中，难以选出适用于矿区各种环境的抑尘剂。而且先前的研究大多是关注产尘源头处的粉尘控制，忽略了粉尘传播过程中的治理。

为了修复退化的草原生境，涌现出许多草地生态修复措施。例如：对放牧导致退化样地实施水平沟、梯田、鱼鳞坑等措施可显著改善和提高土壤环境质量（李生宝等，2007）；围栏封育被认为是草地生态恢复最有效的措施之一（张苏琼和阎万贵，2006），但长期的围栏封育反而会降低草地生产力恢复效果（闫玉春和唐海萍，2007）；浅耕翻、农业机械修复措施也可显著提高草地群落地上生物量（张璐等，2018），增加草地生产力，同时松土改良可提高土壤有机质及养分含量（保平，1998）；补播优良牧草以及合适的豆科植物也被认为是简单易行、可提高草层产量和质量的有效草地修复措施（杨春华等，2004；陈子萱等，2011）。上述方法均需耗费较大的工程量，成本较高，而且部分方法具有二次污染风险，不利于实际的推广使用。

9.2　牧矿交错带生境保护与修复方法

针对东部草原区大型煤电基地牧矿交错带面临的露天矿区粉尘向周边草原扩散，空气污染与滞尘区生境质量退化等现实问题，本研究采用“保护-修复”相结合的思路，构建牧矿交错带生境保护与修复关键技术体系。首先分析牧矿交错带的群落结构特征与生境特征，了解采矿活动对牧矿交错带产生影响的方式及结果，明确生境保护与修复的重点对象。然后针对粉尘扩散传播问题，研发了景观生态网络优化与粉尘阻滞廊道构建技术。最后针对滞尘区生境质量退化的现状，提出了外源小分子土壤激发与腐殖质层再造技术。

9.2.1　牧矿交错带生境保护技术

9.2.1.1　牧矿交错带生境保护技术难点

本专题主要面向大型煤电基地所在的草原，通过阻断粉尘扩散途径来减少空气中粉尘含量，实现牧矿交错带生境保护，根据矿业活动及草原环境特点，牧矿生境保护面临的困难主要有以下几点：

（1）草原煤电基地粉尘来源多。大型煤电基地露天采坑属于开放性尘源，产尘点多、涉及面大，很多环节都能产生粉尘。

（2）煤尘易于扩散，影响范围大。草原气候干燥，空气湿度小，煤尘极易飞扬起来，加上缺乏高大植被，草本群落防风滞尘能力差，因此煤尘在空旷草原的扩散范围远高于其他区域。

（3）草原煤电基地现有人工林林分单一，滞尘效果不足。草原煤电基地防护林体系主要是人工种植的纯林，空间利用不够充分，冠幅以下无滞尘能力，滞尘效果差；树木生长的环境条件较差，长期依赖人工管理；纯林改善林地立地条件能力弱，不利于土壤中营养物质的储备及养分循环速度提高。

9.2.1.2　牧矿交错带生境保护技术原理

1. 粉尘扩散机理分析

粉尘迁移扩散是一个相当复杂的过程，与颗粒物的粒径、起动速度、风速、风向、风频等众多因素有关。本研究通过软件模拟露天采坑界面处不同粒径颗粒在不同风速下的迁移轨迹和浓度分布规律。

统计锡林浩特2011年1月1日至2020年9月7日的累计风向情况，各方向频率由高到低依次为西北（42.945%）>西南（17.476%）>西（16.343%）>北（6.699%）>南（5.728%）>东北（4.693%）>东（3.916%）>东南（2.200%），其中西北、西南、西和北4个方向的累计频率超过83%，为锡林浩特的主导风向。为了便于计算，本研究只模拟西北风向下粉尘的迁移扩散。根据气象站的统计资料，本次实验中的水平风速选择2.0m/s、5.0m/s、10m/s。

粉尘分级：以粒径分布范围（表9-1）为基准，对粉尘样品分级，并以不同范围的粉尘含量作为软件模拟的输入值。

表9-1　研究区粉尘粒径分布范围

粉尘粒径/μm	≤10	10～50	50～100	100～150	≥150
含量	2.01	5.67	4.42	12.19	80.13

通过软件模拟得到以下结论：

（1）粉尘扩散概率与风速成正比，与粒径成反比。当风速为2m/s时，下风方向粉尘颗粒以小于10μm、10～50μm的颗粒为主；当风速达到5m/s时，50～100μm的颗粒显著增加；当风速达到10m/s时，大于150μm的颗粒显著增加。

（2）当粒径大于100μm时，平均风速下扩散距离一般小于150m，粒径在50～100μm时，扩散距离不大于650m；粒径范围在10～50μm时，扩散距离一般不大于1km；粒径小于10μm的颗粒扩散距离不大于50km。

2. 粉尘扩散控制研究

“源头削减”和“途径控制”被认为是最行之有效的两个控制粉尘扩散的措施。“源头削减”的代价是高昂的，工艺条件不变的情况下降低排放量意味着削减产量，直接影响煤炭企业及上下游产业经济效益。植物在“途径控制”的治理措施中起着关键作用。通过建立和优化立体植被滞尘网络，增加植被滞尘能力，降低粉尘扩散数量和距离，不仅能够保护矿区周边生态环境，还能够将生产区与其他区域有效隔开，形成不同的景观单元，增加景观多样性。

3. 植被滞尘机制

优化后的植被配置格局能通过空气动力学原理改变扰动斑块下风区域的微环境，减弱下游风速和湍流强度，形成一个低风速区，从而阻止粉尘的运动，减少煤粉尘迁移距离和影响范围。植被建设能够从扩散途径上减少粉尘的迁移量，降低扩散距离，从整体上减弱开采扰动对下风方向生态环境造成的潜在危害。

植被能减少颗粒物的污染，一方面是由于植被叶片表面有褶皱和较多细小的绒毛，植物叶片还能分泌出黏性油脂及汁液，这些特征可以有效地滞留大气中的颗粒污染物；另一方面是由于植被可以降低风速，从而能有效阻挡大气颗粒污染物，使其滞留在植物叶片上；同时因树冠周围湿度大，容易促使颗粒物降落，能与枝条、树干同时阻沙滞尘。

9.2.1.3　牧矿交错带生境保护策略

根据大型煤电基地实际情况，本专题拟在分析牧矿交错带粉尘分布特征和扩散规律的基础上，通过生态廊道规划、景观隔离带配置、滞尘植物选择3个层次来控制粉尘扩散，阻滞与消减空气中粉尘数量，实现牧矿交错带生境保护。

本专题拟采用以下策略来解决以上技术难点：

（1）针对大型煤电基地多区域、多环节产生粉尘的特点，本专题以生态源地联结多条景观隔离带为基础打造生态廊道网络，通过网络式生态廊道多级阻滞粉尘扩散，降低粉尘环境影响。

（2）以景观隔离带作为生态廊道建设基本单位，通过优化空间配置充分发挥景观隔离带的滞尘作用。拟构建波浪式水平配置、乔灌草相结合的垂直格局，充分利用矿区微地形来构建立体景观隔离带，实现多层次消减粉尘浓度，提高隔离带滞尘能力。

（3）针对研究区域降水量少，冬季寒冷干燥，植物生长季节短，植被生长受到抑制而影响滞尘效果，拟通过常绿针叶树种与落叶阔叶树种的合理搭配，有效增加非生长季节滞尘效果。

9.2.2　牧矿交错带生境修复技术

9.2.2.1　牧矿交错带退化生境修复技术难点

本研究提出的生境修复技术主要是针对牧矿交错带内因粉尘沉降而引起的退化生境进行修复，通过破坏粉尘层、提供土壤有机质来源、强还原消除生长障碍等手段实现退化生境修复（图9-3）。牧矿交错带退化生境修复面临的困难主要包括以下几点。

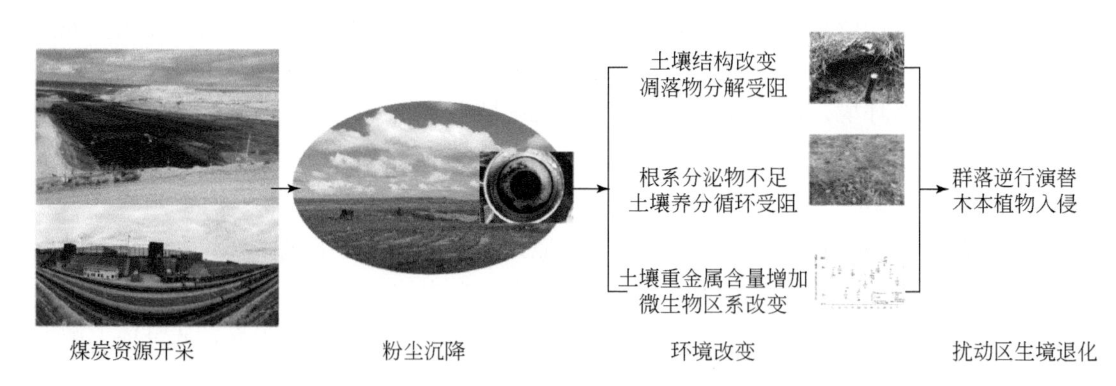

图9-3　牧矿交错带生境退化原因示意图

1. 退化生境区物质循环途径受阻

锡林浩特大型煤电基地迄今已有几十年的开采历史，历年沉降的粉尘已经在退化生境区形成厚达1～2cm粉尘层，因粉尘扩散影响土壤厚度更是可达5～10cm深。粉尘层的存在阻断了植物凋落物进入土壤的途径，导致土壤有机质来源缺失，土壤团聚体数量减少，养分肥力下降。

2. 退化生境区土壤微生物区系发生变化

土壤微生物是土壤养分循环的主要驱动力，粉尘层的存在改变微生物生境，在粉尘中有害物质胁迫下土壤微生物数量减少，部分微生物处于休眠状态。而由土壤微生物驱动的有机矿化、硝化、氨化效率降低，碳、氮、磷、钾等元素的生物地化循环受阻。

3. 植物入侵带来的化感作用抑制原生植物生长

木质化植物入侵退化生境区是草原生态系统面临的重要生态问题之一。木本植物入侵，造成群落内部资源分布的异质性和生产力下降，威胁了草地生态系统的稳定性；此外，木质化入侵植物往往分泌次生代谢物，抑制了草原原生物种的生长，入侵植物的化感作用也是造成群落结构改变、草地植被退化加剧的原因之一。

9.2.2.2　牧矿生境土壤修复技术原理

1. 植物凋落物分解形成腐殖质

植物凋落物及其形成的腐殖质是土壤的重要组成部分，在增加土壤养分、涵养水源、减缓地表径流、保持生物多样性等方面具有重要作用。土壤腐殖质是土壤有机质存在的主要形态，一般占土壤有机质总量的85% ~90%以上。土壤腐殖质主要具有以下作用：①作物养分的主要来源；②增强土壤的吸水、保肥能力；③改良土壤物理性质；④促进土壤微生物的活动；⑤刺激作物生长发育。

2. 根系分泌物激发效应

土壤养分是影响植物生长的主要因素之一。在未扰动草原环境中，土壤养分主要来源于土壤有机质和植物凋落物的分解，土壤有机质经矿化作用分解成速效养分的过程主要由土壤微生物及其分泌的胞外酶完成。在健康草原生态系统中，土壤微生物处于活跃状态，土壤养分的生物地化循环处于良性循环阶段。然而，退化生境中的微生物由于环境胁迫一般处于休眠状态，土壤矿化作用减弱，植物可利用养分减少，植物生长受阻。研究表明，在外源有机碳输入到土壤中时，土壤微生物的活性和群落结构会发生改变，进而对SOC的矿化产生影响。一般认为，新的碳源输入会加快或抑制SOC的分解，主要是改变了微生物的活性、微生物量及结构组成引起的。

3. 强还原反应修复土壤功能

强还原土壤处理指退化土壤中添加大量易分解有机物料，灌水至田间最大持水量并覆盖塑料薄膜，处理持续时间一般为14 ~28d左右。研究表明，强还原土壤处理能有效改善退化土壤生境，其主要原理包括以下两点：

（1）强还原土壤处理可以有效改善土壤酸化环境。

（2）强还原土壤处理可以有效消除化感作用，破除植物生长障碍。

9.2.3　牧矿交错带生境保护修复技术路线

为实现牧矿交错带生境改善，本技术采用“保护–修复”相结合的思路，在监测粉尘分布情况的基础上规划生态廊道与滞尘隔离带的布设方案，阻断粉尘的传播过程；然后通过促进腐殖质层再造、添加土壤激发剂和消除入侵植物化感作用实现退化生境修复，技术流程如图 9-4 所示。

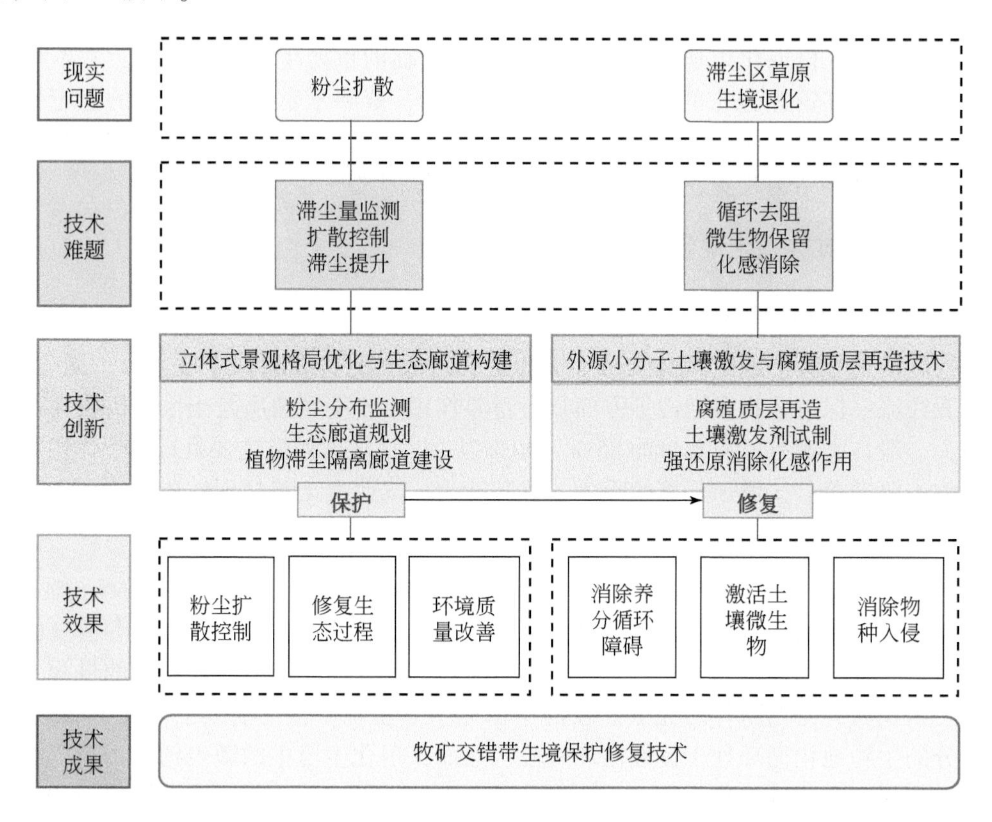

图 9-4　技术路线图

9.3　大型煤电基地牧矿交错带演化与生境特征

9.3.1　牧矿交错带群落结构特征

为了分析矿业活动对牧矿交错带演化的影响，本研究选取沿西二矿排土场南侧公路向南 3000m 的范围为研究区 A，垂直于排土场由北向南偏西设 3 条样线，长度为 3000m，每条样线南北方向设 6 个样点，分别距离扰动区 0m、200m、500m、1000m、2000m、3000m。以胜利一号矿采坑西侧公路向西北方向 3000m 作为研究区 B，平行于采坑设置 1

条样线，每个样点间的距离分别是200m、400m、600m。距离第一条样线500m的位置，垂直于采坑方向设置2条样线，每条样线上设4个样点，分别距离扰动区500m、1000m、2000m、4000m。以毛登牧场作为对照区C，沿一条样线设15个1m×1m的草本样方，样方之间间隔100m。通过对各样方内的植物种类，同植物的高度、密度、盖度和频度进行调查与分析，以探索露天开采对采区周边天然草原群落组成特征及物种多样性的影响，具体空间分布见图9-5。

图9-5　样方调查区示意图

A. 西二矿研究区；B. 胜利一号矿研究区；C. 对照区

9.3.1.1　植物群落特征及组成

西二矿研究区共有植物11科28属45种。该区以禾本科、豆科、菊科和百合科植物为主，约占研究区植物总种数的66.67%，包括禾本科7种6属、菊科7种4属，均占研究区植物总种数的15.56%，百合科7种3属，约占研究区植物总种数15.55%。豆科植物约占研究区植物总种数的20%，包含9种4属，这表明豆科、禾本科、菊科和百合科植物在研究区植物群落中处于优势地位。该区植物多为生命力较强的耐旱植物，如猪毛菜、刺藜等5种藜科植物，其中还包括有草地退化的指示性植物冷蒿。该研究区样方植被覆盖度为20%~30%。

胜利一号矿研究区共有植物10科21属25种。其中主要植物为禾本科、豆科和菊科，占研究区植物总种数的59.26%，包括豆科4种3属、菊科3种3属，共占研究区总数的28%，禾本科7种6属，占研究区总数的28%，在植物群落中处于优势地位。根据植物对群落结构和群落环境形成的控制作用得出该研究区的群落优势种为猪毛菜、大针茅和栉叶蒿。该研究区样方植被覆盖度为5%~10%。

对照区共出现植物13科、23属、30种。群落组成以藜科和百合科植物居多，其中藜科6种4属，百合科5种2属，分别占对照区植物总种数的19.35%和16.67%，调查表明藜科和百合科在对照区植物群落中处于优势地位。按群落生活型来看，以多年生草本植物为主，共计19种，约占该对照区植物总数的63.33%，一年生草本植物5种，其他类型草本植物 2 种，同时还伴有 1 种沙生植物及 3 种灌木。

9.3.1.2　研究区群落物种多样性分析

多样性是指群落在组成、结构及功能等方面表现出的差异。通常采用 α 多样性指数测度群落内的物种多样性，它包含物种丰富度指数（Margalef 指数）、优势度指数（Simpson 指数）、物种多样性指数（Shannon-Wiener 指数）和均匀度指数（Pielou 指数）。

由表 9-2 可以看出，Margalef 指数和 Pielou 指数有极显著差异。相较于对照区，西二矿研究区的 Margalef 指数增加了 57.25%，Pielou 指数降低了 24.80%；虽然 Simpson 指数、Shannon-Wiener 指数与对照区无显著差异，但是 Shannon-Wiener 多样性指数增加了 15.09%。综上结果表明，与对照区相比，西二矿研究区物种种类增多，物种分布不均匀，该地区物种多样性受到了采矿活动的干扰。

表 9-2　西二矿研究区群落物种多样性指数比较

类别	Margalef 指数	Simpson 指数	Shannon-Wiener 指数	Pielou 指数
研究区	2.016A	0.708a	1.602a	0.655A
对照区	1.282B	0.709a	1.392a	0.871B

注：同一小写字母表示在 0.05 水平下，差异不显著；不同小写字母表示差异显著（$P<0.05$），不同大写字母表示差异极显著。

由表 9-3 可以看出，Margalef 指数、Simpson 指数、Shannon-Wiener 指数和 Pielou 指数均有极显著差异。与对照区相比，胜利一号矿研究区的 Margalef 指数降低了 32.84%，Simpson 指数降低了 39.63%，Shannon-Wiene 指数降低了 41.59%，Pielou 指数降低了 43.86%。综上结果表明，胜利一号矿研究区物种种类减少，物种分布不均匀，该研究区受到了采矿活动的干扰。

表 9-3　胜利一号矿研究区群落物种多样性指数比较

类别	Margalef 指数	Simpson 指数	Shannon-Wiener 指数	Pielou 指数
研究区	0.861a	0.428A	0.813A	0.489A
对照区	1.282b	0.709B	1.392B	0.871B

注：同一小写字母表示在 0.05 水平下，差异不显著；不同小写字母表示差异显著（$P<0.05$），不同大写字母表示差异极显著。

9.3.1.3　群落多样性与采矿活动干扰源距离的关系

图 9-6 为西二矿研究区内距离采矿活动干扰源不同距离样方的多样性指数。总体来看，优势度指数与均匀度指数变化平缓；丰富度指数与多样性指数变化较大，升降趋势具有一致性，但没有显示出由近及远的规律性变化。

从样带间对比可以看出，丰富度指数在距干扰源 200m 和 2000m 处有明显下降，并且 3000m 处与 0m、500m、1000m 处均有明显差异，物种数偏少。2000m 处的多样性指数最低，主要由于该区域放牧程度最为严重，加上矿区的影响导致多样性指数急剧降低。

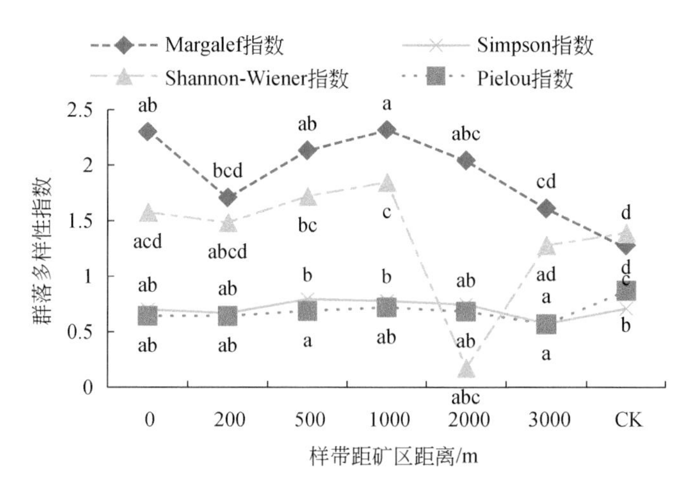

图9-6　西二矿南侧研究区不同距离群落物种多样性指数
同一小写字母表示在0.05水平下，差异不显著；不同小写字母表示差异显著（$P<0.05$）

3000m处的优势度指数略小，与500m、1000m处的优势度指数均有显著差异。综上结果说明群落物种多样性除了受采矿的影响外，还受到放牧因素的干扰，随着与矿区距离的增加，多样性指数变化没有规律。

胜利一号矿研究区的结果如图9-7所示。总体来看，多样性指数的变化趋势接近一致。由于1000m处有放牧干扰，所以折线在该处下降且没有显示出由近及远的规律性变化。

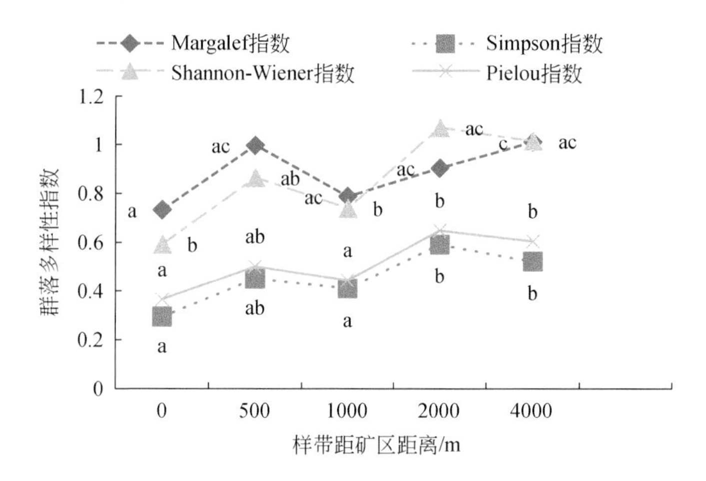

图9-7　胜利矿采坑西侧研究区不同距离群落物种多样性指数
同一小写字母表示在0.05水平下，差异不显著；不同小写字母表示差异显著（$P<0.05$）

从样带间对比可以看出，群落多样性指数在1000m处均有明显下降，丰富度指数在4000m处有明显差异，其他距离上的指数差异不明显。1000m处的优势度指数、多样性指数及均匀度指数与2000m、3000m处的指数均有显著差异，说明该区域受到采矿与放牧的共同干扰。

9.3.1.4　研究区群落相似性分析

群落相似性是指群落间或样地间植物种类组成的相似程度，常用群落相似性系数 C 表示。

由表 9-4 可看出，相邻样带间相似性较高，间隔的样带间相似性较低，但是距矿区由近及远的变化无规律。

表 9-4　西二矿研究区群落相似性指数

距采区距离	0m	200m	500m	1000m	2000m	3000m	CK
0m	1						
200m	0.712	1					
500m	0.807	0.821	1				
1000m	0.821	0.691	0.83	1			
2000m	0.78	0.621	0.714	0.836	1		
3000m	0.76	0.612	0.723	0.826	0.612	1	
CK	0.364	0.279	0.341	0.35	0.326	0.353	1

由表 9-5 可看出，相邻样带间相似性较高，距矿区由近及远的相似性呈无规律变化。

表 9-5　胜利矿研究区群落相似性指数

距采区距离	0m	500m	1000m	2000m	4000m	CK
0m	1					
500m	0.789	1				
1000m	0.545	0.71	1			
2000m	0.706	0.75	0.593	1		
4000m	0.743	0.788	0.643	0.828	1	
CK	0.4	0.25	0.186	0.227	0.311	1

9.3.2　牧矿交错带的生境特征

9.3.2.1　牧矿交错带演化特征

为了分析煤炭开采对牧矿交错带演化特征的影响，本研究分析了开采前后牧矿交错带的景观生态健康变化情况。图 9-8 为开采前后牧矿交错带内的景观类型变化情况统计，其中不健康草原景观由开采前的 0.03km^2 变为 20.16km^2，健康草原景观由 50.35km^2 变为 30.22km^2，说明煤炭开采确实对牧矿交错带的生态健康产生负面影响。利用 VORE 模型评价了开采前后牧矿交错带的健康状况变化程度（图 9-9），其中景观生态健康（VORE 值）

由0.50下降到0.41（下降比例为18%），活力、组织力和恢复力的下降比例分别为37%、13%、33%，进一步说明大型煤电基地内的矿业活动导致牧矿交错带的健康状况下降。

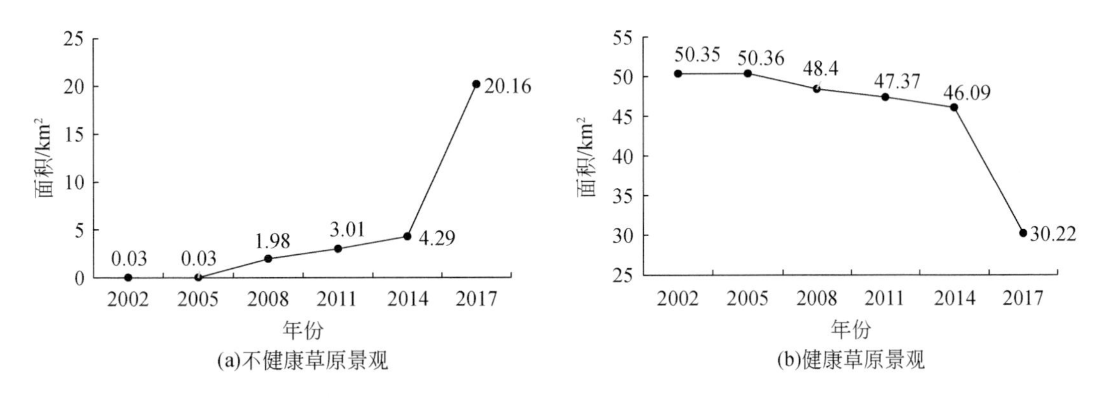

图9-8　开采前后牧矿交错带景观类型变化情况

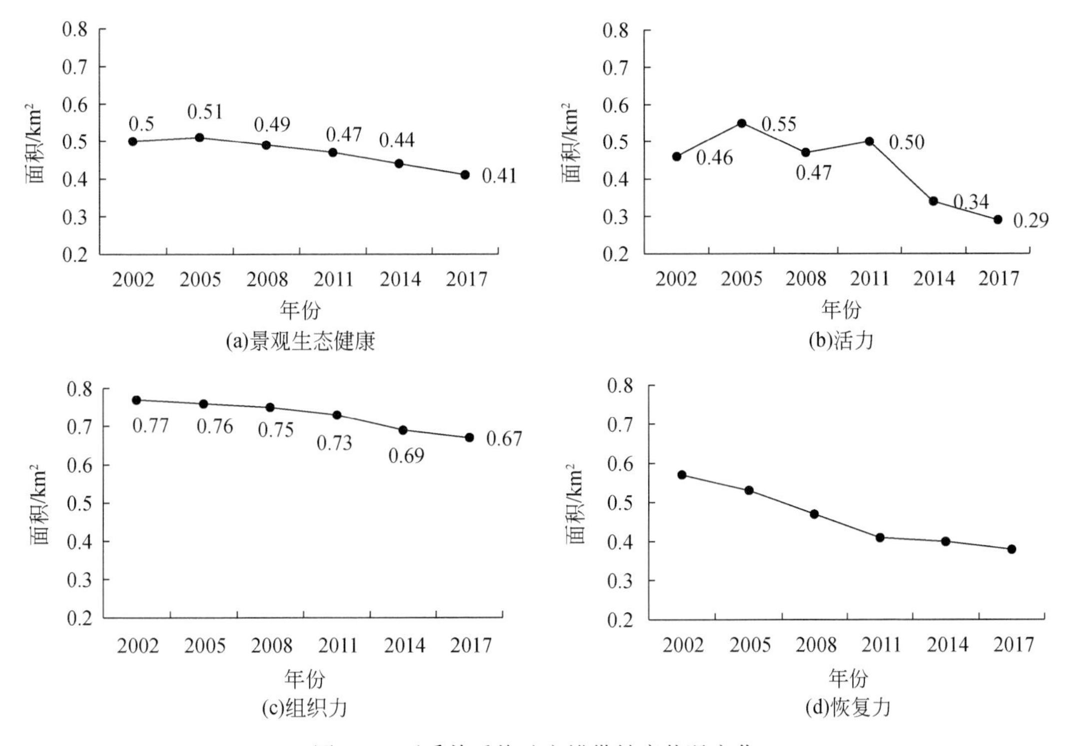

图9-9　开采前后牧矿交错带健康状况变化

9.3.2.2　牧矿交错带粉尘影响特征

1. 植物冠层滞尘量估算

1）数据获取及预处理

采集了66个样点的植物叶片，同时用RTK技术测定每个采样点中心的坐标。植物叶片密封在离心管内，带回实验室后测量叶片滞尘量，使用同一样点内所有叶片的平均滞尘量作为冠层滞尘量。

使用航空机载平台搭载成像光谱仪 Headwall A-Series 采集高光谱影像。航空高光谱平台距地面 2000m，数据的光谱分辨率和空间分辨率分别为 2. 5nm 和 1. 45m。首先对单条航带进行几何校正和辐射校正，然后采用基于地理参考匹配的镶嵌方法将各条航带拼接在一起。

2）特征波段提取与滞尘量估算

本研究使用二维相关光谱分析方法得到冠层滞尘光谱响应的敏感区间为 468 ~ 507nm、662 ~ 685nm 和 763 ~ 802nm。使用竞争性自适应重加权算法提取得到光谱带宽为 2. 5nm，中心波长位于 468nm、498nm、662nm、665nm、671nm、677nm、763nm、781nm、790nm、796nm 和 802nm 的 11 个波段。基于随机森林算法构建滞尘量估算模型，图 9-10 是估算模型的精度图。结果表明，估算模型训练集和验证集的数据点均分布在 1 : 1 线附近，说明构建的滞尘量估算模型在具有不同叶片参数、不同结构的植物中都表现出色。训练集与验证集的 R^2 分别为 0. 921、0. 799，RMSE 分别为 3. 514、5. 593，表现出优越的性能。此外，预测集的 RPD 达到 2. 231，说明其模型可以很好地预测冠层滞尘量。

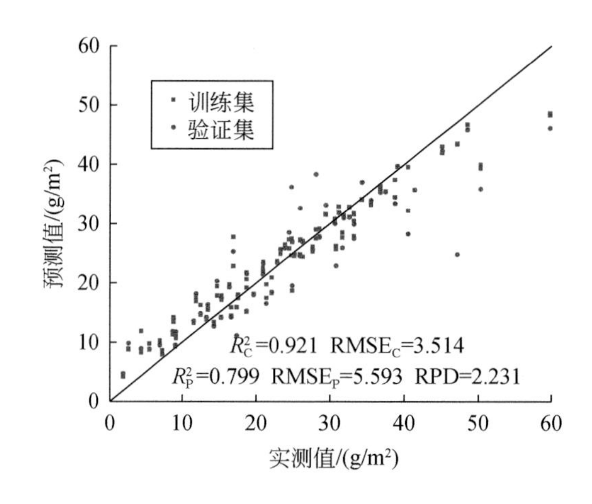

图 9-10　冠层滞尘量估算模型的精度图

2. 植物滞尘量的空间分布特征

将滞尘量估算模型应用于航空高光谱影像，由于本研究的目的是估算植被区的滞尘量数据，使用归一化植被指数（NDVI）区分植被区（NDVI>0. 15）和非植被区（NDVI≤0. 15）。图 9-11 是滞尘量的空间分布图，胜利矿区及其周边草原的植物冠层滞尘量在 3. 039 ~ 54. 999g/m²，滞尘量达到 29. 936g/m² 以上的区域主要分布在露天煤矿的东南侧以及矿业加工、仓储用地附近。

3. 牧矿交错带粉尘扩散规律

根据上文的分析结果可知，西北、西南、西和北 4 个方向的累计频率超过 83%，因此以上述 4 个方向为上风方向，以其相对的方向为下风方向，以矿坑为缓冲区中心，以

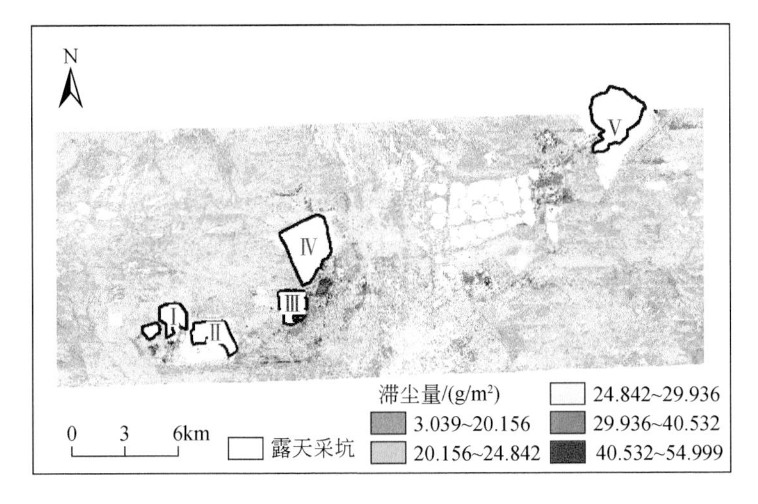

图9-11　锡林浩特草原植物冠层滞尘量空间分布图

500m步长分别统计上风和下风各缓冲带内的冠层滞尘量均值，各缓冲带的统计结果如图9-12所示。

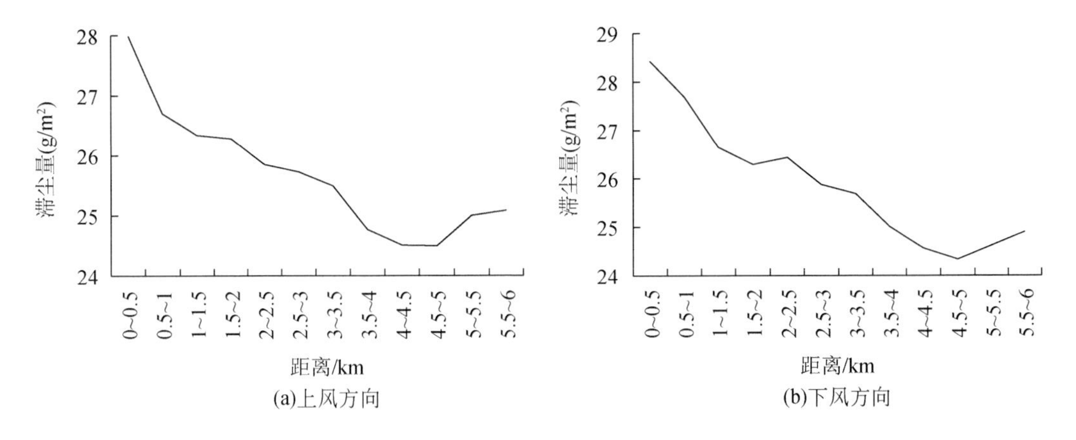

图9-12　植物冠层滞尘量随矿区距离变化图

随着与矿区距离的增加，上风和下风方向的滞尘量均值大致呈先减小后增大的趋势，不同的是与矿区相同距离的缓冲环内，上风方向的滞尘量均值要小于下风方向，而且上风方向在4～4.5km处曲线趋于平缓，在5～5.5km出现上升趋势；下风方向在4.5～5km出现曲线拐点，在5～5.5km滞尘量继续上升。这是由于上风方向与矿坑距离大于5km时接近工业仓储用地，而在矿区的下风方向大于5km后进入锡林浩特市内，工业废气和汽车尾气的排放又导致冠层滞尘量升高。综上所述，胜利矿区粉尘在上风方向的扩散距离大约为4.5km，在下风方向的扩散距离大约为5km。由此可知，露天矿区粉尘对周围环境的影响范围是有限、可控的，注重影响范围内的环境治理可以为环境可持续发展提供保障。

4. 滞尘量与地表微量元素污染程度的关系

为了分析粉尘与地表微量元素污染程度的关系，本研究在胜利矿区所处流域内采集了152个土壤样本，带回实验室后测量土壤中的微量元素含量。

基于航空高光谱影像反演得到的微量元素空间分布如图9-13所示，反演结果的精度如表9-6所示。六种模型的R^2均大于0.7，Cu、Sn、Cr，Cd反演模型的RPD均大于2.0，而Zn和As模型的RPD非常接近2.0，说明本研究构建的6种微量元素反演模型具有较高的精度和稳定性。

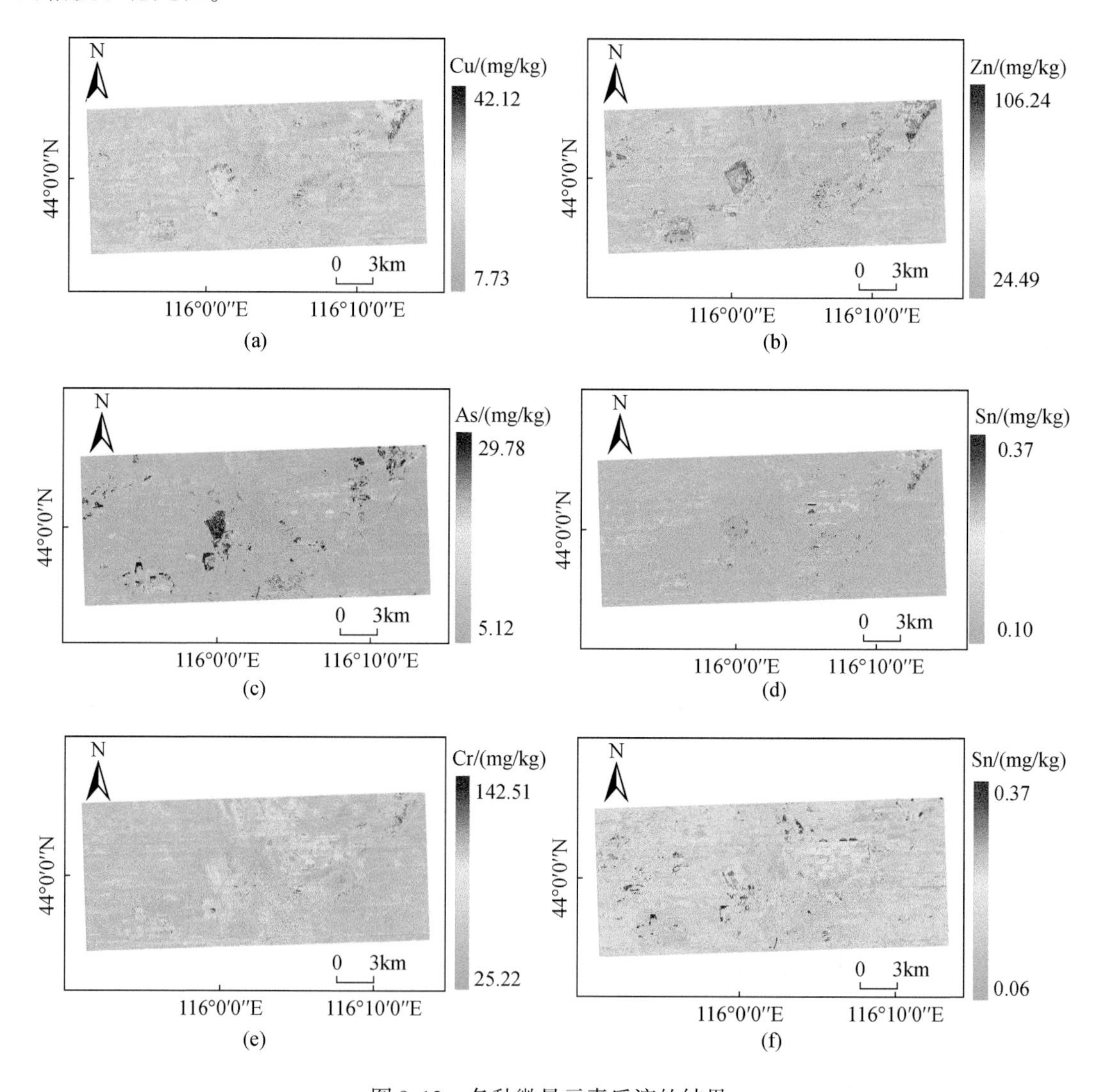

图9-13　各种微量元素反演的结果

按照植物冠层滞尘量由低到高分为20个等级（表9-7），同时使用6种微量元素空间分布图制作潜在生态风险指数分布图，统计每个滞尘量级别下的潜在生态风险指数平均值（图9-14）。由图可知，潜在生态风险指数与冠层滞尘量呈非线性关系。随着滞尘量的增加，以第 8 等级为拐点，潜在生态风险指数先降低后升高，说明粉尘传播是土壤微量元素增加的原因之一。

表 9-6　微量元素反演模型的精度

微量元素	训练集		验证集		
	R^2	RMSE	R^2	RMSE	RPD
铜	0. 88	1. 53	0. 76	2. 16	2. 04
锌	0. 90	1. 82	0. 73	3. 04	1. 93
砷	0. 89	5. 08	0. 74	7. 87	1. 98
锡	0. 90	5. 02	0. 77	7. 45	2. 07
铬	0. 91	0. 01	0. 80	0. 02	2. 22
镉	0. 90	0. 01	0. 75	0. 01	2. 02

表 9-7　各等级冠层滞尘量范围

等级	滞尘量范围/(g/m^2)	等级	滞尘量范围/(g/m^2)	等级	滞尘量范围/(g/m^2)	等级	滞尘量范围/(g/m^2)
1	3. 040 ~ 12. 173	6	20. 698 ~ 22. 119	11	26. 787 ~ 28. 614	16	38. 153 ~ 40. 995
2	12. 173 ~ 14. 406	7	22. 119 ~ 23. 337	12	28. 614 ~ 30. 847	17	40. 995 ~ 44. 039
3	14. 406 ~ 16. 436	8	23. 337 ~ 24. 554	13	30. 847 ~ 33. 282	18	44. 039 ~ 47. 287
4	16. 436 ~ 18. 668	9	24. 554 ~ 25. 569	14	33. 282 ~ 35. 718	19	47. 287 ~ 50. 534
5	18. 668 ~ 20. 698	10	25. 569 ~ 26. 787	15	35. 718 ~ 38. 153	20	50. 534 ~ 55. 000

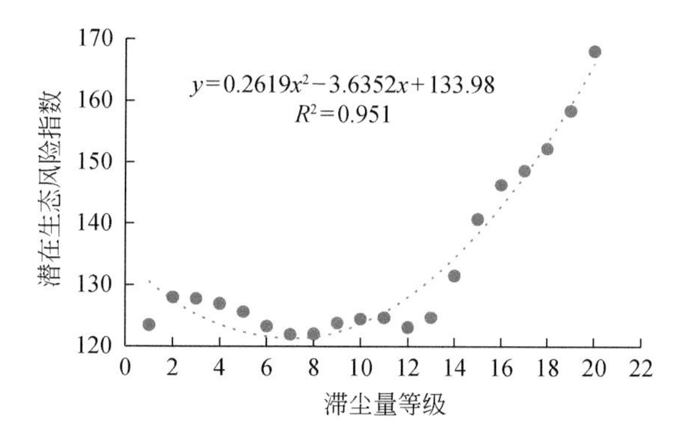

图 9-14　各滞尘量等级下潜在生态风险指数变化

9. 3. 2. 3　排土场微量元素迁移对牧矿交错带的影响

为了分析排土场微量元素迁移对周边草原的影响，以胜利一号煤田北排土场为缓冲区中心，以 20m 为步长向排土场北部周边区域做缓冲区，计算各缓冲环内的土壤微量元素均值并与距排土场底部的距离做回归分析，以此反映待测范围内每种微量元素含量随距离的变化规律。

分析表明，在距排土场底部 1km 范围内，表层土壤中微量元素含量在 220m 处达到峰值，然后随着距离的增加持续降低。Cu、Cd 和 As 的浓度在 1km 后会急剧下降，接近背景值，而 Zn 的浓度在 200m 后会低于背景值，如果铬的浓度要降到背景值，则需要更长的距离。根据排土场周边土壤侵蚀模拟与实地勘察，排土场底部土壤沉积量较大，在距排土场底部 220m 处土壤沉积量达到最大值；在大于 220m 的范围内，随着与排土场距离的增加，土壤沉积量持续下降。结合排土场周边区域的土壤微量元素含量与土壤沉积量相关关系推测，土壤侵蚀可能是排土场微量元素向周边草原迁移的重要途径；排土场微量元素迁移对草原的影响距离为 1km，应在该距离范围内采取防治措施，并重点关注 220m 左右处的沉积区域，对沉积土壤做相关的无害化处理。

9.3.2.4　牧矿交错带微量元素对植物的影响

1. 不同微量元素下的 NDVI

归一化差值植被指数（NDVI）是评价植物生长状况的一个重要指数，本节通过分析 NDVI 对土壤中微量元素的响应特征，得到微量元素对 NDVI 产生影响的阈值。

首先计算研究区的 NDVI 分布图（图 9-15），将微量元素反演结果中的矿区、城区、农田去除后，将自然土壤的微量元素按照含量由低到高平均分为 20 个级别，统计每个级别下的 NDVI 平均值，得到 6 种微量元素的含量等级-NDVI 散点图（图 9-16）。由图可以看出，铜、锌、砷、锡、铬对植物有“低含量刺激生长，高含量抑制生长”的效应，而随着镉含量的升高，NDVI 值呈现出上升—平缓—上升的趋势，即镉并未对植物生长造成明显的抑制作用，这可能是由研究区大多数植物对镉具有较好的耐受性导致的。基于以上研究结果，得到铜、锌、砷、锡、铬对植物生长起抑制作用的含量范围（表 9-8）。

图 9-15　NDVI 计算结果

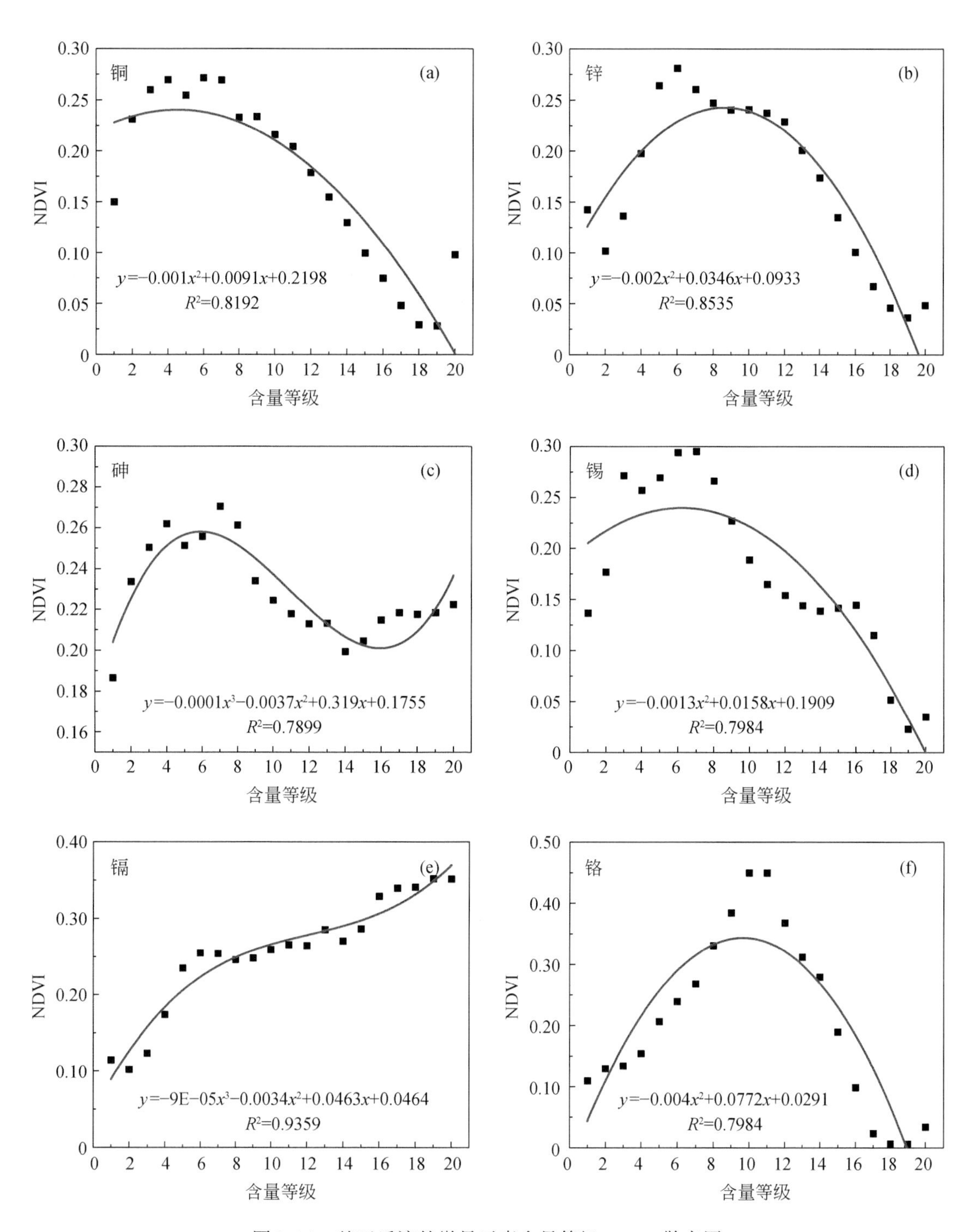

图 9-16　基于反演的微量元素含量等级-NDVI 散点图

表 9-8　微量元素开始对植物生长起抑制作用的含量范围

微量元素	铜	锌	砷	锡	铬
阈值/(mg/kg)	19. 77 ~21. 49	49. 15 ~53. 23	13. 75 ~14. 98	0. 19 ~0. 21	89. 73 ~95. 59

2. 现场数据验证

为验证本研究得出的阈值的可靠性，于同时期在研究区布设了 175 个植物样方，每个样方大小为 1m×1m。验证区域总体上呈射线状布设，一共包括 7 条线。记录样方的植物盖度和密度，并记录 GPS 坐标。在微量元素反演结果图中提取每个样方的微量元素含量，绘制微量元素含量级–盖度、微量元素含量级–密度散点图（图 9-17）。由于样方没能覆盖所有微量元素含量级别，故存在部分缺失值。

随着铜、锌、砷、锡、铬含量的升高，盖度和密度都呈现出先上升后下降的趋势。随着镉含量的升高，盖度和密度呈现出上升平缓的趋势，这和用 NDVI 所得出的结果一致。随着铜含量的升高，密度在铜含量级为 8 时出现了下降，这和前面的研究结果一致。但是盖度在含量级为 7 时就出现了下降，略有差异。对于锌和砷，盖度和密度的下降位置都和用 NDVI 得出的结果相同。对于锡，盖度和密度在含量级为 1 ~7 时，呈现上升趋势，这和 NDVI 的表现一致。遥感结果显示，NDVI 在锡的含量级为 8 时开始下降，但是由于样方没

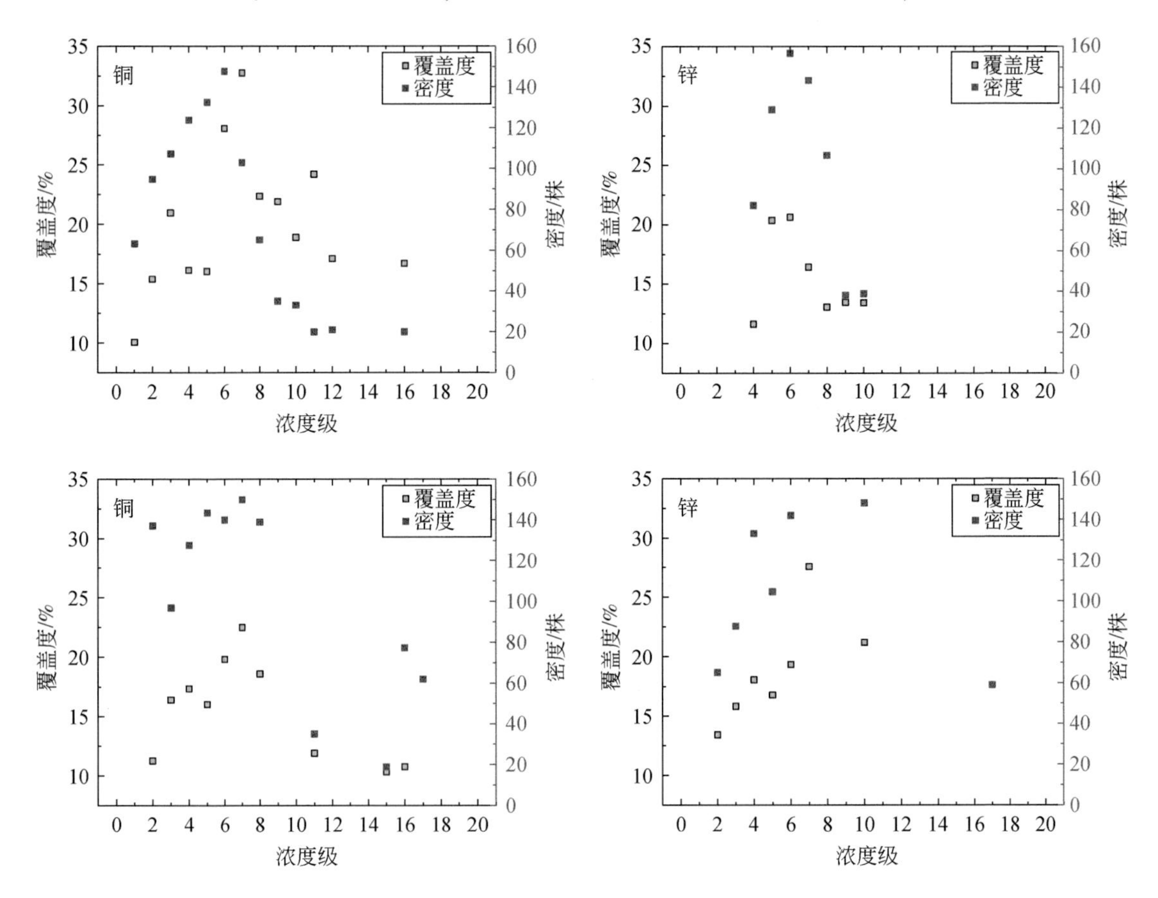

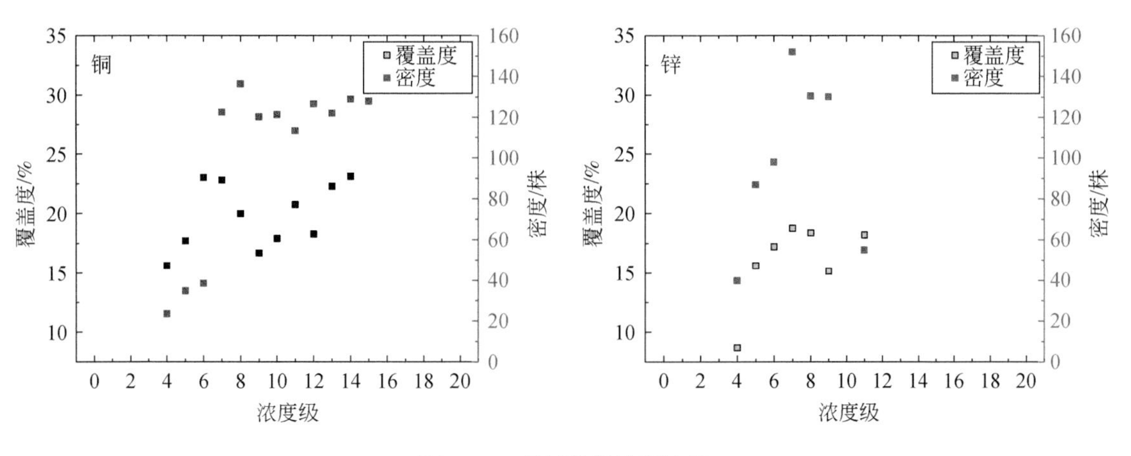

图9-17　现场数据验证结果

能覆盖所有的微量元素含量级别，所以无法得知盖度和密度是否在含量级为8时开始下降。但是现有的结果显示，锡的含量级超过7之后，密度和盖度均降低。对于铬，利用遥感的手段得出NDVI值在铬含量级为12时开始下降，而现场验证结果显示盖度和密度都在含量级为11时开始下降，略有差异。分析这些差异的原因，一方面可能是因为验证区数量有限，现有的验证区不能完全代表整个研究区。另一方面可能是由于微量元素的反演结果存在少许误差。但是从总体来看，本研究得出的阈值具有较高的可信度。

9.3.2.5　牧矿交错带土壤养分特征

对牧矿交错带土壤养分进行分析，结果见表9-9。

表9-9　研究区不同土层土壤养分概况

深度	参数	全氮/(g/kg)	全碳/(g/kg)	氢/(g/kg)	硫/(g/kg)	C/N	C/H	速效钾/(mg/kg)	速效磷/(mg/kg)	全钾/(g/kg)	全磷/(g/kg)	碱解氮/(mg/kg)
0～5cm	平均值	1.54a	16.68a	2.47a	0.18a	9.64b	6.56ab	314.26a	37.58a	20.12a	0.733a	48.59a
	标准差	0.41	6.743	0.595	0.07	2.54	1.37	70.72	6.54	2.48	0.144	25.59
	最小值	0.74	5.9	1.28	0.1	7.97	4.61	119.07	28.16	14.28	0.472	10.15
	最大值	2.61	37.91	3.57	0.4	20.68	11.29	459.69	54.13	25.92	1.006	110.28
	CV/%	26.61	40.44	24.06	38.64	23.91	20.92	22.5	17.41	12.35	19.7	52.67
5～15cm	平均值	1.39a	15.13a	2.33a	0.20a	10.25b	6.10b	139.85b	24.48b	19.32ab	0.529b	32.48b
	标准差	0.482	9.846	0.677	0.072	4.01	2.7	80.25	1.72	3.05	0.15	12.09
	最小值	0.55	3.28	1.02	0.09	5.58	3.07	40.49	22.28	11.13	0.259	8.71
	最大值	2.47	53.61	3.36	0.37	21.69	16.88	309.02	31.19	23.98	0.823	62.18
	CV/%	34.57	65.06	29.04	35.54	39.1	44.27	57.38	7.03	15.81	28.35	37.21

续表

深度	参数	全氮/(g/kg)	全碳/(g/kg)	氢/(g/kg)	硫/(g/kg)	C/N	C/H	速效钾/(mg/kg)	速效磷/(mg/kg)	全钾/(g/kg)	全磷/(g/kg)	碱解氮/(mg/kg)
15～30cm	平均值	1.11b	16.45a	2.24a	0.20a	15.08a	7.14a	108.07c	24.16b	18.40b	0.518b	22.11c
	标准差	0.327	8.96	0.636	0.071	8.44	3.29	62.51	1.27	2.57	0.175	10.35
	最小值	0.45	2.68	0.87	0.06	5.85	2.79	44.69	22.28	13.22	0.244	6.28
	最大值	1.74	42.74	3.43	0.38	44.31	18.99	266.68	28.16	24	0.965	46.09
	CV/%	29.52	54.47	28.44	36.23	55.96	46.07	57.84	5.26	13.99	33.83	46.83

注：不同字母表示不同土层间差异显著（$P<0.05$）；CV 为变异系数。

从表层土壤到30cm深处，全氮、全磷、全钾、速效氮、速效磷和速效钾含量均是逐渐减少，而且表层土壤氮磷钾养分均显著高于下层养分，说明了矿区地上植物的枯枝落叶或残茬的分解作用在表层表现最为明显，全碳也表现出随着土层养分含量下降的趋势，全碳、氢和硫含量在各土层中差异不显著。养分含量随着土层的变化一方面说明植物生长需要有机质的矿质化过程供应养分，另一方面，随着土层的加深，土壤含水量增加，通透性变差等，这些都影响微生物的分解活动而不利于有机质和养分的形成。

由表还可以看出，研究区土壤养分的变异系数变化较大，0～5cm土壤各种养分在12.35%～52.67%，5～15cm土层变异系数在7.03%～65.06%，15～30cm土层变异系数在5.26%～55.96%，整个样地间变异系数在12.10%～63.63%，表明土壤养分的变化对矿区复垦管理与规划以及一些人为因子和复垦过程等环境因子具有一定程度的敏感性，同时也说明牧矿交错带快速的物质流和能量流影响土壤养分分布均衡性。

根据国家土壤养分含量分级与丰缺指标可知，牧矿交错带土壤全氮、全钾、速效磷属于2级“稍丰”水平，速效钾含量最高，属于1级，全磷中等，整个矿区碱解氮最缺，属于“缺”水平。可见，整个研究区，还需要改善生态环境以利于微生物活动加强，有利于养分的形成，进一步促进植物的生长。

9.4　大型煤电基地牧矿交错带生境保护技术

9.4.1　牧矿交错带生态廊道规划

本研究依据牧矿交错带已有的生态源地联结多条景观隔离带为基础打造生态廊道网络，通过网络式生态廊道多级阻滞粉尘扩散，降低粉尘环境影响。

9.4.1.1　生态源地的选取

生态源地在景观连通性中应具有重要地位。本研究主要提取在景观连通性中具有重要地位的斑块。

景观连接度距离阈值设置为1100m，在此基础上对每个核心区斑块的连接度指数进行计算。每个指数从大到小排序，选取重复出现在3个指数的前50个斑块，总共38个斑块作为生态源地。经统计，生态源地总面积为65.60km²，占研究区面积的6.42%，占核心区总面积的74.28%。从图9-18中可以看出，生态源地分布较为分散，且斑块面积差异较大，以锡林河湿地、人工维护耕地以及北部一块天然草地为主，其他生态源地面积较小，且主要沿锡林河分布，露天矿周围人工修复区也可作为生态源地。

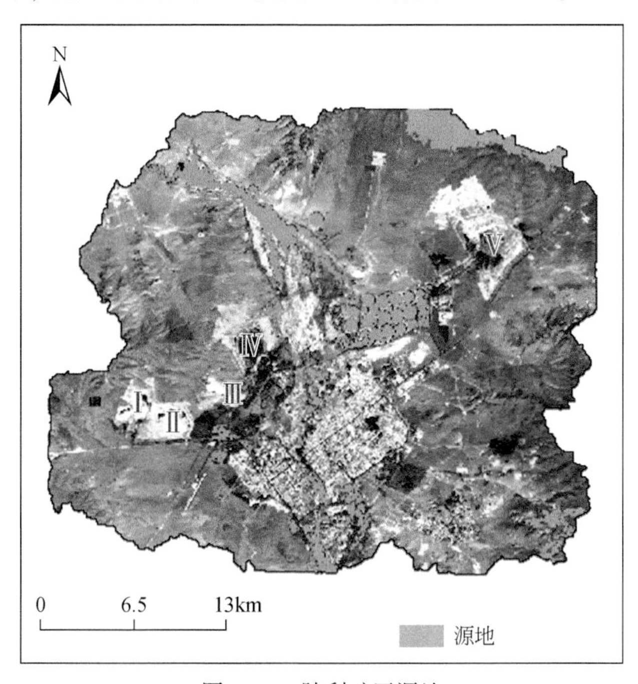

图9-18　胜利矿区源地

Ⅰ. 乌兰图嘎锗矿；Ⅱ. 胜利一号露天矿；Ⅲ. 西三号露天矿；Ⅳ. 西二号露天矿；Ⅴ. 东二号露天矿

9.4.1.2　生态廊道网络规划

1. 基于最小累积阻力模型的生态网络构建

最小累积阻力模型是指从“源”经过不同阻力的景观所耗费的费用或者克服阻力所做的功。

研究尽可能考虑影响景观连通度的多种因素，选取景观类型、植被覆盖度、高程坡度以及与灰色基础设施（建筑用地和露天采坑）的距离等4种影响因素，阻力因子与阻力系数如表9-10、表9-11所示。

表9-10　不同景观类型的阻力系数

阻力因子	阻力系数	阻力因子	阻力系数
湿地	1	道路	6
天然草地	2	外排土场	7
水体	3	内排土场	8
人工草地	4	建筑用地	9
荒地	5	露天采坑	10

表 9-11 不同阻力因子的阻力系数

阻力因子 （植被覆盖度）	阻力系数	阻力因子 （灰色基础设施距离）	阻力系数	阻力因子 （坡度）	阻力系数
<10%	9	<100m	9	<5°	9
10%～30%	7	100～200m	7	5°～10°	7
30%～45%	5	200～500m	5	10°～20°	5
45%～60%	3	500～1000m	3	20°～30°	3
>60%	1	1000～3000m	1	30°～40°	1

4 种阻力面叠加，构建研究区的适宜阻力面。运用最小累积阻力模型，分析生态源地之间的最小累积路径。根据每条路径对整体景观连接性贡献程度，将其重要性分为 5 级（图 9-19）。

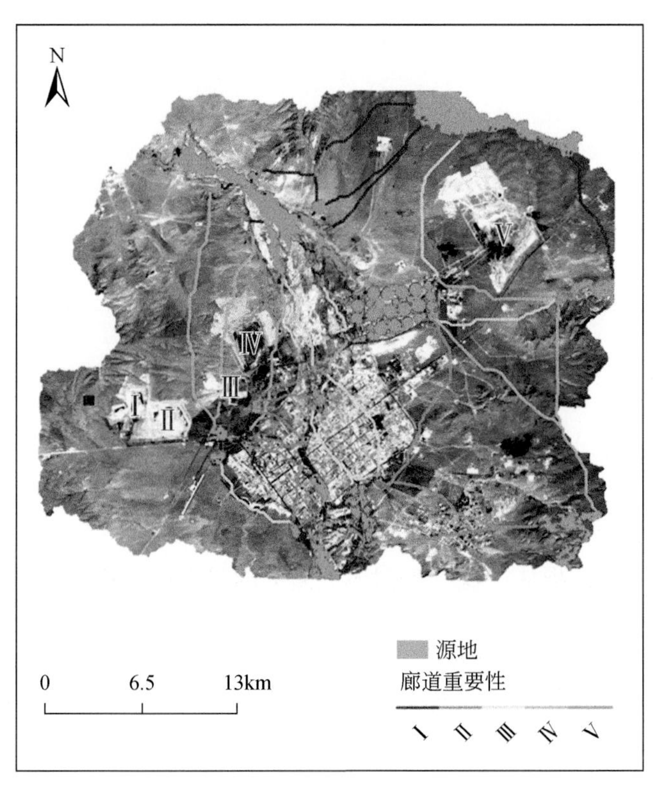

图 9-19 不同廊道重要性分布图

Ⅰ. 乌兰图嘎锗矿；Ⅱ. 胜利一号露天矿；Ⅲ. 西三号露天矿；Ⅳ. 西二号露天矿；Ⅴ. 东二号露天矿

2. 生态廊道规划

按照生态廊道功能性对其分为 4 类，分别为物质流廊道、连接矿区内廊道、防粉尘廊道、城镇绿化廊道。物质流廊道为胜利矿区规划边界外廊道，防粉尘廊道为规划边界内廊道，连接矿区内廊道即为连接规划区域内外廊道，城镇绿化廊道即为穿越城镇廊道，具体分布如图 9-20 所示。

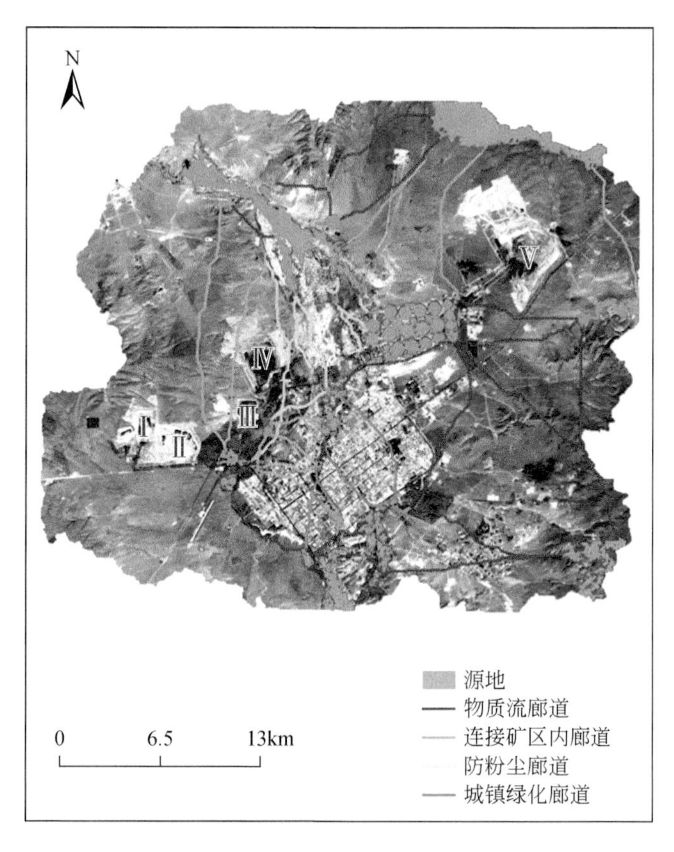

图 9-20　不同功能廊道分布图

Ⅰ. 乌兰图嘎锗矿；Ⅱ. 胜利一号露天矿；Ⅲ. 西三号露天矿；Ⅳ. 西二号露天矿；Ⅴ. 东二号露天矿

在矿区土地修复效果研究基础上，将矿区现有的排土场、苗圃、防护林等作为生态源地考虑，模拟潜在生态廊道，其廊道重要性和功能性廊道分布如图 9-21 所示。可以看出，在原来基础上，增加了 8 个源地斑块，廊道数量增加了 20 条，使矿区内部连接更加紧密。排土场斑块面积比现有部分源地大，如果恢复较好，更适宜作为源地斑块，如果恢复不好，反而会对景观连通性造成严重的阻碍。对加入排土场前后的廊道的欧氏距离进行比较（表 9-12）。由表可以看出，在加入排土场后，欧氏距离短的连接廊道数量明显增加，欧氏距离长的连接廊道数量减少，可知源地之间的连接难易程度有所改善。

表 9-12　加入排土场前后不同欧氏距离廊道数量

源地间欧氏距离	加排土场前廊道数量	加排土场后廊道数量
<1000m	38	43
1000～2000m	10	20
2000～6000m	13	20
>6000m	17	15
总数	78	98

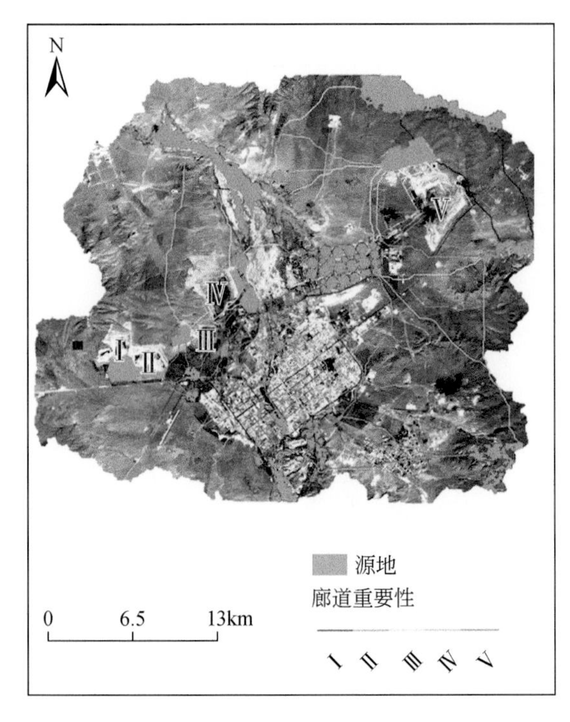

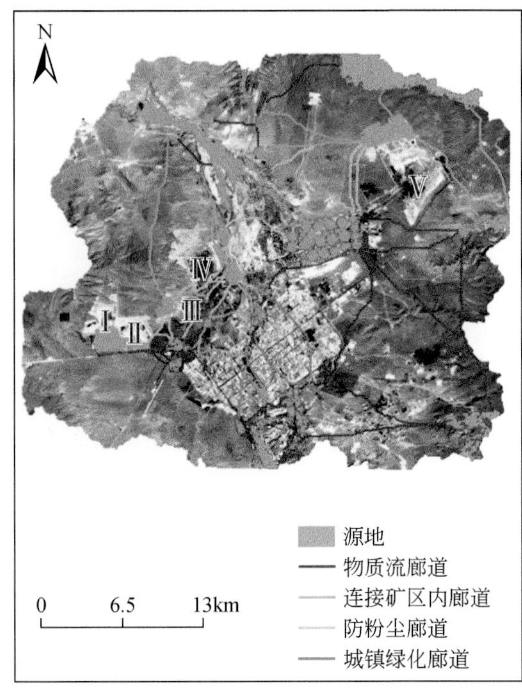

图 9-21 加入排土场后的廊道重要性和不同功能廊道分布图

Ⅰ. 乌兰图嘎锗矿；Ⅱ. 胜利一号露天矿；Ⅲ. 西三号露天矿；Ⅳ. 西二号露天矿；Ⅴ. 东二号露天矿

9.4.2 景观隔离带物种选择

9.4.2.1 物种滞尘能力调查

不同树种滞留大气粉尘的能力有很大差别，对研究区常见绿化物种单位滞尘能力进行调研后进行排序（表 9-13）。从表中可以看出，雪松、悬铃木与毛白杨在乔木中滞尘能力较强，灌丛中榆叶梅、小叶黄杨与柠条锦鸡儿滞尘能力较强，这些物种均可作为景观隔离带物种备选。

表 9-13 主要绿化物种单位面积滞尘量 （单位：g/m^2）

树种	滞尘量 1	滞尘量 2	滞尘量 3	平均值	滞尘能力排序
雪松	3.92	3.27	3.88	3.69	1
悬铃木	1.24	1.31	1.34	1.30	2
毛白杨	1.19	1.13	1.24	1.19	3
丁香	0.97	0.94	0.98	0.96	4
榆叶梅	0.93	0.96	0.98	0.96	5

续表

树种	滞尘量1	滞尘量2	滞尘量3	平均值	滞尘能力排序
小叶黄杨	0.93	0.96	0.97	0.95	6
樟子松	0.68	0.92	1.12	0.91	7
柠条锦鸡儿	0.91	0.93	0.84	0.89	8
紫叶李	0.76	0.9	0.78	0.81	9
银杏	0.73	0.78	0.84	0.78	10
油松	0.62	0.74	0.91	0.76	11
紫花苜蓿	0.71	0.73	0.74	0.73	12
五角枫	0.61	0.63	0.67	0.64	13
油蒿	0.64	0.57	0.61	0.61	14
紫穗槐	0.57	0.61	0.64	0.61	15
玉兰	0.51	0.52	0.54	0.52	16
刺槐	0.41	0.43	0.48	0.44	17
榆树	0.34	0.37	0.38	0.36	18
白皮松	0.35	0.33	0.34	0.34	19
垂柳	0.18	0.2	0.21	0.20	20

9.4.2.2　物种光合特性调查

植物叶片表面覆盖粉尘后导致树叶表面可见光强和光质发生改变，叶片气孔导度下降，二氧化碳进入叶片途径受阻，单位叶面积粉尘浓度与植物叶片的光合速率呈负相关。因此，在同等生境条件下，比较不同物种中叶绿素含量效率等参数，筛选抗逆强的物种作为景观隔离带建设备选物种对矿区粉尘防治和生境保护至关重要。

测量生境退化区不同植物的叶绿素相对含量（表9-14），从表中数据可以看出，部分物种在退化生境中仍可以保持较高的叶绿素含量，如柠条、紫花苜蓿、沙打旺、榆树、杨树、飞廉、黄芪等植物，进一步研究这些植物抗逆性，有助于筛选抗逆性较强的物种。

表9-14　退化生境中植物叶绿素相对含量调查表　（单位：SPAD）

植物名称	植株1	植株2	植株3	植株4	植株5	均值
虎尾草	45.4	30.6	29.5	28.5	30.1	32.82
狗尾草	37.3	23.6	32.1	28.6	30.8	30.48
沙打旺	48.4	50.6	52	49.3	47.4	49.54
蒙古蒿	54.8	45.1	49.1	42	46.1	47.42
柠条	55.2	59.4	58.3	56	32.8	52.34
樟子松	20.9	33.7	41.4	24.8	34.9	31.14

续表

植物名称	植株 1	植株 2	植株 3	植株 4	植株 5	均值
水烛（黄穗叶长）	46.1	47.1	47	42.1	45.1	45.48
香青兰	52	48.7	38.7	50.4	33.5	44.66
紫花苜蓿	66	60.6	70.5	49	52.7	59.76
虎尾草	19.4	20.6	25.8	24.1	25	22.98
芦苇	50.2	47.9	48.3	52	41.6	48
芦苇	38.4	40.3	33	34.5	32.8	35.8
披碱草	30.6	30.2	40.3	39.1	33.3	34.7
沙打旺	65	35.7	43.3	50.3	55.6	49.98
杨树	52.4	61.4	50.4	55.9	53.1	54.64
蒙古蒿	41.2	41.5	47.6	44	48.1	44.48
柠条	37.9	53	54.8	60.4	42.9	49.8
羊柴	43.7	47.6	45.8	43.3	40.9	44.26
披碱草	40.3	42.5	35.9	28.6	30.5	35.56
芦苇	41.6	45	40.4	43.6	46	43.32
柠条	43.9	56.7	59.2	59.1	55.9	54.96
芦苇	40.2	39	39.7	39.8	41.4	40.02
披碱草	43.2	46	38.2	46.4	42.5	43.26
草木樨状黄芪	38.2	62.2	44.9	54.6	60.1	52
飞廉	51.8	54	66	56	53	56.16
榆树	59.6	65.3	61.6	62.8	65.1	62.88
风毛菊	45.8	44	43.1	48.9	49.7	46.3
羊草	40	42.9	51.8	52	39.4	45.22
山杏	32.3	35.3	39.2	36.9	38.4	36.42
枸杞	49.8	53.1	50.1	38	34.8	45.16
枸杞	51.9	48.1	45.1	36.3	42.5	44.78
芦苇	47.1	43.5	45.3	41.1	40.4	43.48
紫花苜蓿	34.9	66.6	55.8	33.8	41.9	46.6

9.4.2.3　物种水分利用效率调查

水分利用效率是指作物蒸散消耗单位质量水所制造的干物质量，单位为 g/kg。水分利用效率反映植物生产过程中的能量转化效率，是衡量作物产量与用水量关系的一种指标，也是评价水分亏缺下植物生长适宜度的综合指标之一。

现有物种调查结果显示，乔木中金叶榆、黄芪、垂榆、榆树有较高的水分利用效率，灌木中柠条、柽柳、沙打旺、黄芪、草木樨等更适宜矿区生境（表 9-15）。

表9-15 胜利矿区景观隔离带备选植物生理指标测试

植物名称	胞间 CO_2 浓度（Ci）	净光合速率（*A*）	气孔导度（gs）	蒸腾速率（*E*）	水蒸气压亏缺（VPD）	水分利用效率（WUe）
金叶榆	277.25	16.75	351.50	7.85	2.48	2.13
糖槭	260.88	6.40	99.63	3.23	3.15	1.95
沙果	261.57	11.54	196.43	5.74	2.99	2.00
黄芪	259.14	23.46	602.43	9.93	2.26	2.44
丁香	260.75	11.38	203.50	6.23	3.08	1.83
四季玫瑰	312.40	2.24	71.80	3.34	4.21	0.68
山荆子	312.27	1.62	45.45	1.76	3.42	0.86
白皮松	302.67	0.92	26.03	2.64	3.63	0.79
柳树	329.11	1.30	72.33	3.14	3.98	0.42
杨树	303.50	2.80	79.00	3.05	3.98	0.83
垂榆	214.44	9.19	104.78	4.08	3.71	2.18
草木樨	260.00	1.80	26.00	1.20	3.80	1.60
大籽蒿	298.00	19.50	733.00	12.00	2.20	1.60
樟子松	328.00	1.50	61.00	3.10	4.50	0.50
紫花苜蓿	290.75	5.65	159.75	5.20	3.70	1.18
胡枝子	305.50	2.60	61.50	3.00	4.35	0.85
柠条	266.40	8.28	133.80	4.02	3.50	1.92
沙打旺	255.50	6.30	87.50	4.30	4.45	1.50
柽柳	296.00	10.34	238.00	6.60	2.88	1.56
榆树	226.25	9.40	109.50	3.68	3.38	2.50

9.4.3 景观隔离带空间配置

9.4.3.1 水平格局配置

本专题景观隔离带乔木水平格局采用建群种（主）与亚优势种（伴）混交格局：一般采用高大阔叶树种作为建群种，低矮的针叶树种、阔叶树种、高大灌木作为亚优势种。其中常绿伴生树种比例一般应不低于30%，以满足冬季滞尘需要。主要混交模式与配置如下。

1. 建群种与亚优势种混交模式

（1）株间混交：同一行内两个以上树种隔株栽植。适用于乔灌混交型或乔木混交型。

（2）行间混交：一种树种的单行与另一树种的单行（或两行）依次相间排列栽植。适用于乔灌混交型或主伴混交型。

（3）带状混交：一种树种连续栽植三行以上构成的带与另一树种构成的带相间排列。适用于种间矛盾较大的乔木树种混交或乔木、灌木树种混交。

（4）带行混交：一种树种构成的带与另一树种构成的单行相间排列栽植。适用于主伴混交型或乔木、灌木混交型。主伴混交型一般是主要树种成带，伴生树种成行；乔灌混交型一般是灌木树种成带，乔木树种成行。

（5）块状混交：同一造林小班中，一种树种构成的块与另一树种构成的块镶嵌栽植。适用于种间矛盾较大的乔木树种，或地形破碎、立地类型镶嵌分布的地段混交造林。

（6）不规则混交：近自然状态进行多树种混交造林（图 9-22）。

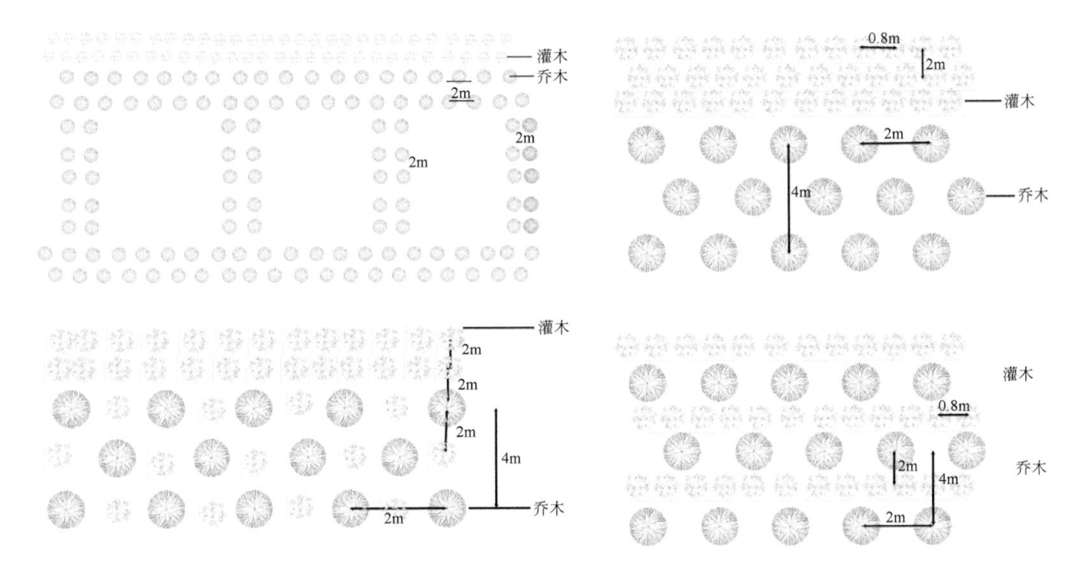

图 9-22　建群种与亚优势种混交模式

2. 波浪型水平格局植物配置

配置①：邻近露天采坑侧 2 排乔木亚层垂榆（株距为 2m），隔离带建群中为 4 ~ 5 排高大乔木（杨树），向内成排栽植紫叶李、黑松、樟子松、柳树、小叶黄杨等，再内侧为草地（图 9-23）。

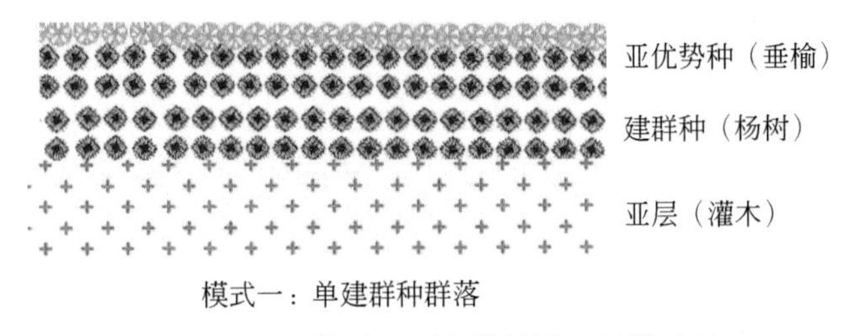

图 9-23　立体景观隔离带植被配置模式 I

配置②：靠近露天矿坑侧为建群种 I 樟子松，远离矿坑侧为建群种杨树，两建群种中间为亚优势种垂榆，远离矿坑侧林下亚层种植丁香、小叶黄杨等（图 9-24）。

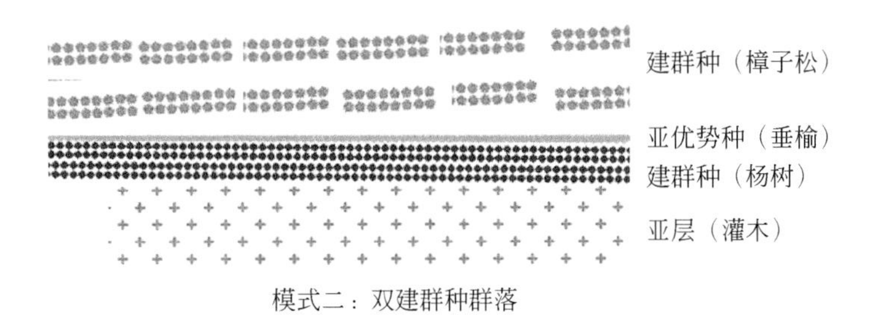

图 9-24　立体景观隔离带植被配置模式Ⅱ

配置③：立体景观隔离地整体为夹心式通透结构，该配置两侧为建群种杨树，两排杨树中间为亚优势种樟子松，远离矿坑侧林下亚层种植丁香、小叶黄杨等（图 9-25）。

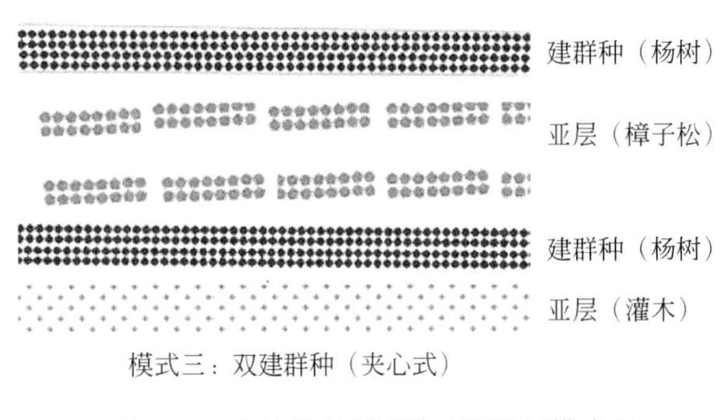

图 9-25　立体景观隔离带植被配置模式Ⅲ

9.4.3.2　垂直格局配置

景观隔离带的垂直配置指构建景观隔离带稳定的多层林分结构。

基于阻滞露天开采粉尘扩散要求、立地因子及干旱半干旱区自然环境的不同，景观隔离带在树种的选择和配置上各不相同，通过对景观隔离带垂直配置要求对树种或植被类型进行选择，从而形成稳定的立体多层次群落结构。经调查发现胜利矿区空间配置主要存在以下问题：

（1）植被类型结构不合理，植被类型多为纯林，纯林结构不利于发挥植被滞尘效应。

（2）树种的总体结构合理与局部的不合理并存。除观礼台、新破碎站处物种丰富度较高外，其他区域物种较为单一。

（3）隔离带植物群落结构简单，层片缺失影响滞尘效果。胜利矿区大部分乔木层下方灌木层和草本层覆盖度不足，部分区域甚至缺失，影响粉尘的立体防治效果。

基于现场调查与分析，建议新建隔离带区域垂直配置为乔灌草三层结构，现有景观隔离带则进行林分改造以达到要求，具体如下：

（1）乔木层：可分为两个亚层。成年杨树适合作为景观隔离带的建群种（第一亚层）；樟子松、榆树、雪松、紫叶李、柳树、圆柏等适合作为乔木第二亚层。

（2）灌木层：小叶女贞、黄杨、紫花苜蓿、柠条、榆叶梅、忍冬、沙柳、冬青等适合作为林下（间）灌木层。

（3）草本层：黑麦草、结缕草、狗牙根草、钝叶草、草地早熟禾、紫羊茅等适合作为草本层。

理论上讲单位空间植被的总叶面积指数越高，单位体积内表面吸附颗粒物就越多。按照乔灌草多层次配置后立体景观隔离带，乔木层树冠大且结构紧密，侧枝与叶片厚实坚挺，防风能力强，叶表面粉尘不易抖落。灌丛植被枝叶密集、叶片密集且向上生长，密集分布的叶片改变了林下被孔隙度，灌丛的风阻行为和在乔木层下空气流场起着至关重要的作用。草本层贴地生长，减少土壤水分流失，增加区域小气候空气的相对湿度，能有效地防止冲刷至地表的粉尘颗粒再次进入大气内。

9.4.3.3 基于生态位群落参数配置

生态位是指生态系统中每种生物生存所必需的生境最小阈值。景观隔离带植物群落配置中必须遵循群落发展的自然规律，切忌不考虑植物的生态位，违背自然的群落。合理地利用生态位理论，计算群落最佳郁闭度与疏透度，有利于在单位空间内增加群落叶面积指数，提高景观隔离带滞尘能力。

1. *群落郁闭度参数选择*

群落中乔木的树冠投射在地上的阴影面积与群落占地总面积的比率即为该群落的郁闭度。植物群落的郁闭度与群落粉尘的吸滞效应呈 S 形曲线（图 9-26）。研究表明，群落郁闭度在 0.20～0.60 范围内，净化率呈逐步增大趋势，且增加较快，至郁闭度 0.60 左右逐渐减缓，至 0.75 以上时净化率已经基本保持不变。

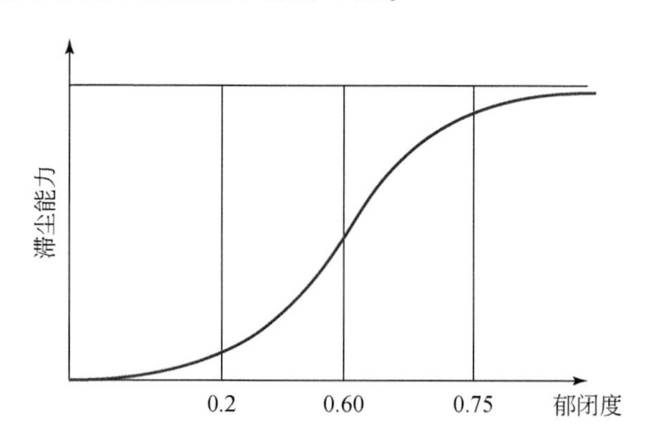

图 9-26 植物群落郁闭度与滞尘能力相关性分析

此外，植物群落郁闭度在一定程度上可以反映生态位重合程度。基于生态位理论，植物群落生长速度与生态位重叠度在一定范围内呈负相关。当群落郁闭度过低即生态位重合度低，不利于群落内部形成稳定生境，外界生态因子波动时对植物生长影响较大。当两个群落生态位重合度适中时，适中郁闭度的植物群落更适合形成稳定的生境，有利于植物生长。相反，当植物群落郁闭度过大时，群落重合度高，植物对资源竞争增加，不利于植物生长。

利用无人机遥感影像得到树冠和地面两种区域的分布图。两种区域占比数值即非郁闭度占比和郁闭度值。立体景观隔离带郁闭度过高或过低均不利于其生长和发挥滞尘能力，为保证植物生长及其净化效果，本专题建议立体景观隔离带郁闭度在0.4～0.7。

2. *群落疏透度参数选择*

疏透度是指景观隔离带垂直格局上某一层次植物垂直面上透光孔隙的投影面积S'与该层垂直面上植物投影总面积S之比。植物群落的分层长势与疏透度密切相关，疏透度越大表明下层植物能获得更多的光照，越有利于下层植物生长。

本研究采用无人机遥感、数码相机结合计算机图形处理方法计算疏透度。首先，采用无人机获取野外防护林的影像，并在实验室内将其导入图片处理软件进行预处理，将图像分为树冠和树干两部分，采用灰度阈值法将防护林影像中防护林部分与透光部分区分，然后分别计算其在图像中所占的像素比例，其中透光部分所占像素比例为林带二维疏透度。

植物群落疏透度与滞尘率呈明显负相关关系。尽管理论上当植被疏透度趋近于0时，立体景观隔离带滞尘能力最强。但是现实中很难达到防护林疏透度为0，而且当群落疏透度<0.15时，意味着底层草本植物难以获得足够的阳光辐射，影响草本植物生长。根据文献检索与现场调研，本专题建议景观隔离带群落疏透度维持在0.20～0.35范围内，可以通过调整乔木和灌木种植密度和方式来调整群落疏透度（图9-27）。

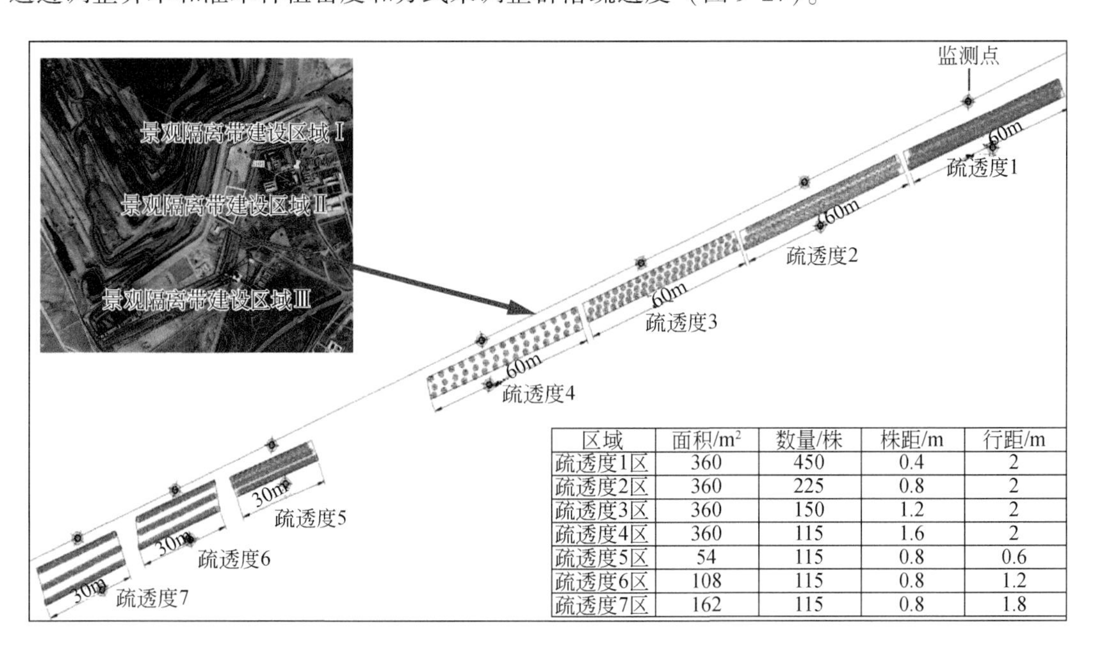

区域	面积/m²	数量/株	株距/m	行距/m
疏透度1区	360	450	0.4	2
疏透度2区	360	225	0.8	2
疏透度3区	360	150	1.2	2
疏透度4区	360	115	1.6	2
疏透度5区	54	115	0.8	0.6
疏透度6区	108	115	0.8	1.2
疏透度7区	162	115	0.8	1.8

图9-27　景观隔离带疏透度控制示意图

9.4.3.4　微地形利用

目前，景观隔离带常是平整的地形上面种植多排乔木，加上整齐排列的灌木，这种建设模式过于统一单调，不容易融入区域景观，另外一方面因为物种过于单一，结构过于简单，滞尘效果不理想。尤其在草原矿区，由于土地的挖损、压占打破原有的地形地貌，斑块间衔接生硬而突兀。为此，可以将近自然地貌设计应用到矿区整体格局优化。近自然微地形绿色植物构建是指利用植物生态位的差异，人工模拟自然地形的形态以及高低起伏的韵律感而设计植物垂直分布格局。通过在绿化隔离带中增加轻微的起伏趋势，不仅能够消除（加强）矿业斑块间衔接区的层次感，而且还能有效地减少矿业斑块因挖损、压占出现土壤裸露、植被残败等。

9.5　大型煤电基地牧矿交错带退化生境修复技术

9.5.1　腐殖质层再造

土壤生态系统腐殖质层重建通过外力破坏粉尘层，将粉尘层翻入 15 ~ 35cm 土层中，改变退化生境区土层结构。腐殖质层重建能恢复植物凋落物进入土壤途径并促使其分解形成腐殖质，增加土壤有机质含量。研究发现，相对于凋落后植株，位于生长季节植株更易于腐殖化。野外调查同时发现，草原退化群落中木质化植物物候期较草原上其他物种开始得早，一般在春季回温时立刻返青，可以破碎后作为有机质来源且不影响土壤原生植物生长。腐殖质层再造技术要点如下：

（1）腐殖质层时间控制：入侵植物返青后且未进入繁殖期时。

（2）入侵植物破碎化：采用旋耕机将入侵植物植株粉碎，同时破碎 0 ~ 5cm 粉尘层与入侵植物主根，使破碎后入侵植物植株与粉尘层充分混合，均匀覆盖地表。

（3）植株粉尘混合物还土：采用大马力机械配套液压翻转犁进行深翻作业，调节翻耕深度应达到 15 ~ 30cm，使入侵植物植株、粉尘翻转进入 20cm 左右的土层中。

（4）修复区网格化：为防止雨季来临造成水土流失，翻耕后将退化生境区分割成 50m×30m 区块，区块间以田埂隔开，田埂宽度×高度为 20cm×15cm。

（5）平整土地：平整翻耕后土壤，应用平地机耙平 2 ~ 3 遍，区块内土壤坡度不大于 2.5°，避免翻耕区因高程差形成地表径流和出现大面积的积水。

9.5.2　微生物激发剂研发

9.5.2.1　根系分泌物组分分析

根系分泌物是保持植物根际微环境空间异质性与活化根际圈微生物的主要驱动力。分析原生植物根系分泌物组成有助于了解土壤激发效应机制和人工模拟根系分泌物。

在草原植物生长旺盛期，采集具代表性的建群种针茅、披碱草和冰草根系分泌物，带回实验室后，分析得出根系分泌物主要由糖类、有机酸和氨基酸等次生代谢物组成，如葡萄糖、乙酰柠檬酸三丁酯、乙酸、棕榈酸、油酸、邻苯二甲酸等。

9.5.2.2　小分子激发剂组分筛选实验

基于植物根系分泌物成分分析和文献调研，确定小分子激发剂组成及主要功能如下。葡萄糖、丙氨酸：微生物碳源底物；NH_4Cl：调节微生物碳/氮源比例；琥珀酸：土壤微生物共代谢底物；柠檬酸，乙酸：去除矿物结合有机质保护作用。

使用上述物质进行不同比例配制并实验激发效果，结果如下。

1. 小分子激发剂添加对土壤微生物量碳含量影响研究

添加小分子激发剂对土壤微生物量碳含量激发效应的测试结果如图 9-28 所示。添加小分子激发剂 7d 后的测试结果表明，与对照组相比，低碳组和高碳组均能显著增加土壤微生物量碳含量，微生物量碳含量分别为 213.29mg/kg 和 382.02mg/kg。其中高碳组对土壤微生物量碳含量影响更为显著。两种剂量小分子氮源添加后也能通过激发效应增加土壤微生物量碳含量（218.67mg/kg、169.47mg/kg），低浓度小分子氮源的加入对土壤微生物量碳的增加效益更为明显。

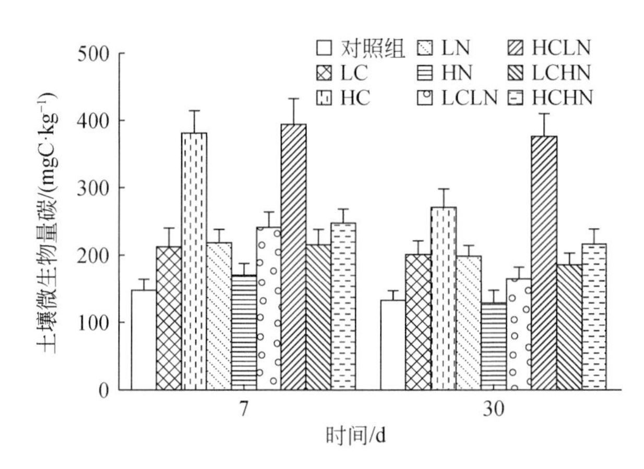

图 9-28　小分子激发剂添加对土壤微生物量碳含量的影响

30d 后的测试结果表明，小分子碳源的添加能显著提高土壤中微生物碳的含量，其影响效果与添加剂量成正比。小分子氮源的添加在低剂量下能提高土壤中微生物碳的含量，添加高剂量小分子氮源后的土壤微生物碳含量与对照相比无明显差异。不同配比小分子激发剂对土壤微生物量碳含量影响结果表明，高剂量碳源的添加更有利于土壤微生物量碳的增加。

2. 小分子激发剂添加对土壤微生物量氮含量影响研究

土壤微生物量氮含量小分子碳、氮源添加后第 7 天分析结果如图 9-29 所示。低浓度和高浓度小分子有机碳的添加均能通过激发效应显著增加土壤微生物量氮含量。与对照组相比，土壤中微生物量氮含量分别增加了 78.1% 和 116.5%。单独添加小分子氮源结果表明，低浓度小分子氮源添加能增加土壤中微生物量氮含量（53.04%），高浓度小分子氮源对土壤微生物量氮含量作用不明显。从图中同样可以看出，小分子碳源对土壤中微生物量氮含量的影响要大于小分子氮源。

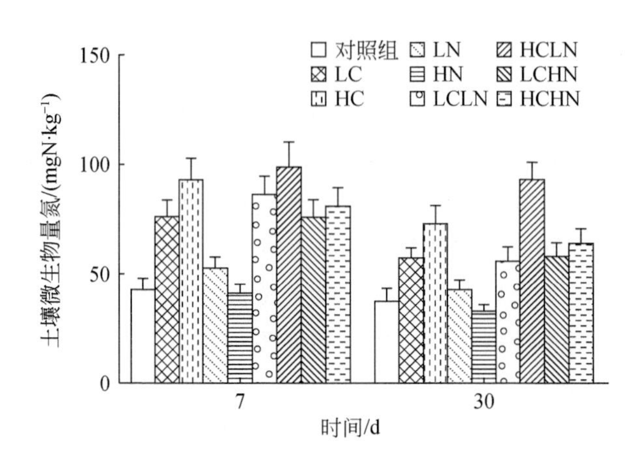

图 9-29　小分子激发剂添加对土壤微生物量氮含量的影响

30d 后分析结果表明，复垦场地土壤微生物量氮含量在小分子碳源添加后增加，且增加幅度与碳浓度呈正相关。从图中还可以看出，与小分子有机碳的添加结果不同，在 30d 时单独添加小分子有机氮对土壤微生物量氮含量作用不明显。四种不同浓度配比复合添加小分子碳源和氮源对土壤微生物量氮含量相比对照土壤有显著增加，但增加量小于 7d 时的效果。其中效果最为显著的为高碳低氮组。

3. 小分子激发剂添加对土壤 β-葡萄糖苷酶活性影响研究

从图 9-30 中可以看出，低浓度和高浓度小分子碳源添加后显著增加了土壤中 β-葡萄糖苷酶活性，浓度增加幅度分别为 59.0% 和 41.2%。低浓度小分子氮源添加后，β-葡萄糖苷酶活性无明显变化，而高浓度小分子氮源则抑制了 β-葡萄糖苷酶活性。添加 4 种不同配比的小分子碳源和氮源对土壤 β-葡萄糖苷酶作用如图 9-30 所示。结果表明，添加小分子碳源氮源 30d 后对土壤酶活性影响规律和 7d 类似，除单一添加高浓度的氮源和低碳高氮源对土壤 β-葡萄糖苷酶活性无明显影响外，其他几种添加模式均能提高土壤中 β-葡萄糖苷酶活性。

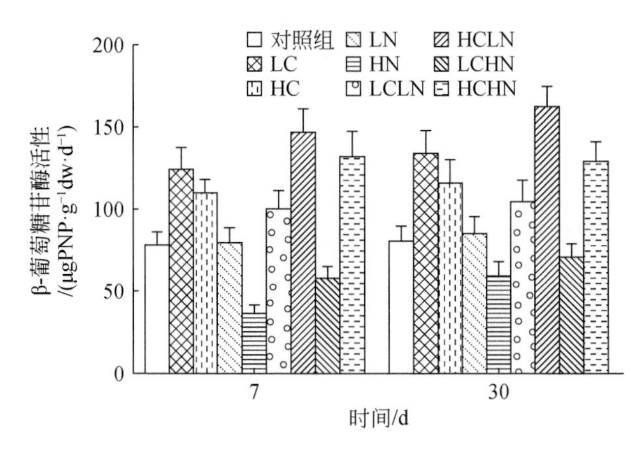

图 9-30　小分子激发剂添加对土壤 β-葡萄糖苷酶活性的影响

4. 小分子激发剂添加对土壤酸性磷酸酶活性影响研究

从图9-31中可以看出，添加碳源和氮源后7d和30d测定结果类似。在单一物质添加后，7d和30d的测试结果表明2种浓度小分子碳源的添加均能显著提高土壤中酸性磷酸酶的活性，酶活性增加效果与添加浓度成正相关。单独添加氮源对复垦场地酸性磷酸酶活性影响不显著。图9-31还显示了添加4种不同组合小分子碳源和氮源对土壤酸性磷酸酶活性作用的结果。从图中可以看出，在7d时所有添加模式均能提高土壤酸性磷酸酶活性，与对照组相比其酶活性增加情况分别为74.6%、164.4%、18.9%和58.1%。4种组合添加模式在30d时对土壤酸性磷酸酶活性的影响与7d有所不同，仅低氮高碳组和高氮高碳组对土壤酸性磷酸酶活性有影响，与对照土壤相比增加酶活性分别为133.7%和69.8%。

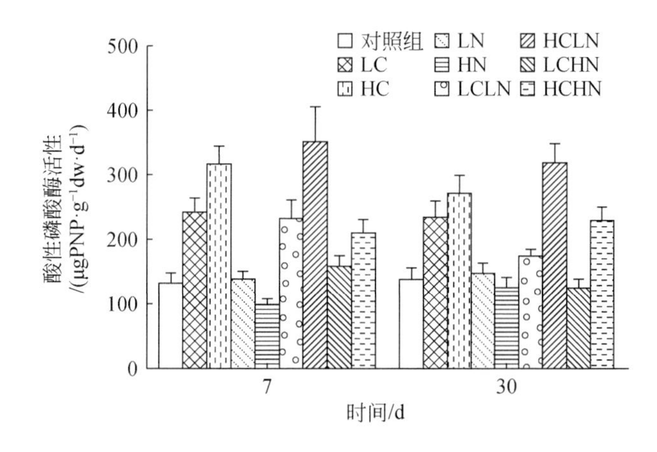

图9-31　小分子激发剂添加对土壤酸性磷酸酶活性的影响

5. 小分子激发剂添加对土壤脲酶活性影响研究

土壤中添加小分子激发剂对土壤中脲酶活性的激发效应结果如图9-32所示。从图中可以看出，单一添加激发剂及按照不同比例添加碳源氮源复合物均能增加土壤中脲酶活性。从添加后7d的测试结果来看，不同添加浓度和配比对土壤脲酶活性增加的影响从大到小的顺序依次为高碳低氮组>高碳组>低碳低氮组>低碳组>高碳高氮组>低碳高氮组>高氮组。显著性分析表明，添加高浓度碳源、低碳低氮和低氮高碳均能显著增加土壤中脲酶活性。

添加小分子激发剂30d后对土壤中脲酶的活性激发效应结果如图9-32所示。从图中可以看出，无论是单一添加还是组合添加外源小分子碳氮均能有效激发土壤中脲酶的活性。此外，高碳源组对土壤中脲酶活性的激发效应要高于其他组别，表明小分子有机碳的加入更有利于提高土壤中脲酶活性。

9.5.2.3　小分子激发剂配比

根据草原原生植物根系分泌物组成与室内试验结果，根系分泌物退化生境区土壤激发剂组分如下：

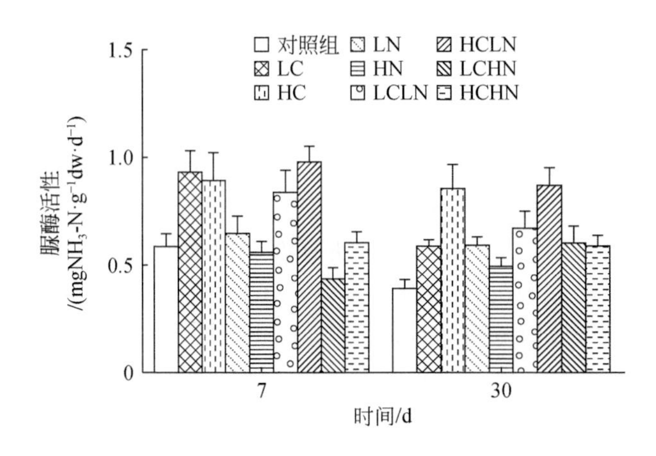

图 9-32 小分子激发剂添加对土壤脲酶活性影响

土壤激发剂质量比为：葡萄糖：丙氨酸：NH_4Cl：琥珀酸：乙酸：柠檬酸=100：5：5：2：2：2。

该激发剂特征在于，该激发剂具有良好的溶水性，溶解度不小于40g/L，不改变土壤pH、CEC，不具有腐蚀性，可使用喷雾器或植保无人机进行喷洒。

9.5.2.4 小分子激发剂施用

现场配置液态激发剂溶液：称取土壤激发剂10g溶于100mL水中，充分搅拌，直到溶质完全溶解为止。在植株与粉尘混合物形成后施用，使用量为100mL/m²，以无人机方式进行喷洒，无人机飞行高度5m，飞行速度2m/s，也可以使用人工喷雾器喷洒，以便促进退化生境区土壤微生物复苏并繁盛。

9.5.3 消除入侵植物化感作用

本阶段土壤强还原处理作为一种原生草本植物萌发前的土壤前处理方式，来消除土壤化感作用，并起到缓解土壤酸化和盐渍化、杀灭土壤病原微生物、重组土壤微生物组以及提升微生物活性等作用。技术要点如下：

（1）在退化生境土壤上均匀添加有机物料（备选物料：风干紫花苜蓿、针茅等，添加量：15t/hm²。也可用粉碎后的入侵植物作为有机物料），为弥补退化土壤碳源不足，可添加15g/m²葡萄糖作为微生物底物，利用旋耕机将有机物料与土壤混合均匀。

（2）灌溉至田间最大持水量后覆盖可降解塑料薄膜，以维持厌氧和高温。

（3）强还原处理时间为14～25d，处理期间土壤温度为20～30℃，处理一周后腐殖质层土壤氧化还原电位不高于-170mV。

（4）测定土壤pH、EC、Eh、NH_4^+、NO_3^-和SO_4^{2-}，分析强还原作用效果。

本章界定了大型煤电基地牧矿交错带的概念，阐述了大型煤电基地牧矿交错带生态修复面临的主要问题，揭示了大型煤电基地牧矿交错带演化与生境特征，研发了大型煤电基地牧矿交错带生境保护技术和大型煤电基地牧矿交错带退化生境修复技术。通过调查评价草原煤电基地景观生态状况，揭示了草原煤电基地景观生态影响机理，为诊断煤电基地开发对草原景观生态的影响提供了科学依据；构建了草原煤电基地生态网络；研发了牧矿交错带植物廊道阻尘保护与滞尘退化草原生境修复技术；以锡林郭勒北电胜利矿为研究示范区，修复后退化草原生境土壤团聚体、植被盖度、多样性指标较对照区分别平均提高了34%、71%、50%；边坡侵蚀量和位移速率降低了 60%，修复区土壤含水率提升 10%，显著提升了排土场的生态稳定性；并在宝日希勒矿其他排土场后续治理和内蒙古准格尔旗金正泰煤矿生态修复中得到了推广应用。

第 10 章　大型煤电基地景观生态功能提升关键技术

矿业的可持续发展维系着国家的能源安全。在我国，煤炭资源一直以来都是最重要的基础能源之一，而内蒙古东部露天煤炭资源的开发与利用在我国未来能源供应中具有举足轻重的地位。同时，矿山生态修复与景观生态功能提升是国家生态文明建设的重大需求，而关系到生态安全和国土利用的典型脆弱生态及其区内矿山生态修复与保护更是被列为优先关注主题。

如何实现草原煤电基地典型排土场斑块在大台阶、陡边坡等复杂地形条件下景观生态功能状况监测，在大型异构、松散堆积、降雨集中等复杂致灾条件下存在的排土场地质灾害隐患识别，在降雨集中、径流紊乱、分层松散、寒旱循环等极端气候与复杂本底条件下的土壤复合侵蚀防治，以及景观生态功能提升与水-土-植被调控配置尤为重要。基于此，亟需研发基于时序 InSAR、无人机遥感、地面监测及终端预警为一体的“空天地”综合监测技术体系，发挥多手段协同监测时空互补、点面结合的优势，实现了排土场景观生态功能问题的定量反演与实时预警；构建排土场冗余沉降模型和潜在地灾动态评价体系，揭示了排土场在强降雨条件下潜在地质灾害诱发因素及致灾机理，实现了排土场潜在滑坡体及塌陷区的早期识别；构建排土场在降雨/融雪条件下的径流侵蚀、潜流侵蚀、冻融侵蚀等土壤复合侵蚀分解技术，完成了研究区土壤侵蚀时空状况和演变分析，揭示了排土场土壤侵蚀发育规律及侵蚀机理；建立排土场植被优化配置方法，研发了基于生物多样性和群落稳定性的植被配置模式；开发排土场景观生态功能多要素协同修复技术，研发了控水、集水、用水为一体的分布式保水控蚀系统，提升了排土场景观的地质稳定性与水土保持功能。以实现半干旱区矿区排土场斑块景观生态功能提升。

10.1　大型煤电基地排土场景观主要问题及诊断方法

露天矿长时间、高强度、大规模的土方剥离与堆砌活动所形成的大型排土场不仅会伴随矿山生产活动一直存在，而且将成为永久矿业遗迹。

目前，我国环境风险管理研究关注的重点之一是矿山地质环境及生态功能的恢复与提升策略，露天矿的生态环境保护与可持续发展是国家重要发展目标。然而这一目标在生态脆弱的内蒙古东部酷寒草原矿区面临诸多矛盾：其一，酷寒区大型排土场存在的长期性与生态环境亟需的可持续性之间的矛盾；其二，酷寒区大型排土场景观生态功能状况的复杂性与基于多要素监测的生态功能问题诊断技术体系的迫切性之间的矛盾；其三，酷寒区大型排土场生态恢复本底条件的恶劣性与水-土-植被的科学调控、生态系统的自维持之间的矛盾。因而亟需对酷寒区大型排土场景观生态功能提升进行深入研究，厘清其长期存在的生态功能问题，探索其景观生态功能提升的有效方法是矿区生态环境修复与维持的重要途径。

在国家生态环境保护、绿色矿山建设以及露天开采规模与排土场数量日益增大的战略背景下，掌握大型露天矿排土场土石堆积体的地质稳定性、土壤侵蚀规律及其重建植被的维持、演替规律以及景观生态功能提升模式，有助于科学评估大型排土场环境影响程度、范围及其长期环境污染风险，对及时采取预防和治理措施，优化排土工艺具有指导性作用。同时对加大矿区生态环境保护力度，研究推广绿色矿山，促进草原区煤炭产业可持续发展具有重要的现实意义。

10.1.1　矿区景观生态功能提升相关理论

1. 排土场生态功能扰动影响因素

露天煤炭开采的影响传递顺序为：地表植被清理—土方、岩层剥离—土方、岩石排弃并行成排土场—煤炭开采—生态退化。排土场地质失稳、土壤侵蚀和生态功能低下是多因素共同作用的复杂过程，尤其受自身状态和自然环境影响剧烈。由于露天采煤活动对微地貌的永久改变，对陆地生态系统造成严重干扰，直接导致矿区植被破坏、地貌变化、土壤侵蚀、土壤质量恶化等问题，严重影响后续生态系统的恢复。尤其露天开采将矿层上覆表土和岩层全部剥离后在地表重新堆积，形成大型土石堆积体的排土场，其形成过程对矿区原有地貌进行强烈扰动，使得地貌形态与景观格局发生彻底改变。同时，排土场由人工堆积而成，具有分层、异质性强等特点，长期存在会带来非均匀沉降、边坡失稳变形、滑移、暗涌、土壤侵蚀、生态功能低下等地质环境问题（宫传刚，2022）。

同时，在生态脆弱的草原地区，采煤活动在破坏了原有耕植层与植被的同时，将原本深埋地下的土层挖掘并重新堆存在地表，在破坏了原有耕植层与植被的同时，形成的耕植层生物活性低下。简单粗犷的堆存方式无法形成稳定的隔水层和保水层，使得排土场水土保持能力、土壤质量较扰动前大幅下降（Jing et al.，2018），超出了自然系统的调节能力和物种对环境的适应能力，形成限制植物生长和发育的环境因子，长期处于生态功能低下状态。排土场要再次形成稳定的生态系统，需长时间的土壤、植被的自然演替过程，而这一特殊大型人工土石堆积体在其生态环境演替过程中，呈现一系列新特点：①岩土剥离并重新堆积后，形成不规则连续阶梯状的复杂地貌，其边坡稳定性难以保证。②持续的风化、侵蚀作用不断破坏排土场坡体结构，威胁边坡稳定性的同时造成严重土壤侵蚀。③贫瘠的水土环境使得生态环境的恢复与演替过程难以进展，先锋植被难以发挥改善土壤质量的作用，植被恢复过度依赖人工养护。④排土场倾倒工艺造成的特殊微地貌特征使得有限的水土资源无法充分利用，景观生态功能提升困难。

2. 排土场地质稳定性研究进展

由于煤炭开采引起地形地貌的改变，露天矿排土场形成堆垫地貌、采场形成深坑，必然对地貌造成巨大扰动，同时造成的地裂缝、滑坡等次生地质灾害也不容忽视。露天矿岩土剥离及边坡稳定性研究是传统的研究方向，并形成了较为成熟的理论方法（卞正富和雷少刚，2020）。

目前，对排土场坡体和边坡的地质稳定性研究通常是借鉴传统边坡稳定性分析方法，即针对不同边坡破坏方式，采用相对应的方法及模型来表征其稳定性程度，尤其是在降雨条件下排土场的地质稳定性问题。相似材料模拟法采用不同种类、粒径的相似材料模拟排土场边坡的形成过程，模拟在不同堆存方式或外界环境下排土场的地质稳定性（刘福明等，2015）。但是传统的地质稳定性评价方法以理论研究与模型模拟为主，以时序遥感监测为基础数据的研究较少，同时结合环境修复与景观生态功能提升的考虑不足。

近些年来我国在矿区景观生态功能提升方面取得了很大进步：卞正富等（2018）提出在露天矿区土地修复中应当将地貌重塑工作与采矿工艺有机结合，既能降低复垦成本，也为下一步的土地修复工作创造良好的基础，并对露天开采和排土场存在滑坡、泥石流等潜在土壤侵蚀危害进行了阐述，充分利用3S技术对地形地貌进行分析，为后期植被恢复创造良好的条件（卞正富，2005）。白中科等（2018）在总结了矿业生产活动与矿区生态系统恢复重建的实践基础上，提出矿区“地貌重塑、土壤重构、植被重建、景观再现、生物多样性重组与保护”恢复重建的“五阶段”，“地貌重塑”为矿区生态系统恢复重建的基础工作。指出地貌重塑应考虑矿区原有地貌特点，结合现场采矿设计、开采工艺和土地损毁方式，通过调整排弃和土地整形的方式进行地貌重塑，使其与周边地貌景观协调一致，最大程度上防治地质灾害，抑制土壤侵蚀，消除和缓解对植被恢复和土地生产力提高有影响的灾害性限制性因子，以提高土地利用率。武强（2017）以内蒙古自呼伦贝尔鄂温克族自治旗的大雁矿和河北省邢台市邢东煤两例采煤矿山沉陷盆地问题防治实践为例，根据沉陷盆地所处地质环境背景、矿产资源种类、开采方式以及沉陷类型等特征，分别选取“局部塌陷坑、地裂缝回填+地面平整+林、草地修复”和“充填开采+农耕地修复”的方式进行治理，取得了良好效果。

3. 排土场水土资源调控研究进展

水资源调控即如何高效利用水资源，这其中包括水土保持、开发、利用和保护。具体而言，水资源调控就是基于可持续发展理念，遵循高效性与可持续性原则，兼顾生态保护、环境治理和资源开发的前提下，通过人力对水资源的改造、调节与重分配过程。排土场的水资源调控是以排土场这一微流域为对象，借助生态工程措施对其自然水资源进行优化配置和开发利用，以实现排土场生态可持续的目标（雷少刚等，2019）。

自然水资源循环主要受气候因素和自然地理因素影响较大，而在露天矿排土场，由于露天采煤活动对自然地貌的强烈扰动，使得区域微地貌永久改变，导致人工堆砌而成的排土场地貌与原本自然地貌发生彻底变化。同时，排土场表土理化性质、植被生境条件等其他立地条件也均发生改变，因此排土场水资源循环中的各个环节均受到巨大影响（Nakashima et al.，1986）。

近年来，我国在生态型复垦模式中已取得大量成果，这些成果一直指导着矿区水资源调控工作的进展且效果显著，为露天矿排土场水资源调控提供了宝贵经验（郭建英等，2015）。随着人们对地貌、水文、地表物质运动机理研究的逐步深入，以及3S技术、生物技术、景观生态学技术的成熟，利用空间分析对矿区水资源调控进行分析与评价应用广泛（李保杰等，2015）；土壤的侵蚀控制技术（黄翌，2014）等在排土场水资源调控中发挥着越来越大的作用。

4. 排土场植被恢复重建研究进展

1）物种筛选

修复物种的筛选是重建矿区稳定生物群落的重要环节，直接关系到恢复的成败。在物种筛选过程中，主要根据当地自然气象条件和植被重建与恢复目标，结合实地调查确定恢复树种。一般来说，所选树种应具有适应性强，生长快，固氮能力强，抗性强等特点。一般遵循因地制宜、林草相济的原则。王文英等（1999）论述了安太堡矿植被恢复过程中植物的筛选过程以及先锋植物在该矿区的生长表现。李晋川等（2009）认为沙棘（*Hippophae rhamnoides* Linn.）和柠条（*Caragana korshinskii* Kom.）、刺槐（*Robinia pseudoacacia* L.）和新疆杨（*Populus alba var. pyramidalis* Bge.）可被选为安太堡露天煤矿废弃地的植被重建优良恢复植物物种。陈来红和马万里（2011）指出沙棘（*Hippophae rhamnoides* Linn.）可以作为草原矿区的植被重建中备选植物物种，治理效果较好。

2）环境因子

生态系统具有一定的自我恢复能力，但是在极端恶劣的环境下，自我恢复过程漫长，因此，需要人工措施对恢复过程进行干预，而开展影响植被恢复的环境因子研究是基础工作之一。王晓春等（2007）指出得到煤矸石山植物群落特征变化主要影响因素有土壤pH、养分以及土壤的物理性质等。矿山植被恢复的限制因子主要有pH、N和P含量、微量元素、有机质含量。王金满等（2013）对露天矿复垦排土场土壤环境要素含量与地表植物的生物量相互影响规律研究后发现，对植被生物量影响最大的是土壤有机质和全氮含量。白中科和吴梅秀（1996）指出对植物生长根际土壤条件的分析可为抑制和适应植物生长的关键限制性要素以及规制相关的植被恢复工程措施提供重要参考依据。

3）土壤质量

对矿区植被进行恢复，提高植物物种多样性，对于矿区生态环境的改善和土壤水分、养分含量的提高具有重要意义。赵广东等（2005）在采矿废弃地植被重建对土壤质量的影响研究中发现，复垦年限与复垦区土壤OM、全N、速效P含量呈正相关关系，与土壤BD呈负相关关系，土壤pH逐渐恢复到适合植物正常生长的范围。Tai等（2002）指出根系发达的灌木类植物在改善土壤BD方面有重要作用，以沙棘为核心结合灌丛、草本植物的植物重建模式可以极大地改善土壤质量。植被通过凋落物产生的有机残体、根系对土壤的挤压、互渗和分裂以及根际分泌物等多方面对土壤质量进行改善。植被恢复后的煤矿区土壤级配组成结构改善，保护土壤免遭受水力和风力侵蚀，土壤微生物数目与活性均呈增加趋势。此外，植被通过冠层、地被层和根土层对地表水分进行截留与吸收，保持水土，减少水流和泥沙，减少降雨对土壤的侵蚀，显著降低矸石山的渗透速率，提高水土保持能力，因此，矿区植被恢复对于干旱区水土流失的防治也具有十分积极的作用。

4）演替过程

矿山生态恢复过程中的任何植被都处于一定的演替序列阶段。植物群落的演替可以改变恢复区的土壤质量，土壤质量的变化又可以促进区域植被群落演替。植物群落的恢复演替过程也是植被对土壤条件适应和改良的过程，同时也是不同植物在同等土壤水分和养分等条件下相互竞争和取代的过程。植被恢复和土壤质量变化随着植物群落的演替而发生变化，是相互依存、相互制约的关系。在矿区植被恢复初期，植被生长很大程度上受土壤理化性质条件的限制。到恢复后期，土壤质量的恢复通常滞后于植被恢复的进程。特定恢复阶段的土壤质量状况，综合表征了恢复前期群落中的植被-土壤系统相互协同发展的状态，同时也为植物群落的后续演替创造了必需的土壤质量条件。受植物群落演替促进群落生物循环和生物富集的影响，植物恢复演替时间与土壤有机质、N、P、K 等元素的含量呈正相关关系。土壤质量决定着植物群落中优势物种的组成结构和更替，土壤质量状况的改善对于后续植物物种的生长和发展有重要促进作用。结果表明，植被恢复初期，植物群落结构和物种组成相对单一，受土壤环境质量因素的限制较大。随着演替发展，土壤动物、微生物和土壤养分状况均不断改善，土壤种子库逐渐完善，群落物种丰富度、多样性和均匀度指数均呈不断提高态势。综上所述，植被群落恢复对土壤肥力的改善有一定促进作用，而土壤质量条件的改善反过来促进植物群落的演替发展，二者相互制约又相互促进，并且这种作用伴随着植被恢复的全过程。

5）土壤基质改良

基质改良是矿山植被恢复的重要基础与前提，当前基质改良的手段主要有物理改良、化学改良和生物改良。物理改良：主要针对采煤塌陷地，特别是裂缝育发区，进行地形调整与土体物理结构改良。通过整地工作，充填裂缝，对不适合植被生长区山体坡度进行调整，保证坡体稳定性。土壤结构物理改良主要指土壤覆盖，通过土壤覆盖有效改善恢复区植物生长的土壤立地条件。对于不同的立地条件，覆土厚度是一项至关重要的技术参数，是直接影响矿区植被恢复成功与否的重要因素。化学改良：土壤极端的 pH 和必要营养元素缺失是植被恢复的重要制约因素，一般可以通过适当施加富含氮磷钾等营养元素的肥料，直接提高恢复区土壤营养元素含量；通过施加碳酸氢盐和生石灰或者利用盐碱化土地直接改良恢复区极端的酸性条件。生物改良：是选择对恢复区特定气候地理环境有较强耐性的植物、微生物、菌根、真菌等来改善土壤肥力条件，快速提高土壤熟化程度，加快对大气中的氮素固定，促进恢复区植物对土壤养分的汲取，增加微生物对恢复区土壤的改良效应等。

6）植物种选择与配置

恢复区植物物种的筛选是矿区植被恢复过程中的重要环节。矿区表土结构破坏、土壤养分流失、土壤 pH 极端化、持水能力差以及微量元素污染等问题使得恢复区植被生长受到严重抑制。因此，如何选择适合恢复区的植物物种以及如何科学构建恢复区植物群落结构是事关矿区植被恢复成功的关键。恢复植物物种的选择应遵循生态适应性、先锋性、相似性、抗逆性、多样性、特异性等原则。根据立地条件差异，结合植物自身属性对恢复区植物物种进行筛选，如阴坡和阳坡、陡坡、缓坡和平地应选择不同的植物物种。胡振琪（2010）指出应优先考虑根系发达、耐贫瘠、耐干旱的乔灌树种对矸石山进行植被恢复重建。

7）植物栽植技术

目前植物栽植技术主要有无覆土绿化技术、覆土绿化技术和抗旱栽植技术。无覆土绿化技术：无覆土绿化技术是将植物直接种植在地表前，先将表土进行带状和块状整理。该技术适用于风化较好、表层土壤发育成熟的矿山植被恢复区，优点在于适合经济水平低和土源紧缺的地区植被重建，可以节省大量的人力、物力、财力。缺点在于该技术受施工时间限制，施工必须避开雨季，否则会导致恢复区水土流失加剧。覆土绿化技术是植物直接种植在地表前，在土壤表面或种植鱼鳞坑内覆盖适宜厚度的土壤、粉煤灰、污泥等，这种方法已在部分矿区进行了成功实验。覆土绿化技术已被证实对矿区的土壤质量条件具有较大改善作用，植被重建成活率较高，植被恢复效果明显。抗旱栽植技术：对于半干旱矿区而言，植物成活和生长的主要限制因素是土壤含水量，因此如何提高和保持土壤含水量是植被恢复成功与否的关键。目前半干旱矿区抗旱植物栽植技术包括：添加保水剂、滴灌保水、容器育苗和施加生根粉促进植物生根等技术。

8）后期养护管理

种植后期管护是矿区植物恢复工作中非常重要的技术环节，古有“三分栽植、七分管理”一说，特别是在全球气候多变、极端天气频发的情况下，对矿区恢复植被的养护管理显得尤为重要。种植后期管护的目的是通过对恢复重建植物的管理与维护，为植物的成活、生长、繁殖、更新创造良好的土壤质量条件，提高植被恢复的成功率。依据矿区立地条件、植被恢复与重建的目标，需要对植物重建区做好土壤管理、植被管理与维护工作。一般在种植后的首年需要开展较高强度和频率的管护，主要包括灌溉、追肥、抚育等，待植物成活后可以逐年降低管护频率和强度，使其自然生长，从而促进恢复区建立起稳定且能够进行自维持土壤-植被系统。

10.1.2　矿区景观生态功能提升诊断方法

对于煤电基地排土场，单一监测手段无法满足其景观生态功能诊断的具体要求。在实际运用中，可采用光学遥感或雷达遥感等多种形式相结合的卫星观测手段进行大面积时序监测；也可以采用无人机搭载相关传感器进行精细化监测；还可以在地面布设相应的检测系统，构建物联网对重点区域进行连续监测与信息获取（图10-1）。

1. 基于时序卫星遥感的生态功能普查技术

近年来，随着遥感技术的不断发展和历史影像的持续积累，卫星遥感技术在矿区生态功能要素监测中的应用不断增多，且越来越呈现出对大范围、长时序的生态功能过程的理解（李晶等，2015；Song et al.，2020；Kennedy et al.，2014）。针对研究区生态功能要素

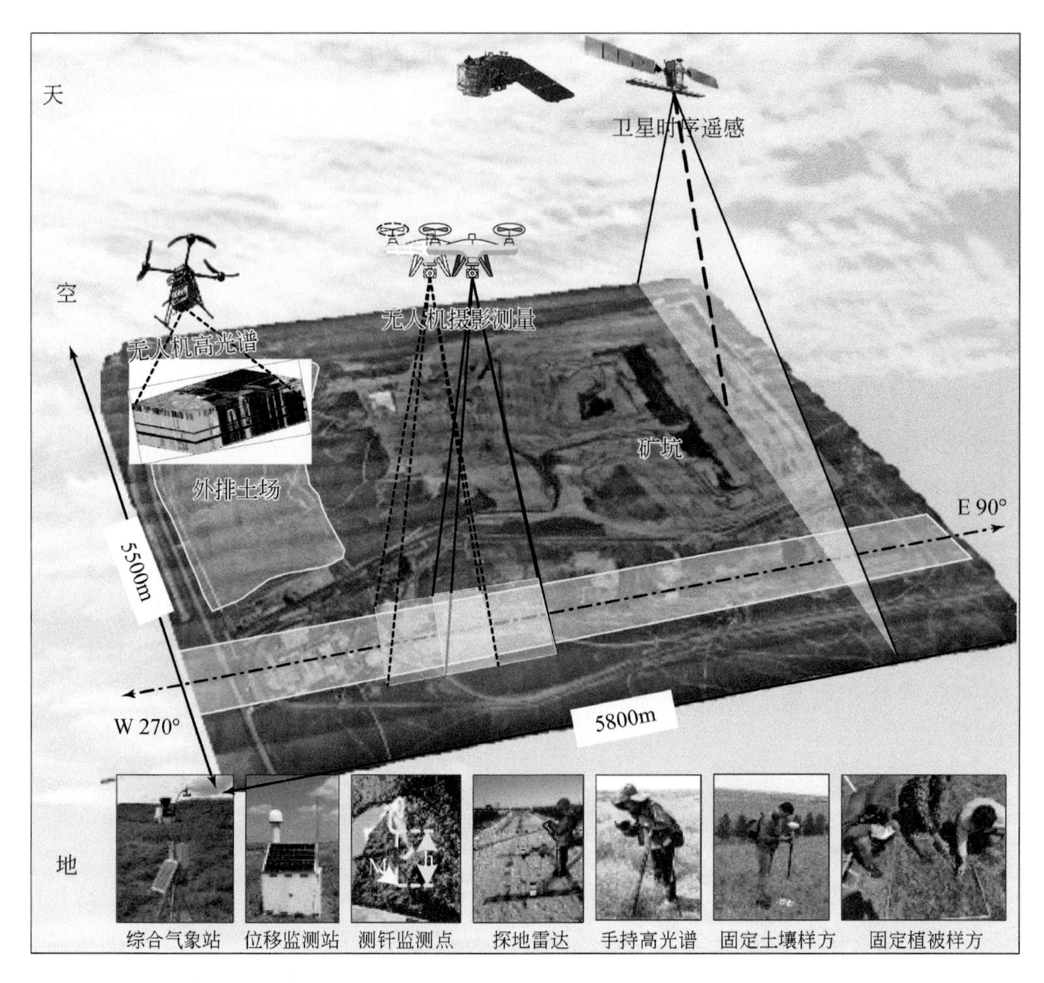

图 10-1　煤电基地排土场生态功能天-空-地多元立体协同监测技术体系

监测，利用光学遥感和雷达遥感各自优势分别进行要素监测与问题诊断。

卫星光学遥感技术因其技术成熟、时效性好、历史资料充裕、可用信息丰富等优势，一直以来都是矿区生态功能要素诊断的重要技术手段。随着光学遥感数据数量、质量及精度的不断提高，光学遥感技术在矿区排土场生态功能要素监测与诊断中的应用也更加成熟，在数据源方面已逐渐由单一资料向多时项、多尺度、多数据源融合的复合型应用方向发展；在应用解决方案方面已由静态地物要素的辨识、形态分析向生态功能多要素动态监测过渡。

卫星雷达遥感中，InSAR 技术因其全天候、全天时、高精度、低成本等优点，被广泛用于矿区生态功能要素的长期监测中。InSAR 技术可以实现长时序、微变形的监测，以及克服了传统形变测量的点式测量局限，因此对研究区地质灾害隐患的早期识别和土壤侵蚀量估算具有突出优势。同时，利用时序分解技术，可对研究区径流侵蚀、潜流侵蚀及冻融侵蚀等复合型侵蚀进行分解。此外，雷达数据与光学多光谱数据结合，可对研究区地表温度、土壤含水率进行估算，为生态复垦评价提供依据。

本次将使用星载遥感技术对整个矿区进行形变、位移、侵蚀、植物状况、地表温度、表土含水率等影响研究区生态功能指标进行普查性监测，进行地质灾害隐患识别与提取、土壤侵蚀状况监测及植被恢复群落演替状况监测，从而对研究区生态功能进行初步诊断，进而甄别出影响生态功能的关键靶区。

2. 基于无人机遥感的排土场生态功能详查技术

尽管日益发展的卫星遥感手段已经展现出越来越多的优势，但依然受天气状况、回访周期、监测盲区等客观条件限制。随着无人机（unmanned aerial vehicle，UAV）与传感器的不断发展，基于无人机平台的低空（100～1000m）/超低空（<100m）摄影测量技术已显示出独特优越性（李德仁和李明，2014）。无人机摄影测量技术结合了无人机驾驶飞行器技术、遥感传感器技术、遥测遥控技术、通信技术、导航定位定向系统、GPS（global positioning system）差分定位技术和遥感应用技术，具有系统灵活、起降方便、成本低、质量高、自动化和智能化等特点，在快速获取小区域和复杂地形区域高分辨率影像方面具有明显优势，其空间信息密度与精度可达机载雷达水平，可作为卫星遥感手段的有力补充（宫传刚等，2019；Gong et al.，2019）。

本次将利用无人机垂直航空摄影测量和倾斜摄影测量，基于空中三角测量与密集匹配、SfM（structure from motion）摄影测量处理、多视图三维立体重建和几何模型建立等处理，可快速生成高精度三维点云（point cloud）数据和数字地表模型（digital surface model，DSM），再对影像进行数字微分纠正、拼接、镶嵌等处理，可获得整个研究区数字正射影像（digital orthophoto map，DOM）。利用三维点云数据与DSM，可实现研究区高精度三维模型重建与生态水文网的识别。利用无人机摄影测量获取的研究区高精度地貌数据可进行浅层滑坡、土壤侵蚀等生态功能问题突出的关键靶区目视解译，也可利用高精度地貌数据对研究区的生态流量过程进行识别与提取，亦可利用多期点云数据进行地貌形变、土壤侵蚀区的定量监测。

此外，还通过无人机高光谱技术，获取研究区关键靶区植物光谱信息，进而建立典型植物光谱库，进行研究区植物精细分类和物种多样性制图，再结合DEM数据获取的地貌信息，可得到不同植物复垦恢复年限、不同立地条件下的植物分布规律，实现研究区植物分类及其健康状态的精细化监测。

3. 基于实地监测与调查的排土场生态功能勘察技术

基于空-天遥感途径所获取的研究区生态功能要素监测结果受多种因素影响，其获取结果需要进行精度验证。同时，甄别研究区生态功能关键靶区需进一步的复核与持续监测。因此，在基于星载遥感和无人机遥感监测基础上，需对排土场地质灾害隐患、复合型土壤侵蚀、生态复垦典型区域等关键靶区进行现场勘查，同时在现场布设多要素自动监测设备以实现关键靶区的精准密集监测。

随着传感器技术的发展，可用于生态功能要素地面勘察的监测系统已具有数字化、自动化和网络化的特点，在实现多种传感器协同监测的同时，实现监测工作的自动采集、数字化传输等功能（表10-1）。在关键靶区现场布设GNSS位移观测站、测钎位移监测点、地裂缝监测仪、综合气象站、探地雷达、手持高光谱相机、固定植物/土壤样方等连续或定期监测手段，建立研究区生态功能要素多参数监测网，实现协同监测。

表 10-1　排土场生态功能要素地面监测内容

监测类别	监测内容	监测设备
地质稳定性	地表位移监测	GNSS 观测站、固定测钎
	内部位移监测	测斜仪、锚杆式伸长计
	分层沉降监测	沉降仪
	边坡地裂缝监测	单/多向测缝计、测距仪
	震动监测	微震仪、震动加速计
生态稳定性	植物光谱库建设	手持高光谱相机
	植物演替监测	固定植物样方
	土壤养分监测	固定土壤样方
	水土流失监测	水土流失监测仪
其他	区域气象	综合气象站
	实时视频监控	视频监控

地面勘察既是对空-天遥感监测结果精度的验证，也是对排土场地质灾害隐患与复合型土壤侵蚀的进一步精确核实与诊断，是确认或排查排土场生态功能问题的最终手段。

最后，以无人机三维模型为底图，以空-天-地多参数监测数据为基础，基于物联网建立监测云和解算云，将研究区生态功能状况进行耦合与显示，设置实时监测阈值（如边坡位移速率、地裂缝变化速率、降雨量等），从而根据多平台多参数进行生态功能状况的分析与判断，为研究区潜在边坡破坏的治理、水-土-植被调控配置提供依据。

10.1.3　研究方法与技术路线

为实现草原煤电基地排土场景观生态功能提升，通过时序遥感、无人机遥感、地面监测等技术实现排土场生态地质问题诊断，进而获取排土场潜在地质失稳及复合型土壤侵蚀发育规律，最后通过水-土-植被调控配置策略实现排土场生态地质稳定性提升目标。技术路线图如图 10-2 所示。

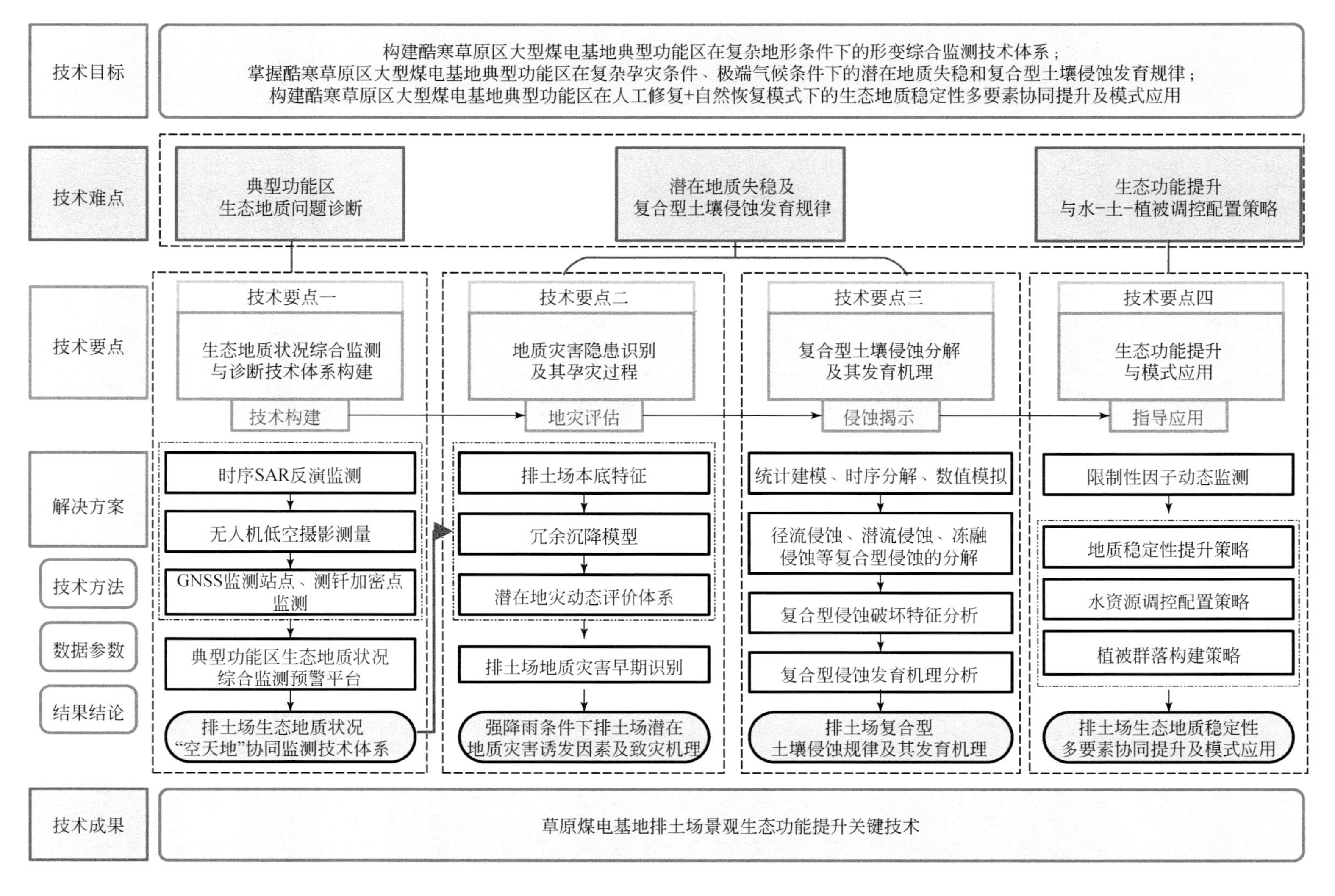
技术目标
构建酷寒草原区大型煤电基地典型功能区在复杂地形条件下的形变综合监测技术体系；
掌握酷寒草原区大型煤电基地典型功能区在复杂孕灾条件、极端气候条件下的潜在地质失稳和复合型土壤侵蚀发育规律；
构建酷寒草原区大型煤电基地典型功能区在人工修复+自然恢复模式下的生态地质稳定性多要素协同提升及模式应用
技术难点
典型功能区
生态地质问题诊断
潜在地质失稳及
复合型土壤侵蚀发育规律
生态功能提升
与水-土-植被调控配置策略
技术要点
技术要点一
生态地质状况综合监测
与诊断技术体系构建
技术构建
技术要点二
地质灾害隐患识别
及其孕灾过程
地灾评估
技术要点三
复合型土壤侵蚀分解
及其发育机理
侵蚀揭示
技术要点四
生态功能提升
与模式应用
指导应用
解决方案
技术方法
数据参数
结果结论
时序SAR反演监测
无人机低空摄影测量
GNSS监测站点、测钎加密点监测
典型功能区生态地质状况
综合监测预警平台
排土场生态地质状况
"空天地"协同监测技术体系
排土场本底特征
冗余沉降模型
潜在地灾动态评价体系
排土场地质灾害早期识别
强降雨条件下排土场潜在
地质灾害诱发因素及致灾机理
统计建模、时序分解、数值模拟
径流侵蚀、潜流侵蚀、冻融
侵蚀等复合型侵蚀的分解
复合型侵蚀破坏特征分析
复合型侵蚀发育机理分析
排土场复合型
土壤侵蚀规律及其发育机理
限制性因子动态监测
地质稳定性提升策略
水资源调控配置策略
植被群落构建策略
排土场生态地质稳定性
多要素协同提升及模式应用
技术成果
草原煤电基地排土场景观生态功能提升关键技术

图10-2　技术路线图

10.2 草原煤电基地排土场水土保持功能提升

10.2.1 草原煤电基地排土场景观的水土保持功能提升难点

大型煤电基地排土场景观在永久改变地貌的同时，也形成了空间异质性极强的区域立地条件，对局部生态系统造成强烈扰动。尤其在生态脆弱的草原地区，破坏后重建生境难以维持植被的恢复与演替，想要再次形成稳定的生态系统需长时间的土壤、植被的自然演替过程。因此排土场在生态环境恢复过程中，呈现一系列新的生态环境问题，基于上述草原煤电基地排土场生态功能问题立体协同监测技术，对排土场生态功能问题有了深入的认识。

1. 边坡松散基质稳定性难以控制

在露天矿生产中，土方工程是将自然地貌下的表土进行挖掘、剥离、运输、排弃、堆积的过程，形成大型人工堆积体即为排土场。通常情况下，露天矿大型排土场呈多级阶梯状，相对高度在几十到一百多米，成为永久矿业遗迹。在排土场堆存过程中，由于采用大型机械进行土石分层混排的生产工艺，使排土场出现压实度差异性大，异质性强的问题，其人工混排结构与原状自然地层差异巨大，其地质稳定性也不同于一般自然岩土边坡，因而地质稳定性的研究方法与传统岩土边坡分析方法不同。目前针对排土场地质稳定性的研究工作远没有达到传统岩土边坡地质稳定性的研究程度。

排土场自身地质稳定性不高，其松散土地不仅在重力作用下固结压密而造成大面积地面不均匀下沉，即固结沉降（consolidation settlement），而且在外界（如暴雨等）附加扰动下，更是会出现如边坡浅层滑坡发育［图 10-3（a）］、冲沟发育［图 10-3（b）］、侵蚀溶洞发育［图 10-3（c）］、地裂缝发育［图 10-3（d）］、潜蚀塌陷坑发育［图 10-3（f）］等各类环境地质问题，严重威胁着排土场的生态安全。

2. 稀缺水土资源难以保持

排土场堆存岩土主要来自第四系松散岩组的混合，地表覆盖厚度数十厘米至数米不等的腐殖土、黏土、沙土等。由于地表覆盖厚度及覆盖物的不同，导致表土渗透率异质性强，雨季降水不仅形成地表径流，同时雨水汇集会沿裂缝流动，形成内部渗流、暗涌等，极易造成土壤侵蚀、滑坡等自然灾害。

此外，研究区处于半干旱生态脆弱区，采矿活动对环境造成了一定破坏，排土场简单粗犷的堆存方式无法形成稳定的隔水层及保水层，水源涵养能力较扰动前大幅下降，区内可供生态利用的有效降雨量远低于实际降雨量。加之研究区降水资源时空分布极不均衡，存在“水不够，还保不住”的矛盾，雨季短时集中强降雨在增加坡体自重的同时，也降低了土体强度，雨水汇流后在坡面形成临时性地表径流和内部渗流，导致降雨资源不仅未能被保留并利用，反而成为造成排土场边坡失稳及水土壤侵蚀的主要诱因；非雨季降水量少、蒸发量大，植被难以获取水分补充，长期处于干旱胁迫状态。除雨季受到径流侵蚀

图 10-3　宝煤北排土场各类地质失稳与土壤侵蚀示意图

外，地处酷寒区的研究区还会在初春受到冻融侵蚀，排土场表土在反复冻-融循环的状态下黏聚力降低，加速侵蚀沟的宽向发育。

3. 重建植被群落难以自维持

由于排土场的地质体稳定性差与水土资源保持能力低，其无法为重建植被提供良好的生境。此外，开采活动在破坏原有耕植层的同时，将原本深埋地下的土层挖掘并重新堆存在地表，在北方独特的水分和温度环境下，土壤中生物活性长期处于较低水平，导致难以形成适宜植被恢复的土壤环境。在多重因素共同作用下，复垦生境形成了限制植物生长和发育的环境因子，超出了自然系统的调节能力和物种的适应能力，进一步加大了景观生态功能提升难度。人工重建植被虽能在短时间内起到较好的视觉效果，但在一定时间内难以摆脱生物多样性低、植被结构差、维护成本高的状态，整体生态功能依然低下。

综合以上不难看出，除排土场自身特殊地质结构和土层构成外，诱发其景观生态问题的重要因素是水，雨季水多造成潜在地质失稳和土壤侵蚀，旱季水少导致植物群落难以维持，水的冻融循环加剧。因此控水是解决排土场景观生态问题的重要手段。

10. 2. 2 排土场松散边坡地质稳定性监测与治理

10. 2. 2. 1 潜在矿山地质灾害危害与防治原则

1. 潜在矿山地质灾害的类型与危害

矿山地质灾害是影响排土场景观生态功能提升的最大威胁之一，一般有排土场滑坡、泥石流、地面沉降、地裂缝、地面塌陷等，根据煤电基地排土场现状，存在以下几种潜在矿山地质灾害威胁：

（1）滑坡：滑坡灾害（landslide）指斜坡上的岩土体由于种种原因，在重力的作用下沿一定的软弱面（或软弱带）整体向下滑动的现象。排土场滑坡是矿山地质灾害中破坏性最强、危害性最大的一种。同时由于排土场边坡滑坡发生前隐秘性强，一旦灾害发生极易造成严重后果，严重威胁着矿区生产安全和排土场生态安全。目前，我国因矿山开采导致的滑坡灾害达1200多起。浅层滑坡会破坏地表植被及表层腐殖土，造成严重水分入渗和水土流失。图10-4为宝日希勒露天煤矿北排土场部分区域浅层滑坡发育示意图。

图10-4 煤电基地排土场边坡多处浅层滑坡发育

（2）地裂缝：地裂缝（surface crack）是在坡体内外应力共同作用下，浅层岩土被破坏而形成的宏观裂隙，主要发育位置为土层裂隙或断层处。排土场地裂缝是露天矿山地质灾害中分布最广、数量最多的一种，其一般有重力导致的拉伸型裂缝和不均匀沉降导致的塌陷型裂缝两种。拉伸型裂缝大多位于平台上，平行于等高线分布，长度数米到数百米不等，开口宽度一般15~20cm［图10-5（a）］；塌陷型裂缝分布无明显规律，与非均匀沉降关系密切［图10-5（b）］。地裂缝破坏了排土场坡体的连续性，形成的地表径流与溶质运移的优先流现象破坏边坡稳定性，增加其发生滑坡、崩塌、泥石流等大型矿山地质灾害的风险，对矿山地质环境造成较大威胁。同时，地裂缝也会造成地表水肥流失，进一步加剧了限制植物生长和发育的环境因子，使本就贫瘠的生境更加难以修复，土地生态安全问题更加突出。

（3）地面塌陷：地面塌陷（sinkhole collapse）是地表岩土体在外力作用遭到破坏而下

图 10-5　煤电基地排土场边坡地裂缝发育

向下陷落，并在地面形成塌陷坑（洞）的一种现象。排土场因自身松散、压实不均匀，内部孔隙较多，存在较多漏洞隐患。漏洞隐患会增加雨水入渗与侵蚀，进而增加排土场发生塌陷、滑坡的可能性。图 10-6 为宝日希勒露天煤矿北排土场部分区域浅层滑坡发育示意图。

图 10-6　煤电基地排土场地面塌陷发育

2. 潜在矿山地质灾害的防治原则

煤电基地排土场地质灾害要以防为主，对于规划新建排土场，预防矿山地质灾害综合考虑排土场地基强度和排弃工艺、岩土松散体力学性质和理化性质、当地水文地质条件和气象气候条件等，同时还要辅助以工程排水和固坡措施，进而从源头上杜绝大规模矿山地质灾害发生的可能。

对于现存排土场，其往往面临堆存时间久、地灾隐患多、治理难度大等问题。对于这类矿山地质灾害，要以限制灾害源为基本原则，即限制致灾因子、消除或减弱地灾隐患活动体能量来源，进而解除或缓解地灾隐患威胁。

10.2.2.2　基于多源数据的排土场地质灾害识别提取技术

1. 合成孔径雷达地灾监测优势

对煤电基地排土场潜在地质灾害进行识别，并对其进行定期监测是对排土场景观生态功能提升的基本前提。传统水准测量和 GPS 等方法能够进行高精度的地面变形监测，但其数据在空间上和时间上均较为稀疏，无法定期评估排土场整体地质稳定性。与基于点的大地测量方法如水准测量和全球定位系统（GPS）相比，卫星合成孔径雷达干涉测量（InSAR）技术是一种基于卫星的遥感技术，具有高空间和时间分辨率，能够精确地量化地表形变，能够以一种省时省力的方式，在大范围内全天候监测精确的地表位移。

2. SBAS InSAR 方法与原理

基于分布式散射体特性的小基线集干涉测量（small baseline subset InSAR，SBAS InSAR）方法主要利用短时间和空间基线的干涉图，达到干涉最大化效果，可监测短时间内保持较高相干性的分布式目标。SBAS InSAR 基本原理是基于慢失相关滤波相位（slowly-decorrelating filtered phase，SDFP），获得的同一个区域的 SAR 数据按照空间基线组成多个集合，利用最小二乘方法分别得到每个集合的沉降时间序列，利用奇异值分解法（singular value decomposition，SVD）将多个集合联合求解，从而得到整个观测时间周期的形变时间序列、平均形变速率、位移时间序列等结果。其具体流程如图 10-7 所示。

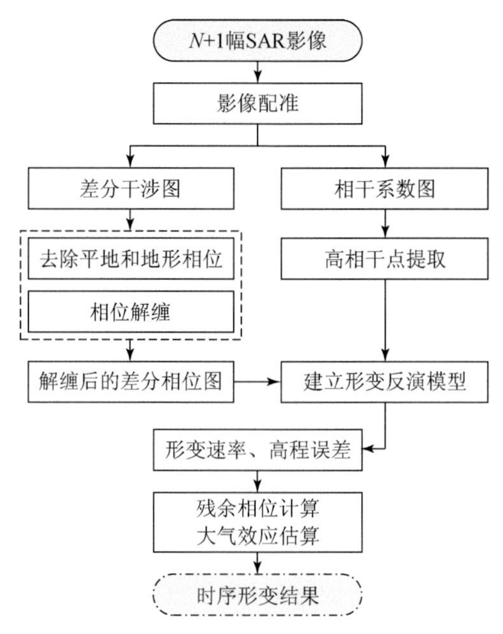

图 10-7　基于 SBAS InSAR 技术的排土场时序变形监测处理流程

其方法可简单概况为：①获取某区域内 N+1 幅 SAR 影像数据；②选取其中一幅影像数据为主影像，同时将其余影像配准到该主影像上；③设置时间基线和空间基线阈值，对 SAR 影像进行干涉对组合；④对差分干涉结果进行了相位解缠。

3. Sentinel-1 卫星参数简介

哨兵 1 号（Sentinel-1）卫星是欧洲航天局哥白尼计划中的地球观测卫星，该卫星在欧洲遥感 2 号卫星（European Remote Sensing Satellite 2，ERS-2）退役和欧洲环境卫星（Environmental Satellite，EnviSat）任务结束后提供 C 波段连续性。Sentinel-1 搭载了 C 波段 SAR 传感器，共有 4 种数据获取模式：条带模式 SM（stripmap model）、干涉宽幅模式 IW（interferometric wide swath）、极宽幅模式 EW（extra-wide swath）和波浪模式 WM（wave model）。Sentinel-1 具有较短的基线（即轨道间隔），其干涉宽幅模式 IW 是目前陆地观测常用采集模式，该模式基于 Terrain Observation with Progressive Scans SAR（TOPSAR）获取 3 个子条带。

TOPS 模式 SAR 影像由具有较大多普勒中心变化的突发信号组成，使得其在保证影像空间分辨率（5m×20m）、提高信噪比（signal-noise ratio，SNR）、分布目标模糊比（distributed target ambiguity ratio，DTAR）和覆盖范围（250km）的同时，还最大限度避免了扇形（scalloping）变形，进而保证整幅影像数据质量的均匀性。此外，Sentinel-1 轨道维护策略可确保准确的地面轨道重复性，从而确保将 InSAR 基线（即轨道间隔）缩短到 150m 左右。Sentinel-1 参数如表 10-2 所示。

表 10-2　Sentinel-1 参数

内容	参数	内容	参数	内容	参数
高度	693km	天线类型	开槽波导天线	占空比	Max 12%，SM 8.5%，IW 9%，EW 5%，WV 0.8%
倾角	98.18°	天线尺寸	12.3m×0.821m	噪声系数	3dB
运行周期	98.6min	方位角波束宽度	0.23°	带宽最大范围	100MHz
重访周期	12d	方位角光束转向范围	-0.9°～+0.9°	脉冲重复频率	1000～3000Hz（可编程）
中心频率	5.405GHz（波长～5.5465763cm）	高程光束宽度	3.43°	数据压缩状况	自适应动态量化
带宽	0～100MHz（可编程）	仰角转向范围	-13.0°～+12.3°	采样频率	300MHz
极化方式	HH + HV，VV + VH，VV，HH	射频峰值功率	-4.368kW，-4.075kW（IW，双极化）	姿态操纵	Zero-Doppler 转向及侧倾转向
入射角范围	20°～46°	脉冲宽度	5～100μs（可编程）		

4. 基于时序 InSAR 处理流程

在本书中，利用 TOPS Sentinel-1B 时序 SAR 影像数据对宝日希勒露天煤矿北排土场的时序形变进行监测，同时利用无人机摄影测量技术获取研究区高分辨率 DEM（8cm/pix），用来辅助干涉处理，去除地形起伏造成的误差。根据固结沉降引起的变形与堆积厚度之间的关系，区分排土场重力侵蚀（浅层滑坡、拉伸型地裂缝、边坡蠕动等）和非重力侵蚀（如水力侵蚀、冻融侵蚀等）导致的地表形变。通过对重力侵蚀变形和不同因素引起的土壤侵蚀变形的分析，确定了边坡失稳的潜在隐患点和土壤侵蚀的关键区域（Gong et al., 2021）。

1）Sentinel-1B 影像的获取及预处理

选用 Sentinel-1B IW 模式下的单视复数据（single look complex，SLC），极化方式为 VV 和 VH，其空间分辨率为 5m×20m。

2）地形辅助数据

露天煤矿在生产过程中，土方的剥离与堆排所形成的排土场使得局部地貌发生巨大的变化，原本矿坑的位置现在已经被剥离土方充填，并且堆存为高于地面 100m 的排土场。数据不仅分辨率较低，且采集时间均较早，无法准确展示研究区堆存地貌现状。使用无人机摄影测量技术获取研究区 DEM 能够更好地体现实际情况，将其作为 SBAS InSAR 地形辅助，属于运用于影像配准与辅助解缠。

3）GCPs 获取

在 SBAS InSAR 处理流程中，其地面形变计算基于相移转换中的地面控制点（GCPs）。因此，GCPs 的准确性与稳定性在很大程度上决定了 InSAR 监测结果的质量。确定 GCPs 有一些前提条件，如没有残留地形条纹、远离形变区等，因此一般在一些干涉条纹较宽（地形较平）、相干性较高等区域选择 GCPs。为了避免手动创建 GCPs 时的人为误差，可利用永久散射体干涉测量（permanent scatter InSAR，PS InSAR）技术，在其处理流程中会自动识别选择一些参考点（GCP 点），这些参考点会选择在形变小、相干性高的区域，基本也符合 SBAS 中 GCP 的选择要求。据此，使用该方法识别提取了 36 个 GCPs，其精度满足 SBAS InSAR 中对 GCPs 选择的要求。

4）处理流程及结果

图 10-8 总结了 SBAS InSAR 估算排土场定量变形的参数和处理步骤，同时使用精密轨道星历数据做轨道误差校正，并在去除轨道误差后进行干涉处理。

5）监测变形结果

基于 Sentinel-1B 数据集和高分辨率 DEM，获取研究区 2016 年 9 月到 2019 年 9 月的 LOS 时间序列结果。其中绝大多数区域地面已移离卫星，说明处于沉降变形中，其中时间序列日期为相对于图像的参考日期（20160924）的天数（图 10-9）。

10. 2. 3　排土场土壤复合侵蚀监测与治理

排土场不仅彻底改变了原有自然地貌的特征，而且对所在区域的降水等自然因素进行了重新分配、组合，这使得地处酷寒区的大型排土场受到多种侵蚀活动的共同作用。因此，厘清排土场复合型土壤侵蚀发育规律及其发育机理，是保障其生态功能的关键。

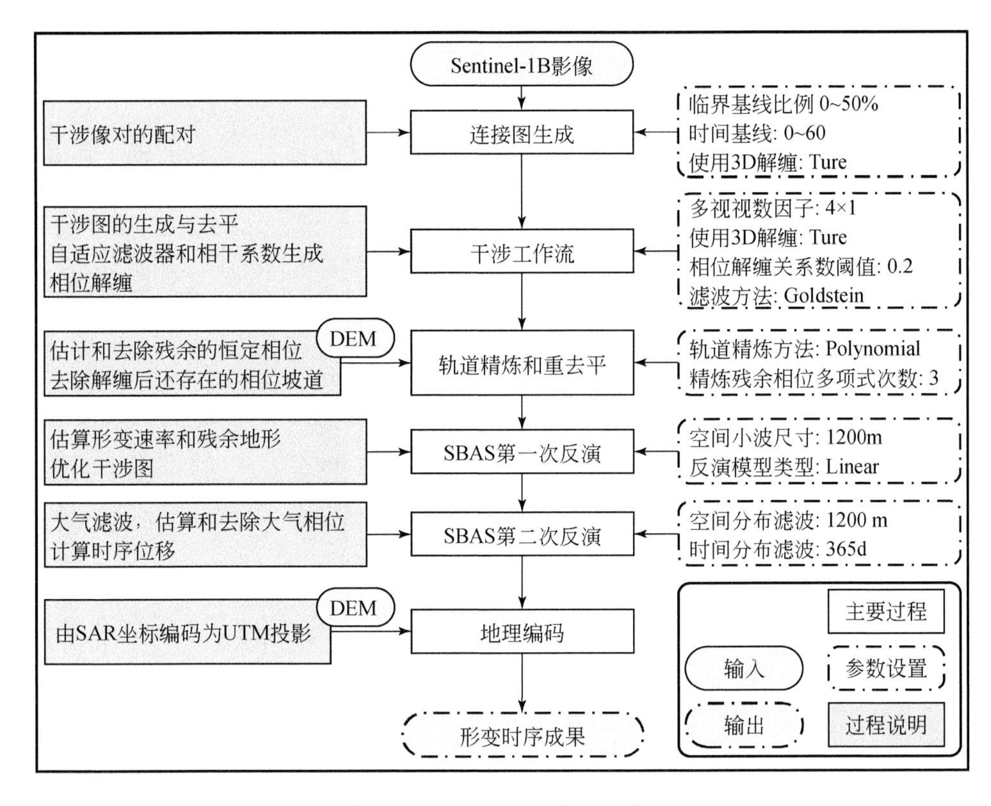

图 10-8　基于 SBAS InSAR 的排土场形变处理流程

1. 排土场土壤侵蚀类型

土壤侵蚀是土壤或下覆土体、岩屑、松软岩层等其他组成物质在重力、水力、风力、冻融、冰川运动等外营力作用下，被破坏、分离、剥蚀、搬运和沉积的过程。根据外营力不同，土壤侵蚀一般可分为重力侵蚀、水力侵蚀、风力侵蚀、冻融侵蚀和冰川侵蚀等（表10-3）。

表 10-3　土壤侵蚀的主要类型和表现形式

侵蚀类型	主要表现形式
重力侵蚀	滑坡、崩塌、泥石流、塌陷、泻溜、蠕动、雪崩等
水力侵蚀	溅蚀、面蚀、沟侵、淋溶侵蚀、渗流侵蚀、山洪侵蚀、波浪侵蚀等
风力侵蚀	吹移搬运：风扬、跃移、滚动
冻融侵蚀	冰冻风化、融冻泥流等
冰川侵蚀	拔蚀作用、磨蚀作用、冰楔作用、撞击作用等

根据布设在排土场顶部气象站监测结果统计，近3年研究区年平均风速4.2m/s（3级），年内日平均风速大于5m/s的天数达到120d以上，在4~5月和9~10月常见风速10m/s（6级）以上强风，加之4~5月为积雪融化后植被未生长期，9~10月为植被枯黄

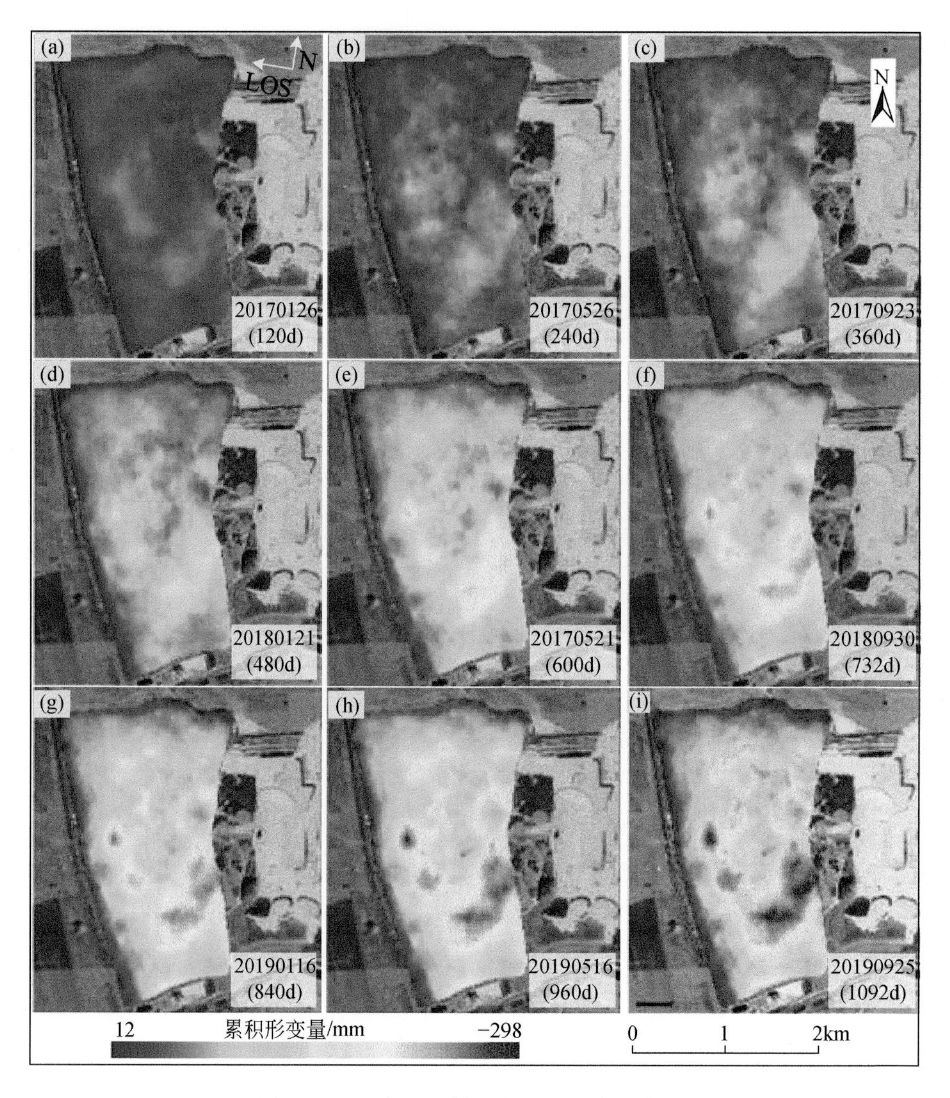

图 10-9　研究区整体垂向形变时序示意图

期，因此这两个时间段裸露在地表的排土场表土易受到风力侵蚀。研究区年平均降水量372mm，其中雨季（6～8 月）平均降雨量之和约占年平均降雨量 76.14%，且多以短时暴雨为主，是造成排土场水力侵蚀的主要因素。研究区为大陆性亚寒带气候，冻结期 160～180d，年平均气温-0.6℃，属于稀疏岛状多年冻土区，受冻融侵蚀影响显著。在上述几类土壤侵蚀发育过程中，重力侵蚀也会参与其中，进而形成复合、交替型侵蚀过程。

综上可知，研究区受到的土壤侵蚀主要为风力侵蚀、水力侵蚀、冻融侵蚀和重力侵蚀。其中，风力侵蚀可将各类侵蚀、风化物搬运至周边自然草原；水力侵蚀主要表现有地表径流侵蚀、表土界面以上的壤中流侵蚀和土体内部地下径流侵蚀（即渗流侵蚀）；冻融侵蚀则表现为有冻胀作用下的冻融风化和冻融循环下的融冻泥流；重力侵蚀则伴随以上几类侵蚀同时发生，主要表现有浅层滑坡（图 10-4）、地表塌陷（图 10-6）和边坡蠕动。

根据前文对排土场地表形变的检测与分类，通过栅格计算可统计研究区在监测时间范围内所受各类侵蚀总量 S 约为 $1.45\times10^5\text{m}^3$，平均侵蚀厚度为 20.4mm/a，平均侵蚀模数为 13235t/（km^2·a），达到极强烈等级（表 10-4）。

表 10-4　土壤侵蚀强度分级标准

级别	微度	轻度	中度	强度	极强度	剧烈
平均侵蚀模数 /[t/(km^2·a)]	<1000	1000～2500	2500～5000	5000～8000	8000～15000	>15000

2. 排土场土壤侵蚀分解

根据前文可知，利用 Sentinel-1B 数据所监测到排土场形变量可视为排土场固结沉降量（consolidation settlement）和土壤侵蚀剥蚀量（soil erosion）之和，即 $T=C+S$。固结沉降在整个研究区普遍存在，而土壤侵蚀只在部分区域发生，在无侵蚀发生区域 $S=0$ 时，则时序 TOPS Sentinel-1B 数据监测到的总垂直变形值 $T=C$。利用栅格计算将时序 TOPS Sentinel-1B 数据监测到的总垂直变形值 T 与土场固结沉降量 C 做差，即可获得土壤侵蚀 S 的分布。这其中，根据排土场所受侵蚀状况，土壤侵蚀量 S 可进一步分解为 4 类：①风力侵蚀（wind erosion），如对排土场表土的吹移和搬运导致的地表剥蚀量；②水力侵蚀（water erosion）S_2，地表径流侵蚀、表土壤中流侵蚀、土体内部渗流侵蚀等导致的冲蚀量；③冻融侵蚀（freeze-thaw erosion）S_3，冻融风化及融冻泥流导致的地面形变量；④重力侵蚀（gravity erosion）S_1，如浅层滑坡、地面沉降、边坡蠕动等导致的地面形变量。具体分解如下式所示：

$$S=S_1+S_2+S_3+S_4 \tag{10-1}$$

式中，S_1、S_2、S_3和 S_4分别表示由于风力侵蚀、水力侵蚀、冻融侵蚀及重力侵蚀所导致的排土场地表剥蚀量。

为了对排土场复合型土壤侵蚀发育规律及形成机理有进一步的认识，以及对其土壤侵蚀、水土流失进行针对性防治，将各类侵蚀 S_1、S_2、S_3和 S_4进一步分解出来尤为重要。由于研究区土壤侵蚀发育具有显著的时空发育特征，可以根据时序监测结果以及基本地貌特征对排土场土壤侵蚀进行类别分解。如图 10-10 所示，图中月均温度、月均降水量及每月内日均风速大于等于 5m/s 天数，均根据排土场设立气象站获取的近 3 年数据统计得到。可以看出，冻融侵蚀、风力侵蚀、水利侵蚀及重力侵蚀之间具有显著的时间交替发育顺序。因此以 Sentinel-1B 数据所监测到排土场时序形变为基础，结合气象数据及其他调查数据，可对各类侵蚀进行细化分解。各类侵蚀交替作用：风力侵蚀发育于 4～5 月和 9～10 月，水力侵蚀发育于 6～8 月，冻融侵蚀从 10 月开始一直延续至次年 4 月。各类侵蚀过渡期间还存在复合侵蚀效应，同时重力侵蚀也贯穿伴随于整个过程。

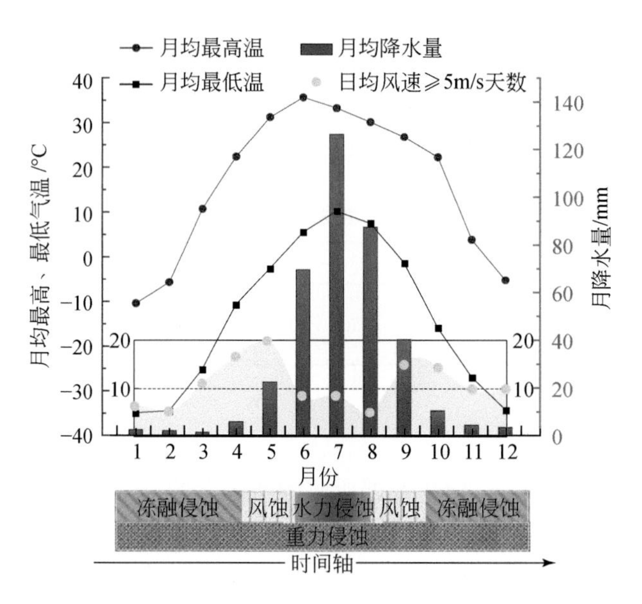

图 10-10 多种侵蚀的交替复合作用示意图

10.2.4 排土场水力侵蚀规律与治理

10.2.4.1 排土场水力侵蚀规律

1. 大气降水迁移路径

通常，大气降水到达地表后，有三种径流迁移方式，即汇集地表、浅层入渗和深层入渗，其分别对应地表径流（surface runoff）、壤中流（subsurface flow）和地下径流（groundwater runoff）（图 10-11）。大气降水迁移方式并非固定不变，除受土壤性质和降雨强度影响外，还与坡度、坡位及边坡汇水方式等因素有关，在多重因素共同作用下降水迁移方式之间可互相转换。图 10-11 简化示意边坡上 3 种降水迁移方式及路径。路径Ⅰ为地表径流，当降雨持续进行时，降雨速率大于入渗速率，无法入渗的降水堆积于地表，在重力作用下沿最大坡度向下流动，即形成地表径流。路径Ⅱ为壤中流，当降雨时间和强度进一步增大时，雨水入渗至表层土壤与深层土壤交界处，若深层土壤渗透系数小于表层土壤，则降水迁移路径Ⅰ的深层入渗路径会在不连续界面上受阻积蓄，形成暂时饱和带和侧向水力坡度，进而在渗透率更高的浅层土壤中沿最大坡度向下流动，形成壤中流。此外，壤中流在坡面断裂处或者拐点从表层涌出时形成回归流，之后转换为地表径流。路径Ⅲ为地下径流，其渗流水来源于直接降雨和上游地表径流（即路径Ⅰ），深层土壤渗透系数大于或等于表层土壤，渗流水继续入渗至深层土壤，最终形成地下径流。

2. 排土场水力破坏形式

不同降雨迁移方式均会对排土场边坡造成水力侵蚀破坏。地表径流对坡面造成持续冲

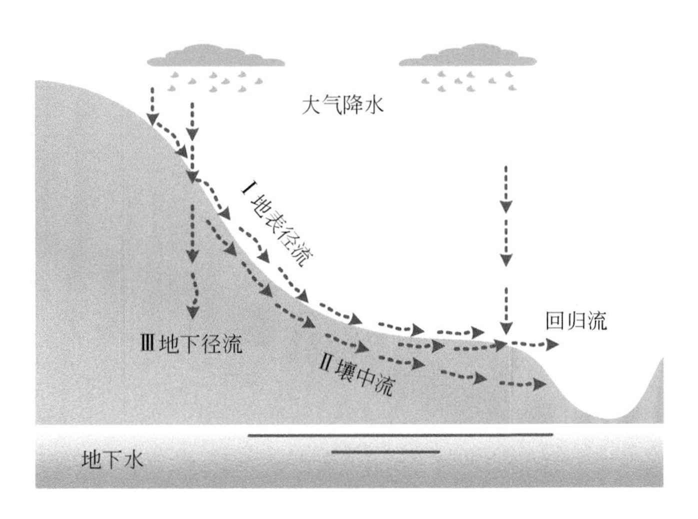

图 10-11　降水流动路径示意图

刷、剥蚀和搬运，而排土场松散堆积的特性使其在雨水冲刷和软化作用下，极易形成水土流失。壤中流在造成土层间界面以上形成饱和带和侧向水力坡度的同时，坡体自重增加、孔隙水压力增大、土壤凝聚力降低、基质吸力降低，进而导致边坡抗剪切能力下降，最终以回归流的形式在坡面断裂处或者拐点从表层涌出，造成边坡破坏和水土流失。排土场分层碾压堆砌及表土覆盖的施工工艺都为壤中流侵蚀提供了极佳的发育环境。地下径流则使排土场坡体内土壤受到静水浮力作用，将侵蚀并悬浮在水中的细小颗粒搬运走而形成内部渗流，内部渗流的持续侵蚀会形成内部导水通道，加之排土场因自身松散、压实不均匀，内部孔隙较多，地下径流会使得排土场内部物质流动和搬运，进而造成漏洞隐患。

壤中流侵蚀实质上是当表土与下层土之间形成壤中流后，坡体原本的静力状态将被打破，其饱和度陡然增加，坡面非饱和土的基质吸力会导致颗粒之间的内聚力下降。壤中流的形成是土体从非饱和到饱和的变化过程，同时伴有水在土体运动过程中驱替空气和孔隙的过程。

由于排土场地表覆盖厚度及覆盖物的不同，导致表土渗透率异质性强，雨季降水不仅形成地表径流，还会入渗形成壤中流。加之研究区年降雨量小、蒸发量大，表土常处于干燥缺水状态，雨季短时暴雨所形成的地表径流不多（取决于区域汇水能力），而坡面上更多的降水则会入渗形成壤中流。加之排土场特殊的堆砌工艺，使得排土场壤中流侵蚀广泛发育。因此在上述几类水力侵蚀中，壤中流侵蚀不仅破坏程度大，且破坏面相比较地表径流侵蚀和地下径流侵蚀更为广泛，已有学者针对壤中流对边坡的破坏特征展开一系列研究。

3. 排土场水力侵蚀发育规律

1）流固耦合模拟

流固耦合是研究变形固体在流场作用下的各种相互作用，是流体和固体领域问题的耦合。流固耦合问题一般分为流-固单向耦合和流-固双向耦合两类。流-固单向耦合是通过计算流体动力学（computational fluid dynamics，CFD）进行分析，提取出作用于固体表面的力，然后将其导入到结构分析中。在单向耦合中，结构分析的响应不会影响 CFD 分析。流-固双向耦合则考虑结构响应，更适合结构变形大、流场边界形貌及流场分布有明显变化的情况。

ABAQUS 有限元分析软件一直用于岩土工程的边坡稳定性和渗流分析，能够反映真实的土体性状，具有流固耦合模拟功能且后处理功能强大，其流固耦合模块更是适合用来模拟大气降水在土壤中流动的物理过程。国内外多位学者基于 ABAQUS 在降雨入渗过程、边坡稳定性评价等方面取得显著成果。基于宝煤排土场堆存现状，利用 ABAQUS 建立分层模型，模拟不同强度降雨条件下，对排土场不同坡度的边坡土壤侵蚀状况。

2）ABAQUS 建模与参数设置

（1）几何模型的建立

如上文所述，排土场堆存岩土主要来自腐殖土、黏质砂土、砂土、粉细砂、黏土、含砾黏土、亚黏土、泥砾及含砂砾石等第四系松散岩组的混合。为了方便后期的绿化，会将适宜植被生长的自然表土剥离并存储，在排土场堆排时会将砂砾岩等难以为植被提供适宜生境的岩土堆放在底部，再将厚度数十厘米至数米不等的腐殖土、黏土、沙土等覆盖于表面。如图 10-12 所示为宝煤北排某区域表层土壤典型剖面，最上层为厚度 0.2 ~ 0.5m 的腐殖土，下面为厚度约 0.5m 的黑黏土，再下层为厚度约 1m 的黏质砂土。

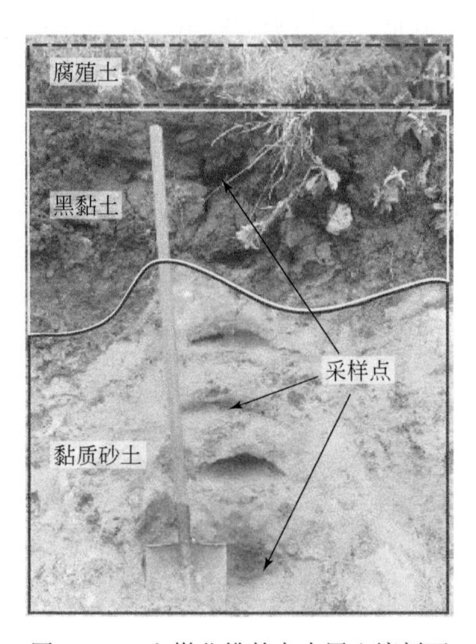

图 10-12　宝煤北排某点表层土壤剖面

在 ABAQUS 软件中首先需要定义基质吸力随土壤饱和度的变化以及渗透系数随饱和度的变化情况。由于黑黏土渗透率低、隔水性强，因此在覆盖有黑黏土的区域，大气降水不易下渗。为探究壤中流对边坡侵蚀破坏的机理过程，因此可简化模型为 2 层材料，即表层为腐殖土 0.3m，综合渗透系数约 3.5×10^{-5}m/h，下层为黏土，综合渗透系数约 4×10^{-11}m/h。坡体形态采用宝煤北排土场的典型构型，坡面角 25° ~ 40°，台阶高 25m，如图 10-13 所示。

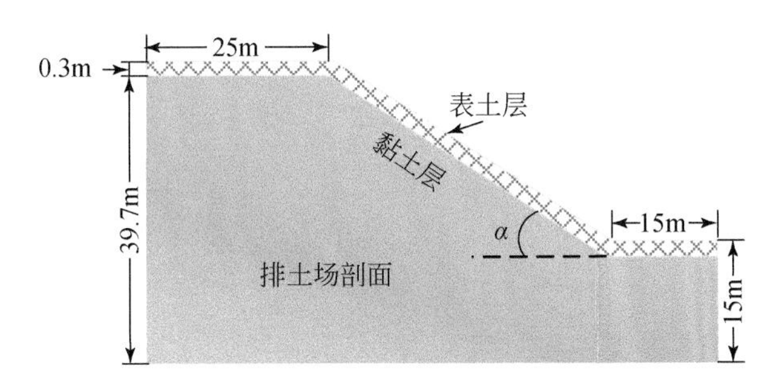

图 10-13 排土场初始模型台阶剖面示意图

（2）定义土体破坏准则

当土体中某点剪应力等于土的抗剪强度时，该点即处于濒于破坏的“极限平衡状态”。利用库仑方程可得到土体遭到破坏的临界强度极限，即土体中某点的临界抗剪强度。

$$\tau_f = c + \sigma \tan\varphi \tag{10-2}$$

其中，τ_f为抗剪强度参数，c是土的黏聚力；σ为剪切破坏面上的法向压应力；φ为土的内摩擦角。

（3）建立初始状态

在进行降雨条件对壤中流的形成及其对边坡的侵蚀情况分析之前，需对土体进行初始应力的平衡，包括建立简化模型、设置材料属性定义渗透折减系数与饱和度的关系，以及定义孔压与饱和度的关系、定义载荷、定义边界条件、输出应力条件等。

（4）建立降雨模型

宝煤所在区域年降水时空分布极其不均，结合气象数据，考虑一般情况和极端情况下的降雨情况，分别取2mm/h、5mm/h、10mm/h、20mm/h 4个梯度的大气降水作为基础降雨强度。同时，结合区域降水特征，将降雨时长设为6h，降雨强度随时间呈先增强、再稳定、后减弱的趋势进行（图10-14）。

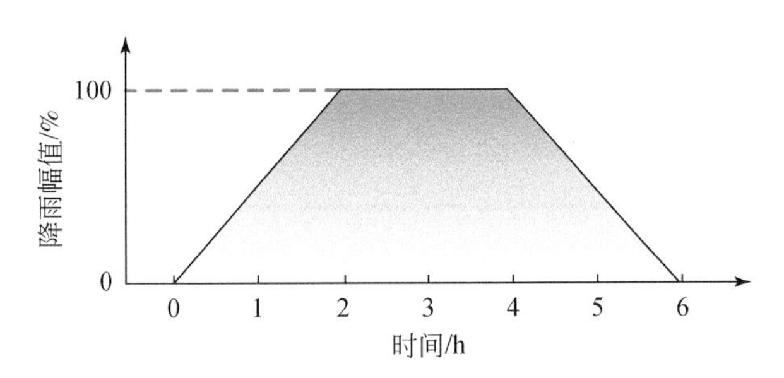

图 10-14 降雨强度与持续时间的对应关系

4. 排土场水力流侵蚀作用分析

土壤是否被侵蚀主要根据土粒运动轨迹以及水流强度来判断。由于ABAQUS软件是模拟连续介质，无法追踪单个土粒的运动轨迹，因此选用水流在土壤孔隙中的速度来判别土壤是否被侵蚀。水的流速越大，越容易对土壤骨架产生向外的作用力，导致土体孔隙度增大，结构变松散，同时速度越大能量越大，能带走的土粒就越多，土体就越容易被侵蚀。

1）降雨前表层土壤中水分运动情况

根据宝日希勒的降雨情况，其降雨强度随着月份的改变分布不均，分析 4 种降雨强度对表面流形成的影响以及表面流对边坡的侵蚀情况。以坡度角为 33°的边坡为例，应力平衡前［图 10-15（a）］后［图 10-15（b）］降雨前表土孔隙水均为以渗流为主的无规则运动，流速几乎为 0。堆积后由于土体受重力作用以及内部的应力作用，土体略有沉降，表面略有变形。

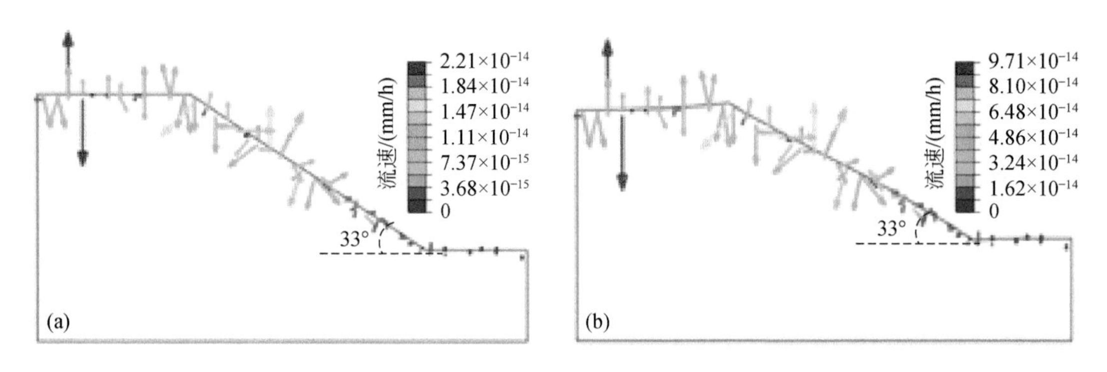

图 10-15　应力平衡前后土壤表层孔隙中水的分布

2）壤中流的来水与退水

在有限元模拟中，土体被视为连续性介质而无法追踪土粒的剥离、运动轨迹，因此可用孔隙流速向量来判断壤中流侵蚀发育状况，孔隙流速等于真实速度与孔隙度的乘积，孔隙度越大，流动速度越接近真实速度，因此可用流速值及流动持续时长来表征土体侵蚀程度。

以 2mm/h 降雨强度按图 10-10 降雨幅值曲线施加于 33°边坡。如图 10-16（a）所示，当降雨开始约 0. 25h 后，土层界面处形成壤中流，雨水汇集于表层，在坡降作用下雨水沿分界面向下流动。由于短时间内上游汇水聚集于坡面上部，造成壤中流流速峰值出现在坡面上部。如图 10-16（b）所示，雨水在重力作用下沿分界面向下流动，流速增幅显著增大，当降雨持续约 5. 2h 后边坡中部壤中流流速到达峰值，过程中同时伴随少量雨水渗入深层。如图 10-16（c）所示，降雨结束 24h 后降水大量渗入下层，此时入渗作用对流速阻力大于重力作用，壤中流流速逐渐降低。如图 10-16（d）所示，降雨结束 72h 后壤中流流速持续下降，最大流速位于坡脚处且呈向外扩散趋势，大部分雨水渗入到下层土壤，壤中流几乎消失。

总体而言，随着时间推移，壤中流经历了一个先增大再减小的过程，降雨初期壤中流就已经形成，在降雨后期壤中流速度达到峰值，降雨结束后逐渐减小直至消失。

5. 壤中流侵蚀发育规律模拟

1）壤中流侵蚀时空发育模拟

如前文所述，壤中流流速越大则动能越大，对边坡造成的侵蚀破坏越严重，因此可利

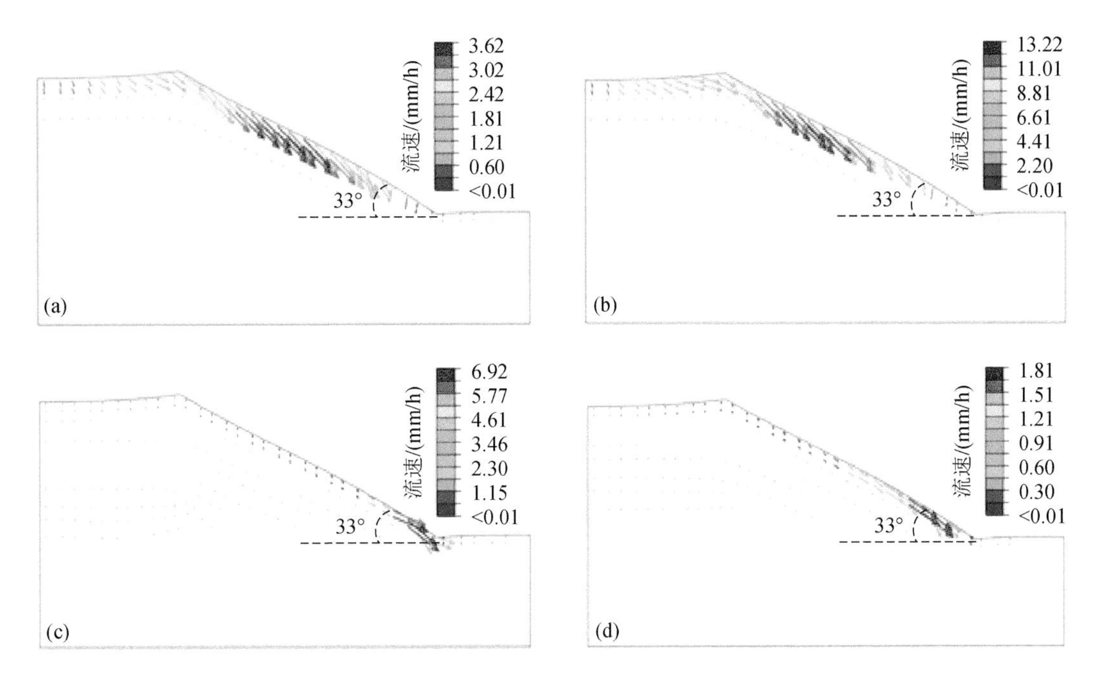

图 10-16　以 2mm/h 降雨施加于 33°边坡壤中流状况

用提取模拟过程中流速峰值位置来判定壤中流侵蚀与破坏过程。如图 10-17 所示，在排土场边坡自上而下设置顶部、上部、中部、下部和底部共计 5 个检测点，分别模拟不同坡度、不同降雨强度下壤中流发育特征。

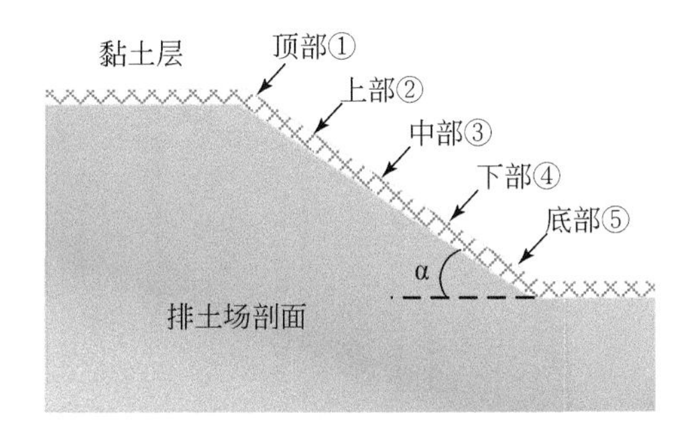

图 10-17　排土场坡面检测点设置

（1）25°边坡不同降雨强度下壤中流发育特征

分别以 2mm/h 和 5mm/h 降雨强度按图 10-14 降雨幅值曲线施加于 25°边坡，边坡不同部位监测点流速随时间的变化曲线如图 10-18 所示。

可以看出，在 2mm/h 和 5mm/h 的降雨强度下，25°边坡坡面上部和中部均出现壤中流峰值，峰值流速分别为 13mm/h 和 14mm/h，二者达到峰值时间接近；在 2mm/h 的降雨强度下壤中流流速达到峰值后迅速下降，在约 50h 时趋近于 0，而 5mm/h 的降雨强度下壤中流维持较长时间的高速流动。

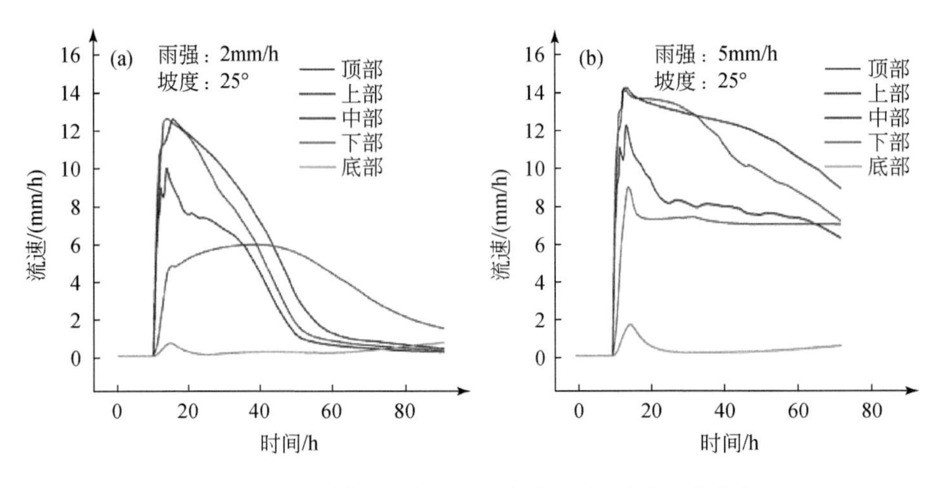

图 10-18　不同降雨强度下 25°边坡监测点流速变化曲线

（2）30°边坡不同降雨强度下壤中流发育特征

分别以 2mm/h 和 5mm/h 降雨强度按图 10-14 降雨幅值曲线施加于 30°边坡，边坡不同部位监测点流速随时间的变化曲线如图 10-19 所示。

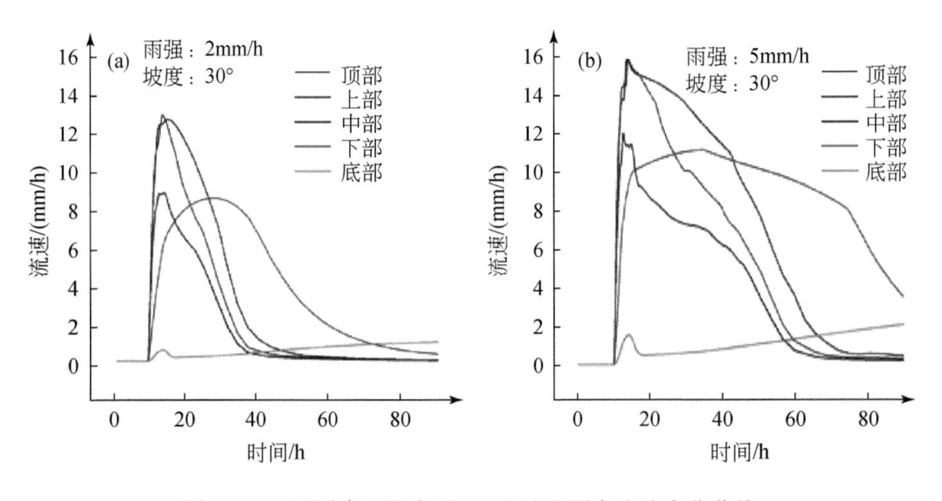

图 10-19　不同降雨强度下 30°边坡监测点流速变化曲线

可以看出，在 2mm/h 和 5mm/h 的降雨强度下，30°边坡坡面上部和中部均出现壤中流峰值，流速峰值分别为 13mm/h 和 16mm/h，二者达到峰值时间接近；在 2mm/h 的降雨强度下壤中流流速达到峰值后迅速下降，在约 38h 时趋近于 0，而 5mm/h 的降雨强度下壤中流不仅流速峰值显著高于前者，而且维持较长时间的高速流动，在约 58h 处壤中流流速趋近于 0。

（3）33°边坡不同降雨强度下壤中流发育特征

分别以 2mm/h 和 5mm/h 降雨强度按图 10-14 降雨幅值曲线施加于 33°边坡，边坡不同部位监测点流速随时间的变化曲线如图 10-20 所示。

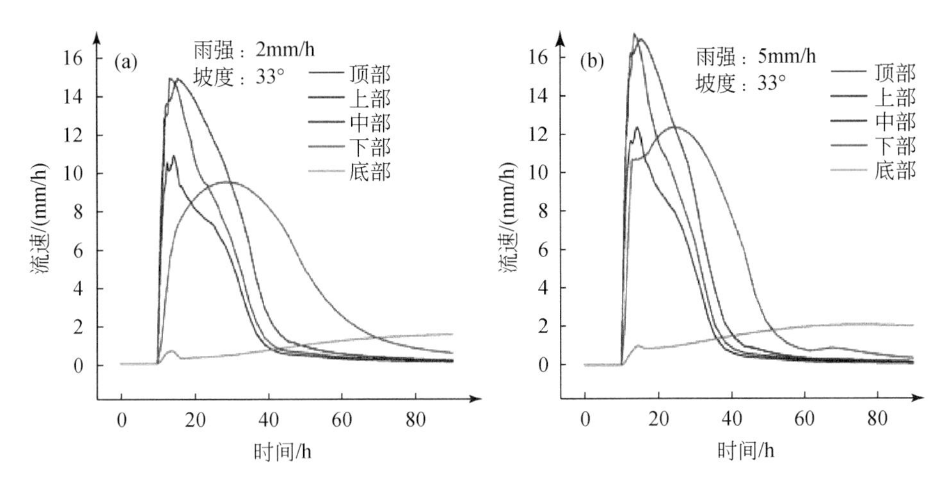

图 10-20 不同降雨强度下 33°边坡监测点流速变化曲线

可以看出，在2mm/h 和5mm/h 的降雨强度下，33°边坡坡面上部和中部均出现壤中流峰值，流速峰值分别为15mm/h 和 17mm/h，二者达到峰值时间接近，且壤中流流速达到峰值后均迅速下降，在约38h 时趋近于0。

（4）40°边坡不同降雨强度下壤中流发育特征

分别以2mm/h 和5mm/h 降雨强度按图10-14 降雨幅值曲线施加于40°边坡，边坡不同部位监测点流速随时间的变化曲线如图10-21 所示。

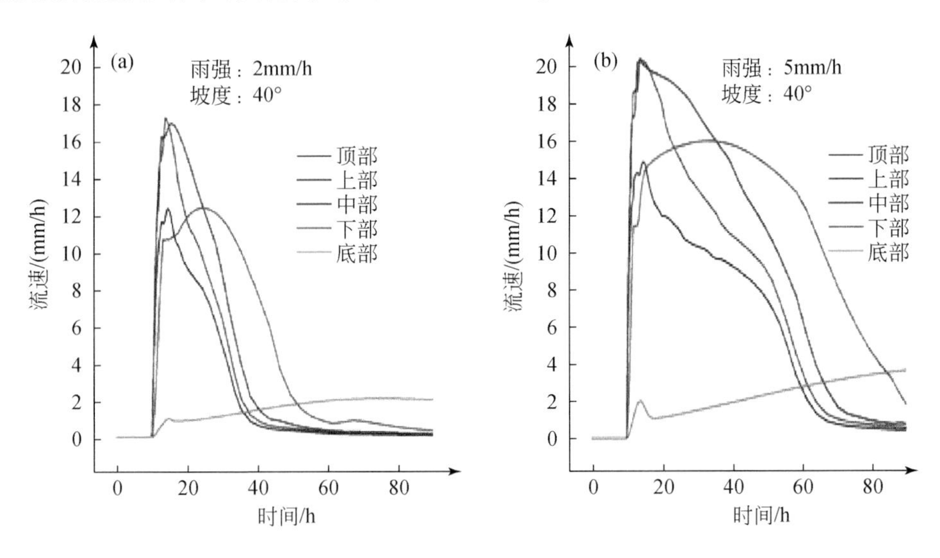

图 10-21 不同降雨强度下 40°边坡监测点流速变化曲线

可以看出，在2mm/h 和5mm/h 的降雨强度下，40°边坡坡面上部和中部均出现壤中流峰值，流速峰值分别为17.5mm/h 和20.5mm/h，二者达到峰值时间接近，在2mm/h 的降雨强度下壤中流流速达到峰值后迅速下降，在约38h 时趋近于0，而5mm/h 的降雨强度下壤中流不仅流速峰值显著高于前者，而且维持较长时间的高速流动，在约58h处壤中流流速趋近于0。

2）壤中流侵蚀作用规律

坡面侵蚀受坡度的影响较大，设定2mm/h降雨强度按图10-14降雨幅值曲线施加于不同坡度边坡上，边坡不同部位监测点流速随时间的变化曲线如图10-22所示。

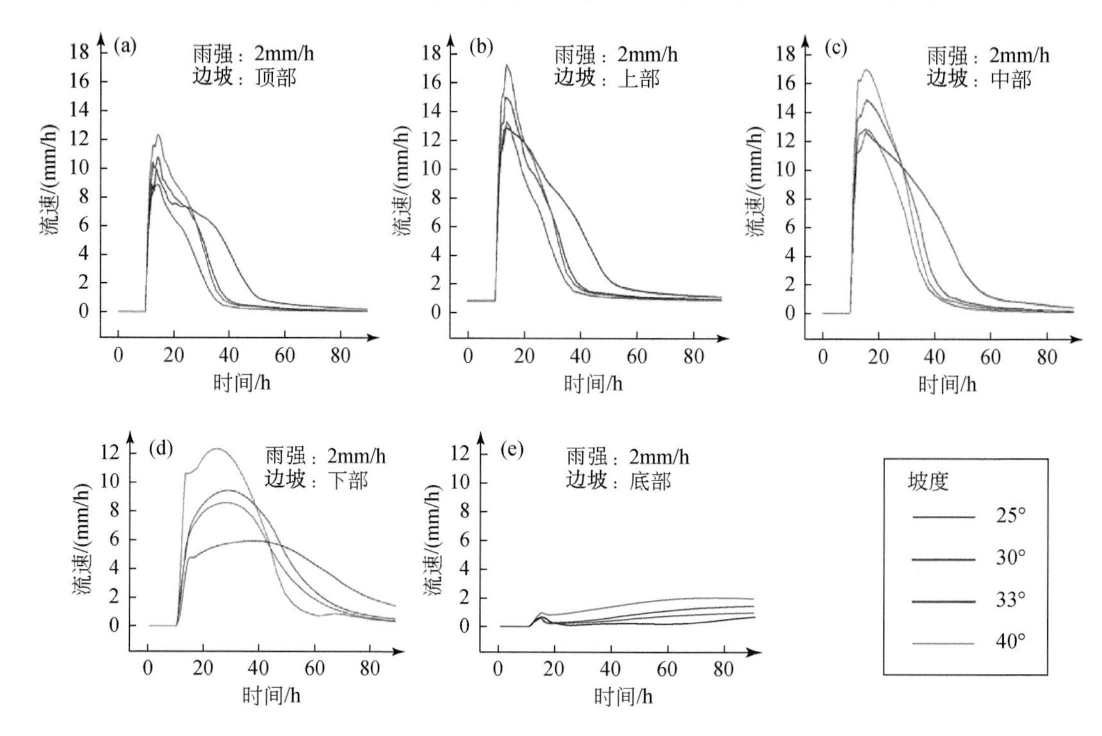

图10-22　2mm/h降雨强度及不同坡度下壤中流流速变化曲线

降雨从第10小时开始后共持续6h，可以看出在降雨中及降雨结束后，边坡不同部位壤中流随时间变化出现不同规律，整体而言，壤中流流速随着坡度增大而增大，受影响最大的为边坡的上部和中部，持续时间最长的为边坡下部，边坡底部壤中流流速最慢。

综合以上可以看出，在不同降雨强度和坡度下，边坡壤中流均有不同程度的发育，从降雨初期即开始发育于边坡中部和上部，随着降雨时间持续流速逐渐增大；总体上降雨强度越大壤中流流速峰值越高、流速下降越缓慢，一般在降雨中期及后期达到峰值，随着降雨停止流速逐渐减小，直至消失。

2. 排土场水力侵蚀工程治理

1）保水控蚀系统关键区域选址

利用已采集的排土场航拍数据，可获得排土场精细地形及水文网数据，在ArcGIS中利用“空间分析”－“水文分析”工具进行处理。在获取排土场精细水文网的基础上可得到排土场坡顶每块子区域的汇水趋势。

继续通过“盆域分析”工具识别出其每个子区域汇水情况。再通过排土场所在地区历年降水情况及排土场土质入渗情况，最终确定在雨季强降雨情况下每个子区域的汇水面积，进而为确定每个“潜流湿地”－“植物塘”－“植物沟”系统提供基础数据。

草原矿区露天开采使原始景观生态环境遭到严重破坏，原地貌景观完全摧毁，形成大规模人造堆积地质体–排土场体景观；重型机械不规律作业，造成排土场土体异质性严重；进而造成排土场易受水力重力多力场复合侵蚀，受损植被功能难以恢复，极端天气条件下，强烈干湿循环与土体矿物质胀缩效应的联合作用下，排土场岩土侵蚀加剧，因而有必要对排土场重点侵蚀严重的区域进行景观基质–土地介质的功能恢复与提升。

研究区域为半干旱典型生态脆弱区，多年以来人为工矿业扰动强烈，加之受自然条件影响造成水土流失严重，景观生态基质稳定性差，进而引起区域性大范围景观生态功能退化与失稳。因此，景观生态基质，特别是露天煤矿开采扰动造成的人工景观与人造地质体的基质改良、稳定以及提高抗自然侵蚀能力是景观生态功能恢复与提升的基础。该技术实施的思路在于在对关键重侵蚀区域的侵蚀机理、规律识别与掌握的基础上，通过对介质土体抗渗、保水、抗表面径流侵蚀能力的协同改良，达到重度侵蚀区域景观基质功能协同恢复与提升的目的。

在此基础上，同时基于自然山体边坡地形特征设计的排土场边坡符合当地气候条件下的流域地貌特征，能够保持长期的稳定性，同时基于当地自然植被特征构建的植被体系也能与周边景观融为一体，符合景观美学、景观生态学的要求，构建出与自然环境协调，具有良好水土保持能力，同时兼具美学价值的长期稳定边坡。

利用无人机遥感技术，对排土场及周边地区进行精细航拍，获取其高精度（厘米级）地形及水文网数据。根据地形及水文网对矿区进行三维建模。利用精细三维模型，可统筹直观了解矿区复杂的地形条件，便于对排土场坡度、侵蚀沟形态及发育程度进行直观了解与定量计算，同时可对排土场侵蚀量进行时空模拟。利用 ArcGIS 空间分析和水文分析工具提取最佳关键区，为示范工程选址提供依据。

2）保水控蚀能力的调控与提升

（1）背景

露天煤矿排土场堆存过程中，由于采用大型机械土石混排的生产工艺，使排土场出现异质性强、非均匀沉降等问题。地表覆盖物渗透率异质性强，雨季降水不仅形成地表径流，同时雨水汇集会沿裂缝向下入渗，形成内部渗流和暗涌通道，极易造成土壤侵蚀、滑坡等自然灾害。

（2）总体思想

排土场水资源调控是以提升排土场生态功能为前提，综合采用“渗、导、蓄、净、用、排”等工程技术措施，将排土场建设成为具有“自然积存、自然渗透、自然净化、科学利用”功能的生态源地，旨在解决排土场雨水径流控制、雨洪资源存储、矿坑水体净化、水资源科学利用等问题。

针对排土场水资源难以保存、水肥流失严重、雨季强降雨威胁坡体地质安全、旱季复垦植被长期处于干旱胁迫状态且难以自维持的问题，研发了排土场集控水、集水、用水为一体的分布式保水控蚀技术，在实现排土场水资源高效利用的同时，降低了水肥流失，增加了坡体地质稳定性，为生态功能提升提供了基础。

（3）目标与技术

为达到阻断降雨向排土场边坡汇水导致水土流失，提高雨水利用率，降低浇灌维护成本的目的，借鉴低影响开发策略（low impact development），采用自然恢复与人工辅助恢复相结合、生物措施与工程措施相结合，遵循截流、保边护底，以增加植被、控制水土流失、改善生态系统为核心的调控原则；通过不同坡位、不同植物配置、不同水流路径优化控制地表径流；通过在关键地段建立以分布式保水控蚀系统等地表蓄水与释水设施为主体的排土场水土物质流控制系统，以减少地表径流提高水资源生态利用效率，提升排土场植被系统自维持性水平。基于地表潜在汇水区与径流路径分析，确定在雨季强降雨情况下每个子区域的汇水面积，进而确定每个“潜流湿地”－“植物塘”－“植物沟”系统，可在达到蓄水、护土的同时，提升排土场生态地质稳定性。

通过分布式保水控蚀系统可将地表径流蓄积起来，通过湿地、植物塘防止径流和蒸发损失；加强土壤培肥，提高土壤水分利用率，特别是深层水分的利用率；通过雨水集蓄和智能灌溉技术，在不同植物需水关键期进行节水补灌，提高水分生产率。

（4）关键单元技术参数

利用无人机低空摄影测量获取排土场整体厘米级地形数据，利用水文分析工具提取排土场坡顶平台及边坡精细水文网及汇水区。同时，结合统计的排土场所在地区降雨数据，计算汇水区潜在储水/持水能力及所在微流域面积，保证设计潜流湿地能抵御20年一遇暴雨量。在排土场顶部平台内部汇水区布置储水植物塘，在排土场顶部平台外围汇水区和边坡平台汇水区布置保水潜流湿地，储水植物塘与保水潜流湿地由导水植物沟相连通；分别在储水植物塘、保水潜流湿地和导水植物沟内种植适生植物。由以上步骤在排土场坡顶平台及边坡上设置分布式储水/持水/导水单元，可起到水土物质流控制作用。

其中，储水植物塘中心深度为2.2m，边坡比小于等于1∶3，储水植物塘与边坡底部使用黏土或土工布做防渗层，防渗层上覆盖0.5m厚腐殖土。保水潜流湿地深度为1.5m，边坡比小于等于1∶3，保水潜流湿地与边坡底部使用黏土或土工布做防渗层，底部防渗层往上依次填充细沙或粉煤灰垫层0.2m、粒径32～64mm的砾石或煤矸石0.4m、粒径16～32mm的砾石或煤矸石0.2m、粒径5～16mm的砾石或煤矸石0.2m、腐殖土0.4～0.5m；保水潜流湿地最终标高与周围持平或略低（图10-23）。

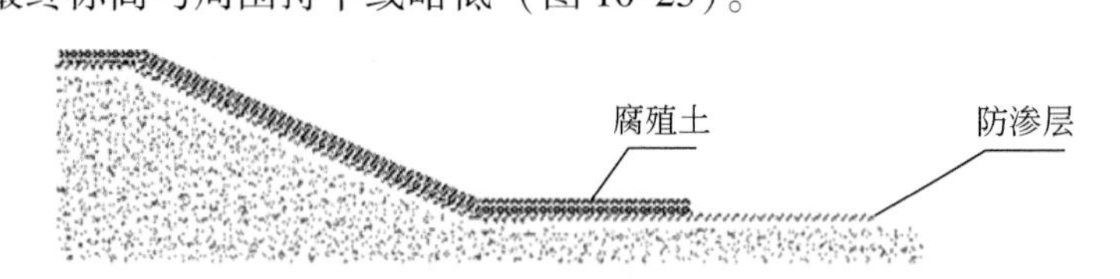

图10-23　储水植物塘剖面示意图

导水植物沟布置在已有水文网的位置，可随着重力流进行导水。植物沟剖面呈倒梯形，深度为1.5m，导水植物沟沟底与边坡底部使用黏土或土工布做防渗层，底部防渗层往上依次填充细沙或粉煤灰垫层0.2m、粒径32～64mm的砾石或煤矸石0.4m、粒径16～32mm的砾石或煤矸石0.2m、粒径5～16mm的砾石或煤矸石0.2m、腐殖土0.4～0.5m；保水潜流湿地最终标比周围略低。排土场顶部外围保水潜流湿地与顶部边缘线之间设置安全距离，长度为 50 ~ 80m（图 10-24）。

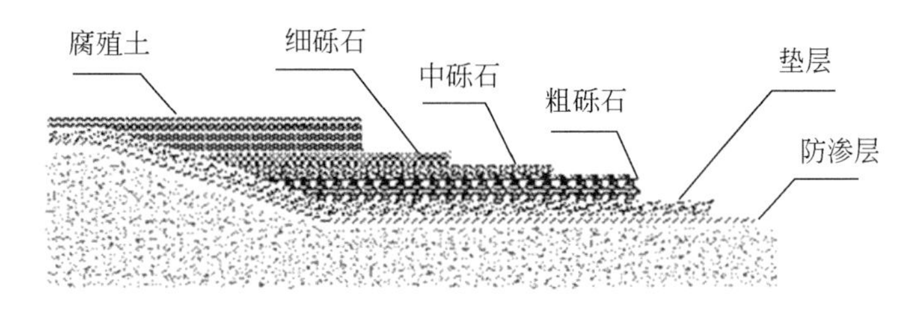

图 10-24　保水潜流湿地剖面示意图

本方案利用已有微地貌及水流特征，在北方露天煤矿排土场顶部平台设置分布式储水植物塘、保水潜流湿地等若干个蓄水单元，再通过导水植物沟将微流域内降雨导入蓄水单元；合理控制、分配降雨资源，有效防止降雨形成侵蚀性坡面径流、地下渗流、暗涌等，在确保排土场边坡稳定性与减少水土流失的同时，更加高效地利用有限的水资源，起到排土场水土物质流控制作用，同时可有效存储短时过多疏干水，供缺水时使用。

10.3　草原煤电基地排土场重建植被群落优化配置

对于已完成植被恢复的草原煤电基地排土场，对其重建植被群落进行优化配置，有利于其景观生态功能的快速提升。首先利用无人机采集排土场的遥感影像，建立矿区典型植被波谱库，运用波谱识别实现排土场植被的分类识别，为判断排土场演替进程提供技术支撑。其次，在植被分类结果基础上研究其植被科属组成、结构及优势物种变化，研究不同恢复期下的植物演替情况，分析不同立地条件植被配置，为典型草原矿区排土场恢复植被筛选和配置提供科学依据。

10.3.1　基于群落稳定性的植被配置模式

1. 不同恢复年限下植物演替规律

以宝日希勒北排土场为例，通过资料收集，发现研究区排土场最初复垦种植的为禾本科单一物种。但经过不同的恢复年限，植物类型发生了演替。基于空间代替时间的方法，从植物科属组成、植物生活型和优势物种 3 个方面去探究植物的演替情况。

从植物科属组成可以发现随着恢复年限的增加，科的数量也逐渐增加，属种则是先增后减再增的变化趋势。与 6a 和 10a 恢复期植物科属结构相比，12a 恢复期菊科和豆科占比变小，蔷薇科和禾本科等其他科植物占比逐渐变大，表明该阶段植物科属的组成更为均衡。在不同的恢复年限，植物类型都以菊科、豆科、蔷薇科和禾本科为主，总占比都超过 60%，可以看出这 4 种科植物对排土场生态环境有较强的适应性。

从植物生活型来看，6a 和 10a 恢复期的植物生活型一致，而 12a 恢复期的生活型更为丰富。其中多年生草本植物为主要的生活型，6a 和 10a 恢复期多年生草本植物各 19 种，

12a 恢复期多年生草本植物 23 种。1、2 年生植物作为环境破坏后生态演替中的先锋植被，其初始数量最高。但在排土场植物演替的进程中，多年生草本植物不断取代了其地位成为现阶段最适应矿区排土场生态环境的存在，使得其在演替序列中比重逐渐加大，也揭示出研究区的植物演替正在朝正向进行。

从优势物种来看，6a 恢复期的优势种为阿尔泰狗娃花（*Heteropappus altaicuc*）、苦苣菜（*Cichorium endivia*）、斜茎黄芪（*Astragalus adsurgens*）、多头麻花头（*Serratula polycephala*）和野韭（*Allium ramosum*）；10a 恢复期的优势种为苦苣菜（*Cichorium endivia*）、阿尔泰狗娃花（*Heteropappus altaicuc*）、斜茎黄芪（*Astragalus adsurgens*）、星毛委陵菜（*Potentilla acaulis*）和野韭（*Allium ramosum*）；12a 恢复期的优势种为糙隐子草（*Cleistogenes squarrosa*）、灰绿藜（*Chenopodium glaucum*）、苦苣菜（*Cichorium endivia*）、多头麻花头（*Serratula polycephala*）和斜茎黄芪（*Astragalus adsurgens*）。6a 和 10a 恢复期的优势种比较相似，10a 恢复期是苦苣菜占主导地位，12a 恢复期则以糙隐子草和灰绿藜为主（表 10-5）。

表 10-5　不同恢复年限下的植物多样性演替情况

恢复年限	科属组成	生活型	优势物种
6a 恢复期	11 科 14 属 24 种，菊科占 29.2%，豆科占 20.8%，蔷薇科占 12.5%，禾本科占 8.3%	1、2 年生+多年生草本	阿尔泰狗娃花、苦苣菜、斜茎黄芪、多头麻花头、野韭
10a 恢复期	12 科 13 属 23 种，菊科占 26%，豆科占 21.7%，蔷薇科和禾本科各占 8.7%	1、2 年生+多年生草本	苦苣菜、阿尔泰狗娃花、斜茎黄芪、星毛委陵菜、野韭
12a 恢复期	15 科 28 属 32 种，菊科占 25%，豆科占 15.6%，蔷薇科占 12.5%，禾本科占 9.4%	一年生+1、2 年生+多年生草本	糙隐子草、灰绿藜、苦苣菜、多头麻花头、斜茎黄芪

2. 不同立地条件下的植物配置

通过分析不同恢复年限的植物演替情况，发现研究区植物演替正在朝正向进行，即 6a 和 10a 恢复期正朝着 12a 恢复期演替。在不同的坡度下，不同植物对环境变化的生存适应能力有显著差别，各类植物的面积占比发生了明显变化。

研究区北坡位于阴坡，整体上看其主要的植物种为糙隐子草、灰绿藜、多头麻花头、苦苣菜和斜茎黄芪，平均植被覆盖度为 0.765。其中多头麻花和苦苣菜随坡度升高呈现出增加的趋势，灰绿藜的变化趋势相反，糙隐子草是先增加后减少再增加的波动变化情况，斜茎黄芪的变化趋势为先增加后减少。研究区西北坡位于半阴坡，整体上看其主要的植物种为阿尔泰狗娃花、斜茎黄芪、苦苣菜和星毛委陵菜，平均植被覆盖度为 0.692。随着坡度的不断变化，苦苣菜和阿尔泰狗娃花的面积占比变化和植被覆盖度的走势相反，呈现出“缓 M”型的变化趋势；斜茎黄芪和星毛委陵菜的面积占比变化和植被覆盖度的走势一致，呈现出“缓 W”型的变化趋势；多头麻花头则呈先增加后减少的变化趋势。研究区西南坡位于阳坡，其主要植物种为阿尔泰狗娃花、苦苣菜、多头麻花头、斜茎黄芪和野韭，平均植被覆盖度为 0.672。随着坡度的升高，斜茎黄芪和野韭的面积占比变化和植被覆盖度的走势一致，先增加后减少，苦苣菜的变化趋势相反；阿尔泰狗娃花面积占比平缓增加，多头麻花头则是减少的变化趋势。

以植被覆盖度为评价指标，发现6a恢复期的研究区在14°～15°坡度区间内植被覆盖度最高，达到0.715；10a恢复期的研究区在<1°时植被覆盖度最高，达到0.7323，其次在13°～14°坡度区间内植被覆盖度达到0.7245；12a恢复期的研究区在14°～15°坡度区间内植被覆盖度最高，达到0.7732。结合研究区实际情况，6a恢复期研究区属于人工管护区域，等间隔布设水管对植被进行浇灌；10a恢复期研究区处于人工管护向自然过渡区域，人工管护程度浅；而12a恢复期研究区已无人工管护，趋于自然生长。通过对比，发现在不同恢复期，植被覆盖度最高的坡度范围都相似，植被覆盖度高表明该立地条件下植被生长茂盛。综合植被恢复状况和人工投入情况，认为14°～15°坡度适合植被生长，且当植物配置为糙隐子草（29%）+灰绿藜（28%）+多头麻花头（20%）+斜茎黄芪（15%）+苦苣菜（6%）时，植物生长最好，植被覆盖度最优。

10.3.2　重建植被群落稳定性维持机制

传统的植物识别和植物多样性调查是基于地面样方实地勘测，工作量大、耗时长、投入大，不适于植物的长期动态变化监测。随着遥感技术的快速发展，遥感技术被广泛地应用在物种识别和植物多样性研究中，无人机遥感具有的高空间分辨率和高时间分辨率，为直接识别物种提供了可能。本书利用无人机遥感技术获取研究区高光谱数据，结合外业采集的矿区典型植物光谱和内业建立的植物波谱库，基于SAM实现了无人机高光谱遥感图像植物分类，为矿区大范围快速识别植物提供了一种可取方法。但在波谱识别方法的选用上未进行深入研究，而后基于这个识别结果进行了植物演替规律的研究。

生态边坡工程一般需经历植被建立、群落正向演替以及长期稳定性管理3个阶段。物种选择在生态边坡工程中尤为重要，不同草本的根系对土层的利用空间不同，单一物种由于其根系参数的局限性而难以充分利用表土空间。物种间竞争则会提高区域内根系总体生物量、密度及抗拉强度，达到更好固坡效果。此外，在相同生境下，不同类型草本植被的根系参数差异较大；在不同生境下，同种草本植被个体间的根系参数差异也较大。因此在生态边坡工程中应注意物种的选择与搭配，可根据边坡不同立地条件进行最优物种配置。排土场往往面临地貌复杂、土壤贫瘠、环境恶劣的问题，以至于难以形成稳定的根系系统。

10.3.3　草本植被边坡稳定性提升技术

1. 潜在排土场地质灾害致灾分析

1）影响地质稳定性的本底因素分析

（1）岩土性质的影响：宝煤北排土场堆存岩土主要来自自然广泛分布的第四系松散岩组，在人工重新堆排后，排土场为腐殖土、亚砂土、砂土、粉细砂、黏土、含砾黏土、泥砾及含砂砾石等多种岩土的混合体，表现出局部岩性多变、透水性强、整体坚硬程度低、抗风化能力差、软化系数低等特点。加之堆存岩土中含还有高岭石、伊利石、蒙脱石等遇水易膨胀的矿物，使得排土场整体强度远低于自然地貌。

（2）坡体结构的影响：排土场的松散混排工艺直接导致其内部断裂缺陷众多，岩性界面和破碎带导致的软弱面更是将坡体分割为众多不连续结构。同时，断裂缺陷还为降雨等进入坡体内部提供优先流通道，致使平行和垂直斜坡的陡倾断裂缺陷大量发育，大大降低坡体稳定性。

（3）地貌结构的影响：由于受施工工艺限制，宝煤北排土场具有大台阶、陡边坡等复杂地貌特征，边坡多以平台加斜坡的形式存在，其中斜坡角度 20°～35°，为侵蚀物的搬运提供便利地貌条件，加之坡体断裂缺陷、隐伏裂隙的存在，在重力作用下易形成滑坡、地裂缝等排土场地质灾害。

（4）侵蚀风化作用的影响：排土场堆存岩土原本深埋并封存于地下，在人为扰动下被挖掘、剥离并堆存在地表，在改变其风化环境后，尤其在北方酷寒地区，在独特的水分和温度环境下极易造成岩土的快速风化。

2）影响地质稳定性的降水因素分析

形成排土场地质灾害隐患的因素除排土场自身本底条件外，最主要的外在诱发因素为降水，如持续长时间的降雨、短时间内的暴雨及初春融雪入渗等。根据地区历史气象数据及在排土场建设的综合气象站获得的近 3 年气象数据可知，研究区虽然年度平均总降水量不超过 400mm，但其大部分降雨集中于雨季，且大多以短时暴雨的形式发生。而短时暴雨是影响排土场边坡稳定性、造成边坡失稳的最主要的因素之一。

入渗是降雨随时空变化的饱和–非饱和运动过程，是雨水入渗、驱替土壤空气并逐渐饱和空隙的渐进过程。雨水入渗过程中，在达到潜水面前会通过饱和–非饱和渗流过程，且以坡体浸润线为分界线，在浸润线以上含水率逐渐增大，土体由非饱和状态变为饱和状态，其典型含水率分布可分为 4 个区域（图 10-25）：①饱和带，位于表土层；②过渡带，含水率差异较大；③传导层，厚度大，含水率分布较均匀；④湿润层，含水率随深度增加而降低。

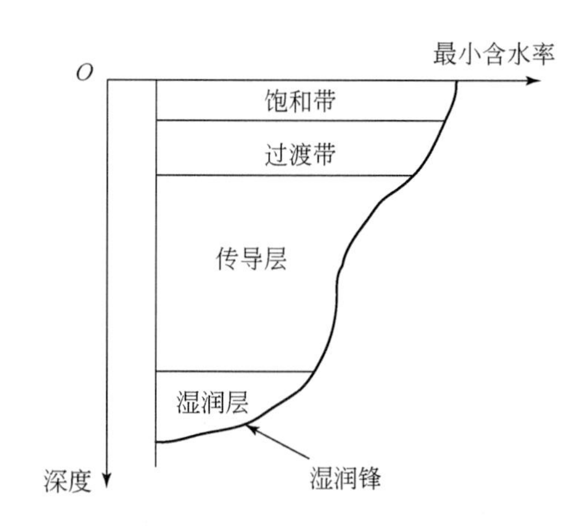

图 10-25　降雨入渗过程中土壤含水率示意图

降水入渗后导致坡体非饱和区土壤含水率增加，因而导致坡体整体自重增加同时，也使得土体孔隙水压力增大、土壤凝聚力和基质吸力降低，进而导致边坡抗剪切能力下降、稳定性降低。松散堆积体在雨水冲刷、潜流侵蚀、软化作用等共同作用下，易使内部颗粒以悬浮颗粒物形式流失，进而造成坡体开裂、塌陷甚至滑坡。

同时，坡体土壤会受到静水浮力作用，使得雨水在下渗的同时，还将侵蚀并悬浮在水中的细小颗粒搬运走而形成内部渗流。坡体内部渗流的持续侵蚀会形成内部导水通道，随着水力坡降和渗透力的增大会进一步加大渗流速度和流量，随着渗流通道的扩张和流速的增快，最终会演变为管涌路径。内部渗流导致的管涌是破坏坡体稳定性的最主要因素，一旦形成管涌路径，管道上壁会逐渐失去支撑作用而形成塌陷，最终导致排土场边坡稳定性受到威胁。

排土场雨水汇流后在坡面形成临时性地表径流和内部渗流，导致本就缺水的矿区降雨资源不仅未能被保留和利用，反而成为造成排土场边坡失稳及土壤侵蚀的主要诱因。可见，控水是提高排土场地质稳定性的重要手段。

3）影响地质稳定性的冻融因素分析

冻融是寒冷地区边坡重力侵蚀蠕变、边坡失稳的主要诱发因素。在冻融循环和干湿循环下，排土场边坡表土抗剪强度下降，边坡安全系数降低。排土场边坡在冻融循环下的地质稳定性影响机理包括三方面：一是地裂缝导致冻结锋面深入排土场内部而形成的内部冻胀作用，二是冻融循环与重力侵蚀共同作用下的冻融蠕变（frost creep），三是冻结锋面（freezing front）下降导致的浅层滑坡。

（1）内部冻胀：排土场冻胀作用一般仅发生于表土层，但当局部存在深入排土场边坡内部的地裂缝时，内部冻胀力（frost-heave force）会对边坡造成严重破坏。地裂缝深入排土场边坡内部，降水极易沿地裂缝形成优先流现象，导致地裂缝内部土体含水率较高，当低温冻结时地裂缝两侧土体在冻胀力作用下而进一步分离，极大危害边坡稳定性。

（2）冻融蠕变：冻融蠕变是酷寒区边坡蠕动的主要因素，在冻融循环与重力侵蚀共同作用下，表土颗粒和岩石碎屑会随冻融交替而膨胀收缩。当坡面土石低温冻胀时，会整体垂直于斜坡向上运动，而当其融化收缩时，膨胀体则沿重力方向垂直回落。在多次冻胀、收缩循环下，坡面土石会逐渐向下蠕动，即形成冻融蠕变。冻融蠕变还会造成表土更加松散，为风力侵蚀、水利侵蚀提供侵蚀物。

（3）冻融滑坡：在春季时候，边坡冻土由表层向下逐步融化，冻结锋面逐渐下降。冻结锋面位于表层土以下，此时由于积雪和冻土中冰的融化导致冻结锋面以上的土石体含水量快速升高，进而整体自重增加、剪切力降低，而下层为不透水冻土层。此时冻土层则演变为单坡平面滑床，冻结锋面处土壤抗剪强度和摩擦力降低，形成潜在剪切破坏面，极易形成浅层滑坡。此外，地裂缝的存在会造成冻结锋面深入排土场边坡内部，此种状态有引发深层滑坡的可能性。

2. 草本植被固土护坡优势

相较于草本植被，木本植被的生命周期长且季节稳定性高，因此通常被认为更适合于边坡破坏防治。有学者比较了不同类型植被对边坡稳定性的提升效果，发现草本植被对于预防面蚀（片流侵蚀）和细沟侵蚀效果更为显著，而木本植被对于预防大面积边坡破坏效果更佳。相比于草地边坡，林地边坡发生滑坡的概率更低，且滑坡坡面更陡。然而有学者指出，二者进行对比分析时难以剔除林下草本植被的贡献，也难以充分考虑不同地形、土壤质量、植被与地貌的共同演化过程等立地条件的影响，同时林地浅层边坡破坏往往更具隐蔽性而易被低估，因此难以进行客观对比。

边坡的稳定性与根系的密度和长度有关，与草本植被相比，木本植被只有在其粗大的根系贯穿潜在剪切破坏面时才能体现出锚固优势，而在边坡滑动应力过大时，粗壮的根部常与周边土壤滑脱，其锚固效应未能得到充分的发挥。同时木本植被巨大的地表生物量对于边坡也有负面影响，例如在强风或暴风雨环境下可能会被连根拔起而造成额外边坡破坏。此外，林地的质量高低也极大地影响固坡效果，例如林间间隙大、地下生物量低、健康状态差的林地很难起到预期固坡效果。

与木本植被的少量粗根系［图 10-26（a）］不同，草本植被拥有大量细根系［图 10-26（b）］，且深度大多集中于对边坡整体稳定性影响最大的表层十几到几十厘米处。草本植被的浅层根系与表土形成的根–土复合体不仅极大地增加土体抗剪强度，而且为土壤微生物提供更稳定的繁衍空间，有助于提高土壤团聚体稳定性和生境的良性循环。在生态边坡工程建设中，为保证边坡根–土界面快速融合，植被的快速建设是关键环节，草本植被以生长快、密度高的优势可以起到快速固坡的效果。同样地，草本植被的群落稳定性和生物多样性也对边坡加固起到很大影响，例如当草地开始退化时，极易引起坡面的片流侵蚀、细沟侵蚀、积雪滑动侵蚀和冻融侵蚀。

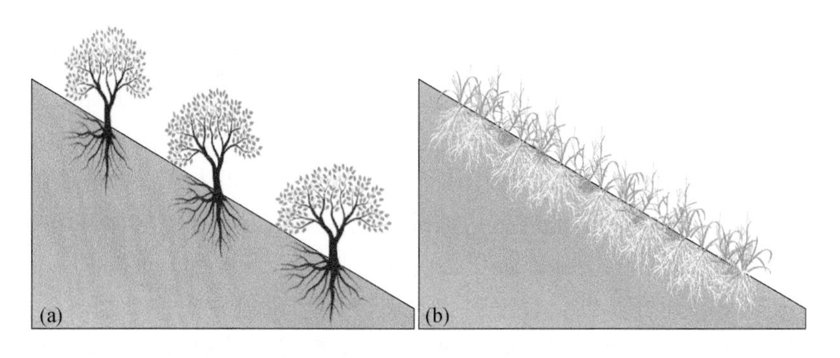

图 10-26　常见木本植被和草本植被根系边坡加固示意图

综上可知，在对边坡稳定性提升方面，木本和草本植被无法进行简单对比，不同条件下的不同物种固坡效果差异巨大。具体固坡效果不仅取决于生境条件、物种特性、水文条件及表土抗性等方面，还取决于生态工程建设的可操作性、经济性及管理模式等方面。生态边坡工程应当根据具体生境，因地制宜地选取适当植被进行边坡加固。

3. 草本植被生态边坡工程指导策略

在了解草本植被对边坡稳定性的提升机理及优势后，需应用到生态边坡工程的实践中去。生态边坡工程融合了生态学和工程学相关理念，在边坡稳定性提升方面起到重要作用。工程措施及后续适应性管理措施会持续影响边坡生境和植被状态，进而改变边坡水文条件和表土抗性，最终影响边坡稳定性及生态服务功能（图 10-27）。

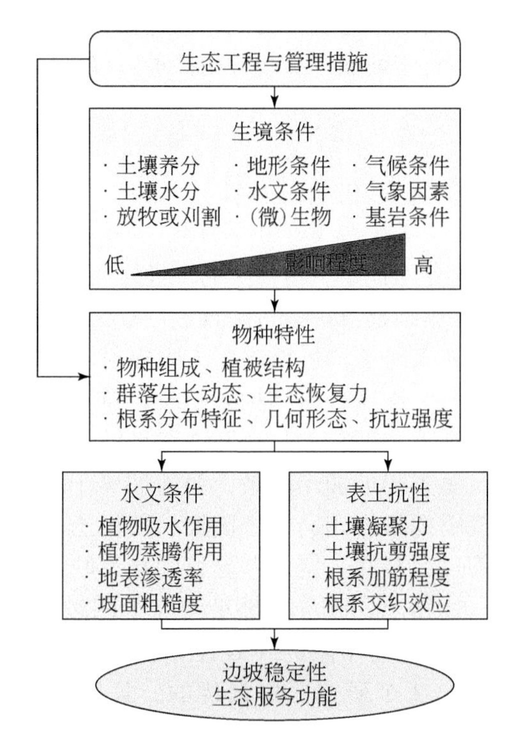

图10-27　生态边坡工程措施及管理措施对边坡稳定性的影响过程

1）物种选择

在相同生境下，不同类型草本植被的根系参数差异较大；在不同生境下，同种草本植被个体间的根系参数差异也较大。因此在生态边坡工程中应注意物种的选择与搭配，可根据边坡不同立地条件及潜在剪切破坏面情况进行最优物种配置。原则上应当优选地下生物量大且直根系、须根系相结合的物种配置模式，以实现根系功能和结构的多样性，在具有更高的生态服务价值及生态系统恢复力的同时，达到立体式护坡的目的。

矿山尾矿、排土场或其他人工边坡，往往面临地貌复杂、土壤贫瘠、环境恶劣的问题，导致其难以形成稳定的根系发育系统。在植被建立初期应当把重心放在土壤生境恢复上，因地制宜地选择速生本地草本植被作为先锋物种，配合人工管理措施以加速修复区植被建立和群落正向演替速率，达到对土壤生境提质增效的目的。

2）工程实践

生态边坡工程建设充分发挥草本植被生物多样性高、物种密度大、根系成型周期短、演替速度快的优势，优选本地建群种进行配置。在植被建立阶段根据最佳植被配置模式，按先锋种、过渡种、演替种、顶级种的配搭方式进行不同阶段的种植，以快速恢复至稳定群落。再结合适应性管理策略，在群落演替及后期管理阶段进行适当放牧或刈割等中度干扰以防止生物多样性降低及不利物种的过度传播。条件允许时，所选物种兼顾水资源净化、碳固存、经济性（食物、饲料、药材或造纸原材料等）、观赏性等其他服务价值。总而言之，现阶段利用生态边坡工程建立的生态系统具有较强的稳定性和恢复力，能在自维持、免维护的基础上保持多维度的生态服务功能。此外，在排土场边坡草本植被种植时应当注意避免顺坡比重，应当平行于坡面等高线方向播种，以形成层层截留，避免地表径流冲刷。

10.3.4 重建植被的遴选与种植技术

重建植被遴选与种植应充分发挥草本植被生物多样性高、物种密度大、根系成型周期短、演替速度快的优势，优选本地建群种进行配置。

坡度和坡向作为重要的环境因子，可以改变太阳辐射和水分等资源分配，影响植物的生长发育和格局分布。坡向对灌丛群落结构影响时，草本层平均高度与灌木层的变化趋势相反，呈现出阴坡>半阳坡>阳坡，认为阴坡充足的水分和养分有利于草本生长。研究区北坡和西北坡的坡向属于阴坡和半阴坡，西南坡属于阳坡，阳坡接受太阳辐射能多，在自然状况下阳坡的蒸腾挥发作用会强于阴坡，使得土壤水分状况会比阴坡差从而导致理化性质、生物作用等过程存在一定的差异，间接反映到植被覆盖度上，植被覆盖度高低情况为研究区北坡（阴坡）>研究区西北坡（半阴坡）>研究区西南坡（阳坡）。研究区北坡（阴坡）得益于其恢复年限的长效性和稳定性，且已无人工管护，趋于自然生长，其平均植被覆盖度是 3 个研究区中最优的，且植被覆盖度最高对应的坡度为 14°～15°，故认为在此坡度下光照、水土等条件适合植被生长，可为排土场地形塑造提供依据（表 10-6）。

表 10-6　不同立地条件下的植被配置表

恢复年限	坡向	坡度范围	植被配置
6a	西南坡	≤3°	阿尔泰狗娃花（30%）+苦苣菜（25%）+多头麻花头（21%）+斜茎黄芪（16%
		3°～5°	阿尔泰狗娃花（30%）+苦苣菜（25%）+多头麻花头（18%）+斜茎黄芪（17%）
		5°～15°	阿尔泰狗娃花（30%）+斜茎黄芪（23%）+苦苣菜（22%）+多头麻花头（13%）+野韭（3%）
		15°～25°	阿尔泰狗娃花（29%）+斜茎黄芪（26%）+苦苣菜（23%）+多头麻花头（5%）+野韭（4%）
		25°～35°	苦苣菜（31%）+阿尔泰狗娃花（30%）+斜茎黄芪（16%）+多头麻花头（3%）+野韭（3%）
		≥35°	苦苣菜（39%）+阿尔泰狗娃花（32%）+斜茎黄芪（11%）

续表

恢复年限	坡向	坡度范围	植被配置
10a	西北坡	≤3°	苦苣菜（36%）+阿尔泰狗娃花（29%）+斜茎黄芪（19%）+星毛委陵菜（8%）+多头麻花头（6%
		3°~5°	苦苣菜（40%）+阿尔泰狗娃花（27%）+斜茎黄芪（16%）+星毛委陵菜（8%）+多头麻花头（6%）
		5°~15°	苦苣菜（34%）+阿尔泰狗娃花（30%）+斜茎黄芪（20%）+星毛委陵菜（7%）+多头麻花头（6%）
		15°~25°	苦苣菜（38%）+阿尔泰狗娃花（30%）+斜茎黄芪（15%）+星毛委陵菜（10%）+多头麻花头（4%）
		25°~35°	苦苣菜（44%）+阿尔泰狗娃花（28%）+斜茎黄芪（11%）+星毛委陵菜（11%）+多头麻花头（4%）
		≥35°	苦苣菜（41%）+阿尔泰狗娃花（28%）+斜茎黄芪（15%）+星毛委陵菜（9%）+多头麻花头（4%）
12a	北坡	≤3°	糙隐子草（34%）+灰绿藜（29%）+多头麻花头（18%）+斜茎黄芪（12%）+苦苣菜（6%
		3°~5°	糙隐子草（36%）+灰绿藜（27%）+多头麻花头（18%）+斜茎黄芪（12%）+苦苣菜（6%）
		5°~15°	糙隐子草（32%）+灰绿藜（29%）+多头麻花头（19%）+斜茎黄芪（13%）+苦苣菜（6%）
		15°~25°	糙隐子草（32%）+灰绿藜（25%）+多头麻花头（22%）+斜茎黄芪（14%）+苦苣菜（6%）
		25°~35°	糙隐子草（34%）+多头麻花头（25%）+灰绿藜（19%）+斜茎黄芪（14%）+苦苣菜（7%）
		≥35°	糙隐子草（33%）+多头麻花头（26%）+灰绿藜（13%）+斜茎黄芪（13%）+苦苣菜（11%）

植被恢复是排土场土地复垦与生态重建的重要内容。在矿区排土场生态恢复过程中，研究植物演替情况，可以为其他矿区的植物配置和过程管理提供科学的建议。本研究分析了不同恢复年限植物多样性的情况，发现菊科、豆科、蔷薇科和禾本科这 4 科植物对排土场生态环境有较强的适应性。以植被覆盖度为评价指标，探究了处于不同坡度区间内植物面积占比配置情况。发现在不同的坡度下，不同植物对环境变化的生存适应能力有显著差别，当植物的占比配置比较均衡时其植被覆盖度最优，表明在恢复植被的筛选上不仅要注意植物的种属，还应注重各种植物之间的比例组成，才能取得较好的生态恢复作用。

结合以上分析可知，从植被群落科属组成、生活型和优势物种 3 个方面去探究不同恢复年限下的植物演替情况，植物科属变化为 11 科 14 属 24 种（6a）→12 科 13 属 23 种

（10a）→15 科 28 属 32 种（12a）；生活型为 1、2 年生+多年生草本（6a）→1、2 年生+多年生草本（10a）→1 年生+1、2 年生+多年生草本（12a），以多年生草本植物为主；优势物种 6a 和 10a 恢复期相似，12a 恢复期以糙隐子草和灰绿藜为主。坡向可以影响太阳辐射和水资源的分配，进而影响植物的生长。以植被覆盖为评价指标，植被覆盖度高低情况为研究区北坡（阴坡）>研究区西北坡（半阴坡）>研究区西南坡（阳坡）。研究区北坡（阴坡）平均植被覆盖度为 0. 747，坡度为 15°～16°时植被覆盖度最高，表明该坡度适合植被生长，为排土场地形塑造提供依据。研究区植物演替朝着正向进行，菊科、豆科、蔷薇科和禾本科 4 科植物在排土场生态环境中有较强的适应性。最优的植物占比配置为糙隐子草（31%）+灰绿藜（23%）+多头麻花头（14%）+斜茎黄芪（13%）+苦苣菜（10%），植被覆盖度高达 0. 7708。北坡由于自然演替时间最久，同时北侧为自然草原，为北坡带来了大量自然种子库，进一步加速了北坡正向演替进程。

目前排土场大范围变形监测大多是利用合成孔径雷达影像数据干涉处理获得，但其直接监测结果无法将重力作用导致的固结沉降量与土壤侵蚀导致的地表形变量区分开来，因此无法精确监测排土场地表标高降低量中哪些是沉降或形变导致的，哪些是土壤侵蚀导致的。本技术构建排土场固结沉降预测模型和潜在地灾动态评价体系，将排土场地面形变精细化分类，为其景观生态功能提升提供有力技术支撑。

目前排土场生态修复未考虑整体水土资源调控的重要性，仍然处于单一要素修复的状态。如排土场边坡冲沟主要采用削坡、填筑等传统方法进行治理，未能从源头上解决问题，复发性高，当雨季再次来临时，还会再次受到侵蚀形成冲沟，需要再次治理，导致工作量大大增多，治理成本大大提高；植被恢复只考虑短期内植被覆盖度，未能从植被演替与最优配置的角度长远考虑恢复效果。本技术在进行排土场景观生态功能提升时对整体地表径流进行识别，针对关键部位，通过构建分布式保水控蚀系统，起到提高地质稳定性以及水土的良性保持和高效利用的作用，可以提高露天矿排土场边坡稳定性、减少水土流失、提高水资源的存储和调配；利用露天煤矿排土场边坡冲沟防治方法不仅能够大大减少冲沟治理工作量，降低治理成本，还可减少冲沟发育造成的水肥流失，保证排土场边坡稳定性，促进边坡土壤和植被的恢复，更加高效地利用水资源。排土场景观生态功能提升关键技术与传统技术对比如表 10-7 所示。

表 10-7　排土场景观生态功能提升关键技术与传统技术对比

	技术要点名称	技术原理/特征	技术成本	技术/效果可持续性
本技术	排土场形变与复合侵蚀监测技术	协同监测、多源诊断大面积、高精度、长时序	开源与实测数据相结合综合成本低	数据持续获取，实时更新
	排土场保水控蚀技术	水土物质流调控水土功能保持	关键部位优化控制成本低	“海绵”排土场可持续性强
	排土场重建植物优化配置技术	自然演替规律限制因子消除	基于自然演替整体成本低	加速重建植物正向演替自维持能力强

续表

	技术要点名称	技术原理/特征	技术成本	技术/效果可持续性
传统技术	传统地面调查技术	小范围、低效率、短时效	大量野外调研，综合成本高	调查间隔时间久时序性差
	传统土地整治单一植物种植技术	单一要素治理可持续性差	整体治理成本高	重建植物需人工长期维护难以自维持

本章提出了大型煤电基地排土场生态地质问题诊断方法，研发了草原煤电基地排土场水土保持功能提升和排土场重建植被群落优化配置技术。研究了基于精细 DEM 构建与时序 InSAR 联合反演的高寒矿区大型排土场生态地质问题的诊断技术，定量反演排土场土壤侵蚀，为解决排土场在大台阶、陡边坡等复杂地形条件下生态地质状况诊断提供新的方法。构建了排土场复合型土壤侵蚀分解模型和冻融侵蚀发育预测模型，揭示排土场在寒旱交替、冻融循环条件下边坡破坏诱发因素与致灾机理。构建了分布式保水控蚀系统，形成控水、集水、用水为一体的“海绵”排土场，提升了排土场景观的地质稳定性与水土保持功能。发现了排土场人工重建植被生态系统植物群落演替特征，筛选出了酷寒草原区排土场适生自然物种，构建了排土场不同立地条件下的植物群落优化配置模式，解决了排土场植物生物多样性低、结构简单、正向演替速度慢的问题。

第 11 章　大型煤电基地生态稳定性提升技术

生态稳定性（ecological stability）亦即生态系统稳定性（ecosystem stability），是表征生态系统质量与可持续性的重要指标。生态系统稳定性是指生态系统受到自然和人为干扰或开发利用活动影响后，系统保持和恢复原有状态的能力。煤炭开采，特别是大型露天煤电开发引起的矿区土地、土壤、水文、植被等环境要素与生态要素发生剧烈扰动和变化，如何辨识与监测煤电开发对矿区环境系统及生命系统产生的影响，如何建立科学高效的生态稳定性评价指标体系，开展煤电基地生态稳定性评价及如何基于煤矿区迹地水、土、气、生等生态要素质量改善和提升，建立稳定、高效与平衡的矿区生态系统，已成为矿区退化生态系统修复技术研究的重要内容。针对内蒙古东部草原区大型煤电基地长期以来高强度煤炭生产活动导致的生态稳定性失稳问题，综合考虑当前国内外生态恢复技术研究现状、当地气候、生态系统特征、煤炭产业发展规划以及技术实施能力，本课题在内蒙古东部草原地区开展大型煤电基地生态稳定性提升技术的试验与研发，获得包括基于解决群落结构单一、水土流失严重问题，缓解土壤干旱和肥力低下、提高植被生产力，以耐干旱、耐贫瘠能源植物柳枝稷为研究对象，通过水分胁迫实验、自然连续干旱实验以及植物生理及光合指标测定，揭示其对干旱、贫瘠双重胁迫作用的响应机制，探讨其在矿区种植的可行性，以期协同促进矿区生态效益、经济效益和社会效益的能源植物优选技术，改善土壤盐碱化、实现矿区废物资源化利用，以煤电基地电厂副产物脱硫石膏、煤电基地矿区土壤为原料，通过土柱及盆栽试验，探索脱硫石膏改良盐碱土壤机理，确定最佳投放量，以提升土壤肥力及水土保持能力的土壤改良和水土保持技术以及推进草原沙漠化防治，提升草地生态承载力的沙化土壤改良技术等几项关键技术成果。通过对上述几项技术的成果转化，以期促进当地煤炭产业技术革新和经济增速，解决当地生态系统的土壤生物区系单一化、植被退化、景观破碎化和系统自维持性差等问题，提升生态系统的稳定性水平，实现矿区-产业-区域的“可持续发展”和国家的“绿色矿山”战略提供技术保障。

11.1　大型煤电基地生态稳定性评价方法

大型煤电基地是一个复杂的开放系统，其稳定性取决于矿区生态系统中各要素的稳定性及其之间的相互联系。为了全面分析矿区生态系统稳定性，本研究统筹水、土、气、生、景观等多要素，从景观生态、生态系统、生物群落等不同层次，结合矿区生态修复“宏观上可指导、中观上可控制、微观上可操作”的修复理念，建立科学、全面、有针对性的矿区生态系统稳定性评价体系，并采用定性与定量相结合的方法进行评价，突破传统的单要素分析法，完善现有的矿区生态稳定性研究（张琳，2021）。

11.1.1　大型煤电基地生态稳定性评价模型

1. AHP 层次分析法

大型露天煤矿稳定性评价属于多目标的系统评价，仅从定性角度进行分析的评价结果过于模糊，无法对其稳定性状况进行准确的判断（张东升，2017）。因此，具有多目标的复杂生态系统常采用定性与定量相结合的方法进行评价。层次分析法（AHP）是定性与定量相结合的决策方法，同时是一种可以分析难量化、多目标、多准则复杂系统的方法（Okoli and Pawlowski，2004；Dalkey，1969；Saaty，1980）。本书提出的评价指标体系具有层次结构，非常适合用层次分析法进行分析。根据评价指标体系，按照从低层级到相应高层级的顺序，逐一对低层级的各指标较上一层级的重要性进行两两比较，采用专家打分法，构造指标间相对重要性判断矩阵，求出该判断矩阵的最大特征根 λ_{max} 及标准化特征向量 $\boldsymbol{w}$，并将 $\boldsymbol{w}$ 归一化，即可得出各指标的重要性排序。基本步骤如下：

1）构造判断矩阵

根据评价指标体系，对同一层级各因素较上一层级的相对重要性进行比较。如表 11-1 所示，准则层中 A1（自然因素）对要素层 B1（大气污染）、B2（地下水污染）有支配作用，因此需要确定 B1、B2 相对于 A1 的重要性。

表 11-1　判断矩阵

A1	B1	B2	…	Bi
B1	1	P_{12}	…	P_{1i}
B2	P_{21}	1	…	P_{2i}
⋮	⋮	⋮	1	⋮
Bj	P_{j1}	P_{j2}	…	1

其中，建立判断矩阵时常采用 1～9 标度法来确定各影响因子相对于上一层次的重要性。其因子间相对重要值标度及含义见表 11-2。

表 11-2　因子间相对重要性标度及其含义

标度值	含义
1	两元素同等重要
3	两元素相比，其中一个元素较另一元素略为重要
5	两元素相比，其中一个元素较另一元素特别重要
7	两元素相比，其中一个元素较另一元素强烈重要
9	两元素相比，其中一个元素较另一元素极其重要
2、4、6、8	介于两相邻标度值之间

2）单层次排序及一致性检验

根据判断矩阵，求出判断矩阵的最大特征根 $\boldsymbol{\lambda}_{max}$ 及标准化特征向量 $\boldsymbol{w}$，并将 $\boldsymbol{w}$ 归一化，即可得出各指标相对于上一层级中的重要性排序，该排序称为单层次排序。计算步骤如下：

将判断矩阵 $\boldsymbol{A}$ 各列数值进行归一化：

$$\overline{a_{ij}} = a_{ij} / \sum_{k=1}^{n} a_{ki} \quad (i,j = 1,2,\cdots,n) \tag{11-1}$$

求矩阵 $\boldsymbol{A}$ 各列元素的累积和$\bar{w}$：

$$\bar{w} = \sum_{j=i}^{n} a_{ij} \quad (i = 1,2,\cdots,n) \tag{11-2}$$

$\bar{w}$即为各指标权重值。

对向量 $\boldsymbol{w}$ 进行归一化处理：

$$\boldsymbol{w} = w_i / \sum_{i=1}^{n} w_i \quad (i = 1,2,\cdots,n) \tag{11-3}$$

计算判断矩阵 $\boldsymbol{A}$ 的最大特征根 λ_{max}：

$$\lambda_{max} = \sum \frac{(\boldsymbol{A}\boldsymbol{w})_i}{w_i} \Big/ n \tag{11-4}$$

3）一致性检验

一致性检验即检验该判断矩阵是否具有合理性及较合理的一致性，根据 Saaty 教授提出的一致性检验公式进行检验，可消除主观评判可能出现的偏差。检验公式如下：

$$\mathrm{CI} = \frac{\lambda_{max} - n}{n-1} \tag{11-5}$$

$$\mathrm{CR} = \frac{\mathrm{CI}}{\mathrm{RI}} \tag{11-6}$$

式中，CI 为判断矩阵的偏离一致性；RI 为判断矩阵的平均随机一致性指标（表 11-3）；CR 为判断矩阵的基本一致性比率；n 为矩阵阶数。

当 CR<0. 1 时，则证明该判断矩阵满足一致性检验，反之需重新考虑各指标的相对重要程度并重新进行打分评价，直至通过一致性检验。

表 11-3　平均随机一致性指标

n	1	2	3	4	5	6	7	8	9	10	11
RI	0	0	0. 52	0. 89	1. 12	1. 26	1. 36	1. 41	1. 46	1. 49	1. 52

4）层次总排序

层次总排序是指在同一个层次中所有因素相对于最高层即总目标的相对重要性。该过程是由最高层级（目标层）向下（A-B-C）进行的。层次总排序的一致性检验顺序同样也是逐级向下进行，当 CR<0. 1 时，则证明该排序满足一致性检验，具有合理性，反之，需要重新考虑各指标的相对重要程度，并进行重新打分，直至通过一致性检验。

2. 综合评价法

在得到各评价指标的权重之后，采用综合评价法得出大型露天煤矿稳定性评分值：

$$S = \sum_{i}^{n} \lambda_i \times B_i \quad (i = 1, 2, \cdots, n) \tag{11-7}$$

式中，S 为大型露天煤矿生态稳定性综合评价得分值；B_i 为各指标得分值；λ_i 为各因子权重值。

3. 评价指标选取与体系建立

大型露天煤矿生态稳定性评价指标体系是一个复杂、庞大且涉及内容广泛的定量式大纲，可以根据各个评价指标的特征和作用，对矿区生态系统的状态、进程和态势进行分析、判断和预测。然而，由于评价指标多样且繁杂，不同评价者、评价角度均会得到不同的评价指标体系。因此，大型露天煤矿生态稳定性评价工作困难重重。根据科学性、全面性、可行性和可持续发展等原则，基于数据可得性和可行性，综合、全面地考虑了各因素对大型露天煤矿生态稳定性的影响，从自然环境、土地整治、土壤重构、植被恢复和景观格局 5 个方面选取 39 个指标建立大型露天煤矿生态稳定性评价体系（宋晓猛等，2010；肖武等，2017；张欣等，2009；Wang et al.，2016；Huang et al.，2016；张继义和赵哈林，2003；任慧君等，2016）。

由表 11-4、表 11-5 和表 11-6 可知，准则层中植被恢复因子的权重值达 0.4097，是反映大型露天煤矿生态稳定性的关键方面，在较大程度上影响了大型露天煤矿生态稳定性的整体状态。指标层中地上生物量、多样性指数权重最高，其次为水土流失率、地下生物量、土壤有机质含量、物种数、盖度和地下水位变化量。权重越高的指标对大型露天煤矿生态稳定性的影响越大，同时也是在进行矿区生态修复过程中需要重点关注的对象。

表 11-4　大型露天煤矿生态稳定性评价指标体系

目标层（S）	准则层（A）	要素层（B）	指标层（C）
大型露天煤矿生态稳定性（S）	自然环境（A1）	大气污染（B1）	SO_2（C1）
			NO_2（C2）
			$PM_{2.5}$（C3）
			PM_{10}（C4）
			TSP（C5）
		地下水污染（B2）	地下水位变化量（C6）
			pH（C7）
			浊度（C8）
			地下水总硬度（C9）

续表

目标层（S）	准则层（A）	要素层（B）	指标层（C）
大型露天煤矿生态稳定性（S）	土地整治（A2）	边坡（B3）	安全系数（C10）
			坡度（C11）
			坡长（C12）
		土壤环境（B4）	土壤侵蚀模数（C13）
			水土流失率（C14）
	土壤重构（A3）	物理性质（B5）	土壤含水率（C15）
			土壤容重（C16）
			土壤孔隙度（C17）
		化学性质（B6）	土壤 pH（C18）
			土壤有机质（C19）
			土壤全氮含量（C20）
			土壤全磷含量（C21）
			土壤全钾含量（C22）
		土壤污染（B7）	As（C23）
			Zn（C24）
			Pb（C25）
			Ni（C26）
			Cr（C27）
			Cu（C28
			内梅罗综合污染指数（C29）
	植被恢复（A4）	地上植物（B8）	物种数（C30）
			盖度（C31）
			株数（C32）
			多样性指数（C33）
			地上生物量（C34）
		地下植物（B9）	地下生物量（C35）
	景观格局（A5）	景观恢复（B10）	景观多样性（C36）
			景观破碎度（C37）
			景观均匀度（C38）
			景观优势度（C39）

表 11-5　层次分析法权重

	A	A 权重	B	B 权重	C	C 权重
大型露天煤矿生态稳定性	自然环境	0.0921	大气污染	0.2500	SO_2	0.4219
					NO_2	0.2753
					$PM_{2.5}$	0.0943
					PM_{10}	0.0531
					TSP	0.1555
			地下水污染	0.7500	地下水位变化量	0.6013
					pH	0.0748
					浊度	0.1619
					地下水总硬度	0.1619
	土地整治	0.1558	边坡	0.2500	安全系数	0.6080
					坡度	0.2721
					坡长	0.1199
			土壤环境	0.7500	土壤侵蚀模数	0.2500
					水土流失率	0.7500
	土壤重构	0.2852	物理性质	0.1399	土壤含水率	0.6333
					容重	0.2605
					孔隙度	0.1062
			化学性质	0.5736	土壤 pH	0.0603
					土壤有机质	0.4530
					TN	0.2388
					TP	0.1393
					TK	0.1086
			土壤污染	0.2860	As	0.1807
					Zn	0.0665
					Pb	0.0640
					Ni	0.1264
					Cr	0.0665
					Cu	0.0665
					内梅罗综合污染指数	0.4294
	植被恢复	0.4097	地上植物	0.8000	物种数	0.1717
					盖度	0.1375
					株数	0.0882
					多样性指数	0.3013
					地上生物量	0.3013
			地下植物	0.2000	地下生物量	1.0000

续表

	A	A 权重	B	B 权重	C	C 权重
大型露天煤矿生态稳定性	景观格局	0.0571	景观恢复	1.0000	景观多样性	0.4949
					景观破碎度	0.0857
					景观均匀度	0.2423
					景观优势度	0.1770

表 11-6　大型露天煤矿生态稳定性评价指标权重值

指标层	评价因子	权重值	指标层	评价因子	权重值
C1	SO_2	0.0097	C21	TP	0.0228
C2	NO_2	0.0063	C22	TK	0.0178
C3	$PM_{2.5}$	0.0022	C23	As	0.0148
C4	PM_{10}	0.0012	C24	Zn	0.0054
C5	TSP	0.0036	C25	Pb	0.0052
C6	地下水位变化量	0.0416	C26	Ni	0.0103
C7	pH	0.0052	C27	Cr	0.0054
C8	COD_5	0.0112	C28	Cu	0.0054
C9	地下水总硬度	0.0112	C29	内梅罗综合污染指数	0.0351
C10	安全系数	0.0237	C30	物种数	0.0563
C11	坡度	0.0106	C31	盖度	0.0451
C12	坡长	0.0047	C32	株数	0.0289
C13	土壤侵蚀模数	0.0292	C33	多样性指数	0.0988
C14	水土流失率	0.0877	C34	地上生物量	0.0988
C15	土壤含水率	0.0253	C35	地下生物量	0.0819
C16	容重	0.0104	C36	景观多样性	0.0283
C17	孔隙度	0.0042	C37	景观破碎度	0.0049
C18	土壤 pH	0.0099	C38	景观均匀度	0.0138
C19	土壤有机质	0.0741	C39	景观优势度	0.0101
C20	TN	0.0391			

11.1.2　大型煤电基地生态稳定性评价研究

1. 目标层评价结果

目标层（S）稳定性评价结果即为大型露天煤矿生态稳定性综合评价结果，是对评价目标的综合评价。由图 11-1 可知，北电胜利矿区 2017 年、2019 年生态稳定性得分分别为 69.98、70.09，均处于稳定（二级）状态，与非常稳定（一级，>80）状态有一定差距，2019 年生态稳定性较 2017 年略有升高，但变化不明显，可以看出北电胜利矿区生态系统可以维持在一个较为稳定的状态，但其生态系统结构、功能及生态环境等方面的协调度还有待提高，抵抗外界干扰的抵抗能力和恢复到原有稳定或新稳定状态的恢复能力需要进一步提升。

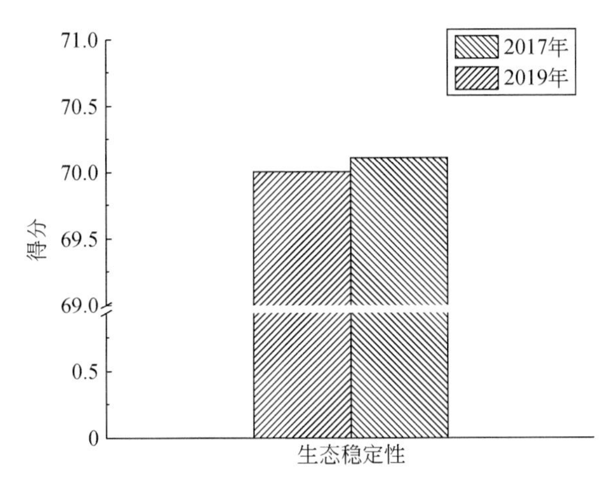

图 11-1　生态稳定性评价结果

2. 准则层评价结果

由图 11-2 可知，准则层中，与 2017 年相比，2019 年的土壤重构得分下降，土地整治和植被恢复得分有所提升。其中植被恢复效果虽然有所提升，但仍处于基本稳定等级，植被恢复权重值在准则层（A）中最大，达 0.4097，对矿区生态系统稳定性影响较大，因此，植被恢复效果已成为北电胜利矿区生态稳定性的主要限制因素。植被恢复的实质是植被与环境相互作用、相互影响的过程，植被的恢复效果在很大程度上影响了土壤的理化性质，2019 年植被恢复效果提升，但土壤质量下降，可能是由于胜利矿区植被恢复为人工植被恢复，与矿区自然生态环境融合度不高，群落组成和结构不能完全适应矿区生态环境，导致植被群落的生态功能较弱，仍处于演替进程中（李向磊等，2020）。因此，为提高胜利矿区的稳定性，可考虑在人工种植时选取符合当地生境且具有相容性生态特征的物种进行植被恢复，促进植被正向演替进程，提升群落稳定性。

3. 要素层评价结果

由图 11-3 可知，要素层 2017 年与 2019 年各因子稳定性无明显差别。2019 年土壤环境因子从稳定级别提升至非常稳定，为植被恢复提供了更好的条件，土壤的化学性质稳定性明显降低，对上一层级的土壤重构稳定性造成严重影响，成为矿区土壤重构因素的主要限制因子。

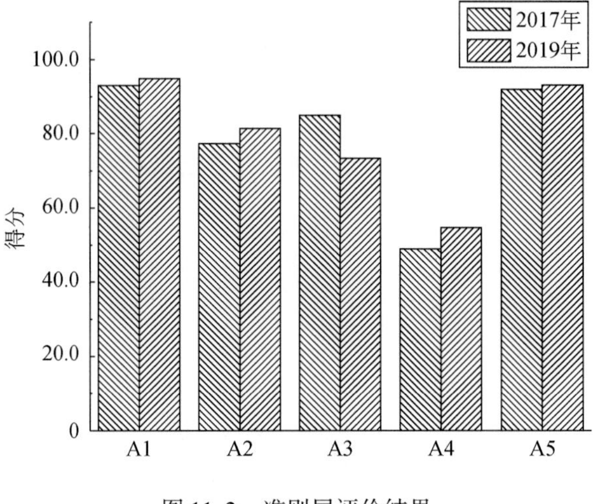

图 11-2　准则层评价结果

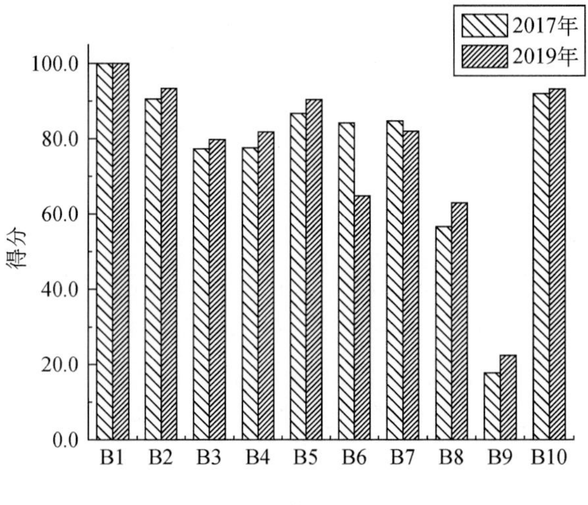

图 11-3　要素层评价结果

4. 指标层评价结果

由表 11-7 可知，2017 年与 2019 年各指标因子稳定性评价等级基本相同。2019 年土壤孔隙度和土壤重金属 Cu 稳定性升高，土壤有机质、土壤全氮含量和土壤重金属 As 稳定性降低。土壤肥力有所下降，不利于植物的生长和发育；土壤重金属污染主要限制因子由 Cu 变为 As。胜利矿区各评价因子评价等级均较高，仅全氮含量、植被盖度、株数及地上、地下生物量指标处于较不稳定或不稳定等级，说明矿区内土壤氮元素含量较低，植被恢复效果不佳，人工痕迹较强，与周边环境融合度较差，因此，提升土壤氮元素和植被恢复是胜利矿区生态稳定性提升的关键环节。

表 11-7　指标层评价结果

序号	2017 年得分	2019 年得分	稳定级别	序号	2017 得分	2019 年得分	稳定级别
C1	100.00	100.00	一级、一级	C21	100.00	100.00	一级、一级
C2	100.00	100.00	一级、一级	C22	100.00	80.81	一级、一级
C3	100.00	100.00	一级、一级	C23	96.78	73.74	一级、二级
C4	100.00	100.00	一级、一级	C24	100.00	93.39	一级、一级
C5	100.00	100.00	一级、一级	C25	100.00	100.00	一级、一级
C6	100.00	100.00	一级、一级	C26	89.38	92.12	一级、一级
C7	86.55	87.36	一级、一级	C27	89.33	84.81	一级、一级
C8	67.10	79.85	二级、二级	C28	61.24	70.22	三级、二级
C9	80.52	84.60	一级、一级	C29	76.25	79.30	二级、二级
C10	81.50	85.50	一级、一级	C30	82.27	98.96	一级、一级
C11	80.00	80.00	一级、一级	C31	35.24	49.77	四级、四级
C12	50.00	50.00	三级、三级	C32	34.23	52.43	四级、四级
C13	70.00	72.00	二级、二级	C33	95.82	87.95	一级、一级
C14	80.00	85.00	一级、一级	C34	18.98	26.45	五级、五级
C15	88.89	85.82	一级、一级	C35	17.47	22.46	五级、五级
C16	84.06	98.32	一级、一级	C36	100.00	100.00	一级、一级
C17	79.30	97.63	二级、一级	C37	70.90	76.30	二级、二级
C18	90.24	88.33	一级、一级	C38	100.00	100.00	一级、一级
C19	86.41	56.26	一级、三级	C39	68.16	72.65	二级、二级
C20	61.61	46.98	三级、四级				

本研究评价结果与北电胜利矿区实际情况基本符合，因此本研究所建评价指标体系准确合理，可在大型露天煤矿稳定性评价工作中做进一步推广。

11.2　大型煤电基地生态稳定性提升模式与关键技术

11.2.1　能源植物优选技术

1. 试验材料

供试柳枝稷种子及成苗均由滨州职业技术学院孙国荣教授提供。柳枝稷品种为 Cave-in-Rock。供试土壤采自锡林浩特市北电胜利矿区内排土场和滨州学院黄河三角洲生态环境研究中心温室棕壤土。

2. 试验方案

本技术研发试验以柳枝稷为研究对象，进行种子萌发试验、室内盆栽试验和田间试验

3 部分（王瑶，2019），具体试验方法如下。

（1）种子萌发试验。试验于 2017 年 10 月 30 日进行，采用内蒙古矿区排土场土壤作为基质。设置 4 个水分梯度：对照（田间最大持水量的 80%）、轻度（田间最大持水量的 60%）、中度（田间最大持水量的 40%）、重度（田间最大持水量的 20%）。每个处理 5 个平行。将土壤混匀置于培养皿中铺平，用烘干法设置 4 个处理土壤含水量。选取大小均匀、籽粒饱满、无机械损伤、成熟健康的种子，冲洗干净后用 70% 酒精消毒 3min，再用蒸馏水冲洗 3 次，吸水纸吸干表面水分用于试验。将种子埋入土下 0. 1cm，每个培养皿 30 粒种子，置于恒温 30℃、相对湿度 50%、12h 光暗交替的培养箱中。用塑料薄膜盖在培养皿上防止水分蒸发，每天透气 1 次。每天将种子连同培养皿用电子天平称重，采用人工称重法补充消耗的水分，保持培养皿中土壤含水量不变，其间不施加任何肥料。种子萌发以胚芽露出土表面视为发芽。每天同一时间记录种子发芽数，当连续 4d 不再有种子发芽时视为发芽试验结束。

（2）盆栽试验。以内蒙古北电胜利矿区排土场栗钙土和滨州学院黄河三角洲生态环境研究中心温室棕壤土为基质，分别将土壤风干混匀后装盆（高 23. 5cm，上直径 25. 5cm，下直径 17cm），内蒙古矿区土每盆 7. 5kg，滨州土每盆 6kg，并具有相同紧实度。花盆底部分布有小孔（孔径为 1. 5cm），以保证透气性。在盆内底部铺两层纱布防止土壤漏出，底部配以托盘。于 2017 年 10 月将直径、长度大致相同的柳枝稷移栽于花盆中，每盆 5 株，每株 3 个分蘖。在滨州学院黄河三角洲生态环境研究中心温室内进行培养。2018 年 5 月 5 日开始干旱胁迫处理。干旱胁迫试验采用土壤干旱胁迫法和自然连续干旱法两种处理方法进行。

采用环刀法测得矿区土壤田间最大持水量为 27%，滨州土壤田间最大持水量为 30%。土壤干旱胁迫试验共设置 4 种水分梯度：对照（田间最大持水量的 80%）、轻度（田间最大持水量的 60%）、中度（田间最大持水量的 40%）、重度（田间最大持水量的 20%）。每天下午 5 点对花盆称重以控制土壤水分含量，并补水达到设定的土壤含水量。每隔 7d 用烘干法测定一次土壤含水量，并对称重数据进行校正。除水分处理外，其他栽培管理措施完全一致。每个处理设置 5 个平行，共 40 盆。试验期间每天测定温室内温度、湿度。干旱胁迫 60d 后进行生长指标和光合生理指标的测定。

自然连续干旱试验的供试土壤及装盆方式同上。待 2018 年夏季选取长势一致的柳枝稷各 4 盆用于试验。试验前 2d 充分供水使之饱和，之后不再供水，使其自然干燥，以时间为梯度在停水第 1d、3d、5d、7d、9d、11d 和 13d 测定柳枝稷生长指标和渗透调节物质指标，并在测定各项指标时采用烘干法获取土壤含水量。

3. 技术成果

1）柳枝稷种子萌发实验

由表 11-8 可知，对照处理、轻度胁迫和中度胁迫下柳枝稷种子各萌发指数均较重度胁迫好。轻度胁迫下柳枝稷种子发芽总数最多，发芽指数最高，表明在各处理中该土壤含水量最有利于柳枝稷种子发芽；重度胁迫下柳枝稷种子发芽率最低，发芽势、发芽指数、活力指数均最低，表明柳枝稷种子在重度胁迫下萌发受到抑制，但其萌发的种子根长最长，整株幼苗鲜重最重，表明土壤含水量低时柳枝稷种子根部为了吸收水分而不断伸长，同时通过降低芽长减少其对养分的消耗，反映了柳枝稷幼苗对干旱的适应性（珊丹等，2015）。综上研究结果表明，柳枝稷种子在轻度胁迫（土壤含水量16.20%）时发芽率最高，但发芽率相比其他草本仍较低，因此在矿区田间试验时需要播撒大量柳枝稷种子，并在播种时进行人工补水，为种子萌发提供适宜的环境条件。

表11-8 干旱胁迫下柳枝稷种子萌发状况

胁迫强度	对照	轻度胁迫	中度胁迫	重度胁迫
发芽总数/个	40	45	31	5
发芽率/%	26.67	30.00	20.67	3.33
根长/cm	18.96±1.35	11.28±1.20	15.71±2.12	31.03±3.20
芽长/cm	23.00±2.45	12.94±0.84	20.74±2.07	21.80±3.45
芽重/mg	3.51±0.18	1.80±0.07	3.80±0.10	3.90±0.11
幼苗鲜重/mg	6.92±0.19	0.30±0.11	6.50±0.16	9.01±0.21

2）柳枝稷株高、分蘖数对土壤干旱胁迫的响应

由表11-9可知，干旱胁迫影响了柳枝稷的株高，胁迫30d及60d柳枝稷相对生长高度均最大，表明轻度胁迫是不同处理下柳枝稷生长的最适土壤水分梯度。而重度胁迫柳枝稷相对生长高度为负，重度胁迫下柳枝稷生长受到明显抑制，叶片开始低垂萎蔫，叶尖变黄，并且随着胁迫时间的延长，植物变黄程度越严重，因此测得植物株高变矮。在贫瘠的矿区土基质中，柳枝稷生长缓慢，表明土壤类型对柳枝稷的生长存在显著影响。

表11-9 干旱胁迫对柳枝稷株高的影响

干旱胁迫程度	胁迫前株高/cm	胁迫30d株高/cm	胁迫60d株高/cm	胁迫30d相对生长高度/cm	胁迫60d相对生长高度/cm
对照	52.21a	58.15ab	64.95b	5.94b	12.74bc
轻度胁迫	54.84a	61.16b	71.73b	6.32b	16.89c
中度胁迫	53.95a	56.29ab	60.29ab	2.34ab	6.34b
重度胁迫	51.49a	48.70a	48.15a	-2.79a	-3.34a

注：不同小写字母表示柳枝稷在相同土壤类型下不同土壤水分柳枝稷株高差异显著（$P<0.05$）。表中数据取平均值±标准误差（$n=10$）。

由表11-10可知，干旱胁迫30d后，矿区土柳枝稷每株分蘖数无变化，结果表明，干旱胁迫越严重，柳枝稷生长越受到抑制，严重持续干旱会抑制柳枝稷生长及分蘖。在矿区土壤下柳枝稷生长受到抑制，但分蘖数未受到严重影响，在适宜的土壤含水量下可以正常生长，如果引种到矿区可以成活，适当补水将会有助于柳枝稷生长。

表 11-10　干旱胁迫对柳枝稷分蘖数的影响

干旱胁迫程度	胁迫前分蘖数/个	胁迫 30d 分蘖数/个	胁迫 60d 分蘖数/个	胁迫 30d 分蘖数相对变化/个	胁迫 60d 分蘖数相对变化/个
对照	4	4	4	0	0
轻度胁迫	4	4	4	0	0
中度胁迫	4	4	3	0	–1
重度胁迫	4	4	3	0	–1

3）柳枝稷生物量对土壤干旱胁迫的响应

由图 11-4 可知，从干旱胁迫程度看，矿区土柳枝稷地上生物量在轻度胁迫时最高，为 28. 02g/m^2，柳枝稷作为耐旱植物，根系十分发达，柳枝稷地下生物量在对照的土壤水分含量下两种土壤类型均为最高。随着干旱胁迫加剧，总生物量逐渐降低，表明柳枝稷能够适应一定程度的干旱胁迫，但在重度胁迫下对其总生物量有较明显抑制作用。

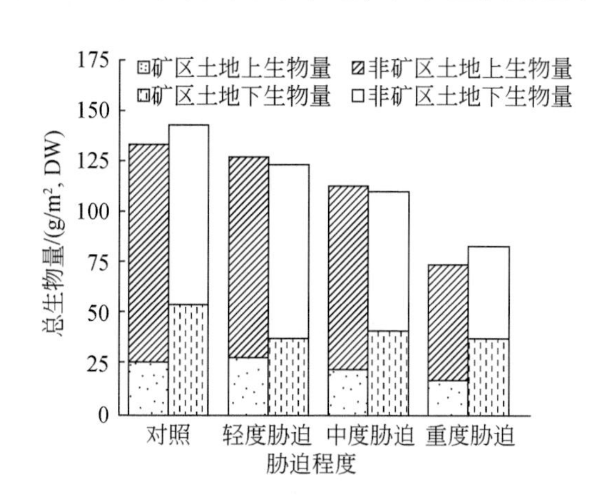

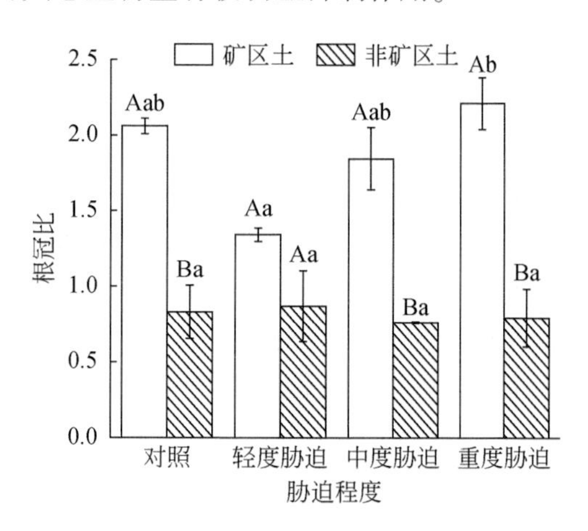

图 11-4　柳枝稷生物量对土壤干旱胁迫的响应

矿区土柳枝稷根冠比均大于 1，重度干旱胁迫下达到 2. 21，表明土壤环境恶劣的情况下柳枝稷不断增加根系长度来摄取足够的水分与养分，以维持其正常的生长代谢，将更多的能量用来促进自身根系的生长，对植株地上部分产生了抑制作用。同时，也说明了柳枝稷的强大竞争力和适应性，能较好地适应含水量较低的土壤。

4）柳枝稷根长、根体积、根数对土壤干旱胁迫的响应

由图 11-5 可知，通过研究不同土壤基质下柳枝稷根长、根体积、根数对干旱胁迫的响应，结果表明，矿区土根长对干旱胁迫响应亦不明显，根数在重度胁迫下有显著增加，因此土壤基质对柳枝稷根系生长有显著影响，表明其根系具有很强的吸水能力，根系生长需要良好的土壤透气环境。干旱胁迫对柳枝稷根体积抑制作用较大，而对根长及根数影响不大，表明柳枝稷具有较强的抗旱性，能根据环境因子变化，通过体内自动调节根系变化，减轻干旱胁迫对植株本身的影响。

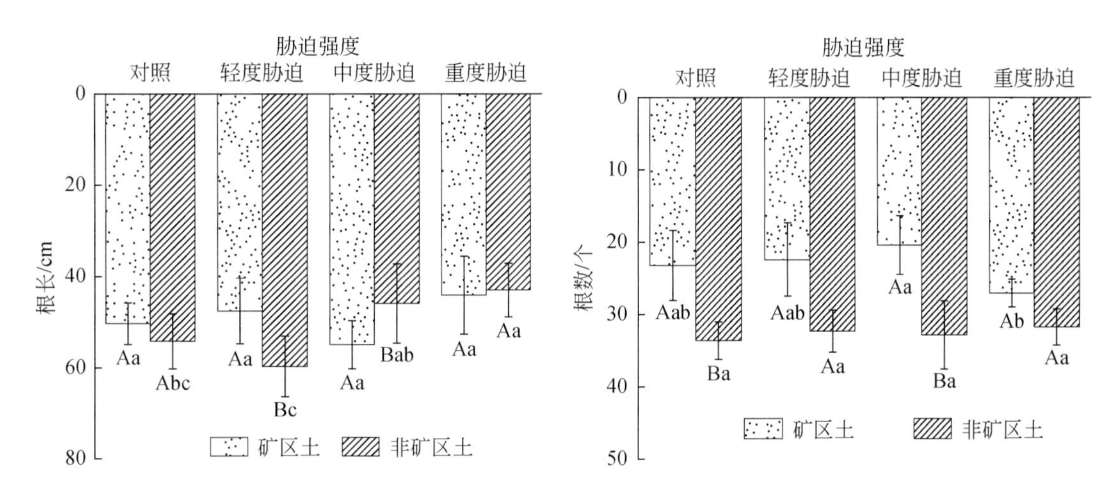

图 11-5　柳枝稷根系指标对土壤干旱胁迫的响应

5）柳枝稷光合活性对土壤干旱胁迫的响应

由图 11-6 可知，不同程度的干旱胁迫下，随着光合有效辐射强度逐渐增加，柳枝稷的净光合速率由增大的变化趋势逐渐趋缓，递增至光饱和点后稳定在较高水平，当光强继续增加时呈小幅下降，表明柳枝稷达到光饱和点之后，有效光合辐射的加剧导致了柳枝稷的光抑制现象。从不同干旱胁迫程度看，矿区土基质下柳枝稷净光合速率大小排序为：轻度胁迫>中度胁迫>对照>重度胁迫，表明在轻度胁迫土壤含水量下柳枝稷光合活性最高，光合作用最强。而对照和重度胁迫下柳枝稷净光合速率较低，这可能是对照下土壤水分含量过高，影响了柳枝稷的光合系统，重度胁迫下土壤水分含量过低，抑制了柳枝稷光合生理活性，因此均导致了柳枝稷净光合速率比轻度、中度胁迫低。

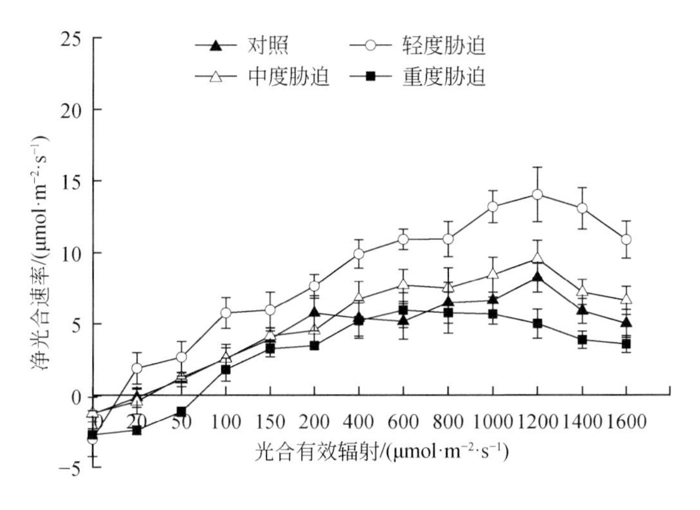

图 11-6　柳枝稷净光合速率的光响应曲线

11.2.2 脱硫石膏改良矿区盐碱土技术

1. 试验材料

北电胜利煤田现有南排、北排、沿帮 3 个外排土场，以及 1 个内排土场。排土场覆土来源于采掘开挖前期采场剥离存储的矿坑表土，这部分土壤有机质含量高且完全熟化，土壤透气性好，种子库和微生物数量多，到后期土地复垦阶段，这部分土壤将被覆盖在排土场平盘和坡面，覆土厚度在 30 ~ 50cm（张梦利，2019）。

供试土壤采自北电胜利矿区内排土场。取样时，将土壤表层杂质清理干净，采集 0 ~ 20cm 表层土壤，后装袋运送至实验室剔除大块石砾并均匀混合。取样时间为 2017 年 7 月下旬。

供试土壤 pH 为 9. 10，电导率为 396μS/cm，水溶性盐含量为 1. 78g/kg，结合我国盐碱土分类可知，供试土壤为盐碱土。全氮含量为 0. 19g/kg，全磷含量为 0. 60g/kg，全钾含量为 3. 74g/kg，速效磷含量为 4. 03mg/kg，速效钾含量为 94. 71mg/kg，土壤肥力水平低下（张连云，2016）。

脱硫石膏取自锡林浩特市锡林热电厂，样品为灰白色粉末状，经自然风干后，研磨过筛，混合均匀，装袋备用。其含水量为 11. 7%，石膏含量（$CaSO_4 \cdot 2H_2O$）可达 73. 52%。供试脱硫石膏重金属含量远低于我国《土壤环境质量农用地土壤污染风险管控标准（试行）》（GB 15618—2018）中规定的农用地土壤（pH = 7. 5）污染风险筛选值。

斜茎黄耆（*Astragalus adsurgens*），为豆科黄耆属多年生草本植物，又称沙打旺，产东北、华北、西北、西南地区，生于向阳山坡灌丛及林缘地带。柱高约 20 ~ 60cm，根较粗壮，暗褐色。茎多数或数个丛生，有毛或近无毛。羽状复叶有 9 ~ 25 片小叶，叶柄较叶轴短。总状花序于茎上部腋生，长圆柱状、穗状，生多数花，排列密集或较稀疏。花冠呈蓝色或紫红色。花期 6 ~ 8 月，果期 8 ~ 10 月（温伟利，2013）。

斜茎黄耆含有丰富的营养元素，可做优良牧草，根系发达，适应性强，耐寒、耐贫瘠、耐盐碱，抗风沙能力强，是目前干旱地区应用广泛的防风固沙和水土保持植物。同时，由于根系根瘤菌的作用，斜茎黄耆生物量大，具有培肥地力作用，可改良贫瘠土壤，增加土壤氮素，加速土壤熟化（温伟利等，2012）。

2. 试验方案

针对研究内容，设计了两部分试验：一是土柱试验，将脱硫石膏作为土壤改良剂施加进土壤后，研究供试土壤理化性质变化、肥力保持效果及重金属含量变化；二是盆栽试验，施加不同剂量的脱硫石膏改良土壤后，种植栽培矿区常用复垦植物斜茎黄耆，研究土壤理化性质变化、肥力保持效果、重金属含量变化及对植物生长的影响。

1）土柱试验

土柱为有机玻璃柱，高 50cm，内径 5cm，外径 6cm。土柱管口下方 5cm 处铺设 200 目孔径的布水板以实现均匀布水，土柱底部设 200 目孔径的多孔板，下方连接橡胶管，收集渗滤液到锥形瓶中（图 11-7）。每柱装土样 500g。试验共设置 5 个脱硫石膏梯度（0、1、

2、3 和 4kg/m²)，即 0、2、4、6 和 8g 脱硫石膏/500g 土壤，并对每个脱硫石膏梯度设计 3 个平行实验。试验步骤为：①供试土壤过 2mm 筛，与设计梯度含量的脱硫石膏充分混合，然后装入土柱并压实。土样填充 20cm 高，上下各铺设 1 ~ 2cm 高石英砂层。②先一次性浇透水，静置 7d，之后以锡林郭勒盟 30 年年平均降雨量 300mm 为准，每 10d 浇水一次 50mm，共浇水 6 次。③淋溶试验结束后分 0 ~ 10cm、10 ~ 20cm 两层取样，测定土壤理化性质。

图 11-7　土柱试验装置

2）盆栽实验

盆栽试验采用聚乙烯花盆，直径 20cm（图 11-8）。每盆装土样 8000g。盆栽试验共设置 5 个脱硫石膏梯度（0、1、2、3、4kg/m²），即 0、32、64、96、128g 脱硫石膏/8kg 土壤，设计 3 个平行实验。试验步骤为：①供试土壤除去大石砾，与设计梯度含量的脱硫石膏充分混合，然后装入花盆并压实。②一次性浇透水，静置 7d。③选取矿区代表性复垦植物斜茎黄耆作为实验物种，播种种植。④根据锡林郭勒盟近 30 年年平均降雨量 300mm 进行浇水，在 4 ~ 5 月发芽及幼苗期间浇水 45mm、6 ~ 8 月花果期浇水 210mm、9 ~ 11 月枯萎期浇水 45mm。⑤观测植物生长指标，并测定植物收割后上下层（0 ~ 10cm、10 ~ 20cm）土壤理化性质。

3. 技术成果

1）脱硫石膏对矿区土壤 pH 的影响

由图 11-9 可知，土壤 pH 随着脱硫石膏施加量的增加持续下降。0 ~ 10cm 土层土壤在未施加脱硫石膏时的 pH 为 9.24，施加量为 4kg/m² 时 pH 降至 8.10；10 ~ 20cm 土层对照组土壤 pH 为 9.36，随着脱硫石膏量的增加，pH 下降到 8.17。由图 11-9 还可以看出，施加脱硫石膏可显著降低土壤 pH，且 10 ~ 20cm 土层土壤 pH 大于 0 ~ 10cm 土层土壤 pH。

图 11-8　盆栽实验装置

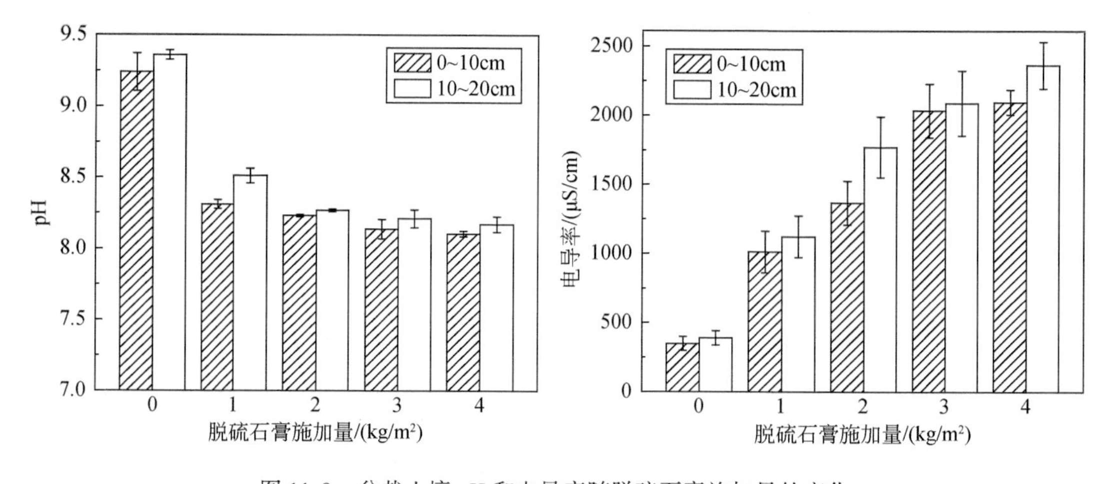

图 11-9　盆栽土壤 pH 和电导率随脱硫石膏施加量的变化

随着脱硫石膏施加量的增加，土壤电导率呈现持续上升的趋势。0～10cm 土层土壤在未施加脱硫石膏时的电导率为 347.33μS/cm，当施加量为 4kg/m² 时电导率升至 2096.67μS/cm，为对照组的 6.03 倍。10～20cm 土层对照组土壤电导率为 388.67μS/cm，随着脱硫石膏量的增加，电导率在施加量为 4kg/m² 时上升至 2363.33μS/cm，为对照组的 6.08 倍。此外，下层土壤电导率大于上层土壤。

2）脱硫石膏对盆栽土壤微粒的影响

由图 11-10 可知，0～10cm 土层中，阳离子总量随脱硫石膏施加量的增加，呈现出持续增大的趋势：K^+ 含量从对照组开始先减小后升高，当施加量增至 2kg/m²，K^+ 含量降低至最低值为 3.817g/kg，当施加量继续增大至 4kg/m² 时，K^+ 含量则上升至 4.070g/kg；而

Ca^{2+}含量表现出随脱硫石膏施加量增加不断增加的趋势，脱硫石膏施加量为 4kg/m^{2}时，Ca^{2+}含量达最大值为 7.400g/kg；Na^+含量则随着脱硫石膏施加量的增加呈现显著的波动性。Mg^{2+}含量则无明显变化规律。

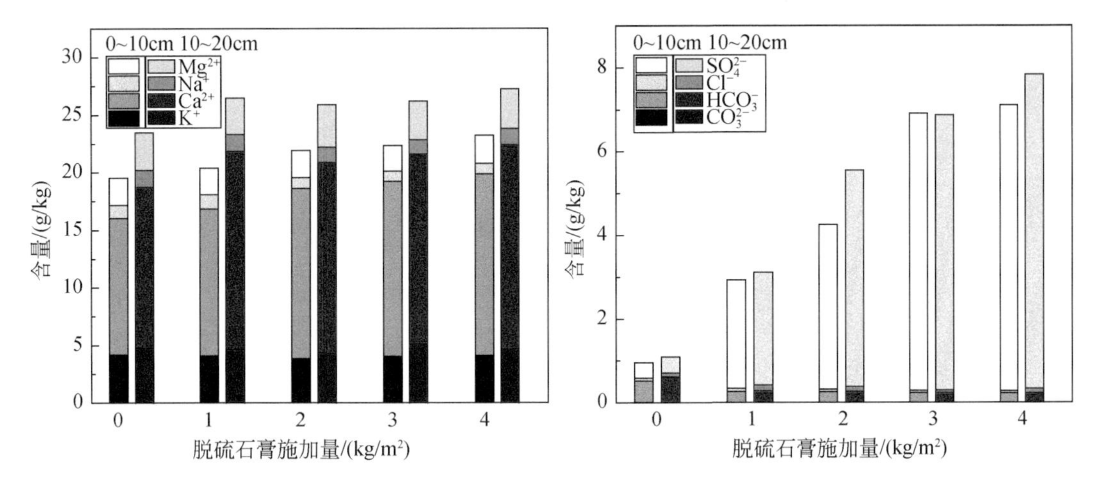

图 11-10　盆栽土壤微粒随脱硫石膏施加量的变化含量

10～20cm 土层中，阳离子总量随脱硫石膏施加量的增加，呈现出先增大后减小再增大的趋势：K^+含量随着脱硫石膏施加量增加呈现明显的波动性；Ca^{2+}含量则随脱硫石膏施加量的增加基本呈现持续增大的趋势，脱硫石膏施加量为 2kg/m^{2}时，Ca^{2+}含量增大至 14.008g/kg，随脱硫石膏施加量的增加到 3kg/m^2，Ca^{2+}含量略下降，后又在施加量增至 4kg/m^{2}时，Ca^{2+}含量达最大值 14.981g/kg；Na^+含量随脱硫石膏施加量增大呈现明显的波动性；Mg^{2+}含量则随着脱硫石膏施加量的增加无明显变化规律。总体来看，盆栽土壤中 0～10cm 土层 4 种可溶性阳离子含量低于 10～20cm 土层，且随着脱硫石膏施加量的增大，基本呈现出增大的趋势。

0～10cm 土层中，盆栽土壤阴离子总量随脱硫石膏施加量的增加，呈现出持续增大的趋势：CO_3^{2-}含量在对照组为 0.008g/kg，施加脱硫石膏后含量变为 0；HCO_3^-含量随脱硫石膏施加量增加持续减少，当脱硫石膏施加量为 4kg/m^{2}时，其达最小值为 0.219g/kg；Cl^-含量则随脱硫石膏施加量的增大呈先增大后减小的趋势，当施加量为 1kg/m^{2}时，Cl^-含量升高至 0.077g/kg，当施加量继续增加到 4kg/m^{2}时，Cl^-含量降低至 0.058g/kg；SO_4^{2-}含量随脱硫石膏施加量的增大而持续增大，脱硫石膏施加量为 4kg/m^{2}时，SO_4^{2-}含量升高至最大值为 6.834g/kg。

10～20cm 土层中，盆栽土壤阴离子总量随脱硫石膏施加量的增加，也呈现持续增大的趋势：CO_3^{2-}含量在对照组为 0.008g/kg，施加脱硫石膏后含量变为 0；HCO_3^-含量随脱硫石膏施加量增加持续减少，当脱硫石膏施加量为 4kg/m^{2}时其达最小值为 0.211g/kg；Cl^-含量随脱硫石膏施加量的增加呈现明显的波动性；SO_4^{2-}含量则随脱硫石膏施加量的增大，呈现出持续升高的趋势，脱硫石膏施加量为 4kg/m^{2}时，SO_4^{2-}含量达最大值为 7.510g/kg。总体来看，盆栽土壤中 0～10cm 土层 4 种可溶性阴离子总含量低于 10～20cm 土层，且含量随脱硫石膏施加量增大而增大。

3）脱硫石膏对盆栽土壤营养元素总量的影响

由表 11-11 可知，0～10cm 土层盆栽土壤 TC 含量随脱硫石膏施加量增加呈现先增大后减小再增大的趋势：对照组 TC 含量为 7. 628g/kg，脱硫石膏施加量为 2kg/m²时，TC 含量升至 9. 305g/kg，当施加量增加到 3kg/m²时，TC 含量下降为 7. 990g/kg，继续增加脱硫石膏施加量至 4kg/m²时，TC 含量达到 8. 201g/kg；10～20cm 土层土壤 TC 含量随着脱硫石膏施加量的增大，呈现出与 0～10cm 土层相似的规律：对照组 TC 含量为 8. 090g/kg，当脱硫石膏施加量为 2kg/m²时，TC 含量升高至 9. 250g/kg，随着施加量增至 3kg/m²时，TC 含量降为 7. 619g/kg，当脱硫石膏施加量为 4kg/m²时，TC 含量又上升至 8. 308g/kg。

表 11-11　盆栽土壤营养元素总量

脱硫石膏施加量/(kg/m²)	土层/cm	营养元素总量			
		TC/(g/kg)	TN/(g/kg)	TP/(g/kg)	TK/(g/kg)
0	0～10	7. 63	0. 13	0. 47	4. 17
	10～20	8. 09	0. 12	0. 40	4. 04
1	0～10	8. 46	0. 11	0. 41	4. 06
	10～20	8. 20	0. 15	0. 43	3. 95
2	0～10	9. 30	0. 18	0. 36	3. 81
	10～20	9. 25	0. 15	0. 39	3. 67
3	0～10	7. 99	0. 13	0. 38	4. 00
	10～20	7. 37	0. 15	0. 40	4. 37
4	0～10	8. 20	0. 11	0. 40	4. 07
	10～20	8. 31	0. 11	0. 40	3. 99
供试土壤		9. 24	0. 19	0. 60	3. 74

0～10cm 土层中盆栽土壤 TN 含量随脱硫石膏施加量的增加，呈现先减小后增大再减小的趋势：对照组 TN 含量为 0. 127g/kg，脱硫石膏施加量为 1kg/m²时，TN 含量降低至 0. 107g/kg，施加量为 2kg/m²时，TN 含量上升为 0. 180g/kg，随着脱硫石膏施加量增大至 4kg/m²时，TN 含量降低至 0. 110g/kg；10～20cm 土层中 TN 含量随脱硫石膏施加量呈现先增大后减小的变化趋势：对照组 TN 含量为 0. 123g/kg，脱硫石膏施加量为 2kg/m²时，TN 含量上升为 0. 153g/kg，当脱硫石膏施加量继续增至 4kg/m² 时，TN 含量下降至 0. 105g/kg。

0～10cm 土层中盆栽土壤 TP 含量随脱硫石膏施加量呈现先减小后增大的趋势：对照组土壤 TP 含量为 0. 472g/kg，随脱硫石膏施加量增大至 2kg/m² 时，TP 含量减小为 0. 357g/kg，脱硫石膏施加量为 4kg/m²时，TP 含量又升至 0. 403g/kg；10～20cm 土层中 TP 含量随脱硫石膏施加量呈现先增大后减小再增大的趋势：对照组 TP 含量为 0. 400g/kg，脱硫石膏施加量为 1kg/m²时，TP 含量增大至 0. 428g/kg，脱硫石膏施加量为 2kg/m²时，TP 含量降至 0. 391g/kg，随脱硫石膏施加量增加至 4kg/m²时，TP 含量又增大至 0. 400g/kg。

0～10cm土层中盆栽土壤TK含量随脱硫石膏施加量的增加先减小后增大：脱硫石膏施加量为0时，TK含量为4.166g/kg，在施加量为2kg/m^{2}时TK含量降至3.817g/kg，施加量增大至4kg/m^{2}时，TK含量升至4.070g/kg；10～20cm土层中TK含量随着脱硫石膏施加量的增加先减小后增大再减小：施加量从0增大到2kg/m^{2}时，TK含量从对照组的4.042g/kg减小至3.671g/kg，施加量为3kg/m^{2}时，TK含量升高至4.375g/kg，施加量增至4kg/m^{2}时，TK含量下降至3.991g/kg。

4）脱硫石膏对斜茎黄耆生长指标的影响

（1）脱硫石膏对斜茎黄耆发芽率和成活率的影响

由表11-12可知，施加脱硫石膏会不同程度地提高斜茎黄耆的种子发芽率和幼苗成活率。未施加脱硫石膏时，斜茎黄耆的发芽率和幼苗成活率分别为30%、75%，当施加脱硫石膏进土壤中，植物种子发芽率最大可提高1.22倍（施加量为2kg/m^2），幼苗成活率最大可提高17.33%（施加量为1kg/m^2）。

表11-12　脱硫石膏对斜茎黄耆发芽率和成活率的影响

指标/%	脱硫石膏施加量/（kg/m^2）				
	CK	1	2	3	4
发芽率	30	46.67	66.67	42.5	50
幼苗成活率	75	88	85	83	78

（2）脱硫石膏对斜茎黄耆株高和根长的影响

由图11-10可知，随着脱硫石膏施加量的增加，斜茎黄耆的株高和根长均表现出先增加后降低再增加的趋势。当脱硫石膏施加量由0增大至2kg/m^{2}时，斜茎黄耆株高由41.33cm增加至45.09cm，根长由14.47cm增至15.89cm。当脱硫石膏施加量为3kg/m^{2}时，斜茎黄耆株高降至35.42cm，根长降至13.45cm，施加量继续增大至4kg/m^{2}时，斜茎黄耆株高又升至36.06cm，根长升至14.37cm。

如图11-10所示，随着脱硫石膏施加量的增加，斜茎黄耆株均生物量和根量均呈现先增大后减小的趋势。未施加脱硫石膏时，斜茎黄耆株均生物量为2.00g，根量为0.11g。当脱硫石膏增加量增大至2kg/m^{2}时，株均生物量增大至3.79g，为对照组的1.90倍，株均根量增大至0.36g，比对照组增大2.27倍。当施加量为4kg/m^{2}时，斜茎黄耆株均生物量降至2.03g，株均根量减小至0.19g。

11.2.3　草原区沙化土壤改良技术

1. 试验材料

本试验采用的土壤为沙化地表层30cm以内的沙质土，经现场调查，沙丘的土壤无分层，有机质含量极低，改良的方法是人为在沙化地表面制造出耕作层，种植固沙植物。

本试验所使用的粉煤灰取自呼伦贝尔市海拉尔区敏东一矿，粉煤灰经风化处理后，进行化学成分、重金属含量、含水率及 pH 等理化指标的测定。试验前先将粉煤灰堆放 3 个月左右以降低其 pH。这主要是因为粉煤灰中含有一定的碱土金属，其碱度较高，施用会对土壤和地下水中盐分含量产生显著影响。而当粉煤灰堆放或与水接触后，由于本身的吸附性能力较强，粉煤灰中的氧化钙与水生成氢氧化钙，吸附空气中的 CO_2 形成碳酸钙，可使 pH 降低。粉煤灰的元素组成如表 11-13、表 11-14 和表 11-15 所示。

表 11-13　供试粉煤灰的主要元素组成及含量

元素种类	Si	Al	Fe	K	Ca	Na	Ti	Mg
含量/%	52.1	21.9	10.7	5.4	3.2	2.5	1.2	1.2

表 11-14　供试粉煤灰基础性质

样品名称	MC/%	pH	EC/(μS/cm)	CEC/(cmol/kg)
粉煤灰	0.08	8.75	647.25	10.41

表 11-15　供试粉煤灰养分含量

样品名称	TN/(g/kg)	TP/(g/kg)	TK/(g/kg)	OM/%	AN/(mg/kg)	AP/(mg/kg)	AK/(mg/kg)
粉煤灰	0.11	0.53	7.9	0.60	9.93	11.82	56.37

本试验所采用的腐殖酸购买自中国矿业大学（北京）土壤修复研究所，其为风化褐煤中提炼并经过特性改良得到的优异保水材料。供试腐殖酸的 MC 为 12.74%，腐殖酸的主要元素组成及含量见表 11-16。

表 11-16　供试腐殖酸的主要元素组成及含量

元素种类	C	Si	Fe	Al	Ca	S	K	Na	Mg
含量/%	42.3	21.3	9.58	9.02	6.6	4.9	2.8	1.7	0.6

本试验现场栽培选用的植物是柠条锦鸡儿（柠条）。柠条对外界环境具有广泛的适应性，在形态方面具有旱生结构，具有较强的抗旱性、抗热性、抗寒性和耐盐碱性。土壤 pH 为 6.5～10.5 的环境下均可正常生长。由于柠条对恶劣环境条件的广泛适应性，使它对生态环境的改善功能得到很大提升。一丛柠条可以固土 $23m^3$，截留雨水 34%。减少地面径流 78%，减少地表冲刷 66%。柠条林带、林网能够削弱风力，降低风速，直接减轻林网保护区内土壤的风蚀作用，变风蚀为沉积，土粒相对增多，再加上林内有大量枯落物堆积，使沙土容重变小，土壤腐殖质、氮、钾含量增加，尤以钾的含量增加较快。柠条有播种造林和植苗造林两种方式。降水较好的地区多采用播种造林，过于干旱的地区采用植苗造林。因此，为了保证试验的实际意义，采用直接种植幼苗（两年生）的方式。

2. 试验设计

针对研究内容，设计了两部分试验：一是土柱试验（图 11-11），将粉煤灰和腐殖酸作为土壤改良剂施加进土壤后，研究供试土壤理化性质变化、肥力保持效果及重金属含量变化；二是现场栽培试验（图 11-12），施加不同剂量的粉煤灰和腐殖酸改良土壤后，种植当地植物柠条，研究土壤理化性质变化、肥力保持效果、重金属含量变化及对植物生长的影响，探索出粉煤灰和腐殖酸的最佳施加量。

图 11-11　土柱试验装置

图 11-12　现场栽培试验装置

土柱为有机玻璃柱，高 50cm，内径 5cm，外径 6cm。土柱管口下方 5cm 处铺设 200 目孔径的布水板以实现均匀布水，土柱底部设 200 目孔径的多孔板，下方连接橡胶管，收集渗滤液到锥形瓶中。每柱装土样 500g。土柱试验共设置 4 个粉煤灰梯度（0、10、20、30kg/m^2），4 个腐殖酸梯度（0、1、2、3kg/m^2），进行正交试验，每种浓度配比做 3 个平行试验。试验步骤为：

（1）供试沙质土与设计梯度含量的粉煤灰和腐殖酸充分混合，然后装入土柱并压实。土样填充 30cm 高，上下各铺设 1 ~ 2cm 高石英砂层。

（2）先一次性浇透水，静置 7d，之后以呼伦贝尔市 30 年年平均降雨量 300mm 为准，每 10d 浇水一次 50mm，共浇水 6 次。

（3）淋溶试验结束后分 0 ~ 10cm、10 ~ 30cm 两层取样，测定土壤理化性质。

现场栽培试验拟用木板搭建 36 个 50cm×50cm 方格，深度为 60cm，每个方格里面按试验设定配比放入沙质土、粉煤灰和腐殖酸，经过混合和风化处理后，选出一批大小和长势均一的柠条幼苗，每个方格里成三角状种植三株柠条幼苗，分别测其总生物量、根生物量、株高和根长并记录，定期观察生长情况。一个生长期后，每个方格里选出一株长势均一的柠条，测其总生物量、根生物量、株高和根长，3 个平行试验方格共选出 3 株柠条，取其各项数据平均值代表该配比下柠条的生长情况。现场栽培试验共设置 4 个粉煤灰梯度，编号依次为 A（0kg/m^2）、B（10kg/m^2）、C（20kg/m^2）、D（30kg/m^2），4 个腐殖酸梯度，编号依次为 0（0kg/m^2）、1（10kg/m^2）、2（20kg/m^2）、3（30kg/m^2），进行正交试验（表 11-17），每种浓度配比做 3 个平行试验。试验步骤为：

（1）供试土壤与设计梯度含量的粉煤灰和腐殖酸充分混合，然后装入搭建好的木板方格中并压实，填充高度大约 30cm。

（2）一次性浇透水，静置 7d。

（3）选取当地植物柠条作为试验物种，直接种植两年生幼苗。

（4）种植柠条后浇一次水，一周至两周期间再次浇水，然后依托于当地气候条件。

（5）观测植物生长状况，并测定 0 ~ 10cm、10 ~ 30cm 深度土层土壤理化性质。

表 11-17　正交试验设计

保水材料	改良材料			
	A	B	C	D
0	A0	B0	C0	D0
1	A1	B1	C1	D1
2	A2	B2	C2	D2
3	A3	B3	C3	D3

3. 技术成果

1）粉煤灰和腐殖酸对现场试验土壤肥力指标的影响

由图 11-13 可知，施加粉煤灰和腐殖酸后，现场试验的土壤总氮与速效氮含量总体提升效果不显著。随着粉煤灰施加浓度的增大，土壤的总氮和速效氮含量总体变化趋势不明显，这可能是改良材料对氮素的补充效果弱于对柠条生长的刺激作用；随着腐殖酸施加浓度的增大，土壤总氮和速效氮含量也无明显变化。根据土柱淋溶实验结果，施加腐殖酸可提升土壤总氮含量。对比发现，种植柠条后，腐殖酸对土壤氮素的补充与腐殖酸对根系生长的刺激作用存在抵消作用。

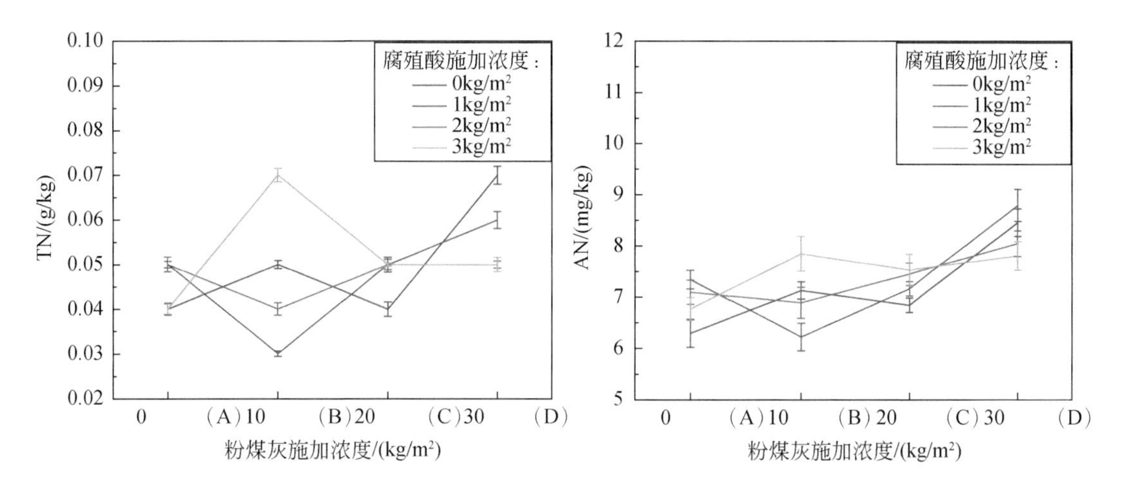

图 11-13　土壤氮含量随粉煤灰和腐殖酸的变化趋势

由图 11-14 可知：施加粉煤灰和腐殖酸后，现场试验土壤的全磷含量有较大提升。对照组 A0 的全磷含量为 0.26g/kg，土壤全磷在 C3 时达到最大值 0.35g/kg，为对照组的 1.35 倍，随后是 D1、D2、D3，全磷含量分别为 0.34g/kg、0.33g/kg、0.33g/kg；A0 的速效磷含量为 1.74mg/kg，土壤速效磷在 D1 时达到最大值 2.31mg/kg，为对照组的 1.33 倍，随后是 D0、C3，速效磷含量分别为 2.29mg/kg、2.28mg/kg；可见以二者联合施加效果最为明显，粉煤灰和腐殖酸搭配使用利于土壤中全磷和有效磷含量的提升，这与土柱淋溶实验的趋势一致。随着粉煤灰施加浓度的增大，土壤的全磷含量总体表现为先增大后趋于平稳，而有效磷含量逐渐增大，表明施加粉煤灰可以提高土壤全磷和有效磷含量，但高浓度的粉煤灰会对土壤理化性质产生一定影响。随着腐殖酸施加浓度的增大，土壤全磷和有效磷含量逐渐增大，表明腐殖酸可以提升土壤全磷含量，但是提升幅度不及粉煤灰，全磷主要受粉煤灰影响。

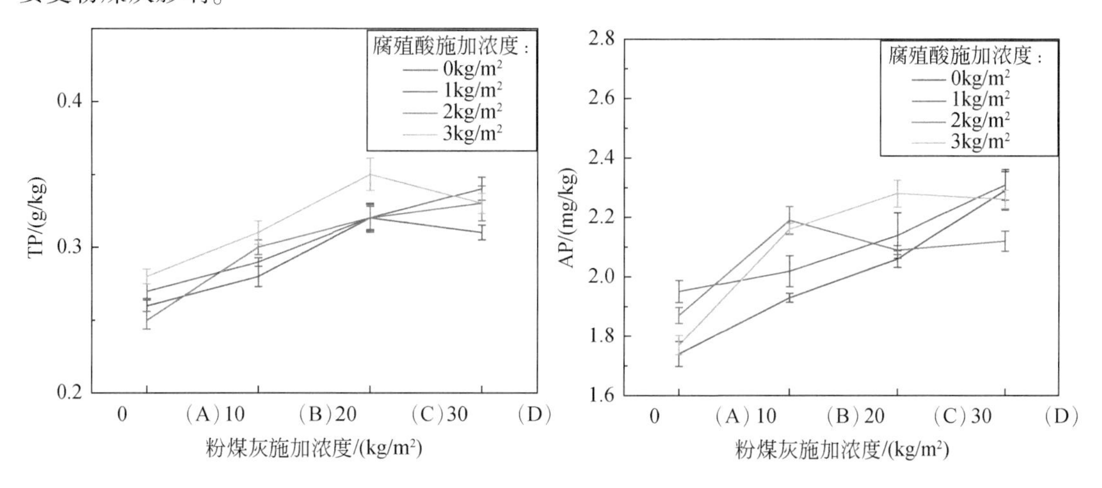

图 11-14　土壤磷含量随粉煤灰和腐殖酸的变化趋势

由图 11-15 可知，对照组 A0 的全钾含量为 7.83g/kg，土壤全钾在 D1 时达到最大值 8.31g/kg；随后是 D2、C3，全钾含量分别为 8.23g/kg、8.21g/kg；对照组 A0 的速效钾含量为 34.03mg/kg，土壤速效钾在 C3 时达到最大值 50.74mg/kg，为对照组的 1.49 倍；随后是 D2、D3，速效钾含量分别为 50.62mg/kg、49.26mg/kg，依次为对照组的 1.49 倍、1.45 倍。随着粉煤灰施加浓度的增大，土壤全钾含量总体表现为逐渐增大，这表明粉煤灰可以提高土壤全钾和速效钾含量。随着腐殖酸施加浓度的增大，土壤速效钾含量总体先减小后增大，这可能由于前期腐殖酸刺激柠条根系大量吸收速效钾导致钾含量降低；但高浓度腐殖酸可以调节粉煤灰造成的不利生境，促进钾的有效转化且腐殖酸本身含有部分钾元素，导致钾含量出现升高。

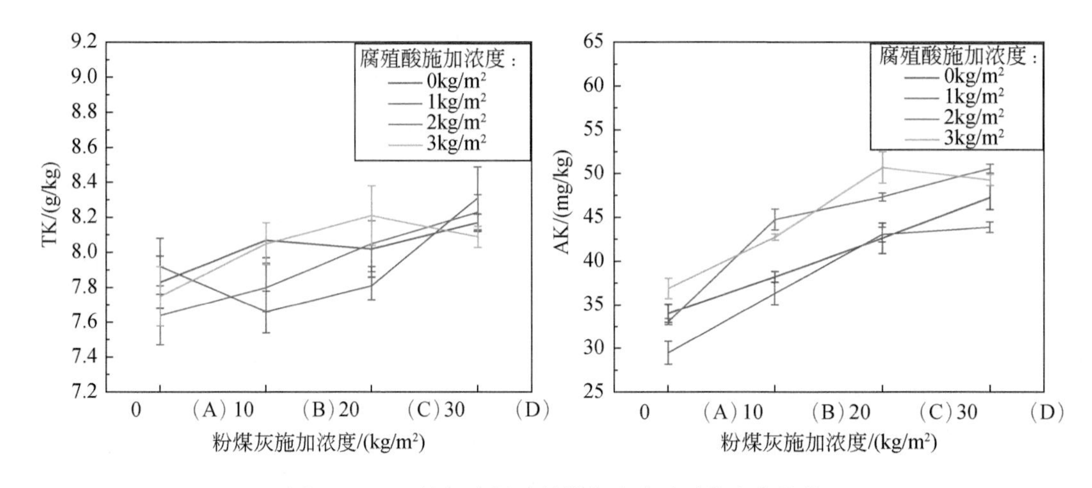

图 11-15　土壤钾含量随粉煤灰和腐殖酸的变化趋势

由图 11-16 可知，对照组 A0 的有机质为 3.21g/kg，土壤有机质在 D2 时达到最大值 4.77g/kg；随后是试验组 D3，分别为 4.74g/kg；随着粉煤灰施加浓度的增大，土壤有机质含量的变化趋势呈小幅度波动，总体变化不大，表明施加粉煤灰对土壤的有机质含量影响不大。随着腐殖酸施加浓度的增大，土壤有机质的含量呈现逐渐增大的趋势，表明腐殖酸可以提高土壤的有机质含量，且有机质含量主要受腐殖酸影响。

2）粉煤灰和腐殖酸对柠条生长指标的影响

由图 11-17 可知：对照组 A0 的种子发芽率为 4%，种子发芽率在 C3 时达到最大值 16%，为对照组的 4 倍；随后是试验组 B3、A2 和 D2，分别为 11%、10% 和 10%；随着粉煤灰施加浓度的增大，种子发芽率先略微增大而后波动，表明粉煤灰对种子发芽率提升不明显，甚至在施加高浓度粉煤灰时，若不搭配腐殖酸，会明显降低发芽率。随着腐殖酸施加浓度的增大，种子发芽率总体逐渐增大，表明腐殖酸可以提高种子发芽率，延缓土壤 pH 向碱性过渡，减轻盐碱对植物种子和幼苗的危害，提高出苗率。

由图 11-17 可知：对照组 A0 的幼苗成活率为 75%，幼苗成活率在 C1 时达到最大值 100%；随后是试验组 B3、C2、A3 和 B2，分别为 91%、89%、88% 和 88%。随着粉煤灰施加浓度的增大，幼苗成活率总体先波动后明显降低，表明粉煤灰对幼苗成活率提升作用

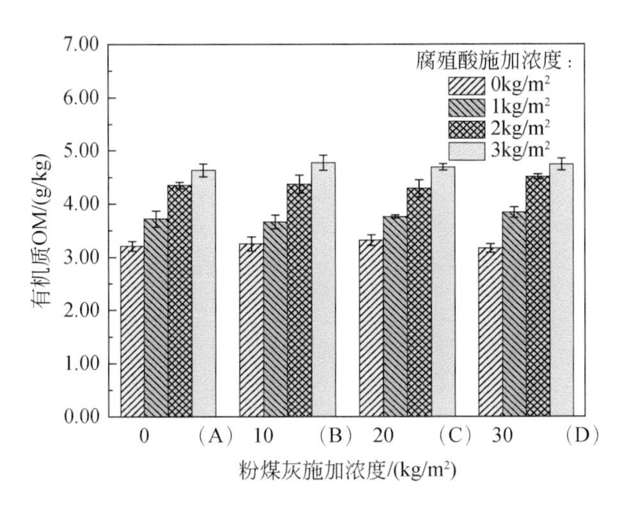

图11-16　有机质随粉煤灰和腐殖酸的变化趋势

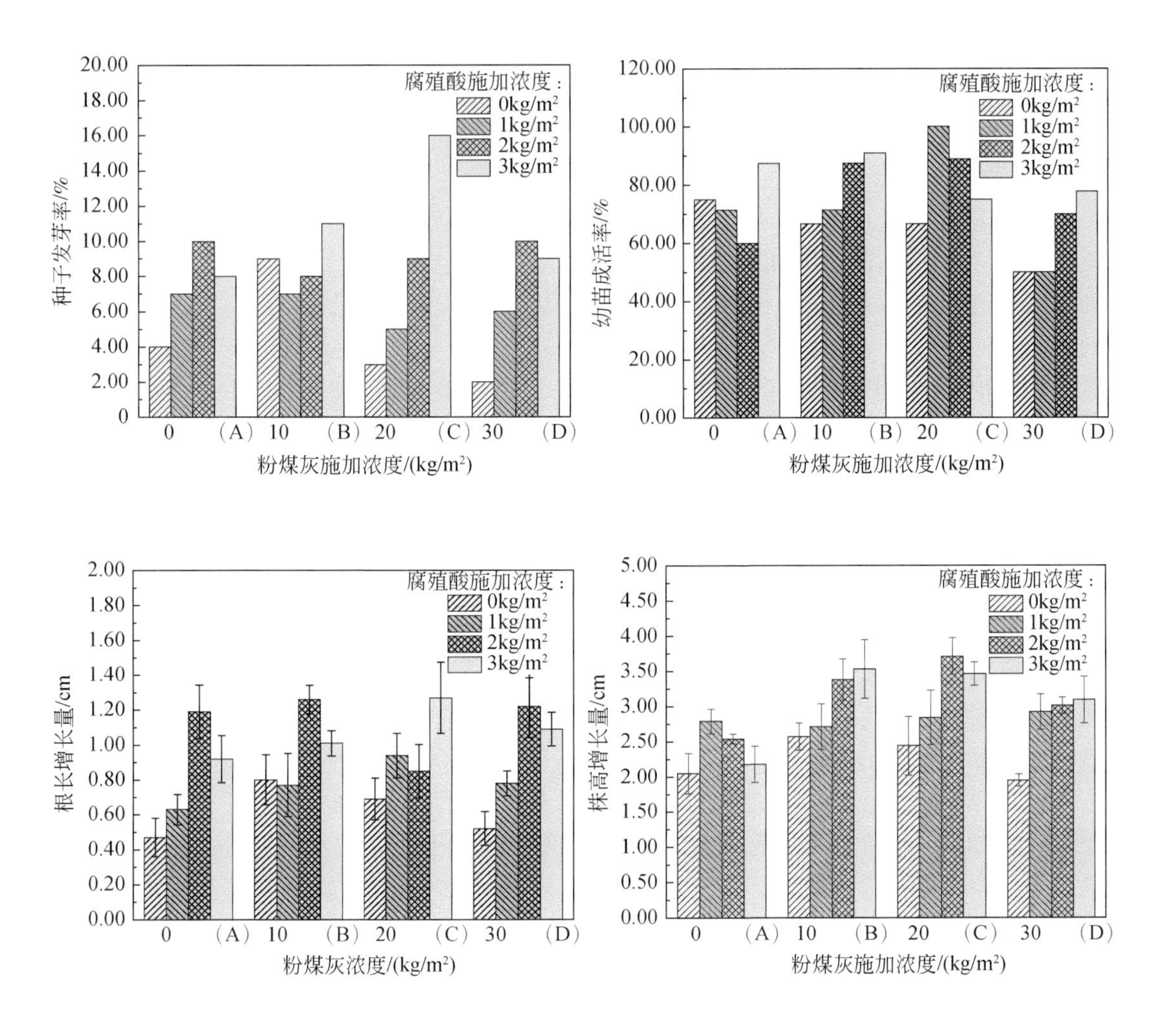

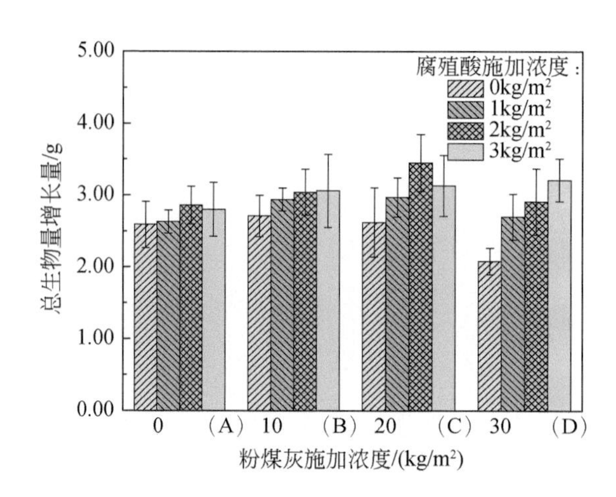

图 11-17 柠条生长指标随粉煤灰和腐殖酸的变化趋势

不明显，但是当粉煤灰施用量较高时，会明显降低幼苗成活率，主要是高浓度粉煤灰增大了土壤 pH 和含盐量，对植物幼苗产生了毒害作用。随着腐殖酸施加浓度的增大，幼苗成活率总体呈现逐渐增大的趋势，表明腐殖酸可以提高幼苗成活率，可能因为腐殖酸减轻了盐碱对植物种子和幼苗的危害。特别是当粉煤灰浓度较高时，施加腐殖酸可保证幼苗成活率稳定在较高水平。

由图 11-17 可知，对照组 A0 的根长增长量为 0. 47cm，根长增长量在 C3 时达到最大值 1. 27cm，为对照组的 2. 70 倍；随后是试验组 B2、D2，分别为 1. 26cm、1. 22cm，粉煤灰和腐殖酸搭配使用时根长增长量最大，可见粉煤灰和腐殖酸搭配使用更有利于柠条根系生长。随着粉煤灰浓度继续增加，柠条根系生长速度出现下降。这可能与较高的土壤盐度降低了柠条根系的生长活力有关。随着腐殖酸施加浓度的增大，根长增长量总体表现为先增大后平稳，表明腐殖酸可以促进柠条根系生长，主要原因可能是腐殖酸通过刺激植物根细胞的分裂和生长，促进根系吸收水分和养分；同时腐殖酸具有较多的活性基团，盐基互换容量大，可吸附较多的土壤可溶性盐，降低高盐环境对柠条根系的危害。

由图 11-17 可知：对照组 A0 的株高增长量为 2. 05cm，株高增长量在 C2 时达到最大值 3. 71cm，为对照组的 1. 81 倍；随后是试验组 B3、C3、B2，分别为 3. 53cm、3. 46cm、3. 38cm；粉煤灰和腐殖酸混合施加时株高增长量最大，可见粉煤灰和腐殖酸联合施用改良沙化土壤更利于柠条生长。随着粉煤灰施加浓度的增大，株高增长量总体呈现先增大后减小的趋势。施加少量粉煤灰后，土壤养分及含水率都有所改善，株高增长量明显增大，表明适量的粉煤灰有助于植物株高增长。随着粉煤灰施加浓度继续增大，株高增长量出现明显下降，下降幅度超过根系增长量，这主要因为高浓度粉煤灰抑制根系伸长，同时处于不利条件时，柠条为维持自身存活状态会优先保证根部的生长，导致地上部分的生长发育放缓甚至停滞。随着腐殖酸施加浓度的增大，株高增长量先增大后平稳，这与根长增长量趋势一致，说明腐殖酸促进了柠条地上部分生长。

由图 11-17 可知：对照组 A0 的总生物量增长量为 2. 59g，总生物量增长量在 C2 时达到最大值 3. 45g，为对照组的 1. 33 倍；随后是试验组 D3、C3，分别为 3. 21g、3. 13g；随着粉煤灰施加浓度的增大，总生物量增长量总体先小幅增大，而后出现明显减小，表明粉煤灰施加量不宜过大；相比低浓度粉煤灰，高浓度粉煤灰导致柠条根系增长量轻微降低，而株高增长量大幅下降，两者结合便表现出总生物量增长量明显降低。随着腐殖酸施加浓度的增大，总生物量增长量总体表现为先增大后平稳，表明腐殖酸可提高柠条根系对养分、水分的吸收能力，进而促进柠条整体生长。

本章针对内蒙古东部草原区大型煤电基地长期以来高强度煤炭生产活动导致的生态稳定性失稳问题，提出了大型煤电基地生态稳定性评价方法，研发了大型煤电基地生态稳定性提升模式与关键技术。研究表明，基于生态稳定性维持机制，以胜利露天煤矿开采过程中形成的受损生态系统为对象，针对已形成的大型煤电基地土地整治、土壤重构、植被修复、景观修复等生态修复关键技术，制定评价指标，建立评价体系，构建评价模型，开展生态稳定性评价。以胜利能源矿区、敏东一矿为技术试验场地，分别开展了能源植物优选技术、盐碱土壤改良技术及沙化土壤控制与改良技术，构建了生态稳定性提升技术的研发与试验，揭示限制矿区生态稳定性的限制因子，进而从提升群落功能（固坡、保水、保肥）、改善群落结构（水平格局、垂直层片）角度出发，研发排土场边坡草本层重建技术、高碳汇植物柳枝稷引种技术、基于脱硫石膏的盐碱化土壤改良技术、粉煤灰-腐殖酸耦合修复沙化土壤技术等关键技术，构建了我国东部草原区大型煤电基地区域生态稳定性提升技术体系。

第 12 章　大型煤电基地区域生态安全调控及保障技术（以东部草原区为例）

生态安全（ecological security）是指生态系统的健康和完整情况，是人类在生产、生活和健康等方面不受生态破坏与环境污染等影响的保障程度，也是人类经济社会发展水平与生态环境承载支撑能力的一个平衡程度。生态安全因人类活动强度与范围的不同，可以表现为不同维度与尺度，比如水生态安全、土壤生态安全、草地生态安全等，亦可分为地理区域、流域、小流域、区域、城市乃至矿区尺度的生态安全。煤电基地区域生态安全特指煤电开采对矿区生态系统、直接影响区景观格局与过程及区域经济社会发展与人类福祉的影响程度。煤电基地生态安全调控即指通过人类活动产生的不同尺度生态系统影响因素辨识、生态环境胁迫因子去除、不同社会经济可持续发展水平保障下生态修复技术组装、煤电开采区与影响区景观安全格局构建及区域尺度生态功能规划与适应性管理措施来实现。

生态安全是国家安全的重要组成部分，是经济社会持续健康发展的重要保障，是人类生存发展的基本条件，分析和保障矿区生态安全就成为煤矿区及其区域实现可持续发展的关键和基础（杨兆青，2020）。东部草原区大型煤电基地区域是我国东部能源保障的重要基地，且位于国家“三区四带”的北方防沙带东部，区位能源供应和生态功能均十分重要，其生态安全保障问题也越来越受到关注（李全生，2019）。

基于生态环境脆弱区域在生态恢复和生产发展中存在的矛盾问题分析、总结和解决的需求，本技术通过分析煤电基地区域生态安全状态变化，结合文献、资料分析构建生态安全评价指标体系，循时间尺度识别煤电基地区域生态安全关键因子。根据识别出的关键因子和煤电基地区域类型及生态环境特点，选择本项目主要研究的土壤、水、生物、景观生态修复技术进行生态安全效应评估，分析不同修复技术在实际工程应用中对煤电基地生态环境所产生的影响（李全生，2016），进而评估该技术的应用效果。根据不同修复技术的评价效果，进一步筛选出适用于大型煤电基地区域的生态安全保障关键修复技术，并结合搭建煤电基地适应性管理框架过程中对管理管控和公众参与等方面的研究，构建了大型煤电基地区域生态安全评价及保障体系。

大型煤电基地区域生态安全调控技术以生态安全格局理论为支撑，在栅格尺度上构建包括自然属性和社会经济属性的生态安全评价指标体系，将空间主成分分析获得的各主成分的特征值作为权重进行加权求和，保障了权重赋予的客观性；采用空间自相关模型分析区域生态安全集聚状态，表征了生态安全状态的自相关性；生态安全重心迁移模型分析结果，描述了不同生态安全等级的时空演变过程。研究可为东部草原大型煤电基地区域生态安全调控理论提供科学基础，并为大型煤电基地区域生态安全调控及保障提供了技术方法支撑。

12.1　东部草原区大型煤电基地生态安全主控因素

12.1.1　大型煤电基地生态安全评价理论基础

20世纪初至五六十年代，由于受到发展经济学思想的影响，人们将发展理解为GDP的增长，大力发展粗放型工业，提升工业的地位（贺照耀，2007）。20世纪60年代至70年代中期，在各国民族解放获得独立的政治背景下，人口规模迅速膨胀，单纯的经济增长模式导致发达国家和发展中国家在技术和经济方面差距日益增大，生态环境问题凸显。在此背景下，人们对区域发展进行反思。可持续发展的概念最早由《世界自然保护大纲》于1980年提出（余谋昌，2019）。目前，被大众广泛接受的可持续发展定义是由布伦特兰夫人于1987年4月在《我们共同的未来》一书中提出的“既满足当代人的基本需要，又不对后代人满足其需要的能力构成危害的发展”。区域可持续发展是可持续发展思想在地域上的落实与体现。作为一个动态过程，区域可持续发展是指特定区域的发展不以削弱其他区域发展能力为前提，与此同时，当代人满足自身需要不以对后代人发展需要构成危害为前提。目前，针对区域可持续发展方面的研究主要有以下几方面：主要集中于城市区域可持续发展、乡村区域可持续发展和特定行政区域可持续发展的研究。指标体系的构建模式主要有压力-状态-响应模式、驱动力-压力-状态-影响-响应模式、投入产出模式、经济-社会-环境模式以及人类-生态系统福利模式。

国内外学者从不同角度出发，提出多种针对区域可持续发展的研究方法和模型，主要有社会经济学方法、生态学方法、系统学方法以及新兴方法四大类（荼娜等，2013）。社会经济学方法主要有人类发展指数模型、真实储蓄率测算法和经济福利指数等，生态学方法主要有生态足迹模、资源生态承载力分析、能值分析等，系统学方法主要有模糊数学法、灰色系统模型、数据包络分析和系统动力学方法，新兴方法主要有非线性模型、线性模型以及大数据算法。

当前，针对区域可持续发展的研究主要存在两方面的不足，一方面是针对区域类型进行可持续发展的规划较少，例如生物区、集水区、通勤区、经济区或文化区，而是多以行政区划作为划分区域的依据，这种划分区域的方式针对性差、主观性强，不利于提出科学的、可量化的响应措施；另一方面则是对研究区域内各体系之间的协调度研究浅尝辄止，缺乏完善协调度的具体技术和方法。

区域可持续发展响应是指分析由于人类活动造成阻碍区域可持续发展的潜在问题，并在现存状态下提出解决方案。深入研究区域可持续发展响应的基本内涵，明确其基本特征与目标定位，有利于促进区域可持续发展。区域可持续发展响应的研究应从两个方面下手，一是指标体系的构建，二是运算模型的选取。一个规范化指标体系的构建需要遵守目的性、完备性、可操作性、独立性、显著性、动态性和科学性的原则；而选取的运算模型则是对实际情况的仿真，反映了区域可持续发展的评价标准和过程（彭张林等，2017）。区域可持续发展的关键因子是区域可持续发展水平的驱动力，其范围由指标体系界定、评价标准取决于运算模型。确定关键因子是提高区域可持续发展水平的根本点，也是制定区域可持续发展响应机制的依据。针对生态安全的区域可持续发展响应和关键因子的研究是推动区域内社会、经济、土地利用和生态环境等子系统协调发展的前提条件。

煤电基地拥有丰富的煤炭资源，是由若干个煤矿、发电厂和人类活动区域组成的一种整合空间，其用途是煤炭资源的开发、供应和利用（汪应宏等，2006）。煤电基地作为一种特定的区域类型，与以行政区域作为研究对象相比更客观，更有针对性，更易提出可量化、利于实施的响应措施。在我国“富煤、贫油、少气”的能源结构背景以及“绿水青山就是金山银山”的生态环境背景下，针对煤电基地生态安全的区域可持续发展响应与关键因子的研究对国家发展具有重要意义。

12.1.2 大型煤电基地区域生态安全关键因子

2008 年阻碍城市生态安全的关键因子主要包括城镇化率、第三产业占 GDP 比重、人均 GDP、农牧区居民人均可支配收入、城镇居民人均可支配收入；2008 ~ 2012 年排名第一的关键因子是城镇化率；2012 年阻碍城市生态安全状况的关键因子主要包括矿区面积、工业 SO_2排放量、城镇化率、城镇居民恩格尔系数、第三产业占 GDP 比重；城镇化率越低，一方面说明地区社会经济发展薄弱，另一方面意味着人类活动范围广，进而对人类聚集区以外的自然生态环境干扰就越大；经济增长导致建设用地需求增加，引起大规模土地开发；第三产业占 GDP 比重越高，经济发展中对环境造成的损害越小，对煤电基地区域的生态安全保障越有益处；工业废气排放量意味着第一、二产业的发展状况，工业生产中容易造成生态环境的破坏；人类生存和生产需要依靠对自然资源的攫取，人口密度大则对周围的生态环境造成较大的压力，不利于煤电基地区域生态安全保障；草原露天开采区对草地生态系统的剧烈扰动将导致自然生态系统结构和功能的受损，加之城市化的快速推进，共同对区域环境质量、景观生态等产生重大影响。露天开采使地表沉陷，在一定程度上改变地面降水的径流与汇水条件，因此间接影响矿区周围的地表水量；煤炭挖掘深度加大，地下蓄水构造被破坏，同时矿井水污染地下水，导致地下水资源流失严重和污染加剧（关春竹等，2017）；矿区是人类剧烈开采活动干扰形成的典型的脆弱生态系统矿区，覆盖面积大易于造成景观生态破坏严重，区域矿区面积较大挤占耕地、林地，使得植被覆盖率下降，使得煤电基地区域生态安全稳定性下降（马一丁等，2017）；矿区防护林依靠吸收地下水成为其生长的重要来源，地下水位成为其能否正常生长的重要影响因素，地下水埋深的持续下降导致土壤含水量的降低，引起防护林体系的破坏，从而导致矿区自然生态安全水平降低；水资源是干旱区社会经济发展和生态环境保护的关键性决定因素，水资源过度开发易导致出现土地荒漠化加剧、植被衰败等一系列生态安全问题。

12.1.3 生态安全评价指标体系构建

根据联合国经济合作开发署（OECD）提出的压力（pressure）-状态（state）-响应

(response) 的概念模型（OECD，1998），并结合大型煤电基地实际情况，构建了包含33个指标的大型煤电基地生态安全评价指标体系，由目标层、准则层、要素层和指标层组成。目标层综合反映煤电基地生态安全总体水平。准则层包括压力、状态和响应3个子系统。要素层由生态环境和社会经济两属性构成。指标层根据煤电基地区域生态安全特点，选取了包括但不限于人均原煤产量、人均发电量等在内的33个指标。大型煤电基地城矿生态安全评价指标体系见表12-1。

12.1.4　生态安全评价方法

12.1.4.1　熵权 TOPSIS 法

TOPSIS（technique for order preference by similarity to ideal solution，逼近于理想值的排序方法）是一种多目标决策方法，将各指标的最优值和最劣值分别作为正理想解和负理想解，根据评价对象靠近正理想解和远离负理想解的程度来评估煤电基地生态安全水平。本标准将熵权法和TOPSIS法的运算理念相结合，对评价对象和正、负理想解的计算进行了改进，建立熵权TOPSIS模型，基于该模型对大型煤电基地进行生态安全评价（雷勋平等，2016）。其计算步骤如下：

设有 n 个年份（$j=1, 2, \cdots, n$）、m 个评价指标（$i=1, 2, \cdots, m$），形成评价矩阵：

$$X=\begin{bmatrix} x_{11} & x_{12} & \cdots & x_{1n} \\ x_{21} & x_{22} & \cdots & x_{2n} \\ \vdots & \vdots & & \vdots \\ x_{m1} & x_{m2} & \cdots & x_{mn} \end{bmatrix} \tag{12-1}$$

1. 指标标准化

各指标的单位不同，使数据之间的可比性较差，需对原始指标数据进行标准化处理。采用极差变换法将原始数据统一转化到［0，1］区间之内，得到标准化矩阵 $\boldsymbol{Y}$，其过程如下：

$$\text{正向指标}: Y_{ij}=\frac{x_{ij}-\min(x_{ij})}{\max(x_{ij})-\min(x_{ij})} \tag{12-2}$$

$$\text{负向指标}: Y_{ij}=\frac{\max(x_{ij})-x_{ij}}{\max(x_{ij})-\min(x_{ij})} \tag{12-3}$$

式中，x_{ij}、Y_{ij} 为第 j 年第 i 指标的原始值和标准化值；$\min(x_{ij})$、$\max(x_{ij})$ 为各指标原始值中的最小值、最大值。

2. 指标权重计算及加权决策矩阵构建

指标权重向量 $\boldsymbol{W}=(W_1, W_2, \cdots, W_i)$，结合标准化矩阵 $\boldsymbol{Y}$，得到加权规范化矩阵 $\boldsymbol{V}$：

$$\boldsymbol{V}=\boldsymbol{YW}=[v_{ij}]_{m\times n} \tag{12-4}$$

表 12-1　大型煤电基地城矿生态安全评价指标体系

目标层	准则层	要素层	指标层
大型煤电基地城矿尺度生态安全评价	压力系统	生态环境	人均原煤产量 p1
大型煤电基地城矿尺度生态安全评价	压力系统	生态环境	人均发电量 p2
大型煤电基地城矿尺度生态安全评价	压力系统	生态环境	煤电基地面积 p3
大型煤电基地城矿尺度生态安全评价	压力系统	生态环境	工业废水排放量 p4
大型煤电基地城矿尺度生态安全评价	压力系统	生态环境	工业废气排放量 p5
大型煤电基地城矿尺度生态安全评价	压力系统	生态环境	工业 SO_2 排放量 p6
大型煤电基地城矿尺度生态安全评价	压力系统	生态环境	工业烟（粉）尘排放量 p7
大型煤电基地城矿尺度生态安全评价	压力系统	生态环境	一般工业固废产生量 p8
大型煤电基地城矿尺度生态安全评价	压力系统	社会经济	人口密度 p9
大型煤电基地城矿尺度生态安全评价	压力系统	社会经济	人口自然增长率 p10
大型煤电基地城矿尺度生态安全评价	压力系统	社会经济	人均 GDP p11
大型煤电基地城矿尺度生态安全评价	压力系统	社会经济	规模以上工业企业单位产值能耗 p12
大型煤电基地城矿尺度生态安全评价	压力系统	社会经济	规模以上工业原煤消费量 p13
大型煤电基地城矿尺度生态安全评价	压力系统	社会经济	煤炭采掘业产值占能源工业产值比重 p14
大型煤电基地城矿尺度生态安全评价	状态系统	生态环境	人均草地面积 s1
大型煤电基地城矿尺度生态安全评价	状态系统	生态环境	人均耕地面积 s2
大型煤电基地城矿尺度生态安全评价	状态系统	生态环境	植被覆盖度 s3
大型煤电基地城矿尺度生态安全评价	状态系统	生态环境	人均地表水资源 s4
大型煤电基地城矿尺度生态安全评价	状态系统	生态环境	人均地下水资源 s5
大型煤电基地城矿尺度生态安全评价	状态系统	生态环境	人均道路面积 s6
大型煤电基地城矿尺度生态安全评价	状态系统	生态环境	空气质量优良率 s7
大型煤电基地城矿尺度生态安全评价	状态系统	社会经济	城镇居民人均可支配收入 s8
大型煤电基地城矿尺度生态安全评价	状态系统	社会经济	农牧区居民人均可支配收入 s9
大型煤电基地城矿尺度生态安全评价	状态系统	社会经济	城镇居民恩格尔系数 s10
大型煤电基地城矿尺度生态安全评价	状态系统	社会经济	城镇化率 s11
大型煤电基地城矿尺度生态安全评价	响应系统	生态环境	区域绿化覆盖率 r1
大型煤电基地城矿尺度生态安全评价	响应系统	生态环境	一般工业固废综合利用率 r2
大型煤电基地城矿尺度生态安全评价	响应系统	生态环境	城市污水处理率 r3
大型煤电基地城矿尺度生态安全评价	响应系统	生态环境	生活垃圾无害化处理率 r4
大型煤电基地城矿尺度生态安全评价	响应系统	生态环境	煤电基地生态环境治理面积 r5
大型煤电基地城矿尺度生态安全评价	响应系统	社会经济	耗煤发电指数 r6
大型煤电基地城矿尺度生态安全评价	响应系统	社会经济	环保投资占 GDP 比重 r7
大型煤电基地城矿尺度生态安全评价	响应系统	社会经济	第三产业占 GDP 比重 r8

3. 确定正理想解（V^+）和负理想解（V^-）

$$V_i^+ = \{\max V_{ij} \mid i=1,2,\cdots,m\} = \{V_1^+, V_2^+, \cdots, V_m^+\} \tag{12-5}$$

$$V_i^- = \{\min V_{ij} \mid i=1,2,\cdots,m\} = \{V_1^-, V_2^-, \cdots, V_m^-\} \tag{12-6}$$

4. 各年份评价指标到正、负理想解的距离 T^+和 T^-

$$T_j^+ = \sqrt{\sum_{i=1}^{m} (V_{ij} - V_i^+)^2}, T_j^- = \sqrt{\sum_{i=1}^{m} (V_{ij} - V_i^-)^2} \tag{12-7}$$

5. 各年份评价对象与理想解的贴近度 C_j

$$C_j = \frac{T_j^-}{T_j^- + T_j^+} \tag{12-8}$$

用贴近度表示大型煤电基地区域生态安全指数。

12.1.4.2　障碍度模型

障碍度模型是建立在综合评价基础上的数学统计模型，其具体方法是引入因子贡献度（F_i）、指标偏离度（I_{ij}）和障碍度（O_{ij}、B_j）3 个基本变量对障碍因素进行诊断，计算公式如下：

$$F_i = W_i \times U_k, I_{ij} = 1 - Y_{ij} \tag{12-9}$$

$$O_{ij} = \frac{F_i I_{ij}}{\sum_{i=1}^{m} (F_i I_{ij})} \times 100\%, B_j = \sum O_{ij} \tag{12-10}$$

式中，W_i为单项指标权重；U_k为单项指标所属准则层的权重（k=1，2，3）；F_i为单项指标对总目标的贡献大小；I_{ij}为单项指标实际值与最优目标值之差；O_{ij}、B_j分别表示单项指标和子系统对保障大型煤电基地区域生态安全的阻碍程度。

12.1.4.3　灰色关联度分析

灰色关联度是指系统内部主要因素随时间变化的同步程度，即其他数列与参考数列之间的接近程度，它定量地刻画了系统内部结构之间的联系，描述了系统发展过程中因素间的相对变化情况，从时间序列找到灰信息间的关联性的度量方法（陈志等，2004）。本书运用灰色关联分析，说明研究区煤炭开采量与其他指标因子之间变化趋势的相似或相异程度，灰色关联度系数计算如下：

$$r(x_0(k), x_i(k)) = \frac{\Delta(\min) + \rho\Delta(\max)}{\Delta 0_i(k) + \rho\Delta(\max)} \tag{12-11}$$

$$r(x_0, x_i) = \frac{1}{n}\sum_{k=1}^{n} r(x_0(k), x_i(k)) \tag{12-12}$$

式中，$r(x_0, x_i)$ 为关联度：x_0为选定序参量；x_i为第 i 个其他序参量；n 为年份数量；$r(x_0(k), x_i(k))$为关联度系数；$\Delta(\min)$，$\Delta(\max)$ 为矩阵最小差和最大差；$\Delta 0_i(k)$ 为差序列；ρ 为分辨系数，取0.5。

12.1.5　评价指标体系运行

12.1.5.1　模型构建及运算

构建并运行熵权 TOPSIS 模型，根据生态安全评价模型公式，输入所需的各项参数，进行分析统计及运算，包括但不限于指标标准化处理、确定指标权重、构建加权决策矩阵，以获取区域生态安全评价结果数据。

构建并运行障碍度模型。根据计算公式，获取生态安全障碍因素诊断结果。在指标层呈现每年份的主要障碍因子，在子系统层分析各子系统对生态安全水平的障碍程度及变化趋势。针对诊断结果，提出解决问题的对策。

12.1.5.2　生态安全等级划分

参考大型煤电基地生态安全等级划分的相关文献（徐嘉兴等，2017），结合各研究区实际情况，划分生态安全等级。

依据东部草原区大型煤电基地特点，生态安全综合指数的数值按从高到低排列，分布在0～1。结合东部草原区实际情况，将大型煤电基地生态安全综合指数等级划分为理想安全、较安全、临界安全、较不安全、很不安全5个等级，以反映大型煤电基地研究区域生态安全综合状况，确立生态安全分级标准，详见表12-2。开展评价的大型煤电基地可结合本地实际对分级标准进一步优化和修正。

表12-2　大型煤电基地城矿生态安全分级标准

安全等级	贴近度	等级含义
Ⅰ（理想安全）	[1～0.85]	生态环境系统基本未受干扰破坏，人与自然和谐相处，生态环境和社会经济协调发展，区域可持续发展能力强
Ⅱ（较安全）	(0.85～0.7]	生态环境受到较小破坏，生态环境系统结构和功能尚好，一般干扰下可恢复
Ⅲ（临界安全）	(0.7～0.5]	生态环境系统的服务功能已有退化，但尚可维持基本功能，受干扰后易恶化，生态问题显现
Ⅳ（较不安全）	(0.5～0.25]	生态环境受到较大破坏，生态环境系统结构和功能退化，受外界干扰后较难恢复，易发生生态灾害
Ⅴ（很不安全）	(0.25～0]	生态破坏和环境污染严重，生态环境系统结构残缺不全，功能丧失，生态恢复与重建困难，难以实现可持续发展

12.1.5.3　生态安全评价

基于计算结果数据，依据生态安全等级划分标准，对城矿进行生态安全等级评价。同时对大型煤电基地区域生态安全状况产生障碍的影响因子进行诊断和分析，为下一步生态安全调控做准备。

12.2　东部草原区大型煤电基地能源开发生态安全评价

12.2.1　大型煤电基地城矿尺度生态安全评价

12.2.1.1　煤炭资源开发与利用现状

锡林浩特市大型煤电基地煤炭产量占全市的30.63%，以褐煤为主，主要分布在胜利和巴音宝力格两大矿区，其中胜利煤田是我国褐煤储量最大的煤田。胜利煤田共划定11个矿（井），包括胜利一号、西二号、西三号和胜利东一号、东二号、东三号这6个露天煤矿，胜利西一号井工矿、胜利东一号井工矿、锡凌矿井、巴彦温都尔矿井这4个井工矿，以及1个锗煤露天矿，即乌兰图嘎露天矿（伊如，2016）。从2006年起，大型煤电基地工业化进程逐渐加快，煤炭资源被大规模开发。2005年大型煤电基地原煤产量还不到200万t，2006年、2007年一直保持上升态势，2008年原煤开采力度猛增，产量突破2000万t，2011年甚至突破4000万t，产量达到4597万t，2012年之后煤炭开采强度才逐渐变小。与此同时，胜利煤田被列为国家大型煤电基地，内蒙古自治区支持东部盟市振兴力度越来越大，为大型煤电基地区域实现又好又快发展提供了难得的历史机遇，在煤电一体化建设的指引下，发电行业有了较好的发展，2017年发电量较2008年增长了61%（图12-1）。

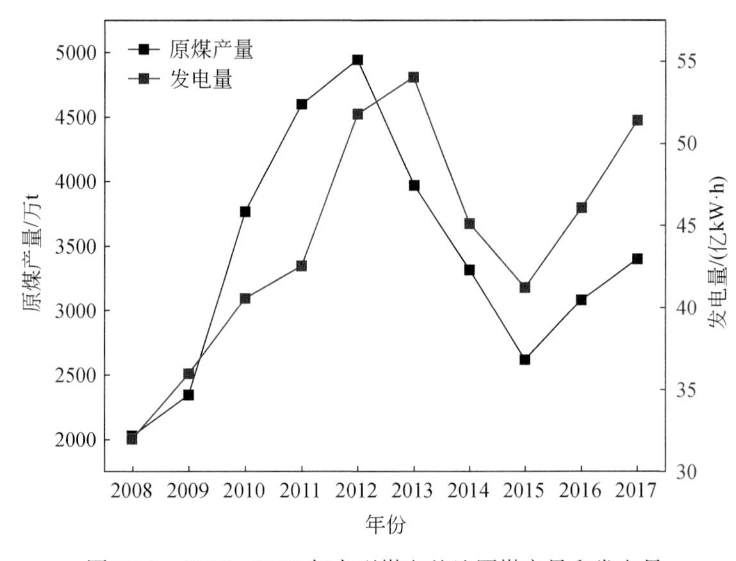

图12-1　2008～2017年大型煤电基地原煤产量和发电量

12.2.1.2　评价指标体系及权重

结合大型煤电基地城矿的实际情况，构建了包含33个指标的煤炭资源型城市生态安全评价指标体系，如表12-3所示。该指标体系特别设置了“耗煤发电指数”，即用规模以

表 12-3　大型煤电基地城矿尺度生态安全评价指标体系及权重

目标层	准则层	要素层	指标层	性质	权重
大型煤电基地矿城尺度生态安全	压力系统（0.3995）	生态环境（0.2521）	人均原煤产量 p1	−	0.0244
			人均发电量 p2	−	0.0243
			矿区面积 p3	−	0.0557
			工业废水排放量 p4	−	0.0305
			工业废气排放量 p5	−	0.0338
			工业 SO_2 排放量 p6	−	0.0396
			工业烟（粉）尘排放量 p7	−	0.0288
			一般工业固废产生量 p8	−	0.0150
		社会经济（0.1474）	人口密度 p9	−	0.0320
			人口自然增长率 p10	−	0.0168
			人均 GDP p11	+	0.0313
			规模以上工业企业单位产值能耗 p12	−	0.0239
			规模以上工业原煤消费量 p13	−	0.0201
			煤炭采掘业产值占能源工业产值比重 p14	−	0.0234
	状态系统（0.3516）	生态环境（0.1833）	人均草地面积 s1	+	0.0258
			人均耕地面积 s2	−	0.0168
			植被覆盖度 s3	+	0.0252
			人均地表水资源 s4	+	0.0351
			人均地下水资源 s5	+	0.0351
			人均城市道路面积 s6	−	0.0153
			空气质量优良率 s7	+	0.0301
		社会经济（0.1683）	城镇居民人均可支配收入 s8	+	0.0335
			农牧区居民人均可支配收入 s9	+	0.0351
			城镇居民恩格尔系数 s10	−	0.0467
			城镇化率 s11	+	0.0530
	响应系统（0.2488）	生态环境（0.1232）	建成区绿化覆盖率 r1	+	0.0141
			一般工业固废综合利用率 r2	+	0.0160
			城市污水处理率 r3	+	0.0289
			生活垃圾无害化处理率 r4	+	0.0200
			矿山生态环境治理面积 r5	+	0.0441
		社会经济（0.1256）	耗煤发电指数 r6	+	0.0368
			环保投资占 GDP 比重 r7	+	0.0312
			第三产业占 GDP 比重 r8	+	0.0576

上工企业火力发电量与原煤消耗量比值近似表示该地区煤电一体化建设效益，体现煤炭清洁高效利用的程度，还有“矿区生态环境治理面积”指标，这些都是煤炭资源型城市生态系统具有代表性的指标。另外，将“人均耕地面积”设置为负向指标，即认为该指标越小对该地区矿业城市生态安全越好，这是因为考虑到本地草原生态系统的原生性及稳定性，耕地设定为限制因子更为合理。熵权法的客观赋权方式避免了人为因素的干扰，使指标权重确定更具科学性。指标赋予的权重越大，其在生态安全综合评价中的作用就越大。从本研究中各指标权重来看，第三产业占 GDP 比重、矿区面积、城镇化率、城镇居民恩格尔系数和矿山生态环境治理面积的权重位居前五。第三产业占 GDP 比重的赋权最大，说明产业优化是提升区域生态安全的有效措施，体现了对资源型城市产业结构调整的重要性；大型煤电基地区域以露天煤炭开采为主，采矿作业区对当地草原生态系统造成了很大扰动和破坏，因而矿区面积权重值较大；城镇化率和城镇居民恩格尔系数分别反映了社会发展水平和人民生活质量，揭示了煤炭资源型城市中煤炭及相关产业发展带来的社会和经济效应，这两项指标的权重排名亦比较靠前；矿山生态环境治理面积指标位于权重前五，体现了当地政府对矿山生态环境保护和恢复的重视程度。

12.2.1.3　生态安全等级评判标准

根据各指标的安全标准值（表 12-4），以及原始数据指标权重，将各指标标准值的标准化值与原始数据权重进行加权求和，计算出大型煤电基地城矿对应的生态安全临界值为 0.39，城市生态安全值在［0，1］范围内，因此，将煤炭资源型城市的生态安全评价等级具体划分为 5 个等级，结果见表 12-5。

表 12-4　大型煤电基地城矿态安全评价指标标准值

指标层	标准值	确定依据
人均原煤产量/t p1	134.50	研究期内平均值
人均发电量/（kW·h）p2	17362.46	研究期内平均值
矿区面积/km^2 p3	52.50	研究期内平均值
工业废水排放量/万 t p4	8944	全国 31 个主要城市平均值
工业废气排放量/亿 m^3 p5	4500	全国 31 个主要城市平均值
工业 SO_2 排放量/t p6	4500	国家级生态县建设指标
工业烟（粉）尘排放量/t p7	30336	全国 31 个主要城市平均值
一般工业固废产生量/万 t p8	62.65	研究期内平均值
人口密度/（人/km^2）p9	193	我国人口密度
人口自然增长率/‰ p10	8	国家级生态县建设指标
人均 GDP/（万元/人）p11	2.5	国家级生态县建设指标
规模以上工业企业单位产值能耗/（tce/万元）p12	0.9	国家级生态县建设指标
规模以上工业原煤消费量/万 t p13	409.70	研究期内平均值
煤炭采掘业产值占能源工业产值比重/% p14	33.84	研究期内平均值

续表

指标层	标准值	确定依据
人均草地面积/km^2 s1	0.06	研究期内平均值
人均耕地面积/（hm^2/人） s2	0.08	国际标准
植被覆盖度/% s3	50	《卫星遥感影像植被覆盖度产品规范》（GB/T 41280—2022）
人均地表水资源/m^3 s4	91.09	研究期内平均值
人均地下水资源/m^3 s5	907.68	研究期内平均值
人均城市道路面积/m^2 s6	30	《城市道路交通组织设计规范》（GB/T 36670—2018）
空气质量优良率/% s7	90	国家级生态县建设指标
城镇居民人均可支配收入/元 s8	29700	全国资源型城市可持续发展规划（2012—2020年）
农牧区居民人均可支配收入/元 s9	14100	全国资源型城市可持续发展规划（2013—2020年）
城镇居民恩格尔系数/% s10	40	小康社会标准
城镇化率/% s11	50	国家级生态县建设指标
建成区绿化覆盖率/% r1	30	国家园林城市标准
一般工业固废综合利用率/% r2	85	关小克等
城市污水处理率/% r3	60	国家级生态县建设指标
生活垃圾无害化处理率/% r4	100	国家级生态县建设指标
矿山生态环境治理面积/km^2 r5	5.32	研究期内平均值
耗煤发电指数/（kW·h/t） r6	777.91	研究期内平均值
环保投资占GDP比重/% r7	3.5	国家级生态县建设指标
第三产业占GDP比重/% r8	45	国家级生态县建设指标

表 12-5　大型煤电基地城矿生态安全分级标准

安全等级	贴近度	等级含义
Ⅰ（理想安全）	[1~0.85]	生态环境系统基本未受干扰破坏，人与自然和谐相处，生态环境和社会经济协调发展，区域可持续发展能力强
Ⅱ（较安全）	(0.85~0.7]	生态环境受到较小破坏，生态环境系统结构和功能尚好，一般干扰下可恢复
Ⅲ（临界安全）	(0.7~0.5]	生态环境系统的服务功能已有退化，但尚可维持基本功能，受干扰后易恶化，生态问题显现
Ⅳ（较不安全）	(0.5~0.25]	生态环境受到较大破坏，生态环境系统结构和功能退化，受外界干扰后较难恢复，易发生生态灾害

续表

安全等级	贴近度	等级含义
Ⅴ（很不安全）	(0.25～0]	生态破坏和环境污染严重，生态环境系统结构残缺不全，功能丧失，生态恢复与重建困难，难以实现可持续发展

12.2.1.4　生态安全评价结果

1. 总体生态安全状况

由图12-2可知，2008～2017年大型煤电基地城矿生态安全综合值在0.377～0.553，生态安全状态从较不安全转为临界安全。城市生态安全状况演变可分为3个阶段。

第一阶段是2008～2011年，生态安全下降期。煤电基地城矿生态安全水平处于较不安全状态且安全水平逐年下降，生态安全综合指数降至研究期内最小值0.377，年均递减率为6.68%，该地区生态环境系统结构和功能有所退化，生态环境已经受到严重损害，这几年大型煤电基地处于由传统农牧业城市向新型资源型城市转型的过渡期，煤炭开采已成为该区域经济发展的主要动力，进而出现城市产业结构不合理、经济发展过度依赖资源和环境污染加剧等问题（李慧芩等，2015），城市可持续发展受到严峻挑战。

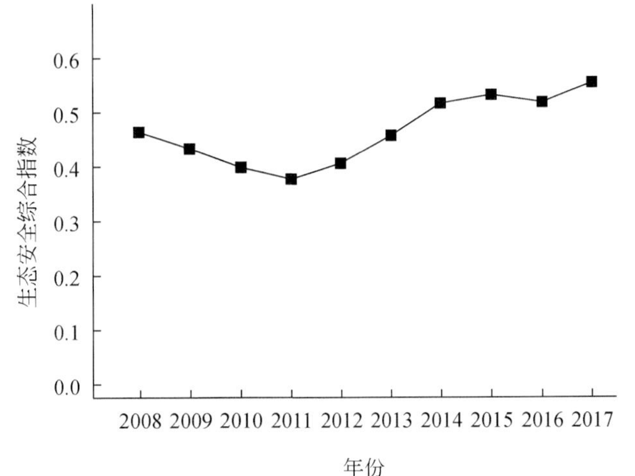

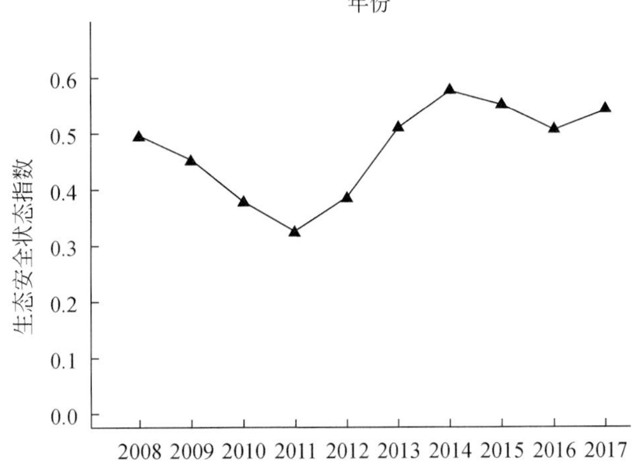

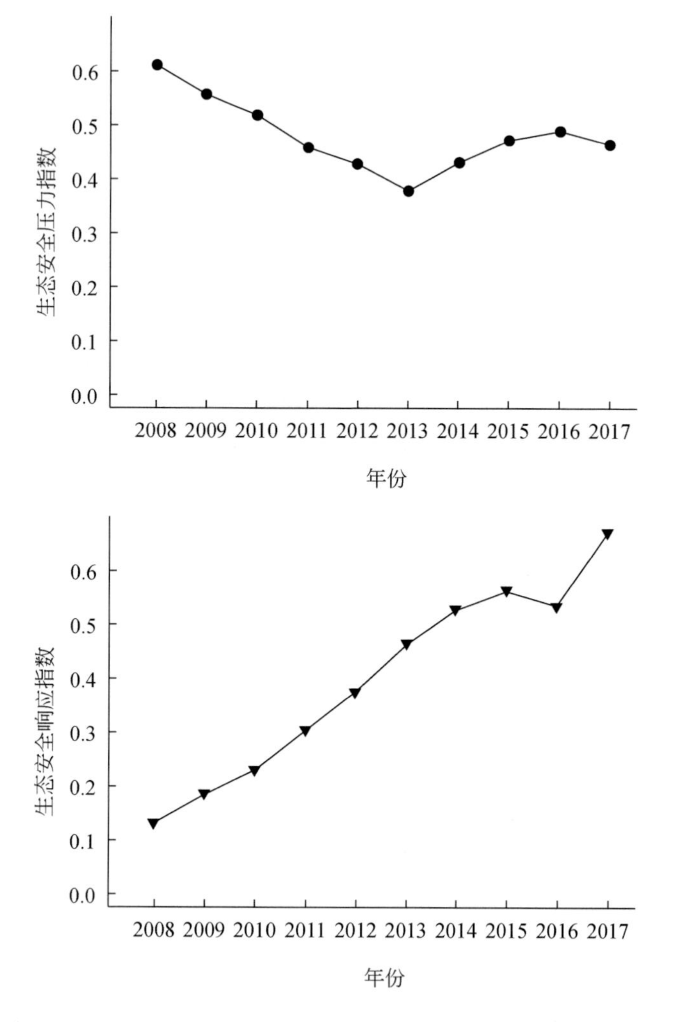

图 12-2　2008 ~ 2017 年大型煤电基地城矿生态安全指数变化趋势

第二阶段是 2011 ~ 2015 年，生态安全快速上升期。城市生态安全状态有所好转，生态安全综合值从 2011 年的 0. 377 逐步上升到 2015 年的 0. 532，年均增长率为 8. 94% ，生态安全水平从较不安全水平显著提升到临界安全水平。究其原因，一方面因为 2012 年国内煤炭黄金十年结束，大型煤电基地煤炭开采强度有所收敛，2013 年煤炭开采量较 2012 年减少将近 1000 万 t，煤炭开采引发的生态环境问题也随之减弱；另一方面，该市矿山企业积极响应煤炭工业发展的“十二五”规划，按照建设环境友好型矿区的要求，积极开展矿山地质环境治理工作，成效显著，5 年内共计投入治理资金 5. 6 亿元，恢复治理面积达 $17km^2$，此外该市政府还从调结构、控新增、减存量 3 个方面入手，将燃煤锅炉整治、涉气企业脱硫和脱硝设施改造等纳入重点减排工作，努力完成减排目标任务。

第三阶段是 2015 ~ 2017 年，生态安全波动稳定期。城市生态安全水平呈波动变化且小幅上升，仍处于临界安全水平，未来年份生态安全值可能在 0. 55 左右浮动。“十三五”时期，国家优化煤炭生产开发布局，考虑到内蒙古东部生态环境脆弱，水资源短缺的问题，控制褐煤生产规模，限制远距离外运，主要保证锡林郭勒盟煤电基地用煤需求，煤炭工业发展规划的出台和本地矿山企业的认真落实，使得大型煤电基地城矿生态安全水平呈相对稳定趋势发展。目前，大型煤电基地城矿生态安全水平虽有好转，但仍属于低级别的临界安全等级，生态环境脆弱，生态安全水平有待进一步提高。

2. 各子系统生态安全状况

压力系统生态安全指数呈先下降后上升，再小幅下降的趋势，表明该市生态安全压力先增大后减小再稍微增大（负向指标，数值越小，生态安全压力越大），人类对生态系统的干扰很不稳定（张军以等，2011）。根据压力指数的变化情况可分为3个阶段：第一阶段是2008～2013年，压力指数逐年下降，年均递减率为9.10%。这期间，压力系统中人均原煤产量、人均发电量、矿区面积、规模以上工业原煤消费量、煤炭采掘业产值占能源工业产值比重都在持续增长，工业废弃物排放量大，虽然人均GDP有所提高，但也无法抵销煤炭工业快速发展给城市生态安全带来的负面影响。第二阶段是2013～2015年，压力指数逐年上升。这期间，人均原煤产量、工业废水排放量、工业烟（粉）尘排放量的减幅较明显，分别为36.87%、60.45%和54.48%，虽然来自人口自然增长率方面的压力以140.20%的速率增长，但压力指数仍以年均11.58%的增长率上升，生态安全压力逐渐减小。第三阶段是2015～2017年，压力指数小幅下降，年均递减率仅达0.60%。这期间，工业SO_2排放量和工业烟（粉）尘的排放量显著减少，减幅分别为80.56%和91.84%，但受其他指标共同作用，该阶段压力系统对城市生态安全仍存在微弱的负面影响。

状态系统生态安全状况呈波动上升趋势，2008～2017年状态指数以年均0.97%的速率上升。其中，生态环境方面的人均地表水资源量和人均地下水资源量逐年减少，人均草地面积在波动中减少，人均耕地面积变幅不大，人均城市道路面积增幅达25.60%；来自社会经济方面的城镇居民人均可支配收入和农牧区居民人均可支配收入逐年增长，增幅分别高达193.93%和275.55%，由此看来，该市社会经济发展对提升城市状态系统生态安全的贡献更大。

响应系统生态安全基本呈快速上升的变化趋势，由2008年的最小值0.146逐步提高到2017年的最大值0.719，年均增长率为19.41%，响应指数日益增大，有利于城市生态安全的提升。这10年间大型煤电基地区域政府加大了对生态环境保护的财政支持，环保投资占GDP比重由1.36%提高到3.20%，同时也注重经济转型升级，合理进行产业布局，第三产业占GDP比重由27.72%提高到49.20%，其中现代服务业比重明显上升；耗煤发电指数不断增大，10年间增加了0.6倍，可见煤电一体化建设颇有成效；2017年，该市建成区绿化覆盖率（36.19%）、一般工业固废综合利用率（100%）、城市污水处理率（94.69%）、生活垃圾无害化处理率（100%）均高于国家卫生城市标准，这些都有利于生态安全响应指数的整体提高。

12.2.1.5 生态障碍因子诊断

1. 单项指标的障碍度

表12-6给出了2008～2017年指标层障碍度排序前五位的因子。2018～2017年阻碍大

型煤电基地城矿生态安全状况的障碍因素中主要集中在压力系统和状态系统方面。2008 年阻碍城市生态安全的障碍因素主要包括城镇化率、第三产业占 GDP 比重、人均 GDP、农牧区居民人均可支配收入、城镇居民人均可支配收入等；2012 年阻碍城市生态安全状况的障碍因素主要包括城镇化率、城镇居民恩格尔系数、矿区面积、工业 SO_2 排放量、第三产业占 GDP 比重等；2017 年阻碍城市生态安全状况的障碍因素主要包括矿区面积、工业废气排放量、人口密度、人均地下水资源、人均地表水资源等。从单项指标变化趋势上看，2008 ~2017 年矿区面积、工业废气排放量、人口密度、人均地下水资源量和人均地表水资源量指标障碍度上升幅度较大。

表 12-6　2008 ~2017 年大型煤电基地城矿生态安全主要障碍因素排序

年份	项目	指标排序				
		1	2	3	4	5
2008	障碍因素	s11	r8	p11	s9	s8
	障碍度/%	10. 45	8. 26	7. 20	7. 11	6. 80
2009	障碍因素	s11	r8	s9	p11	s8
	障碍度/%	9. 56	7. 16	6. 24	6. 13	5. 74
2010	障碍因素	s11	s10	r8	p6	s9
	障碍度/%	9. 39	8. 27	6. 74	6. 08	5. 45
2011	障碍因素	s11	s10	r8	p4	p6
	障碍度/%	7. 60	7. 41	6. 38	5. 86	5. 66
2012	障碍因素	s11	s10	p3	p6	r8
	障碍度/%	8. 71	7. 86	7. 53	7. 30	6. 55
2013	障碍因素	p3	p6	s10	r8	p7
	障碍度/%	10. 59	8. 65	8. 20	6. 50	6. 29
2014	障碍因素	p3	p6	p5	s5	s4
	障碍度/%	12. 82	8. 08	7. 49	6. 35	6. 05
2015	障碍因素	p3	p6	s5	s4	p9
	障碍度/%	14. 58	9. 34	7. 55	7. 35	7. 34
2016	障碍因素	p3	p5	p9	s5	s4
	障碍度/%	13. 86	7. 69	7. 54	7. 39	7. 28
2017	障碍因素	p3	p5	p9	s5	s4
	障碍度/%	14. 77	8. 96	8. 48	8. 19	7. 89

2008 ~2012 年排名第一的障碍因素是城镇化率，2012 年前大型煤电基地城矿城镇化率基本保持在 86% 左右，阻碍了城市生态安全状况的改善。城镇化率越低，一方面说明地区社会经济发展薄弱，另一方面意味着人类活动范围广，进而对人类聚集区以外的自然生态环境干扰就越大，区域社会经济和生态环境方面的安全状况也就随之降低。2012 年后该市城镇化率基本保持在 90% 左右，城镇化率的障碍度逐年降低，这是因为大型煤电基地区

域大力推进新型城镇化，巩固全盟主中心城市的引领地位。2012 ~ 2017 年排名第一的障碍因素是矿区面积，这 5 年该市露天采矿面积以年均 5. 49% 的增长速率不断扩大。草原露天开采区对草地生态系统的剧烈扰动将导致自然生态系统结构和功能的受损，加之城市化的快速推进，共同对区域环境质量、景观生态等产生重大影响（关春竹等，2017）。

2015 ~ 2017 年矿区面积、人均地下水资源量、人均地表水资源量和人口密度均位于障碍因子前五的行列。具体表现为煤电基地大力建设过程中，工矿用地不断扩大；露天开采使地表沉陷，在一定程度上改变地面降水的径流与汇水条件，因此间接影响矿区周围的地表水量；煤炭挖掘深度加大，地下蓄水构造被破坏，同时矿井水污染地下水，导致地下水资源流失严重和污染加剧；煤电一体化发展提升了区域经济实力，人口快速聚集，人口密度增加，导致局部生态压力也随之增大（马一丁等，2017）。

2. 各子系统的障碍度

根据单项指标障碍度计算结果，进一步计算出大型煤电基地城矿生态安全各子系统的障碍度（图 12-3）。2008 ~ 2017 年压力系统障碍度最大，其次是状态系统、响应系统。可见，改善煤炭资源型城市生态安全状况必须从压力系统入手，同时注重提高状态系统和响应系统的生态安全水平。从各子系统的障碍度变化趋势来看，压力系统的障碍度大幅上升，状态系统的障碍度呈波动上升趋势，而响应系统的障碍度呈大幅下降趋势，其中，压力系统和状态系统的障碍度分别以年均 6. 04% 和 2. 11% 的速度增加，响应系统的障碍度以年均 18. 48% 速度下降。

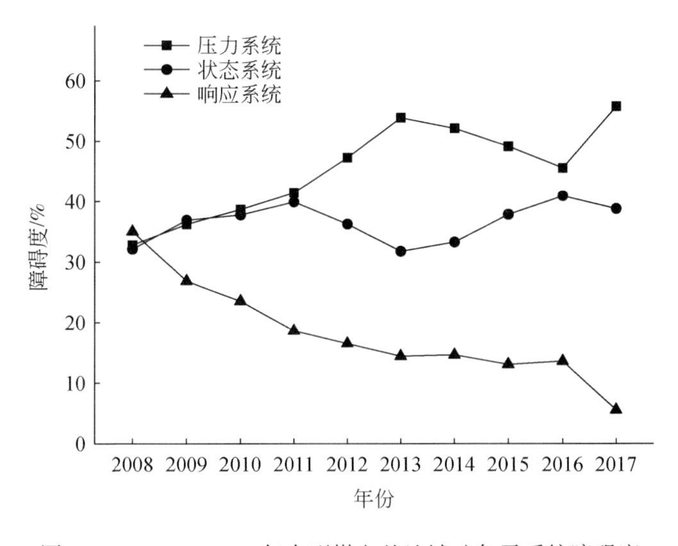

图 12-3　2008 ~ 2017 年大型煤电基地城矿各子系统障碍度

12. 2. 1. 6　煤炭开采灰色关联分析

大型煤电基地正在逐步加快煤电开发一体化建设，煤炭开采对城矿生态环境和经济发展的影响不可忽视，通过对原煤产量与其他指标的关联度分析，探讨煤炭开采对其他因子的影响程度。从表 12-7 可以看出，煤炭采掘业产值占能源工业产值比重、人均发电量、规模以上工业原煤消费量、植被覆盖度、矿区生态环境治理面积、人均地表水资源量和人均地下水资源量的关联度在0.80以上，说明煤炭开采对研究区煤炭工业发展、煤电建设、工业原煤消耗、地表植被和水环境的影响强烈，也促进了政府对矿山生态环境治理的响应。与人均原煤产量关联度在0.7～0.8的指标因子占比为62.5%，因此，总体上来看，煤炭开采是影响研究区大部分生态安全评价指标的重要因素，对城镇居民人均可支配收入、工业烟（粉）尘排放量、人口自然增长率、农牧区居民人均可支配收入的影响也很大，但对工业废水排放量的影响相对较小。

表12-7　大型煤电基地煤炭开采与其他指标的关联度

指标	关联度	指标	关联度
煤炭采掘业产值占能源工业产值比重	0.868	人均城市道路面积	0.761
人均发电量	0.829	工业废气排放量	0.755
规模以上工业原煤消费量	0.826	规模以上工业企业单位产值能耗	0.755
植被覆盖度	0.821	耗煤发电效益	0.750
矿山生态环境治理面积	0.808	工业 SO_2 排放量	0.750
人均地表水资源量	0.802	人均 GDP	0.741
人均地下水资源量	0.802	城市污水处理率	0.730
城镇居民恩格尔系数	0.799	矿区面积	0.723
人均耕地面积	0.795	环保投资占 GDP 比重	0.721
生活垃圾无害化处理率	0.795	第三产业占 GDP 比重	0.708
空气质量优良率	0.791	一般工业固废产生量	0.704
一般工业固废综合利用率	0.788	城镇居民人均可支配收入	0.690
人均草地面积	0.787	工业烟（粉）尘排放量	0.688
城镇化率	0.777	人口自然增长率	0.670
建成区绿化覆盖率	0.773	农牧区居民人均可支配收入	0.658
人口密度	0.772	工业废水排放量	0.484

12.2.1.7　基于GM（1，1）预测模型的生态安全预测

以大型煤电基地城矿2008～2017年的城市生态安全综合值、压力系统安全值、状态系统安全值和响应系统安全值为基础数据，借助MATLAB软件编写灰色预测模型GM(1，1)的计算程序，构建合格的预测模型，用于生态安全未来趋势的预测。

1. 城市生态安全综合预测

将大型煤电基地城矿2008～2017年生态安全综合值用GM（1，1）模型进行预测，并进行模型精度检验，结果如表12-8所示。

2. 压力系统生态安全预测

将大型煤电基地城矿2008～2017年压力系统生态安全值用GM（1，1）模型进行预测，并进行模型精度检验，结果如表12-9所示。

表12-8　生态安全预测及模型检验

年份	实际值	拟合值	相对误差	模型精度
2008	0.464	0.464	0.0000	$\bar{q}$=0.0479 C=0.4674 P=0.8 ρ=0.0723
2009	0.434	0.385	0.1121	
2010	0.398	0.403	−0.0135	
2011	0.377	0.422	−0.1180	
2012	0.407	0.442	−0.0851	
2013	0.457	0.462	−0.0107	
2014	0.517	0.484	0.0632	
2015	0.532	0.507	0.0472	
2016	0.517	0.530	−0.0255	
2017	0.553	0.555	−0.0033	

表12-9　压力系统预测及模型检验

年份	实际值	拟合值	相对误差	模型精度
2008	0.6100	0.6100	0.0000	$\bar{q}$=0.0506 C=0.4500 P=0.80 ρ=0.0819
2009	0.5568	0.4980	0.1055	
2010	0.5195	0.4699	0.0954	
2011	0.4597	0.4620	−0.0050	
2012	0.4294	0.4341	−0.0110	
2013	0.3787	0.4114	−0.0865	
2014	0.4308	0.4588	−0.0651	
2015	0.4714	0.4514	0.0425	
2016	0.4901	0.4740	0.0328	
2017	0.4658	0.4368	0.0622	

3. 状态系统生态安全预测

将大型煤电基地城矿2008～2017年状态系统生态安全值用GM（1，1）模型进行预测，并进行模型精度检验，结果如表12-10所示。

4. 响应系统生态安全预测

将大型煤电基地城矿2008～2017年响应系统生态安全值用GM（1，1）模型进行预测，并进行模型精度检验，结果如表12-11所示。

经检验，大型煤电基地城矿生态安全值预测模型的级比偏差、平均相对误差、后验差比值、小误差概率均在模型精度允许范围以内，因此，可采用该模型对大型煤电基地城矿未来生态安全进行有效预测。

表 12-10 状态系统预测及模型检验

年份	实际值	拟合值	相对误差	模型精度
2008	0. 4958	0. 4958	0. 0000	$\bar{q}$=0. 0495 C=0. 4077 P=0. 90 ρ=0. 1431
2009	0. 4517	0. 4531	-0. 0032	
2010	0. 3788	0. 4023	-0. 0622	
2011	0. 3253	0. 3425	-0. 0528	
2012	0. 3842	0. 3936	-0. 0246	
2013	0. 5110	0. 4856	0. 0497	
2014	0. 5786	0. 4976	0. 1400	
2015	0. 5507	0. 5245	0. 0476	
2016	0. 5053	0. 5393	-0. 0674	
2017	0. 5407	0. 5663	-0. 0473	

表 12-11 响应系统预测及模型检验

年份	实际值	拟合值	相对误差	模型精度
2008	0. 1457	0. 1457	-0. 0002	$\bar{q}$=0. 0545 C=0. 1277 P=1. 00 ρ=0. 0626
2009	0. 2020	0. 2350	-0. 1638	
2010	0. 2513	0. 2763	-0. 0993	
2011	0. 3277	0. 3379	-0. 0311	
2012	0. 4044	0. 3886	0. 0392	
2013	0. 5009	0. 4870	0. 0278	
2014	0. 5685	0. 5378	0. 0539	
2015	0. 6068	0. 5747	0. 0529	
2016	0. 5756	0. 6087	-0. 0575	
2017	0. 7191	0. 7333	-0. 0197	

12. 2. 1. 8 生态安全预测

1. 城市生态安全综合预测

大型煤电基地城矿 2018 ~ 2022 年生态安全综合预测值分别为：0. 5811，0. 6083，0. 6368，0. 6665，0. 6977。由图 12-4 可知，未来 5 年城市安全水平将逐年上升，2022 年生态安全水平达到“较安全”等级。大型煤电基地城矿区作为成长型煤炭资源城市，虽然今后经济和社会发展施加于周围环境的影响会越来越大，但人们在习近平生态文明思想指引下，环保理念不断深化，资源开发方式进一步规范，资源节约和综合利用水平日益提高，生态保护和环境整治工作有效推进，因而生态安全状况得以改善。此外，大型煤电基地城矿区通过培育壮大风能、太阳能等新能源产业，促进资源型城市多元产业协同发展，推进经济结构转型升级，为城市可持续发展、社会和谐稳定提供了强有力的保障。

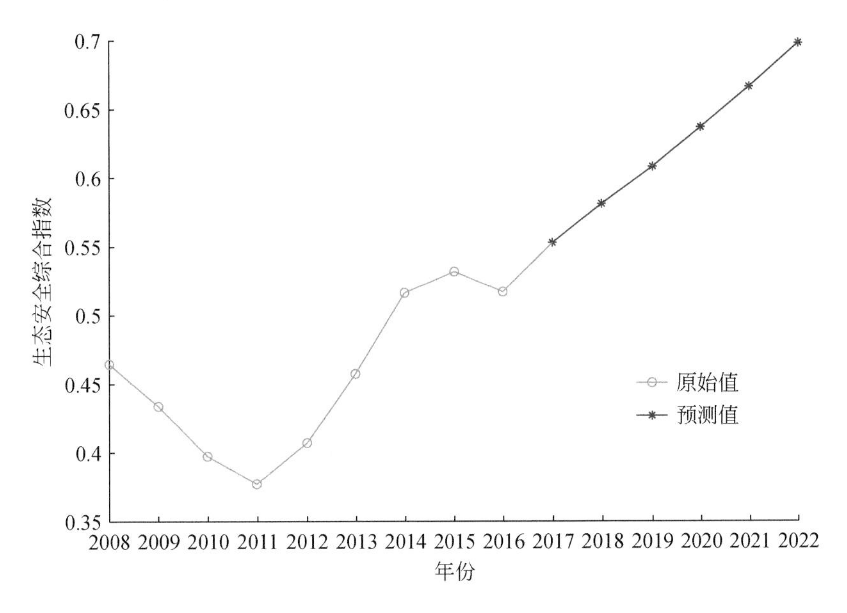

图12-4　大型煤电基地城矿生态安全预测值

2. 压力系统生态安全预测

大型煤电基地城矿2018～2022年压力系统安全指数分别为：0.4297，0.4420，0.4579，0.4685，0.4749。由图12-5可知，大型煤电基地城矿生态安全压力指数呈现逐年增加的趋势，意味着城市生态安全压力将会逐渐减小，说明未来大型煤电基地城矿生态安全压力朝积极的方向发展，生态压力得到一定缓解。2008～2020年是“十三五”规划的中后期，是总结前期经验，深入剖析规划实施中的问题及原因，推动各项工作任务顺利完成的关键阶段；2021～2022是“十四五”规划的前期，要为规划长效实施奠定坚实的基础，这五年的生态安全压力指数预测值处于“临界安全”等级，因此，大型煤电基地仍需继续采取积极措施，使压力系统安全等级向更高水平演变。

3. 状态系统生态安全预测分析

大型煤电基地区域2018～2022年状态系统安全指数分别为：0.5947，0.6244，0.6555，0.6883，0.7226。由图12-6可知，大型煤电基地城矿生态安全状态指数呈现逐渐增加的趋势，2022年状态系统安全达到“较安全”等级，表明未来城市生态安全状态向好趋势发展。这说明大型煤电基地继续遵循可持续发展道路，推进绿色矿山建设，煤炭开发引发的生态退化、环境恶化问题得到有效遏制，生态环境状态明显改善，另外，经济结构的优化，推动了城市高质量发展，提高了城乡居民收入水平，经济社会状态也在不断变好。

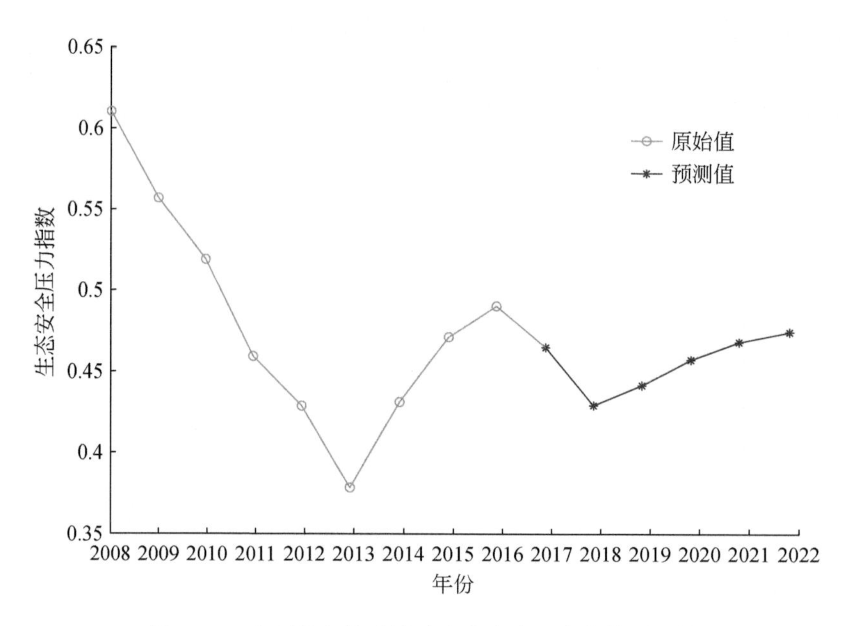

图 12-5　大型煤电基地城矿生态安全压力指数预测值

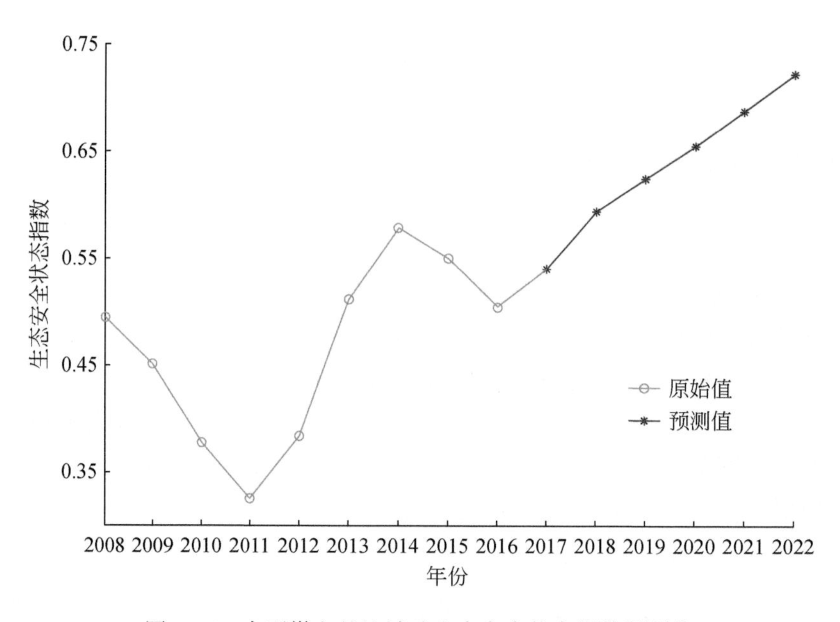

图 12-6　大型煤电基地城矿生态安全状态指数预测值

4. 响应系统生态安全预测分析

大型煤电基地城矿 2008 ~ 2022 年响应系统安全指数分别为：0.8251，0.9119，1.0003，1.0964，1.2030。由图 12-7 可知，大型煤电基地城矿生态安全响应指数呈大幅增长的态势，达到“理想安全”等级。响应系统安全指数提升是城市生态安全向好发展的最主要推动力，未来几年，大型煤电基地将继续维护资源开发与城市发展之间的关系，推进煤炭安全绿色开发，发展清洁高效煤电，实施燃煤设备超低排放和节能改造，坚决打好污染防治攻坚战。日渐改善的资源环境条件，为地区依赖优势资源发展提供了长久保障。

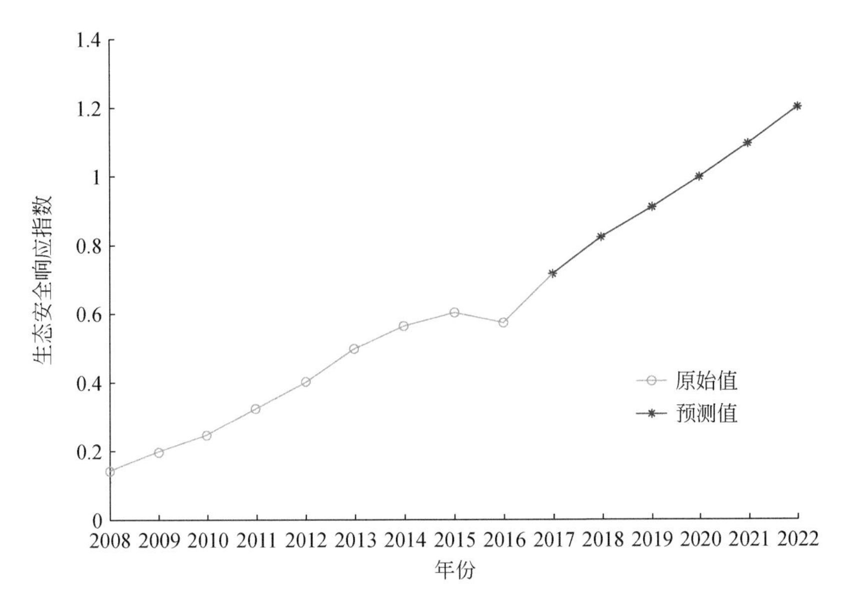

图 12-7　大型煤电基地区域生态安全响应指数预测值

12.2.2　大型煤电基地区域（盟）尺度生态安全评价

12.2.2.1　生态安全评价模型

依据系统性、代表性、实用性及数据的可获得性原则，综合考量区域生态安全的自然环境特征、人类干扰、潜在影响因素，从自然生态、干扰胁迫两个方面构建了锡林郭勒盟生态安全评价指标体系（表 12-12）。各个指标的分级见表内相关标准或参考文献，并利用 ArcGIS 的重分类功能从高到低将其分为 4 类，分别赋值为 1、2、3、4。运用 ArcGIS 的空间主成分分析模块，利用其能够最佳综合与简化高维变量的特性，将各主成分的特征值作为权重，采用栅格计算模块对 10 个主成分开展加权求和，从而获取锡林郭勒盟生态安全的空间分布。

12.2.2.2　空间局部自相关

空间局部自相关以 Moran's I 系数来评价相似和不相似样本的空间聚集程度。本研究借鉴此方法评价锡林郭勒盟生态安全的空间自相关程度。局部 Moran's I 系数的计算公式为

$$I_i = \frac{x_i - \bar{x}}{s^2} \sum_j \boldsymbol{W}_{ij}(x_j - \bar{x}) s^2 = \frac{1}{N} \sum_i \ (x_i - \bar{x})^2 \bar{x} = \frac{1}{n} \sum_{i=1}^{n} x_i \qquad (12\text{-}13)$$

式中，x_i 是景观观测值，$\bar{x}$ 是观测变量的平均数；$\boldsymbol{W}_{ij}$为权重矩阵。Moran's I 取值为［−1，1］，正值表示生态安全等级趋于聚集，负值表示集聚性在空间上逐渐减少甚至消失，0 代表生态安全等级之间独立随机分布，无相关性。

表 12-12　区域尺度生态安全评价指标体系

指标	评价指标	单位	分级标准	分级赋值			
				1	2	3	4
自然属性	DEM	m	研究区情况	<1000	1000～1200	1200～1400	>1400
	坡度	°	相关文献	<7	7～15	15～25	>25
	土地利用类型	—	相关文献	林地、水库水面、河流水面、草地	坑塘水面、沙地	农田、果园、沟渠	交通用地、城市、建制镇、工矿用地
	土壤类型	—	实地调查	草甸土 黑钙土	棕壤 灰褐土	棕钙土 栗钙土	沙地
	土壤侵蚀	t/(km² · a)	《土壤侵蚀分类分级标准》(SL190-96)	<2500	2500～5000	5000～8000	>8000
	NDVI	—	相关文献	>0.65	0.5～0.65	0.35～0.5	<0.35
社会属性	距道路距离	m	相关文献	>2000	1000～2000	500～1000	<500
	距居民点距离	m	相关文献	>1500	1000～1500	500～1000	<500
	距水体距离	m	相关文献	<500	500～1000	1000～1500	>1500
	距工业用地距离	m	相关文献	>1500	1000～1500	500～1000	<500

12.2.2.3　重心迁移模型

生态安全重心迁移模型是在空间上描述不同生态安全等级的时间演变过程，表征重心空间变化趋势（史娜娜等，2019）。生态安全重心是引用人口地理学中常见的人口分布重心原理求得的。重心坐标一般以经纬度表示，其计算方法为

$$X_t = \sum_{i=1}^{m}(C_{ti}X_i)/\sum_{i=1}^{m}C_{ti} \tag{12-14}$$

$$Y_t = \sum_{i=1}^{m}(C_{ti}Y_i)/\sum_{i=1}^{m}C_{ti} \tag{12-15}$$

式中，X_t、Y_t 分别是第 t 年生态安全重心经纬度坐标；C_{ti}是第 t 年第 i 个生态安全等级分区的面积；X_i、Y_i 分别为第 i 个生态安全斑块几何中心经纬度；m 为该种生态安全斑块总数。

生态安全重心空间区位年际移动距离的测度一般采用如下公式：

$$D_{t'-1} = C\times[(Y_{t'}-Y_t)^2+(X_{t'}-X_t)^2]^{1/2} \tag{12-16}$$

式中，D 表示两个不同年份间中心迁移的距离；t' 和 t 分别表示不同年份；（$X_{t'}$、$Y_{t'}$）、

（X_t、Y_t）分别表示第 t' 和 t 年的区域重心所在空间的地理坐标。

12.2.2.4　区域生态安全时间演变特征

区域生态安全指数计算结果见表 12-13。2000 年，生态安全指数最低的区域分布在正蓝旗以及正镶白旗和苏尼特左旗交界处；生态安全指数较高的区域分布在东乌珠穆沁旗和西乌珠穆沁旗。2010 年，锡林郭勒盟生态安全格局发生明显变化，生态安全较高的区域增加了锡林浩特市北部，重心整体偏向于东乌珠穆沁旗；生态安全指数较低的区域增加了正蓝旗、太仆寺旗和镶黄旗，重心向南偏移。2015 年，生态安全较高的区域又集中在东乌珠穆沁旗和西乌珠穆沁旗，生态安全指数较低的区域增加了苏尼特左旗北部和苏尼特右旗南部。2020 年，生态安全较高的区域依然集中于东乌珠穆沁旗和西乌珠穆沁旗。综合上述，2000 ~ 2020 年，锡林郭勒盟生态安全指数整体呈现先降后升的趋势；生态安全空间格局差异显著，高度安全区基本稳定，低度安全区面积先扩大后减小。究其原因，人口增长和快速城市化进程促使锡林郭勒盟土地利用/土地覆被发生变化，人为活动的影响迫使生态系统承受越来越大的压力，致使生态稳定性降低，生态安全指数下降。退耕还林还草工程、京津风沙源治理工程的实施改善了部分区域的生态安全指数，生态保护策略的积极实施将有助于提高区域生态安全水平。

表 12-13　大型煤电基地区域 2000 ~ 2020 年生态安全指数

年份	最小值	最大值	平均值	方差
2000	2. 2651	6. 5568	4. 6742	0. 5849
2010	1. 4175	7. 3925	4. 1331	0. 7954
2015	1. 9551	8. 3742	5. 2667	0. 8781
2020	1. 9039	6. 0778	3. 9936	0. 5810

12.2.2.5　区域生态安全等级划分

1. 不同安全等级面积变化

在 2000 年、2010 年、2015 年和 2020 年锡林郭勒盟生态安全评价的基础上，利用 ArcGIS 空间分析的自然断点法将生态安全划分为安全、较安全、一般安全、不安全 4 个等级（表 12-14）。2000 年，锡林郭勒盟生态安全以较安全和一般安全为主，分别占总面积的 29. 56% 和 56. 61%；2010 年，锡林郭勒盟生态安全等级下降，较安全和一般安全面积显著下降，导致不安全面积增大；2015 年，较安全和安全面积显著增加，其中较安全面积增至 $4.43 \times 10^4 km^2$，不安全面积减少至 23. 95%；2020 年，较安全和安全面积为 38. 96%，呈现增加趋势。2020 年，安全和较安全等级占比为 38. 96%。综合来看，2000 ~ 2020 年，生态安全等级总体提高。

表 12-14　大型煤电基地区域生态安全等级划分结果

安全等级	2000 年		2010 年	
	面积/10^4km^2	比例/%	面积/10^4km^2	比例/%
安全	1. 23	6. 13	1. 22	6. 02
较安全	5. 94	29. 56	2. 67	13. 18
一般安全	11. 70	56. 61	7. 99	39. 44
不安全	1. 39	7. 70	8. 38	41. 37
安全等级	2015 年		2020 年	
	面积/10^4km^2	比例/%	面积/10^4km^2	比例/%
安全	1. 32	6. 55	1. 75	8. 63
较安全	4. 43	22. 04	6. 15	30. 33
一般安全	9. 70	47. 46	9. 33	46. 06
不安全	4. 81	23. 95	3. 03	14. 98

2. 不同安全等级重心演变

利用重心模型计算了不同生态安全等级的重心坐标。锡林郭勒盟自西向东呈现出“不安全”→“一般安全”→“较安全”→“安全”的空间分布态势，与生态安全类型的空间分布一致，这表明锡林郭勒盟西南地区存在较大的生态安全问题，且重心集中在苏尼特左旗和阿巴嘎旗。2000～2010 年，不安全和一般安全有向北偏移的趋势，不安全重心向东北迁移 101. 28km，一般安全重心向西北迁移 40. 98km，较安全重心向南迁移 75. 59km，安全重心点向南迁移了 32. 30km。2010～2015 年，安全重心向东北迁移，依然在西乌珠穆沁旗，并且迁移到与东乌珠穆沁旗交界处；较安全重心继续向东北迁移；一般安全和不安全重心分别向东南和西南回迁，不安全重心迁移至阿巴嘎旗。2015～2020 年，安全重心继续向北迁移，较安全中心迁移至锡林浩特北部，一般安全重心和不安全重心变化不大。

综合上述，不安全和一般安全重心北移之后又回迁，主要集中在苏尼特左旗和阿巴嘎旗境内，西南地区生态安全局势严峻；较安全和安全重心一直向东北迁移，西乌珠穆沁旗地位显著，整个东北地区生态安全度提高。西南地区的苏尼特右旗在持续的退耕还林还草等管理政策支持下，生态安全水平有所上升。

12. 3　东部草原区大型煤电基地生态安全调控方法

生态安全是社会可持续发展的基础，结合大型煤电基地生态现状、生态安全格局、政策制度等，提出该区生态安全调控对策——生态安全分区管理和生态安全调控体系建设。基于莫尔-库仑强度理论，构建基于边坡生态稳定性的安全评价体系；以生态安全格局理论为支撑，在栅格尺度上构建包括自然属性和社会经济属性的生态安全评价指标体系，将空间主成分分析获得的各主成分的特征值作为权重进行加权求和，保障了权重赋予的客观性；采用空间自相关模型分析区域生态安全集聚状态，表征了生态安全状态的自相关性；

生态安全重心迁移模型分析结果，描述了不同生态安全等级的时空演变过程。上述分析结果，为锡林郭勒盟生态安全调控分区奠定了基础，是从功能角度出发制定“一区一策”对策的科学基础，为区域尺度生态安全格局调控提供了技术方法支撑。

基于历史资料、现场实验、本底调查，定量辨识影响区域生态安全的内部、外部驱动因子，探明各因子的影响途径，确定主导性驱动因素；基于生态模型，对煤电基地不同开发模式的生态安全格局进行情景模拟，遴选适宜的生态安全调控模式（图12-8）。

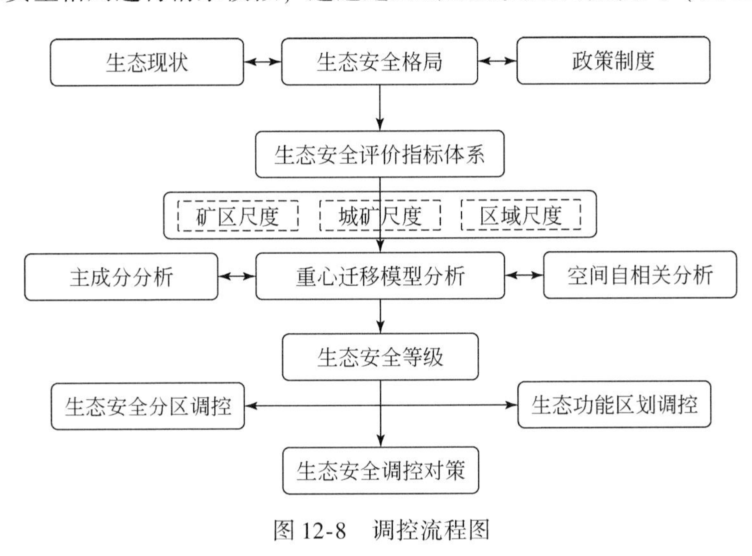

图12-8　调控流程图

具体包括：

第一，对研究区相关生态环境要素开展历史资料收集和现场调查，获取生态环境本底特征信息，包括水环境、土壤环境、地表植被生物量等，分析生态系统现状及变化。

第二，调查大型煤电基地开发对生态安全影响的驱动力，进行历史背景资料调查，包括煤炭产量、开采深度、建设规模、总发电量、工业用地占比率等，分析其时空变化特征，并计算自然因素和人类因素对NDVI的影响大小，为研究区域生态安全提供基础数据。

第三，构建区域生态安全评价指标体系，分析2000年、2010年、2015年和2020年区域生态安全格局及其生态安全重心变化趋势。

具体方法为：

（1）在栅格尺度上，以生态安全格局理论为支撑，构建包括自然属性和社会经济属性的生态安全评价指标体系，运用ArcGIS的空间主成分分析模块，将各主成分的特征值作为权重，采用栅格计算模块对10个主成分开展加权求和，获取锡林郭勒盟生态安全的空间分布。

（2）采用空间自相关模型分析区域生态安全集聚状态，采用生态安全重心迁移模型在空间上描述不同生态安全等级的时间演变过程，表征重心空间变化趋势。

12.3.1　调控模拟

依据大型煤电基地区域生态安全评价结果，设置政策扶持型、社会经济发展型、生态环境管理强化型、煤炭-社会经济-环境协调发展型等多种方案。

12.3.1.1　初始状态

保持当前社会经济发展、生态环境保护、草原资源开发、煤炭资源开发趋势，作为其他情景的对比参考。

12.3.1.2　社会经济减缓发展型

通过宏观经济调控，减缓经济增长，降低 GDP 年增速；通过控制外来人口数量，减缓人口年均增速，以减少人口和经济增长对生态安全压力。

12.3.1.3　生态环境管理强化型

通过自然资源及生态环境部门的生态环境调控，增加生态环境保护投资额，保证技术层面进行创新，以减少 CO_2、SO_2、NO_x和粉尘排放量，降低可吸入颗粒物年日均值；增加草原保护面积、矿区废弃地治理面积、城市绿地面积；提高城市污水、工业固废、生活垃圾处理率。

12.3.1.4　煤炭-社会经济-环境协调发展型

结合情景 1 ~ 3 的优势，对于生态安全不合格的区域，要注重人口、经济、社会、发展与土地资源和生态环境保护的统筹协调，加强环境建设与污染整治，严格控制建设用地规模扩张，同时注重减少产业发展对生态环境的影响，更新社会经济发展结构，实现城乡、城矿统筹发展；保持技术创新，提升环境质量，引导生态系统可持续发展。

12.3.2　调控预测

根据设置的各情景下区域生态安全调控相关指标变化率参数及前述评价方法，分别计算得各调控情景下区域生态安全压力、状态、响应系统及总体生态安全指数，由此分析各调控情景下生态安全各子系统及总体生态系统的演变趋势，依次进行大型煤电基地区域生态安全预测与模拟：

结合 CA 模型，根据长期实验数据与多年统计数据，模拟生态安全变化趋势。

ArcGIS：GIS 制图与分析软件，主要负责一些辅助性的工作，包括影像分割中一些矢量数据的提供，转移矩阵的制作，分类专题图的制作等。

Erdas：影像处理软件，主要负责解译中的一些辅助性工作，包括 grid 文件的生成等。

ENVI：影像处理软件，是解译过程中主要使用的软件。它是所有类型的数字影像可视化、分析、呈现的理想软件，它的完整功能包括高端的、容易使用的光谱工具，几何校正，地形分析，雷达分析，矢量栅格兼容功能等。

通过多项式变换、旋转、缩放和平移等操作来完成几何配准；通过最近邻法、双线性内插法和三次卷积法进行重采样；通过监督分类方法进行影像分类。

首先，进行遥感数据预处理。遥感数据预处理包括遥感影像的辐射校正、投影变换、几何校正、数据融合和边界裁剪。其中，辐射校正拟采用直方图法；投影变换拟采用西安80坐标系；几何校正拟采用3点控制的几何精校正；边界裁剪拟采用小波变换融合算法。

其次，建立遥感影像分类体系。拟将研究区景观类型分为耕地、林地、水域、建设用地和未利用地共5类；结合Landsat影像的光谱特征、纹理特征、地类信息指数（归一化植被指数、改进归一化差异水体指数、归一化建筑指数）等信息，利用数据融合（不同分辨率的数据融合、遥感图像与地形等信息的融合）技术、基于特征向量的神经网络分类技术获取矿区土地利用变化数据，最后采用Kappa系数、制图精度和用户精度对分类结果进行评价。

12.3.3　调控体系建设

在宏观层面，完善区域生态安全管理体系建设，协调利益相关方的资源权益；建立投资保障与激励机制；在微观层面，开展生态系统结构、过程监测和功能评价；将宏观管理与微观过程紧密结合可有效保障锡林郭勒盟生态安全。

12.3.3.1　组织管理体系构建

完善锡林郭勒盟生态保护相关法律法规，做到资源利用和生态保护有法可依、有章可循；加大执法力度，切实保护生态环境；建立相关利益方协调机制，权衡政府-企业-公众的利益关系，并建立社会监督长效保障机制；构建生态安全规划体系，自上而下合理规划，分步实施，自下而上跟踪反馈，建立健全组织管理制度。

12.3.3.2　投资保障与激励机制

推动生态保护建设的社会化进程，拓宽募资渠道，广纳资金，调动全社会参与生态保护的积极性；对于在发展中将保护草原生物多样性放在第一位的企事业单位和个人，在投资、信贷、项目立项、技术支撑等方面给予政策倾斜；建立草原奖补及生态补偿制度，完善激励保障机制。

12.3.3.3　科技保障体制构建

科技保障体制建设体现在科研能力建设和信息能力建设。一方面，建立草甸草原、典型草原、荒漠草原、湿地等研究中心，配备专业技术人员，提升科学研究水平；另一方面，建立信息共享机制，整合分散的生态监测与科研信息，为生态安全保障提供有效的技术支撑。

12.3.3.4　生态系统监控体系构建

生态系统监控体系包括组织、技术和制度3个层面。组织层面，整合已有监测系统，统一规划和完善监测网络，建立“一中心多节点”模式；技术层面，建立天地空一体化的生态监测网络共享平台，为生态监测和预警等决策咨询提供准确、动态的多源信息；制度层面，推进生态监测年报制度，公布生态现状、原因、发展趋势及预测结果。

12.3.4 调控模式

以生态文明理念为指导，以提高生态、经济、社会效益为导向，统筹考虑自然、社会、经济、环境等因素，积极推进与生态安全相关的产业、环境、资源、文化和保障体系建设，推进自然资源的节约集约利用、生态环境保护、产出效益增加和社会效益提升，保障生态安全。

12.3.4.1 生态功能区划调控

空间叠加区域植被、土壤、气候、土地利用等因素，划定生态分区，根据各个区域的特点，制定“一区一策”的行政、立法、科技、经济、教育宣传及规划措施，加强生态安全调控和管理。

12.3.4.2 生态产业体系建设

积极培育发展生态型工业、农业和服务业，推动产业经济发展方式的生态化转型，建立起以高效、低耗、低排放、低污染为特征的产业体系，从行政、立法、科技、经济、教育宣传及规划角度保障生态产业体系健康稳定发展。

12.3.4.3 生态文化体系建设

生态文化是一种以崇尚自然、亲近自然、回归自然、人与自然和谐共融为主题的文化，是生态文明的重要组成部分。广泛开展生态环境保护的生态伦理道德教育，树立可持续发展的环境理念和爱护、保护自然资源的价值观。充分利用多种方式开展多层次的舆论宣传，大力倡导保护生态、爱护环境、节约资源，提高公众生态安全维护的参与意识和责任意识。

12.3.5 调控措施

12.3.5.1 大型煤电基地矿区尺度区划调控

第一，引进先进科技，优化开采技术，倡导清洁生产，缓解矿区生态系统的外在压力。积极提倡清洁生产方式，通过利用先进的科学技术，从生产源头上严格控制对环境产生不利影响的各种有害物质的使用量，从而减少生产对环境产生的压力。在生产过程中，将生产技术范式从“资源-产品-废弃物”的单向物质流动模式转变为“资源-产品-再生资源”的循环物质流动模式，将生产过程中产生的各种废弃物转变为可再次投入使用的各种资源，从而实现资源的高效利用。

第二，控制矿区面积，加大有关矿山保护的法律法规的建设和完善；控制排土场边坡角度、边坡长度和边坡表层覆土厚度，增加排土场植被覆盖度；通过改变植物物种的种类以及多物种根系搭配等引起的植被固坡效应的变化，增加排土场边坡稳定性和生态安全性。

第三，因势利导，推进绿化工程建设，补齐生态劣势短板。修复生态状态系统中处于劣势的因子，改善矿区生态系统的整体状态，可以提高矿区生态安全等级，维护矿区生态系统健康发展。

12.3.5.2　大型煤电基地城矿尺度生态功能区划调控

我国草原面积辽阔，具有极其重要的生态价值和经济价值。如何转变牧区的传统生产方式，在保护好生态环境的前提下，促进草原牧区的可持续发展，是当前有关草原牧区可持续稳定发展的一项十分紧迫的现实问题。锡林郭勒盟大型煤电基地工业总量实现了快速扩张，经济总量不断壮大，资本流量占用逐渐增大，区域可持续发展面临严峻挑战。因此，基于大型煤电基地生态安全评价结果，进行综合调控（表 12-15）。

表 12-15　大型煤电基地城矿尺度生态安全调控措施

	准则层	指标层	调控措施
调控策略	压力系统	人均原煤产量、人均发电量、规模以上工业企业单位产值能耗、规模以上工业原煤消费量、煤炭采掘业产值占能源工业产值比重	合理降低原煤等能源消耗
		矿区面积	合理控制矿区面积
		工业废水排放量、工业废气排放量、工业 SO_2 排放量、工业烟（粉）尘排放量、一般工业固废产生量	严格控制工业废水、废气、固体废弃物排放量，做好末端处理再排放
		人口密度、人口自然增长率、人均 GDP	合理控制现有人口数量，增加人均 GDP
	状态系统	人均草地面积、人均耕地面积、植被覆盖度	降低人均耕地面积，增加人均草地面积，提升植被覆盖度
		人均地表水资源、人均地下水资源	合理分配区域水资源
		人均城市道路面积	减少人均城市道路面积
		空气质量优良率	提升空气质量
		城镇居民人均可支配收入、农牧区居民人均可支配收入	协调居民可分配收入，减少收入差距
		城镇居民恩格尔系数	降低城镇居民恩格尔系数
		城镇化率	控制城镇化推进
	响应系统	建成区绿化覆盖率	增加绿化面积
		一般工业固废综合利用率、城市污水处理率、生活垃圾无害化处理率、矿山生态环境治理面积、耗煤发电指数	降低资源消耗，提升资源利用效率，降低污染水平，增加生态环境治理面积
		环保投资占 GDP 比重、第三产业占 GDP 比重	增加环保投资，扶持第三产业发展

因此，城区、矿区、水土流失地区、草原退化区等地区是大型煤电基地人地矛盾最为

突出、生态安全问题最为明显的地区，其在发展中面临的问题各不相同，应结合各区域的特点，采取不同的调控模式。

1. 城区

积极推进土地利用方式转型，将外延式的扩大土地利用规模的发展方式转变为内涵式、集约经营、集约利用的节约利用方式，提高土地资源利用效率，减少建设用地无序扩建；积极推进土地生态建设，大面积保护城市生态环境，减少产业和城市发展的污染排放。

2. 矿区

加大有关矿山保护的法律法规的建设和完善，依法规范矿山企业的行为；强化矿产资源的合理适度开发和利用，引导采矿企业选择正确的矿山开采方法和技术，减少矿产资源开采对生态环境的影响；积极推行清洁生产，努力实现矿山废弃物的减量化和资源化再利用，控制污染排放总量；积极推进水资源保护、土地整治、土壤重构、植被恢复、景观修复等生态环境综合整治措施。

12.3.5.3　大型煤电基地区域尺度生态安全分区调控

基于生态安全格局分析结果，综合考量区域植被、土壤、气候、土地利用等因素，将锡林郭勒盟划分为6个生态分区（史娜娜等，2019），即核心保育区、生态管护区、传统利用区、生态恢复区、退耕还林还草区、沙源治理区。从功能角度出发，制定“一区一策”策略；区域生态安全调控体系从宏观层面和微观层面建设，在宏观层面，完善区域生态安全管理体系建设，协调利益相关方的资源权益；建立投资保障与激励机制；在微观层面，开展生态系统结构、过程监测和功能评价；将宏观管理与微观过程紧密结合可有效保障锡林郭勒盟生态安全。

1. 核心保育区

面积7218.28km^2，约占全盟总面积的3.52%，主要分布在东乌珠穆沁旗东北部。干旱胁迫、掠夺式开发、过度放牧等造成草原功能下降。建议将草甸草原区划为禁牧区，实行最严格保护；其他区域引导牧民合理放牧，以草定畜，保持生态平衡。此外，可开展一定范围的核心景观参观游憩，但要统一管理游客数量、路线和行为等。

2. 生态管护区

面积58324.12km^2，约占全盟总面积的26.57%，分布在东乌珠穆沁旗和西乌珠穆沁旗大部分区域。该区生态安全度提高，生态功能有所提高。建议进一步巩固生态恢复效果；控制沿河放牧的牲畜数量，建立农-牧-特产业综合经济区；建立生态安全保护屏障。

3. 传统利用区

面积76970.62km^2，约占全盟总面积的37.99%，主要分布在大型煤电基地区域、阿巴嘎旗大部、苏尼特左旗中部、苏尼特右旗北部、二连浩特市北部。建议在草畜平衡区发展生态畜牧业；重要湖泊及湿地禁止干扰强度较大的人为开发工程；退化草地以自然恢复为主，通过禁牧或季节性休牧，促进草地生态系统良性发展。

4. 生态修复区

面积35426.42km²，占全盟面积的17.49%，主要分布在苏尼特左旗北部、苏尼特右旗南部、镶黄旗、正镶白旗中部。该区生态安全度最低，以低植被覆盖为主。建议实施适宜的生态恢复工程，提高植被覆盖度。

5. 退耕还林还草区

面积11213.94km²，占全盟面积的5.54%，主要分布在太仆寺旗和多伦县，并包括正蓝旗和正镶白旗的一部分。传统的畜牧业生产方式（靠天养畜，全年放牧）导致超载过牧。建议合理划分草场，积极推行禁牧、休牧等措施，让草原休养生息；发展新型畜牧业方式，将种植和养殖有机结合，减轻草场压力。

6. 沙源治理区

面积18036.72km²，占全盟面积的8.90%，主要包括浑达克沙地，为锡林郭勒盟沙地的集中分布区。气候变化和人类活动的双重影响导致该区地下水位下降、草场退化、沙化加剧。建议在京津风沙源治理工程政策的指导下，以"点面结合、综合治理"为原则，实行集中连片治理；划定禁牧、休牧、轮牧区，遵循草畜平衡原则发展生态畜牧业。

12.4 大型煤电基地生态安全保障技术

12.4.1 煤电基地（矿区）生态安全保障关键修复技术

露天开采会直接毁坏地表土层和景观植被，矿山废弃物中的酸性、碱性或重金属成分，通过径流和大气飘尘，会破坏周围的土地、地下水资源（阿勒泰·塔依巴扎尔和韩尚平，2018）。技术集成是露天矿区生态修复工程的关键。生态修复技术集成以矿区生态安全保障为目标，重点集成保土保水控制水土流失、土壤改良重构、植被群落构建、景观功能提升等方面的关键技术，形成大型煤电基地生态修复关键技术体系（表12-16）。通过对大型煤电基地的土地整治、土壤改良、水资源保护、生物恢复、景观恢复与融合5个方面提出相应的生态安全保障关键修复技术手段，研究以水土资源保护利用、沙尘防控、景观植被生态功能提升为核心的生态保护、恢复、重建与保育技术集成（李全生，2016）。针对每一项技术分别从技术原理、技术要点、应用条件等方面展开分析，并对相应技术的应用效果进行了说明，为解决矿区生态安全保障技术问题提供依据。通过对近几年影响煤电基地关键因子的变化情况分析，发现随着城镇化进程趋于稳定，矿山开采规模的扩大和生态环境的变化成为影响煤电基地生态安全的关键因子，因此开发相应的环境修复技术是当前的主要任务。根据东部草原大型煤电基地区域类型及生态环境特点，选择本项目所研究的主要的土壤、水、生物、景观生态修复技术进行生态安全效应评估，以不同的生态修复技术在实地试验过程中对该区域生态环境所造成的影响为主，评估该技术的应用效果。根据不同技术在实际应用中的效果，筛选出不同方面的关键技术组成大型煤电基地生态安全保障技术集成。

表 12-16　煤电基地（矿区）生态安全保障关键修复技术

关键修复技术	技术类别	拟解决问题
土地整治生态安全保障关键修复技术	表土稀缺区土壤重构技术	针对大型煤电基地生态脆弱、表土稀缺、水土流失难以控制、土壤贫瘠等问题，本技术缓解东部草原矿区表土稀缺对土地复垦质量的影响以及不同复绿植被选区对后续生态恢复效果的影响，为脆弱草原生态系统的稳定提供保障
	土壤快速熟化的技术	针对土地破坏、水土流失、土壤沙化等一系列问题，本技术不仅缓解了煤电基地开发产生的大量工业固废对草原缓解的危害，而且解决了东部草原矿区废弃地植被恢复和生态重建中表土稀缺的问题
土壤改良生态安全保障关键修复技术	盐碱土壤改良技术	针对大型煤电基地长期以来高强度开发活动导致的生态稳定性失稳的问题，解决当地生态系统的土壤生物区系单一化、植被退化、景观破碎化、系统自维持性差等问题，本技术利用脱硫石膏对土壤进行改良，促进生态稳定性提升
	沙化土壤改良技术	针对草地沙化问题，利用粉煤灰和腐殖酸搭配施用综合改良沙化土壤
水资源生态安全保障关键修复技术	井工矿地下水原位保护技术	针对矿区采动覆岩导水裂隙中产生的张拉裂隙等问题，基于岩层控制的关键层理论，结合采动覆岩破断形态及其裂隙分布特征，科学控制采动岩体裂隙发育的程度与范围，合理限制采动裂隙的导水能力，是实现矿区地下含水层生态修复与保水采煤的重要途径
	露天煤矿地下水库保水技术	针对露天矿水资源破坏严重问题，以保护生态环境不遭到严重破坏为前提，以地下水资源的可持续开发利用为目标，保证地下水资源的开发利用
生物恢复生态安全保障关键修复技术	干草转移技术	针对坡面群落结构单一、生态系统结构失稳、水土流失和侵蚀沟等问题，本技术通过草本植物刈割，在坡面-平盘建立能量流动和物质循环，重建坡面草本层，提高坡面生态稳定性
	能源植物优选技术	针对煤电基地群落结构单一、水土流失问题严重，以耐干旱、耐贫瘠能源植物柳枝稷为研究对象，通过水分胁迫实验揭示柳枝稷对干旱、贫瘠双重胁迫作用的响应机制，探讨其在矿区种植的可行性
	微生物种群的筛选保育技术	针对区域生物多样性低、植物和微生物种群的多样性和功能受损等问题，研究草原区极端环境受损区域生物种群的筛选保育技术，促进区域植被建设和生态修复

续表

关键修复技术	技术类别	拟解决问题
景观生态安全保障关键修复技术	景观隔离带构建技术	针对牧矿交错区域内草原自然环境遭到破坏，群落结构退化，生态系统服务价值降低等问题，开展牧矿交错带生境保护与修复可解决矿-草矛盾，促进矿业可持续发展
	景观融合与生态功能提升技术	针对酷寒区大型排土场在大台阶、陡边坡等复杂地形条件下景观生态状况监测与诊断技术难等问题，开展景观融合与生态功能提升技术，为典型草原矿区排土场恢复植被筛选和配置提供科学依据

12.4.2　城矿（市旗）生态安全保障公众参与机制

采矿造成的污染不仅针对直接在矿区工作的采矿工人，同时由于污染的传播扩散作用也影响着周边的环境和居民健康。大型煤电基地建设过程中最大的利益相关者是开发单位与周边居民，周边居民对于生态环境和自身生存发展的感知认知直接关系到大型煤电基地的建设与开发。在大型煤电基地建设过程中，风险的存在就意味着生态安全保障面临一定的威胁，如果认知和适应行为的敏感度不高，煤电开发对居民所造成的风险就会增加，当风险处于高水平状态时，生态安全保障便难以实现，只有实现风险可控，生态安全才能得到保障（马妍等，2021）。因此，确保大型煤电基地区域生态安全，便要慎重对待风险，强化风险感知认知能力，提高风险管控的能力，避免风险演化成为事故，从而全面保障大型煤电基地的生态安全。本研究以城矿（市旗）居民为研究对象，进行问卷调查，并对结果进行数据化分析处理，探究煤电开发生态环境风险居民认知与行为心理变化过程与相关影响因素。构建煤电开发影响下居民生态环境“变化察觉-风险感知-适应行为”模型，定量描述过程中居民风险信息沟通与情感响应，明确关键影响因素之间的相互作用，完善我国煤电基地生态安全保障公众参与机制，提高政府服务公信力，对实现社会和谐、可持续发展具有现实意义。

12.4.2.1　城矿生态风险公众认知现状调查

1. 问卷调查设计与量化

高质量的问卷是问卷调查实证研究结果真实、有效的基础。本次问卷设计基于以往学者关于“认知与行为”以及“信息寻求与处理”相关研究的成熟量表，对假设模型与相关影响因子组分，从不同实际参考方面，设置题项。

每个问题将题项答案量化，例如表示程度的题项量化：“1”代表“不知道任何相关知识”、“3”代表“知道较少相关知识”、“5”代表“知道所有相关知识”。表示看法的题项量化：“1”代表“非常不同意”、“3”代表“既不同意也不反对”、“5”代表“非常同意”。

问卷调研主要包括6部分：个人特征信息、信息沟通与情感信任响应组分、生态环境风险察觉、生态环境风险感知、生态环境风险适应行为采取以及企业与政府缓解行为满意度。问卷框架和每部分内容如下：

个人特征信息：①年龄；②性别；③民族；④教育背景；⑤职业；⑥人均家庭收入；⑦居住年限与地点。

信息沟通与情感信任响应组分：包括信息沟通与情感信任响应情况。信息沟通：①信息获取充分性，个人现在所知道关于生态环境/健康/收入信息量与需要信息阈值；②信息收集能力，个人关于生态环境/健康/收入信息获取清晰度与信息获取容易度；③信息渠道信任，关于生态环境/健康/收入信息来源与信息信任程度。情感响应：①关于煤电基地所引起生态环境/健康/收入风险的担忧度；②关于煤电基地所引起生态环境/健康/收入风险的愤怒度；③关于煤电基地所引起未来生态环境/健康/收入风险的不确定度。信任响应：①我信任政府能保护我免受露天煤矿带来的影响；②政府官员们在意像我一样的人的健康和安全；③政府官员们在意像我一样的人的生活和工作。

生态环境风险认知：包括气候环境变化、生态环境变化与环境污染的认知。整体变化认知：①发现当地现在的干旱情况变得恶化；②发现气候变暖；③发现生态环境变得恶化。具体变化认知：①生态环境破坏，如露天煤矿造成草场破坏、露天煤矿造成地下水位下降、露天煤矿造成风沙恶化等；②环境污染，如露天煤矿造成土壤污染、露天煤矿造成水体污染。

生态环境风险感知：包括露天煤矿对健康及生活、就业及收入等方面影响感知。生活影响感知：①损害个人或家人的健康；②影响小孩的教育；③影响个人或家人的出行交通。收入影响感知：①增加家庭的就业机会；②增加家庭的收入。

适应行为：包括个人对健康及生活、就业及收入两方面的适应行为。健康及生活适应行为：您采取过适应露天煤矿给您的健康及生活带来的负面影响的措施有哪些？就业及收入适应行为：您采取过适应露天煤矿给您的工作及带来的负面影响的措施有哪些？

缓解行为满意度：包括个人对煤矿企业缓解行为与政府缓解政策满意度。企业缓解行为：您认为煤矿公司采取的下列生态环境保护措施有效吗？政府缓解政策：您认为当地政府采取的下列生态环境保护政策有效吗？

2. 被调查者特性分析

以维护及保护评价露天矿及其周围生态系统健康和生态服务功能为目标，通过基础调查和评价露天矿周围居民对环境的认知与感知情况，本次问卷设计基于以往学者关于“认知与行为”以及“信息寻求与处理”相关研究的成熟量表，对假设模型与相关影响因子组分，从个人基本信息、生态环境认知、适应行为、缓解行为满意度方面设置题项，并将每个问题的题项答案量化。

研究共发放问卷227份，其中有效问卷206份，有效率为90.7%。样本信度分析显示问卷整体数据计算结果均满足 α 系数>0.7，可靠性较强，结果可应用。生态环境风险信息获取和情感响应个人特征影响因素分析如表12-17所示。基于SPSS的相关性分析，由相关性系数得知，生态环境信息充分性与教育背景、就业状态、家庭年收入均呈正相关，即教育背景越高，就业状态越好，家庭年收入越高获取生态环境信息充分性越好。

表 12-17　信息获取和情感响应与个人特征相关系数与显著水平

	年龄	性别	民族	教育背景	就业状态	人均年收入	居住时长	最近距离
生态环境信息充分性	-0.165 **	-0.153 **	—	0.180 ***	0.236 ***	0.235 ***	-0.110 *	-0.128 **
生态环境信息收集能力	-0.132 **	—	—	0.133 **	0.206 ***	—	-0.158 **	—
生态环境信息渠道信任	—	—	—	0.020 **	—	—	0.097 *	—
担忧	—	—	0.225 ***	—	-0.289 ***	-0.113 *	0.175 ***	0.099 *
愤怒	—	—	0.238 ***	—	-0.275 ***	-0.110 *	0.219 ***	0.157 **
不确定	-0.116 *	—	0.218 ***	-0.116 **	-0.265 ***	-0.154 **	0.185 ***	0.091 *

注：其中显著水平 *，代表 $P<0.1$；显著水平 **，代表 $P<0.05$；显著水平 ***，代表 $P<0.01$。

关于大型煤电基地开发引起的生态环境风险，受访者的担忧、愤怒以及不确定受民族、就业状态以及居住时长影响显著，且相关方向一致，情感响应与民族分布呈正相关，即蒙古族人更容易产生情感响应；情感响应与就业状态呈负相关；情感响应与居住时长呈正相关，当地居住时长越长更容易产生情感响应，且愤怒相较于担忧与不确定更容易受居住时长影响（马妍等，2021）。

本次调研主要面对人群有工草场牧民、城市居民以及煤电职员，由于 2002 年围封转移战略出台，锡林浩特农业生产经营方式转变，当地已无农户，均转变为农场或饲料厂工人，占样本总量的 5.8%，外出打工人员也极少，仅 1%，城市居民普遍是其他职业或者上学，分别为 32.5% 以及 12.5%。欲将样本分为草场牧民、煤电职员以及其他职业三类，对其个人特征信息进行分类分析，三类分别占比 18.9%、56.8% 以及 24.3%（图 12-9、图 12-10）。

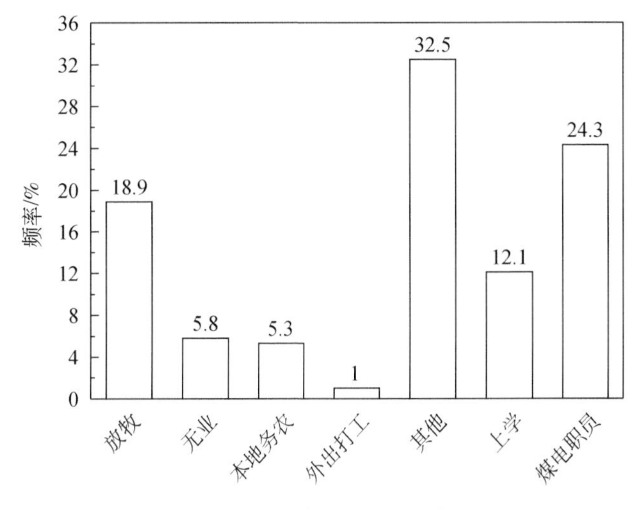

图 12-9　受访者就业状态

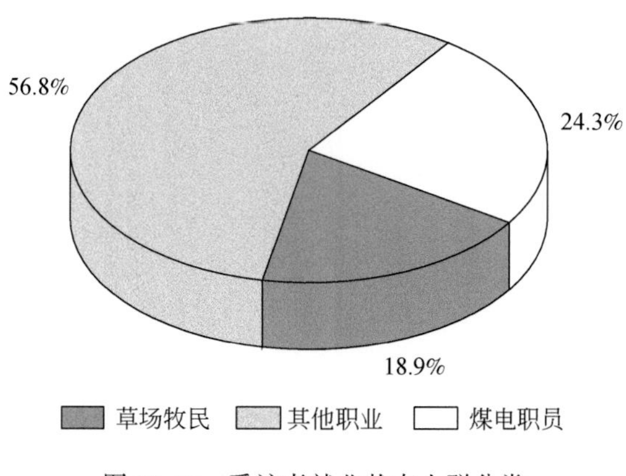

图 12-10　受访者就业状态人群分类

受访者教育背景分布如图 12-11 所示。煤电职员教育背景高，均是高中以上学历，本科以上占比居多，占员工总数的 80%，其中硕士以上学历占 8%；牧民教育背景较低，初中以下学历超半数，初中学历最多，占 31%，本科以上牧民只有 23%；其他职业居民学历分布相对均匀，本科以上学历占总人数的 40%，其中硕士以上占 3%。3 种职业教育水平差距较大，教育背景是后续认知行为相关影响因素研究中的重要组分。

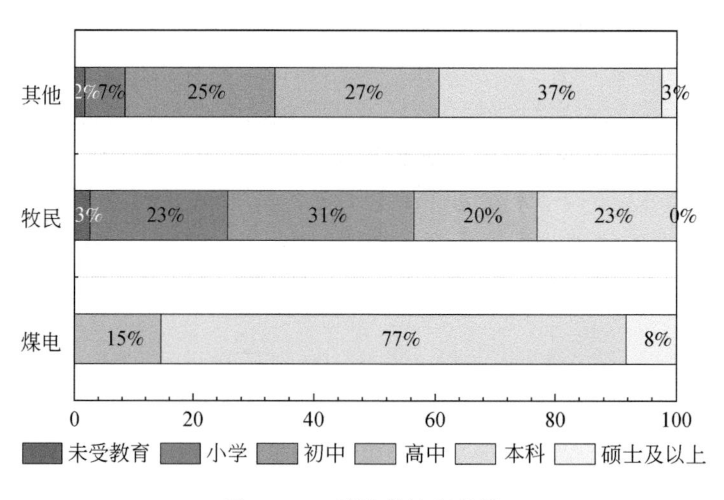

图 12-11　受访者教育背景

3. 煤电基地周边区域生态环境风险识别

大型煤电开发生态环境风险认知指的是个体察觉到生态环境风险的过程，包括察觉气候环境变化、察觉生态环境变化、察觉环境污染。

居民察觉当地气候干旱与寒冷变化情况如表 12-18 所示。可以看出当地被调查者察觉到气候干旱变得恶化所占比例较大，但是察觉到当地气候寒冷变化的人却相对较少，一部分人表示出既不反对也不同意的态度，也就是说对气候寒冷变化并无明显察觉。还可以看出大部分的被调查者都感知到了当地生态环境的变化，所占比例明显多于察觉前两项变化的人数，这就表明生态环境变化比气候干旱变化和气候寒冷变化更容易被人察觉。

表 12-18　被调查者对当地环境变化的认知情况

	非常同意/%	同意/%	既不同意也不反对/%	不同意/%	非常不同意/%
察觉当地气候干旱变化	38.4	37.44	12.11	9.71	1.9
察觉当地气候寒冷变化	17.5	31.1	18.4	29.6	3.4
察觉当地生态环境变化	27.2	51.9	11.2	6.8	2.9

被调查者察觉具体生态环境破坏现象如图 12-12 所示。可以看出，绝大多数被调查者都对相应的生态环境破坏现象都有所察觉，尤其是风沙恶化和草地破坏这两个现象概率较高。

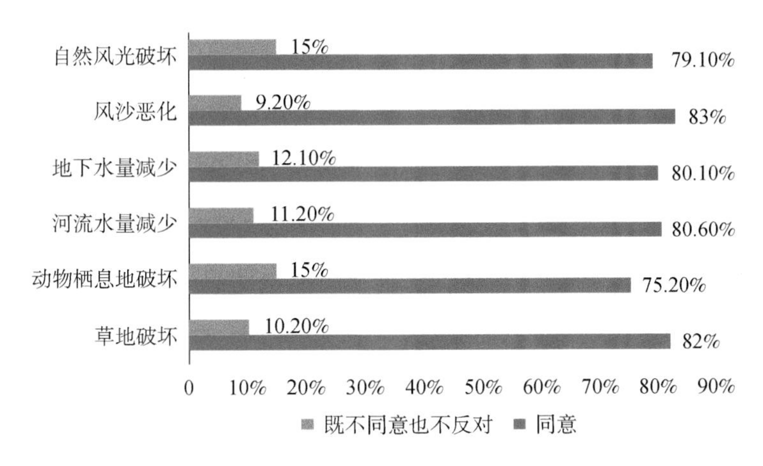

图 12-12　察觉具体生态环境破坏现象

大型煤电开发生态环境风险感知是指个体感觉到生态环境风险对自己产生风险特征的过程，包括：感知生活健康影响和感知工作收入影响。被调查者对大型煤电基地开发导致的周围生态环境变化对生活健康影响的感知情况如表 12-19 所示。可以看出，相比于生态环境变化对身体健康和交通问题的影响，对教育问题的影响感知的比例较少。

表 12-19　被调查者对生态环境影响的感知情况

	对生活的影响			对工作的影响	
	损害健康	影响教育	影响交通	减少就业机会	减少家庭收入
同意/%	53.4	25.7	43.2	35.9	48.1
既不同意也不反对/%	25.2	41.3	29.1	21.8	21.8

煤电开发影响健康的方式主要是风沙扬尘、土壤与地下水重金属污染的迁移转化以及草场动植物的生物富集。有研究表明，锡林浩特重金属污染生态风险危害系数较大元素为砷，处于中度生态风险程度。受访者感知煤电开发健康风险主要通过草场灰尘、水体沉着变色、牲畜肺病、儿童肺病现象。感知交通影响是因为煤电开发修改直线公路为绕行公路。感知教育影响是因为煤电开发搬迁附近学校需到较远学校上学。

4. 煤电开发生态环境适应行为

大型煤电开发生态环境风险适应行为是指个体为应对生态环境风险采取适应行为的过程，包括：个体应对健康风险的生活适应行为和个体应对收入影响的工作适应行为（马妍等，2021）。

个体应对健康风险的生活适应行为一般有减少在煤矿及输煤系统沿线马路附近活动、携带口罩、使用空气净化器、饮用瓶装水、使用净水器、戴耳塞睡眠、房屋隔音改造、更换交通工具、更换工作、搬家这 10 种策略。个体应对收入影响的工作适应行为一般有向煤电企业寻求赔偿、向煤电企业寻求工作、向政府寻求赔偿、向政府寻求工作、自己寻找再就业、自己创业这 6 种策略。

居民从生活与工作角度采取生态环境适应行为情况如图 12-13 与图 12-14 所示。生活适应行为中受访者一般选择佩戴口罩、使用净水器、减少煤矿附近活动、饮用瓶装水此类成本较低的适应行为，而类似房屋隔音改造、更换工作和交通工具这类成本较高或实际操作烦琐的活动选择人数相对较少，而戴耳塞睡眠可能会一定程度上降低睡眠舒适感，因此选择人数最少。工作适应行为中受访者比较多地选择自己寻找再就业和自己创业，其次为向政府或煤电企业寻求赔偿的行为占比较大，这表明多数人在面对环境风险所采取的适应行为以自身做出相应改变为主，依赖于企业和政府的受访者占少数，且本次调查中有 59.7% 的受访者没有采取工作适应行为。

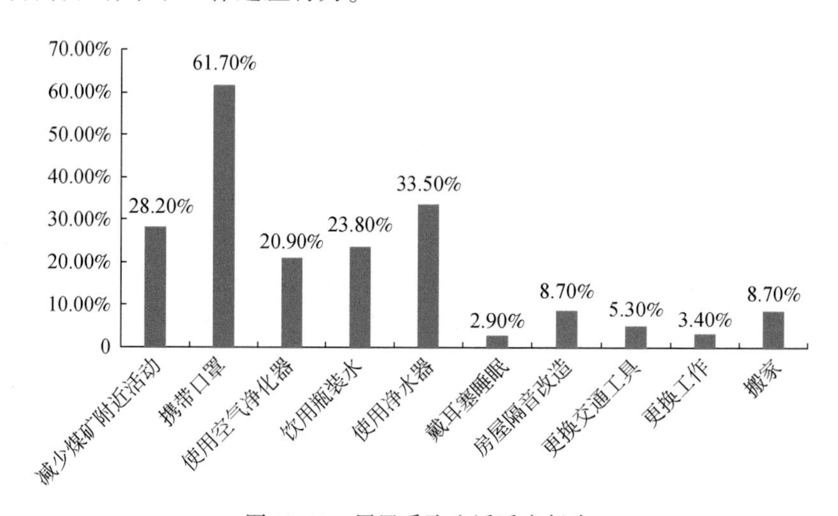

图 12-13　居民采取生活适应行为

没有采取工作适应行为受访者概率远高于没有采取生活适应行为受访者概率，而感知工作影响的概率只略低于部分感知生活影响概率，且感知影响概率均高于适应行为采取

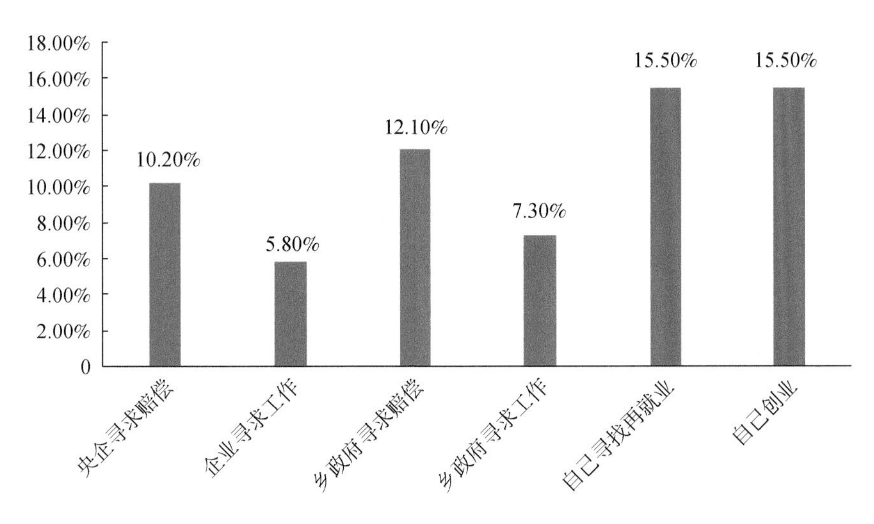

图 12-14　居民采取工作适应行为

率，且有 17% 的受访者没有采取生活适应行为。煤电基地周围人群在健康生活与工作收入受到威胁时，缺少采取适应行为的意愿，脆弱群体更缺乏知识与能力采取工作适应行为。煤电基地周围人群在健康生活与工作收入受到威胁时，缺少采取适应行为的意愿，脆弱群体更缺乏知识与能力采取工作适应行为搬迁作为适应生态环境风险的重要行为，由于其价格昂贵，只会被认识到风险危害大于搬家成本或家庭经济条件优越的人群所采取。

居民生态环境适应行为采取率普遍很低，这与其生态环境风险认知与感知效果形成强烈对比，这与居民仍缺乏知识、能力或意识实施适应行为有关，也有可能是居民对政府信任（对生活适应性行为和工作适应性行为进行编号，见表 12-20）。

表 12-20　煤电开发生态环境风险适应行为

编号	生活适应行为	编号	工作适应行为
L1	减少在煤矿及输煤系统沿线马路附近活动	W1	向煤电企业寻求赔偿
L2	携带口罩	W2	向煤电企业寻求工作
L3	使用空气净化器	W3	向政府寻求赔偿
L4	饮用瓶装水	W4	向政府寻求工作
L5	使用净水器	W5	自己寻找再就业
L6	戴耳塞睡眠	W6	自己创业
L7	房屋隔音改造		
L8	更换交通工具		
L9	更换工作		
L10	搬家		

因子分析则是用主成分降维分析得到的少量“抽象”的变量，即潜在变量，代替大量显在变量，表示整体数据基本结构，并且所得矩阵可以反映出每个显在变量在潜在变量对

应的载荷量。本研究主要对行为相关多选题项进行因子分析，通过主成分分析，得到最大方差法旋转后的因子负荷。

通过主成分抽取因子分析法将个体应对健康风险的生活适应行为与个体应对收入影响的工作适应行为进行分类，最大方差旋转矩阵载荷结果如表 12-21 所示。

表 12-21　生态环境风险适应行为因子分析

生活适应行为	主成分 1	主成分 2	主成分 3	工作适应行为	主成分 1	主成分 2
L1	0. 372	0. 009	−0. 050	W1	−0. 068	0. 345
L2	0. 426	0. 090	0. 058	W2	0. 068	0. 306
L3	−0. 065	0. 390	0. 004	W3	−0. 093	0. 339
L4	0. 206	0. 138	−0. 129	W4	0. 087	0. 315
L5	−0. 074	0. 391	0. 053	W5	0. 567	0. 024
L6	0. 323	−0. 064	−0. 097	W6	0. 559	−0. 029
L7	−0. 137	0. 353	−0. 075			
L8	0. 209	−0. 093	0. 383			
L9	−0. 193	0. 028	0. 516			
L10	−0. 033	−0. 041	0. 540			

对生活适应行为因子分析结果 KMO≥0. 600，为 0. 664 符合 Bartlett 球形度检验，结果可靠，并且 P<0. 001 表明变量相关性显著，基于主成分分析识别出 3 个特征根大于 1 的主成分，且旋转矩阵累计方差贡献率>60%，为 66. 590% 时数据损失较小。对生活适应行为因子分析结果 KMO>0. 6，为 0. 679 时符合 Bartlett 球形度检验，结果可靠，并且 P<0. 001 表明变量相关性显著，基于主成分分析识别出 2 个特征根大于 1 的主成分，且旋转矩阵累计方差贡献率>60%，为 64. 240% 数据损失较小。

12. 4. 2. 2　公众认知生态风险模型建立

1. 模型的假设

本研究假设生态环境风险认知–生态环境风险感知–适应行为，为煤电开发影响下个体参与生态环境行为心理变化过程（图 12-15）。也就是说，个体对生态环境风险认知影响着个体对生态环境风险影响的感知，进而影响生态环境风险适应行为决策。本研究构建的理论框架如下：

个体生态环境风险的认知对生态环境风险影响感知有积极作用；个体生态环境风险的影响感知对采取适应环境风险行动有积极作用。这一过程又受个人特征、信息传播、情感与信任响应等因素的共同影响，研究不同变量对认知、感知与行为的作用特点，也是本研究关注的热点。

2. 结构方程模型检验

根据专业知识与文献调研结果理清待分析变量之间的关系，确定初始的假设模型，利

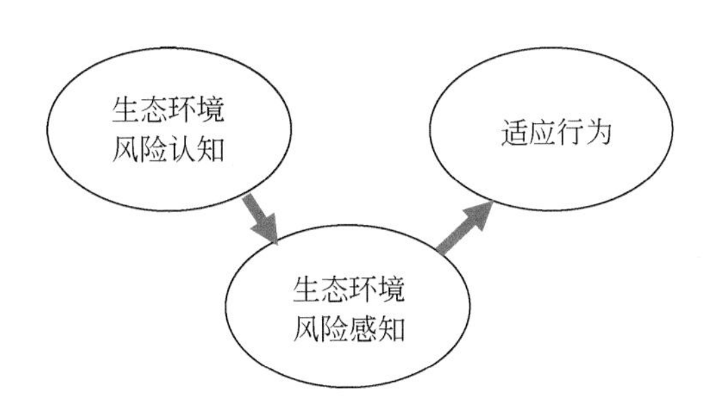

图 12-15　理论模型框架假设

用 AMOS 软件的绘图工具进行模型框架图绘制。通过提取本章潜在变量与观测变量，构建 AMOS 结构方程模型，如图 12-16 所示。

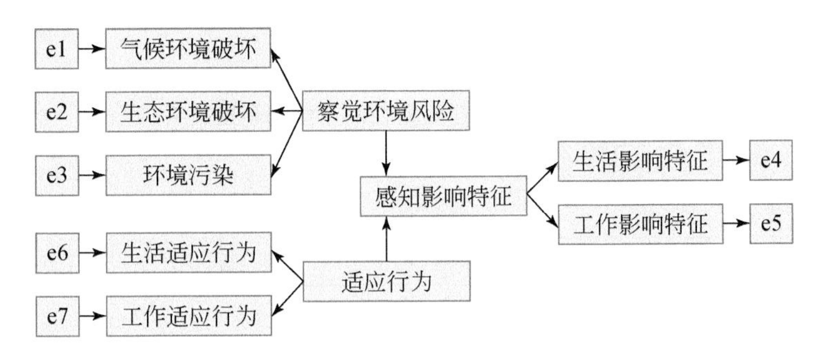

图 12-16　生态环境风险认知与行为结构方程模型

使用 AMOS 验证结构方程模型，模型整体拟合度具有统计学意义（$P=0.048<0.5$），各项拟合指标均符合评判标准，结构方程模型通过检验（表 12-22），说明本研究构建的理论框架模型假设具有实际意义。

表 12-22　模型检验指标与评判标准

适配度指标	参考标准	本模型指标值	模型适配判断
卡方值/自由度 CMIN/Df	1 ~ 3	2. 459	是
近似均方根残差 RMSEA	<0. 08	0. 066	是
规范拟合指数 NFI	>0. 9	0. 946	是
相对适配指数 RFI	>0. 9	0. 930	是
增量拟合指数 IFI	>0. 95	0. 967	是
比较拟合指数 CFI	>0. 9	0. 967	是

3. 最优模型的路径分析

在结构方程模型满足统计学意义的基础上，对模型各路径的关联程度进行分析。其中显著水平 *，代表 $P<0.1$；显著水平 **，代表 $P<0.05$；显著水平 ***，代表 $P<0.01$。

标准化路径系数表示变量之间的影响程度。

1）总路径分析

总路径分析即“察觉环境风险–感知风险特征–采取适应行为”路径变量相关影响程度分析。其各项参数如表 12-23 所示。

表 12-23　模型总路径系数

路径关系	标准化前路径系数	标准误差 SE	临界比值 CR	显著水平 *P*	标准化路径系数
察觉环境风险→感知风险特征	1.172	0.144	8.128	***	0.969
感知风险特征→采取适应行为	0.020	0.015	1.343	***	0.275

结构方程总路径共 3 个潜在变量，之间存在 2 个直接影响关系与 1 个间接影响关系。其直接与间接影响程度如表 12-24 所示。

表 12-24　三个潜在变量之间直接和间接关系

	察觉环境风险	感知风险特征
感知风险特征	0.969	—
采取适应行为	0.267	0.275

个体对生态环境风险的认知程度对个体感知生态环境风险特征存在极显著的促进作用（$P<0.01$），“察觉环境风险”对“感受风险特征”的作用系数约为 0.97，表明每 100 人察觉到环境恶化或污染，其中就有 97 人感知到环境风险产生的影响。

个体感知各方面环境风险特征对个体采取适应环境恶化影响的行为作用不显著（$P>0.05$），“感知风险特征”对“采取适应行为”的作用系数约为 0.28，表明每 100 人感知到环境风险特征，只有 28 人采取了适应环境影响的行为。

“察觉环境风险”对“采取适应行为”有间接影响作用，作用系数约为 0.27，表明每 100 人察觉到环境恶化或污染，其中就有 27 人采取环境影响适应行为。

2）分路径分析

分路径分析即“察觉环境风险–感知风险特征–采取适应行为”分路径变量相关影响程度分析。其各项参数如表 12-25 所示。

表 12-25　模型分路径系数

路径关系	标准化前路径系数	标准误差 SE	临界比值 CR	显著水平 *P*	标准化路径系数
察觉环境风险→气候环境变化	1.000	—	—	—	0.577
察觉环境风险→生态环境变化	1.396	0.155	9.017	***	0.841
察觉环境风险→环境污染	1.657	0.176	9.408	***	0.977
感知风险特征→生活影响特征	1.000	—	—	—	0.734

续表

路径关系	标准化前路径系数	标准误差 SE	临界比值 CR	显著水平 P	标准化路径系数
感知风险特征→工作影响特征	0. 862	0. 127	6. 775	***	0. 489
采取适应行为→生活适应行为	2. 591	1. 898	1. 365	*	0. 759
采取适应行为→工作适应行为	1. 000	—	—	—	0. 208

注：其中显著水平 *，代表 $P<0.1$；显著水平 **，代表 $P<0.05$；显著水平 ***，代表 $P<0.01$。

由图 12-17 可知，察觉气候环境变化、生态环境变化与环境污染均表征察觉环境变化，并对其产生十分显著影响（$P<0.01$），影响系数分别约为 0. 20、0. 84 与 0. 98，表明受访者“察觉生态环境变化”与“察觉环境污染”比“察觉气候环境变化”对“察觉生态环境风险”的贡献作用更大。

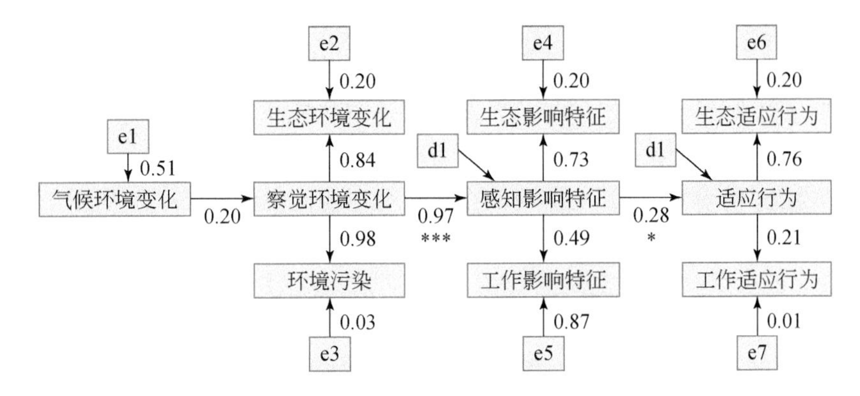

图 12-17　结构方程模型相关系数

感知生活影响特征与工作影响特征均表征感知风险特征，并对其产生十分显著影响（$P<0.01$），影响系数分别约为 0. 73 与 0. 49，表明受访者“感知生活影响特征”比“感知工作影响特征”对“感知风险特征”的贡献作用更大。

生活适应行为与工作适应行为均表征适应行为，并对其影响显著（$P<0.1$），影响系数分别约为 0. 76 与 0. 21，表明受访者“生活适应行为”比“工作适应行为”对“适应行为”的贡献作用更大。

生态环境风险居民认知与行为路径为“察觉环境风险－感知风险特征－采取适应行为”，由于居民工作适应行为采取率较低，使模型在“感知风险特征→采取适应行为”阶段相关性较差，在健康影响与工作影响感知度差别不大的情况下，居民工作适应行为的采取意愿与能力远低于生活适应行为。

12. 4. 2. 3　公众获取生态风险信息的影响因素

1. 个人特征对生态风险信息获取的影响

煤电开发生态环境风险信息获取的影响因素分析见表 12-26。生态环境信息获取充分性与教育背景、就业状态以及人均收入均属于显著相关影响关系。由相关性系数得知，生态环境信息充分性与教育背景呈正相关，教育背景越高获取生态环境信息充分性越好；生态环境信息获取充分性以及信息收集能力均与就业状态呈正相关，煤矿职员、其他职业以及学生比无业人员以及牧民获取信息充分性以及信息收集能力要好。

表 12-26　生态环境风险信息获取的影响因素

	年龄	性别	民族	教育背景	就业状态	人均年收入	居住时长	最近距离
生态环境信息充分性	-0. 165**	-0. 153**	—	0. 180***	0. 236***	0. 235***	-0. 110*	-0. 128**
生态环境信息收集能力	-0. 132**	—	—	0. 133**	0. 206	—	-0. 158**	—

注：其中显著水平*，代表 $P<0.1$；显著水平**，代表 $P<0.05$；显著水平***，代表 $P<0.01$。

提高居民受教育程度可以提高居民获取生态环境风险信息充分程度，牧民生态环境风险信息获取能力相对较低，造成信息获取充分程度同样较低。

2. 个人特征对风险认知感知与行为的影响

煤电开发生态环境风险认知与应对的个人特征影响因素如表 12-27 所示。不同煤电开发生态环境风险认知与应对的变量与不同个人特征变量显著相关。

表 12-27　生态环境风险认知行为与个人特征相关系数与显著水平

	年龄	性别	民族	教育背景	就业状态	人均年收入	居住时长	最近距离
气候环境变化	—	—	0. 150**	—	-0. 183***	—	0. 140**	0. 125**
生态环境变化	—	0. 132**	0. 266***	-0. 193***	-0. 192***	-0. 161**	0. 196***	0. 210***
环境污染	—	0. 162**	0. 271***	-0. 200***	-0. 264***	-0. 223***	0. 245***	0. 140**
生活影响特征	—	—	0. 273***	-0. 107*	-0. 317***	-0. 17***	0. 244***	0. 098*
工作影响特征	0. 193***	0. 144**	0. 249***	-0. 410***	-0. 445***	-0. 423***	0. 313***	0. 358***
生活适应行为	-0. 190***	—	—	0. 258***	-0. 172***	0. 141**	-0. 146**	—
工作适应行为	-0. 143**	—	0. 092*	—	—	—	-0. 134**	—

注：其中显著水平*，代表 $P<0.1$；显著水平**，代表 $P<0.05$；显著水平***，代表 $P<0.01$。

感知工作影响特征与年龄呈正相关，采取适应行为与年龄呈负相关，年龄越大越容易感知工作影响特征却更不愿采取适应行为；察觉生态环境与环境污染以及感知影响特征与居住时长呈正相关，采取适应行为与居住时长相关性不显著，居住时长更长的受访者更容易察觉与感知环境风险，却不会因此采取适应行为。造成两种现象的原因可能是长者不愿更改长年以来的行为习惯。长者在长久生活习惯受到威胁时，即便感知到影响与风险也不愿更改习惯行为。

察觉生态环境变化与环境污染、感知工作影响特征与教育背景呈负相关，采取生活适应行为与教育背景呈正相关。教育背景越高，越不容易察觉环境变化与感知工作影响，但却积极采取生活适应行为；察觉生态环境风险、感知影响特征、采取生活适应行为与就业状态呈负相关，采取工作适应行为与就业状态不显著，无业人员以及农牧民比煤矿职员、其他职业以及学生更容易察觉与感知生态环境风险，且采取生活适应行为更积极。农牧民采取生活适应行为意识较强，但相关应对风险自我保护能力不足，受相关科学教育可以减小公众受工作影响的敏感性，并提高采取生活适应行为能力。

收入较高者更容易察觉生态环境风险，但并不会更积极采取环境适应性行为，说明收入并不是提高适应能力的影响因素；察觉生态环境变化与感知工作影响特征与最近距离呈正相关，但采取适应行为与最近距离无关，距离煤电基地越近的受访者越容易察觉生态环境变化与感知工作影响特征，却并没有采取更多适应行为。

3. 风险信息来源的影响因素

露天煤矿风险信息获取来源与个人特征影响因素分析如表12-28所示。可以看到选择互联网作为信息获取来源受多个个人特征因素的显著影响，分别为年龄、教育背景、就业状态、人均收入以及居住时长。由相关系数得知，选择互联网作为信息获取来源与年龄、居住时长呈负相关，年轻人与居住时长短的人更喜欢选择互联网获取信息；与教育背景、就业状态、人均年收入呈正相关，教育背景越高，人均收入越高，受访者越偏向于选择互联网获取信息，煤矿职员、其他职业以及学生比无业人员以及农牧民更偏向选择互联网获取信息。

表12-28　风险信息来源与个人特征相关系数与显著水平

	年龄	性别	民族	教育背景	就业状态	人均年收入	居住时长	最近距离
政府通知	—	—	—	0.128**	—	—	—	—
报纸	—	—	-0.113*	—	0.160**	—	—	-0.110*
电视与广播	-0.127**	—	—	—	0.189***	—	—	—
互联网	-0.326***	—	—	0.247***	0.197***	0.191***	-0.269***	—
邻居朋友	—	0.170***	—	-0.159**	-0.118**	-0.124**	0.131**	—
其他	—	-0.151**	—	-0.104*	-0.185***	—	—	—

注：其中显著水平*，代表$P<0.1$；显著水平**，代表$P<0.05$；显著水平***，代表$P<0.01$。

选择电视与广播及其他作为信息获取来源受就业状态影响显著，由相关系数得知，选择电视与广播作为信息获取来源与就业状态呈正相关，煤矿职员、其他职业以及学生比无业人员以及农牧民更偏向选择电视与广播获取信息。

选择其他作为信息获取来源与就业状态呈负相关，无业人员以及农牧民比煤矿职员、其他职业以及学生更偏向选择其他获取信息，并且在调查过程中了解到大部分被调查者将“亲眼所见”与村委会议等归结为选项“其他”中，说明农牧民及无业人员更倾向于通过“亲眼所见”与村委会议等其他途径获取信息。

选择邻居朋友作为信息获取来源受性别影响显著，由相关系数得知，选择邻居朋友作为信息获取来源与性别分布呈正相关，女性更偏向选择邻居朋友获取信息，这与人们的认知相符合。

建议面对不同风险信息渠道受众群体合理且有针对性地发布风险信息，互联网受众群体广泛，发布普及性风险信息之余，适时发布深层次科研成果、学术论坛等风险信息；电视与广播将把普及性风险信息公开、公正；村委会议则应贴近生活，通知牧民热切关注民生风险信息。

12.4.2.4 生态安全保障公众参与的实现

生态风险具有可变性，因而风险识别是一项持续性和系统性的工作，要求风险管理者密切注意原有风险的变化，并随时发现新的风险。生态风险防范是生态安全保障的基础，通过分析一些可能威胁到生态系统安全的因素，提前采取一些防范措施以降低风险（陈利顶等，2016）。当煤电开发生态风险发生时，生态系统的稳定性遭到破坏，这种破坏导致周边居民的生存环境发生改变，威胁到居民的健康和发展，因此根据对大型煤电基地生态风险公众认知–感知–适应行为和获取生态风险信息的影响因素研究，提出以下几点生态安全保障公众参与建议。

1. 针对周边居民开展多渠道加强风险教育

煤电基地风险教育可以在学校、社区、苏木、嘎查等多个现实环境进行，同样，也可以在微信或互联网的数字环境中进行，教育内容主要包括现阶段环境问题、可能带来的相关影响以及企业政府实施的保护措施，并结合群众实际能力提供个人可实施的保护防御措施建议。

2. 政府和企业加强人性化信息释放

政府、企业、研究机构以及媒体等作为信息释放的主体，要主动承担起生态风险信息释放的工作，公开保障煤电基地生态安全规划，对未来风险程度的减弱做出预报，以提高公众风险认知，促进煤电基地生态修复的公众参与。同时，为提高公众信任度与关注度，既要保证生态风险信息的数据化，又不能过于复杂或技术性；并依据公众获取信息的充分程度，适当调整信息释放重点与频率。

3. 开展全过程公众参与机制

包括煤电基地建设决策以及建设运营期生态环境风险决策公众参与，主要目的是提供公众一个民主的平台，让公众在了解国家能源政策以及煤电基地的建设规划，并全面知晓其对个人乃至国家，社会、生态环境、健康以及经济等方面的利益与风险的知情条件下互动沟通，达成共识，避免不全面的、主观的风险信息传播造成群众负面情绪，恢复公众对科学的信任。

本章分析了东部草原区大型煤电基地生态安全主控因素，构建了东部草原区大型煤电基地能源开发生态安全评价体系，研发了东部草原区大型煤电基地生态安全调控方法和大型煤电基地生态安全保障技术。研究表明，针对矿区、城矿、区域 3 个尺度因生态稳定性下降、生态承载力降低产生的生态安全问题，从矿区排土场、城矿以及区域 3 个尺度，研发了基于生态安全系数的矿区排土场生态安全评价体系、城矿生态安全评价指标体系、区域生态安全评价指标体系，从时间与空间尺度上开展生态安全评价，并揭示制约各尺度生态安全的限制因子，针对性地提出集成矿区修复技术、强化矿城公众参与风险识别防范、实施区域适应性管理的多尺度生态安全保障技术，构建了大型煤电基地多尺度生态安全调控技术。该技术的实施实现了大型煤电基地开发在各尺度上生态安全问题的诊断，可及时、有效地对生态安全障碍因子进行精准调控，保障区域生态安全。基于已形成的生态安全评价体系与生态安全调控模式，研究生态安全对社会、经济、环境、生态因子的响应机理，识别关键影响因子；研究生态安全与生态修复工程的联动机制，优化生态修复关键技术，完善生态修复技术体系，建立基于国家能源安全的区域生态安全保障技术体系。

结　束　语

本研究是以我国能源集约化开发的重要形式——大型煤电基地为背景，针对煤电基地开发中持续的生态影响与区域生态安全保障的突出矛盾，聚焦大型煤电基地开发生态损伤的系统控制问题，按照“源头减损”和“系统修复”思路，在我国大型煤矿区生态修复研究与实践基础上，依托东部草原区煤电基地聚集区的系统研究与工程实践，以“减损技术”为核心，突出开采生态损伤和修复关键环节，着力在影响时间、损伤空间和结构破坏3个方面研发减损关键技术。提出了大型露天开采时-空减损、基于剥离物的土壤剖面重构、大型露天矿三层储水模式及地下水库和近地表储水层构建、贫瘠土壤提质增容、排土场地貌近自然重塑、牧矿景观交错带生境保护与修复、景观生态功能提升和区域生态安全调控等关键技术，形成了适应于我国煤电基地可持续开发的生态修复与综合整治关键技术体系，初步解决了我国大型煤电基地开发中生态修复与安全保障中亟待解决的一些难点问题。

大型煤电基地开发与区域生态安全的协同是我国生态文明建设推进面临的突出问题。面向我国大型煤电基地区域生态安全提出和建立的生态修复与综合整治关键技术体系，不仅进一步丰富了相关领域技术研究与工程实践内容，特别是基于典型大型煤电基地组织开展的大型工程试验和示范工程，为我国煤电基地科学开发与区域生态保护协同进行了有益的探索，提出的先进理念和关键技术适用于我国大型煤电基地开发与生态环境保护，同样对煤炭绿色开采和大型煤炭基地科学开发具有重要指导作用。鉴于前人研究结果的局限性和本研究时间有限，针对实际应用场景的复杂性和多样性尚有许多需要进一步充实和完善的内容，特别是对生态脆弱区的水-土-植一体化协同修复等有待深入研究和实践，旨在系统提升大型煤电基地科学开发与区域生态安全协同水平，有效保障我国大型煤电基地科学开发和区域生态文明建设。

《大型煤电基地生态修复与综合整治关键技术》是我国第一部聚焦大型煤电基地生态修复与区域生态安全方面的关键技术研究成果。在研究过程中得到了科技部、中国21世纪议程管理中心、国家能源投资集团有限责任公司、中国矿业大学（北京）、中国矿业大学、清华大学、中国科学院生态环境研究中心、中国煤炭科工集团有限公司、中国环境科学研究院、中国地质大学（北京）、内蒙古大学、内蒙古农业大学、中国科学院城市环境研究所、中国科学院空天信息创新研究院、国能集团北电胜利能源有限公司、国能集团宝日希勒能源有限公司、国能集团国源电力有限公司、路域生态工程有限公司等单位的全力支持；得到了彭苏萍、傅伯杰、顾大钊、蔡美峰、康红普、王双明等院士，李秀彬、赵学勇、卞正富、云涛、周金星、宁堆虎、贺佑国、严登华、吴钢、吴建国等生态领域专家和刘峰、朱德仁、王家臣、许家林、张瑞新等煤炭领域专家的悉心指导。此外，参与本书相关研究工作的人员还有：刘勇、郭海桥、王海青、孙俊东、张润廷、杨成龙、佘长超、韩兴、宋仁忠、鞠兴军、张凯、南清安、王丹妮、卓卉、王光颖、杨毅、付晓、李永峰、张润廷、马正龙、宋金海、王志宇、李晶、赵艳玲、赵英、赫云兰、董霁红、周伟、郭俊廷、刘基、于涛、吴宝杨、张勇、赵勇强、王路军、徐祝贺、刘新杰、马妍、陈磊、李晓婷、郭楠、解琳琳、杨惠惠、付战勇、张琳、李梦琪、胡钦程、赵雅琪、荣正阳、袁明扬、王晓、刘宪伟、覃昕、宋淼、王瑶、张梦利、杨兆青、刘丹、王舒菲、王玲玲、黄雨晗、闫建成、张洋洋、黄玉凯、郭海桥、李雁飞、卜玉龙、高思华、闫石、王党朝、利用昶、赵会国、王志刚、李向磊、龚云丽、李梦琪、殷齐琪、屈翰霆、夏嘉南、王鹏、许木桑、刘英、田雨、陈航、刘振国、鹿晴晴、杨德军、李治国、戴玉玲、王藏娇、李心慧、邢龙飞、熊集兵、冯超、陈航、李笑阳、王菲、赵伟、韩亮等，在此一并表示衷心感谢。

大型煤电基地是具有中国能源开发特色的重要模式，生态文明建设也是区域经济与社会可持续发展的重要内容。希望我国能源和生态等领域的广大科研工作者继续携手共同努力，积极探索适于我国国情的大型煤电基地科学开发路径、基本理论和方法，为国家能源安全供给与区域生态安全保障提供理论支撑。

参考文献

阿勒泰·塔依巴扎尔，韩尚平，2018. 阿尔泰山矿区生态恢复经验总结．新疆林业，(4)：47-48.

白润才，孙有刚，刘闯，等，2015. 严寒气候条件下露天煤矿开采经济剥采比．金属矿山，(5)：34-38.

白润才，董瑞荣，刘光伟，等，2016a. 露天采矿机应用条件与开采工艺参数研究．金属矿山，(1)：132-137.

白润才，宋群，刘闯，2016b. 自移式半连续系统关键技术参数的优化．金属矿山，(12)：170-175.

白润才，刘忠红，刘永鑫，等，2018. 露天煤矿选采理论及方法研究．重庆大学学报，41(4)：90-98.

白中科，吴梅秀，1996. 矿区废弃地复垦中的土壤学与植物营养学问题. 能源环境保护，(5)：39-42.

白中科，周伟，王金满，等，2018. 再论矿区生态系统恢复重建．中国土地科学，32(11)：1-9.

保平，1998. 半干旱草原区松土改良增产效益分析．中国草地，(4)：47-49.

毕银丽，2017. 丛枝菌根真菌在煤矿区沉陷地生态修复应用研究进展．菌物学报，36(7)：800-806.

毕银丽，刘涛，2022. 露天矿区植被协同演变多源数据时序分析——以准格尔矿区为例．煤炭科学技术，50(1)：293-302.

毕银丽，孙江涛，Ypyszhan Z，等，2016. 不同施磷水平下接种菌根玉米营养状况及光谱特征分析．煤炭学报，41(5)：1227-1235.

边梦龙，2015. 露天煤矿穿孔与运输作业期间 PM2.5 粉尘浓度分布规律．煤矿安全，46(4)：50-53.

卞正富，2000. 国内外煤矿区土地复垦研究综述. 中国土地科学，(1)：6-11.

卞正富，2005. 我国煤矿区土地复垦与生态重建研究．资源·产业，(2)：18-24.

卞正富，雷少刚，2020. 新疆煤炭资源开发的环境效应与保护策略研究．煤炭科学技术，48(4)：43-51.

卞正富，雷少刚，金丹，等，2018. 矿区土地修复的几个基本问题．煤炭学报，43(1)：190-197.

才庆祥，周伟，2015. 矿业工程可靠性分析与设计. 2 版. 徐州：中国矿业大学出版社.

蔡文涛，李贺祎，来利明，等，2017. 鄂尔多斯高原弃耕农田恢复过程中土壤物理性质和生物结皮的变化．应用生态学报，28(3)：829-837.

曹瑞雪，邵明安，贾小旭，2015. 层状土壤饱和导水率影响的试验研究．水土保持学报，29(3)：18-21.

曹银贵，白中科，张耿杰，等，2013. 山西平朔露天矿区复垦农用地表层土壤质量差异对比．农业环境科学学报，32(12)：2422-2428.

曹志国，鞠金峰，许家林，2019. 采动覆岩导水裂隙主通道分布模型及其水流动特性．煤炭学报，44(12)：3720-3729.

茶娜，邬建国，于润冰，2013. 可持续发展研究的学科动向．生态学报，33(9)：2637-2644.

柴森霖，白润才，刘光伟，等，2018. 基于改进遗传算法的露天矿运输路径优化．重庆大学学报，41(2)：87-95.

陈波浪，盛建东，蒋平安，等，2010. 不同质地棉田土壤对磷吸附与解吸研究．土壤通报，41(2)：303-307.

陈航，2019. 草原露天煤矿内排土场近自然地貌重塑模拟研究．徐州：中国矿业大学.

陈红霞，杜章留，郭伟，等，2011. 施用生物炭对华北平原农田土壤容重、阳离子交换量和颗粒有机质含量的影响．应用生态学报，22(11)：2930-2934.

陈来红，马万里，2011. 霍林河露天煤矿排土场植被恢复与重建技术探讨. 中国水土保持科学，9(4)：

117-120.
陈利顶, 周伟奇, 韩立建, 等, 2016. 京津冀城市群地区生态安全格局构建与保障对策. 生态学报, 36(22):7125-7129.
陈腾飞, 2012. 巷道掘进中泡沫除尘技术研究. 淮南:安徽理工大学.
陈志, 俞炳丰, 胡汪洋, 等, 2004. 城市热岛效应的灰色评价与预测. 西安交通大学学报, 38(9):985-988.
陈子萱, 田福平, 武高林, 等, 2011. 补播禾草对玛曲高寒沙化草地各经济类群地上生物量的影响. 中国草地学报, 33(4):58-62.
程亭亭, 2018. 柳枝稷分蘖调控基因 PvMAX2 的功能研究. 咸阳:西北农林科技大学.
程序, 2008. 能源牧草堪当未来生物能源之大任. 草业学报, (3):1-5.
丁仰卫, 王怀增, 孟庆奇, 2018. 活性磁化水降尘实验研究. 煤矿现代化, (1):94-96.
董庆洁, 周学永, 邵仕香, 等. 2006. 锆、铁水合氧化物对磷酸根的吸附. 离子交换与吸附, 22(4):363-368.
范希峰, 侯新村, 武菊英, 等, 2012. 我国北方能源草研究进展及发展潜力. 中国农业大学学报, 17(6):150-158.
范严伟, 黄宁, 马孝义, 2015. 层状土垂直一维入渗土壤水分运动数值模拟与验证. 水土保持通报, 35(1):215-219.
冯晨, 郑家明, 冯良山, 等. 2015. 辽西北风沙半干旱区垄膜沟播处理对土壤氮、磷吸附/解吸特性的影响研究. 土壤通报, 46(6):1366-1372.
付淑清, 屈庆秋, 唐明, 等. 2011. 施氮和接种 AM 真菌对刺槐生长及营养代谢的影响. 林业科学, 47(1):95-100.
高玉峰, 张兵, 刘伟, 等, 2009. 堆石料颗粒破碎特征的大型三轴试验研究. 岩土力学, 30(5):1237-1246.
宫传刚, 2022. 高寒矿区大型排土场生态致灾机理及功能提升研究. 徐州:中国矿业大学.
宫传刚, 卞正富, 卞和方, 等. 2019. 基于无人机与植被指数的排土场 DEM 模型构建关键技术. 煤炭学报, 44(12):3849-3858.
顾大钊, 2015. 煤矿地下水库理论框架和技术体系. 煤炭学报, 40(2):239-246.
关春竹, 张宝林, 赵俊灵, 等, 2017. 锡林浩特市露采煤炭区土地利用的扰动分析. 环境监控与预警, 9(2):14-18.
郭建英, 何京丽, 李锦荣, 等, 2015. 典型草原大型露天煤矿排土场边坡水蚀控制效果. 农业工程学报, (3):296-303.
郭庆国, 1987. 关于粗粒土抗剪强度特性的试验研究. 水利学报, (5):59-65.
郭文彬, 余学义, 魏金发, 等, 2014. 呼伦贝尔草原露天矿区开采与复垦一体化研究. 煤炭工程, 46(10):3.
郭熙灵, 胡辉, 包承纲, 1997. 堆石料颗粒破碎对剪胀性及抗剪强度的影响. 岩土工程学报, 19(3):83-88.
何隆华, 赵宏, 1996. 水系的分形维数及其含义. 地理科学, 16(2):124-128.
贺学礼, 刘媞, 赵丽莉, 2009. 接种丛枝菌根对不同施氮水平下黄芪生理特性和营养成分的影响. 应用生态学报, (9):5.
贺照耀, 2007. 经济可持续发展与我国的税收政策选择. 济南:山东大学.
胡钦程, 解琳琳, 李梦琪, 等, 2022. 露天排土场接种 AM 真菌对不同组合植物生长及土壤改良影响. 太原理工大学学报,(5):838-845.
胡振琪,2010. 山西省煤矿区土地复垦与生态重建的机遇和挑战. 山西农业科学,38(1): 42-45.
胡振琪, 2019. 我国土地复垦与生态修复 30 年:回顾、反思与展望. 煤炭科学技术, 47(1):25-35.

胡振琪，魏忠义，秦萍，2005a. 矿山复垦土壤重构的概念与方法．土壤，(1)：8-12.
胡振琪，杨秀红，鲍艳，等，2005b. 论矿区生态环境修复．科技导报，23(1)：38-41.
黄晓娜，李新举，2014. 煤矿塌陷区不同复垦年限土壤颗粒组成分形特征．煤炭学报，39(6)：1140-1146.
黄晓娜，李新举，刘宁，等，2014. 不同施工机械对煤矿区复垦土壤颗粒组成的影响．水土保持学报，28(1)：136-140.
黄翌，2014. 煤炭开采对植被—土壤物质量与碳汇的扰动与计量．徐州：中国矿业大学．
纪晓阳，白润才，2021. 黑山露天矿排土场极限角度研究．煤炭科学技术，49(S2)：311-316.
江彬，毕银丽，申慧慧，等，2017. 氮营养与AM真菌协同对玉米生长及土壤肥力的影响．江苏农业学报，33(2)：327-332.
焦菊英，焦峰，温仲明，2006. 黄土丘陵沟壑区不同恢复方式下植物群落的土壤水分和养分特征. 植物营养与肥料学报，(5)：667-674.
鞠金峰，许家林，2019. 含水层采动破坏机制与生态修复．徐州：中国矿业大学出版社．
鞠金峰，许家林，朱卫兵，2017. 西部缺水矿区地下水库保水的库容研究．煤炭学报，42(2)：381-387.
鞠金峰，许家林，李全生，等，2018. 我国水体下保水采煤技术研究进展．煤炭科学技术，46(1)：125-128.
鞠金峰，李全生，许家林，等，2019a. 采动岩体裂隙自修复的水-CO_2-岩相互作用试验研究．煤炭学报，44(12)：3700-3709.
鞠金峰，许家林，方志远，2019b. 酸性水对含铁破碎岩体降渗特性的实验研究．煤炭学报，44(11)：3388-3395.
鞠金峰，李全生，许家林，等，2020a. 采动含水层生态功能修复研究进展．煤炭科学技术，48(9)：102-108.
鞠金峰，李全生，许家林，等，2020b. 化学沉淀修复采动破坏岩体孔隙/裂隙的降渗特性试验．煤炭科学技术，48(2)：89-96.
阚生雷，2011. 山坡堆积型排土场设计技术与评价方法的研究．北京：北方工业大学．
孔德志，张其光，张丙印，等，2009. 人工堆石料的颗粒破碎率．清华大学学报(自然科学版)，49(6)：811-815.
况欣宇，曹银贵，罗古拜，等，2019. 基于不同重构土壤材料配比的草木樨生物量差异分析．农业资源与环境学报，36(4)：453-461.
雷少刚，张周爱，陈航，等，2019. 草原煤电基地景观生态恢复技术策略．煤炭学报，44(12)：3662-3669.
雷勋平，Robin Q，刘勇，2016. 基于熵权TOPSIS模型的区域土地利用绩效评价及障碍因子诊断．农业工程学报，32(13)：243-253.
李保杰，顾和和，纪亚洲，2015. 复垦矿区景观格局指数的粒度效应研究．水土保持研究，22(4)：253-257.
李北罡，李欣，2009. 二溴羧基偶氮胂褪色光度法测定痕量铈．内蒙古师范大学学报(自然科学汉文版)，38(2)：194-197.
李德仁，李明，2014. 无人机遥感系统的研究进展与应用前景．武汉大学学报(信息科学版)，39(5)：505-513.
李高扬，李建龙，王艳，等，2008. 利用高产牧草柳枝稷生产清洁生物质能源的研究进展．草业科学，(5)：15-21.
李恒，2021. 草原地貌特征提取及内排土场近自然重塑．徐州：中国矿业大学．
李恒，雷少刚，黄云鑫，等，2019. 基于自然边坡模型的草原煤矿排土场坡形重塑．煤炭学报，44(12)：3830-3838.
李慧芩，齐晓明，庞树江，等，2015. 新型资源型城市产业结构调整研究——以锡林浩特市为例．干旱区资源与环境, 29(11):61-67.
李晋川,白中科,柴书杰,等,2009. 平朔露天煤矿土地复垦与生态重建技术研究. 科技导报,27(17):30-34.
李晶, Zipper C E, 李松, 等, 2015. 基于时序 NDVI 的露天煤矿区土地损毁与复垦过程特征分析. 农业工程学报, (16):251-257.
李全生, 2016. 东部草原区煤电基地开发生态修复技术研究. 生态学报, 36(22):7049-7053.
李全生, 2019. 东部草原区大型煤电基地开发的生态影响与修复技术. 煤炭学报, 44(12):3625-3635.
李全生, 鞠金峰, 曹志国, 等, 2017. 基于导水裂隙带高度的地下水库适应性评价. 煤炭学报, 42(8):2116-2124.
李全生, 韩兴, 赵英,等, 2021a. 露天煤矿植被修复关键技术集成与应用研究——以胜利露天矿外排土场为例. 环境生态学, 3(6):47-53.
李全生, 鞠金峰, 曹志国, 等, 2021b. 采后 10 a 垮裂岩体自修复特征的钻孔探测研究——以神东矿区万利一矿为例. 煤炭学报, 46(5):1428-1438.
李三川, 白润才, 刘光伟, 等, 2017. 露天煤矿排土场建设发展程序优化研究. 煤炭科学技术, 45(3):49-55.
李三川, 王晨光, 白润才, 等, 2018. 元宝山露天煤矿内排土场变形特性研究. 煤炭科学技术, 46(3):85-89, 102.
李生宝, 季波, 王月玲, 等, 2007. 宁南山区不同恢复措施对土壤环境效应的综合评价. 水土保持研究, (1):51-53.
李向磊, 毕银丽, 彭苏萍, 等, 2020. 西部露天矿区周边植物多样性与土壤养分空间变异性特征. 煤炭科学技术, 1-11.
李裕元,邵明安,2004. 子午岭植被自然恢复过程中植物多样性的变化. 生态学报,(2): 252-260.
李韵珠, 胡克林, 2004. 蒸发条件下粘土层对土壤水和溶质运移影响的模拟. 土壤学报, 41(4):493-502.
梁军, 刘汉龙, 高玉峰, 2003. 堆石蠕变机理分析与颗粒破碎特性研究. 岩土力学, 24(3):479-483.
刘春雷, 2011. 干旱区草原露天煤矿排土场土壤重构技术研究. 北京:中国地质大学(北京).
刘福明, 才庆祥, 周伟, 等, 2015. 露天矿排土场边坡降水入渗规律试验研究. 煤炭学报, 40(7):1534-1540.
刘光伟, 李鹏, 李成盛, 等, 2015. 露天矿相邻采区间内排压帮高度及重复剥离深度的综合优化. 重庆大学学报, 38(6):23-30.
刘汉龙, 秦红玉, 高玉峰, 等, 2005. 堆石粗粒料颗粒破碎试验研究. 岩土力学, 26(4):562-566.
刘吉利, 朱万斌, 谢光辉, 等, 2009. 能源作物柳枝稷研究进展. 草业学报, 18(3):232-240.
刘吉利, 吴娜, 熊韶峻, 等, 2012. 收获时间对黄土高原柳枝稷生物质产量与燃料品质的影响. 中国农业大学学报, 17(6):138-142.
刘琳, 2016. 我国农产品加工业的现状及发展趋势. 现代农业研究,(6):1-3.
刘琳,安树青,智颖飙,等,2016. 不同土壤质地和淤积深度对大米草生长繁殖的影响. 生物多样性, 24(11): 1279-1287.
刘宁, 李新举, 郭斌, 等, 2014. 机械压实过程中复垦土壤紧实度影响因素的模拟分析. 农业工程学报, 30(1):183-190.
刘溹倩, 徐绍辉, 李晓鹏, 等, 2016. 土体构型对土壤水氮储运的影响研究进展. 土壤, 48(2):219-224.
刘晓侠, 2016. 能源作物柳枝稷对盐碱土的响应与改良效果研究. 银川:宁夏大学.
刘雪冉, 胡振琪, 许涛, 等. 2017. 露天煤矿表土替代材料研究综述. 中国矿业, 26(3):81-85.
卢洁, 雷少刚, 2017. 露天煤矿粉尘环境影响及其扩散规律研究综述. 煤矿安全, 48(8):231-234.

吕珊兰，杨熙仁，康新茸，1995. 土壤对磷的吸附与解吸及需磷量探讨．植物营养与肥料学报，1(3)：7.
罗明，翟紫含，陈妍，2021. 生态文化的回归——我国生态文明建设中 NbS 理念的应用．中国土地，(6)：9-12.
马妍，王子源，曹志国，等，2021. 大型煤电开发的公众生态环境风险信息获取研究．矿业科学学报，6(2)：244-254.
马一丁，付晓，田野，等，2017. 锡林郭勒盟煤电基地开发生态脆弱性评价．生态学报，37(13)：4505-4510.
缪林昌,2007. 非饱和土的本构模型研究. 岩土力学,(5)：855-860.
缪林昌,崔颖,2011. 非饱和土的固结与水力特性研究. 西北地震学报,33(增刊)：38-42.
彭张林，张爱萍，王素凤，等，2017. 综合评价指标体系的设计原则与构建流程．科研管理，38(S1)：209-215.
钱鸣高，缪协兴，许家林，等，2003a. 岩层控制的关键层理论．徐州：中国矿业大学出版社．
钱鸣高，许家林，缪协兴，2003b. 煤矿绿色开采技术．中国矿业大学学报，32(4)：343-348.
任慧君，李素萃，刘永兵，2016b. 生态脆弱区露天煤矿生态修复效应研究．煤炭工程，48(2)：127-130.
任利东，黄明斌，2014. 砂性层状土柱蒸发过程实验与数值模拟．土壤学报，51(6)：1282-1289.
珊丹，刘艳萍，邢恩德，等，2015. 温度对柳枝稷种子萌发的影响．中国水土保持，(10)：47-50.
尚涛，舒继森，才庆祥，等，2001. 露天矿端帮采煤与露天采排工程的时空关系．中国矿业大学学报，(1)：29-31.
沈智慧,2001. 榆神府矿区矿井水资源化研究. 水文地质工程地质,(2)：52-53.
时新玲，李志军，王锐，2003. 土壤磷扩散的影响因素研究．水土保持通报，23(5)：15-18.
史娜娜，肖能文，王琦，等，2019. 锡林郭勒盟生态安全评价及生态调控途径．农业工程学报，35(18)：228-236.
宋晓猛，杨淼，刘勇，等，2010. 矿区水环境质量评价研究．洁净煤技术，16(2)：97-100.
宋杨睿，王金满，李新凤，等，2016. 高潜水位采煤塌陷区重构土壤水分运移规律模拟研究．水土保持学报，30(2)：143-148，154.
孙纪杰，李新举，2014. 不同复垦方式对煤矿复垦区土壤物理性状的影响．土壤通报，45(3)：608-612.
孙健阳，2015. 柳枝稷种子发育生理及适宜收获期研究．长春：东北师范大学．
汤万钧，2014. 露天矿剥离工作面粉尘分布与运移规律模拟研究．徐州：中国矿业大学．
田会，白润才，赵浩，2019. 中国露天采矿的成就及发展趋势．露天采矿技术，34(1)：1-9.
田明璐,班松涛,常庆瑞,等,2017. 高光谱影像的苹果花叶病叶片花青素定量反演. 光谱学与光谱分析,37(10)：3187-3192.
汪应宏，郭达志，张海荣，等，2006. 我国煤炭资源势的空间分布及其应用．自然资源学报，21(2)：225-230.
王昶，吕晓翠，贾青竹，等，2010. 土壤对磷的吸附效果研究．天津科技大学学报，25(3)：34-38.
王丹丹，郑纪勇，颜永毫，等，2013. 生物炭对宁南山区土壤持水性能影响的定位研究．水土保持学报，27(2)：101-104，109.
王金满,郭凌俐,白中科,等,2013. 黄土区露天煤矿排土场复垦后土壤与植被的演变规律. 农业工程学报,29(21)：223-232.
王军雷．2021. 采煤沉陷区成因及综合治理的实践与探讨．能源与节能，(2)：89-90，138.
王磊，刘泽常，李敏，等，2006. 化学抑尘剂进展研究．有色矿冶，(S1)：119-120.
王亮,谢健,张楠,等,2012. 含水率对重塑淤泥不排水强度性质的影响. 岩土力学,33(10)：2973-2978.
王韶辉，才庆祥，周伟，等，2019. 新疆天池能源南露天煤矿转向方式优化研究．煤炭工程，51(5)：60-64.

王同智，薛焱，包玉英，等，2014. 不同复垦方式对黑岱沟露天矿排土场土壤有机碳的影响. 安全与环境学报，14(2)：174-178.
王文英，李晋川，谢海军，等，1999. 矿区生态恢复与重建研究. 河南科学，(s1)：87-91.
王喜富，张幼蒂，才庆祥，1998. 露天煤矿半连续工艺关键技术研究. 中国矿业大学学报，27(4)：402-405.
王晓春，蔡体久，谷金锋，2007. 鸡西煤矿矸石山植被自然恢复规律及其环境解释. 生态学报，27(9)：3744-3751.
王杨扬，赵中秋，原野，等，2017. 黄土区露天煤矿不同复垦模式对土壤水稳性团聚体稳定性的影响. 农业环境科学学报，36(5)：966-973.
王瑶，2019. 能源植物柳枝稷干旱胁迫响应机制研究. 北京：中国矿业大学(北京).
魏勇，周春财，王婕，等，2017. 淮南矿区土壤中6种典型微量元素的空间分布特征及其生态风险评价. 中国科学技术大学学报，47(5)：413-420.
魏忠义，胡振琪，白中科，2001. 露天煤矿排土场平台"堆状地面"土壤重构方法. 煤炭学报，26(1)：19-22.
温伟利，2013. 野生型斜茎黄芪生物碱成分与营养成分分析及其毒性评价. 咸阳：西北农林科技大学.
温伟利，路浩，徐创明，等，2012. 野生型斜茎黄芪化学成分分析与营养评价. 动物医学进展，33(7)：67-70.
吴京平，褚瑶，楼志刚，1997. 颗粒破碎对钙质砂变形强度特性的影响. 岩土工程学报，19(5)：49-55.
武强，2017. 矿山环境修复治理模式理论与实践. 煤炭学报，42(5)：1052-1092.
武瑞平，李华，曹鹏，2009. 风化煤施用对复垦土壤理化性质酶活性及植被恢复的影响研究. 农业环境科学学报，28(9)：1855-1861.
武玉，徐刚，吕迎春，等，2014. 生物炭对土壤理化性质影响的研究进展. 地球科学进展，29(1)：68-79.
夏嘉南，李根生，卞正富，等，2021. 露天矿内排土场近自然地貌重塑研究——以新疆黑山露天矿为例. 煤炭科学技术，50(11)：213-221.
肖武，李素萃，梁苏妍，等，2017. 土地整治生态景观效应评价方法及应用. 中国农业大学学报，22(7)：152-162.
辛庚华，2010. 露天堆场起尘与防风网遮蔽效果机理研究及现场实测分析. 大连：大连理工大学.
熊承仁，2006. 重塑非饱和粘性土的强度习性研究. 长沙：中南大学.
熊承仁，刘宝琛，张家生，2005. 重塑粘性土的基质吸力与土水分及密度状态的关系. 岩石力学与工程学报，24(2)：321-327.
徐炳成，山仑，李凤民，2005. 黄土丘陵半干旱区引种禾草柳枝稷的生物量与水分利用效率. 生态学报，(9)：2206-2213.
徐嘉兴，赵华，李钢，等，2017. 矿区土地生态评价及空间分异研究. 中国矿业大学学报，46(1)：192-200.
徐启胜，王金满，时文婷，2022. 大型露天煤矿区景观格局变化对水土流失的影响——以山西平朔矿区为例. 中国土地科学，36(4)：96-106.
许家林，2016. 岩层采动裂隙演化规律与应用. 徐州：中国矿业大学出版社.
许尊秋，毛晓敏，陈帅，2016. 层状土层序排列对水分运移影响的室内土槽试验. 中国农村水利水电，(8)：59-62.
闫玉春，唐海萍，2007. 围栏禁牧对内蒙古典型草原群落特征的影响. 西北植物学报，(6)：1225-1232.
杨春华，李向林，张新全，等，2004. 秋季补播多花黑麦草对扁穗牛鞭草草地产量、质量和植物组成的影响. 草业学报，(6)：80-86.
杨福卿，赵理想，杨玉坤，等，2021. 露天矿用卡车轮胎监控系统. 露天采矿技术，36(3)：55-58.
杨天鸿，陈仕阔，朱万成，等，2008. 矿井岩体破坏突水机制及非线性渗流模型初探. 岩石力学与工程学报, 27(7):1411-1416.
杨天鸿, 师文豪, 李顺才, 等, 2016. 破碎岩体非线性渗流突水机理研究现状及发展趋势. 煤炭学报, 41(7):1598-1609.
杨勇,刘爱军,朝鲁孟其其格,等,2016. 锡林郭勒露天煤矿矿区草原土壤重金属分布特征. 生态环境学报, 25(5): 885-892.
杨兆青, 2020. 煤炭资源型城市生态安全评价及预测——以锡林浩特市为例. 北京:中国矿业大学(北京).
伊如, 2016. 锡林浩特市煤炭资源开发与生态环境保护研究——基于马克思生态思想的视角. 呼和浩特:内蒙古师范大学.
余谋昌, 2019. 生态文明与可持续发展. 绿色中国, (4):61-63.
袁剑舫, 周月华, 1980. 黏土夹层对地下水上升运行的影响. 土壤学报, 17(1):94-100.
岳辉,毕银丽,2017. 基于野外大田试验的接菌紫穗槐生态修复效应研究. 水土保持通报,37(4): 1-5.
张东升, 2017. 基于模糊综合评价的露天煤矿边坡稳定性分析. 内蒙古煤炭经济, (23):11-12.
张海涛, 刘建玲, 廖文华, 等, 2008. 磷肥和有机肥对不同磷水平土壤磷吸附-解吸的影响. 植物营养与肥料学报, 14(2):284-290.
张红娟, 2015. 土壤含水量和 pH 胁迫对柳枝稷植物的耦合作用及其优化. 咸阳:西北农林科技大学.
张继义, 赵哈林, 2003. 植被(植物群落)稳定性研究评述. 生态学杂志, 22(4):42-48.
张家, 张凌, 蒋国盛, 等, 2008. 剪切作用下钙质砂颗粒破碎试验研究. 岩土力学, 29(10):2789-2793.
张建,邵长飞,黄霞,等,2003. 污水土地处理工艺中的土壤堵塞问题. 中国给水排水,(3): 17-20.
张建民, 杨俊哲, 张凯, 2012. 煤炭现代开采地下水资源四维高精度探测方法研究. 神华科技, 10(6): 27-30.
张建民, 付晓, 李全生, 等, 2022. 大型煤电基地开发生态累积效应及定量分析方法研究. 生态学报, 42(8):3066-3081.
张军以, 苏维词, 张凤太, 2011. 基于 PSR 模型的三峡库区生态经济区土地生态安全评价. 中国环境科学, 31(6):1039-1044.
张连云, 2016. 基于“3414”试验的土壤氮磷钾丰缺指标制定与应用研究. 呼和浩特:内蒙古农业大学.
张琳, 2021. 大型露天煤矿生态稳定性研究——以北电胜利矿区为例. 北京:中国矿业大学(北京).
张璐, 郝匕台, 齐丽雪, 等, 2018. 草原群落生物量和土壤有机质含量对改良措施的动态响应. 植物生态学报, 42(3):317-326.
张梦利, 2019. 大型露天煤矿排土场脱硫石膏土壤改良研究. 北京:中国矿业大学(北京).
张明, 2012. 采煤塌陷区复垦土壤质量变化研究. 北京:中国农业科学院.
张鹏飞, 包安明, 古丽·加帕尔, 等, 2015. 新疆准东露天煤矿开采区降尘量时空特征及影响因素. 水土保持通报, 35(2):1-5.
张汝翀, 2018. 煤矸石基质改良措施对植物生长及重金属富集影响研究. 北京:北京林业大学.
张苏琼, 阎万贵, 2006. 中国西部草原生态环境问题及其控制措施. 草业学报, (5):11-18.
张欣, 王健, 刘彩云, 2009. 采煤塌陷对土壤水分损失影响及其机理研究. 安徽农业科学, 37(11): 5058-5062.
张铁群, 吴迪, 付晓, 等, 2020. 景感生态学在煤电基地生态建设与管理中的应用. 生态学报, 40(22): 8063-8074.
赵春桥, 2015. 除穗与延长光照对柳枝稷生理及生产的影响. 北京:中国农业大学.
赵光思, 周国庆, 朱锋盼, 等, 2008. 颗粒破碎影响砂直剪强度的试验研究. 中国矿业大学学报, 37(3): 291-294.

赵广东,王兵,苏铁成,等,2005. 煤矸石山废弃地不同植物复垦措施及其对土壤化学性质的影响. 中国水土保持科学,3(2): 65-69.

赵吉, 康振中, 韩勤勤, 等, 2017. 粉煤灰在土壤改良及修复中的应用与展望. 江苏农业科学, 45(2):1-6.

赵建坤, 李江舟, 杜章留, 等, 2016. 施用生物炭对土壤物理性质影响的研究进展. 气象与环境学报, 32(3):95-101.

郑元铭, 仝小龙, 乔有明, 等, 2019. 高寒露天煤矿剥离物理化特性及其植物生长适宜性分析. 青海大学学报, 37(2):22-27, 35.

朱丽, 秦富仓, 2008. 露天煤矿开采项目水土流失量预测——以内蒙古锡林郭勒盟胜利矿区一号露天煤矿为例. 水土保持通报, (4):111-115, 137.

Albert G J, Mudrák O, Jongepierová I, et al., 2019a. Data on different seed harvesting methods used in grassland restoration on ex-arable land. Data in Brief, 25:104011.

Albert G J, Mudrák O, Jongepierová I, et al., 2019b. Grassland restoration on ex-arable land by transfer of brush-harvested propagules and green hay. Agriculture, Ecosystems & Environment, 272:74-82.

Allen B L, Mallarino A P, 2006. Relationships between extractable soil phosphorus and phosphorus saturation after long-term fertilizer or manure application. Soil Science Society of American Journal, 70(2):454-463.

Barkwith A, Hurst M D, Jackson C R, et al., 2015. Simulating the influences of groundwater on regional geomorphology using a distributed, dynamic, landscape evolution modelling platform. Environmental Modelling & Software, (74):1-20.

Binod T, Beena A, 2012. New correlation equations for compression index of remolded clays. Journal of Geotechnical and Geoenvironmental Engineering, 138(6):757-762.

Bischoff A, Hoboy S, Winter N, et al., 2018. Hay and seed transfer to re-establish rare grassland species and communities:how important are date and soil preparation. Biological Conservation, 221:182-189.

Bowen C K, Schuman G E, Olson R A, et al., 2005. Influence of topsoil depth on plant and soil attributes of 24-year old reclaimed mined lands. Arid Land Research and Management, 19(3):267-284.

Cao Y G, Wang J M, Bai Z K, et al., 2015. Differentiation and mechanisms on physical properties of reconstructed soils on open-cast mine dump of loess area. Environmental Earth Sciences, 74:6367-6380.

Chen H, Fleskens L, Baartman J, et al., 2020. Impacts of land use change and climatic effects on streamflow in the Chinese Loess Plateau:a meta-analysis. Science of the Total Environment, 703:134989.

Coiffait-Gombault C, Buisson E, Dutoit T, 2011. Hay transfer promotes establishment of mediterranean steppe vegetation on soil disturbed by pipeline construction. Restoration Ecology, 19(201):214-222.

Dalkey N, 1969. An experimental study of group opinion:the Delphi method. Futures, 1(5):408-426.

David K, Ragauskas A J, 2010. Switchgrass as an energy crop for biofuel production: a review of its ligno-cellulosic chemical properties. Energy & Environmental Science, 3(9):1182-1190.

Diego I, Pelegry A, Torno S, et al., 2009. Simultaneous CFD evaluation of wind flow and dust emission in open storage piles. Applied Mathematical Modelling, 33(7):3197-3207.

Dolinar B, Trauner L, 2007. The impact of structure on the undrained shear strength of cohesive soils. Engineering Geology, 92(1-2):88-96.

Du T, Wang D M, Bai Y J, et al., 2020. Optimizing the formulation of coal gangue planting substrate using wastes:the sustainability of coal mine ecological restoration. Ecological Engineering, 143:105669.

Gilland K E, Mccarthy B C, 2014. Microtopography influences early successional plant communities on experimental coal surface mine land reclamation. Restoration Ecology, 22(2):232-239.

Gong C, Lei S, Bian Z, et al., 2019. Analysis of the development of an erosion gully in an open-pit coal mine dump during a winter freeze-thaw cycle by using low-cost UAVs. Remote Sensing, 11(11):1356.

Gong C, Lei S, Bian Z, et al., 2021. Using time series InSAR to assess the deformation activity of open-pit mine dump site in severe cold area. Journal of Soils and Sediments, (1):3717-3732.

Hancock G R, Loch R J, Willgoose G R, 2003. The design of post-mining landscapes using geomorphic principles. Earth Surface Processes and Landforms, 28(10):1097-1110.

Hancock G R, Martin D J F, Willgoose G R, 2019. Geomorphic design and modelling at catchment scale for best mine rehabilitation the Drayton mine example (New South Wales, Australia). Environmental Modelling & Software, (114):140-151.

Herath H M S K, Camps-Arbestain M, Hedley M, 2013. Effect of biochar on soil physical properties in two contrasting soils:an Alfisol and an Andisol. Geoderma, 209-210:188-197.

Hossner L R,1998. Reclamation of Surface Mined Lands. Boca Raton: CRC Press.

Huang L, Zhang P, Hu Y, et al., 2015. Vegetation succession and soil infiltration characteristics under different aged refuse dumps at the Heidaigou opencast coal mine. Global Ecology & Conservation, 4:255-263.

Huang L, Zhang P, Hu Y G, et al., 2016. Soil water deficit and vegetation restoration in the refuse dumps of the Heidaigou open-pit coal mine, Inner Mongolia, China. Sciences in Cold and Arid Regions, 8(1):22-35.

Huang M, Barbour S L, Elshorbagy A, et al., 2011. Water availability and forest growth in coarse-textured soils. Canadian Journal of Soil Science, 91(2):199-210.

Inoue N, Hamanaka A, Shimada H, et al., 2014. Fundamental study on application of fly ash as topsoil substitute for the reclamation of mined land in Indonesian open cut coal mine//China Coal Society. Proceedings of the Beijing International Symposium Land Reclamation and Ecological Restoration(LRER 2014):548-553.

Jaunatre R, Buisson E, Muller I, et al., 2013. New synthetic indicators to assess community resilience and restoration success. Ecological Indicators, 29:468-477.

Jing Z, Wang J, Zhu Y, et al., 2018. Effects of land subsidence resulted from coal mining on soil nutrient distributions in a loess area of China. Journal of Cleaner Production, 177:350-361.

Ju J F, Li Q S, Xu J L, 2020a. Experimental study on the self-healing behavior of fractured rocks induced by water-CO_2-rock interactions in the Shendong coalfield. Geofluids, (1):1-14.

Ju J F, Li Q S, Xu J L, et al., 2020b. Self-healing effect of water-conducting fractures due to water-rock interactions in undermined rock strata and its mechanisms. Bulletin of Engineering Geology and the Environment, 79(1):287-297.

Kennedy R E, Andréfouët S, Cohen W B, et al., 2014. Bringing an ecological view of change to Landsat-based remote sensing. Frontiers in Ecology and the Environment, 12(6):339-346.

Kering M K, Guretzky J A, Interrante S M, et al., 2013. Harvest timing affects switchgrass production, forage nutritive value, and nutrient removal. Crop Science, 53(4):1809-1817.

Klimkowska A, Kotowski W, Diggelen R V, et al., 2010. Vegetation re-development after fen meadow restoration by topsoil removal and hay transfer. Restoration Ecology, 18(6):924-933.

Le Stradic S, Buisson E, Fernandes G W, 2014. Restoration of neotropical grasslands degraded by quarrying using hay transfer. Applied Vegetation Science, 17(3):482-492.

Lee K L, Seed H B, 1967. Drained strength characteristies of sands. Journal of the Soil Mechanics and Foundations Division, 93(6):117-141.

Lewandowski I, Scurlock J, Lindvall E, et al., 2003. The development and current status of perennial rhizomatous grasses as energy crops in the US and Europe. Biomass & Bioenergy, 25(4):335-361.

Liu J L, Wu N, 2014. Biomass production of switchgrass in saline-alkali land. Advanced Materials Research,

1008-1009:93-96.

Ma Z, Wood C W, Bransby D I, 2000. Carbon dynamics subsequent to establishment of switchgrass. Biomass & Bioenergy, 18(2):93-104.

Marsal R J, 1967. Large scale testing of rockfill materials. Journal of the Soil Mechanics and Foundations Division, 93(2):27-43.

McLaughlin S B, Kszos L A, 2005. Development of switchgrass (*Panicum virgatum*) as a bioenergy feedstock in the United States. Biomass & Bioenergy, 28(6):515-535.

Miura N, O-Hara S, 1979. Particle crushing of decomposed granite soil under shear stresses. Journal of the Japanese Society of Soil Mechanics & Foundation Engineering, 19(3):1-14.

Miura N, Yamanouchi T, 1977. Effect of particle-crushing on the shear characteristics of sand. Proc of the Japan Society of Civil Engineering, (260):109-118.

Nakashima M, Wenzel Jr H G, Brill Jr E D. 1986. Water supply system models with capacity expansion. Journal of Water Resources Planning and Management, 112(1):87-103.

Nelson R S, Stewart C N, Gou J, et al., 2017. Development and use of a switchgrass (*Panicum virgatum* L.) transformation pipeline by the BioEnergy Science Center to evaluate plants for reduced cell wall recalcitrance. Biotechnology for Biofuels, 10(1):309.

OECD, 1998. Towards sustainable development:environmental indicators. Paris:OECD.

Oggeri C, Fenoglio T M, Godio A, et al., 2019. Overburden management in open pits:options and limits in large limestone quarries. International Journal of Mining Science and Technology, 29(2):217-228.

Okoli C, Pawlowski S D, 2004. The Delphi method as a research tool:an example, design considerations and applications. Information & Management, 42(1):15-29.

Paradelo R, Moldes A B, Barral M T, 2007. Characterization of slate processing fines according to parameters of relevance for mine spoil reclamation. Applied Clay Science, 41(3):172-180.

Parrish D J, Fike J H, 2005. The biology and agronomy of switchgrass for biofuels. Critical Reviews in Plant Sciences, 24(5-6):423-459.

Prach K, Jongepierová I, Řehounková K, et al., 2014. Restoration of grasslands on ex- arable land using regional and commercial seed mixtures and spontaneous succession: successional trajectories and changes in species richness. Agriculture, Ecosystems & Environment, 182:131-136.

Raisibe L M, 2016. 内蒙半干旱地区柳枝稷和能源高粱对土壤主要理化性质的影响. 北京:中国农业大学.

Romano N, Brunone B, Santini A, 1998. Numerical analysis of one-dimensional unsaturated flow in layered soils. Advances in Water Resources, 21(4):315-324.

Saaty T L, 1980. The Analytic Hierarchy Process. New York:McGraw-Hill.

Sanderson M A, Reed R L, Mclaughlin S B, et al., 1996. Switchgrass as a sustainable bioenergy crop. Bioresource Technology, 56 (1):83-93.

Sanderson M A, Read J C, Reed R L, 1999. Harvest management of switchgrass for biomass feedstock and forage production. Agronomy Journal, 91(1):5-10.

Sanjurjo M, Corti G, Ugolini F C, 2001. Chemical and mineralogical changes in a polygenetic soil of Galicia, NW Spain. Catena, 43(3):251-265.

Shriwantha B V, Shinya N, Sho K, et al., 2012. Effects of overconsolidation ratios on the shear strength of remoulded slip surface soils in ring shear. Engineering Geology, 131(2):29-36.

Si B, Dyck M, Parkin G, 2011. Flow and transport in layered soils. Canadian Journal of Soil Science, 91(2):127-132.

Sokhansanj S, Anthony T, Mani S, et al., 2009. Large- scale production, harvest and logistics of switchgrass (*Panicum virgatum L.*) current technology and envisioning a mature technology. Biofuels Bioproducts and Biorefining, 3(2):124-141.

Song W, Song W, Gu H, et al., 2020. Progress in the remote sensing monitoring of the ecological environment in mining areas. International Journal of Environmental Research and Public Health, 17(6):1846.

Tai P,Sun T,Jia H,et al.,2002. Restoration for refuse dump of open- cast mine in steppe region. Journal of Soil Water Conservation,16(3): 90-93.

Thomason W E, Raun W R, Johnson G V, et al., 2005. Switchgrass response to harvest frequency and time and rate of applied nitrogen. Journal of Plant Nutrition, 7(27):1199-1226.

Toy T J,Hadley R F,1987. Geomorphology of Disturbed Lands. Orlando: Academic Press: 35-56.

Török P, Miglécz T, Valkó O, et al., 2012. Fast restoration of grassland vegetation by a combination of seed mixture sowing and low- diversity hay transfer. Ecological Engineering, 44:133-138.

Vegetation K, 2010. Re-development after fen meadow restoration by topsoil removal and hay transfer. Restoration Ecology, 18(6):924-933.

Vesic A S, Clough G W, 1968. Behaviour of granular material under high stresses. Journal of the Soil Mechanics and Foundations Division, 94(3):661-688.

Vogel K P, Brejda J J, Walters D T, 2002. Switchgrass biomass production in the midwest USA. Agronomy Journal, 94(3):413-420.

Wang J, Wang H, Cao Y, et al., 2016. Effects of soil and topographic factors on vegetation restoration in opencast coal mine dumps located in a loess area. Entific Reports, 6:22058.

Wang X F,Zhang D X,Peng S J,1997. Reliability theory study of combined mining technology system in surface mines. Journal of China University of Mining & Technology,7(2): 11-14.

Wu C, Wang X, 2016. Research of foliar dust content estimation by reflectance spectroscopy of *Euonymus japonicus* Thunb. Environmental Nanotechnology, Monitoring & Management, 5:54-61.

Wu S, Hu C, Tan Q, 2014. Effects of molybdenum on water utilization, antioxidative defense system and osmotic-adjustment ability in winter wheat (*Triticum aestivum*) under drought stress. Plant Physiology and Biochemistry, 83:365-374.

Yabe H, Shiomi H, 2016. Fabrication of phosphorus adsorbent by waste gypsum board. Journal of the Society of Materials Science Japan, 65(6):411-415.

Zettl J D, Barbour S L, Huang M, et al., 2015. Influence of textural layering on field capacity of coarse soils. Canadian Journal of Soil Science, 91(2):133.

Zhao Y, Lei S, Yang X, et al., 2020. Study on spectral response and estimation of grassland plants dust retention based on hyperspectral data. Remote Sensing, 12(12):2019.